2013 年度国家出版基金项目"现代原子核物理"

# 金属和金属氚化物中的氦

王隆保　罗顺忠　彭述明　编著

HEUP 哈尔滨工程大学出版社

# 内 容 简 介

本书作者的研究领域包括材料科学和工程、核物理和放射化学，并均有负责"重大基础性应用课题"的研究经历。全书共 20 章，介绍了氦(He)在金属和金属氚化物中的表现形式、扩散机制和稳定性等内容。

作者在写作过程中致力于有深度、选择恰当和有新意的学科交叉、融和，使得本书适用于不同技术领域材料科学和工程研究者参考使用。

**图书在版编目(CIP)数据**

金属和金属氚化物中的氦/王隆保,罗顺忠,彭述明编著. —哈尔滨：
哈尔滨工程大学出版社,2015.6
ISBN 978 - 7 - 5661 - 1068 - 8

Ⅰ.①金…　Ⅱ.①王…②罗…③彭…　Ⅲ.①金属氦
Ⅳ.①O521

中国版本图书馆 CIP 数据核字(2015)第 132055 号

| | |
|---|---|
| **出版发行** | 哈尔滨工程大学出版社 |
| **社　　址** | 哈尔滨市南岗区东大直街 124 号 |
| **邮政编码** | 150001 |
| **发行电话** | 0451 - 82519328 |
| **传　　真** | 0451 - 82519699 |
| **经　　销** | 新华书店 |
| **印　　刷** | 哈尔滨市石桥印务有限公司 |
| **开　　本** | 787 mm×1 092 mm　1/16 |
| **印　　张** | 45.5 |
| **字　　数** | 1 160 千字 |
| **版　　次** | 2015 年 6 月第 1 版 |
| **印　　次** | 2015 年 6 月第 1 次印刷 |
| **定　　价** | 200.00 元 |

http://press.hrbeu.edu.cn
E-mail:heupress@hrbeu.edu.cn

# 序　言

  原子核物理学(简称核物理学、核物理或核子物理)是20世纪新设立的一门物理学学科,是研究原子核的结构及其反应变化的运动规律的物理学分支。它主要有三大领域:研究各类次原子粒子与它们之间的关系,分类与分析原子核的结构,并带动相应的核子技术进展。原子核物理的研究内容包括核的基本性质、放射性、核辐射测量、核力、核衰变、核结构、核反应、中子物理、核裂变和聚变、亚核子物理和天体物理等。它研究原子核的结构和变化规律,射线束的产生、探测和分析技术,以及同核能、核技术应用有关的物理问题。

  原子核物理内容丰富多彩,是物理学非常活跃的研究领域,一百多年来共有七十多位科学家因原子核物理领域的优异成绩而获得诺贝尔奖。并且原子核物理是一个国际上竞争十分激烈的科技领域,各国都投入大量人力、物力从事这方面的研究工作。它是一门既有深刻理论意义,又有重大实践意义的学科。

  在原子核物理学产生、壮大和巩固的全过程中,通过核技术的应用,核物理与其他学科及生产、医疗、军事等领域建立了广泛的联系,取得了有力的支持。核物理基础研究又为核技术的应用不断开辟新的途径。人工制备的各种同位素的应用已遍及理工农医各部门。新的核技术,如核磁共振、穆斯堡尔谱学、晶体的沟道效应和阻塞效应,以及扰动角关联技术等都迅速得到应用。核技术的广泛应用已成为科学技术现代化的标志之一。

  核物理的发展,不断地为核能装置的设计提供日益精确的数据,从而提高了核能利用的效率和经济指标,并为更大规模的核能利用准备了条件。截至2013年3月,全世界有三十多个国家运行着435座核电机组,总净装机容量为374.1 GW,核能的发展必将为改善我国环境现状做出重要贡献。

  "现代原子核物理"出版项目的内容包括激光核物理、工程核物理、核辐射监测与防护等理论与技术研究的诸多方面。该项目汇集和整理了我国现代原子核物理领域最新的一流水平的研究成果,是我国该领域科学研究、技术开发的一个系统全面的出版项目。

  值得称道的是,"现代原子核物理"项目汇集了国内核物理领域的多位知名学者、专家毕生从事核物理研究所积累的学术成果、经验和智慧,将有助于我国核物理领域的高水平人才培养,并进一步推动核物理有关课题研究水平的提高,促进我国核物理科学研究向更高层次发展。该项目的出版将有助于推动我国该领域整体实力的进一步提高,缩短我国与国外的差距,使我国现代原子核物理研究达到国际先进水平。

  该系列丛书较之已出版过的同类书籍和教材,在内容组成、适用范围、写作特点上均有明显改进,内容突出创新和当今最新研究成果,学术水平高,实用性强,体系结构完整。"现代原子核物理"将是我国该领域的一个优秀出版工程项目,它的出版对我国现代原子核物理研究的发展有重要的价值。

该系列丛书的出版,必将对我国原子核物理领域的知识积累和传承、研究成果推广应用、我国现代原子核物理领域高层次人才培养、我国该领域整体研究能力提高与研究向更深与更高水平发展、缩短与国外差距、达到国际先进水平有重要的指导意义和促进作用。

我衷心地祝贺"现代原子核物理"项目成功立项出版。

中国工程院院士

中核集团科技委主任

二○一三年十月

# 前　言

金属缺陷捕陷气体原子是冶金学家早就注意到的自然现象。金属缺陷捕陷氢原子和氦(He)原子是典型例子。随着核电以及聚变核技术研究的发展,核结构材料中的氢和He已成为挥之不去的著名有害元素。金属中捕陷态氢原子和He原子的位形和能量、捕陷能和捕陷结构、氢和He的交互作用以及金属中He的自捕陷是重要的学科问题,受关注的程度几十年不减。20世纪60年代以来,西方核大国相继研究具有高储氚固He能力的金属氚化物氚源材料,我国亦进行了相关研究。因为研究内容涉及核大国研发战略核武器和有限寿命部件延寿的需要,公开发表的结果还较少,相关研究的需求十分紧迫。正是这些背景催生了本书的编写和出版。

本书编著者在原有氚物理、氚化学和氚工艺研究的基础上,在国家重点基金项目"金属氚化物的时效效应和延缓He析出的材料学机制"和几项国家基金项目的支持下,组建研究团队,并从2002年开始开展了低平衡压高性能储氚合金的研究。在相关课题研究过程中,在已有成果的基础上,汇集了国内外重要的研究成果写成本书。本书全面深入地给出了金属和金属氚化物中He行为的诸多问题,是不同学科领域研究者密切合作的结果。

本书共分5编20章。在金属中He的小团簇理论的概念和框架下,各章内容互相联系和补充,从不同层次论述金属和金属氚化物中的He行为、He损伤和He效应。鉴于相关的学科内容和研究方法尚在进展中,本书对重要的研究结果进行了综述和归纳,并给出了详细的参考文献。与金属中的He损伤和He效应相比,金属的辐照损伤物理已臻完善。为此我们选择相关的内容作为附录,便于读者对照阅读。

第1编包括3章,侧重于金属缺陷捕陷气体原子的现象描述和金属中氢与单空位的交互作用、金属中氢的替换效应、金属中He的捕陷转换效应和自捕效应机制的描述。

第2编论述金属中He的小团簇理论。Wilson的小团簇理论讨论原子层次的计算方法和结果,我们认为可以将其扩展为有普遍意义的He的小团簇理论,本书的全部章节都是在这一概念下安排的。

第3编包括5章,从不同层面讨论了辐照金属中He的聚集和He效应,侧重现象—原理—应用的综合论述。其中第9章综述了辐照金属中He行为的重要研究结果。第10章、第11章和第12章讨论了相关的实验方法和原理。第13章综述了He对未来聚变反应堆结构材料性能的影响。

第4编包括5章,全编对氚和金属氚化物基本性质、新研究进展及成果的论述,重点是对与推进核聚变研究相关的氚工艺、氚效应和金属氚化物氚源材料研究。鉴于氚工艺和氚效应实验数据存在不确定性,本编注重选用权威实验室的研究结果,并注意与相关专著相关联。其中第 18 章详细讨论了金属氚化物中 $^3$He 的基本性质和金属氚化物的国内外研究现状。

针对发达国家对研发高性能储氚合金的关注,本书第 5 编讨论了编著者团队对于 Ti,Zr,Er 氚化物时效效应和高性能 Ti 基合金储氢(氘、氚)材料的研究进展,读者可将其与第 18 章内容对照阅读。

在本书出版之际,编著者感谢国家基金委靳达申老师、车向先老师对我们研究工作的支持和帮助。在编写过程中得到数十名科研人员和研究生在科研、资料收集以及文稿撰写等方面的帮助。

编著者

2014 年 10 月 25 日

# 导　　论

氦(He)位列元素周期表 0 族气体元素之首,不与其他元素反应。事实上,He 气体的基本组成单元是单个元素,从来没有制成过 He 的稳定化合物,仅在特定条件下观察到瞬间存在的氟化氦离子。毫无疑问,这种最轻惰性气体的化学惰性确实出色。

金属中的 He 具有让人们津津乐道的独特性质,核能和高技术领域中 He 的身影无处不在,是这类领域的著名元素。金属缺陷捕陷气体原子是冶金学家们早就注意到的自然现象。金属缺陷捕陷氢原子和 He 原子是典型例子。随着核技术的发展,核结构材料中的氢和 He 已成为挥之不去的著名有害元素。捕陷态氢原子和 He 原子的位形、能量、捕陷能和捕陷结构以及氢和 He 的交互作用是重要的学科问题,受关注程度几十年不减。

研究金属缺陷捕陷气体原子需要知道这一过程的原子过程。20 世纪七八十年代,美国和德国的学者运用离子注入和快离子沟道效应研究了晶态中氢和氦的原子行为。在加拿大和德国的研究组运用离子注入和热解吸方法研究了金属中 He 的原子行为。相关能量的理论计算当数美国 Sandia 国家实验室 Wilson 等人的工作。这期间的研究结果为该领域的发展奠定了基础。

人们曾经预测,对于没有引入缺陷的情况,例如,低能注 He 以及通过氚(T)衰变引入了 $^3$He 的临氚样品和新鲜的金属氚化物样品,在一定的温度下 He 将通过简单的间隙扩散方式扩散出样品。的确,依 Kornelsen 的报道,在接近液氮的温度下,经低能注 He 的钨样品中已没有 He 存在了。Wagner 等的研究表明,亚阈注入钨中的 He 在约 96 K 时是可迁移的。这是一般现象吗?人们从 Thomas 等关于氚的研究得到启示。他们的研究表明,直至加热到 500 ℃,金属氚化物中由氚衰变生成的 $^3$He 还有约 98%(原子分数)被保留在晶格中。在临氚的结构材料 Ni 中(经很好退火处理的纯净多晶冷加工样品和单晶样品)也观察到了如此强的包容 He 的现象,仅在较低的热解吸温度下观察到少量的 He 释放,而且初始 $^3$He 含量较少样品(时效时间短)的释放量要相对大些。这表明金属和金属氚化物有很强的固 He 能力和特殊的固 He 机制。

这些关于 He 存在状态的基础性研究也与 West 和 Raw 发现的低温氦脆相关。他们研究发现,含氚和含 $^3$He 的不锈钢样品的韧性降低比仅含氢样品要大得多。有实验数据表明,当原子分数相同时,He 降低结构材料性能的作用要比氢大 3 ~ 4 倍。20 世纪 80 年代建立了与仔细计算和严格的实验结果相一致的自捕陷模型和金属中 He 小团簇理论的概念。自捕陷机制描述了 He 在无预损伤金属中的行为,适用于所有金属和金属氚化物。

金属缺陷捕陷气体原子和金属中 He 的自捕陷是金属中 He 的基础学科内容,是金属中 He 小团簇理论的理论基础。本书在这一框架下,从五方面论述金属和金属氚化物中的 He 是恰当的。

金属中 He 具有很高的形成能,He 不溶于金属但容易被金属包容。正是这种性质导致了金属的 He 损伤或 He 效应。高温下即使 He 浓度很低也会在晶界处聚集成泡,导致严重的高温脆性。借用 Kulcinski 的话:辐照损伤是聚变能商业化的第二个最大障碍。

由于 He 在固体中的溶解焓高达几电子伏,这意味着材料中任何一种机制产生的 He 都是高度过饱和的。金属和冶金学家面对金属中的 He 都会有不知所措的感觉,因为用常规方法得不到金属 – He 合金(核技术的应用多少改变了这种状态)。中子与结构材料原子核间的相互作用不仅产生离位损伤,而且发生核嬗变反应生成外来元素。在各种产物中,He 气体扮演重要角色,因为它们在很低的浓度下也能损伤基体的性能。在反应堆建设早期,核燃料中惰性气体的影响就极受关注,但直到 20 世纪 60 年代才开始关注结构材料中由 $(n, \alpha)$ 反应生成的 He。1965 年,Barnes 首先观察到受辐照钢由于氦在晶界聚集引发的高温氦脆。20 世纪 70 年代中期可控热核聚变技术的进展推动了该领域的发展。人们很快看到,高能聚变中子产生 He 的速率远高于快中子裂变反应堆。随着散裂中子源技术的发展,人们发现窗口和屏蔽材料中包容着 $(\rho, \alpha)$ 反应生成的高浓度 He。

### 核技术中的典型 He 生成速率

与此同时还开展了氚衰变成 $^3$He 的相关研究。其研究最早可追溯到 20 世纪中后期,研究的金属有 Er,Pd,Ti,Zr,U,Sc,Li,V 和 Ni 等。金属氚化物中 $^3$He 行为的研究对于高技术含氚部件和聚变能源的实现都极其重要。许多世界级研究机构对金属氚化物中 $^3$He 的位形、He 泡的形成机制、He 的加速释放和机制、He 释放与浓度和温度的关系以及金属氚化物中的 He 损伤和缺陷结构等方面进行了大量研究并获得了重要的结果。在众多的研究机构中,尤其以美国 Sandia 实验室的工作最为系统和深入,该实验室专门成立了 Physics and Chemistry of Metal Tritides Working Group(物理和化学金属氚化物工作组),并在 2004 年、2006 年、2007 年、2008 年和 2010 年先后召开"Hydrogen and Helium Isotopes in Materials Conference"(材料中的氢和氦同位素交流会)。交流会上讨论了金属氚化物的时效行为、固 He 机理和制备工艺对金属氚化物薄膜性能的影响。从相关会议报道情况来看,美国将持续投入大量的人力物力从理论和实验两方面开展相关的研究工作,主要基于物理过程和材料行为研究相关的理论,推动新型金属氚化物的研发和应用。

尽管该领域的研究开展得很早,而且相关结果已获得应用,但公开发表的应用结果还较少。随着聚变堆研发的进展,氚储存和氚工艺的配套研发变得更紧迫,这种情况已在变化。

20 世纪末,在美国召开了两次聚变反应堆材料主题会议(1979 年,迈阿密;1981 年,西雅图),ASTM 编辑了辐照对材料性能影响的论文集。分别在德国(1974 年,卡尔斯鲁厄)、法国(1979 年,阿雅克肖)、英国(1983 年,布赖顿)召开了三次反应堆材料会议。从出版的论文集看,大部分研究涉及的是核材料的性能,关于金属中 He 的基础性研究较少,但看得出对于基础性研究内容有迫切需求。1979 年在英国哈维尔召开了金属和离子固体中惰性气体专题讨论会。此后,在有关核反应装置、聚变堆材料及氚工艺等大型定期国际会议以及材料科学与工程会议上 He 都列为重要的专题。SF. Pngh 编辑了论文集,按 R1 – R6,E1 – E20,T1 – T8 列出了文献目录和分类(序号前面 R 表示评述类文章,E 表示实验类文章,T 表示基础类文章)。论文集涉及的 He 问题大至为三类:

(1)单 He 原子和小团簇的性质;

(2)He 泡的形成及性质;

(3)He 导致的宏观性能变化。

这种分法看起来有人为因素在里面,但应该是合理的,因为它们涉及的理论和实验方法都不同。

## 金属中 He 的小团簇理论

Ullnaier 在 1983 年图示了金属中 He 原子、小 $He_n V_m$ 团、He 泡的性质,给出了小团簇理论的概念,包含了金属中 He 泡形核长大理论及 He 效应的重要内容以及对应的理论和实验研究方法。

Trinkaus 在 1981 年给出了类似的分类(但有侧重),图示了 He 原子间的相互作用、He 原子与金属原子的相互作用、He 泡分类、He 泡形核长大动力学及相关的研究方法。半径约 1 nm 的较稳定的小团簇($n$ 约为 $50 \sim 100$,$m$ 约为 50)为原子泡核,为 He 泡形核和长大的孕育阶段。当 He – 空位团半径大于 1 nm 后,进入非理想气体 He 泡阶段(1~100 nm)和理想气体 He 泡阶段( >100 nm)。纳米尺寸的非理想气体 He 泡为超高压 He 泡。

Ullmaier 等于 1984 年给出了金属中 He 泡孕育形核、He 泡形核、稳态长大和非稳态加速长大阶段的特征,图示了基体和晶界处 He 原子和含 He 非稳态团簇的行为,试图说明建立 He 对聚变堆结构材料性能影响的理论模型需要分析的系列步骤。第一部分涉及含 He 点缺陷性质的内容。对于复杂的合金系和包层结构,需要获得精确的 He 生成速率值和离位速率值,以及准确的点缺陷扩散系数(DV 和 DI)。更困难的问题是获得 He 在晶界的扩散数据以及复杂合金中各种捕陷结构对 He 迁移的影响。He 与杂质、位错的结合能仅为零点几电子伏,高温时可以忽略。存在不连贯沉淀相时,特别是析出相与基体之间有较大错配的情况就不一样了,这种状态可能是一种非常有前景的抑制氢脆的冶金方法。尽管如此,先期形成的 He 原子团和 He 泡是捕陷迁移 He 的最有效的位置。下一关键步骤是考虑晶体内部泡密度的演化,首先应考虑如何建立与 He 产生速率、He 含量、温度、微观结构和时间的函数关系。Ullmaier 等运用这种方法给出了聚变条件下不锈钢结构件的寿命预测模型。

以上三个图表均产生于 20 世纪七八十年代。这时期是金属中 He 研究的最活跃时期,也是研究结果最丰富的时期。分布于世界的许多研究组针对金属中 He 的多个方面进行了深入的研究。例如,美国的 UCSB,UCLA 和 ORNL,欧洲的 Harwell,Risφ,FZ Jülich 和 PSI,以及苏联的 Hurchatov Institute 等。

表列研究内容涉及三种层次(微观、介观和宏观)。研究方法大致为两类:

(1)不同层次理论计算;

(2)实验研究和理论分析。

两类方法各具优势,相互补充推进研究的进展。计算材料学的理论基础大体分为三个层次。

一是宏观热力学理论,它不涉及原子结构和电子的相互作用,是以大量质点所组成的系统为对象,以热力学的两个定律为基础,研究热运动形态与其运动形态间的相互联系及相互转化的宏观方法。由于使用经验参数,它对金属和合金的理论描述以及预测都很不错,因而有着相当广泛的用途。

二是原子层次理论,它涉及晶体结构、原子的运动以及原子间的相互作用,但未直接考虑电子的相互作用,其物理实质比热力学理论深刻但逊色于电子理论。这种方法主要通过势函数描述原子间的相互作用。体系的总能量由体系中所有原子间相互作用总和决定,进而得到体系的其他性质。计算结果准确性取决于势函数的准确性。

三是电子层次理论,它深入到了原子结构的电子层次,不仅考虑原子核之间的相互作用,原子核与电子间的相互作用,而且考虑电子间的相互作用。因此其物理学实质非常深刻。电子理论基于量子力学第一原理计算,通过解多电子薛定谔方程式得出体系的总能量。

从金属中 He 的研究进程可以看出,几种层次研究工作并存,并一直伴随至今。金属中 He 的小团簇理论是 20 世纪 60 年代和 70 年代发展、建立起来的,涉及的是原子层次的理论计算,原子间作用势的建立采用的是原子层次计算,也考虑了固体的电子效应。

## 早期的原子理论计算

20 世纪 80 年代,原子层次的理论计算(两体势)取得了进展,相续提出和完善了金属中 He 的自捕陷机制。自捕陷机制描述了 He 在无预损伤金属中的行为,适用于金属和金属氘化物。

20 世纪 50 年代,Rimmeb 用气体原子间的作用势和 Cu – Cu 间作用势的平均值作为气体原子和基体原子间的作用势(早期的经验势)。Wilson 等早期使用半经典的两体势,用刚性原子近似描述 He 原子与金属原子的相互作用。

1967 年,Wedepohl 给出了基于准量子力学的气体 – 金属原子作用势。1971 年,Wilson 和 Bisson 改进了作用势的计算方法,免去了平均和拟合等步骤。这种势与惰性气体对势符合得很好,可用来描述气体和金属原子间的相互作用。这类基于原子间相互作用的势函数称为经验势(EPs)。

Wilson 等于 1972 年和 1983 年间发表了多篇论文。他们的计算结果表明,金属晶格中的 He 原子能够相互成团,小的 He 原子团就能诱发晶格畸变,产生空位和近自间隙缺陷,引发这一反应的临界 He 原子数并不大。对于 FCC(面心立方)结构的镍,5 个间隙 He 原子能引发生成 1 个晶格空位和近自间隙原子。8 个 He 原子成团产生 2 个这样的缺陷。16 个间隙 He 原子则可开创 5 个以上的自间隙空位对。自间隙原子优先在 He 原子团簇的一侧聚集,而不是沿 He 原子团周围均匀分布。随着 He 原子团浓度增加,He 原子与原子团的结合能增大,表明 He 原子的自捕陷未饱和是自发的过程。重要的是自间隙原子的稳定化作用促成了不需要自间隙原子脱陷的 He 泡长大机制。

Wilson 等依据这些原子结合能数据的速率理论成功比较了氚时效实验结果,采用速率理论动力学模拟了 Thomas 等的氚时效现象,获得的结果是一致的,受人们关注的自捕陷机制日臻完善。

这以后,Wilson,Bisson 和 Baskes 等相继发表了《关于 He 在金属中的自捕陷》(1981 年)、《He 在金属中的自捕陷动力学》(1983 年)和《金属中 He 的小团簇理论》(1983 年)等文章,综述了那个时期的卓有成效的研究工作。他们使用参数化的或第一原理得出的两体势计算金属中 He 原子的能量。这种方法虽有一定的局限性,但其研究结果奠定了 He 泡形核和长大的理论基础。

Wilson 在《小团簇理论》一文中提出了小团簇原子的概念。《小团簇理论》讨论的是原子层次的计算方法和结果,我们认为可以将其扩展为有普遍意义的 He 的小团簇理论。本书在这一概念下讨论金属中空位型 He 缺陷的性质,既有理论意义又有实际意义。Wilson

讨论了因缺陷结构复杂性导致的诸多问题,给出了准确的结论和对以后工作的展望,至今仍有意义。

由于原子间作用势研究的不断发展,已得到了简单金属中 He 迁移和自捕陷的可信计算结果。已计算了很多含 He 缺陷的能量参数,包括 He 的间隙扩散激活能,He 与空位、He 与 He 和其他稀有气体(包括间隙和替代位)的结合能,He 与化学活性杂质(C,O,N)的结合能,He 与位错的结合能(包括刃位错和螺位错),He 与晶界的结合能,甚至包括 He 在裂纹尖端附近的溶解和扩散等。计算中使用了很多种原子间作用势,很多计算结果已被实验证实。显而易见,处理这些简单金属中的简单过程的最重要问题是缺少真正的实验确定的纯金属和无缺陷块体材料中 He 的间隙扩散激活能。当缺陷更复杂时,问题变得更有趣,计算也更复杂。虽然从总体看问题已经简化到最少,但由于受计算能力限制,仍然存在大量问题。虽然自捕陷理论已经通过计算和实验建立起来了,但是依然存在诸多未知问题,例如,间隙原子在某一时刻会不会有一个或多个被冲出去;形成团簇间隙环的柏格斯矢量是怎样的,它与团簇尺寸的关系如何等。

由于功能更强大的计算设备的出现,已能够计算更大团簇的性能,使我们有可能建立一个理论,将原子理论与现在发展起来的连续或宏观的模型联系起来。如果这样,我们就能够计算泡中 He 的压力与所包含的 He 原子数目的关系;也能够计算更复杂金属或简单合金中 He 的性能。我们鼓励在这个复杂但是仍然有原子尺度缺陷存在的领域的基础性实验研究。

## 发展中的小团簇理论

辐照条件下材料的行为是典型的多尺度现象,因为几个小时或几年微观尺度的演化是由原子尺度的缺陷在皮秒级时间中的演化引起的。预测性的模拟金属的现象需要运用多种模型,这些模型涉及不同的时间和尺寸范围。

第一原理方法是指基于物理定律,不掺杂任何经验参数,完全通过对量子理论的多体薛定谔方程求解来获得体系的性质。这种方法需要大量的计算,所以最多只能计算几百个原子的超胞。

分子动力学(MD)是一种通过解一系列的原子运动方程来模拟体系状态随时间演化的理论计算方法。体系的总能量由原子间相互作用总和决定。该方法广泛应用于研究缺陷在纳秒级时间范围内的性质。

蒙特卡洛方法(MC)的基本思想是把待研究的问题转化为求某事件的概率、某随机变量的数学期望或与概率和数学期望有关的量。动态蒙特卡洛方法(KMC)被用来模拟长时间范围内(几个小时或更长)材料微观结构的演化。

基于速率理论的团簇动力学已应用于辐照条件下更长时间范围内的材料行为的模拟。该方法只需要很少的计算资源,可以研究一个反应器寿命长度的时间范围,是这种方法最突出的优点。由于输入数据的限制,团簇动力学方法不能处理缺陷之间的空间关联,因为这种方法的基本假设是缺陷在空间中的分布是均匀的。

## 近期的理论计算

1980 年,Stott 等在密度函数理论的基础上,提出了准原子理论。他们将杂质离子与其电子屏蔽云看作为一个整体,称之为一个准原子,准原子的能量是它浸入其中的基体电子密度的函数。Nørskov 等提出了类似的有效介质理论(EMT)。该理论也是计算嵌入一个杂质原子或多个原子到非均匀基体中的能量,将该能量近似地用嵌入一个原子于均匀电子气中嵌入原子所在处的基体电子密度 $\rho(r)$ 的函数表示。

1982 年,Manninen 等运用有效介质理论计算了间隙 He 和替位 He 在钾、钙及 3d 过渡金属中的形成能。

1985 年,Nielsent 等运用有效介质理论计算了几种 FCC 和 BCC(体心立方)金属中单个 He 原子的能量,并比较了晶格弛豫和晶格固定情况下的能量变化,晶格弛豫后间隙 He 的形成能降低,空位处 He 的形成能升高。

1998 年,龙德须和彭述明等利用有效介质理论计算了 He 原子在间隙位的嵌入能、在替代位的嵌入能、相邻间隙位之间的马鞍点处的嵌入能和间隙与相邻替代位之间的马鞍点处的嵌入能。利用四个嵌入能得到 He 与空位的结合能以及两个与 He 扩散相关的扩散势垒,即间隙方式扩散势垒和 He 从空位到相邻间隙位的扩散势垒,计算值与他们的实验值相一致。

Whitmore 在 1976 年采用非线性自洽屏蔽理论的赝势(PP)计算了间隙 He 原子在金属 Al 和 Mg 中的稳定性。八面体位形比四面体位形稳定。

Seletskaia 等在 2008 年运用第一原理方法计算了多种 BCC 过渡金属中 He 原子的能量,对于所有的 BCC 金属,He 在空位处的形成能几乎是一样的,比间隙 He 的形成能小很多。He 原子在四面体间隙比八面体间隙更稳定,而且间隙 He 的形成能大小主要由基体的电子结构决定,与基体原子尺寸无关。

Fu 等在 2005 年运用第一原理方法计算了 BCC Fe 中 He 的能量,与 Wilson 的结果不同,间隙 He 原子在四面体比八面体位置稳定,且间隙 He 的扩散激活能很低,约为 0.06 eV。Fu 等近些年发表了多篇关于 $\alpha-$Fe 中 He 行为的论文,详细论述了 Fe 中 He 原子的位形、能量及迁移机制。

Zu 等在 2009 年运用第一原理方法计算了多种 FCC 和 BCC 金属中 He 原子的相对稳定性。在 BCC 金属中,He 原子在四面体位置比八面体位置稳定;而在 FCC 金属中,He 原子在间隙位置的相对稳定性无规律性。

向鑫和陈长安等于 2009 年运用密度泛函理论计算了大量 He 原子存在时 He 在 Al 中不同位置(包括晶界和位错)的能量并预测了 Al 中 He 原子行为。

Koroteev 等于 2009 年运用第一原理方法计算了锆中 He 原子的稳定性。对于 BCC(体心立方)、FCC(面心立方)和 HCP(密排六方)三种结构的锆,间隙 He 在四面体位置均比八面体位置稳定。

Ganchenkova 等在 2009 年运用第一原理方法计算了 HCP Be 中 He 的稳定性,发现间隙 He 在两个相邻八面体共有面面心或两个相邻四面体共有面面心较稳定,形成能约为 5.8 eV。

吴仲成和彭述明等在 2003 年用有效介质理论和第一原理方法计算发现,HCP Ti 中,间隙 He 在八面体位置比四面体位置稳定。

王永利等在 2010 年对于较大超胞的 Castep 计算表明,He 原子在 Ti 晶体相邻八面体共有面的面心位置(FC)的形成能最低,是相对稳定的位形,有趣的是计算出的替位 He 的形成能略高于间隙 He 的形成能,提示应对 Ti 中 He 的行为进行更深入研究。

Mansur 和 Stoller 等在 1983—1985 年间依据空位吸收速率、空位发射速率和自间隙原子吸收速率推导了气泡长大速率的方程,并将其用来模拟 He 作用下的空腔长大和聚集行为。这些已建立的理论适用于金属中 He 浓度较低的情况,可以用来建立辐照条件下聚变堆结构材料行为的模型,这些情况下 He 是由 $(n,\alpha)$ 俘获反应生成的。

因为第一壁结构材料中的 He 浓度很高,这些结果还不能解释高温等离子体与壁材料表面相互作用(PSI)产生的 He 问题。He 原子能够直接注入面对高温等离子体的金属结构部件,形成高密度 He 泡。高密度小 He 泡的压力很高,能够发射 SIA 和 SIA 团。SIA 团簇塌陷成晶间位错环,He 泡长大。实际上,透射电子显微镜(TEM)下观察到了注 He 时(镜下注入)从高压 He 泡中冲出的 SIA 团簇(环)。

He 泡形核早期的行为与基体材料和结构密切相关,聚变反应下奥氏体不锈钢和铁素体不锈钢的 He 效应是一个引人关注的例子。Caturla 等采用 Fu 等人的能量数据,运用实体动力学蒙特卡洛方法(OKMC)模拟自间隙原子团迁移对 He 扩散的影响。Borodin 等于 2009 年运用晶格动力学蒙特卡洛方法(LKMC)模拟了 Fe 中 He – 空位团的动态行为。Torre 和 Fu 等用动态蒙特卡洛方法模拟了电子辐照 Fe 样品的性能的回复过程。

Morishita 和 Sugano 等在 2003 年运用第一原理、分子动力学和蒙特卡洛方法研究了 Fe 中自缺陷团、空位型 He 缺陷团的长大和收缩机制、寿命和迁移行为,研究内容包括点缺陷团间的结合能和缺陷团的发射。

Morishita 和 Sugano 等在 2006 年考虑了所有点缺陷的吸收和发射速率,应用热力学理论计算了包含 He 泡和点缺陷(空位、He 原子和自间隙原子)系统的总自由能以及形成一个 He 泡的激活能势垒,分析了 He 对 He 泡形成的影响;在平衡和辐射条件下对空位、He 原子和自间隙原子流入、流出 He 泡的速率进行了估算,给出了 BCC Fe 中 He 泡形核和长大机制(路线图),并与分子动力学和动态蒙特卡洛方法结果进行比较。路线图考虑了所有点缺陷的发射,为了简化没有包括缺陷团簇的发射。这些结果已用于指导高性能辐照合金研制。

Schaldach 等在 2004 年讨论了 He 对空腔形核的影响,运用速率方程描述了 He 泡的形成动力学,论述了纯 Ni 中 He 生成量随辐照剂量的变化。提出了基础和标准溶解度的概念,并引入连接实际溶解度的比例参数。给出了不同镍含量奥氏体不锈钢 He 的生成速率。

Zhang Y 在 2004 年建立了 FCC Fe 中 He 原子的扩散模型,给出了相关的速率方程和有效扩散系数概念。分析了稳态空位浓度、SIA 浓度、间隙 He 原子浓度和替位 He 原子浓度随温度的变化、晶格结构对有效扩散系数的影响、辐照条件对有效扩散系数的影响以及显微结构对有效扩散系数的影响。这些研究内容对理解 He 泡的形核和长大机制很有帮助。

### 辐照金属中的 He 聚集和 He 效应

与计算相比,含 He 缺陷的实验研究较为困难,能够应用的方法也不多,这里简要说明几种实验技术的特点和可用范围。除了等离子显微镜(FIM),可能还有正电子湮灭(PA)(E10,E11)、微拢角关联(PAC)(E8)、沟道定位技术(CI)和示差膨胀法(DD),没有其他实验方法可以直接表征固体中单 He 原子的行为。在计算的支持下,已经证明离子注入和热解吸谱(THPS)或渗透测量是获得金属中 He 原子性质的有效方法,并获得广泛应用(E1,T3,E2,E3,E5,E19)。

　　He 泡的能量主要用其体积和压力表征。除理论计算外,气泡的体积和压力(或密度)也能通过实验研究获得。透射电子显微镜是研究 He 泡的直接方法(R2,E4,E6,E7,E12,E13,E17)。近年来其他的技术也获得成功应用,并获得了有价值的综合信息。这些技术包括小角中子散射(R2)和 X 射线衍射(SAS)(E18)、正电子湮灭(PAS)(E10,E11)、相对长度和相对晶格参数测定(比膨胀测量)(E9)和电子能量损失谱测定等(E13,E14,T8,T9)。

　　诸多较为间接的方法亦被应用。紫外光吸收谱(UVAS)偏移可用来表征小 He 泡的 He 密度(偏移是高密度 He 激发引起的)。观测含 He 样品熔化或 λ 转变时的热量可以确定较大 He 泡中的低 He 密度。核磁共振实验时晶格弛豫时间随温度的变化可以用来研究 He 泡的相变(某一温度下弛豫时间突然变化是由泡中 He 密度分布状态引起的)。来自 He 泡周围应变场的 Huang 漫散射(MDS)被用来分析 He 泡的压力。He 泡能量的信息(He 原子和 He 泡间的结合能)可通过热解吸谱(THPS)得到。声发射技术能够给出位错环发射过程的信息。不同技术适用于表征不同尺寸的 He 泡。例如,透射电子显微镜适于观察非理想气体 He 泡。上述的观察技术均有一定的难度,应与相应的理论分析和计算模拟研究相结合,以便解释和评估实验结果。

　　定量模拟金属中含 He 缺陷的行为需要输入相关的能量参数,例如,稳态和非稳态位形的结合能和迁移能。通常采用的原子势函数计算和基于第一原理的电子结构计算仅能提供小组态的信息。对于较大的含 He 团簇,仍主要利用连续近似处理方法,如 He 的状态方程和线性连续弹性理论分析等方法来处理实验数据。

　　20 世纪 70 年代到 80 年代,分布于世界的许多研究组运用这类方法对金属中的 He 行为进行了系统研究,结果丰硕。1980 年已形成了 He 泡形核和长大的理论基础,其代表性学者包括 Greenwood,Barnes,Trinkaus 和 Ullnaier 等。

　　Greenwood 等在 1959 年发表了关于空位和位错对辐照材料中气泡形核和长大影响的文章,领先开展了金属中 He 的基础性研究。Barnes 在 1963 年发表了关于反应堆材料肿胀理论和气体释放的文章,亦具有领先性和实际意义。Barnes 在 1965 年首先观察到受辐照钢由于 He 在晶界聚集引发的高温氦脆现象。

　　He 对聚变反应堆结构材料性能的影响是这时期的另一篇代表作(Ullnaier 发表于 1983 年)。文章讨论了聚变反应堆结构材料中产生 He 的机理和预期的生成速率;论述了金属中 He 的基本性质;给出了聚变条件下不锈钢结构件的寿命预测模型;回顾了模拟聚变反应条件 He 的引入技术在一些细节方面的进展;讨论了一些典型奥氏体和马氏体钢性能恶化(如拉伸强度、蠕变和疲劳行为以及肿胀等)的实验结果,介绍了对这些实验结果进行理论分析的初步进展,对正在开展的低活化铁素体/马氏体钢的研发有借鉴作用。

　　Trinkaus 等人这时期发表了多篇文章。《金属中 He 泡能量和形成动力学》最具代表性(1981 年),有承前启后的作用。《辐照过程 He 在金属中的聚集》(2003 年)是经典的综述性论文。《不同实验条件的 He 泡形成》和《成团前后 He 原子的扩散和释放机制》是两篇以实验为主的论文,体现了原理现象应用间的连贯性并与相应的理论计算相呼应。

　　《辐照过程 He 在金属中的聚集》第一部分讨论了 He 原子在金属中的位形和能量及扩散机制。第二部分讨论了不断有 He 生成条件下 He 泡的生成及演化,给出了 He 泡形成与温度、He 的生成速率、晶格原子离位速率等的关系。第三部分讨论了退火时含 He 样品 He

泡的聚集和演化行为。第四部分讨论了不同实验条件下 He 泡的形成行为,给出相关参数的定性和定量关系式。第五部讨论了金属中 He 泡的迁移和热解吸实验。第六部分讨论 He 泡的状态,分析了不同状态下 He 泡的能量及稳定性。第七部分介绍特殊形貌 He 泡,例如,He 片和 He 泡与位错环复合体的最新研究结果。第八部分讨论了 He 泡对金属机械性能的影响。最后部分对 He 的研究状况进行了有指导意义的评述和展望。导言撰稿人认为,十几年前的评述和展望仍有现时意义和指导意义,特别是对于聚变堆第一壁和包层结构材料而言,值得回顾。

辐照条件下 He 对材料性能的最主要影响是使其失去韧性,获得脆性。力学性能变化的直接原因是材料的显微结构发生了变化。引发显微结构变化的因素与材料中 He 生成和聚集的全过程相关,例如,He 原子在晶体中扩散、被缺陷捕陷和从其他缺陷离解、He 泡的形核及长大以及这些演化与材料力学性能变化的关系等。很显然,只有深入了解每个过程的行为细节和相关机制以及各过程间的因果关系才能对这一复杂过程做出有价值的评估。从目前的研究结果看还远达不到这样的程度。

下面的评述是很不全面的,但有所侧重。例如,在描述过程和相关机制时侧重于建立它们之间的定量关系。另外,在分析演化过程时仔细考虑了相关参数的应用范围。可以这样说,在过去的年代,关于 He 泡形成的机制、相关参数以及高温氦脆的研究已取得很大的进展。但已有研究工作主要针对低缺陷密度均质金属,而且设定的退火温度高于回复的第 V 阶段,此时金属离位损伤的影响已小到可以被忽略。很明显,关于高温氦脆的认识是对问题作了简化处理的结果,涉及的温度范围对于实际的工艺过程也不是最有意义的。即使在这一温度范围内,给出的分析结果和数学模型也远不是定量的。也就是说还没有揭示 He 泡演化和材料脆性与温度、He 生成速率和 He 浓度间的定量关系。例如,在描述温度对 He 泡形核密度影响时仅仅考虑了温度对 He 原子从泡核热重溶和被临界尺寸泡核热吸收这一单一过程,而 He 在材料中的溶解度、扩散系数以及临界泡核尺寸和状态等参量对此过程的贡献仍然不清楚。在较低的温度下(围绕和低于阶段 V),离位损伤(通常伴随有 He 生成)会对基体显微结构产生更大的影响,特别是在 He 生成速率与离位速率比值相对低的情况下。这使问题变得更为复杂。

对于接近和仅略低于阶段 V 的温度,He 泡的形核和长大仍然受 He 控制,但对其基本细节并不完全清楚。例如,He 的扩散机制、He 生成条件下 He - 空位团迁移及小 He 泡对泡形成的作用,以及泡密度与温度和 He 生成速率的关系等。进一步讲,对于这一温度区域,在许多重要的参数中[温度、He 生成和离位速率(或者速率之一),以及 He 生成速率与离位速率比值等],哪一个参数在孔洞形核中占主导作用还不清楚。

对于有工艺应用背景的金属和合金,晶体缺陷(如沉淀相、位错和晶界等)对气泡形成有重要影响,特别是在高温情况下。一些实验结果显示出其重要性,引起人们的关注,但相关的材料学问题,例如,位错及晶界结构对 He 泡形成和氦脆的影响还远没有进行系统研究。

在工程应用的温度范围内(阶段 III 和阶段 V 之间)则存在更多还不完全清楚的问题,特别是相对高的温度下。例如,已有清楚的实验现象表明高剂量辐照下发生的级联碰撞促使 He 从 He 泡离解并与 He 泡的结构变化相关,但对这一过程的模拟研究仍处于早期阶段。He 引起的低温硬化和低温脆性是个涉及面很宽的重要问题,但低温状态下材料硬化和脆性与温度、He 生成速率、离位剂量水平以及材料种类和结构等关系的研究才刚刚开始。

针对某些关键过程进行系统实验验证是很有必要的。例如,人们已对辐照下 He 的扩散机制进行了较深入的研究,但目前给出的研究结果基本上是基于理论设想的。定量地模拟 He 在金属中的行为需要输入一些重要的参数,例如,稳态和非稳态位形的能量,包括结合能和迁移能等。目前常常采用的基于第一原理的电子结构计算仅仅能提供小组态的信息,如 He 原子与空位及小空位团的相关信息。对于较大的 He – 空位团,人们仍主要利用连续近似处理方法,如 He 的状态方程和线性连续弹性理论等。模拟金属中 He 聚集行为的进一步工作在于如何成功地将 He – 空位复合体的能量、形成动力学的理论分析和数字处理结果与系统的分子动力学和蒙特卡洛模拟结果结合起来进行综合分析,以及正确设计相关细节的实验方法。这是前人对计算工作的展望,他们希望不断发展的理论计算能够解释上述问题。1982 年,Wilson 在《金属中 He 的小团簇理论》一文中做了类似的评述和展望,这应该不是巧合。

## 氚和金属氚化物中的 $^3$He

本书第 4 编论述了金属中氚和 $^3$He 的性质,内容侧重于基础性和通用性,并注意与相关专著相对应。全编分为 5 章,分别介绍了氢和氢同位素的性质、氚和氚工艺概述、金属中氢同位素的性质、金属氚化物中的 $^3$He 和金属氚化物的缺陷结构。这些章节涉及了氚和金属氚化物中 $^3$He 的重要内容。

氚是氢的放射性同位素,是重要的聚变核燃料,也是非动力核技术领域广泛应用的放射性同位素。氢有三种天然同位素,即普通氢、重氢、超重氢。普通氢又称氕(H),原子核中含有一个质子,是宇宙中含量最多的元素;重氢又称氘(D),原子核中含有一个质子和一个中子,约占氢含量的 0.015%;氚(T)具有放射性,原子核中含有一个质子和两个中子。其实氢同位素家族还包括更多的成员。如果将携带一个单位正电荷的基本粒子定义为氢同位素,则氢同位素的家族成员包括:

(1)正电子素　Ps(正电子:$e^+$);

(2)$\mu$ 子素　Mu(正 $\mu$ 子:$\mu^+$);

(3)氕　$^1$H(质子:p);

(4)氘　$^2$H = D(氘子:d);

(5)氚　$^3$H = T(氚子:t)。

$^1$H,$^2$H 和 $^3$H 是氢的三种重要天然同位素,各核素括号中的名称与符号表示相应的带正电核的核子。这些同位素在物理学中均扮演着重要角色。

氕、氘和氚各拥有一个质子,因此氚的主要化学性质与氕和氘相似。但它们的质量相差很大,同位素效应明显。氚扩大了通常使用的稳定氢同位素成员和进一步进行理论研究的可能性。氚在不同体系中的独特行为和其在科技中应用的特殊性,首先是因为氚核性质有别于氕核和氘核。

20 世纪 80 年代以来,金属氢化物技术在氢同位素的储存、纯化、分离、回收、泵送、压缩以及聚变核技术等方面获得广泛应用,与无流体机械泵(代替氚技术中的水银泵)的应用一起成为氚技术获得长足发展的两个最重要方面,这些技术进步有可能可靠而高效地满足人们对氚的需求。

为了保证在氚生产和使用过程中实现氚的高效、安全和不受污染的输运和储存,研制和提供高性能金属储氚材料是十分必要的。这里说的储氚材料是指用作氚的储存和运输的介质,在某些情况下直接作为氚源介质的材料。选用金属氚化物为氚储运介质的原因在于这种材料能够在室温和方便的氚压力下可逆地吸放高浓度氚,具有高效、方便、安全和经济等优点,而且可在一定期限内保证释放氚的纯度。

在核聚变技术的实验研究中,储氚材料作为特种功能材料应用日益受到关注,需求十分紧迫,例如,为了改进氚靶膜材和微球充氚材料的性能,简化充氚工艺和提高氚质量,有关学者从 20 世纪 50 年代起就一直在积极寻求有良好的储氚、放氚特性和高固 He 能力的新型储氚材料。在密封中子发生器中,通过 D – T 反应可以获得 14 MeV 的单色高能中子,氚靶膜的储氚特性和时效行为决定了中子发生器的出中子能力和储存寿命,随着高技术的发展,氚化物的性能已成为这类有限寿命器件延寿的限制性因素。

用途不同,对材料的吸放氚特性、室温平衡压、综合力学性能、热稳定性及材料的使用形态等有不同的要求,但对氚化物时效过程中自身性能的变化的关注是一致的,关注的要点是时效期间氚衰变产生的 $^3$He 对材料性能的影响以及材料抑制 $^3$He 析出的能力,这里所说的时效是指随着储氚时间延长,衰变产物 $^3$He 在材料内部积累引起的效应。

氚是 β 放射性核素,氚核自然衰变产生一个平均能量为 18.582 keV 的 β 电子和一个平均能量为 1.03 eV 的 $^3$He 原子,半衰期为 12.35 年。这一过程会对基体产生两种形式的损伤:一是 β 粒子及 $^3$He 原子与晶体的相互作用。一般认为 β 粒子的能量不够高,$^3$He 生成时的反冲能也很低,通常不会引发晶体的离位损伤,但会产生多种辐照效应。二是 $^3$He 原子积累对晶体的损伤。12 年对于自然界过程而言是很短暂的,但对于含氚量很高的储氚材料而言,12 年的半衰期对其使用性能的影响将是举足轻重的。直接的影响是导致氚化物本身氚特性和力学性能恶化,间接的影响是使氚化物的使用性能下降,例如,使氚纯度下降、毒化工艺过程和工艺环境、缩短器件有效寿命等。

1989 年,R. L. Esser 出版的《金属中的氚和 $^3$He》是这方面的权威性专著。该书以作者的研究工作和实验设备为基础,深入地论述了氚工艺、金属中氚和 $^3$He 的性质,选用文献准确。鉴于放射性数据的不确定性,为便于比较,作者注意选用相同实验室的数据。本书引用了该书的部分内容,在此基础上形成了第 4 编的论述体系,内容翔实准确。

## 基础性研究和新合金研制

本书编著者的团队从 20 世纪 80 年代起开展了氚工艺和 Ti,V,Zr 及 Er 等金属氚化物的基础性研究和合金氚化物的应用研究。

他们对比了 Ti,Zr,Er 氚化物中 He 泡形核、He 泡生长、He 泡融合、He 泡网络形成以及 He 加速释放等 He 演化阶段的行为特征和机制,建立了 Ti,Zr,Er 三种典型氚化物体系中 $^3$He 全时效过程演化模型,揭示了不同阶段的主要影响因素,描述了评价金属氚化物固 He 能力的特征量——晶胞体积转变时的 He 浓度、He 泡状态和力学性能(杨氏模量、剪切模量、破裂强度),建立了 $^3$He 泡密度和力学性能与其固 He 性能间的定量关系并进行了预测和初步验证,为建立金属氚化物寿命预测和评估方法创造了条件。

20 世纪 90 年代起,编著者的团队在国家重点基金项目"金属氚化物的时效效应和延缓 He 析出的材料学机制"和几项国家基金项目的支持下,在已有工作的基础上,开展了低平衡压高性能储氚合金的研究。首先运用第一原理方法计算了 Ti(M)H$_2$(M 为 3d 和 4d 过渡族金属)体系的电子结构、化学键及体模量;计算了 He 原子在合金化 Ti(M)H$_2$ 体系中的位形、能量、稳定性和扩散行为;研究了元素掺杂对 Ti 基金属氚化物性能的影响以及掺杂物与 He 的相互作用,揭示了掺杂元素捕陷 He 的作用机制。在基础性研究的基础上,研制出了几种新型 Ti 基和 Zr 储氢(氚)合金,并成功地进行了静态储氚实验,首次获得固 He 能力提高 70% 的 Ti 基储氚合金,处于国际先进水平,具有开发应用价值。

在相关课题研究过程中,编著者在已有研究成果的基础上,汇集了国内外大量的研究成果写成本书。本书全面深入地给出了金属中 He 行为的多方面问题,是不同学科领域研究者密切合作的结果。

金属缺陷捕陷气体原子是冶金学家们注意到的自然现象。随着核技术的发展,金属和金属氚化物中 He 的位形和能量、捕陷和自捕陷、捕陷能和捕陷结构、金属氚化物的 He 损伤和时效效应成为核领域的重要学科问题,受关注的程度几十年不减,在这种背景下,本书得以出版。

在原子层次研究金属氚化物中 He 原子的位形和扩散,在此基础上研究 He 泡的形核和长大以及延缓 He 加速释放的材料学机制涉及物理学、化学、冶金和材料学的基础学科问题及多学科的分析检测方法。因此,本书从 5 方面(金属缺陷捕陷气体原子、金属中 He 的小团簇理论、辐照金属中 He 的聚集和 He 效应、氚和金属氚化物中的 $^3$He 以及基础性研究和新合金研制)进行论述和讨论是恰当的。鉴于本书涉及的学科内容仍在完善中,某些结论还有不确定性,给出详细参考文献和发表的年份也是有益的。

本书内容充实,涵盖了该学科的基础和前沿性内容,具有较高的社会和学术价值,填补了我国该领域少有综合性书籍的空白,可作为理工科相关专业的教材或参考书,亦可供有关科技人员参考。

傅依备

# 目　录

## 第 1 编　金属缺陷捕陷气体原子

## 第 2 编　金属中 He 的小团簇理论

# 第 3 编　辐照金属中 He 的聚集和 He 效应

# 第 4 编　氚和金属氚化物中的 $^3$He

# 第 5 编　基础性研究和新合金研制

# 第 1 编　金属缺陷捕陷气体原子

金属缺陷捕陷气体原子是冶金学家们早就注意到的自然现象。金属缺陷捕陷氢原子和 He 原子是典型例子。随着核技术的发展,核结构材料中的氢和 He 已成为挥之不去的著名有害元素。捕陷态氢原子和 He 原子的位形和能量、捕陷能和捕陷结构以及氢和 He 的交互作用是重要的学科问题,受关注的程度几十年不减。

研究金属缺陷捕陷气体原子的行为需要知道这一过程中的原子过程。20 世纪七八十年代,美国和德国的学者运用离子注入和快离子沟道效应研究了晶态中氢和氘的原子行为;在加拿大和德国的研究组运用离子注入和热解吸方法研究了金属中 He 的原子行为。相关能量的理论计算当数美国 Sandia 国家实验室 Wilson 等人的工作。这期间的研究结果为该领域的发展奠定了基础。

Picraux 等研究了简单晶格金属中氢 - 空位(H - V)中心的交互作用,给出了氢 - 空位中心的实验证据,揭示了氢 - 空位中心与自间隙原子间的间隙替换作用。金属中的捕陷氢通常不位于空位中心,相对特定的间隙位有一定的位移,位于邻近空位中心的高对称性间隙位,称其为扭曲的间隙位(例如,注氘 BCC Cr 中的 O′位)。捕陷中心的结合能较为可观(0.1~1 eV),对氢扩散有一定的影响。

运用离子沟道效应对 He 进行准确定位是困难的,但观测结果表明,大部分 He 原子不处在替换位的 He - V 中心。在测量的统计分辨率限度内,很多个窄波谷的多个峰值与计算的 $He_nV$ 组态(主要与 $He_2V$ 和 $He_3V$ 组态)相一致,提示 He 的捕陷结构与氢的捕陷结构存在差异。这种结构性差异被后来的理论计算证实。$He_nV$ 是金属中的初始捕陷结构和损伤组元,与核结构材料中的初始单 Frenkel 对有类似之处。

氢和 He 有弱相互作用。对于 FCC 金属,处于间隙位的 H(He)原子相对于孤立的 He(H)原子的能量大多数为正值,表明 H 与 He 对之间存在微小的排斥力,He 使 FCC 晶格中氢与空位的结合能下降约 0.1 eV。He 原子与氢原子在 FCC 晶格中不键合。排斥现象可能是由氢原子产生的微小膨胀引起的。BCC 晶格中的间隙 He 原子与氢原子可能处于弱捕陷态,捕陷能与氢在晶格间隙的扩散激活能相当。He 使 BCC 晶格中氢与空位的结合能下降约 0.25 eV,与氢和 He 的结合能为同一数量级,He 的影响对于 BCC 晶格更有意义。氢溶于金属(固溶氢或未捕陷氢),未捕陷氢通常位于金属的八面体和四面体间隙。

金属中的氢和 He 与基体存在替换和捕陷转换效应,是金属中氢成团和 He 泡形成的基础。金属间隙原子和替位氢原子的替换是围绕 H - V 中心发生的;替换出的氢同位素迁移至其他捕陷位或成团。

金属空位捕陷 He 的作用更强。在适当降低结合能的条件下,发生多个 He 捕陷在一个空位周围的情况,He 原子不断填充空位。空位中 He 原子数大于临界值后发生捕陷转换和自捕陷,生成多 He 原子的双空位和多空位团。这些现象能够解释为什么金属中的 He 容易成泡,而金属中的氢不容易成泡。

金属缺陷捕陷 He 原子的研究始于 20 世纪 60 年代,多位学者(Close 和 Yarwood,1966;Erents 和 Carter,1966,1967,1968;Erents,1968)相继报道了他们关于 He 离子捕陷在多晶 W 中的研究结果。不像较重惰性气体(Kornelsen,1964;Kornelsen 和 Sinha,1968,1969;Erents Carter,1966,1967;Erents,1967)那样,报道的 He 的捕陷分数与 He 离子处于替换位相一致,各样品内 He 离子的捕陷分数不同,差异高达 10 个因子。另外,研究(Erents 和 Carter,1967;Erents 等,1968)表明,预先经重离子($Ar^+$ 或 $Kr^+$)轰击的靶表面明显促进 He 捕陷。

He 在 W 中的捕陷对晶体近表面的取向和受污染成度敏感。

　　20 世纪七八十年代,在加拿大 Ottawa 的研究组(Kornelsen 等)和在德国 Delft 的研究组(Caspers,Van Veen 等)的研究取得了进展。他们关于 W 晶体的研究给出了金属缺陷捕陷 He 原子以及预存缺陷促进 He 捕陷的进一步证据,多项结果富有创新意义,为提出和完善自捕陷机制提供了实验依据。

　　Kornelsen 等报道了不同能量(5～2 000 eV)He 离子在 W 单晶表面的捕陷和解吸行为。依据等温退火样品的 He 解吸谱(THDS)估算了捕陷 He 分数随温度的变化和解吸活化能。离子能量≤400 eV 时捕陷 He 浓度很低,(100)表面约为 $1 \times 10^{-3}$,(110)表面约为 $1 \times 10^{-2}$,捕陷发生在相关的表面位置,结合能≤2.1 eV。离子能量≥500 eV 时捕陷发生在晶体的特征位置,这些特征位置是高能 He 离子( >480 eV)诱发生成的。离子剂量≤$1 \times 10^{-13}$cm$^{-2}$ 时观察到至少 4 个特征结合能(2.65 eV,3.05 eV,3.35 eV,4.15 eV),剂量更高时出现附加的结合态,结合能高达 5.4 eV。这些结果与 Wilson 等的计算结果是一致的。

　　Kornelsen 等通过变化样品(W 晶体)的损伤退火温度、He 的注入剂量、注入温度和损伤离子的质量,研究 He 的结合态与晶格损伤的关系,以及结合能随相关参数(有效空位体积)的变化。捕陷 He 具有几种不连续的结合能(至少 2 个或者 3 个),He 原子被捕陷在单空位中;存在两种双空位结构,首次发现了捕陷转换现象;空位捕陷在大杂质原子产生的应变场中,当 He 的注入剂量足够高时( >$10^{14}$cm$^{-2}$)任何捕陷位都能作为 He 泡形核的核心。

　　经重离子(Ar$^+$,Kr$^+$)预轰击的靶材近表面促进 He 的捕陷。如果注 He 前对样品进行重离子预注入,捕陷 He 分数从低于 $2 \times 10^{-4}$ 增大至 $4 \times 10^{-2}$。这是金属缺陷捕陷 He 原子的重要实验证据。几百电子伏的 He$^+$ 至少在 1 μm 的深度内成为捕陷态。入射粒子的能量大于 500 eV 时,晶格损伤能够扩展到大致相当于离子的穿透深度。从定性上看相对疏松损伤层(样品表面)的 He 捕陷分数较低。

　　在德国 Delft 的研究组(Caspers,Van Veen 等,1978)推进了研究进展。他们对 Mo 样品先进行了 1 keV 的 He 离子注入,随后进行低能 He 离子注入(亚阈值),然后进行热解吸实验。随着低能注入剂量增大,解吸谱上出现 3 个新峰,推测会存在一种捕陷转换模型,已存在的 He$_n$V 通过发射 1 个自间隙原子转变成双空位复合体。遗憾的是,他们运用 Wilson 等的原子间作用势的计算未能证实这一模型。

　　这些早期实验研究涉及了 He 与缺陷交互作用的基本性质。同时期和稍后,美国 Sandia 国家实验室理论部(Wilson 等)进行了系列的理论计算。理论计算与实验研究相互补充,相互印证,促进了该领域的进展,于 20 世纪 80 年代建立了金属中 He 的自捕陷机制。

　　本编包括相互关联的 3 章内容,侧重现象和原理讨论。

# 第1章 金属缺陷捕陷氢原子

## 1.1 氢元素的性质

氢和 He 是核结构材料中的著名元素[1-2]。两种元素都很轻,但性质明显不同,前者是著名的活泼元素,后者是著名的惰性元素。本章论述金属中氢的性质。

氢原子是最简单的原子,它仅由一个质子和一个电子组成。质子作为原子核,电子围绕质子运动。这种简单的结构有助于解释为什么氢是迄今宇宙中含量最丰富的元素。在构成宇宙的所有原子中,它的含量约高达93%。地球大气层中的氢含量并不高,1 亿升空气里仅含有 5 升氢气。

氢在元素周期表中占有一个独特的位置,它不能完全归属于第 I A 族,也不能完全属于 ⅦA 族的卤族元素。周期表第 I A 族以活泼碱金属元素为主,它们的原子主要以容易失去价电子成为具有惰性气体稳定结构的正 1 价离子为特征,但氢原子在形成正价化合物时却主要形成共价键。虽然氢也能像卤素那样可以获得 1 个电子形成负氢离子而同强电正性元素生成化合物,但这类化合物有很强的反应活性,对水或水蒸气十分敏感,相遇时立即水解产生氢气,不会存在水合的负 1 价氢离子。这一点使氢完全有别于第ⅦA 族的卤族元素。

氢在宇宙中的作用以及在天体各种能量释放过程中的作用已逐渐被人们弄清楚。氢弹的爆炸代表人们在地球上实现的通过氢核聚变而完成的能量释放过程。在不久的将来氢将成为一种无污染的廉价能源以解决地球上石油和煤炭资源枯竭而带来的危机。

氢还有一项值得注意的特点,除了轻同位素氕($^{1}$H)外,还有重同位素氘($^{2}$H,D)和超重同位素氚($^{3}$H,T),它们的质量数分别是1,2 和 3。同位素在原子质量上成倍地相差也是其他元素所没有的。氕和氘是稳定同位素,氚具有放射性。与其他元素的同位素相比,它们是唯一有自己名字的同位素。氘和氚将是第一代热能聚变反应堆的核燃料。

## 1.2 氢与缺陷的交互作用

### 1.2.1 金属中氢的位形和结构

氢在金属晶格中的位形和能量与其溶解度和迁移相关。这些微观信息对描述氢与缺陷的交互作用是必需的。离子沟道技术能够确定外来原子在金属晶格中的占位[3],并且可以直接与理论研究结果相联系,已成为研究外来杂质占位的重要方法。为了讨论引用的研究结果,简要介绍这种方法的表征原理。

离子引发的核反应对于所有氢同位素缺陷都是敏感的,因此用离子背散射分析技术可以同步地监测注氢晶体中对应于缺陷区域的信息。沿一定晶体学方向测量晶格位置可以给出这一方向某杂质的投影位置,沿几个不同晶体学方向进行测量可给出该缺陷的三维位置。

角扫描曲线可以准确地描述沟道效应。收集不同X射线倾角($\Psi$)RBS谱,将某一狭窄能量间隔的背散射产额与$\Psi$作图便可得到杂质原子占位的信息。这一观测技术是基于沟道粒子的束流密度在沟道的中心位置时高,在靠近原子排列位置处低的基本原理设计的。对于轴向沟道效应,在沟道$r$处的束流密度($F$)由横向能为$E_\perp$的粒子沿着原子列连续势谱($U$)确定的面积($A$)决定。靠近$r_0$处进入沟道的粒子数目与$dA(r_0)$及其横向运动能$[E_\perp = E\Psi^2 + U(r_0)]$成正比,因此,总的束流密度可表示为

$$F(r,\Psi) = \int_0^r \frac{dA(r_0)}{A(E_\perp)} \tag{1.1}$$

这里$U(r)\leqslant E_\perp$。束流密度是振动的杂质原子位置的卷积,对于给定的间隙位通常有几个等效的投影位置。

图1.1为计算的Cr晶体<111>方向沟道中心间隙杂质沟道角度分布的变化,图1.1(a)为沿沟道横向振动的均方振幅($\rho$)变化,图1.1(b)是从沟道中心到最近邻的原子列位置的横向位移($\delta$)变化。

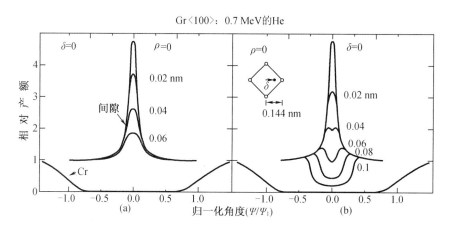

**图1.1　计算的间隙杂质的轴向沟道角度分布曲线[4]**
(a)随杂质围绕沟道中心的均方振幅变化;(b)随距离沟道中心的位移变化

沟道中心的间隙原子给出了大的束流集中效应。随着杂质原子的位置向晶格原子位置靠近,角度分布变宽,随后变深接近基体金属的分布特征。对于邻近基体原子的置换型杂质,其角度分布呈现窄化的特征(相对于基体原子的角度分布),依此可以确定小到0.01 ~ 0.02 nm的位移。不同位置杂质的沟道效应定性测量结果通常有很大的差别。因此,对于单个杂质原子在单个位置的定位,沟道技术是一个可靠的测定方法。

1. 未捕陷氢的位形

金属晶体中的氢处于非捕陷位或者处于捕陷位。溶解于完整晶体中的氢被认为处于非捕陷位。非捕陷氢与实际晶体中各种缺陷或杂质相互作用,将迁移到捕陷位。

氢注入和占位研究一般采用约0.1%的氢(原子分数)。浓度过高( >1%)会影响沟道粒子束流的分布,结果难以解释。定位间隙原子必须首先弄清楚束流的分布,这就要求氢原子必须定位在几十纳米以上的深度,注入能量通常超过1 keV,因此注入过程中会向材料

中引入缺陷。对于氢溶解度较高的金属,通过氢扩散可以在不引入缺陷的情况下引入氢,但常能分析束仍会引入一些缺陷。因此,研究未捕陷氢在晶格中的位置时,要么在足够低的温度下进行,使得氢的可动性可以忽略不计,要么保持氢的浓度远远超过缺陷的浓度。

氢在 BCC 晶型 W 中占位研究是很典型的例子。在 90 K 下向 W 中注入同位素氘(D),这一温度下 D 的迁移可以忽略,D 处在四面体间隙位(T)。室温注入或退火处理后捕陷态 D 也处在四面体间隙位[4-5]。两个主要方向——<100>轴和(100)面的沟道角的计算值与测定值如图 1.2 所示。比较 <100> 方向和沿(100)面的沟道角分布,可以清楚地看出 D 处于 W 的四面体间隙位。这一结果与离子沟道[6-9]和中子散射[10]观测到的扩散进入 BCC 晶体 Nb 和 Ta 的氢占位一致。由于氢在 W 中的溶解度很低,研究氢在 W 中占位只有通过离子注入和沟道技术结合才能进行。

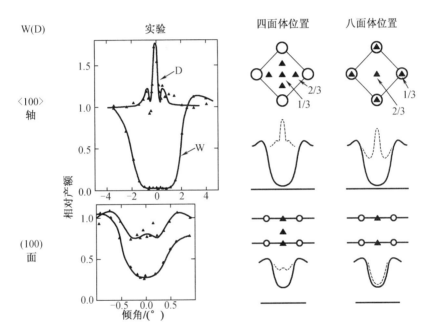

**图 1.2　W 中注 D 样品沟道角分布的计算和测量结果**[4]

注:D 占据四面体位。右图四面体和八面体位的投影图中原子列用圆圈表示,直线代表晶面,间隙原子的投影用三角形表示。

与 BCC 金属晶格不同,通常认为未捕陷氢在 FCC 金属晶格中处在八面体间隙位(O)。25 K 低温注 D 的 Pd 样品沟道观测显示 D 占据近八面体间隙位[11],可能有少量的 D 被捕陷在其他的位置。这与沟道研究扩散引入 Pd 中的氢的占位一致[12],也与高氢浓度时中子散射的研究结果一致。

对于 HCP 金属晶格,报道了在 50 K 下注 D 的 Mg 样品的观测结果(图 1.3)。

(0001)面的波谷变窄增高,锐峰特征显示(0001)面具有高对称性(图 1.1 中0.06 ~ 0.08 nm位移时的角度分布)。沿 <0001> 轴的波谷也较窄较高,说明大多数的 D(约 95%)处在或接近高对称性的四面体间隙位。沿 <0001> 轴 D 的角度分布比 Mg 晶格原子的角度分布窄。如果所有的 D 都精确地占据四面体间隙位,并且振幅与 Mg 相同,波谷应该相同。

间隙中的 D 比 Mg 原子轻,D 振幅增大可能是沟道角分布窄化的原因之一。氢在其他代表性金属中占位的中子散射分析给出的均方振幅($\rho_{rms}$)约为 0.02 nm,高于基体金属原子的振幅[10,14]。同样,如果 D 有小量的位移或者少量 D 处在注入产生的缺陷的捕陷半径以内,相关的散射产额增加,引起沟道角分布窄化。

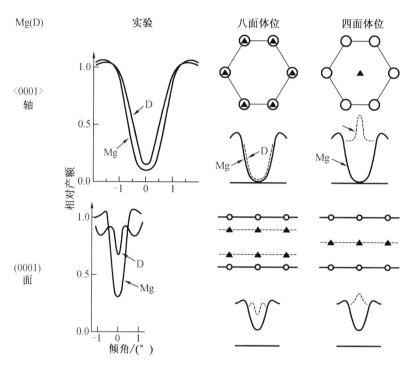

**图 1.3　注 D 的 Mg 样品的沟道角分布[13]**

注:D 占据四面体位。

Lu 的观测结果是 HCP 金属的另一个例子 。D 是通过扩散进入 $LuD_{0.01}$ 晶体的。不同温度(25～425 K)下 D 穿过＜0001＞轴的角扫描得到 D－($^3$He,P)$^4$He 的反应曲线。根据观察到的最小值可确定 D 原子占据 Lu 的四面体间隙位。产额曲线随样品温度升高而大幅度变化,这主要是由于 D 原子的热振幅变化引起的。

在三种简单立方晶格中,容易辨别出氢占据主要的高对称性位置中的某一间隙位。因为沿主要的晶体学方向这些位置的沟道效应有大的差别。

2. 捕陷氢的位形

实验表明金属中普遍存在氢被缺陷捕陷的情况。首先,将样品加热到较高的温度后注入氢,氢仍保留在样品的近表面注入层,直到更高的温才开始释放,说明发生了氢的捕陷或沉积,如图 1.4 所示。在注 D 的 Fe 样品中观察到这一现象[15]。在 Fe 的 α 相中,氢在低于 100 K 仍是迁移的,但未观察到氢的损失,直至退火温度≥260 K,提示温度高于 100 K 时,D 仍可能处于捕陷位。

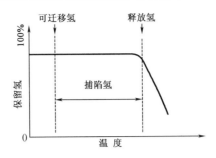

**图 1.4　氢在低温下注入和发生捕陷后从近表面区域释放的示意图**[15]

其次,在一些实验中观察到氢占位的变化,给出了氢捕陷的直接证据。所有的测量都在相同温度下进行,退火温度高至氢原子可动时观察到氢占位的改变,这表明氢迁移至缺陷处并很快占据这一新位置。此外,取向任意的氢化物沉积或氢气泡不会在氢的沟道角扫描曲线中产生波峰或波谷。

图 1.5 示出了 BCC 结构 Cr 的观测结果,90 K 注入的大部分 D(≥2/3)处在或靠近四面体(T)间隙位,而退火至 300 K 后 D 占据近八面体(O)间隙位(O′位),称 O′位为扭曲的八面体间隙位。

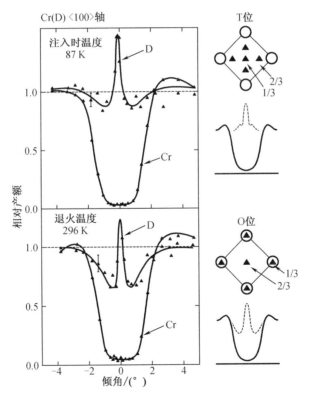

**图 1.5　Cr 样品的沟道角分布**[4]

注:由于捕陷作用大部分 D 在退火过程中从 T 位移至近 O 位。

FCC Pd 的观察结果相反(图 1.6),退火处理后大部分注入的 D 从非捕陷 O 位运动至 T 捕陷位[11],其沟道角分布在 80 ~ 90 K 变化最明显。利用参考文献中的扩散数据[16],并进行了 15 min 的退火处理，扩散长度 $L$ 约为 3.0 nm，这与预计的 D 与缺陷（注入产生）之间的平均距离相一致。

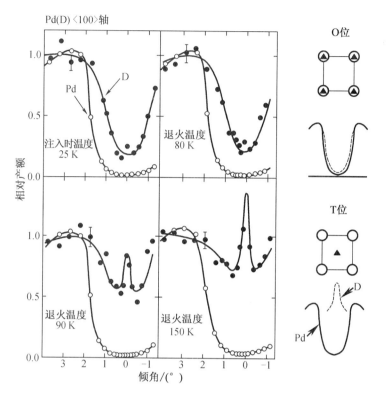

图 1.6　**Pd 样品中 D 的沟道角分布**[11]

注：由于捕陷作用 D 从近 O 位位移至近 T 位。

当退火温度高到氢开始释放时观察到了氢捕陷的进一步证据。在这些条件下，氢深度分布与注氢样品中氢的高斯分布相似，只是浓度均匀降低，没有宽化现象[11]，这说明捕陷能比迁移能大得多。因此，在氢的释放温度，氢或者仍被捕陷或者迅速迁移，因而观察不到扩散导致的波形宽化。

已经研究了诸多 BCC 金属中注入 D 的位形，例如，Ligeon 等（V，Nb，Ta，Cr，Mo，W，Fe）和 Picraux 等（Cr，Mo，W）的工作。研究显示，由注入温度（15 K）到较高的保持温度，这些金属中的 D 原子由 T 位向 O 位移动，即由非捕陷位向捕陷位转移。应注意到 Picraux 等得到的产额曲线中的某些结果与这个判断不一致，例如前面讨论过的 D 在金属 W 中的占位。

Ligeon 等研究了氢在多种 FCC 金属（Pt，$Pd_{0.8} Au_{0.2}$，Pt，Al，Ni，Cu，Ag）中的位形。Besenbacher 等报道了类似的工作（Ni，Cu）。这些实验表明，低温时氢位于 O 位（或许 Al 例外）或者近 O 位（Ni，Cu，Pd，Ag）。温度升高时，Ni，Cu 和 Ag 中氢的占位保持不变，但 Pd 和 Pt 中氢的占位发生变化，转换到 T 位。相关文献还报道了 Ni 中氢捕陷在多个空位内的观察。

表 1.1 总结了氢在一些金属中与捕陷相关的位形变化和相应的释放温度，这些现象仅能用大部分氢处在 T 或 O 间隙位置附近来解释。目前还不清楚 Cr 和 Mo 中发生占位转变时的温度，但是知道 O 位的氢沿着高对称性方向（如 Cr 中的 <100> 晶向）发生扭曲（用 O′

表示）。尽管目前的数据有限,但注意到在 BCC 晶格中氢占位转变是趋向从 T 位迁移到 O 位,而 FCC 晶格中正好相反。

表 1.1　几种金属中氢的位形与退火温度和脱陷温度的关系[4,11]

| 晶型 | 氢占位随温度的变化 | | 释放温度/K |
|---|---|---|---|
| Cr(BCC) | 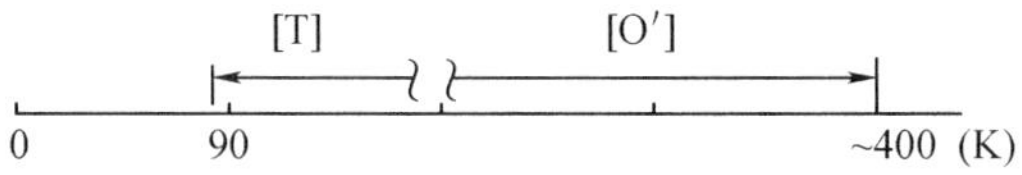 [T] [O′]<br>0　90　~400 (K) | | 约 400 |
| Mo(BCC) | 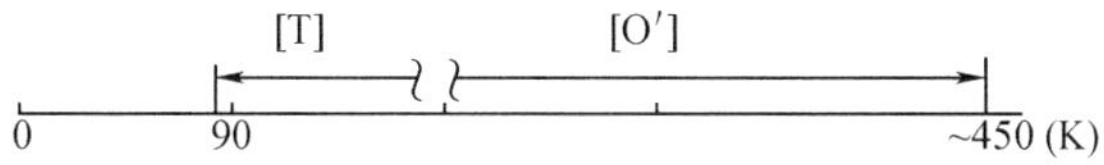 [T] [O′]<br>0　90　~450 (K) | | 约 450 |
| Pd(FCC) | 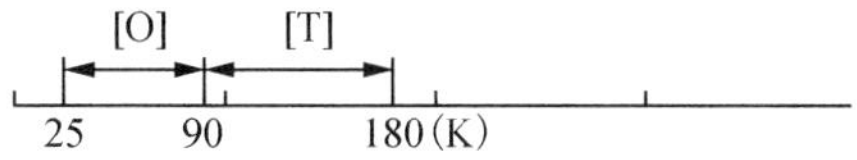 [O] [T]<br>25　90　180(K) | | 180 |
| Pt(FCC) | 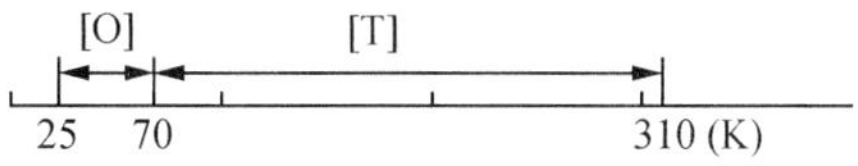 [O] [T]<br>25　70　310 (K) | | 310 |

注:表中给出的是注入时和位置测量时的最低温度。

3. 捕陷结构

下面讨论几个捕陷氢位形(捕陷结构)细节的例子。在 BCC 晶格的高对称位置已观察到捕陷间隙位置的扭曲现象。图 1.7 为 110 K 向 Fe 样品中注入 D,随后退火至 200 K 的沟道角分布,其中包括(110)和(112)晶面上的一些研究结果。

从图 1.7 中看出,沟道角分布与预计的轴向 O 位置数据(不是面数据)相似。(100)面的波谷与 Fe 晶格不等同,而是明显高出或有时变窄。这就不能用 D 的振幅增加来解释,因为沿 <100> 轴 1/3 波谷处也观察到波谷相对变窄和增高的现象。然而,沟道角分布提示存在新的 O(O′)位,100% 的 D 与 O′ 位相一致。O′ 位沿着 <100> 方向相对最近邻的 Fe 晶格位置移动了 $\delta = 0.04$ nm(图 1.8),称其为扭曲的 O 位。<100> 轴和(100)面的计算结果如图 1.7 所示,图中还显示了其他方向的定性计算结果。

沟道定位技术应用的局限性之一是定位时需重复地设定一个特定的位置,然后计算沟道角分布,直到测量结果与计算结果一致为止。因此,虽然方法非常直接,但是当晶体对称性较低或涉及多重位置时很难对结果进行明确的解释。

可以通过对不同的实验结果进行综合分析来确定结论的准确性。例如,对于 Fe 中的 D,沿 <100> 轴尖锐的束流峰表现出高对称性位置的特征,说明可能存在一种捕陷位。当观测结果与计算结果非常吻合,特别是由其他方向得出的结果与 <100> 轴的沟道角分布不一致时更增加了结论的可信性。运用(100)晶面的数据,可以变换沿 <100> 轴向的位移 $\delta$(图 1.7)。假如变换捕陷位,例如,1/3 替换位和 2/3 T 位,其计算结果与图 1.7 的数据不附。因为沿(112)面方向仅有一个束流峰,对应的位置仅与O′位吻合,而T位和替换位的沟道效应均呈现波谷。这两种位形的任意组合都与结果不相符,表明上述的结论是准确的。较早的文献报道了Cr中存在与上述的几乎相同的捕陷位(O′)[4],位移都沿<100>方向向最近邻格点位置偏移约1/3。产生这种有规律扭曲的原因将在后面章节中讨论。

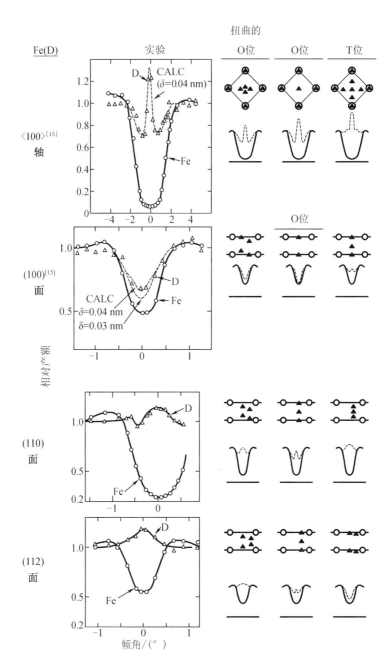

**图1.7　Fe样品中D的沟道角分布**[15]
注:200 K退火后D占据扭曲的O(O′)位。

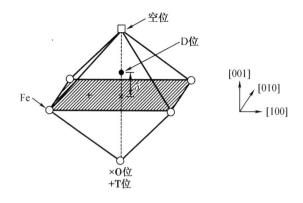

**图 1.8　D 在 Fe 中的占位[15]**

注:D 占据 BCC 晶格中发生扭曲的 O(O′)位。

BCC 晶格中另一个扭曲位形的例子如图 1.9 所示。虽然 D 在 Mo 中的占位还不很明确,但是沿 <100> 方向波谷的包络线明显变窄。可以推测,Mo 中 D 捕陷在沿垂直于 O′位移方向,与未变形的精确 O 位有 0.02 nm 的位移。图 1.9 左图阴影面上只给出 D 位置的大小,没有给出方向。此外,还可推测沿 O′方向可能有小的扭曲。然而,出现大的尖锐的束流峰(半高宽≈0.2°)再一次有力地说明 D 捕陷出现在单一的高对称性位置。

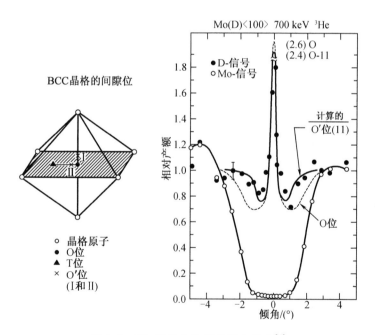

**图 1.9　Mo 样品中 D 的沟道角分布[4]**

注:D 占据 O′位。

已发现 D 捕陷在 FCC 晶体 T 位的例子,例如,捕陷在 Al 中的 D[17](图 1.10)。图示的沟道角分布曲线区分出了 T 与 O 位,D 仅占据高对称性的 T 位,在很低的实验温度(33 K)下也是这样[24]。最可能的解释是 D 与缺陷的交互作用,仍不清楚无缺陷 Al 中的 D 是否会占据 T 位。

　　表 1.2 为离子沟道技术给出的几种金属中氢的位型。

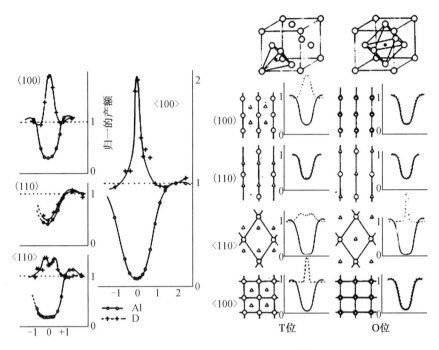

**图 1.10　Al 中 D 的沟道角分布[17]**

注:显示捕陷 D 占据 T 位。

**4. 捕陷能**

　　如果已知氢的扩散系数以及氢和捕陷结构的深度分布,可以定量地分析氢与捕陷结构的结合能。这里所说的结合能是指氢在正常固溶位置与捕陷位的能量差。虽然依据氢的脱陷温度(表 1.2)和迁移能可以大致地估算出结合能,但是对于通常所用的氢浓度(原子分数约 0.1%),在氢逃逸出注入区之前,可能已发生多次脱陷和再捕陷,因此只能给出结合能的上限。

　　可以通过适当地确定捕陷结构参量和解下面的耦合扩散方程组求得捕陷能[15]:

$$\frac{\partial}{\partial t}C_s(x,t) = D\frac{\partial^2 C}{\partial x^2} - \sum S_i(x,t) \tag{1.2}$$

$$\frac{\partial}{\partial t}C_i(x,t) = S_i(x,t) \tag{1.3}$$

式中

$$S_i(x,t) = 4\pi R_T DN[C_s A_i(x) - C_s C_i - C_i z \exp(-E_B/kT)] \tag{1.4}$$

　　其中,$C_s$,$C_i$ 分别为固溶态(s)和捕陷态(i)氢的浓度;$A_i$ 为捕陷结构的密度;$R_T$ 为有效捕陷半径;$N$ 为原子浓度;$z$ 为每个基体原子对应的固溶位置数目;$E_B$ 为相对于非捕陷位置的捕陷焓(结合能);$D$ 为氢的扩散系数。

　　Mgers 等[15]运用式(1.2)~式(1.4)仔细分析了 Fe 样品的连续等速升温热解吸谱(图 1.11),为了与实验结果有好的一致性,假设了两个捕陷能并做了适当调整。从图中看到,解吸谱 260 K 时很锐的释放峰对应着理论预测的单捕陷结构的能量,与观察到的单一高对称 O′位的能量一致(图 1.7 和图 1.8)。260 K 时捕陷能量为 0.48 eV,高于 D 的迁移激活能(约 0.045 eV)[16]。

**表 1.2　离子沟道技术分析给出的几种金属中氢的位形**

| 金属 | | $T_1$①/K | 平衡位③ | 捕陷位④ | 释放温度/K | 可能的捕陷结构 | 参考文献 |
|---|---|---|---|---|---|---|---|
| BCC | V | (扩散)② | T | ≈T | — | — | [18] |
| | Cr | 90 | ≈T | O′(位置 I) | ≈400 | 空位 | [4-5] |
| | Fe | 110 | — | O′(位置 I) | 260 | 空位 | [15] |
| | Nb | 300 和扩散 | T | — | — | 空位团 | [6-7] |
| | Mo | 90 | ≈T | O″(位置 II) | ≈450 | 空位或空位团 | [4] |
| | Ta | 扩散 | T | — | — | — | [8-9] |
| | W | 90 | | T | — | — | [4-5] |
| FCC | Al | 35 | — | T | 300 | 空位 | [17] |
| | Cu | 25 | O | O | 300 | 空位 | [19] |
| | Pd | 25 | O | 近 T | 180 | 空位 | [11-12] |
| | Ag | 25 | O | O | 320 | 空位 | [11] |
| | Pt | 25 | O | T | 310 | 空位 | [11] |
| | Au | <100 | — | — | 350 | 空位 | [20] |
| HCP | Mg | 40 | T | 近 T | 230 | 空位和双空位 | [13] |

注:①$T_1$:注入温度;

②扩散:扩散充氢;

③由于很难避免离子注入时引入缺陷,某些平衡位可能具有不确定性;

④位置 I:沿 <100> 方向从 O 位沿晶格位移约 0.04 nm;位置 II:沿垂直于 O′位方向位移 0.02 nm。

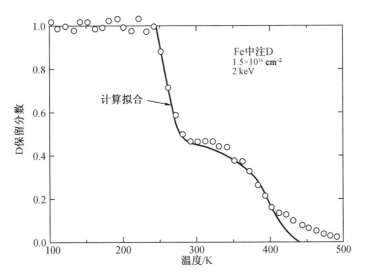

**图 1.11　线性加热时 D 从 Fe 注入区的释放曲线[15]**

注:理论计算的相应捕陷能分别为 0.48 eV 和 0.8 eV。

简单晶格缺陷相互作用对捕陷能影响的报道还较少。Ni 的热解吸谱分析表明[21],捕陷 D 的开始释放温度仅略高于未捕陷 D 的扩散释放温度,用四极质谱仪观测气体的加热释放来确定捕陷能也是常用的办法。已报道了对 Mo[22] 和不锈钢[23] 的观测结果。用类似的方法对 316 不锈钢捕陷区氢的扩散数据进行分析表明,其迁移激活能(约 0.6 eV)要远高于其捕陷能(约 0.3 eV),这与 Fe 的相关结果很不一样。

注氢材料常呈现宽的热释放谱,表明捕陷能有能量分布范围。对于存在预损伤或经重离子注入合金化的材料,这种宽化现象更为明显,对应的捕陷能也明显增大[21,24-25]。这些有趣的效应可能是复杂的缺陷团簇和杂质与氢交互作用的结果。本节只涉及对纯金属进行低剂量($\leqslant 10^{16} \mathrm{cm}^{-2}$)和低能量($1 \sim 30 \ \mathrm{keV}$)注入的讨论,并在原子层次上对最基本的情况进行解释。

### 1.2.2  H – V 中心的证据

许多有关氢捕陷的研究结果被解释为氢被单空位捕陷。表 1.2 中的捕陷结构均可认为由 H – V 中心构成,H – V 中心是金属中的基本捕陷结构。下面论述 H – V 捕陷机制的证据。

1. 空位生成

入射氢离子产生的空位数可以通过计算原子过程中累积的离子能($E$)分数($k_D$)来估算。由修正后的 Kinchin – Pease 关系,可以计算出产生的空位 – 间隙对的数目。

$$\eta_D = \beta k_D E / 2 E_d \tag{1.5}$$

其中,$E_d$ 为基体原子的离位阈能;$\beta$ 为效率因子,低能氢注入时,该值约为 0.6。

图 1.12 为几种靶材料(Si,Cr,Mo 和 W)中每个注入 H 原子或 D 原子所产生的空位数,假定几种材料的 $E_d \approx 35 \ \mathrm{eV}$。对于通常采用的注入能,每个 H 原子产生 $5 \sim 10$ 个空位。依据辐照导致空位自发重新组合的相关研究结果,效率因子 $\beta$ 为 $2 \sim 5$。由图中看到,生成数目与靶原子序数基本无关。因此,采用通常的注入能量便可以产生足够多的空位,成为捕陷中心,而且不至于导致大量的原子离位生成大量其他更为复杂的可捕陷氢的缺陷。

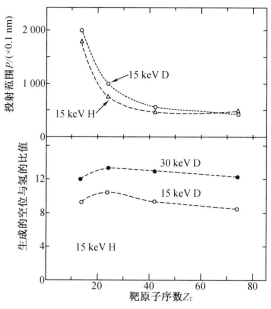

**图 1.12   不同原子序数靶材中每个注入 H 原子产生的投射范围和空位数[26]**

2. 其他捕陷中心

我们讨论 5 种可能的捕陷结构,目的是确认哪一种结构是氢的捕陷中心。

首先,杂质不大可能成为氢的捕陷中心,因为它们的原子分数(≤0.01%)较氢的(约0.1%)低得多。

其次,基体间隙原子也不大可能成为氢的捕陷中心,因为在低于或高于氢原子和间隙原子可迁移的温度下,氢被捕陷的效果是相同的,提示自间隙原子的扩散对氢的捕陷没有影响。从捕陷氢的脱陷温度看,氢的捕陷能似乎高于孤立间隙原子间的键能。

第三种可能的捕陷结构是扩展缺陷,如位错。但是,观察到的氢的位形具有较高的对称性,与位错结构特征不一致。在与沟道束成一定角度的方向可以观察到明显的沟道效应,这一特征与位错或其他扩展缺陷在几个等价方向产生的相应效应并不一致。

第四种可能是氢 – 氢间的交互作用,为结合能的主要来源。不能完全不考虑两个或更多个氢原子作为捕陷中心的可能,但关于溶解度的分析[28]和理论计算表明[29],在没有空穴的情况下金属中氢 – 氢的交互作用很弱,而且正负号也不确定,看来应该有其他的缺陷中心来捕陷氢。

第五种可能是小空位团或间隙团簇,它们是最难排除的。由于低温下空位是不能迁移的,由孤立的氢级联生成的空位团也不可能很多,可以认为低注入剂量下空位团的捕陷作用不重要。有关间隙原子团以及它们与氢的相互作用的报道还不多。预损伤或高氢注入剂量情况下生成的团簇的数量和类型很多[24],这些团簇曾经被认为是氢的捕陷中心(见表1.2 中的 Mg)。排除团簇作为简单捕陷位的原因除它们的密度低以外,还涉及捕陷位的高对称性以及是否具有确定的捕陷能。这与团簇的多重结构和存在多种结合能不符。上面所述的事实都将重要的捕陷结构指向高对称性的点缺陷,如孤立空位。

3. 阶段Ⅲ的空位迁移

金属中 H – V 中心的湮灭可能有三种途径:①氢在空位不可动的温度下脱陷,这意味着 H – V 的结合能低于空位的迁移能;②H – V 中心变为可动,迁移至尾闾处湮灭;③氢会稳定空位直至某一温度下两者分离,均变为可动。从表1.3 看到,经沟道定位研究的多种金属中氢的脱陷温度与空位迁移温度相当,表中还给出了注入温度的临界值,高于该临界温度时,捕陷作用快速降低。这一临界温度应接近捕陷中心的迁移温度或脱陷温度的下限。目前所有的结果都与这些空位捕陷的判据相一致,而与间隙捕陷相佐。

**表1.3　发生氢捕陷的注入温度和脱陷温度与空位和间隙原子可迁移温度的对比**

| 金属 | | 温度/K | | | |
|---|---|---|---|---|---|
| | | 脱陷温度 | 注入温度 | 阶段Ⅲ(空位) | 阶段Ⅳ(间隙原子) |
| BCC | Fe | 260 | — | ≈410 | 105 |
| | Mo | ≈450 | ≈450 | ≈450 | 40 |
| FCC | Al | 300 | 180 | ≈200 | 35 |
| | Cu | 300 | 250 | ≈260 | 35 |
| | Pd | 180 | — | ≈500 | — |
| | Ag | 320 | 220 | ≈240 | 30 |
| | Pt | 310 | 275 | ≈300 | 20 |

注:位置Ⅱ捕陷参考文献见表1.2。

### 4. 与捕陷能和捕陷位的关系

先做一个简单的估计,以便给出 H－V 中心结合能的上限[30]。首先,氢通过化学吸附与材料表面结合。对于金属中一个有许多空位的空穴,其内界面可以近似看作是一个表面。随着空穴尺寸减小,与氢的结合能可能下降,但由于氢与其他原子交互作用的距离较短,甚至单个的空位也可以获得相当份额的结合能,因此将表面化学吸附的氢原子与样品内部固溶位置氢原子的能量差 $E_T$ 作为粗略描述氢原子与空位结合能的上限。图 1.13 和表 1.4 给出了 $E_T$ 与 $E$(氢分子的结合能)、$E_C$(化学吸附结合能)、$E_H$(溶解热)的关系,以及多种金属的 $E_H$ 和 $E_T$ 值。

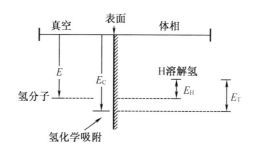

**图 1.13　$E_T$ 与 $E$,$E_C$,$E_H$ 的关系图**

$E$—氢分子的结合能;$E_C$—化学吸附结合能;$E_H$—溶解热;$E_T$—氢从材料
固溶位置运动到表面引起的能量降低,$E_T \approx E_C - E + E_H$

**表 1.4　估算的氢从材料固溶位置运动到表面的能量降低($E_T$)**

| 金属 | | $E_C^{①}$/eV | $E_H^{②}$/eV | $E_T$/eV |
|---|---|---|---|---|
| BCC | $\alpha$－Fe | 2.68 | 29 | 8 |
| | Mo | 2.84 | 54 | 1.1 |
| FCC | Cu | 2.41 | 57 | 7 |
| | Ni | 2.71 | 17 | 6 |
| | Pd | 2.69 | －10 | 3 |

注:$D_2$ 分子中每个原子的结合能为 $E = 2.3$ eV。化学吸附能参考自由氢原子和氢分子溶解热的数据。
① S. W. Wang, W. H. Weinberg, 1978;
② R. B. McLellan, C. G. Herkis, 1975。

表 1.4 的数据是通过化学吸附实验和溶解热数据得出的,某些金属的 $E_T$ 值接近 1 eV。例如,Fe 的 $E_T$ 值为 0.8 eV,仅略高于 D 捕陷位置的键能(约 0.5 eV,图 1.5),这相当于图 1.11 中 260 K 阶段时的情况。应该注意到,图 1.11 中较高温度阶释放峰拟合的捕陷能为 0.8 eV,看来 $E_T$ 与捕陷能的分布一致。虽然热解吸实验与表 1.4 的吻合有偶然的成分,但这一阶段对应着 D 被小的空位团捕陷是可能的。

Baskes 等[31]计算了 FCC Ni 晶体单空位中氢的平衡捕陷位及其能量,并将计算扩展到与 $\alpha$－Fe 晶格常数相近的 BCC Ni[32]。这些团簇计算包括对内部区域 200 个 H 原子的量子力学处理和外部区域 600 个 H 原子的两体势处理。FCC Ni 的计算结果如图 1.14 所示。氢处于离空位沿 O 位方向位移 0.09 nm 处时位形能最小,即大约处在点阵空位和相邻的O 位的中间,这一占位还未被实验验证。表 1.2 所列其他的 FCC 金属也未见有相似位形的实验报道。利用 BCC Ni 模拟 Fe 的结果显示氢从点阵空位向相邻的 O 位移动了 0.096 nm(距 O 位约 2/3 的路程),结合能约为 0.3 eV[32]。这与 Fe 中捕陷 D 的实验结果相当一致。实验表明 D 从其晶格位置向 O 位移动了 $(1.04 \pm 0.1) \times 0.1$ nm(图 1.8),键能为 0.48 eV[15]。

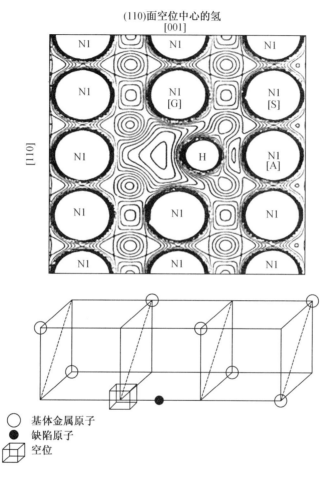

**图 1.14　计算的氢在 FCC Ni 空位处的电荷密度和平衡位置[31]**

Larsen 等[33] 运用自洽 Jellium 法(基于赝势晶格能量的第一原理)计算了氢在 Al 和 Mg 晶体单空位中的占位。未捕陷氢(溶解氢)占据 Al 和 Mg 的 T 位,Al 晶体中的捕陷氢偏离空位的中心位置,位于近 T 位和近 O 位时的结合能基本相当,约为 1 eV(图1.15)。

Mg[13] 中未捕陷氢和 Al[17] 中捕陷氢位形的计算结果与实验观察结果(图 1.10)和先前关于空位是氢捕陷中心的解释一致。虽然无法由理论计算明确地区分 Al 晶体中的 O 位和 T 位,但可以确定不是置换位(图 1.1),这与实验结果(图 1.3)也一致。

关于金属中 H – V 中心的理论计算比较困难,其结果也有赖于进一步解释,但是上述的定性预测支持了实验观察到的氢的捕陷,并且有助于进一步确定 H – V 捕陷中心机制。

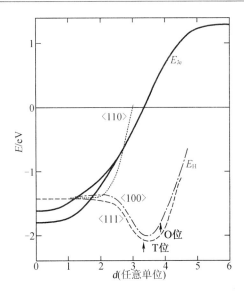

**图 1.15　Al 晶体中氢原子从空位沿着不同方向位移时的能量变化[33]**

5. 间隙替换相互作用

H – V 中心附近的自间隙原子与中心可能存在间隙替换机制。空位形成能($E_V^f$)高于氢与空位的结合能时发生间隙替换是可能的。这种效应可能为 H – V 中心机制提供进一步的证据。这种设想受到金属中混合哑铃体沟道效应现象的提示,例如,在高于和低于间隙原子迁移温度时,混合哑铃体的数量随辐照而变化[34]。Picraus 等[35]对 W,Mo 和 Cr 进行 $^3$He 分析束持续轰击时观测到 D 位的放射敏感性。采用的测量温度约为 90 K,高于 IE 阶段间隙 $^3$He 原子可自由迁移的温度。对此敏感性的一个可能的解释是间隙原子迁移到 H – V 中心替换了 D。替换出的 D 迁移至其他的捕陷位或成团,使得观察到的束流峰值降低,D 的位形分布也发生相应的改变。对于 Fe 中捕陷 D 的情况,间隙替换机制可做如下表述:

$$Fe_I + H – V \longrightarrow Fe_{Sub} + H_I \qquad (1.6)$$

其中,I 和 Sub 分别表示间隙和置换原子。对于 Fe,$E_V^f = 1.53$ eV[36],$E_{H–V}^b \approx 0.5$ eV[15],预计每经一次替换系统的能量增加约 1 eV。

间隙替换模型有助于理解 He 的捕陷转换模型,这里简要介绍研究方法。在间隙原子可自由迁移的温度($T_{IE} \approx 120$ K[37]),用 750 keV $^3$He 束辐照产生 Fe 间隙原子。辐照前在 100 K 下向 Fe 样品注入 $10^{16}$ cm$^{-2}$ 的 D 并退火至 200 K,获得充分的 H – V 中心。当温度升至间隙原子可迁移时($T = 190$ K),束流峰大幅度下降(图 1.16),在间隙原子不可动时($T = 100$ K)束流峰变化不大。很显然,束流峰下降与 D 被 Fe 间隙原子替换相关。脱陷 D 间隙迁移时部分被其他空位重新捕陷、部分被更为复杂的捕陷结构(由辐照形成)捕陷。经不同剂量 He 辐照后[$(0 \sim 5) \times 10^{15}$ cm$^{-2}$],可以看到这种变化过程与混合哑铃体研究中看到的间隙原子横截面变化[34]相符。图 1.16 中的结果与前面设想的间隙替换机制和存在 H – V 中心是一致的。

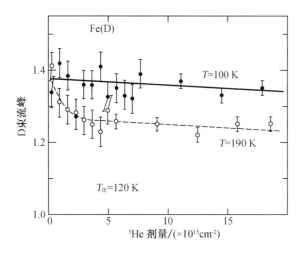

**图 1.16**　在间隙原子自由迁移温度(阶段 IE)附近沿随意方向测得的束流峰高度的变化[33]

**(Fe 样品经 750 keV ³He 辐照)**

6. 展望和小结

严格看,上述的实验和计算结果没有给出 H－V 中心的确切证据,但所有证据都支持这一假设。相比而言,其他类型捕陷中心都与现有的证据不吻合。有理由认为所讨论的捕陷位主要是单空位。尽管目前关于 H－V 中心的详细定量数据还不完善,但下面的结论是确切的。H－V 中心通常涉及高对称性的间隙位。氢通常不占据空位的中心,而是距特定的间隙位置有一段位移。结合能似乎较为可观(0.1～1 eV),对氢输运有相当的影响。

# 1.3　气泡和金属氢化物

发生 H－V 捕陷并具有较大的结合能将使氢的迁移受阻。这会影响一些与氢脆相关的过程,例如,氢渗透、氢传输、成泡和形成氢化物。捕陷中心可以成为析出气泡的位置。在金属中注入高剂量氢后观察到氢气泡。例如,在 Cu 中观察到规则排列的氢气泡[38],在 Ti 中形成氢化物[39]。

氢类似于碱性金属和成盐元素,差不多能与周期表中的所有元素反应。这可以解释为何存在大量的金属氢化物。自从 T. Qraham's 于 1866 年第一次在钯中观察到吸氢现象以来,已对金属中氢和氢化物的性质进行了研究。氢化物可以方便地按照相结合元素在周期系中的位置以及氢化物在物理性质和化学性质上的广泛差异分成 5 类:①离子型氢化物;②共价型氢化物;③过渡金属氢化物;④边界氢化物;⑤配位氢化物。

# 1.4　相　关　研　究

表 1.5 列出了一些正电轻粒子的特性。已有一些金属中空位捕陷正电子和正介子的报道。正电子很轻,除非被捕陷,它们的波函数一般情况下都会发生移位。正电子空位捕陷是研究金属中空位型缺陷的成熟技术[40]。例如,它已被用来确定金属中空位的形成能[41]。

表 1.5　正轻电粒子的特征[42]

| 粒子 | 静止质量 | 自旋 | 寿命 | 原子 |
|---|---|---|---|---|
| 正电子(e$^+$) | $5.45 \times 10^{-4} m_p = m_e$ | 1/2 | (e$^-$ 在 $10^{-10} \sim 10^{-7}$ s 湮没) | 正电子对(e$^+$ + e$^-$) |
| 正介子(μ$^+$) | $0.113 m_p$ | 1/2 | $2.2 \times 10^{-6}$ s | μ 子对(μ$^+$ + e$^-$) |
| 质子(p) | $m_p$ | 1/2 | 稳定的 | 氢(p + e$^-$) |
| 氘子(d) | $1.998 m_p$ | 1 | 稳定的 | 氘(d + e$^-$) |
| 氚子(t) | $2.993 m_p$ | 1/2 | $3.9 \times 10^8$ s(半衰期 12.33 年) | 氚(t + e$^-$) |

　　μ 子质量约为氢原子的 1/9,其质量足以进行固体中轻正粒子定位和捕陷研究以及对理论研究结果进行验证[42]。μ 子的磁力矩和金属原子核或电子的磁力矩产生交互作用。可以采用自旋去极方法向金属中注入带能 μ 子,研究带能 μ 子的行为。然而,由于 μ 子的寿命短,在任一时刻注入固体中的 μ 子都不会超过 1 个。μ 子在完全未捕陷位置的位形研究目前仅成功地应用于 Cu 晶体(图 1.17)。如图 1.17 所示,在很高的外加磁场下四极交互作用被抑制,由衰减参数给出的自旋去极的速率对晶粒取向敏感。如果允许晶格有 5% 弛豫,八面体间隙位形的理论计算结果与实验结果相当吻合,而介子的四面体间隙或置换位形的计算与实验结果相佐[44]。

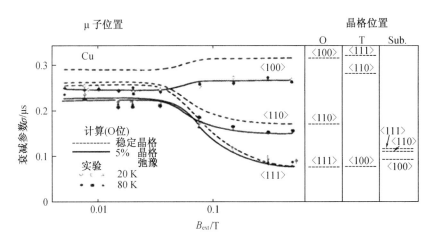

图 1.17　测量和计算的 Cu 中 μ 子自旋去极的衰减常数以及
计算的 O,T 和置换位的高场水平[43]

　　已报道的正 μ 子和氢在几种金属中的平衡位形的比较[45]见表 1.6。对于 BCC 金属 V、Nb 和 Ta,μ 子均被杂质捕获,对于超高纯的金属来说也是如此[46]。虽然捕陷能可能较低(≤0.1 eV),但仍可能对 μ 子的占位产生影响。μ 子被空位捕获只在 Al 金属中得到了很好的验证。μ 子和正电子在淬火态 Al 中的位形研究表明,μ 子主要被单空位和双空位捕获,而正电子倾向于被小空位团捕陷[47]。

表 1.6　正 μ 子和氢晶格占位的比较

| 金属 | μ⁺位[①] | H 位[③] |
|---|---|---|
| Cu | O[②] | O |
| V | T + O | T |
| Nb | T | T |
| Ta | T | T |

注:①M. Camani,F. N. Gygax,W. Ruegg,A. Schenck,H. Schil – ling,J. Keller;

　②O—八面体位;T—四面体位;

　③参考表 1.2。

## 参考文献

[ 1 ]　HIRTH J P, JOHNSON H H. Hydrogen problems in energy related technology[ J ]. Corro-
sion, 1976, 32: 1.

[ 2 ]　VOOK F L, BIRNBUAM H K, BLEWITT T H, et al. Report to the American physical so-
ciety by the study group on physics problems relating to energy technologies: radiation
effects on materials[ J ]. Rev Mod Phys, 1975,47: 1 – 44.

[ 3 ]　PICRAUX S T. New uses of ion accelerators [ M ]. New York: Plenum Press, 1975.

[ 4 ]　PICRAUX S T. Ion beam surface layer analysis [ M ]. New York: Plenum Press, 1976.

[ 5 ]　PICRAUX S T, VOOK F L. Deuterium lattice location in Cr and W[ J ]. Phys Rev Lett,
1974,339(20): 1216 – 1220.

[ 6 ]　CARSTANJEN H D, SIZMANN R. Location of interstitial deuterium sites in niobium by
channeling[ J ]. Phys Lett, 1972,40A: 93 – 94.

[ 7 ]　SAKUN N A, MATYASK P P, DIKII N P, et al. Determining the position of deuterium in
a niobium lattice by means of the reaction D($^3$He, α)p[ J ]. Soc Phys Tech Phys, 1975,
20: 432.

[ 8 ]　AATONINI M, CARSTANJEN H D. Location of interstitial deuterium in $TaD_{0.067}$ by chan-
neling[ J ]. Phys Stat Sol, 1976,34( a): 153 – 157.

[ 9 ]　TAKAHASHI J, YAMAGUCHI S, KOIWA M, et al. Lattice location studies of deuterium
in $Pd_{0.8}Au_{0.2}$ and Ta crystals by ion channeling[ J ]. Rad Eff, 1978,36(3): 135 – 139.

[ 10 ]　SKOLD K. Topics in applied physics – hydrogen in metals [ M ]. Berlin: Springer – Ver-
lag, 1978.

[ 11 ]　BUGEAT J P, LIGEON L. Lattice location and trapping of hydrogen implanted in FCC
metals[ J ]. Phys Lett A, 1979,71(1): 93 – 96.

[12] CARSTANJEN H D, DUNSTL J, LOBL G, et al. Lattice location and determination of thermal amplitudes of deuterium in $\alpha - PdD_{0.007}$ by channeling[J]. Phys Stat Sol, 1978, 45(a): 529 – 536.

[13] CHAMI A C, BUGEAT J P, LIGEON E. Solid solutions of the hydrogen – magnesium system produced by implantation[J]. Radiat Eff Defect S, 1978, 37(1): 73.

[14] BERGSMA J, GEODKOOP J A. Thermal motion in palladium hydride studied by means of elastic and inelastic scattering of neutrons[J]. Physica, 1960, 26(9): 744 – 750.

[15] MYERS S M, PICRAUX S T, STOLTZ R F. Defect trapping of ion – implanted deuterium in Fe[J]. Appl Phys, 1979, 50: 5710.

[16] VOLKL J, ALEFELD G. Hydrogen in metals I [M]. Berlin: Springer – Verlag, 1978.

[17] BUGEAT J P, CHAMI A C, LIGCON E. A study of hydrogen implanted in aluminium [J]. Phys Lett, 1976, 58(2): 127 – 130.

[18] OZAWA K, YAMAGUCHI S, FUJINO Y, et al. Channeling studies on the trapping of deuterium in vanadium by oxygen interstitials[J]. Nucl Instr & Meth, 1978, 149(1 – 3): 405 – 410.

[19] FISCHER H, SIZMANN R, BELL F. Anisotrope D ( d, n )³He – reaktionsausbeute in kupfereinkristallenz [J]. Physik, 1969, 224(1 – 3): 135 – 143.

[20] BUGEAT J P, LIGEON E. Proc 2nd int congress on hydrogen in metals [C]. Paris, 1977.

[21] BESENBACHER F, BOTTIGER J, LAURSON T, et al. Hydrogen trapping in ion – implanted nickel[J]. Nucl Mat, 1980, 93 – 94: 617 – 620.

[22] MCCRACKEN G M, ERENTS S K. Applications of ion beams to metals [M]. New York: Plenum, 1974.

[23] WILSON K L, BASKES M I. Deuterium trapping in irradiated 316 stainless steel[J]. Nucl Mat, 1978, 76(1 – 2): 291 – 297.

[24] BOTTIGER J, PICRAUX S T, RUD N, et al. Trapping of hydrogen isotopes in molybdenum and niobium predamaged by ion implantation[J]. Appl Phys, 1977, 48(3): 920 – 926.

[25] MYERS S M, PICRAUX S T, STOLTZ R E. Deep deuterium traps in Y – implanted Fe [J]. Appl Phys Lett, 1980, 37(2): 168 – 170.

[26] BRICE D K. Fundamental aspects of radiation damage in metals [C]. USERDA CONF – 751006 – P1, 1976: 35.

[27] BRICE D K. Ion implantation range and energy deposition distributions, vol. 1 [M]. New York: Plenum Press, 1975.

[28] MCLELLAN R B. H—H – atom interactions in the group V[J]. Metals Scripta Metallurgi-

ca, 1975, 9(6): 681 – 685.

[29] NORSKOV J K. Electron structure of single and interacting hydrogen impurities in free – electron – like metals[J]. Phys Rev, 1979,20(2): 446 – 454.

[30] GORODETSKY A E, ZAKHAROV A P, SHARAPOV V M, et al. Interaction of hydrogen with radiation defects in metals[J]. Nucl Mat, 1980, 93 – 94: 588 – 593.

[31] BASKES M I, MELIUS C F. Defect trapping of gas atoms in metals[J]. Z Phys Chemie, 1979, 116: 519.

[32] WILSON W D, MELIUS C F. Quantum – chemical and lattice – defect hybrid approach to the calculation of defects in metals [J]. Phys Rev B,1978,12:62.

[33] LÄSSEN D S, NORSKOV J K. Calculated energies and geometries for hydrogenimpurities in Al and Mg[J]. Phys F, 1979, 9: 1975 – 1982.

[34] SWANSON M L, HOWE L M. Channeling measurements of the trapping efficiencies of faceted bubbles and voids[J]. Phys Status Solidi A, 1979,77: 269.

[35] PICRAUX S I, VOOK F L. Ion implantation in semi – conductors and other materials [M]. New York: Plenum Press, 1975.

[36] SCHAEFER H E, MAIER K, WELLER M, et al. Vacancy formation in iron investigated by positron annihilation in thermal equilibrium[J]. Scripta Metallurgica, 1977, 11(9): 803 – 809.

[37] KOEHLER J S. Fundamental aspects of radiation damage in metals [C]. USERDA CONF – 751006 – P1, 1976:397.

[38] JOHNSON P B, MAZEY D J. The gas – bubble superlattice and the development of surface structure in He$^+$ and H irradiated metals at 300 K[J]. Nucl Mat, 1980, 93(10): 721 – 727.

[39] PONTAU A E, WILSON K L, GREULICH F, et al. The nucleation and growth of $TiD_2$ in deuterium – implanted titanium [J]. Nucl Mat, 1980,91: 16.

[40] GAUSTER W B. Study of radiation damage in metals by positron annihilatio[J]. Vac Sci Technol, 1978,15(2): 688 – 696.

[41] MCKEE B T A, TRIFTSHAUSER W, STCWART A T. Vacancy – formation energies in metals from positron annihilation[J]. Phys Rev Lett, 1972,28: 358.

[42] SEEGER A. Topics in applied physics [M]. Berlin: Springer – Verlag, 1978.

[43] CAMANI M, GYGAX F N, RUEGG W, et al. Positive muons in copper: detection of an electric – field gradient at the neighbor Cu nuclei and determination of the site of localization[J]. Phys Rev Lett, 1977,13( 39): 836 – 839.

［44］ GAUSCR W B, FIORY A T, LYNN K G, et al. On the study of defects in metals with positive muons［J］. Nucl Mat, 1978,69 - 70(1 - 2)：147 - 156.

［45］ CAMANI M, GYGAX F N, RUEGG W, et al. The positive muon as a light isotope of hydrogen：trapping in copper, vanadium, niobium, and tantalum. ［J］. Physik Chemie, 1979,116：157 - 161.

［46］ ORTH H, DORING K P, GLADISCH M, et al. Localization and diffusion of positive muons in metals［J］. Physik Chemie, 1979,116：241 - 254.

［47］ BROWN J A, HEFFNER R H, LEON M, et al. Trapping of positive muons at vacancies in quenched aluminum［J］. Phys Rev Lett, 1979, 43(20)：1513 - 1516.

# 第2章 金属缺陷捕陷 He 原子

金属中的 He 具有使人津津乐道的性质,这种最轻惰性气体的化学惰性十分出色,具有很高的形成能,任何方法引入的 He 都是高度过饱和的。He 不溶于金属,很容易被金属空位捕陷,He 原子稳定空位。有趣的是,He 虽然不溶于金属,但金属有包容 He 的能力。这种能力来源于 He 与空位的交互作用。He 原子与空位的结合能很高,单空位能够捕陷多个 He 原子,形成 $He_nV$ 团。$He_nV$ 中的 He 原子数大于临界值时会发生捕陷转换和自捕陷,单空位原子团($He_nV$)转变成双空位原子团($He_nV_2$,泡核)和多空位原子团($He_nV_m$,泡)。间隙 He 原子的迁移激活能很低,有自发成团的趋势。He 原子团能够在完整晶体中诱发 He 的自捕陷,形成 He 泡。不断形成的自间隙原子优先在 He 泡的一侧成团,而不是均匀地分布在 He 泡表面,从能量上看是有利的。重要的是自间隙原子的稳定化作用促成了不需要自间隙原子脱陷的 He 泡长大机制。He 原子在金属中迁移、成团、捕陷、自捕陷等形核和长大过程是 He 原子与晶格原子相互作用以及被金属晶格包容的过程,也是产生晶体缺陷和 He 效应的过程。He 原子不溶于金属,很高的间隙 He 形成能为这种演化过程提供了能量。

本章论述金属捕陷 He 的机制和模型。

## 2.1 自然界中的 He

He 原子的原子序数 $Z=2$,原子核带 2 份正电荷,核外有 2 个电子。2 个电子组成全同二体系统。在氢原子核中加上一个质子和两个中子即得到 He。在元素周期表里,He 列位 0 族气体元素之首,因为该族元素具有化学惰性,不与其他元素反应,所以称其为稀有气体或惰性气体。像该族所有其他气体一样,He 也无色无味。由于其活性太低,甚至自身也不能化合。事实上,He 气的基本组成单元是单个的 He 原子。He 的惰性使得它成为有限几个以单纯元素形式存在的。

到目前为止,已经制成了数以百计的惰性气体化合物,但都限于原子序数较大的重惰性气体氪(Kr)、氙(Xe)和氡(Rn)。尽管运用了多种方法,但对于原子序数较小的 3 种轻惰性气体氦(He)、氖(Ne)和氩(Ar)则仍未制成化合物。从理论分析看,这些气体也存在形成某些化合物的可能性,并且有人设想了制备的途径。根据 $HeF_2$ 的电子排布与稳定的 $HF_2$ 相似,提出了利用核转变制备 $HeF_2$ 的 3 种方法:氚的 $\beta^-$ 衰变法、热中子辐照法和直接用 $\alpha$ 粒子轰击固态 F 来制备 $HeF_2$。3 种方法中第一种方法制成的可能性最大($T \longrightarrow HeF_2 + \beta^-$),但至今没有见到已成功的报道。目前仅在特定条件下观察到瞬间存在的氟化氦离子。毫无疑问,这种最轻惰性气体的化学惰性确实出色。

He 在宇宙中的含量仅次于含量最多的氢,约占既存原子的 7%,氢和 He 二者合起来在宇宙既存原子中的比例令人吃惊地高达 99.9%。然而,He 在地球上却相对稀少,其在空气所有气体中的含量仅排在第六位。

有趣的是,He 首先是在太阳上被发现的,而后才在地球上找到。1868 年,法国天文学家皮埃尔·詹森在分析太阳光谱射线时偶然注意到一条异常的、意外的谱线。光谱射线是每种元素被加热到相当高温度时发出的射线,与波长有关。每种元素发出的光谱射线的颜色是独一无二的。

詹森正确地解释了他从太阳光谱中观测到的异常谱线,认为这是一种未知元素的谱线。他把这个新元素命名为 Helium,这个名字源于希腊文的 Helios,意思是太阳。这个概念的 He 应该泛指$^4$He,因为当时还不清楚是否存在它的同位素。1895 年,苏格兰化学家威廉姆·拉姆齐在地球上的铀矿石中发现了 He。直到 1920 年阿斯顿利用质谱仪发现$^3$He,人们才开始对 He 的概念加以区分。

太阳上的 He 来自氢的核聚变反应,科学家往往把该过程称为氢燃烧。太阳辐射到地球上的能量正是由氢核聚变反应产生的。在太阳内部高温高压的条件下发生着一系列的核反应,其最终结果是质子聚变生成 He 原子核。要激发上述核反应需要 1 000 万摄氏度的高温和约 1 000 万帕的压力。幸运的是,即使在上述极限条件下,氢的燃烧仍很缓慢。太阳上的氢核聚变反应已进行约 50 亿年了,预计还能再持续约 50 亿年。

地球上几乎所有的 He 都是在天然气中发现的,且都是如 U,Ra 一样的放射性同位素的衰变产物。这些放射性同位素在衰变的同时放射出 He 原子核。金属氚化物中的$^3$He 是氚 $\beta^-$ 衰变的产物。He 原子核更通俗的名字是 $\alpha$ 粒子,是由英国物理学家恩斯特·卢瑟福爵士发现并命名的。他起初没有认识到 $\alpha$ 粒子即是 He 原子核,因此用希腊字母 $\alpha$ 称呼它,这就像代数中多用 $x$ 来称呼未知数一样。

He 是一种密度低、质量小的轻气体,因其在空气中的浮力而成为一种有用的气体。尽管 He 气的密度比氢气大,浮力比氢气小,但它却不可燃,也无毒性,因此具有较大的利用优势。在水下高压环境中工作的潜水员呼吸的“空气”是 $O_2$ 和 He 的混合物。用 He 气取代 $N_2$,是因为 He 的溶解度比氮低,因而不易溶解进入血液。He 具有很强的扩散性,利用它的这一特点,He 被用作压力容器和真空系统的检漏指示剂。利用其惰性和良好的导热性,He 可作为优质合金焊接、切割和冶炼易氧化金属的保护气体。原子反应堆中可用 He 作为载热体,应用于原子反应堆的冷却、热交换等方面。浓缩铀扩散元件在修理后的清洗也都要用到 He。

19 世纪末一种新的能源闯入了科学家的视野。各国都在思考如何从月球搬运$^3$He。因为$^3$He 可以与氢的同位素氘发生热核聚变,释放的大量能量可以用来发电,而且聚变过程不产生中子,放射性很低。

He 总共存在 8 种同位素,从$^3$He 到$^{10}$He,其中只有$^3$He 和$^4$He 是稳定的,其他同位素都具有放射性。地球上 He 元素中$^4$He 的含量最多,约为 99.9%;$^3$He 的含量极低,空气中的 He 成分里$^3$He 和$^4$He 的比例大约为 $10^{-6}:1$。天然气中$^3$He 的浓度大约还要低一个数量级,为 $10^{-7}:1$。

本书未涉及 He 的众多用途,关注的是 He 的性质,主要是其出色的化学惰性以及相变机制。正是这些性质在金属中引起了严重的 He 问题。

由于$^3$He 和$^4$He 是同位素,因此它们在物理和化学性质上表现出较多的一致性。在室温和常压下,$^3$He 和$^4$He 都是无色、无味、无毒、不燃烧的惰性气体,化学性质极为稳定,都具有极低的临界温度和正常沸点,都不存在三相点。常压下$^4$He 在 4.215 K 时液化,并直到 0 K 都不固化。宏观上看,相同温度下$^3$He 蒸气压比$^4$He 大许多,例如,在 1 K 时,$^3$He 的饱和

蒸气压比 $^4$He 大 70 倍,0.5 K 时两者则相差近 10 000 倍。

$^3$He 和 $^4$He 在不同压力下生成的晶体有 3 种构型,分别为密排六方(HCP)、体心立方(BCC)和面心立方(FCC)。

在极低温度下,$^4$He 呈现一系列稀有的特性。液态 $^4$He 的沸点(4.215 K)仅比临界温度低约 1 K;在 4.2～2.19 K 之间,随着温度降低,其密度增大,在 2.19 K 时达到最大值 0.146 2 g·cm$^{-3}$,高于 2.19 K 密度反而下降。

极低温度下热容的变化提示了重要的相变信息。1.32 K 时 $^4$He 的热容为 0.14 cal[①]·K$^{-1}$,到 2.19 K 尖锐上升到最大值 3.0 cal·K$^{-1}$,随后在 0.002 K 间隔内突然下降为 0.5 cal·K$^{-1}$。热容变化趋势像希腊字母"$\lambda$",故 2.19 K 被称为 $\lambda$ 点。温度高于 $\lambda$ 点时液 $^4$He 是正常的液体,温度低于 $\lambda$ 点时液 $^4$He 转变为超流动性液体。

发现 $^4$He 超流态后,人们相信 $^3$He 也存在超流态,并试图用金属的超导理论(BCS 理论)来解释 $^3$He 存在超流态的可能性。电子是费米子,与 $^3$He 一样遵从费米－狄拉克统计。在极低温度下金属中的电子会彼此结合成对,这种电子对称为库珀对。结合成库珀对的电子气表现出玻色子的特性,产生玻色－爱因斯坦凝固现象。基于 $^4$He 中的超流动现象和金属的超导现象,人们预期 $^3$He 也能形成玻色子对,在极低温度下的 $^3$He 也会呈现超流态。然而,虽然许多研究组致力于这方面的研究,但没有一个小组获得成功。

这一情况由于康奈·李等人的工作,在 20 世纪 70 年代初发生了变化。他们发现 $^3$He 在绝对零度之上约 0.002 K(约是 $^4$He 温度的千分之一)时变为超流体,并对其形成机制作了解释。

新型的量子液体 $^3$He 具有许多非常特殊的性质。这些特性说明,微观物理量子规律有时会直接影响宏观物体的行为。由于发现了 $^3$He 的超流动性,康奈等人获得 1996 年诺贝尔物理学奖。

## 2.2　金属中的 He

金属中 He 的研究始于 20 世纪 60 年代。离子注入/热解吸实验是适用的研究方法。这种方法表征的是晶格缺陷在相对低的温度下(对于 W,≤300 K)捕陷 He 原子的能力,依据的是注 He 晶体线性加热和等温退火时 He 的解吸谱。以足够高的能量进行离子注入时部分 He 离子将进入空位,被捕陷在金属晶格中。注入能量低于诱发晶格损伤的阈值时,He 离子将进入晶格间隙。在缺陷浓度小到可以忽略的一定空间范围内,He 原子以间隙机制迁移直至被缺陷捕陷。

Kornelsen 等在其早期的论文中报道了不同能量(5～2 000 eV)He 离子在(100)和(110)W 单晶表面的捕陷和解吸行为。离子能量≤400 eV 时,捕陷 He 原子分数很低,(100)表面约为 0.1%,(110)表面约为 1%,捕陷主要发生在相关的表面位置,结合能≤2.1 eV。离子能量≥500 eV 时,捕陷分数约增大至 $4 \times 10^{-2}$,捕陷发生在晶体内的特征位置,这些特征位置是高能 He 离子诱发生成的,这是金属缺陷捕陷 He 原子的重要证据。离子剂量≤$1 \times 10^{-13}$ cm$^{-2}$ 时至少观察到 4 个特征结合能(2.65 eV,3.05 eV,3.35 eV,4.15 eV),剂量更

---

① 　1 cal = 4.185 5 J。

高时出现附加的结合态,结合能高达 5.4 eV。这些结果与 Wilson 和 Bisson 在 1974 年的相关理论计算结果是一致的。

## 2.3　He-V 交互作用

He 不溶于金属,在室温下可迁移,很容易被金属空位捕陷。图 2.1 为几个能量参数关系示意图,其中 $E_f, E_m, E_d, E_b$ 分别为 He 在金属中的形成能、迁移能、脱陷能和结合能。例如,对于金属 Mo,$E_f \approx 4.9$ eV,$E_m \approx 0.2$ eV,$E_d \approx 3.1$ eV。金属中 He 原子的形成能很高,脱陷能和结合能也很高,相比之下,空位的迁移能较低(仅约为 1.45 eV),因此,空位捕陷 He 原子,He 原子稳定空位。这种双重作用为 He 原子成团提供了能量,促进气泡形核。

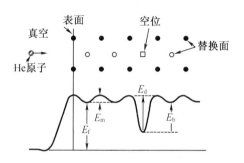

**图 2.1**　在金属中 He 的形成能($E_f$)、迁移能($E_m$)、从空位的脱陷能($E_d$)和
与空位的结合能($E_b$)示意图[2]

### 2.3.1　He 捕陷和捕陷能

已通过仔细的热解吸谱观测得到了 He 与不同类型金属中简单缺陷交互作用的证据。热解吸时 He 的释放量随线性和等温退火温度变化。依据 He 的热解吸谱能够获得 He 原子与金属中简单缺陷交互作用的详细信息。通常先用几千电子伏能量向样品中注入低剂量重惰性气体原子,在金属晶体中产生预存空位。注入时需要仔细控制温度,在此温度下空位不移动。然后用很低的不会产生离位损伤的能量注入 He,He 原子被预存缺陷捕陷。该方法的一个优点是引入缺陷和引入 He 的过程可以分别控制。

图 2.2 为两种注 He 样品的热解吸谱,一种以 250 eV 能量向无预损伤 W 样品注 He($2.4 \times 10^{13}$ cm$^{-2}$),另一种以 250 eV 能量向预先经过 5 keV 的 Kr($2.4 \times 10^{11}$ cm$^{-2}$)轰击的 W 样品中注 He。无预损伤试样中 He 的保留量较少,这与室温下 He 的高迁移性相一致。高温下预损伤样品中仍有 He 被捕陷,表明缺陷对 He 的强捕陷作用。

Kornelsen 等[4]精心地设计了热解吸实验方案(包括系统地变化相关参数)。解吸谱中出现多个放热峰(图 2.3)。

多峰现象可用 He-V 相互作用来解释,不同的放热峰对应着相应的 He-V 交互作用。

$$He_4V \longrightarrow He_3V + He \quad （E\ 峰） \tag{2.1}$$

$$He_3V \longrightarrow He_2V + He \quad （F\ 峰） \tag{2.2}$$

$$He_2V \longrightarrow HeV + He \quad （G\ 峰） \tag{2.3}$$

$$HeV \longrightarrow V + He \quad （H 峰）\tag{2.4}$$

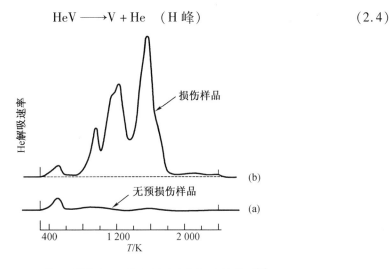

**图 2.2　两种 W 样品中 He 的解吸速率与温度的关系**[4]

（a）用 250 eV（$2.4 \times 10^{13} cm^{-2}$）能量和剂量向无预损伤 W 晶体注入 He；

（b）向预先经 5 keV 的 Kr（$2.4 \times 10^{11} cm^{-2}$）轰击的 W 注入 He

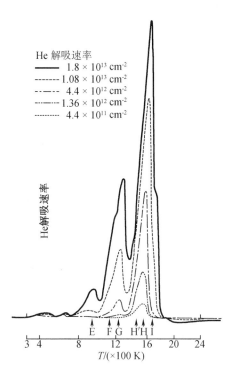

**图 2.3　不同注入剂量 W 样品的 He 热解吸谱（样品经高能 Kr 预轰击）**[4]

$He_n V$ 表示 $n$ 个 He 原子被一个空位捕陷。此外还存在包含更多空位的更复杂的中心。通过限制注入剂量（低剂量注入），释放阶段可以用单级分解过程来描述[2,4]。对于式（2.4），He – V 中心数随时间的变化为

$$- dN/dt = Nv \exp \left[ - E_d / kT(t) \right] \tag{2.5}$$

其中,$N$ 为 He – V 中心数;$T(t)$ 为时间 $t$ 时的释放温度;$v$ 为金属晶格振动频率幂指数的前因子;$E_d$ 为替位 He 的离解能。表2.1 比较了 Mo 和 W 中 He 脱陷能的实验值和团簇理论计算值。两种晶体中的 $He_nV$ 的热稳定性存在差异,计算值和实验值很吻合。

**表2.1　W 和 Mo 中 He 从 He – V 分解的离解能(实验值和理论计算值)**

| 反应 | | 实验研究[①] | | 理论计算 | |
|---|---|---|---|---|---|
| | | $T_p/K$ | $E_d/eV$ | $E_d^{[②]}/eV$ | $E_d^{[③]}/eV$ |
| W: | $HeV \longrightarrow He + V$ | 1 560 | 4.05 | 4.39 | 5.07 |
| | $He_2V \longrightarrow He + HeV$ | 1 220 | 3.14 | 2.89 | 3.43 |
| | $He_3V \longrightarrow He + He_2V$ | 1 120 | 2.88 | 2.52 | 3.02 |
| | $He_4V \longrightarrow He + He_3V$ | 950 | 2.14 | 2.50 | 2.94 |
| Mo: | $HeV \longrightarrow He + V$ | 1 180 | 3.05 | 4.19 | 4.2 |
| | $He_2V \longrightarrow He + HeV$ | 960 | 2.5 | — | 2.82 |
| | $He_3V \longrightarrow He + He_2V$ | 900 | 2.3 | — | 2.50 |
| | $He_{4,5,6}V \longrightarrow He + He_{3,4,5}V$ | 800 | 2.05 | — | 2.37 |

注:①W 的数据引自参考文献[4],Mo 的数据引自参考文献[8];

　　②引自参考文献[8]~参考文献[10];

　　③引自参考文献[8]。

观测到的 He 与空位的结合能为 3~4 eV,比单空位捕陷氢的结合能( <1 eV)大得多。此外,对于金属 Mo,1 个空位捕陷约 6 个 He 时的结合能仍较大( >2 eV),这与氢的情况不同。虽然实验证据较少,但理论分析表明,除非加入其他空位,1 个 H – V 中心捕获多个氢的作用很弱。这部分地解释了为什么金属中的 He 容易成泡,而金属中的氢容易形成金属氢化物,不容易成泡。

目前已获得了多种金属的计算值(表2.2)。解释热解吸数据比较困难,因而报道的实验结果还不多。

**表2.2　计算出的间隙 He 原子的形成能和迁移能以及空位 He 的离解能[3]**

| 金属 | | $E_f/eV$ | $E_m/eV$ | $E_d/eV$ |
|---|---|---|---|---|
| FCC | Ni | 4.52 | 0.43 | 0.5 |
| | Cu | 2.03 | 0.45 | 2.15 |
| BCC | V | 4.61 | 0.13 | 3.20 |
| | Fe | 5.36 | 0.17 | 3.98 |
| | Mo | 4.91(4.97) | 0.23(0.3) | 4.19(4.2) |
| | Ta | 4.23 | 0.00 | 3.44 |
| | W | 5.47(5.91) | 0.24(0.29) | 4.39(5.07) |

注:括号内数据引自参考文献[2]。

从表中可以看出,对于简单晶格金属,通常是迁移能低,与空位的结合能高。相对而言,FCC 金属中 He 的迁移能较高而结合能略低。此外,He 在 FCC 和 BCC 金属中的形成能都相当大,这与 He 在大多数金属中非常低的溶解度相一致。因此,除了注入法和氚衰变法,其他方法很难向金属中引入 He。离子注入已成为研究金属中 He 缺陷的重要工具。

### 2.3.2　捕陷结构

He 原子容易被空位捕陷,形成 HeV 团,HeV 是金属中 He 的捕陷中心,He 原子稳定空位;单空位能够捕陷多个 He 原子,形成 $He_nV$ 团,$He_nV$ 是金属中的原子尺度泡核,是 He 的基本捕陷结构。$He_nV$ 团的能量信息主要来自于团簇理论计算。He 与基体原子电子间的交互作用能降低自身的能量,这是因为能量处于最低电子密度区域。通常认为空位中的单 He 原子处于置换位置的中心,这与 He 的满壳层结构相符。多个 He 原子被单空位捕陷的情况比较复杂,通常不处在替换位的 He – V 中心。

图 2.5 示出了计算出的 Cu 晶体中 1~6 个 He 在 1 个空位中的最低能量位形图。

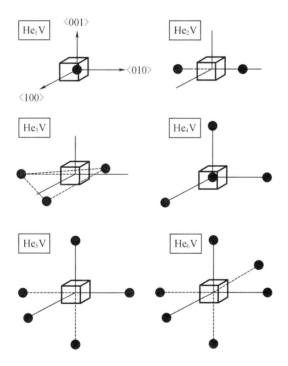

**图 2.5　计算出的 1~6 个 He 原子捕陷在 Cu 晶体单空位中的能量最低位形**[7]

类似的计算结果也在 W 和 Mo 晶体中出现。3 个 He 原子在 W 晶体 1 个空位中的两种稳定性相当的位形如图 2.6 所示。

Picraux 等[7]报道了注 He 金属沟道定位的工作。他们用 60 keV 能量向 W 中注入 $15^{15}$ cm$^{-2}$ 剂量的 He(高于通常的注入剂量,$10^{11}$ ~ $10^{13}$ cm$^{-2}$),观测沿 <100> 轴向的沟道角分布(图 2.7)。由于占位的多重性,运用沟道技术观测对 He 进行准确定位是困难的。但是观测结果确实表明,大部分的 He(约 90%)不处在置换位的 He – V 中心。在测量的统计分辨率限度内,很窄波谷的多个峰值与计算的 $He_nV$ 中心一致(类似图 2.5 中 Cu 的情况)。

相关数据主要与 $He_2V$ 和 $He_3V$ 中心的位形一致($He_2V$ 和 $He_3V$ 的组态决定 He 的分布),而与随机分布的 He(例如,宏观气泡中的 He)不一致。

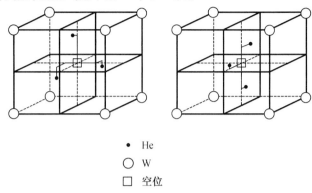

- • He
- ○ W
- □ 空位

**图 2.6　计算出的 W 晶体中单空位捕获 3 个 He 原子**
**($He_3V$ 中心)的两种平衡位形[12]**

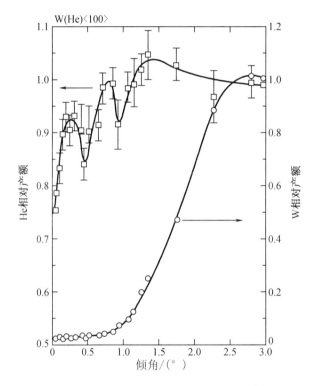

**图 2.7　注 $^3$He 的 W 样品的沟道角分布[7]**
注:注入能量为 60 keV,注入剂量约为 $1 \times 10^{15} cm^{-2}$。

### 2.3.3　捕陷转换和气泡形核

Kornelsen 等[4]通过变化样品(W 晶体)的损伤退火温度、He 的注入剂量、注入温度和预注入离子的质量,研究 He 的结合态与晶格损伤的关系,以及结合能随相关参数(有效空位体积)的变化。如果注 He 前对样品进行重离子预注入,捕陷分数增大至约 $4 \times 10^{-2}$。几百电子伏的 $He^+$ 至少在 1 μm 的深度内成为捕陷态。入射粒子的能量大于500 eV时,晶格损伤能够扩展到大致相当于离子的穿透深度。捕陷 He 具有不连续的结合能,He 原子被捕陷在单空位中。热解吸谱显示存在两种双空位结构,意味着他们首先发现了捕陷转换现象。空位捕陷在大杂质原子产生的应变场中,当 He 的注入剂量足够高时( >10$^{14}$cm$^{-2}$)任何捕陷位都能作为 He 泡形核的核心。

在德国 Delft 的研究组(Caspers, Fastenau Van Veen 等)推动了相关的研究进展。他们[13]对 Mo 样品预先进行 1 keV 的 He 离子注入(高于损伤阈值),随后进行低能 He 离子注入(亚阈值)和热解吸实验。在亚阈注入条件下,随着低能注入剂量提高,热解吸谱上呈现 3 个新峰。据此提出了“捕陷转变”模型。依据这一模型,早期气泡形核通过 He 填充空位进行;每添加 1 个 He 原子都会使局域 Frenkel 对的形成能降低;当空位中聚集足够量的 He 后,已存在的空位团($He_nV$)通过发射 1 个孤立的自间隙原子(例如,$He + He_6V \longrightarrow He_7V_2 + I$)转变成双空位复合体($He_nV_2$)。这一过程为 He 泡形核提供了驱动力。

计算表明,在 $n \approx 5$ 时,Mo 中能够出现下面的反应:
$$He + He_nV + Mo_{Sub} \longrightarrow He_{n+1}V_2 + Mo_1 \tag{2.6}$$

其中,$Mo_{Sub}$ 和 $Mo_1$ 分别代表置换 Mo 原子和间隙 Mo 原子。不只是 He,空位也被加入到中心,最终生成一个气泡。对于金属 W,当空位中的 He 原子数大于 5( $\approx 6$)时会发生类似的过程。然而,他们利用 Wilson 和 Johnson[3]的原子间作用势的计算结果未能证实这一模型。

原子计算结果支持 Kornelsen 和 Caspers 预测的捕陷转换模型。Wilson 等[15]的计算表明,随着 He 原子团增大,会将点阵位的原子推向间隙位。对于起始不含空位的完美 FCC Ni 晶体,当 2 个或 2 个以上的 He 原子沿 <100> 方向聚集时与体心位置 Ni 原子的结合能约为正十分之几电子伏。当 He 原子增至 4~5 个时,结构开始不稳定,会沿着无 He 原子的 <100> 方向从体心位置自发地发射出 1 个 Ni 原子。

图 2.8 给出了 Ni 原子团的相对能量与沿 <100> 方向(见图 2.8 内的插图)的距离和团簇中 He 原子数之间的关系。这表明在一些金属中无需辐射产生空位,气泡也可以自发形核。

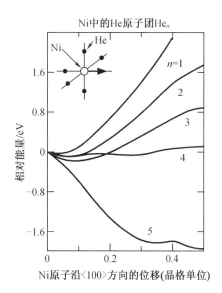

图 2.8　Ni 原子团的相对能量与沿 <100> 方向的位移和
团簇 He 原子数的关系[15]

2005 年,Fu 等[16]用第一原理方法计算了 BCC Fe 中小 $He_mV_n$ 团簇( $He_mV_n$, $m$, $n = 1 \sim 4$)的稳定性,结果表明,随着 $m$ 的增加团簇中空位的结合能增加,He 原子的结合能减小;随着 $n$ 的增加,团簇中空位的结合能减小,而 He 的结合能增大。这些结果说明空位团对 He 的捕陷作用随着空位数目的增加而增强,同时 He 原子的加入可以稳定空位团。这两方面的作用相互促进,为 He 泡的形核和长大提供动力。这个结果与上述现象一致,表明 He 与空位型缺陷的结合能与缺陷的有效空腔体积有关,支持预测的捕陷转换模型。

转换区域观察到的第二种效应涉及 He 原子与替位杂质原子的结合能随团簇中 He 原子数目的变化,表明存在 He 的其他捕陷源。He 原子除了容易被 He 和空位型缺陷捕陷外,还容易被位错、晶界、替位杂质原子等捕陷。

Evans Van Veen 和 Caspers[17]的实验表明,先经高能(3 ~ 5 keV)He 离子预注入,随后进行低能(150 eV)注 He 的样品中生成了 He 片。

Kornelsen 和 van Gorkum[17]报道了 He 在 W 中捕陷行为的研究结果(图 2.9)。样品在低能注 He 前进行了替位高能 He,Ne,Ar,Kr 和 Xe 离子注入。He 与稀有气体缺陷间的结合能随注入的稀有气体原子质量的提高而单调降低,每个缺陷可连续捕陷高达 100 个以上的 He 原子。这些替位杂质原子与一个间隙 He 的结合能在 1.2 ~ 3.1 eV 范围内,且随着稀有气体原子质量数的增加而降低;而这些捕陷结构对 He 原子的捕陷没有饱和,当捕陷的 He 原子数目达到 10,各替位原子与 He 原子的结合能几乎是一样的,约为 2.2 eV,且随着 He 原子数目增加而增加,与第 100 个 He 原子的结合能约 4.5 eV。

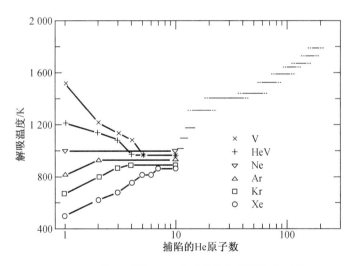

图 2.9　W 中 He 的解吸温度随空位和惰性气体形核
中心捕陷 He 原子数的变化[16]

这些结果表明,对于 1 ~ 10 个 He 原子的团簇,如果捕陷中心是空位或 HeV 团,每添加 1 个 He 原子都使结合能降低;如果捕陷中心是 Ne 原子,结合能基本保持不变;对于更重的惰性气体原子捕陷,结合能增加。例如,空位捕陷第 1 个 He 原子的捕陷能为 3.1 eV,而 Xe 捕陷第 1 个 He 原子的捕陷能为 1.2 eV。He 原子数大于 10 以后,重惰性气体原子捕陷 He 原子的捕陷能从大约 2.2 eV(Xe 中心)到大约 2.5 eV(Ne 中心)。

对于大于 10 个 He 原子的团簇,不同捕陷中心的形核性质不再对结合能产生大的影响,图 2.9 中的线和点给出了对应于不同解吸温度(结合能)的 He 原子团的尺寸范围。He 原子数超过 100 后结合能随 He 原子数目增加单调增加。He 原子数小于 10 时,捕陷半径基本上为一常量(约 0.28 nm),之后随泡核中捕获的 He 原子数目增加而增加。这些结果说明金属中的 HeV 捕陷中心有利于气泡形核和长大。

Kolk 等[29]在单晶 W 中注入 Ag,Cu,Mn,Al,In 和 Cr,并在 1 600 K 温度下退火去除空位,只留下这些替位的杂质原子来研究替位杂质原子与低能注入的 He 原子的作用。实验结果发现这些替位杂质原子能够捕陷 He,与第一个 He 原子的结合能为 0.6 ~ 1.3 eV。杂质原子的电子密度越低,其与 He 原子的排斥作用越弱,W 中杂质原子与 He 的结合能越高。另外,He 原子与晶界的结合能也很高,Baskes 等[19]用理论计算得到 He 与 Ni Σ = 9(114)晶界的结合能高达 2.6 eV。位错与 He 原子的结合能为 0.1 ~ 0.3 eV。

### 2.3.4　自捕陷和 He 泡长大

Wilson 等[20]的原子计算结果表明,金属晶格中的 He 原子能够相互成团,产生空位和近自间隙缺陷,小的 He 原子团就能导致大的晶格畸变。5 个间隙 He 原子能引发生成 1 个晶格空位和近自间隙原子。8 个 He 原子成团产生 2 个这样的缺陷。16 个间隙 He 原子则可开创 5 个以上的自间隙空位对(图 2.10),自间隙原子优先在 He 原子团簇的同侧聚集,而不是沿 He 原子团周围均匀分布。随着 He 原子团浓度增加,He 原子与原子的结合能增大,表明 He 原子的自捕陷过程未饱和。这些原子结合能的速率理论已被用于研究 He 泡成核和长大动力学,计算结果与氚时效的测量结果是一致的。

He 在 BCC 材料的间隙扩散激活能低于 FCC 材料[22-23],因此 BCC 材料中间隙 He 相互间的结合能要大于 FCC 材料[11-12]。显然,在适当的实验条件下,自间隙也发生在这些材料中。Kornelsen 观察到[20-21],在略高于液氮温度下,亚阈注入的 He 很快放出,因为注入 He 的浓度没有高到成团的浓度。FCC 和 BCC 材料的区别仅在于 He 在 BCC 晶格间隙的迁移能力较高,并受到更深的捕陷。我们预测,当注入温度低到可防止 He 迁移时,亚阈能量注入 BCC 材料中的 He 将发生自捕陷,但能量略有不同,需要 6 个 He 原子才会产生一个 Frenkel 对,10 个(不是 8 个)才会生成第二个这样的缺陷(图 2.11)。从能量角度而言,自间隙原子仍倾向形成萌芽态间隙环,而不是均匀分布。

在理论上发现的另一个重要 He 效应是自间隙原子与 He 团簇相互依存。图 2.12 是 He 原子和自间隙原子与团簇的结合能随团簇中 He 原子数的关系曲线。值得注意的是,He 原子的结合能随 He 团簇的尺寸增加而或多或少地单调增加(除了晶体学的抖动),但自间隙结合态更加复杂。Caspers 等运用 Wilson 等[22]的原子间作用势的计算[13]未能证明自己提出的捕陷转换机制,因为他们忽略了自间隙原子与含 He 团簇的附着效应。

由于 He 原子的相互排斥,把 1 个晶格原子从团簇中移到 1 个孤立位置所需的能量随 He 原子增加而降低(相当于失去 He 的 Frenkel 对的能量),5 个原子时达到最小值。当 5 个原子时,0.5 eV 的能量可使晶格原子从理想位置沿 <100> 方向移到大于晶格常数一半的位置处,但它与团簇是结合在一起的。

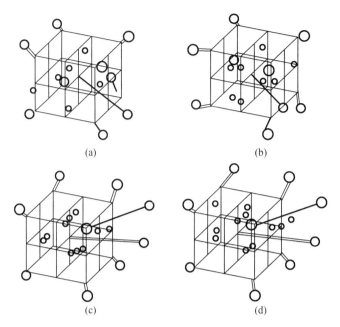

**图 2.10　FCC Ni 中 He 原子团的最低能量构形示意图[20]**

（a）5 个 He 原子成团形成 1 个 Frenkel 对和紧密结合的 He 团簇，$He_5 \longrightarrow He_5 V^* I^*$；

（b）8 个 He 原子成团形成 2 个这样的缺陷，$He_8 \longrightarrow He_8 V_2^* I_2^*$；

（c）11 个 He 原子成团形成 7 个这样的缺陷，$He_{11} \longrightarrow He_{11} V_7^* I_7^*$；

（d）16 个 He 原子成团形成 10 个这样的缺陷，$He_{16} \longrightarrow He_{16} V_{10}^* I_{10}^*$

注：计算时没有引入初始空位，在近邻团簇处包含有几个空位和几个自间隙原子的近 Frenkel 对被标记为 $V^* I^*$。

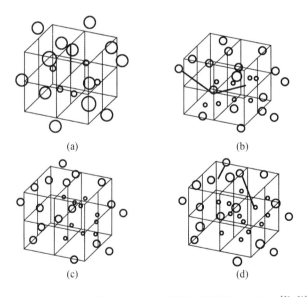

**图 2.11　BCC Ni 中 He 原子团的最低能量构形示意图[21-21]**

（a）$He_6 \longrightarrow He_6 V^* I^*$；（b）$He_8 \longrightarrow He_8 V^* I^*$；（c）$He_{10} \longrightarrow He_{10} V_2^* I_2^*$；（d）$He_{12} \longrightarrow He_{12} V_2^* I_2^*$

注：计算时没有引入初始空位。在近邻团簇处包含有几个空位和几个自间隙原子的近 Frenkel 对被标记为 $V^* I^*$。

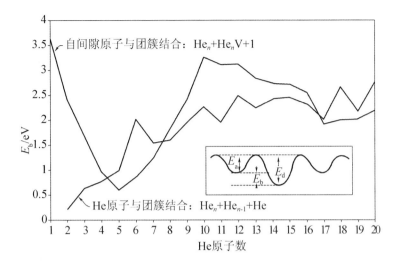

**图 2.12　He 原子和自间隙原子与团簇的结合能随团簇中 He 原子数的变化**[19]

注:曲线适合无初始空位的情况。直接段与离散点相连。右下角方框内给出了 He 原子脱陷激
活能($E_d$)、结合能($E_b$)和迁移激活能($E_a$)间的关系。

当团簇生长超过 5 个原子时,由大缺陷诱发的晶格应变倾向保持晶格原子,即使对于那些在 Frenkel 对附近的原子来说也是这样,如图 2.12 所示团簇附近的 8 个 He 原子。当团簇生长超过 10 个原子时,He 的排斥作用克服了这个效应,自间隙结合能再次降低。

很显然,这一现象有重大的技术意义。在室温形成的泡结构和相应的自间隙环可解释 West 和 Rawl 观察到的奥氏体不锈钢脆化。我们强调"室温"来与材料遭受中子辐照时产生的经典高温脆化区别。已观察到可动空位能作为 He 原子的载体,把 He 原子运输到晶界,产生泡结构。

能够产生这些效应的低浓度 He 在技术领域也值得关注。Thomas 和 Bastasz[24] 对含 2% 的 He 样品做了透射电镜观察。他们也做了浓度只有 $5.0 \times 10^{-7}$ 的 Ni 的 ³He 解吸实验。这些实验表明,对于 Ni 和其他体心立方结构的钢和金属玻璃热解吸实验中 98% 的 He 被牢牢捕陷,直到很高的温度( >500 ℃)才发生脱陷。值得注意的是,在亚阈损伤注入和 ³He 解吸实验样品中都没有辐照损伤。

分子动力学计算验证了浓度效应。当向面心立方或体心立方结构混乱间隙位引入 2% 的 He 时,只有一小部分的 He 离开晶格位置形成团簇。当浓度小于或等于 $2.5 \times 10^{-7}$ 时,更多的 He 会离开晶格位,但团簇并没有进一步发展。必须指出,He 原子在沿晶格扩散过程中,必须遇到其他 He 原子才能在一段时间内形成捕陷(在这段时间内与第三个原子可能形成更紧密的捕陷)或可能扩散出晶格。

依据这些原子结合能数据的速率理论模型[11,19] 成功地比较了氦时效实验结果,人们采用速率理论动力学模型模拟了 Thomas 等的氦时效现象,获得的结果是一致的,受人们关注的自捕陷机制日臻完善。20 世纪 80 年代建立了与仔细计算和严格的实验结果相一致的自捕陷机制和理论模型。理论模型已在 Dagton 氦会议(1980 年)上发表。

Thomas 等[25-26] 关于低温低能注 He 样品和氦时效样品的 TEM 观察结果证明自捕陷模型是可信的。他们用 300 eV 能量分别在 100 K 和 300 K 温度下向 Au 薄膜注入 ⁴He,在 300 K 下进行 TEM 观察。注入粒子的能量不足以诱发晶格损伤,但低温注入仍诱发生成了约 1 nm、密度约 $4 \times 10^{18} cm^{-2}$ 的孔隙和较高密度的晶间环。另一方面,室温注入样品没有显示明显的 He 特征和微观特征变化。含氚样品的电镜观察表明,时效几十天的氚化钛中已形成了均匀分布的 He 泡和沿泡分布的位错环,泡的直径为 1.5～2.0 nm,泡密度为$(5 ～ 10) \times 10^{23} m^{-3}$,而且晶界等缺陷对 He 泡的分布影响不大。他们致信给期刊主编,认为这是衰变产生的 $^3$He 能在晶体中发生自陷的直接证据,小的 $^3$He 原子团开创的 $^3$HeV 复合体可能就是 He 泡的核。

自捕陷机制是多国和多位学者实验研究和理论计算的结果。在众多的实验研究中,Kornelsen,Caspers 和 Thomas 等的工作具有开创性(见第 3 章)。在广泛的理论工作中,以 Wilson 等于 1972 年和 1983 年间发表的多篇论文最具代表性(见第 4 章)。

## 2.4　结论和讨论

由于原子间作用势研究的不断发展,对于简单金属中 He 的迁移和自捕陷已能得到可信的计算结果。已计算了很多性质,包括 He 的间隙扩散激活能;He 与空位、其他 He 和其他稀有气体(包括间隙和替代)的结合能;He 与化学活性杂质(C,O,N)的结合能;He 与位错的结合能(包括刃位错和螺位错);He 与晶界的结合能;甚至包括 He 在裂纹尖端附近的溶解和扩散。计算中使用了多种原子间作用势,很多计算结果已被实验证实。

显而易见,处理这些简单金属中的简单过程的最重要问题是缺少真正的实验确定的纯金属和无缺陷块体材料中 He 的间隙扩散激活能。当缺陷更复杂时,问题变得更有趣,计算也更复杂。虽然从总体看问题已经简化到最少,但由于受计算能力限制,仍然存在大量问题。

先辈研究者(Wilssn 等)鼓励在这个复杂但是仍然有原子尺度缺陷存在的领域的基础性实验研究,例如实验获得间隙 He 的扩散激活能。几十年过去了,后辈们还未做到。

虽然自捕陷理论已经通过计算和实验建立起来了,但是依然存在下列未知问题:①间隙原子在某一时刻会不会有一个或多个被冲出去? ②形成团簇间隙环的柏格斯矢量是怎样的,它与团簇尺寸的关系如何?

还有更令人振奋的领域,由于功能更加强大的计算设备的出现,我们能计算更大团簇(可能有几百个原子)的性能,使我们有可能建立一个理论,将原子理论与现在发展起来的连续或宏观的模型联系起来。如果这样,我们就能够计算泡中 He 的压力与所包含的 He 原子数目的关系,也能够计算更复杂金属或简单合金中 He 的性能。

## 2.5　重惰性气体与空位的交互作用(相关研究)

较重的惰性气体 Ne,Ar,Kr 和 Xe 的原子尺寸较大,在金属中的可动性较小,与空位的交互作用较强。原子团簇计算以及应用超精细技术的实验研究已经近于证实了这种定性的观点。特别是借助子同位素 $C_s^{133}$ 辐射 $\gamma$ 射线来研究 Fe 中 Xe 的穆斯堡尔效应的结果,表明注入的 Xe 能够捕陷多个空位[27]。去卷积后的谱分成 4 个独立的部分,分别对应 $XeV_n (n = 1～4)$,$XeV_1$ 相应于在 Fe 点阵中有 1 个置换位的 Xe 原子。要唯一构造去卷积后的组成是困难的,但从这些研究可以清楚地看到出现了多个空位同单个 Xe 原子相联系的情况,这与 He - V 交互作用不同。在 He 的情况下主要是 1 个空位中 He 的数目逐渐增加,对于 Xe 则是 1 ~ 4 个空位与这个 Xe 联系着。

对注 Xe 的 Mo 样品进行了仔细的穆斯堡尔谱研究[28]（图 2.13），与 Fe 样品中的结果相似，也借助 4 个组分来解释相应的穆斯堡尔谱，这 4 个组分分别对应于 $XeV_n$（$n = 1 \sim 4$）。

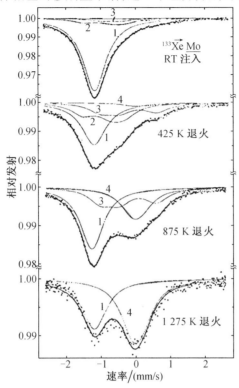

**图 2.13　Mo 中注 $^{133}$Xe 样品经不同温度退火的穆斯堡尔谱[28]**

注：注入剂量约为 $5 \times 10^{13} \mathrm{cm}^{-2}$。用去卷积后的 $XeV_n$ 组分解谱，标注 $n = 1 \sim 4$。

两个有说服力的因素帮助我们确认上述的说法：第一个因素，依据 Fe 的结构计算（图 2.14），通过讨论包含的对称性可以预知，只有 $XeV_2$ 和 $XeV_3$ 中心才出现反号的四极交互作用项。从这一结果，结合图 2.13 中 $n = 1$ 和 $n = 4$ 的峰（这两个峰从刚注入样品的谱和经 1 275 K 退火的谱得到），已经很好地构建了为描述成 4 组分谱所必须有的同质异能移位。在 $XeV_1$ 中心（相应于较高的电子密度），如同所料，同质异能移位的趋势最大（图中最负的速率）；随着加进更多的空位，同质异能移位逐渐变小。这与 Xe 原子周围捕陷更多空位引起电子密度降低相一致。第二点也可以从图 2.13 中看到，在回复阶段 Ⅲ（相应 425 K 退火）的谱中，已由原先 $XeV_1$ 中心转变为一个 Xe 多个空位的中心。此时注入过程中产生的空位变得可动，并为大尺寸 Xe 原子捕陷。看来空位与重惰性气体的交互作用也非常强。但由于这些重惰性气体在金属中的溶解度非常小，如果没有注入技术的推动，想在这个领域取得进展很困难。

相比而言，空位捕陷 He 的作用更强（2 ~ 4 eV），在适度降低结合能的条件下，发生多个 He 被捕获在一个空位周围的情况。对于更重的大尺寸惰性气体，例如 Xe，更主要的过程是多个空位聚集在一个 Xe 原子周围。在以上所有的情况中，离子注入技术对理解这些气体与空位的交互作用起了主要的作用。

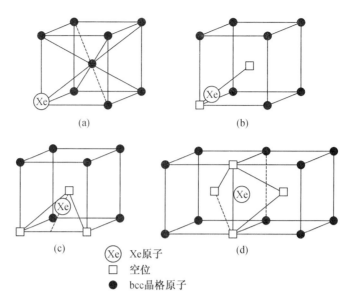

图 2.14　BCC Fe 晶格中的 $XeV_n$ 中心结构示意图[28]

（a）$XeV_1$；（b）$XeV_2$；（c）$XeV_3$；（d）$XeV_4$

**参考文献**

［1］　REED D J. A review of recent theoretical developments in the understanding of the migration of helium in metals and its interaction with lattice defects［J］. Eff, 1977,31(93)：129 –147.

［2］　VAN V A, CASPERS L M. Proc consultants symp on inert gases in metals［R］. Har-well, 1979.

［3］　WILSON W D, JOHNSON R A. Interatomic potentials and simulation of lattice defects ［M］. New York：Plenum Press, 1972.

［4］　KORNELSEN E V. The interaction of injected helium with lattice defects in a tungsten crystal radiat［J］. Eff Defect,1972,13(3)：227 –236.

［5］　PICRAUX S T. New uses of ion accelerators ［M］. New York：Plenum Press, 1975.

［6］　PICRAUX S T. Ion beam surface layer analysis, vol. 2 ［M］. New York：Plenum Press, 1976.

［7］　PICRAUX S T,VOOK F L. Applications of ion beams to metals［M］. New York：Plenum Press, 1974.

［8］　CASPERS L M, VAN V A, VAN G A A, et al. Helium desorption from a (110) Mo crystal. Evidence for the vacancy model in stage Ⅲ annealing［J］. Phys Stat Sol A, 1976,37 (2)：371 –383.

［9］　WILSON W D, BISSON C L. Rare gas complexes in tungsten［J］. Radiat Eff Defect S, 1974, 22(22)：63 –66.

［10］　BASKES M I, WILSON W D. Theory of the production and depth distribution of helium defect complexes by ion implantation[J]. J Nucl Mat, 1976, 63(1):126 - 131.

[11] WILSON W D, BASKES M I, BISSON C L. Atomistics of helium bubble formation in a face - centered - cubic metal[J]. Phys Rev B, 1976, 13: 2470.

[12] CASPERS L M, VAN D H, VAN V A. Delft progr rep series a: Helium interaction with vacancy clusters in tungsten[J]. Chemistry and Physics, 1974, 1: 39 - 44.

[13] CASPERS L M, FASTENAU R H J, VAN V A, et al. Mutation of vacancies to divacancies by helium trapping in molybdenum effect on the onset of percolation[J]. Phys Stat Sol A, 1978, 46(2): 541 - 546.

[14] VAN V A, CASPERS L M, KOMELSEN E V, et al. Vacancy creation by helium trapping at substitutional krypton in tungsten[J]. Phys Stat Sol A, 1977, 40(91):235 - 246.

[15] WILSON W D, BISSON C L. Proceedings tritium technology in fission fusion and isotopic applications [J]. Dayton Ohio, 1980:78.

[16] FU C C, WILLAIME F. Ab initio study of helium in $\alpha$ - Fe: dissolution, migration, and clustering with vacancies[J]. Phys Rev B, 2005, 72(6):4117.

[17] EVANS H, VAN V A, CASPERS L M. Direct evidence for helium bubble growth in molybdenum by the mechanism of loop punching[J]. Scr Metall, 1981, 15(3): 323 - 326.

[18] KOMELSEN E V, VAN G A. A study of bubble nucleation in tungsten using thermal desorption spectrometry: clusters of 2 to 100 helium atoms[J]. J Nucl Mater, 1980, 92(1): 79 - 88.

[19] BASKES M I, WILSON W D. Theory of the production and depth distribution of helium defect complexes by ion implantation[J]. J Nucl Mater, 1976, 63(1):126 - 131.

[20] WILSON W D, BASKES M I, BISSON C L. Self - trapping of helium in metals[J]. Phys Rev B, 1981, 24(10): 5616 - 5624.

[21] WILSON W D. Theory small clusters of helium in metals[J]. Radiat Eff Defect S, 1983, 78: 11.

[22] JOHNSON R A, WILSON W D. Rare gases in metals[M]. GEHLEN P C, BEELER J R, JAFFEE R I. Proceedings of conference on interatomic potentials and simulation of lattice defect. New York: Plenum, 1971.

[23] WAGMER A, SEIDMAN D N. Range profiles of 300 and 475 eV $^4$He$^+$ ions and the diffusivity of $^4$He in tungsten[J]. Phys Rev Lett, 1979, 42(12): 515 - 518.

[24] THOMAS G J, SWANSIGER W A, BASKES M I. Lowtemperature helium release in nickel[J]. Appl Phys, 1979, 50(11): 6942 - 6947.

[25] THOMAS G J, BASTASZ R. Direct evidence for spontaneous precipitation of helium in metals[J]. Appl Phys, 1981, 52(10): 6426 - 6428.

[26] THOMASG J, MINTZJM. Helium bubbles in palladium tritide[J]. J Nucl Mater, 1983, 116(2 - 3):336 - 338.

[27] REINTSEMA S R, DRENTJE S A, SCHURER P, et al. Lattice location of xenon impurities implanted iniron derive from mossbauer effect measurements[J]. Radiat Eff Defect S, 1975, 24(3): 145 - 154.

[28] REINTSEMA S R, VERBREST I J, ODEURS J, et al. Vacancy recovery in heavy ion – implanted refractory BCC metals studied by mossbauer spectroscopy[J]. Phys, 1979, 9(8): 1511 – 1527.

[29] VAN D ,KOLK G J, VAN V A, et al. Binding of helium to metallic impurities in tungsten:experiments and computer simulations[J]. J Nucl Mater, 1985,127: 56.

# 第3章　离子注入与热解吸谱

在计算的支持下,已经证明离子注入和热解吸谱(THDS)是获得金属中 He 原子性质的有效方法,很早就获得应用。选择不同的 He 引入参数(高于或低于损伤阈值的能量注入,氚衰变,低温或高温注入,快速或慢速注入,不同显微结构材料的注入等),能够确定释放峰的原子过程(捕陷、迁移)或相关的激活能。

离子注入能够(可控的)向金属近表面引入高浓度 He,是模拟聚变堆 He 生成的适用技术。通过调节注入能量和剂量,可以获得 He 的均匀分布。离子注入导致的局域缺陷环境与 $(n,\alpha)$ 反应生成 He 原子的情况基本相同。离子注入生成的平均 Frenkel 对数量很少,相应的 He/dpa[①] 值是聚变中子的数百倍,不适用研究高离位率及高产 He 率的共同作用;由于样品的厚度有限,不能用于研究 He 引起的断裂机制(如裂纹扩展)。相比而言,离子注入适用于 He 行为的基础性研究,裂变堆适用于模拟 He 对结构材料性能的影响。

金属中 He 的研究始于 20 世纪 60 年代,多位学者(Close 和 Yanwood,1966 年;Erents 和 Carter,1966 年、1967 年、1968 年;Erents 等,1968 年)相继报道了他们关于 He 离子注入 W 的热解吸实验工作。不像重离子注入(Kornelsen,1964 年;Kornelsen 和 Sinha,1968 年、1969 年;Erenelsen 和 Carter,1966 年、1967 年;Erents 等,1967 年)的情况。就研究内容和研究结果看,当属加拿大 Ottawa 的研究组(Kornelsen 等)和德国 Delft 的研究组(Caspers,Van Veen 及其合作者)。他们关于 W 晶体的研究给出了金属缺陷捕陷 He 原子以及预存缺陷促进 He 捕陷的进一步证据,多项结果富有创新意义,为建立自捕陷机制提供了实验依据。

Kornelsen 等[1]报道了不同能量(5~2 000 eV)He 离子在 W 单晶表面的捕陷和解吸行为。依据等温退火样品的 He 解吸谱(THDS)估算了捕陷 He 分数随温度的变化和解吸活化能。离子能量≤400 eV 时捕陷 He 浓度很低,(100)表面约为 $1 \times 10^{-3}$,(110)表面约为 $1 \times 10^{-2}$,捕陷发生在相关的表面位置,结合能≤2.1 eV。离子能量≥500 eV 时捕陷发生在晶体的特征位置,这些特征位置是高能 He 离子( >480 eV)诱发生成的。离子剂量≤$1 \times 10^{-13}$ $cm^{-2}$ 时观察到至少 4 个特征结合能(2.65 eV,3.05 eV,3.35 eV,4.15 eV),剂量更高时出现附加的结合态,结合能高达 5.4 eV。这些结果与 Wilson 等的相关计算结果是一致的。

Kornelsen 等[2]通过变化样品(W 晶体)的损伤退火温度、He 的注入剂量、注入温度和损伤离子的质量,研究 He 的结合态与晶格损伤的关系,以及结合能随相关参数(有效空位体积)的变化。捕陷 He 具有几种不连续的结合能(至少 2 个或者 3 个),He 原子被捕陷在单空位中;存在两种双空位结构,首次发现了所谓的捕陷转换现象;空位捕陷在大杂质原子产生的应变场中,当 He 的注入剂量足够高时( $>10^{14} cm^{-2}$ ),任何捕陷位都能作为 He 泡形核的核心。

经重离子($Ar^+$,$Kr^+$)预轰击的靶材近表面促进 He 的捕陷。如果注 He 前对样品进行

----

① He/dpa 表示 He 生成速度与离位速率的比值。

重离子预注入,捕陷 He 分数从低于约 $2 \times 10^{-4}$ 增大至约 $4 \times 10^{-2}$。这是金属缺陷捕陷 He 原子的重要实验证据。几百电子伏的 He 离子至少在 $1~\mu m$ 的深度内成为捕陷态。入射粒子的能量大于 500 eV 时,晶格损伤能够扩展到大致相当于离子的穿透深度。从定性上看相对酥松损伤层(样品表面)的 He 捕陷分数较低。

Caspers,Van Veen 及其合作者[4]推进了研究进展。他们对 Mo 样品先进行了 1 keV 的 He 离子注入,随后进行低能 He 离子注入(亚阈值),然后进行热解吸实验。随着低能注入剂量增大,解吸谱上出现 3 个新峰,推测会存在一种捕陷转换模型,已存在的 $He_nV$ 通过发射 1 个自间隙原子转变成双空位复合体。遗憾的是,他们运用 Wilson 等的原子间作用势的计算未能证实这一模型。

这些早期实验研究涉及了 He 与缺陷交互作用的基本性质。同时期和稍后,美国 Sandia 国家实验室理论部(Wilson 等)进行了相关的理论计算。理论计算与实验研究相互补充,促进了该领域的进展,于 20 世纪 80 年代建立了金属中 He 的自捕陷机制。本章主要引用和讨论 Kornelsen 和 Caspers 等人的工作。本章侧重现象和原理讨论,作为相关章节的补充。

# 3.1　离子注入与热解吸实验

热解吸实验通常有等温和变温两种方式。在实验中利用精密质谱仪观测恒温下 He 相对释放量与时间的关系,或者测定在不同温度下等时停留的 He 相对释放量与温度的关系,依据实验数据估算 He 的扩散系数和热解吸活化能等动力学参数。

早期主要应用电阻测量[5-6]、电子显微镜观察[7-8]和场离子显微镜[9-10]观察研究金属的缺陷结构。电阻研究基于缺陷晶格中电子的附加散射。电子显微镜表征的是高能电子在缺陷内(线和相)的散射。场离子显微镜应用静电子的像场来表征缺陷的场离子像。

离子注入和热解吸是性质不同的实验技术,作为上述研究方法的补充,这种方法能够表征金属中 He 的行为。热解吸实验表征的是晶格缺陷在相对低(对于 W,$\leqslant 300$ K)的温度下捕陷 He 原子的能力,依据的是含 He 晶体线性加热和等温退火时的 He 解吸谱。该方法对缺陷类型有高的识别能力。运用这种技术可以探查样品表面层中几十至几百纳米深度的缺陷。在计算的支持下,已经证明这种方法是获得金属中 He 原子性质的有效方法。

## 3.1.1　实验装置

离子注入技术已很成熟。注入方法可分为单能注入、多能量(连续)平台分布注入、亚损伤阈值能量注入、高能注入以及低温和高温注入等。这些方法可用于不同条件下 He 效应模拟研究。注入时,可以进行附加重离子束轰击,增加离位率,获得宽范围的 He/dpa 值。通过回旋加速器可向固体中注入能量为 $10 \sim 100$ MeV 的 $\alpha$ 粒子,获得广泛应用。

图 3.1 为早期实验装置示意图。这是一个包括小(约 50 cm 长)离子枪的超高真空玻璃系统。离子枪能发射 $1 \times 10^{-8}$ 的惰性气体离子,发射能量可高至 10 keV。该装置配备一个高灵敏度扇形质谱仪(MS),用来记录 He 分压。整体装置由气体引入部件、气体纯化部件和气体排出部件构成,细节见本章参考文献[1]。

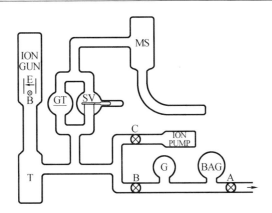

**图 3.1　离子枪真空系统示意图[1]**

注:A,B 和 C 为可焙烧阀门。

通过横向电场和磁场($M/\Delta M \approx 4$)分析离子枪发射的离子束的质量,防止靶放电。当充入 $1 \times 10^{-6}$ Torr[①]He 时,获得的束流为 $1 \times 10^{-9}$ A。能量高于 100 eV 时,束流的准直度为 $\pm 1°$;能量较低时为 $\pm 3°$。能量散度为 $\pm 2$ eV(99% 的离子),不取决于束流的能量。离子束在 7 mm 直径晶体表面的射入直径为 4 mm,损伤表面积为 0.125 cm$^2$。

离子枪有两种作用,一是在 W 晶体(110)面引入缺陷;二是注入 He,用来探查缺陷状态。用小剂量($\leqslant 10^{12}$ cm$^{-2}$)高能量(5 keV)重离子($Ne^+$,$Ar^+$,$K^+$ 和 $Xe^+$)进行缺陷轰击。在相同区域进行低能量(250 eV)He 离子注入,注入剂量可高达 $2.4 \times 10^{14}$ cm$^{-2}$。用质谱仪观察和记录晶体的 He 释放速率,确定捕陷 He 的解吸分数及其结合能。

### 3.1.2　实验方法

样品直径为 7 mm,厚度为 2 mm。晶体低指数面的表面取向在 1.5° 之内。每个样品都进行原位暴露氧循环处理($10^{-6}$ Torr,1 200 K),加热到 2 400 K,Kr 离子束轰击($1 \times 10^{16}$ cm$^{-2}$,400 eV),再次加热至 2 400 K。反复进行这类循环实验,直至观察到的捕陷结果不发生进一步变化。报道的所有结果都符合这样的稳态条件。用这类方法处理的同类晶体表面的外来原子通常小于 0.1 单原子层。早期的实验方法大致分为 5 个步骤。

(1)晶体被加热到 2 400 K,去除吸附气体。

(2)从前级管将 He 引入图 3.1 中的阀 A 和 B 之间的体积,在那里经蒸发的 Ti 去气剂去除可吸附的杂质。

(3)关闭 C 阀,关闭质谱仪 MS,He 膨胀进入离子枪,样品(氚)经受 He 离子轰击(调节注入能量和剂量)。

(4)打开 C 阀,离子泵的压力降低至几个 $10^{-10}$ Torr,打开 MS。

(5)重新关闭 B 阀和 C 阀。晶体被电轰击加热(40 K/s),经 MS 记录 He 分压随时间的变化。

MS 可以进行 90° 扇形偏转,功率分辨率约为 16,对 He 的灵敏度为 $6.5 \times 10^{-3}$ A/Torr,时

---

① 　1 Torr = 133.322 4 Pa。

间常数设定为 0.4 s,能够检测到 $1 \times 10^9$ He 原子的解吸。用吸气剂(GT)收集解吸的 $H_2$ 和 CO,改善 MS 离子源的条件。打开滑动阀(SV)能观察到样品的背景条件。$H_2$ 和 CO 的瞬间热解吸随着吸附时间增大而增大,每种气体的分压约为 $5 \times 10^{-12}$ Torr。总的背景压力为 $4 \times 10^{-11}$ Torr。所有样品进行垂直轰击,除非对于 (100)[#1] 样品,此时在未知的方位偏离正常角度 20°。

## 3.2  He 离子在金属表面的捕陷

Kornelsen 研究了 He 离子在 W 单晶(100)和(110)表面的捕陷行为。两个(100)和两个(110)晶体表面经不同能量(5~2 000 eV)He 离子束轰击,随后进行样品的热解吸(40 K/s)实验,依据热解吸谱分析捕陷在晶体中的 He 的解吸分数及其结合能。离子能量 ≤400 eV 时,捕陷 He 的解吸分数很低,(100)表面约为 $1 \times 10^{-3}$,(110)表面约为 $1 \times 10^{-2}$,大部分捕陷发生在表面的相关位置,结合能 ≤2.1 eV。离子能量 >500 eV 时,大部分捕陷发生在晶体内的特征位置,这些特征位置是高能入射粒子(480 eV)诱发晶格原子离位后形成的。当入射离子的剂量小于 $1 \times 10^{13} cm^{-2}$ 时,观察到了 4 个特征结合能(2.65 eV,3.05 eV,3.35 eV 和 4.15 eV)。当剂量较高时,观察到了附加的结合态,结合能高达 5.4 eV。实验结果表明,室温下 W 晶体中的 He 能够快速扩散,遇到晶格缺陷时被捕陷在晶体内。依据估算的离子穿透深度估算,退火态晶体(离子能量小于 400 eV)的捕陷浓度小于 $1 \times 10^{-9}$,几百电子伏的 He 离子至少在 1 μm 的深度内成为捕陷态。

### 3.2.1  在 (100)[#1] 表面的捕陷

图 3.2 为 (100)[#1] 表面经相同剂量不同能量(5~800 eV)He 离子轰击后的 He 解吸谱,注入剂量(轰击区域 1 $cm^2$ 面积的注入数)为 $8 \times 10^{13} cm^{-2}$。入射粒子能量为 50 eV 时,解吸的 He 原子数为 $1 \times 10^{10}$,对应的捕陷 He 分数约为 $1 \times 10^{-3}$。这是实验时常用的检出标度。图中给出了 5 eV 的谱线,未轰击情况下也会出现类似的谱线。

图中标注了 A,B,C 3 个解吸温度区域,不同温度区域谱线具有定性的差异。在 A 区域,通常呈现单个的小的相对宽的解吸峰,对于 10 eV 能量的解吸谱,初次出现的解吸峰的峰幅大约为 50 eV。离子能量低于 400 eV 时,B 区域解吸峰很少。在 400~800 eV 能量范围内出现快速增强的取向复杂的解吸峰。C 区域解吸峰不断增大,直到最高的晶体温度。

高能量离子注入的解吸谱如图 3.3 所示,注入剂量(相同晶面)与图 3.2 相同,标定的峰幅比率降低 20 倍。2 000 eV 离子的捕陷分数为 0.40(解吸的 He 原子/注入的 He 离子)。随着能量升高,A 区域解吸峰仅仅略微变化,B 区域解吸峰增强,直至一定峰位(温度)下峰幅无显著变化。

两组解吸谱(图 3.2、图 3.3)中至少出现 7 个 B 解吸峰,峰温如表 3.1 所示。估计出的温度不确定性为 ±25 K。

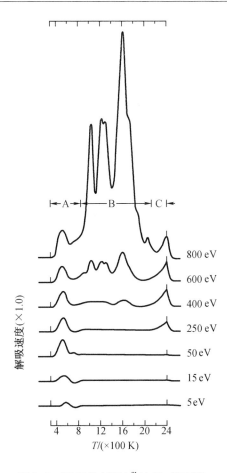

**图 3.2　W 晶体(100)$^{#1}$的 He 解吸谱**

注:He$^+$ 入射剂量为 $8 \times 10^{13}$ cm$^{-2}$。入射离子的动能示于右测。50 eV 谱线包括 $1 \times 10^{10}$ He 原子的解吸。

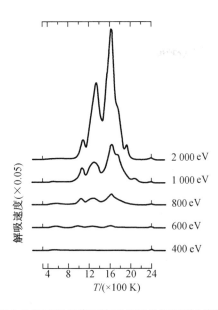

**图 3.3　注入剂量与图 3.2 相同但增高了离子能量的解吸谱(峰幅坐标降低了 20 倍)**

表 3.1　He 解吸峰温度

| 峰 | $T/K$ | $E_d/eV$ |
|---|---|---|
| $B_1$ | 1 030 | 2.65 |
| $B_2$ | 1 195 | 3.05 |
| $B_3$ | 1 290 | 3.35 |
| $B_4$ | 1 590 | 4.15 |
| $B_5$ | 1 740 | 4.55 |
| $B_6$ | 1 890 | 4.95 |
| $B_7$ | 2 060 | 5.40 |

当离子剂量降低至 $8 \times 10^{12} cm^{-2}$ 时,峰 $B_5$,$B_6$ 和 $B_7$ 消失(图 3.4),表明注入离子剂量对 B 解吸峰影响显著。峰 $B_4$(1 600 K)具有对称的形状,符合一级解吸过程,宽度(120 K,半高处)与速率常数 $V_1 \approx 10^{13} s^{-1}$ 一致,表明具有不连续的结合能。峰 $B_1$,$B_2$ 和 $B_3$ 的形态不能精确确定,因为它们之间重叠。表 3.1 给出了所有解吸峰的结合能,假设它们符合一级反应过程并具有相同的速率常数。

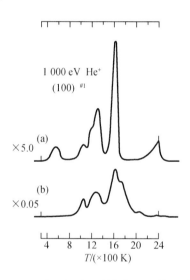

图 3.4　相同注入能量(1 000 eV)不同注入剂量[$8 \times 10^{12} cm^{-2}$(a)和 $8 \times 10^{13} cm^{-2}$(b)]下(100)[#1] W 晶面的解吸谱(注意峰幅坐标相差 100 倍)

图 3.4 中两条谱线峰幅坐标比率相差 100 倍,但注入剂量仅相差 10 倍,提示 B 峰的幅值与剂量有强的非线性关系。

分别积分图 3.4 中(a)区域和(b)区域内一系列谱线下的面积,结果如图 3.5 所示。B 峰的解吸分数随剂量呈平方关系增大,A 峰呈线性增大。这意味着 B 组分结构的捕陷分数随剂量线性增大,A 组分的捕陷分数不取决于剂量。

进一步分析捕陷分数与离子能量的关系。积分适当的解吸谱下的面积,分析捕陷分数随注入能量的变化(图 3.6),注入剂量为 $8 \times 10^{13} cm^{-2}$。A 组分和 B 组分的变化曲线分别沿着它们的总和(总捕陷分数)分离。由于质谱仪灵敏度随时间变化,纵坐标可能有 $\pm 15\%$ 的不确定性。B 解吸与离子能量密切相关,虚线(捕陷分数为 $1.1 \times 10^{-4}$)为选择条件下能观测到的最低 He 释放。离子能量高于 50 eV 时 A 解吸与离子能量无关。

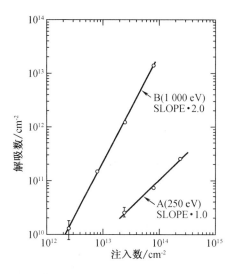

**图 3.5　A 解吸温区和 B 解吸温区解吸的 He 原子数随剂量的变化曲线**

[离子注入 (100)[#1] 表面]

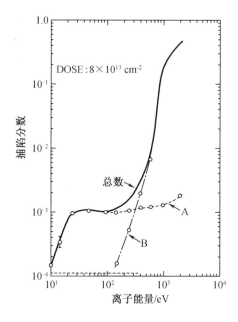

**图 3.6　(100)[#1] 表面捕陷 He 分数随离子能量的变化曲线**

注:He[+] 注入剂量为 $8 \times 10^{13}$ cm[-2]。A 组分和 B 组分分别显示。约 $1 \times 10^{-4}$ 时的虚线对应最小可检测解吸量。

## 3.2.2　与其他表面捕陷的比较

4 个 W 晶体表面的 B 解吸峰很相似,其峰温和相对峰幅均可比较,图 3.7 为 (100)[#1] 和

（110）[#1]表面的典型实验结果,两样品表面的轰击条件相同(1 000 eV,2.4 × $10^{13}$ cm$^{-2}$)。

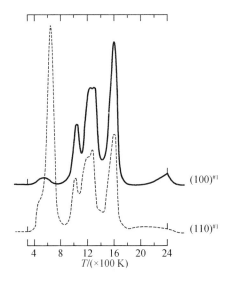

**图 3.7　（100）[#1] 和（110）[#1] 表面解吸谱的比较曲线**

注:He$^+$ 轰击剂量和离子能量分别为是为 2.4 × $10^{13}$ cm$^{-2}$ 和 1 000 eV。

　　4 个晶体表面 B 峰的 He 解吸分数与轰击剂量均具有平方关系(图 3.5),低注入剂量时 $B_5$,$B_6$ 和 $B_7$ 峰均消失(图 3.4)。从解吸分数看,轰击条件相同时各样品间有明显差异,从图 3.7 的峰幅变化看出了这种差异。轰击能量 ≥1 000 eV 时的最小差异低于 2 个因子,轰击能量较低时捕陷分数很低(图 3.8),差异明显增大。在最极端的情况下(在 250 eV),（100）[#2] 和（100）[#1] 表面的捕陷分数(B 结构)相差 6 倍。这种差异可能与通道效应相关,He 离子沿（100）[#2] 表面的穿透深度可能较大。

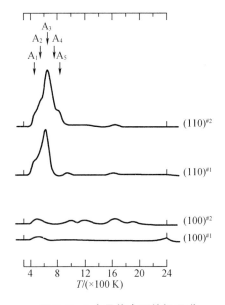

**图 3.8　4 个晶体表面的解吸谱**

注:轰击条件为 2.4 × $10^{13}$ cm$^{-2}$, 250 eV。

A 解吸与轰击表面的状态(图 3.7)和表面化学吸附的气体量密切相关。

图 3.8 为 4 种晶体表面的解吸谱,样品进行了 45 min 的表面气体吸附(覆盖层很浅),轰击条件为 250 eV,$2.4 \times 10^{13}$ cm$^{-2}$。(110)表面的 A 解吸峰比(100)表面的 A 解吸峰大约高 1 个数量级并呈现明显的附加结构。仔细观察(110)[#2]样品的解吸谱,至少可以分辨出 5 种 A 组分解吸峰(见谱线上的标注)。(110)[#1]表面仅仅出现其中的 3 个峰,这体现了表面条件的影响。对于(100)表面,出现展宽的 A 峰(大约 500 K),其宽度远大于由单激活能预测的宽度,提示可能存在未分解的次组分。

随着能量升高(比较图 3.7 和图 3.8),(110)表面的 $A_3$ 组分明显增高,这与(100)面看到的现象不同(图 3.6),图 3.6 显示解吸分数不取决于轰击粒子的能量。离子能量较高时,解吸峰也随剂量非线性升高,但高于 1 000 eV 后未出现 B 解吸峰那样(图 3.5)的平方关系。图 3.9 给出了(110)[#1]和(100)[#1]表面 A 组分捕陷 He 分数随离子能量的变化,注入剂量为 $2.4 \times 10^{13}$ cm$^{-2}$。剂量较低时,(100)面曲线基本保持不变,(110)面曲线随能量增高呈现弱的变化,在 100 ~ 1 000 eV 范围靠近常数值 $1 \times 10^{-2}$。2 000 eV 时(110)表面捕陷 He 的分数降低,原因还未确定,可能因为高能轰击时有较多的 He(相对浓度约 0.35)被捕陷于 B 结构,较少的剩余原子捕陷在 A 位置。

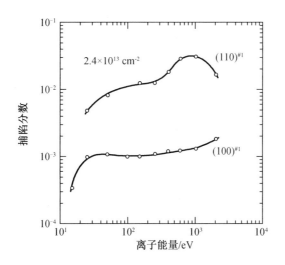

图 3.9　400 ~ 900 K 区间(A 组分)(100)[#1]和(110)[#1]面
He 的解吸分数随离子能量的变化曲线
注:He[+]轰击剂量为 $2.4 \times 10^{13}$ cm$^{-2}$。

气体吸附对 250 eV 离子捕陷的影响如图 3.10 所示。对于 45 min 吸附(a 曲线)的样品,总的气体覆盖未超过单层的 5%,48 h 后(b 曲线)接近单层饱和,大部分吸附气体为 CO。受气体吸附的影响,(110)表面的 $A_1$ 组分增强,$A_3$ 组分减弱。(100)表面最强的捕陷也出现在 $A_1$ 峰温度,但解吸峰的温区很宽,高至 1 800 K。考虑到(110)和(100)表面谱线标尺的差别(图 3.10),吸附气体对(110)表面捕陷有更强的促进作用。高于 800 K 后,(100)面谱线仍能看到明显的解吸速率,但(110)谱已不明显。

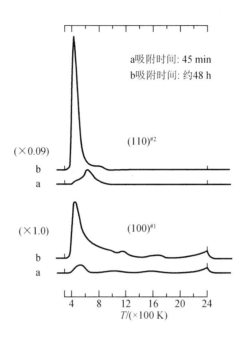

a吸附时间: 45 min
b吸附时间: 约48 h

(×0.09)
(110)#2
b
a

(×1.0)
(100)#1
b
a

$T/(\times 100\ \mathrm{K})$

**图 3.10　气体吸附对(100)#1 和(110)#2 表面解吸谱的影响**

注:He+轰击条件均为 $2.4 \times 10^{13}\,\mathrm{cm}^{-2}$,250 eV。捕陷分数:(100)a = $1.1 \times 10^{-3}$;(100)b = $1.2 \times 10^{-2}$;(110)a = $1.25 \times 10^{-2}$;(110)b = $1.15 \times 10^{-1}$。

图 3.11 给出了捕陷分数随离子能量变化的几个实验数据并与理论值进行了比较。(100)#1 曲线来自图 3.6 的数据,离子剂量较低时(图 3.5)B 组分降低了 8 倍。(110)#1 曲线由相同方法得到,但没有考虑 A 组分随剂量的变化。一些多晶样品(100 ~ 600 eV)的实验结果处于(110)和(110)曲线之间。单点 P(250 eV)来自气体覆盖的(110)表面(图 3.10)的实验数据。曲线 1 和 2 为 Erents 的观察结果,样品为相同来源的多晶条带。曲线 3 为 Close 的观察结果,样品为多晶条带。T(100)为 He 离子进入 W 表面可能性曲线(依据入射粒子在第 1 和第 2 原子面发生背散射可能性随动能的变化)。注入 W 晶体(100)表面的较重惰性气体 Ne,Ar,Kr 和 Xe 离子的捕陷分数与 He 的实验数据一致。

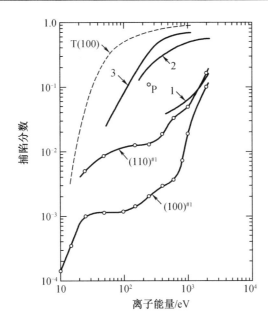

**图 3.11  多晶 W 中 He 捕陷分数随离子能量的变化曲线**

注:He⁺注入剂量约为 $1 \times 10^{13} \mathrm{cm}^{-2}$。(100)$^{\#1}$ 和(110)$^{\#1}$ 曲线取自 Kornelsen(1970 年发表);曲线 1 和 2 取自 Erents 和 Carter(1968 年发表);曲线 3 来自 Close 和 Yarwood(1966 年发表)。T(100)为估算的沿(100)W 表面捕陷的可能性曲线。

# 3.3  He 与金属缺陷的交互作用

能够用一句话来描述 He 原子与金属缺陷的交互作用,即注入 W 中的 He 原子经历了快速间隙扩散后经表面释放,除非遇到某些晶格缺陷(捕陷中心)。这种行为看似简单但十分重要。早期的研究者对这种观点采取非常谨慎的态度。本节讨论热解吸谱中观察到的几种结合态,特别是作为捕陷中心的缺陷结构。

未捕陷 He 原子室温时可迁移是缺陷捕陷 He 原子实验的基础和依据。前面给出的实验数据说明这种设想是正确的。这种影响已被用来研究小剂量高能重离子在 W 晶体(100)近表面产生的晶格损伤。低能(250 eV)注入的 He 离子本身不产生任何可观察的晶格损伤,但它被捕陷在高能重离子(5 keV)预轰击诱发的缺陷中。

注 He W 晶体的热解吸谱(40 K/s)显示捕陷 He 具有几种不连续的结合能。Kornelse 通过变化损伤退火温度、注入 He 的剂量、注入温度和损伤离子的质量,研究 He 的结合态与晶格损伤的关系,以及结合能随相关参数(有效空位体积)的变化。实验表明:至少 2 个,也可能是 3 个 He 原子能够被捕陷在单空位中;存在两种双空位型结构;空位捕陷在大杂质原子产生的应变场中。研究者认为,当 He 的注入剂量足够高时($> 10^{14} \mathrm{cm}^{-2}$),任何捕陷位都能作为 He 泡形核的核心。本节将详细讨论他们的研究结果。

## 3.3.1  损伤样品解吸谱特征

较早的观测表明[18],5 keV 的 Kr⁺沿 W 晶体 <100> 的穿透深度约为 10 nm(每10% 范围)。Xe⁺的穿透深度约为 Kr⁺的一半,Ne⁺的穿透深度约为 Kr⁺的 2~3 倍。这些离子的损伤分布还不很清楚,多半能够扩展至与注入深度相当的范围,较大的气体原子通常处于替代位[19]。

Kornelsen 的研究[1] 显示,250 eV 的 He 离子在 W 晶体中分布较宽,重心的穿透深度大约为 30 nm。He 原子能够在损伤表面下随机行走 20～30 个原子层,必将访问大量的晶格位置,损伤浓度对 He 捕陷高度敏感。基于穿透深度的计算显示:均匀分布的捕陷位相对浓度 $C = 10^{-5}$ 时,捕陷 He 的原子分数 $f \approx 0.01$;浓度较低时,$f \approx 30\sqrt{C}$。晶格损伤对 He 捕陷影响的一般特征如图 3.12 所示。

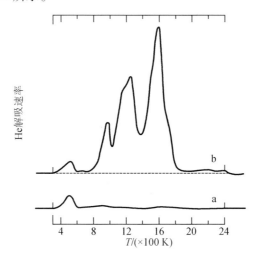

**图 3.12　重离子轰击对 He 捕陷的影响曲线**

注:两种情况 He 的注入剂量均为 $2.4 \times 10^{13} \, \text{cm}^{-2}$,能量均为 250 eV。曲线 a 未进行预先轰击。曲线 b 进行了预损伤轰击,轰击参数为 $2.4 \times 10^{11} \, \text{cm}^{-2}$ 的 $\text{Kr}^+$,能量为 5 keV。

低能注入(较低的曲线 a)不导致晶格损伤,400～600 K 温区的释放峰为样品表面捕陷 He 的释放峰,约为入射剂量的 1/1 000。温度高于 600 K 后未出现明显的释放峰,释放量低于入射剂量的 2/10 000。

曲线 b 的注入剂量同曲线 a,注入前经 5 keV,$2.4 \times 10^{11} \, \text{cm}^{-2}$ 的 $\text{Kr}^+$ 预轰击。如果不考虑表面的 He 释放,轰击后捕陷 He 的原子分数从低于 $2 \times 10^{-4}$ 增高至约 $4 \times 10^{-2}$。

注入剂量不变时,在很宽的损伤轰击影响范围内出现多个放热峰(图 3.12 中曲线 b)。改变轰击离子的剂量、入射角度和能量,解吸峰变化不明显(但峰幅有变化),仅仅轰击粒子的质量对谱线有一定的影响。

图 3.13 为预轰击 W 样品的 He 解吸谱。样品先经 5 keV,$8 \times 10^{11} \, \text{cm}^{-2}$ 的 $\text{Kr}^+$ 预轰击,后进行 250 eV,$8 \times 10^{12} \, \text{cm}^{-2}$ 的 He 离子注入。虚曲线为大量瞬间理论解吸温度(假设符合一级解析动力学)与相应不连续结合能的拟合线[20]。大量谱线的卷积形成的组分能够用不同峰温的 6 个不连续的结合态表示(仅 $\text{H}^1$ 峰和某些 E 峰的未分解的亚结构受轰击粒子质量的影响)。这种现象表明每种情况的 He 释放都包含 He 原子在捕陷位置越过单能垒的逃逸,捕陷组分不随 He 原子扩散而扩散。

### 3.3.2　注入剂量对解吸速率的影响

比较图 3.12 和图 3.13,He 离子剂量较高时(图 3.13)峰 E,F,G 和 I 更加明显,这种现象在图 3.14 中看得更清楚。注 He 前对样品进行 $8 \times 10^{11}$ cm$^{-2}$ 的 Kr$^+$ 以 5 keV 预轰击,然后分别进行不同剂量的低能量(250 keV)He 离子注入。He 离子剂量最低时仅仅能看到 H$^1$ 和 H 峰,最高剂量时出现 G 峰和 I 峰,峰辐大约为 H 峰的一半。

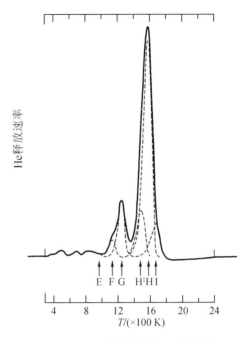

**图 3.13　预轰击样品的 He 解吸谱**

注:预轰击参数为 $8 \times 10^{11}$ cm$^{-2}$ 的 Kr$^+$,5 keV;He$^+$ 注入参数为 $8 \times 10^{12}$ cm$^{-2}$,250 eV。虚曲线表示解吸谱的瞬间理论解吸温度(假设符合一级解析动力学,速率常数约为 $10^{13}$)。

各个解吸峰(加上其他的相同系列)含有的 He 原子数随注入剂量的变化如图 3.15 所示,图中分别标注为 1.0,2.0 和 3.0 的点画线为斜率。从图中看到,峰 H 和 H$^1$ 始终以不变的比值变化,解吸的 He 原子数首先随剂量增大而线性增大(接近斜率 1),随后随剂量增大增速降低。可以这样解释这种现象,开始时可能存在两类捕陷态,随后这些捕陷组分的浓度逐渐降低。

G 峰和 I 峰的变化趋势一致,开始阶段变化的斜率处于 1 和 2 之间,随后增速减慢,高剂量时变化斜率接近 1。它们的 He 原子数与 H 峰的 He 原子数和剂量的乘积成正比,表明第 2 个 He 原子进入已被 1 个 He 原子占据的空位,He 从空位离解形成 H$^1$ 峰或 H 峰。E 峰和 F 峰的增速更大(接近斜率 3.0),原因可能是相同的,空位中添加了第 3 个 He 原子,后来的 He 原子可能进入复合捕陷结构。

上述的变化趋势虽然是非线性的,但总的捕陷 He 原子数(也显示在图 3.15 中)在图示的范围内随注入剂量增大线性增大。这给出了一个有价值的提示,诱发捕陷的空位是固定的,捕陷横截面是相同的,不论是空空位还是已被 1 个或更多个 He 原子占据。结合能不连续(图 3.13)说明点缺陷(而不是扩展缺陷)是更有利的捕陷位置。

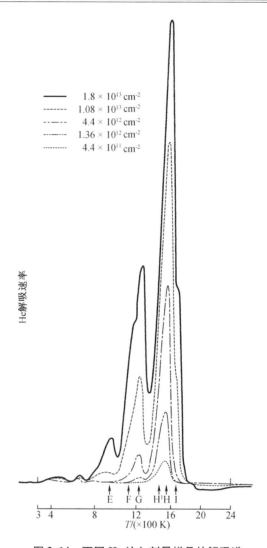

图 3.14　不同 He 注入剂量样品的解吸谱

注:各种情况的损伤轰击参数均为 $8 \times 10^{11}$ cm$^{-2}$ 的 Kr$^+$,5 keV。

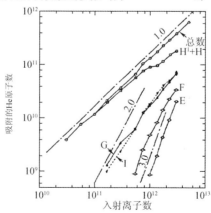

图 3.15　各解吸峰(图 3.13)解吸的 He 原子数随 He 注入剂量的变化曲线

注:点画线 1.0,2.0 和 3.0 为相应的斜率。轰击参数为 $8 \times 10^{11}$ cm$^{-2}$ 的 Kr$^+$,5 keV。

捕陷组分能够包容多个 He 原子的设想确切吗？我们讨论用 $^3$He 部分取代 $^4$He 的实验结果(图 3.16)，$^3$He 为 $^4$He 的稳定同位素。

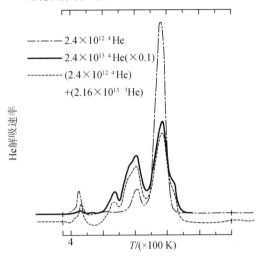

图 3.16　He 同位素实验曲线

注:注入的 $^4$He 和 $^3$He 剂量见图内标注。损伤轰击参数为 $8 \times 10^{11}$ cm$^{-2}$ 的 Kr$^+$，5 keV。

分别进行了 A，B，C 三种 He 注入，注入前进行了相同能量和剂量预损伤轰击。A 样品和 B 样品的 $^4$He 注入剂量分别为 $2.4 \times 10^{12}$ cm$^{-2}$ 和 $2.4 \times 10^{13}$ cm$^{-2}$，为了比较，后者的解吸谱坐标比率降低了 10%。C 样品首先进行 $2.4 \times 10^{12}$ cm$^{-2}$ 剂量的 $^4$He 注入(与 A 样品相同)，余下的剂量($2.16 \times 10^{13}$ cm$^{-2}$)改为 $^3$He，使 C 样品的总注入剂量等于 B 样品的注入量。

如果 $^3$He 对于先前注入的 $^4$He 的结合态没有影响，样品 C 的解吸谱应该与样品 A 相同。但结果恰恰相反，C 样品谱线与 B 样品谱线足够相似(零偏移)，$^3$He 注入后或者任何中间阶段得到的结果都是相同的，表明注入的 $^4$He 和 $^3$He 已完全混合。仅仅当 $^4$He 和 $^3$He 分享了捕陷位置时(不涉及到达的顺序)这种解释才是合理的。

### 3.3.3　损伤退火温度对解吸速率的影响

损伤和注入间的退火实验如图 3.17 至图 3.20 所示。图中标注了解吸加热循环的终止温度，可以比较这些等温退火的结果。

样品(图 3.17)先经 $8 \times 10^{11}$ cm$^{-2}$，5 keV 的 Kr$^+$ 轰击，然后注入 $8 \times 10^{12}$ cm$^{-2}$ 的 He 离子。图中标注了相应的退火温度。在 700 K 和 1 300 K 两个退火阶段，解吸谱呈现 3 种不同特征的损伤态。图 3.17 和图 3.13 的最突出解吸峰解吸的 He 原子数随退火温度的变化如图 3.18 所示，预损伤和注入条件同图 3.17。

在 700 K 阶段，F 峰、G 峰和 H 峰急剧降低，H$^1$ 峰显著增高。在 1 300 K 阶段，所有的解吸峰在较低温度下消失，A，B 和 C 峰明显增大。退火温度仍较高时，A，B 和 C 峰的比例大致相同，当 Kr$^+$ 脱陷时(1 800 ~ 2 400 K)，它们的峰幅降低[20]。在第 3 退火阶段，解吸谱变化不明显(图 3.17)。从图 3.18 看到，在 1 000 K 和 1 100 K 之间，I 峰急剧降低，H 峰急剧增大。

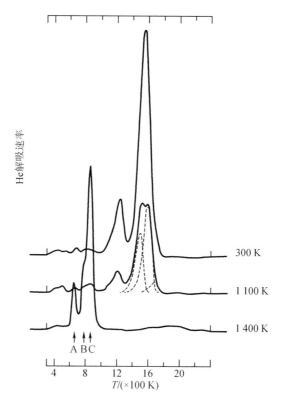

**图 3.17　退火温度对预轰击和注 He 样品解吸速率的影响曲线**

注:轰击和注入参数分别为 $8 \times 10^{11}$ cm$^{-2}$,5 keV 的 Kr$^{+}$,$8 \times 10^{12}$ cm$^{-2}$,250 keV 的 He$^{+}$。1 100 K 谱线中峰 H$^{1}$,H 和 I 的结构(图 3.13)为虚线。

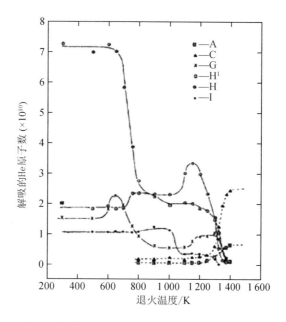

**图 3.18　解吸峰解吸的 He 原子数随损伤退火温度的变化**

**(损伤轰击和注入参数与图 3.17 相同)**

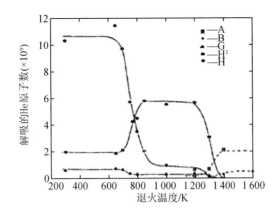

**图 3.19　较低 He 剂量时的退火曲线**

注:损伤轰击参数为 $8 \times 10^{11}$ cm$^{-2}$ 的 Kr$^+$,5 keV,He$^+$ 注入参数为 $8 \times 10^{11}$ cm$^{-2}$。

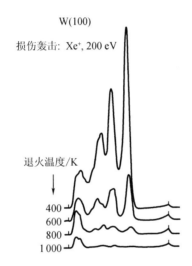

**图 3.20　单退火阶段的 He 解吸谱(样品经受损伤轰击但未引入杂质原子)**

注:损伤轰击参数为 $8 \times 10^{13}$ cm$^{-2}$ 的 Xe$^+$,200 keV,He$^+$ 注入参数为 $2.4 \times 10^{12}$ cm$^{-2}$,250 eV。

图 3.19 为注入 He 离子剂量降低至 $8 \times 10^{11}$ cm$^{-2}$ 的较简单退火曲线。样品经 $8 \times 10^{11}$/cm$^2$,5 keV 的 Kr$^+$ 预轰击。这种状态下多重占据相对较少。与图 3.18 相比,700 K 阶段 H 峰降低及 H$^1$ 峰增强更明显,高于 1 300 K 时,A 峰(不是 C 峰)占主导。

假设热解吸为一级解析动力学过程,700 K 阶段的激活能为 1.77 eV,1 300 K 阶段为 3.37 eV。前者与电阻研究阶段Ⅲ的结果一致,后者与阶段Ⅳ一致。对于 W 晶体,关于阶段 Ⅲ退火的解释仍有某些不确定性。起初认为缺陷迁移受空位机制控制[5],后来的等离子显微镜研究表明[22],缺陷迁移也受某些间隙迁移机制控制。

### 3.3.4　解吸峰和捕陷结构

基于上面的讨论,有理由假设晶格空位是 He 的初始捕陷中心。占据自由空位的单 He 原子在 1 560 K 逃逸(峰 H),表明其结合能为 4.0 eV。因为 He 原子和空位在这一温度下分别可迁移,相关过程与分子离解类似:

$$HeV \xrightarrow{1\,560\,K} He + V(H\,峰) \tag{3.1}$$

2 个 He 原子占据 1 个自由空位时,它们中的 1 个在 1 220 K(峰 G)逃逸,这一过程可表示为

$$He_2V \xrightarrow{1\,220\,K} He + HeV(G\,峰) \tag{3.2}$$

脱陷的 He 原子是可迁移的,但捕陷中心不能迁移,因为它们在 1 560 K 时未离解消散[式(3.1)]。为了确认这一现象,在 1 400 K 中止解吸实验冷却晶体,进行更多的 He 注入,G 峰出现在随后的解吸谱中,这意味着出现 G 峰需要预存稳定的捕陷中心,1 400 K 时该捕陷中心是稳定的。该实验实际上还原了式(3.2)的反应。基于现有的体积,空位中的第二个 He 的结合能较低。未向周围晶格引入足够的压应力时,2 个 He 原子很难聚集。

I 峰是另一个包含双占位的峰,是包括 2 个 He 原子的双空位结构,其中的 1 个 He 原子占据的是第二近邻的双空位($V_2^{II}$):

$$He_2V_2^{II} \xrightarrow{1\,675\,K} 2He + 2V(I\,峰) \tag{3.3}$$

当 $V_2^{II}$ 仅有 1 个空位被占据时,另一个空位在低于 1 560 K 时逃逸,剩下 1 个 HeV:

$$HeV_2^{II} \longrightarrow V + HeV \tag{3.4}$$

部分解吸实验结果显示,式(3.4)的反应相当接近 H 峰温度,但需要温度更精确的数据来验证。

I 峰被解释为双空位占据,基于这样的事实,它的峰幅强烈地取决于损伤离子的能量。对于 $Kr^+$ 轰击,约 1 keV 轰击时出现 I 解吸峰,随能量升高 10 ~ 1 000 eV 峰幅快速增强。另一方面,2 keV 和 10 keV 之间轰击时 H 峰的幅度变化不大。考虑第二近邻间距空位与 Jonson[25] 关于 Fe 的模拟结果一致,也与高注入剂量的讨论一致。

E 峰和 F 峰可能对应空位中含 3 个 He 原子的 2 种变换位形中的 1 种。

$$(He_3V)_A \longrightarrow He + He_2V$$
$$(He_2V)_B \longrightarrow He + He_2V \tag{3.5}$$

或者是第 3 个和第 4 个 He 原子占据 1 个空位:

$$He_3V \xrightarrow{1\,120\,K} He + He_2V(F\,峰) \tag{3.6}$$

$$He_4V \xrightarrow{950\,K} He + He_3V(E\,峰) \tag{3.7}$$

事实上,700 K 退火阶段 $H^1$ 峰增大(图 3.20、图 3.21),而且峰位与损伤粒子质量弱相关,表明含 He 空位已与轰击时引入的惰性气体杂质原子结合。鉴于将要讨论到的原因,设计了 $H^1$ 峰的反应:

$$He(VKr)^{II} \xrightarrow{1\,480\,K} He + (VKr)^1(H^1\,峰) \tag{3.8}$$

其中,$(VKr)^{II}$ 表示第二近邻 Kr 原子与空位相结合;$(VKr)^1$ 表示最近邻 Kr 原子与空位相结合。700 K 退火阶段的反应表示为

$$V + Kr \xrightarrow{700\,K} (VKr)^{II} \tag{3.9}$$

在 1 300 K 退火阶段,杂质原子周围存在稳定的弛豫应变,直到杂质原子的解吸温度,该阶段应该存在上面反应的逆向反应:

$$(VKr)^{II} \xrightarrow{1\,300\,K} (VKr)^1 \tag{3.10}$$

反应式(3.8)的温度高于 1 300 K,应该包括 He 原子逃逸和式(3.10)的即时逆反应。

退火温度高于 1 300 K 时出现 A,B 和 C 峰,其结合能急剧降低。看来 Kr 占据双空位(原来占据的空位加捕获的空位)的设想是有依据的。这些结构多半是对称的,仅仅有相

对小的体积用来包容 He 原子。后面还会讨论这种效应。

存在某些高于 700 K 的 H 峰(图 3.18、图 3.19),表明空位与杂质原子间结合能很弱(多半为第三和第四近邻),在这种情况下应力场不能使空位体积明显降低,剩余 He 原子的结合能与自由空位时相同(H 峰)。

## 3.4　高注入剂量的解吸谱

图 3.21 为较高注入剂量( $>3 \times 10^{13} \, \text{cm}^{-2}$ )样品的解吸谱,预轰击条件相同( $8 \times 10^{11} \, \text{cm}^{-2}$ , 5 keV 的 $Kr^+$ )。剂量最低时( $2.4 \times 10^{13} \, \text{cm}^{-2}$ ),E→I 峰清楚可见(与图 3.12、图 3.13、图3.15比较)。随着剂量增大,E→H 峰变化不显著,首先出现 I 峰,随后在约 1 850 K 处出现另一个高温峰(J),最后在 2 000 ~ 2 400 K 之间出现逐渐增强的整体峰群(K 峰)。在较高的剂量下(未显示)仅仅能观察到残余的 E→I 峰,解吸速率单调地升高(非线性升高),直至 2 400 K。

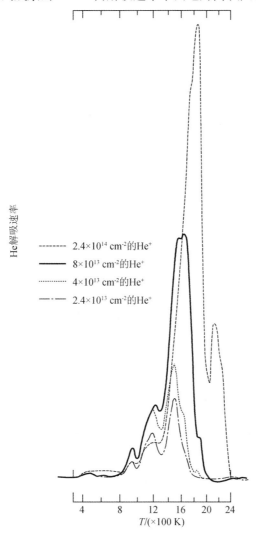

**图 3.21　较高 He 剂量时的解吸谱**

注:损伤轰击参数为 $8 \times 10^{11} \, \text{cm}^{-2}$ 的 $Kr^+$ ,5 keV。

　　I,J 和 K 峰非线性升高再一次表明捕陷结构为 He 原子的多重占据；较高的结合能表明 He 原子使捕陷结构的性质发生了不可逆的变化。随着剂量增大，捕陷 He 分数（在 $2.4 \times 10^{13}\,cm^{-2}$ 至 $8 \times 10^{14}\,cm^{-2}$ 范围内）增大约 50%，这种现象可作为上述观点的附加证据，表明捕陷结构的平均尺寸（捕获横截面）增大。

　　高剂量下，I,J 和 K 峰的长大与注入温度密切相关，如图 3.22 所示（损伤与图 3.21 相同）。标记 a 的谱线为室温注 He 曲线（$2.4 \times 10^{13}\,cm^{-2}$）。其他曲线首先以相同的剂量进行室温注入，然后将晶体升温到图中标注的温度，连续注入至总剂量（$2.4 \times 10^{14}\,cm^{-2}$）。当注入温度高于约 1 100 K 后，高温放 He 峰几乎完全消失。无论是否存在较高温度时形成的高能量预存组态，仅仅低于约 1 100 K 时捕陷态是稳定的，E 峰和 F 峰处于这一温度范围。

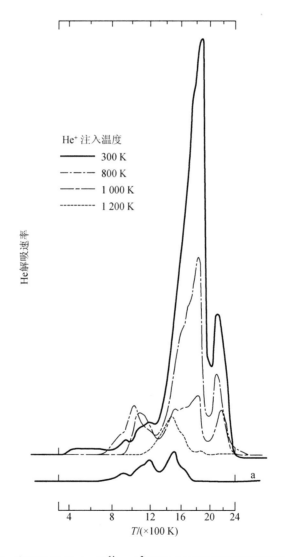

**图 3.22　高剂量时（$2.4 \times 10^{14}\,cm^{-2}$ 的 He$^+$）注入温度对解吸谱的影响**

　　注：轰击参数为 $8 \times 10^{11}\,cm^{-2}$ 的 Kr$^+$，5 keV。第 1 次在 300 K 注入（$2.4 \times 10^{13}\,cm^{-2}$），随后升到预定的温度再次注入至总剂量。谱线 a 的样品仅进行了 1 次注入（$2.4 \times 10^{13}\,cm^{-2}$）。

He 成为捕陷态的能量来自间隙 He 诱发的应变能($E_s$)。He 原子在空位中聚集时晶格周围的应变增大,当某点的附加应变能高于 $E_s$ 时导致 He 与第二个晶格原子换位,单空位复合体转变成双空位复合体(泡核)。空位附近(F 峰)无第三个 He 原子进入空位时转变将中止(1 100 K,图 3.22)。通常认为 J 峰包括最近邻的双空位结构,I 峰包括第二近邻的双空位结构,K 峰可能包括三空位结构,更多 He 原子聚集将生成多空位结构,He 泡长大。

## 3.5　损伤离子质量的影响

我们已注意到 He 的结合态几乎与损伤粒子的质量无关。实验结果如图 3.23 所示。分别进行重离子($Xe^+$,$Ar^+$,$Ne^+$)注入($8 \times 10^{11}$ cm$^{-2}$,5 keV),未退火,分别注入 He 离子($8 \times 10^{12}$ cm$^{-2}$)。从图中看到,不同质量粒子产生的峰(F 峰至 I 峰)的峰位和幅值基本相同,也与 $Kr^+$ 预轰击的结果相同(图 3.13)。从图中也看到一个不同结果,较低温度下 E 峰较小。目前对这一现象的了解还不多。

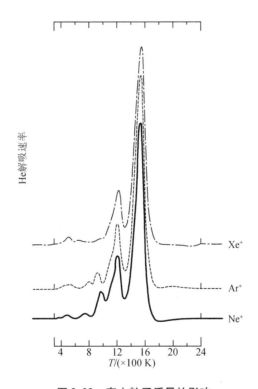

**图 3.23　轰击粒子质量的影响**

注:3 种重离子轰击参数均为 $8 \times 10^{11}$ cm$^{-2}$,5 keV,$He^+$ 注入参数为 $8 \times 10^{12}$ cm$^{-2}$,亦见图 3.13。

如果注入前将经不同粒子预轰击样品在高温下退火( $>1 400$ K),解吸谱存在明显差异(图 3.24)。4 种预轰击样品的退火温度均为 2 000 K,损伤轰击条件与图 3.23 相同,注入剂量为 $2.4 \times 10^{12}$ cm$^{-2}$,解吸峰尺度敏感性比图 3.23 高 2 倍。对于所有的样品,当 He 剂量降低至小于 $8 \times 10^{11}$ cm$^{-2}$ 时仅发现最低温度峰(在约 500 K,对于 $Xe^+$ 轰击样品;在约 1 000 K,对于 $Ne^+$ 轰击样品),表明仅存在一种捕陷类型。随着剂量增高,其他的峰都呈现超线性行为,提示出现了多重占据和捕陷转变。第一个 He 原子的结合能取决于损伤粒子诱发形成的捕陷结构。与 3.3.1 节的结果一致,每种情况的捕陷结构均由杂质原子和最近邻的空位构成。对于较小的杂质原子,杂质 – 双空位复合体中余下的空位较大,结合能较大。

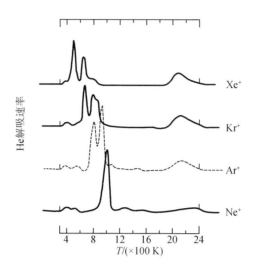

**图 3.24　三种轰击粒子($8 \times 10^{11} \ cm^{-2}$,5 keV) 质量的影响**

注:注 He($2.4 \times 10^{12} \ cm^{-2}$) 前进行 2 000 K 退火。

剂量较高时,2 000 K 退火后出现高温解吸峰,类似于前述的 I,J 和 K 峰。这种现象可以用惰性气体中心 He 泡形核来解释。

## 3.6　现象和原理

如图 3.11 所示,理论估算的捕陷分数与实验值存在差异,实验值明显低于理论值,对于 (100) 表面,低能(几百电子伏)注入时差异高达 300 倍,提示注入的 He 脱离了金属表面。进入晶体的某些 He 离子有可能通过表面背散射,更多的 He 原子能够逃逸出样品表面,因为带能离子消耗能量后将在晶体中随机运动。曲线 1 和 2 体现了重离子轰击对于 He 捕陷的促进作用(捕陷分数增大)。室温下如果 He 靠近 W 表面前没有遇到晶格缺陷(特别是空位)的话,He 能够扩散[11]。实验结果与这种假设是一致的,早期研究者对这种假设采取非常谨慎的态度,他们据此给出了金属缺陷捕陷 He 原子的实验依据。

下面讨论依据实验结果总结的一般特征,并给出一些附加证据来讨论和支持这些特征。

### 3.6.1　解吸谱的一般特征

注入的 He 离子以原子态存在于晶体[12],能量低于离位阈值时进入间隙位。捕陷分数随注入能量的变化有可能近似于图 3.11 中的 T(100) 曲线。进入晶体的 He 与晶格原子发生许多次碰撞,每次碰撞转移掉它们百分之几的能量,直至热化或者通过表面背散射。热慢化过程 W 晶格不产生缺陷,除非它们的能量超过 480 eV。慢化原子在考虑的深度范围内

（可能为晶格常数的几十倍）处于间隙位。这些位置为 He 原子随机扩散的起点。He 原子随机扩散运动直到与晶格缺陷相遇,被捕陷在晶体内（B 组分）,或者到达晶体表面并逃逸,除非它们被捕陷在表面的相关位置（A 组分）。这些位置可能是表面缺陷,也可能是吸附的元素（表面杂质）。

### 3.6.2　损伤阈值

He 离子转移到 W 原子的最大能量为

$$T = \frac{4m_1 m_2}{(m_1 + m_2)^2} E_{\text{He}} = 0.083\,3 E_{\text{He}} \tag{3.11}$$

其中,$m_1$ 为 He 的质量;$m_2$ 为 W 的质量;$E_{\text{He}}$ 为离子动能。电子辐照损伤测得的 W 晶体的离位阈能为 $E_{\text{d}} = (40 \pm 2)\,\text{eV}$。

诱发 W 晶体离位的最低 He 离子能量为

$$(E_{\text{He}})_c = E_{\text{d}}/0.083\,3 = 480\ \text{eV} \tag{3.12}$$

表面晶格原子的结合力较弱,多半能在较低能量下离位,但差别因子不可能大于 2。依照方程(3.12),晶格内 He 原子的能量低于 480 eV 时不能产生离位,除非在晶体表面。运用 W 原子间的相互作用势和 He/W 原子间作用势可以估算 W 晶格中 He 原子的应变能。间隙 He 原子的应变能大约为 2.7 eV,He 原子进入晶格空位的应变能不大于十分之几电子伏。从能量上看,间隙 He 的形成能低于空位–间隙原子对（随后被 He 原子占据）的形成能。另一方面,如果 He 原子遇到预存空位将很快占据该空位降低其应变能,室温下成为捕陷态。

### 3.6.3　A 解吸谱（300 ~ 900 K）

如前所述,离子能量和剂量较低时大部分捕陷发生在相关的表面位置。确认 A 解吸谱与表面捕陷位相关的主要证据有:

（1）峰幅和峰的次结构取决于受轰击的晶体表面（图 3.8）;

（2）吸附于晶体表面的气体量强烈影响峰幅（图 3.9）。

（110）表面 A 解吸谱的次结构与晶体表面的处理条件密切相关,特别是与离子轰击清洁工艺相关。最后的稳定态如图 3.7 所示,在（110）[#2] 表面谱中可见 $A_4$ 和 $A_5$ 结构,但在（110）[#1] 谱中没有看到。存在这类差异的原因的细节还不清楚,但多半与表面结构和杂质浓度相关。类似的变化在（100）表面 A 解吸峰谱中也不明显。在其他样品中没有看到气体吸附引起 $A_1$ 结构发生明显变化（图 3.10）。带能离子轰击促进初始 $A_3$ 峰的形成（图 3.7）,表明离子轰击在（110）表面产生了稳定的缺陷,但（100）表面没有产生这类缺陷（图 3.2 和图 3.3）。A 解吸谱取决于特殊的表面杂质、缺陷和结构状态。

（110）[#1] 和（100）[#1] 面吸附的气体层对捕陷的影响不同（图 3.9）,原因还不清楚。对于 250 eV 离子,捕陷 He 的分数分别为 0.012（100）和 0.12（110）。热解吸和 LEED 研究表明,室温下这两个面对 CO 的吸附无明显差别,温度升高时（110）面吸附层的结构更为复杂。

### 3.6.4　B 解吸谱（900 ~ 2 100 K）

不同晶面的 B 解吸谱十分类似（图 3.7）,说明解吸发生在晶体的特征位置。低于

500 eV时遍及晶体的低浓度捕陷位能够捕陷 He 原子。在这一能量范围峰幅取决于能量(图 3.6),定性看这与 He 离子的穿透深度增大相一致,He 原子沿扩展的穿透深度扩散。能量高于 500 eV时相同位形的峰幅快速增强(图 3.3 和图 3.6),表明能量高至能诱发离位损伤后,生成了更多的同类型的捕陷位。峰幅与剂量间存在平方关系(图 3.5)是这种机制的直接证据,随着剂量变化捕陷的 He 原子数与产生的捕陷位数成比例。图 3.5 给出一个重要信息,扩散的 He 原子遇到了离子诱发的大量空位。对于图 3.5 中显示的最低剂量,冲击于表面的离子间的平均距离为 6.5 nm。He 原子必须迁移几个 6.5 nm 距离才能满足观察到的平方关系。

依据已有数据解释大量 B 解吸峰(表 3.1)的来源是最重要的问题。低剂量时峰 $B_5$,$B_6$ 和 $B_7$ 消失(图 3.7),表明它们之间存在原子间的交互作用。这些峰的峰幅随剂量很快改变,变化幅度甚至超过总解吸谱观察到的平方关系,它们应该对应着多个 He 原子捕陷在单空位中的结构,这样的解释应该是准确的。

峰 $B_1$,$B_2$,$B_3$ 和 $B_4$ 的峰幅相对稳定,它们也随剂量和能量变化,但未出现上述的增强方式。与其他峰相比,峰 $B_1$ 随能量升高的变化更慢 (图 3.3),峰 $B_4$ 的幅值在高剂量时相对较低,此时出现峰 $B_5$,$B_6$ 和 $B_7$。不论这些变化是如何引起的,晶体内至少存在不同类型的 4 种捕陷位。这些捕陷位是晶体离位损伤后形成的,它们的比例随轰击离子的剂量和能量变化。在点缺陷聚集产生的位错位置(和其他复杂缺陷位置),相对峰幅基本上不随剂量变化而变化。

辐照损伤研究[13]表明,约 70 K 时间隙 W 原子可迁移,约 800 K 时空位可迁移,看来单空位可以为 He 原子提供捕陷位(He – V)。结合前面关于多重占据的讨论,有理由认为 $B_4$ 峰对应的是多空位捕陷。高于 400 K 时,杂质可以捕陷间隙原子[13],空位也能被杂质捕陷[14]。Kornelsenr[1]认为双空位也是一种捕陷位,还可能存在其他位形的捕陷位。

没有证据表明解吸峰温度与缺陷退火湮灭温度相关。含 He 缺陷与无 He 缺陷的稳定性可能显著不同。还没有分析某个单峰可能与某个特殊的缺陷结构相对应,进一步考察这些缺陷与 He 的交互作用很有意义。

### 3.6.5 穿透深度和缺陷浓度

研究显示,室温下 W 晶体中的 He 能够快速扩散,遇到晶格缺陷时被捕陷在晶体内。通常认为,退火态晶体(离子能量小于 400 eV)的捕陷浓度小于 $1 \times 10^{-9}$,几百电子伏的 He 离子至少在 1 μm 的深度内成为捕陷态。

由于不完全清楚离子的穿透路径和缺陷产生速率,仅能粗略地估算 He 的扩散范围以及捕陷浓度与捕陷可能性间的关系,Lindhard 和合作者[15-16]估算了热慢化 He 离子的深度分布。预测 W 晶体内 250 eV 的 He 离子的总路径范围为 21.5 nm。估算值可能偏大,因为轻入射粒子与靶原子相碰产生的大角散射将在总路径和入射范围间产生差异,需要修正。

如果不考虑通道效应和其他晶体学的影响[17],Kornelse[18]将计算值和 Schiφtt 的不规则曲线外推至合适的低能量参数值($\varepsilon$),得到的入射范围(可能的穿透范围)为 1.3 nm,不规则半高宽为 2.2 nm(250 eV 的 He 离子)。这些值的误差有可能大 2 个因子。进一步计算时应该用近似高斯分布来表示相同峰位和半高宽。

可以得出这样的结论,晶体的捕陷浓度很低( $<1 \times 10^{-9}$ ),捕陷的 He 原子分布在相对大的深度范围( $>1 \ \mu m$ )。这意味着缺少轰击损伤的情况下晶体中的捕陷浓度(包括空位)低于 $1 \times 10^{-9}$ 。因为 W 晶体中的杂质浓度低于 $1 \times 10^{-6}$ ,杂质本身起不到捕陷位的作用。

入射粒子能量大于 500 eV 时,计算捕陷 He 的分布也不容易,晶格损伤可能扩展到相当于离子的穿透深度,但其变化细节还不清楚。随着剂量增大缺陷浓度增大,计算的复杂性也随之增大。与上面描述的均匀浓度分布状态相比较,相对疏松的表面损伤层需要较高的缺陷浓度才能产生相同的 He 捕陷分数。

### 3.6.6　结论和讨论

(1)He 离子进入 W 晶体的阈值能量大约为 8 eV。垂直入射时,将有超过 50% 的 100 eV 的 He 离子进入 W 晶体表面。

(2)碰撞中 He 原子丢掉自身的动能后,室温下能够在 W 晶体中扩散并逃逸,除非遇到表面捕陷位或者遇到晶体缺陷。考虑到原子间相互作用势很大,He 原子将热慢化和进行间隙扩散。

(3)低于 900 K 时,捕陷 He 从表面捕陷位的解吸与晶体表面的轰击状态、吸附的气体量和表面缺陷浓度密切相关。

(4)高于 900 K 时,解吸 He 来自晶体的特征位置。观察到的捕陷峰显示至少存在能量不同的 4 种捕陷位形。在低剂量观察到的能量最高的位形可能是空位。

(5)He 离子的能量高于原子离位阈值后(480 eV),能够生成更多的相同特征的捕陷位。低于这一能量时,He 原子在晶体内不能诱发可观察的晶格无序,但能够在(110)面诱发表面捕陷位。

(6)离子穿透深度和扩散运动显示,退火的 W 晶体内的捕陷位浓度低于 $1 \times 10^{-9}$ 。几百电子伏的入射 He 离子在超过 1 $\mu m$ 深度范围内成为捕陷态。

另一方面,当入射粒子的能量大于 500 eV 时,计算捕陷 He 的分布也是不容易的。晶格损伤可能扩展到大致相当于离子的穿透深度但是其变化细节还不清楚。从定性上看,与上面描述的均匀浓度情况相比较,相对酥松的损伤层需要有较高的缺陷浓度才能获得相同的 He 的捕陷分数。

对热解吸实验结果的解释主要基于两个基本假设:①假设 He 原子被晶格缺陷(包括晶格空位)捕陷;②假设 He 与空位的结合能直接与有效的空腔体积相关。

这两种假设可以定性地解释很宽的 He 解析谱。观察到的结合能能够敏感地表征空位(空位团)、近邻杂质原子和周围晶格原子的位形,包括捕陷中心和相同捕陷中心存在的其他 He 原子。

这种技术的灵敏度很高,当探测区域约为 0.1 $cm^2$ 时,晶体表面几百纳米深度的捕陷浓度约为 $1 \times 10^{-9}$ 。

注入大剂量 He(约 $10^{14} \ cm^{-2}$)后发现导致捕陷中心 He 泡形核。泡核可能仅仅为空位团,也可能是空位与惰性气体原子构成的结合体。初始 He 泡形成阶段能够被详细观测。

## 参考文献

［1］ KORNELSEN E V. Enapment of helium ions at（100）and（110）tungsten surfaces［J］. Can J Phys, 1970, 22：2812.

［2］ KOMELSEN E V. The interaction of injected helium with lattice defects in a tungsten crystal radiat［J］. Eff Defect S, 1972, 13：227.

［3］ CASOERS L M, FASTEBAU R H J, VAN VEEN A, et al. Mutation of vacancies to divacancies by helium trapping in molybdenum effect on the onset of percolation［J］. Phys Status Sol A, 1978,46(2)：541 – 546.

［4］ VAN V A,CASPWERS L M. Proceedings of the 7th international vacuum congress and 3rd international conference on solid surfaces［J］. Vienna, 1977：263.

［5］ THOMPSON M W. The damage and recovery of neutron irradiated tungsten［J］. Phil Mag, 1960,5(51)：278 – 296.

［6］ NEELEY H H, KEEFER D W, SOSIN A. Electron irradiation and recovery of tungsten ［J］. Phys State Sol, 1968,28(2)：675 – 682.

［7］ MAKIN M J, WAPHAM A D,HINTER F J. The formationof dislocation loopsin copper during neutron irradiation［J］. Phil Mag, 1962,7(74)：285 – 299.

［8］ THMPSON M W. Defects and radiation damage in metals［M］Cambridge：Cambridge University Press, 1969.

［9］ SINHA M K, MULLER E W. Bombardment of tungsten with 20 keV helium atoms in a field ion microscope［J］. Appl Phys, 1964,35：1256.

［10］ MULLER E W, TSONG T T. Field ion microscopy［M］. New York：Elsevier, 1969.

［11］ ERENTS K, CARTER G. Investigations into the mechanism of trapping of inert gas ions in polycrystalline tungsten［J］. Vacuum, 1967, 17：215 – 218.

［12］ HAGSTUM H D. Theory of auger ejection of electrons from metals by ions［J］. Phys Rev, 1954, 96：336.

［13］ NEELY H H, KEEFER D W, SOSIN A. Electron irradiation and recovery of tungsten ［J］. Phys Status Sol, 1968, 28：675.

［14］ KDISON G V. On the anomalous self – diffusionin body – centered cubic zirconiumum ［J］. Phys Rev,1963,41(10)：1563 – 1570.

［15］ LINDHARD J, SCHARFF M, SCHITT H E. Range concepts and hwave ion ranges［J］. Mat Fys Medd Dan Vid Selsk, 1963, 33：14.

［16］ SCHIφTT H E. Range – eergy relation for low – enegeIon ［J］. Mat Fys Medd Dan Vid Selsk, 1966, 35：9.

［17］ LINDHARD J. Influence of crystal latticeon motion of energetic charged particles［J］. Mat Fys Medd Dan Vid Selsk, 1965,34(14)：1.

［18］ KORNELSEN E V, BROWN F, DAVIES J A, et al. Penetration of heavy ions of keV energies into monocrystalline tungsten[J]. Phys Rev, 1964, 136: 849.

[19] DOMEIJ B. On motionof alpha – paticlesina crystal lattice studiedby means of amonocrystalling alpha – source[J]. Arkivför Fysik, 1966,32:179.

[20] REDHEAD P A. Hermal desorption of gases[J]. Vacuum, 1962,12(4): 203 – 211.

[21] KORNELSEN E V, SINHA M K. Thermal release of inert gases from a (100) tungsten surface[J]. Appl Phys, 1968,39: 4546.

[22] ATTARDO M J, GALLIGAN J M, CHOW J G Y. Interstitial removal in stage – III recovery of neutron – irradiated W[J]. Phys Rev Lett,1967,19: 73.

[23] KORNELSEN E V, SINHA M K. Thermal release of inert gases from (110) and (211) tungsten surfaces[J]. Appl Phys, 1969,40: 2888.

[24] JEANNOTTE D, GALLIGAN J M. Sudyof radiation adiation damagein tungsten[J]. Acta Met, 1970, 18: 71 – 79.

[25] JOHNSON R A. Interstitials and vacancies in $\alpha$ iron[J]. Phys Rev A, 1964,134(5A): 1329.

[26] THOMPSON M W. Defects and radiation damage in metals[M]. Oxford city: Cambridge University Press, 1969.

# 第 2 编　金属中 He 的小团簇理论

在反应堆建设早期,核燃料中惰性气体的影响就备受关注,但直到 20 世纪 60 年代人们才开始关注结构材料中由(n,α)反应生成的 He。这以后分布在世界各地的许多研究组(例如,美国的 UCSB、UCLA 和 ORNL,欧洲的 Harwell、Risφ、FZ Jülich 和 PSI 以及俄罗斯的 Hurchatov Institute 等),陆续开始对金属中 He 的性质和行为进行系统研究。

20 世纪七八十年代在美国召开了两次聚变反应堆材料主题会议(1979,迈阿密;1981,西雅图), ASTM 编辑了辐照对材料性能影响的论文集。分别在德国(1974,卡尔斯鲁厄)和法国(1979,阿雅克肖),英国(1983,布赖顿)召开了三次辐照材料和合金结构稳定性以及机械行为相关性的讨论会。从出版的论文集来看,大部分研究涉及的是核材料的性能,关于 He 的基础性研究较少,但看得出学者们对于基础性研究内容有迫切需求。

1979 年在英国哈维尔(Harwell)召开了固体中的惰性气体专题讨论会。此后,在有关核反应装置、聚变堆材料及氚工艺等大型定期国际会议以及材料科学与工程会议上,He 都被列为重要的专题。S. F. Pngh 编辑了哈维尔论文集。R1 ~ R6,E1 ~ E20,T1 ~ T8 为文献分类目录。序号前面"R"表示评述类文章,"E"表示实验类文章,"T"表示基础类文章。

论文集涉及的 He 问题大至为三类:①单 He 原子和小团簇的性质;②He 泡的形成及性质;③He 导致的宏观性能变化。这种分类法看起来有些人为因素在里面,但应该是合理的,因为这些问题涉及的理论和实验方法都不同。

1959 年,Greenwood 等发表了空位和位错对受辐照材料中气泡形核和长大影响的文章,领先开展了金属中 He 的基础性研究。Ullnaier 于 1983 年概述了金属中 He 原子、小 $He_nV_m$ 团、He 泡的性质,讨论了金属中 He 泡形核长大及 He 效应的主要内容、对应的理论和实验研究方法。Trinkaus 于 1981 年给出了类似的分类,但有侧重,包括 He 原子间的相互作用、He 原子与金属原子的相互作用、He 泡分类、形核长大动力学及相应的研究方法。

与此同时还开展了金属氚化物时效效应的研究,尽管该领域的研究也开展得相当早,但因为研究内容涉及核大国研发战略核武器的需要,公开发表的结果还较少。随着聚变堆研发的进展,氚储存和氚工艺的配套研发变得更紧迫,这种情况已发生变化。许多世界级研究机构都花费大量的精力开展金属氚化物的应用和时效效应研究,美国 Sandia 实验室的研究最为系统和深入。该实验室专门成立了"Physics and Chemistry of Metal Tritides Working Group",并在 2004 年、2006 年、2007 年、2008 年和 2010 年先后召开材料中氢和氦同位素交流讨论会,在交流会上讨论了金属氚化物的稳定性和时效行为、固 He 机理以及制备工艺对金属氚化物薄膜性能的影响。从会议情况来看,美国将持续投入大量的人力物力从理论和实验两方面开展相关的研究工作。

20 世纪 80 年代,原子层次的理论计算(两体势)取得了进展,相继提出和完善了金属中 He 的自捕陷机制。自捕陷机制描述了 He 在无预损伤金属中的行为,适用于所有金属和金属氚化物。

这期间 Wilson,Bisson 和 Baskes 等相继发表了《He 在金属中的自捕陷》(1981 年)、《He 在金属中的自捕陷动力学》(1983 年)和《金属中 He 的小团簇理论》(1983 年)等内容的文章,综述了那个时期卓有成效的研究工作。他们使用参数化的或第一原理得出的两体势计算金属中 He 原子的能量。这种方法虽有一定的局限性,但研究结果奠定了 He 泡形核和长大的理论基础,为更深入地进行理论研究打下了基础。

　　原子层次的理论计算是小团簇理论的主要内容。然而不只是计算，上述概括的全部研究内容都可以用 He 的小团簇理论来概括。这种概念适用于金属和金属氚化物中 He 效应的全部内容。本书的章节都是在这一概念下安排的。敬请读者理解我们的这一想法。

# 第4章 金属中 He 的小团簇理论

## 4.1 金属中 He 的小团簇理论介绍

金属中 He 具有很高的形成能,He 原子不溶于金属,但容易被金属空位捕陷。He 虽然不溶于金属,金属却具有包容 He 的能力,这种能力来源于 He 与空位的交互作用。金属间隙 He 原子的迁移激活能很低,容易成团。He 原子团在晶体中促成捕陷转换和 He 的自捕陷,形成 He 泡。He 原子在金属中迁移、成团、捕陷、自捕陷等形核和长大过程是 He 原子与晶格原子相互作用以及被金属晶格包容的过程,也是产生晶体缺陷和形成 He 效应的过程。He 原子不溶于金属,很高的间隙 He 形成能为这种演化过程提供了能量。

20 世纪七八十年代,Wilson 等发表了关于 He 在金属中的自捕陷、He 在金属中的自捕陷动力学和金属中 He 的小团簇理论等内容的论文,综述了那个时期的卓有成效的理论工作。Wilson 的小团簇理论讨论的是原子层次的计算方法和结果,我们认为可以将其扩展为具有普遍意义的 He 的小团簇理论。本章将在这一概念下讨论金属中空位型 He 缺陷的性质,并讨论从早期的原子势计算到近期的理论计算。

1959 年,Greenwood 等[1]发表了《空位和位错对受辐照材料中气泡形核和长大影响》的文章,领先开展了金属中 He 的基础性研究。

Ullnaier[2]概述了金属中 He 原子、小 $He_nV_m$ 团、He 泡的性质,论述了金属中 He 泡形核长大、He 损伤和 He 效应等问题,讨论了相应的理论和实验研究方法(表4.1)。

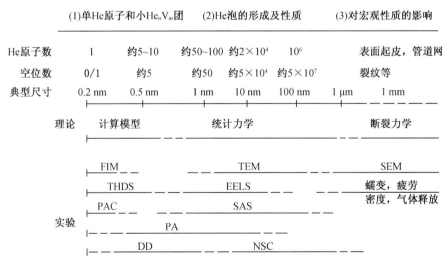

表4.1 He 在金属中性质的理论和实验研究方法[2]

注:FIM—场离子显微镜;TEM—透射电子显微镜;SEM—扫描电子显微镜;THDS—热解吸谱;EELS—电子能量损失谱;PAC—微扰角关联;SAS—中子和 X 射线小角散射;PA—正电子湮灭;NSC—核散射法;DD—差示热膨胀法。

　　Trinkaus[3]给出了类似的分类,但有侧重(表4.2),包括 He 原子间的相互作用、He 原子与金属原子的相互作用、He 泡分类、形核长大动力学及相应的研究方法。半径约 1 nm 的较稳定的小团簇($n$ 约 50~100,$m$ 约 50)是原子泡核,为 He 泡形核和长大的孕育阶段。当He-空位团半径大于 1 nm 后,进入非理想气体 He 泡阶段(1~100 nm)和理想气体 He 泡阶段( >100 nm)。纳米尺寸的非理想气体 He 泡为超高压 He 泡。

表 4.2　Trinkaus 关于含 He 缺陷结构研究内容和研究方法的分类[3]

| 尺寸范围 | 1 nm | 10 nm | 100 nm |
|---|---|---|---|
| 团簇类型 | ←------泡核-------→←-----------非理想气体He泡-----------→←--理想气体He泡--→ | | |
| 能量 | ←--所有He原子与金<br>属原子相互作用----→ | ←-----He原子与金属原子相<br>互作用局限在泡表面------→ | |
| | ←---------------------He-He相互作用----------------------→ | | |
| 动力学 | ←-------形核-------→ | ←----------长大----------→ | |
| 理论研究方法 | ←----- 计算模拟 -----→ | ←----------统计力学----------→ | |
| 实验研究方法 | | ←------TEM、EELS、UVAS------→ | |
| | ←---------------------SAS、PAS----------------------→ | | |
| | ←------HDS、TDS-------→ | | |

　　Ullmaier 等[2]描述了金属中 He 泡孕育形核、He 泡形核、稳态长大、非稳态加速长大阶段的特征、基体和晶界处 He 原子以及非稳态团簇的行为(表13.6),试图说明建立 He 对聚变堆结构材料性能影响的理论模型需要分析的系列步骤。第一部分涉及含 He 点缺陷性质的内容。对于复杂的合金系和包层结构,需要获得精确的 He 生成速率$\dot{P}$值和离位率$\dot{K}$值以及相对准确的点缺陷扩散系数($D_V$ 和 $D_1$)。更困难的问题是获得 He 在晶界的扩散数据以及复杂合金中各种捕陷结构对 He 迁移的影响。He 与杂质、位错的结合能仅为零点几电子伏,高温时可以忽略。存在不连贯沉淀相时,特别是析出相与基体之间有较大错配的情况就不一样了,这种状态可能是一种非常有前景的抑制氢脆的冶金方法。尽管如此,先期形成的 He 原子团和 He 泡是捕陷迁移 He 的最有效的位置。下一关键步骤是考虑晶体内部泡密度 $c_B$ 的演化,首先应考虑如何建立 $c_B$ 与 He 产生速率、He 含量、温度、微观结构和时间的函数关系。Ullmaier 等运用这种方法给出了聚变条件下不锈钢结构件的寿命预测模型。

　　表4.1、表4.2均发表于20世纪七八十年代。这时期是金属中 He 研究的最活跃时期,也是研究结果最丰富的时期。

　　表列研究内容涉及三种层次:微观、介观和宏观。不同层次的理论计算以及实验研究和理论分析是主要的研究方法。两类方法相互补充,推进研究进展。

　　计算材料学的理论基础大体分为三个层次。

　　一是宏观热力学理论,它不涉及原子结构和电子的相互作用,而是以大量质点所组成的系统为对象,以热力学的两个定律为基础,研究热运动形态与其运动形态间的相互联系及相互转化的宏观方法。由于使用经验参数,它对金属和合金的理论描述以及预测都相当不错,因而有着相当广泛的用途。

二是原子层次理论。它涉及晶体结构、原子的运动以及原子间的相互作用,但未直接考虑电子的相互作用,其物理实质比热力学理论深刻但逊色于电子理论。这种理论和方法主要通过势函数描述原子间的相互作用。体系的总能量由体系中所有原子间相互作用总和决定,进而得到体系的其他性质。计算结果的准确性取决于势函数的准确性。

三是电子层次理论,它深入到了原子结构的电子层次,不仅考虑原子核之间的相互作用、原子核与电子间的相互作用,而且考虑电子间的相互作用。因此其物理学实质非常深刻。电子理论和方法基于量子力学第一原理计算。通过解多电子薛定谔方程式得出体系的总能量。

从金属中 He 的研究进程看,几种层次研究工作并存,并一直伴随至今。金属中 He 的小团簇理论是 20 世纪六七十年代发展和建立起来的,涉及的是原子层次的理论计算,原子间作用势的建立采用的是原子层次计算,也考虑了固体的电子效应。

与计算相比,含 He 缺陷的实验研究较为困难,能够应用的方法也不多,这里简要说明几种实验技术的特点和可用范围(表 4.1、表 4.2)。除了等离子显微镜(FIM),可能还有正电子湮灭(PA,E10,E11)、微拢角关联(PAC,E8)、沟道定位技术(CI)及示差膨胀法(DD),再没有其他实验方法可以直接表征固体中单 He 原子的行为。在计算的支持下,已经证明离子注入和热解吸谱(THPS)或渗透测量也是获得金属中 He 原子性质的有效方法,并获得广泛应用。选择不同的 He 引入参数(如高于或低于损伤阈值的能量注入、氚衰变、低温或高温注入、快速或慢速注入、不同显微结构材料的注入等),能够确定释放峰的原子过程(捕陷、迁移)或相关的激活能(E1,T3,E2,E3,E5,E19)。

He 泡的能量主要用其体积和压力表征。除理论计算外,气泡的体积和压力(或密度)也能通过实验研究获得。透射电子显微镜(TEM)是研究 He 泡的直接方法(R2,E4,E6,E7,E12,E13,E17)。然而,近来其他的技术也获得成功应用,取得了有价值的综合信息。这些技术包括小角中子散射(R2)和 X 射线衍射(SAS)(E18)、正电子湮灭(PAS)(E10,E11)、相对长度和相对晶格参数变化测定(比肿胀测量)(E9),以及电子能量损失谱测定等(E13,E14,T8,T9)。

诸多较为间接的方法亦被应用。紫外光吸收谱(UVAS)偏移也可用来表征小 He 泡的 He 密度(偏移是高密度 He 激发引起的)。观测含 He 样品熔化或 λ 转变时的热量可以确定较大 He 泡中的低 He 密度。核磁共振实验时晶格弛豫时间随温度的变化可以用来研究 He 泡的相变(某一温度下弛豫时间突然变化是由泡中 He 密度分布状态引起的)。来自 He 泡周围应变场的 Huang 漫散射(MDS)可用来分析 He 泡的压力。He 泡能量的信息(He 原子和 He 泡间的结合能)可通过热解吸谱(THPS)得到。还应该提及的是,声发射技术能够给出位错环发射过程的信息[4]。不同技术适用于表征不同尺寸的 He 泡。例如,TEM 适于观察非理想气体 He 泡($1\ nm \leqslant r \leqslant 100\ nm$)。上述的观察技术均有一定的难度,应与相应的理论分析和计算模拟研究相结合,以便解释和评估实验结果。

## 4.2　早期的原子理论计算

20 世纪 80 年代,原子层次的理论计算(两体势)取得了进展,相继提出和完善了金属中

He 的自捕陷机制。自捕陷机制描述了 He 在无预损伤金属中的行为,适用于所有金属和金属氚化物。

20 世纪 50 年代,Rimmeb[5]采用气体原子间的作用势和 Cu – Cu 间作用势的平均值作为气体原子和基体原子间的作用势(早期的经验势),Cu 中间隙 He 和空位 He 的形成能分别为 2. 5 eV 和 1. 0 eV。Wilson 等早期使用半经典的两体势,用刚性原子近似描述 He 原子与金属原子的相互作用。

1967 年,Wedepohl[6]给出了基于准量子力学的气体 – 金属原子作用势。稍后,Wilson 和 Bisson 改进了作用势的计算方法,免去了平均和拟合等步骤。这种势与惰性气体对势符合得很好,可用来描述气体和金属原子间的相互作用。用这种方法得到的 Cu – Cu 短程势与广泛应用于缺陷计算的 Gibson 势也很相符。这类基于原子间相互作用的势函数称为经验势(EPs)。

Wilson 和 Johnsson[7]运用这类势函数计算了 He 在 Ni,Cu,Pd,Ag,V,Fe,Mo,Ta,W 等金属中的形成能和迁移激活能以及替位脱能能。结果表明,金属中八面体间隙 He 比四面体间隙 He 稳定,且迁移激活能普遍较低,FCC 金属约为 0. 5 eV,BCC 金属约为 0. 25 eV(Pb 可能除外,高达 1. 7 eV),替位 He 的离解能较高(2 ~ 5 eV),BCC 金属更高些。

Wilson 等于 1972 年和 1983 年间发表了多篇论文。研究结果表明,金属晶格中的 He 原子能够相互成团,小的 He 原子团就能诱发晶格畸变,产生空位和近自间隙环。引发这一反应的临界 He 原子数并不大。

Wilson 等依据这些原子结合能数据的速率理论成功地比较了氚时效实验结果,采用速率理论动力学模型模拟了 Thomas 等的氚时效现象,获得的结果是一致的,至此受人们关注的自捕陷机制日臻完善。Bisson 和 Wilson 在 Dagton 氚会议上首先报告了他们的自捕陷模型。

这以后 Wilson,Bisson 和 Baskes 等相继发表了《He 在金属中的自捕陷》[9](1981 年)、《He 在金属中的自捕陷动力学》[10](1983 年)和《金属中 He 的小团簇理论》[11](1983 年)等文章,综述了那个时期的卓有成效的研究工作。他们使用参数化的或第一原理得出的两体势计算金属中 He 原子的能量。这种方法虽有一定的局限性,但研究结果奠定了 He 泡形核和长大的理论基础。

Wilson 在《小团簇原子理论》一文中概述了两体势的发展,从早期的经验势计算到稍后的量子力学处理;比较了几种作用势对计算结果的影响;讨论了这些进展的应用;讨论了因缺陷结构的复杂性导致的诸多问题。

### 4.2.1　原子间相互作用势

原子间相互作用势计算的基本方法是确定体系的最低能量,一个体系包括位于或近似位于正常晶格位的金属原子和一些缺陷结构(如间隙 He 原子)。原子之间通过设定的力相互作用,力可由经验值确定(拟合实验数据),也可通过第一原理计算获得。计算金属原子时还要考虑一个体积相关项。原子间作用力的选择直接影响计算结果的准确性。

对势理论可以描述金属原子与 He 原子之间的相互作用。假设 He 原子的外层电子处于紧束缚态,就不会产生化学价和电荷重构,此时 He 原子类似开壳结构的 H 原子。对势方法是将原子间的相互作用用函数形式表示,将晶体中所有原子相互作用势叠加来计算体系总能的方法。通过计算包含杂质原子和不包含杂质原子的体系的能量差来得到杂质原子的形成能(或嵌入能)。

图 4.1 为 Rimmth[5] 的 He – Ni 经验势(a)和 Wilson[7] 的假定 Ni 外层电子为 $d^9s$ 刚性构形的自由电子作用势(b),这两种对势非常相似。如果 Ni 原子选择 $d^9$ 构形会符合得更好。如果从更基础的角度考虑 He – Ni 势,需要对 He – Ni 两体势进行电子层次的从头计算,其结果也在图中列出。考虑电子云变形的对势(Hartree – Fock 势,简称 HF 势)[12](c)与 $d^9s$ 刚性电子构形势也很符合,而与经验势符合稍差。HF 势运用平均场理论处理电子间的作用,说明精细计算时应考虑固体的电子效应。

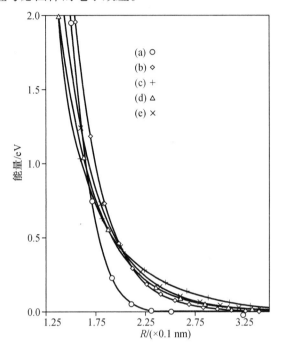

**图 4.1　He – Ni 的两体作用势**[11]
(a)Rimmer 的经验势;(b)Wilson 等利用 Ni 外层电子 $d^9s$ 构形的自由电子作用势;
(c)He – Ni 分子的 H – F 计算势;(d)He 在 $Ni_{20}$ 团簇中的作用势;
(e)利用 $d^9s$ 外层电子的准原子势

Wilson 选用包括固体电子效应对 He – Ni 两体势影响的两种处理方法。第一种方法采用赝势法处理 Ni 的内核电子,解决了原子核心区波函数强烈振荡的问题,能处理包含 20 个原子的团簇。He 原子固定在团簇的许多点上,在每个固定点,系统的基态能量由 HF 势近似确定,计算结果符合两体形式[图 4.1 中曲线(d),$Ni_{20}$ 团簇],这是已得到的较好的 He – Ni 相互作用势。有趣的是,与 H – F 相比,它更接近于 $d^9s$ 刚性电子构形势。HF 两体势似乎高估了固体电子云的变形和重构,所以处理 He 时,这些变形最好忽略。第二种方法考虑了固体的自由电子气理论[13]。计算了处于 Ni 格点的 He 原子的电荷密度,Ni 原子的电荷密度可由基本的原子计算得到。团簇尺寸要足够大,能包括多个近邻原子的电荷密度,直到它们对 He 原子电荷密度的贡献收敛为止,这是有限团簇计算成立的必需条件。利用 Pusk 等关于能量($E$)与电荷密度($P$)关系的计算结果,能够获得能量值。

　　应用准原子理论时假定给定杂质的能量与电荷密度的关系与基体无关,可以应用均匀电子气模型计算能量与电荷密度曲线。准原子理论将原子(包括原子核或离子及核外电子云)作为一个整体,称之为准原子。从图4.1中看到,He－Ni准原子势(e)与Ni$_{20}$团簇势非常一致,有理由认为这种作用势已恰当地考虑晶格效应了。由能带理论得到的势函数进一步证实了这一点。可以用上述几种He－Ni作用势计算形成间隙He原子所需的激活能。

　　已经有几篇非常好的关于金属－金属作用势的综述。描述金属通常利用对势(某些短程势适用于描述BCC结构),再加上一个体积相关项。赝势和经验描述都符合这一前提,不同点在于每一项的确定方法不同。

　　图4.2比较了不同方法得到的Al的相互作用势。Dagens等利用赝势法针对不同晶格常数计算的作用势以及Finnis的类似计算结果,并与Baskes和Melius的经验势(BM势)作了比较。从图中看到,两类势函数差别较大。两种赝势也有差别,但都为振荡形式。相比而言,经验势更光滑些。很显然,计算结果与选用的势函数密切相关。

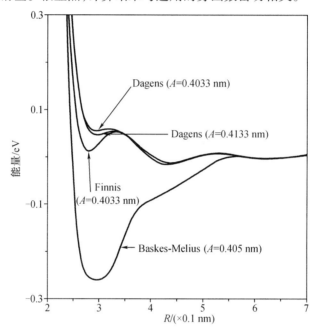

**图4.2　不同方法计算的Al原子间作用势[11]**

　　注:Dagens等利用赝势法针对不同晶格常数计算的对势以及Finnis的类似计算结果,并与Baskes和Melius的经验势(BM势)作了比较。

### 4.2.2　原子弛豫和初始构形

　　确定了势函数后,含缺陷晶格能量最小化成为关键问题。图4.3列出了晶格弛豫前后He在Ni中的迁移激活能,差别非常明显。应用BM势函数时,弛豫前后的迁移激活能分别为2.67 eV和0.65 eV,由于忽略晶格松弛,激活能高估了5倍。应用MGM势时,弛豫前的迁移激活能也为2.67 eV,但弛豫后的迁移激活能仅为0.4 eV,前后相差大于5倍。

　　原子尺度计算很复杂,仅考虑作用势和弛豫是不够的。例如,由于He原子数量的增加,会出现其他问题。从计算的角度看,最糟糕的事情是计算结果依赖于初始原子构形。图4.4列出了Ni中4个He原子(He$_4$)的几种原子构形(Dayton会议)。每种构形都处于能量最小化,高度对称,但其能量高低不同。这个例子说明,只有对初始构形进行大量尝试才能得到可信的结果。对于 $He_4$ 来说,最低的能量状态是四面体构形,比平面构形还低 1.5 eV。随着 He 原子数量的增加,可能的构形越来越多,事情也变得越来越困难。在计算 He 原子的自捕陷行为时,需要尝试很多初始构形,以提高计算结果的可信度。

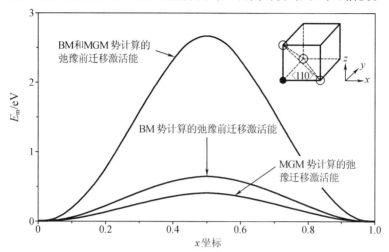

**图 4.3　He 在 FCC Ni 中的间隙迁移激活能**

注:He 原子(框图中黑球)沿着〈110〉方向迁移,鞍点位于等价位置(1/2,1/2,0)的中点。晶格弛豫在计算激活能时扮演重要角色(约 5 个数量级)。分别利用 Baskes Melius(BM)和 Matthai Grout March(MGM)的 Ni – Ni 对势计算。

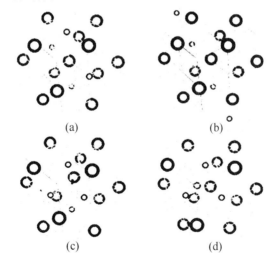

**图 4.4　初始条件对缺陷能态的影响**
(a)平面,15.75 eV;(b)直线,16.61 eV;
(c)三角金字塔形,14.71 eV;(d)四面体,14.25 eV

注:每种构形都处于能量最小化阶段,具有高对称性。$^4$He 能量最低的状态是四面体构形,比能量最高的平面构形低 1.5 eV。

小团簇原子模型使用参数化的或第一原理得出的两体势计算金属中 He 原子的能量。这种方法虽有一定的局限性,但研究结果奠定了 He 泡形核和长大的理论基础,为更深入地进行理论研究打下了基础,并经受了时间的检验。

### 4.2.3　计算结果和应用

1. 简单 He 缺陷的能量

下面我们来分析和比较不同计算结果的准确性。He 原子迁移激活能(Ni)中的几种计算结果见表4.3。每种 Ni – He 作用势的计算结果在本书中都进行了讨论。加下画线的数据是最可信的,因为使用的 He – Ni 两体势是由团簇和准原子理论确定的,考虑了固体效应。令人惊奇的是,图4.1 中最靠近的 Ni – He 势(半经验 $d^9s$ 势、团簇 $Ni_{20}$ 势和准原子势)计算的激活能是相近的;更令人关注的是用这些势得到了最低的激活能,而 Rimmeb 经验势和 HF 势的计算值较高,而且仅相差约 0.17 eV。

表4.3 中给出了用两种 M – M 势计算的迁移激活能,计算值差别较大。BM 势计算的激活能较高,MGM 势计算的激活能较低。

表4.3　几种 He – 金属势和两种金属 – 金属势计算的 He 原子迁移激活能[11]

单位:eV

| He – 金属势(He – M 势) | 金属 – 金属势(M – M 势) | |
|---|---|---|
| | BM | MGM |
| 经验 RC$^c$ | 1.03 | 0.74 |
| 半经验 Ni(d) | 0.87 | 0.58 |
| 半经典 Ni($d^9s$) | 0.70 | 0.38 |
| $3\Sigma$ + HF | 0.86 | 0.63 |
| $Ni_{20}$ 团簇 | <u>0.66</u> | <u>0.42</u> |
| 准原子 Ni($d^9s$) | <u>0.67</u> | <u>0.41</u> |

注:后两个作用势考虑了固体的影响。

应该说明的是,热解吸实验确定的激活能为 0.35 eV(含氚 Ni 样品),与计算结果一致。还应注意到 Poker 和 Williams 的实验值仅为 0.14 eV。遗憾的是,到目前为止还没有关于这个重要参数的权威实验结果。

He – M 势和 M – M 势对计算结果哪个影响大些呢? 我们通过下面的例子进行简单的讨论。与 He – M 势比较,不同方法计算的 M – M 势明显不同。例如,由赝势理论和经验方法得到的 Al – Al 函数差别很大(图4.2),对照表4.4 的数据能够说明 M – M 作用势对计算结果的影响。表4.4 为运用相同 He – $Al^+$ 势,不同 Al – Al 势的计算结果,看来影响不大。使用 He – $Al^0$ 和 He – $Al^{+++}$ 势进行一致性比较,亦没有明显变化。这表明 He – M 势对计算结果的影响大些。

表4.4　赝势理论(1,2,3)和半经验 Al – Al 势(4)计算的
Al 中 He 的性质(使用半经验 He – Al 势)

单位:eV

| 计算方法 | 间隙 He 扩散激活能 | 双间隙 He 原子结合能 $He_2 \longrightarrow He + He$ | He 与空位的结合能 $He \longrightarrow He + V$ | He 在空位中的弛豫能 $\Delta E$ |
|---|---|---|---|---|
| 1. Finni[①] | 0.19 | 0.38 | 1.32 | 0.10 |

表 4.4（续）

单位:eV

| 计算方法 | 间隙 He 扩散激活能 | 双间隙 He 原子结合能 $He_2 \longrightarrow He + He$ | He 与空位的结合能 $He \longrightarrow He + V$ | He 在空位中的弛豫能 $\Delta E$ |
|---|---|---|---|---|
| 2. Dagens et al.$_1$ [②] | 0.27 | 0.25 | 1.35 | 0.13 |
| 3. Dagens et al.$_2$ [③] | 0.16 | 0.30 | 1.09 | 0.07 |
| 4. Baskes – Melius [④] | 0.34 | 0.06 | 1.23 | 0.10 |

注:①$A = 0.403\ 3$ nm;②$A = 0.403\ 3$ nm;③$A = 0.413\ 3$ nm;④$A = 0.405$ nm。

表 4.4 中第一列是间隙 He 的扩散激活能。所有计算结果都在误差范围内,未受所选金属 – 金属作用势的影响。第二列为 $He_2$ 结合能数据,用经验势(4)计算的结合能比 3 种赝势计算的结合能低。对于 He 与空位的结合能,经验势的计算结果介于两种赝势(2 和 3)计算结果之间,空位中 He 的弛豫能也有类似结果。由此可见,即使计算结果波动很大,也没有必要精确确定 M – M 作用势,因为 He – M 作用势对计算结果的影响更明显。

2. 复杂 He 缺陷的能量

第 2 章及附录 A 已讨论了金属中 He 的自捕陷机制和模型。本节侧重论述复杂 He 缺陷的结构特征和能量。已知道体心立方金属中间隙 He 原子间的结合能要比面心立方金属中高很多。在面心立方结构中 5 个 He 原子聚在一起会促使 1 个晶格原子发生位移,形成 1 个 Frenkel 对和 1 个紧密结合的空位型含 He 团簇。引入更多的间隙 He 将会产生更多的 Frenkel 对。8 个 He 原子产生第 2 个这样的缺陷,16 个 He 原子可产生 10 个 Frenkel 对,这取决于对这种复杂结构的定义(图 2.10)。值得注意的另一个现象是自间隙原子自身团聚并形成间隙环。对于间隙 He 泡的均匀分布已做了大量计算,但这些构形的能量要比图 2.10 的构形高很多。用分子动力学做动画,从中很容易观察到间隙团簇和 He 泡的演化。

对于体心立方晶格,可发生类似的自捕陷现象,但能量略微不同(图 2.11)。体心立方结构中需要 6 个间隙 He 原子才会产生一个间隙 Frenkel 对,需要 10 个间隙 He 原子才会生成第二个这样的 Frenkel 间隙对。从能量角度而言,自间隙原子仍倾向形成萌芽态的间隙环,而不是均匀分布。

Au 的亚阈损伤注入实验可以验证计算的可信性。在液氮温度注入 200 eV 的 $^4$He 时,观察到 He 泡和 <110> 晶间环的形成,而室温注入实验没有发现缺陷的产生。这是因为辐照下 He 原子是可动的,没有成团。必须冻结 He 原子,直至达到 He 原子成团的浓度(对于近表面的 He 原子,浓度需要达到约 $1 \times 10^{-2}$;对于加热时的块体试样,浓度只要达到 $1 \times 10^{-6}$ 就足够了)。对面心立方 Mo 先进行高能 He 预注入,产生形核位(He 在空位中),然后用亚阈损伤能量 $^4$He 轰击,可得到类似的效果。

自间隙原子与 He 原子团的附着效应是另一重要效应。前文中图 2.12 给出了由 $n - 1$($n = 1 \sim 20$)个 He 原子组成的原子团与第 $n$ 个 He 原子的结合能以及自间隙原子与 $He_nV$ 团簇的结合能。值得注意的是,He 原子的结合能随 He 团簇的尺寸增加而或多或少地单调增加(除了晶体学的抖动),但自间隙原子的能量变化更为复杂。由于 He 原子间相互排斥,把 1 个晶格原子从团簇中移到 1 个孤立位置所需的能量随 He 原子增加而降低(相当于失去 He 的 Frenkel 对的能量),5 个 He 原子时达到最小值;此时 0.5 eV 的能量(图 2.12)可使晶格原子从理想位置沿 <100> 方向移到大于晶格常数一半的位置处,成为自间隙原子,但仍与团簇相结合。

He 原子团的原子数超过 5 后由较大缺陷诱发的晶格应变倾向于保持晶格原子,即使对于那些在 Frenkel 对附近的晶格原子来说也是这样(如图 2.10 所示团簇附近的 8 个 He 原子)[11]。当团簇的 He 原子数超过 10 时,He 的排斥作用克服了这个效应,自间隙的结合能再次降低。

这一现象有重大的技术意义,室温形成的泡结构和相应的自间隙环可解释 West 和 Rawl 观察到的奥氏体不锈钢的脆化。强调室温是为了区别于中子辐照时产生的高温脆化。已观察到可迁移空位作为 He 原子的载体,把 He 原子运输到晶界,生成泡结构。

能够产生这些效应的低浓度 He 在技术领域也是值得关注的。Thomas 和 Bastasz 对含 2% He 的样品进行了透射电镜观察。他们也做了 $^3$He 浓度只有 $5.0 \times 10^{-7}$ 的 Ni 的 $^3$He 解吸实验。这些实验表明,对于 Ni(以及大量的其他材料,例如体心立方结构的钢和金属玻璃等)热解吸实验中 98% 的 He 被牢牢捕陷,直到很高的温度( >500 ℃)才发生脱陷。值得注意的是,低能注 He 样品和临氚样品都未受辐照损伤。

分子动力学计算显示了浓度效应。当向面心立方或体心立方结构混乱间隙位引入 2% 的 He 时,只有少部分的 He 离开晶格位置形成团簇。当浓度小于或等于 $2.5 \times 10^{-7}$ 时,更多的 He 会离开晶格位,但团簇并没有进一步发展。必须指出,沿晶格扩散的 He 原子必须遇到其他 He 原子才能在一段时间内成为捕陷态(在这段时间内第三个原子可能被更紧密地捕陷),也可能扩散出晶格。

## 4.3  发展中的小团簇理论

### 4.3.1  受辐照材料的计算

20 世纪 80 年代建立的金属中 He 的自捕陷机制奠定了金属和金属氚化物中 He 泡形核和长大的理论基础。研究结果已用于模拟金属和金属氚化物的辐照效应和 He 效应。

受辐照材料的行为是典型的多尺度现象,因为几个小时或几十年的微观尺度的演化是原子尺度的缺陷在皮秒级时间中形成引起的。预测性地模拟金属的这种现象需要运用多种理论模型,这些模型涉及不同的时间和尺寸范围。

第一原理方法(即从头算法)是指基于物理定律,不掺杂任何经验参数,完全通过对量子理论的多体薛定谔方程求解来获得体系的性质的方法。根据密度泛函理论,固体的基态性质仅由电子密度决定,通过波函数来求解电荷密度,进而求得体系总能量。第一原理计算可以在点缺陷能量和迁移机制等方面提供精确信息。这种方法需要很大的计算量,所以最多只能计算几百个原子的超胞。

分子动力学(简称 MD)是一种通过求解一系列的原子运动方程来模拟体系状态随时间演化的计算方法。分子动力学方法广泛应用于研究缺陷在纳秒级时间范围内的性质,比如在辐照条件下缺陷的形成、缺陷的迁移和团聚等,可以模拟几千几万个原子的较大体系,可以考虑温度对体系性质的影响,计算准确性取决于原子间作用势的准确性。

蒙特卡洛方法(简称 MC)是以概率统计理论为指导的一类重要的数值计算方法。MC方法的基本思想是把待研究的问题转化为求某事件的概率或某随机变量的数学期望、概率,并将它作为问题的近似解,模拟结果取决于输入数据,比如初始辐照损伤、缺陷迁移和稳定性等。动态蒙特卡洛动力学(简称 KMC)被用来模拟长时间范围内(几个小时或更长)材料微观结构的演化。实体动力学蒙特卡洛方法(简称 OKMC)能够有效地反映单个或几个原子运动的积累效果。

基于速率理论的团簇动力学应用于辐照条件下更长时间范围内的材料行为的模拟。此方法只需要很少的计算资源,所以可以研究一个反应器的寿命长度的时间范围,这是该方法最突出的优点。像蒙特卡洛方法一样,由于输入数据的限制,团簇动力学不能处理缺陷之间的空间关联,因为这种方法的基本假设是缺陷在空间中的分布是均匀的。

热力学理论融合了经典力学理论和统计力学理论。热力学的主要长处正在于它的抽象性和演绎性,缺陷热力学是辐照材料的适用研究方法。

### 4.3.2　近期的理论计算

为了与前面的原子理论计算相呼应,这里列出了近些年的代表性研究工作。后面的章节将从不同的层面详细论述这些研究结果。

1. 金属中 He 原子的稳定性

Norskov 等[12-14]研究了多种金属中杂质氢原子和 He 原子的性质,发现杂质原子在金属中的嵌入能由嵌入位置的局部电荷密度决定,在均匀的电子密度体系中嵌入能是电子密度的泛函,提出了有效介质理论(EFMT),用来处理杂质原子在金属中的嵌入能。非均匀电子密度体系对杂质原子的作用由等效的均匀电荷密度体系代替,非均匀体系中杂质原子的嵌入能是等效均匀电子密度的泛函。进一步的研究发现气体原子在基体中的嵌入能与等效基体电子密度呈线性关系,即 $\Delta E(r) = \alpha_{eff} n(r)$,其中 $\alpha_{eff} = 149(eV) a_0^3$。

20 世纪 80 年代,Mannine 等[15]运用有效介质理论计算了间隙 He 和替位 He 在 K,Ca及 3d 过渡金属中的形成能,结果表明:对于 K 和 Ca,间隙 He 的形成能和间隙 He 与空位的结合能都小于 1 eV;对于 Sc ~ Cu 的过渡金属,间隙 He 的形成能为 1.5 ~ 4 eV,间隙 He 与空位的结合能为 1 ~ 3 eV。

Nielsent 等[16]运用有效介质理论计算了几种 FCC 和 BCC 金属中单个 He 原子的能量,并比较了晶格弛豫和晶格固定情况下的能量变化,晶格弛豫后间隙 He 的形成能降低,而空位处 He 的形成能升高。

龙德须和彭述明等[17]运用有效介质理论计算了 He 原子在 W 晶体间隙位和替代位的嵌入能、相邻间隙位之间马鞍点处的嵌入能和间隙与相邻替代位之间的马鞍点处的嵌入能。利用四个嵌入能得到 W 中 He 原子与空位的结合能以及两个与 He 扩散相关的扩散势垒,即间隙扩散势垒和 He 从空位到相邻间隙位的扩散势垒,计算值与实验值相一致。

第一原理方法完全通过对量子理论的多体薛定谔方程求解来获得体系的性质。根据密度泛函理论,固体的基态性质仅由电子密度决定,通过波函数来求解电荷密度,进而求得体系总能量。对于价电子较多的元素晶体,精确求解波函数很困难,所以需要在解方程的过程中作一些近似,比如将离子实对价电子的作用赝势来表示。附录 B 将详细介绍第一原理方法中的近似。

1976 年,Whitmore[18]采用非线性自洽屏蔽理论的赝势(PP)计算表明,间隙 He 在简单金属 Al 和 Mg 中的八面体位置更稳定,在 Al 中间隙 He 的扩散激活能为 1.7 eV,而在 Mg 中,间隙 He 沿[001]方向的扩散更容易,激活能仅为 0.25 eV,在垂直[001]方向扩散的激活能为 0.57 eV。

Fu 等[19]运用基于密度泛涵理论(DFT)的 SIESTA 代码计算了 BCC Fe 替位 He 原子离解,间隙和替位 He 原子迁移以及 He – 空位团形成的早期原子过程。Fe 中间隙 He($He_i$)的迁移能很低,仅约为 0.06 eV,替位 He($He_S$)通过空位机制和离解机制迁移;空位机制的迁移能约为 1.1 eV,离解机制[$He_S$ 迁移到间隙位,留下 1 个空位(V),$He_S \longrightarrow He_I + V$]的迁移能约为 2.36 eV。值得提及的是,应用经验势(EP)计算 He 的迁移能约为 0.08 eV。两种算法的结果相近,尽管预测的择优占位有差别。

Fu 等用第一原理方法计算了 BCC Fe 中小 $He_m V_n$ 团($He_m V_n, m, n = 1 \sim 4$)的稳定性,结果表明:随着 $m$ 的增加团簇中空位的结合能增加,He 原子的结合能减小;随着 $n$ 的增加,团簇中空位的结合能减小,而 He 的结合能增大。这些结果说明空位团对 He 的捕陷作用随着空位数目的增加而增强,同时 He 原子的加入可以稳定空位团。这两方面的作用相互促进,为 He 泡的形核和长大提供动力。这一结果与 Kornelsen 等的实验结论一致,He 与空位型缺陷的结合能与缺陷的有效空腔体积有关。

2008 年,Seletskaia 等[20]运用第一原理方法计算了多种 BCC 过渡金属中 He 原子的能量,发现对于所考察的 BCC 金属,包括 V,Nb,Ta,Mo 和 W,He 在空位处的形成能几乎是一样的,比间隙 He 的形成能小很多;He 原子在四面体间隙比八面体间隙更稳定,而且间隙 He 的形成能大小主要由基体的电子结构决定,与基体原子尺寸无关。

后来,Zu 等[21]运用第一原理方法计算了多种 FCC(Ni,Cu,Ag,Pd)和 BCC(Fe,Cr,Mo,W)金属中 He 原子的相对稳定性,结果发现在 BCC 金属中,He 原子在四面体位置比八面体位置更稳定;而在 FCC 金属中,He 在间隙位置的相对稳定性无明显规律;且基体原子的磁性对 He 原子的相对稳定性没有直接影响。

2009 年,Koroteev 等[22]曾用第一原理方法计算了 He 对 Zr 相对稳定性的影响,对于 BCC,FCC,HCP 三种结构的 Zr,间隙 He 在四面体位置比八面体位置稳定。

向鑫和陈长安等[23]运用第一原理方法计算了大量 He 存在时 He 原子在金属 Al 中的能量。间隙 He 原子的迁移能较小,可在晶格间隙位间迁移和聚集。晶胞内 He 原子的择优位形是空位,间隙 He 的择优位形是四面体间隙。最有利于容纳 He 原子的区域是晶界,位错次之。

关于金属中的 He 的报道大部分是针对 FCC 和 BCC 金属,对 HCP 金属的报道较少。上述的计算结果见表 4.5。

吴仲成和彭述明等[25]用有效介质理论和第一原理方法计算发现 HCP Ti 中,间隙 He 在八面体位置比四面体位置更稳定。

Ganchenkova 等[24]运用第一原理方法计算了 HCP Be 中 He 的稳定性,发现间隙 He 在两个相邻八面体共有面面心或两个相邻四面体共有面面心较稳定,形成能约为 5.8 eV,而不是四面体或八面体位置更稳定。

**表 4.5**　金属中间隙 He 的形成能(八面体 $E_O$,四面体 $E_T$)和替位 He 的形成能($E_{Sub}$)、间隙 He 与空位结合能($E_V^b$)、预存空位中 He 的形成能($E_V$)数据表

单位:eV

| 晶格结构 | 元素 | 方法 | $E_O$ | $E_T$ | $E_{Sub}$ | $E_V^b$ | $E_V$ |
|---|---|---|---|---|---|---|---|
| FCC | Cu | Pair Pot. | 2.5 | | | | 1.0 |
| | | MD | 2.03 | 2.96 | | | 0.15 |
| | | DFT | 3.82 | 3.80 | 2.58 | | |
| | Ni | MD | 4.60 | 5.39 | | | 1.36 |
| | | EFMT | 3.45 | 4.54 | | ≈2.4 | |
| | | | 2.98 | 3.49 | | 1.99 | |
| | | DFT | 4.65 | 4.50 | 3.23 | | |
| | Pd | MD | 3.68 | 5.43 | | | 0.52 |
| | | DFT | 3.58 | 3.70 | 2.24 | | |
| | Ag | MD | 1.53 | 2.60 | | | 0.0 |
| | | DFT | 2.68 | 2.79 | 1.60 | | |
| | Al | PP | 4.60 | 5.77 | | 3.96 | 0.77 |
| BCC | Fe | MD | 5.36 | 5.53 | | | 1.61 |
| | | EFMT | 4.38 | 4.14 | | ≈3.1 | |
| | | | 3.42 | 3.45 | | 2.27 | |
| | | DFT | 4.57 | 4.39 | 4.22 | | 2.30 |
| | | DFT | 4.75 | 4.56 | 4.34 | | |
| | Mo | MD | 4.91 | 5.14 | | | 1.04 |
| | | EFMT | 5.20 | 4.98 | | ≈3.5 | |
| | | | 4.46 | 4.44 | | 2.85 | |
| | | DFT | 5.33 | 5.16 | 4.38 | | 1.76 |
| | | DFT | 5.48 | 5.33 | 4.31 | | |
| | W | MD | 5.47 | 5.71 | | | 1.05 |
| | | EFMT | 5.68 | 5.32 | | ≈4.2 | |
| | | | 4.60 | 4.58 | | 3.31 | |
| | | DFT | 6.41 | 6.19 | 4.5 | | 1.38 |
| | V | MD | 4.61 | 4.74 | | | 1.65 |
| | | DFT | 3.17 | 2.94 | 4.58 | | 2.30 |
| | Nb | DFT | 3.26 | 3.05 | 4.00 | | 1.38 |
| | Cr | DFT | 5.38 | 5.22 | 4.83 | | |
| | Ta | MD | 4.23 | 4.22 | | | 0.93 |
| | | DFT | 3.42 | 3.16 | 4.61 | | 1.75 |
| | K | EFMT | 0.36 | 0.35 | | ≈0.3 | |
| | | | 0.31 | 0.31 | | 0.22 | |
| HCP | Mg | PP | 2.71 | 3.28 | | 1.40 | 2.20 |
| | Zr | DFT | 3.19 | 3.08 | | | |

注:后三项是相互关联的,即 $E_V = E_{Sub} - E_V^f$,$E_V^b = E_O \diagup E_T + E_V^f - E_{Sub}$。

金属中单个 He 原子的稳定性数据总结于表 4.5 中。从表中可以看出,对于同一种金属的同一位置,不同计算方法得到 He 原子的能量值差别较大;基于密度泛函理论的第一原理方法对原子核 – 电子、电子间的相互作用有更好的描述,结果相对其他方法更准确;同种金属,不同方法得到 He 原子最稳定间隙位不同,但是两个间隙位置的能量差都比较低,说明间隙 He 原子很容易扩散;各种方法计算结果的共同点是 He 原子在间隙位置的形成能较高,而在空位处的能量比间隙位的能量低很多,说明 He 原子的溶解度很低,且与空位有较强的结合能,间隙 He 很容易被空位捕陷。

王永利等[27] 运用第一原理方法研究了 HCP 金属 Be,Mg,Sc,Ti,Y,Zr 中 He 原子在置换不同间隙位置的稳定性及其规律,并与已有的 BCC 和 FCC 金属中 He 原子稳定性结果比较,从晶体结构、原子结构等角度分析了金属中单个 He 原子稳定性的规律。计算结果见第 5 章表 5.6(包括部分引用文章中的数据)。

比较三种类型的金属,BCC 金属间隙 He 的形成能最高,HCP 金属间隙 He 原子的形成能最低(Be 除外)。三种晶格类型金属的间隙 He 的稳定性排序是:HCP > FCC > BCC。

Kolk 等[28] 在单晶 W 中注入 Ag,Cu,Mn,Al,In,和 Cr,并在 1 600 K 温度下退火去除空位,只留下这些替位的杂质原子来研究替位杂质原子与低能注入的 He 原子的作用。实验结果发现这些替位杂质原子能够捕陷 He,与第一个 He 原子的结合能在 0.6 ~ 1.3 eV 范围内。杂质原子的电子密度越低,与 He 原子的排斥作用越弱,W 中杂质原子与 He 的结合能越高。另外 He 原子与晶界的结合能也很高,Baskes 等[29] 用理论计算方法得到 He 与 $Ni\Sigma = 9(114)$ 晶界的结合能高达 2.6 eV。位错与 He 原子的结合能为 0.1 ~ 0.3 eV。

2. 金属中 He – 空位团的稳定性

分子动力学方法通过求解多粒子的牛顿运动方程和计算作用于每个粒子的力来模拟每个粒子随时间的运动过程,广泛用于研究缺陷在纳秒级时间范围内的性质。该方法可以处理与温度或者动力学过程相关的问题,可以模拟几千几万个原子的较大体系。

Morishita 等[30] 运用 MD 方法计算了 BCC Fe 中 He – 空位团($He_mV_n$,$m,n \leqslant 20$)与间隙 He 原子、空位、自间隙 Fe 原子的结合能,发现这些结合能值的大小主要取决于团簇中 He 原子和空位的比例($m/n$),而与团簇尺寸无太大关系。团簇与空位的结合能随着 He – V 比例增加而增大,而团簇与间隙 He 和自间隙原子的结合能随着 He – V 比例增加而减小。说明 He 原子可以降低团簇发射热空位的概率,却增加了团簇发射自间隙原子和 He 原子的概率,即 He 原子增加了团簇的热稳定性。

Morishita 等[31] 运用 MD 和 KMC 模拟了 Fe 中 $He_mV_n$ 团的长大和收缩机制。MD 模拟表明,$He_nV_m$ 的长大和收缩主要受 He 浓度控制。$He_nV_m$ 的离解能取决于 He 浓度,而不是团簇的尺寸。KMC 模拟表明,通过抑制空位热发射和促进自间隙原子发射,He 稳定 $He_nV_m$ 团。

Ao 等[32] 对 FCC Al 中 $He_mV_n$ 团性质的动力学计算得到了相似的结论。而 Lucas 等[33] 关于 BCC Fe 中 $He_mV_n$ 团稳定性的计算,不仅得到了 Morishita 的结果,还发现随着团簇尺寸增加,发射自间隙原子或自间隙原子环的概率增大。这些结果与 Caspers[34] 提出的捕陷转换机制一致。

王永利等[26]运用第一原理计算获得了 Ti – He 原子间相互作用对势,并以此势函数为基础进行了分子动力学计算。完成了关于不同温度下间隙和替位 He 在 HCP Ti 中的稳定性、He 原子的自捕陷现象、间隙 He 的扩散及较大 He – 空位团($He_m V_n$, $m \leqslant 72$, $n \leqslant 7$)的稳定性的计算。

原子尺寸泡核($He_n V_m$)向 He 泡转化的物理过程描述备受关注。许多学者研究了 He 泡的形成理论。

Russell 等[35-37]和 Stolle 等[38]建立了描述 He 泡吸收、发射空位和 He 原子的速率方程,描述了 He 泡的形核途径。他们依据空位吸收速率、空位发射速率和自间隙原子吸收速率推导了估算空腔长大的速率方程,将其用来模拟 He 作用下的空腔长大和聚集行为。这些已建立的理论适用于金属中 He 浓度较低的情况,可以用来建立辐照条件下聚变堆堆内结构材料行为的模型,这些情况下 He 是由$(n, \alpha)$核反应生成的。然而,因为第一壁结构材料中的 He 浓度很高,这些结果还不能解释高温等离子体与壁材料表面相互作用(PSI)产生的 He 问题。

Parker 等[39-40]的研究表明,He 原子能够直接注入面对高温等离体的金属结构部件,形成高密度 He 泡。高密度小 He 泡的压力很高,能够发射 SIA 和 SIA 团。SIA 团簇塌陷成晶间位错环,He 泡长大。透射电子显微镜下已观察到了注 He 时(镜下注入)W 中从高压 He 泡冲出的 SIA 团簇(环)。在时效几十天的氚化钛和氚化钯中也观察到均匀分布的 He 泡和沿 He 泡分布的位错环。高压 He 泡亦发射 He 原子,发射 He 原子增大 He 泡的热稳定性。虽然空位,He 和 SIA 的吸收和发射对于 He 泡形核和长大是重要因素,SIA 和 He 的发射速率未完全包括在上述模型中。

蒙特卡洛方法模拟是描述材料纳米尺度缺陷的适用方法。然而,分子动力学的模拟时间被局限在 1 μs 内,尽管已使用了高性能计算机。动力学蒙特卡洛方法(KMC,LKMC,OKMC)能够模拟长时间材料显微结构的变化,计算的准确性取决于输入数据(辐照损伤、缺陷迁移和稳定性等)的准确性。

Morishita 等[41]运用动态分子动力学方法模拟了 BCC Fe 中 He – 空位团寿命随起始 He 浓度的变化, FCC Fe 中 He – 空位团尺寸和扩散距离随 He 密度的变化和 FCC Fe 中 He – 空位团尺寸和扩散距离随 He 密度的变化。

Caturla 等[42]运用 Fu 等人的能量数据,运用实体动力学蒙特卡洛方法(OKMC)模拟自间隙原子团迁移对 He 扩散的影响。

Borodin 等[43]运用晶格动态力学蒙特卡洛方法(LKMC),选用近期报道的从头算数据(结合能和迁移能)作为输入数据,模拟了 200 ~ 500 ℃温度范围小空位和小 He – 空位团的迁移行为和寿命。给出了小团簇扩散系数和寿命随温度变化的定量关系。

Torre 和 Fu 等[44]用动态蒙特卡洛方法模拟了电子辐照 Fe 样品性能的回复过程。

Worishita 和 Sugano 等[45]考虑了所有点缺陷的吸收和发射速率,应用热力学理论计算了包含有 He 泡和点缺陷(空位、He 原子和自间隙原子)系统的总自由能以及形成一个 He 泡的激活能势叠,分析了 He 对 He 泡形成的影响;在平衡和辐射条件下对空位、He 原子和自间隙原子流入、流出 He 泡的速率进行了估算,给出了 BCC Fe 中 He 泡形核和长大机制(路线图),并与相关的分子动力学和动态蒙特卡洛研究进行了比较。路线图考虑了所有点缺陷的发射,为了简化没有包括缺陷团簇的发射。

基于速率理论的团簇动力学应用于辐照条件下更长时间范围内的材料行为的模拟。Schaldach 等[46]讨论了 He 对空腔形核的影响,运用速率方程描述了 He 泡的形成动力学,论述了纯 Ni 中 He 生成量随辐照剂量的变化。提出了基础和标准溶解度的概念,并引入了连接实际溶解度的比例参数。给出了不同 Ni 含量奥氏体不锈钢中 He 的生成速率。

Zhang Y[47]建立了 FCC Fe 中 He 原子的扩散模型和相关的速率方程,给出了有效扩散系数的概念。分析了稳态空空位浓度($C_{10}$)、SIA 浓度($C_1$)、间隙 He 原子浓度($C_{01}$)和替换位 He 原子浓度($C_{11}$)随温度的变化,讨论了晶格结构对有效扩散系数的影响、辐照条件对有效扩散系数的影响以及显微结构对有效扩散系数的影响。这些研究内容对理解 He 泡的形核和长大机制很有帮助。

本章概述了早期的原子理论计算和近期的理论计算工作。为了给出金属中 He 小团簇理论的概念,第 5 章将论述金属中孤立 He 原子的稳定性,第 6 章将论述 BCC Fe 中和 He 和 He – 空位团的稳定性,第 7 章将论述 HCP 金属 Ti 和 Be 中的 He – 空位团,第 8 章将论述金属中 Fe 泡的形核长大热力学。

## 参考文献

[1] GREENWOOD G W, FOREMAN A J E, RIMMER D E. The role of vacancies and dislocations in the nucleation and growth of gas bubbles in irradiated fissile material [J]. J Nucl Mater, 1959, 4: 305.

[2] ULLMAIER H. The influeceof helium on the bulk propertiesof fusion rector structural materials[J]. Nucler Fusion, 1984, 24: 1039.

[3] TRINKAUS H. Enegetics and formation kinetics of helium bubbles in metals[J]. Radiat Eff Defect S, 1983, 78: 189.

[4] WADLEY H N G, MEHRABIAN R. A coustic emission for materials processing: a review [J]. Mater Sci Eng, 1984, 65: 245.

[5] RIMMER D E, COTTRELL A H. The solution of inert gas atoms in metals[J]. Phil Mag, 1957, 2: 1345.

[6] WILSON W D, BISSON C L. Inert gases in solids: interatomic potentials and their influence on rare – gas mobility[J]. Phys Rev B, 1971, 3: 3984.

[7] WILSON W D, JOHNSON R A. Interatomic potentials and simulation of lattice defects [M]. New York: Plenum Press, 1972.

[8] BISSON C L, WILSON W D. Tritium national topical conf[J]. Dayton, 1980.

[9] WILSON W D, BISSON C L, BASKES M I. Self – trapping of helium in metals[J]. Phys Rev B, 1981, 24: 5616.

[10]　BISSON C L, WILSON W D. Kinetics of helium self – trapping in metals[J]. Phys Rev B, 1983,27：2210.

[11]　WILSON W D. Theory small clusters of helium in metals[J]. Radiat Eff Defect S, 1983, 78：11.

[12]　NRSKOV J K. Electronic structure of H and He in metalvacancies[J]. Solid state commun, 1977, 24：691.

[13]　NRSKOV J K, LANG N D. Effective – medium theory of chemical binding：application to chemisorption[J]. Phys Rev B, 1980,21：2131.

[14]　NRSKOV J K. Covalent effects in the effective – medium theory of chemical binding：hydrogen heats of solution in the 3d metals[J]. Phys Rev B, 1982,26：2875.

[15]　MANNINE M, NMSKOVT J K, UMRIGAR C. Rare – gas – metal pair potential：He – vacancy interaction[J]. Phys F：Met Phys, 1982, 12：7.

[16]　NIELSENT B B, VAN V A. The lattice response to embedding of helium impurities in BCC metals[J]. Phys F：Met Phys, 1985,15：2409.

[17]　龙德顺,徐会忠,王炎森,等.氦原子在金属中的扩散势垒计算[J].原子与分子物理学报, 1998,S1：237.

[18]　WHITMORE M D. Helium heat of solution in Al and Mg using non – linear self – consistent screening of the nucleus[J]. Phys F：Met Phys, 1976, 6：1259.

[19]　FU C C, WILLAIME F. Ab initio study of helium in Fe：dissolution, migration, and clustering with vacancies[J]. Phys Rev B, 2005, 72：64 – 117.

[20]　SELETSKAIA T, OSETSKY Y, STOLLER R E, et al. First – principles theory of the energetics of He defects in BCC transition metals[J]. Phys Rev B, 2008,78：134.

[21]　ZU X T, YANG L, GAO F,et al. Properties of helium defects in BCC and FCC metals investigated with density functional theory[J]. Phys Rev B, 2009, 80：54 – 104.

[22]　KOROTEEV Y M, LOPPATINAA O V, CHERNOVA I P. Structure stability and electronic properties of the Zr – He system：first principles calculations[J]. Phys Solid State, 2009,51：1600.

[23]　向鑫,陈长安,黄理,等.铝中氦原子行为的密度泛函研究[J]. 原子与分子物理学报, 2009,2：383.

[24]　GANCHENKOVA M G, VLADIMIROV P V, BORODIN V A. Vacancies, interstitials and gas atoms in beryllium[J]. Nucl Mater, 2009,386 – 388：79.

[25]　吴仲成. 钒、钛中扩散行为的理论研究[D].绵阳：中国工程物理研究院, 2003.

[26]　王永利. 金属中 He 行为及复杂氢化物性质的理论计算[D].北京：中国科学院研究生院, 2010.

[27]　WANG Y L, LIU S, RONG L J, et al. Atomistic properties of helium in HCP titanium：a first – principles study[J]. J Nucl Mater, 2010,402：55.

[28] VANDER K G J, VAN V A, CASPERS L M, et al. Binding of helium to metallic impurities in tungsten; experiments and computer simulations [J]. J Nucl Mater, 1985, 127: 56.

[29] BASKES M I, VITEK V. Trapping of hydrogen and helium at grain boundaries in nickel: an atomistic study[J]. Metall Trans A, 1985,16: 1625.

[30] MORISHITA K, SUGANO R, WIRTH B D, et al. Thermal stability of helium – vacancy clusters in iron [J]. Nucl Instrum Meth B, 2003,202: 76.

[31] MORISHITA K, SUGANO R, WIRTH B D. MD and KMC modeling of the growth and shrinkage mechanisms of helium – vacancy clusters in Fe[J]. J Nucl Mater, 2003, 323: 243.

[32] AO B Y, YANG J Y, WANG X L, et al. Atomistic behavior of helium – vacancy clusters in aluminum[J]. J Nucl Mater, 2006,350: 83.

[33] LUCAS G, SCHAUBLIN R. Stability of helium bubbles in alpha – iron: a molecular dynamics study[J]. J Nucl Mater, 2009, 386 – 388: 360.

[34] CASPERS L M, FASTENAU R H J, VAN V A, et al. The heat of solution and interaction effects for noble gas atoms in metals[J]. Phys Status Solid A, 1978, 46: 541.

[35] RUSSELL K G. Nucleation of voids in irradiated metals[J]. Acta Metal, 1971, 19: 753.

[36] RUSSELL K G. The theory of void nucleation in metals[J]. Acta Metal, 1978, 26: 1615.

[37] MANSUR L K, COGHLAM W A. Mechanisms of helium interaction with radiation effects in metals and alloys: A review[J]. J Nucl Mater, 1983, 119: 1.

[38] STOLLER R E, ODETTE G R. Analytical solutions for helium bubble and critical radius parameters using a hard sphere equation of state[J]. J Nucl Mater, 1985,131: 118.

[39] PARKER C A, RUSSELL K C. Cavity nucleation calculations for irradiated metals[J]. J Nucl Mater, 1983,119: 82.

[40] PARKER C A, RUSSELL K C. Calculation of cavity nucleation under irradiation with continuous helium generation. Effects of radiation on materials: 11th conference, ASTM STP 782[J]. American Society for Testing and Materials, 1982: 1042.

[41] MANSUR L K, COGHLA W A. Mechanisms of helium interaction with radiation effects in metals and alloys: a review[J]. J Nucl Mater, 1983, 119: 1.

[42] CATURLA M J, ORTIZ C J. Effect of self – interstitial cluster migration on helium diffusion in iron[J]. J Nucl Mater, 2007,362: 141.

[43] BORODIN V A, VLADIMIROV P V. Kinetic properties of small He – vacancy clusters in iron[J]. J Nucl Maters, 2009, 386 – 388: 106.

[44] TORREJ D, FU C C, WILLAIME F,et al. Resistivity recovery simulations of electron – irradiated iron:kinetic monte carlo versus cluster dynamics[J]. J Nucl Mater, 2006,352: 42.

［45］　MARISHITA K, SUGANO R. Mechanism map for nucleation and growth of helium bub-
　　　　bles in metals［J］. J Nucl Mater,2006,353: 52.

［46］　SCHALDACH M, WILHELM G. Kinetics of helium formation in nulear and structural
　　　　materials［J］. Effets of Radiation on Materials:21stInternational smposium,2004,1774.

［47］　ZHANG Y. Master thesis helium migration in iron［D］. Christ's College, 2004.

# 第 5 章　金属中孤立 He 原子的稳定性

金属晶格中不同位形孤立 He 原子的能量影响 He 原子的溶解度、迁移途径和势垒,影响 He 原子被空位捕陷或自捕陷的难易程度,是决定金属中 He 行为的重要参数,在核领域一直备受关注。金属晶格中 He 原子的能量主要由理论计算方法获得,不同时期计算方法不同。20 世纪 50 年代,Rimmeb 和 Cottrell[1] 将 Cu－Cu 和 He－He 原子间作用势的平均值近似为 Cu－He 原子间作用势,用对势方法计算了 Cu 中 He 在间隙位和空位处的形成能。

1967 年,Wedepohl[2] 建立了基于准量子力学的气体－金属原子作用势。Wilson 和 Bisson[3] 改进了这种势函数的计算方法,免去了平均和拟合等步骤,获得了惰性气体原子与金属原子间的相互作用势。用这种方法获得的惰性气体原子间的作用势与已有对势符合得很好,而且同样方法获得的 Cu－Cu 短程势与广泛用于缺陷计算的 Gibson 势也符合较好。这类势函数称为半经验势(EPs)。Wilson 和 Johnson[4] 采用这种近似量子机制的方法获得的势函数计算了 He 原子在 Ni,Cu,Pd,Ag,V,Fe,Mo,Ta 和 W 等金属中的形成能、迁移激活能和替换位 He 的脱陷能。结果表明,八面体间隙 He 比四面体间隙 He 稳定,迁移激活能普遍较低,FCC 金属约为 0.5 eV(Pd 除外,高达 1.74 eV),BCC 金属约为 0.25 eV;替换位 He 的离解能较高(2～5 eV),BCC 金属更高些。这些早期的理论工作推进了 He 行为的研究进程。

近些年来,Fu 等[5] 用第一原理方法计算了 BCC Fe 中 He 的稳定性,与 Wilson 的结果不同的是四面体间隙 He 比八面体间隙 He 稳定。Seletskaia[6] 对多种 BCC 金属(V,Nb,Ta,Mo,W)的第一原理计算表明,四面体间隙 He 比八面体间隙 He 稳定,间隙 He 的形成能主要由基体的电子结构决定,与基体原子尺寸无关,He 在空位处的形成能很相近,比间隙 He 的形成能小很多,而 FCC 金属间隙 He 的相对稳定性无明显规律性[7]。向鑫和陈长安等[8] 用密度泛函理论计算了存在大量 He 时 He 原子在 Al 中不同位置(包括晶界和位错)的能量及迁移性。四面体间隙 He 的形成能低于八面体间隙 He 的形成能,是择优位形。

金属中 He 的理论计算大部分针对 FCC 和 BCC 金属,HCP 金属的报道较少。Koroteev 等[9] 用第一原理方法计算了 Zr 中 He 原子的稳定性,发现对于 BCC,FCC 和 HCP 三种结构的 Zr,四面体间隙 He 比八面体间隙 He 稳定。

Ganchenkova[10] 用第一原理方法计算了 HCP Be 中 He 的稳定性,发现八面体底面(BO)是稳定位形,该位置间隙 He 比四面体和八面体间隙 He 更稳定。

吴仲成和彭述明[11] 用有效介质理论和第一原理方法计算显示 HCP Ti 中间隙 He 在八面体位比四面体位稳定。HCP 金属单个 He 原子的性质有待进一步系统研究。

王永利等[12] 的计算表明,HCP Ti 晶体 2×2×1 超晶胞中替换位 He 原子的形成能较高,为 3.97 eV;间隙 He 原子的形成能较低,为 2.51 eV;最稳定的间隙位是八面体中心位置,这与吴仲成和彭述明等有效介质理论和第一原理的计算结果一致。然而,与此结果截然不同的是,在两个较大尺寸的超晶胞中替换位 He 的形成能在 3.63～3.65 eV 范围内;在八面体中心 He 原子的形成能升高到 3.01～3.04 eV;八面体共有面面心位置(FC)的形成能在 2.67～

2.69 eV 范围内,是间隙 He 的最稳定位置。这些结果说明计算采用的超晶胞尺寸对 He 原子形成能值有很大影响,尤其是在替换位和八面体位。考虑到固溶 He 原子的浓度很低,较大尺寸的超晶胞的模拟更接近实际的 He 原子的分布,能量性质的计算结果更准确,但是超晶胞越大计算量也越大,应该选取适当尺寸的超晶胞。

王永利等[13]用第一原理方法研究了 HCP 金属 Be,Mg,Sc,Ti,Y,Zr 中 He 原子在置换位和不同间隙位的稳定性及其规律并与已有的 BCC 和 FCC 金属中 He 原子稳定性数据比较,从晶体结构、原子结构等角度分析了金属中单个 He 原子稳定性的规律。计算结果见表 5.1(包括部分文献数据)。

表 5.1　计算得到的 HCP 金属中不同高对称性位置 He 原子的形成能

单位:eV

| 金属 | $E_{OC}^f$ | $E_{TC}^f$ | $E_{FC}^f$ | $E_{TF}^f$ | $E_{Sub}^f$ | $E_f^V$ | $E_f(V)$ | $E_b(He-V)$ |
|---|---|---|---|---|---|---|---|---|
| Be | 5.86 | 5.84 | 5.68<br>5.81 | 5.91<br>5.82 | 3.8 | 2.43 | 1.37 | 3.25 |
| Mg | 1.8<br>2.71 | 1.9<br>3.28 | 1.75 | 1.9 | 1.24<br>2.20 | 0.5 | 0.74 | 1.25 |
| Ti | 3.03 | 2.8 | 2.68 | 3.01 | 3.64 | 1.72 | 1.92 | 0.96 |
| Sc | 2.05 | 1.73 | 1.97 | 1.76 | 2.9 | 1.09 | 1.81 | 0.64 |
| Y | 1.8 | 1.56 | 1.63 | 1.59 | 2.69 | 0.78 | 1.91 | 0.78 |
| Zr | 2.71<br>3.19 | 2.1<br>3.08 | 2.24 | 2.77 | 3.13 | 1.19 | 1.94 | 0.91 |

比较三种类型的金属,BCC 金属间隙 He 的形成能最高,HCP 金属间隙 He 原子的形成能最低(Be 除外)。三种晶格类型金属的间隙 He 的稳定性排序是:HCP > FCC > BCC。HCP 金属中,简单金属 Be,Mg 中 He 原子在替位位的形成能低于间隙位的形成能;而在过渡金属 Ti,Sc,Y,Zr 中,替位 He 的形成能高于间隙位的形成能。不同金属最稳定的间隙位不同:在 Be,Mg,Ti 中 He 原子最稳定的间隙位是八面体共有面面心位置(FC),而在 Sc,Y,Zr 中最稳定的间隙位是四面体中心位置(TC)。

HCP 金属中,平均价电荷密度(或最低电荷密度)越大的金属,对应金属的间隙原子的形成能越高。说明平均价电荷密度可以大致估计成分较复杂的 HCP 合金间隙 He 原子的形成能绝对值范围,只需要知道合金的成分和晶格常数。小超晶胞经非弛豫计算就可较准确地预估 HCP 金属或合金的间隙 He 的相对稳定性,这样可以节省大量的计算量,尤其是大大缩短了计算耗时。后者同样适用于 FCC 和 BCC 金属。

平均价电荷密度计算表明,HCP,BCC,FCC 三种类型的金属中(Be 除外),间隙 He 的稳定性排序是:HCP > FCC > BCC,与形成能判据一致。元素周期表内,同一周期,从左到右,金属内间隙 He 的形成能有先增大后减小的趋势,最稳定间隙位置由 FC 转变为 TC,然后转变为 OC 位置。同一族内,从上到下,金属内间隙 He 的最稳定间隙位置由 FC 转变为 TC(Ti→Zr)或 TC 转变为 OC 位置(Ni→Pd)。本章引用和讨论他们的研究结果。

# 5.1 计算方法和结果

## 5.1.1 计算方法

运用基于密度泛函理论的平面波超软赝势方法进行计算。采用广义梯度近似方法中的 PW91 形式[14]作为交互关联势,并采用三维周期的超晶胞的方法研究缺陷性质。为了比较晶格弛豫对缺陷形成能的影响,计算了非弛豫和弛豫两种状态下缺陷构型的能量。构型弛豫是以 BFGS 法则[15]进行的,同时弛豫原子位置和晶格常数。在晶格优化过程中,自洽循环终止的条件是:总能收敛到每原子 $10^{-6}$ eV,每原子受力小于 0.3e V/nm,压力小于 0.05 GPa,原子错排小于 0.000 1 nm。计算都采用了 500 eV 的截断能,只有 Ti 采用了 550 eV 的截断能下计算的结果。布里渊区中 k 点格子大约 0.5 nm$^{-1}$。

缺陷形成能定义为

$$E_{\mathrm{f}} = E_{m\mathrm{M,He}} - mE_{\mathrm{M}} - E_{\mathrm{He}} \tag{5.1}$$

其中,$E_{m\mathrm{M,He}}$ 是包含 $m$ 个金属原子和 1 个 He 原子的超晶胞优化后的能量;$E_{\mathrm{M}}$ 是经优化的 HCP 金属中平均单个金属原子的能量;$E_{\mathrm{He}}$ 是单个 He 原子的能量,取 $-77.436\,1$ eV。

## 5.1.2 结果与讨论

1. HCP 金属中 He 原子的性质

为了研究 HCP 金属中单个 He 原子的稳定性,采用 $3a \times 3a \times 2c$ 的超晶胞,计算了多种 HCP 金属中不同高对称性位置(图 5.1)He 原子的形成能,包括四面体中心(TC)、八面体中心(OC)、八面体共有面面心(FC)、四面体共有面面心(TF)和替位位置(Sub)。

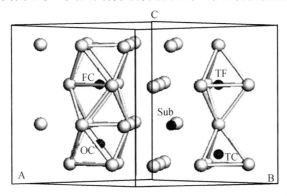

**图 5.1 HCP 金属的多种高对称性位置示意图**

Sub—替代位;TC—四面体位;OC—八面体位;FC—八面体共有面面心;TF—四面体共有面面心
注:浅灰色表示基体原子,小黑球表示高对称位置。

He 原子在金属中不同位置的形成能用式(5.1)计算,表 5.1 为密排六方的 Be,Mg,Sc,Ti,Y,Zr 晶体的计算结果,并与文献值进行了比较。表中还给出了不同金属中空位的形成能 $[E_{\mathrm{f}}(\mathrm{V})]$,空位处 He 原子的形成能 $[E_{\mathrm{V}}^{\mathrm{f}} = E_{\mathrm{Sub}}^{\mathrm{f}} - E_{\mathrm{f}}(\mathrm{V})]$ 以及 He 原子与空位的结合能 $[E_{\mathrm{b}}(\mathrm{He} - \mathrm{V}) = E_{\mathrm{f}}(\mathrm{He}) + E_{\mathrm{f}}(\mathrm{V}) - E_{\mathrm{Sub}}^{\mathrm{f}}]$。

表 5.1 中数据显示,简单金属 Be,Mg 中替换位 He 的形成能低于间隙位 He 的形成能;而在过渡金属 Ti,Sc,Y,Zr 中替换位 He 的形成能高于间隙 He 的形成能。实际上,公式(5.1)的定义中,替换位 He 的形成能 $E_f^{\text{Sub}}$ 表示形成一个 He-空位团需要的能量。He-空位团的形成能($E_f^{\text{Sub}}$)减去空位形成能[$E_f(V)$]得到 He 原子占据预存空位的形成能($E_f^V$)。简单金属 Be,Mg 中,替换位 He 的形成能低于间隙 He 的形成能,说明在完整晶格金属晶体中,He 原子倾向于占据替换位置,即较容易在完整晶格中形成一个 He-空位团。过渡金属 Ti,Sc,Y,Zr 中,替换位 He 的形成能高于间隙 He 的形成能,说明在完整晶体中,He 原子倾向于占据间隙位,较难在完整晶格中形成空位团。所有考虑的 HCP 金属中,He 原子在预存空位的形成能最低,说明有预存空位的情况下,这些金属中的 He 原子倾向于占据空位而不是间隙位,Be,Mg 中空位与 He 原子的结合能更强,表明空位对 He 原子的捕陷作用更强。

表 5.1 中给出了金属的最稳定的间隙位置:Be,Mg,Ti 中 He 原子最稳定的间隙位置是八面体共有面面心位置(FC),在 Sc,Y,Zr 中最稳定的间隙位置是四面体中心位置(TC)。直觉的认识认为尺寸较小的间隙原子倾向于占据空间较大的间隙位置,然而这两种最稳定的间隙位都不是空间最大的间隙位。类似的结果已有报道,基于密度泛函理论的结果得出 BCC 金属中 He 原子在四面体位置比空间最大的八面体位置稳定[5-7]。另外,比较不同 HCP 金属中 He 原子的能量发现,He 原子的形成能从高到低的顺序是 Be > Ti > Zr > Sc > Mg > Y。形成能越低说明金属中 He 原子的平衡浓度越大。

根据有效介质理论[16-18],由于 He 原子的满壳层电子结构,金属中 He 原子的形成能与所在位置的等效均匀电荷密度呈线性关系,也就是说,He 原子的稳定性是由金属中不同位置的等效均匀电荷密度决定的。后面将从电荷密度的角度讨论 BCC,FCC,HCP 金属中间隙 He 的稳定性规律。

HCP 金属中 He 原子的稳定性数据比较少,只有很少的关于 Be,Mg,Zr 的数据可以用来与计算结果比较。Ganchenkova 的第一原理计算表明,对于 Be 中 He 原子的六种高对称性位形,八面体底面面心(BO)是稳定位形(溶解能为 5.81 eV)。仅两个间隙 He 的位形是稳定的,分别为 BO 和 BT 位形(BT 为四面体底面面心),两种位形的溶解热差别很小。并根据溶解热初步估算,He 原子沿路径 BO→BT 转移的有效势垒为 0.1 eV,而沿着 $c$ 轴 BO→O→BO 路径转移的迁移能垒为 0.36 eV。得出间隙 He 在 Be 中扩散呈各向异性,优先沿着底面迁移的结论。

王永利等的计算显示,Ti 中 He 原子最稳定的间隙位是八面体共有面面心位(FC),形成能为 5.68 eV。关于 Mg,Whitmore 仅考虑四面体和八面体位的情况下,采用非线性自洽屏蔽理论的赝势(PP)方法计算得到间隙 He 在八面体位置更稳定。尽管计算得到的 HCP Mg 中的形成能数值( <1.90 eV)比参考文献[19]报道的( >2.71 eV)小很多,但有相同点,间隙 He 原子在八面体位置比四面体位置的形成能低,而在 FC 位置的形成能更低。关于 Zr,Koroteev 等仅考虑了 He 原子在四面体和八面体位置的形成能,发现四面体位置(3.08 eV)比八面体位置(3.19 eV)稳定,这个结果与表 5.1 所列结果(2.10/2.71 eV)一致。文献报道的数值(3.08 eV)较大,可能是因为计算所采用的晶胞太小,仅有 2 个或 3 个基体 Zr 原子,无法准确表征间隙 He 原子引起的局部区域内 Zr 原子弛豫所引起的能量变化。

2. HCP 金属中 He 原子的稳定性表征

由于 He 原子的满壳层电子结构,金属中间隙 He 原子形成能与所在位置的等效均匀电荷密度呈线性关系,是否可以通过不含 He 金属中的电荷密度分布来表征或预估金属中间隙 He 的稳定性呢? 为此定义了两种电荷密度。一方面,运用第一原理方法计算了精确的电荷密度分布,考虑到间隙 He 原子倾向于分布在电荷密度较低的位置,统计了最低电荷密度区域的电荷密度值 $\rho_L$,将其定义为能够清楚地观察到等值面的最低电荷密度值。另一方面,考虑到在金属原子外层价电子的屏蔽作用下,内层电子与 He 原子的相互作用很弱,只需考虑金属的价电子密度对间隙 He 原子稳定性的影响,所以计算了多种 HCP 金属的平均价电荷密度 $\rho$,定义为非弛豫情况下金属原子的价电子数目除以每个金属原子所占体积。为了确定这两种电荷密度与金属中间隙 He 的稳定性的关系,比较了多种 HCP 金属内的平均价电荷密度 $\rho$、最低电荷密度 $\rho_L$、弛豫情况下间隙 He 在金属中间隙位置的形成能值,如表5.2 所示。

表5.2　HCP 金属内的平均价电荷密度 $\rho$、最低电荷密度 $\rho_L$、非弛豫与弛豫条件下金属的晶格常数、最稳定间隙位 $S_p$ 及间隙 He 的形成能 $E_f$

| HCP | | $a/(\times 0.1\ nm)$ | $c/a$ | $\rho_L/(\times 0.1\ nm)^{-3}$ | $\rho/(\times 0.1\ nm)^{-3}$ | $S_p$ | $E_f/eV$ |
|---|---|---|---|---|---|---|---|
| Be | 非弛豫 | 2.286 | 1.568 | 0.2 | 0.247 | FC | 7.18 |
| | 弛豫 | 2.254 | 1.555 | | | FC | 5.68 |
| Mg | 非弛豫 | 3.209 | 1.624 | 0.075 | 0.086 | OC | 2.31 |
| | 弛豫 | 3.254 | 1.545 | | | FC | 1.75 |
| Ti | 非弛豫 | 2.951 | 1.586 | 0.155 | 0.227 | FC | 3.24 |
| | 弛豫 | 2.933 | 1.577 | | | FC | 2.68 |
| Zr | 非弛豫 | 3.231 | 1.593 | 0.135 | 0.172 | FC | 3.01 |
| | 弛豫 | 3.187 | 1.653 | | | TC | 2.10 |
| Sc | 非弛豫 | 3.308 | 1.592 | 0.1 | 0.120 | TC | 1.94 |
| | 弛豫 | 3.302 | 1.556 | | | TC | 1.73 |
| Y | 非弛豫 | 3.645 | 1.572 | 0.085 | 0.091 | TC | 1.76 |
| | 弛豫 | 3.636 | 1.557 | | | TC | 1.56 |

从表中数据可以看出,对于所有考虑到的 HCP 金属,平均价电荷密度 $\rho$ 和最低电荷密度 $\rho_L$ 变化趋势相同,电荷密度越高的金属,弛豫情况下间隙 He 原子的形成能越高。说明 HCP 金属中,平均价电荷密度和最低电荷密度都可以精确地表征电荷密度分布,可以大致估计间隙 He 形成能的绝对值范围。

计算最低电荷密度需要精确的晶体结构信息,包括晶格常数、元素的种类及其比例、具体原子位置;而计算平均价电荷密度只需知道晶体的结构常数和元素的种类及其比例。所以用平均价电荷密度估计间隙 He 原子的形成能绝对值范围更有实用意义。一些合金的成分很复杂,需要建立较大的超晶胞才能模拟合金中 He 原子的性质,而且晶体内合金原子的占位也不很明确,需要计算多种合金原子排列构型来确定最稳定构型,所以第一原理方法进行完全弛豫的计算量会很大,对计算机硬件有很高的要求且很耗时。对于成分比较复杂的 HCP 结构的合金,只需要知道合金的成分和晶格常数,就可以计算得到平均价电荷密度,用来预估合金内间隙 He 原子的稳定性。

表 5.2 还比较了非弛豫与完全弛豫情况下间隙 He 在 HCP 金属中不同间隙位置的形成能值。其中,非弛豫情况的能量值是在 $2 \times 2 \times 1$ 的超晶胞、固定晶格常数和原子位置的条件下,计算间隙构型和完整金属晶体构型的总能,进而得到间隙 He 的形成能值。对于所有考虑到的 HCP 金属,弛豫情况下形成能绝对值低于非弛豫情况的结果,说明间隙 He 原子引起的晶格金属原子弛豫有利于降低构型的总能量,也说明计算间隙 He 形成能的绝对值时,考虑晶格弛豫是必要的。虽然弛豫情况下得到的能量值低于非弛豫情况,但是对于不同 HCP 金属,两者的变化趋势一致。对于大多数 HCP 金属,弛豫和非弛豫下不同间隙位的 He 原子的相对稳定性趋势大体一致,例如对于 Be,Ti,不管弛豫还是非弛豫情况,最稳定的间隙 He 位置都是八面体共有面面心位置(FC),而对于 Sc,Y,最稳定的间隙 He 位置都是四面体中心位置(TC)。只有 Mg 和 Sc 的情况比较特殊,弛豫和非弛豫情况得到的最稳定的间隙 He 位置是不同的,这可能是因为两种情况下,金属的晶格常数变化较大的缘故。例如,弛豫情况下 Mg 的 $c/a$ 值从非弛豫情况下的 1.624 降低为 1.545,而 Zr 则从 1.593 升高到 1.653,其他金属均没有这么明显的变化。这些结果说明只要具有准确的晶体结构常数,在小超晶胞内非弛豫计算就可以较准确地预估 HCP 金属/合金间隙 He 的相对稳定性,这样可以节省大量的计算量,尤其是大大缩短了计算耗时。

3. FCC 和 BCC 金属间隙 He 的稳定性表征

上述计算结果表明,可以通过平均价电荷密度或最低电荷密度来预估 HCP 金属/合金间隙 He 形成能的绝对值范围,并可在小超晶胞内进行非弛豫计算来预估弛豫情况下间隙 He 在不同位置的相对稳定性。为了弄清楚这样的方法是否适用于 FCC 或 BCC 金属间隙 He 的稳定性评估,计算了多种 FCC 和 BCC 金属的平均电荷密度 $\rho$、最低电荷密度 $\rho_L$、非弛豫情况下间隙 He 在八面体和四面体位置的形成能,以及部分金属在弛豫情况下间隙 He 的形成能,并与文献报道值比较,如表 5.3 所示。其中,FCC 和 BCC 金属非弛豫情况的计算分别在包含 4 和 2 个基体原子的晶胞内计算得到。

对于 FCC 金属,平均价电荷密度 $\rho$ 和最低电荷密度 $\rho_L$ 差别较大,变化趋势也不尽相同。最低电荷密度 $\rho_L$ 与弛豫情况金属内间隙 He 原子的形成能变化趋势一致。这些结果说明 FCC 金属电荷分布局域化比较严重,最低电荷密度 $\rho_L$ 更适用于估计间隙 He 原子的能量值范围。与 HCP 金属相同,FCC 金属弛豫情况得到的间隙 He 的能量值都低于非弛豫情况。对于 Al,Pd,Au,Ag,无论弛豫和非弛豫情况,不同位置间隙 He 的相对稳定性是一致的,都是八面体位更稳定,Ni 比较特殊,四面体位比八面体位更稳定。对于 Cu,文献报道的八面体间隙 He 能量比四面体间隙 He 高 0.02 eV,这里计算的八面体间隙能量比四面体间隙低 0.001 eV,能量差别很小,说明 He 原子在两个位置的稳定性相当。

表5.3　FCC 和 BCC 金属的晶格常数、平均价电荷密度 $\rho$、最低电荷密度 $\rho_L$、
非弛豫与弛豫条件下金属内最稳定位置间隙 He 的形成能

| | 金属 | $a/(\times 0.1\ nm)$ | $\rho_L/(\times 0.1\ nm)^{-3}$ | $\rho/(\times 0.1\ nm)^{-3}$ | 非弛豫 | | 弛豫 | |
|---|---|---|---|---|---|---|---|---|
| | | | | | $E_{OC}^f$ | $S_p$ | $E_{OC}^f/eV$ | $S_p$ |
| FCC | Al | 4.050 | 0.13 | 0.181 | 4.10 | OC | 2.87 | OC |
| | Ni | 3.524 | 0.2 | 0.274 | 5.63 | OC | 4.50 4.21 | TC |
| | Pd | 3.891 | 0.16 | 0.204 | 4.62 | OC | 3.58 | OC |
| | Cu | 3.615 | 0.17 | 0.169 | 5.28 | OC | 3.80 3.94 | TC OC |
| | Ag | 4.086 | 0.11 | 0.117 | 4.02 | OC | 2.68 | OC |
| | Au | 4.078 | 0.14 | 0.177 | 5.19 | OC | 2.31 | OC |
| BCC | Fe | 2.866 | 0.235 | 0.255 | 5.28 | TC | 4.54 4.39 4.56 | TC |
| | V | 3.028 | 0.225 | 0.360 0.278 | 4.09 | TC | 4.01 2.94 | TC |
| | Nb | 3.301 | 0.21 | 0.500 | 4.16 | TC | 3.05 | TC |
| | Cr | 2.885 | 0.265 | 0.385 | 6.11 | TC | 5.22 | TC |
| | Mo | 3.147 | 0.25 | 0.378 | 6.41 | TC | 5.16 5.33 | TC |
| | W | 3.165 | 0.27 | 0.255 | 7.46 | TC | 6.19 | TC |

　　这些结果说明在小超晶胞内非弛豫计算可以较准确地预估 FCC 金属/合金内间隙 He 的相对稳定性。无论是计算最低电荷密度还是非弛豫情况的能量值,都需要有精确的金属或合金的结构信息,这两种方法可以用来预估具有精确结构的 FCC 金属/合金内 He 原子的稳定性。

　　BCC 与 FCC 金属相似,平均价电荷密度和最低电荷密度变化趋势差别也较大,而且最低电荷密度与金属中间隙 He 原子的形成能变化趋势基本一致。弛豫情况下得到的间隙 He 的能量值都低于非弛豫情况。对于所考虑的 BCC 金属,非弛豫情况与弛豫情况下的计算结果是一致的,都是在四面体位置更稳定。所以在 BCC 金属中,可通过计算最低电荷密度来预估金属/合金内间隙 He 的绝对稳定性范围,而且在小超晶胞内进行非弛豫计算就可以较准确地预估具有精确结构的 BCC 金属/合金内间隙 He 的相对稳定性。

　　4. He 原子在 BCC, FCC 和 HCP 金属中的稳定性

　　为了探讨 He 原子在不同类型金属中的稳定性,间隙 He 原子的形成能变化规律如图5.2所示,所有金属的形成能均采用第一原理方法计算,考虑了原子位置和晶格参数的弛豫。图中 V,Nb,Ta 的值取自参考文献[6],Cr,Mo,W,Ni,Pd,Ag 和 Cu 的值取自参考文献[7],其余金属为计算获得。为了考察数值的准确性,比较了计算值和报道的文献值。对不

同位置的 BCC Fe 和 FCC Cu 的 $E_f$ 进行了计算,分别采用 $3 \times 3 \times 3$ 和 $2 \times 2 \times 2$ 超胞。结果表明,BCC Fe 中四面体中心(TC)是间隙 He 的能量最低位置,$E_f$ 为 4.54 eV,与先前的计算结果(4.56 eV)一致[7];FCC Cu 中 He 原子在 TC 位置与 OC 位置有相当的稳定性,形成能为 3.94 eV,稍高于先前的文献值(3.80 eV)[7]。

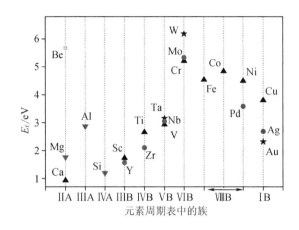

**图 5.2　间隙 He 原子在 HCP 金属(Be, Mg, Sc, Ti, Y, Zr, Co)、FCC 金属(Al, Ni, Pd, Cu, Ag, Au)、BCC 金属(V, Nb, Ta, Cr, Mo, W, Fe)和 Si 中的形成能值**

注:V, Nb, Ta, Cr, Mo, W, Ni, Pd , Ag 和 Cu 中的形成能值引自参考文献[6]和参考文献[7];不同的符号表示周期表的不同周期,■代表第 2 周期, ▼代表第 3 周期, ▲代表第 4 周期,●代表第 5 周期,★代表第 6 周期。

图 5.2 中不同符号代表元素周期表的不同周期,随着金属原子质量数增大,形成能 $E_f$ 呈周期性变化。对于同周期的金属,随着质量数增加,$E_f$ 先增大随后减小。对于同族的 HCP 和 FCC 金属,从上到下,例如 Be,Mg,Ca (或 Cu,Ag,Au),随着周期数增大,$E_f$ 值降低,对于 BCC 金属变化趋势相反,例如 V,Nb,Ta (或 Cr,Mo,W)。

从图 5.2 中还能发现,在所有考虑的金属中,Mg,Ca,Al,Sc,Y,Ti,Zr,V,Ag 和 Au 的 $E_f$ 低于 3 eV,表明 He 原子在这些金属中更稳定。较低的 $E_f$ 表示 He 原子进入低势能区(例如相界和晶界)的驱动力较弱,因此可以累积更多的溶解态的 He 原子。对于相同的 He 生成速率,He 原子在晶格中溶解度高,有利于延缓晶界 He 泡形核和长大,提高晶粒内 He 泡形核率,进而有利于 He 泡的均匀分布。

5. 金属中 He 原子的稳定性因子

金属中 He 原子形成能 $E_f$ 的周期性(图 5.2)可能源于金属元素或晶体固有的周期性性质。因此,可以将 $E_f$ 与金属晶体中金属原子的价电子数($N$)和平均体积($V$)进行比较,如图 5.3 所示。可以看出,随着金属原子质量数的增加,形成能与价电子数具有相同的变化趋势,而平均体积变化趋势几乎是相反的。第 5 和第 6 周期的金属元素具有相同的变化趋势。这些结果表明,金属原子的价电子数大,体积小,对应的 $E_f$ 大。因此,平均价电荷密度($N/V$)越大,对应的 $E_f$ 越高。这与 Effective - Medium 理论相一致[16-18]。这一结论还可以解释 HCP 和 FCC 金属的 $E_f$ 为什么随着周期数增大而降低,尽管 BCC 金属例外。

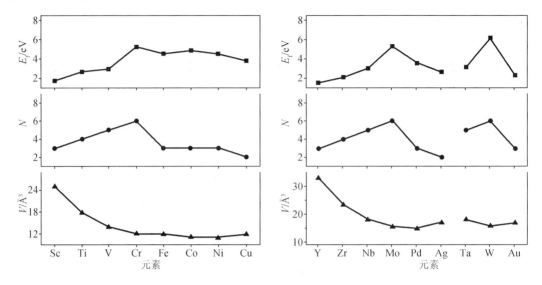

**图 5.3　金属中间隙 He 原子形成能($E_f$)的变化[每种金属原子的价**
**电子数($N$)和平均体积($V$)随着金属原子质量数增大]**

　　为了弄清 BCC 金属的 $E_f$ 反常变化规律的原因,计算并比较了 BCC Cr,BCC W 和 FCC Cu,FCC Au 的电荷密度分布,重点关注最稳定间隙位置的电荷密度。图 5.4(a)为 BCC Cr 和 BCC W 晶体内通过 TC 位置的(001)面的电荷密度分布,图 5.4(b)为 FCC Cu 和 FCC Au 内通过 OC 位置的(001)面的电荷密度分布。总体来说,晶体内部电荷不是均匀分布的,而是严重局域化,主要集中在金属离子周围。FCC Cu 和 FCC Au[图 5.4(b)]具有相似的电荷密度分布特点,等值线的轮廓相似,且都是 OC 位置电荷密度最低。与 Cu 相比,Au 中 OC 位置的电荷密度较低,与其较低的平均电荷密度($N/V$)相一致,对应的 Au 中间隙 He 的 $E_f$ 值也较低。对于 BCC Cr 和 BCC W[图 5.4(a)],电荷密度的等值面具有不同的轮廓,虽然 W 的平均电荷密度($N/V$)低于 Cr,TC 位置处 W 的电荷密度高于 Cr。这一结果表明,与 Cr 相比,W 内电荷局部区域集中程度较低,TC 位置的电荷密度较高,是 W 内间隙 He 的 $E_f$ 较高的原因。

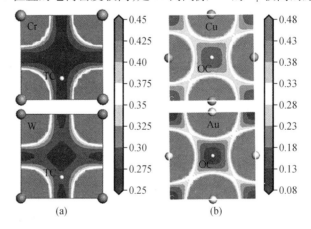

**图 5.4　金属(001)面的电荷密度分布**
(a)BCC Cr 和 BCC W 晶体内通过四面体间隙位(TC);
(b)在 FCC Cu 和 FCC Au 内通过八面体间隙位(OC)

## 6. 不同类型金属中间隙 He 原子稳定性规律

为了获得不同类型金属中间隙 He 原子的稳定性规律,总结并对比了由第一原理方法计算得到的关于 HCP,FCC,BCC 金属中间隙 He 原子稳定性的数据,如表 5.4 所示(包括文献中的数据)。

**表 5.4　不同类型金属的晶格常数、最低电荷密度、弛豫条件下**

**金属内不同位置间隙 He 的形成能数值表**

| | 金属 | $a$ $(c/a)$ | $\rho_L/(\times 0.1 \text{ nm})^{-3}$ | $S_p$ | $E_f^{OC}$/eV | $E_f^{TC}$/eV | $E_f^{FC}$/eV | $E_f^{TF}$/eV |
|---|---|---|---|---|---|---|---|---|
| HCP | Be | 2.286(1.568) | 0.2 | FC | 5.86 | 5.84 | 5.68 / 5.81 | 5.91 / 5.82 |
| | Mg | 3.209(1.624) | 0.075 | FC | 1.80 / 2.71 | 1.90 / 3.28 | 1.75 | 1.90 |
| | Ti | 2.951(1.586) | 0.155 | FC | 3.03 | 2.80 | 2.68 | 3.01 |
| | Zr | 3.231(1.593) | 0.135 | TC | 2.05 | 1.73 | 1.97 | 1.76 |
| | Sc | 3.308(1.592) | 0.1 | TC | 1.80 | 1.56 | 1.63 | 1.59 |
| | Y | 3.645(1.572) | 0.085 | TC | 2.71 / 3.19 | 2.10 / 3.08 | 2.24 | 2.77 |
| BCC | Fe | 2.866 | 0.235 | TC | 4.57 / 4.75 / 4.75 | 4.39 / 4.56 / 4.54 | | |
| | V | 3.028 | 0.225 | TC | 3.17 | 2.94 | | |
| | Nb | 3.301 | 0.21 | TC | 4.25 | 4.01 | | |
| | Cr | 2.885 | 0.265 | TC | 3.26 | 3.05 | | |
| | Mo | 3.147 | 0.25 | TC | 5.38 | 5.22 | | |
| | W | 3.165 | 0.27 | TC | 5.33 / 5.48 | 5.16 / 5.33 | | |
| FCC | Al | 4.050 | 0.13 | OC | 2.87 | 3.11 | | |
| | Ni | 3.524 | 0.2 | TC | 4.37 / 4.65 | 4.21 / 4.50 | | |
| | Pd | 3.891 | 0.16 | OC | 3.58 | 3.70 | | |
| | Cu | 3.615 | 0.17 | TC (OC) | 3.82 / 3.937 | 3.80 / 3.938 | | |
| | Ag | 4.086 | 0.11 | OC | 2.68 | 2.79 | | |
| | Au | 4.078 | 0.14 | OC | 2.31 | 2.74 | | |

对于同族的 HCP 金属元素(如 Be 和 Mg 或 Ti 和 Zr),具有相同价电子数目,从上到下金属原子尺寸增大,对应的金属晶格常数增大,金属内平均电荷密度降低,间隙 He 的形成

能降低;同周期内,从左到右,金属原子的外层电子数目增多,原子尺寸变小,晶体晶格常数变小,金属内平均电荷密度增高,间隙 He 的形成能增高。

对于同族的 BCC 金属元素(如 V 和 Nb 或 Cr,Mo 和 W),外层电子数目相同,从上到下,金属内最低电荷密度降低,但间隙 He 的形成能增高,这可能是因为电荷密度分布局域化减弱的原因;而同一周期内(如 V 和 Cr 或 Nb 和 Mo),从左到右,金属原子的价电子数目增多且晶格常数越小,所以金属内平均价电子密度增高,间隙 He 的形成能增高。

对于同族的 FCC 金属元素(如 Ni 和 Pd 或 Cu,Ag 和 Au),从上到下,金属内平均电荷密度降低,间隙 He 的形成能降低;而同一周期内(如 Ni 和 Cu),从左到右,金属原子的外层电子数目减少,所以金属内平均价电子密度降低,间隙 He 的形成能降低。

比较三种类型的金属,BCC 金属中间隙 He 原子的形成能最高,HCP 金属中间隙 He 原子的形成能最低(Be 除外)。三种晶格类型金属内间隙 He 的稳定性排序是:HCP > FCC > BCC。对于 HCP 和 FCC 金属,晶格常数越大,金属内间隙 He 的形成能越小,间隙 He 越稳定。而 BCC 金属中则没有这个规律,与 BCC 同族金属中间隙 He 形成能随着周期数的增大而增大的变化规律的特殊性有关。周期表同周期的金属中,从左到右,间隙 He 的形成能有先增大后减小的趋势,最稳定间隙位置由 FC 转变为 TC,然后转变为 OC 位置。同一族内,从上到下,金属内间隙 He 的最稳定间隙位置由 FC 转变为 TC(Ti→Zr)或 TC 转变为 OC(Ni→Pd)。

## 5.2 结论和讨论

运用第一原理方法计算了多种 HCP 金属中单个 He 原子在不同位置的稳定性及其规律,与已有的 BCC 和 FCC 金属中 He 原子稳定性数据比较。从晶体结构、晶格常数、原子类型角度分析了金属中单个 He 原子的稳定性规律。结果表明,HCP 金属中,简单金属 Be,Mg 中 He 原子在替位位置的形成能低于间隙位置的形成能;而在过渡金属 Ti,Sc,Y,Zr 中,替位 He 的形成能则高于间隙 He 的形成能。不同金属最稳定的间隙位置不同,在 Be,Mg,Ti 中 He 原子最稳定的间隙位置是八面体共有面面心位置(FC),而在 Sc,Y,Zr 中 He 原子最稳定的间隙位置是四面体中心位置(TC)。在 HCP 金属中,平均价电荷密度(或最低电荷密度)越大的金属,对应金属内间隙原子的形成能越高。说明平均价电荷密度可以大致估计成分比较复杂的 HCP 结构的合金内间隙 He 原子的形成能绝对值范围,只需要知道合金的成分和晶格常数。小超晶胞内非弛豫计算就可以较准确地预估 HCP 金属/合金内间隙 He 的相对稳定性,这样可以节省大量的计算量,尤其是大大缩短了计算耗时。后者同样适用于 FCC,BCC 金属。HCP,BCC,FCC 三种类型的金属中(Be 除外),间隙 He 的稳定性排序是:HCP > FCC > BCC。

对于完整晶体的 Be 和 Mg 金属,从能量看有利于开创 He−空位团,对于 Ti,Sc,Y 和 Zr 金属,He 原子优先停留在间隙位。对于非完整晶体,He 原子优先与空位结合,停留在空位处。

从金属原子结构和晶体结构角度讨论了金属中 He 原子稳定性的规律。随着金属原子质量数增大,$E_f$ 呈周期性变化。对于元素周期表内同周期的金属,$E_f$ 先增大后减小。对于同族的 HCP 和 FCC 金属,例如 Cu,Ag 和 Au,随着周期数增大,$E_f$ 降低。这些结果的共同点是单个金属原子的价电子数越大,原子的平均体积越小,金属中间隙 He 原子的 $E_f$ 越高。对于同族的 BCC 金属,例如 Cr,Mo 和 W,随着周期数增大,$E_f$ 增大,这是因为在尺寸较大

的原子中电子的局部集中程度较低,导致 TC 位置有较高的电荷密度。对于所考虑的金属
(Mg, Ca, Al, Sc, Y, Ti, Zr, V),$E_f$ 低于 3 eV,表明 He 原子在这些金属中更稳定。较低的
$E_f$ 意味着 He 原子的溶解度较高,还说明 He 原子进入低势能区域(例如晶粒边界和相界)
的驱动力较小。也就是说这些金属能够积累较多的溶解态 He 原子,可以延缓晶界处 He 泡
的形核和长大,有利于 He 泡的均匀分布。

**参考文献**

[1]　RIMMER D E, COTTRELL A H. The solution of inert gas atoms in metals[J]. Phil Mag,
　　　1957,2: 1345.

[2]　WEDEPOHL P T. Influence of electron distribution on atomic interaction potentials[J].
　　　Proc Phys Soc, 1967, 92: 79.

[3]　WILSON W D, BISSON C L. Inert gases in solids: interatomic potentials and their influ-
　　　ence on rare – gas mobility[J]. Phys Rev B, 1971, 3: 3984.

[4]　WILSON W D, JOHNSON R A. Rare gases in metals[M]. GEHLEN P C, BEELER J R,
　　　JAFFEE R I. Interatomic potentials and simulation of lattice defects. New York: Plenum
　　　Press, 1972.

[5]　FU C C, WILLAIME F. Ab initio study of helium in α – Fe: dissolution, migration, and
　　　clustering with vacancies[J]. Phys Rev B, 2005,72: 064117.

[6]　SELETSKAIA T, OSETSKY Y, STOLLER R E, et al. First – principles theory of the en-
　　　ergetics of He defects in BCC transition metals[J]. Phys Rev B, 2008, 78: 134103.

[7]　ZU X T, YANG L, GAO F,et al. Properties of helium defects in BCC and FCC metals in-
　　　vestigated with density functional theory[J]. Phys Rev B, 2009,80: 054104.

[8]　XIANG X, CHEN C A, HUANG L,et al. 铝中氦原子行为的密度泛函研究[J].J At
　　　Mol Phys, 2009, 2: 383.

[9]　KOROTEEV Y M, LOPATINA O V, CHERNOV I P. Structure stability and electronic
　　　properties of the Zr – He system: first – principles calculations [J]. Phys Solid State,
　　　2009,51: 1600.

[10]　GANCHENKOVA M G, VLADIMIROV P V, BORODIN V A. Vacancies, interstitials
　　　and gas atoms in beryllium[J]. J Nucl Mater, 2009, 386 – 388: 79.

[11]　吴仲成. 钒、钛中 He 扩散行为的理论研究[D].绵阳:中国工程物理研究院,2004.

[12]　WANG L, LIU S, RONG L J, et al. Atomistic properties of helium in HCP titanium: a
　　　first – principles study[J]. J Nucl Mater, 2010,402: 55.

[13]　王永利. 金属中 He 行为及复杂氢化物性质的理论计算[D].沈阳:中国科学
　　　院,2011.

[14]　PERDEW J P, CHEVARY J A, VOSKO S H, et al. Atoms, molecules, solids, and sur-
　　　faces: applications of the generalized gradient approximation for exchange and correlation
　　　[J]. Phys Rev B, 1992, 46: 6671.

[15]　PFROMMER B G, COTE M, LOUIE S G,et al. Relaxation of crystals with the quasi –
　　　newton method[J]. J Comput Phys, 1997,131: 133.

[16] NφRSKOV J K. Covalent effects in the effective – medium theory of chemical binding: hydrogen heats of solution in the 3d metals[J]. Phys Rev B, 1982, 26: 2875.

[17] NφRSKOV J K, LANG N D. Effective – medium theory of chemical binding: application to chemisorption[J]. Phys Rev B, 1980, 21: 2131.

[18] ESBJERG N, NφRSKOV J K. Dependence of the He – scattering potential at surfaces on the surface electron – density profile[J]. Phys Rev Lett, 1980, 45: 807.

[19] WHITMORE M D. Helium heat of solution in Al and Mg using non – linear self – consistent screening of the [J]. J Phys F: Met Phys, 1976, 6: 1259.

# 第6章 BCC Fe 中 He 和 He – 空位团的稳定性

铁素体不锈钢是聚变反应堆内组件的候选结构材料。反应堆堆内结构材料经受 $(n,\alpha)$ 核反应产生的 14 MeV 中子辐照,生成大量 He、氢和自缺陷。He 浓度较高时形成 He 泡[1],产生空腔肿胀,导致显微结构和机械性能变化,例如产生高温脆性、表面起泡和脱落等现象。这些来源于原子 He 的现象,很难用实验方法表征。辐照或离子注入后的热解吸实验能够获得 He 原子迁移和 He 泡稳定性的信息,但对实验数据的解释存在不确定性[4-5],理论计算是常用的研究方法。运用经验势(EPs)的原子计算获得了基本能量的重要信息[1,6]。关于 $\alpha$ – Fe 的主要研究结果见参考文献[7]~参考文献[9],但对某些 EPs 计算的精准性存在争议[10]。近年来基于密度泛函理论的计算表明 BCC Fe 中 He 原子在四面体位置比空间最大的八面体位置更稳定,而 Wilson 等基于经验势的计算结果则相反。由于缺少实验依据,对于 Fe 中 He 原子的能量进行更多的从头算是有必要的。

辐照损伤涉及 He 的多尺度(时间和长度)现象,包括从 $10^{-13}$ s 和 $10^{-9}$ m 的碰撞阶段到 $10^{-3}$ s 和 $10^{-6}$ m 的扩散阶段。需要运用多种方法在宽的时间周期和尺度范围模拟这些现象。

本章综合讨论从头算、分子动力学(MD)、动态蒙特卡罗(KMC,OKMC,LKMC)方法的研究结果,希望给出金属 Fe 中 He 原子和 He – 空位团稳定性的较完整概念。主要引用和讨论 C. C. Fu 和 K. Morishita 等的研究工作。

## 6.1 α – Fe 中 He 行为的第一原理研究

本节讨论 He 的溶解能、迁移机制、扩散势垒和小 He – 空位团的稳定性。运用基于密度泛函理论的从头算法计算了 $\alpha$ – Fe 中 He 的溶解、迁移和小 $He_n V_m (n/m = 0 \sim 4)$ 团的稳定性。替位 He 原子和间隙 He 原子具有近似的稳定性,四面体位形比八面体位形稳定(相差 0.2 eV)。间隙 He 原子具有相互吸引作用和很低的迁移能(0.06 eV),低温下无晶格空位金属中能够形成 He 泡。替位 He 迁移受 $HeV_2$ 团的空位机制控制,迁移能垒为 1.1 eV。离解机制和空位机制的扩散激活能由热空位和高饱和空位浓度估计。本节还讨论了空位、He 与 He – V 复合体结合能的变化和辐照 Fe 中的 He 行为,并与热解吸实验数据进行了比较。本节主要引用 C. C. Fu 等的研究结果。

### 6.1.1 计算方法

本计算是采用 SIESTA 软件完成的,采用自旋极化计算以及 GGA 近似。核芯 – 电子的作用势函数采用非局域的模守恒赝势,价电子的势函数则由一定数量的赝原子轨道线性组合来描述,Fe 原子的赝势和基组与参考文献[11]中的相同。He 原子赝势的截断半径设置为 0.052 nm,基组由局域函数构成并且截断半径设为 0.322 nm,其中 1s 态和 2p 态分别用两个和三个局域函数表示,并包含在极化轨道内以便增加角度柔性。电荷密度是在实空间中用网格划分表示的,格点间距为 0.0078 nm。

　　参考文献[12]表明采用目前的方法可以很好地解释铁中自缺陷的性质。在原子间距为 0.15 ~ 0.4 nm 范围内计算孤立 He 二聚体的能量变化以测试 He – He 之间交互作用的描述精度,而这里研究中涉及的 He 原子间距离最短为 0.16 nm。首先,计算结果(图 6.1)与同样采用基于 DFT – GGA 的平面波基组计算方法软件 PWSCF[13]极为吻合,从而检验了当前基组的有效性。然而,DFT – GGA 计算方法不能明确地解释主导孤立 He 二聚体中原子间弱结合性的范德瓦耳斯力作用。因此进行了更加精确的计算以作对比:原子间距在 0.2 ~ 0.6 nm 范围内采用参考文献[14]中的完全组态相互作用方法(CI)计算,而在更小间距时则采用量子蒙特卡洛方法(QMC)计算。从图 6.1 可以看出,与这一精准的参考计算进行比较,最大的绝对差异值是 0.03 eV,且出现在小间距时。该差异值相比于计算得到的相互作用能是很小的。我们注意到在靠近结合能曲线的低谷处,相对差异值变得很大,但是考虑到目前计算精度的需要,绝对差异值仅有 0.002 eV 完全可以忽略掉。最后,考虑到 Fe – He 之间的交互作用,有文献显示 DFT – GGA 可以成功地描述 He 与多种金属表面的交互作用[16 – 17]。

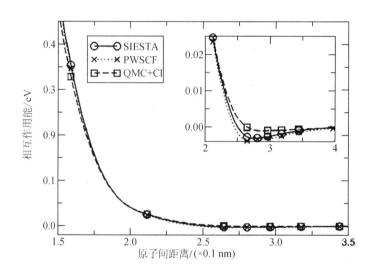

**图 6.1　孤立 He 二聚体中 He – He 的相互作用能**

注:图中所示为基于密度泛函理论的 SIESTA 软件和 PWSCF[13] DFT – GGA 计算与文献 QMC[15]结果及完全组态 CI[14]结果(分别低于和高于 0.2 nm)的比较,图内图显示围绕平衡距离的行为。

　　为了研究缺陷的性能,研究者采用了超晶胞计算。所有的计算都针对包含 128 个原子的超胞体系(采用 3 × 3 × 3 的 k 点网格划分和 Methfessel – Paxton 展宽方法对费米能级附近的电子态密度进行展宽,展宽为 0.3 eV)。体系的结构优化采用的是对超胞的体积、形状、原子的位置都进行弛豫。迁移路径的计算采用的是拖拉法,即限制住相对于质量中心的原子位置,以弛豫垂直于连接始末位置矢量的超平面。接下来要考察的一个重要性质是缺陷(空位和间隙 He 原子)与 $He_n V_m$ 团簇的结合能$[E_b(V – He_n V_m)$ 和 $E_b(He – He_n V_m)]$。它们被定义为缺陷与团簇相距无穷远时两者的总能量与将缺陷添加在团簇上形成 $He_{n+1} V_m$ 和 $He_n V_{m+1}$ 后的能量差值[8]。

## 6.1.2　计算结果

### 1. 替位 He 原子的离解

可以用 He 在替换位和高对称间隙位的溶解能表征替位 He 原子的相对稳定性。对于能量为 $E(N\text{Fe},\text{He})$，含有 $N$ 个基体原子和 1 个 He 原子的超胞,溶解能为 $E^{\text{sol}} = E(N\text{Fe},\text{He}) - NE(\text{Fe}) - N(\text{He})$,式中 $E(\text{Fe})$ 和 $E(\text{He})$ 分别为 BCC 晶格中每个 Fe 原子的能量和单个 He 原子在晶格中的能量。

替换位、四面体和八面体位中 He 的溶解能列于表 6.1。计算条件包括超胞尺寸、k 点网格和实际空间网格距。计算值对选用的计算条件不敏感。表 6.1 所列数值与利用 VASP 平面波代码的 DFT – GGA 计算结果一致[10]。

表 6.1　常压时 Fe 中 He 的溶解能

|  |  | 实际空间网格距/Å | k 点网格 | $E_{\text{Sub}}^{\text{sol}}$/eV | $E_{\text{tetra}}^{\text{sol}}$/eV | $E_{\text{octa}}^{\text{sol}}$/eV |
|---|---|---|---|---|---|---|
| 54 原子超胞 | SIESTA | 0.078 | $6 \times 6 \times 6$ | 4.19 | 4.38 | 4.55 |
| 128 原子超胞 | SIESTA | 0.078 | $3 \times 3 \times 3$ | 4.22 | 4.39 | 4.57 |
|  | SIESTA | 0.064 | $3 \times 3 \times 3$ | 4.22 | 4.39 | 4.58 |
|  | SIESTA | 0.078 | $4 \times 4 \times 4$ | 4.23 | 4.40 | 4.58 |
|  | VASP |  |  | 4.08 | 4.37 | 4.60 |

注:本表所列数据比较了 54 和 128 个原子单胞的 SIESTA 和平面波 VASP 的计算结果[10]。SIESTA 计算采用了几种实际空间网格距和 k 点网格。

表 6.1 所列数据显示,He 在四面体位中的溶解能($E_{\text{tetra}}^{\text{sol}}$)低于在八面体中的溶解能($E_{\text{octa}}^{\text{sol}}$),而且替位 He 的溶解能($E_{\text{Sub}}^{\text{sol}}$)仅略低于间隙位的溶解能。很显然,这些从头算数据与前期经验势(EP)的计算结果有差异(表 6.2)。从头算和 EP 计算的[17] He 在替换位、四面体和八面体间隙位的溶解能分别为 3.25 eV,5.34 eV 和 5.25 eV。依据从头算法给出的能量值,He 原子应该优先位于四面体间隙位,而非 EP 计算预示的八面体间隙位。替位 He 和间隙 He 溶解能高低差别不大是另一个重要信息,这与以往的概念明显不同。通常认为,替位 He 的溶解能远低于间隙 He 的溶解能;替位 He 的热平衡浓度远高于间隙 He 的热平衡浓度。

为了揭示产生上述差异的原因,研究者们考虑了 He 引入可能产生的磁性变化,利用 Mullikon 密度分析得到了 Fe 原子和 He 原子局域磁矩($\mu^{\text{Fe}}$ 和 $\mu^{\text{He}}$)。与引入 C 原子和 N 原子的情况不同[18],不论是替位 He 还是间隙 He 都未磁化($|\mu^{\text{He}}| \leqslant 0.05\mu_B$),因为 He 的闭合 1s 壳层和 Fe 的价带间未杂化。

由于最近邻原子数降低,空位周围的磁矩比无空位时($2.31\mu_B$)升高 $0.23\ \mu_B$,但当引入 He 原子后磁矩实际上也未发生变化($|\Delta\mu^{\text{Fe}}| \leqslant 0.02\ \mu_B$)。与这种情况相似,第 1 近邻间隙 He 原子仅使磁矩略微增大;对于四面体位形,$\Delta\mu^{\text{Fe}} = +0.09\mu_B$,对于八面体位形,$\Delta\mu^{\text{Fe}} = +0.03\mu_B$。相比而言,引入 C 和 N 原子后磁矩显著降低($\Delta\mu^{\text{Fe}} = -0.65\mu_B$)。因此,He 引入发生的变化小到可以忽略。初步的结论是:与 Fe 中其他杂质原子和自间隙原子相比[19],引入 He 原子仅对 Fe 的磁矩产生很弱的影响;没有证据显示如此小的磁矩变化会诱发占位结构的变化。

表 6.2　He 在 α－Fe 中的溶解性质[从头算法 SIESTA 和
前期经验势(EP)计算结果的比较]

| 性质 | 从头算法 | EP |
|---|---|---|
| $E_{\text{Sub}}^{\text{sol}}/\text{eV}$ | 4.22 | 3.25 |
| 优先间隙位 | 四面体 | 八面体 |
| $E_{\text{tetra}}^{\text{sol}} - E_{\text{Sub}}^{\text{sol}}/\text{eV}$ | 0.17 | 2.09 |
| $E_{\text{octa}}^{\text{sol}} - E_{\text{tetra}}^{\text{sol}}/\text{eV}$ | 0.18 | -0.09 |
| $E_{\text{b}}(\text{He}_1 - \text{V})/\text{eV}$ | 2.30 | 3.70 |

注:$E_{\text{Sub}}^{\text{sol}}$,$E_{\text{tetra}}^{\text{sol}} - E_{\text{Sub}}^{\text{sol}}$,$E_{\text{octa}}^{\text{sol}} - E_{\text{tetra}}^{\text{sol}}$ 和 $E_{\text{b}}(\text{He}_1 - \text{V})$ 分别表示替换位 He 的溶解能、四面体间隙位和替换位 He 溶解能之差、八面体间隙位和四面体间隙位 He 溶解能之差、间隙 He 与空位的结合能。

2. 间隙和替位 He 原子的迁移

下面讨论 BCC Fe 中间隙 He 原子和替换位 He 原子的迁移。从头算研究表明,Fe 中间隙 He($\text{He}_1$)的迁移能很低,仅约为 0.06 eV;替位 He($\text{He}_\text{S}$)通过空位机制和离解机制迁移;空位机制的迁移能约为 1.1 eV,离解机制($\text{He}_\text{S}$ 迁移到间隙位,留下 1 个空位,即 $\text{He}_\text{S} \longrightarrow \text{He}_1 + \text{V}$)的迁移能约为 2.36 eV。

先讨论间隙 He 的迁移。间隙迁移是低能 He 离子注入初期和年轻金属氚化物中的 He 行为。BCC Fe 四面体中的 He 能够在两个等价位置间迁移,不需通过八面体位置(图 6.2),与 Fe 中 H 的情况类似[20]。间隙迁移激活能很低,表明发生的是非热的迁移过程。值得提及的是,应用经验势(EP)计算的迁移能约为 0.08 eV。两种算法的结果相近,尽管预测的择优占位有差别[8]。

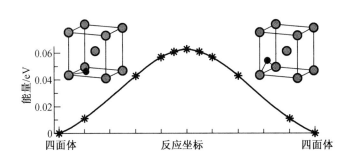

图 6.2　间隙 He 原子的迁移能叠示意图
注:初始和最后位形分别用黑球和灰球表示。

替位 He 能够以空位机制迁移[21-22],也能以离解机制迁移。空位机制需要出现另一个空位。计算显示,当两个空位为第 1 近邻时,$\text{HeV}_2$ 是最稳定复合体,空位与替位换 He 原子的结合能为 0.78 eV。两个空位为第 2 近邻时,空位与替换位 He 原子的结合能为 0.37 eV。有报道认为,第 1 和第 2 近邻复合体位形的相对稳定性与无 He 双空位的稳定性相近。替位 He 原子与第 3 近邻空位的相互作用很小,可以忽略。

下面我们来分析各种位形 He 原子的占位趋势。对于最近邻位形[图 6.3(a)],He 原子位于两空位中间,是很稳定的位形。对于第 2 近邻位形,替位 He 原子也倾向于离位进入两个能量等价的位置,占据与其中某个空位相距 0.25 倍晶格参数的位置[图 6.3(b)(f)],其能垒为 0.02 eV。对于第三种位形,He 原子进入其中的一个空位[图 6.3(c)]。

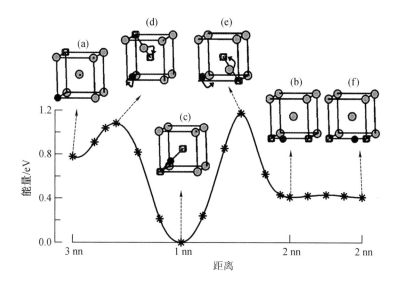

图 6.3　HeV$_2$ 复合体能量示意图

注:(a)为初始状态,He 原子与两个最近邻空位键合;(b)(c)分别为第 2 和第 3 近邻位形;(d)和(e)为鞍点位形;(f)为其他等价的第 2 近邻位形。黑色箭头[(d)和(e)中]分别表示原子跃迁后的位形,(a)从(b)变成(c)和(b)。原子(黑色为 He,灰色为 Fe)位于弛豫位置。小立方体表示空位。

从 3 种位形的排列特征可以看出,HeV$_2$ 复合体的扩散为相互竞争的两步迁移机制(图 6.3)。第一种以次近邻位形[图 6.3(b)]为中间位形。首先,空位从最近邻位形跃迁为次近邻位形,鞍点位形中 He 原子占据替代位[图 6.3(e)]。随后,经由类似的反方向跃迁恢复为最近邻位形,相应的迁移能约为 1.17 eV。第二种机制以第 3 近邻位形为中间位形[图 6.3(c)];这种位形的能量较高,而其实际的能垒略低些(1.08 eV)。这些能垒低于 HeV$_2$ 中空位的离解能(1.45 eV),可能等于空位与 He$_s$ 的结合能加上空位的迁移能(0.67 eV)。因此,通过替换位 He 的空位迁移机制,HeV$_2$ 复合体整体上能以空位机制移动可观的距离。

已运用振动模型[23]对各个鞍点进行了计算,分析了间隙 He 原子和 HeV$_2$ 复合体经第 3 近邻位形的迁移路径。对于两种情况,仅仅发现 1 个负的赫斯式(Hessian)矩阵,表明这些鞍点是一阶的[24]。因此,这些鞍点不可能衰减为除所考虑的局域极小值以外的其他局域最小值。

假设替换位 He 扩散符合 Arrhenius 关系,可以确定空位机制和离解机制的有效迁移能。依据空位处于平衡态还是过饱和态(低温至中温辐照状态),能够区分出两种极限情况。各自的有效迁移能表达式和计算值列于表 6.3。

表 6.3　替位 He 原子在 α－Fe 中的有效迁移能

| 情况 | 离解机制 | $E_m$/eV |
|---|---|---|
| (a) | $E_b(\mathrm{He_I-V}) + E_m(\mathrm{He_I}) - E_f(V)$ | 0.24 |
| (b) | $E_b(\mathrm{He_I-V}) + E_m(\mathrm{He_I})$ | 2.36 |

表 6.3(续)

| 情况 | 空位机制 | $E_m$/eV |
|---|---|---|
| (a) | $E_m(HeV_2) + E_f(V) - E_b(V-He_s)$ | 2.42 |
| (b) | $E_m(HeV_2) - E_b(V-He_s)$ | 0.30 |

注:离解机制和空位机制的比较:(a)热空位占主导;(b)过饱和空位占主导。离解机制表达式引自参考文献[5],空位机制表达式取自参考文献[24]。式中 $E_m(HeV_2)$ 为 $HeV_2$ 复合体的迁移能,取最近邻位形迁移至次近邻位形的能垒。$E_b(V-He_s)$ 表示空位和替位 He 原子的结合能。

　　从表 6.3 中看到,不同扩散机制和状态下的计算值差别较大,如果热空位占优势,其浓度受控于空位的形成能 $[E_f(V)]$。这解释了迁移能表达式中为什么包含形成能项。可以认为主导的扩散机制是离解过程。空位过饱和时(辐照诱发生成的空位占主导)的扩散机制还不够明确,因为一定辐照条件时的空位浓度($C_V$)为常数,也就是说空位浓度取决于辐照条件。$C_V$ 以不同的形式进入空位机制和离解机制表达式的前因子项[5],计算结果随着温度发生变化,存在较大差异。

　　我们还应注意到一个有趣的现象,对于离解机制,当热空位占主导或者过饱和空位占主导时,EP 计算的有效迁移能分别为 2.08 eV 和 3.78 eV[7-8],而从头算的计算值分别为 0.24 eV 和 2.36 eV,存在明显差异,因为预计的 $He_I-V$ 结合能较大。

　　注 He 样品的热解吸实验显示 He 迁移多半受离解机制控制,能垒为(1.4±0.3) eV,小于从头算的结果(2.36 eV)。考虑到复杂的实验条件(例如可能存在多种 He 的空位型缺陷和其他杂质,附加了一些假设并简化了实验数据的处理),产生差异是可理解的,但进一步研究是很必要的。

　　3. 小 He-空位团的稳定性

　　前面我们已计算了 $\alpha-Fe$ 中小 $He_nV_m(n, m = 1\sim4)$ 的位形和结合能。图 6.4 是依据表 6.3 中数据绘制的,我们就此讨论小 $He_nV_m$ 团的稳定性。

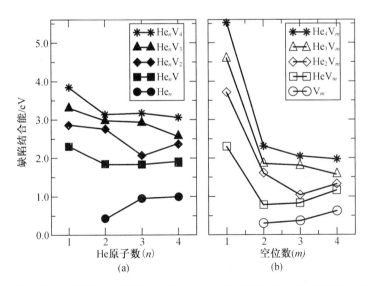

图 6.4　单间隙 $He_1$ 原子和空位与 $He_{n-1}V_m$ 和 $He_nV_{m-1}$ 团簇的结合能

(a)单间隙 $He_1$ 原子;(b)空位

注:横坐标和插图标示了团簇的成分。

从图 6.4 中看到,He 原子的结合能为正,甚至在缺乏空位($m=0$)的情况下,这表明 He 原子有成团的性质。间隙 He 原子快速迁移和 He 的自捕陷相结合,可以解释低温下初始无自由空位 Au 晶体中形成 He 泡的实验现象[25]。

当 $n=1$ 时,$He_1$ 与团簇的结合能是团簇空位数($m$)的增函数[图 6.4(a)],随着 $m$ 增大,结合能快速增大,趋近间隙 He 溶解能的计算值(4.39 eV)。$m$ 值给定时,He 的结合能随 He 含量增大而降低,表明团簇的压力增大。经验势计算结果与从头算的结果的变化趋势相同[8]。这预示当[He/V]值较大时团簇能够发射 He 原子和自间隙原子。

空位与团簇的结合能是团簇 He 原子数的增函数[如图 6.4(b)所示,变化趋势比 He 更明显],这是团簇压力增大的结果。换句话说,He 通过降低空位的发射速率,稳定空位型团簇;这种现象与 He 促进微观空腔形成的实验现象一致。He 原子数一定时,空位与团簇的结合能随着空位数增加先快速降低,直至 $m-1 \approx n$,此时团簇的压力已很低。随后团簇压力缓慢增大(类似无 He 的情况)。当团簇表面能贡献占主导时,图 6.4 中所有曲线的渐近值对应单空位的形成能,其计算值为 2.12 eV。

缺陷与团簇的结合能主要取决于 He 密度,即[He/V]值。通过发射 He 原子或空位,团簇的[He/V]发生变化,变化趋势与各自的离解能相关。He 从 $He_n V_m$ 团离解的能量变化如图 6.5 所示(从头算数据),图中给出了空位离解能随[He/V]的变化。计算时假设离解能等于 He 与团簇的结合能与间隙 He 迁移能之和。在热解吸实验(THDS)中,随着温度升高激活能增大发生离解反应。

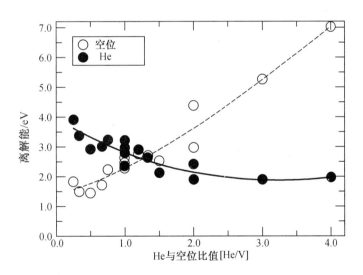

**图 6.5　He 原子和空位的离解能随[He/V]的变化曲线**

He 原子和空位离解曲线随[He/V]变化的交点为最稳定团簇的组成[8]。从头算的[He/V]$\simeq 1.3$,$E_d \simeq 2.6$ eV;而 EP 计算的[He/V]$\simeq 1.8$,$E_d \simeq 3.6$ eV。这些差异直接涉及对热解吸谱的解释[4,6,26]。例如,大约 750 K 时热解吸曲线出现了释放峰 II,预测激活能为(2.4 ± 0.4) eV。从头算给出的 He 从空位离解的激活能为 2.36 eV,应该与峰 II 对应;而 EP 计算值为 3.78 eV,有可能与更高温度(1 100 K)出现的峰 III 对应[4]。

运用从头算我们研究了 He 在 α−Fe 中的能量、迁移性和小 $He_n V_m$ 团簇的稳定性。He 在替换位和四面体间隙位的能量差异不像想象的那样大,低于早期经验势的计算结果。不

一致与 α – Fe 空位和间隙 He 的结合能较低相关,意味着受离解机制控制时,替位 He 的有效迁移能较低。我们研究发现间隙 He 原子迁移能很低并相互吸引,这意味着低温下无自由空位晶格中能够形成 He 泡。间隙 He 和空位与小 $He_n V_m (n, m = 1 \sim 4)$ 结合能的从头算结果与经验势结果的变化趋势类似,但数值有差异。重要的是这些差异涉及对热解吸谱的解释。

# 6.2　Fe 中 He – 空位团簇热稳定性的分子动力学模拟

在聚变反应堆和蜕变中子源运行环境下,由于中子辐照或者直接 He 注入,金属中迅速聚集不溶性的 He,同时生成非热的离位缺陷,这将导致金属显微结构和机械性能发生显著变化。金属中 He 的溶解度极低。例如,对于 Ni 晶格中具有 $10^{10}$ Pa 压力的 1 个 He 泡,1 500 K 时,泡内平衡态 He 原子浓度大约为 $1 \times 10^{-10}$。极低的溶解度意味着 He 将向空位团和空腔中沉积,具有极强的成团成泡倾向,正是这个性质对金属的力学性质有害。

本节概述 BCC Fe 中 He – 空位团能量和稳定性的 MD 研究结果。后面几节将综述 Fe 中 He – 空位团长大和收缩及动态形为的 MD 和 KMC 研究结果。分子动力学可以模拟含 He 缺陷在纳秒(ns)级时间范围的性质。KMC 方法能够模拟较长时间周期含 He 缺陷结构的变化。本节主要引用和讨论 Morishita, Sugano 等人的工作。

## 6.2.1　分子动力学模拟

分子动力学(MD)和静力学(MS)已用于研究 Fe 中 He – 空位团($He_n V_m$)的热稳定性。$n$ 和 $m$ 分别是团簇中的 He 原子数和空位数。应该注意到这里的标注方法,例如,$He_1 V_1$ 表示一个替位 He 原子。分别使用 Ackland 势[27]、Wilson – Johnson 势[28] 和 Beck 势[29] 描述 Fe – Fe,Fe – He 和 He – He 间的相互作用。为了描述 He – He 相互作用,使 Beck He – He 势与 ZBL 势光滑连接[30],使其适用于高能短原子间距。模型尺寸通常为 $10a \times 10a \times 10a$($a$ 为 Fe 的晶格常数),应用周期界面条件。He – 空位团的热稳定性用空位与团簇的结合能 $[E_b(V)]$、He 原子与团簇的结合能 $[E_b(He)]$ 和自间隙 Fe 原子与团簇的结合能 $[E_b(Fe)]$ 描述,分别用下面的方程计算:

$$E_b(V) = E_f(V) + E_f(He_n V_{m-1}) - E_f(He_n V_m) \tag{6.1}$$

$$E_b(He) = E_f(He) + E_f(He_{n-1} V_m) - E_f(He_n V_m) \tag{6.2}$$

$$E_b(I) = E_f(I) + E_f(He_n V_{m+1}) - E_f(He_n V_m) \tag{6.3}$$

其中,$E_f(He_n V_m)$,$E_f(V)$,$E_f(He)$ 和 $E_f(I)$ 分别为空腔中含 $n$ 个 He 原子和 $m$ 个空位的团簇的形成能、单个空位的形成能、单个间隙 He 原子的形成能和单个自间隙原子的形成能。形成能的定义是包含缺陷的晶体的总能与具有相同基体原子数目的完整晶体的能量差,每个 BCC 结构 Fe 原子和 FCC 结构 He 原子的内聚能分别为 – 4.316 eV 和 – 0.007 14 eV。计算采用的超胞构型是 $10a \times 10a \times 10a$($a$ 为 Fe 的晶格常数),计算过程采用三维周期性边界条件。首先,计算得到 BCC Fe 中单个空位的形成能为 1.70 eV。在单空位构型的基础上移除势能最高的 Fe 原子,可得到双空位构型,进而计算双空位的形成能。重复这个步骤,空位团尺寸 1 加 1 地增大,求得空腔($V_m$)的形成能与空洞内空位团数目的关系。计算 $He_n V_m$ 团簇的形成能时,首先向 $m$ 尺寸的空腔($V_m$)内引入 $n$ 个 He 原子,随后在 300 K 和固定的

MD 体积下进行弛豫并将体系冷却和快冷到 0 K。然后在零压力下进行系统转换[31-32]，允许体积变化，随后进行弛豫和再快冷。最后得到体系的总能量，计算形成能。处理的 He 原子数($n$)和空位数($m$)从 0 到 20。

### 6.2.2　计算结果

1. 空位与空位团的结合能

图 6.6 为 BCC Fe 中空位与空位团(空腔)的结合能随团簇尺寸的变化，SIA 与 SIA 团簇的结合能随团簇尺寸的变化也绘于图中。随着尺寸增大，两种结合能先快速增大，随后缓慢增大。对于任何尺寸，SIA 与 SIA 团簇的结合能总高于空位与空位团的结合能；SIA 团簇大于 4 个时，结合能已大于 2.0 eV。对于空位团，结合能略高于 1 eV 时已经饱和。相比而言，空位团的热稳定性明显低于 SIA 团的热稳定性；由于发射热空位，在中等温度时空位团容易离解。

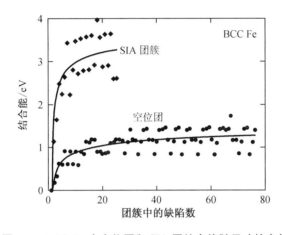

**图 6.6　BCC Fe 中空位团和 SIA 团结合能随尺寸的变化**

2. 空位与 He-空位团的结合能

He 被引入空位团后，团簇的结合态发生变化。团簇内 He 的稳定性起初取决于 He 与空位的比值([He/V])。比值接近 1 时，He 原子具有 BCC 结构，与基体 Fe 晶格相关。比值大于 6 时，团簇中的 He 原子为密堆位形。在这种状态下，He 原子的集体动作产生很高的泡压力，将基体原子推出其正常晶格位置，自发地生成附加空位和 SIA，SIA 被团簇束缚。

图 6.7 给出了空位与 $He_nV_m$ 团的结合能随[He/V]值的变化。[He/V]值与团簇的尺寸无关，例如，$He_1V_1$ 与 $He_{10}V_{10}$ 的[He/V]值相同。图中还给出了 BCC Fe 中空位与 $Cu_nV_m$ 团($0 \leq m \leq 20, 0 \leq n \leq m$)结合能随[Cu/V](Cu 原子数与空位数)值的变化，计算时用 Ackland势描述 Cu-Cu，Fe-Fe 和 Cu-Fe 间的相互作用。

为了深入理解金属中的 He 效应，研究者模拟了空位与 $Cu_nV_m$ 团的结合能随[Cu/V]的变化。模拟时将 Cu 原子看作晶体中的替位原子($Cu_1V_1$)。首先将 Cu 原子放入空腔的 BCC 位置，与基体 Fe 原子连接，计算 $Cu_nV_n$ 团的能量，随后将具有最大势能的 Cu 原子从团簇 $Cu_nV_n$ 中移出，计算 $Cu_{n-1}V_n$ 团簇的能量。运用前述的类似方法，依次向空位引入 Cu 原子并计算需要的能量。这种情况下使用的弛豫温度为 1 000 K。Cu 原子通常为 Fe 中的溶解态替位原子。计算表明，间隙 Cu 原子($Cu_1V_0$)很不稳定，很容易推出 1 个晶格 Fe 原子，生成 1 个替位 Cu 原子($Cu_1V_1$)和一个 SIA。说明空位很难从 $Cu_1V_1$ 中热解离,因为存在不稳定的间隙 Cu 原子。同样道理,从能量上看,空位也很难从 $Cu_nV_m$ 中离解。然而,当 $n < m$ 时,空位容易从 $Cu_nV_m$ 中离解,因为此时,$Cu_nV_m$ 的结合能为常数(0.5 ~ 1.0 eV)。

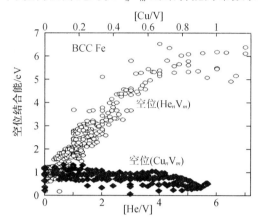

图 6.7　BCC Fe 中空位与 $He_nV_m$($Cu_m/V_n$)团簇结合能随[He/V]([Cu/V])值的变化

另一方面,随着[He/V]值的升高,空位与 $He_nV_m$ 团簇的结合能增大,从[He/V]为 0 时的约 1 eV 升至[He/V]为 6 时的约 6 eV。$Cu_nV_m$ 团簇 Cu 浓度的临界值与 $He_nV_m$ 团簇 He 浓度的临界值相差 6 倍,He 明显促进团簇的热稳定性。

上述的对比结果表明,金属中的 He 效应具有特征性。深入研究其他杂质 - 空位团的结合态是很有意义的。

3. 自间隙原子与 He - 空位团的结合能

图 6.8 给出了 BCC Fe 中自间隙 Fe 原子与 He - 空位团结合能随[He/V]值的变化。图中还给出了 BCC Fe 中自间隙 Fe 原子与 $Cu_mV_n$ 团簇结合能随[Cu/V]值的变化和 He 原子与 He - 空位团结合能随[He/V]值的变化。对于 $Cu_nV_n$ 团簇,结合能几乎不随[Cu/V]值变化(仅略微升高)。然而,对于 He - 空位团,结合能随[He/V]值增大的速率逐渐降低,从[He/V] = 0 时接近 Frenkel 对的形成能到较高[He/V]值时接近 0。估计 Frenkel 对的形成能为 6.58 eV,因为空位和 SIA 的形成能分别 1.70 eV 和 4.88 eV。

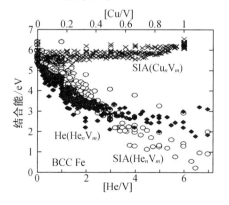

图 6.8　Fe 原子和 He 原子与 $He_nV_m$ 团簇的结合能随[He/V]的变化
以及 Fe 原子与 $Cu_nV_m$ 团簇的结合能随[Cu/V]的变化

应该注意到,自间隙 Fe 原子与 $He_n V_1$ 团的结合能略高于与 $He_n V_m (m \neq 1)$ 的结合能。随着 He 浓度增高自间隙 Fe 原子与 $He_n V_1$ 团的结合能逐渐降低是很有意义的 He 效应,这种效应有利于团簇周围 Fe 原子的热发射,成为自间隙原子(即位错环冲击[33]),甚至在低温和中等温度下也能发生变化。参考文献[4]和参考文献[34]还报道了发射自间隙原子团的现象。

间隙 He 原子与 $He_n V_m$ 团结合能的变化规律与间隙 Fe 原子类似。在零 He 时其结合能与间隙 He 原子在 BCC Fe 中的形成能(5.25 eV)相当,[He/V] > 6 时结合能降至约 1 eV。[He/V] 值足够大时,低温和中等温度下 $He_n V_m$ 团簇能够发射 He 原子和 SIA。两者相互竞争性的发射过程导致 [He/V] 值降低及空位结合能降低(图 6.7)。

## 6.3　Fe 中 He - 空位团长大和收缩的分子动力学模拟

Trinkaus[35] 将 He - V 和 He 泡分为三种特征尺寸:原子泡核、非理想气体 He 泡和理想气体 He 泡。尺寸最小的一类(半径约 1 nm)为原子泡核,通常表示为 $He_n V_m$( $n$ 为 50 ~ 100, $m$ 约为 50), $He_n V_m$ 团在 He 泡形核中扮演着重要角色。然而,目前还无法描述 He 泡形核和向 He 泡转化的物理过程。本节选用几种方法,在较长的周期和尺度范围模拟这些现象。首先用分子动力学(MD)方法研究 Fe 中 He - 空位团的能量并与热解吸谱(THDS)进行比较。分子动力学方法可以模拟缺陷在纳秒(ns)级时间范围的性质。然后用 KMC 和 LKMC 方法研究小团簇的寿命、迁移性和动态行为。

### 6.3.1　MD 计算形成能

选用的势函数见 6.2.1 节的内容。模型尺寸为 $10a \times 10a \times 10a$( $a$ 为 Fe 的晶格常数),应用周期界面条件。

BCC Fe 中空位团(空腔)和自间隙原子团的形成能随团簇尺寸的变化和最低形成能随团簇尺寸的变化分别表示为

$$E_f(V_k) = 2.790\ 6k^{2/3} - 0.755\ 26k^{1/3} \tag{6.4}$$

$$E_f(I_k) = 1.139\ 2k + 4.703\ 5k \tag{6.5}$$

其中, $E_f(V_k)$ 为 $k$ 空位团的形成能; $E_f(I_k)$ 为 $k$ 自间隙原子团的形成能。两种团簇中包含的空位数( $k$ )和 SIA 数( $k$ )分别取值至 76 和 25。空位团的形成能与连续方程描述的空腔表面能非常一致,直至小到 1 个空位[4]。空位和 SIA 团的结合能由下式确定:

$$E_b(j_k) = E_f(j_1) + E_f(j_{k-1}) - E_f(j_k) \tag{6.6}$$

其中,j 表示空位或自间隙原子。两种团簇的结合能均为团簇尺寸的增函数。另外,对于任何团簇尺寸,SIA 团的结合能均大于空位团的结合能(见 6.2 节和图 6.6 中的内容),表明空位团的热稳定性低于 SIA 团簇的热稳定性。实际上,即便是较大的空位团,结合能也不高于约 1.2 eV,但 4 个 SIA 团的结合能已高于 2.0 eV。然而,当 He 原子进入团簇时,团簇的结合态急剧变化。

包含 $n$ 个 He 原子和 $m$ 个空位团的形成能为

$$E_f(He_nV_m) = E_{tot}(He_nV_m) - [n\varepsilon_{He} + (N-m)\varepsilon_{Fe}] \tag{6.7}$$

其中，$E_{tot}(He_nV_m)$ 是包含 1 个 $He_nV_m$ 团的单胞的总能量；$\varepsilon_{Fe}$ 是 1 个完整 BCC Fe 晶体的内聚能；$\varepsilon_{He}$ 是 1 个完整 FCC He 晶体的内聚能，$\varepsilon_{Fe}$ 和 $\varepsilon_{He}$ 的计算值分别为每原子 $-4.316$ eV 和 $-0.007\,14$ eV；$N$ 为完整 BCC 晶胞的晶格位置数，$(N-m)$ 是晶胞中的 Fe 原子数。

依据形成能数据能够计算各类点缺陷与 $He_nV_m$ 团的结合能，$n$ 和 $m$ 的取值范围为 $0 \sim 20$。1 个空位、1 个间隙 He 原子和 1 个自间隙原子与 $He_nV_m$ 团簇的结合能分别为

$$E_b(V) = E_f(V) + E_f(He_nV_{m-1}) - E_f(He_nV_m) \tag{6.8}$$

$$E_b(He) = E_f(He) + E_f(He_{n-1}V_m) - E_f(He_nV_m) \tag{6.9}$$

$$E_b(I) = E_f(I) + E_f(He_nV_{m+1}) - E_f(He_nV_m) \tag{6.10}$$

BCC Fe 中 1 个孤立空位、1 个间隙 He 原子和 1 个孤立自间隙原子的形成能分别为 1.70 eV，5.25 eV 和 4.88 eV。这里定义的结合能等于 1 个点缺陷和 1 个 He-空位团作用前和作用后的总能量差。例如，由式(6.7)和式(6.8)空位的结合能被重写为

$$E_b(V) = [E_{tot}(V) + E_{tot}(He_nV_{m-1})] - [E_{tot}(perfect) + E_{tot}(He_nV_m)] \tag{6.11}$$

其中，$E_{tot}$ 为包含 $N$ 个 Fe 原子(表示为 $N\varepsilon_{Fe}$)完整晶体的总能量；$E_{tot}(V)$ 为含有 1 个孤立空位和 $(N-1)$ 个 Fe 原子晶体的总能量。因此，式(6.11)表示两个相同尺寸晶体的总能量差。前者的 $2N$ 个晶格位置中含有 1 个 $He_nV_m$ 团簇，后者含有 1 个 $He_nV_m$ 团簇和 1 个孤立空位。

依据式(6.10)可得到 1 个 SIA 团与 $He_nV_m$ 团簇的结合能，即

$$E_b(I_k) = E_f(I_k) + E_f(He_nV_{m+k}) - E_f(He_nV_m) \tag{6.12}$$

其中，$E_f(I_k)$ 是 $k$SIA 团的形成能，能够通过式(6.5)拟合。

### 6.3.2 计算结果

1. Fe 中 He-空位团的结合能

图 6.9 给出了 BCC Fe 中 He-空位团结合能随 He 密度的变化(He 密度用 He-空位团中 $n$ 和 $m$ 的比值表示)。如图 6.9 所示，初始结合能取决于 He 密度。团簇尺寸对结合能的影响相对较小，除了 $He_nV_1$ 团。空位和 SIA 与团簇的结合能通常较大，$He_nV_1$ 团簇中间隙 He 原子的结合能通常低于 $He_nV_m$ 团簇中 He 的结合能。

除非对于很高的 He 密度($>6$)，空位与 He-空位团的结合能随 He 密度增大逐渐增大，与 Adams 等[36]较早的结论一致。然而，空位与高密度 He-空位团的结合能令人吃惊地高于 6 eV，表明任何温度下空位都不能脱陷。如此高的结合能与 He 在 Ni 中的报道不一致。Sharafat 等通过外推，估算了空位与小 He-空位团的结合能。他们的估算主要依据 He 泡表面张力与气泡之间的力平衡，气体压力用 He 的状态方程(EOS)估算，仅考虑了 He-He 相互作用。对于这样小的团簇($n$ 和 $m$ 的数值范围为 $0 \sim 20$)，He 与周围金属原子的相互作用比 He-He 间的作用更重要。两类计算结果存在较大差异提示，从宏观角度确定小团簇的结合能有一定困难。目前我们研究的是较小的团簇，将来进行较大团簇的 MD 模拟是很有必要的。

He-空位团的结合能强烈地取决于 He 密度，He 被引入空位团后，团簇的结合态明显

变化。[He/V]值接近 1 时,He 原子具有 BCC 结构,与基体 Fe 晶格聚集。另一方面,当[He/V]值大于 6 时,团簇中的 He 原子为密堆位形。在这种状态下,He 原子的集体动作产生很高的泡压力,将基体原子推出其正常晶格位置,自发地生成附加空位和 SIA,降低 He 密度。这些结果表明团簇中的最大[He/V]值为 6。产生于高密度团簇中的 SIA 与团簇结合,因此 SIA 在团簇的一侧聚集,而不是沿团簇表面均匀分布,这与 Wilson[38] 的研究结果是一致的。这种非热行为明显提高团簇中的空位数,降低团簇中 He 的实际密度。图 6.9 中空位结合能的变化显示了这种现象。当[He/V]值约大于 6 时,空位的结合能取决于 He 密度。如图 6.9 所示,[He/V]等于 10 的结合能与[He/V]等于 3 的结合能相同。这表明,由于非热的空位发射,He 浓度由 10 降至 3。

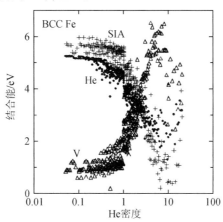

**图 6.9　BCC Fe 中空位、间隙 He 原子和 SIA 与 He – 空位团的结合能随团簇 He 密度的变化**

注:所有的结合能取决于 He 密度而不是团簇尺寸。

应用的原子间作用势表明,Fe – He 之间的排斥作用明显大于 He – He 间的弱排斥作用。降低高能排斥作用的 Fe – He 的数量从能量上有利于 He 在 Fe 中成团。这种结果能够解释 Fe 中 He 原子为何能够成团,尽管 He 原子的结合力非常小($\varepsilon_{He}$ = – 0. 007 14 eV,对于 FCC Fe)。同样原因,He 原子优先与空位结合,进一步降低 Fe – He 相互作用。事实上,He 原子被空位和空位团深捕馅,间隙 He 原子与邻近空空腔的结合能是很高的。

图 6.9 还显示,间隙 He 原子与 He – 空位团的结合能是 He 密度的函数。随着 He 原子数增加,间隙 He 原子与 He – 空位团的结合能降低和间隙 He 形成能降低大致相同,从 $E_f(He)$ = 5. 25 eV([He/V] = 0),降至略微低于 2 eV([He/V] = 6),随后([He/V] > 6)有所提高。高于 6 时的结合能变化可能与非热 SIA 产生相关,这种情况下 He 密度的影响降低,这种原因也可以解释前面注意到的空位结合能随 He 密度的变化。He 结合能增大和降低现象与 Wilson 等[38] 报道的 Ni 中 He 的定性结果相一致。

图 6.9 还给出了 BCC Fe 中 SIA 与 He – 空位团结合能随 He 密度的变化。与 He 原子结合能变化类似,随 He 原子数增加,SIA 与 He – 空位团的结合能从接近 Frenkel 对的形成能[$E_f(V) + E_f(I)$ = 1. 7 + 4. 88 = 6. 58 eV]在[He/V] = 0 降至接近 0,在[He/V] > 6 后随 He 密度增加而增加。SIA 结合能随 He 密度的变化也与 Wilson 等报道的 Ni 中 He 的定性结

果相一致。应该注意到,高密度 He 的情况下,SIA 与 He – V 的结合能几乎为零,每个空洞都被 6 个 He 原子占据,因而,不断生成的 SIA 将与空位重新组合。

上述的结合能变化显示了 He 对受辐照 Fe 中 He – 空位团稳定性的影响。一是对于空位与 He – 空位团结合能的影响,随 He 密度增大,空位与团簇的结合能增大;二是对于 SIA 与 He – 空位团结合能的影响,随 He 密度增大,SIA 与团簇的结合能降低。两种影响都将稳定 He – 空位团。

为了进一步理解金属中的 He 效应,进行了 He – 空位团和 Cu – 空位团结合能的比较(图 6.6),Cu 原子通常是 Fe 中的替位杂质[8]。应该注意到 $Cu_nV_m$ 团簇中的 Cu 密度([Cu/V])的含义与 He – 空位团是相同的,虽然它们不是表示金属中替位杂质的通用符号,仅仅是为了与 He – 空位团进行比较。对于 Cu – 空位团,当[Cu/V] > 1 时通常产生非热的 SIA。这可能表明,使用的 Fe – Fe 势的有效对势值低于这里预期的 Fe – Cu 的原子间距。Cu – 空位团的临界值为 1,对应的 He – 空位团的临界值为 6。临界值的差异可以用 Fe 中杂质的尺寸差异解释。对于 He – 空位团,观察到空位和 SIA 与团簇的结合能随 He 密度至临界值逐渐显著变化,Cu – 空位团中没有观察到这种显著变化。因此,Fe 中结合能的显著变化是 He 产生的特征效应。进一步研究 Fe 中其他杂质空位团结合能的变化是很有趣的,能够获得对 He 效应的更深认识。

图 6.10 给出了由方程(6.12)计算的 SIA 团与 He – 空位团的结合能随 He 密度的变化。结合能主要与 He 密度相关,而不是与团簇尺寸相关。但团簇 $HeV_1$ 和团簇 $He_nV_m$($m \neq 1$)具有不同的相关性。有趣的是,在相对高的密度范围内,SIA 团与 He – 空位团的结合能很小。这是很有意义的 He 效应,这种效应有利于团簇周围 Fe 原子的热发射,成为自间隙原子(即位错环冲击[33]),甚至在低温和中等温度下也会发生变化。

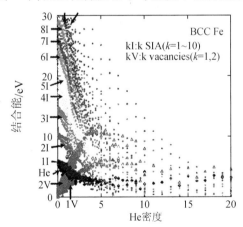

**图 6.10　BCC Fe 中 SIA 团与 He – 空位团的结合能
随 He – 空位团 He 密度的变化**

注:SIA 团与高 He 密度 He – 空位团的结合能相当低。

2. Fe 中 He – 空位团的离解能

缺陷 j 从 He – 空位团的离解频率可由下面的方程描述[39-40]:

$$\nu(j) = \nu_o \exp[-E_d(j)/kT] \tag{6.13}$$

其中,j 表示从 He – 空位团离解的缺陷,j = V,He,SIA,SIA 团等;$\nu_0$ 为尝试频率,通常假设 $\nu_0 = 10^3\ \text{s}^{-1}$;$k$ 是玻尔兹曼常数;$T$ 是温度;$E_\text{d}(\text{j})$ 为离解能。

离解能被定义为

$$E_\text{d}(\text{j}) = E_\text{b}(\text{j}) + E_\text{m}(\text{j}) \tag{6.14}$$

其中,$E_\text{b}(\text{j})$ 是点缺陷 j 与 He – 空位团的结合能;$E_\text{m}(\text{j})$ 是点缺陷 j 的迁移激活能。对于 BCC Fe 中的 V,He,SIA,迁移激活能的计算值分别为 0.74 eV,0.078 eV 和 0.058 eV。迁移激活能由计算的扩散系数 Arrhenius 曲线的斜率估算。扩散系数依据不同温度下,1 ~ 100 ns 内点缺陷的运动轨迹计算,如图 6.11 所示。

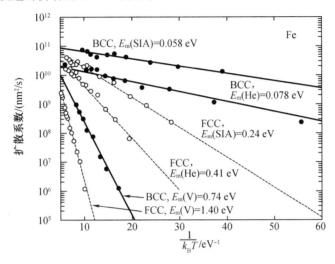

**图 6.11　BCC Fe 和 FCC Fe 中空位、间隙 He 原子和自间隙原子扩散系数的 Arrhenius 曲线**

注:扩散系数依据不同温度下,1 ~ 100 ns 内点缺陷的迁移轨迹计算,由曲线斜率给出点缺陷的迁移能。

图 6.12 为空位、间隙 He 原子和 SIA 从 He – 空位团离解的离解能随团簇 He 密度的变化。图中给出了辐照后退火 Fe 样品中 He – 空位团长大和收缩行为的信息。对于某个退火温度,如果离解能低于 $kT$,则 He 能够离解。随着退火温度升高,可能发生如下变化。在较低温度下,高 He 密度团簇容易发射 SIA。在较高温度下,He 容易从较高 He 浓度团簇中离解;较低 He 浓度团簇容易发射空位。还有一个有趣的现象,当 He – 空位团发射 SIA 时团簇中的 He 密度降低,因为团簇中的空位数增大。同样道理,当 He 离解时团簇中 He 密度降低;当发射热空位时,由于团簇中空位数降低,He 密度升高。依据这些演化规律,能够粗略评估一定条件下稳态 He – 空位团的 He 密度范围。例如,当退火温度对应的离解能为 2 eV 时,稳态团簇的 He 浓度范围为 0.7 ~ 4。温度升高时,稳态团簇 He 浓度的下限逐渐增大,上限逐渐降低,稳态 He 浓度范围缩小。当退火温度对应的离解能大约为 3.6 eV 时,稳态 He – 空位团的 He 密度为 1.8,处于各曲线的交点;该能量对应着 He 原子从稳态团簇中离解的最高温度。温度进一步升高,He 密度基本不变,仍大约为 1.8。可以认为,空位、He 原子和 SIA 离解受团簇的 He 浓度控制,稳态 He – 空位团的 He 浓度由退火温度决定。上述演化过程未包括热空位和其他外来缺陷的影响。

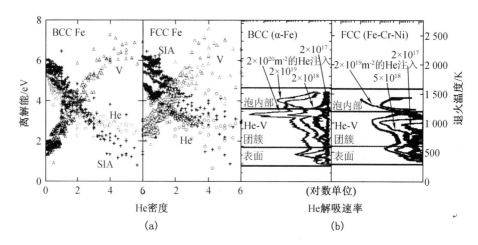

**图 6.12　BCC Fe 和 FCC Fe 中空位、间隙 He 原子和 SIA 的**
**离解能随团簇 He 密度的变化**

注:样品为线性加热,速率为 1 K/s。离解能随退火温度的关系依据 $E_d = 0.0029T$ 计算。

**3. 实验验证**

将计算出的离解能与热解吸谱(THDS)作对比是很有意义的。向 Fe 薄膜样品中引入 He,用高灵敏度四极质谱仪(QMA)记录退火样品的 He 解吸谱,分析 He 离解能与解吸谱的对应关系。样品的线性加热速率为 1 K/s。这里假设退火前注入的 He 全部保留在样品中,退火后全部释放,实验的细节见参考文献[7]、参考文献[41]和参考文献[42]。依据 THDS,在较低温度下,He 从样品表面释放,在中等温度下(700 ~ 1 200 K),He 从 He - 空位团中释放,在更高的温度下,对应的谱线来自于 He 泡(即泡迁移)的贡献。

当升温速率为 1 K/s,$\nu_0$ 取 $10^{13}$ $s^{-1}$ 时,一阶离解模型给出的退火温度($T$,单位 K)和离解能($E_d$,单位 eV)的关系式为 $E_d = 0.0029T$,可用于进行计算结果和实验结果的比较。图 6.12 给出了离解能曲线与热解吸谱(THDS)间的对应关系,在较低温度下,He 从样品表面释放,在中等温度下(700 ~ 1 200 K),He 从 He - 空位团中释放,温度高于 1 500 K,对应的谱线来自于 He 泡(泡迁移)的贡献,He 大量释放。纵坐标分别为离解能和退火温度,横坐标分别为 He 浓度和 He 解吸速率。在 700 ~ 1 200 K 温度下,He 原子能够从稳态 He - 空位团离解,与实验现象很一致。

纯 Fe 在 1 183 K 发生 BCC→FCC 相变,相变温度附近的热解吸谱发生异常变化,这是值得注意的现象。为此使用相同的势函数计算了 He 在 BCC Fe 和 FCC Fe 中的离解能,尽管 Ackland 的势函数是为 BCC Fe 建立的,但很好地再现了 FCC Fe 的晶格常数[27](FCC Fe 晶格常数的计算值为 0.368 nm)。计算得到的 FCC Fe 弹性常数为 $C_{11} = 187$ GPa,$C_{12} = 122$ GPa 和 $C_{44} = 98$ GPa;1 428 K 时的实验值为[43] $C_{11} = 154$ GPa,$C_{12} = 122$ GPa 和 $C_{44} = 77$ GPa,两种结果基本一致,因为 Fe - He,He - He 之间的相互作用用纯对势描述。描述 Fe - He 和 He - He 间相互作用时,原子间距是计算能量的最重要的参数,有理由认为针对 BCC Fe 建立的势函数也适用于 FCC Fe。图 6.12 中给出了 FCC Fe 中 He 的离解能随 He 密度的变化。FCC Fe 中 He 的离解能与 He 密度的函数关系与 BCC Fe 类似,但间隙 He 原子在 FCC Fe 中的离解能低于在 BCC Fe 中的离解能。可以预计,发生 BCC→FCC 相变时,He 与团簇的结合强度会突然降低,导致大量 He 离解。实际上,已在相变温度附近观察到 He 从 $\alpha$ - Fe 中冲出的现象,此时的解吸峰异常尖锐,以至不能用一级解吸模型来解释。在无相变的 FCC Fe 合金 (Fe‒Cr‒Ni 合金)中没有观察到这一现象。应该说,相变温度附近非热的 He 释放行为已被理论计算和实验结果证实。参考文献[42]从实验角度讨论了伴随相变的 He 解吸。

## 6.4　He‒空位团寿命的动态蒙特卡洛方法模拟

### 6.4.1　Fe 中 He‒空位团的寿命

MD 模拟是描述材料纳米尺度缺陷的有用方法。然而,尽管已使用了高性能计算机, MD 的模拟时间仍局限在 1 μs 内。动态蒙特卡洛方法(KMC)能够模拟长时间材料显微结构的变化,计算的准确性取决于输入数据(例如辐照损伤、缺陷迁移和稳定性)的准确性。

He‒空位团的寿命取决于它们的尺寸、He 密度和温度。KMC 方法是估算 He‒空位寿命的适用方法。模拟事件包括空位、间隙 He 原子和自间隙原子从 He‒空位团离解的现象学,为了简化,未包括自间隙原子团的离解。假设处于团簇/基体界面的事件是空位、He 原子和 Fe 原子,事件发生的可能性正比于缺陷从 He‒空位团离解的频率[式(6.13)]。与这些条件相关的能量由 MD 计算得到。选用的时间距 $\Delta t = -\lg(R) / \sum v_i$,其中,$R$ 是混乱数 $(0 \sim 1)$;$v_i$ 表示事件 $i$ 发生的可能性[44]。

图 6.13 给出了 BCC Fe 中不同起始 He 密度 He‒空位团尺寸随时间的变化,团簇尺寸由空位数确定,不随 He 原子数变化。团簇的初始尺寸为 20 个空位,温度固定在 600 K。不存在 He 原子时,由于热空位发射,团簇尺寸快速变小,在 $10^2$ s 内变扁。然而,当起始 He 密度增大时,团簇寿命迅速增大。另外,当起始 He 浓度高于 2 时,由于热 SIA 发射,团簇尺寸开始增大。因此,团簇尺寸的变化过程(团簇寿命)受控于起始 He 密度。应注意到,这里讨论的团簇寿命是指孤立 He‒空位团的一般性质,不包括辐照生成的外来缺陷的影响。辐照效应可能是很显著的,但这种影响具有不确定性,因为辐照引入 He‒V 缺陷的速率取决于辐照条件和基体的结构,例如位错和晶界等。

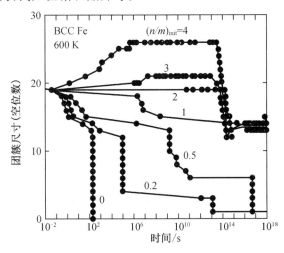

**图 6.13　BCC Fe 中 He‒空位团寿命随起始 He 浓度的变化**
注:起始团簇尺寸为 20 个空位,温度为 600 K。

### 6.4.2 Fe 中 He - 空位团的迁移

KMC 方法模拟 BCC Fe 中 He - 空位团的迁移行为涉及的事件包括热空位和 Fe 原子在团簇表面扩散以及前面讨论过的离解过程对 He - 空位团迁移的影响。热空位的影响和 Fe 原子表面迁移分别由下面的方程描述:

$$\nu = \nu_o \exp\left[ -E_f(V) + E_m(V)/kT \right] \tag{6.15}$$

$$\nu = \nu_o \exp\left[ -(E_m + \Delta E)/kT \right] \tag{6.16}$$

其中,$E_f(V)$ 是空位形成能;$E_m(V)$ 是空位迁移能;$E_m$ 是 Fe 原子在团簇表面的迁移能。MD 计算的 $E_f(V)$ 和 $E_m(V)$ 分别为 1.70 eV 和 0.74 eV。该模型描述的 Fe 原子的表面扩散与 Huang 等[45] 的工作类似。假设 $E_m$ 和 $\Delta E$ 是 He 密度和方位数的函数,方位数由第 1 最近邻内的 Fe 原子数确定。$\Delta E$ 由 Fe 原子处在可能的迁移位置前和后的势能差确定,由 MD 模拟得到的原子势能是方位数和 He 密度的函数。另一方面,假设 Fe 的瞬间迁移能 $E_m$ 与 Fe 原子在自由表面(无 He 原子)的迁移能相同。

向 KMC 模型中输入 Fe 原子在团簇表面迁移和热空位的影响能够洞察 He - 空位团的迁移行为。由 He - 空位团扩散系数的 Arrhenius 曲线看出,He - 空位团的迁移激活能与 Fe 原子在团簇表面的迁移能($E_m + \Delta E$)大致相同。当 $E_m$ 取 0.5 ~ 0.7 eV 时,$He_{20}V_{20}$ 团簇的迁移能大约为 0.89 eV。这表明,由于热空位的影响,团簇迁移受 Fe 原子在团簇表面扩散控制,而不受体扩散控制。还应该注意到,团簇扩散系数前因子比通常点缺陷迁移的前因子低 5 个数量级。

图 6.14 为团簇尺寸和均方扩散距离随 He 密度的变化。团簇的起始尺寸为 20 个空位,温度为 1 000 K。当 He 密度为 0 时,由于热空位发射,团簇尺寸随时间逐渐降低,团簇迁移增大。另一方面,当 He 密度为 1 时,模拟时间内团簇尺寸不变化,寿命较长团簇的迁移距离较长。因此,团簇迁移取决于团簇的尺寸和寿命,而尺寸和寿命取决于 He 密度。

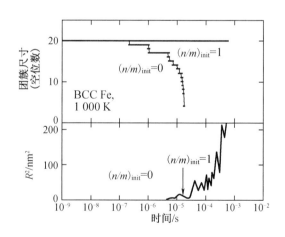

**图 6.14　FCC Fe 中团簇尺寸和均方扩散距离随 He 密度的变化**

注:初始团簇尺寸为 20 个空位,温度为 1 000 K。

# 6.5　Fe 中小 He‐空位团的动态性质

聚变堆和先进核装置中的铁素体‐马氏体钢会积累大量的点缺陷和 He 原子。在聚变堆运行温度下形成 He 泡列。为了准确预测 He 泡形成动力学,需要知道 He 泡形成的物理机制。特别是作为泡核的亚纳米 He‐空位团的形成动力学。这些团簇太小不能用 TEM 观察,原子模拟经常被用来阐明早期的 He 泡形核动力学[46‐49]。

Borodin 等[50]运用晶格动态力学蒙特卡洛方法(LKMC),选用近期报道的从头算数据(结合能和迁移能)为输入数据,模拟了 200 ~ 500 ℃ 温度范围小空位和小 He‐空位团的迁移行为,给出了小团簇扩散系数随温度的变化,估算了含 He 小团簇的寿命。本节主要引用和讨论他们的研究结果。

He 不溶于 Fe,但 He 在 Fe 间隙位的迁移率很高(从头算显示间隙 He 在 $\alpha$‐Fe 中的迁移能垒为 0.06 eV[51])。因此,即使以兆电子伏能量发射的停留在间隙位的 He 原子,也能够立即被离位级联的富空位核中的空位捕陷。而且逃逸出级联空位的间隙 He 原子能够迅速发现一个空位(在聚变环境中每向钢中注入一个 He 原子可产生高达 $10^4$ 个空位,甚至直接在级联中重组初始损伤)或者被其他尾闾(泡、位错、晶界等)捕陷。替位 He 的离解能大约为 2.4 eV[51],不大可能通过离解机制脱陷。通常认为,小 He‐空位团生长需要的大部分 He 迁移是空位促成的替位 He 迁移。

先前关于 He 成团的 LKMC 模拟表明,替位 He 的扩散包括形成可迁移的 $HeV_2$ 复合体(替位 He 加自由空位)。然而,已发现小 $He_nV_m$($m = 4 ~ 5, n < m$)在 300 ℃ 很容易迁移[3]。但是直到现在既不清楚它们的迁移能也不清楚它们的离解能。

## 6.5.1　模拟方法

计算模拟采用 CASINO‐LKM 代码[48,52],它基于对总的晶体能量采用“对键”近似。相应地,代码的输入参数为各类原子间的“成对键能”,即空位与置换 He 原子间距直到次近邻(NN)间的键能。为了正确描述 He‐空位团的扩散,需要考虑 2NN 间距时的能量,它对正确描述所谓的“环状机制”有显著贡献。

BCC Fe 中小空位和小 He‐空位团预测的结合能分别引自参考文献[53] ~ 参考文献[55]和参考文献[51]的从头算数据。先前工作的输入参数见表 6.4。

代码的特点是通过“连续时间”算法追踪扩散动力学的“实际”时间和近邻位置,还有空位迁移能垒的降低值。后面一点对空位团内“空位”跳跃的正确描述非常重要。

为了研究 He‐空位团的扩散,在 CASINO‐LKMC 模型中采用了一个特殊的功能执行。为了构建 $He_nV_m$ 团簇,$n$ 个 He 原子被分布到密集 $m$ 个空位($m > n$)的晶格位置,允许空位在 BCC Fe 的晶格中扩散跳跃。跳跃的可能性由对应于特殊跳跃的玻尔兹曼常数确定。每个空位的跳跃轨迹被追踪,直至达到需要的空位跳跃限度(1 亿 ~ 2 亿次,短寿命团簇;10 亿 ~ 30 亿次,足够稳定的团簇)。KMC 运行期间发生团簇离解情况时,原来的团簇位形复原,新的扩散过程自动开始。当至少 1 个空位或 He 原子被发现与其他属于初始团簇的空位/He 原子的间距大于 2nn 时,团簇分解。

团簇质量中心的平均均方位移随时间($\Delta t$)的变化表示为

$$<r^2> = 6D_c \Delta t \qquad\qquad (6.17)$$

其中，$D_c$ 为团簇质量中心在 $\Delta t$ 时间内的平均均方位移与时间间隔 $\Delta t$ 的比例系数，即团簇的扩散系数。

每次计算运行完之后，代码会处理计算过程中保存的团簇位置，并估计不同时间间隔 $\Delta t$ 的均方根位移 $\sqrt{<r^2>}$。典型的输出结果如图 6.15 所示。

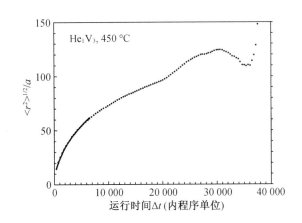

**图 6.15**　团簇位移（归一到晶格参数）随运行时间 $\Delta t$（内程序单位）变化的例子
注：点线为 450 ℃ $He_1V_3$ 团簇扩散的计算值，实线为均方根拟合。

可以看到，在时间间隔小于团簇平均寿命的 $10\% \sim 20\%$ 时，$\sqrt{<r^2>}$ 基本沿着时间的均方根变化，时间间隔 $\Delta t$ 较大时，曲线形状变化较大，因为此时用于计算 $<r^2>$ 的可用的数据点大大减少。如果将 $D_c$ 表示为

$$D_c = a^2 \nu_V d_c \qquad\qquad (6.18)$$

其中，$a$ 是 Fe 的晶格常数；$\nu_V$ 是单个空位的扩散频率；$d_c$ 是表征团簇迁移特征的因子，代码可以探测到的最低移动极限 $d_c$ 约为 $10^{-8}$。

团簇的寿命 $t_c$ 是相应温度下团簇开始形成到分解过程所需时间的平均值，寿命结束团簇即分解。对于寿命较长的团簇，因为分解次数很有限（1 到 3），所以统计误差较大。此处涉及的团簇寿命 $t_c$ 为真实的时间（单位为 s），是从程序的内部时间 $\tau$（图 6.15 中的时间）换算出来的，换算关系为

$$t_c = \tau_c / V_c = (\tau_c / \nu_o) \exp(E_V^m / k_B T) \qquad\qquad (6.19)$$

其中，$\nu_o$ 为原子振动频率；$E_V^m$ 为空位迁移能；$k_B$ 为玻尔兹曼常数；$T$ 为湿度。这里估算用的数值分别为 $\nu_o = 10^{13}$ Hz 和 $E_V^m = 0.67$ eV。

## 6.5.2　结果和讨论

依赖于团簇迁移因子和团簇寿命的计算温度如图 6.16 和图 6.17 所示。图中考虑的所有团簇均具有 Arrhenian 形式。

$$d_c = d_{co} \exp(-\Delta E_c^m / k_B T) \qquad\qquad (6.20)$$

$$t_c = t_{co} \exp(E_c^d / k_B T) \qquad\qquad (6.21)$$

前因子 $d_{co}$，$t_{co}$ 及迁移能 $\Delta E_c^m$ 的修正值和团簇离解能 $E_c^d$ 从拟合计算点数据获得（表 6.4）。

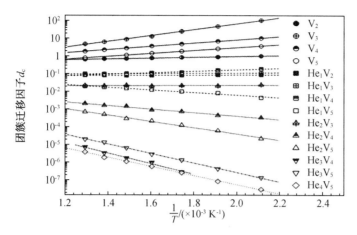

**图 6.16　团簇迁移特征因子随温度的变化**

注：直线是对计算点的线性拟合。

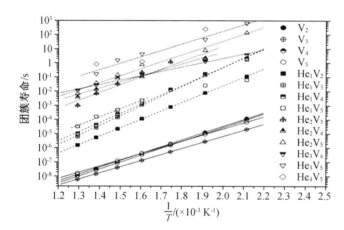

**图 6.17　团簇寿命随温度的变化**

注：直线是对计算点的线性拟合。

**表 6.4　团簇迁移特征因子和团簇寿命的拟合参数[49]**

| 团簇 | $d_{co}/(\times 0.1\ \text{nm})$ | $\Delta E_c^m/\text{eV}$ | $t_{co}/\text{s}$ | $E_c^d/\text{eV}$ | $E_c^b/\text{eV}$ |
|------|------|------|------|------|------|
| $V_2$ | 0.32 | −0.05 | $7.3 \times 10^{-15}$ | 0.96 | 0.29 |
| $V_3$ | 0.033 | −0.33 | $1.6 \times 10^{-14}$ | 0.85 | 0.18 |
| $V_4$ | 0.12 | −0.18 | $4.7 \times 10^{-15}$ | 0.97 | 0.30 |
| $V_5$ | 0.069 | −0.16 | $3.9 \times 10^{-14}$ | 0.87 | 0.20 |
| $HeV_2$ | 0.067 | −0.01 | $3.1 \times 10^{-14}$ | 1.18 | 0.51 |
| $HeV_3$ | 0.078 | −0.015 | $1.1 \times 10^{-14}$ | 1.35 | 0.68 |

表 6.4(续)

| 团簇 | $d_{co}/(\times 0.1\ \text{nm})$ | $\Delta E_c^m/\text{eV}$ | $t_{co}/\text{s}$ | $E_c^d/\text{eV}$ | $E_c^b/\text{eV}$ |
|---|---|---|---|---|---|
| $\text{HeV}_4$ | 0.025 | $-0.083$ | $4.9 \times 10^{-14}$ | 1.29 | 0.62 |
| $\text{HeV}_5$ | 0.18 | 0.14 | $1.2 \times 10^{-12}$ | 1.15 | 0.48 |
| $\text{He}_2\text{V}_3$ | 0.018 | $-0.015$ | $1.8 \times 10^{-10}$ | 1.08 | 0.41 |
| $\text{He}_2\text{V}_4$ | 0.039 | 0.19 | $1.9 \times 10^{-8}$ | 0.84 | 0.17 |
| $\text{He}_2\text{V}_5$ | 0.15 | 0.35 | $5.3 \times 10^{-9}$ | 0.97 | 0.30 |
| $\text{He}_3\text{V}_4$ | 0.046 | 0.58 | $1.4 \times 10^{-6}$ | 0.61 | $-0.06$ |
| $\text{He}_3\text{V}_5$ | 0.053 | 0.53 | $7.4 \times 10^{-7}$ | 0.83 | 0.16 |
| $\text{He}_4\text{V}_5$ | 0.007 9 | 0.51 | — | — | — |

应注意到,依据式(6.18)和式(6.19),团簇扩散的全部激活能为 $E_V^m + \Delta E_c^m$。另外,表 6.4 中的表观团簇结合能为 $E_c^b = E_c^d - E_V^m$。通常这些团簇的结合能不能直接与数值实验的输入能量参数相联系。

从图 6.17 中看到,对于纯空位团,在计算的温度范围内,仅双空位团比单空位迁移慢些,3 空位团和 4 空位团均比单空位迁移得快;温度低于 250 ℃(523 K)时 5 空位团也比单空位迁移快。小空位复合体迁移加速是前面提到的在空位团簇中迁移势垒降低的结果。事实上,3 空位团的有效迁移能垒为 0.34 eV,只能通过跳跃的方法迁移,与从头算的空位团簇迁移势垒的相关结果是一致的。然而,预测的小空位团的寿命很短,寿命期内的平均位移也很短,从 200 ℃(473 K)时的 3～10 nm 减小到 500 ℃(773 K)时的 0.5～1 nm。

He 原子有效地稳定空位团簇。从图 6.17 中看到,每个被固定尺寸团簇(几个空位)捕获的 He 原子显著地增加团簇寿命,特别是在降低温度时。对于最稳定的团簇 $\text{He}_4\text{V}_5$,在 LKMC 合理的运行长度范围内很难预测其寿命。图 6.17 中显示几个数据点,给出的是相对寿命,不像是由离解能垒确定的寿命。其他长寿命团簇,例如 $\text{He}_2\text{V}_5$ 和 $\text{He}_3\text{V}_5$,数据点看似形成一条直线,但比短寿命团簇的数据点分散。

依据 He 对团簇迁移的影响,小团簇分为两组。第一组($\text{HeV}_2 \longrightarrow \text{HeV}_4$,$\text{He}_2\text{V}_3$),像单空位那样,具有基本相等的迁移能垒,仅扩散系数前指数因子因受几何因素限制而降低。剩余团簇的能垒比单空位的能垒高些。对于最大的团簇($\text{He}_3\text{V}_4$,$\text{He}_3\text{V}_5$,$\text{He}_4\text{V}_5$),仅有 1～2 个自由空位,迁移能大约是单空位($E_V^m$)的二倍,这些团簇在其寿命期内仅迁移几纳米,寿命很难确定。相对而言,中等尺寸团簇的迁移距离最长(30～40 nm,300 ℃),最远的是 $\text{He}_2\text{V}_3$($>100$ nm,300 ℃)。

## 6.6   自间隙团迁移对 Fe 中 He 扩散的影响

几十年来人们对 He 的扩散机制进行了持续地研究[56-57]。然而,正如 Trinkaus 和 Singh 所说,在模拟 He 行为时有一些与此相关的问题还不是很清楚。

模拟金属损伤时,自间隙原子团的迁移是存在争议的问题,特别是在 Fe 中。第一原理计算表明[53-54],$\alpha$ – Fe 中的小自间隙原子团是可迁移的。运用经验势计算了较大自间隙团的迁移性[58-60]。这些信息已作为速率理论或 KMC 模型的输入数据,研究基体的损伤行为。Hardouin Duparc 等[64]的研究表明,如果考虑基体中仅单自间隙原子和单空位是迁移的,所有的自间隙原子团都不迁移,那么运用速率理论能够描述电子辐照实验。另一方面,Domain 等[18]的研究表明,为了再现中子辐照实验,需要考虑自间隙原子团的迁移以及缺陷对这些团簇的捕陷。

Caturla 和 Ortiz[47]用 OKMC 模型研究了自间隙团迁移对辐照 $\alpha$ – Fe 中 He 扩散的影响,他们描述了 OKMC 模型中的参数,运用第一原理和分子动力学的计算数据,模拟了不同温度和不同厚度样品等温退火时注入 He 的解吸分数,将模拟结果与热解吸实验进行了比较。结果显示,自间隙原子团迁移明显影响 He – 空位团形核和长大中的捕陷。模拟时考虑了四组不同的参数:①仅单自间隙原子是迁移的;②小自间隙原子团是迁移的;③所有的自间隙原子团是迁移的;④所有的自间隙原子团是迁移的,但不包括捕陷。

### 6.6.1　动力学蒙特卡洛模型

Fu 和 Willaime[51]描述的 He 的迁移机制已输入 KMC 模型。依据他们的计算,间隙 He 原子($He_1$)迁移的能垒为 0.06 eV;替位 He 原子($He_s$)通过空位机制迁移的能垒为 1.1 eV,通过离解机制迁移($He_s \longrightarrow He_1 + V$)的能垒为 2.36 eV。替位 He 原子也通过换位机制(踢出机制)迁移,这种机制通常发生在有预存缺陷的情况下,例如 1 个自间隙原子(I)与替位 He 原子交换位置($He_s + I \longrightarrow He_1$)。

Fu 和 Willaime 计算的小 He – 空位团的结合能($E_b$)见表 6.5。表中给出了 $\alpha$ – Fe 中 $He_nV_1$($n = 1 \sim 4$)和 $He_nV_m$($n,m = 1 \sim 4$)的位形和结合能。从表列数据看到,随着 $m$ 值增大,团簇与空位的结合能降低,与 He 的结合能增大;随着 $n$ 值增大,团簇与空位的结合能增大,与 He 的结合能降低。$He_nV_1$ 型团簇($HeV, He_2V, He_3V, He_4V$)中空位的结合能分别为 2.30 eV,3.71 eV,4.59 eV 和 5.52 eV,高于 $He_nV_m$($m \neq 1$)型团簇中空位的结合能;随 $He_1V_m$ 型团簇中空位数增大,团簇中空位的结合能降低。较大尺寸团簇的能量通过拟合表中数据获得。关于纯空位和自间隙原子的迁移能和结合能见参考文献[54]。

表 6.5　He – 空位团的结合能[51]

| 反应 | $E_b$/eV | 反应 | $E_b$/eV |
|---|---|---|---|
| $HeV \longrightarrow He + V$ | 2.30 | $HeV_2 \longrightarrow V_2 + He$ | 2.85 |
| $HeV_2 \longrightarrow HeV + V$ | 0.78 | $HeV_3 \longrightarrow V_3 + He$ | 3.30 |
| $HeV_3 \longrightarrow HeV_2 + V$ | 1.16 | $HeV_4 \longrightarrow V_4 + He$ | 0.46 |
| $HeV_4 \longrightarrow HeV_3 + V$ | 1.16 | $HeV_2 \longrightarrow HeV + He$ | 1.84 |
| $He_2V \longrightarrow He_2 + V$ | 3.71 | $He_2V \longrightarrow HeV + He$ | 1.84 |
| $He_2V_2 \longrightarrow He_2V + V$ | 1.61 | $He_2V_2 \longrightarrow HeV_2 + He$ | 2.75 |
| $He_2V_3 \longrightarrow He_2V_2 + V$ | 3.71 | $He_2V_3 \longrightarrow HeV_3 + He$ | 2.96 |
| $He_2V_4 \longrightarrow He_2V_3 + V$ | 1.32 | $He_2V_4 \longrightarrow HeV_4 + He$ | 3.12 |

表 6.5(续)

| 反应 | $E_b/eV$ | 反应 | $E_b/eV$ |
|---|---|---|---|
| | | $He_3 \longrightarrow He_2 + He$ | 0.81 |
| $He_3V \longrightarrow He_3 + V$ | 4.59 | $He_3V \longrightarrow He_2V + He$ | 1.83 |
| $He_3V_2 \longrightarrow He_3V + V$ | 1.85 | $He_3V_2 \longrightarrow He_2V_2 + He$ | 2.07 |
| $He_3V_3 \longrightarrow He_3V_2 + V$ | 1.80 | $He_3V_3 \longrightarrow He_2V_3 + He$ | 2.91 |
| $He_3V_4 \longrightarrow He_3V_3 + V$ | 1.57 | $He_3V_4 \longrightarrow He_2V_4 + He$ | 3.16 |
| | | $He_4 \longrightarrow He_3 + He$ | 0.84 |
| $He_4V \longrightarrow He_4 + V$ | 5.52 | $He_4V \longrightarrow He_3V + He$ | 1.91 |
| $He_4V_2 \longrightarrow He_4 + V$ | 2.30 | $He_4V_2 \longrightarrow He_3V_2 + He$ | 2.36 |
| $He_4V_3 \longrightarrow He_4V_2 + V$ | 2.03 | $He_4V_3 \longrightarrow He_3V_3 + He$ | 2.57 |
| $He_4V_4 \longrightarrow He_4V_3 + V$ | 1.97 | $He_4V_4 \longrightarrow He_3V_4 + He$ | 3.05 |

空位与较大 $He_nV_{m-1}$ 的结合能可依据式(6.22)计算:

$$E_b(V - He_nV_{m-1}) = E_f(V) + E_0(V)[m^{2/3} - (m-1)^{2/3}] \quad (6.22)$$

其中,$E_f(V)$ 为单空位的形成能,$E_0(V)$ 为方程与表 6.5 的拟合数据。

间隙 He 与较大 $He_{n-1}V_m$ 的结合能有类似的表达式。

$$E_b(He_I - He_{n-1}V_m) = E_f(He_I) + E_0(He_I)[n^{2/3} - (n-1)^{2/3}] \quad (6.23)$$

Caturla 等用这些输入数据,模拟了 Vassen 等[61]的热解吸实验。

模拟开始时,间隙 He 原子、空位和自间隙原子均匀分布。TRIM 计算表明[63],注入能量为 40 eV 时,每注入 1 个 He 原子预计生成 200 个 Frenkel 对,Fe 原子的离位阈能为 40 eV。依据这些假设的初始条件,在室温下模拟这些缺陷的变化,直至达到稳态。室温模拟后,模拟参考文献[61]实验条件的 He 释放。

目前已经积累了 Fe–He 系统缺陷能量的数据,但仍存在一些不确定性,特别是自间隙原子团的行为。利用经验势的原子计算显示 Fe 中的自间隙原子团是迁移的。第一原理计算显示尺寸至 4 的 <110> 型小团簇是迁移的,迁移能垒与单间隙原子的迁移能垒相近,数量级为 0.3 ~ 0.4 eV。对于较稳定的较大 <111> 型自间隙原子团,基于嵌入原子势的计算,其迁移能垒低于 <110> 型团簇,数量级为 0.1 eV。

较早的 OKMC 计算表明[62],利用动力学模型模拟受辐照 Fe 时,为了再现实验结果,需要考虑某种类型缺陷对迁移自间隙原子团的捕陷,尽管还不完全了解这类捕陷结构的来源。有几种机制可用来解释这种影响。首先,预存杂质(例如 C)应该对这种现象负责。然而,第一原理计算显示自间隙原子与 C 之间存在排斥作用[53]。其次,TEM 观察到受辐照 Fe 中存在 <100> 环,虽然分子动力学模拟显示 <111> 环之间相互作用形成 <100> 环,但这种环的形成机制还有争论,并且这种环的迁移性很低。这可能是捕陷迁移自间隙原子团的另一种机制。最后,包括迁移自间隙原子团和球形杂质间弹性相互作用的 OKMC 计算显示这种相互作用对这些缺陷有明显的捕陷作用。因为这些问题仍未完全解决,用 OKMC 模型来探究自间隙原子团迁移对 He 扩散的影响是很有意义的。

### 6.6.2　模拟结果

图 6.18 为样品的 He 释放分数曲线,样品注 He 深度为 2.6 μm,初始原子 He 浓度为 $1.09 \times 10^{-7}$,退火温度为 667 K。图中给出了三种假设情况的模拟释放曲线:①仅单自间隙原子是迁移的;②单自间隙原子(I)、尺寸为 2 的自间隙原子团($I_2$)和尺寸为 3 的自间隙原子团($I_3$)是迁移的;③所有尺寸自间隙原子团是迁移的。第一种假设被 Hardouin Duparace[63]用于速率理论,再现电子辐照实验。第二种情况包含更多的信息,要么所有的 <111> 环反应生成不迁移的 <100> 环,要么这些 <111> 环与杂质(例如 C)相互作用被捕陷。第三种情况表明任何尺寸或类型的自间隙原子都未被捕陷。对于第三种情况,输入的迁移性均选用从头算数据。尺寸 1,2 和 3 的数据引自参考文献[54],尺寸大于 3 的数据引自参考文献[60]。

从图 6.18 中看到,自间隙原子的迁移性对 He 解吸有重要影响。假设所有的自间隙原子团都不迁移时,He 在很短时间内就开始释放。迁移的自间隙原子对 He 释放量具有数量级的影响。

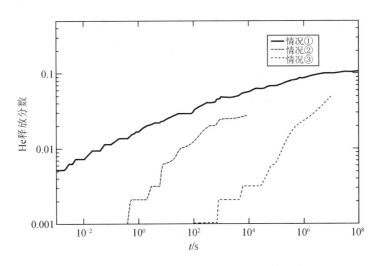

**图 6.18　自间隙团迁移对 He 解吸曲线的影响**

注:计算的退火温度为 667 K,样品的注 He 深度为2.6 μm,He 的原子浓度为 $1.09 \times 10^{-7}$。

图 6.19 为计算的释放分数(样品深度 2.6 μm,退火温度 667 K)。OKMC 计算假设所有自间隙原子团是迁移的(虚线)。很显然,这些模拟条件不能重现实验现象。与实验相比,He 释放的时间坐标很长,总释放分数也很低。相比而言,所有自间隙原子团不迁移的模拟结果(也在图中给出)与实验数据相当一致,虽然还不清楚 He 的释放分数。

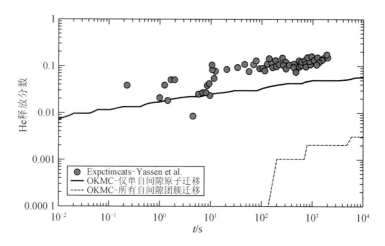

**图 6.19** 计算的 He 释放分数(退火温度 667 K, 样品注 He 深度 2.6 μm,
He 的原子浓度为 $1.09 \times 10^{-7}$)与 Vassen 的实验数据的比较

为了了解退火时 He 的迁移机制,计算了不同时间 He 原子的总跳跃数。图 6.20 为两种情况时 He 的跳跃次数,即仅单自间隙原子是迁移的和所有的自间隙原子团是迁移的。高温退火开始时,两种情况替位 He 的浓度相同,没有间隙 He 原子,因为室温退火时所有 He 原子运动到辐照生成的孔洞。因此 He 原子仅能通过换位机制、空位机制或离解机制迁移。研究者认为所有自间隙原子团可迁移时,室温下这些团簇在表面迁移和湮没,667 K 等温退火开始时,几乎没有自间隙原子存在。

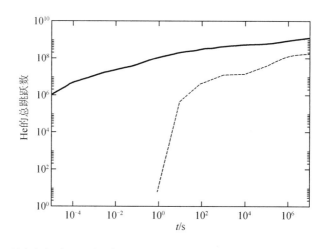

**图 6.20** 所有自间隙团迁移(虚线)和仅单自间隙迁移(实线)时 He 的总跳跃次数

图 6.20 显示,自间隙原子团可迁移时大约 1 s 后 He 开始移动;当仅单自间隙原子可迁移时,很短时间后($<10^{-5}$ s)He 就开始移动。这清楚地显示了 He 解吸时自间隙原子的重要作用,当自间隙原子团不迁移时,退火早期 He 迁移是换位引起的。换言之,因为自间隙原子是高迁移性的,在这一时间范围内,换位是最可能起作用的机制。然而,当所有自间隙原子团可

迁移时这一机制不起作用,因为室温下自间隙原子在表面重新组合。这种情况下,He 不能开始迁移,直至离解机制发生。在不同温度和 He 浓度条件下也观察到这种行为。

如图 6.20 所示,研究者认为自间隙原子团不迁移与实验结果更一致。这一假设已被 Hardouin Dupare 等成功地用于速率理论来模拟描述 Fe 的电子辐照。与此不同,Domanin 等的研究表明,重复中子辐照实验需要考虑自间隙原子团的迁移和存在对这些团簇的捕陷。

在这一思路下,Caturla 将 1.0 eV 结合能输入 Fe – He 模型中,针对两种条件进行了计算。一种注 He 深度为 2.6 $\mu m$, He 的原子浓度为 $1.09 \times 10^{-7}$,辐照退火温度为 667 K;另一种样品在较低温度(557 K)退火,注 He 深度为 2.5 $\mu m$,起始 He 的原子浓度为 $1.39 \times 10^{-6}$。在假设捕陷 He 原子浓度为 $1.2 \times 10^{-5}$ 的情况下进行模拟。图 6.21 为两种条件的模拟结果(线)与中子实验结果(符号)的比较。两种样品的模拟结果和实验结果相当一致。

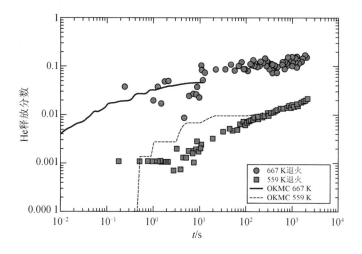

**图 6.21　667 K 和 559 K 退火时 He 的释放分数**

注:本图为中子实验(符号)和考虑所有自间隙原子迁移与存在捕陷(捕陷的原子浓度为 $1.2 \times 10^{-5}$)时模拟结果(线)的比较。

### 6.6.3　结论

运用 OKMC 模型模拟了不同温度和 He 浓度的 Fe 样品的 He 解吸,特别是自间隙原子团迁移对 He 释放的影响。结果表明,当所有尺寸的自间隙原子团被认为可迁移时,对延迟 He 释放有强烈影响。换位机制(在自间隙原子帮助下替位 He 向间隙位移动)是促进退火早期 He 快速释放的原因。Vassen 等观察到的短时间内(大约 0.2 s,559 K)的 He 释放实验现象能够用这种机制解释。当所有自间隙原子团簇被认为不迁移时,模拟结果接近实验结果。然而,计算模拟仍不能确定释放分数。向自间隙团迁移引入捕陷,能更好地拟合实验现象,与 Domain 等发展的 OKMC 模型一致。捕陷对于自间隙团簇的重要性不仅在于它们的演化,更在于对 He 和 He – 空位团迁移与形核的作用。

## 参考文献

[1]　DONNELLY S E, Evans J H . Fundamental aspects of inert gases in solids[M]. New York: Plenum Press, 1991.

[2]　ISHIZAKI T, XU Q, YOSHIIE T, et al. Investigation of vacancy – type defects in helium [J]. J Nucl Mater, 2002,307: 961.

[3]　TRINKAUSH,SINGH B N. Helium accumulation in metals during irradiation – where do we stand[J]. J Nucl Mater,2003,323: 229.

[4]　MORISHITA K, SUGANO R, IWAKIRI H, et al. Thermal helium desorption from α – iron. In: proc 4th pacific rim intconf on advanced materials and processing (PRICM4) [J]. The Japan Institute of Metals, 2001: 1395.

[5]　VASSEN R, TRINKAUS H, JUNG P. Diffusion of helium in magnesium and titanium before and after clustering[J]. J Nucl Mater, 1991, 183: 1.

[6]　ULLMAIERH . Properties and interactions of atomic defects in metals and alloys, landolt-bornstein, new series group III, Vol. 25[M]. Berlin: Springer – Verlag, 1991.

[7]　MORISHITA K, WIRTH B D, RUBIA T D,et al. Effects of helium on radiation damage processes in iron. In: proc 4th pacific rim intconf on advanced materials and processing (PRICM4)[J]. The Japan Institute of Metals, 2001: 1383.

[8]　MORISHITA K, SUGANO R, WIRTH B D,et al. Thermal stability of helium – vacancy clusters in iron[J]. NuclInstrum Meth B, 2003, 202: 76.

[9]　WIRTH B D, ODETTE G R, MARIAN J, et al. Modeling microstructure and irradiation effects[J]. J Nucl Mater, 2004, 329: 103.

[10]　SELETSKAIA T, OSETSKY Y, STOLLER R E, et al. Magnetic interactions influence the properties of helium defects in iron[J]. Phys Rev Lett, 2005, 94: 046403.

[11]　SOLER J M, ARTACHO E, GALEJ D, et al. First principle study of structural, electronic and magnetic[J]. J Phys Condens Matter, 2002, 14: 2745.

[12]　FU C C, WILLAIME F, ORDEJON P. Stability and mobility of mono-and di-interstitials in α – Fe[J]. Phys Rev Lett, 2004, 92: 175503.

[13]　BARONI S, DAL C A, GIRONCOLI S ,et al. The DFT plane wave calculations are performed with the PWSCF package [J/OL]. http://www. pwscf. org. using an ultrasoft pseudopotential and an energy cut off of 30Ry.

[14]　VAN M T, VAN L J H. Benchmark full configuration interaction calculations on the helium dimmer[J]. J Chem Phys, 1995,102: 7479.

[15]　CEPERLEY D M, PARTRIDGE H. The $He_2$ potential at small distances[J]. J Chem Phys, 1986,84: 821.

[16] PETERSEN M, WILKE S, RUGGERONE P, et al. Scattering of rare – gas atoms at a metal surface: evidence of anticorrugation of the helium – atom potential energy surface and the surface electron density[J]. Phys Rev Lett, 1996,76: 995.

[17] JEAN N, TRIONI M I, BRIVIO G P,et al. Corrugating and anticorrugatingstatic interactions in helium – atom scattering from metal surfaces [J]. Phys Rev Lett, 2004, 92: 013201.

[18] DOMAIN C, BECQUART C S, FOCT J. Ab initiostudy of foreign interstitial atom (C, N) interactions with intrinsic point defects in $\alpha$ – Fe[J]. Phys Rev, 2004,69: 144112.

[19] DOMAIN C, BECQUART C S, MALERBA L. Simulation of radiation damage in Fe alloys: an object kinetic monte carloapproach[J]. J Nucl Mater, 2004,335: 121.

[20] JIANG D E, CARTER E A. Studies of evaluation of hydrogen embrittlement property of in Fe[J]. Phys Rev B, 2004,70: 064102.

[21] MANSUR L K, LEE E H, MAZIASZPJ, et al. Control of helium effects in irradiated materials based on theory and experiment[J]. J Nucl Mater, 1986, 633: 141.

[22] ADAMS J B, WOLFER W G. On the diffusion mechanisms of helium in nickel[J]. J Nucl Mater, 1988,158: 25.

[23] NASTAR M, BULATOV V V, YIP S. Saddle – point configurations for self – interstitial migration in silicon[J]. Phys Rev B, 1996,53: 13521.

[24] SCIANI V, JUNG P. Diffusion of helium in FCC metals[J]. Rad Eff, 1983, 78: 87.

[25] THOMAS G, BASTASZ R J. Trapping of hydrogen and helium at grain boundaries in nickel: an atomistic study[J]. Appl Phys, 1981, 52: 6426.

[26] KORNELSEN E V. The Interaction of injected helium with lattice defects in a tungsten crystal[J]. Rad Eff, 1972,13: 227.

[27] ACKLAND G J, BACON D J, CALDER A F, et al. Computer simulation of point defect properties in dilute Fe – Cu alloy using a many – body interatomic potential[J]. Philos Mag A, 1997,75: 713.

[28] WILSON W D, JOHNSON R D. Rare gases in metals[M]. GEHLEN P C, BEELER J R, JAFFEE R I. Interatomic potentials and simulation of lattice defects. New York: Plenum Press, 1972.

[29] BECK D E. A new interatomic potential function for helium [J]. Mol Phys, 1968, 14: 311.

[30] BIERSACK J P, ZIEGLER J F. Refined universal potentials in atomic – collisions[J]. NuclInstrum Meth, 1982,194: 93.

[31] PARRINELLO M, RAHMANA. Crystal – structure and pair potentials – amolecular –

dynamics study[J]. Phys Rev Lett, 1980,45: 1196.

[32] PARRINELLO M, RAHMAN A. Polymorphic transitions in single – crystals – anew molecular – dynamics method[J]. J Appl Phys, 1981, 52: 7182.

[33] EVANS J H, VAN VA, CASPERS L M. The application of tem to the study of helium cluster nucleation and growth in molybdenum at 300 K[J]. Radiat Eff Defect S, 1983, 78: 105.

[34] MORISHITA K, SUGANO R, WIRTH B D. MD and KMC modeling of the growth and shrinkage mechanisms of helium – vacancy clusters in Fe[J]. J Nucl Mater, 2003, 323: 243.

[35] TRINKAUS H. Enegetics and formation kinetics of helium bubbles in metals[J]. Radiat Eff Defect S, 1983,78: 189.

[36] ADAMS J B, WOLFER W G. Formation energies of helium – void complexes in nickel [J]. J Nucl Mater, 1989, 166: 235.

[37] SHARAFAT S, GHONIEM N M. Stability of helium – vacancy clusters during irradiation [J]. J Nucl Mater, 1984,122,123: 531.

[38] WILSON W D, BISSON C L, BASKES M I. Self – trapping of helium in metals[J]. Phys Rev B, 1981,24: 5616.

[39] WILSON W D, BASKES M I, BISSON C L. Atomistics of heliumbubble formation in a face – centered cubic metal[J]. Phys Rev B, 1976, 13: 2470.

[40] MORISHITA K, SUGANO R, WIRTH B D. Thermal stability of helium – vacancy clusters and bubble formation – multiscale modeling approach for fusion materials development[J]. Fusion SciTechnol, 2003, 44: 441.

[41] SUGANO R, MORISHITA K, KIMURA A. Helium accumulation behavior in iron based model alloys[J]. Fusion SciTechnol, 2003, 44: 446.

[42] ZARESTKY J, STASSIS C. Lattice – dynamics of gamma – Fe[J]. Phys Rev B, 1987, 35: 4500.

[43] BATTAILE C C, SROLOCVITZ D J, BUTLER J E. A kinetic monte carlo method for the atomic – scale simulation of chemical vapor deposition: application to diamond[J]. J Appl Phys, 1997, 82: 6293.

[44] HUANG H, GILMER G H, RUBIA T D. An atomistic simulator for thin film deposition in three dimensions[J]. J Appl Phys, 1998,84: 3636.

[45] CATURLA M J, RUBIA T D, FLUSS M. Modeling microstructure evolution of FCC metals under irradiation in the presence of He[J]. J Nucl Mater, 2003,323: 163.

[46] CATURLA M J, ORTIZ C J. Effect of self – interstitial cluster migration on helium diffu-

sion in iron[J]. J Nucl Mater,2007,36:141.

[47] BORODIN V A, VLADIMIROV P V, MOSLANGA. Lattice kinetic monte – carlo model-ling of helium – vacancy cluster formation in BCC iron[J]. J Nucl. Mater,2007, 367 – 370: 286.

[48] BORODIN V A, VLADIMIROV P V. Material irradiation conditions for the IFMIF medi-um flux test module[J]. J Nucl Mater, 2007, 362: 161.

[49] BORODIN V A, VLADIMIROV P V. Kinetic properties of small He – vacancy clusters in iron[J]. J Nucl Mater, 2009,386 – 88: 106.

[50] FU C C, WILLAIME F. Ab initio study of helium in – Fe: dissolution, migration, and clustering[J]. Phys Rev B, 2005,72: 064117.

[51] GANCHENKOVA M G, BORODIN V A, NIEMINEN R M. Annealing of vacancy comple-xes in P – doped silicon[J]. NuclInstrum Meth, 2005, 228: 218.

[52] DOMAIN C, BECQUART C S. Ab initio calculations of defects in Fe and dilute Fe – Cu alloys[J]. Phys Rev B, 2001, 65: 024103.

[53] FU C C, TORRE J D, WILLAIME F,et al. Multiscale modelling of defect kinetics in ir-radiated iron[J]. Nature Mater,2005,4:68.

[54] BECQUART C, DOMAIN C. Ab initio contribution to the study of complexes formed dur-ingdilute Fe Cu alloys radiation[J]. NuclInstrum Meth B, 2003,202: 44.

[55] ULLMAIER, LANDOLT B. Numerical data and functional relationships in science and technolog[J]. New Series III,1991:25.

[56] MANSUR L K, LEE E H, MAZIASZ P J, et al. Control of helium effects in irradiated materials based on theory and experiment[J]. J Nucl Mater, 1986,141,143: 633.

[57] BACON D J, GAO F, OSETSKY Y N. The primary damage state in FCC, BCC and HCP metals as seen in molecular dynamics simulations[J]. J Nucl Mater, 2000,276: 1.

[58] WIRTH B D, ODETTE G R, MAROUDASD,et al. Dislocation loop structure, energy and mobility of self – interstitial atom clusters in BCC iron[J]. J Nucl Mater, 2000,276: 33.

[59] SONEDA N, RUBIA T D. Migration kinetics of the self – interstitial atom and its clusters in BCC Fe[J]. Philos Mag A, 2001,81: 331.

[60] VASSEN R, TRINKAUS H, JUNG P. Helium desorption from Fe and V by atomic diffu-sion and bubble migration[J]. Phys Rev B, 1991,44: 4206.

[61] SONEDA N, ISHINO S, TAKAHASHI A, et al. Modeling the microstructural evolution in BCC Fe during irradiation using kinetic monte carlo computer simulation[J]. J Nucl Mater, 2003,323: 169.

[62] ZIEGLER J F, BIERSACK J P, LITTMARK U. Stopping and range of ions in solids [M]. New York: Pergamon, 1985.

[63] HARDOUIN D A ,MOINGEON C, BARBUA. Microstructure modelling of ferritic alloys under high flux 1 MeV electron irradiations[J]. J Nucl Mater, 2002,302: 143.

# 第7章 HCP Ti 中的 He – 空位团

Ti 是第Ⅳ主族金属元素,元素原子序数为 22,是一种廉价金属,其价格约为 U 的1/5。Ti 氢化物(TiH$_2$)为黑色粉末,与 U 氢化物相比,Ti 氢化物在室温下空气中不会自燃。室温下 Ti 储氢密度约 570 mL/g。金属 Ti 在约 $1.33 \times 10^{-5}$ Pa 下能够以固态形式吸附和储存氚,具有高的储氚密度,且吸氚速度快,室温下的平衡离解压约为 $10^{-5}$ Pa[1]。因此 Ti 适宜长期储氚,而不会产生氚的泄漏问题。

固体或块体氚化钛在空气中能够在一定时期内稳定存在。室温下,氚化钛 $^3$He 的加速释放浓度(原子分数)大约为 0.3 %。美国 SRS[2] 和加拿大 Ontario Hydro 均选择 Ti 作为长期储氚材料。美国 SRS 的 Ti 床预计储存寿命大约为 10 年,而加拿大 Ontario Hydro 的 Ti 床预计使用寿命超过 20 年。此外,用氘或氢替代部分氚后,混合氚靶达到 $^3$He 加速释放浓度的时间更长[3]。

储氚材料广义上可以理解为氚的操作与储存材料,主要指氚在生产、储存及回收过程中所涉及的氚的提取、分离、纯化、储存、泵输、压缩等操作过程所使用的氚的存储材料。通常所说的储氚材料是指能够可逆吸放氚的材料,这里也指在某些情况下可直接作为氚源或氚储存使用的功能材料。

HCP Ti 是性能优异且适用的金属储氢(氚)材料,已获得广泛应用,而且有进一步研发和应用价值(例如 Ti 基合金)。虽然已有很多关于 HCP Ti 中 He 行为的实验报道[4,8],但关于 HCP 金属中的 He 行为的理论研究则很少,与 BCC Fe 类似,研究结果存在一些差异。王永利等运用第一原理方法和分子动力学方法(运用自己拟合的 Ti – He 原子间作用)计算了 HCP Ti 中 He 的行为,主要是关于固溶位置、间隙 He 的迁移势垒、小 He 团簇或 He – 空位团簇的稳定性[9-10]。本章主要引用和讨论他们的工作。

## 7.1 第一原理模拟 He$_n$ 及 He$_n$V 团簇的稳定性

### 7.1.1 计算方法

计算工作是运用基于密度泛函理论的平面波超软赝势方法完成的。交互关联势采用广义梯度近似方法中的 PW91 形式,并采用三维周期的超晶胞的方法研究缺陷性质。包含或不包含缺陷的超晶胞都以 BFGS 法则进行优化,同时弛豫原子位置和晶格常数。在晶格优化过程中,自洽循环终止的条件是:总能收敛到每原子 $10^{-6}$ eV,每个原子受力小于 0.3 eV/nm,压力小于 0.05 GPa,原子错排小于 0.000 1 nm。为了考察超晶胞尺寸、平面波截断能对固溶 He 性质的影响,分别采用了 450 eV 和 550 eV 两个截断能,计算了 36 个和 48 个 Ti 原子的超晶胞中固溶 He 的性质。布里渊区中 k 点格子大约 0.5 nm$^{-1}$。

缺陷形成能定义为

$$E_f = E_{mTi,nHe} - mE_{Ti} - nE_{He} \tag{7.1}$$

其中，$E_{mTi,nHe}$ 是包含 $m$ 个 Ti 原子和 $n$ 个 He 原子的超晶胞优化后的能量；$E_{Ti}$ 是经优化的 HCP 结构中单个 Ti 原子的平均能量；$E_{He}$ 是单个 He 原子的能量。

### 7.1.2 计算结果与讨论

1. HCP Ti 中 He 的固溶

HCP Ti 晶体中的固溶位置如图 7.1 所示。为了验证平面波截断能和超晶胞尺寸对这些固溶位置 He 原子的稳定性的影响，计算了不同参数下 He 原子在各固溶位的形成能，如表 7.1 所示。可以看出 $2 \times 2 \times 1$ 超晶胞中替换位 He 原子的形成能比较高，为 3.97 eV；间隙 He 原子的形成能比较低，最稳定的间隙位是八面体中心位置，形成能为 2.51 eV，这与吴仲成和彭述明等[11]用有效介质理论和第一原理方法计算的结果一致。然而，与此结果截然不同的是在两个较大尺寸的超晶胞中替换位 He 的形成能在 3.63 ~ 3.65 eV 范围内；He 原子在八面体中心的形成能升高到 3.01 ~ 3.04 eV；FC 位置的形成能在 2.67 ~ 2.69 eV 范围内，是间隙 He 的最稳定位置。这些结果说明计算采用的超晶胞尺寸对 He 原子形成能值有很大影响，尤其是在替换位置和八面体位置，原因将在后文讨论。考虑到实际固溶 He 原子的浓度很低，较大尺寸的超晶胞的模拟更接近实际的 He 原子的分布，能量性质的计算结果更准确，但是超晶胞越大，计算量也越大，所以应该选取适当尺寸的超晶胞。比较两个较大尺寸超晶胞的计算结果发现，超晶胞从 36 个 Ti 原子增加到 48 个 Ti 原子，He 原子在各位置的形成能增加量小于 0.03 eV，且 He 原子在各位置的形成能相对值的变化不超过 0.01 eV。这说明两个较大尺寸的超晶胞的计算结果是一致的。对于 36 个 Ti 原子的超晶胞，当截断能从 450 eV 增加到 550 eV 时，He 原子在各位置的形成能仅增加 0.01 eV。这些结果说明 450 eV 的截断能和 $3 \times 3 \times 2$（36 个晶格位置）的超晶胞足够定性描述 HCP Ti 晶体中孤立 He 原子及小 He 原子团簇的相对稳定性。如果没有特别说明，以下讨论的结果都是在这个参数条件下计算所得的。

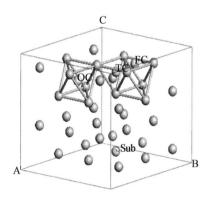

**图 7.1　HCP Ti 晶体中的固溶位置**

注：小球分别表示替换位（Sub）、四面体间隙（TC）、八面体间隙（OC）和 FC 位（两个相邻的八面体共有面的面心）。

**表 7.1　He 在 HCP Ti 各种固溶位置的形成能**

单位:eV

| 超晶胞 | $E_{cut}$ | $E_{Sub}^f$ | $E_{OC}^f$ | $E_{TC}^f$ | $E_{FC}^f$ |
|---|---|---|---|---|---|
| $2 \times 2 \times 1(8)$ | 450 | 3.97 | 2.51 | 2.80 | 2.65 |
| $3 \times 3 \times 2(36)$ | 450 | 3.63 | 3.01 | 2.79 | 2.67 |
| | 550 | 3.64 | 3.02 | 2.80 | 2.68 |
| 48 atom(48) | 450 | 3.65 | 3.04 | 2.82 | 2.69 |

　　表 7.1 中值得注意的是较大超晶胞的 FC 位置是间隙 He 原子的能量最低位置,而不是空间最大的八面体位置。很少有人报道 FC 为最稳定间隙位置。这个结果不符合直觉的认识,尺寸较小的间隙原子应倾向于占据最大空间的间隙位置。类似的结果已有报道,基于密度泛函理论计算出 BCC Fe 中 He 原子在四面体位置比空间最大的八面体位置更稳定[12-14],而基于经验势的 Wilson 的结果却相反[15]。参考文献[16]用第一原理方法计算了 HCP Be 中 He 的稳定性,发现八面体底面(BO)是稳定位形,该位置间隙 He 比四面体和八面体间隙 He 稳定。为了验证 Ti 晶体中这个反常的结果是不是由本工作所采用的计算方法引起的,采用同样方法计算了 He 原子在 54 个原子的 BCC Fe 超晶胞中各间隙位置的相对稳定性,结果显示 He 原子的形成能在四面体位置比在八面体位置低 0.29 eV,与文献报道的结果一致。而 HCP Ti 中 FC 位置是最稳定的间隙位置的原因将在下节讨论。

　　另一个值得注意的问题是 HCP Ti 中替换位 He 的形成能(3.63 eV)高于间隙 He 的形成能(3.01 eV,2.79 eV)。这个特点与参考文献[14]报道的 BCC V 的结果类似。由式(7.1)可计算得到一个 Ti 空位的形成能[$E_f(V)$]为 1.92 eV,而替换位 He 的形成能 $E_{Sub}^f$ 表示形成一个 He - 空位团所需的能量(这里 V 指一个 Ti 空位)。He - 空位团的形成能 $E_{Sub}^f$ 减去空位形成能[$E_f(V)$],得到 He 原子进入预存空位的形成能为 1.7 eV。根据公式 $E_{He-V}^b = E_f(He) + E_f(V) - E_{Sub}^f(He)$,可得到间隙 He 原子与预存空位的结合能为 0.96 eV。这些结果说明间隙 He 原子很容易被预存空位捕获,却较难在完整晶格中形成 He - 空位团。例如,FCC Ni 中替位 He 的形成能比间隙 He 的形成能低 2.27 eV[14],5 个 He 原子的团簇才能推出一个 Ni 原子离开平衡位置,产生一个空位和一个自间隙原子。所以对于 HCP 中替换位 He 的形成能高于间隙 He 的形成能的情况,需要更大的 He 原子团才能产生类似的 Ti 空位。另外,在 $2 \times 2 \times 1$ 超晶胞中空位形成能为 2.28 eV,He 在空位处的能量为 1.69 eV,与 $3 \times 3 \times 2$ 超晶胞中 He 在空位处的能量值一致。在较小的超晶胞中置换 He 原子的形成能较高是因为形成空位的能量比较高,所以形成置换 He(He - 空位团)的能量也较高,说明在完整晶格中形成高浓度的替换位 He 更难。

　　我们感兴趣的是在 HCP Ti 中间隙 He 的形成能较低,为 2.67 eV。这个值远低于 BCC Fe (4.39 eV[12], 4.49 eV[14], 5.36 eV[15]) 和 FCC Ni(4.52 eV[15],4.50 eV[14])中的数值,这说明 HCP Ti 能够比 Fe 或 Ni 容纳更多间隙 He。根据 He 原子在八面体中心位置和 FC 位置的形成能的差计算得到间隙 He 沿着[001]方向扩散的激活能是 0.34 eV,高于在 BCC Fe (0.17 eV[15],0.06 eV[12])和 FCC Ni(0.08 eV[15])中的扩散激活能。较高的扩散激活能意味着较慢的间隙扩散速率,可能有助于延缓 He 泡的形核和长大速率,这也许与 Ti 的固 He 能力较好有关。然而,HCP Ti 中 He 与空位的结合能(0.96 eV)相对于其他金属较低,较低的 He 空位结合能意味着替换位 He 的有效扩散激活能较低,扩散较容易。

2. Ti 中间隙 He 在 FC 位能量最低的原因

间隙 He 的形成能可分解为三部分:He 原子与周围 Ti 原子的排斥作用引起的能量增加 $[E_{\text{int}}(\text{Ti}-\text{He})]$;Ti 晶格变形引起的能量增加 $[E_{\text{def}}(\text{Ti})]$ 和 He-He 间的作用 $[E_{\text{int}}(\text{He}-\text{He})]$,即

$$\begin{cases} E_{\text{f}} = E_{\text{int}}(\text{Ti}-\text{He}) + E_{\text{def}}(\text{Ti}) + E_{\text{int}}(\text{He}-\text{He}) \\ E_{\text{int}}(\text{Ti}-\text{He}) = E(m\text{Ti},\text{He}) - E(m\text{Ti})^* - E(\text{He})^* \\ E_{\text{def}}(\text{Ti}) = E(m\text{Ti})^* - mE(\text{Ti}) \\ E_{\text{int}}(\text{He}-\text{He}) = E(\text{He})^* - E(\text{He}) \end{cases} \tag{7.2}$$

其中,$E(m\text{Ti},\text{He})$ 是包含 $m$ 个 Ti 原子、1 个 He 原子的超晶胞优化后的总能量;$E(m\text{Ti})^*$ 或 $E(\text{He})^*$ 是优化后超晶胞去掉 He 原子(或 Ti 原子)后构型的单点能。我们分别计算了 36 个和 8 个 Ti 原子的超晶胞中各间隙位置的能量组成,结果如表 7.2 所示,表中还列出了由于 He 的固溶引起的体积肿胀率($\omega$)。

表 7.2　不同位置间隙 He 的形成能($E_{\text{f}}$)、体积肿胀率($\omega$)、
$E_{\text{int}}(\text{Ti}-\text{He})$、$E_{\text{int}}(\text{He}-\text{He})$ 和 $E_{\text{def}}(\text{Ti})$

| 位置 | $E_{\text{f}}$ | $\omega$ | $E_{\text{int}}(\text{Ti}-\text{He})$ | $E_{\text{int}}(\text{He}-\text{He})$ | $E_{\text{def}}(\text{Ti})$ |
|---|---|---|---|---|---|
| Ti36He (TC) | 2.79 | 0.012 | 2.21 | -0.002 | 0.59 |
| Ti36He (OC) | 3.01 | 0.013 | 2.24 | 0.001 | 0.77 |
| Ti36He (FC) | 2.67 | 0.012 | 2.16 | 0.000 | 0.51 |
| Ti8He (TC) | 2.80 | 0.052 | 2.28 | 0.002 | 0.50 |
| Ti8He (OC) | 2.51 | 0.066 | 1.75 | -0.001 | 0.76 |
| Ti8He (FC) | 2.65 | 0.061 | 1.97 | 0.003 | 0.65 |

可以看出,所有构型中 He 原子间的相互作用只有千分之几电子伏,说明 He-He 间的作用很弱可以忽略。对于 36 个 Ti 原子的超晶胞,每种间隙构型的 He 原子同周围 Ti 原子的作用 $E_{\text{int}}(\text{Ti}-\text{He})$ 都占形成能的 3/4 以上,其余部分为 Ti 晶格畸变的能量 $E_{\text{def}}(\text{Ti})$。三个间隙构型中,FC 构型的这两部分能量都是最低的,所以 FC 位置是最稳定的间隙 He 位置;FC 和四面体间隙构型的体积肿胀率低于八面体间隙构型,与 Ti 晶格畸变能量一致。对于 8 个 Ti 原子的超晶胞的三种间隙构型,八面体间隙构型的 Ti 晶格畸能最大,但 He 原子与周围 Ti 原子的作用能比其他构型的能量小很多,所以形成能最低。两种尺寸超晶胞中八面体间隙构型的 Ti 晶格畸变能是一致的,说明在 8 个 Ti 原子的超晶胞计算中,八面体构型的形成能更低是因为 He 原子与周围 Ti 原子的排斥作用很小。其原因可能是高浓度的间隙 He 使 Ti 晶格严重肿胀(达 6.6%),导致间隙 He 与次近邻 Ti 原子的排斥作用减弱。

从电荷分布角度考虑,根据有效介质理论[17-19],由于 He 原子的满壳层电子结构,金属中间隙 He 的形成能与间隙位置的等效均匀电荷密度呈线性关系,形成能最低位置是完整晶体等效均匀电荷密度最低位置。

计算了纯 HCP Ti 晶体的总电荷密度 $\rho(r)$，图 7.2 中(a)和(b)分别表示电荷密度为每立方纳米 165 个电子和 150 个电子的等值面。前者是一些沿着[001]方向的管道，这些管道包含八面体中心和 FC 位置。由于管道内的电荷密度低于管道外部的电荷密度，间隙 He 原子倾向于在管道内部迁移，这与参考文献[21]报道的动力学计算结果一致，He 原子在原子层间(沿着[001]方向)的跳跃比在(001)面内跳跃更频繁。很明显管道在八面体中心处比 FC 处空间大。然而，电荷密度为每立方纳米 150 个电子的等值面是以 FC 位置为中心的椭球面。所以最低电荷密度位置是 FC 位置，这也可以从图 7.2(c)所表示的穿过八面体位置和 FC 位置的(001)面上电荷密度图看出来。这也许就是间隙 He 的最稳定位置在 FC 而不是最大空间的八面体位置的本质原因。

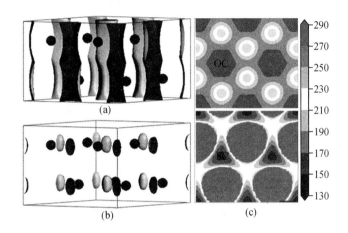

**图 7.2  完整 HCP Ti 晶体中的电核密度 $\rho(r)$**

(a)和(b)分别表示电荷密度为每立方纳米 165 个电子和 150 个电子的等值面；

(c)穿过八面体位置和 FC 位置的(001)面上电荷密度的等值面

注:(a)和(b)中，黑色球表示 Ti 原子，黑色和浅灰色表面分别表示电荷密度等值面的内侧和外侧。

### 3. Ti 中 He 原子的团聚

为了描述 HCP Ti 中 He 原子的团聚行为，优化了三种不同 He 原子排列的包含两个 He 原子的构型。考虑到间隙 He 在 FC 位置最稳定，每个初始构型中至少一个 He 原子在 FC 位置。初始构型及其对应的优化后的构型如图 7.3 所示。构型 1 中，两个 He 原子最初占据两个最近邻的 FC 位置，距离为 0.233 9 nm。优化后，两个 He 原子形成一个以八面体位置为中心的沿着[001]方向的原子对，平均每个 He 原子的形成能为 2.34 eV。初始构型 2 中，一个 He 原子占据 FC 位置，另一个占据其最近邻的一个八面体位置。尽管构型 1 和构型 2 的初始构型不同，它们的优化结果几乎一样。在构型 3 中，两个 He 原子最初以哑铃状沿着[001]方向分布在 FC 位置，原子间距为 0.093 6 nm。优化后，两个 He 原子分别到达原位置最近邻两个 FC 位置，间隔 0.442 9 nm(表 7.3)。这些结果说明尽管单个间隙 He 原子在 FC 位置最稳定，两个间隙 He 原子倾向于团聚在八面体位置。根据公式 $E_b = 2E_{int}(He) - E(He_2)$，计算得到 HCP Ti 中两个间隙 He 原子的结合能为 0.66 eV，说明间隙 He 很容易相互捕获。而 BCC Fe 中两个 He 原子的结合能为 0.43 eV[12]。考虑到前面得到的间隙 He 与预存空位的结合能为 0.96 eV，与 He – He 间结合能力(0.66 eV)几乎相当，或许可以解释参考文献[19]的实验现象:当 α-Ti 中 He 浓度约 $10^{-5}$ 时,He 泡的分布与晶界或位错等空位富集区几乎没有关系;当 He 浓度高到晶内的空位不能容纳时,更多的 He 泡分布在晶界和位错。通常情况下,金属中 He 的浓度比较低,而且晶内缺陷密度较低时,He 原子容易以间隙扩散的方式扩散到晶界或位错处聚集成泡。而与其他金属相比,α-Ti 中间隙 He 的形成能较低,间隙扩散的激活能相对较高,说明 α-Ti 中能够容纳较多的间隙 He 原子,而且间隙扩散较慢,也就是说间隙 He 原子在扩散到晶界的过程中遇到另外一个间隙 He 原子或空位的概率较高。间隙 He 与预存空位的结合能为 0.96 eV,与 He-He 间结合能 0.66 eV 几乎相当,一方面间隙 He 向晶界位错等空位富集区扩散的驱动力较小,扩散较慢;另一方面 He-He 结合能较高,He 原子相互能够深度捕陷,不容易解离,形成的 $He_2$ 复合体扩散更慢。两方面的作用导致大量的 He 原子在扩散到晶界前就被捕陷,很少的间隙 He 原子到达晶界,所以 He 泡分布未表现出晶界择优性。当 He 浓度较高,远超过晶内空位缺陷能够容纳的限度时,大多数 He 会扩散到势能更低的位置,如晶界和位错处,所以 He 浓度较高时,He 泡在晶界和位错处聚集。

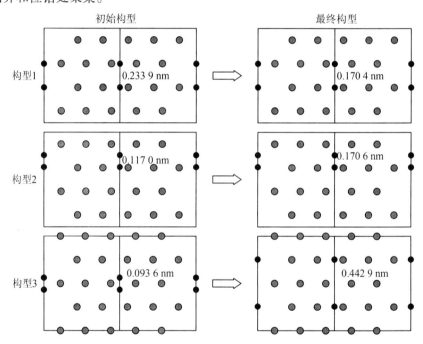

**图 7.3　三种类型的初始构型(左)(两个 He 原子位于 36 个 Ti 原子构成的超胞)和最后优化的构型(右)**

注:灰色和黑色球分别表示 Ti 原子和 He 原子。

**表 7.3　初始和优化构型中 He-He 的距离 $[D_{(He-He)}^{init}, D_{(He-He)}^{opt}]$ 和 He 二聚体的形成能 $[E_f(He_2)]$**

| 构型 | $D_{(He-He)}^{init}$/nm | $D_{(He-He)}^{opt}$/nm | $E_f(He_2)$/eV |
|---|---|---|---|
| 构型 1 | 0.233 9 | 0.170 4 | 4.69 |
| 构型 2 | 0.117 0 | 0.170 6 | 4.68 |
| 构型 3 | 0.093 6 | 0.442 9 | 5.44 |

4. Ti 中 $He_n$ 和 $He_nV$ 团簇的稳定性

前面的结果显示间隙 He 和空位都能够捕陷 He 原子,那么一个间隙 He 或替位 He 周围可以稳定多少个 He 原子呢? 为此科学家们研究了 $He_n$ 和 $He_nV$ ($n = 1 \sim 6$)团的稳定性。考虑到间隙 He 的最稳定位置是八面体的一个面心,$He_2$ 是八面体内的原子对,$He_n$($n > 2$)团的初始构型是通过在八面体面心上添加 He 原子,同时保持构型高度对称和 He 原子尽量密集的原则来构建的。$He_nV$ 的初始构型也是通过类似的方法构建的,保持 He 原子围绕在空位周围。经过优化所有的构型,并计算形成能,结果如图 7.4(a)所示。当 $n \leqslant 2$ 时,$He_n$ 团簇的形成能比 $He_nV$ 的形成能低;当 $n \geqslant 3$ 时,则有相反的趋势。

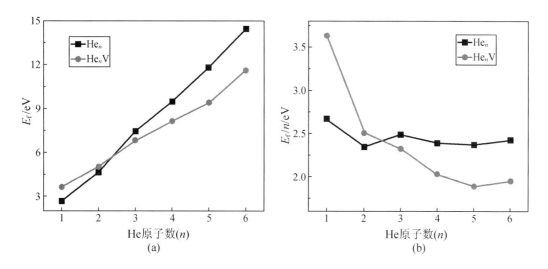

**图 7.4　$He_n$ 和 $He_nV$ 团簇的形成能随团簇 He 原子数 $n$ 的变化曲线**

(a)总形成能;(b)每个 He 原子的平均形成能

在图 7.4(b)中,我们可以看到平均 $He_nV$ 团簇平均每个 He 原子的形成能随着 He 原子数目的增加而降低,在 $n = 5$ 时有个极小值,说明随着 $He_nV$ 团簇增大,其结合间隙 He 的能力在加强。也就是说当一个间隙 He 原子被一个 Ti 空位捕获形成一个 He - 空位团,它将吸收更多的 He 原子形成 $He_nV$ 团。

另外,为了验证 36 个原子的超晶胞是否足够大,可以用来描述 $He_n$ 和 $He_nV$($n \leqslant 6$)团簇的性质,我们计算了体积肿胀率最大的 $He_6$ 团簇在较大的超晶胞(54 个原子,$3 \times 3 \times 3$)中的形成能。结果显示 $He_6$ 团簇在 54 个 Ti 原子的超晶胞中的形成能比在 36 个原子的超晶胞中高 0.04 eV。这个比较说明以上在 36 个原子的超晶胞中计算的 $He_n$ 和 $He_nV$($n \leqslant 6$)团簇的性质在数值上是比较可靠的。

### 7.1.3　结论和讨论

本节通过第一原理方法研究了 HCP 结构 Ti 中 He 的一些性质。对于单个 He 原子,最稳定的间隙位置是一个新的位置,即 FC 位置,这个位置是两个八面体共用面的面心,形成能是 2.67 eV。这个现象可以解释为完整 HCP 结构的 Ti 中,FC 位置的电子密度最低,因而

He 原子在该位置受到的排斥作用最弱,最终导致 He 原子在该位置的形成能最低。而电子密度较低区域是包含八面体中心和 FC 位置的沿着[001]方向的管道,这说明间隙 He 容易在这个管道内扩散,激活能为 0.34 eV。间隙 He 的形成能低于替位 He,说明一个间隙 He 原子很难在完整 HCP 晶格中替换一个 Ti 原子,形成一个 HeV 复合体。但是,间隙 He 原子很容易被预存空位捕获,预存空位中 He 的形成能为 1.7 eV,而且间隙 He 和空位的结合能高达 0.96 eV。另外,两个间隙 He 原子容易团聚在同一八面体内,形成以八面体中心为中心的原子对,结合能高达 0.66 eV。当 $n > 3$ 时,$He_n V$ 团簇的形成能低于 $He_n$ 团簇。且 $He_n V$ 团簇中平均每个 He 原子的形成能随 $n$ 降低,说明 $He_n V$ 团簇长大驱动力随 $n$ 加强。

## 7.2 分子动力学计算空位团簇的稳定性

MD 是研究金属中团簇的形成和稳定性的适用方法。Morishita 等[21]用 MD 方法计算了 BCC Fe 中 He – 空位团($He_n V_m, n, m \leqslant 20$)与间隙 He 原子、空位、自间隙 Fe 原子的结合能,发现这些结合能值主要取决于团簇中 He 原子和空位的比例($n/m$),而与团簇尺寸无关。团簇与空位的结合能随着 $n/m$ 比例增加而增大,团簇与间隙 He 和自间隙原子的结合能随着 $n/m$ 比例增加而减小。这说明 He 原子降低团簇发射热空位的概率,增加团簇发射自间隙原子和 He 原子的概率,即 He 原子增加团簇的热稳定性。Ao 等[22]对于 FCC Al 中 He – 空位团稳定性的计算呈现类似的规律。Lucas 等[23]对于 BCC Fe 中 He – 空位团稳定性的计算,不仅得到了类似的结果,同时发现随着团簇尺寸增加,发射自间隙原子和自间隙原子环的概率增大。

本节介绍 HCP Ti 中 He – 空位团形成能和稳定性的计算结果。采用第一原理方法得到的 Ti – He 作用对势描述 Ti – He 原子间相互作用。为了理解 HCP Ti 中 He 泡和空洞的形核过程,计算了不同尺寸和不同 $n/m$ 比例的 $He_n V_m$ 团簇中自间隙 Ti 原子、空位、间隙 He 原子的结合能。

### 7.2.1 计算方法

在 MD 计算中,分别采用 Ackland 势[24]和 L – J 势[25]来描述 Ti – Ti 和 He – He 原子间的相互作用。采用的 Ti – He 对势为通过拟合第一原理计算数据建立的完全排斥作用的对势形式。

$$\varphi(r) = a/r^n + b/r^m + c/r^p \tag{7.3}$$

其中,$a = 3.061\ 7 \times 10^{-4}$ eV·nm$^6$; $b = 4.916\ 8 \times 10^{-7}$ eV·nm$^9$; $c = -6.377\ 3 \times 10^{-5}$ eV·nm$^7$; $m = 6$; $n = 9$; $p = 7$。所有包含团簇 $He_n V_m$($n \leqslant 72$, $m \leqslant 7$)的构型的内能计算是在 $12a \times 12a \times 8c$ 的 HCP Ti 超晶胞中进行的,超晶胞包含 2 304 个 Ti 原子格点。

$He_n V_m$($m \geqslant 1$)构型的建立是以建立单空位开始的,即将晶胞内具有最高势能的 Ti 原子(最靠近晶胞中心位置的 Ti 原子)移除。依次移除空位近邻的晶格 Ti 原子便形成包含 $m$ 个空位的小孔洞。然后,在孔洞内部或其近邻的间隙位置引入一个 He 原子,形成 $HeV_m$ 团,经弛豫到平衡状态后再引入另一个 He 原子。为了减少达到平衡态所需的时间,依次引入

的第 $n$ 个 He 原子都被放置在 $\text{He}_{n-1}\text{V}_m$ 团簇周围距离约为一个晶格常数的间隙位置。$\text{He}_n$ 团簇是以同样的方式建立的，首先引入一个 He 原子在间隙位置，平衡后在与 He 原子相距约一个晶格常数的间隙位置引入另一个 He 原子，以此类推。

为了去除边界的影响，所有的计算都采用了周期性边界条件，且所有计算都是在恒温恒体积的系统(NVT)下进行的，并采用 Nose - Hoover 热浴的方式控制温度。为了了解常温下金属中 He 的性质，计算主要在 298 K 下进行，然而在此温度下，即使是平衡状态下的体系的能量波动也比较大，不方便能量取值，所以需要将温度降到 0 K 来读取体系的能量值。动力学计算中采用的时间步长是 0.8 fs，所有体系先在 298 K 的温度下弛豫 40 000 步(约 32 ps)以上，然后经过 10 000 步缓慢降到 0 K。$\text{He}_n\text{V}_m$ 团簇的形成能依据下面公式定义。

$$E_f(\text{He}_n\text{V}_m) = E_1(\text{He}_n\text{V}_m) - (N-m)\varepsilon_{\text{Ti}} - n\varepsilon_{\text{He}} \tag{7.4}$$

其中，$E_1(\text{He}_n\text{V}_m)$ 是包含 $\text{He}_n\text{V}_m$ 团簇的体系的内能；$\varepsilon_{\text{Ti}}$ 是完整 HCP Ti 晶体中平均每个 Ti 原子的内能，约 $-4.857$ eV；$\varepsilon_{\text{He}}$ 为超晶胞中只有一个 He 原子(没有 Ti 原子)的体系内能，几乎为 0，这个能量可忽略。

### 7.2.2　结果与讨论

#### 1. Ti 中 $\text{He}_n\text{V}_m$ 团簇的形成能

图 7.5 表示根据公式(7.3)计算得到的不同尺寸的 $\text{He}_n\text{V}_m$ 团簇的形成能。从图中可以看出，初始空位数目 $m$ 相同的团簇的形成能($E_f$)随着 He 原子数目 $n$ 的增加而增加，而 $E_f$ - $n$ 曲线的斜率首先增大，当 $n/m$ 约大于 5 时曲线斜率又减小。形成能曲线的斜率较小意味着团簇增加一个自由 He 原子(即能量为 0 的 He 原子)所引起的能量增加量较小，团簇较容易容纳额外的 He 原子。当团簇中 He 原子数目很少时，比如 $n < m$，团簇中增加一个 He 原子所需的能量较低，所以对应较小的能量曲线斜率。随着团簇中 He 原子数目的增加，由于 Ti – He 或 He – He 原子间的排斥作用，团簇内可容纳额外 He 原子的空间变小，往团簇中塞入一个 He 原子需要更多的能量，所以对应的能量曲线斜率增加。当 He 原子数目足够大时，比如 $n/m > 5$，强烈的 Ti – He 排斥作用会将团簇近邻的 Ti 原子推离原来的格点位置而形成新的空位。新空位的产生为 He 原子提供了更大的空间，所以只需要较少的能量便可容纳另外的 He 原子，对应能量曲线的斜率减小。对于 He 原子数目相同的团簇，当团簇中 He 原子数目比较少时，如 $\text{He}_0\text{V}_m$ 和 $\text{He}_1\text{V}_m$，团簇的形成能随着初始空位数目的增加而增加。当团簇中 He 原子数目较多时，如 $n > 2m$，团簇的形成能随着初始空位数目的增加而减小。He 原子数目相同时，形成能曲线的斜率随着初始空位的数目 $m$ 的增加而减小，这是因为初始空位较多的团簇具有更大的空间，所以很容易容纳额外的 He 原子。这个结论可通过比较 $\text{He}_n\text{V}_7$ 和 $\text{He}_n\text{V}_3$ 团簇来理解。$\text{He}_0\text{V}_7$ 团簇的形成能比 $\text{He}_0\text{V}_3$ 团簇高，说明前者较不稳定；而 $\text{He}_0\text{V}_7$ 团簇比 $\text{He}_0\text{V}_3$ 团簇具有更大的空间来容纳 He 原子，所以 $\text{He}_n\text{V}_7$ 团簇比 $\text{He}_n\text{V}_3$ 团簇的形成能曲线斜率更小，导致 $n \geq 6$ 时，$\text{He}_n\text{V}_7$ 团簇的形成能低于 $\text{He}_n\text{V}_3$ 团簇。

#### 2. Ti 中 $\text{He}_n\text{V}_m$ 团簇间隙 He 原子的结合能

为了研究 He 原子对 $\text{He}_n\text{V}_m$ 团簇稳定性的影响，研究者计算了 $\text{He}_n\text{V}_m$ 团簇中 He 原子的结合能，团簇中 He 原子的结合能定义为一个间隙 He 原子与 $\text{He}_{n-1}\text{V}_m$ 团簇的结合能，即

$$E_b(\text{He}) = E_f(\text{He}_{n-1}\text{V}_m) + E_f(\text{He}) - E_f(\text{He}_n\text{V}_m) \qquad (7.5)$$

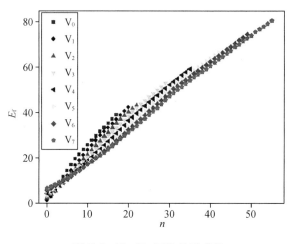

图 7.5　$\text{He}_n\text{V}_m$ 团簇的形成能

图 7.6 表示 $\text{He}_n\text{V}_m$ 团簇内一个间隙 He 原子的结合能。与文献报道的结果类似(参考文献[21]和参考文献[23]),结合能值与团簇中的 $n/m$ 值密切相关。当 $n/m$ 值很低时,如 $\text{He}_1\text{V}_m$ 团簇内一个间隙 He 原子与空位团 $\text{V}_m$ 的结合能高达 2.42 eV,这个能量值与间隙 He 的形成能(3.11 eV)很接近。这个结果意味着 He 原子在空位团内几乎处于自由状态。随着 $n/m$ 值的提高,结合能首先降低,当 $n/m > 4$ 时结合能开始增大。前一个过程是因为 He 原子的增加使团簇内部能够容纳一个 He 原子的空间减少,而后一个过程由于自间隙 Ti 原子的非热发射导致有效 $n/m$ 降低。由于团簇内 He 原子间排斥作用及 He 原子与团簇周围 Ti 原子间的排斥作用,使团簇内部产生较高的压力。压力达到一定值会将团簇近邻的 Ti 原子推离原来的晶格位置,同时生成空位和自间隙 Ti 原子,因此增加了团簇或 He 泡的体积并降低了有效的 $n/m$ 值[21-23]。

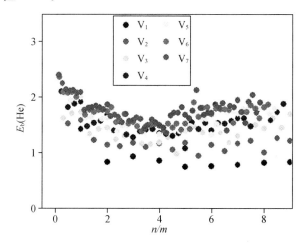

图 7.6　$\text{He}_n\text{V}_m$ 团簇内间隙 He 原子的结合能与 $n/m$ 值的关系

另外,团簇中间隙 He 的结合能不仅与团簇内 $n/m$ 值相关,还与团簇尺寸有关。如图

7.6 所示,对于 $n/m$ 值相同的团簇,He 原子的结合能在 0.8 ~ 1.9 eV 范围内,随着团簇内初始空位的数目增加而增大。这个结果说明团簇对间隙 He 原子的结合能力随着团簇尺寸的增加而加强。因此可得出结论,一方面,在团簇长大过程中团簇长大的驱动力加强;另一方面,He 原子从较大的 He 泡或团簇中解离比较困难。也就是说,He 原子容易从较小 He 泡中解离,而且容易与较大 He 泡结合,这个结论与高温情况下 He 泡长大的 Ostwald 熟化机制[26]是一致的。

从图 7.6 的数据中得出的另一个结论是当团簇内 He 原子数目达到一定值后(如 $n/m >$ 5),尤其对于初始空位数较多(5 ~ 7)的团簇,He 原子的结合能趋向于一个常数,约 1.9 eV。这可能是自间隙 Ti 原子的非热发射的结果。自间隙 Ti 原子的非热发射生成空位,使有效的 $n/m$ 值保持为常数。具有较多初始空位和高 $n/m$ 值(5 ~ 7 个空位,$n/m > 6$)的大团簇内 He 原子的结合能为较大的常数,这个结果是由初始空位数目还是 He 原子数目决定的还不清楚。

3. Ti 中 $He_n V_m$ 空位及 SIA 的结合能

为了了解空位、自间隙 Ti 原子对 $He_n V_m$ 团簇稳定性的影响,研究者计算了团簇内空位、自间隙 Ti 原子的结合能。我们将 $He_n V_m$ 团簇内空位的结合能定义为第 $m$ 个空位与 $He_n V_{m-1}$ 团簇的结合能;将 $He_n V_m$ 团簇内自间隙 Ti 原子的结合能定义为一个自间隙 Ti 原子与 $He_n V_{m+1}$ 团簇的结合能,即

$$E_b(V) = E_f(He_n V_{m-1}) + E_f(V) - E_f(He_n V_m) \tag{7.6}$$

$$E_b(SIA) = E_f(He_n V_{m+1}) + E_f(SIA) - E_f(He_n V_m) \tag{7.7}$$

如图 7.7 所示,随着 $n/m$ 值增加,$He_n V_m$ 团簇中空位的结合能首先增大,当 $n/m > 4$ 时开始减小,并最终保持在恒定的范围(2.5 ~ 4.0 eV),数值随着初始空位数目不同而不同。尤其是尺寸较大(5 ~ 7 个初始空位)团簇在 $n/m > 5$ 时,空位的结合能稳定在 3 eV 左右。团簇中 $n/m$ 值较低时(如 $n/m < 1$),结合能低于 1 eV,说明空位容易从这类团簇中解离,从而提高 He 与空位的比率。随着 He 与空位比率的增加,空位解离的难度增加。当团簇中 He 与空位比率较高时(如 $n/m > 4$)空位的结合能很高,说明这样的团簇迫切需要通过结合团簇周围的预存空位或开创新空位的方式来降低较高的 He 与空位比率。开创新空位就对应着发射自间隙 Ti 原子。

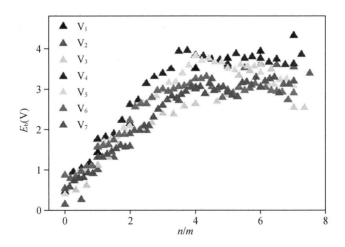

**图 7.7　$He_n V_m$ 团簇中空位的结合能与 $n/m$ 值的关系**

　　自间隙原子的结合能随 $n/m$ 值的变化如图 7.8 所示。随着 $n/m$ 值增大,团簇中自间隙 Ti 原子的结合能先降低,当 $n/m > 5$ 时,又稍微增加,最终保持在 $0.8 \sim 1.8$ eV 范围内。$n/m$ 值较低时(如 $n/m < 1$),自间隙 Ti 原子的结合能高达 $3.5$ eV 以上,表明这类团簇很难发射自间隙原子,甚至容易结合团簇周围的自间隙原子减少团簇内的空位数目。随着 $n/m$ 值增加,团簇发射自间隙原子的概率增加。$n/m$ 值较高($n/m > 5$)时,自间隙 Ti 原子的结合能很低,$He_n V_m$ 团很容易发射自间隙 Ti 原子,形成 $He_n V_{m+1}$,从而降低团簇的 $n/m$ 值。

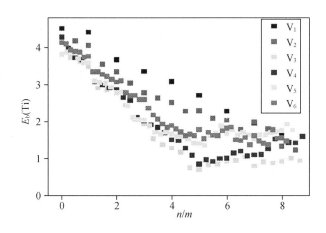

**图 7.8　$He_n V_m$ 团簇中自间隙 Ti 原子的结合能与 $n/m$ 值的关系**

　　比较图 7.6 ~ 图 7.8 可以看出,当 $n/m$ 值大于 5 时,团簇内间隙 He 原子、空位、自间隙 Ti 原子的结合能几乎都保持在一个恒定的范围内,分别为 $0.8 \sim 2.0$ eV,$2.5 \sim 4.0$ eV,$0.8 \sim 1.8$ eV。团簇结合间隙 He 原子和空位意味着团簇的长大,而结合自间隙 Ti 原子则意味着减少空位数,团簇缩小。团簇结合空位的结合能最大,空位浓度较高时,团簇可通过结合近邻的空位和间隙 He 原子的方式长大。对于较大尺寸(5 ~ 7 个初始空位)的团簇,间隙 He 原子的结合能(约 $2.0$ eV)稍微高于自间隙 Ti 原子的结合能($1.8$ eV),说明团簇更容易结合间隙 He 原子。通过两种过程的竞争,说明即使空位浓度很低时,只要有足够的间隙 He 原子供应,团簇便可通过吸收 He 原子和发射自间隙 Ti 原子方式自发长大。而当团簇 $n/m$ 值较高时,团簇内三种点缺陷的结合能保持在恒定范围,可能意味着团簇长大的过程中有效的 $n/m$ 值是恒定的或者变化很缓慢。从长时间的角度看,有效 $n/m$ 值应该是随 He 泡尺寸增加而减小的,因为实验测量结果表明较大的 He 泡具有较低的内压,即大尺寸的 He 泡的 $n/m$ 值较小。

　　4. Ti 中 $He_n$ 和 $He_n V$ 团簇中间隙 He 的结合能

　　图 7.6 中具有较多初始空位和高 $n/m$ 值(5 ~ 7 个初始空位,$n/m > 6$)的大团簇内 He 原子的结合能为较大的常数,为了探讨这一结果是由初始空位数目还是 He 原子数目决定的,我们计算了初始空位较少的 $He_n$ 和 $He_n V$ 团簇($n \leq 72$)内间隙 He 的结合能,结果如图 7.9 所示。

　　当团簇尺寸较小时,$He_n$ 团簇内 He 原子的结合能随着团簇内 He 原子数目的增加而增大,直到 He 原子数目达到一定值(如 $n > 30$),结合能几乎稳定在 $1.9$ eV 左右,与图 7.6 中初始空位数较多(5~7)的团簇的结果一致。对于 $He_nV$ 团簇,随着 He 原子数目的增加,间隙 He 原子的结合能首先降低,直到 $n > 5$,结合能开始增大,而且具有与 $He_n$ 团簇相同的变化趋势。这些结果说明对于不同的初始陷阱(即不同初始空位数目的小孔洞)对 He 原子的捕陷能力仅在陷阱内 He 原子数目较少时有明显区别,随着陷阱内 He 原子数目的增加,不同陷阱对 He 原子的捕陷能力的差别逐渐缩小,最终消失。这个结论与已报道的实验结果一致。Kornelsen 等人[27]的实验表明,第一个 He 原子与 BCC 金属 W 中替换位 He,Ne,Ar,Kr,Xe 的结合能随着替位原子的质量数的增加而单调递减(在 3.1~1.2 eV 的范围内);而这 5 个陷阱结合第 10 个(或 10 个以上)间隙 He 原子的结合能几乎没有差别,且随着 He 原子数目的增加结合能值增大。大尺寸团簇对 He 原子的结合能保持恒定说明团簇对 He 原子的吸收能力也许是稳定的,也说明团簇对 He 原子的吸收是没有饱和的。

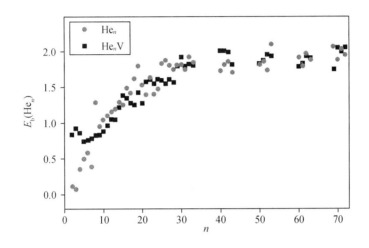

**图 7.9　$He_n$ 和 $He_nV$ 团簇中间隙 He 原子的结合能**

### 7.2.3　结论和讨论

本节主要介绍了运用动力学方法计算 $He_nV_m$ 团簇的形成能以及团簇对间隙 He、空位、自间隙 Ti 原子的结合能,试图通过这些能量性质表征团簇的稳定性并理解团簇的形成和长大过程及其机制。结果表明,团簇对间隙 He、空位、自间隙 Ti 原子的结合能与团簇内的 $n/m$ 值密切相关。当 $n/m > 5$ 时,团簇内间隙 He 原子、空位、自间隙 Ti 原子的结合能几乎都保持在一个恒定的范围内。这可能是因为自间隙 Ti 原子的非热发射导致团簇长大的过程中有效的 $n/m$ 值是恒定的或者变化很缓慢。这类团簇内,空位的结合能最大,间隙 He 的结合能稍微高于自间隙 Ti 原子的结合能。空位浓度较高时,团簇可通过结合近邻的空位和间隙 He 原子的方式长大;即使空位浓度很低时,只要有足够的间隙 He 原子供应,团簇仍可以通过吸收 He 原子并发射自间隙 Ti 原子方式自发长大。

通过比较 $He_n$,$He_nV$,与 $He_7V$ 团簇($n \leqslant 72$)内 He 原子的结合能随 He 原子数目的变化,发现大尺寸团簇对 He 原子的结合能保持为较大的常数主要由团簇内 He 原子数目决定。不同的初始陷阱(即不同初始空位数目的小孔洞)对 He 原子的捕陷能力仅在陷阱内 He 原子数目较少时有明显区别,随着陷阱内 He 原子数目的增加,不同陷阱对 He 原子的捕陷能力的区别逐渐模糊,最终消失了。这个结论与已报道的实验结果一致。大尺寸团簇对 He 原子的结合能保持恒定也说明团簇对 He 原子的吸收能力或动力是稳定的,且团簇对 He 原子的吸收是没有饱和的。

为了运用分子动力学计算空位团簇的稳定性,王永利等用第一原理方法建立了 Ti – He 原子间作用势,见附录 C。

## 参考文献

[1] HEUNG L K. Titanium for long – term tritium storage[J]. [s. n.], 1994, WSRC – TR – 94 – 0596.

[2] HUANG G, LONG X G, PENG S M, et al. Studies on the characteristic of zirconium – tritium reaction[J]. J Fusion Energ, 2011, 30: 7.

[3] Anon. DOE handbook. Tritium handling and safe storage[R]. Washington D C: U S Department of Energy, 2008.

[4] SCHOBER T, FARRELL K. Helium bubbles in $\alpha$ – Ti and Ti tritide arising from tritium decay: a TEM study[J]. J Nucl Mater, 1989, 168: 171.

[5] ZHENG H, LIU S, YU H B, et al. Introduction of helium into metals by magnetron sputtering deposition method[J]. Mater Lett, 2005, 59: 1071.

[6] Shi L Q, Liu C Z, Xu S L, et al. Helium – charged titanium films deposited by direct current magnetron sputtering[J]. Thin Solid Films, 2005, 479: 52.

[7] 龙兴贵, 翟国良, 蒋昌勇, 等. 氚钛膜中 $^3$He 释放的研究[J]. 核技术, 1996, 19: 542.

[8] 郑华. Ti 基低平衡压储氢合金及薄膜的制备、结构和性能[D]. 沈阳: 中国科学院金属研究所, 2005.

[9] WANG Y L, LIU S, RONG L J, et al. Atomistic properties of helium in HCP titanium: a first – principles study[J]. J Nucl Mater, 2010, 402: 55.

[10] 王永利. 金属中 He 行为及复杂氢化物性质的理论计算[D]. 沈阳: 中国科学院金属研究所, 2011.

[11] 吴仲成. 钒、钛中扩散行为的理论研究[D]. 绵阳: 中国工程物理研究院, 2003.

[12] FU C C, WILLAIME F. Ab initio study of helium in $\alpha$ – Fe: dissolution, migration, and clustering with vacancies[J]. Phys Rev B, 2005, 72: 064117.

[13] SELETSKAIA T, OSETSKY Y, STOLLER R E, et al. First – principles theory of the energetics of He defects in BCC transition metals[J]. Phys Rev B, 2008, 78: 134103.

[14] 杨莉, 祖小涛, 王小英, 等. 氦在 BCC 和 FCC 过渡金属中稳定性的理论研究[J]. 电子科技大学学报, 2008.

[15] WILSON W D, JOHNSON R A. Rare gases in metals[M]. GEHLEN P C, BEELER J

R, JAFFEE R I. Interatomic potentials and simulation of lattice defects. New York: Plenum Press, 1972.

[16] GANCHENKOVA M G, VLADIMIROV P V, BORDIN V A. Vacancies, interstitials and gas atoms in beryllium[J]. J Nucl Mater, 2009, 386 – 388: 79.

[17] NRSKOV J K. Covalent effects in the effective – medium theory of chemical binding: hydrogen heats of solution in the 3d metals[J]. Phys Rev B, 1982, 26: 2875.

[18] NRSKOV J K, LANG N D. Effective – medium theory of chemical binding: application to chemisorption[J]. Phys Rev B, 1980, 21: 2131.

[19] ESBJERG N, NRSKOV J K. Dependence of the He – scattering potential at surfaces on the surface electron – density profile[J]. Phys Rev Lett, 1980, 45: 807.

[20] CHEN M, HOU Q, WANG J, et al. Anisotropic diffusion of He in titanium: a molecular dynamics study[J]. Solid State Commun, 2008, 148: 178.

[21] MORISHITA K, SUGANOR, WIRTH B D, et al. Thermal stability of helium – vacancy clusters in iron[J]. Nucl Instrum Meth B, 2003, 202: 76.

[22] AO B Y, YANG J Y, WANG X L, et al. Atomistic behavior of helium – vacancy clusters in aluminum[J]. J Nucl Mater, 2006, 350: 83.

[23] LUCAS G, SCHAUBLIN R. Stability of helium bubbles in alpha – iron: a molecular dynamics study[J]. J Nucl Mater, 2009, 386 – 388: 360.

[24] ACKLAND G J, VITEK V. Many – body potentials and atomic – scale relaxations in noble – metal alloys [J]. Phys Rev B, 1990, 41: 10324.

[25] JOHNSON R A. Empirical potentials and their use in the calculation of energies of point defects in metals[J]. J Phys F: Met Phys, 1973, 3: 295.

[26] OSTWALD W. Lehrbuch der allgemeinen chemie[M]. Germany: Leipzig, 1896.

[27] KORNELSEN E V, VAN G A A. A study of bubble nuceation in tungsten using thermal desorption spectrometry: clusters of 2 to 100 helium atoms[J]. J Nucl Mater, 1980, 92: 79.

# 第8章  BCC Fe 中 He 泡的形核长大热力学

金属中的 He 泡是产生 He 效应的基础,原子尺度泡核向 He 泡转化的物理过程描述备受关注。Trinkaus 将 $He_nV_m$ 和 He 泡分为三种特征尺寸,即原子尺寸泡核、非理想气体 He 泡和理想气体 He 泡。半径约 1 nm 的含 He 团簇($n$ 为 50 ~ 100,$m$ 约为 50)为原子尺寸泡核,为 He 泡的形核阶段。$n$ 和 $m$ 较小时,处于 $He_nV_m$ 表面的 He 原子和空位数占很大的份额。$He_nV_m$ 中的所有 He 原子与金属原子都存在明显的相互作用,其能态与基体原子种类和缺陷结构相关。随着 $n$ 和 $m$ 增大,表面 He 原子和空位占的比例降低(约 $n^{-1/3}$ 和约 $m^{-1/3}$),团簇内 He 原子与基体原子的相互作用逐渐减弱至可以忽略。当 $n$ 和 $m$ 分别增至约 150 和 50 时,团簇表面 He 原子和空位的份额仍可高达 50%。与 BCC 晶格相比,FCC 晶格中占有的份额较低(通常低于 30%),这是因为缺乏最近邻相互作用。对于尺寸较大的 $He_nV_m$ 团,仅 He 泡表面的 He 原子与金属原子存在相互作用,不断有 He 生成和/或一定温度下,$He_nV_m$ 长大。当 $n$ 为 50 ~ 100,$m$ 约为 50 时形成半径约为 1 nm 的小 He 泡。半径大于 1 nm 后进入非理想气体 He 泡(1 ~ 100 nm)阶段和理想气体 He 泡( > 100 nm)阶段。

Russell 等[1-4]建立了描述 He 泡吸收、发射空位和 He 原子的速率方程,描述了 He 泡的形核途径。Mansur 等[5-7]和 Stoller 等[8-9]依据空位吸收速率、空位发射速率和自间隙原子吸收速率推导了估算空腔长大的速率方程,将其用来模拟 He 作用下的空腔长大和聚集行为。这些已建立的理论适用于金属中 He 浓度较低的情况,可以用来建立辐照条件下聚变堆堆内结构材料行为的模型,这些情况下 He 是由(n,α)核反应生成的。然而,因为第一壁结构材料中的 He 浓度很高,这些结果还不能解释高温等离子体与壁材料表面相互作用(PSI)产生的 He 问题。

He 原子能够直接注入高温等离体的金属结构部件,形成高密度 He 泡。高密度小 He 泡的压力很高,能够发射 SIA 和 SIA 团簇。SIA 团簇塌陷成晶间位错环,He 泡长大。实际上[10-11],TEM 下已观察到了注 He 时(镜下注入)W 中从高压 He 泡冲出的 SIA 团簇(环)。在时效几十天的氚化钛和氚化钯中也观察到均匀分布的 He 泡和沿 He 泡分布的位错环。高压 He 泡也发射 He 原子,发射 He 原子可增大 He 泡的热稳定性。虽然存在空位,He 和 SIA 的吸收及发射对于 He 泡形核和长大仍然是重要因素,SIA 和 He 的发射速率未完全包控在上述模型中。

He 泡形核期的行为与基体材料的结构密切相关。Fu 等近些年发表了多篇关于 α - Fe 中 He 行为的论文,详细论述了 Fe 中 He 原子的位形、能量及迁移机制(见第 6 章)。

Morishita,Sugano 和 Wirth 等运用分子动力学和蒙特卡洛方法研究了 Fe 中 He - 空位团的热稳定性、Fe 中 He - 空位团的长大和收缩机制、He - 空位团的寿命和迁移行为。

Caturla 等[27]用 Fu 等人的能量数据,运用实体动力学蒙特卡洛方法(OKMC)模拟自间隙原子团迁移对 He 扩散的影响。Borodin 等[13]运用晶格动力学蒙特卡洛方法(LKMC)模拟了 Fe 中 He - 空位团的动态行为。Torre 和 Fu 等[34]用 KMC 方法模拟了电子辐照 Fe 样品性能的回复过程。

　　Schaldach 等讨论了 He 对空腔形核的影响,运用速率方程描述了 He 泡的形成动力学,论述了纯 Ni 中 He 生成量随辐照剂量的变化,提出了标准溶解度的概念并引入了连接实际溶解度的比例参数,给出了不同 Ni 含量奥氏体不锈钢中 He 的生成速率。

　　Y. Zhang[32]建立了 FCC Fe 中 He 原子的扩散模型,建立了相关的速率方程,给出了实际扩散系数的概念,分析了稳态空空位浓度($C_{10}$)、SIA 浓度($C_1$)、间隙 He 原子浓度($C_{01}$)和替换位 He 原子浓度($C_{11}$)随温度的变化,讨论了晶格结构对实际扩散系数的影响、辐照条件对实际扩散系数的影响以及显微结构对实际扩散系数的影响。这些研究内容对理解 He 泡的形核和长大机制很有帮助。

　　Morishita 和 Sugano 等[33]考虑了所有点缺陷的吸收和发射速率,应用热力学理论计算了包含有 He 泡和点缺陷(空位、He 原子和自间隙原子)系统的总自由能以及形成一个 He 泡的激活能势叠,分析了 He 对 He 泡形成的影响;在平衡和辐射条件下对空位、He 原子和自间隙原子流入、流出 He 泡的速率进行了估算,给出了体心立方 Fe 中 He 泡形核和长大机制(路线图),并与相关的 MD 和 MKC 研究进行了比较。路线图考虑了所有点缺陷的发射,为了简化没有包括缺陷团簇的发射,本章主要引用和讨论他们的研究结果。

# 8.1　金属缺陷热力学

　　宏观热力学理论不涉及原子结构和电子的相互作用,是以大量质点所组成的系统为对象,以热力学的两个定律为基础,研究热运动形态与其运动形态间的相互联系及相互转化的宏观方法。由于使用经验参数,它对金属和合金的理论描述以及预测都相当不错,因而有着相当广泛的用途。本章详细论述了 He 泡的形核长大热力学,可与前面基于原子和涉及电子相互作用的研究结果相对照。

## 8.1.1　系统的总自由能

　　包含各类 He 泡、孤立空位、孤立替位 He 和孤立 SIA 系统的总能量以平均每个格点位置的能量表示,其系统总自由能为

$$g = \sum_j C^j_{bubble}\mu^j_{bubble} + C^{matrix}_{SubHe}\mu^{matrix}_{SubHe} + C^{matrix}_V \mu^{matrix}_V + C^{matrix}_{SIA} \mu^{matrix}_{SIA} \tag{8.1}$$

其中,j 表示含有的 He 泡的类型,由泡中的 He 原子数($N^b_{He}$)和空位数($N^b_V$)来区分;$C^j_{bubble}$ 和 $\mu^j_{bubble}$ 分别为 j 类 He 泡的浓度和化学势;$C^{matrix}_k$ 和 $\mu^{matrix}_k$ 分别为基体中点缺陷的浓度和化学势,这里的 k 分别为基体中的替换位 He 原子(SubHe)、空位(V)和 SIA。缺陷浓度由体系的缺陷数与晶格位置的比值确定。另外,系统的熵为结构熵。

## 8.1.2　化学势

　　点缺陷的化学势为

$$\mu^{matrix}_k = E^f_k + k_B T \ln C^{matrix}_k \tag{8.2}$$

其中,$E^f_k$ 是 k 类点缺陷的形成能。

　　j 类 He 泡的化学势可用以下两种不同形式表示。一种与式(8.2)相似,即

$$\mu^j_{bubble} = G^j_{bubble} + k_B T \ln C^j_{bubble} \tag{8.3}$$

其中，$G_{bubble}^j$ 是 j 型 He 泡的形成自由能。

另一种形式依据 He 泡中点缺陷的化学势 $\mu_k^{b,j}$ 得出，其中 k 代表空位、He 原子或 SIA。当 He 泡由 $m_b^j$ 个空位、$n_b^j$ 个 He 原子和 $l_b^j$ 个 SIA 组成时，化学势为

$$\mu_{bubble}^j = n_b^j \mu_{He}^{b,j} + m_b^j \mu_V^{b,j} + l_b^j \mu_{SIA}^{b,j} \tag{8.4}$$

其中，$n_b^j$ 与前面定义的 $N_k^{b,j}$ 相同。通常认为泡中的 SIA 在泡表面与空位自发地重新结合，因此可将 SIA 看成 He 泡表面的一个晶格原子，有理由认为 $N_V^{b,j} = m_b^j - l_b^j$；由于 He 泡的尺寸是正的，故 $m_b^j$ 要大于 $l_b^j$。式(8.4)在 He 泡中引入了 SIA 的化学势($\mu_{SIA}^{b,j}$)似乎不寻常，有些人为的因素，但对于理解 SIA 和 He 泡间的结合态很重要。依据 He 泡的形成自由能 $G_{bubble}^j$，He 泡中点缺陷的化学势表示为

$$\begin{cases} \mu_{He}^{b,j} = \dfrac{\partial G_{bubble}^j}{\partial n_b^j} = \dfrac{\partial G_{bubble}^j}{\partial N_{He}^b} \\[3mm] \mu_V^{b,j} = \dfrac{\partial G_{bubble}^j}{\partial m_b^j} = \dfrac{\partial G_{bubble}^j}{\partial N_V^b} \\[3mm] \mu_{SIA}^{b,j} = \dfrac{\partial G_{bubble}^j}{\partial l_b^j} = \dfrac{\partial G_{bubble}^j}{\partial N_V^b} \end{cases} \tag{8.5}$$

从式(8.5)可看出，泡中空位和 SIA 的化学势的关系为

$$\mu_V^{b,j} = -\mu_{SIA}^{b,j} \tag{8.6}$$

这说明，在 He 泡中引入一个空位所做的功相当于从 He 泡中抽取一个 SIA(即 He 泡表面的一个晶格原子)所做的功。

### 8.1.3 平衡条件

当系统处于平衡态时，对于系统点缺陷和 He 泡浓度的任何无穷小变化，其总自由能变化必须为零。由式(8.1)得到系统的平衡条件为

$$\begin{cases} \mu_{He}^{b,j} - \mu_{SubHe}^{matrix} + \mu_V^{matrix} = 0 \\ \mu_V^{b,j} - \mu_V^{matrix} = 0 \\ \mu_{SIA}^{b,j} - \mu_{SIA}^{matrix} = 0 \\ \mu_{bubble}^j - n_b^j(\mu_{SubHe}^{matrix} - \mu_V^{matrix}) - m_b^j \mu_V^{matrix} - l_b^j \mu_{SIA}^{matrix} = 0 \end{cases} \tag{8.7}$$

式(8.7)表示 He 泡和基体点缺陷的平衡条件。

利用式(8.5)和式(8.7)可得到基体点缺陷化学势的表达式，即

$$\begin{cases} \mu_{SubHe}^{matrix} = \dfrac{\partial G_{bubble}^j}{\partial N_{He}^b} + \dfrac{\partial G_{bubble}^j}{\partial N_V^b} \\[3mm] \mu_V^{matrix} = \dfrac{\partial G_{bubble}^j}{\partial N_V^b} \\[3mm] \mu_{SIA}^{matrix} = -\dfrac{\partial G_{bubble}^j}{\partial N_V^b} \\[3mm] \mu_{bubble}^j = N_{He}^b \dfrac{\partial G_{bubble}^j}{\partial N_{He}^b} + N_{He}^b \dfrac{\partial G_{bubble}^j}{\partial N_V^b} \end{cases} \tag{8.8}$$

与式(8.6)类似，基体中空位和自间隙原子化学势的关系为

$$\mu_V^{\text{matrix}} + \mu_{\text{SIA}}^{\text{matrix}} = 0 \tag{8.9}$$

式(8.9)描述了平衡状态下基体中空位和 SIA 的重组反应($V + \text{SIA} = 0$)。当将基体内的间隙 He 原子考虑进系统时,化学势为

$$\mu_{\text{intHe}}^{\text{matrix}} = \frac{\partial G_{\text{bubble}}^j}{\partial N_{\text{He}}^b} \tag{8.10}$$

由式(8.8)和式(8.10)可得到关系式

$$\mu_{\text{SubHe}}^{\text{matrix}} = \mu_{\text{intHe}}^{\text{matrix}} + \mu_V^{\text{matrix}} \tag{8.11}$$

式(8.11)说明基体中的替换位 He 原子与间隙 He 原子和空位相互平衡。应注意到,式(8.8)和式(8.10)是 He 泡和基体点缺陷间的平衡条件;式(8.9)和式(8.11)是基体点缺陷之间的平衡条件。

### 8.1.4　点缺陷与 He 泡的结合自由能

本节定义和推导空位、He 和 SIA 与 He 泡的结合自由能。点缺陷与 He 泡的结合自由能 $G_k^{\text{bind}}$ 能够表征与基体中 He 泡平衡的点缺陷浓度。

$$C_k^{\text{matrix}} = \exp\left(-\frac{G_k^{\text{bind}}}{k_B T}\right) \tag{8.12}$$

其中,$k$ 表示空位、He 原子或 SIAs。

依据式(8.2)、式(8.8)、式(8.10)和式(8.12),点缺陷与 He 泡的结合自由能为

$$\begin{cases} G_{\text{SubHe}}^{\text{bind}} = E_{\text{SubHe}}^f - \left(\dfrac{\partial G_{\text{bubble}}^j}{\partial N_{\text{He}}^b} + \dfrac{\partial G_{\text{bubble}}^j}{\partial N_V^b}\right) \\[2ex] G_V^{\text{bind}} = E_V^f - \dfrac{\partial G_{\text{bubble}}^j}{\partial N_V^b} \\[2ex] G_{\text{SIA}}^{\text{bind}} = E_{\text{SIA}}^f + \dfrac{\partial G_{\text{bubble}}^j}{\partial N_V^b} \\[2ex] G_{\text{intHe}}^{\text{bind}} = E_{\text{intHe}}^f - \dfrac{\partial G_{\text{bubble}}^j}{\partial N_{\text{He}}^b} \end{cases} \tag{8.13}$$

由式(8.13)可得到方程式 $G_V^{\text{bind}} + G_{\text{SIA}}^{\text{bind}} = E_V^f + E_{\text{SIA}}^f$。因为将等式右边看作常量,所以空位和 SIA 与 He 泡的结合自由能是互补的。当空位结合自由能增加时,SIA 结合自由能减小,减小量等于空位结合自由能的增加量,反之亦然。

对式(8.3)和式(8.7)作类似考虑,得到 He 泡平衡浓度表达式,即

$$C_{\text{bubble}}^j = \exp\left(-\frac{G_{\text{bubble}}^{\text{bind},j}}{k_B T}\right) \tag{8.14a}$$

$$G_{\text{bubble}}^{\text{bind},j} = G_{\text{bubble}}^j - N_{\text{He}}^{b,j}\mu_{\text{SubHe}}^{\text{matrix}} - (N_V^{b,j} - N_{\text{He}}^{b,j})\mu_V^{\text{matrix}} \tag{8.14b}$$

依据式(8.11),将式(8.14b)改写为

$$G_{\text{bubble}}^{\text{bind},j} = G_{\text{bubble}}^j - N_{\text{He}}^{b,j}\mu_{\text{SubHe}}^{\text{matrix}} - N_V^{b,j}\mu_V^{\text{matrix}} \tag{8.14c}$$

$G_{\text{bubble}}^{\text{bind}}$ 称为 He 泡的总结合自由能,该能量通常出现在沉淀相的经典形核和长大理论中,是平衡状态下缺陷团聚、临界形核或晶核湮灭时的能量。

### 8.1.5　He 泡的形成自由能

He 泡的形成自由能 $[G_{bubble}^{j} = G_{bubble}(N_{He}^{b}, N_{V}^{b})]$，定义为完整晶体中引入一个 He 泡时系统自由能的变化。

Trinkaus[12] 给出的表达式为

$$G_{bubble} = G_{He}^{bulk} + G_{He}^{surface} + G_{metal}^{surface} + G_{He-metal}^{interface} + G_{relax} \tag{8.15}$$

其中，$G_{He}^{bulk}$ 是体相 He 自由能；$G_{He}^{surface}$ 是表面 He 自由能；$G_{metal}^{surface}$ 是金属表面自由能；$G_{He-metal}^{interface}$ 是金属基体和 He 之间的界面自由能；$G_{relax}$ 是弛豫自由能。

假设体心立方 Fe 中的 He 泡为半径为 $R$ 的球形，我们来讨论各种自由能的表达式。

He 泡中 He 原子产生的体相 He 自由能利用 He 的状态方程(EOS)计算和下面的常温 Gibbs – Duhem 关系式确定。

$$G_{He}^{bulk}(p) = G_{He}^{bulk}(p_0) + \int_{p_0}^{p} V(p)\,\mathrm{d}p$$

其中，$V$ 是包含 $N_{He}^{b}$ 个 He 原子 He 泡的体积；$p$ 是 He 压力；$p_0$ 是参考压力。如果参考压力足够小可将 He 看作理想气体，$G_{He}^{bulk}(p_0)$ 可用统计热力学的方法求得。

为了近似地描述较宽压力范围内液态 He 的状态，我们应用了三种不同形式的状态方程，三种 EOS 通过两种插值函数拟合。

$$\nu_m^{Fluid}(p) = \begin{cases} \nu_m^{ideal}(p) \cdots p \leqslant p_1 \\ \nu_m^{interpolate1}(p) \cdots p_1 \leqslant p \leqslant p_2 \\ \nu_m^{CS}(p) \cdots p_2 \leqslant p \leqslant p_3 \\ \nu_m^{interpolate2}(p) \cdots p_3 \leqslant p \leqslant p_4 \\ \nu_m^{MLB}(p) \cdots p_4 \leqslant p \end{cases}$$

其中，$p_1 = 0.5 \times 10^5$ Pa；$p_2 = 10^6$ Pa；$p_3 = 10^8$ Pa；$p_4 = 2 \times 10^8$ Pa。上标 ideal，CS 和 MLB 分别代表由 Brealey 和 MacInnes[14]、由 Mills 等[15] 给出的理想气体 EOS；上标 interpolate1 和 interpolate2 分别表示与 ideal 和 CS 状态方程拟合的第一类插值函数和与 CS 和 MLB 状态方程拟合的第二类插值函数。维里状态方程被用作插值函数，式中 He 的可压缩性因子用压力的多项式表示。

$$Z = \frac{p\nu_m}{k_B T} = b_0 + b_1 p + b_2 p^2 + b_3 p^3$$

第一类插值函数的维里系数 $b_k$ 是使可压缩性因子和派生压力在 $p_1$ 压力下与理想气体相符，在 $p_2$ 压力下与 CS 状态相符得到的。同样，第二类插值函数的维里系数是使可压缩性因子和派生压力在 $p_3$ 和 $p_4$ 压力下分别与 CS 和 MLB 状态相符得到的。需要注意的是，求得的维里系数 $b_k$ 与温度有关。

另一方面，使用 Zha 等[17] 发展的 Vinet EOS[16] 描述固状 He 的状态。为了使状态方程在较大的 He 密度范围内有效，用 Driessen, van der Poll[18] 和 Zha 的 He 密度数据对 EOS 中使用的德拜温度(Debye)系数和固体压缩参数(Gruneisen 参数)做了修正。

在选择液态 He 或固态 He EOS 时，使用了 Kechin[19] 方程中的 He 熔化曲线。为了得到较大温度范围(300 ~ 1 000 K)内有效的熔化曲线，对方程中需要的参数进行了修正，与

Driessen,Van der Poll,Datchi[20]和 Young[21]的压力 – 温度数据进行了拟合。Young 的数据是理论（LMTO）计算值。

由于 He 泡表面的 He – He 键亏损,将 He 表面能($G_{He}^{surface}$)看作体相 He 自由能($G_{He}^{bulk}$)的修正项。

$$G_{He}^{surface} = -f(N_{He}^b)^{-1/3} G_{He}^{bulk} \qquad (8.16)$$

其中,$f$ 是个常数,表示每个表面 He 原子亏损的 He – He 键合数与完全不亏损的 He – He 键合数的比值。Fujita[22]计算了面心结构球形团簇的表面断键的数目,随着团簇体积增加 $f$ 接近 1.37,而 Trinkaus 依据球形 He 泡的体积和表面积估算的 $f$ 值约为 0.6。可以不过分介意数值之间的差异,与 He 泡的总形成自由能[式(8.15)]相比较,这里使用 $f = 1.37$。

这里使用的金属表面自由能表示为

$$G_{metal}^{surface} = \gamma S\left(1 - \frac{q}{R}\right) \qquad (8.17)$$

其中,$\gamma$ 是金属扁平面的表面能;$S$ 是一个球形 He 泡的表面积;$q$ 是个常量。第二项是对第一项的曲率修正,较大 $R$ 时趋于零。运用 Ackland[23]的 Fe – Fe 作用势计算形成能,拟合体心立方 Fe 中非弛豫空腔的形成能,确定参数 $\gamma$ 和 $q$。对计算进行最小二乘法拟合,$\gamma = 1.195 \times 10^{19}$ eV/m$^2$,$q = 5.194 \times 10^{-11}$ m。

我们来确定下面方程式表示的 $G_{bubble}^0$。

$$G_{bubble}^0 = G_{He}^{bulk} + G_{He}^{surface} + G_{metal}^{surface}$$

对 He 泡形成自由能的主要贡献可用 $G_{bubble}^0$ 表示,然而,需要添加两种贡献来修正 $G_{bubble}^0$:一是修正泡中 He 的有效体积,由于金属原子和 He 原子间的排斥力导致 He 泡中 He 的有效体积发生变化;二是修正 He 泡的体积,由于泡弛豫引起 He 泡体积发生变化。

目前,通常认为 He 泡内 He 的有效体积与 $N_v^b\Omega$ 定义的 He 泡体积相同($\Omega$ 是一个原子的体积)。Morishita 等[24-26]先前的 MD 计算表明,金属 – He 原子的排斥作用远大于 He – He 原子的排斥作用。很大的排斥差异将降低 He 泡中 He 的有效体积,从而导致体相 He 自由能增加。Trinkaus 假设金属 – He 原子相互作用引起的球形 He 泡半径的改变量 $\delta_{He}$ 是个常数,估计自由能改变量为 $F_{He-metal}^{interface} = P\delta_{He}S$,对于 Ni 中的 He,$\delta_{He} \approx 0.1$ nm。依据 Trinkaus 的模型,Morishita 等给出的能量变化为

$$G_{He-metal}^{interface} = \left(\frac{\partial G_{He}^{bulk}}{\partial V}\right)\delta_{He}S = B_T\delta_{He}S \qquad (8.18)$$

其中,$B_T$ 是体相 He 的体模量。两种表达式的不同之处在于对 $P$ 和 $B_T$ 的选择,这是因为对自由能的定义不同。Trinkaus 采用 Helmholtz 自由能,Morishita 等采用的是 Gibbs 自由能。当 He 为理想气体时,两种表达式完全一样,因为对于理想气体,体相 He 的模量等于 He 的压强。对于体心立方 Fe,常量 $\delta_{He}$ 取值 0.04 nm,是拟合 $G_{bubble}$ 与 20 个空位的 He 泡的形成能得到的。用 MD 方法计算 He 泡形成能。

到目前为止,通常假设 He 泡的体积为 $N_v^b\Omega$。然而,He 泡体积随 He 泡压力增大而增大,这将导致体 He 自由能减小,表面能增加,基体金属引入弹性能[28]。

当 He 泡体积变化 $\delta V$ 时,He 泡的形成自由能为

$$G_{bubble} = G_{bubble}^0 + \left(\frac{\partial G_{bubble}^0}{\partial V}\right)\delta V + \frac{2\mu(1+\nu)}{9(1-\nu)}\frac{\delta V^2}{V} \qquad (8.19)$$

其中,$\nu$ 是泊松比;$\mu$ 是基体金属剪切模量;最后项是弹性能。

通过方程中 $G_{\text{bubble}}$ 的最小化可确定 He 泡的弛豫体积 $\delta V$,弛豫自由能为

$$G_{\text{relax}} = -\frac{9V(1-\nu)}{8\mu(1+\nu)}\left(\frac{\partial G_{\text{bubble}}^0}{\partial V}\right)^2$$

利用式(8.16)、式(8.17)、式(8.18)和式(8.19),式(8.15)最后可写成

$$G_{\text{bubble}} = \left[1 - \frac{f}{(N_{\text{He}}^{\text{b}})^{1/3}}\right]G_{\text{He}}^{\text{bulk}} + \gamma S\left(1 - \frac{q}{R}\right) + B_{\text{T}}\delta_{\text{He}}S - \frac{9V(1-\nu)}{8\mu(1+\nu)} \times$$

$$\left\{\frac{2\gamma}{R} - \frac{q\gamma}{R^2} - \left[1 - \frac{f}{(N_{\text{He}}^{\text{b}})^{1/3}}\right]B_{\text{T}}\right\}^2$$

### 8.1.6    He 泡的稳态形核和长大

下面我们来考虑 He 泡的稳态形核[29]。当 He 泡周围晶格弛豫引起的与压力有关的缺陷扩散效应可以忽略时,也就是说假设 He 泡的缺陷捕陷效率为 1 时,流向球形 He 泡的总点缺陷流为

$$J_{\text{k}}^{\text{net}} = J_{\text{k}}^{\text{IN}} - J_{\text{k}}^{\text{OUT}} = \frac{4\pi R}{\Omega}D_{\text{k}}\left[C_{\text{k}}(\infty) - C_{\text{k}}(R)\right] \tag{8.20}$$

其中,$D_{\text{k}}$ 是点缺陷 k 的扩散系数;$R$ 是 He 泡的半径;$J_{\text{k}}^{\text{IN}}$ 和 $J_{\text{k}}^{\text{OUT}}$ 分别是点缺陷流入和流出 He 泡的速率;$C_{\text{k}}(R)$ 和 $C_{\text{k}}(\infty)$ 分别是基体点缺陷 k 在 He 泡中心 $R$ 和距 $R$ 无穷远处的浓度。流出速率(热发射)是假设 He 泡附近点缺陷与 He 泡局域平衡时估算出的。因此,可通过式(8.12)、式(8.13)定义的点缺陷结合能求得 $C_{\text{k}}(R)$。另一方面,$C_{\text{k}}(\infty)$ 项应考虑整个系统所处的条件来确定。平衡状态下,可以利用式(8.9)和式(8.11)求解 $C_{\text{k}}(\infty)$。辐照条件下,基体点缺陷彼此之间不平衡,$C_{\text{k}}(\infty)$ 通过解所有点缺陷相互作用(产生、湮灭、重组和团聚)的速率方程组求得。

## 8.2    He 泡形核和长大热力学计算

为了研究 BCC Fe 中 He 泡的形核和长大机制,计算了点缺陷与 He 泡的结合自由能、He 泡的总结合自由能及点缺陷流入和流出 He 泡的速率。

空位、He 原子和 SIA 与 He 泡的结合自由能随泡中 He 原子数和空位数($N_{\text{He}}^{\text{b}}, N_{\text{V}}^{\text{b}}$)的变化依据式(8.13)计算。

He 泡的总结合能依据式(8.14)计算,分为 3 个步骤。首先,输入总缺陷浓度($X_{\text{V}}, X_{\text{He}}$,$X_{\text{SIA}}$)($X_{\text{V}}, X_{\text{He}}$ 和 $X_{\text{SIA}}$ 分别是空位、He 原子和自间隙原子的浓度)。不论引入的是孤立缺陷还是缺陷团,总缺陷浓度可看作系统中每个晶格位置引入的点缺陷分数。然后,利用输入的参数,通过联解方程式(8.8)~方程式(8.11),得到一定温度下基体点缺陷和 He 泡的平衡浓度。最后,获得 He 泡的总结合自由能随($N_{\text{He}}^{\text{b}}, N_{\text{V}}^{\text{b}}$)的变化。

He 泡稳态形核和长大过程中点缺陷的流入和流出速率用式(8.20)计算。$R$ 处 k 类点缺陷的浓度 $C_{\text{k}}(R)$ 由式(8.12)计算,为 $N_{\text{He}}^{\text{b}}, N_{\text{V}}^{\text{b}}$ 的函数。获得 $C_{\text{k}}(\infty)$ 取决于两种条件:①平衡条件下,He 泡和基体的点缺陷相互平衡,辐照后退火样品近似符合这种条件,联解式(8.8)~式(8.11)可求得 $C_{\text{k}}(\infty)$;②辐照条件下,基体点缺陷不再相互平衡,此时将

$C_k(\infty)$ 看作由 $X_V$，$X_{He}$，$X_{SIA}$ 描述的固定的输入参数，这是一种近似处理方法。

## 8.3　计算结果和讨论

Morishita 等的热力学计算考虑了所有点缺陷的吸收和发射速率，估算了平衡和辐射条件下空位、He 原子、SIA 流入和流出 He 泡的速率。结果表明，在辐射条件下，对于相对较小的高压 He 泡，He 原子和自间隙原子的热发射相当。

### 8.3.1　点缺陷的结合自由能

BCC Fe 中空位、间隙 He 原子和 SIA 与 He 泡的结合自由能随[He/V]值的变化用式 (8.13)计算，如图8.1(a)所示。[He/V]的值表示 He 泡中 He 的压力。He 原子数和空位数的范围分别为 0~1 100 和 1~4 080。随着 He 泡尺寸减小，最小的有效[He/V]值较高。例如，一个含有 10 个空位的 He 泡的[He/V]值不能小于0.1，而含有 100 个空位的 He 泡的[He/V]值可以取 0.01。大于 3 的[He/V]值从图中省去。对于较小的[He/V]值，空位与 He 泡的结合自由能是[He/V]值的增函数，而 He 原子和 SIA 与 He 泡的结合自由能是[He/V]值的减函数。当[He/V]值大于约 1.8 时，呈现相反的变化趋势，空位与 He 泡的结合自由能是[He/V]值的减函数，He 原子和 SIA 与 He 泡的结合自由能是[He/V]值的增函数。当[He/V]值大于大约 2 时，结合自由能随着比值增大振动。这种振动可能反映了线性弹性理论用于计算弹性弛豫能时的局限性。因此，有意义的适用范围为[He/V]值小于 2。

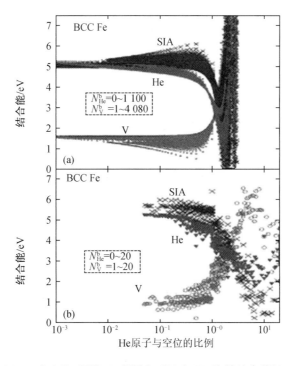

图8.1　BCC Fe 中空位、间隙 He 原子和 SIA 与 He 泡的结合能随 He 原子与
空位的比例的变化(a)和 MD 方法的计算结果(b)

图 8.1(b) 为 BCC Fe 中点缺陷与较小 He 泡结合能的分子动力学(MD)计算结果(利用经典原子间作用势)。从图中可清楚地看到空位和 SIA 结合能间的互补关系(详细结果见参考文献[24]和参考文献[27])。变化趋势反转的[He/V]值大约为 6,比热力学计算结果(1.8)大很多。临界比值不同起因于两种计算对 He 泡周围晶格弛豫的估计不同。MD 方法允许 He 泡周围基体有弹性变形,而且能够表征高压 He 引发的基体原子的不均匀错排。热力学没有考虑弹性变形,仅仅允许基体原子均匀错排。然而,在[He/V]值小于 2 的范围内,两种方法得到的点缺陷结合自由能随[He/V]的变化的趋势是一致的。因此,热力学的计算结果应该是可信的。

### 8.3.2 空空腔总结合自由能随温度的变化

He 泡的总结合自由能由式(8.14b)和式(8.14c)定义,表示在平衡条件下产生多少和多大的沉淀相。分析总结合自由能与温度和浓度的关系可以加深对于这一参量特征的理解。空腔形核与 He 泡形核的相关性和因果关系还不是很清楚。下面两小节以不同尺寸空空腔总结合自由能随温度和浓度的变化为例进行简要讨论。

空空腔(没有 He 原子)的总结合自由能是温度的函数(图 8.2)。系统的总空位浓度 $X_V$ 固定为 $5 \times 10^{-7}$。随着空空腔中空位数目(即空腔尺寸)的增加,总结合自由能先增大后减小。能量最大值表示形成一个空腔核的激活能垒,这一能量随着温度的升高而增加。

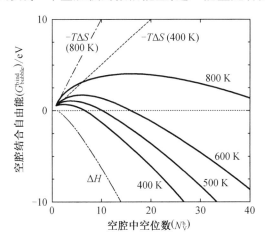

**图 8.2 BCC Fe 中不同尺寸空腔的总结合自由能随温度的变化曲线**
注:随着温度升高,空腔形核的激活能垒升高。

我们进一步探究空腔形核与温度的关系,与文献的处理方法类似(见参考文献[30]~参考文献[31]),将方程(8.14b)分为两项,$G_{bubble}^{bindr} = \Delta H - T\Delta S$,前一项为空位形成焓项,后一项为熵项。这些参数可以表示为

$$\Delta H = G_{bubble}^j - N_{He}^{b,j} E_{SubHe}^f - (N_V^{b,j} - N_{He}^{b,j}) E_V^f \tag{8.27}$$

$$-T\Delta S = -N_{He}^{b,j} k_B T \ln C_{SubHe}^{matrix} - (N_V^{b,j} - N_{He}^{b,j}) k_B T \ln C_V^{matrix} \tag{8.28}$$

如图 8.2 所示,$\Delta H$ 是空腔尺寸的单调递减函数,$-T\Delta S$ 是空腔尺寸的递增函数。两项的和产生上述的总结合自由能与空腔尺寸的关系。总结合自由能的最大值与空腔的临界形核尺寸对应。如图中虚线所示,焓与温度无关,熵随温度变化明显。因此,形核激活能与温度的关系取决于熵与温度的关系。这种关系导致高温空腔很难形核,这也是存在空腔形

成上限温度(阶段Ⅴ)的原因。

图 8.3(a)表示空腔形核速率与温度的关系。空腔形核速率定义为

$$J = J_k^{IN} C_{void}^* = J_k^{OUT} C_{void}^*$$

其中,$C_{void}^*$ 是临界空腔核的浓度,用式(8.14a)计算。流入和流出速率用式(8.20)计算。输入的空位迁移能范围为 0.55 ~ 1.4 eV。

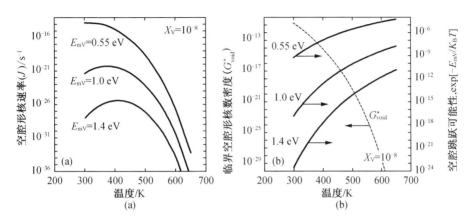

图 8.3　空腔形核速率随温度的变化(a)和临界空腔形核浓度、空腔跳跃频率随
温度的变化(b)(空腔在有限的温度沉积范围内形核)

图 8.3(b)表示临界空腔形核浓度以及空位跃迁频率(空位迁移激活能的函数)与温度的关系。如图所示,形成空腔的下限温度是由空位跳动频率与温度的关系决定的,而形成空腔的上限温度由临界空腔形核速率与温度的关系决定。

### 8.3.3　空空腔总结合自由能随空位浓度的变化

图 8.4 表示 500 K 下空空腔(没有 He 原子)的总结合自由能与空位浓度的关系。从图中看到,焓项与空位浓度无关。然而,熵项随着空位浓度增加而减小。因此,空腔形核激活能随着空位浓度增加而减小。这表明空位浓度越高,空腔形成的可能性越大。

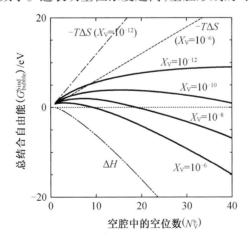

图 8.4　BCC Fe 中空空腔的总结合自由能(500 K)随基体空位浓度的变化曲线
注:随着空位浓度降低,空腔形核激活能全增大。

### 8.3.4　He 对 He 泡总结合自由能的影响

图 8.5 表示 800 K 时 He 泡的总结合自由能与泡内 He 原子数 $N_{He}^b$ 的关系。随着 He 原子数增多, He 泡形核激活能垒明显降低。

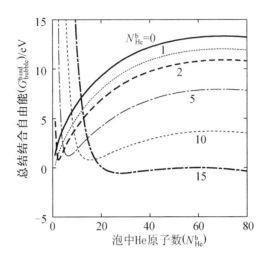

**图 8.5　800 K 时 BCC Fe 中 He 泡的总结合自由能**
**随泡中 He 原子数的变化曲线**

注:系统的总缺陷浓度 $X_V = 10^{-8}$, $X_{He} = 10^{-10}$, $X_{SIA} = 6 \times 10^{-4}$。引入 He 后 He 泡形核激活能能垒明显降低。

总结合自由能的等能线如图 8.6 所示,受线性弹性理论适用性的限制,略去了 $[He/V]$ 值大于 2 的数据。温度很高且总空位浓度不很高时(大约为平衡空位浓度的 500 倍),空空腔的形核激活能很高,不大可能形成空腔。这种情况下,形核激活能大于 10 eV,空腔的临界形核尺寸高达 70 个空位。由式(8.14b)和式(8.2)看到,He 进入空空腔导致 He 泡总结合自由能的熵项增大,焓项降低。焓项降低足够抵消熵项的增加,导致总结合自由能降低。事实上,激活能势垒随 He 泡中 He 原子数目的增加迅速降低,这应该是焓项明显降低的结果。较早期的 MD 计算显示,Fe 和 He 原子间的排斥作用远大于闭合惰性气体 He - He 间的作用,通过降低 Fe - He 间的排斥作用,从能量上看 He 在 Fe 中成团看是有利的。如图 8.6 中所示,当 He 泡中 He 原子数大于 17 时激活能势垒消失。激活能急剧降低有利于空位成团。

对于相对较小的 He 泡,He 对总结合自由能的影响更加明显。随着小 He 泡中 He 原子数目增加总结合自由能迅速增大,因为高 He 压致使 He 泡的形成自由能 $G_{bubble}^f$ 显著增大。较小尺寸范围 He 泡总结合自由能升高致使图 8.6 中出现局部最小值。随着 He 原子数进一步增加,局部最大值和最小值逐渐靠近,总结合自由能最终表示为 He 泡尺寸的单调递减函数。

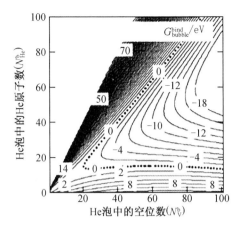

**图 8.6　800 K 时 BCC Fe 中 He 泡总结合自由能等能线随**

**He 泡中 He 原子数和空位数的变化**

注:系统的总缺陷浓度 $X_V = 10^{-8}$,$X_{He} = 10^{-10}$,$X_{SIA} = 6 \times 10^{-11}$。

### 8.3.5　金属中 He 泡形核和长大路线图

1. 辐照后退火样品中 He 泡的长大与收缩

选用相同的总缺陷浓度和温度($X_V = 10^{-8}$,$X_{He} = 10^{-10}$,$X_{SIA} = 6 \times 10^{-11}$,800 K),计算辐照后退火样品中 He 泡的长大和收缩行为。空位、He 原子和 SIA 流入和流出 He 泡的速率分别由式(8.20)计算得到,用 He 泡中 He 原子数和空位数($N_{He}^b$,$N_V^b$)表示。因为基体中的 He 泡和点缺陷被认为相互平衡,它们的浓度通过解方程组(8.7)得到,代入式(8.20)中的 $C_k(\infty)$ 项,便可计算流向 He 泡的总点缺陷流。空位的流入,SIA 的流出会使 He 泡长大,而空位的流出,SIA 的流入会使 He 泡收缩。He 泡的长大速率 $J_{grow}$ 和收缩速率 $J_{shrink}$ 分别为

$$\begin{cases} J_{grow} = J_V^{IN} + J_{SIA}^{OUT} \\ J_{shrink} = J_V^{OUT} + J_{SIA}^{IN} \end{cases} \tag{8.21}$$

图 8.7 为 $\lg(J_{grow}/J_{shrink})$ 随($N_{He}^b$,$N_V^b$)变化的等高线图。零高度线表示 He 泡的长大速率与收缩速率相同,在图中用虚线表示。虚线以下的 He 泡收缩,虚线以上的 He 泡长大。

零高度线(虚线)与 $N_{He}^b = 0$ 线(空空腔)在 $N_V^b \approx 70$ 处相交。与 $N_V^b \approx 70$ 相比较,较大的空空腔将长大,较小的空空腔将收缩。这一临界值与图 8.5 显示的临界空位数十分一致(对应空空腔最大结合能)。表明图 8.5 中的最大值确实相当于激活能垒,$N_V^b \approx 70$ 代表这种条件下空腔的临界形核尺寸。另一方面,当 $N_{He}^b$ 值大于 2 和小于 18 时,$N_{He}^b$ 为常数的线(水平线)与零高度线相交于两个 $N_V^b$ 点(图 8.7)。较大值对应总结合自由能的局域最大值(图 8.5),较小值对应局域最小值。因此,在平衡条件下,He 泡的长大和收缩行为取决于总结合自由能的变化。

更详细的研究显示:①虚线(零高度线)以下,空位的流入速率小于流出速率,SIA 的流入速率大于流出速率,虚线以上情况相反;②空位流入和流出速率相等的区域与 SIA 流入和流出速率相等的区域相同,而且这个区域与 He 泡长大和收缩速率相等的虚线区域完全一

致。这些流动速率的对称性可用平衡条件下基体中化学势平衡关系($\mu_V^{\text{matrix}} = -\mu_{\text{SIA}}^{\text{matrix}}$)来解释。

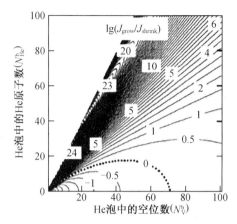

**图 8.7    BCC Fe 中 He 泡长大($J_{\text{grow}}$)和收缩($J_{\text{shrink}}$)速率等高线**

注:等高线用 $\lg(J_{\text{grow}}/J_{\text{shrink}})$ 表示,零高度表示长大速率和收缩速率相同。等高线以下 He 泡收缩,等高线以上 He 泡长大。

为了得到更多 He 泡长大和收缩过程的限制性信息,对空位流、SIA 流作了进一步研究。另外,研究了 He 流入和流出速率随($N_{\text{He}}^b, N_V^b$)的变化。当 [He/V] 值大于 0.65 时,He 原子的流出速率大于流入速率;小于 0.65 时流入速率大于流出速率。基于这些流动速率的研究结果如图 8.8 所示,图中展示了 He 泡的长大和收缩行为,称其为机制图。

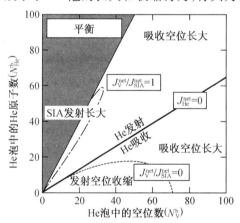

**图 8.8    平衡条件下(800 K)He 泡形核和长大机制图**

注:总点缺陷浓度 $X_V = 10^{-8}$,$X_{\text{He}} = 10^{-10}$,$X_{\text{SIA}} = 6 \times 10^{-11}$。

机制图大致划分为四个区域:(A)区主要为空位热发射(流出)He 泡收缩的区域,He 可能被吸收;(B)区主要为吸收空位(流入)He 泡长大的区域,He 可能被吸收;(C)区主要为吸收空位 He 泡长大的区域,He 可能被发射;(D)区主要为 SIA 热发射 He 泡长大的区域,He 可能被发射。

机制图展示了平衡条件下 He 泡的形核和长大。由于(A)区域 He 泡的 $N_V^b$ 减小、$N_{\text{He}}^b$ 增大,会向图的左上方向移动。同样道理,(B)(C)和(D)区域将分别向右上、较低的右下和更低的右下方向移动。从这些包括 He 原子吸收和发射的关于 He 泡长大和收缩的定性讨论得出这样的结论:He 泡首先沿着图 8.8 中 $J_V^{net} = J_{SIA}^{net}$ 和 $J_{He}^{net} = 0$ 的交叠部分的路径长大,到点($N_{He}^b \approx 8, N_V^b \approx 10$)后两线开始分开,He 泡就可以在图中较宽的区域内长大了;过了该点的实际形核路径可能取决于缺陷流速的平衡。这种形核路径与 Russell 等人早期的结果一致,但 Russell 等未涉及 SIA 的热发射过程(D 区域)。然而,(D)区形成 He 泡的可能性很小,除非对于平衡条件下相对较小的 He 泡,因为邻近(C)区的 He 泡将沿右下方向移动,(D)区的路径很有限。所以不管是考虑 SIA 发射的模型,还是不考虑 SIA 发射的模型,平衡条件下 He 泡的形核路径总体上是一致的。

2. 辐照下 He 泡的长大与收缩

研究者们分别计算了辐照条件下(800 K),空位、间隙 He 原子和 SIA 流入和流出 He 泡的速率。式(8.26)的 $C_k(\infty)$ 项取固定值:$X_V = 10^{-8}$,$X_{He} = 10^{-10}$ 和 $X_{SIA} = 6 \times 10^{-11}$(一种简化处理)。所得机制图如图 8.9 所示。辐照条件的机制图和平衡条件的机制图区别较大,差异主要是由 He 原子和 SIA 流入速率不同引起的。这些点缺陷的形成能很高(约 5 eV),平衡条件下很难存在于基体中。辐照条件下持续生成点缺陷,这些点缺陷可以存在于基体中,导致其流入速率发生变化。

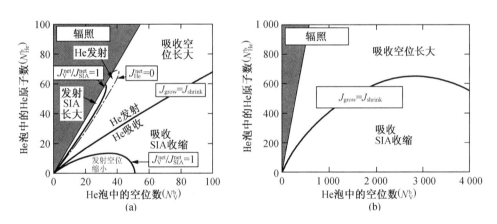

**图 8.9　辐照条件下(800 K)He 泡的形核和长大机制图(a)和路线图(b)**

注:点缺陷浓度 $X_V = 10^{-8}$,$X_{me} = 10^{-10}$ 和 $X_{SIA} = 6 \times 10^{-11}$。

我们来分析路线图中 $N_{He}^b$ 为常数的水平线与 $J_{grow} = J_{shrink}$ 线相交时的特征(图 8.9)。$N_{He}^b$ 不太大时,有两个相交点;$N_{He}^b$ 大约为 630 时,单点相交;$N_{He}^b$ 大于 630 时,线之间不相交。第一种情况下,含有两交点之间空位数的 He 泡将缩小,否则 He 泡将长大。另一方面,所有 He 泡将长大。这些长大与收缩行为与 Mansur 给出的空腔(泡)的长大速率曲线一致。

图 8.9(a)中分为五个区域:(A)区域中的 He 泡主要因为空位热发射而收缩,也可能吸收 He 原子;(B)区域中 He 泡主要由于吸收 SIA 而收缩,也可能吸收 He 原子;(C)区域中 He 泡主要由于吸收空位而长大,He 可能被吸收;(D)区域的 He 泡主要由于吸收空位而长大, He 可能被发射;(E)区域的 He 泡主要由于发射 SIA 而长大, He 可能被发射。(D)区

域与(E)区域重叠,He 原子和 SIA 的热发射处于竞争状态。

鉴于上述 He 泡的长大和收缩行为,(A)区域和(B)区域将沿着左上方向移动,(C)区域将沿右上方向移动,(D)区域和(E)区域将沿右下方向移动。因此,He 泡的形核路径主要发生在(C)区域。应该看到,辐照条件与平衡条件的情况不同,辐射条件下可能存在 SIA 热发射,(E)区域形成 He 泡的可能性不能忽略。

(C)区域 He 泡的实际形核路径依赖于 He 吸收速率与 He 泡长大速率的平衡。尽管只有通过解 Mansur 等和 Stoller 等的速率理论方程,才能得到路线图中 He 泡行为轨迹的细节,但可以明确地说,He 原子的吸收速率控制着 He 泡的长大速率。当 He 原子的流入速率不够高时 He 泡将沿着接近 $J_{grow} = J_{shrink}$ 线演化。这种速率控制反应可能决定 He 泡长大的孵化期。

还应说明的是,热力学选择$[He/V] \approx 2$分析 He 和 SIA 的发射行为,这一范围接近线性弹性理论应用的极限。第 6 章 6.3 节讨论了如果点缺陷结合自由能选择$[He/V] \approx 6$时(MD 结果)的情况。相关的研究还在进行。

模型描述了所有点缺陷的发射,但未包括缺陷团簇的发射。为了更准确地解释面对等离子体材料(PSI)的 He 问题,需要将自间隙原子团的发射速率(位错环冲出)考虑到模型中。自间隙原子团的发射速率可以用自间隙原子团与 He 泡的结合能来估算。再者,上述路线图的主要输入数据是温度和固定的总缺陷浓度($X_V, X_{He}, X_{SIA}$),还需要在更宽的条件下更系统地分析 He 泡的长大和收缩行为。

# 8.4　小　　结

为了探讨 He 泡的形核机制,我们计算了含 He 泡和点缺陷系统的自由能,甚至能用于 He 被直接注入的高 He 浓度条件。清楚地显示了 He 对 He 泡形成激活能势垒的影响。基于点缺陷流入和流出速率,讨论了 He 泡的长大和收缩机制。应特别指出的是,对于相对小的高压 He 泡,He 和 SIA 的热发射是竞争发生的。

**参考文献**

[1]  RUSSELL K G. Nucleation of voids in irradiated metals[J]. Acta Metal, 1971, 19: 753.

[2]  PARKER C A, RUSSELL K C. Cavity nucleation calculations for irradiated metals[J]. J Nucl Mater, 1983, 119: 82.

[3]  PARKER C A, RUSSELL K C. Effects of radiation on materials[M]. BRAGER H R, PERRIN J S. 11th conference, ASTM TP 782. Philadelphia: American Society for Testing and Materials, 1982.

[4]  RUSSELL K G. The theory of void nucleation in metals[J]. Acta Metal, 1978, 26: 1615.

[5]  MANSUR L K, COGHLAN W A. Mechanisms of helium interaction with radiation effects in metals and alloys: a review[J]. J Nucl Mater, 1983, 119: 1.

[6]  HORTON L L, MANSUR L K. Effects of radiation on materials[M]. GARNER F A,

PERRIN J S. 12th international symposium, ASTM STP 870. Philadelphia: American Society for Testing and Materials, 1985.

[7]　COGHLAN W A, MANSUR L K. Effects of radiation on materials [M]. GARNER F A, PERRIN J S. 12th international symposium, ASTM STP 870. Philadelphia: American Society for Testing and Materials, 1985.

[8]　STOLLER R E, ODETTE G R. Analytical solutions for helium bubble and critical radius parameters using a hard sphere equation of state[J]. J Nucl Mater, 1985,131: 118.

[9]　STOLLER R E, ODETTE G R. Radiation – induced changes in microstructure [M]. GARNER F A, PACKAN N H, KUMAR A S. 13th international symposium, ASTM P 955. Philadelphia: American Society for Testing and Materials, 1987.

[10]　IWAKIRI H, YASUNAGA K, MORISHITA K, et al. Microstructure evolution in tungsten during low – energy helium ion irradiation [J]. J Nucl Mater, 2000, 283 – 287: 1134.

[11]　EVANS J H, VAN V A, CASPERS L M. The application of TEM to the study of helium cluster nucleation and growth in molybdenum at 300 K[J]. Radiat Eff Defect S, 1983, 78: 105.

[12]　TRINKAUS H. Energetics and formation kinetics of helium bubbles in metals[J]. Rad Eff, 1983, 78:189.

[13]　BORODIN V A, VLADIMIROV P V. Kinetic properties of small He – vacancy clusters in iron[J]. J Nucl Maters, 2009,386 – 388: 106.

[14]　BREARLEY I R, MACINNES D A. An improved equation of state for inert gases at high pressures[J]. J Nucl Mater, 1980, 95: 239.

[15]　MILLS R L, LIEBENBERG D H, BRONSON J C. Equation of state and melting properties of $^4$He from measurements to 20 kbar[J]. Phys Rev B, 1980, 21: 5137.

[16]　VINE P, SMITH J R, FERRANTE J, et al. Temperature effects on the universal equation of state of solids[J]. Phys Rev B, 1987,35: 1945.

[17]　ZHA C S, Mao H K, HEMLEY R J. Elasticity of dense helium[J]. Phys Rev B, 2004, 70: 174107.

[18]　DRIESSEN A, VAN D P E. Equation of state of solid $^4$He[J]. Phys Rev B, 1986, 33: 3269.

[19]　KECHIN V V. Thermodynamically based melting – curve equation[J]. J Phys Condens Matter, 1995, 7: 531.

[20]　DATCHI F, LOUBEYRE P, TOULLEC R L. Extended and accurate determination of the melting curves of argon, helium, ice($H_2O$), and hydrogen ($H_2$) [J]. Phys Rev B, 2000,61: 6535.

[21]　YOUNG D A, MCMAHAN A K, ROSS M. Equation of state and melting curve of helium to very high pressure[J]. Phys Rev B, 1981,24: 5119.

[22] FUJITA F E. Rapidly quenched metals[M]. Amsterdam: Elsevier, 1985.

[23] ACKLAND G J, BACON D J, CALDER A F, et al. Computer simulation of point defect properties in dilute Fe – Cu alloy using a many – body interatomic potential[J]. Phil Mag A, 1995,7: 531.

[24] MORISHITA K, SUGANO R, WIRTH B D, et al. Nuclear instruments and methods in physics research section B: beam interactions with materials and atoms[J]. Nucl Instrum Meth B, 2003,202: 76.

[25] MORISHITA K, SUGANO R, WIRTH B D. MD and KMC modeling of the growth and shrinkage mechanisms of helium – vacancy clusters in Fe[J]. J Nucl Mater, 2003, 323: 243.

[26] MORISHITA K, SUGANO R, WIRTH B D. Thermal stability of helium – vacancy clusters and bubble formation – multiscale modeling approach for gusion materials development[J]. Fusion Sci Technol, 2003,44: 441.

[27] CATURLA M J, ORTIZ C J. Effect of self – interstitial cluster migration on helium diffusion in iron[J]. J Nucl Mater, 2007,362: 141.

[28] ESHELBY J D. Solid state phys[M]. New York: Academic, 1956.

[29] WOLFER W G, ASHKIN M. Stress – induced diffusion of point defects to spherical sinks [J]. J Appl Phys, 1975,46: 547.

[30] SEKO A, ODAGAKI N, NISHITANI S R, et al. Free – energy calculation of precipitate nucleation in an Fe – Cu – Ni alloy[J]. Mater Trans, 2004,45: 1978.

[31] KAMIJO T, FUKUTOMI H. A new theory of the homogeneous nucleation of a coherent precipitate[J]. Phil Mag A, 1983, 48: 685.

[32] ZHANG Y. Departement of Materials Science and Metallurgy[M]. Cambridge :University of Cambridge, 2004.

[33] MARISHITA K, SUGANO R. Mechanism map for nucleation and growth of helium bubbles in metals[J]. J Nucl Mater, 2006, 353, 52.

[34] TORRE J D, FU C C, WILLAIME F, et al. Resistivity recovery simulations of electron – irradiated iron: kinetic monte carlo versus cluster dynamics[J]. J Nucl Mater, 2006, 352: 42.

# 第 3 编　辐照金属中 He 的聚集和 He 效应

　　裂变和聚变反应堆堆内组件的辐照损伤主要是由辐照粒子和被辐照材料原子间的两种交互作用引起的。一种是原子离位生成空位和自间隙型晶间缺陷，另一种为核反应生成的新元素，包括著名的气体元素 He。由于 He 在固体中的溶解焓高达几电子伏，即使接近熔点温度，其平衡浓度也远低于 $10^{-6}$ 量级，任何一种机制产生的 He 都是高度过饱和的。He 不溶于金属，但金属有包容 He 的能力，正是这种性质产生 He 损伤和 He 效应。合金的 $(n,\alpha)$ 捕获反应生成 He 是普遍存在的机制。这种核反应在中子能量大于几兆电子伏后明显增强，所以受 14 MeV 中子辐照的未来聚变堆第一壁和包层结构的 He 损伤更严重。

　　几十年来分布于世界的许多研究组针对金属中 He 的多个方面进行了深入研究。例如美国的 UCSB，UCLA 和 ORNL，欧洲的 Harwell，Risφ，FZ Jülich 和 PSI，以及俄罗斯的 Hurchatov Institute 等。代表性学者包括 Greenwood，Barnes，Wilson，Trinkaus 和 Ullnaier 等。

　　Greenwood 等于 1959 年发表了关于空位和位错对受辐照材料中气泡形核和长大影响的文章，领先开展相关的基础性研究。德国固体物理研究所的 Trinkaus 等这时期发表了多篇文章，其中 1983 年发表的《金属中 He 泡能量和形成动力学》最具代表性，有承前启后的作用。2003 年发表的《辐照过程 He 在金属中的聚集》是他的另一篇著名文章。固体物理研究所的 Ullmaier 这期间也发表了多篇文章，其中《He 对聚变反应堆结构材料性能的影响》也颇具代表性。

　　辐照条件下材料的行为是典型的多尺度现象，这是由于几小时或几十年的微观尺度的演化是由原子尺度的缺陷在皮秒级时间中形成引起的。预测性地模拟金属的这种现象需要运用多种理论模型，这些模型涉及不同的时间和尺寸范围。

　　定量地模拟金属中含 He 缺陷的行为需要输入相关的能量参数，例如稳态和非稳态位形的结合能和迁移能。采用原子势函数计算和基于第一原理的电子结构计算以及缺陷热力学计算能够提供 He 原子和含 He 小组态的能量信息。对于较大的含 He 团簇，仍主要利用连续近似处理方法，如 He 的状态方程和线性连续弹性理论分析等方法来处理实验数据。

　　与计算相比，含 He 缺陷的实验研究较为困难，能够应用的方法也不多。除了等离子显微镜（FIM），可能还有正电子湮灭（PA）、微扰角关联（PAC）、沟道定位技术（CI）及示差膨胀法（DD），没有其他实验方法可以直接表征固体中单 He 原子的行为。

　　在计算的支持下，已经证明离子注入和热解吸谱（THPS）或渗透测量也是获得金属中 He 原子性质的适用方法，能够确定释放峰的原子过程（捕陷、迁移和释放）及相关的结合能和激活能。依据热解吸谱可以确定 He 原子成团前后的迁移和释放机制、He 泡聚集迁移和释放机制、He 从小泡离解被大泡吸收的长大和释放机制。

　　He 泡的能量主要用其体积和压力表征。除理论计算外，气泡的体积和压力（或密度）也能通过实验研究获得。透射电子显微镜（TEM）是研究 He 泡的直接方法。然而，近来其他的技术也获得成功应用，取得了有价值的综合信息。这些技术包括小角中子散射和 X 射线衍射（SAS）、正电子湮灭（PAS）、相对长度和相对晶格参数测定（DD 比肿胀测量）及电子能量损失谱测定（EELS）等。

　　除此之外，诸多较为间接的方法亦被应用。紫外光吸收谱（UVAS）偏移也可用来表征小 He 泡的 He 密度（偏移是高密度 He 激发引起的）。观测含 He 样品熔化或 λ 转变时的热量可以确定较大 He 泡中的低 He 密度。核磁共振实验时晶格弛豫时间随温度的变化可以用来研究 He 泡的相变（某一温度下弛豫时间突然变化是由泡中 He 密度分布状态引起的）。

来自 He 泡周围应变场的 Huang 漫散射(MDS)被用来分析 He 泡的压力。He 泡能量的信息(He 原子和 He 泡间的结合能)可通过热解吸谱(THPS)得到。还应该提及的是,声发射技术能够给出位错环发射过程的信息。不同技术适用于表征不同尺寸的 He 泡。例如,TEM 适于观察非理想气体 He 泡($0.1 \text{ nm} \leqslant r \leqslant 1\,00 \text{ nm}$)。上述的观察技术均有一定的难度,应与相应的理论分析和计算模拟研究相结合,以便解释和评估实验结果。

本编包括 5 章内容。第 9 章综述了辐照金属中 He 的聚集和 He 效应,与前面章节形成了对应关系。第 10 章给出了有效扩散系数的概念,是对第 9 章的补充。第 11 章与第 9 章相呼应,能够深化对第 9 章的理解。第 12 章引用了晶体中点缺陷的相关内容(与金属中的 He 损伤相比,金属的辐照损伤物理已臻完善)。第 13 章论述了 He 对聚变反应堆结构材料性能的影响。5 个章节涉及了 He 效应的原理、现象和应用,是运用多种研究方法的结果。

# 第9章　He在受辐照金属中的聚集

本章论述金属中He的几个基本问题的研究进展[1-6]，内容涉及He在固体中的一般行为，重点是辐照下金属中He聚集的相关机制及对金属机械性能的影响。为了对照理解，也简要介绍了金属氚化物中$^3$He的生成、聚集行为以及与金属中He存在行为的差异。

第一部分讨论He原子在金属中的位形、能量及扩散机制。第二部分讨论不断有He生成条件下He泡的生成及演化，给出了He泡形成与温度、He的生成速率、晶格原子离位速率等的关系。第三部分讨论含He样品退火时He泡的聚集和演化行为。第四部分讨论不同实验条件下He泡的形成行为，给出相关参数的定性和定量关系式。第五部分讨论金属中He泡的迁移和热解吸实验。第六部分讨论He泡的状态，分析了不同状态下He泡的能量及稳定性。第七部分介绍特殊形貌He泡，例如He片和He泡与位错环复合体的最新研究结果。第八部分讨论了He泡对金属机械性能的影响。最后部分对He的研究状况做了简要评述。本章主要引用和讨论H. Trinkans等人的研究结果。

附录D论述了棱形位错环和球形孔洞间的弹性相互作用。

## 9.1　金属中He原子扩散

He在金属中的溶解度极低，存在于金属中的He均是被动生成或被强制引入的。He在金属中聚集会产生He损伤，损伤程度主要取决于He的生成速率。He在金属中扩散是He泡形核和长大的基本条件。

扩散是金属中的He原子在稳态或亚稳态晶格中无规则跳跃的结果。图9.1为辐照和非辐照条件下金属晶格中的缺陷位形和He跃迁过程示意图。

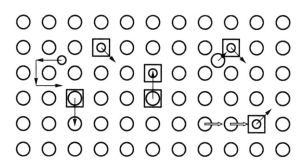

**图9.1　辐照和非辐照条件下金属晶格中的缺陷位形和He跃迁过程示意图**

注：从左到右分别为He原子间隙迁移；He原子空位迁移；在热激活下一个He原子从替代位离解向间隙位迁移；He原子从一个空位向另一个空位跳跃；由于与一个自间隙原子(SIA)换位，He原子由替代位迁移到间隙位；基体原子碰撞离位，与一个He原子换位。

He 原子在晶格中的主要位置是间隙位和替代位。He 原子的占位趋势及主要的迁移模式取决于温度以及基体缺陷对 He 原子的捕陷作用,特别是空位和 He – 空位团的作用。He 原子与空位的结合能高达几个电子伏,如果空位浓度较大的话,He 将优先处于替代位。He 原子的迁移方式包括间隙迁移、空位迁移、在热激活或某些非热机制作用下从空位或 He – 空位团离解等。

表9.1 给出了不同条件下(有无辐照和不同温度)He 的扩散机制、相关参数及适用的材料种类,我们结合表9.1 进行讨论。

**表9.1 He 的扩散机制和特征参数**

| 辐照 | He 扩散 | | | | | |
|---|---|---|---|---|---|---|
| | 无 | | | 有 | | |
| $T/T_m$ | <0.5 | >0.5 | >0.5 | <0.2 | >0.2, <0.5 | $\simeq 0.5$ |
| 机制 | 间隙 | 空位 | 离解 | 离位 | 换位 | 空位 |
| 扩散系数 | $D_{HeI}^m$ | $\simeq D_V c_V^{th}$ | | $D^{mix}$ | $\simeq D_V$ | $\simeq D_V c_V$ |
| 激活能 | $E_{HeI}^m$ | $\simeq E^{sd}$ | $E_{HeV}^d - E_V^f$ | $\simeq 0$ | $\simeq E_V^m$ | $\simeq E_V^m/2$ |
| 例子[①] | 金属氘化物 | Al,Ag,Au,Ti? | Ti?,Mg,V,Fe,<br>Co,Ni,Cu,Mo,W | 所有金属 | | |

注:$D_{HeI}$,$D_V$ 和 $D^{mix}$ 分别表示 He 原子的间隙、空位和级联碰撞混合扩散系数;$E_{HeI}^m$,$E_V^m$,$E_V^f$,$E^{sd}$ 和 $E_{HeV}^d$ 分别表示 He 的间隙扩散激活能、空位的迁移激活能、空位的形成能、基体原子的自扩散激活能及 He 的空位离解激活能(以上按估计的数值从小到大排列)。

①材料种类后面的问号表示 He 在该材料中的扩散机制还没有被实验验证。

## 9.1.1 忽略辐照损伤时的 He 扩散[7]

1. 间隙迁移

He 原子在间隙位扩散是最基础的迁移过程。He 原子从间隙位迁移至另一个间隙位的激活能 $E_{HeI}^m$ 很小,约为十几分之一电子伏,扩散系数 $D_{HeI}^m$ 则相对较大。在它们被缺陷捕陷前即使低于室温扩散得也很快。在缺陷浓度小到可以忽略的一定空间范围内,低浓度 He 原子被缺陷捕陷的几率较小,He 以间隙扩散为主,但持续时间很短。对于年轻的高纯金属氘化物,这种状态是能达到的,当 $T < 0.5 T_m$ 时,金属氘化物中的热空位浓度和由衰变产物 ³He 引发的离位损伤均很小。间隙 He 的扩系数可表示为 $D_{HeI}^m = D^0 \exp(-E_{HeI}^m/kT)$,$E_{HeI}^m$ 为间隙 He 的扩散激活能。

当 $T > 0.5 T_m$ 时,间隙 He 原子被热空位捕陷。替换位 He 原子的浓度远高于间隙 He 原子的浓度,因为间隙 He 原子的形成能远高于替换位 He 原子的形成能。对于 BCC Fe,前者约为 5.36 eV,后者约为 1.61 eV;能量差为 He 原子与空位的结合能 $E_{HeV}^b$。He 原子的空位脱陷能($E_{HeV}^d$)由结合能和迁移能之和确定($E_{HeV}^d = E_{HeV}^b + E_{HeI}^m$)。$E_{HeV}^d$ 为 He 原子从空位脱陷并间隙迁移所需的能量,从能量上看 He 原子停留在空位是有利的。

在这种情况下,有两种不同类型的机制控制 He 原子扩散。

2. 通常的空位机制

替位 He 原子从不稳定瞬间存在的双空位 – He 复合体（$HeV_2$）的一个空位向另一个空位跃迁，迁移激活能为

$$E^m = E^f_V + E^m_V + E^t_V$$

其中，$E^f_V$ 为空位的形成能；$E^m_V$ 为空位的迁移激活能；$E^t_V$ 为替换位 He 原子转移到邻近空位需要的能量。

如果基体中的空位浓度处于热平衡态，替换位 He 原子转移到邻近空位所需的能量（$E^t_V$）很小，可以忽略不计。迁移激活能的下限接近基体原子的自扩散激活能 $E^{sd}$。

3. 受阻的间隙迁移机制

He 原子从一个空位热离解，以间隙方式扩散直到被另一个空位捕陷[7-8]，也称 He 的空位离解机制。离解过程由热激活、与自间隙原子（SIA）换位或受辐照诱发的原子离位控制。

在忽略辐照损伤和很高的温度下，热激活占主导，扩散激活能为

$$E^m_{HeV} = E^d_{HeV} - E^f_V = E^b_{HeV} + E^m_{HeI} - E^f_V$$

上式表明，当 He 与空位的结合能不太强，空位的形成能较高时，离解机制占主导，例如 Ni 的情况，计算总扩散激活能时，还应加上 He 原子间隙扩散激活能（$E^m_{HeI}$）。

机制 2 和机制 3 是同时发生的，较快的迁移过程起主导作用。应该补充的是，位错和晶界（GB）通常是 He 的快速扩散通道，后面将进一步讨论。

## 9.1.2　辐照下 He 原子的扩散

受辐照材料可发生原子离位，生成空位、自间隙原子，并形成这些缺陷的团簇。辐照缺陷影响 He 在材料中的扩散。下面是几种可区分的扩散机制，从本质上看这些扩散也属离解的范畴。

1. 非热离位或级联碰撞混合机制

中子诱发级联碰撞时，He 原子从空位离解，重新进入间隙位，扩散直接受基体原子离位驱动，扩散系数可用级联碰撞混合扩散系数（$D^{mix}$）表示，扩散激活能趋近于零。当温度低于退火回复阶段Ⅲ时，这一机制起主导作用，此时基体中的空位不移动（$T < 0.2T_m$）。

2. 换位机制

He 原子在非热因素作用下（如 SIA 排斥）从一个空位离解（SIA 与空位中的 He 换位），被发射回间隙位，以间隙形式扩散直到被另一个空位捕陷。He 原子的扩散系数和扩散激活能接近空位的扩散系数和空位的迁移激活能。

因为自间隙原子的形成能高于 He 从空位的离解能，这种过程通常应该发生在受辐照金属中。对于工程技术中重要的温度区域（$0.2T_m$ 和 $0.5T_m$），这一机制多半占主导地位。

3. 辐照促进的空位迁移机制

当温度接近或高于 $0.5T_m$ 时，空位机制过程强于换位机制（辐照下双空位扩散机制被强化），He 主要以空位迁移方式扩散。当温度不太高（接近 $0.5T_m$）及离位率较高时，辐照产生的空位浓度高于热空位浓度，扩散系数可以表示为 $D_V C_V$。扩散激活能降低为空位迁移能的一半。

以上三种机制是同时存在的，最快的过程将占主导地位。

需要说明的是,通过热解吸谱验证的影响 He 扩散的机制仅是高温下的情况,而且多半忽略了辐照损伤的影响,适用的金属种类也有限。

前面讨论的扩散机制仅涉及不同条件下 He 原子与空位间的简单相互作用,没有考虑扩展缺陷,例如位错、晶界和沉淀相的影响。对于实际应用的金属材料,这些缺陷是存在的,扩散过程要复杂得多。有学者运用有效扩散系数 $D_{He}^{eff}$ 描述 He 原子在金属材料中的扩散。对于具有复杂显微结构的钢铁材料,有效扩散系数要么被特殊的迁移路径加强,要么由于被杂质原子、固体沉淀相、空腔或 He 泡捕陷而降低。

有研究者认为,虽然 He 扩散涉及与多种缺陷的相互作用,但用简化的理论来解释 He 原子的迁移机制还是有意义的。设想金属中的捕陷结构大部分是单空位,He 原子在预存的空位间进行间隙迁移。如果 He 原子从一个空位向另一个空位运动,它们的路径距离用预存空位间的平均距离 $\lambda c_V^{-\frac{1}{3}}$ 来表示($\lambda$ 为最邻近原子间的距离),那么只要空位浓度 $c_V$ 足够大,He 原子处于空位的时间 $[\nu_o^{He-1}\exp(E_{HeV}^d/kT)]$ 相当于 He 原子与空位相遇前处于间隙位的时间 $[\nu_o^{He-1}C_V^{-1}\exp(E_{HeI}^m/kT)]$,替位扩散机制起主导作用。

通常条件下,下面的表达式具有普遍意义:

$$D_{He}^m = \frac{\nu_o^{He}\lambda^2}{6}c_V^{-2/3}\exp(-E_{HeV}^d/kT)$$

## 9.2　He 生成时的 He 泡形核

固体中杂质 He(及其他惰性气体)的性质特殊,由于它的溶解焓很大,为几个电子伏(例如在 Ni 中为 3 eV),所以即使在接近熔点温度,其平衡浓度也远低于 $10^{-6}$ 量级。这意味着核结构材料中以任何一种机制产生的 He 都是高度过饱和的,有强烈析出气泡的趋势。

### 9.2.1　一般特征

对于离子注入和有核嬗变 He 生成的样品,温度、He 生成速率、离位速率和聚集的 He 浓度(剂量或时间)等是影响 He 泡数密度和尺寸分布的最重要参数。本节主要讨论 He 泡数密度 $c_B$ 的变化,据此可以很好地表征基体中 He 泡的演化。

经充分均匀化退火处理的含 He 样品(TEM 高温原位注 He 或中子辐照生成 He)的 TEM 观察结果表明[11]:

(1)在给定的温度和低离位剂量(<1 dpa)下,He 泡密度明显随 He 浓度和时间变化,泡尺寸连续增大。这表明 He 泡形核发生得很早,当 TEM 能观察到 He 泡时,形核阶段早已停止。

(2)表观饱和泡密度随温度的变化在低温区和高温区呈现两种明显不同的变化趋势(走向),分别对应着低的和高的泡密度表观激活能。低温态泡密度表观激活能受气体或 He 泡扩散控制,高温态泡密度表观激活能受气体离解控制(图9.2)。

(3)实验表明,对于给定的温度和 He 聚集浓度,随 He 生成速率提高,He 泡密度提高,泡尺寸降低,尽管实验数据通常较分散。

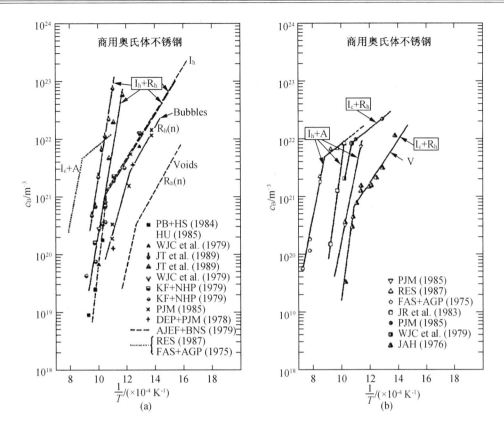

**图 9.2 商用奥氏体不锈钢中观察到的泡密度随温度的变化关系**

（a）高温下 He 离子注入和辐照（热注入/热辐射，$I_h/R_h$）；

（b）低温下 He 离子注入和辐照，随后退火处理（冷注入/辐照，随后退火，$I_c + A/I_c + R_h$）

注：高温和低温线的走向、符号及相关大写字母的解释见参考文献[12]。

我们观察到的 He 泡密度绝对值从 $T < 0.27T_m$ 时（接近和低于回复第 Ⅲ 阶段）的 $10^{25}$ $m^{-3}$ 降低到 $T > 0.5T_m$ 时（高于回复第 Ⅴ 阶段）的 $10^{18}$ $m^{-3}$（电镜可分辨的泡密度）。研究形核规律有助于定性和定量地解释金属中 He 泡的演化行为。

### 9.2.2 低温和高温形核比较

有 He 原子生成和有离位损伤情况下，金属晶体中 He 泡形核与 He 原子、空位、自间隙原子的扩散和成团同时发生，因此 He 泡形核是多元（至少二元）形核过程。处理这一过程的主要工具是速率理论，例如 Fokker – Planck 处理方法和一些可用来处理固体中过饱和 He 原子和空位的经典形核理论。

与 He 相比，当空位 – SIA 组元在 He 泡形核过程中仅起次要作用时（或者说被 He 组元束缚），处理形核过程能够简化。He 生成速率与离位速率保持高比值以及温度超过回复第 Ⅴ 阶段（$T > 0.5T_m$）时可以满足这一条件。

这种条件下 He 泡的形核和长大特征（$C, dN/dt, N, r$）与时间的关系，如图 9.3 所示。开始辐照和产生 He 后，在出现大量 He 原子团之前，"溶质态"单个可迁移的 He 原子浓度 $c$ 随时间线性增加(孕育期);随着原子团吸收扩散 He 原子,$c$ 增大速率下降。

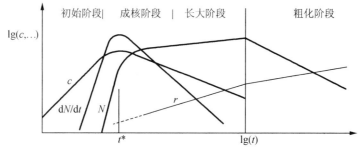

**图9.3 He 生成时 He 泡形核和退火粗化时溶质态 He 原子浓度($c$)、形核速率($\mathrm{d}N/\mathrm{d}t$)、**
**泡密度($N$)和平均尺寸($r$)随时间变化曲线**

注:双对数坐标下的直接关系表明 $N(t)$ 和 $r(t)$ 呈幂函数形式衰减。当 He 生成时出现很强的形核速率峰值和近似饱和的泡密度。退火粗化时泡密度和泡尺寸同时降低。

我们依次讨论图9.3中的信息。在不断有 He 原子补充以及离位剂量较低的条件下,形核速率(稳态泡核的瞬间变化 $\mathrm{d}N/\mathrm{d}t$)和泡核密度 $N$ 受控于溶质态 He 原子浓度 $c(t)$ 和 He 原子被高数量密度泡核吸收的速率。在初始形核阶段,$\mathrm{d}N/\mathrm{d}t$ 随 $c$ 增大而快速增大。当 $c$ 和 $\mathrm{d}N/\mathrm{d}t$ 都达到峰值时($t = t^*$),不断产生的 He 原子与 He 原子被快速增多泡核吸收引起的 He 浓度降低相平衡,这一过程有"自限制"特征。下面的表达式应该是合理的,式中 $P$ 为 He 原子的生成速率。

$$P \propto Dc^* N^* \tag{9.1}$$

越过形核峰后,$\mathrm{d}N/\mathrm{d}t$ 和 $c$ 均降低,前者比后者下降得更明显;$N$ 仅缓慢增大,表明泡密度已处于饱和状态。由于吸收了新的 He 原子,平均泡尺寸 $r$ 连续增大。总的泡核密度大约是最大峰值下泡核密度的 2~3 倍,即 $N(t \gg t^*)$ 趋近于 $(2\sim3) N^*$。结合对两种极限情况(低温和高温形核)时最大溶解态 He 浓度 $c^*$ 的估计,式(9.8)可以用来估算 $N(t \gg t^*)$[12-13]。

假设两个 He 原子已形成稳定的泡核(双原子形核模型),当新生成的 He 原子像预期那样到达一个这样的泡核与另一个 He 原子相遇,也就是说当泡核能得到稳定的 He 原子供给时将达到最大形核速率,此时 He 泡和 He 原子的浓度处于平衡状态[4,12,13]。利用 $c^* \propto N^*$ 关系,式(9.1)可以推导出下面的关系式:

$$N(t \gg t^*) \simeq (2\sim3) N^* \propto (P/D)^{1/2} \tag{9.2}$$

由式(9.2)看出,低温双原子形核模型受控于 He 扩散,扩散系数是关键的材料参数,泡密度由 He 生成速率与 He 扩散系数的比值决定。泡密度 $N$ 的表观激活能约为 He 扩散激活能的一半。

如前所述,在较高温度(约 $0.5T_\mathrm{m}$)和辐照条件下,换位扩散机制起次要作用,He 扩散主要受空位机制控制。He 的扩散激活能约为空位迁移激活能的一半(约 $E_\mathrm{V}^\mathrm{m}/2$,见表9.1),与从 TEM 观察获得的 He 泡密度基本一致。参考文献[11]给出的实验结果表明,泡密度与 He 的生成速率呈平方根关系,即 $N \propto P^{1/2}$。

虽然预测的泡密度绝对值略低[10,12,14],但对于受晶格原子沿 He 泡表面扩散控制的泡迁移(扩散系数约为 $D_\mathrm{V}$),上述的泡密度变化趋势也是适用的。在 $0.2T_\mathrm{m}$ 和 $0.5T_\mathrm{m}$ 温度下,

预测值从 $10^{25}$ m$^{-3}$ 量级下降到 $10^{21}$ m$^{-3}$，与 TEM 观察结果大致相同。

　　高温下，小 He - 空位团不再被认为是热稳定的，仅仅大于某一临界尺寸的 He - 空位团能够稳定存在。临界尺寸取决于 $c(t)$ 的变化趋势，需要有足够的 He 原子供给才能维持 He - 空位团稳定存在。因此成核过程必须克服势垒 $G_c$。$G_c$ 很大程度取决于 He 的过饱和度和成核位置的类型。对于这种"多组元原子"形核，对形核速率产生显著影响的仅仅是接近某一临界浓度的处于溶解态的 He 原子浓度 $c^*$。这一浓度值被认为是形核峰下最小临界尺寸 He - 空位团中 He 的热平衡浓度。从式(9.1)可以推演出下面的表达式[12-13]：

$$N(t \gg t*) \propto P/Dc^* \tag{9.13}$$

　　因为式中 $Dc^*$ 为 He 原子从临界泡核热溶解（离解）能力的表征，高温下多原子形核受 He 重新溶解或离解控制。在这种情况下，泡核密度的表观激活能等于 He 原子从临界泡核重溶（离解）的离解能，这一能量是高温 He 泡形核的重要参数。高温时 He 泡密度随温度变化的 TEM 研究结果(图9.2)表明，泡核密度的表观激活能与基体原子的自扩散激活能有对应关系。

　　泡核密度($N$)和 He 生成速率($P$)的线性关系可以依据某些金属的高温实验数据验证，泡核密度按生成速率归一处理后，各作者的奥氏体不锈钢数据位于很窄的带内(图9.4)，表明由式(9.3)预测的线性关系是合理的。

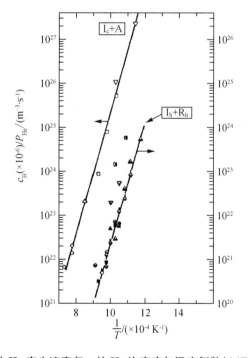

**图 9.4　按 He 产生速率归一的 He 泡密度与温度倒数($1/T$)的关系曲线**

　　注：He 的生成速率（数据来自不同作者）用样品中注入的 He 浓度与退火时间的比值表示；右侧和左侧线段分别表示热注入/辐照和冷注入/热辐照后退火处理的样品；分别用平方根和线性关系处理低温段和高温段数据。用收敛的数据点与图9.2做对比，特别是高温下的情况。

随着离位剂量与 He 生成速率比值提高,空位 – SIA 组元对 He 泡形核的影响增大,必须适当地处理多元形核过程。目前还不清楚如何确定单元形核到多元形核过程的参数的变化,He 生成和离位同时发生时的多重原子形核特征知道得更少。近年来关于辐照条件下 He 泡形核的数学处理方法已取得了进展[15]。

### 9.2.3　级联导致的二次 He 泡形核

9.2.1 节和 9.2.2 节描述的 He 泡形核仅适用于低总 He 浓度(注入的或生成的 He)和/或低离位剂量的情况。与通常的连续注入和氚衰变,不断有 He 生成的情况相比,由离位联级引发的 He 原子从 He 泡的动态重溶是可以忽略的。有实验结果表明,在中等温度($0.2T_m$ 和 $0.5T_m$ 之间)下向金属中注入较高浓度 He 的同时或随后进行高剂量辐照,在离位级联的作用下呈现很强的 He 从小泡的溶解过程,并二次 He 泡形核[16]。为什么有如此大的影响以及重溶过程的细节都还不清楚。

He 从泡中重新溶解和二次泡成核在较早的文献中已有论述[21-22],最近提出了一个简单的分析模型[23]。对于每一离位剂量,泡中有一定分数的 He 原子(用重溶参数 $k$ 表征)重新溶解,二次 He 泡形核以双原子形核模型进行(见 9.2.2 节)。高于 1 dpa 时,随剂量增加,泡密度线性增大,但泡尺寸不变(图 9.5)。式(9.4a)、式(9.4b)为相关的表达式。

$$N \propto (P/D)^{3/7}(P/kK)^{1/7}kKt \tag{9.4a}$$

$$R \propto R(DP/k^2K^2)^{1/7} \tag{9.4b}$$

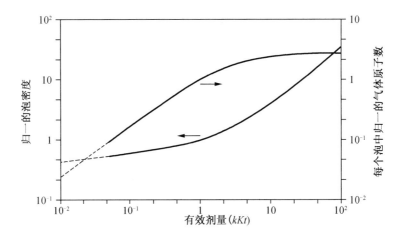

**图 9.5　按有效剂量($kKt=1$)归一的泡密度和每个泡中气体原子的平均数与 $kKt$ 关系曲线**
注:图左侧($kKt \ll 1$)虚线段表示仅当越过初始形核峰后才是确切的。

式(9.4)表明,在高剂量辐照下,泡密度和尺寸不仅取决于初始的气体生成速率 $P$,甚至强烈地依赖于离位速率 $K$。$P$ 和 $K$ 通过扩散系数随温度的变化[$D(T)$]与温度相关,但仅有很弱的依赖关系。该模型的可信性似乎仅限于 $0.2T_m < T < 0.5T_m$ 温度范围,仅在这一温度范围观察到由辐照级联导致的 He 从 He 泡重新溶解现象。可以这样解释,温度低于

$0.2T_{\mathrm{m}}$ 时(此时 He 扩散受离位机制控制),很难区分初始和二次形核过程,泡核尺寸也不超过原子尺度(He - 空位团中的 He 原子数通常不超过几十个)。温度高于 $0.5T_{\mathrm{m}}$ 后,随温度升高,He 原子从 He 泡重新溶解的现象越来越不明显($k\to 0$),因为溶解的 He 原子随后又被长大的 He 泡吸收,表明高温下气体原子从泡核热离解成为 He 泡不断形核的控制性因素。

### 9.2.4　均匀形核和非均匀形核

前面讨论了完整晶体中的均匀形核,忽略了沉淀相和扩展缺陷(如位错和晶界等)对 He 泡形核的影响。对于有工程应用背景的金属和合金,缺陷对形核过程有重要影响,特别是在高温条件下金属中的 He 泡密度通常较低。

1. 低温形核

位错、有沉淀相的基体界面(特别是非连续型的)和晶界(GB)对可迁移的 He 原子有强的捕陷作用。这些位置对 He 原子的捕陷与完整晶体中 He 原子团对 He 原子的吸收处于竞争状态。

低温下 He 原子从捕陷态离解可以被忽略。对于以球形为主的形核过程,发生均匀形核还是非均匀形核由相应的均匀形核的局部尾间强度和预存的深捕陷结构之间的关系确定。如果泡核的尾间强度[泡核密度和泡核尺寸的乘积,其中泡核密度可由式(9.2)预测]大于其他预存捕陷尾间的强度,均匀形核将占主导地位,反之,非均匀形核起主导作用。参考文献[20]给出了存在沉淀相时均匀形核和非均匀形核的图解。例如,当基体中沉淀相的相关参数一定时,低温和/或高 He 生成速率条件将促进 He 泡的均匀形核,反之亦然。温度和 He 生成速率是影响上述因果关系的主要因素。

2. 高温形核

在高温条件下必须考虑 He 从捕陷态的离解过程。可能形核位置局部尾间强度间的关系已不能提供均匀形核还是非均匀形核的判据。在这种情况下,位错芯、相界面和晶界对于临界泡核热力学的影响,更准确地说,He 原子在这些缺陷中的存在状态和对应的热平衡 He 原子浓度 $c^*$[式(9.3)]是重要的影响因素。

图 9.6 为相界面对于一定体积泡核热力学状态影响的“经典”示意图。图中给出了泡核表面曲率半径 $r$,对应的泡核平衡压力 $P[P = 2\gamma/r(\gamma$ 为比表面自由能)]和围绕泡核表面的热平衡 He 浓度 $c^*(P)$ 间的平衡关系。图 9.6(a)为无缺陷基体中的一个给定体积的球形泡核,图 9.6(b)为同体积泡核表面段和晶界在三叉处的界面平衡,图 9.6(c)为界面上一个沉淀相与同体积泡核表面段间的界面平衡。可以看出,由于晶界和沉淀相的影响,泡的曲率半径增大,对应的泡核压力 $P(r)$ 和临界 He 浓度 $c^*(P)$ 降低。这种影响随着基体中包含的界面数量增加而增大,即从图 9.6(a)位形到图 9.6(c)位形,影响显著增大。

这些关系表明,与均匀形核相比,界面和晶界处非均匀形核将在较低的临界 He 浓度下发生(假设在某一最小临界尺寸下形核),而且形核孕育期较短。先期大量非均匀形核使 He 浓度显著降低,这将不利于均匀形核过程。目前还不能对形核细节进行更深入的解释。

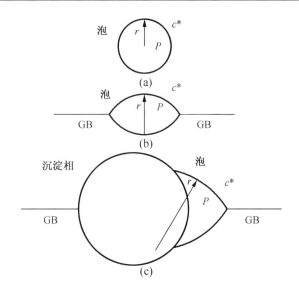

**图 9.6　高温条件下界面对孔洞形核影响的示意图**

(a)位于基体中的球形泡核;(b)处于晶界处的透镜状泡核;

(c)位于晶界和沉淀物间的锥形透镜状泡核

注:三种泡核的体积相同。在这些状态下,泡核表面的曲率半径 $r$ 增大,泡内气体平衡压力($P =$ $2\gamma/r$)和围绕泡核的热平衡 He 浓度 $c^{*}(P)$ 降低,这表明形核所需的临界 He 浓度降低,从状态(a)到(c),形核变得更容易。

### 9.2.5　扩展缺陷处 He 泡形核

前面讨论了通常条件下一两个典型球形 He 泡在含预存缺陷结构基体中的均匀和非均匀形核模型。扩展缺陷(位错、晶界和沉淀相 – 基体界面)内 He 泡的形核更加复杂。这些缺陷是 He 原子的吸收体,是容易形核的位置(图9.6)。扩展缺陷处 He 泡形核受晶体内流向这些位置的 He 通量控制[12 - 13,21 - 23]。如果 He 原子通量(随时间变化)已知,根据基体中气泡的相似性原理,能够估计出气泡密度和尺寸。但是,He 原子通量影响缺陷附近的气泡变化;缺陷也同样影响 He 原子通量。在缺陷上形成气泡与在附近基体形成气泡交织在一起,使得从理论上描述很困难。但是,Trinkaus 等已推导出有用的分析表达式,分别描述在基体和晶界成核的各种机制(双原子和多原子),它们是核材料高温氚脆理论模型的基础。

可以将缺陷位置的 He 通量看作该处 He 的有效生成速率。这些位置 He 的生成速率也受基体中 He 泡分布状态的影响(图9.7),或者说扩展缺陷处 He 泡的分布受 He 在非缺陷区域的分布状态控制。因此模拟 He 在扩展缺陷处形核时需要考虑晶体中的 He 通量以及 He 原子沿着扩展缺陷区扩散这两个过程。过程的细节是很复杂的,迄今仅对其主要特征进行了描述[12 - 13,21 - 23]。几个定性的特征是值得提及的。

下面是两个重要的定性特征。

(1)在扩展缺陷处优先形核降低 He 的浓度,这将明显降低缺陷近邻区域 He 泡形核的可能性,因为缺陷附近是 He 泡的贫乏区。扩展缺陷实际上吸收了这一区域生成的大部分 He 原子。

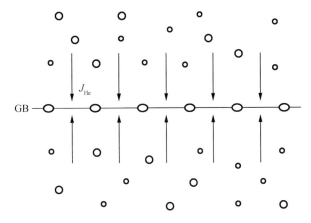

**图 9.7　基体中完整晶体区域 He 泡的分布及晶界处 He 通量示意图**

注：晶界区域的 He 通量受 He 泡在基体中完整晶体部分中的演化控制。

（2）定量模拟扩展缺陷处形核时，沿扩展缺陷 He 的扩散系数是个重要的参数；扩散系数与扩展缺陷类型（位错或晶界等）和结构特征密切相关。有实验数据表明，738 K 注 He 的 Cu 晶体中不同晶界处观察到的泡密度和泡尺寸明显不同，这可能与晶界处原子结构的差异相关，表明晶界结构对扩散系数有重要影响[24]。

## 9.3　He 气泡形成

实验结果和理论分析[12-13]指出，辐照时不断积累的 He 形成的气泡数量按如图 9.8 所示的规律变化。

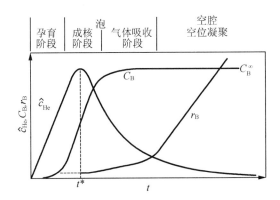

**图 9.8　溶质（可迁移）He 浓度 $\hat{c}_{He}$、空腔（气泡或空泡）密度 $C_B$ 和**
**平均空腔半径 $r_B$ 随时间变化曲线**

注：图中示出在不断产生 He 情况下，空腔演变的特征阶段（简图，不按比例）。达到最大形核率的时间 $t^*$ 与随后阶段时间相比通常很短。

图 9.8 与图 9.3 类似（但有侧重）。开始辐照和产生 He 后，在出现大量 He 原子团之前，"溶质"（单个可迁移的）He 原子浓度 $\hat{c}_{He}$ 随时间线性增加（孕育期）；接着原子团吸收扩

散的 He,使 $\hat{c}_{He}$ 增长速率下降,当不断产生的"溶质"He 原子与原子团吸收引起的 He 原子损失相平衡时,$\hat{c}_{He}$ 和成团速率 $C_B$ 都达到最大值($t = t^*$ 时达到形核峰植,如图 9.8 所示)。这以后,两个值都降低,并且团簇或气泡密度 $C_B$ 达到饱和和/或仅缓慢增加。在这个阶段,新产生的 He 原子几乎全部被已有的气泡吸收(长大阶段)。因为 He 在固体中溶解度低,所以在 He 浓度极低时,即辐照很短时间后就发生 He 气泡成核。

虽然气泡数量变化的详细动力学很复杂,但在两种特定情形下,我们能够推导出形核阶段末期气泡密度的简明表达式。

(1)在低温($T < 0.4T_m$)和高 He 产生速率(例如注入 $\alpha$ 粒子或氚衰变)时,在捕陷其他 He 原子之前,即使双 He 原子团也不衰减,因此形成稳定的气泡核。在这种情况下,气泡数量密度由 He 产生速率与 He 扩散系数的比率决定。另外,如果扩散控制的热空位或辐照空位的成团速率较低,只有当诸如自间隙原子产生或位错环形成等非热过程提供 He 气泡形成所需空间时,He 气泡形成才可能发生[46]。

(2)在高温($T > 0.4T_m$)和 He 产生速率较小或中等时,例如在核材料高温氦脆区域,在不断提供 He 原子弥补衰减的情况下,只有大于某最小尺寸的原子团才能稳定。因此成核过程必须克服势垒 $G_c$。$G_c$ 很大程度上取决于 He 过饱和度和成核位置的类型(图 9.9 和图 9.6)。在这种情况下,晶粒内部的最终气泡密度 $C_B^\infty$ 与 He 产生速率 $P_{He}$ 和 He 从气泡核离解速率的比值成正比(离解或渗透控制形核)。于是,气泡密度 $C_B^\infty$ 与温度的关系由气泡核的 He 原子重溶和 He 原子迁移的激活能之和决定。实验观测证实了这些预测。从图9.10 以及图 9.4 可以看出,被产生速率 $P_{He}$ 归一化处理后,各作者的奥氏体不锈钢数据位于很窄的带内。从 $C_B^\infty / P_{He}$ 随温度变化关系可求得稍低于 3 eV 的激活能,这和由另外的 He 泡长大实验测定的 He 在不锈钢中的渗透能吻合。

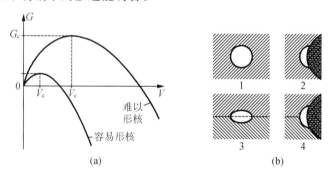

**图 9.9 自由能 $G$ 与空腔体积的关系(简图)(a)和能降低成核势垒的气泡位置示例(b)**

注:在图(a)中,$V_c$ 是临界核的体积,$V < V_c$ 原子团趋于衰减;$V > V_c$ 原子团将长大。在图(b)中,1 代表在理想晶格中;2 代表在晶粒内沉淀物上;3 代表在晶界;4 代表在晶界的沉淀物上。

在扩展缺陷(诸如位错、晶界和沉淀物 – 基体界面)上,气泡成核的情况更加复杂。这些缺陷是 He 原子的吸收体,是容易成核的位置。在这种位置上成核受晶粒内 He 原子通量控制。如果原子通量(随时间变化)已知,根据基体中气泡的相似原理,能够估计出气泡的密度和尺寸。但是,原子通量影响缺陷附近的气泡变化;缺陷同样也影响 He 原子通量。在缺陷上形成气泡与在附近基体形成气泡交织在一起,使得从理论上描述很困难。但是,Trinkaus[13],Singh 和 Forman 已推导出有用的分析表达式。

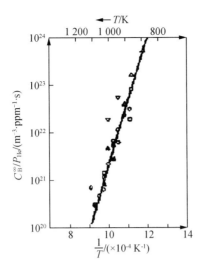

**图 9.10　按 He 产生速率 $P_{He}$ 归一化的气泡浓度 $C_B^\infty$ 与温度倒数 $1/T$ 的关系曲线**

注：在温度 $T$ 向不锈钢中注入 He(数据来自不同作者)，与实线对应的激活能是 2.8 eV，此值接近 He 在不锈钢中的渗透能[11]。

形核停止后，随着时间延长，被吸收的 He 原子增加，但只增加气泡的尺寸，不改变它们的密度(图 9.8)。当 $T > 0.4T_m$ 时，可以假定气泡吸收了足够的热产生的或辐照诱发的空位，以保持泡内气压接近它的平衡值

$$P_{He}^* = \frac{2\gamma}{r_B}$$

其中，$\gamma$ 是表面自由能；$r_B$ 是气泡半径。对于理想气体，这种平衡气泡的平均半经 $r_B$ 随 $(P_{He}t)^{1/2}$ 增加[图 9.11(a)]。一般而言，在气体驱动生长阶段，在气泡存活的大部分时间内，气泡数量通常不变[图 9.11(b)]。关于非理想气体行为和晶界气泡的详细讨论见参考文献[13]。

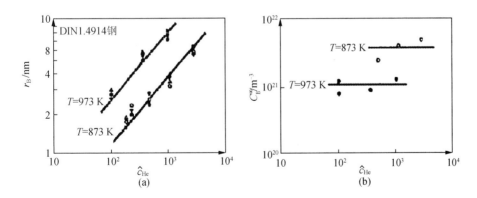

**图 9.11　DIN1.4914 马氏体钢的 He 气泡平均半径 $r_B$ 和**

**浓度 $C_B$ 与 He 含量 $\hat{c}_{He}$ 的函数关系**

(a) $r_B$ 与 $\hat{c}_{He}$ 的关系曲线；(b) $C_B^\infty$ 与 $\hat{c}_{He}$ 的关系曲线

注：分别在 873 K 和 973 K 以 $1 \times 10^{-4}$ h$^{-1}$ 速率注入 He[46]。

　　由于机械应力的作用和/或辐照诱发空位过饱和,使气体驱动气泡长大转变成空位凝结加速生长(图9.8)。必须达到某种临界条件才能发生这种转变,从该条件能够定义一个临界半径,即

$$(n\sigma^2)_c = \frac{32F_V\gamma^3}{27k_BT} \text{ 和 } r_B^c = \frac{4\gamma}{3\sigma} \tag{9.5}$$

　　其中,$n$ 是临界气泡内的 He 原子数;$F_V = V/r_B^3 \leqslant 4\pi/3$,是几何因子,它把气泡体积 $V$ 和半径 $r_B$ 建立起关系;$\sigma$ 是实际应力或由于辐照生成的间隙原子和空位流向空洞的流量不平衡引起的有效驱动力("化学"力)。图 9.12 表示含气体空腔(Cavity)的自由能与它的半径的函数关系,说明了从"气泡(Bubble)到空腔(Void)"的转变,如果在气体驱动长大阶段,气泡已积累了数目为 $n$ 的 He 原子,达到 $n\sigma = (n\sigma^2)_c$,即 $r_B = r_B^c$,这时不存在自由能最小值,空位凝结引起的不稳定生长开始。临界半径表示空腔长大从气泡长大转变为空泡长大,这个概念已用于分析辐照肿胀。在建立 He 引起的高温脆的模型研究中[13],这个概念和前述成核理论成功地结合在一起。在这些模型中,$r_B \geqslant r_B^c$ 时开始快速不稳定生长,这就是说线性空腔和晶界空腔开始出现裂纹[45]。He 对核材料性能影响的综述见参考文献[1]。

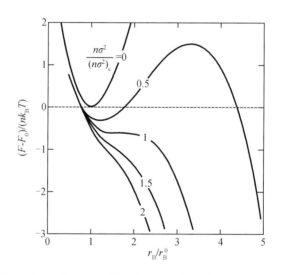

**图 9.12　在外力 $\sigma$ 作用下含 $n$ 个理想气体原子的气泡的
自由能与半径 $r_B$ 的关系曲线**

注:$F_0$ 和 $r_B^0$ 分别是 $\sigma = 0$ 时 $F$ 和 $r_B$ 的平均值。参数代表 $n\sigma^2$ 与其临界值 $(n\sigma^2)_c$ 之比值。临界值时气泡变得不稳定。图的上半部分曲线 $\sigma$ 代表压应力,下半部曲线 $\sigma$ 代表拉应力。

# 9.4　退火时 He 泡的粗化

## 9.4.1　一般特征

　　前文讨论了较高温度及有 He 生成条件下基体中 He 泡的形核和泡长大。在某一温度下注 He 金属样品的 He 浓度是一定的。在较高温度退火时,样品中已存在的 He 泡或退火处理开始时生成的 He 泡在总的 He 浓度不变的情况下将产生聚集现象。这意味着泡尺寸

增大,密度减小,如图 9.13 所示。

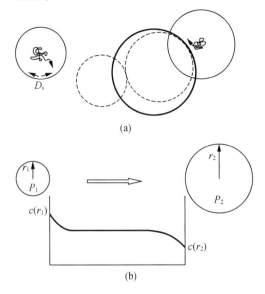

图 9.13　两种主要的 He 泡粗化机制示意图

(a)MC 机制,通过表面扩散引起的泡迁移和合并;
(b)OR 机制,小泡和大泡周围 He 热平衡浓度差产生 He 流动导致的泡粗化

通常采用低温(一般为室温)注 He,随后高温退火的方法研究一定 He 浓度下金属中 He 泡的演化。低温时 He 在金属中迁移能力相对较低,高温下 He 原子和 He 泡是可迁移的,并存在 He 原子从 He 泡离解过程。这类实验控制 He 泡演化的主要参数是温度、He 浓度和退火时间。参考文献[11]对这一过程进行了详细讨论。

(1)在给定的温度下,随退火时间增长,泡尺寸增大,泡密度降低,这意味着发生了 He 泡的聚集。泡演化特征与时间的关系(按幂函数规律)取决于退火温度、He 浓度、材料的种类和状态。

(2)泡密度与温度关系曲线呈现两个明显可区分走向,即低温段走向和高温段走向,分别对应着低的和高的表观激活能,与高温下有 He 生成条件下 He 泡形成过程相似,如图 9.2 所示。

(3)在退火温度和时间一定的情况下,He 泡密度(在一些特定条件下包括泡尺寸)通常随着 He 浓度的提高而增大,但后者(泡尺寸)在某些特殊条件下与 He 浓度无关,特别是在高温和低 He 浓度情况下。

后一种现象可以这样解释:就注 He 样品而言,是否达到形核的临界 He 浓度($c^*$)主要取决于退火温度(见 9.2.2 节内容)。因此某一温度下退火样品可能发生明显的形核现象,也可能还未发生。通常认为短的 He 原子成团阶段与明显的泡聚集阶段没有直接的因果关系。

## 9.4.2　He 泡的粗化机制

退火时两种定性的 He 泡粗化机制如图 9.13 所示。这两种机制分别是迁移和合并(Migration and Coalescence,MC)机制[25-26]、奥斯特沃尔德熟化(Ostwald Ripening,OR)机制[27-28]。

泡迁移和合并(MC)主要受基体原子在混乱排列的泡表面扩散驱动。退火时 He 泡密度达到的表观激活能与泡的热力学状态相关,大约是表面扩散能的一半。He 泡的熟化(OR)是由热激活引起的 He 原子从小泡溶解和再次被大泡吸收完成的,泡密度的表观激活能与 He 原子从泡离解的激活能相当。这表明 OR 过程泡密度的表观激活能显著高于 MC 过程。因此在相对低的温度和/或较高 He 浓度下 MC 机制起主导作用,反之 OR 机制起主导作用。除 He 原子溶解和再次被吸收的过程外,OR 过程还需要离解和再吸收空位。二元 OR 过程由 He 原子离解还是由空位离解控制,主要取决于哪一种的离解能更高些。

通常认为,基于观察等温退火时 He 泡尺寸变化(例如比较瞬时的幂函数)来鉴别两种机制并不可靠。前面提到 He 泡长大与温度密切相关,但仅以温度作为鉴别依据也不是完全可信的。有实验结果表明,He 泡长大时有些参数并不变化。例如,对于 OR 过程,泡尺寸与注入的 He 浓度无关,这无疑是区分泡长大机制的最可靠判据。

还应该注意到,当存在(或靠近)沉淀相、位错和晶界时,粗化过程变得更复杂。高温蠕变时,位错运动和晶界曳拉产生的泡扩展都控制 He 泡的粗化。第 10 章将讨论冷注入后高温退火和热注入样品中表观泡密度随时间变化的数学表达式以及两种机制转变的临界温度的数学表达式。

### 9.4.3 有或无连续 He 生成条件下 He 泡形成特征比较

预注 He 金属样品经退火处理后 He 泡密度与不断有 He 生成条件时形成的 He 泡密度明显相似,如图 9.2(a)和图 9.2(b)所示。对于这两类实验,泡密度与温度倒数的关系均清楚地分为斜率不同的低温段和高温段,分别对应着近似数量级的表现自由能。相似性的理由是在两种实验条件下,He 泡形成受相同或相似的扩散过程控制。一方面,在低温条件下,He 原子和/或 He 泡迁移;另一方面,在高温下 He 原子或空位从泡离解。

另一个明显的相似性也被认定。当注入的 He 浓度与退火时间的比值被看作有效的 He 生成速率时,对于 OR 机制,He 泡的密度被认为与该比值呈线性关系。不锈钢样品归一化的 He 泡密度与温度关系曲线的高温段由原来很分散的数据分布收敛成窄带分布,与有 He 生成时的情况类似(图 9.4)。

然而,两类样品归一化 He 泡密度的绝对值大约有 4 个数量级的差异。产生这样大差别的原因可归结为这样的事实:两种情况泡密度的差别反映了 He 在泡核和已形成的泡中的状态的差别,主要体现在泡内气体压力的差别上。这种解释无疑是有道理的,但还没有被充分确认。

# 9.5 He 泡的状态

第 8 章讨论了金属中 He 泡的总形成自由能,将其定义为完整晶体中引入一个 He 泡时系统自由能的增量。He 泡的形成自由能包括体相 He(液态 He 和固态 He)自由能、金属表面自由能、He – 金属相互作用引起的自由能变化以及弛豫自由能。体相 He 自由能与泡中 He 原子数(密度)相关,是最大的自由能增量。目前已应用不同形式的状态方程来表征泡中 He 的状态。这里仅给出几个与泡压力相关的定量表达式。

### 9.5.1　He 泡的机械稳定性极限与平衡压力

He 泡中 He 的状态由 He 泡中 He 的密度(或者泡中 He 原子数与空位的比值)和对应的泡压力决定。He 泡中 He 的状态是决定 He 泡能量的关键因素。它取决于 He 泡演化的条件和对应的阶段,与温度、He 的生成和离位速率、He 浓度、辐照剂量以及泡尺寸相关。对于可能存在的泡压力值,两种不同的极限情况给出了有用的判据。

1. 机械稳定性极限

在高压 He 泡的作用下,基体产生塑性变形,这一过程很可能通过位错环冲出过程实现。计算结果表明,实现这一过程的气泡压力上限可以表示为[32]

$$P \leqslant 0.2\mu \tag{9.6}$$

其中,$\mu$ 为基体的剪切模量。

2. 热力学平衡条件

与低温 He 泡的压力不同,高温 He 泡的压力接近热力学平衡,即

$$P = 2\gamma/r \tag{9.7}$$

其中,$\gamma$ 为 He 泡的表面自由能;$r$ 为 He 泡的半径。

在高 He/dpa 比值、高 He 生成速率和高 He 浓度条件下,同时产生的 SIA 和空位大部分湮灭在气泡中,因此 He 泡的演化主要受 He 控制。有理由认为此时 He 泡的压力接近机械稳定性极限(式9.6)[32]。对于 Ni 和不锈钢,$\mu \approx 90$ GPa,极限压力值高达 18 GPa。

在上述条件下,He 沉积和 He 泡形成是自发进行的(无热力学能垒)。非热过程中经常观察到的一种现象是位错环冲出,当含 He 团簇的压力超过阈值时会发生这种现象(图9.14)。非热生成的泡的形状是球形或片状。在很高的 He 浓度下,观察到了规则的 He 泡排布(泡的超晶格)。位错环冲出是能量弛豫过程,也是泡的长大过程(见附录 D)。

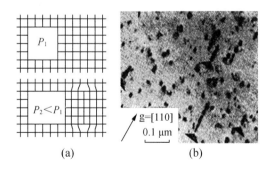

**图 9.14　注 He 的 Mo 样品中高压小 He 泡的非热位错环冲出弛豫**
(a)示意图;(b)透射电镜显示其伯氏矢量⟨111⟩和滑移面(111)

在围绕和高于阶段 V 温度($T > 0.4T_{\mathrm{m}}$)时,需要泡中有足够的热力学平衡空位浓度才能满足式(9.7)的热力学条件。对于 Ni 和不锈钢中的纳米尺寸 He 泡,$\gamma \approx 2$ N/m,相应的平衡压力也高达吉帕(GPa)量级,但明显不如机械稳定性判据高。需要强调的是,在高 He/dpa 和高 He

浓度条件下,泡压力值明显高于热稳定性压力值,甚至在较高的温度下($T > 0.4T_m$)下也是这样。

### 9.5.2　高密度 He 泡中 He 的状态

纳米尺寸 He 泡的压力在吉帕范围或更高时,已接近机械稳定性极限。此时 He 的状态方程(EOS)既不能用理想气体,也不能用 Van Der Waals 定律,甚至不能用某些形式的硬球模型来描述。依据高压气体实验方法数据,Mills 等[33]提出了一个有用的参量,但在几个吉帕的高压下,这一参量不可能是完全正确的。基于 Becks 势、利用 Virial 膨胀和准调和级数近似的半经验 EOS[20]被认为是可用的,适用范围达几十个吉帕的高压。

Zha 发展了 Vinet 的状态方程,用来描述固态 He 泡的状态。为了使状态方程在较大密度范围内有效,用相关的 He 密度数据对德拜温度系数和固体压缩参数的系数做了修正(见第 8 章 8.1 节)。

### 9.5.3　过饱和空位浓度下 He 泡向空腔形核转变

在围绕和高于阶段 V 温度($T > 0.4T_m$)时,辐照或应力产生的过饱和空位浓度通常达不到直接空腔形核需要的水平;然而当泡形空腔达到一定的临界尺寸时,随着起初稳定的泡形孔洞在 $P = 2\gamma/r$ 压力下靠吸收 He 原子长大转变为在较低压力下($P < 2\gamma/r$)靠吸收空位长大,将促进向空腔形核转变。从孔洞长大动力学看,临界空腔尺寸由稳定的泡长大和不稳定临界空腔形核消失的交汇点来确定。

对于晶界处含有理想气体的一个 He 泡,如果受到的横向机械拉伸强度为 $\sigma$,孔洞的临界半径(曲率半径)可以表示为

$$r^*(\sigma) = 4\gamma/3\sigma \tag{9.8a}$$

除去应力后,临界泡尺寸弛豫到

$$r_0^* \equiv r^*(\sigma = 0) = r^*(\sigma)/\sqrt{3} \tag{9.8b}$$

处理经受辐照损伤,含有过饱和空位晶体内的 He 泡时,式(9.8)中的应力应该用 $kT/\ln$(过饱和空位浓度)替换,这里 $kT$ 为热能。

本节涉及了英文单词 Cavity,Void 和 Bubble 的表述。鉴于不同作者对这三个单词的定义有所不同,这里做些解释。本书中 Cavity 通常指任何空位团,也即基体原子被移出的任何区域。Cavity 可能含有气体原子,也可能不含有气体原子。空的 Cavity 被称作 Void,含有平衡态气体的 Cavity 被称作 Bubble。Cavity,Void 和 Bubble 分别释为孔洞、空腔和气泡。

# 9.6　特殊的泡结构和长大机制

## 9.6.1　He 片

在产生较低离位损伤的室温注 He 条件下,于某些金属(Ti,Ni,Mo)和所有至今研究过

的共价键材料中（Si，$B_4C$，SiC，$Al_2O_3$）观察到小硬币状的 He 沉淀物，称为 He 片（He Platelets）[36-37]。最有代表性的是 SiC 中形成的热稳定性很高的 He 片。

忽略固有的或辐照引入的活动空位的极限情况，有利于形成三维 He 泡的方式是于晶格两原子层之间形成扁圆形的二维沉淀物［也可将其看作长大着的充满 He 的 Griffite（Griffith）裂纹］。这有利于间隙 He 原子获得成团的空间和降低它们的能量。即使 He 原子团中含有少量的空位，片状结构在能量上也是有利的，因为与球形结构相比，片状结构更有利于弹性弛豫。只有当每个空位中含有的 He 原子数对应的压力高于一定值时才有利于球形气泡形成。据此，片状泡结构通常有高的压力和低的空位浓度。假设观察到的 He 片不含空位（理想的 Griffith 裂纹），小片状 He 泡的压力值极高，其压力值与基体的弹性强度相关。SiC 中观察到的裂纹状 He 片的压力约为 24 GPa，温度高达 470 K 时 He 还处于固态[36-37]。

在 SiC 中观察到一些令人费解的实验现象[36-37]。室温下向 SiC 中注入一定浓度的 He（原子分数约 0.25%）后形成了非常均匀的片状 He 泡。奇怪的是进一步注入和经高达 1 300 K 退火处理后没有看到通常会发生的气泡长大现象。这种现象可用 He 片被捕陷在双极环形位错处（Circular Dislocations Dipoles）来解释。这种双极环形位错在某些临界尺寸 He 片的边缘形成，当退火温度不高于 1 300 K 时可稳定驻留在形成处。在这些位置，位错的滑动和攀移小到可以忽略的程度。金属中一般不存在这一温度范围，因为金属阻碍位错运动的 Peierls 势垒很低。

### 9.6.2　He 泡 - 位错环复合体的熟化（OR）

注 He 并经 1 300 K $< T <$ 2 100 K 退火处理的 SiC 样品中还观察到另一个有趣的实验现象。室温注 He 形成的 He 片在这一温度区间转变成由 He 泡和位错环组成的复合体，复合程度随退火温度不同而不同。复合体中泡和环不断长大，但泡和环各自占有的总体积不变。我们有理由认为这一奇异的特征是一种新的 OR 过程，类似退火时 He 泡的熟化机制，将其称为耦合 OR 机制。在这一过程中，He 原子通过从小复合体离解、在晶体中长程体扩散和再次被大复合体吸收实现从小复合体向大复合体转移。基体原子扩散则被限制在泡的表面和位错环的芯部，也就是说基体原子的迁移被局限在 He 泡和相关位错环之间（图 9.15）。He 原子在复合体间的迁移主要受小泡和大泡的压力差驱动，压力差是由泡和相关位错环的尺寸差决定的。基体原子沿着位错环芯部流向相关的 He 泡或是从相关 He 泡离解受基体原子的化学势梯度驱动（化学势梯度是由局部位错环曲率半径不同引起的）。较慢的迁移过程控制迁移的速率。假设基体原子在 He 泡和相关位错环之间的迁移是较慢的过程，那么推算出的 He 泡和相关位错环的平均尺寸与退火时间、退火温度之间的关系与相关的实验结果相当一致。

耦合 OR 过程中，只要位错环是分离的（形成位错网以前），随着复合体尺寸增大，泡压力降低，但仍然高于由式（9.7）确定的热平衡压力。退火温度高于 2 100 K 后体自扩散变得明显，基体原子向 He 泡表面和位错芯迁移的动力学限制消除，泡长大由通常的 OR 机制控制，泡压力接近热平衡值。

高温下 He 泡在 Ni、奥氏体和马氏体不锈钢中的粗化行为表明，He 原子从 He 泡离解并不比体自扩散更容易,很可能不存在产生耦合 OR 过程的温度范围。在这一温度范围内,He 通过体扩散在 He 泡间转移,基体原子在泡和位错环间转移(向位错芯扩散受到位错环的限制)。在中等温度和不断有 He 生成的条件下,后一过程对驻留在位错环上的 He 泡的长大可能有一定的作用。

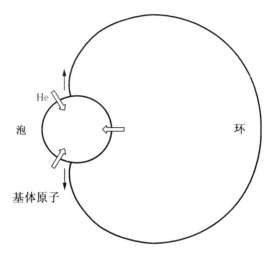

**图 9.15　泡 – 环复合体长大机制示意图**[38]

注:泡 – 环复合体靠从环境中吸收 He 原子长大,与此同时基体原子向位错环迁移。基体原子沿位错环芯流动由化学势降低驱动,化学势随位错环曲率半径降低而降低。

# 9.7　He 导致的硬化和脆性

辐照导致的机械性能变化源于材料显微结构的变化,He 导致的性能变化反映了 He 泡结构随温度的变化(已在 9.2 节中描述)。首先分析高温下($T \geq 0.4 T_{\mathrm{m}}$)由 He 引起的机械性能变化。

## 9.7.1　He 引起的高温氦脆

为了评价由 He 引起的高温脆性,很多研究者研究了低温注 He/辐照样品的蠕变实验以及注入/辐照过程中样品的蠕变实验。尽管两类样品的状态在定性和定量方面都有明显的不同,但对于金属材料蠕变强度的影响有相同之处[3,39]。相比而言,研究注 He/辐照过程中样品的蠕变行为更有意义。He 对金属高温蠕变强度的主要影响有:

(1)断裂模式由穿晶变为沿晶;

(2)随着实验温度和应力(或应变速率)的提高,断裂时间和应变频率降低几个数量级,降低的幅度与材料种类相关。

注入时或注入后蠕变实验时,He 泡首先在样品的晶界处形核,泡核吸收 He 原子长大或局部粗化转变成孔洞。在拉应力作用下,某些孔洞聚集形成裂纹导致材料断裂[3,12 - 13]。

晶界处孔洞结构的形成和演化与上述过程的各阶段相对应。

在束或在堆实验时样品中由气体驱动于晶界处形成的 He 泡和 He 注入及辐照后泡粗化的 TEM 观察结果表明,样品的蠕变寿命由晶界处的稳态 He 泡从形核到转变成空腔型孔洞的过程确定[12-13]。这一结论已被一系列等应力($\sigma$)蠕变实验证实。常采用在实验温度下进行 He 预注入,以便提高注入浓度。如图 9.16 所示,直到晶界处 He 泡的平均半径 $\bar{r}$(无应力注 He 样品 TEM 观察结果)长大到弛豫泡的临界半径 $r_0^*(\sigma)$ 以前[由式(9.16b)给出],He 对蠕变寿命的影响较小,当 $\bar{r}$ 超过 $r_0^*(\sigma)$ 时,施加应力后样品立刻断裂。

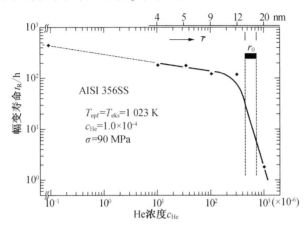

**图 9.16　断裂时间 $t_R$ 随 He 浓度 $c_{He}$ 的变化曲线**

注:蠕变实验在恒应力下进行。样品在实验温度下预注入。当晶界处 He 泡平均半径 $\bar{r}$(TEM 观察)达到临界值 $r_0^* \approx 15$ nm 以前[式(9.16b)给出],断裂时间 $t_R$ 严重降低。$\bar{r}$ 超过 $r_0^*(\sigma)$ 时,施加应力后样品立刻断裂。

对于预注入 He 的样品,亚稳 He 泡向长大着的不稳定空腔型孔洞转化的观念已被纳为更复杂的高温破坏动力学条件[40]。

在这种情况下,孔洞在循环应力下长大和收缩(呼吸)[41]。呼吸的振幅强烈地依赖于循环频率 $\nu$。利用极限循环分析方法(Limiting Cycle),临界 He 泡尺寸(涉及循环周期的最大拉伸应力)从低循环频率 $\nu$ 下的小尺寸向高循环频率(接近邻界循环频率 $\nu_c$)下的大尺寸泡转变,临界循环频率 $\nu_c$ 与应力/应变振幅和温度相关。由此可见,当 $\nu < \nu_c$ 时,较短时间内便可达到临界孔洞尺寸,发生断裂的循环次数比 $\nu > \nu_c$ 时要少。在高温循环应力下晶界孔洞的"呼吸"现象以及存在一个临界频率(该频率由疲劳断裂时的循环次数确定)的预测[40]已被较后的电镜观察和高温疲劳实验证实[42]。

## 9.7.2　低温硬化和低温脆

与明显的高温脆性相比,低温($T \leqslant 0.4T_m$)时 He 诱发的硬化和脆性较小,但对材料的使用性能有明显影响,目前对其作用机制的了解也较少。

在这一温度范围内,经室温(或略高于室温)高能离子注入或经中子辐照后,奥氏体和马氏体不锈钢性能变化的特征体现为以下两方面[43-44]。

（1）随着离位剂量提高，1 dpa① 引起的硬化值增量降低，剂量约大于 1 dpa 后硬化趋于饱和。

（2）低 He 浓度时 He 泡对硬化和脆化的影响可以忽略。对于注 He 样品，只有当 He 浓度高于某临界值（原子分数约 1%）时影响才变得明显。

与 He 诱发的高温氦脆相比，低温硬化和低温脆化的机制还须进一步研究。近期提出的成核模型（级联碰撞导致的 He 离解和二次泡成核）给人以启示[23]。该模型似乎可以解释这样的实验现象，当剂量超过 1 dpa 时，随着 He 浓度和剂量提高，He 泡对材料硬化和脆性的影响从弱变强。依照这一模型，只有当 He 浓度或剂量超过某一临界值时，含 He 材料才会明显硬化或脆化。临界浓度（或临界剂量）取决于 He 的生成速率或离位速率，即取决于 He/dpa 比值，或者两种速率中的一种。

He 的生成速率是重要的参量。He 生成速率越低，He 浓度增高引起的脆性越严重。也就是说，He 的引入速率越慢，材料的寿命和延展性降低越明显。由于 α 注入 He 的引入速度较高，根据 α 注入实验评价材料的氦脆往往会低估聚变条件下材料性能的恶化程度。

应该指出，注 He 样品机械性能实验的结果不能被直接外推到快裂变堆、聚变堆和蜕变中子源的辐照效应，但可从中得到启发，即如何外推才是有意义的。很显然，He 对材料低温硬化和脆性影响的研究工作还须深入。

# 9.8　H. Trinkaus 的评论

如本章前文中提及的那样，辐照条件下 He 对材料性能的最主要影响是使其"失去韧性，获得脆性"。力学性能变化的直接原因是材料的显微结构发生了变化。引发显微结构变化的因素与材料中 He 生成和聚集的全过程相关，例如 He 原子在晶体中扩散，被缺陷捕陷和从其他缺陷离解，He 泡的形核及长大，以及这些演化与材料力学性能变化的关系等。很显然，只有深入了解每个过程的行为细节和相关机制以及各过程间的因果关系，才能对这一复杂过程做出有价值的评估。从目前的研究结果看还远达不到这样的程度。

下面的评述是很不全面的，但有所侧重。例如在描述过程和相关机制时侧重于建立它们之间的定量关系。另外，在分析演化过程时仔细考虑了相关参数的应用范围。

可以这样说，在过去的年代，关于 He 泡形成的机制、相关参数以及高温氦脆的研究已取得很大的进展。但研究工作主要针对低缺陷密度均质金属，而且设定的退火温度高于回复的第 V 阶段，此时金属离位损伤的影响已小到可以被忽略。很明显，关于高温氦脆的认识是对问题做了简化处理的结果，涉及的温度范围对于实际的工艺过程也不是最有意义的。就是在这一温度范围内，给出的分析结果和数学模型也远不是定量的。也就是说还没有揭示 He 泡演化和材料脆性与温度、He 生成速率和 He 浓度间的定量关系。例如，在描述

---

① dpa 即原子平均离位，是材料辐照损伤的单位。

温度对 He 泡形核密度影响时仅仅考虑了温度对 He 原子从泡核热重溶和被临界尺寸泡核热吸收的单一过程,而 He 在材料中的溶解度,扩散系数以及临界泡核尺寸和状态等参量对此过程的贡献仍然不清楚。在较低的温度下(围绕和低于阶段 V),离位损伤(通常伴随有 He 生成)对基体显微结构产生更大的影响,特别是在 He 生成速率与离位速率比值(He/dpa)相对低的情况下,这使问题变得更为复杂。

对于接近和仅略低于阶段 V 的温度,He 泡的形核和长大仍然受 He 控制,但对其基本细节并不完全清楚。例如,He 的扩散机制、He 生成的条件下 He － 空位团迁移及小 He 泡对泡形成的作用,以及泡密度与温度和 He 生成速率的关系等。进一步讲,对于这一温度区域,在许多重要的参数中(温度、He 生成速率和离位速率,或者速率之一,以及 He/dpa 比值等),哪一个参数在孔洞形核中占主导作用也还不清楚。

对于有工艺应用背景的金属和合金,晶体缺陷(如沉淀相、位错和晶界等)对气泡形成有重要影响,特别是在高温情况下。一些实验结果显示出其重要性,引起人们的关注,但相关的材料学问题,例如位错及晶界结构对 He 泡形成和氦脆的影响还远没有进行系统研究。

在工程应用的温度范围内(阶段Ⅲ和阶段 V 之间)则存在更多还不完全清楚的问题,特别是相对高的温度下。例如,已有清楚的实验现象表明高剂量辐照下发生的级联碰撞促使 He 从 He 泡离解并与 He 泡的结构变化相关,但对这一过程的模拟研究仍处于早期阶段。He 引起的低温硬化和低温脆性是个涉及面很宽的重要问题,但低温状态下材料硬化和脆性与温度、He 生成速率、离位剂量水平以及材料种类和结构等关系的研究才刚刚开始。

针对某些关键过程进行系统验证是很必要的。例如,人们已对辐照下 He 的扩散机制进行了较深入的研究,但目前给出的研究结果基本上是基于理论设想。

定量地模拟 He 在金属中的行为需要输入一些重要的参数,例如稳态和非稳态位形的能量,包括结合能和迁移能等。目前常常采用的基于第一原理的电子结构计算仅仅能提供小组态的信息,如 He 原子与空位及小空位团的相关信息。对于较大的 He － 空位团,人们仍主要利用连续近似处理方法,如 He 的状态方程和线性连续弹性理论等。

模拟金属中 He 聚集行为的进一步工作在于如何成功地将 HeV 复合体的能量和形成动力学的理论分析,如何将数字处理结果与系统的分子动力学同 Monte Carlo 模拟结果结合起来进行综合分析,并且正确设计相关实验方法的细节。

## 参考文献

[1]　ULLMAIER H. The influence of helium on the bulk properties of fusion － reactor structural － materials[J]. Nucl Fusion,1984, 24:1039.

[2]　SCHROEDER H, KESTEMICH W, ULLMAIER H. Helium effects on the creep and fatigue resistance of austenitic stainless － steels at high － temperatures[J]. Nucl Eng Des － Fusion, 1985, 2:65.

[3]　ULLMAIER H, TRINKAUS H. Helium in metals － effect on mechanical － properties[J]. Mater Sci Forum, 1992,97 － 99:451.

［4］ GREENWOOD G W, FOREMAN A J E, RIMMER E A. The role of vacancies and dislo-cations in the nucleation and growth of gas bubbles in irradiated fissile material［J］. J Nucl Mater, 1959,4: 305.

［5］ VAN V A, EVANS J H, BUTERSS W T M, et al. Precipitation in low – energy helium ir-radiated molybdenum［J］. Rad Eff, 1983,78: 53.

［6］ TRINKAUS H, SINGH B N. Helium accumulation in metals duringirradiation – where do we stand? ［J］. J Nucl Mater. 2003, 323: 229 – 242.

［7］ ULLAMIER H, BORNSTEIN L. Landolt – börnstein: numerical data and functional rela-tionships in science and technology – new series, vol. N25［M］. Berlin: Springer – Ver-lag, 1991.

［8］ GHONIEM N M, SHARAFAT S, WILLIAMS J M, et al. Theory of helium transport and clustering in materials under irradiation［J］. J Nucl Mater, 1983,117: 96.

［9］ TRINKAUS H. On the modeling of the high – temperature embrittlement of metals contai-ning helium［J］. J Nucl Mater, 1983,118: 39.

［10］ FOREMAN A J E, SINGLY B N. Gas – diffusion and temperature – dependence of bub-ble nucleation during irradiation［J］. J Nucl Mater, 1986, 141 – 143: 672.

［11］ SINGLY B N, TRIKAUS H. An analysis of the bubble formation behavior under different experimental conditions ［J］. J Nucl Mater,1992,186: 153.

［12］ TRINKAUS H. Modeling of helium effects in metals – high – temperature embrittlement ［J］. J Nucl Mater, 1985,133,134: 105.

［13］ TRINKAUS H. Mechanisms controlling high – temperature embrittlement due to helium ［J］. Radiat Eff Defect S, 1987, 101: 91.

［14］ SINGLY B N, FOREMAN A J E. Summary of a theory for void nucleation during irradia-tion in terms of brownian – motion of vacancy gas atoms［J］. Scr Metall, 1975,9: 1135.

［15］ GOLUBOV S I, STOLLER R E, ZINKLE S J. Kinetics of coarsening of helium bubbles during implantation and post – implantation annealing［J］. J Nucl Mater, 2007,361: 149.

［16］ DAUBEN P, WAHI R P, WOLLENBERGER H. Bubble nucleation and growth in an Fe – 12 at. % Cr ferritic alloy under He + implantation and Fe + irradiation ［J］. J Nucl Mater, 1986,141: 723.

［17］ NELSON R S. Stability of gas bubbles in an irradiation environment ［J］. J Nucl Mater, 1969,31: 153.

［18］ GHONIEM N M. Nucleation and growth theory of cavity evolution under conditions of cas-cade damage and high helium generation［J］. J Nucl Mater, 1990, 174: 168.

［19］ TRINKAUS H. The effect of cascade induced gas resolution on bubble formation in metals ［J］. J Nucl Mater, 2003, 318: 234.

［20］ TRINKAUS H. Energetics and formation kinetics of helium bubbles in metals［J］. Rad

Eff, 1983, 78: 189.

[21] SINGLY B N, LEFFERS T, GREEN W V, et al. Nucleation of helium bubbles on dislo-cations, dislocation networks and dislocations in grain – boundaries during 600 MeV pro-ton irradiation of aluminum[J]. J Nucl Mater, 1984,125: 287.

[22] SINGLY B N, FOREMAN A J E. Helium diffusion and bubble nucleation in the disloca-tion core during irradiation [J]. J Nucl Mater, 1992,191 – 194: 1265.

[23] FOREMAN A J E, SINGLY B N. Helium flux to grain – boundaries during irradiation [J]. J Nucl Mater, 1987,149: 266.

[24] THORSEN P A, BILDE J B, SINGLH B N. Influence of grain boundary structure: on bub-ble formation behaviour in helium implanted copper[J]. Mater Sci Forum,1996,207 – 209: 445.

[25] GRUBER E E. Calculated size distributions for gas bubble migration and coalescence in solids[J]. J Appl Phys, 1967,38: 243.

[26] GOODHEW P J, TYLER S K. Helium bubble behavior in BCC metals below 0.65 $T_m$ [J]. Proc Roy Soc London A Mat, 1981,377: 151.

[27] GREENWOOD G W, BOLTAX A. The role of fission gas re-solution during post-irradia-tion heat treatment[J]. J Nucl Mater, 1962,5: 234.

[28] MARKWORTH J. Coarsening of gas – filled pores in solids [J]. Met Trans, 1973, 4: 2651.

[29] TTINKAUS H. The effect of internal – pressure on the coarsening of inert – gas bubbles in metals [J]. Scr Metall, 1989,23: 1773.

[30] GOODHEW P J. Inert – gas bubble – growth mechanism maps for metals[M]. New York: Plenum, 1991.

[31] BEERE W. The growth of sub – critical bubbles on grain – boundaries[J]. J Nucl Mater, 1984, 120: 88.

[32] TRINKAUS H. Possible mechanisms limiting the pressure in inert – gas bubbles in metals [J]. NATO ASI Series, vol. 279. 1991: 369.

[33] MILLS R L, LIEBENBERG D H, BRONSON J C. Equation of state and melting proper-ties of $^4$He from measurements to 20 kbar[J]. Phys Rev, 1980,21: 5137.

[34] ODETTE G R, LANGLEY S C. Proc int conf on radiation effects and tritium technology for fusion reactors[J]. Gatlinburg TN, Vol. 1, 1975: 395.

[35] MANSUR L K, COGHLAN W A. Mechanisms of helium interaction with radiation effects in metals and alloys – a review[J]. J Nucl Mater, 1983, 119: 1.

[36] CHEN J, JUNG P, TRINKAUS H. Evolution of helium platelets and associated disloca-tion loops in alpha – SiC[J]. Phys Rev Lett, 1992,82: 709.

[37] CHEN J, JUNG P, TRINKAUS H. Microstructural evolution of helium – implanted alpha –

SiC[J]. Phys Rev B, 2000, 61: 12923.

[38]  HARTMANN M, TRINKAUS H. Evolution of gas – filled nanocracks in crystalline solids [J]. Phys Rev Lett, 2002,88: 055505.

[39]  SCHROEDER H,BATFALSKI P. The dependence of the high – temperature mechanical – properties of austenitic stainless – steels on implanted helium[J]. J Nucl Mater, 1983, 117: 28.

[40]  TRINKAUS H. Conditions for the growth of grain – boundary cavities under high – temperature fatigue – a critical frequency[J]. Scr Metall, 1981,15: 825.

[41]  TRINKAUS H, ULLMAIER H. The effect of helium on the fatigue properties of structural – materials[J]. J Nucl Mater, 1988,155 – 157: 48.

[42]  BATRA L S, ULLMAIER H, SONNENBERG K. Frequency – dependence of the high – temperature fatigue properties of He – implanted stainless – steel [J]. J Nucl Mater, 1983, 116: 136.

[43]  HUNN J D, LEE E H, BYUN T S,et al. Helium and hydrogen induced hardening in 316LN stainless steel[J]. J Nucl Mater, 2000,282: 131.

[44]  ULLMAIER H, CHEN J. Low temperature tensile properties of steels containing high concentrations of helium[J]. J Nucl Mater, 2003,318: 228.

[45]  TRINKAUS H, WOLFER W G. Formation of dislocation loops during He clustering in BCC Fe[J]. J Nucl Mater, 1984,122,123:552.

# 第 10 章  速率理论和金属中 He 的扩散模型

未来的热能聚变反应堆将给人类提供无限的能源,但也使人们面临巨大的科学和工程挑战。聚变能产生于氘 – 氚反应,例如

$$_1^2D + _1^3T \longrightarrow _2^4He + _0^1n(14 \text{ MeV}) + 能量$$

其中,D 和 T 分别为氘和氚,反应中生成的 He 在平衡条件下实际上不溶于金属和合金[1],然而高能中子将敲出周围材料中的原子和产生$(n, \alpha)$[2-3]反应,例如

$$_Z^AM + _0^1n \longrightarrow _{Z-2}^{A-3}M + _2^4He(几电子伏)$$

辐照和辐照后聚变反应堆第一壁结构材料中聚集高浓度 He 原子。这些 He 原子有向 He – 空位团和 He 泡沉积的趋势,这将损伤金属和合金的性质。研究表明[4-6],He 原子促进辐照材料中空腔形核和长大,导致体积肿胀;He 原子在晶界迁移和成团导致高温氦脆[7-8];He 将影响拉伸强度等机械性能[9-11]。因此在设计用于聚变反应堆材料时(如 ITER),需要研究由 He 导致的性能变化。

辐照时 He 原子的迁移机制是关键问题[12-15,18-21]。不了解 He 的迁移机制和扩散速率,就不可能评估结构合金中 He 原子的聚集浓度和损伤程度。人们已通过计算模拟了最低能量晶格位形的方法,通过实验研究了简单金属中 He 的迁移机制(见第 9 章),然而,He 原子在复杂合金(例如不锈钢)中的迁移机制相当复杂。对于具有复杂显微结构的金属材料,扩散系数要么被特殊的迁移路径加强,要么由于被杂质原子、沉淀相、空腔和气泡捕陷而降低。尽管技术需求十分紧迫,但还没有建立相关的理论模型。

深入研究复杂合金中 He 的迁移很有必要[2,17-19]。关键问题是研究 He 的迁移路径和与缺陷的相关反应,在各种微观迁移机制的基础上,推导 He 的有效扩散系数。例如推导 He 原子在 BCC Fe 中的有效扩散系数。实验现象表明[22],在辐照条件下,BCC Fe 的肿胀速率低于 FCC Fe。通过有效扩散系数研究,或许能够解释这种备受关注的实验现象。

He 原子迁移的反应包括:①He 原子在单空位、双空位和空位复合体中的捕陷和脱陷;②He 原子在位错、晶界等扩展缺陷中的捕陷和脱陷;③替位 He 原子或空位与 SIA 的换位反应;④辐照下 He 原子从捕陷尾间二次溶解等。当同时考虑位错、晶界和孔洞时问题更为复杂。

为了定量地揭示 He 在聚变反应堆核系统结构材料中的迁移机制,Zhang Y 运用速率理论方法研究了 BCC Fe 中 He 的迁移。这项研究涉及金属中 He 效应的诸多问题,论点简明确切。本章主要引用和讨论 Zhang Y. 博士在 Christ's College 的研究工作。

## 10.1  有效扩散模型

由于 He 原子以多种机制在晶格内迁移,需要在模型中定义一个有效扩散系数 $D_{He}^{eff}$,$D_{He}^{eff}$ 等于各类扩散系数的权重平均值[19],其数学表达式为

$$D_{\text{He}}^{\text{eff}} \sum_{m=0}^{M} \sum_{n=0}^{N} C_{mn} = \sum_{m=0}^{M} \sum_{n=0}^{N} D_{mn} C_{mn} \tag{10.1}$$

其中，$C_{mn}$ 为具有 $m$ 个空位和 $n$ 个 He 原子的可迁移 He 组元的浓度。例如，$C_{01}$ 和 $C_{11}$ 分别为间隙迁移和替位迁移 He 原子的浓度；$D_{mn}$ 为对应的扩散系数，当 $m, n > 1$ 时，对应的是 He - 空位团。

下面我们来证明式(10.1)是合理的。如果几种可迁移组元通过不同的迁移机制同时迁移(图 10.1)，总通量 $J$ 等于各组元通量 $J_i$ 的平均权重，即

$$J = J_1 f_1 + J_2 f_2 + \cdots + J_k f_k = \sum_{i=1}^{k} J_i f_i \tag{10.2}$$

其中，$f_i$ 为第 $i$ 个可迁移组元的摩尔分数。依照 Fick 第一定律，有

$$J = -D \frac{\mathrm{d}C}{\mathrm{d}x} \tag{10.3}$$

其中，$\frac{\mathrm{d}C}{\mathrm{d}x}$ 为浓度梯度，由此容易得到

$$D = \sum_{i=1}^{k} D_i f_i \tag{10.4}$$

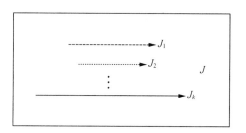

图 10.1 有效扩散模型示意图

对于第 $mn$ - th 可迁移 He 组元，其摩尔分数等于 $C_{mn}/\left(\sum_{m=0}^{M}\sum_{n=0}^{N} C_{mn}\right)$。依此可以计算 He 的有效扩散系数[式(10.1)]，计算值应该代表实验值。当模型中的可迁移组元仅为间隙 He 原子和替位 He 原子时，有效扩散系数为

$$D_{\text{He}}^{\text{eff}} = \frac{D_{01} C_{01} + D_{11} C_{11}}{C_{01} + C_{11}} \tag{10.5}$$

其中，$D_{01}$ 和 $D_{11}$ 分别为间隙 He 原子和替位 He 原子的扩散系数，分别依据式(10.6)和式(10.7)计算。本节以这种简化替位扩散模型为例，讨论金属中 He 原子的有效扩散系数。

$$D_{01} = \frac{\nu_{\text{He}}^{0} \lambda^2}{6} \exp(-E_{\text{He}}^{\text{I}}/kT) \tag{10.6}$$

$$D_{11} = \frac{\nu_{\text{He}}^{0} \lambda^2}{6} C_{\text{V}}^{-2/3} \exp(-E_{\text{He}}^{\text{d}}/kT) \tag{10.7}$$

其中，$\nu_{\text{He}}^{0}$ 为与温度无关的 He 原子的跃迁频率；$\lambda$ 为原子间距；$E_{\text{He}}^{\text{I}}$ 为间隙 He 原子扩散激活能；$E_{\text{He}}^{\text{d}}$ 为替位 He 原子脱离金属空位的脱陷能。脱离金属空位的 He 原子以间隙机制迁移，直到再次被空位捕陷。当 He 原子处于空位时间 $[\nu_{\text{He}}^{0}{}^{-1} \exp(E_{\text{He}}^{\text{d}}/kT)]$ 大于处于间隙

位时间 $[\nu_{He}^{0}{}^{-1}C_V^{-1}\exp(E_{He}^l/kT)]$ 时,其平均跃迁距离可用空位间的距离 $(\lambda C_V^{-1/3})$ 表示。图 10.2 为这种替位扩散模型示意图。

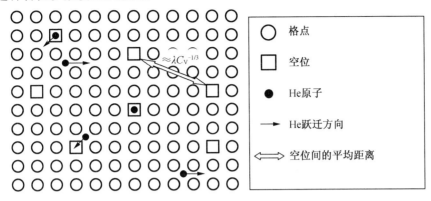

图 10.2　简化的 He 原子替位扩散模型示意图

相对于快速移动的 He 原子,这一过程中的空位是静止的捕陷结构,空位将降低 He 的扩散系数。这应该区别于发生在金属中的通常的空位扩散机制,这时的空位是迁移的,随着空位密度增大,扩散系数增大。

## 10.2　速率理论方程

为了解方程式(10.5),需要知道间隙 He 原子和替位 He 原子的浓度,以及作为捕陷结构的空位的浓度。辐照下这些参数随辐照时间和迁移中发生的相关反应而发生变化(除非处于稳态)。化学反应速率理论已广泛用于确定与时间相关的混乱迁移组元的浓度[19,24,26,6],可以描述 He 迁移过程中的反应速率。模拟内容包括所有可能的反应和解建立的微分方程。

下面的速率方程描述了含 He 点缺陷浓度随时间的变化[19]。

### 10.2.1　空空位[①]

$$dC_{10}/dt = (1-\varepsilon)G + Z_V^d D_V \rho_d(C_V^e - C_{10}) + gGC_{11} + (R_{I,20}C_{20} - R_{I,10}C_{10})C_I +$$

$$\sum_{i=0}^{M}\sum_{j=0}^{N}(E_{ij}^V - R_{10,i,j}C_{10})C_{ij} \tag{10.8}$$

式中　$dC_{10}/dt$——空空位浓度变化速率;

　　$(1-\varepsilon)G$——辐照单空位生成速率,$\varepsilon G$ 是辐照双空位生成速率,$G$ 是辐照损伤速率,
　　　　　　即空位 – 间隙原子对(Frenkel 对)的生成速率;

　　$Z_V^d D_V \rho_d(C_V^e - C_{10})$——位错过剩空位尾间 $(C_V^e - C_{10})$ 生成速率;

　　$gGC_{11}$——辐照 He 原子替位脱陷成为间隙原子的速率;

　　$R_{I,10}C_{10}C_I$ 和 $R_{I,20}C_{20}C_I$——SIA 与双空位和单空位的反应速率,前者产生空空位,后者将湮没;

---

①　这里仅指单空位,不包括双空位,除非特别指出。

$$\sum_{i=0}^{M} \sum_{j=0}^{N} (E_{ij}^{V} C_{ij}) \text{——} ij\text{-th He-空位团发射空位的速率;}$$

$$\sum_{i=0}^{M} \sum_{j=0}^{N} (R_{10,i,j} C_{10} C_{ij}) \text{——空位与} ij\text{-th 空位反应,生成} i+1, j\text{-th 团的速率}\text{。}$$

后面将详细解释每个符号的来源和含义。

### 10.2.2  自间隙原子(SIA)

$$dC_I / dt = G - \sum_{i=0}^{M} \sum_{j=0}^{N} R_{I,i,j} C_{ij} C_I - Z_I^d \rho_d C_I - 2R_{I,I} C_I^2 \tag{10.9}$$

其中,$G$ 为辐照产生 SIA 的速率;$\sum\limits_{i=0}^{M} \sum\limits_{j=0}^{N} R_{I,ij} C_{ij} C_I$,$Z_I^d \rho_d C_I$,$2R_{I,I} C_I^2$ 分别是 SIA 和 $ij$-th 团簇反应、两个 SIA 间反应和被位错捕陷的 SIA 的湮没速率。

### 10.2.3  间隙 He

$$dC_{01}/dt = G_{He} - Z_{He}^d \rho_d D_{He} (C_{01} - C_{He}^e) - R_{10,01} C_{10} C_{01} + R_{I,11} C_I C_{11} + \sum_{i=0}^{M} \sum_{j=0}^{N} (E_{ij}^{He} + jgG -$$

$$R_{01,ij} C_{01}) C_{ij} \tag{10.10}$$

这里,除了 $G_{He}$ 以外所有的事件与空位类似,$G_{He}$ 是 He 生成速率。

### 10.2.4  双空位

$$dC_{20}/dt = 0.5(\varepsilon G + R_{10,10} C_{10}^2) - \sum_{i=0}^{M} \sum_{j=0}^{N} R_{ij,20} C_{ij} C_{20} - Z_{20}^d D_{20} \rho_d C_{20} - R_{I,20} C_I C_{20} - E_{20}^V C_{20} +$$

$$E_{30}^V C_{30} + R_{I,30} C_I C_{30} + E_{21}^{He} C_{21} \tag{10.11}$$

### 10.2.5  $m$-空位团和 $n$-He 原子团

$$dC_{mn}/dt = E_{m,n+1}^{He} C_{m,n+1} + (E_{m+1,n}^V + R_{I,m+1,n} C_I) C_{m+1,n} + \sum_{\substack{i+k=m \\ j+l=n}} R_{ij,kl} C_{ij} C_{kl} - (Z_{mn}^d D_{mn} \rho_d +$$

$$ngG + R_{I,mn} C_I + E_{mn}^{He} + E_{mn}^V) C_{mn} - \sum_{i=0}^{m} \sum_{j=0}^{n} R_{ij,mn} C_{ij} C_{mn} \tag{10.12}$$

式中   $E_{m,n+1}^{He} C_{m,n+1}$——$m, n+1$-th 团发射一个 He 原子,成为 $mn$-th 团的速率;

$(E_{m+1,n}^V + R_{I,m+1,n} C_I) C_{m+1,n}$——$m+1, n$-th 团通过热发射丢掉一个空位和通过与 SIA 换位成为 $mn$-th 团的速率;

$\sum\limits_{\substack{i+k=m \\ j+l=n}} R_{ij,kl} C_{ij} C_{kl}$——小团簇聚集形成 $mn$-th 团的速率;

$(Z_{mn}^d D_{mn} \rho_d + ngG + R_{I,mn} C_I + E_{mn}^{He} + E_{mn}^V) C_{mn}$——不同的机制(位错捕陷、辐照换位、SIA 和 $mn$-th 团反应和由于热发射 He 原子或空位)作用下 $mn$-th 团簇消失的速率;

$\sum\limits_{i=0}^{m} \sum\limits_{j=0}^{n} R_{ij,mn} C_{ij} C_{mn}$——$mn$-th 团与任何其他团簇反应的速率。

上面给出了所有反应(包括团簇)的一般表达式。下面进一步解释方程(10.8)~方程(10.12)中每个参数的含意。

$C_x$——方程中各类缺陷的浓度。上标 e 表示缺陷的热平衡浓度,例如 $C_V^e$ 为热平衡空位浓度,且有

$$C_V^e = C_V^O \exp(-E_V^f/kT) \tag{10.13}$$

其中,$C_V^O$ 为前指数因子;$E_V^f$ 为形成能。

$D$——方程(10.8)~方程(10.12)中各个组元的扩散系数。

$G$——辐照损伤速率,即 Frenkel 对的生成速率。$G_{He}$ 为 He 生成速率。

$\varepsilon$——直接由辐照双空位生成的单空位的分数。

$g$——重溶参数,表示每秒内每次碰撞轰击出的捕陷 He 原子数[24],该参数用于直接或间接描述高能中子对 He 扩散的影响。

$Z_\alpha^d$——缺陷 $\alpha$ 的线位错倾向因子。$Z_\alpha^d$ 与缺陷密度($\rho_d$)的乘积用来描述线位错尾间对可迁移组元的捕陷强度。方程中仅仅考虑了位错的影响,其他类型的缺陷,例如孔洞、沉淀相或晶界也可类似处理。扩展缺陷对 He 原子有效扩散系数的影响将在 10.4.4 中讨论。

$R_{ij,mn}$——$ij$-th 团和 $mn$-th 团间的反应速率常数。

$R_{I,mn}$——SIA 团和 $mn$-th 团间的反应速率常数。

通过这些速率常数可以处理多种过程,例如空位与自间隙原子重组($R_{I,10}$),捕陷在空位中的 He 原子与自间隙原子换位($R_{I,11}$),He 原子成团和空位成团或者相互成团($R_{ij,mn}$)。反应速率常数利用下式计算[27]:

$$R_{\alpha,mn} = K_{mn}^\alpha V_\alpha^O \exp(-E_\alpha^m/kT) \tag{10.14}$$

其中,$V_\alpha^O$ 为缺陷 $\alpha$ 跃迁频率的前指数常数;$E_\alpha^m$ 为缺陷 $\alpha$ 的迁移能,例如,间隙 He 原子迁移能表示为 $E_{He}^m$;$K_{mn}^\alpha$ 为方位数,用来描述缺陷 $\alpha$ 可能跃迁进 $mn$-th 团的位置数[28-29],当模型为 FCC 结构时,$K_{mn}^\alpha = 12$。可近似地将 $K_{mn}^\alpha$ 看作最近邻的原子数[30]。

$E_{mn}^\beta$——$mn$-th 团点缺陷 $\beta$ 的发射速率。实际上,仅仅单空位或 He 原子能够通过热发射离位。$E_{mn}^\beta$ 由下式给出:

$$E_{mn}^\beta = K_{mn}^\beta V_\beta^O \exp[-(E_{\beta,mn}^b + E_\beta^m)/kT] \tag{10.15}$$

可以假设 $K_{mn}^\beta$ 等于 $K_{mn}^\alpha$。

其中,$E_{\beta,mn}^b$ 为 $mn$ 团簇中最终缺陷 $\beta$ 的结合能,例如,$E_{He,V}^b$ 是单 He 原子和单空位的结合能。

## 10.3　简化的 He 扩散模型

运用式(10.5)和式(10.8)~式(10.12)可以确定有效扩散系数随温度和辐照损伤等参数的变化。为了便于计算,在不丢掉重要物理意义的前提下对模型进行了修正和简化。

所做的简化包括:①仅考虑系统的间隙 He 原子、替位 He 原子、空位、自间隙原子和均匀分布的孔洞,用平均孔洞半径和数密度表征孔洞的位形,依据平均晶粒尺寸计算晶界;②模型被设计成稳态,忽略成团、双空位数量、He 泡和孔洞形核,模型最好被用于团簇长大前

的孕育期,作为内部快照分析空腔半径是如何影响 He 原子扩散的。

基于这些假设,各组元的稳态速率方程如下。

### 10.3.1　空空位

$$G + E_{11}^{He} C_{11} + gGC_{11} - R_{1,10} C_{10} C_I - R_{01,10} C_{01} C_{10} + \nu_V P_V (C_V^e - C_{10}) = 0 \qquad (10.16)$$

其中,第一项为辐照损伤速率;第二项为热激发的替位 He 原子脱陷速率;第三项为辐照换位的替位 He 原子脱陷速率;第四项为 SIA 与单空位的反应速率;第五项为间隙 He 原子与单空位的反应速率;第六项为位错过剩空位浓度变化速率。

### 10.3.2　自间隙原子

$$G - R_{1,10} C_{10} C_I - R_{1,11} C_{11} C_I + \nu_I P_I (C_I^e - C_I) = 0 \qquad (10.17)$$

其中,第一项为辐照损伤速率;第二项为 SIA 与单空位的反应速率;第三项为 SIA 与替位 He 原子反应速率;第四项为扩展缺陷过剩自间隙原子浓度。

### 10.3.3　间隙 He 原子

$$G_{He} + E_{11}^{He} C_{11} + R_{1,11} C_I C_{11} - R_{01,10} C_{01} C_{10} + \nu_{He} P_{He} (C_{He}^e - C_{01}) = 0 \qquad (10.18)$$

其中,第一项为 He 原子生成速率;第二项为热激活替位 He 原子脱陷速率;第三项为 SIA 原子与替位 He 原子的反应速率;第四项为间隙 He 原子与单空位的反应速率;第五项为扩展缺陷过剩间隙 He 原子浓度。

### 10.3.4　替位 He 原子

$$R_{01,10} C_{10} C_{01} - E_{11}^{He} C_{11} - R_{1,11} C_I C_{11} - gGC_{11} = 0 \qquad (10.19)$$

其中,第一项为间隙 He 原子与单空位反应速率;第二项为热激活替位 He 原子脱陷速率;第三项为 SIA 与替位 He 原子的反应速率;第四项为辐照激发替位 He 原子脱陷速率。

式(10.16)～式(10.19)左侧为零,为各组元的稳态速率方程。

考虑受辐照材料位错、晶界和空腔的捕陷作用时,需要在模型中引入参数 $P_\alpha$,其中 $\alpha$ 表示某种点缺陷从捕陷结构脱陷的可能性。可能性参数 $P_\alpha^k$ 取决于捕陷结构 $k$ 的类型、几何形状和密度,但不取决于点缺陷的跃迁频率或浓度。对于稳态条件,总可能性参数 $P_\alpha$ 表示为

$$P_\alpha = \sum^k P_\alpha^k \qquad (10.20)$$

其中,k 代表位错、空腔或晶界。由此可以研究这些捕陷结构对有效扩散系数的影响,Wiedersich[30] 给出了几种结构缺陷可能性参数的数学表达式。

位错

$$P^d = \frac{1.5\lambda^2 \pi \rho_d}{\ln(\pi \rho_d^{-0.5} \lambda^{-1}) - 1} \propto \lambda^2 \rho_d \qquad (10.21)$$

孔洞或沉淀相

$$P^v = \frac{2\lambda^2 \pi N_V}{3R_V^{-1} - 7.2\pi N_V} \qquad (10.22)$$

晶界

$$P^{gb} = \frac{2.5\lambda^2}{R_g^2} \tag{10.23}$$

其中，$\rho_d$ 为位错密度；$R_V$ 和 $N_V$ 为孔洞和沉淀相的平均半径和数密度；$R_g$ 为平均晶粒尺寸。

除了各类组元浓度外，式（10.21）~式（10.23）中所有参数均已知，解联立方程组可以得到浓度值，但即使是相对简单的系统，求解仍很困难。一个应用绝对数字积分算法转换（FORTRAN）的子程序[31]被用来求解方程的数字解。表 10.1 为针对 BCC Fe 计算时需要输入的数据。

**表 10.1　解式（10.16）~式（10.19）时所用到的 BCC Fe 的数据**

| 符号 | 定义 | 数值 | 单位 | 参考文献 |
|---|---|---|---|---|
| $k$ | 玻尔兹曼常数 | $8.617 \times 10^{-5}$ | eV/K | — |
| $a_0$ | 晶格参数 | 0.287 | nm | [2] |
| $E_V^f$ | 空位形成能 | 1.5 | eV | [15] |
| $E_{He}^f$ | 间隙 He 原子形成能 | 5.36 | eV | [33] |
| $E_I^f$ | 自间隙原子形成能 | 4.08 | eV | [15] |
| $E_{He}^m$ | 间隙 He 原子迁移能 | 0.17 | eV | [2] |
| $E_V^m$ | 空位迁移能 | 0.55 | eV | [36] |
| $E_I^m$ | 自间隙原子迁移能 | 1.09 | eV | [2] |
| $E_{HeV}^b$ | He 原子和空位结合能 | 3.75 | eV | [15] |
| $E_{He}^d$ | 替位 He 原子脱陷能 | 3.92 | eV | [36] |
| $\nu_{He}^O$ | He 原子跃迁频率的前指数因子 | $5 \times 10^{14}$ | s$^{-1}$ | [30,33] |
| $\nu_V^O$ | 空位跃迁频率的前指数因子 | $5 \times 10^{13}$ | s$^{-1}$ | [34] |
| $\nu_I^O$ | 自间隙原子跃迁频率的前指数因子 | $5 \times 10^{12}$ | s$^{-1}$ | [35] |
| $C_{10}^O$ | 空位形成的前指数因子 | 4.48 | 1 | [30] |
| $C_{01}^O$ | 间隙 He 原子形成的前指数因子 | 5 | 2 | [30] |
| $C_I^O$ | 自间隙原子形成的前指数因子 | 5 | 3 | — |
| $K_{mn}^\alpha$ | 方位数 | 8 | — | — |
| $g$ | 重溶参数 | $1 \times 10^{-6}$ | — | [24] |

## 10.4　计算结果和讨论

本节分析辐照材料中四种可迁移组元的稳态浓度随温度的变化，讨论晶体结构、辐照损伤、He 生成速率以及孔洞、位错和晶界对 $D_{He}^{eff}$ 的影响。

### 10.4.1　稳态浓度

可迁移组元浓度,特别是空位浓度 $C_{10}$ 和间隙 He 原子浓度 $C_{01}$ 是决定受辐照材料中 He 原子有效扩散系数的关键参数。图 10.3 为一定辐照损伤速率($G = 10^{-6}$ dpa/s)和一定 He 生成速率($G_{He} = 10^{-12}$)时四种组元[$C_{10}$,$C_1$,$C_{01}$,$C_{11}$,见式(10.16)~式(10.18)]的稳态浓度随温度的变化。

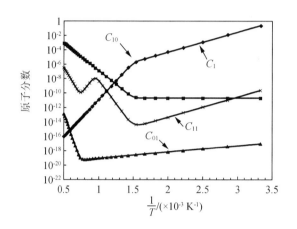

**图 10.3　几种可迁移组元稳态浓度随温度的变化曲线**

$C_{10}$—空空位浓度;$C_1$—SIA 浓度;$C_{01}$—间隙 He 原子浓度;$C_{11}$—替位 He 原子浓度

在较低的温度区间内,随着温度升高空空位浓度($C_{10}$)缓慢降低至最小值。高温下很难区分是辐照产生的空位浓度,还是热平衡空位浓度($C_V^e$),BCC Fe 高温时 $C_{10}$ 突然快速降低的温度对应的空位形成能($E_V^F$)为 0.55 eV。较低温度下,大部分空位为辐照空位。在高温下,热空位数大于辐照损伤空位数。

SIA 浓度($C_1$)与空空位浓度($C_{10}$)的变化趋势类似。随着温度升高,SIA 浓度降低。由于 SIA 的形成能较高,其最小值应该出现在相对高的温度,该温度为热激发 SIA 的发生温度。在研究的温度范围内(2 000 K > T > 300 K)没有出现最小值,表明 SIA 生成受辐照损伤控制。温度低于 700 K 后,曲线斜率变小,因为此时 SIA 与空位和替位 He 原子间的反应变得更显著。

$C_1$ 随温度变化与 Wiedersick[30]的结果一致。然而,后者的计算数据是针对 FCC Ni 进行的,而且忽略了 SIA 和空位与 He 原子的相互作用。他们的解释与 10.3 节也不尽相同。

$C_{01}$ 的变化特征与 $C_{10}$ 相似,因为二者的生成和湮灭机制基本相同。热平衡时,BCC Fe 间隙 He 原子的形成能(5.36 eV)远高于空位的形成能,$C_{01} \ll C_{10}$。因此 $C_{01}$ 的最小值出现在高温区。

考虑位错和晶界影响时,应对两种组元进行不同处理。通常假设空位将被湮灭在这些尾闾中,而 He 原子可以在其中快速扩散,或者被热发射。10.4.4 节将分析位错和晶界对有效扩散系数的影响。

替位 He 原子浓度变化比较复杂。依据式(10.19)，$C_{11}$ 可表示为

$$C_{11} = \frac{R_{01,10} C_{10} C_{01}}{E_{11}^{He} + gG + R_{I,11} C_I} \quad (10.24)$$

其中，分子项为间隙 He 原子与单空位的反应速率，描述替位 He 原子的产生过程。分母的三项描述不同的离解过程：第一项表示替位 He 原子被热发射(脱陷)；第二项表示替位 He 原子从辐照级联离位；第三项表示替位 He 原子与 SIA 换位成为间隙原子。

温度高于 1 000 K 时，替位 He 原子热发射($E_{11}^{He}$)速率大于另外两个离位过程。高温时，通过与单空位反应($R_{01,10} C_{10} C_{01}$)，间隙 He 的生成速率超过热发射速率($E_{11}^{He}$)，例如在 1 350 K 高温下。这种现象可以解释高温区出现浓度最小值的现象。

当温度相对低时($T < 1\ 000$ K)，SIA 与替位 He 的反应速率($R_{I,11} C_I$)将超过热发射速率，大多数替位 He 原子与 SIA 换位，脱离替代位，而不是通过热激发离位。另外，低温区出现的最小值源于生成过程和湮灭过程的竞争。

辐照离位($gG$)效应仅仅在很低温度($T < 300$ K)或很高损伤速率(1 dpa/s)条件下变得明显，模型中被忽略。

$C_{01}$ 和 $C_{11}$ 存在几个数量级的差别。稳定状态下，大多数 He 原子处于替代位。这种位形能量上是有利的[15]。利用式(10.5)计算有效扩散系数时，分母中的 $C_{01}$ 项可以忽略。此外，替位 He 的离解能(3.92 eV)明显高于间隙 He 的迁移能(0.17 eV)，替位 He 扩散系数比间隙 He 扩散系数小几个数量级。当 $T < 300$ K 时，$C_{11} D_{11}$ 约为 $C_{10} D_{01}$ 的十几分之一，可以忽略。式(10.5)可改写为

$$D_{He}^{eff} = \frac{D_{01} C_{01}}{C_{11}} \quad (10.25)$$

He 原子的有效扩散系数取决于间隙 He 原子的扩散系数，以及间隙 He 原子浓度和替位 He 原子浓度的比率。

## 10.4.2  晶体结构对 $D_{He}^{eff}$ 的影响

奥氏体不锈钢和 Ni 基合金已成功地用于裂变反应堆结构件。这两类合金均为 FCC 结构。实验表明 BCC 金属的肿胀明显滞后于 FCC 金属[22]，已有的研究表明，随着 He 浓度增大(聚变反应堆的情况)，FCC 钢的屈服强度(UTS)和韧性明显恶化。BCC 结构材料，例如铁素体钢已成为未来聚变反应堆的优先候选结构材料。本节讨论 BCC 和 FCC 结构材料 He 效扩散系数 $D_{He}^{eff}$ 的特征。希望能够解释不同结构金属材料出现性能差异的原因。

1. FCC 模型

速率扩散模型已用于计算 FCC 结构材料的有效扩散系数(例如 Ni)。首先通过与已有文献数据的比较，验证模型的准确性。BCC 和 FCC 结构材料间的差别是 He 原子的能量不同(表 10.2)。间隙跳跃距离 $\lambda$ 和方位数 $K_{mn}^{\alpha}$ 亦随结构变化，然而它们对扩散系数的影响与能量相比是次要的。

表 10.2　用于两个模型中的数据

|  | $a_0/(\times 0.1 \text{ nm})$ | $E_V^f/\text{eV}$ | $E_V^m/\text{eV}$ | $E_{He}^m/\text{eV}$ | $E_{HeV}^b/\text{eV}$ | $E_{He}^d/\text{eV}$ | $K_{mn}^\alpha$ |
|---|---|---|---|---|---|---|---|
| FCC | 3.52 | 1.8 | 1.4 | 0.20 | 2.96 | 3.16 | 12 |
| BCC | 2.87 | 1.5 | 0.55 | 0.17 | 3.75 | 3.92 | 8 |

在辐照损伤速率 $G = 10^{-6}$ dpa/s,He 生成速率 $G_{He} = 1 \times 10^{-12}$ s$^{-1}$ 的条件下,FCC 材料 He 的有效扩散系数随温度的变化如图 10.4 所示。图(a)为 Zhang Y 的研究结果,(b)为参考文献[19]的研究结果。从变化趋势和数值上看,两条曲线的一致性是可接受的,特别是在中等温区(1 000 K),表明这里讨论的模型是可信的。然而,在高温区($T > 1$ 000 K)和低温区($T < 400$ K)存在能观察到的差异。因为文献的模型包含更多信息,例如双 - 空位和复杂的 He - 空位团。对于简化的扩散模型,可以不考虑这些信息。

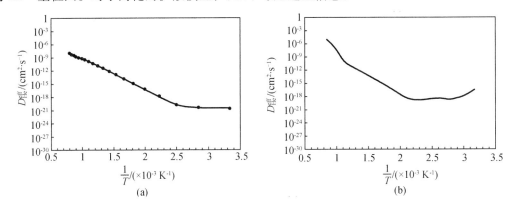

图 10.4　FCC 结构材料 He 原子有效扩散系数随温度的变化曲线

(a)Zhang Y 的计算结果;(b)参考文献[19]的计算结果

2. BCC 和 FCC 模型的比较

图 10.5 为 BCC 和 FCC 结构材料 He 原子有效扩散系数 $D_{He}^{eff}$ 随温度的变化。两类钢 $D_{He}^{eff}$ 的变化趋势不同,BCC 钢的变化更复杂。在 600 ~ 1 000 K 温度范围,$D_{He}^{eff}$ 随温度降低而增大,显示具有负有效迁移能。温度低于 800 K 时,与 FCC 钢相比,BCC 钢的 $D_{He}^{eff}$ 高几个数量级。为了解释这种反常现象,研究人员仔细比较了 BCC 和 FCC 结构材料间隙 He 原子浓度($C_{01}$)和替位 He 原子浓度($C_{11}$)随温度的变化(图 10.6)。

图 10.6 中显示,$C_{01}$ 不随晶格结构变化,表明 $D_{He}^{eff}$ 仅取决于 $C_{11}$ 的变化。如前所述(10.4.1节),替位 He 原子的产生决定于间隙 He 原子和空空位间的反应速率($R_{10,01} C_{10} C_{01}$)。温度高于 1 200 K 时,替位 He 原子湮没(替位 He 原子发射)决定于热发射,温度低于 1 200 K 时决定于 SIA 与替位 He 原子的换位反应($SIAR_{1,11} C_1$)。依据式(10.14)和式(10.15),这些反应与 He 原子脱陷能 $E_{He}^d$ 和空位迁移能 $E_V^m$ 密切相关。BCC 和 FCC 钢中这两种参数的典型值明显不同(表 10.2),BCC 结构材料的 $E_{He}^d$ 较大,$E_V^m$ 较小。

从图 10.6 中看到,在高温区间($T > 1$ 200 K),BCC 钢的 $C_{11}$ 明显高于 FCC 钢。由于

BCC 中 He 原子的脱陷激活能较大,当较多 He 原子捕陷在空位时,BCC 钢 He 的有效扩散系数低于 FCC 钢 He 的有效扩散系数。

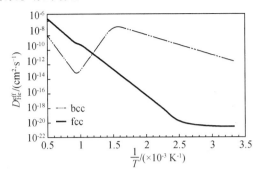

**图 10.5　FCC 和 BCC 结构材料有效扩散系数随温度变化的曲线**

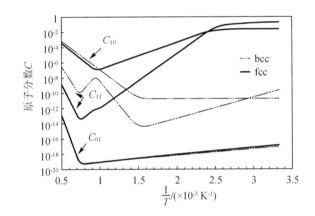

**图 10.6　BCC 和 FCC 结构材料间隙 He 原子浓度($C_{01}$)和**

**替位 He 原子浓度($C_{11}$)随温度变化曲线**

在低温区域($T < 600$ K),BCC 钢空位的迁移激活能相对较低(为 0.55 eV,FCC 为 1.2 eV),稳态空位被尾间湮灭的速率加快,钢中的稳定空位浓度较低,$D_{He}^{eff}$ 相对较大。

在中等温区(1 200 K $> T >$ 600 K),负有效扩散系数取决于 $C_{11}$,且随温度降低而降低。BCC 和 FCC 钢中的 $C_{11}$ 均降低,扩散激活能为负。$C_{11}$ 随 $E_{He}^{d}$ 和 $E_{V}^{m}$ 的变化是 $E_{He}^{d}$ 和 $E_{V}^{m}$ 间竞争的结果。有理由这样说,在中等温度区域内,BCC 钢具有较高的 $E_{He}^{d}$ 值和较低的 $E_{V}^{m}$ 值,具有负有效扩散激活能。

### 10.4.3　辐照条件对 $D_{He}^{eff}$ 的影响

用于反应堆的结构材料经常受到严重的辐照损伤,特别是聚变反应堆核系统的金属结构组件。通常用温度 $T$、辐照损伤速率 $G$ 和 He 生成速率 $G_{He}$ 等参数表征辐照条件。本节就 BCC 钢速率扩散模型讨论这些参数对有效扩散系数的影响。

1. 辐照损伤速率对 $D_{He}^{eff}$ 的影响

图 10.7 给出了不同辐照损伤速率 $G$ 下 $D_{He}^{eff}$ 随辐照温度的变化。如图所示,仅仅在 600 ～

1 200 K 温区, $G$ 对 $D_{He}^{eff}$ 有明显影响, 这一温区被认为是聚变反应堆的服役温度。这种影响在图 10.8 中更明显, 图 10.8 中给出了不同温度时有效扩散系数随 $G$ 的变化。

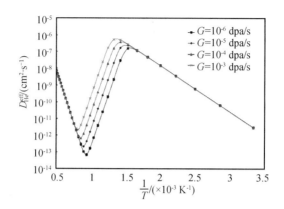

**图 10.7　He 原子有效扩散系数随温度的变化曲线**

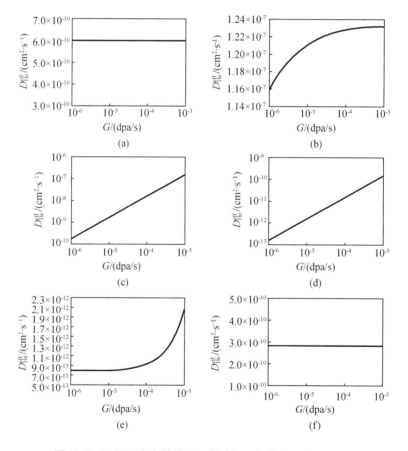

**图 10.8　不同温度有效扩散系数随辐照损伤速率的变化曲线**

（a）$T = 400$ K；（b）$T = 600$ K；（c）$T = 800$ K；

（d）$T = 1\ 000$ K；（e）$T = 1\ 200$ K；（f）$T = 1\ 600$ K

图 10.8 中清楚地显示，$D_{\mathrm{He}}^{\mathrm{eff}}$ 随着 $G$ 增大而增大，特别是在 600~800 K 温区，此时 $G$ 对 $D_{\mathrm{He}}^{\mathrm{eff}}$ 的影响呈指数变化[注意图中(c)和(d)的 $y$ 轴是对数坐标]。低温时(600 K)，$D_{\mathrm{He}}^{\mathrm{eff}}$ 不受 $G$ 的影响，温度约高于 1 200 K 后 $D_{\mathrm{He}}^{\mathrm{eff}}$ 也不受 $G$ 的影响。

这种影响可以用图 10.9 解释。图中给出了不同损伤速率对间隙 He 原子稳态浓度 $C_{01}$ 和替位 He 原子稳态浓度 $C_{11}$ 的影响。依据式(10.25)，由于 $C_{11}$ 随 $G$ 增大而降低，$E_{\mathrm{He}}^{\mathrm{eff}}$ 增大。图 10.10 给出了不同辐照损伤速率对稳态空空位浓度 $C_{10}$ 和稳态 SIA 浓度 $C_{\mathrm{I}}$ 的影响，依此可以讨论 $G$ 对 $C_{11}$ 影响的机制。依前所述，高温下 $C_{11}$ 表示为

$$C_{11} = \frac{R_{10,01} C_{10} C_{01}}{E_{11}^{\mathrm{He}}} \tag{10.26}$$

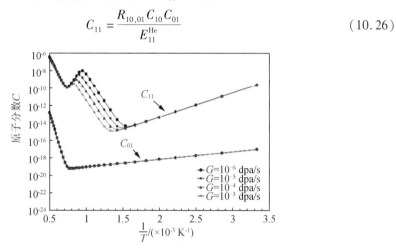

**图 10.9　不同辐照损伤速率时稳态间隙 He 原子浓度 $C_{01}$ 和**

**稳态替位 He 原子浓度 $C_{11}$ 随温度的变化曲线**

式(10.27)显示替位 He 原子通过与 SIA 换位离解。当 $T < 600$ K 时，$G$ 对 $C_{\mathrm{I}}$ 和 $C_{10}$ 的影响是相同的，因为低温下由辐照损伤产生的空位数和 SIA 数大于由热激活产生的空位数和 SIA 数，影响互相抵消，$G$ 对 $C_{11}$ 没有影响。仅当 1 200 K > $T$ > 600 K 时热空位数可以与辐照空位数相比较，因此 $G$ 对 $C_{11}$ 产生影响(图 10.10)。可以认为，辐照损伤速率 $G$ 对 He 原子有效扩散系数的影响受与 SAI 换位主导的离解机制控制，也受空位和 SIA 的不同生成机制控制。

式(10.26)表示替位 He 原子离解受热发射控制($E_{\mathrm{He}}^{\mathrm{eff}}$)。由于式子的左侧没有影响 $G$ 的项，温度高于 1 200 K 时 $G$ 不影响 $C_{11}$。

温度低于 1 200 K 时，$C_{11}$ 表示为

$$C_{11} = \frac{R_{10,01} C_{10} C_{01}}{R_{\mathrm{I},11} C_{\mathrm{I}}} \tag{10.27}$$

**2. He 生成速率 $G_{\mathrm{He}}$ 对 $D_{\mathrm{He}}^{\mathrm{eff}}$ 的影响**

计算显示，He 原子的有效扩散系数随温度变化，但不随 He 生成速率变化(图 10.11)，也就是说 $D_{\mathrm{He}}^{\mathrm{eff}}$ 不取决于 $G_{\mathrm{He}}$。图 10.12 能够解释这种现象。$G_{\mathrm{He}}$ 显著改变 $C_{10}$ 和 $C_{11}$ 的值，除非在很高的温度下。然而，浓度的比值($f_{01} = \dfrac{C_{01}}{C_{01} + C_{11}}$ 和 $f_{11} = \dfrac{C_{11}}{C_{01} + C_{11}}$)不受 $G_{\mathrm{He}}$ 的影响，如图 10.13 所示。因而，根据式(10.5)，$G_{\mathrm{He}}$ 不影响 He 原子的有效扩散系数。

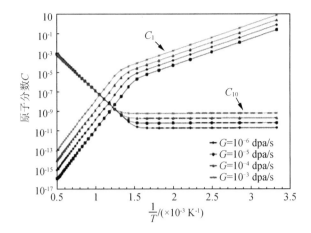

**图 10.10** 不同辐照损伤速率时稳态空空位浓度 $C_{10}$ 和稳态 SIA 浓度 $C_1$ 随温度的变化曲线

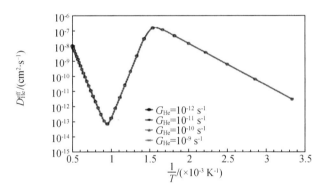

**图 10.11** 不同 He 生成速率时氢原子有效扩散系数随温度的变化曲线

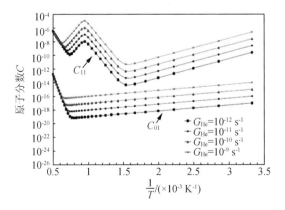

**图 10.12** 稳态间隙 He 原子浓度 $C_{01}$ 和稳态替位 He 原子浓度 $C_{11}$ 随 He 生成速率的变化曲线

似乎可以认为,裂变反应堆结构材料 He 原子的扩散数据可用于聚变反应堆,因为二者的主要差别是后者具有明显大的 He 生成速率[6]。

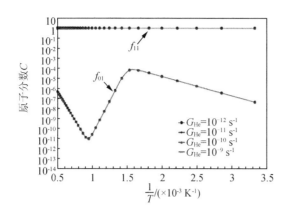

**图 10.13**　稳态间隙 He 原子浓度 $C_{01}$ 和稳态替位 He 原子浓度 $C_{11}$ 与
总 He 原子浓度的比值随 He 生成速率的变化曲线

## 10.4.4　显微结构对 $D_{He}^{eff}$ 的影响

晶体的微孔洞、位错和晶界等扩展缺陷是湮没晶格点缺陷(如空位和 SIA)的尾闾。模型中引入湮灭可能性参数 $P^k$ 表征显微结构对 $D_{He}^{eff}$ 的影响。

1. 孔洞的影响

图 10.14 给出了不同温度、不同位形孔洞(用平均半径 $R_V$ 和数密度 $N_V$ 表征)对 $D_{He}^{eff}$ 的影响。依照式(10.22),$N_V$ 和 $R_V$ 较大时,$P^V$ 值较高,更多的点缺陷将被孔洞湮灭。图10.15 显示了不同温度时 $D_{He}^{eff}$ 随 $R_V$ 的变化。图中 $y$ 坐标的标度表明,在 600 ~ 1 000 K 温度区间,孔洞位形对 $D_{He}^{eff}$ 影响不大;随 $N_V$ 和 $R_V$ 增大,$D_{He}^{eff}$ 略微降低,因为随着更多的 SIA 湮灭于孔洞,He 与 SIA 换位的离解机制弱化。

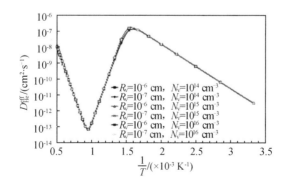

**图 10.14**　存在不同位形孔洞时有效扩散系数随温度的变化曲线
注:孔洞位形对 $D_{He}^{eff}$ 的影响不明显。

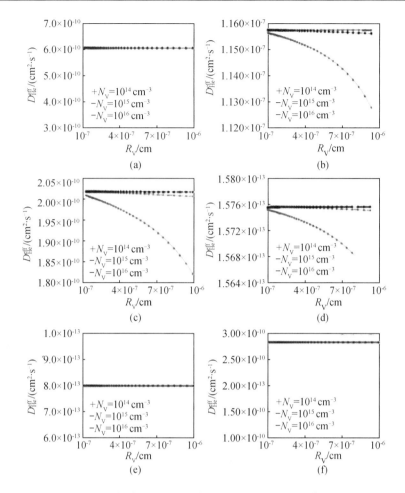

**图 10.15** 不同温度时 He 原子有效扩散系数随平均孔洞半径的变化曲线

(a)$T = 400$ K;(b)$T = 600$ K;(c)$T = 800$ K;

(d)$T = 1\ 000$ K;(e)$T = 1\ 200$ K;(f)$T = 1\ 600$ K

**2. 位错和晶界的影响**

处理位错和晶界影响的方法与处理孔洞的方法不同,人们相信捕陷在这些缺陷中的 He 比完整晶格中的 He 扩散得更快。然而,位错和晶界仍然是捕陷空位和 SIA 的尾闾,如果它们进入这些尾闾,将被湮没。作为捕陷空位和 SIA 的尾闾,位错和晶界对有效扩散系数的影响如图 10.16 所示。可以看出,它们对 $D_{\text{He}}^{\text{eff}}$ 的影响与孔洞相似,但比孔洞的影响明显。

另一方面,通常将位错和晶界当作 He 原子的快速扩散管道进行研究,下面是相关表达式。

$$D_{\text{He}}^{\text{tot}} = D_{\text{He}}^{\text{eff}} + \frac{\delta}{2R_{\text{g}}}D_{\text{He}}^{\text{gb}} + (1 - x_{\text{d}})D_{\text{He}}^{\text{d}} \qquad (10.28)$$

其中,$D_{\text{He}}^{\text{gb}}$ 和 $D_{\text{He}}^{\text{d}}$ 分别为 He 原子在晶界和位错的扩散系数,可用下式计算,即

$$D_{\text{He}}^{\text{gb(dl)}} = \frac{\lambda^2 \nu_{\text{He}}^0}{6}\exp[-E_{\text{He}}^{\text{gb(dl)}}/kT] \qquad (10.29)$$

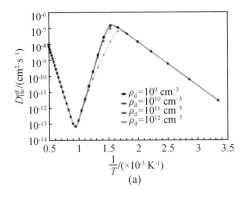
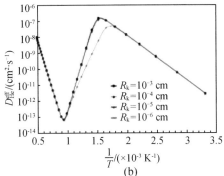

**图 10.16　不同位错密度(a)和晶粒尺寸(b)时 $D_{He}^{eff}$ 随温度的变化曲线**

其中，$E_{He}^{gb(dl)}$ 为 He 原子在晶界(位错)的迁移能。假设晶界(位错)的 He 原子能够间隙扩散，$E_{He}^{gb(dl)}$ 等于间隙迁移能 $E_{He}^{m}$，大约为 0.17 eV。

$\delta$ 为晶界的平均宽度，通常等于 2 个或 3 个原子半径[23]。$E_{He}^{gb(dl)}$ 为位错芯区域的浓度分数，可用下式估算，即

$$x_d = \rho_d \pi r_0^2 \tag{10.30}$$

其中，$\rho_d$ 为位错密度；$r_0$ 为金属原子的半径。

基于式(10.28)~式(10.30)，可以分析 He 原子扩散的结构敏感性，如图 10.17 所示。图中实线代表没有任何位错和晶界时的 $D_{He}^{eff}$ 值，虚线表示 He 原子在位错和晶界中的扩散。图(a)和图(b)分别表示位错密度为 $10^{10}$ cm$^{-2}$ 和晶粒半径为 $10^{-4}$ cm 状态下 $D_{He}^{eff}$ 随温度的变化。$D_{He}^{gb}$ 和 $D_{He}^{dl}$ 对 $D_{He}^{eff}$ 有显著贡献，甚至在高温下也是如此。这与通常的位错和晶界扩散机制不同，通常情况下，位错和晶界结构对 He 扩散的贡献与晶体的差别可以忽略，除非在很低的温度下。

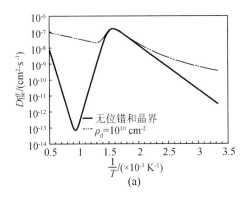
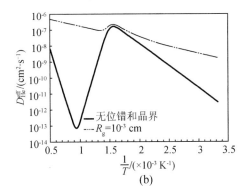

**图 10.17　考虑和不考虑位错与晶界是容易扩散通道时**

**He 有效扩散系数随温度变化的比较曲线**

(a)$\rho_d = 10^{10}$ cm$^{-2}$；(b)$R_g = 10^{-3}$cm

需要指出的是，认为 He 原子在位错和晶界以间隙机制迁移，不被捕陷。由此假设 $D_{01} = D_{He}^{dl(gb)}$，$E_{He}^{I} = E_{He}^{dl(gb)}$，晶体中的 $D_{He}^{eff} = \dfrac{C_{01}}{C_{11}}$，位错$(1 - x_d)$和晶界$\dfrac{\delta}{2R_g}$对 $D_{He}^{eff}$ 的贡献大致相当是一

种简化处理。

为了利用式(10.28)来解释位错和晶界对 He 扩散的影响,还需要知道更精确的迁移能 $E_{He}^{dl(gb)}$。$E_{He}^{dl(gb)}$ 与位错和晶界的结构密切相关。

目前比较一致的看法归结为以下几点。He 在位错中的扩散激活能较低,估计 Ni 中 He 原子沿位错芯的扩散激活能仅为体扩散激活能的一半。晶界是有利于 He 聚集和扩散的位置,影响程度取决于晶界体积和结构。纳米晶体 He 的扩散行为和固 He 能力备受关注。本书作者认为,与其考虑纳米金属晶界体积的影响,不如考虑纳米晶界性质的影响。

# 10.5　结论和展望

研究者已运用速率理论方程计算了 He 原子的有效扩散系数。研究了温度、He 生成速率、辐照损伤速率及点缺陷尾闾对有效扩散系数的影响,希望建立辐照 BCC Fe 中 He 原子迁移的理论模型。速率理论模型已用于 FCC 结构材料研究,有可能在此基础上揭示 BCC Fe 和 FCC Fe 的不同 He 效应,解释辐照 BCC Fe 的肿胀迟后现象。

(1)温度是决定 He 原子迁移机制的重要因素。稳态下大部分 He 原子处于替代位并从一个空位向另一个空位跳跃。高温下($T > 1\ 200$ K),He 原子脱陷受热激发控制。600 K $< T < 1\ 200$ K 时,He 原子通过与 SIA 换位脱陷。

(2)由于 He 原子脱陷能 $E_{He}^{d}$ 和空位迁移能 $E_V^m$ 不同,BCC 钢和 FCC 钢 He 原子的有效扩散系数不同。BCC 钢中 $E_{He}^{d}$ 较大,$E_V^m$ 较小,围绕 $600 \sim 1\ 000$ K 有效扩散能为负,$T < 600$ K 时 $D_{He}^{eff}$ 较大。因此辐照时 BCC Fe 中 He - 空位团和 He 泡的数密度较高,这可能是抑制肿胀的原因。

(3)$G_{He}$ 不影响 He 原子的有效扩散系数,因为 $G_{He}$ 改变间隙 He 原子和替位 He 原子的浓度,但不改变它们之间的比值。在中等温度区间($600 \sim 1\ 200$ K),辐照损伤速率 $G$ 显著影响 He 原子的有效扩散系数。在这一温度区域,He 原子离解受 He 与 SIA 换位机制控制,与产生空位和 SIA 的机制不同,对 He 迁移的影响也不同。

(4)点缺陷尾闾,例如孔洞、晶界和位错对 $D_{He}^{eff}$ 产生影响。如果认为 He 原子以管道机制扩散,则晶界和位错显著影响 $D_{He}^{eff}$。

(5)证明速率扩散模型适用于模拟聚变反应堆材料是很必要的,但目前很难做到。证明速率扩散模型适用于模拟 He 泡的粗化和长大是有意义的。

(6)模型中应该包括更多可迁移 He - V 复合体($C_{ij}$)的速率方程。研究非稳定态缺陷的速率方程可能更具挑战性,更有利于了解 He 原子在辐照材料中的行为。

**参考文献**

[1]　ROTHAUT J H, SCHROEDER H, ULLMAIER H. The growth of helium bubbles in stainless steel at high temperatures[J]. Philos Mag A, 1983, 47: 781.

[2]　ULLMAIER H. Landolt - bornstein, new series III, vol. 25[M]. Berlin: Springer - Verlag, 1991.

[3]　ULLMAIER H. The influence of helium on the bulk properties of fusion - reactor structural -

materials[J]. Nucl Fusion, 1984,24: 1039.

[4] FARRELL K. Experimental effects of helium on cavity formation during irradiation a review[J]. Radiat Eff Defect S, 1980, 53: 175.

[5] CHERNOV H, KALASHNIKOV A N, KALIN B A, et al. Gas bubbles evolution peculiarities in ferritic – martensitic and austenitic steels and alloys under helium – ion irradiation [J]. J Nucl Mater, 2003,323: 341.

[6] MANSUR L K. Theory and experimental background on dimensional changes in irradiated alloys[J]. J Nucl Mater, 1994,216: 97.

[7] BRASKI D N, SCHROEDER H, ULLMAIER H. The effect of tensile stress on the growth of helium bubbles in an austenitic stainless steel[J]. J Nucl Mater, 1979, 83: 265.

[8] GELLES D S. On quantification of helium embrittlement in ferritic/martensitic steels[J]. J Nucl Mater, 2000, 283 – 287: 838.

[9] BLOOM E E. Mechanical properties of materials in fusion reactor first – wall and blanket systems[J]. J Nucl Mater, 1979, 85 – 86: 795.

[10] BYUN T S, FARRELL K. Microstructural analysis of deformation in neutron – irradiated FCC materials[J]. J Nucl Mater, 2004,329 – 333: 998.

[11] ULLNAIER H, CHEN J. Low temperature tensile properties of steels containing high concentrations of helium[J]. J Nucl Mater, 2003, 318: 228.

[12] PHILIPPSS V, SONNENBERG K, WLIIIAMS J M. Interstitial diffusion of he in nickel [J]. J Nucl Mater, 1983,114: 95.

[13] PHILIPPS V, SONNENBERG K. Diffusion of helium in nickel[J]. J Nucl Mater, 1982, 107: 271.

[14] POKER D B, WILLIAMS J M. Low temperature release of ion implanted helium from nickel[J]. Appl Phys Lett, 1982,40: 851.

[15] REED D J. A review of recent theoretical developments in the understanding of the migration of helium in metals and its interaction with lattice defects[J]. Radiat Eff Defect S, 1977,31:129.

[16] TRINKAUS H, SINGH B N. Helium accumulation in metals during irradiation – where do we stand? [J]. J Nucl Mater, 2003, 323: 229.

[17] TRINKAUS H. On the modeling of the high – temperature embrittlement of metals containing helium[J]. J Nucl Mater, 1983,118:39.

[18] FOREMAN A J E, SINGH B N. Gas – diffusion and temperature – dependence of bubble nucleation during irradiation[J]. J Nucl Mater, 1986,141 – 143: 672.

[19] GHONIEM N M, SHARAFAT S, WILIAMS J M, et al. Theory of helium transport and clustering in materials under irradiation[J]. J Nucl Mater, 1983, 117: 90.

[20] WILSON W D, JOHNSON R A. Interatomic potentials and simulation of lattice defects [M]. New York: Plenum, 1972.

[21] SINGH B N, FOREMAN A J E. Relative role of gas generation and displacement rates in cavity nucleation and growth[J]. J Nucl Mater, 1984, 122 – 123: 537.

[ 22 ]   RUSSELL K C. Theory of void nucleation in metals[ J ]. Acta Metall, 1978,26: 1015.

[ 23 ]   CHRISTIAN J W. The theory of transformation in metals and alloys[ M ]. 2nd ed. Oxford: Pergamon Press Ltd, 1975.

[ 24 ]   GHONIEM N M, TAKATA M L. A rate theory of swelling induced by helium and displacement damage in fusion reactor structural materials [ J ]. J Nucl Mater, 1982, 105: 276.

[ 25 ]   OLANDER D R. Fundamental aspects of nuclear reactor fuel elements[ R ]. Springfied: The National Technical Information Service, 1976: TID – 26711 – P1.

[ 26 ]   LOH B T M. Nucleation of voids in solids containing excess vacancies, interstitials and helium – atoms[ J ]. Acta Metall, 1972, 20: 1305.

[ 27 ]   GHONIEM N M, CHO D D. The simultaneous clustering of point defects during irradiation[ J ]. Physica Status Solidi, 1979, 54: 171.

[ 28 ]   WOLFER W G, ASHKIN M. Stress – induced diffusion of point defects to spherical sinks [ J ]. J Appl Physics, 1975,46: 547.

[ 29 ]   KORNELSEN E V, VAN G A A. A study of bubble nucleation in tungsten using thermal desorption spectrometry: Clusters of 2 to 100 helium atoms[ J ]. J Nucl Mater, 1980, 92: 79.

[ 30 ]   WIEDERSICH H. On the theory of void formation during irradiation[ J ]. Radiat Eff Defect S, 1972, 12: 111.

[ 31 ]   RADHAKRISHNAN K, HINDMARSH A C. LLNL report UCRL – ID – 113855[ R/OL ]. [ 1993 ]. http://www. llnl. gov/CASC/nsde/pubs/u113855. pdf.

[ 32 ]   BRAISFORD A D, BULLOUGH R. The theory of sink strengths[ J ]. Philosophical Transactions of the Royal Society of London: Series A Mathematical and Physical Sciences, 1981, 302: 87.

[ 33 ]   JOHNSON R A. Point – defect calculations for an FCC lattice[ J ]. Phys Rev, 1966,145: 423.

[ 34 ]   GHONIEM N M, CONN R W. Process LAEA technical committee meeting[ C ]. Tokyo: Oct. , 1981.

[ 35 ]   SEEGER A, MEHRER H. Vacancies and interstitials in metals[ M ]. Amsterdam:North – Holland Pub. Co. , 1970.

[ 36 ]   WIEDERSICH H, BURTON J J, KATZ J L. Effect of mobile helium on void nucleation in materials during irradiation[ J ]. J Nucl Mater, 1974, 51: 287.

[ 37 ]   MORISHITA K, SUGANO R, WIRTH B D. Thermal stability of helium – vacancy clusters and bubble formation – multiscale modeling approach for fusion materials development [ J ]. Fusion Sci Technol, 2003 ,44: 441.

# 第 11 章　不同实验条件的 He 泡形成

定量地模拟金属中含 He 缺陷的行为需要输入相关的能量参数,例如稳态和非稳态位形的结合能和迁移能。采用原子势函数计算和基于第一原理的电子结构计算能提供小组态的能量信息。对于较大的含 He 团簇,仍主要利用连续近似处理方法,如 He 的状态方程和线性连续弹性理论分析等方法来处理实验数据。

离子注入和热解吸实验是适用的实验方法。早期,人们用等温加热方法观测均匀掺杂了 He 的 Al 和 Mg 样品的 He 释放。但几百摄氏度高温时 He 的捕陷和聚集阻碍 He 的迁移,能够观测到的时间很短。氚时效实验亦是适用的研究方法,氚时效不会引起晶格损伤是它的一个优点。温度较高时这一优点似乎也有争议,因为此时 $^3$He 原子是可迁移的。离子注入和热解吸过程存在 He 的深捕陷和聚集现象,对实验现象的解释也存在不确定性,正是这些不确定性包含着大量有价值的信息,需要进行深入研究。

热解吸有等温和变温两种方式,实验中利用质谱仪观测恒温下 He 的相对释放量与时间的关系,或者观测在不同温度下等时停留的 He 相对释放量与温度的关系,从而获得 He 原子在金属中的扩散、聚集和释放行为。本章主要引用和讨论 Singh 等在 1992 年的研究结果。

作为前面章节的补充,本章侧重于实验信息的理论背景论述及应用(现象/原理/应用),并选择成团前后 He 原子的扩散和释放机制作为附录 E,建议有兴趣的读者将第 9 章、附录 E 和本章结合起来阅读。

## 11.1　离子注入和热解吸谱

离子注入和热解吸实验表征的是晶格缺陷在相对低温度下捕陷 He 原子的能力,依据的是注 He 金属加热时的具有不同离解能的解吸谱。在较低温度进行低能 He 离子注入,部分 He 原子进入间隙位。在低于室温的温度下 He 原子能够迁移,间隙 He 将很快被注入时生成和预存的空位捕陷。进行高能 He 离子注入,大部分 He 原子进入替换位,形成 He - 空位团。这是注 He 金属在 100 ~ 500 K 温度时的普遍情况。在这一温度范围,注入过程产生替位 He 原子和换位缺陷。生成的换位缺陷将聚集为小团簇,存在于位错、晶界或空位处,空位仍位于晶格节点处。这是热解吸开始时的状态。

将厚度约 2 ~ 60 μm 的纯金属样品经真空均匀化退火后,注入能量 28 MeV 的 He 离子,He 浓度在 0.001 ~ 5 ppm 之间,在约 $10^{-8}$ Pa 真空下进行等温和升温热解吸,依据扩散激活能可以确定 He 原子的扩散机制。

运动这种方法研究了 He 在一些典型金属中的扩散行为。FCC 金属中,Au,Ag,Al 中替换为 He 以空位机制扩散,扩散激活能分别为 1.70 eV,1.50 eV,1.35 eV,与基体的自扩散激活能接近。在 Au 中含有至少 5 个 He 原子的团簇($He_5V_5$)是稳定的,而在 Ag 和 Al 中能稳定存在的含 He 团簇则需要更多的 He 原子。HCP 金属 Mg 和 Ti 中替换位 He 以离解机制扩散,扩散激活能分别为 0.6 eV 和 1.0 eV,含两个 He 的团簇分别在 653 K 和 773 K 之前仍然稳定。BCC 金属 Fe 和 V 中替换为 He 以离解机制扩散,离解能约为 1.4 eV,在高于 673 K 和 773 K 时双 He 原子团已不稳定。Mg,Ti,Fe,V 中 He 泡的扩散主要通过金属原子沿 He 泡表面的扩散而实现。

## 11.2　两类主要的实验方法

通常应用两类实验来研究 He 泡的形成。

第一类是在相对低的温度下进行气体注入,随后进行高温退火($I_c/A$)。这类实验中,低温注入初期形成弥散分布的细小的 He - 空位团粗化,形成泡核,随后形成透射电镜(TEM)可见的 He 泡。值得注意的是初始 He - V 的信息很快会丢失,不能确定泡形核过程的行为。另一方面,细致地进行粗化动力学分析能够为我们提供泡迁移和气体从泡离解的信息。

第二类实验是高温下进行 He 气体注入($I_h$)。高温下连续的 He 原子供给降低早期泡核的迁移性,提高其稳定性,阻碍进一步粗化。如果 He 泡停止形核,演化的泡密度可能保留形核过程的信息。但经研究发现,估计的形核剂量比实验能够可靠确定的剂量要低得多,这增加了该实验的不确定性。实验观测的泡密度可能不完全代表形核时的泡密度。

对于冷注入后退火的实验,注入浓度和退火时间是主要参数。对于热注入实验,注入速率是主要参数。两类实验方法的比较和相关的基础理论将在 11.3 节中介绍。

在两类实验中增加辐照被用来确定辐照损伤在泡形核和粗化中的作用。辐照损伤影响气体原子和 He 泡的扩散,也可能改变泡的状态,温度对泡密度的影响是主要参数。

研究人员已运用这两类实验[1-17]模拟了 He 泡的形核和聚集行为,例如退火时 He 泡迁移、合并机制[1-2]和 OR 熟化机制[3-5]。研究了[6-8]这两种重要粗化机制的控温范围和压力对粗化速率的影响[9]。模拟了热注入时,气体扩散控制的双原子形核机制[10-17]和气体离解控制的多原子形核机制[16-17]。已有结果表明,泡核迁移降低后一种形核模型的泡密度。辐照损伤通过影响气体扩散来影响 He 泡形核[12-13,17-18]。高剂量时,辐照促进气体原子从气泡离解[19],同时存在的有效过饱和空位导致气体稳定的 He 泡向无限长大的空腔长大转变[20]。

目前已收集了 Ni 和不锈钢中 He 的大量实验数据,因为相关的数据已较完整,包括冷注入后退火[21-28]和热注入实验[29,33]。这些结果将在 11.3 节给出。给出的数据还包括冷注入后热辐照[28,33-37]、热注入后热辐照[30-31,33,37-40]和反应堆辐照的实验结果[28,37,41,42]。

## 11.3　理论背景分析

### 11.3.1　冷注入和退火

冷注入时形成小 He - 空位团。高温退火时这些粗化的 He - 空位团重新迁移,孕育晶核结构和形成泡核。这些泡核进一步粗化,要么随 He 泡迁移、合并,要么热溶解并重新吸收 He 原子和空位(OR 熟化)。哪种机制起主导作用取决于相关参数,例如注入 He 的原子浓度 $c_{He}$、退火温度 $T$ 和退火时间 $t$ 等。本章重点讨论 He 泡数密度($C_B$)变化而不是泡尺寸变化。

对于泡合并粗化机制,假设泡迁移由基体原子沿泡表面扩散控制,而且 He 泡的总体积恒定。在这种状态下,由弥散分布的细小 He – 空位团簇粗化确定的泡密度随时间变化的关系为[2,9]

$$C_B \approx 0.1\Omega^{-7/6}(v_{He}c_{He}/D_{sd}t)^{1/2} \tag{11.1}$$

其中,$\Omega$ 和 $v_{He}$ 分别为金属和 He 的原子体积;$D_{sd}$ 为表面自扩散系数。

从式(11.1)中看到,对于含有理想气体的平衡 He 泡,$c_{He}/D_{sd}t$ 具有典型的均方根关系。含理想气体的平衡 He 泡也发现具有这种关系。依据式(11.1),$C_B$ 的表现激活能为表面扩散能 $E_{sd}$ 的一半。$E_{sd}$ 随泡内压力增高而增大。

OR 熟化伴随气体原子和空位的输运,粗化受 He 离解控制。假设熟化过程泡总体积不变(不受 He 扩散控制),由 He – 空位团粗化确定的泡密度 $C_B$ 随时间 $t$ 的变化为[9]

$$C_B \approx \frac{kTc_{He}}{4\gamma v_{He}D_{He}\hat{c}_{He}t\exp(\mu_{He}/kT)} \tag{11.2}$$

其中,$\gamma$ 为表面自由能;$D_{He}$ 为 He 在基体中的扩散系数;$\hat{c}_{He}$ 为溶解态 He 浓度(此时 He 的化学势消失),$\hat{c}_{He}\exp(\mu_{He}/kT)$ 为基体中的实际 He 浓度。空位离解控制的泡粗化有类似的表达式。含真实气体的平衡 He 泡的 OR 熟化更加复杂。

$C_B$ 与 $c_{He}/D_{He}\hat{c}_{He}t$ 具有线性关系,这是式(11.2)中的重要信息。据此,$C_B$ 的表观激活能大约是 $D_{He}\hat{c}_{He}$ 表观激活能的一半,为 He 扩散激活能和溶解能之和,体现 He 离解能 $E_{He}^d$ 的高低。通常认为 $E_{He}^d > E_{sd}$。

$C_B$ 值最低的粗化为主导过程,由 $C_B$ 与 $c_{He}$,$T$ 和 $t$ 之间的关系可以确定两种机制的范围。高 He 低 $T$ 短 $t$ 时,MC 机制占主导,反之 OR 机制占主导(表 11.1)。令式(11.1)和式(11.2)中的 $C_B$ 相等,由 $c_{He}$,$T$ 和 $t$ 的变化范围可以估算粗化机制转变的临界温度 $T_{tr}$。

$$kT_{tr} \approx \frac{2(E_{He}^d - \mu_{He}) - E_{sd}}{\ln\left[(v_{He}^3/\Omega^{7/3})(\gamma/kT_m)^2(D_{He0}^2/D_{sd0})t/c_{He}\right]} \tag{11.3a}$$

其中,$D_{He0}$ 和 $D_{sd0}$ 分别为 $D_{He}$ 和 $D_{sd}$ 的前指数因子。有理由认为 $T_{tr}$ 的对数值为熔化温度 $T_m$ 的一半。依据式(11.3a),$T_{tr}$ 随 $c_{He}/t$ 增高而提高,但相关性较弱。从式(11.1)和式(11.2)中消去 $c_{He}/t$ 项,可以从 $C_B$ 随 $1/T$ 的函数变化得到机制变化时的 $C_B$ 值。

$$C_B^{tr}\Omega \approx \frac{1}{25}\frac{v_{He}^2\gamma}{\Omega^{4/3}kT}D_{sd}^{-1}D_{He}\hat{c}_{He}\exp(\mu_{He}/kT) \tag{11.3b}$$

**表 11.1　参数范围及实验类型与形核机制的关系**

| 机制 | 实验类型 | | | |
| --- | --- | --- | --- | --- |
| | $I_c + A$ | $I_h$ | | $I_{c,h} + R_h$ |
| 气体扩散 | — | $G_{He}\uparrow$ | $c_{He}\uparrow T\downarrow$ | — |
| 泡迁移 | $c_{He}\uparrow t\downarrow T\downarrow$ | $G_{He}\uparrow$ | $c_{He}\uparrow T\downarrow$ | $G_D\uparrow T\downarrow$ |
| 热重新溶解 | $c_{He}\downarrow t\uparrow T\uparrow$ | $G_{He}\downarrow$ | $c_{He}\uparrow T\uparrow$ | — |
| 辐照重新溶解 | — | $G_{He}\uparrow$ | $c_{He}\uparrow T\downarrow$ | $G_D\downarrow D\uparrow T\downarrow$ |

注:↑表示高;↓表示低。

据此,泡密度 $C_B^{cr}$ 的表观激活能等于 $E_{He}^d - E_{sd}$。对于通常的泡尺寸和温度范围,$D_{sd}^{-1}$ 前数字因子大约等于1。

### 11.3.2 热注入

热注入时,连续的气体供给阻碍 He 原子迁移并稳定早期阶段形成的泡核,阻碍进一步粗化。如果泡形核停止,可观察到的泡密度可能为我们提供泡核萌芽期的信息。

在连续 He 生成条件下,He 的成团速率先随基体中溶解 He 浓度 $\hat{c}_{He}$ 增大而增大。当 He 的沉积速率抵偿了 He 的生成速率时($t = t^*$),二者均达到最大值,如果不考虑泡核的迁移,瞬间稳定的 He 生成速率为[13,15]

$$G_{He} = 4\pi r^* D_{He} \hat{c}_{He}^* C_B^* \tag{11.4}$$

其中,$r^*$ 为泡核捕陷半径($\approx 1$ nm),需要估算 $C_B^*$ 随 $\hat{c}_{He}$ 的变化。

进一步处理时的最简单假设是两个 He 原子已形成了稳定的泡核(双原子形核[10-15])。当泡核得到稳定的 He 原子供给时,达到最大的形核速率。此时 He 原子的数密度和泡核数密度具有可比性,即有 $\hat{c}_{He}^*/\Omega \approx C_B^*$,可以有下面的估计:

$$C_B^* \approx G_{He}^{1/2}/(4\pi r^* \Omega D_{He})^{1/2}(\text{当 } c_{He}^* \simeq 3\hat{c}_{He}^* \simeq 3 C_B^* \Omega \text{ 时}) \tag{11.5}$$

形核峰的 He 原子密度 $c_{He}^*$ 依据 TEM 观察到的基本泡密度估算。如果泡密度处于 $10^{19} \sim 10^{23}$ m$^{-3}$ 之间,表示形核密度低于每个基体原子 $10^{-10} \sim 10^{-6}$ 个 He 原子。

式(11.5)与式(11.1)类似,$C_B$ 与 $G_{He}/D_{He}$ 有平方根关系。据此,双原子形核可能受 He 原子扩散控制,$C_B^*$ 的表观激活能为 He 原子扩散激活能的一半。

越过形核峰后,随着原子态 He 浓度降低,形核速率单调降低,峰形不对称。假设亚稳态不对称区域基体中的 He 浓度为零($\hat{c}_{He}^* \simeq 0$),泡密度(向邻近泡迁移)缓慢升高($t^{1/3}$ 和 $\ln^{1/2}t$),符合泡长大时其尾间强度增大的假设[15]。此时形核速率虽然降低,但泡密度仍可高于峰值 $1 \sim 2$ 个数量级,直到 He 泡长大到可观察的尺寸,前提条件是基体中的 He 浓度高于形核浓度,如图 11.1 所示(辐照的影响见后节),与参考文献[13]、参考文献[14]的描述基本一致。因此观察到的泡密度不影响早期的形核阶段。幸运的是,形核峰后形核相的 $C_B$ 随 $G_{He}/D_{He}$ 变化特征与形核峰相类似。

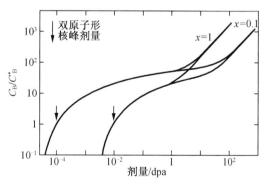

**图 11.1 与峰值形核剂量归一的泡密度随剂量的变化曲线**

注:双原子形核的峰值剂量为 $10^{-4}$ 和 $10^{-2}$,重熔参数 $k$ 为 0.1 和 1。中间范围随剂量增加泡密度仅缓慢增大。

依据式(11.5),如果 He 原子扩散能够与泡核或 He 泡的扩散相比拟,可观察尺度的泡密度 $C_B^*$ 受 He 扩散控制。He 原子以间隙机制扩散时,这种假设是确切的;当样品同时经受辐照损伤,He 原子以换位机制扩散时假设多半是确切的。表面扩散产生的泡迁移快于空位扩散产生的泡迁移。这种情况下,可观察尺度泡密度受泡迁移控制[17]。

团簇的扩散性 $D_n$ 随团簇尺寸 $n$ 的变化如图 11.2 所示。图中的两种扩散行为有明显差异。第一种情况,随着团簇 He 原子数增大,扩散性单调降低。这种情况下泡密度将受 He 扩散控制。第二种情况,如果某尺寸的团簇具有最大的扩散性,泡密度变化将受控于这类团簇的迁移,泡密度将受迁移最快的团簇控制,可用一个与式(11.5)近似的方程表示,式中 $D_{He}$ 用最快团簇的扩散系数表示。

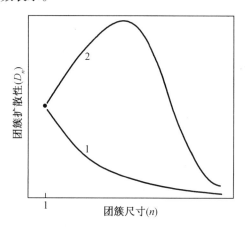

**图 11.2    不同形核机制时团簇的扩散性 $D_n$ 随团簇尺寸 $n$ 变化示意图**

1—随着 $n$ 增大,$D_n$ 单调降低,形核受单气体原子扩散控制;

2— $D_n$ 存在最大值,形核受团簇的扩散控制

在高温和/或低 He 生成速率条件下,小 He – 空位团捕陷迁移 He 之前消失。这种情况下,仅仅高于临界尺寸(取决于溶解 He 的浓度)并得到 He 原子供给(多原子形核)的团簇是稳定的。形核速率对溶解态 He 浓度十分敏感。He 浓度接近(或高于)临界值 $\hat{c}_{He}^*$ 时形核速率明显变化。可将临界溶解态 He 浓度看作存在临界泡核时的热平衡 He 浓度。参照对式(11.4)的解释,得到下面的临界泡核浓度表达式[13,15]:

$$C_B^* = G_{He}/(4\pi r^* D_{He}\hat{c}_{He}^*) , C_B(t \to \infty) \longrightarrow 2C_B^* \tag{11.6}$$

形核末期,$C_B$ 大约为 $C_B^*$ 的二倍。在随后的长大阶段,随着原子态 He 浓度降低,形核速率急剧降低。短期内泡密度保持在形核峰后达到的水平,$C_B \approx 2C_B^*$。

式(11.6)和式(11.2)类似,$C_B$ 与 $G_{He}/(D_{He}\hat{c}_{He}^*)$ 呈线性关系,表观激活能等于 He 的离解能 $E_{He}^d$。因此多原子形核受 He 离解控制。

连续气体供给的情况下,双原子和多原子 He 泡形核模型可用气体团簇的动力学稳定性来定义。高 He 生成速率和低温条件下,当双原子团在其平均寿命期内捕陷另一个气体原子时,发生多原子形核,反之为双原子形核。当双原子团的离解速率与气体的吸收速率相当时,从双原子形核机制向多原子形核转变。这意味着,随气体生成速率提高,转变温度($T_{tr}$)提高。从式(11.5)和式(11.6)中消去 $C_B$ 项,得到 $T_{tr}$ 的定量表达式,即

$$kT_{tr} = \frac{2(E_{He}^d - \mu_{He}^*) - E_{He}^d}{\ln[(4\pi r^* D_{He0})/(\Omega G_{He})]} \qquad (11.7a)$$

其中，$\mu_{He}^*$ 为 He 在临界泡核内的化学势；$D_{He0}$ 为 $D_{He}$ 的前指数因子。遵照式(11.7a)，随着 $G_{He}$ 增大，$T_{tr}$ 缓慢升高。从转变温度获得的 $C_B$ [式(11.5)和式(11.6)]项中消去 $G_{He}$ 项，得到简单表达式

$$C_B^{*tr}\Omega = \hat{c}_{He}^* = \hat{c}_{He}\exp(\mu_{He}^*/kT) \qquad (11.7b)$$

依据式(11.7b)，可直接得到形核峰时溶解 He 的浓度。

退火时泡粗化表达式(11.1)和式(11.2)之间与热注入时形核表达式(11.5)和式(11.6)之间的关系类似，当式(11.1)和式(11.2)中的 $c_{He}/t$ 被看作基体 He 的有效生成速率时，两类实验的差异可以用来区分不同阶段(粗化晚期和初始萌芽期)He 泡演化行为。在这方面，当 He 泡长大时，随着压力降低 He 的化学势强烈降低，这是重要的现象。

### 11.3.3 辐照损伤效应

离子注入产生的离位损伤影响 He 扩散及 He 泡形核[11-18]。可以想象，辐照促进的自扩散也促进 He 泡迁移。我们来比较表面扩散和辐照促进的自扩散对 He 泡迁移的影响。

对于表面扩散，有

$$D_B = 3\Omega^{4/3} D_{sd}/(2\pi r_B^4) \qquad (11.8a)$$

其中，$D_{sd}$ 为晶格原子的表面自扩散系数。

对于体扩散，有

$$D_B = 3\Omega(D_V C_V + D_I C_I)/(4\pi r_B^3) \qquad (11.8b)$$

其中，$D_V$ 和 $D_I$ 分别为空位和自间隙原子的扩散系数；$C_V$ 和 $C_I$ 分别为空位和自间隙原子的浓度。

对于表面扩散，运用通常的关系式，$D_{sd} \approx 3 \times 10^{-6}(m^2 \cdot s^{-1})\exp(-7T_m/T)$[43]，对于半径 $r_B$ 为 $10\Omega^{1/3}$ 的 He 泡迁移，离位速率 $G_D$ 是影响因素，$G_D$ 与 $T$ 的关系如图 11.3 所示。对于较平静的表面扩散，需要很高的 $G_D$ 才能显现出辐照对自扩散的促进作用，促使 He 泡迁移。然而，通常认为高气压降低 $D_{sd}$[9]。一般而言，高 $G_D$ 和/或低 $T$ 条件下，在机械稳定性压力下，辐照促进的扩散能够显著促进 He 泡迁移。

在高离位剂量下，辐照导致 He 从 He 泡离解，内生 He 浓度增大。在图 11.3 中，内生 He 的生成速率用 $kc_{He}G_D$ 表示，式中 $k$ 为再溶解参数[19]，数值为 1 或者小些。在高温下，He 从 He 泡再溶解现象显著。然而，随着温度升高，对再溶解产生影响的开始离位剂量明显升高。

辐照的另一个影响因素是产生过饱和空位，这将导致过压 He 泡弛豫。更重要的影响是，当 He 泡尺寸越过临界值时[20]，促使 He 泡向空腔转变，这种 He 泡形成的资料很有限，这里未进一步讨论。

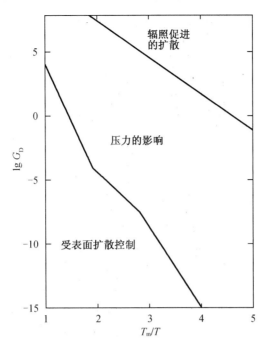

**图 11.3　He 泡迁移机制图**

注:离位速率 $G_D$ 随 $T_m/T$ 变化。对于辐照促进的扩散,$D_V C_V$ 等于表面扩散性 $D_{sd}$(上线)。自由表面扩散,假设 $D_{sd}=3\times10^{-6}(m^2\cdot s^{-1})\exp(-7T_m/T)$,$D_V=3\times10^{-6}(m^2\cdot s^{-1})\exp(-7.7T_m/T)$(较低线)。由于很高的气压($P=0.2\mu,\mu$ 为剪切模量),表面扩散能以 $\exp(-7T_m/T)$ 因子降低。对于能接受的 $G_D$ 值,辐照扩散仅仅在极高的压力下才是重要的。

# 11.4　实验数据和一般规律

为了验证理论概念和模型的有效性,研究了主要实验参数对 He 泡密度和尺寸的影响。汇集了五种实验方法和几种材料的实验结果,有些数据不够完整和充分,此处仅选择了有用和适用的数据。

## 11.4.1　实验数据

实验方法:
(1)冷注入随后退火($I_c+A$);
(2)高温热注入($I_h$);
(3)冷注入随后在高温下辐照($I_c+R_h$);
(4)热注入随后辐照(分别或同时)($I_h+R_h$);
(5)高温下辐照,通过核反应生成 He($R_h$)。

主要结果如图 11.4～图 11.8 和表 11.2 所示。泡密度主要是透射电子显微镜(TEM)确定的。应该注意到,在很低或很高辐照或退火温度下制备的样品的 TEM 结果难免存在不确定性,低温样品泡核的尺寸很小,高温样品泡核密度很低(低的统计分布)。下面的工艺参数是不同类型实验的控制性参数:

①$c_{He}$(He 浓度)和 $t_A$(退火时间),在($I_c+A$)型实验中;
②$G_{He}$(He 注入速率)和 $c_{He}$,在 $I_h$ 型实验中;
③$G_D$(离位损伤速率),$c_{He}$ 和离位剂量,在($I_c+R_h$)型实验中;
④$G_{He}$,$G_D$,$c_{He}$ 和剂量,在($I_h+R_h$)和 $R_h$ 型实验中。

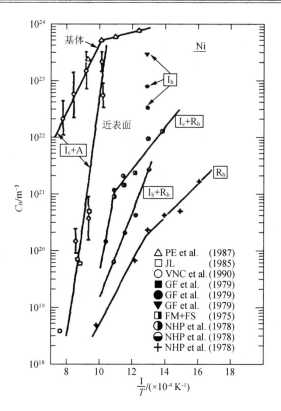

**图11.4 Ni 中观察到的泡密度随温度的变化**

注:注意 $R_h$ 型实验中的孔洞很可能是空腔,还应该注意基体 He 泡和近表面 He 泡行为的差异。

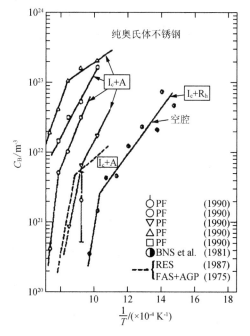

**图11.5 纯奥氏体不锈钢中观察到的泡密度随温度的变化**

注:注意($I_c + R_h$)型实验中的孔洞多半是空腔,注意退火时间亦对 $C_B$ 产生影响。

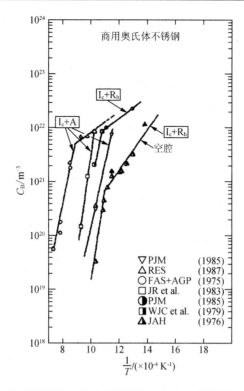

**图 11.6　商用奥氏体不锈钢中观察到的泡密度随温度的变化(一)**
注:注意$(I_c + R_h)$型实验的孔洞多半是空腔,注意退火时间亦对 $C_B$ 产生影响。

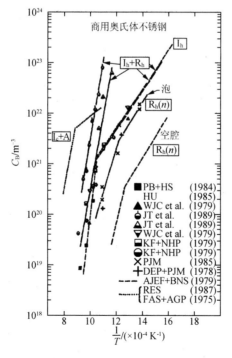

**图 11.7　商用奥氏体不锈钢中观察到的泡密度随温度的变化(二)**
注:标注 $R_h(n)$ 空腔的破折线代表平均行为[42]。

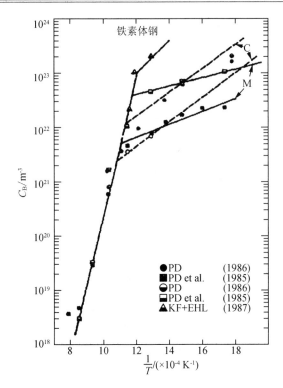

**图 11.8　铁素体钢(M 和 C 分别表示典型的 Fe – 12Cr 钢和商用 1.4914)泡密度随温度的变化曲线**

注:受再溶解增大的影响,热注入后辐照(30 dpa)通常使 $C_B$ 升高。然而,这种影响在商用铁素体钢中没有观察到。

**表 11.2　图 11.4 ~ 图 11.8 中的实验数据**

| 冷注入($I_c$)随后退火(A) | | | | | |
| --- | --- | --- | --- | --- | --- |
| 标记 | 图号 | 材料 | $c_{He}/(\times 10^{-6})$ | $t_A/h$ | 参考文献 |
| △ | 11.4 | Ni | 5 500 | 0.5 | [21] |
| □ | 11.4 | Ni | 130 | 1.5 | [22] |
| ○ | 11.4 | Ni | 1 000 | 1.0 | [23] |
| △ | 11.5 | 纯钢 | 2 000 | 1 | [24] |
| □ | 11.5 | 纯钢 | 2 000 | 333.5 | [24] |
| ○ | 11.5 | 纯钢 | 200 | 1 | [24] |
| ▽ | 11.5 | 纯钢 | 200 | 333.5 | [24] |
| △ | 11.5 | 纯钢 | 6.7 | 1 | [24] |
| △ | 11.6 | 316 SS | 32 ~ 41 | 1 | [25] |
| ○ | 11.6 | 316 SS | 25 ~ 35 | 1 | [26] |
| □ | 11.6 | 316 SS | 100 | 185 | [27] |
| ▽ | 11.6 | 316 SS | 110 | 10 000 | [28] |

**表 11.2**(续)

热注入($I_h$)

| 标记 | 图号 | 材料 | $G_{He}/(\times 10^{-6}\,s^{-1})$ | $c_{He}/(\times 10^{-6})$ | $t_{imp}/h$ | 参考文献 |
|---|---|---|---|---|---|---|
| ■ | 11.4 | Ni | — | 600 | — | [29] |
| ● | 11.4 | Ni | — | 3 000 | — | [29] |
| ▼ | 11.4 | Ni | — | 30 000 | — | [29] |
| ● | 11.8 | 1.4914 钢 | 0.991 | 600 | 0.17 | [30] |
| ■ | 11.8 | Fe – 12Cr | 0.991 | 600 | 0.17 | [31] |
| ■ | 11.7 | 316 SS | 0.028 | 300 | 3 | [32] |
| ▲ | 11.7 | 304 SS | 0.013 | 195 | 4.17 | [33] |

冷注入($I_c$)随后热辐照($I_h$)

| 标记 | 图号 | 材料 | $G_D/(dpa/s)$ | $c_{He}/(\times 10^{-6})$ | 离位剂量/dpa | 参考文献 |
|---|---|---|---|---|---|---|
| ◑ | 11.5 | 纯钢 | $8 \times 10^{-3}$ | 10 | $\approx 10$ | [34] |
| ◑ | 11.6 | 316 SS | $5 \times 10^{-7}$ | 115 | 8.4 | [28] |
| ◲ | 11.6 | 304 SS | $2 \times 10^{-4}$ | 195 | 3 | [33] |
| △ | 11.6 | 316 SS | $1.3 \times 10^{-3}$ | 10 | 40 | [35] |
| ◲ | 11.4 | Ni | $3.3 \times 10^{-4}$ | 10 | 18 | [36] |
| ◑ | 11.4 | Ni | $3 \times 10^{-3}$ | 20 | 1 | [36] |

热注入($I_h$)和热辐照($R_h$)

| 标记 | 图号 | 材料 | $G_{He}/(\times 10^{-6}\,s^{-1})$ | $G_D/(dpa/s)$ | $c_{He}/(\times 10^{-6})$ | 离位剂量/dpa | 参考文献 |
|---|---|---|---|---|---|---|---|
| ◒ | 11.4 | Ni | 0.057 | $3 \times 10^{-3}$ | 20 | 1 | [37] |
| ◓ | 11.7 | 316 SS | 1.086 | $9.1 \times 10^{-3}$ | 2 196 | 18.3 | [38] |
| △ | 11.7 | 316 SS | 0.092 | $9.1 \times 10^{-4}$ | 1 092 | 9.1 | [38] |
| △ | 11.8 | 铁素体 | 0.059 | $6 \times 10^{-3}$ | – 900 | 100 | [39] |
| ◒ | 11.8 | 1.4914 钢 | 0.991 | $8 \times 10^{-3}$ | 600 | 30 | [30] |
| ◲ | 11.8 | Fe – 12Cr | 0.991 | $8 \times 10^{-3}$ | 600 | 30 | [31] |
| ▽ | 11.7 | 304 SS | 0.013 | $2 \times 10^{-4}$ | 195 | 3 | [33] |
| ◲ | 11.7 | 316 SS | 0.118 | $6 \times 10^{-3}$ | 20 | 1 | [40] |
| ◒ | 11.7 | 316 SS | 0.118 | $6 \times 10^{-3}$ | 1 400 | 70 | [40] |

中子辐照($R_h$)

| 标记 | 图号 | 材料 | $G_{He}/(\times 10^{-6}\,s^{-1})$ | $G_D/(dpa/s)$ | $c_{He}/(\times 10^{-6})$ | 离位剂量/dpa | 参考文献 |
|---|---|---|---|---|---|---|---|
| + | 11.4 | Ni | $2.1 \times 10^{-6}$ | $\approx 10^{-7}$ | 22 | $\approx 1$ | [37] |
| × | 11.7 | 316 SS | $\approx 4.7 \times 10^{-5}$ | $\approx 10^{-6}$ | 380 $\approx$ 1 020 | 9 ~ 8 | [28] |
| + | 11.7 | 316 SS | $\approx 5.9 \times 10^{-7}$ | $\approx 10^{-6}$ | 20 $\approx$ 30 | 31 ~ 36 | [42] |

### 11.4.2　一般规律

几种金属中观察到的泡密度如图 11.4 至图 11.8 所示。首先讨论适用于所有实验材料和实验方法的一般规律,在此基础上讨论不同实验方法的特殊结果。实验结果显示泡密度($C_B$)随温度的变化普遍存在两种状态:具有低表观激活能($E_B^a$)的低温状态、具有高表观激活能的高温状态。

对于金属 Ni,基体中 He 泡和近表面泡的高温数据随温度的变化有两种不同的区域(图 11.4)。这种现象被认为是不同部位 He 泡中的 He 密度或压力不同引起的。

当 $G_{He}$ 和 $c_{He}$ 值较高时,从低 $E_B^a$ 向高 $E_B^a$ 转变的温度($T_{tr}$)较高。对于($I_c + A$)型实验,随着退火时间延长,$T_{tr}$ 似乎趋向于向较低温度变化(图 11.5 和图 11.6)。一般规律是在较低的温区,$C_B$ 较高,$T_{tr}$ 亦较高。

对于近似的溶解态 He 浓度 $c_{He}$,($I_c + A$)实验的 $T_{tr}$ 比($I_c + R_h$)($I_h + R_h$)或($R_h$)实验的 $T_{tr}$ 高(图 11.5 ~ 图 11.7)。对于 Ni(图 11.4),$T_{tr}(I_c + R_h)$ 比 $T_{tr}(I_h + R_h)$ 和 $T_{tr}(R_h)$ 高。与图 11.7 显示的规律比较,虽然前者的 $G_{He}$ 和 $c_{He}$ 比后者高,但 $T_{tr}(I_h + R_h)$ 明显低于 $T_{tr}(I_c + A)$。

通常认为(无论有无附加的辐照损伤,$R_h$),$C_B$ 随着 $G_{He}$ 和 $c_{He}$ 增大而增大。然而,对于 $I_h$ 型实验,$C_B$ 多半随 $c_{He}$ 增大而增大,不言而喻,这是 $C_B$ 随 $G_{He}$ 变化的结果。[$I_c + A + (R_h)$]实验的 $C_B$ 通常高于[$I_h + (R_h)$]实验的 $C_B$,特别是在较高温度时。

关于辐照对 He 泡形成的影响,由于数据缺乏,尚难给出明确的结果。即使在这种情况下,某些特殊的影响可能是由辐照损伤引起的,由于存在泡 – 空腔转变的可能性,还不能给出确切的结论。

图 11.8 表明,热注入后辐照到 30 dpa 剂量,典型铁素体钢(Fe – 12Cr)的 $C_B$ 明显增大。可以这样解释,辐照诱发 He 的再溶解和再形核。另一方面,应注意到类似的商用 1.4914 铁素体不锈钢没有观察到这种效应。

## 11.5　结果和讨论

像节 11.3 讨论的那样,冷注入和热注入型实验时 $C_B$ 随温度的变化呈现两种明显不同的状态:①受气体或气泡扩散控制的影响,具有相对低表观激活能的低温态;②受气体离解控制,具有相对高的表观激活能的高温态。两种状态的 $C_B$ 随着 $c_{He}/t$ 和 $G_{He}$ 升高而增大。预计转变温度有相同的变化趋势,虽然有时强度较弱。定性上看,这些理论图像可以被 11.3 节的实验数据确定。

理论上讲,气体/辐照剂量值低的情况下,辐照损伤将对泡形成产生明显影响,此时气泡可能转变成空腔,或者在极端条件下,形成高过压 He 泡。目前还缺乏辐照影响的实验数据,观察结果可能被认定是气泡。

这些定性的一致性可以验证和定量化,例如对于数据较全的不锈钢的情况。首先估计过程中的能量,先考虑式(11.3a)和式(11.7a)中的转变温度。对于已研究的实验参数范围,两个表达式的对数坐标在 50 和 60 之间。对于围绕 1 000 K 的转变温度,估计两个表达式分母的能量大约为 5 eV。对于 $\mu_{He}^* \approx 0$ 和扩散能约为 1 eV 的情况,与 He 从 He 泡离解的离解能(3 eV)一致。两类实验($I_c + A$)和 $I_h$ 转变温度的差异可能是由 He 在泡核和发育好的退火 He 泡中的化学势不相同引起的。

　　我们尝试用商用不锈钢的数据与 11.3 节预计的函数关系进行分析和比较(图 11.9),排除与空腔态明显相关的孔洞数据和 He 生成速率不是常数的反应堆数据,剩下的所有离子注入数据由 $c_{He}/t$ 和 $G_{He}$ 等于 $1 \times 10^{-6}$ s$^{-1}$ 被标度成标准态。低温段利用式(11.1)和式(11.5)的均方根关系,高温段利用式(11.2)和式(11.6)的线性关系。

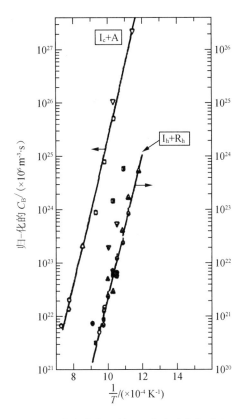

**图 11.9　与 He 生成速率归一的 He 泡密度与温度($1/T$)的关系**

　　注:He 的生成速率用样品中注入的 He 浓度与退火时间的比值表示($10^{-6}$ s$^{-1}$ 表示);右侧和左侧线分别表示热注入/辐照($I_h + R_h$)和冷注入/辐照后退火处理[$I_c + A + (R_h)$]的样品;分别用均方根关系[式(11.1)和式(11.5)]和线性关系[式(11.2)和式(11.6)]处理低温段和高温段数据。用收敛的数据点与图 11.6 和图 11.7 对比,特别是高温下的情况。

　　图 11.9 中显示高温区的影响相当显著,云状的数据点缩合成相当窄的带。应该注意到,高温带包含分别来自 $c_{He}/t$ 或 $G_{He}$ 的数据点,数据相差约 4 个数量级。因为实验数据不足,低温区缺乏有说服力的数据,显示在图 11.10 中的现象就不奇怪了。

　　图 11.9 中的热注入数据带涉及的气体/损伤比从 10 He/dpa 到 $10^4$ He/dpa。这是重要的实验现象,气体生成速率与离位速率比值相对高的情况下,辐照损伤的影响不显著,这与 11.3 节的定性假设是一致的。

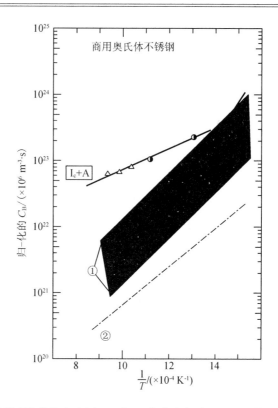

**图 11.10  低温段观察的泡密度(归一到 He 生成速率,如图 11.9 所示)随温度的变化**

注:$C_B$ 用 $c_{He}/t$ 和 $G_{He}$ 标度,运用均方根关系[式(11.1)和式(11.5)]。注意标记与表 11.2 和图 11.4 ~ 图 11.8 有相同的含意。为了比较,理论估算了 $C_B$ 随温度的变化,①代表 He 通过自间隙原子/He 换位机制扩散,表明 He 扩散比泡迁移更有效,②代表泡迁移受表面扩散控制,表明泡迁移比 He 扩散更有效。较低的带对应形核峰值,形核峰后密度分布位于带的上部。

因此对于 $(I_c + A)$ 和 $I_h$ 实验,需要分别讨论 $C_B$ 与 $c_{He}/t$ 和 $G_{He}$ 的关系。这样,高温区数据可归结为

$$C_B t / c_{He} = 2 \times 10^{17} \exp(2.8/kT) \quad 对于 [I_c + A + (R_h)]$$

和

$$C_B / G_{He} = 10^{14} \exp(2.65/kT) \quad 对于 [I_h + (R_h)]$$

现有的低温区数据(特别是热注入)不足以进行这样的定量处理。

图 11.9 中两类实验高温段的数据很分离,大约相差 4 个量级。为了考核这一现象,依据式(11.2)和式(11.6),设想了两种情况相关参数的理论比值:

$$(C_B^a t / c_{He})(C_B^h / G_{He}) = \frac{\pi r - kT}{2 v_{He}^2 \gamma} \exp[(\mu_{He}^h - \mu_{He}^a)/kT] \tag{11.9}$$

其中,上标 a 和 h 分别表示 $(I_c + A)$ 实验和 $I_h$ 实验,在考虑的参数范围内,指数的前因子大约为 1/4。因此依据 $(\mu_{He}^h + \mu_{He}^a)/kT \approx 10.6$,体现 He 在泡核和退火泡中化学势差的指数项必须添加大约 $4 \times 10^4$ 的因子。这表明泡核和退火态气泡的压力有很大的差别。运用参考文献[6]给出的 He 的状态方程,并假设由 SANS 技术确定的 Ni 中[44]退火态 He 泡的压力大约为 3 GPa,估计 Ni 和不锈钢中泡核的压力可能低于 20 GPa。这是可以接受的现象,

虽然对原子尺寸的小团簇用"压力"这个术语应该有所保留。因此两类实验高温区的特征受控于泡核和可见泡中 He 状态的差异。

为了估算 He 的标准离解能,$C_B^a$ 和/或 $C_B^h$ 的表观激活能应该依据泡中 He 的势能进行修正。估计离解能高于 3 eV。因为接近自扩散能,退火粗化由离解机制控制转变为受空位机制控制是可以想象的。鉴于此,利用相对简单模型推导的离解能的绝对值还没有被文献采用。

现有的少量低温区数据还不能用于类似的定量分析,但可以进行类似的讨论。$(I_c + A)$ 型实验数据表明,相应于 0.7 eV 的扩散能,大约为 0.35 eV 的表观激活能便能影响表面扩散。实验发现,对于表面扩散,泡密度绝对值需要很低的前指数因子(大约为 $5 \times 10^{-12} \text{m}^2 \cdot \text{s}^{-1}$)。另一方面,$I_h$ 实验数据表明,与扩散对应的较高的表观激活能(约 1 eV)需要很高的前指数因子($1 \text{ m}^2 \cdot \text{s}^{-1}$)。对于这两种情况,不确定的宽带也具有类似数量的中间状态的激活能和通常的前指数扩散因子。

文献中的与低温区归一的泡密度绝对值数据提供了一些信息,依据式(11.1)和式(11.5),如果两种类型实验的泡密度受相同迁移机制控制,$C_B(I_c + A)$ 和 $C_B(I_h)$ 值应该可比较。对于研究的温度范围,$C_B(I_c + A)$ 明显高于 $C_B(I_h)$,表明 $(I_c + A)$ 型实验的泡密度也许受迁移很快[基于 $(I_c + A)$ 型的数据]的小泡控制,甚至受更快的原子扩散控制。

一种附加研究是先假设两种实验属于某种机制,然后用实验数据与理论结果进行比较。例如,假设 $I_h$ 型实验发现的泡密度受原子扩散控制,而不是受泡迁移控制。这种情况下,预计的可观察的泡密度($2C_B^*$)是早期形核峰[像式(11.5)预计的那样]和生成于形核峰后的多重形核(例如 10 重)之间的泡密度。对于 He 扩散,必须考虑两种可能的机制:①自间隙/He 换位机制 ($D_{He} = D_V$);②辐照促进的空位机制 ($D_{He} = D_V C_V$)。假设前一种机制对于 He 扩散是关键性的,在泡形成中控制泡迁移,得到 $D_{He} = D_V = 5 \times 10^{-5} \exp(1.3/kT)$ ($r^* \approx$ 1 nm),如图 11.10 所示,图中的带包含 $I_h$ 型实验的所有数据点,表明这种假设是正确的。然而,假设辐照促进的空位机制对于 He 扩散是关键性的,并控制 He 泡形成,估计在图 11.10 的整个温度范围 He 泡密度超过 $10^{24} \text{m}^{-3}$,然而这与实验数据不一致。因此如果 He 扩散的确受控于空位机制,那么观察到的较低的泡密度值将必须用泡迁移机制来解释。

另一方面,我们假设 $(I_c + A)$ 和 $I_h$ 型实验的泡密度变化是由表面扩散控制的泡迁移控制的,而不是由原子 He 扩散确定的。利用式(11.1)的原始形式做近似处理,用 $G_{He}$ 替代 $c_{He}/t$ 粗略地估算 $I_h$ 型实验和假设,运用 11.3.3 中的标准表面扩散系数值[44](取 $v_{He} \approx \Omega$)得到图 11.10 中的虚点线。这种预计明显低于 $(I_c + A)$ 实验值,表明沿着泡表面的扩散被抑制,要么受泡平面突出物形核的影响,要么受泡内高压的影响。$I_h$ 型实验的数据处于 $(I_c + A)$ 和预计值之间。其他的可能性可以这样解释,热注入条件下泡密度受小泡迁移控制,而不是受原子 He 扩散控制。在这种情况下,从观察到的泡密度识别 He 扩散机制应该不可能。应再次强调,需要更多的实验资料来完善和确定低温状态的初步结论。

# 11.6 结 论

对于所有的已考虑的实验条件,下面几点规律是可以接受的:

(1)对于所有的已考虑的实验条件,实验测定的孔洞(泡和空腔)密度变化呈现不同的走向:①具有低表观激活能的低温段;②具有高表观激活能的高温段。

(2)这种行为与①中泡密度由泡迁移、合并和双原子型均匀形核及②中热溶解、多原子均匀形核控制的理论分析是一致的。低温段受气体和 He 泡扩散控制,高温段受气体离解控制。

(3)实验数据的定量分析显示,高温段的 $C_B(I_c + A)$ 和 $C_B(I_h + R_h)$ 存在明显差异(相差约 4 个数量级),这样大的差别可能来自泡核中 He 和可见泡中 He 的状态的差异;$(I_h + R_h)$ 实验时 Ni 和不锈钢中泡核的压力可能高达 20 GPa。由于缺乏低温段的数据,很难得出确切的结论。然而,$C_B(I_c + A)$ 和 $C_B(I_h + R_h)$ 的差别可以说明,$(I_h + R_h)$ 实验属于最快的扩散机制。

(4)对于 He 泡形成,He 的生成速率($G_{He}$ 或 $c_{He}/t$)是最重要的参数,无论是低温段还是高温段。

(5)进一步实验和理论研究低 $G_{He}$ 和低 $c_{He}$ 条件下低温状态 He 泡形核和粗化行为是十分必要的,因为从技术应用的层面看,这一温度范围是最有实际意义的。

(6)还没有足够的数据用来适当地分析辐照对泡形核的影响。然而,现有的结果表明,辐照损伤对于泡形核和粗化的影响是重要的,特别是在温度较低、气体生成速率较低和离位速率对于形成孔洞仍然具有足够影响的情况下。

(7)还应该指出,存在沉淀相、位错和晶界的情况下(特别是近邻这些缺陷处),He 泡粗化过程相当复杂。例如,基体高温蠕变时,He 泡被位错运动和晶界曳拉,泡粗化行为也发生变化。

**参考文献**

[1] GRUBER E E. Calculated size distributions for gas bubble migration and coalescence in solids[J]. J Appl Phys, 1967,38: 243.

[2] GOODHEW P J, TYLER S K. Helium bubble behavior in BCC metals below 0.65 $T_m$ [J]. Proc Roy Soc Lond A, 1981, 377: 151.

[3] GREENWOOD G W, BOLTAX A. The role of fission gas re-solution during post-irradiation heat treatment[J]. Met Trans J Nucl Mater, 1962, 5: 234.

[4] MARKSWORT A J. Coarsening of gas – filled pores in solids[J]. [s. n.]. 1973, 4: 2651.

[5] FICHTENER P, SCHROEDER H, TRINKAUS H. Proc NATO advanced research workshop on fundamental aspects of inert gases in solids [C]. New York: Plenum,

1991: 299.

[6] TRINKAUS H. Energetics and formation kinetics of helium bubbles in metals[J]. Radiat Eff Defect S, 1983,78: 189.

[7] GOODHEW P J. Cavity growth mechanism maps[J]. Scripta Metallurgia, 1984,18: 1069.

[8] SCHROEDER H, FICHTNER P, TRITNKAUS H. Proc NATO advanced research workshop on fundamental aspects of inert gases in solids [C]. New York: Plenum, 1991: 289.

[9] TRINKAUS H. The effect of internal pressure on the coarsening of inert gas bubbles in metals[J]. Scripta Metallurgia, 1989,23: 1773.

[10] GREENWOOD G W, FOREMAN A J E, RIMMER E A. The role of vacancies and dislocations in the nucleation and growth of gas bubbles in irradiated fissile material[J]. J Nucl Mater, 1959, 4: 305.

[11] SINGH B N, FOREMAN A J E. An assessment of void nucleation by gas atoms during irradiation[J]. J Nucl Mater, 1981,103,104: 1469.

[12] SINGH B N, FOREMAN A J E. Relative role of gas generation and displacement rates in cavity nucleation and growth[J]. J Nucl Mater, 1984,122: 537.

[13] TRINKAUS H. On the modeling of the high – temperature embrittlement of metals containing helium[J]. J Nucl Mater, 1983,118: 39.

[14] TRINKAUS H. Modeling of helium effects in metals: high temperature embrittlement [J]. J Nucl Mater, 1985,133,134: 105.

[15] TRINKAUS H. Mechanisms controlling high – temperature embrittlement due to helium [J]. Radiat Eff Defect S, 1987, 101: 91.

[16] SINGH B N, FOREMAN A J E. Summary of a theory for void nucleation during irradiation in terms of brownian motion of vacancy – gas atoms[J]. Scripta Metallurgia, 1975, 9: 1135.

[17] FOREMAN A J E, SINGH B N. Gas diffusion and temperature dependence of bubble nucleation during irradiation[J]. J Nucl Mater, 1986,141 – 143:672.

[18] GHENIEM N M, SHARAFAS S, WILLIAMS J M, et al. Theory of helium transport and clustering in materials under irradiation[J]. J Nucl Mater, 1983, 117: 96.

[19] GHONIEM N M. Nucleation and growth theory of cavity evolution under conditions of cascade damage and high helium generation[J]. J Nucl Mater, 1990,174: 168.

[20] MANSUR L K, COGHLAN W A. Mechanisms of helium interaction with radiation effects in metals and alloys: a review[J]. J Nucl Mater, 1983,119: 1.

[21] EHRHART P, GABER A, JAGER W. Microstructural evolution in high energy helium implanted nickel—II. Thermal annealing after room temperature implantation[J]. Acta Metall, 1987,35: 1943.

[22] LAAKMANN J. LOSLICHEIT B V. Helium in metallen under hohem druck [M].

[S. l. ]:[s. n. ],2007.

[23] CHERNIKOV V N, TRINKAUS H, JUNG P, et al. The formation of helium bubbles near the surface and in the bulk in nickel during post - implantation annealing[J]. J Nucl Mater, 1990,170: 31.

[24] FICHTNER P F P, SCHROEDER H, TRINKAUS H. A simulation study of ostwald ripening of gas bubbles in metals accounting for real gas behavior[J]. Acta Metall, 1991, 39: 1845.

[25] STOLLER R E. Microstructural evolution in fast - neutron irradiated austenitic stainless steel [R]. Microstructural Evolution in Fast - neutron Irradiated Austenitic Stainless Steel, Springfield: the Department of Energy, 1987: ORNL - 6430.

[26] SMIDT F A J, PIEPER A G. Properties of reactor structural alloys after neutron or particle irradiation, ASTM - STP 570 [C]. West Conshohocken: American Society for Testing and Materials, 1975: 352.

[27] ROTHAUT J, SCHRODER H, ULLMAIER H. The growth of helium bubbles in stainless steel at high temperatures[J]. Philos Mag A, 1983,47: 781.

[28] MAZIASZ P J. Effects of helium content on microstructural development in type 316 stainless steel under neutron irradiation [R]. Springfield: the Department of Energy, 1985: ORNL - 6121.

[29] FENSKE G, DAS S K, KAMINSKY M, et al. The effect of dose on the evolution of cavities in 500 keV $^4$He + - ion irradiated nickel[J]. J Nucl Mater, 1979, 85,86: 707.

[30] DAUBEN P. Dissertation[M]. Berlin :Technische Universitat, 1986.

[31] DAUBEN P, WAHI R P, WOLLENBERGER H. Microstructural evolution under helium implantation and self - ion irradiation in a ferritic steel and a model alloy[J]. J Nucl Mater, 1985, 133,134: 707.

[32] BATFALSKY P, SCHROEDER H. Helium bubble microstructure in stainless steel implanted under various conditions[J]. J Nucl Mater, 1984, 122,123: 1475.

[33] CHOYKE W J, MCGRUER J N, TOWNSEND J R. Helium effects in ion - bombarded 304 stainless steel[J]. J Nucl Mater, 1979,85,86: 647.

[34] SINGH B N, LEFFERS T, MAKIN M J, et al. Effec helium on void nucleation during hvem irradiation of stainless steel containing silicon[J]. J Nucl Mater, 1981, 103, 104: 1041.

[35] HUDSON J A. Void formation in solution - treated aisi 316 and 321 stainless steels under 46.5 MeV ni 6 + irradiation[J]. J Nucl Mater, 1976, 60: 89.

[36] MENZINGER F, SACCHETTI F. Dose - rate dependence of swelling and damage in ion - irradiated nickel[J]. J Nucl Mater, 1975,57: 193.

[37] PACKAN N H, FARRELL K, STIEGLER J O. Correlation of neutron and heavy - ion

damage：I. The influence of dose rate and injected helium on swelling in pure nickel[J]. J Nucl Mater, 1978,78：143.

[38]　TENBRINK J, WAHI R P, WOLLENBERGER H. Effects of radiation on materials, ASTM – STP 1046 [C]. West Conshohocken：ASTM, 1989：543.

[39]　FARRELL K, LEE E H. Effects of radiation on materials, ASTM – STP 955 [C]. West Conshohocken：ASTM, 1987：498.

[40]　FARRELL K, PACKAN N H. Effects of radiation on materials, ASTM – STP 955[J]. J Nucl Mater, 1979,85,86：683.

[41]　PEDRAZA D F, MAZIASZ P J. Effects of radiation on materials, ASTM – STP 955 [C]. West Conshohocken：ASTM, 1987：161.

[42]　FOREMAN A J E, SINGH B N. Irradiation behaviour of metallic materials for fast reactor core components [C]. Gif – sur – Yvette：CEADMECN, 1979：113.

[43]　NEUMANN G, NEUMANN G M. Surface self – diffusion in metals [M]. Bay Village：Diffusion Information Center, 1972.

[44]　LI Q, KESTERNICH W, SCHROEDER H, et al. Gas densities in helium bubbles in nickel measured by small angle neutron scattering [J]. Acta Metall Mater, 1990, 38：2383.

[45]　SING B N,TRINKAUS H. Analysis of bubble formation behavior under different experimental conditions[J]. J Nucl Mater, 1992,186：153.

# 第 12 章　辐照金属中的点缺陷

在 20 世纪初,无人知道晶体中可以空缺微小比例的原子。这种空缺是热力学平衡的结果,并非偶然事件。晶体的完整点阵结构是一个理论上的概念,自然界选择的是不完整的点阵结构。Frenkel[1]首先指出,在任一温度下,晶体的原子排列都不会是完整点阵。不管每个缺陷的形成能有多高,由于缺陷晶体有大量的可能组态,它所获得的混合熵总是对自由能有利。零维尺度的点缺陷是最有利的。形成线性伸长的位错和平面状的界面所得到的熵较低。

晶态固体中的原子在其平衡位置附近一刻不停地做微小的热振动。任一原子热振动都与周围的热振动密切相关,所以原子的振动有不同的频率,振动的能量服从几率分布,热振动能量存在涨落。当原子具有足够大的动能时就可能脱离正常位置,进入近邻的晶格间隙,形成间隙原子,并在原位置留下一个空位。

空位是金属的固有点缺陷。空位迁移是通过与最近邻原子交换位置而进行的,这就造成了原子的输运。由于这个作用,空位的迁移性质比空位的其他性质更引起人们的重视。自间隙原子通常在高能粒子辐照的晶体中出现,它的特征是有极大的弛豫体积和活跃的动力学性质。围绕点缺陷的点阵不完整性(畸变)局限在几个原子壳层范围内。材料的重要物理性质往往来源于这种不完整性或缺陷的性质。

点缺陷可以是内在固有的,例如空位和自间隙原子;也可以是外来的,例如杂质原子。自间隙原子位于规则点阵位置之间的间隙内,它引起的点阵畸变显著地大于空位和置换杂质所引起的畸变。小的杂质原子处在八面体或四面体间隙内;然而自间隙原子却倾向于形成类似哑铃或挤列子的形态。前者,两个原子共同占据一个点阵位置,后者则是一个附加的原子塞入密排点阵列中。

金属结构材料的辐照损伤是由辐照粒子和被辐照材料原子间的两种交互作用引起的。一种是原子离位生成非平衡态点缺陷,它们的产生和聚集将改变辐照材料的性质。大多数性能变化向坏的方向发展,因此将辐射的影响称为辐照损伤。这类缺陷包括空位型和自间隙型晶间缺陷及它们的复合体。另一类是核嬗变反应生成的新元素,包括著名的 He。这些非热驱动形成的点缺陷和点缺陷团通常是过饱和的,是损伤基体性能的缺陷结构。

He 几乎不溶于金属,在金属中有成团的趋势。He 原子团能够诱发晶格原子离位,生成近自间隙原子空位对,He 原子则被空位捕陷。如果说初始 Frenkel 对是辐照金属的基本缺陷结构的话,含 He 金属中生成的 He – 空位团和近邻的自间隙原子是产生 He 损伤的基本缺陷结构。He 在金属中形核和长大产生的 He 效应会损伤核结构材料的力学性能和结构稳定性。

间隙原子也可以有一定的平衡浓度,只是平衡浓度极低,但受辐照的金属材料中存在较高浓度的非平衡自间隙原子。自间隙的特征是有极大的弛豫体积和活跃的动力学性质。

　　本章概述金属中空位和自间隙原子的基本性质,重点是金属中平衡和非平衡空位的性质,以及辐照条件下非平衡自间隙原子的形成、聚集和动力学性质。为了论述本书涉及的 He 损伤和 He 效应内容,参阅和引用了金属辐照损伤物理的相关内容(见参考文献[47]~[49])。与金属中的 He 效应相比,后者已臻完善。

## 12.1　晶体点缺陷热力学

　　平衡热力学概念在原理上阐明了固有点缺陷的出现。温度 $T$ 时,缺陷原子浓度 $c$ 的变化 $\delta_c$ 所引起的吉布斯自由能的变化 $\delta_G$,在 $c \ll 1$ 的情况下表述为

$$\delta_G = (\Delta H_f - T\Delta S_f + k_B T \ln c)\delta_c \tag{12.1}$$

其中,$\Delta H_f$ 是缺陷形成的激活焓;$k_B \ln c$ 是理想混合熵;$\Delta S_f$ 是缺陷形成引起的超额熵。

　　熵的变化 $\Delta S_f$ 主要来源于声子谱变化所做的贡献。对于空位,在高温下取谐和近似得到

$$\Delta S_V^f = k_B \sum \ln \frac{\omega_i}{\omega_i + \delta\omega_i} \tag{12.2}$$

其中,$\omega_i$ 是原子的本征频率;$\delta\omega_i$ 是空位引起的频率变化。

　　$\Delta S_V^f$ 值可以用最简单的模型来估算。用具有力常数为 $f$ 的弹簧力来替代最近邻原子的相互作用。我们来计算与空位最近邻的那些原子的爱因斯坦本征频率的变化。

　　对于配位数为 12 的面心立方晶格的每个最近邻的原子,去除了 12 个耦合弹簧中的 1 个,造成的结果是使平行于去除弹簧方向上的频率由 $\omega_E^2 = 4f/M$ 变为 $(\omega_E + \delta\omega_E)^2 = 3f/M$($M$ 为原子质量),而垂直于去除弹簧方向上的频率保持不变。因此,我们得到

$$\Delta S_V^f = 12k_B \frac{1}{2} \ln \frac{4}{3} = 1.73k_B$$

　　若要改进这个计算,必须考虑围绕空位的静态原子弛豫[2]。这使得除了最近邻原子以外,有更多原子的力常数发生变化。对于 Cu 晶体,这个影响被追究到空位周围的 19 个壳层。根据所应用的势的不同,得到的 $\Delta S_V^f$ 在 $2.3k_B$ 和 $1.6k_B$ 之间,较高的值是用截止的 Morse 势计算得到的。将此值用于计算模拟时,与实验测定的晶格常数、弹性模量以及空位的形成焓和迁移焓基本吻合。

　　计算空位性质时采用特定的势函数,计算结果存在不确定性,与此相关的误差在计算弛豫体积 $\Delta V_V^{rel}$ 时变得明显。弛豫体积被表述为从晶体内部移出一个原子(并远离晶体)引起的体积变化,它的大小可用晶格常数的变化来测定。采用计算 $\Delta S_V^f$ 值的两个势函数计算出的 $\Delta V_V^{rel}$ 分别为 $-0.02\Omega$ 和 $-0.47\Omega$($\Omega$ 为原子体积[3])。实验测定的弛豫体积是 $-0.2\Omega$。用这两个势函数计算出的 $\Delta H_V^f$ 值分别为 $1.29$ eV 和 $-0.41$ eV。仅前者较好地符合实验数据。

　　更精确地计算点缺陷的形成能需要全面考虑缺陷周围的畸变并引入缺陷对电子状态

的影响。从头算是研究空位性质的适用方法,但该方法在处理电子贡献时也遇到困难。看来,比通常采用的多种近似处理更有前途的是把自洽团簇计算(量子化学方法)与点阵缺陷计算结合起来[4]。

当电子态的变动决定缺陷性质时,这个方法失败了,对于绝缘体和半导体确实如此。要同样充分地考虑点阵畸变和电子再分布是非常复杂的问题。有时索性采用相反的办法,例如忽略点阵畸变。尽管这种方法有明显的缺点,但半导体材料中电子在能级之间的再分布通常采用这种方法计算[5]。然而,对于离子晶体,在大多数情况下两种贡献都同等重要。

实验观测的空位浓度与热力学平衡确定的值有显著差异。淬火实验通常有意地利用显著增加的空位浓度(远远超过了测量温度下的平衡浓度)。低温下空位不易迁移,阻碍系统达到热力学平衡。然而,在接近熔点温度下,很容易达到平衡。热力学确实是研究点缺陷性质和反应的合适工具,条件是要排除发生远离平衡的过程。讨论缺陷聚合团的自组织和持续缺陷流引起的原子再分布时会涉及这种处理方式。

从式(12.1)可以导出空位的平衡浓度,取 $\delta_G = 0$,得

$$c_V^0 = \exp\frac{S_V^f}{k_B}\exp\left(-\frac{\Delta H_V^f}{k_B T}\right) \tag{12.3}$$

依据式(12.3),可以通过测定 $c_V^0$ 来推导出空位形成焓和振动熵。在讨论这个方法之前,我们先来考虑形成空位聚合体。对于平衡状态,比双空位更大的聚合体可以忽略。式(12.3)中须用 $c_{1V}^0 + 2c_{2V}^0$ 来代替 $c^0$(下标 1V 和 2V 分别表示单空位和双空位)。在热平衡状态下,$c_{2V}^0$ 与 $c_{1V}^0$ 的关系为

$$c_{2V}^0 = g_{2V}(c_{1V}^0)\exp\left(-\frac{\Delta S_{2V}^b}{k_B}\right)\exp\frac{\Delta H_{2V}^b}{k_B T} \tag{12.4}$$

其中,$\Delta H_{2V}^b = 2\Delta H_{1V}^f - \Delta H_{2V}^f$ 是结合焓;$\Delta S_{2V}^b$ 是相应的结合熵;$g_{2V}$ 是几何因子,对于面心立方结构最近邻位置上的两个空位取值为 6。这样,从实验推导出的空位形成焓是

$$\Delta H_V^f = -\frac{\partial \ln c_V^0(T)}{\partial[1/(k_B T)]} = \Delta H_{1V}^f + 2g_{2V}\frac{(\Delta H_{1V}^f - \Delta H_{2V}^b)\exp[(G_{2V}^B - G_{1V}^F)/(k_B T)]}{1 + g_{2V}\exp[(G_{2V}^B - G_{1V}^F)/(k_B T)]} \tag{12.5}$$

其中,$G_{2V}^b$ 是相当于 $\Delta H_{2V}^b$ 所定义的吉布斯结合自由能。式(12.5)引出了 $\Delta H_V^f$ 与温度的关系。只要在宽的温度范围内确定不符合 Arrhenius 行为,就必须考虑这个关系。

对于体心立方和密排六立结构,会同时存在不同的双空位组态,这样式(12.4)会变得更复杂。新的理论计算给出了 Cu,Ni,Ag 和 Pd 的双空位结合焓,分别为 0.08 eV,0.07 eV,0.08 eV 和 0.11 eV[6]。这些数值不会造成 Arrhenius 行为有可测出的偏离。

对于金属,自间隙原子的形成焓通常比空位的形成焓大,是它的 3 到 5 倍,其扩散系数比空位的大得多。因而在热平衡状态下,间隙原子的浓度通常小到可以忽略。它们存在于受辐照的材料中,总是表明反应体系远离平衡。

离子晶体中产生的空位有正离子空位和负离子空位之分,如图 12.1 所示。在大多数情况下兼有适当数目的这两种空位以便使晶体的静电保持中性,这在能量上是有利的。对于 AB 型晶体,阳离子空位和阴离子空位成对,以保证晶体在局部范围内的静电中性。这样,

在理想混合熵中含有的可能排列数目为空位对的原子浓度的平方,即为 $c_{VP}^2$($c_{VP}$ 是原子对的浓度)。因此,得出平衡浓度为 $c_{VP}^2 \approx \exp[\Delta H_{VP}^f/(2k_B T)]$($\Delta H_{VP}^f$ 是空位对的形成焓)。对各种碱金属卤化物,后者的数值为 1.3 ~ 2.7 eV。

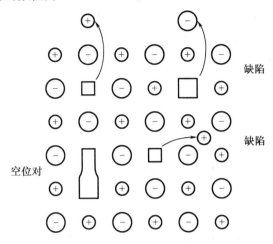

**图 12.1　岩盐结构中的基本点缺陷**

注:Frenkel 点缺陷显示为阳离子缺陷,也产生阴离子缺陷。

在热力学平衡状态下,阳离子空位或阴离子空位在碱金属卤化物中形成 Schottky 缺陷;在卤化银中形成 Frenkel 缺陷(图 12.1)。把碱金属卤化物在碱金属过蒸气压中加热,很容易产生出阴离子空位。把二价阳离子(例如 $Ca^{2+}$)引入含一价阳离子的离子晶体中(例如 KCl),可以得到阳离子空位。

## 12.2　扩散控制的反应动力学

### 12.2.1　速率方程处理法

迁移的缺陷相互之间发生反应,并且与固定的缺陷反应。对于这个反应体系,目前通常采用化学速率方程处理法来描述。用"化学"这个词,指的是在空间上均匀地反应;假设反应速率只与反应物的浓度 $c_j$ 有关(质量作用定律),而与其局域分布 $c_j(r)$ 无关。在固态反应中,a 种缺陷与 b 种缺陷之间发生反应,决定其反应速率的步骤是迁移过程,至少是一种缺陷向另一种缺陷的迁移过程。业已表明,对于扩散制约的反应,只要 a 和 b 之间的平均起始距离超过一定大小(至少是几倍的反应半径 $r_{ab}$),则反应速率正比于 $c_a c_b$。已针对点阵扩散、二维和三维反应物、各种拓扑形态(例如作为可迁移点缺陷尾闾的刃型位错、堆垛层错四面体或球状空腔)以及长程相互作用势的影响等问题,计算了反应半径的尺寸[7]。

点缺陷与伸长的局域无限尾闾,例如刃型位错发生相互作用,这个体系在空间上是不均匀的。这种体系的特征是可迁移缺陷向最近的尾闾处有一个净流量 $J$。$J$ 的散度等于 $\nabla D \nabla c$,它等价于反应速率,如 $r_{ab} D c_a c_b / \Omega$(这里 $D$ 是可迁移缺陷的扩散系数,$\Omega$ 是原子体积)。化学动力学要求 $\nabla c = 0$,这个条件对于厚度为 $L$ 的薄膜试样能够满足,它的表面可以作为尾闾,只要 $c_a < b_0^2/L^2$($c_a$ 是可迁移缺陷 a 的浓度,$b_0$ 是单元跳跃距离)。因此,湮没速率正比于 $c_a c_s$[$c_s$ 是尾闾密度,且有 $c_s \approx \pi^2 \Omega/(4\pi r_{sa} L^2)$,$r_{sa}$ 是 a 在该尾闾湮没的反应半径]。含有以位错环作为点缺陷尾闾的反应体系,往往按此处理。

当 $c_a \geqslant b_0^2/L^2$ 时,通常采用局域有效的速率方程。对于受辐照的金属晶体,以速率 $K$ 产生自由移动的空位和间隙原子,方程式为

$$\begin{cases} \dfrac{\partial c_V}{\partial t} = K - k_{IV}c_I c_V - k_{Vs}c_V c_s + \nabla(D_V \nabla C_V) \\ \dfrac{\partial c_I}{\partial t} = K - k_{IV}c_I c_V - k_{Is}c_I c_s + \nabla(D_I \nabla C_I) \end{cases} \tag{12.6}$$

右边的第二项描述了空位和间隙原子的复合;第三项为空位或间隙原子在尾闾处的湮没;最后一项为流的散度①,这一项使本来为非线性的常微分方程组变成浓度与空间有关的非线性偏微分方程组。解方程需要具体的边界条件以及可移动缺陷 j(间隙原子或空位)的起始浓度分布 $[c_i(r)]_{t=0}$。经常用这类速率方程体系来模拟受离子束辐照的薄膜中的缺陷反应。这里试样表面作为大面积尾闾。

当包括移动缺陷形成集团以及被局域陷阱捕捉这类反应时,速率反应方程的数目会迅速增加。在多数辐照条件下,金属中空位和间隙原子成团以及被溶质捕捉是绝不能忽略的。

### 12.2.2　带电缺陷的扩散

离子晶体中的物质迁移通常伴随着电荷的迁移。在电场中,带电缺陷发生漂移扩散。由于 Nernst – Einstein 关系,$\sigma/D = nq^2/(k_B T)$($\sigma$ 是电导率,$D$ 是扩散系数,$n$ 是带电缺陷的密度,$q$ 是这些缺陷的电荷数)。扩散系数可以用测定电导率的方法来确定。在碱金属卤化物中,阳离子空位迁移比阴离子空位快,从而决定了材料的电导率。对于固体电解质(超离子导体),离子迁移很受重视。这类材料不是密排结构,在结构中存在允许离子快速迁移的通道。这种通道由某种离子亚点阵的空缺位置连接而成。因为不同的物质由完全不同的亚点阵来提供这种路径,所以阳离子和阴离子导体都已被发现。前者在 β 氧化铝的化合物中得到,后者在氟石的氧化物中得到。扩散系数和电导率的特点是具有高的绝对值和低的温度相关性。与温度无关的前因子 $D_0$ 和 $\sigma_0$ 都小。基于传导亚点阵的有序 – 无序转变机制有可能对这种现象做出成功的解释[8]。

## 12.3　金属中的点缺陷

点缺陷的特征是所有方向的尺寸都很小,均为几个原子间距。点缺陷包括空位、间隙

---

①　诸幼义译文标注:原文为 divergence rate,但从式(12.6)看最后一项应为流的散度,因 $D_V \nabla C_V$ 或 $D_I \nabla C_I$ 为空位或间隙原子流。本书编著者采用诸幼义的译文。

原子、杂质或溶质原子及它们所组成的复杂缺陷。

金属晶体中最基本的点缺陷是点阵空位和间隙原子,它们分别对应于空缺一个原子的点阵位置和占据点阵间隙的原子。它们的存在破坏了晶体结构的完整性,是一种结构缺陷。位于晶格点阵中的外来杂质原子也是一类常见的点缺陷。点缺陷可以组合成复杂的缺陷,例如空位对或空位团,以及由空位、间隙原子和杂质原子构成的复合体。HeV 复合体就是金属中的原子尺度泡核。

从晶体正常点阵位置上抽出一个原子,失去了原子的这个位置就是空位。通常把原子离开平衡位置,迁移到晶体的表面或内表面的正常结点位置上形成的空位称为肖特基缺陷;将晶格原子进入正常晶格间隙中产生的等数量空位 – 间隙原子对称作弗仑克尔缺陷。

对于金属晶体而言,肖特基缺陷是金属离子空位,而弗仑克尔缺陷是金属离子空位和位于晶格间隙中的金属原子。离子晶体的情况要复杂些。由于电中性的要求,离子晶体中的肖特基缺陷只能是等量的正离子空位和负离子空位。由于离子晶体中的负离子半径大于正离子半径,弗仑克尔缺陷只可能是等量的正离子空位和间隙正离子。

空位集合可以形成更复杂的点缺陷,例如近邻位置的一对空位组成了一个空位对;面心立方点阵的 |111| 面上,三个空位构成一个三角形,组成一个三空位;一个近邻原子向三空位运动后,组成空位四面体;空位在某结晶学面上聚集,形成空位片等。

在点阵间隙位置挤进一个同类原子,这个原子称为间隙原子。单个间隙原子就能表现出较复杂的形态。我们以面心立方晶体中的间隙原子为例,简要讨论其可能存在的组态。面心立方点阵最大的间隙位置是八面体型的。如果间隙原子处于八面体间隙的中心,将周围的原子稍加挤开,这是第一种可能的组态,所产生的畸变具有球对称性。第二种可能的组态称哑铃式或对分间隙组态。例如,当间隙原子沿 $<100>$ 方向偏离一些,将点阵上的一个近邻原子挤离平衡位置,则形成一对原子的哑铃式间隙缺陷。哑铃式组态的能量略低于体心组态,所产生的畸变具有四方对称性,畸变方向主要为 $<100>$。相对而言,哑铃组态能量最低,是平衡组态。在带能粒子辐照下,当传递的能量较低时,沿点阵密排方向的一列原子发生连续碰撞,每个原子都沿密排方向运动,导致 $n+1$ 个原子挤占了正常情况下 $n$ 个原子的位置,形成所谓的挤列组态;当传递的能量较高时,将形成稳定的自间隙原子空位对。自间隙原子空位对是核结构材料中的特征缺陷结构。

晶体中的另一类点缺陷是杂质原子,它们是存在于晶体中但与晶体组元不同的外来原子。若杂质原子与基体原子的体积一致时,杂质原子以替换位形式存在,而若体积相对较小时,则有可能以间隙原子存在。例如,钢铁中的氧、氢、氮以及硫和磷等元素,由于它们改变了晶体的化学成分,也被称为化学点缺陷。在非常稀的合金或固溶体中,少数组元也可看成杂质原子,但习惯称其为溶质原子,以区别于多数组元的基质原子。

杂质原子在晶体中的作用决定于它的大小和价态与基质原子之间的差异。就替换位杂质而言,杂质原子与基质原子的尺寸差异在晶格中引入了一个畸变中心。如果弹性畸变很小,则内能增量很小,但组态熵增加较大,因而这类替换位杂质的存在在热力学上是有利的。如果引入较大弹性畸变的杂质,形成替换位原子的可能性很小,溶解度很低。

间隙杂质对晶体性能的影响更明显,特别是原子尺寸相对较大的杂质原子。氢是金属中的小尺寸间隙杂质原子。氢与空位的结合能较大,空位是氢的捕陷中心,使氢的迁移受阻。这些捕陷中心可以为氢化物相析出和气泡形成提供异质形核的地址。在金属中注入高剂量氢可形成氢化物和气泡。这些效应会影响一些导致氢脆的过程。

金属氚化物是一种间隙化合物,金属氚化物中 T 衰变成 $^3$He 也发生在间隙位。$^3$He 原子的尺寸较大,He 原子在年轻金属氚化物中迁移和聚集,生成近自间隙原子对和 He – 空位团。He – 空位团便是原子尺度泡核。He 泡形核长大会严重恶化基体的综合机械性能。

# 12.4  金属中点缺陷实验研究

## 12.4.1  空位

### 1. 形成焓和熵

空位是金属中固有的、最基本的点缺陷。空位的迁移是通过与最近邻原子交换位置而进行的,这就造成了原子的输运。原子输运是影响金属基本性质的重要因素。就一般的纯净金属而言,熔点附近的空位浓度可以达到 $10^{-3} \sim 10^{-4}$,但室温下仅为 $10^{-12}$,甚至更低的量级。

金属中的空位因热激活而形成,其浓度可用满意的精度测定。经典的测量方法是示差膨胀法(DD),由 Wagner 等[9] 提出,并被 Simnons 和 Balluffi[10-11] 成功地用于 Al,Cu,Ag 和 Au。这个方法测量的是样品升温过程中两个量的差异,一个是当引入 $c_V$ 浓度的空位时所造成的由长度变化 $\Delta L/L$ 表示的宏观试样体积的相对变化;另一个是引入 $c_V$ 浓度的空位时由晶格常数变化 $\Delta a/a$ 表示的微观试样体积的相对变化。

晶格常数的相对变化通常采用高温 X 射线衍射仪测定。图 12.2 给出了 Al 试样 $\Delta L/L$ 和 $\Delta a/a$ 随温度升高而增大的现象。图中显示,$\Delta L/L$ 热膨胀率渐渐高于 $\Delta a/a$ 的热膨胀率。

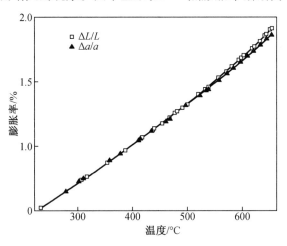

图 12.2  Al 试样长度和点阵常数随温度的变化

因为从内部失去的原子必定添加在试样的表面上,所以差值 $3(\Delta L/L - \Delta a/a)$ 是由于增添了这些原子体积而引起的相对体积变化,因此得出空位的原子浓度为

$$c_V^0 = 3\left(\frac{\Delta L}{L} - \frac{\Delta a}{a}\right) \tag{12.7}$$

为了按照式(12.3)来获得空位的形成焓和熵,必须依据式(12.7)确定出 $c_V^0$ 与温度 $T$ 的函数关系。接近熔点时得出 $c_V^0$ 为 $10^{-4}$ 左右。应用式(12.7)时,必须要在大的 $\Delta L/L$ 和 $\Delta a/a$ 的本底基础上测出试样长度和晶格常数相对变化之间的微小差异。例如,对于 Al,从 400 ℃ 到熔点,$\Delta L/L$ 变化约 $10^{-2}$。如此小的变化表明,为了获得必要的测量灵敏度和精确性,需要做出极大的努力。我们可以给出一个量的概念,若要求 $c_V^0$ 的准确度达到 10% ,则 $\Delta L/L$ 和 $\Delta a/a$ 测量精度需要达到 $10^{-5}$。此外我们也认识到,当空位形成焓在 1 eV 左右时,低于熔点 100 ~ 150 ℃ 时的空位浓度已低于 DD 法的测量极限。

目前 DD 法已经用可以探测很低浓度空位的正电子湮没谱测定法(PAS)[12] 来补充。射入金属晶体的高能正电子,由于产生电子空穴激发,以及与声子的相互作用而热慢化。慢化的正电子在点阵中传播,并与一个电子一起湮没而中止寿命。寿命的长短取决于正电传播路径上存在的总电子密度。空位在束缚态上捕陷正电子;而且由于在空缺的点阵位置上失去了心部电子,使局部电子密度显著降低。这种状况引起受陷正电子的寿命比完整点阵中自由正电子的寿命增加 20% ~ 80% 。因为捕陷概率与空位浓度成正比,所以总寿命时间可以作为空位浓度的量度。参考文献[13]对非热捕陷进行了严格的讨论。

因为伴随着正电子的产生和消失有 γ 量子发出,所以可以测出它的寿命。幸运的是,正电子热慢化发生在约 $1 \times 10^{-12}$ s 内,而它在金属晶体中平均寿命的量级为 $2 \times 10^{-10}$ s。只有当空位能为正电子提供束缚态时才能用 PAS 来测定空位浓度。对于许多金属,业已从理论上推测存在这种束缚态,并得到实验证实。至于其他金属,如 Li,Na,Ca,Sb,Hg,Bi 等,虽然理论计算预言其存在,但未能观测到。

20 世纪 60 年代开始对正电子湮没参数的温度依赖性进行了系统的研究。在许多固态金属中,随着温度升高(空位浓度增大),正电子湮没参数(例如正电子平均寿命、多普勒展宽谱和角关联分布的线形参数)在开始时缓慢变化,当达到一定温度后显著增强,一直持续到接近熔点,随后参数的温度依赖又逐渐变小,出现饱和效应。这些实验导致了用正电子湮没技术对热平衡空位的广泛研究。

PAS 不仅采用正电子寿命法,而且采用角关联测量法(系指湮灭发射 γ 量子方向之间的角度关系)和 γ 光量子动量多普勒展宽测量法。这些量提供了湮没的电子 – 正电子对的净动量信息。它们可以区分正电子与具有较高动量的心部电子的湮没和与较低动量的价电子或导电电子的湮没。

空位浓度可以用寿命测定法和动量技术来测定。前者避免了对正电子湮没参数的附加假设,但需要高分辨率的测量技术和大量数据的卷积。尽管动量分布数据卷积需要严格假设正电子湮没参数与温度的关系,但这些 PAS 方法已较普遍地用于确定空位的形成焓 $\Delta H_V^f$。

　　对于 Cu 和 Au,用角关联测量得出的空位浓度如图 12.3 所示。可以看到,PAS 法的数据扩展到比 DD 法的数据小两个数量级。根据双空位结合焓的计算值以及 PAS 法测定的温度范围和所得到的空位浓度值,可以保证这些数据是单空位的浓度。因此 PAS 方法对于平衡空位浓度的测定十分重要。依据图 12.3 中数据,Au 和 Cu 中空位的形成焓分别为(0.97 ± 0.01) eV 和(1.29 ±0.02) eV。从图 12.3 中明显地看到,DD 法数据的误差远大于 PAS 法的误差。另一方面,用 PAS 测定空位形成熵是困难的,由于从基本原理上还得不到空位浓度的绝对值。PAS 方法虽然不直观,但它也有自身的优点,如可以表征很低的空位浓度;依据相对浓度确定的形成焓是较精确的;应用范围广,可以应用于金属、合金,甚至更复杂的晶体材料。

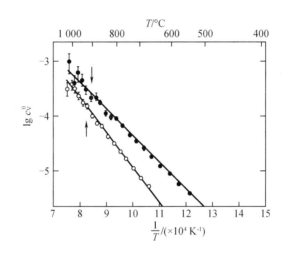

**图 12.3　用正电子湮没谱测定法得出的 Au(实心点)和
Cu(空心点)的空位浓度 Arrhenius 图[14]**

注:图中箭头所指的左侧是示差膨胀法测定的范围。

　　在高温下测定空位浓度是困难的,为此研究者们做出了很大的努力,采用淬火实验来替代,旨在把平衡空位浓度淬火到空位不能移动的温度下。如果样品从高温迅速快冷到低温($T \ll 0.1T_m$),会有很多的热空位来不及消失而保留下来。为了防止空位迁移和聚集,淬火的冷却速率应该足够高。如果知道空位的比电阻率贡献 $\rho_V$,便可以从电阻率的增量 $\Delta\rho_q$ 得出淬火温度下的空位浓度。

　　实际上,还不能从任何独立的测量得到空位贡献这个量。而且,目前状态下的理论还不能得出可信和误差允许范围内的数值。然而,通过测定 $\Delta\rho_q(T_q)$($T_q$ 是淬火温度),可以按照公式(12.3)得到空位形成焓。从另外的 DD 测量取得一定温度 $T = T_q$ 下的一个 $c_V^0$ 值,就可以得到 $\rho_V = \Delta\rho_q(T_q)/c_V^0(T = T_q)$。

　　大量淬火研究表明淬火过程中涉及许多值得关注的问题[15]。淬火时,在所经历的整个温度区间的很大范围内,空位的活动性仍很高。移动的空位可能相互反应或与其他缺陷反应。重要的过程是空位聚集以及在尾闾处(如位错和界面处)湮没。这样的湮没使实际的淬火空位浓度低于淬火温度下的平衡浓度。聚集过程会使淬火温度下的团簇尺寸分布发生变化。与淬火温度下的平衡分布相比,快冷样品中较大尺寸的团簇增多。研究者们已尽了很大努力来模拟淬火过程中有可能发生的反应程序。通常采用愈来愈薄的薄膜样品和改善试样与淬火介质间的热传导,获得愈来愈快的冷却速率。比较成功的方法是选用具有低位错密度的较粗的单晶体(直径 3 mm)样品,其位错密度比早期使用的薄膜试样低 4 个数量级[16]。淬火态的空位浓度比早期试样中的高很多,所获得的空位的形成熵(对 Cu 为 $2.2k_B$)与理论计算结果很吻合。

### 2. 空位扩散

单空位的迁移步骤是最近邻原子跳入空缺的点阵位置。这个问题业已用解吸法处理,并用计算机模拟。用 Flynn[17] 发展的模型预测了许多金属的空位迁移激活焓 $\Delta H_V^m$,与实验数据符合得很好。这个模型将 $\Delta H_V^m$ 与弹性模数联系起来。按照作者的意见,跳跃原子凭借从原子平衡位置附近取得的动能起伏通过鞍点,在这个位置上动能达到最大值。原子在此处的运动可以用谐和近似来描述。

空位迁移的实验信息,通常通过对淬火或辐照试样的退火研究来获得。这类研究旨在测量在空位湮没温度下所发生的由超额空位扩散控制的湮没过程[15]。残余电阻率经常用来测定空位浓度,可以方便地测量这种性质。这种方法对于所关心的空位浓度具有满意的实验灵敏度。遗憾的是,只有当空位湮没以外没有其他的二次缺陷反应发生时,电阻率观测结果才能解释清楚。双空位或空位–杂质复合体的形成便是所说的二次反应。电阻率是一种传输性质,不能区分各种电子散射的贡献。

取得的突破采取了这样的方法,在试样中掺入探测原子,测定这些探测原子与其邻位之间的超精细的相互作用,可以发现空位这样的点缺陷的到来。原子核方法的一种,是测量扰动 $\gamma-\gamma$ 角关联。这种方法是在晶体中掺入放射性探测原子。这些原子通过发射两个 $\gamma$ 光量子而衰变,$\gamma$ 光量子的发射取决于亚稳态原子核的寿命。发射具有动量 $k_1$ 的 $\gamma_1$ 光量子的概率取决于核自旋相对于 $k_1$ 的取向,发射具有动量 $k_2$ 的 $\gamma_2$ 光量子的概率取决于 $k_1$ 和 $k_2$ 之间的夹角。核磁矩与晶体电场或磁场的超精细相互作用引起核动量的拉莫进动;反过来造成 $\gamma$ 光量子动量 $k_1$ 和 $k_2$ 的角度旋转。

### 3. 结构

对于空位,失去的原子引起相邻原子弛豫到新的平衡位置,在如面心立方点阵的球形密堆中,最近邻原子向空位的移动,使其离开次近邻原子。这个效应显著地减少了总的弛豫体积。

实验测定弛豫体积 $\Delta V_V^{rel}$ 是困难的,有很大误差。DD 法和测定空位浓度与压力的关系是直接方法。把 X 射线漫散射(DXS)与晶格参数变化结合起来,也可以测定 $\Delta V_V^{rel}$。一旦按式(12.7)确定出 $c_V^0$,就可以按照 $\Delta V_V^{rel}/\Omega = 3\Delta a/(ac_V^0)$ 计算出弛豫体积[17]。

测定空位形成体积 $\Delta V_V^f = (\Delta V_V^{rel} + \Omega)$ 的第三种方法,是测量淬火电阻率的增量(作为

淬火温度 $T_q$ 下 $c_V^0$ 的量度)随温度和水静压力的变化。压力关系的数量级大致是这样的,对于 Au,压力增加 6 kbar[①],对 $c_V^0$ 来说相当于在 900 K 附近降低温度约 30 K。

用测量淬火试样 $(\Delta a/a)_q$ 和 $\Delta \rho_q$ 的方法确定 $\Delta V_V^{rel}$,必须以确知 $\rho_V$ 的数值为基础,因为这些数值是用 DD 法测得的 $c_V^0$ 绝对值来获得的。对于该方法,实际上追溯到 DD 法的数据,涉及淬火的所有问题。

还未得出体心立方金属的 $\Delta V_V^{rel}$ 值,原因是难以测定 $c_V^0$ 的绝对值[18]。对于密排六方金属,已有与面心立方金属相似的数据报道。

4. 聚合团

式(12.3)和式(12.5)得出的 $c_V^0(T)$ 的 Arrhenius 行为与观测结果有偏离。文献中就双空位对这种偏离的作用进行了广泛讨论。从 Arrhenius 图的非线性关系上,曾导出面心立方金属 Al,Cu,Ag,Au 和 Ni 中双空位的结合焓从 0.2 eV 到 0.5 eV。但是,这种估算完全忽略了单空位形成焓可能随温度发生的变化。在 12.1 节已经谈到,最近的理论计算得出上述几种金属的结合焓为 0.1 eV 左右。因而对于观测到的非线性关系,不宜这样解释。

只预期发生单空位湮没的简单反应动力学,不符合复杂的回复特征,往往考虑双空位的存在和迁移来说明这种复杂性。这种解释必须依据结合焓的新的理论结果,重新加以评价。关于 $\Delta V_{2V}^{rel}$ 的信息是不足的,对于集团尺寸一直到接近电子显微镜分辨率的多空位也是如此。已采用黄氏(黄昆)散射测量法,观测了 Au 中空位集团化本身的效应[19]。淬火试样在 −25 ℃ 和 80 ℃ 之间进行阶梯式退火,每个团簇从 3～4 个空位直至大约 20 个空位。PAS 研究通过线型参数的特征变化也表明集团的形成。这个现象过去来证实在退火阶段 Ⅲ 中空位的移动性[20]。

目前,研究者们已采用电子显微术研究了较大的空位聚合团[21]。其组态的拓扑结构包括位错环、堆垛层错四面体和空洞。用分辨率为 1～2 nm 的常规透射电子显微镜观察到的聚合团一般含有 10 个以上的空位。X 射线漫散射也有相近的极限分辨率。场离子显微镜可以使小于 10 个空位组成的聚合团成像[22]。但是,还没有应用于一些问题的研究,例如空位相遇而形成的小空位团的形状和尺寸分布。Abromeit 等[23] 编辑的会议论文集中的有关文章对这个领域进行了简要叙述。

5. 固溶体中的空位

空位与间隙原子、位错、表面、溶质原子和 Bloch 壁等缺陷发生相互作用。与间隙原子的相互作用决定了 Frenkel 对复合,与位错、界面及表面的相互作用控制了淬火试样中空位的湮没。辐照试样中,空位在这类尾闾上的湮没与 Frenkel 对的复合相互竞争。与溶质原子的相互作用决定了溶质扩散和相应的溶剂扩散。前面已简要讨论了几种类型的相互作用,这里简要讨论空位与溶质的相互作用。

---

① 　1 bar = 100 kPa(准确值)。

为了获得空位与溶质相互作用的信息,研究者们已采取了多种理论处理方法[24]。从头算通常采用 KKR Green 函数法,基于局域自旋密度近似的局域密度泛函理论[6]。这个方法可以计算 Cu 和 Ni 中空位与 3d 和 4sp 溶质原子以及 Ag 和 Pd 中空位与 4d 和 5sp 溶质原子的最近邻相互作用,计算结果如图 12.4 中的数据。相互作用能正号表示空位与溶质相互排斥,负号则为吸引。对于 Ag 和 Pd 中的 sp 溶质原子,吸引作用与价差近似成正比。对于这种正比关系,过去的文献中在实验数据上讨论了很长时间,并且经常将不同的模拟方法与晶格参数的正比关系进行对比。Cu 和 Ni 中的 sp 溶质原子也有相同行为。Cu 和 Ni 中 3d 溶质原子的行为明显不同于 Ag 和 Pd 中 4d 溶质原子,这归因于它们的磁矩。磁交换能使排斥能减小到很低的值。

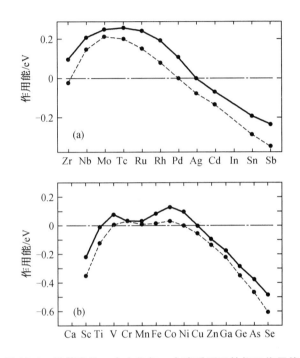

**图 12.4　计算出的一个空位与一个溶质原子的相互作用能**

注:溶质元素示于横坐标。图(a)中实线是溶剂 Ag,虚线是溶剂 Pd;图(b)中实线是溶剂 Cu,虚线是溶剂 Ni。

测定空位溶质原子对的结合能 $\Delta H_{Vsa}^b$ 的直接实验方法是把稀合金和纯溶剂金属的 DD 测量结果进行比较。别的方法有平衡 PAS 测定法和淬火后电阻率测定法,两者都需进行稀合金和纯溶剂金属的对比。

### 12.4.2　自间隙原子

1. 形成

自间隙原子形成焓为几个电子伏。与空位不同,通过热激活产生自间隙原子似乎可以忽略。辐照金属的情况大不一样。用高能粒子辐照,能够把高量级(甚至更高)的能量转移给点阵上的原子核,产生离位损伤。具有 400 keV 动能的一个电子与一个 Cu 原子核正面碰撞造成约 20 eV 的反冲能。由 U 裂变发射的 2 MeV 动能的中子,正面碰撞时转移给 Cu 原子核 125 keV 的反冲能。因此,自间隙原子是辐照金属的特征缺陷。

从 Manhattan 计划的原子核反应堆技术开始,人们就对材料的辐照损伤进行研究。基础性的问题促进了对于高能粒子与点阵原子相互作用的研究,以及由于这种相互作用而产生的 Frenkel 缺陷的行为的研究。本节侧重于不同辐照粒子辐照金属 Frenkel 缺陷的产生。当要确定在一定的粒子时间积分通量密度辐照下产生的缺陷浓度 $c_d$ 时,需要涉及一些参数。

(1)电子辐照产生的 Frenkel 对

射入晶体的高能电子与靶原子的电子和原子核相互作用。电子与电子相互作用决定了电子的阻止本领,在目前的能量范围内(几兆电子伏),它占入射电子总能量损失的主要部分。通过电子声子耦合引起电子能量损失,使试样发热。电子与电子相互作用也使入射电子散射,偏离入射束的方向。当要确定通量密度时,必须考虑这种多重散射。

电子原子核相互作用会导致碰撞电子大份额的能量损失。但是,这种碰撞的概率小,因而电子的平均原子核能量损失(原子核的阻止本领)较低。

反冲能 $T$ 大于永久位移阈值 $T_d$ 的碰撞,导致产生一个 Frenkel 缺陷。反冲能处于 $(T, T + dt)$ 区间内的电子原子核碰撞的概率,取决于相对论性的电子被点状原子核散射的微分截面 $d\sigma/dT$。被具有能量 $E$ 的电子撞击,反冲能处于 $(T_d, T_{max})$ 区间内的原子核总截面由下式给出:

$$\sigma_d(E) = \int_{T_d}^{T_{max}(E)} \frac{d\sigma(E, T)}{dT} dT \qquad (12.8)$$

其中,$T_{max}$ 是最大的转移能(正面碰撞)。

通过原子位移而产生稳定的 Frenkel 缺陷,要求这样的原子碰撞过程将空位和间隙原子分开得足够远,以免这些缺陷自发复合。"自发"这个词指的是没有热激活。力学上不稳定的 Frenkel 缺陷造成自发复合。初始受撞击原子的反冲能,通过与近邻原子的碰撞而损耗。这样,为了达到空位与间隙原子之间所需的最小距离,就意味着经过大于这个最小距离内所发生的一系列原子碰撞的能量传递以后,至少能剩余间隙原子的形成能。计算机模拟业已表明,满足这种条件的最佳方式是沿着面心立方点阵 <110> 密排原子列的对中取代碰撞序列。初始受撞击的原子取代阵点上的最近邻原子;被取代的原子沿着相同的原子列取代它的最近邻;如此下去,直至反冲能被消耗到低于再继续发生一次取代碰撞所需的最小值。对中效应减少了撞击方向对 <110> 的偏离,使垂直于 <110> 的能量释放最低。最后被取代的原子终止在间隙位置上。实际上是与它的最近邻原子一起形成一个哑铃。显然,初始撞击明显偏离主点阵方向,会导致多体碰撞,把有效的反冲能分裂成许多小的部分。因此,间隙原子只能在靠近空位处产生,在那不会稳定。通过这种方式,大部分反冲能释放给声子系统。

点阵结构对于初始反冲能在众多原子间分裂方式的影响以及对于空位和间隙原子所

需最小分离距离的影响,造成阈值 $T_d$ 随撞击方向与晶格的取向关系而异。King 等[26]用高压电子显微镜的电子束辐照 Cu 试样后,用电阻率测量法得出了 Cu 的阈能的各向异性。可以看到 $T_d$ 的最小值在 $<110>$ 和 $<100>$ 附近,与理论预测一致。

对无结构多晶体进行辐照,反冲撞击相对于晶格的取向分布是随机的。当计算反冲而产生 Frenkel 对的原子核总截面时,式(12.8)是不合适的。$T_d$ 的各向异性通常用位移概率 $P(T)$ 表示,即

$$\sigma_d(E) = \int_{T_{d,\min}}^{T_{\max}(E)} P(T) \frac{d\sigma(E,T)}{dT} dT \tag{12.9}$$

(2)中子和离子辐照产生的缺陷

中子是重入射粒子。通过正面碰撞,受撞击的靶原子核的最大反冲能由下述公式给出:$T_{\max} = 4MmE/(M+m)^2$($E$ 是入射中子能量,$m$ 和 $M$ 分别为中子和靶原子的质量)。对于 Cu,$T_{\max} \approx E/16$。在 1.6 MeV 裂变中子的情况下,平均反冲能 $<T> = 5 \times 10^4$ eV,这个能量比离位阈能大 3 个量级。因此,其损伤特征与电子辐照完全不同。另一方面,用具有 $5 \times 10^4$ eV 入射能量的试料离子轰击试样(自离子辐照),其效果应与裂变中子辐照相同。自离子辐照是经常用来模拟中子辐照的一种方法。自离子辐照的重要优点是没有核反应,从而避免使用放射性试样。自离子辐照的主要缺点是离子在固体中的射入距离有限,从而限制了试样的允许厚度。对具有能量级为 $10^5 \sim 10^6$ eV 的自离子,$100 \sim 200$ nm 厚的试样可以均匀地受损伤。当所要进行的测量需要试样的厚度为 $10 \sim 100$ μm 时,往往采用能量范围在 $10^7$ eV 左右的轻离子,如质子、氘核和 α 粒子。

获得反冲能大到 $10^5$ eV 的点阵原子,在点阵中起入射粒子的作用。它们激发出的反冲能远大于位移阈能的整个级联碰撞。碰撞截面随动能的减小而增大。因此,碰撞空间密度和由此产生的缺陷空间密度在级联过程趋向终止时显著增加。

对于高反冲能范围内的碰撞,可以按二进制碰撞处理,因而可以用线性玻尔兹曼型输运方程来描述。作者们计算了反冲能高于位移阈值的所有移位原子,得出 $n = T/(2T_d)$($n$ 是能量为 $T$ 的初始反冲核造成的级联中的移位原子数)。在能量低于 $10^2$ eV 的情况下,这种模型和二进制碰撞的近似不再适用。在低能范围内,多重碰撞事件构成所谓的位移峰值,这个位移峰值给理论处理带来显著困难。在级联中心原子密度显著减小,不能可靠地把在完整晶体中有效的多体势应用到这个区域。另一方面,在这个区域内的原子输运对于定量了解所谓的原子混合十分重要。在实测的混合效率与按二进制碰撞规则计算的原子输运之间还有显著的偏差。

这样,在用式(12.8)导出总截面积 $\sigma_d$ 时,就必须把级联过程中产生的缺陷数目 $n$ 考虑进来,从而改写为

$$\sigma_d(E) = \int_{T_{d,\mathrm{eff}}}^{T_{\max}(E)} \frac{d\sigma(E,T)}{dT} n(T) dT \tag{12.10}$$

现在,$d\sigma/dt$ 分别是中子/离子与原子核碰撞的靶原子微分截面。

通过计算机模拟,函数 $n(T) = 0.8 T_{\text{dam}}/(2 T_{\text{d,eff}})$,这里 $T_{\text{dam}}$ 是初始受撞击原子的总反冲能,扣除了在级联碰撞序列中释放出的电子能量损失。

通过计算机模拟和实验测定,得到了有关缺陷级联的结构和体积的信息。级联中的缺陷密度不均匀,空位倾向于聚集,而间隙原子大多按单个缺陷排列。

实际的级联已用电子显微镜和场离子显微镜成像。场离子显微镜可以分辨出单个点缺陷,直接成像出缺陷的排列;电子显微镜只能给出缺陷聚合体或无序区的衬度。在后者的情况下,长程有序合金辐照级联中的离位碰撞形成无序区,有序点阵的超晶格衍射暗场像下可以显现这种区域。用黄氏 X 射线散射法和小角同步辐照散射法获得了缺陷级联的更多信息[26-27]。

**2. 结构**

对于面心晶格考虑了图 12.5 所示的各种组态。其形成熵的理论计算值,对于 Cu 在 2~4 eV 之间,对于 Ni 为 4 eV。尽管不同研究者所得的值有很大差别,但普遍得出 $H_0$ 组态是稳定组态。不同组态形成熵与最小值的差别小于等于 15%,对于 2 种或 3 种不同的组态,差别低于 5%。对于体心立方晶格,哑铃组态也是稳定的。它的取向沿着 <110> 向,而不是面心立方晶格的 <100> 方向。对于密排六方结构 Mg,不同研究者发现,类似 c 哑铃、八面体、四面体和三角形间隙组态以及沿 a 和 c 方向的挤列子组态是最稳定的(详见参考文献[28]、参考文献[29])。

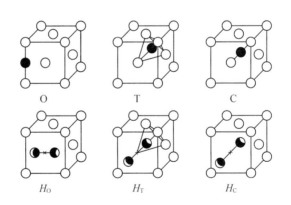

**图 12.5　面心立方晶格的自间隙原子组态**

注:O,T 和 C 分别是八面体、四面体间隙和挤列子组态;$H_0$,$H_T$ 和 $H_C$ 分别是沿 <100> <111> 和 <110> 方向的哑铃状间隙组态。

关于间隙组态的实验信息主要来自 X 射线漫散射以及力学或磁性弛豫实验。X 射线漫散射分析利用的是 Bragg 反射以外的强度分布中所包含的信息。这种强度分布源于晶体的不完整性。金属中点缺陷周围的原子位移造成了漫散射,其强度出现在其他散射贡献的背底上。因为对应于点缺陷的散射强度比康普顿(Compton)散射的强度低 1 到 2 个数量级,所以只有把无间隙缺陷晶体与含间隙缺陷晶体的散射强度进行仔细的对比,才能可靠地确定出对应于该缺陷的贡献。

漫散射强度分布中包含了关于原子畸变对称性以及畸变程度的信息。把计算所得出的强度分布与实测结果进行比较,用这种办法来确定未知组态。

点缺陷周围的长程原子位移场决定了在低散射矢量处的散射。因为这种位移场的各向异性反映了间隙原子组态的对称性,所以在紧靠 Bargg 峰处的强度测量(黄氏散射法)也能分辨出间隙的对称性,虽然为了获得可靠的结果,必须用高分辨技术。然而整个实验费用和对试样质量的要求比远离 Bragg 峰的 X 射线漫散射测量法要低。这个优点是由于在 Bragg 峰附近缺陷诱发高的散射强度。黄氏散射已专门用于研究点缺陷集团[28]。

由于 X 射线散射给出了自间隙原子周围的原子畸变的信息,因而可以用来观测弛豫体积 $\Delta V_I^{rel}$。这个体积就是当一个多余的原子被引入晶体并参与间隙原子组态时,该晶体的肿胀体积。对于面心立方晶格,$\Delta V_I^{rel}$ 的量值约为 2 个原子体积。引入原子给出 1 个原子体积,多出的那部分体积是由于间隙原子扰乱了原子的规则密排。扰乱面心立方结构显然比扰乱较松散体心立方结构需要的附加体积大。

用力学或磁性弛豫测量法也能确定间隙原子组态,该方法实质上是测量间隙原子动力学性质的对称性。

3. 自间隙原子的动力学性质

自间隙原子的动力学行为相当特殊。实际上,它比静态性质更明显地反映出对晶格畸变的影响。从第一次对低温粒子辐照试样进行电阻率回复测量以来,人们普遍认为,在 30 K 附近,Al,Cu 和 Ni 之类金属中的间隙原子可以自由迁移,并测得其迁移激活焓约为 0.1 eV,比空位迁移激活焓小一个数量级(图 12.6)。正如在前节中讨论的那样,这个低的数值与间隙原子形成焓对其组态不敏感性相适应。间隙原子周围的点阵弛豫决定了形成焓的主要部分。

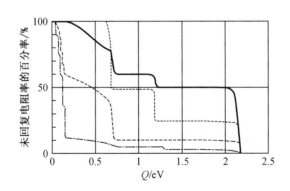

**图 12.6　贵金属(除 Au 外)的电阻率回复谱(作为热激活湮没过程激活能的函数)[30]**
注:预处理分别为用电子辐照( − − − )、用中子辐照( − − − )、淬火( - - - )和冷加工(—)。图中显示了退火时未回复电阻率随热激活湮没过程激活能的变化。

当哑铃越过鞍点时形成焓仅增加几个百分点。研究者们已计算模拟了间隙原子迁移行程的细节。对于面心立方 Cu 和体心立方 α－Fe,其最可能迁移途径如图 12.7 所示。在面心立方结构中,它由重心平移一个原子间距和哑铃轴转动 90°组成。在重心固定下哑铃轴转动 90°所需的激活熵是这种迁移行程的 4 倍。对于体心立方结构,也有一个原子间距的平移,但轴仅转动 60°,得到激活熵为 0.21 eV。在这种结构中,不平移只转动 90°,其能量只比迁移行程大 0.04 eV。

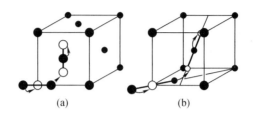

**图 12.7　计算机模拟所得到的迁移行程**

(a)面心立方晶格中 <100> 对分间隙原子的迁移;

(b)体心立方晶格中 <110> 对分间隙原子的迁移

计算机模拟进一步揭示了面心立方结构中 <100> 哑铃的低频(共振模式)和高频(局域模式)振动模式(图 12.8)。如图 12.9(a)所示,沿着 <100> 相反方向振动的哑铃原子,两个原子间的平衡间距小,使耦合弹簧有很高的力常数。这种耦合产生局域模式,其频率远高于最大晶格频率 $\omega_{max}$(图 12.8 中 $A_{1g}$)。

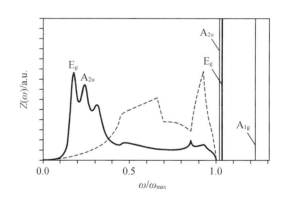

**图 12.8　面心立方晶格中的 <100> 对分间隙原子的**

**局域频率谱(在晶格所有方向上的平均)**

注:用修正的 Morse 势表示 Cu 的行为[3]。虚线是完整点阵。局域模式:$\omega > \omega_{max}$;共振模式:$\omega < \omega_{max}$。

对于如图 12.9(c)所示的位移方向,两个哑铃原子间的强烈压缩弹簧,引起垂直作用于哑铃轴的反弯曲弹簧分量。所造成的力常数是小的,从而产生一个低频共振模式(图 12.8 左边的 $E_g$ 模式)。另外一个共振模式($A_{2u}$)是由图 12.9(b)所示的原子激发出来的。低频共振使哑铃原子的热位移比规则点阵原子的热位移大。50 K 时,其均方位移 $<S^2>$ 约为规则点阵位置上原子的 2 倍;150 K 时约为 3.5 倍。由于图 12.9(c)所示的共振模式把哑铃原子引向迁移行程的鞍点组态,而且这种模式的热总数在 20 K 时已开始增加,因而间隙原子迁移在 30 K 附近开始（图 12.6 和图 12.10）就不难理解了。间隙原子迁移是否遵循 Arrhenius 行为的问题，已由 Flynn[31] 给出了肯定答案。这种解释根据的是经典激发的共振模式。沿着迁移路径能量曲线平坦，是反弯曲弹簧作用的直接结果。

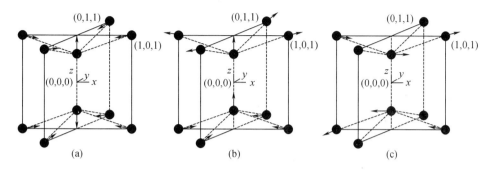

图 12.9　面心立方晶格中 <100> 对分间隙原子的局域和

共振振动模式（箭头指出振动方向）

（a）局域模式 $A_{1g}$（图 12.8）；（b）共振和局域模式 $A_{2u}$；（c）共振和局域模式 $E_g$

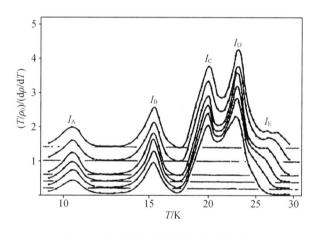

图 12.10　温度 - 微分等时回复曲线

注：Pt 被电子辐照到 6 个不同的电阻率增量（缺陷浓度）。曲线由下向上，其电阻率的增量分别为 1.93 $n\Omega \cdot cm$，7.90 $n\Omega \cdot cm$，21.7 $n\Omega \cdot cm$，56.2 $n\Omega \cdot cm$，104.6 $n\Omega \cdot cm$ 和 227.0 $n\Omega \cdot cm$。

　　间隙原子与其他缺陷相比具有高的热活动性，这可以从根据 Van Bueren[30] 的结果所作的图 12.6 上清楚地看到。激活熵在 0.1 eV 附近的电阻率回复是间隙原子迁移湮没的结果。间隙原子迁移性质的更详细情况可以从图 12.10 上看到。它示出 Pt 经电子辐照后的温度微分电阻回复曲线。图 12.10 中给出了间隙原子迁移性质的更多细节。阶段 $I_A$，$I_B$ 和 $I_C$ 是由于近 Frenkel 对的湮没引起的。这种一级反应（峰温和形状与起始电阻率，即缺陷浓度无关）来源于空位与间隙原子的强烈相互吸引作用。阶段 $I_D$ 和 $I_E$ 分别是由自由迁移的间隙原子与不可动空位的相关和不相关复合引起的。

　　哑铃间隙的反弯曲弹簧作用也引起哑铃间隙的高弹性极化率。施加 ｛100｝ <001> 切应力正好激发图 12.9(c)所示的游离共振模式。计算模拟表明,由于该弯曲弹簧的作用,哑铃轴的转动角度是宏观切变角度的 20 倍。

4. 自间隙聚合团

计算机计算表明,面心立方晶格中间隙原子的结合能约为 1 eV。面心立方晶格中最稳定的双间隙原子组态由轴平行的哑铃组成。它们的重心位于两个最近邻位置,处于与哑铃轴垂直的平面上。每个间隙原子进入这种双原子组态时,其弛豫体积约减小 10%。已研究了直至 36 个间隙原子构成的团簇。得到的结果显示,大于约 10 个间隙原子时,二维的(111)堆垛层错环比三维集团更稳定。随着团簇长大,每个自间隙原子的结合能从 1 eV 增加到 2 eV 以上。从单个间隙原子到 36 个间隙原子的环,每个间隙原子的弛豫体积约减少 25%。双间隙原子的迁移焓与单间隙原子大致相同。三间隙原子的迁移焓是简单缺陷的一倍。

依据 X 射线漫散射、黄氏散射及力学弛豫的测量结果,推断晶体中存在小的多重间隙排列。图 12.11 示出了电子辐照 Al 经 40 K 退火后的 X 射线散射数据,并与两个不同双间隙原子组态的计算散射曲线进行比对。对于黄氏散射强度,含有 $n$ 个点缺陷团的散射强度是 $n$ 个单间隙原子强度的 $n$ 倍,很容易观测到团簇的形成,这是由于黄氏强度与波矢量之间的 $K^{-2}$ 关系在较高 $K$ 值时被 $K^{-4}$ 关系取代。根据 $K^{-4}$ 有效性的边界,可以估算团簇的半径。对于 Al,在与图 12.11 相同的实验条件下,估算平均间隙原子数目 $N=2$,与漫散射结果的结论一致。

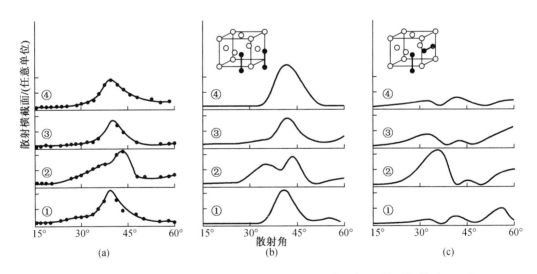

图 12.11 X 射线漫散射强度的比较(Al 在 4.2 K 下电子辐照,然后加热到 40 K)

(a)实验结果;(b)(c)两种不同双间隙原子组态的计算曲线

注:数字 1 到 4 指的是 Ewal 球的圆周。

对于 Cu,在回复第 I 阶段结束时,发现存在 5 到 10 个间隙原子的小环状团簇。根据未出现小于 5 个间隙原子团簇的情况,推断 Cu 中的双间隙和三间隙与单间隙一样,在这个温度区间都是易动的。在 Au,Al,Cd,Co,Mg,Nb,Zn 和 Zr 中经黄氏散射发现了小的间隙原子团簇[32]。Au 在 10 K 时已团簇化,这与观察到的 0.3 K 时的间隙原子活动性相一致[33]。

体心立方晶格的计算结果表明,两个哑铃的轴沿 <110> 互相平行,重心位于最近邻位置并处于与轴垂直的平面上,这种组态是最稳定的。其结合熵为 0.9 eV,迁移熵与单间隙原子近似相同。

5. 自间隙原子与溶质的相互作用

通过对受辐照金属的回复观测,明显可见溶质原子捕陷迁移的间隙原子,其温度范围取决于溶质种类,从阶段 Ⅰ 到阶段 Ⅱ 再到阶段 Ⅲ 的温度。图 12.12 中示出了纯 Cu 和稀 Cu – Au 合金(4.2 K 受电子辐照)的等时电阻率回复曲线。

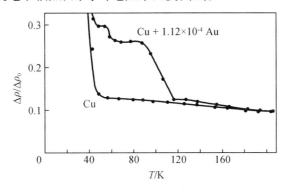

**图 12.12　受电子辐照的纯 Cu 和稀 Cu – Au 合金的等时电阻率回复[34]**

业已用电阻率测定法详尽地研究了捕陷和脱陷动力学。因为捕陷在间隙原子迁移时发生,所以捕陷率受扩散控制。对于三维迁移的缺陷,捕陷半径 $r_i$ 是控制捕陷率的量,为溶质特有,通过观测阶段 Ⅰ 以上温度的电阻率损伤来测定这个量。Cu 中溶质的捕陷半径为 1 ~ 2 nn。根据分解温度(图 12.12 为 100 K)可以推导出分解熵,这个值与对混合哑铃迁移理论符合得很好,并得知 Cu 中许多溶质的分解熵在 0.1 ~ 0.4 eV 之间。对类似 Ni 和 Cu 的许多溶质,用电阻率测量观测不到捕陷发生。对于 Cu 中的 Be,分解熵大于 1 eV。值得指出的是,用电阻率测量所断定的捕陷,意味着在陷阱中的间隙子是不可动的。如果溶质和自间隙原子作为复合体,在其形成的温度下可动的话,电阻率观测不会指示出有任何复合体形成。对于 Cu 中的溶质 Be,观测到它发生间隙输运,迁移熵大约为 0.6 eV。这个值与对混合哑铃迁移的理论预测相符合。溶质 Be 的体积错配约为 30%。对于 Cu 中的 Ni,错配几乎为零。在回复测量中观测不到捕获阶段。在高浓度的 Cu – Ni 合金中观测到低温短程有序化,这表明存在混合哑铃输运过程[35]。对于 Ni 中的溶质 Si,根据辐照诱发偏析的测量结果也得出了相似结论。

## 12.4.3　缺陷聚合团的自组织

用重粒子辐照晶体产生单空位和自间隙原子,还有缺陷的聚合团,主要是位错环。通常称由片状空位聚合体两侧塌陷形成的位错环为负位错环;由自间隙原子聚集成新的原子面而构成的位错环为正位错环。在空位和间隙原子易动的辐照温度下,位错环作为点缺陷的尾闾,为了简化起见,我们把位错环视为点缺陷的唯一尾闾。在持续辐照条件下,逐渐积累和增多的空位、自间隙原子会不断地与位错环发生交互作用,并因而导致晶体中位错环的组态发生规律性的演化,使其呈现出某种周期排列的结构,称其为缺陷聚合体的自组织。

迁移空位和间隙原子与位错的弹性相互作用的强度不同,原因是这两种缺陷的弛豫体积不同。因此,某个位错的尾闾强度对间隙原子和对空位是不同的,对间隙原子的尾闾强度比对空位的大。我们来考虑这样的情况,自由迁移的空位和间隙原子是均匀产生的,位错环的分布是随机的。随机迁移的点缺陷一旦进入尾闾的捕陷半径,就会在该处湮没。空位湮没使位错环的长度增加,从而增大尾闾的总强度。间隙原子的湮没则使位错环的长度减小。间隙原子和空位都倾向于被尾闾捕陷,使尾闾向两个相反的方向发展。在持续辐照的情况下,这个反应体系已满足尾闾结构在空间上自组织的条件[36]。采用适当的速率方程组对这个过程进行定量处理,并且用线性稳定性分析来研究这种微分方程组对于小的空间起伏的稳定性。

尽管自组织是反应物之间非线性关系的结果,然而还是应该进一步了解这种规则图像形成的物理原因。尾闾密度的空间起伏 $\delta c_s / <c_s>$ 可以用傅里叶级数来表示,其中一个分量示于图 12.13。因为湮没的倾向不同,相应的 $c_I$ 起伏大于 $c_V$ 起伏,示于上述同一图中。这种差别会使 $\delta c_s / <c_s>$ 增大。引起的流量 $D_I \nabla_x c_I$ 和 $D_V \nabla_x c_I$ 会减少各自的起伏,使系统稳定。对这个问题进行解析处理,得到了 $\delta c_s / <c_s>$ 的增大量与波长 $\lambda$ 的下述关系。当 $\lambda$ 为零时,$c_I$ 和 $c_V$ 的浓度梯度无限增加;从而使起伏 $\delta c_I / <c_I>$ 和 $\delta c_V / <c_V>$ 消失,$\delta c_s / <c_s>$ 的增大因子也就为零。当 $\lambda$ 无限增加时,两种缺陷的起伏幅度趋于相等;因此引起增大的差别消失。在 $\lambda$ 的某个定值下,增大出现极值,从而发展成以这个波长为特征的网格结构。

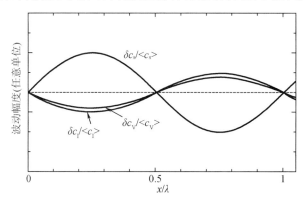

**图 12.13** 尾闾(s)、空位(V)和间隙原子(I)浓度的空间起伏示意图

质子辐照后观测到的位错自组织体系如图 12.14 所示。可以认为,缺陷在位错环上湮没过程的对称破缺(空位增加尾闾密度,间隙原子使其减少)以及湮没的倾向性是这个有序化过程的本质。三维迁移的空位和二维或一维迁移的间隙原子是迁移破缺的另外一个例子。可以设想,图 12.5 所示的挤列子(一维的)或者密排六方和四方晶格中的间隙原子(二维的)发生这类扩散。根据这种非对称性,也可以解释出现空洞的规则排列[37]。

有序尾闾结构所引起的持续缺陷流与物质输运耦合起来,会形成成分上有序的合金。缺陷和溶质流的耦合机制在下节中论述。参考文献[36]对于辐照诱发有序结构理论和实验结果进行了评论。

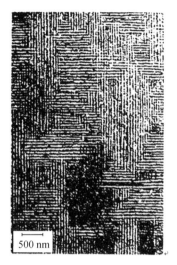

**图 12.14　{100}平面位错墙和堆垛层错四面体的周期排列**

注:试样为 Cu,在 100 ℃左右受 3.4 MeV 能量质子辐照到积分通量 2 dpa(每个原子的位移)的 < 100 > 投影成像[38]。

### 12.4.4　持续缺陷流引起的原子再分布

在持续辐照下,晶体点阵中的空位和间隙原子浓度过饱和。在这两种缺陷都易动的辐照温度下,缺陷浓度会通过复合和在尾闾处湮没而降低。在尾闾密度很低的情况下湮没速率由复合反应控制。因为缺陷随机迁移,所以复合在空间上均匀发生。为了用速率方程进行描述,缺陷湮没被考虑为“有损耗介质”(Lossymedium)。在高尾闾密度的情况下,缺陷湮没一般不能用有损耗介质来描述。表面或非固定位错之类的永不饱和尾闾在稳态环境下会引起持续的缺陷流。

对于由 A 和 B 原子组成的固溶体合金,尾闾前端的缺陷流和原子流如图 12.15 所示。

如果二元合金中组元 A 和 B 通过空位迁移的偏扩散系数($D_A^V$ 和 $D_B^V$)不同,则流向尾闾的空位流 $J_V$ 会引起不同的原子流 $J_A$ 和 $J_B$,从而在接近尾闾处输运较快的组元贫化,在距离尾闾一定距离的地方富集,这个过程是倒 Kirkendall 效应[39]。如果间隙原子流 $J_I$ 提供图 12.15(c)所示的原子流,则接近尾闾处组元 A 会富集,如图 12.15(d)所示。在稳态和 $r_{Vs} = r_{Is}$ 的条件下,浓度梯度 $\Delta c_A$ 与 $[(D_A^V/D_B^V) - (D_A^I/D_B^I)]\Delta c_V$ 成正比。

如果其中一种缺陷与组元中的一种原子形成紧密结合的可动复合体,并在尾闾处湮没,也可以发生这类原子再分布。在这种情况下,形成复合体的组元将在尾闾处富集。这种原子再分布会导致新相形成。最简单的情况是对 B 在 A 中的未饱和固溶体进行辐照。当再分布的幅度足够大时,在尾闾处或在其附近会超过溶解度,只要生核条件允许就会形成中间相。在足够高的辐照温度下,当辐照停止后,通过热空位的活动,这个过程可以逆转。参考文献[40]对辐照诱发偏聚的理论描述进行了评论。

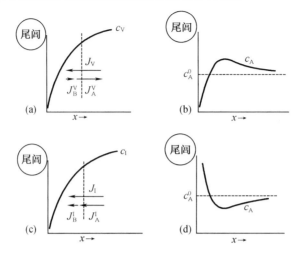

**图 12.15　A – B 合金中的倒 Kirkendall 效应**

注：由流向尾闾的空位流(a)和(b)、间隙原子流(c)和(d)所引起。A 是迁移较快的原子，$c_A$ 是它的浓度。

对于研究内尾闾附近的沉淀，已证明高压电子显微镜是很有用的工具。电子能量约 0.5 eV 以上就足以在成像过程中产生 Frenkel 缺陷。电子束强度极高，在几分钟内便可超过核反应堆中辐照产生的原子位移数几个数量级。辐照诱发形成 $Ni_3Si$ 之类的有序相，用暗场技术很容易成像。对于 Cu – Be 合金，已用场离子显微镜研究了辐照诱发 Guinier – Preston 区的形成[41]，还用透射电子显微镜研究了长程有序 $\gamma CuBe$ 相的形成。参考文献[42]对辐照诱发偏析的实验资料进行了评论。

辐照引起的原子再分布不一定需要缺陷在尾闾处湮灭。如果 Frenkel 对的复合速率取决于合金成分，当化学势有强烈影响时会出现这种情况，则复合速率在空间上会不均匀。这也会产生持续的缺陷流，能够扩大已有的浓度起伏。Russell[43] 已对受辐照材料中的相变这个领域进行了评述。

### 12.4.5　有序合金中缺陷的特征

长程原子有序是中间相的一个普遍现象，固溶体和金属间化合物都是如此。固溶体的例子是 CuAu 合金，金属间化合物的例子是 CoGa 合金。许多金属间化合物有序无序转变的临界温度超过熔点，意味着有序化能高。对这类合金，点缺陷除了具有纯金属或无序固溶体中的已知特征外，还有一些其他特征。我们来观察已提到的 CoGa，它类属 β 黄铜电子化合物，具有 CsCl 型(B₂ 型)晶体结构。这个结构由两个分别被 A(Co) 和 B(Ga) 原子占据的 α 和 β 简单立方亚点阵组成。后一种原子处于前一个点阵的体心立方位置。对于两个亚点阵中的空缺点阵位置，由于它们的最近邻原子的壳层不同，因而很可能在能量上不等效。在两个亚点阵的空位份额会很不同，这可以从以下的比较朴素的图像中推测出来。在 α 亚点阵中的空位仅被 B 原子包围。这种排列暗示出它的形成焓 $\Delta H_V^{\alpha} = \Delta H_V^{B}$，右边一项描述的是纯金属的情况。这个假设的确在许多Ⅷ族～ⅢA 族化合物中得到证实。对于 Ga,得知 $\Delta H_V^{B} \approx 0.5$ eV,导致 900 ℃时在 Co 亚点阵中的空位份额约为 10%。有人在 1979 年做了更精确处理,得出 $\Delta H_V^{v} = 0.48$ eV;然而平衡测量得到的形成焓是(0.23 ±0.06) eV。同理得出 $\Delta H_V^{B} \approx 1.4$ eV,因而得到 β 亚点阵中的空位份额比在 α 亚点阵中的低几个数量级。无疑,这样大的空位总量会显著地影响材料的宏观性质。

在 α 亚点阵中超额空位是怎样形成的呢? 只有把一个 A 原子移入 β 亚点阵,才能形成一个超额空位(比 β 亚点阵中的空位多)。这个原子形成了一个反位置缺陷(也称为反结构原子),即在有序合金中特有的点缺陷。因为每个亚点阵上的位置数目相等,所以一个反位置缺陷一定伴随有两个 α 亚点阵中的空位。这样就得到了一个三重缺陷。

反位置缺陷的形成,引入有序化能作为 α 亚点阵中空位浓度和迁移率的控制参数。通常的最近邻跳动距离( <111 >/2)必须用次近邻距离( <100 >)来替代。特别是这些空位在淬火甚至在慢冷过程中不湮没而保留下来。因此,很容易观察到许多金属间化合物在室温下有 1% 数量级的空位。此外,有序度不仅取决于有序能,而且也取决于 α 空位的形成焓。正如已观察到的那样,这种情况使有序度的 Arrhenius 图弯曲。

业已观察到,在某些金属间化合物中空位之间有显著的排斥作用,并可用每个空位有高达一个电子的电荷来加以解释。排斥相互作用导致空位分散分布已在 FeAl 中观察到,然而在 NiAl 中观察到有大的空洞形成(直径 50～100 nm)。NiAl 和 CoAl 中的空位浓度比 FeAl 和 CoGa 中的小很多。后面这些化合物与前者相比,本征无序度较高。在许多更复杂的金属间化合物中已观察到空位的长程有序[44]。

金属间化合物的另一个特点是具有偏离化学计量比的稳定性。在慢冷试样中,CoGa 化合物中 Co 原子分数从 45% 到 65% 都是稳定的。在 Co 亚点阵中的空位浓度,Co 原子分数 45% 时约为 10% ,65% 时则降至 0.1% ,在化学计量比成分时的空位浓度则为 2.5% 。这些空位可以看作为结构空位,它们的形成保证了不同成分下晶格的稳定性。另一方面,因为空位达到热平衡浓度的过程很缓慢,增大了区分热空位和结构空位的难度。对于 CsCl 结构的化合物是否存在结构空位,文献中尚有争论。

对于结构更复杂的金属间化合物,系统地研究上述问题的程度更差,这主要是由于很难制备可靠的试样材料。然而,在少数情况下,详细研究了一些最有意义的性质。一个例子是 Zintl 相 βLiAl,它作为锂硫电池的阳极材料是很重要的。这种材料在室温下,对于 Al 原子分数为 47% 和 52% 两种成分,分别含有 0.4% 和 7% 的 Li 空位。Li 自扩散激活能的数量级为 0.1 eV。80 K 时,Li 空位是长程有序的。

金属间化合物 $Nb_3Sn$,$V_3Ga$ 和 $Nb_3Ge$( A15 结构)是很重要的,原因是它们有极好的超导性质。这些性质与 A15 结构的独特特征紧密相联,在这些结构中含有过渡金属原子的线性链。人们发现 $V_3Ga$ 的超导到正常态的转变温度与淬火温度密切相关。这个关系可以用淬火温度下热无序产生反位置缺陷(Ga 原子处在 V 原子链中)来解释。

Werer[45]对金属间化合物的扩散性质进行了评述。

## 参考文献

［1］ FRENKCL J. Über die wrmebewegung in festen und flüssigen krpern［J］. Z Phys, 1926, 35：652.

［2］ DEDERICHS P H, ZELLER R. Dynamical properties of point defects in metals［M］. Berlin：Springer – Verlag, 1980.

［3］ DEDERICHS P H, LEHMANN C, SCHOBER H R, et al. Lattice theory of point defects ［J］. J Nucl Mater, 1978,69,70：176.

［4］ ADAMS J B, FOILES S M. Development of an embedded – atom potential for a BCC metal：vanadium［J］. Phys RevB, 1990, 41：3316.

［5］ CATLOW C R A, CORISH J, JACOBS P W M, et al. Report No. EARE – TAP – 873 ［R］. Harwell：Atomic Res. Establishment, 1980.

［6］ KELEMRADT U, DRITLETE B, HOSHINO T, et al. Vacancy – solute interactions in Cu, Ni, Ag, and Pd［J］. Phys Rev B, 1991, 43：9487.

［7］ SCHROEDER K. Theory of diffusion reactions of point defects in metals, in：springer tracts in modern physics［M］. Berlin：Springer – Verlag, 1980.

［8］ LECHNER R. Mass transport in solids［M］. New York：Plenum Press, 1983.

［9］ WAGNER C, BEYER J. The nature of the appearance of aborted arrangements in silver bromide［J］. Z Phys Chem B, 1936,32：113.

［10］ SIMMONS R O, BALLUFFI R W. Measurements of equilibrium vacancy concentration in aluminum［J］. Phys Rev, 1960,117：52.

［11］ SIMMONS R O, BALLUFFI R W. Measurement of equilibrium concentrations of vacancies in copper［J］. Phys Rev, 1963, 129：1533.

［12］ HAUTOJRVI P. Vacancies and vacancy – impurity interactions in metals studied by positrons［J］. Mater Sci Forum, 1987,15 – 18：81.

［13］ KLUIN J E, HEHENKAMP T. Comparison of positron – lifetime spectroscopy and differential dilatometric measurements of equilibrium vacancies in copper and alpha – Cu – Ge alloys［J］. Phys RevB, 1991,44：11597.

［14］ TRIFTHUSER W, MCGERVEY J D. Monovacancy formation energy in copper, silver, and gold by positron annihilation［J］. Appl Phys, 1975(6)：177.

［15］ BALLUFFI R W. Vacancy defect mobilities and binding energies obtained from annealing studies［J］. J Nucl Mater, 1978,69,70：240.

［16］ LENGELER B. Quenching of high quality gold single crystals［J］. Philos Mag, 1976, 34：259.

［17］ ESHCLBY J D. The contium theory of lattice defects, in：solid state physics 3：seitz F ［M］. New York：Acadmic Press, 1956.

［18］ SCHULTA H. Defect parameters of BCC metals：group – specific trends［J］. Mater Sci

Eng A, 1991, 141 – 149.

[19] EHRHART P, CARSTANJEN H D, FATTAH A M, et al. Diffuse – scattering study of vacancies in quenched gold[J]. Philos Mag,1979,40: 843.

[20] MANTL S,TRIFTSHUSER W. Defect annealing studies on metals by positron annihilation and electrical resitivity measurements[J]. Phys RevB, 1978,17: 1645.

[21] RÜHLE M, WILKENS M. PhysicalMetallurgy[M]. Amsterdam:North – Holland Publ, 1983.

[22] WAGNER R. Field – ion microscopy[M]. Berlin:Springer – Verlg,1982.

[23] ABROMEIT C, WOLLENBERGER H. International conference on vacancies and interstitials in metals and alloys [C]. Mater Sci Forum, 1987,15,18: 1 – 216.

[24] DOYAMA M. Vacancy – solute interactions in metals[J]. J Nucl Mater, 1978,69,70: 350.

[25] KING W E, MERKLE K L, MESHII M. Determination of the threshold – energy surface for copper using in – situ electrical – resistivity measurements in the high – voltage electron microscope[J]. Phys RevB, 1981,23: 6319.

[26] PEISL J, FRANZ H, SCHMALZBAUER A, et al. Defects in materials, materials research society symposium proceedings, vol. 209 [C]. Pittsburgh PA:Materials Research SSociety , 1991: 271.

[27] RAUCH R, SCHMALZBAUER A, WALLNER G. Loop formation in Cu and Al after low – temperature fast – neutron irradiation[J]. J Phys Condens Matter, 1990,2: 9009.

[28] EHRHART P, ROBROCK K H, SCHOBER H R. Physics of radiation effects in crystals [M]. Amsterdam: Elsevier Science Publishers, 1986.

[29] WOLLENBERGER H J. Physical metallurgy [M]. Amsterdam: Elsevier Science Publishers, 1983.

[30] VAN B H G. Interperfections in crystals[M]. Amsterdam: North – Holland, 1961.

[31] FLYNN C P. Resonance mode hopping and the stage I annealing of metals[J]. Thin Solid Films, 1975, 25: 37.

[32] EHRHART P, SCHNFELD B. Point defects and defect interactions in metals [G]. Tokyo: Univ. of Tokyo Press, 1982.

[33] BIRTCHE R C, HERTZ W, FRITSCH G,et al. Proc int conf on fundamental aspects of radiation damage in metals, CONF – 751006 [C]. Springfield, VA: Natl. Techn. Inf. Service, 1975: 405.

[34] CANNON C P, SOSIN A. Analysis of the recovery of dilute alloys of gold and silver in copper after low temperature electron irradiation[J]. Radiation Effects, 1975, 25: 253.

[35] POERSCHKE R, WOLLENBERGER H. Thedecomposition of low temperature electron irradiated Cu – Ni alloys upon isochronal annealing [J]. Radiat Eff Defect S, 1980, 49: 225.

[36] ABROMEIT C, WOLLENBERGER H. Elements of the radiation – induced structural self –

organization in materials[J]. J Mater Res, 1988,3: 640.

[37] HAKEN H. Synergetics [M]. Berlin: Springer – Verlag, 1977.

[38] JGER W, EHRHART T P, SCHILLING W. Microstructural evolution in metals during helium and proton irradiations[J]. Radiat Eff Defect S, 1990, 113: 201.

[39] SMIGALSKAS A D, KIRKENDALL E O. Zinc diffusion in alpha brass[J]. Trans AIME, 1947,171: 130.

[40] WIEDERSICH H, LAM N Q. Phase transformations during irradiation[M]. London: Applied Science Publishers, 1983.

[41] WOLLENBERGER H J. Physical metallurgy, vol. 2 [M]. Amsterdam: Elsevier Science Publishers, 1983: 1140.

[42] REHN L, OKAMOTO P R. Psase transformations during irradiation[M]. London: Applied Science Publishers, 1983.

[43] RUSSELL K C. Phase – stability under irradiation [J]. Prog Mater Sci. 1984,28: 229.

[44] LIU PING, DUNLOP G L. Long – range ordering of vacancies in BCC $\alpha$ – Al Fe Si[J]. J Mater Sci, 1988,23: 1419.

[45] WEVER H. Diffusion in solids – unsolved problems [M]. Aedermannsdorf: TransTech Public, 1992.

[46] WLENBERGER H J. 晶体中的点缺陷[M]. 褚幼义,译. 北京:科学出版社,1999.

[47] 冯端. 结构与缺陷[M]. 北京:科学出版社,2000.

# 第 13 章　He 对聚变反应堆结构材料性能的影响

裂变反应堆堆内结构材料性能恶化主要是由离位损伤引起的。未来的聚变反应堆中,聚变中子不仅产生离位损伤,而且产生高浓度 He 和氢以及其他杂质元素。He 对聚变堆结构材料性能的影响与离位损伤的影响同等重要。

核聚变是指两个轻原子核聚合成一个重原子核,同时放出巨大能量的核反应,例如氘 ($^2_1$H,重氢,D) 和氚 ($^3_1$H,超重氢,T) 聚合变成氦 ($^4_2$He)。聚合时放出的能量为同等质量铀 - 235 裂变反应释放能量的 4~5 倍,而且不会产生放射性物质。

氢的同位素氘和氚是基本的核聚变材料,D–D 和 D–T 聚变反应是最主要的核聚变反应。此外,月球土壤中富含的 $^3$He($^3_2$He) 也是潜在的核聚变材料。D$^3_2$He 聚变反应释放的能量比 D–T 反应释放的能量还要大,而且 D–$^3$He 反应基本不产生中子,从而大大减轻材料辐照损伤并降低感生放射性的水平,但由于这种反应要在更高的温度下才能进行(一般认为要在 50~100 keV,即 5~10 亿度①),故实现起来更困难。

氢及其同位素因带电荷最少,核间的库仑排斥力也最小,而且在较易达到的能量区内,D–T 的聚变反应截面最大,因此 D–T 反应最容易实现。人类能够最先实现的可控热核反应是 D–T 聚变反应。聚变反应堆一旦研究开发成功,人类将获得取之不尽的清洁能源,并被视为人类终能源。核聚变能源研究已成为世界性关注问题。2006 年 11 月,包括欧盟、美国和中国在内的七方在巴黎正式签署协议启动国际热核聚变实验反应堆(ITER)计划,标志着核聚变能应用已经进入了全球共同合作开发的新阶段。

目前已发展了两种基本途径来实现聚变能的和平利用。一种是磁约束聚变(MCF)方法,主要有托卡马克途径和仿星器途径,还有磁镜、反向场箍缩及球形环等其他途径。另一种是惯性约束(ICF)方法。其中托卡马克途径处于不可动摇的领先位置,首先在托卡马克型反应堆上实现可控聚变能的应用具有光明前景。

近年来托卡马克的概念设计已取得进展,各种堆部件的要求已基本明确,候选材料的选择已有共识。最近在国际热核实验堆研究中已完成了一个完备的实验动力堆设计。

聚变能是有潜力的、安全的、环保的和经济性好的电力能源。除了获得可控热核反应条件外(产生和约束 DT 等离子体),聚变能的实现在很大程度上依赖于成功地开发核聚变系统部件的高性能材料。

托卡马克聚变堆的主要部件包括第一壁、偏滤器系统、包层系统、磁场屏蔽、容器结构、磁场系统、燃料和等离子体辅助热源等。这里的讨论仅限于第一壁、包层和偏滤器等系统的结构材料。本章主要讨论有关 DT 燃料循环的托卡马克中的材料问题。未来聚变堆的

---

① 根据经典力学,热平衡电子气中的电子能量为 $3/2kT$。其中,$k$ 为玻尔兹曼常数,$T$ 为热力学温度。当 $T = 5.6 \times 10^8$ 时,$kT = 48$ eV。

DT 燃料循环将在第 15 章中讨论。

第一壁是包层中面向高温等离子体和包层高功率密度增殖区的重要部件,它构成等离子体室。第一壁结构由面向等离子材料和结构材料组成,前者选用与等离子体相容性好或溅射率低的材料,后者承担第一壁的结构功能。包层系统的主要功能是将聚变能转换成热能,同时增殖燃料循环中所需的氚。包层系统包括靠近等离子体的实现多种功能的工作包层(外包层)和用于辐射防护的屏蔽包层(内包层)。内外包层中的结构材料应具有耐高温、抗辐照和低活化等性能。偏滤器系统的主要作用是把 D - T 反应生成的 He 灰转移出去。偏滤器由结构材料组成,其中含有冷却剂并支撑面对等离子体材料。第一壁/包层及偏滤器必须能承受高能中子注量率、高能粒子流和高热流密度负荷及电磁力载荷,而且必须与候选冷却剂及氚增殖剂有好的化学相容性,因而温度极限和应力极限是评估这些部件的首要判据。

材料使用性能取决于服役环境对材料显微结构的影响。核聚变结构材料直接面对高注量 14 MeV 快中子的作用。离位损伤和 He 聚集的双重作用将导致材料微观结构变化和微观化学变化,恶化材料性能,损害核聚变结构的机械完整性和结构完整性。借用 Kulcinski[1] 的话:辐照损伤是聚变能商业化的第二个最大障碍。我们将在这一框架下讨论辐照损伤效应。

本章内容主要基于 Ullmaierz 在 1984 年关于 He 对聚变反应堆结构材料性能的影响的综述,Trinkaus 关于 He 对材料高温力学性质影响的工作,Mansur 与 Coghlan 关于肿胀和微结构变化的工作。

# 13.1 辐照损伤和外来元素生成

固体辐照损伤物理这一学科起始于 1942 年第一个核反应堆建立之后不久,那时 Wigner 就指出,快中子和裂变产物可能会损伤堆材料的微观结构,从而造成严重的技术问题。这种材料性能的恶化很快就被发现,特别是在快中子增殖堆中。将来的聚变堆中子谱包含高份额能量更高的中子束(图 13.1),高能中子对聚变堆第一壁和包层结构的寿命具有决定性的影响。

辐照环境中结构材料性能恶化是离位损伤和 He 损伤的共同结果,如图 13.2 所示。

(1)轰击粒子(中子、离子)向晶格原子传移反冲。如果反冲能高于离位阈能(某些金属大约为 10 eV),将产生空位 - 间隙原子对(Frenkel 缺陷)。

(2)轰击粒子能够引发核反应,在材料中产生高浓度外来元素,特别是中子 $(n, \alpha)$ 反应生成的惰性气体 He。快中子辐照下,甚至在很低的 He 浓度下,金属和合金的性质都会发生变化。

裂变反应环境的缺陷积累主要与离位损伤相关,因为 $(n^{th}, \alpha)$ 反应截面较小,He 生成速率低。聚变反应产生的离位损伤与裂变反应相似。然而,随中子能量增大反应截面急剧增大,聚变堆结构材料中生成的 He 至少与离位损伤同等重要,特别是考虑材料高温行为的时候。这种观点体现在大量的金属中 He 行为的研究中。早期的基础性研究资料包含在两个论文集中[3-4],应用研究方面的工作成果则散布在大量的核反应堆材料会议和期刊文章中。

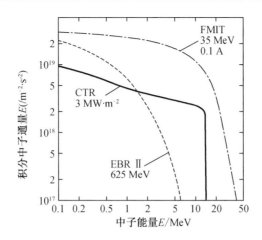

**图 13.1　典型快裂变实验反应堆(EBR Ⅱ)芯部和概念聚变反应堆(CTR)**
**第一壁积分中子通量谱的比较**

注:高组分 14.1 MeV 中子直接来源于反应等离子[D + T ——→α(3.5 MeV) + n(14.1 MeV)]。图
中还给出了计划中的削裂中子源(FMIT)最高通量位置的中子谱。注意对数坐标。

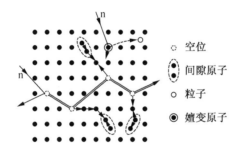

**图 13.2　高能粒子与固体晶格原子核相互作用导致晶格原子离位(间隙原子和空位)和**
**生成嬗变产物[如(n,α)反应生成 He 核]**

浏览这些资料就会发现,虽然文献很多,但涉及 He 浓度对各类反应堆结构材料性能影响的数据并不多。我们选择有代表性的实验结果,分析 He 生成、分布的基本特征和模拟研究方法,讨论这些基本特性对聚变堆结构材料力学性能的影响。

首先介绍聚变堆结构材料中 He 的产生机制和可能的速率,讨论聚变堆环境 He 效应的模拟方法。

## 13.2　聚变堆结构材料 He 的生成及分布

(n,α)核反应是聚变堆核聚变系统结构材料中最重要的产 He 源,但并不是唯一的产 He 源。无论什么样的设计,面对等离子区的结构部件都将遭受逃逸 α 粒子及其他粒子的轰击和注入,导致壁表面腐蚀、起泡、开裂和等离子体污染。但这种作用并不是结构材料力学性能恶化的直接原因。其他的 He 生成过程,例如固体氚增殖材料自身增殖反应生成的 He 和氚衰变的 ${}^{3}$He 也会带来 He 损伤及 He 问题。这里主要讨论(n,α)反应的影响,仅简要提及表面轰击、He 离子注入和氚衰变的影响。

### 13.2.1　表面注入及氚衰变

一般来说,如果不考虑 He 循环和有选择的 He 泵送,任何(D-T)聚变反应堆中朝向容器壁的 α 粒子的总通量应该等于 14 MeV 中子通量,但到达容器壁的 α 粒子的能量谱强烈地依赖于反应堆的概念设计。

对于磁约束等离子区,聚变反应生成的 α 粒子中只有少部分(典型为少于 1%)能够直接逃逸磁场约束,以最大 3.5 MeV 能量撞击器壁的某些区域。它们在第一壁合金中的射程约为几微米,预计平均通量为 $10^{16}$ m$^{-2}$ · s$^{-1}$。聚变产生的大部分 α 粒子将被约束在磁场内并在等离子区内减速,像其他等离子区内的粒子一样,最终以同样的能量及角分布到达第一壁,其平均能量对应于等离子区边界的温度,约为 100 eV。

低能 He 离子的主要作用是溅射壁表面(图 13.3),而 3.5 MeV α 粒子可以造成表面性质的剧烈改变,如起泡、剥落或形成海绵状结构(图 13.4)。但是,如果低能 He,D 和 T 离子溅射造成的表面腐蚀率高于某一特定值,以致 He 浓度达不到溅射去除损伤了的壁表面的临界浓度,那么后者产生的损伤可以避免。由于发生上述现象的准确判据涉及等离子体与壁相互作用的诸多细节,这里只能给出估计的结果[9-10]。对于平均总 α 粒子通量为 $10^{18}$ m$^{-2}$ · s$^{-1}$ 和快通量为 $4 \times 10^{16}$ m$^{-2}$ · s$^{-1}$ 的情况,为了避免不锈钢壁凸起,每个 α 粒子对应于 0.2 个原子的溅射产额是必需的。此时对应的腐蚀率为 0.1 mm/a,这种速率是可以接受的。上面的数据会随着初始估计时未考虑的其他因素而改变。这些因素包括 α 粒子能量的空间变化和分布、受溅射壁材料的二次沉积、由电弧及化学反应造成的附加腐蚀,以及较高或较低的燃料系数(改变 D-T 通量与 α 通量的比率)等。在 3.5 MeV α 粒子轰击和同时经受低能 D 及 T 离子(在各个入射角)高通量轰击的条件下,壁材料表面将如何改变仍缺乏实验依据。虽然有这些不确定因素,但在高能 α 粒子逃逸 1% 及等离子区边界温度高达 10 eV 的磁约束装置中,第一壁等部件起泡及剥落应该是可以避免的。

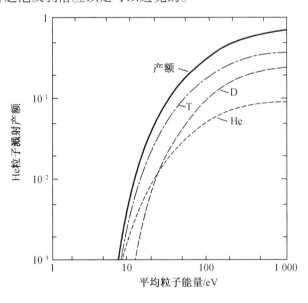

**图 13.3　不锈钢中每个 He 粒子的溅射产额随平均入射能量的变化**

注:D,T 及 He 流密度比率为 47.5:47.5:5,也就是假设 5% 的 D 及 T 被燃烧。

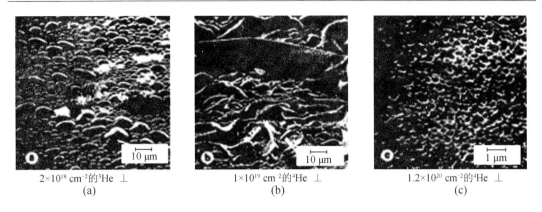

$2\times10^{18}$ cm$^{-2}$的$^3$He ⊥　　　　　$1\times10^{19}$ cm$^{-2}$的$^4$He ⊥　　　　　$1.2\times10^{20}$ cm$^{-2}$的$^4$He ⊥
　　　　(a)　　　　　　　　　　　　　　　(b)　　　　　　　　　　　　　　　(c)

**图 13.4　不同辐照剂量表面缺陷类型的例子(室温下 100 keV 的 He 离子轰击 Nb)**
(a)起泡;(b)剥落;(c)海绵状结构

　　对于惯性约束聚变反应堆(ICFR),燃料及从爆炸小球中释放的灰尘微粒将以更高的速度撞击壁材。这里有一个典型的例子。对于假设产生 100 MJ 能量的单球和半径为 7 m 的球形反应堆容器[11],由于微粒的能量和速度不同,不同组分的小球碎屑将在不同的时间撞击壁材[图 13.5(a)]。除 D,T 及 Si 颗粒外,还有两组 He 原子到达壁表面,其中心能量分别为 2 MeV 和 0.3 MeV。第一次脉冲沉积大约有 $2\times10^{16}$ m$^{-2}$ 的 He 原子进入第一壁,第二次大约有 $5\times10^{16}$ m$^{-2}$ 的 He 原子进入第一壁,在厚度少于几微米表面层内产生 0.1 MJ·m$^{-2}$ 的能量耗散。被 He 粒子转移的能量大约是微球能量的 7% 或是带电微粒沉积能量的 30%。

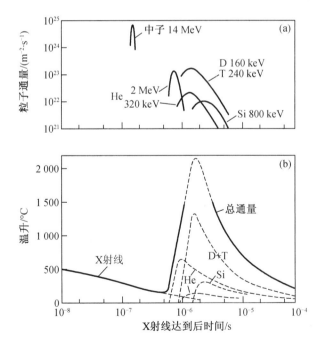

**图 13.5　距离产生 100 MJ 能量小球 7 m 处第一壁的粒子通量随起爆后时间的变化(a)[11]和未保护的不锈钢壁由于 α 粒子谱引起的表面温升(b)[12]**

　　对于未加保护的内壁表面,小球碎屑将产生三方面结果:①短时间内产生很高的温度;

②产生振荡波(脉冲压力);③气体离子造成表面腐蚀及起泡。图 13.5(b)说明,最严重的是脉冲热的影响,因为某些参数下将导致不锈钢内壁层溶化。除非人们采用很大的腔体尺寸,否则必须改变小球碎屑的能量谱。参考文献[12]提到了各种用于吸收光子及减慢电离颗粒的方法。后面将提及一些保护方案,它们能够软化中子谱,减少第一壁及包层材料中的产 He 量。

氚衰变是聚变堆的另一产 He 源。对于高稳态含氚材料而言,这种现象更为显著。当氚与基体的原子比为 1:1 时,每天将产生 $1.5 \times 10^{-4}$ 的 $^3$He。在固体增殖材料(Li – 陶瓷)中,虽然 He 主要来自增殖反应自身($^6$Li + $^1$n —→ $^3$T + $^4$He;$^7$Li + $^1$n —→ $^3$T + $^4$He + $^1$n),但是氚衰变同样有明显贡献。He 对增殖反应的影响,如氚的扩散、释放及其尺寸稳定性等仍知之甚少。这也是在裂变反应堆中对 Li – 陶瓷进行辐照及原位实验的原因之一[14-15]。人们希望通过这些研究更多地了解中子环境中预选增殖材料的行为。

在结构合金中,仅仅某些 BCC 难熔合金氚衰变的 He 生成量是丰裕的,例如曾经作为第一壁候选材料的 Nb 基和 V 基合金。由于它们能溶解较高浓度的氢同位素,T 衰变产生的 He 可与中子的产额相比较[1]。但是,由于 T 含量高、渗透速率高,结构材料必须用氢的非渗透涂层密封,这将限制衰变 He 的生成。

### 13.2.2 块体材料(n,α)反应生成 He

中子诱发(n,α)核反应是聚变反应堆结构材料中 He 的主要来源。20 世纪 60 年代中期研发快中子增殖反应堆堆芯合金时就认识到了这一结果。可控热核聚变技术的进展促进了聚变核材料的研究,给这一领域带来了动力。依据有效截面和阈值能量,可以估计离位速率和气体产生速率。

1. 高能中子导致的(n,α)反应

假设材料 M 的原子质量为 $A$,核电荷为 $Z$,则有

$$
\begin{cases}
{}_Z^A\text{M} + {}_0^1\text{n}^f \longrightarrow {}_{Z-2}^{A-3}\text{M'} + {}_2^4\text{He}(\text{几兆电子伏}) \\
{}_Z^A\text{M} + {}_0^1\text{n}^f \longrightarrow {}_{Z-2}^{A-4}\text{M''} + {}_0^1\text{n'} + {}_2^4\text{He}
\end{cases}
\tag{13.1}
$$

结构钢中几种元素的(n,α)反应截面与中子能量的关系如图 13.6 所示,反应截面通常在中子能量大于几兆电子伏时才明显增大。由于 14 MeV 中子在聚变反应中子谱中占有高的比例(图 13.1),所以聚变堆第一壁/包层结构中的 He 问题要严重得多。图 13.7 为不同元素的 14 MeV 中子核反应截面。虽然各种元素的截面差别很大(Ni 有高的反应截面),但对于所有的核素都是丰裕的。也就是说所有的核素都存在快中子生成 He 的反应,不能通过选择特殊组分的合金避免快中子产生 He。快中子对几乎所有核素也产生(n,p)反应。但这些反应生成的氢未能引起脆化,因为氢在钢中扩散得很快,能从材料中逸出。

2. 热中子的(n,α)反应

裂变堆中快中子通量低,不会产生高浓度 He,但混合谱堆中的热中子利用有限数目的核反应能够产生较高浓度的 He。

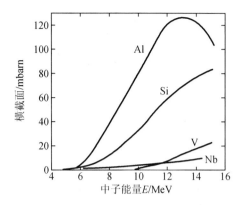

**图 13.6　几种金属(n,α)反应产生 He 的截面随中子能量 $E$ 的变化[18]**

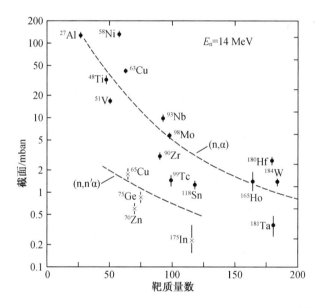

**图 13.7　几种元素的 14 MeV 中子核反应产生 He 的截面[19]**

注:曲线分别代表(n,α)及(n,n'α)反应截面与靶质量数关系的总趋势。

Ni 的两步反应 $^{58}Ni(n,\gamma)^{59}Ni(n,\alpha)^{56}Fe$ 是重要的反应。

$$\begin{cases} ^{58}_{28}Ni + ^{1}_{0}n^{th} \longrightarrow ^{59}_{28}Ni + \gamma \\ ^{58}_{28}Ni + ^{1}_{0}n^{th} \longrightarrow ^{56}_{26}Fe + ^{4}_{2}He\ (4.76\ MeV) \end{cases} \quad (13.2)$$

有效截面分别为 0.7 barn[①] 和 10 barn。

在混合谱反应堆中,两步反应式(13.2)进行得很剧烈。$^{58}Ni$ 不是天然存在的同位素,因而这一反应过程还包括相对于单步阈型(n,α)反应的延迟。

一些 He 产生于热中子与大多数钢中存在的少量 $^{10}B$ 的(n,α)反应,但辐照初期对 He 生成的贡献首先来自于主要合金组元的阈型(n,α)反应。

$^{10}B(n,\alpha)$ 反应是普遍存在的反应。

---

① 　1 barn = $10^{-24}$ cm$^2$。

$$_{5}^{10}\text{B} + _{0}^{10}\text{n}^{\text{th}} \longrightarrow _{3}^{7}\text{Li} \ (0.84 \ \text{MeV}) + _{2}^{4}\text{He} \ (1.47 \ \text{MeV}) \tag{13.3}$$

有效截面为 4 010 barn。

虽然 Ni(含 68% $^{58}$Ni)是很多聚变反应堆候选合金中的重要元素,但是热中子在聚变中子谱中占的比例很小,Ni 的两步反应对聚变堆结构材料 He 生成的贡献可以忽略。例如在 1 MW·m$^{-2}$ 中子壁载荷的概念聚变反应堆中,不锈钢内壁由这类反应生成的 He 每年仅为 $2 \times 10^{-9}$,而快中子诱发的年产额为 $2.8 \times 10^{-4}$。尽管如此,热中子与 Ni 的(n,α)反应是裂变堆中 He 的主要来源。对于许多商用钢来说,He 的生成率几乎可直接由 Ni 含量来估计。

$^{10}$B 的(n$^{\text{th}}$,α)反应截面很高,但它在不锈钢中的含量通常少于 $1 \times 10^{-5}$,这类反应在聚变中子环境中对于 He 生成的贡献也可以忽略。但是 Ni 和 B 与热中子的反应十分重要,因为它们能够提供一种有用的模拟技术,用于在热及混合谱反应堆中模拟聚变反应 He 的生成速率(参见 13.3.1 节及 13.3.4 节中的内容)。

### 13.2.3   含 He 缺陷结构的分布特征

反应式(13.1)~式(13.3)表明,α 粒子的能量为几兆电子伏,下面从两方面讨论这种带能 He 核在金属中的行为。

1. 大部分合金的组元分布是不均匀的

对应于不同截面的组元(图 13.6 和图 13.7),变化的长度范围从几纳米(小的沉淀物)到数十微米(晶界上的偏析),这将导致(n,α)反应速率空间分布不均匀。然而,对于中等密度($\approx 10 \ \text{g·cm}^{-3}$)固体,兆电子伏量级 α 粒子的行程为几微米,即使某种元素完全偏析的最坏情况(例如晶界上的 B),这些不均匀性也大部分被掩盖了,其强化作用是有限的。可以进行简单的推算,晶界上(n,α)反应生成的 He 比晶粒内均匀(n,α)反应高 $D/4R$ 倍。对于典型的晶粒尺寸($D = 20 \sim 50 \ \mu\text{m}$),$R$ 的范围为 $2.5 \sim 10 \ \mu\text{m}$(图 13.8),加强因子为 $1 \sim 5$。

2. 质量为 $m$ 的带电粒子沿路径穿过固体时由于能量衰减逐渐慢化

能量衰减是电子激发和离化(电子阻止)以及向固体原子转移反冲能(核阻止)的结果。如果反冲能超过了离位能 $E_{\text{d}}$,则产生空位 – 间隙对(图 13.2)。由于核阻止随着粒子能量的减少而增加,在 α 粒子行程的末端将产生高密度的缺陷,直至能量耗散到低于离位能的最低能量 $[E_{\text{min}} \approx (M/4m)E_{\text{d}}]$,粒子最终停止在晶格中。图 13.8 给出了不同能量 α 粒子产生的缺陷随它们在 Ni 中位置的变化。不论起始能量大小(1 MeV 和 5 MeV),沿入射距离最后 5 nm 内均生成大约 10 个缺陷对(在约 $10^{-13}$ s 内)。

从图 13.8 中看出,这类缺陷密度远高于聚变中子与晶格原子弹性或非弹性碰撞诱发的稳态缺陷密度。下节我们将讨论对于位错密度为 $10^{14} \ \text{m}^{-2}$ 的不锈钢,当离位速率为 $10^{-6} \ \text{dpa·s}^{-1}$ 时(典型的离位速率,见 13.2.3 的内容),600 ℃ 的稳态空位浓度约为 $10^{-7}$。对应看到,中子与空位间的平均距离(约 50 nm)比 α 粒子产生缺陷间的距离大 10 倍。可以认为,由(n,α)反应生成 He 造成的局域缺陷强烈地影响金属晶体的性质(见 13.4.1 节)。这些缺陷环境决定了它们以后的行为,这种局域缺陷环境主要取决于粒子本身(He 效应),与先前的缺陷结构或其他离位过程仅有微弱的关系。

还应该指出,He 周围的缺陷排列与中子和 α 粒子诱发的总的离位速率是不同的概念。如果平均到整个材料体积,沿 He 生成路径上聚集的缺陷浓度只占总离位原子密度的一小部分(见 13.2.3 节)。总离位速率 $\dot{K}$ 是与很多辐照效应(例如膨胀、辐照蠕变以及辐照诱发的微观结构变化）相关的关键参数。即使对于决定 He 生成速率 $\dot{P}$ 的现象,同时产生的离位损伤也影响 He 的行为（长程扩散、聚集等）,因而不能被忽略。

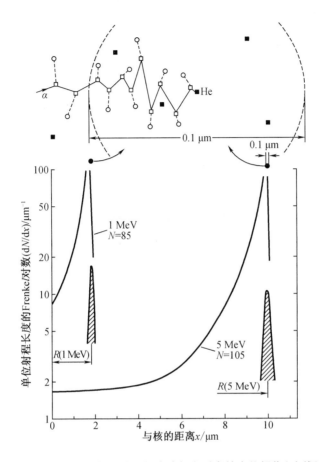

**图 13.8　Ni 中 α 粒子单位长度路径上诱发的离位损伤（实线）**

注:α 粒子的初始能量分别为 1 MeV 和 5 MeV。阴影区域为沉积 α 粒子的分布,射程 R 前产生了很高的缺陷密度。从图的上部分看出射程的最后 50 nm 生成了 10 对 Frenkel 对（□…○）,中子产生的稳态空位浓度为（▨）$10^{-7}$。

从目前的情况看,缺陷结构仍然是聚变反应堆核反应系统结构材料研究的重点,其主要目标如下。

（1）能够可靠地预测预期的离位损伤速率 $\dot{K}$（dpa·$s^{-1}$）和 He 生成速率 $\dot{P}$（$1 \times 10^{-6}$ $s^{-1}$）,这些参数随反应堆概念设计和包层设计的变化,以及它们的时间结构。

已对各种概念聚变反应堆和包层结构设计进行了仔细的计算,使我们对某些候选材料有较丰富的数据基础,后面将给出几个典型的结果。

（2）给出在大块样品中获得相应于聚变反应离位损伤速率和 He 生成速率的具体的实验方案。

这些研究需要在尽可能高的 He 生成速率下进行。损伤生成时的环境参数,例如温度、机械应力和压力等应是可控的。由于没有用于聚变材料性能测试的反应堆,目前及今后多年仍需借助计算模拟的方法,并尽量利用现有的实验条件,后面将讨论现有技术能否满足需要。

在诸多的输入参数中,He 的生成速率是关键参数。下面给出几种聚变反应堆候选结构材料中的 He 生成速率等参数。

### 13.2.4　聚变反应堆结构材料中 He 的预期生成速率

许多概念聚变反应堆设计都进行了细致的中子物理学计算。通过专门的计算程序,计算了不同反应堆配置结构材料的中子谱,诱发的辐射、余热、离位速率、气体产率和组分变化等。几种候选结构材料典型的离位速率 $\dot{K}$、He 生成速率 $\dot{P}$ 及 He/dpa 值见表 13.1 和 13.2。表 13.1 为 MCF 堆包层设计的两组典型数据,表 13.2 为 ICF 堆包层设计的两组典型数据[22-23]。参考文献[22]中液 - Li 包层的尺寸、成分和环境如图 13.9 所示。

表 13.1　磁约束聚变反应堆第一壁损伤速率的两个典型例子

| 结构材料 | 离位速率 /$(dpa \cdot a^{-1})$ | He 生成速率 /$(10^{-6} \cdot a^{-1})$ | He/dpa /$(10^{-6}/dpa)$ | 参考文献 |
| --- | --- | --- | --- | --- |
| 奥氏体不锈钢（AISI - 316） | 11.7 | 160 | 13.8 | [22]（图 13.9） |
| 铁素体钢（EM - 12） | 11.7 | 122 | 10.5 | |
| Mo(TAM) | 7.2 | 51 | 7.1 | |
| Ti 合金($Ti_6Al_4V$) | 15.6 | 142 | 9.1 | |
| V 合金($V_{20}Ti$) | 12.8 | 67 | 5.2 | |
| 奥氏体不锈钢（AISI - 316） | 11.6 | 145 | 12.7 | [23] |
| Mo | 7.5 | 47 | 6.3 | |
| V 合金（$V_{20}Ti$） | 11.7 | 59 | 5.0 | |

注:损伤速率都被归一到壁载荷为 1 MW·$m^{-2}$,并假设平面因子为100%。

表 13.2　惯性约束反应堆第一壁时间 - 平均损伤速率的两个典型例子

| 概念设计 结构材料 | 离位速率 /$(dpa \cdot a^{-1})$ | He 生成速率 /$(10^{-6} \cdot a^{-1})$ | He/dpa /$(10^{-6}/dpa)$ | 参考文献 |
| --- | --- | --- | --- | --- |
| HIBALL 铁素体钢 HT9 未保护 受保护 | (10.1) 1.1 | (92) 0.14 | (9.1) 0.13 | [24] |
| 湿 Li 不锈钢壁 | 10 | 40 | 4 | [12] |
| 干碳 Mo 壁 | 7 | 31 | 4.5 | |

注:损伤速率被归一到壁载荷为 1 MW·$m^{-2}$,并假设平面因子为100%。

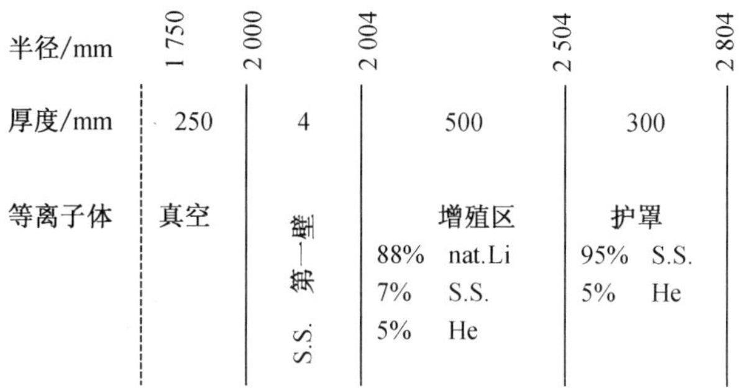

| 半径/mm | 1 750 | 2 000 | 2 004 | | 2 504 | | 2 804 |
|---|---|---|---|---|---|---|---|
| 厚度/mm | 250 | 4 | 500 | | 300 | | |
| 等离子体 | 真空 | 第一壁 S.S. | 增殖区 88% nat.Li 7% S.S. 5% He | | 护罩 95% S.S. 5% He | | |

**图 13.9　参考文献[22]中液－Li 包层模型的尺寸和成分**
注:模型用于计算中子特性,图中没有严格给出尺度标度。

如果归一到给定的载荷,MCF 堆未加保护的内壁对于特殊的包层结构设计和结构材料选择不敏感。而 ICF 堆的情况要复杂得多,因为不同的内壁保护方案剧烈地改变聚变中子谱(表 13.2)。与长脉冲($\approx 100$ s),甚至是稳态运行的 MFC 堆相比(表 13.3),ICF 堆的另一特点是损伤脉冲短时间扩展(ns 到 $\mu$s,图 13.5(a)),导致很高的损伤速率峰值。

**表 13.3　典型概念惯性约束反应堆的峰值损伤速率与磁约束反应堆的稳态(QUASI)损伤速率的比较**

| 概念设计 结构材料 | 峰值损伤速率 /(dpa·s$^{-1}$) | 峰值 He 生成速率 /($10^{-6}$·s$^{-1}$) |
|---|---|---|
| ICFR – HIBALL 受保护铁素体钢 | $3.6 \times 10^{-3}$ | $4.4 \times 10^{-2}$ |
| 磁约束 图 13.9 铁素体钢包层 | $3.9 \times 10^{-7}$ | $4.0 \times 10^{-6}$ |

注:损伤速率被归一到平均中子壁载荷 1 MW·m$^{-2}$。

由于设计思想、壁载荷、预选材料改变得较快,而辐照实验及合金发展较慢,所以对于聚变结构材料的研发工作,考虑所有的从不同概念设计中得到的结果只会起阻碍作用,而不是起建设性的作用。

目前的权宜之计是着眼于有代表性的合金种类及对辐照参数的"合理"设置,表 13.4 是一个例子。为了获得合理的模拟研究技术,设计出更好的辐照方案,这类数据是十分必要的。

**表 13.4　未来聚变能反应堆第一壁的离位损伤及 He 生成数量级比较**

| | 磁约束 | 惯性约束 | 快裂变增殖 |
|---|---|---|---|
| 生成的平均离位数 (dpa·a$^{-1}$) | 30 | 10 | 50 |
| 峰值离位速率 /(dpa·s$^{-1}$) | $10^{-6}$ | $10^{-1}$ | $10^{-6}$ |

表 13.4(续)

|  | 磁约束 | 惯性约束 | 快裂变增殖 |
|---|---|---|---|
| 平均 He 生成量 /($10^{-6} \cdot a^{-1}$) | 450 | 50 | 10 |
| 峰值 He 生成速率 /($10^{-6} \cdot a^{-1}$) | $10^{-5}$ | $10^{-1}$ | $3 \times 10^{-7}$ |
| 平均 He/dpa/ /($10^{-6}$/dpa) | 15 | 5 | 0.2 |
| 功率循环数 ($a^{-1}$) | 10(磁镜、仿星器) $10^5$(托卡马克) | $10^7 \sim 10^9$ | < 10 |

注:表中最后一列给出了快中子增殖裂变反应堆芯部件的相应数据。

# 13.3 模拟聚变条件的 He 引入技术

各类概念反应堆设计都有不同的中子谱,即使在同一反应堆中,不同位置亦有不同的能谱。也就是说,堆内不同位置的材料运行在不同的能谱、不同的通量和不同的温度下。实验温度、中子通量和能谱是三个重要参量。从这种意义上说,辐照实验都具有模拟性质。

对于聚变堆技术而言,除辐照温度外,现有的辐照装置的通量和能谱与聚变堆实际工作情况相差太悬殊。发展聚变堆核聚变系统结构材料的一个特殊的困难是缺乏原型实验环境。即使大型聚变装置,例如 INTOR 或 NET 也不是真实的材料实验装置。因此,在一段期间内,聚变材料的研究需要通过非聚变放射源进行。只有对损伤机制的理解提高到这样一种水平,即从目前可用的模拟技术得到的结果能够用于设计和建造聚变反应堆的原型机时才被认为是成功的。

下面的讨论表明,并没有单一的"最好的"模拟办法,只有综合不同方法的模拟结果,加上理论研究才能得到所需的结论,由 He 主导的材料性质的变化更是如此。由于聚变反应生成高浓度 He 是特有的现象,所以从快中子增殖材料中得到的主要基于离位损伤的基本信息是不够的。换句话说,虽然离位损伤对于聚变和裂变反应有同等的意义,但聚变材料中的 He 问题显得更复杂更重要。

根据不同的模拟目标,可采用不同辐照装置,下面简要讨论这些装置的优势和限制。

## 13.3.1 裂变反应堆

对于聚变材料研究而言,裂变反应堆是最重要的辐照工具。其主要优势和限制在于:

(1)裂变中子诱发的初始损伤结构与聚变中子非常相似。

(2)对于特殊但重要的合金材料(含 Ni 奥氏体合金),可以通过混合谱反应堆获得与聚变反应相应的高 He/dpa 值(见式(13.3)和图 13.10(a))。

(3)大多数材料实验反应堆在高通量区域能够进行块状样品实验。

(4)原位(在堆)实验是可能的,至少在理论上是可行的。

(5)在快中子增殖反应堆的发展过程中,从实验方法、剂量确定和辐照后的实验中获取了大量的经验,可用于聚变材料模拟研究。

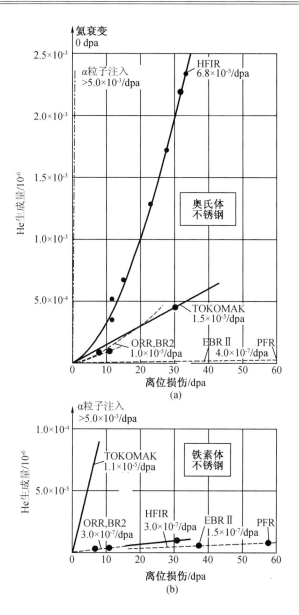

**图 13.10　几种不同辐照源最大通量位置含 Ni 奥氏体不锈钢( a )及**

**铁素体钢( b )中的 He 产量和离位损伤**

HFIR—高通量同位素反应堆( ORNL ) ;ORR—橡树岭研究反应堆( ORNL ) ;

BR2—Belgium 反应堆 2 ( SCK/CEN Mol ) ;EBR Ⅱ —实验增殖反应堆Ⅱ ( Idaho Falls ) ;

PFR—原型快反应堆( Dounreay )

注:黑点表示利用率为 100% 时一年内可能获得的数据[26]。图中还给出了 α 粒子注入及氚衰变的相应数据。两幅图的纵坐标标度相差 10 倍。

（6）裂变中子的 He 产量通常非常低( Ni 是一个例外 ),He/dpa 值比聚变反应谱低 30 ~ 80 个因子[图 13.10 ( b )]。

（7）反应堆的辐照过程是耗时及昂贵的。离位率与预期的聚变反应堆相似,没有“快速移动”效应[高通量同位素反应堆( HFIR )中的含 Ni 合金是个例外]。

（8）原位（在堆）实验是很困难的，而且也非常昂贵。

（9）在 ICFR 及下一代托卡马克中，模拟聚变中子通量的脉冲性质几乎是不可能的。

（10）反应堆辐照样品有很高的放射性，辐照后的实验必须在热室中进行。

参考文献[27]~参考文献[29]讨论了美国、欧洲等国和日本应用（或可能应用）热及快裂变反应堆研究聚变材料的状况。

### 13.3.2   高能 α 粒子注入

20 世纪 70 年代离子注入技术已很成熟。注入方法可分为单能注入、多（连续）能量平台分布注入、亚损伤阈值能量注入、高能注入以及极低温度和高温注入等。这些方法可用于不同条件下 He 效应模拟研究。

通过回旋加速器可向固体中注入能量为 10~100 MeV 的 α 粒子，是一种有效的实验方法，被越来越多地应用于 He 效应的研究。其优缺点包括：

（1）效率高，可以向所有的材料中引入高浓度 He（达到 $1 \times 10^{-4}$ $h^{-1}$）。

（2）数十兆电子伏能量的 α 粒子（图 13.11）已经可以穿透用于机械性能实验的样品。通过调节注入能量和剂量，可以获得 He 的均匀体积分布（图 13.12）。

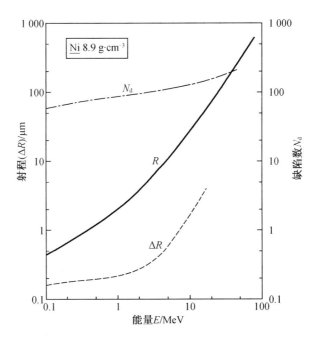

**图 13.11   Ni 中 α 粒子射程 $R$、宽度分布 $\Delta R$ 以及产生的**
**Frenkel 对数 $N_d$ 随其能量的变化曲线**

（3）注入导致的局域缺陷环境与（n，α）反应生成 He 原子的情况相同。

（4）可以在很宽的频率和峰值范围内模拟 He 的脉冲产额。

（5）诱发的放射性很低。

（6）由于生成的平均 Frenkel 对数量很少，相应的 He/dpa 值是聚变中子的数百倍，不能用于研究高离位率及高产 He 率的共同作用。

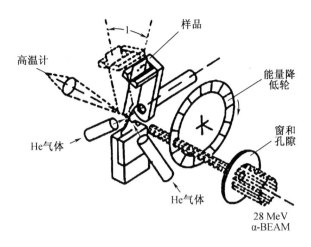

**图 13.12　利用 He 注入方法研究在束条件下 He 对结构材料疲劳寿命影响的装置示意图[30]**

注:类似的装置可用于研究稳态应力下的脆性,此时样品被改放在小型蠕变装置上。

(7)由于样品的厚度有限,不能用于研究 He 引起的断裂机制(如裂纹扩展)。

### 13.3.3　高能中子源

基于高能中子源的加速器能够很好地模拟聚变堆内壁的环境,但现有的中子源还不能提供足够的强度。目前,在 Livermore 运行的旋转靶中子源(RTNS – Ⅱ)可以在测试空间(0.018 cm³)内提供 14 MeV,峰值通量密度为 $1.3 \times 10^{17}$ n·m$^{-2}$·s$^{-1}$ 的中子束。虽然这种强度对于初始损伤研究很有效,但是它的通量密度太小,不足以完成在一定周期内与聚变相关的损伤水平的研究。已经计划发展基于不同中子产生过程(蜕变、削裂)的高通量密度中子源,一些已经进入设计阶段,甚至已经开始建造(例如在 Hanford 的聚变材料实验装置 FMIT)。这些中子源的主要特征包括:

(1)中子谱峰值可以接近 14 MeV。虽然能量的分散性较大,但可以恰到好处地调整中子谱,使其诱发的损伤和 He 生成量与聚变环境相似。

(2)辐照体积 10 cm³ 的中子通量可以高于 $10^{19}$ n·m$^{-2}$·s$^{-1}$,能够进行某些加速的实验(第一壁约 5 MW·m$^{-2}$ 载荷下的 $\dot{K}$ 和 $\dot{P}$ 值)。

(3)在一定的条件下可以进行在束和脉冲激发的辐照实验。

(4)测试空间十分有限,只有少量小型样品可以被辐照至需要的剂量水平。

(5)投资及运行费用巨大,而样品产出很少,性价比不高。因此在有限预算的条件下,这种中子源是否是不可缺少的变得很有争议,目前是否继续 FMIT 计划还不清楚。

### 13.3.4　其他技术

下面讨论另外一些已应用的 He 引入技术。

1.氚衰变方法

氢同位素氚(T)在一些金属(Ti,V,Nb,Ta 和 Pd 等)及合金中有较高的溶解度及扩散性,衰变产物为$^3$He,半衰期为12.323年。

氚衰变方法的优缺点包括:

(1)在一定的周期内,可以在块状样品中产生均匀分布且浓度很高的He。已运用这种技术研究无缺陷晶格中He的性质以及金属氚化物的时效效应。

(2)β$^-$衰变的反冲能很低,不能模拟He诱发的总的离位损伤,也不能模拟He原子的局域缺陷环境。

一个有趣的优点是反应堆内部的氚衰变现象[37]。在混合谱反应堆中,辐照样品放置在充满$^3$He的密封室内。$^3$He对热中子有很高截面,$^3_2$He$(n,p)^3_1$T反应生成大量的氕核(0.573 MeV)和氚核(0.191 MeV),它们将被注入或溶解于样品中。据称通过选择合适的快中子辐照位置,可以在长周期内保持相应于聚变反应的高He/dpa值。

2. B掺杂

另一项涉及热中子产生He的技术是B掺杂。B掺杂的优缺点包括:

(1)由于有高的截面,在较短的时期内$^{10}$B在小型的热反应堆中就可以全部转变为$^4$He。

(2)如果不希望材料性质发生变化,掺杂浓度不应超越某一限度,限制了He的生成量,通过掺杂富$^{10}$B可以改进这种状况。

(3)晶界上的B偏析将导致He分布不均匀,避免偏析并非不可能,但十分困难。

(4)像α粒子注入那样,B掺杂产生的局域缺陷环境与$(n,α)$反应的缺陷环境相似,但是缺陷浓度仍然很低。

3. 双束注入

在α粒子注入过程中,可以通过附加重离子束注入增加离位率。双束辐照的特征包括[39]:

(1)除具有离子注入的优点外,还可产生较高的$\dot{K}$值和较宽范围的He/dpa值。

(2)重离子在金属中的射程短($<1$ μm),沿路径生成的损伤不均匀。

(3)双束辐照主要用于肿胀研究,因为肿胀经常涉及高的离位率。然而,该技术不能用于研究He诱发的机械性能变化。

4. 氕核和氚核轰击

(1)理论上讲,高能(10~20 MeV)氕核或氚核轰击是研究聚变材料的理想方法。对于几乎所有的材料,通过选择合适的能量,由$(p,α)$或$(d,α)$反应产生的离位速率及He生成速率可以被调整至与聚变反应对应的水平。由于束流能量及热迁移的限制,获得的$\dot{K}$和$\dot{P}$绝对值仅稍高于预期的聚变反应值。

(2)核聚变系统结构材料中He的长周期效应研究通常需要数月的辐照时间,这对于回旋加速器来说是不可行的。因此,这项技术主要适用于研究取决于损伤速率的现象,而不适用于研究由累积损伤水平决定的现象,如辐照蠕变。

## 13.4　金属中He的基本性质

人们多年前就已经注意到金属中的He效应了,这种效应最早可追溯到裂变反应堆内不锈钢部件的辐照肿胀。高温时He会形成气泡从而削弱晶界使金属变脆。金属中的

He 问题大至分为三类:①单 He 原子和小团簇的性质;②He 泡的形核和长大;③He 导致的宏观性能变化。

Ullnaier 图示了金属中 He 原子、小 He – 空位团、He 泡的性质,给出了金属中 He 泡形核长大及 He 效应的主要内容,对应的理论和实验研究方法见第 4 章表 4.1。

Trinkaus 给出了类似的分类(见第 4 章表 4.2),包括 He 原子间的相互作用、He 原子与金属原子的相互作用、He 泡分类、He 泡形核长大动力学及相应的研究方法。本书其他章节已详细讨论了 He 金属中基本性质,这里仅涉及 He 对结构材料性能的影响并讨论相应的理论模型。

## 13.4.1  原子行为

控制 He 在金属中行为的重要参数是 He 原子在完整或不完整晶体中占位及能量(图 13.13),这些能量决定了 He 的溶解度、迁移路径、被缺陷捕陷、早期团簇形成(自捕陷、发射 Frenkel 对)以及 He 泡的形核和长大。

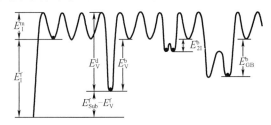

**图 13.13  金属中 He 原子的几种位形和能量示意图(典型的能量值见表 13.5)**

$E_1^f(E_{Sub}^f)$—间隙 He 原子和替位 He 原子的形成能;$E_I^m$—间隙 He 原子的迁移能;

$E_V^d$—He 原子从空位脱陷的离解能;$E_V^f$—空位的形成能;$E_V^b$—HeV 结合能;

$E_{21}^b$—2 个 He 原子与 1 个间隙的结合能;$E_{GB}^b$—He 与晶界的结合能

从图 13.13 中看到,间隙 He 原子的形成能 $E_I^f$ 很高,远大于空位的形成能 $E_V^f$,He 原子移入预存空位的能量较低,与空位的结合能($E_V^b$)较大;间隙 He 原子的迁移能($E_I^m$)很低,一旦 He 原子进入间隙,它很容易迁移并被空位捕陷;替位 He 原子的形成能($E_{Sub}^f$)远低于间隙 He 原子的形成能($E_{Sub}^f \ll E_I^f$),意味着金属中替位 He 浓度远高于间隙 He 浓度;2 个 He 原子处于 1 个间隙的结合能($E_{21}^b$)也较大,因此间隙 He 原子还会结合另一个或几个 He 原子形成原子团而略微降低能量。

理论计算和实验研究表明,金属中的 He 主要有三种扩散机制(图 13.14):间隙机制(间隙位→间隙位)、空位机制(空位→空位)和受阻的间隙机制(间隙位→空位→间隙位)。受阻的间隙机制也称为离解机制。

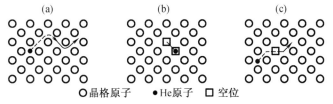

○晶格原子  ●He原子  □空位

**图 13.14  He 在晶格中扩散的三种可能机制**

(a)间隙机制;(b)空位机制;(c)受阻的间隙机制

表 13.5 列出了 FCC Ni 和 BCC W 中 He 原子和空位的形成能、迁移能和结合能，以及 He 在某些扩展缺陷中的能量，表中大部分数据是针对完整晶体的计算值（小部分为实验值），这些量值仍然有不确定性，但其量级是可信的。

表 13.5　空位和 He 原子在典型 FCC Ni 和 BCC W 中的形成能、迁移能和结合能[①]

单位:eV

| 能量 | 符号 | Ni | W |
|---|---|---|---|
| 空位形成能 | $E_V^f$ | e 1.84 | e 3.7 |
| 空位迁移能 | $E_V^m$ | e 1.04 | e 1.7 |
| 间隙 He 形成能 | $E_I^S$ | t 4.5 | t 5.5/5.9 |
| 间隙 He 迁移能 | $E_I^m$ | t 0.41/0.65；e 0.35 | t 0.24/0.29 |
| 两个间隙 He 的结合能 | $E_{2I}^b$ | t 0.22 | |
| HeV 结合能 | $E_V^b$ | t 3.2；e 2.3 | t 4.1/4.4 |
| 替位 He 形成能 | $E_{Sub}^S = E_I^S - E_V^b + E_V^f$ | t 3.1 | t 4.7/5.4 |
| He – 位错结合能 | $E_D^b$ | t 0.3 | t 1.9 |
| He – 晶界结合能 | $E_{GB}^b$ | t 1.1 | |
| He 原子表观扩散激活能 | $E^m$ | e 0.81 | |
| He 穿透能 | $E^P = E_I^S - E_V^b + E_V^f + E^m$ | e 3.6[②] | |

注:①t 代表计算值,e 代表实验值;
　　②不锈钢的实验值,某些能量的比较如图 13.13 所示。

理论上讲,已经成功通过计算得到了这些能量的参考数值,适当地选取原子间相互作用势是保证计算准确性的关键。使用运算速度快和存储器容量大的计算机能够得到相当准确的结果,甚至能够可靠地预测更复杂的体系。与计算相比,适用的实验方法较少但很重要(见第 4 章 4.2 节)。

表 13.5 给出的几种能量值大多数来自于理论计算,部分为实验结果。当前可用的数值仍有不确定性,但金属中 He 原子基本性质的结论还是比较可靠的。

(1)由于 He 原子与空位的结合能 $E_V^b$ 高,He 原子的间隙溶解形成能 $E_I^S$ 比相应的置换溶解能 $E_V^S$ 高得多。

(2)平衡条件下间隙位 He 的浓度 $C_{HeI}$ 比空位 He 的浓度 $C_{HeV}$ 低得多。

$$\frac{C_{HeI}}{C_{HeV}} \approx e^{-\frac{E_V^b - E_V^f}{kT}} \ll 1 \tag{13.4}$$

(3)甚至对于能量上比较有利的替换位溶解,其平衡浓度也非常低。$C_{HeV}$ 由理想气体行为得出(图 13.15)。

$$\begin{cases} C_{He} = \dfrac{p}{p_0} e^{-G^S/kT} \\ p_0 = \dfrac{(2\pi m)^{3/2}(kT)^{5/2}}{h^3} = 2.2 \times 10^4 T^{5/2} \ (Pa) \end{cases} \tag{13.5}$$

其中,$p$ 是金属外部的气体压力;$G^S \approx E_V^S - S_V^S T$,是吉布斯溶解自由能;$m$ 是 He 原子的质量;$h$ 为普朗克常数。例如,对于 Ni 晶格中具有 $10^{10}$ Pa 压力的一个 He 泡,1 500 K 时,平衡态 He 原子浓度大约为 $10^{-10}$(图 13.15)。

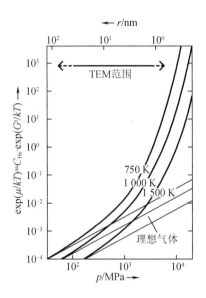

**图 13.15　压力 $p$ 时不同温度 He 泡中 He 的化学势 $\mu$**[4,54]

注:图上方的横坐标为 He 泡的平衡半径,此时 $p = 2\gamma/r$(表面自由能 $\gamma = 2$ N/m)。仅仅当理想气体压力约低于 100 MPa,$\exp(\mu/kT) \propto p$ 和 $C_{He} \propto p\exp(-G^S/k)$ 时[式(13.5)]的函数关系是成立的。

(4)十分低的溶解度意味着极强的成团、成泡倾向,正是这个性质对金属的力学性质有害。

He 原子在金属晶格中扩散的实验进展比较乐观,已通过注 He 样品的热解吸谱得到了较可靠的扩散系数 $D_{He}$。依据这些实验结果和理论计算得到了金属中 He 扩散的信息(见第 9 章 9.1 节)。

### 13.4.2　He 泡形核和长大

在低温($T \leqslant T_m/3$)和高 He 生成速率 $\dot{P}$ 条件下,He 沉积是自发进行的(没有热力学能垒)。这一非热过程中经常观察到的一种现象是位错环冲出(图 9.14),当 He 团簇压力超过门槛值 $p_L$ 时就会发生这种现象(参阅附录 D)。

$$p_L \approx (2\gamma + \mu b)/r \tag{13.6}$$

其中,$\gamma$ 是表面张力;$\mu$ 是金属的剪切模量;$b$ 是 Burgers 矢量的长度;$r$ 是位错环半径。非热过程生成的 He 泡为球形或为片状[51]。在很高的 He 浓度下,观察到了规则的泡排布(泡的超晶格[52],如第 9 章图 9.14 所示)。上述的结果给出了金属中 He 行为的重要信息。

然而,处于聚变反应环境下的结构材料对应着很不相同的内外条件,例如高温、持续地生成 He,同时伴随有离位损伤。这种状态下基体中的空位浓度是足够高的,He 泡的热形核过程涉及两种基本组元的迁移(He 原子和空位)。与低温 He 泡的压力不同[式(13.6)],

高温 He 泡的气体压力接近热力学平衡：

$$p = 2\gamma/r \tag{13.7}$$

　　一个在实验分析中经常被忽略，而且容易引起误解的重要事实需要说明。在透射电镜等手段可以观测到的 He 泡尺寸范围内（$0.5\ \mathrm{nm} < r < 50\ \mathrm{nm}$，见第 4 章表 4.1），不论是过压还是平衡态，He 泡中的 He 都有极高的密度和压力。EELS 观测显示，Ni 中 He 泡中 He 的密度是液态 He 密度的 10 倍。这种状态不能用图 13.15 所示的理想气体规律或 Vander waals 气体定律描述。图 13.15 比较了理想 He 气体的化学势和由实际状态方程中得到的化学势。

　　我们回到聚变条件下（$T \approx 400 \sim 700\ ^\circ\mathrm{C}$，$\dot{P} \approx 10^{-11}\ \mathrm{s}^{-1}$，$\dot{K} \approx 10^{-6}\ \mathrm{dpa \cdot s^{-1}}$）结构材料中 He 泡的形核。前面已经指出，He 的沉积和析出受热力学能垒控制。能垒的高低与 He 的浓度（过饱和浓度）以及形核位置有关，即倾向于非均匀形核。He–V 复合体的体积若小于临界形核体积（$V < V_c$），泡核不稳定，只有 $V > V_c$ 的团簇才能继续长大。

　　定量描述复杂合金系统形核过程是非常困难的。即使有了描述这种形核的定量公式，也会因未知参数太多而无法计算出可靠的形核速率。

　　几个最重要参数的数量级和 He 泡的最终密度 $c_B$ 的数量级可用下述方法估算[47,55]。开始辐照后不久，离位产生的间隙原子和空位就会达到稳态浓度（$c_I$ 和 $c_V$），而（n，α）反应生成的 He 原子逐渐增加（图 13.16）。

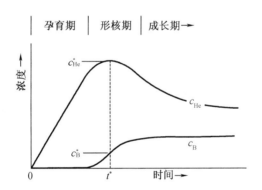

**图 13.16**　原子态 He 浓度 $c_{He}$ 和泡密度 $c_B$ 随辐照时间 $t$（或者产生的 He 含量 $\dot{P} \times t$）的变化（当有连续 He 供给时变化可分为三个阶段）

　　在形核孕育期，He 浓度 $c_{He}$ 太低，没有明显的成团现象，形核速率小到可以忽略。随着时间的推移，$c_{He}$ 不断升高，成团明显并促进 He 原子深捕陷。这一形核阶段，He 浓度 $c_{He}$ 达到最大值，成团达到峰值。在时间 $t^*$ 处，$c_{He}$ 得到新生成（生成速率 $\dot{P}$）He 原子的补充，以抵消丢掉的（捕陷在已存在的泡核中）的 He 原子。He 的生成速率可以表示为

$$\dot{P} \approx 4\pi r_B D_{He} c_{He}^* c_B^* \tag{13.8}$$

　　其中，$r_B$ 是 $t^*$ 时 He 的平均捕陷半径；$c_B^*$ 是 $t^*$ 时 He 泡的数密度。最终泡密度 $c_B \approx 2c_{He}^*$（图 13.16）。

$$c_B \approx \frac{\dot{P}}{2\pi r_B D_{He} c_{He}^*} \tag{13.9}$$

可以利用某一临界半径 $r_c = 2\gamma/P_c$ 时与泡中 He 压力相平衡的 He 浓度 $c_{He}$ 粗略地估算未知量 $c_{He}^*$。参考文献[55]、参数文献[56]给出了确定基体内 $c_{He}^*$ 的详细方法,此处不再赘述。需指出的是,$c_{He}^*$ 与温度和表征形核位置的参数(基体和沉淀相之间的界面能等)密切相关,但对 $\dot{P}$ 不敏感。除了降低形核势垒外,当 He 泡数密度 $c_B$ 达到形核位置的最大值时,固相沉积物也可能促使均匀 He 泡形核趋于饱和。图 13.17 显示的规律表明了这一现象,当 He 泡数密度 $c_B = c_p$(假定最大沉积浓度 $c_p = 10^{22}$ m$^{-3}$)时,由式(13.9)给出的 He 泡密度不再增大。如果泡密度随温度的变化相当于 Arrhenius 的一个因子,$c_B$ 的表观激活能等于 $D_{He}$ 和 $c_{He}^*$ 的激活能之和,即等于渗透能。一些情况下这个量可以用 Ostwald 熟化测量结果来确定。

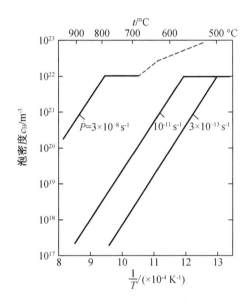

**图 13.17　不同温度辐照时估算的形成于不锈钢晶体内的最终泡浓度 $c_B$**

注:离位速率 $\dot{K}$ 为 $10^{-6}$ dpa · s$^{-1}$。三种 He 生成速率为 $3 \times 10^{-8}$ s$^{-1}$(He 注入),$10^{-11}$ s$^{-1}$(聚变堆)和 $3 \times 10^{-13}$ s$^{-1}$(快裂变堆)。

如果流入晶界的 He 通量已知,晶界内的最终泡密度也可以用上述原理估计。然而,关于 He 在不同类型晶界的扩散和溶解行为所知甚少,更不要说晶界沉积物的形核参数了。

随着时间的增长 $t > t^*$,泡核越来越多,大多数新生成的 He 原子流向这些泡(除非跑到晶界或者表面去)。He 的统计浓度 $c_{He}$ 逐渐降低,He 原子停止成团,泡密度逐渐非对称态饱和。

接下来进入泡长大阶段。有连续 He 供应和含有过饱和空位状态下存在两个可区分的长大阶段:早期由气体驱动阶段和随后由过饱和空位和/或应力驱动阶段[54-58],如前文的图 9.12 所示。图中给出了张应力 $\sigma$ 和/或空位过饱和状态下,含有 $N$ 个理想气体原子 He 泡的自由能 $F$ 随泡半径 $r$ 的变化,$F_0$ 和 $r_0$ 分别为 $N\sigma^2 = 0$ 时的自由能和平衡半径。$N\sigma^2 < (N\sigma^2)_c$ 时,泡处于亚稳平衡态,有连续气体供应下 He 泡缓慢长大(气体驱动的长大阶段);

$N\sigma^2 > (N\sigma^2)_c$ 时,He 泡以较快速率不稳定地长大(过饱和空位驱动的长大阶段)。

$\sigma$ 可以是实际的应力(晶粒内部的静拉应力或垂直晶界的拉应力),或是由辐照产生的过饱和空位 $\Delta c_V$ 导致的化学应力。这种情况下 $\Delta c_V$ 表示为

$$\sigma = \frac{kT}{\Omega}\ln(1 + \Delta c_V/c_V^{eq}) \tag{13.10}$$

其中,$\Omega$ 为原子体积;$c_V^{eq}$ 为热力学平衡空位浓度。

如果 $\sigma$(或/和 $N$)为 0,假设半径为 $r_0 = 2\gamma/p$ 或 $r_0 = 2\gamma/\sigma$ 的圆形 He 泡(孔洞)稳态平衡。随着泡中 He 原子数 $N$ 缓慢增多,泡仍倾向于维持亚稳平衡半径 $r > r_0$。这种缓慢稳态增大趋势受 $\mathrm{d}N/\mathrm{d}t$ 控制,直至乘积 $N\sigma^2$ 大于某一临界值,高于临界值后 He 泡不再有最低自由能。对于理想气体($p = NkT/V$),$N\sigma^2$ 临界值由下式给出。

$$(N\sigma^2)_c = \frac{32}{27}\frac{F_V\gamma^3}{kT} \tag{13.11}$$

其中,$F_V(=V/r^3)$ 是 Raj 几何因子;$\gamma$ 是表面自由能;$kT$ 是化学能。当 $N\sigma^2 > (N\sigma^2)_c$ 时,泡不稳定地快速生长,速率由空位的过饱和度决定,泡平均半径 $r \approx 2.5r_0$ 后缓慢降低。这种先加速后减速的增长方式使得泡尺寸分布由单一模式为主转化为双模式。

需要指出,即使在没有连续 He 供应($\mathrm{d}N/\mathrm{d}t = 0$)和辐照的情况下($\Delta c_V = 0$),泡仍然能以迁移合并机制和 Ostwald 熟化机制长大。虽然研究这两种粗化机制可以获得 He 在金属中行为的重要性质,但与聚变条件不太相关,因此不再详述。

## 13.5　He 对结构材料性能的影响

核燃料中惰性气体的影响在裂变反应堆发展的早期已经引起人们的重视。20 世纪 60 年代中期人们开始关注 $(n,\alpha)$ 反应生成的 He 对结构材料性能的影响。激励来自 Barnes[16] 关于晶界氦脆的报道,他首先研究了受辐照的不锈钢和 Ni 基合金由于 He 泡在晶界聚集、长大引起的高温氦脆。20 世纪 70 年代可控热核反应的技术进步促使人们给予核材料更热切的关注,高浓度 He 的聚集成为核材料研发的重心,这种研发趋势随着人们对于强中子蜕变源的需求而日趋明显[66]。

He 对结构材料性能有诸多有害的影响。延展性降低是 He 对核材料最为恶劣的危害。图 13.18、图 13.19 表明,时间是体现"氦脆"程度的重要因子,也就是说,材料性能降低应该通过长周期的性能测试(如低变形速率的蠕变断裂和低频疲劳,这些性质既和中子总剂量相关,又和中子通量密切相关),而不是通过快速拉伸实验(高变形速率)来表征。

不尽如人意的是,尽管材料的蠕变断裂和疲劳寿命的实验数据对于预测聚变反应堆结构单元的使用寿命更为有用,但数据库收集到的实验数据仍然以辐照后材料的拉伸性能为主。为了与实际核反应条件更为相近,长周期性能实验应尽量在堆进行,因为原位实验结果与辐照后再实验的结果有很大差别。然而,在堆蠕变和疲劳性能实验不仅价格昂贵而且很难完成,现有的数据极为稀少。

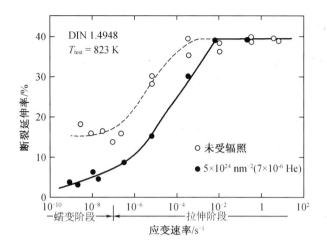

**图 13.18　550 ℃实验时未经辐照和经反应堆预辐照 DIN1.4948 不锈钢样品的**
**断裂延伸率随拉伸应变率或稳态蠕变速率的变化[75]**

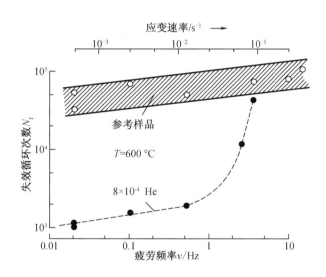

**图 13.19　AISI316 不锈钢样品断裂循环次数 $N_f$ 随疲劳频率 $\nu$ 的变化[76]**

注:样品经固溶退火处理,疲劳实验温度为 600 ℃,总应变范围 12%(○:无 He 参考样品;●:
600 ℃注入 $8 \times 10^{-4}$ He)。

　　从堆内取出试样再进行力学性能实验应引入一个附加自由度,虽然不方便,但这是有价值的。然而,将一定温度下辐照的样品在一系列温度下做拉伸实验可以提供有关缺陷热稳定性知识,缺陷的热稳定性与基体温度相关。

　　除影响力学性能外,He 的存在还促进孔洞和位错的形成,因而会增加或降低材料的肿胀。He 至少还可以通过改变析出相的形成及偏析间接影响材料的机械性能和肿胀行为。

　　由于篇幅有限,这里只能给出几个典型的有关高 He 浓度样品的实验结果。若需要更为详尽的参考书目,读者可以阅览一些评论文章[67-69]和会议论文集[70-73]。尽管给出的文献列表中难免有所遗漏,但大部分遗漏的欧洲文献可以在参考文献[74]中找到。

### 13.5.1　拉伸强度

如前所述,大部分含 He 合金中观察到的脆性基本上是晶界 He 泡导致的早期的晶间失效。He 泡形核和长大需要一定的时间,快速拉伸实验往往反映不出 He 对机械性能影响的真实程度,尤其是当 He 的引入温度($T_i$)比实际实验温度($T_t$)低时。然而,拉伸实验的确可以作为判断的依据,比如在变形温度低于热蠕变区域时,这些数据对于期待中的在相对较低的壁截荷和包层温度下操作的核设施(INTOR,NET)来说可能很重要。奥氏体不锈钢的辐照脆化涉及多种因素。我们先讨论辐照温度对不锈钢延伸率影响的例子,目的是在多种因素中确定 He 的作用。

图 13.20 给出了由 Bloom[77] 汇集的拉伸实验数据,作者对三种状态 AISI316 奥氏体不锈钢样品的延伸率进行了比较:①未辐照的样品;②快反应堆中预注入的样品;③混合谱反应堆中预注入的样品。两种辐照样品的离位损伤水平大致相当(约 50 dpa),快堆辐照样品中的 He 浓度约为 $2.5 \times 10^{-5}$,而混合谱反应堆样品中 He 的浓度高达 $4.0 \times 10^{-3}$。如此大的浓度差异产生的影响体现在延展到破坏的全过程中。对于固溶退火样品,低 He 浓度样品 700 ℃ 左右仍存在一定的延展性。相比而言,高 He 浓度样品的延伸率在约 600 ℃ 时已降至很低。这种现象在冷加工退火材料中更为突出,600 ℃ 以上退火时其弹性变形范围已消失[图 13.20(a)的阴影线],意味着塑性延伸率为零。Inconel 600 材料也存在相似的结果,该合金是有系统拉伸数据的另一种合金。

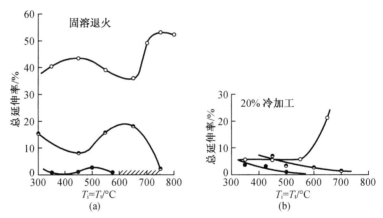

**图 13.20　三种状态 AISI316 不锈钢样品拉伸实验总断裂延伸率随温度的变化**[77]
注:○代表未经辐照的参考样品;◑代表快反应堆预注入样品,He/dpa 较低;●代表混合谱反应堆(HFIR)中预注入样品,He/dpa 较高。

图 13.20(a)的数据还表明,较低温度时高 He 浓度样品也呈现明显脆性,因为 400 ℃ 左右存在第二个延展性最小值。在混合谱反应堆中对 AISI316 不锈钢进行低温辐照(55 ℃),不同温度下实验时也发现了类似的低温脆现象,辐照剂量为 10 dpa 和 $5.0 \times 10^{-4}$ He,实验温度为 35 ~ 300 ℃。冷加工样品的均匀延伸率从未辐照样品的 5% 降低到辐照样品的 0.2%。目前仍不清楚这种现象是高离位损伤和高 He 浓度联合作用的结果还是主要由 He 自身引起的。T(氚)衰变成 He 并不产生离位损伤,但环境温度下在临氚不锈钢中观察到脆性,表明 He 本身引起氦脆的可能性更大。

参考文献[81]比较了冷加工 AISI316 不锈钢和 Ti 改性 316 不锈钢辐照样品的拉伸数据,辐照剂量为 16 dpa,He 浓度为 $1.0 \times 10^{-3}$,辐照温度($T_i$)为 285～620 ℃,实验温度($T_t$)接近辐照温度(图 13.21)。Ti 改性 316 不锈钢(辐照前和辐照后的强度均比 316 不锈钢高)呈现更低的拉伸延伸率,但对辐照不敏感(与未改性钢相比)。在温度低于 450 ℃时为延性断裂,高于 575 ℃时为晶间断裂,随着辐照剂量增加晶间断裂的趋势增大。

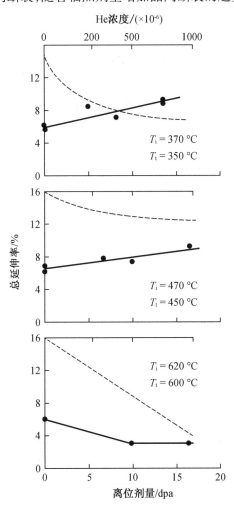

**图 13.21　20% 冷作 AISI316( +0.23% Ti) 不锈钢总断裂延伸率随损伤水平的变化[81]**

注:样品在 HFIR 中 $T_i$ 温度下辐照, $T_t$ 下拉伸实验。虚线代表 20% 冷作 AISI316 不锈钢。

目前已经积累的不锈钢数据提示我们如何改进聚变堆候选合金的拉伸性能。这类含 Ni 合金性能的变化还需利用混合谱反应堆进行更多的模拟研究,在这种辐照条件下,含 Ni 奥氏体不锈钢将经受更高的离位损伤,并可生成更多的 He。

对于其他的重要候选材料,例如马氏体钢和难熔合金,上面的模拟技术不全适用,因为相同辐照条件下这类合金中 He 的生成速率要低得多。因此必须依赖快反应堆、α 粒子注入以及氚衰变实验来模拟这些材料在聚变条件下的机械性能,参考文献[84]～参考文献[86]中给出了这方面研究的例子。利用已知数据外推材料在聚变条件下的机械性能有一定的冒险性和诸多限制条件。

为了改善这种情况,人们进行了许多尝试。例如 V – 20Ti 样品在快反应堆辐照之前进行 α 粒子注入,延伸率和辐照温度(等于实验温度)之间的关系如图 13.22 所示。该合金在 600 ℃($0.4T_m$)左右的高温脆性特征与奥氏体不锈钢极为相似(He 泡在晶界处聚集,破坏形式为晶间断裂)。

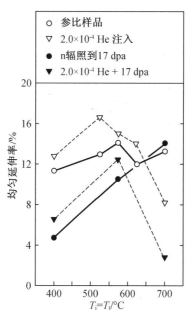

**图 13.22 经预注入 He 和中子辐照后 V – 20% Ti 样品的拉伸延伸率[87]**

注:He 注入温度为 20 ℃,辐照温度 $T_i$ 与测试温度 $T_t$ 基本一致。

### 13.5.2 蠕变断裂

在较高的工作温度下(例如液态金属堆 LMR),热蠕变的潜在有害影响早已为人们所知,并受到工程界关注。但是和孔洞肿胀的发现一样,出乎人们意料的是在较低温度辐照时蠕变速率会数量级地增加。通常认为,蠕变速率增加的原因部分来自辐照时位错的演变及沉淀显微组织变化,主要的原因是存在过饱和程度极高的间隙原子和空位,以及 He 的生成和聚集。研究者们已提出了很多辐照蠕变机制,我们主要讨论 He 的影响,重点是分析高He 生成速率对于未来聚变堆结构材料蠕变断裂行为的影响。

蠕变是一种常应力长期作用下发生的永久性形变。辐照蠕变是指由于辐照引起热蠕变速率增加的现象,或者在没有热蠕变的条件下产生蠕变的现象。前一种现象称为辐照加速的蠕变,后一种称为辐照引起的蠕变。不锈钢的辐照蠕变机制可分为两类。其区别在于蠕变过程是否包含了辐照产生的空腔和位错环。由于这些缺陷团的成核和温度关系很大,故这两类蠕变机制分别相当于低温和高温蠕变,其分界线大约是形成空腔的最低温度(不锈钢约为 350 ℃)。

大部分工程结构件被设计成在远低于它们的断裂强度的机械应力下工作。它们的寿命,尤其是在较高工作温度下的寿命取决于在低于拉伸屈服应力的较低应力作用下产生的微损伤的积累过程,热蠕变是其中一个重要的过程。零件的寿命通常由热蠕变和其他影响的复杂的相互作用决定,了解材料蠕变断裂性能以及这些性能在核聚变环境中如何变化,对于评价一种结构材料能否作为核聚变结构材料是非常重要的。

　　然而,反应堆预辐照样品的热蠕变实验十分困难,而且费时费力,更不用说进行在堆实验了。此外,高温脆性主要是一种 He 效应,对应于聚变的 He 生成速率,一般无法在裂变反应堆中获得。只有在特殊情况下,比如含 Ni 合金通过混合谱反应堆辐照得到较高浓度 He。因此,常采用 α 注入后或注入过程中进行蠕变实验,以及与反应堆的实验相互补充,得到了不锈钢的系列研究结果[68,91,93-94]。有人发表了长程有序 (FeNi)₃V 合金的相关资料[95],该合金未经辐照时具有优异的强度和延展性能,辐照后由于 He 的影响性能大大降低。

　　有关 He 泡对不锈钢蠕变断裂影响的资料仍然十分有限,还不能将其用于聚变反应堆结构材料寿命预测的输入数据。对于其他类型的候选材料,能用的资料更少,例如缺乏铁素体/马氏体钢和难熔金属蠕变断裂影响的实验数据。然而,依据已有的与氦脆相关的知识,以及氦脆与温度、压力、He 浓度等参数的关系,下面的结论是有意义的。

　　(1)高温蠕变实验显示,断裂时间和应变随 He 的生成而降低。图 13.23 是个有说服力的例子,图中给出了 AISI316 型不锈钢样品经 720 ℃ 预辐照后 760 ℃ 的蠕变曲线并与未经辐照的参考样品进行了对比。受辐照样品 (14 dpa,8.5 × 10⁻⁶ He) 断裂应变和断裂寿命大大低于未辐照样品,分别相差近 10 倍和近 20 倍。

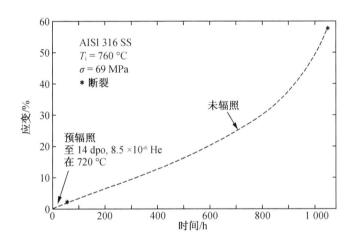

**图 13.23　未经辐照和经反应堆预辐照的 AISI316 不锈钢 760 ℃的蠕变曲线[89]**

　　(2)大部分材料氦脆的发生温度大约为 $0.45T_m$,而且随温度增加逐渐变重。奥氏体不锈钢高温氦脆发生在 500 ℃ 左右,550 ℃ 表现明显(图 13.24),这一温度等同于或者低于其他损伤的限定温度,如 Li 腐蚀的限定温度。

　　(3)随着蠕变寿命增高脆性增加,如图 13.18 和图 13.25(b)所示,延展性随着应力降低而降低,无论是绝对值还是相对于无 He 参比样品。图 13.25(a)给出的断裂时间也是有说服力的现象。

　　(4)即使在低 He 浓度下( ≈ 1 × 10⁻⁶ ),延展性和寿命也会降低,而且 1 × 10⁻³ 或者更高 He 含量时这种影响也未饱和(图 13.26)。因此由低 He 浓度影响(快裂变堆)外推高 He 浓度的影响(聚变堆)极为困难,十分需要建立高 He 生成速率的模拟技术。

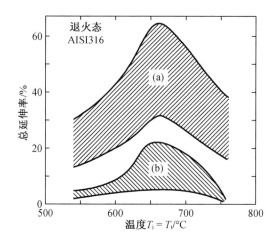

**图 13.24　退火 AISI316 不锈钢蠕变断裂韧性随辐照温度(等于实验温度)的变化[90]**

(a)未经辐照的参考材料;(b)辐照至 $2 \times 10^{26} n \cdot m^{-2}$

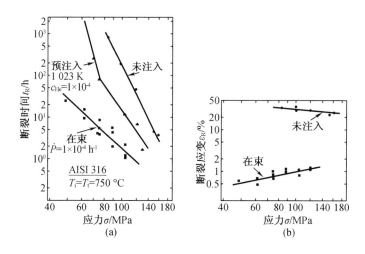

**图 13.25　不同条件退火 AISI316 不锈钢样品 750 ℃的蠕变实验[91]**

(a)断裂时间 $t_R$ 随施加应力 $\sigma$ 的变化;(b)断裂应变 $\varepsilon_R$ 随施加应力 $\sigma$ 的变化

(5)一般情况下,在堆蠕变实验得到的断裂寿命和延展性不能通过后续辐照实验重复。目前已发现,在堆实验和在束 α 注入实验得到的性能的绝对值更低,应力对断裂时间的影响与辐照后实验相比则相对弱些[图 13.25(a)、图 13.27]。当辐照温度($T_i$)和蠕变实验温度($T_t$)相同时差别已明显,并随着 $T_t - T_i$ 差值的增加变得更加明显。

(6)He 生成速率越低,由 He 浓度增加引起的脆性效应越严重。也就是说,材料中 He 的引入速度越慢,材料的寿命和延展性降低就越明显(图 13.28)。由于 α 注入 He 的引入速率 $\dot{P}$ 较高,根据 α 注入结果评估材料的氦脆往往会低估了聚变条件下材料性能恶化的程度。

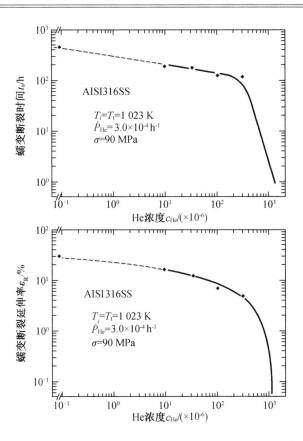

**图 13.26　AISI316 退火不锈钢蠕变断裂时间 $t_R$ 和断裂应变 $\varepsilon_R$ 随 He 含量 $c_{He}$ 的变化**[91]

注:He 注入及蠕变实验均在 750 ℃进行。

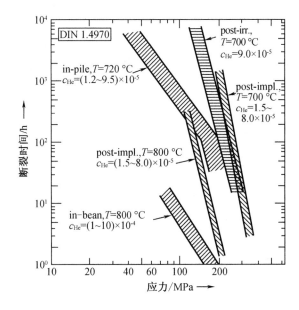

**图 13.27　四种状态下 DIN1.4970 不锈钢蠕变断裂时间随应力变化的比较**[92-93]

注:in－pile(在堆);post－irr.(反应堆预辐照之后);in－beam(在束);post－impl.(He 预注入之后)。
反应堆数据引自参考文献[92],注入数据引自参考文献[93]。

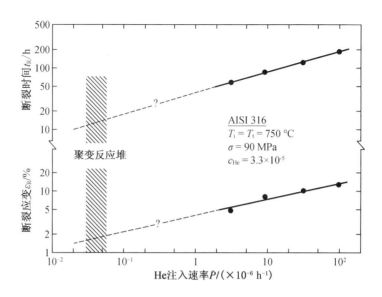

**图 13.28　AISI316 不锈钢样品断裂时间 $t_R$ 及断裂应变 $\varepsilon_R$ 随 He 注入速率 $\dot{P}$ 的变化**[91]

（7）材料宏观机械性能变化与基体微观组织变化相对应。图 13.29 为 DIN1.4970 不锈钢和 LRO(FeNi)$_3$V 合金蠕变实验样品的 SEM 断口形貌。未辐照样品为穿晶断裂（13.29(a) 图）；预注 He 的样品为沿晶断裂[13.29(a) 右图和 13.29(b) 图]。含 He 样品晶内和晶界生成的 He 泡如图 13.30 和图 13.31 所示。

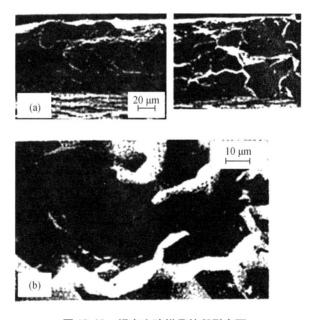

**图 13.29　蠕变实验样品的断裂表面**

（a）DIN1.4970 不锈钢样品，实验温度 700 ℃，未经辐照（左）为穿晶断裂，预注入 $1.5 \times 10^{-5}$ He 为晶间断裂（右）[2]；（b）LRO(FeNi)$_3$V 合金样品，实验温度 600 ℃，He 含量 $1.0 \times 10^{-4}$

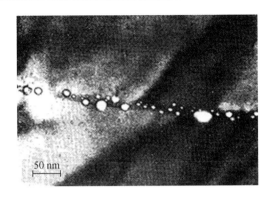

**图 13.30　Fe－20％Cr－18％Ni 合金中的 He 泡[97]**

注:样品室温注 He(1.5×10⁻⁴)后退火(750 ℃,60 h),晶内形成了大小不一的 He 泡。

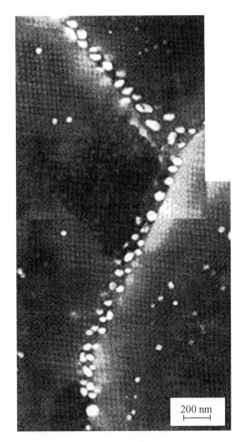

**图 13.31　在束(in－beam)辐照 AISI316 不锈钢样品**

**蠕变断裂后(750 ℃,50 MPa)的断口图像[91]**

注:样品表面(晶内和晶界)的 He 泡相比较看,晶界处 He 泡更密集,尺寸也较大。样品中 He 含量为 2.5×10⁻³,$t_R$=25 h。

SEM 和 TEM 观察表明,基体－析出物相界面(图 13.32)、晶界连接处(图 13.33)、晶界－析出相界面(图 13.31、图 13.34)以及位错(图 13.35)是大 He 泡形成的有利位置,其中位错的影响似乎较小。发现拉应力可促进 He 泡的生长。图 13.36 是很有说服力的例子,从图中看出,大 He 泡往往位于那些与外加拉应力大致垂直的晶界上。

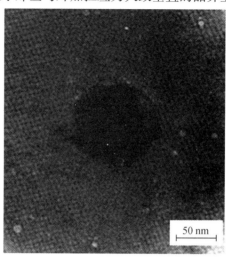

**图 13.32　DIN1.4970 不锈钢蠕变实验后基体与 TiC 沉淀相间的 He 泡[98]**

注:样品含 He 量为 $1.0 \times 10^{-3}$,实验温度为 700 ℃。

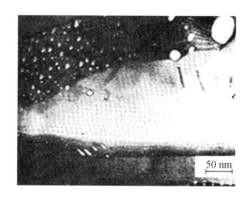

**图 13.33　Fe－20％Cr－18％Ni 合金三叉晶界处的大 He 泡(参数与图 13.30 相同[97])**

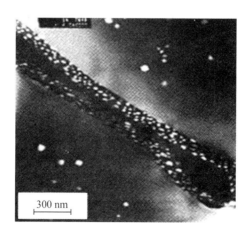

**图 13.34　AISI316 不锈钢中一个晶界/$M_{23}C_6$ 析出相处的 He 泡(参数与图 13.31 相同[91])**

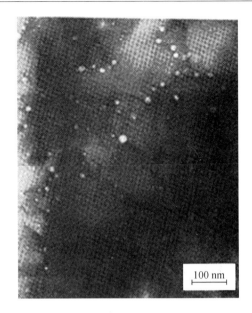

**图 13.35　TEM 像显示位错是 He 泡优先成核及长大的位置**

注:纯 Ni 样品注入 $1.0 \times 10^{-3}$ He,760 ℃退火 2 h。

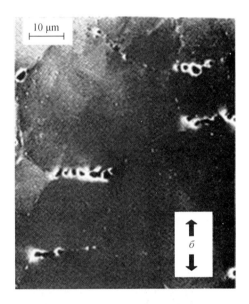

**图 13.36　大 He 泡优先位于受垂直应力的晶界位置(见箭头)**

注:AISI316 不锈钢样品 He 含量为 $1.0 \times 10^{-4}$,750 ℃蠕变实验。

　　像拉伸性质那样,目前还没有足够的数据来确定各种类型候选合金的氦脆敏感性。但是,最近发表的关于辐照 DIN1.4914 马氏体不锈钢的研究表明,600 ℃经中子辐照后[8.5 dpa和$9.0 \times 10^{-5}$ He,经 B(n,α)反应]进行蠕变性能实验时合金的蠕变寿命几乎不变,仅断裂应变略微下降。虽然其损伤水平比预期聚变堆结构件寿命期内的损伤水平低得多,上面的实验数据还是能够说明马氏体钢蠕变断裂性能受 He 损伤的程度比奥氏体钢小。根据这一优点,结合马氏体钢本身具有的良好膨胀行为,使其成为一种有前景的聚变反应堆核系统候选结构材料。

针对这些较早期的研究结果,近些年各核大国对 BCC Fe 中小 He – 空位团的性质进行深入的理论计算,希望对上述行为进行解释。

### 13.5.3 疲劳

疲劳是材料在循环载荷持续作用下发生的性能变化与断裂现象。疲劳断裂的应力水平远低于静态断裂的安全应力,这种断裂极易造成灾难性事故,是很受关注的一种材料破坏方式。钢铁和其他间隙式合金存在明显的疲劳极限,当应力幅度低于疲劳极限时通常不出现疲劳破坏。疲劳断裂常常是突然发生的,但它是疲劳损伤逐渐累积的结果。不存在裂纹或严重应力集中的情况下,整个疲劳过程通常包括依次出现但部分重叠的三个阶段:硬化或软化、裂纹萌生和裂纹扩展。循环主载荷作用下材料硬化还是软化主要由材料的状态、微观结构和实验条件决定。

辐照疲劳主要指辐照对疲劳过程的影响。辐照对疲劳的影响与对蠕变的影响不尽相同。辐照蠕变速率与辐照点缺陷的生成速率相关,即与辐照过程相关。辐照疲劳主要取决于辐照材料组织的变化,所以辐照后疲劳实验具有相当大的意义。现有的实验结果表明,辐照后材料疲劳寿命缩短了,其原因可能与辐照引起的材料脆化有关。

与其他辐照现象不同,辐照对裂变反应堆结构材料疲劳性能的影响未引起人们太多的关注,因为裂变反应堆的能量运行模式是稳态的。不锈钢[102 - 104]和 TZM 合金钢[105]的快反应堆实验观察表明,离位水平至几十个原子平均离位(dpa)时,疲劳寿命和裂纹生长速率变化不大。

然而,聚变反应堆的情况就不同了。预期惯性约束装置和托卡马克装置将循环运行。除了经受离位损伤还存在很高的 He 生成速率。尽管人们已意识到疲劳性能会是第一壁结构部件寿命的重要影响因素,但有关的研究工作还不多,下面引用两份调查报告进行简要分析。

第一份研究报告[99 - 100]来自于对于 20% 冷作 AISI316 不锈钢的研究,样品在混合谱反应堆(HFIR)中辐照($15 \ \mathrm{dpa}$, $9.0 \times 10^{-4}$ He),然后在真空下进行疲劳实验,应变速率分别为 $4 \times 10^{-3} \ \mathrm{s}^{-1}$ 和 $4 \times 10^{-2} \ \mathrm{s}^{-1}$,辐照温度分别为 430 ℃ 和 550 ℃。图 13.37 给出了断裂循环次数与总应变范围的关系。当 $T_i = T_t = 430$ ℃时,受辐照样品的疲劳寿命降低了 3 ~ 10 个因子;与未辐照的样品相比,持久极限从 $\Delta\varepsilon = 0.35\%$ 降低到 0.3%,断口表面形貌也发生了变化,由未辐照时的延性断裂转变成辐照后的解理断裂。实验温度为 550 ℃时断口表面形貌表现出类似的特征和变化趋势,但材料的疲劳寿命似乎未受辐照温度变化的影响[图 13.37(b)]。

这些结果表明,辐照温度低于 550 ℃时不锈钢未必出现氦脆。前述 430 ℃下观察到的疲劳寿命降低似乎与相析出现象(稳定的晶界碳化物)和辐照硬化有关,这种现象可能与 He 直接相关,也可能无关。

第二份研究报告出自 α 粒子注入后进行固溶退火处理的 AISI316 不锈钢样品[76,101]。研究了 He 对疲劳行为的影响。受 28 MeV α 粒子射程的限制,必须使用反向弯曲的薄膜样品。

由于实验样品极为有限,无法给出诸多的外部参数条件下(温度、应变范围率、频率和环境)He 对材料疲劳寿命影响的完整图像。但是已有的实验结果也能给出一些重要的趋势,并能缩小进一步实验的参数变化范围。

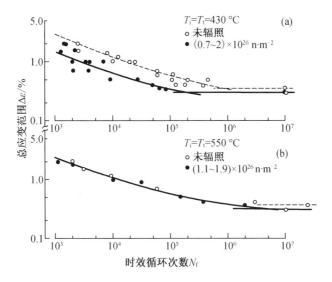

**图 13.37　20% 冷作 AISI316 不锈钢的疲劳寿命**[99-100]

(a) $T = 430\ ^\circ\text{C}$；(b) $T = 550\ ^\circ\text{C}$

注：样品经 HFIR 辐照($2.0 \sim 9.0 \times 10^{-4}$ He，$6 \sim 15$ dpa)，实验温度与辐照温度相同($T_t = T_i$)。

(1)温度低于 500 ℃，注入 He 达到 $1.0 \times 10^{-3}$ 时，疲劳寿命仅有微小的降低，与无 He 参比样品相同，仍为穿晶断裂，如图 13.38 所示。

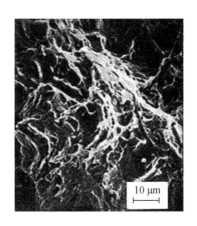

**图 13.38　固溶退火 AISI316 不锈钢 10 Hz(高于图 13.19 所示的临界频率)疲劳实验时的穿晶断裂断口**[76]

(2)在较高的温度下，注 He 样品为晶间断裂并伴随疲劳寿命的急速下降(图 13.39、图 13.40)。

①断裂循环次数 $N_f$ 随 He 注入剂量增加而降低；

②断裂循环次数 $N_f$ 随温度升高而降低；

③断裂循环次数 $N_f$ 随频率降低而降低；

④参考样品几乎与这些外部条件无关。

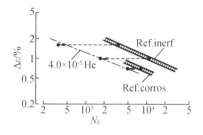

**图 13.39** 固溶退火 AISI316 不锈钢失效循环次数 $N_f$(750 ℃,1 Hz)与应变范围的关系[101]

Ref. inert—参比样品在惰性气体中退火;Ref. corros—参比样品在腐蚀性气体中退火

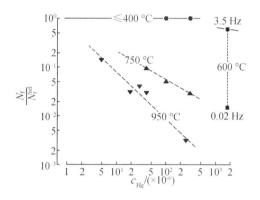

**图 13.40** 不同温度时约化 $N_f$(归一到参比样品 $N_f^{rel}$)随 He 含量的

变化(惰性气氛退火 AISI316 钢,$\Delta\varepsilon \approx 1\%$ ,$f \approx 1$ Hz)

注:图中还给出了一个 $N_f$ 随实验频率降低而降低的例子(更多的细节见图 13.19 和参考文献[101])。

(3)初始裂纹萌生在材料内部而不是表面。这一结论可由 SEM 观察结果证实。将样品沿垂直于弯曲轴切开,并对其进行 SEM 观察,He 泡沿处于截面的晶界分布,直至接近样品的表面,此处应力最高。

前文中的图 13.19 显示了实验频率与 $N_f$ 关系的更多细节。实验数据表明,存在一个临界频率。当实验频率低于临界频率时,疲劳寿命 $N_f$ 降低到很低的值,这种损伤作用也体现在疲劳断裂模式上。在较高的实验频率下(高于临界频率)为穿晶断裂(图 13.38),在较低和很低的频率下,从过渡区的混合断裂[图 13.41(a)]转变为完全晶间断裂[图 13.41(b)]。

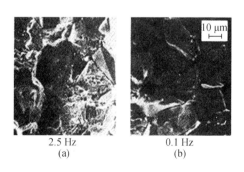

2.5 Hz　　　　　　　0.1 Hz

(a)　　　　　　　　(b)

**图 13.41** 两个含 He 样品疲劳实验的断裂表面[76]

注:从图中可以看出(a)在过渡区域(2.5 Hz)为混合型断裂,(b)低频时(0.1 Hz)为完全晶间断裂。

尽管数据非常有限,从已有的实验结果依然能够看出,He 对面向等离子体结构部件的疲劳寿命有强烈的影响。对于托卡马克装置来说,当反应堆的脉冲频率很低时(脉冲间隔时间长),高温氦脆尤为明显。因此欧盟、日本和美国已经开始利用欧洲的和美国的反应堆开展广泛的合作项目。希望通过与在堆实验结果的比较验证辐照后实验方法的可行性,以及通过对 α 注入样品的基础性研究对这些实验进行补充。

### 13.5.4　肿胀

孔洞长大引起肿胀,即由于空腔或孔洞形成和长大引起材料体积增大的现象。肿胀是无意中发现的。对于快增殖裂变反应堆堆芯部件来说,辐照时产生和长大的空腔(Void)或孔洞(Cavity)导致材料体积肿胀,这无疑是最临界性的辐照损伤效应。原因很简单,由于芯部结构非常紧凑,即使很小的尺寸变化也会导致严重的后果。对于聚变反应堆的相对较为疏松的第一壁和包层结构来说,变形的允许量相对较大,许多概念设计方案允许体积增加10%左右[107]。聚变反应堆的大多数候选材料(图 13.42 的奥氏体不锈钢),当离位水平低于 50 dpa 和 100 dpa 之间时肿胀率不会这样大,此时对应的 He 含量在 $6.0 \times 10^{-4}$ 和 $2.0 \times 10^{-3}$ 之间(图 13.10)。

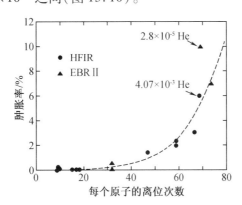

**图 13.42　20% 冷作 AISI316 不锈钢的辐照肿胀[108]**

注:样品在 375 ℃ 和 680 ℃ 之间分别经 EBR Ⅱ (低 He/dpa) 和 HFIR(高 He/dpa) 辐照。

一般说来,大部分聚变反应堆核部件的寿命是由韧性的损失而不是肿胀决定的。尽管研究聚变材料时考虑了这种情况,但超过半数的聚变材料辐照损伤研究仍然包括材料肿胀性能(从聚变反应堆材料主题会议的论文集中可以明显看出)。基于众多科学家的不懈努力,目前已经积累了涵盖大范围参数的大量实验数据,为进一步的研究工作打下了基础。

关于 He 对空腔形成和肿胀的影响,已有一些论文集出版[69,108-115],这里列出一些相关结果。

(1) He 增加孔洞浓度,降低孔洞的尺寸。这些结果在反应堆辐照实验(图 13.43)和离子轰击实验(图 13.44)中均有发现。

(2) He 降低出现初始孔洞的剂量水平(孕育周期)。

(3) 鉴于(1)和(2)的影响,辐照之前低温引入 He 比高温辐照产生的 He 的影响更大。另一方面,大剂量预注入 He 几乎可以完全抑制肿胀[图 13.45(b)],但这种条件不能代表聚变环境的实际情况。

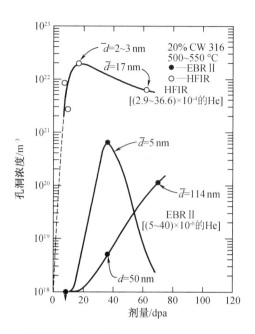

**图 13.43　中子辐照 20%冷作 AISI316 不锈钢中的孔洞浓度和**

**平均尺寸随离位剂量及 He 含量的变化[69]**

注:在 EBR Ⅱ 辐照样品中可以观察到孔洞的双峰分布。

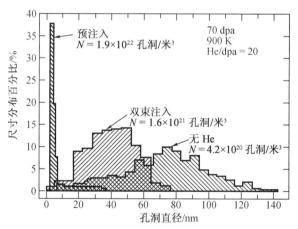

**图 13.44　He 对孔洞的尺寸分布有显著的影响[110]**

注:623 ℃下高纯奥氏体合金在双束辐照装置中轰击至 70 dpa 和 $1.4 \times 10^{-3}$ He。

（4）与其他可溶性活性气体相比,He 有利于孔洞在较高的温度下存在。

（5）通常认为高浓度 He 促进孔洞形成,但 He 对稳态肿胀速率和总肿胀量的影响(即惰性元素 He 增大孔洞的稳态 – 肿胀速率和总肿胀量)还存在不同的观点[84]。

（6）由于多元合金受辐照时发生微观化学变化,评价 He 对肿胀的影响变得十分复杂,反过来,同时生成的 He 也影响微观化学变化。

为了阐明这些复杂的关系,十分需要高离位速率和高 He 浓度时相关参数变化的系统数据,这些数据还难以得到。近些年还无法获得高中子注量反应堆中奥氏体钢的数据。原理上讲不含 Ni 的合金不能在裂变反应堆中生成高浓度 He。考虑到离子注入工艺的缺点,注入导致的间隙缺陷会影响实验结果。双束轰击这种快速注入方式不能完全替代中子辐照[116]。

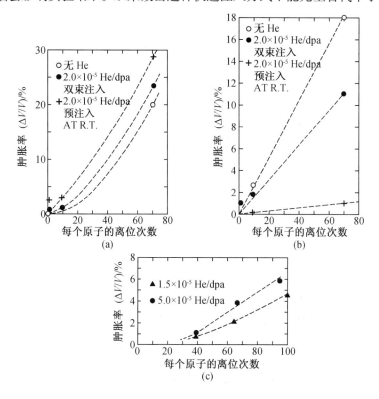

图 13.45　双束辐照后含 He 样品肿胀行为的例子[168]

(a)700 ℃高纯奥氏体合金;(b)627 ℃ AISI316 不锈钢;(c)700 ℃ AISI 不锈钢

## 13.5.5　He 对微观结构和微观化学变化的影响

与孔洞相比,He 对位错、析出相和辐照偏析的影响似乎不明显,未引起人们特别关注。相关研究主要是关于不锈钢的,就相分解而言,不锈钢属于最复杂的合金。一方面数据稀缺,另一方面微观结构对于几乎所有的材料都很重要。要想深入理解前面章节描述的种种现象,关于材料在辐照条件下发生的微观结构和微观化学变化的知识十分重要,也是为 He 的有害影响寻找补救措施的需要。

高温下 He 对不锈钢的位错结构和密度的影响似乎很小,而且局限于低剂量下的影响[图 13.46(a)]。高剂量时位错密度接近饱和,最初由 He 引起的差异变得不明显[图 13.46(b)]。对于膨胀来说,室温预注入的 He 比高温注入的 He 影响更大。

辐照能改变析出相的类型、成分、体积分数及空间分布,而且可能产生一些亚稳态合金在热时效过程中都不易观察到的相。众多分解产物中至少有六种被证实与辐照相关。对于更复杂的先进不锈钢(见 13.6.2 节),含有 MC 型弥散碳化物析出相(例如 TiC 或 NbC)。已观察到形成的 MC 颗粒含有 He,含 He 颗粒比无 He 颗粒尺寸小,密度高。图 13.47 表明,不仅离位损伤能影响相变过程,生成的 He 也会影响相变过程。目前还不清楚辐照促进的这种效应的基本原因。最可能的原因是 He 对溶质偏析(RISS)的作用,包括溶质原子与点缺陷流的相互流动,局部点缺陷尾间浓度发生变化,致使析出相的成分、数量甚至是析出相的类型也发生改变。

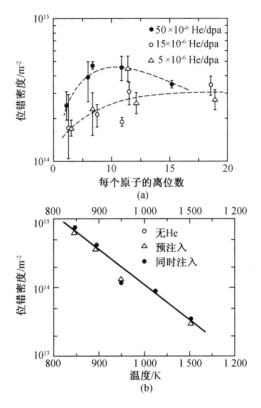

**图 13.46　固溶退火 AISI316 不锈钢 625 ℃双束(Ni 和 He 离子)轰击后的位错密度随离位数的变化**

(a)[120]和(b)高纯奥氏体合金双束轰击至 70 dpa 和 1.4×10⁻³ He 时位错密度随轰击温度的变化[110]

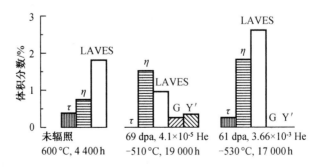

**图 13.47　20% 冷作 AISI316 不锈钢分别经热时效、快反应堆和**
**混合谱反应堆辐照后沉淀相的比较**

溶质,特别是靠近缺陷尾间小尺寸元素的富集现象已经在很多合金系中被确认,例如

FCC 系合金中的 Ni – Si 合金[123]、Ni – Be 合金[124]、Cu – Be 合金[125]和不锈钢[126],BCC 系合金中的 V – Cr 合金[121]和 HCP 系的 Ti – Al 合金[124]。

　　我们来讨论 RISS 的两个例子。图 13.48 给出了离子轰击后 V – 15Cr 合金的溶质偏析,图 13.49 给出了快堆辐照后 AISI316 不锈钢的溶质偏析。两种情况下,He 浓度为零或者很低。目前关于 He 对辐照合金显微结构的认识,主要基于对不锈钢析出物(经不同 He/dpa 值辐照后)的 TEM 及 X 射线 EDS 分析结果。图 13.49 还给出了经快堆辐照后 AISI316 不锈钢沿晶界截面含孔洞和不含孔洞区域的成分分布。

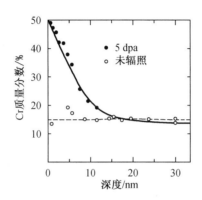

**图 13.48　V – 15Cr 样品 665 ℃辐照至 5 dpa 后 Cr 含量沿自由表面下深度的变化[121]**

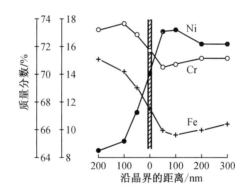

**图 13.49　冷作 AISI316 不锈钢沿晶界横截面含孔洞和不含孔洞区域的**
**成分分布(样品 700 ℃在快堆中被辐照至 38 dpa)[108]**

　　本节未涉及细节的讨论[69,108 – 109],这里仅就某些要点给出几点结论。

　　(1)高离位损伤后无高浓度 He 同时生成的情况下,He 抑制辐照溶质偏析,但可促进类似于热致偏析的析出行为(图 13.47)。

　　(2)这种影响多半和 He 对孔洞形核有强促进作用相关,如图 13.43、图 13.44 所示。孔洞尾闾强度增加降低点缺陷的浓度,并为溶质偏析提供了更多的位置。前者降低了偏析和析出动力学,后者通过分配相同数量的溶质原子到较大数量的尾闾,进一步降低了偏析程度。

　　(3)当位错、析出物和孔洞密度形成后,在低损伤水平下 He 对微观结构演变的影响最强烈。这些微观结构一旦建立平衡,其进一步发展受 He 的影响程度会大大降低。这种稳态结构可能是稳态膨胀速率对 He 浓度不敏感的原因(图 13.42、图 13.45)。

(4)上面列出的 He 对微观结构的影响是不全面的,并不具有普遍性。例如由于 He 泡形核促进析出行为,因此 He 促进孔洞的形成与降低辐照溶质偏析之间不一定有因果关系,而可能是相互关联的,因为相沉积常常强烈地促进 He 泡形核。此外,He 可能毒害偏尾间,干扰点缺陷的扩散,充当溶质而促进重组过程。由于这些过程复杂而且过程之间相互影响,可能会使 He 对微观结构和微量化学变化的影响存在很大差别。因此,目前还无法对不同合金在不同的外部条件下的行为进行定性的预测,迫切需要更多的实验数据。

最后,有必要对 He/dpa 值做一个评价。读者可能会认为 He/dpa 比值是评价材料辐照损伤的参数,但事实并非如此。导致辐照损伤影响的大部分过程是由离位、He 产率和 He 浓度的绝对值决定的,并非取决于 He/dpa 值。由于只注意 He/dpa 这个参数,另外一个参数——时间往往被忽视。尤其对于微观结构特征的热力学变化过程来说,时间具有绝对的影响。因此,He/dpa 值并不具有重要的物理意义,而应当将之看作仅仅是表征不同辐照源的一个便利参数。

# 13.6  He 对块体材料性质的影响

## 13.6.1  基本机制

He 对材料性质的影响总是和 He 泡的存在相关联。由于 He 在金属中溶解度非常小,所有情况下都会有 He 团簇或 He 泡生成。这就是 He 在各种聚变中子辐照缺陷中地位重要的原因。

通常认为金属在拉伸、蠕变、疲劳实验中高温塑性消失与晶界的 He 泡有关。He 泡在温度和压力的作用下长大,导致材料在低应变和低循环次数时因晶界断裂失效。

晶界断裂的根本原因或是 He 泡加强了晶界裂纹的形核和生长,或是造成了晶界的穿孔,使得晶界接触面积减小不能承受施加的应力[36]。

关于 He 对空腔、位错、相沉积和偏析现象演化影响的定性描述就更复杂了。前面分析了致使微观结构变化的可能机制,共同的特点似乎与基体中 He 泡浓度变化有关。这些团簇或 He 泡也有可能是低温时材料硬化的原因,它们阻碍了位错运动。

上述观点意味着分别处理晶界的泡和基体的泡会更方便。但这是很困难的,因为基体中泡和晶界泡总是协同形核和长大,其速率取决于流入晶界的 He 通量 $J_{He}^{GB}$ 和基体中的 He 通量 $J_{He}$(图 13.50)。$J_{He}^{GB}$ 和 $J_{He}$ 与总 He 通量 $\dot{P}$ 的比率由相应的尾间强度确定,即由不同区域已形成的泡核浓度决定。

这种复杂性是金属中 He 效应理论还处于研究状态的原因之一。还有其他的原因,例如缺乏金属中 He 基本性质的知识和材料 He 效应的数据。另一个问题是对晶界结构和性质还不了解,即便是对于纯金属也是如此[127]。

下面扼要介绍辐照条件下材料 He 效应的首个模型的基本概念。讨论主要基于 Trinkaus[47]关于 He 对材料高温力学性质影响的工作,Mansur 与 Coghlan[113]关于膨胀和微结构变化的工作,以及参考文献[128]、参考文献[131]的研究结果。

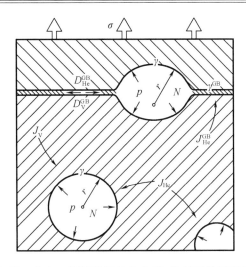

**图 13.50　应力 $\sigma$ 下晶界及晶内含 He 泡材料的剖面示意图**

$N$—He 泡中的 He 原子数;$r$—He 泡半径;$p$—泡内压力;$\gamma$—表面自由能;$\gamma^{GB}$—晶界能;
$D_{He}^{GB}$—He 原子在晶界处的扩散系数;$D_V^{GB}$—空位在晶界处的扩散系数;$J_V$—基体空位通量;
$J_{He}$—基体 He 原子通量;$J_{He}^{GB}$—He 原子进入晶界的通量

## 13.6.2　理论模型

针对给定的外界条件,如温度、应力、He 生成速率和离位率等,理论模型应该能够对候选材料制造的聚变堆部件的寿命做出预测。从前述的观点可以很清楚地看到实现这一目标仍然有很长的路要走。然而,已有的基础性研究工作,加上新的实验数据,已经揭示了某些发展趋势并为进一步研究打下了基础。

图 13.51 给出了金属中 He 泡孕育形核,泡核稳态长大,非稳态加速长大阶段和宏观 He 泡的特征,试图说明为了建立 He 对聚变堆结构材料行为影响的理论模型需要分析的系列步骤。

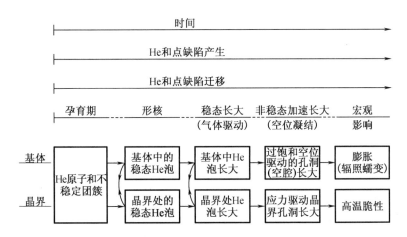

**图 13.51　导致聚变环境块体材料的宏观体性能恶化过程示意图**

金属中 He 原子的能量是产生 He 效应的基础。图 13.51 第一域图给出了 He 和点缺陷的形成和稳定性。即使对于较复杂的合金系和包层结构，也已经能够得到精确的 He 生成速率 $\dot{P}$、基体原子的离位速率 $\dot{K}$ 以及空位和间隙原子的扩散系数 $(D_V/D_I)$。然而，目前仅确定了几种材料 He 的扩散系数，而且并不非常可信。不过，测试技术正在进一步发展，获取足够的数据和发展辐照条件下 He 迁移和聚集的理论之间并没有不可逾越的障碍[47,130]。

更困难的是得知 He 在晶界的扩散数据和复杂合金系中各种捕陷结构对 He 迁移的影响。因为 He 与杂质和位错的结合能大约为 0.1 eV[41]，高温时这一作用可以忽略。对于不连贯的沉淀相这一结论并不适用，特别是析出相与基体之间存在较大错配的情况下。这一点将在后面讨论，这一性质可能是一种非常有前景的抑制氢脆的冶金方法。

尽管如此，捕陷迁移 He 的最有效的尾闾当属预存的含 He 团簇或 He 泡。下一个关键阶段是考虑晶体内部泡密度 $c_B$ 的演化，并尝试建立 $c_B$ 与 He 产生速率、He 含量、温度、微观结构和时间的函数关系[47,54]。

Ullmaier 等[129] 运用这种方法给出了聚变条件下不锈钢结构件的寿命预测模型。

如果知道基体的缺陷结构，那么就能够计算 He 原子向晶界的扩散通量 $J_{He}^{GB}$。假设均质形核和非均质形核生成的 He 泡均匀分布于晶体中，而且晶界和泡是 He 原子唯一的捕陷尾闾，可以得到晶界两侧流入晶界的 He 通量，即

$$J_{He}^{GB} = \frac{\dot{P}}{\Omega(\pi r_B c_B)^{1/2}} \tag{13.12}$$

靠近晶界的 He 缺乏区域 $J_{He}^{GB}$ 略微增大，但未改变其函数形式。$J_{He}^{GB}$ 主要与 $\dot{P}$ 和 $T$ 相关，随着基体服役时间的延长 He 泡长大速率减慢（$J_{He}^{GB} \simeq r_B^{1/2}$）。图 13.52（利用图 13.17 基体泡密度数据，取典型值 $r_B \approx 3$ nm）给出了流向晶界的 He 原子通量随 $\dot{P}$ 和 $T$ 的变化。因为 $c_B$ 由式（13.9）近似估算，而且假设基体中 He 泡均匀分布，$J_{He}^{GB}$ 值应该对应曲线较下端的带。

知道流入晶界的 He 通量后，晶界 He 泡的密度原则上可以用类似估计基体泡密度的方法来估计。然而，正如前面提到的那样，对 He 在晶界的扩散和溶解性知之不多，更不要说由于晶界析出物所带来的复杂性了（这在很多合金中是存在的）。因为缺乏输入数据，处理晶界形核及对晶界处泡密度的预测是图 13.51 所示过程中最薄弱的一环。

泡长大阶段的情况就好多了，此时形核已经终止，泡密度已达到饱和（图 13.16）。如 13.4.2 节中所提到的，泡先经历慢速的稳态长大阶段，泡的长大速率由每个泡中的气体原子数 $N$ 确定。假设到达晶界的 He 通量（$J_B^{GB}$）均匀分布在每个泡核中，流向晶界的气体原子数 $N$ 的增量可表示为

$$N = \frac{J_{He}^{GB}}{c_B^{GB}} t \tag{13.13}$$

在一特定时间 $t_c$，晶界位置处于垂直拉伸应力 $\sigma$，He 泡的 He 原子数达到临界值 $N_c$。对于理想气体，$N_c$ 可由式（13.11）给出

$$N_c = \frac{32}{27} \frac{F_V \gamma^3}{kT} \frac{1}{\sigma^2} \tag{13.14a}$$

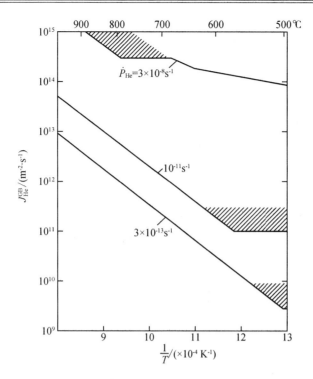

**图 13.52　流向晶界的 He 原子通量随温度的变化**

注:利用图 13.17 中基体泡密度值[方程(13.9)中取 $\bar{r} \approx 3$ nm]。如图 13.17 所示的那样,水平截距对应的基体中沉淀物的浓度 $c_p = 10^{-22}$ m$^{-3}$,随着 $c_p$ 的减少,通量增至阴影区。

相应的临界半径 $r_c$ 为

$$r_c = \frac{4\gamma}{3\sigma} \tag{13.14b}$$

基体中的 He 泡受控于辐照导致的过饱和空位(由间隙原子和空位的偏尾间引起,例如位错)。

$$\Delta c_V = c_V - \frac{D_I}{D_V} c_I \tag{13.15}$$

其中,$c_V$ 和 $c_I$,$D_V$ 和 $D_I$ 分别是空位和间隙原子的浓度和扩散系数。对于基体中符合理想气体的球形泡,$N_c$ 和 $r_c$ 分别表示为

$$N_c = \frac{128\pi\gamma^3\Omega^2}{81(kT)^3[\ln(1 + \Delta c_V/c_V^{eq})]^2} \tag{13.16}$$

$$r_c = \frac{4\gamma\Omega}{3kT\ln(1 + \Delta c_V/c_V^{eq})} \tag{13.17}$$

图 13.53 给出了计算的受辐照不锈钢中临界 He 泡半径 $r_c$ 随温度的变化。辐照离位速率分别为 $\dot{K} = 10^{-6}$ dpa·s$^{-1}$ 和 $10^{-3}$ dpa·s$^{-1}$。如图 13.53 所示,充气 He 泡的临界 $r_c$ 小于空腔的临界半径 $r_c^0$,为了呈现位移-驱动的不稳定长大,必须越过空腔形核。基体 He 泡临界半径的概念可以应用到 He 对膨胀和微化学变化影响的不同方面,如温度偏移、双模型孔洞尺寸分布以及孕育周期的改变等。

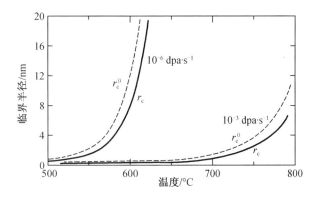

**图 13.53**　两种不同离位速率时受辐照不锈钢中充气 He 泡的临界半径 $r_c$（实线）和空腔的临界半径 $r_c^0$（虚线）随温度的变化曲线

注：利用不锈钢的代表性输入参数计算出曲线[113]。

晶界 He 泡达到临界半径［式（13.14b）］便开始应力－驱动地不稳定长大，因为 $N = N_c$ 时它们的自由能势垒消失（图 9.12）。在这一长大区域，有三种亚状态应加以区别。

（1）在低应力和不稳定长大的局部低密度泡区域，体积长大速率由空位在晶界的扩散速率控制[132]。

$$\frac{dV_B}{dt} \approx \frac{2\pi\Omega}{kT}D_V^{GB}\delta\sigma \tag{13.18a}$$

其中，$D_V^{GB}$ 是自扩散系数；$\delta$ 是晶界的厚度。

（2）在高应力下，长大速率可能因蠕变而增大，接近黏滞性固体中圆形孔洞的长大速率[133]。

$$\frac{dV_B}{dt} \approx V_B \ \dot{\varepsilon}(\sigma) \tag{13.18b}$$

其中，$\dot{\varepsilon}$ 是蠕变速率，通常在高应力 $\sigma$ 作用下变大。

（3）对于高密度 He 泡区域，在不同取向晶粒的反向应力的作用下蠕变速率发生变化，泡的生长速率受不同蠕变速率限制[134]，此时

$$\frac{dV_B}{dt} \approx \frac{\dot{\varepsilon}(\sigma)d}{c_B^{GB}} \tag{13.18c}$$

其中，$d$ 是晶粒直径。对式（13.18a）~式（13.18c）进行数值计算，可以得到高温长大速率。其大小远高于聚变环境（n,α）反应慢 He 生成控制的小稳态生长速率。然而，与达到稳态极限所需时间 $t_c$ 相比，晶界 He 泡开始不稳定长大到器件失效之间所需的时间会短些。这种情况下，断裂的时间 $t_R$ 近似等于 $t_c$[135]，结合式（13.13）、式（13.14）可以得到下面表达式。

$$t_R \approx \frac{32}{27}\frac{F_V\gamma^3}{kT}\frac{c_B^{GB}}{J_{He}^{GB}}\frac{1}{\sigma^2} \tag{13.19}$$

由式（13.19）预测的 $t_R$-$\sigma^2$ 关系与在堆和在束蠕变断裂（图 13.25、图 13.27）实验中得到的应力关系近似。其他与上述机制相关的临界实验表明，$t_R$ 与 $\dot{P}$ 和 $T$ 相关，$\dot{P}$ 和 $T$ 主要对应式（13.21）中 $J_{He}^{GB}$ 的变化。已有的实验结果（虽然不多）与这一预测模型是一致的[47]。例如，对于图 13.27 给出的不同 He 生成速率和不同温度 DIN1.4970 的在堆和在束实验结果与式（13.19）预测的 $t_R$ 值大约相差 170 倍，故有理由认为与观察结果一致。

晶界气体驱动的 He 泡稳态长大控制蠕变寿命的假设受到辐照样品微观结构的支持。图 13.54 给出了 AISI316 不锈钢样品晶界 He 泡平均半径随 He 浓度的变化(750 ℃零应力注入)。在相同温度进行蠕变实验,直到样品疲劳断裂,断裂时间和延伸率如图 13.26 所示。He 含量在 $3.0 \times 10^{-4}$ 和 $1.0 \times 10^{-3}$ 之间时 $t_R$ 和 $\varepsilon_R$ 急剧降低,显示这一浓度范围足以使 He 泡增压到使晶界 He 泡的半径超过其临界半径。取 He 泡表面自由能约为 $1 \text{ N} \cdot \text{m}^{-1}$,施加应力为 90 MPa(图 13.26),由式(13.14)得到 $r_c = 15$ nm,与 $3.0 \times 10^{-4}$ 和 $1.0 \times 10^{-3}$ 间观察到的平均半径相符(图 13.54 中阴影部分)。

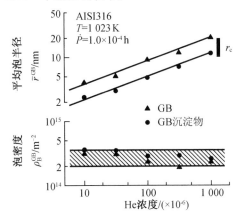

**图 13.54　750 ℃ AISI316 不锈钢晶界 He 泡的平均半径及密度随 He 注入量的变化**

注:图中数据给出了初始泡的结构和样品的蠕变断裂行为为$(t_R, \varepsilon_R)$,如图 13.26 所示。

虽然还存在不确定性,但蠕变寿命受控于气体驱动的稳态 He 泡长大机制的假设与 600 ℃到 800 ℃之间的实验结果是相符的。该模型目前还不能预测断裂时间和延伸的绝对值,主要问题是处理晶界处的形核,也就是说还不能预测 $c_B^{GB}$。尽管如此,该模型可以估算 $T$ 和 $\dot{P}$ 的安全范围,这一范围内弥散分布的细小析出物可以有效抑制氦脆,因为这类析出物可促进基体内 He 泡成核,减少流入晶界的 He 原子流。

有实验表明[136-137],引入具有高晶格错配度(如不锈钢中的 MC)的细小沉淀物是强化合金抗氦脆的有效方法。图 13.55 中比较了具有不同显微结构不锈钢相对断裂时间的变化。先进的 DIN1.4970 合金中含有弥散分布的细小 TiC 沉淀相[139],与不含这种沉淀相的 AISI316 合金相比,不仅提高了 $t_R(\sigma)$ 绝对值,而且减轻了 He 的有害影响。两种样品在 750 ℃和 800 ℃之间进行 He 注入($\dot{P} = 3 \times 10^{-8} \text{ s}^{-1}$),与模型预测的基体沉淀相产生影响的温度范围相符。有趣的是,当 He 的生成速率较低时这一区域会向低温移动。这意味着:①为了对应聚变环境,高 $\dot{P}$ 模拟实验必须在较高温度下进行;②对于与聚变相关的 $\dot{P}$ 值,相应的敏感温度范围为 500 ℃到 600 ℃。这一温区处于聚变堆第一壁和包层结构预期的温度范围。

晶界 He 泡达到稳态极限时间的判据也被用来描述有连续 He 生成时材料的高温疲劳性能[140]。这个模型的一个成功之处是预测临界频率,即

$$\nu_c \approx 10^{-4} \left(\frac{\Omega}{kT}\right)^4 \frac{\hat{\sigma}^7 D_V^{GB} \delta}{\gamma^3} \qquad (13.20)$$

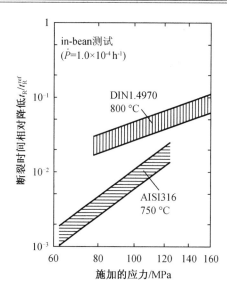

**图 13.55  DIN1.4970 和 AISI316 不锈钢样品蠕变断裂时间(归一到无 He 参考样品)随应力的变化(蠕变实验时进行 He 注入)**

其中,$\hat{\sigma}$ 为局部应力振幅。频率 $\nu < \nu_c$ 时,疲劳寿命会大幅降低,实验也确实观察到这一现象(13.5.3 节和图 13.19、图 13.41 中有介绍)。低频循环应力下 He 泡大振幅"呼吸"的微观现象证实了这一宏观现象。

应该强调,上述模型适用于辐照条件下的过程(膨胀、蠕变、疲劳),也就是材料受到 He 积累和离位损伤的共同影响的过程。这正好对应着聚变堆材料的实际服役条件。

对于辐照后测试的样品,特别是辐照(注入)温度和测试温度不同时,必须采用不同的手段进行处理。乍看之下似乎更简单了,因为损伤产生和力学测试分开了。然而实际情况却恰恰相反。因为后辐照行为的理论解释遇到了额外的困难,试图克服这些困难的方法请参见相关文献,在此不进行讨论。

# 13.7  总结与展望

热核聚变等离子体物理取得长足进步之后,有关高浓度 He 对金属性质影响的研究也得取得了进展。此时,人们已经开始将探索聚变堆的物理可行性及技术与经济层面的因素并举考虑。

在较长的时间内,关于候选聚变堆结构材料中 He 效应的数据将会继续短缺,而且已有数据几乎全部集中于奥氏体不锈钢。在这些含 Ni 的合金中,高的 He 浓度加上高离位损伤可以在混合谱反应堆中实现。而对其他的材料,目前仅仅能用带电粒子束技术模拟聚变中子环境。

尽管目前还缺乏原型聚变实验环境,有利的方面是这种状态促进了基础研究与应用紧密结合。这可以导致对聚变材料辐照损伤问题的系统研究,避免以前材料研究中的不足,如快增殖材料研究项目的情况。

目前对聚变结构材料 He 效应知识的缺乏不仅影响了聚变能源反应堆概念设计研究的

数据输入,在某些方面也缺少聚变装置如 INTOR,FED 或 NET 的相关知识,这些装置中对材料的要求相对宽松(较低的温度和墙负荷,可使用传统的材料,如不锈钢)。

不过,目前已经有足够的数据去认识 He 效应对材料性质的主要影响和大多数潜在的物理过程,以及发生的条件。

(1)在温度 $T \geqslant 0.45T_m$ 温区,低浓度 He 导致的高温脆性损害了材料拉伸、蠕变和疲劳性能。晶界处的 He 泡致使应力状态下的晶界处裂纹萌生,在低应力下发生脆性断裂。性能退化的程度取决于温度、He 浓度和产生速率、应力、材料的成分以及微观结构。后者的关联性打开了研制抗脆合金之门。两条有希望的路线是:优化奥氏体不锈钢中 MC 型弥散碳化物析出相、考虑使用具有内在抗高温脆性的马氏体钢。

(2)在 $0.3T_m \sim 0.6T_m$ 温区,大多数金属和合金以空腔长大方式膨胀。这主要是由离位损伤造成的,同时也受 He 的影响,特别是在早期的孕育和转变阶段。这种影响与几个复杂的过程有关,每个过程又都与 He 导致的孔洞密度增大有关。

(3)在室温和大约 $0.5T_m$ 之间的温区,高浓度的 He 会影响辐照硬化,并恶化拉伸延性和疲劳寿命。这些效应的内在机制和对不同材料的影响程度目前尚不明确。

由上述的影响可归结出下面的展望:

①对近期可应用的合金(不锈钢)的行为,将在更复杂的条件下进行研究(裂纹生长、蠕变 – 疲劳、蠕变 – 膨胀相互作用等)。这些实验主要在裂变堆中进行,为建立近期聚变装置如 INTOR,NET,FED 和 FER 提供设计数据。

②瞄准聚变能源堆长期应用材料的开发。通过系统地、有区别地改进不同合金体系的成分和显微结构,加上用带电粒子束和裂变堆辐照对其进行测试可以促进开发过程。

对于①的实验,推荐通盘考虑这些过程的物理模型,这样能够大大降低需要测试的次数,节省时间和费用。对②中的实验,更深入地考虑实验和理论之间的相互作用是基本要求。在可以预见的将来,聚变材料的进展必须依靠模拟实验结果,若不能仔细考虑潜在的物理过程,就无法将模拟结果用于预测聚变条件下材料的行为。考虑物理模型也可以缩小进行反复实验所需研究的参数范围。

## 参考文献

[1]　KULCINSKI G L. Radiation effects and tritium technology for fusion reactors[C]. USER-DA:Report CONF – 750989,1976:1.

[2]　ULLMAIER H,SCHILLING W. Physics of modern materials[C]. Vienna:IAEA,1980:301.

[3]　PUGH S F. Conultants symposiumon rare – gasesin metals and alkali – halides[R]. Harwell:Ukaea,1979 – Introduction,Radiat Eff Defect S,1980,53:105.

[4]　ULLMAIER H. Helium in metals – introductory – remarkes[J]. Radiat Eff Defect S,1983,78:1.

[5]　MCCRACKEN G M,STOTT P E. Plasma – surface interaction in tokamaks[J]. Nucl Fusion,1979,19:889.

[6]　JOHNSON D L,MANN F M,WATSON J W,et al. Measurements and calkulation of neu-

tron – spectra from 35 MeV deuterons on thick lithium for thefmitfacility[J]. J Nucl Mater, 1979,85,86: 467.

[7] SONNENBERG K, ULLMAIER H. Fatigue properties of typer – 316 stainless under heliumand hydrogen bombardment[J]. J Nucl Mater, 1982, 103,104: 859.

[8] BAUER W, WILSON K L, BISSON C L, et al. Helium induced blistering during simultaneous sputtering[J]. J Nucl Mater, 1978, 76,77: 396.

[9] BEHRISCH R, SCHERZER B M U. Hewall bombardment and wall erosion in fusion devicis[J]. Radiat Eff Defect S, 1983,78: 393.

[10] BAUER W, WILSON K L, BISSON C L, et al. Alpha transport and blistering in tokanaks [J]. Nucl Fusion, 1979,19: 93.

[11] HUNTER T O, KULCINSKI G L. Surface damage and thermal effacts from tansient thermonuclear radiation in inertial confinement fusion reactors [J]. J Nucl Mater, 1978, 76: 383.

[12] MANISCALCO J A, BERWALD D H, MEIER W R. Material implications of desigen and system studiesfor inertial confinement fusions systems [J]. J Nucl Mater, 1979, 85, 86: 37

[13] JOHNSON C E, CLEMMER R G, HOLLENBERG G W. Solid breeder materials[J]. J Nucl Mater,1982,103,104: 547.

[14] CLEMMER R G, MALECHA R F, DUDLEY I T. The trio – 01 experiment[J]. NuclTechnol Fusion, 1983,4: 83.

[15] KRUG W, BLANKET G K. Fusion technology 1982 [C]. Oxford: Pergamon Press, 1983.

[16] BARNES R S. Embrittlement of stainless steels and nickel – based alloys at high tempelature induced by neutron radlation[J]. Nature, 1965, 206: 1307.

[17] HARRIES D R. Neutron irradiation embrittlement of austenitic stainless and nickel alloys [J]. J Br Nucl Energy Soc, 1966,5: 74.

[18] KULCINSKI G L, DORAN D G, ABDOU M A. Comparison of displacement and gas production rates in current fission and future fusion reactors[J]. AmSoc Test Mater Spec Tech Publ, 1975,570: 329.

[19] QAIM S M. Handbook of spectroscopy, vol. 3 [M]. Boca Raton: CRC Press, 1981.

[20] AVCI, HALIL J, KULCINSKI G L. Radiation effects and tritium technology for fusion reactors [C]. USERDA: Rep. CONF – 750989, 1976: 1.

[21] LEHMANN C. Interaction of radiation with solids and elementary defect production [M]. Amsterdam: North – Holland, 1977.

[22] BROCKMANN H, PONTI C, OHLIG U, et al. Neutronics performances of candidate first wall materials [M]. [S. l. ]:[s. n. ],1982.

[23] GABRIEL T A, BISHOP B L, WIFFEN F W. Calculated atom displacement and gas – production rates of materials using a fuson reactor 1st wall neutron – spectrum[J]. NuclTechnol, 1978,38: 427.

[24] SAWAN M E, KULCINSKI G L, GHONIEM N M. Production and behaviior of point –

defects in pulsed inertial confinement fusion – reactors[J]. J Nucl Mater, 1982, 103, 104: 109.

[25] SCHILLER P. Fusion technology [C]. Oxford: Pergamon Press, 1983: 69.

[26] GABRIEL T A, BISHOP B L, WIFFEN F W. Calculated irradiation response of materials using fission reactor (HFIR, ORR and EBR. II) neuiron spectra [R]. ORNL – Report TM 6361, 1979.

[27] HOLMES J J, STRAALSUND J L. Irradiation sources for fusion materials development [J]. J Nucl Mater, 1979, 85, 86: 447.

[28] HARRIES D R, SNYKERS M, VON D H P. European fusion materials irradiation programme [C]. Brussels: Commission of the European Communities, 1982.

[29] YANG L, MEDICO R, BAUGH W, et al. Irradirtion study of lithium compountsampes for tritium breeding appliticaon[J]. J Nucl Mater, 1982, 103, 104: 585.

[30] ULLMAIER H. The simulation of neutron – induced mecanical property changes by light – ion bombardment[J]. J Nucl Mater, 1982, 108: 426.

[31] Anon. Experimenter's guide, rotating target neutron source II facility[J]. Lawrence Livermore Laboratory, 1978, 7: 94.

[32] ULLMAIER H, BEHRISCH R. High – energy – high intensity neutron sources for fusion technology and radiotherapy applications[J]. NuclInstrum Methods, 1977, 145: 1.

[33] POTTMEYER E W. Fusion materials irradiation test facility athanford[J]. J Nucl Mater, 1979, 85, 86: 463.

[34] OPPERMAN E K. Fusion materials irradiation test facility experimental capabilities and test matrix [R]. Richland: Hanford Engineering Development Lab, 1982.

[35] HICKMAN R G. Technology of controlled nuclear fusion [C]. USAEC: CONF – 740402, 1974: 535.

[36] BLACKBURN R. Inert gases in metals [J]. Metall Rev, 1966, 11: 159 – 176.

[37] ANDRESEN H, HARLING O K. New approach to simulation of helium andsimulaneous damage production in fusion – reactions – in reactor tritium trick[J]. J Nucl Mater, 1979, 85, 86: 485.

[38] WILLIAMS T M, GOTT K. The effects of intial boroncontent and distribution on helium-bubble populations and the stress – rupturepropertes exhibited by irradiated type – 316 austeniticsteel[J]. J Nucl Mater, 1980, 95: 265.

[39] TAYLOR A, WALLACE J, POTTER D I, et al. Radiation effects and tritium technology for fusion reactors [C]. US ERDA: Rep. CONF – 750989, 1976: 1 – 158.

[40] REED D J. Review of recent theoretical developmentsin understanding of miglation of helium in metals and its interaction with lattice – defFCTs[J]. Radiat Eff Defect S, 1977, 31: 129.

[41] WILSON W D. Theory of small clusters of helium in metals[J]. Radiat Eff Defect S, 1983, 78: 11.

[42] BASKES M I, MD C F. Pair potentials for FCC metals [J]. Phys Rev B, 1979,

20: 3197.

[43] ROTHAUT J, SCHROEDER H, ULLMAIER H. The growth of helium bubblels in stainless – steel at high – temperatures[J]. Phil Mag A, 1983,47:781.

[44] THOMAS G J, SWANSIGER W A, BASKES M I. Low – temperation helium release in nickel[J]. J Appl Phys, 1979, 50: 6942.

[45] SCIANI V, JUNG P. Diffusion of helium in FCC metals[J]. Radiat Eff Defect S, 1983, 78: 87.

[46] PHILIPPS V, SONNENBERG K, WILLIAMS J M. Diffusion of helium in nickel[J]. J Nucl Mater, 1982, 107: 271.

[47] TRINKAUS H. On the modeling of the high – temperature embrittlement of metals containing helium[J]. J Nucl Mater, 1983, 118: 39.

[48] BEHRISH R, RISCH M, ROTH J, et al. Fusion technology [C]. New York: Pergamon Press, 1976: 531.

[49] GREENWOOD G W, FORHMAN A J E, RIMMER D E. The role of vacancies and dislocationsin the nucleation and growth of gas bubbles in irradiated fissile material[J]. J Nucl Mater, 1959,1: 305.

[50] EVANS J H, VAN V A, CASPERS L M. Direct evidencefor helium bubble – growth in molybdenuum by the mechanism of loop punching[J]. ScrMetall, 1981,15: 323.

[51] EVANS J H, VAN V A, CASPERS L M. Insitu TEM observations of loop punching from helium platelet cavities in molybdenum[J]. Radiat Eff Defect S, 1983,78: 105.

[52] JOHNSON P B, MAZEY D J, EVANS J H. Bubble structures in He$^+$ irradiated metals [J]. Radiat Eff Defect S, 1983,78: 147.

[53] JGER W, MANZKE R, TRINKAUS H, et al. The density and pressure of helium in bubbles in metals[J]. Radiat Eff Defect S, 1983,78: 315.

[54] TRINKAUS H. Energetics and formstion kinetics of helium bubbles in metals[J]. Radiat Eff Defect S, 1983, 78: 189.

[55] TRINKAUS H, ULLMAIER H. Some aspects of the theory of helium embrittlement[J]. J Nucl Mater, 1979,85,86: 823.

[56] WILSON WD, BASKES M I, DAW M S. Advances in the mechanics and physics of surfaces [M]Houston: Natlassn Corrosion Eng, 1984.

[57] RUSSELL K C. Theory of void nucleation in metals[J]. ActaMetall, 1978,26: 1615.

[58] BRAILSFORD A D, BULLOUGH R. Stress dependence of high – temperature swelling [J]. J Nucl Mater, 1973, 48: 87.

[59] BECKER R. Theory of heat[M]. 2nd ed. Berlin: Springer Verlag, 1964.

[60] RAJ R, ASHBY M F. Intergranular fracture at elevated – temperature[J]. Acta Metall, 1975,23: 653.

[61] MANSUR K, MAZIASZ P J. Control of helium effects in irradiated materials based on theory and experiment[J]. J Nucl Mater,1986,141:633.

[62] GOODHEW P J. On the migration of helium bubble[J]. Radiat Eff Defect S, 1983,78:

381.

[63] HUGHES N A, CALEY J. The effects of neutron irradiation at elevated temperatures on the tensile properties of some austenitic stainless steels[J]. J Nucl Mater, 1963,10: 60.

[64] ARMSTRONG T R, GOODHEW P J. Helium bubble – growth in 316 stainless – steel [J]. Radiat Eff Defect S, 1983,77: 35.

[65] HINKLE N E. Effect of neutron bombardment on stress – rupture properties of some structural alloys[J]. Am Soc Test Mater, Spec Tech Publ, 1963,341: 344.

[66] LOHMANN W. Advanced neutron sources [C]. Tsukuba: National Laboratory for High – Energy Physics, 1981: 323.

[67] HARRIES D R. Neuutron irradiation – induced embrittlement in type – 316 and oher austenitic steels and alloys[J]. J Nucl Mater, 1979, 82: 2.

[68] SCHROEDER H. High – temperature embrittlement of metals by helium[J]. Radiat Eff Defect S, 1983,78: 297

[69] FARRELL K, MAZIASZ P J, LEE E H, et al. Modification of radiation – damage microstructure by helium[J]. Radiat Eff Defect S, 1983,78: 277.

[70] Anon. Irradiation embrittlement and creep in fuel cladding and core components [C]. London: BNES, 1973.

[71] WIFFEN F W, VAN D J H, STIEGLER J O. Preface[J]. J Nucl Mater, 1979,85,86: 1.

[72] LEWIS M B, PACKAN N H, WELLS G F, et al. Improved techniques for heavy – ion simulation of neutron radiation – damage[J]. NuclInstrum Methods, 1979,167: 233.

[73] WHITLEY J B, WILSON K L, CLINARD F W. Fusion – reactor materials . a. poceedings of the 3RD topical meeting on fusion – reactor materials[J]. J Nucl Mater, 1984, 122: R7.

[74] GHONIEM N M, MAZIASZ P. Helium effects on solids – a reference manual[J]. Center for Plasma Physics and Fusion Engineering, 1983.

[75] VAN D S B, VRIES D M I, ELEN J D. Radiation effects in breeder reactor strutture materials (ASTM) [C]. New York: American Institute of Mining Metallurgical and Petroleum Engineers, 1977: 307.

[76] BATRA I S, ULLMAIER H, SONNENBERG K. Frequency properties of the High – temperature fatigue properties of He – implanted stainless – steel[J]. J Nucl Mater, 1983, 116: 136.

[77] BLOOM E E. Mechanical properties of materials in fusion reactor first – wall and blanket systems[J]. J Nucl Mater, 1979,85,86: 795.

[78] WIFFEN F W. Response of inconel 600 to simulated fusion reactor irradiation[J]. AmSoc Test Mater Spec Tech Publ, 1979, 683: 88.

[79] WIFFEN F W, MAZIASZ P J. The influence of neutron irradiation at 55deg C on the properties of austenitic stainless steels[J]. J Nucl Mater, 1981, 103,104: 821.

[80] CASKEY G R, RAWL D E, MEZZANOTTE D A. Helium embrittlement of stainless – steels at ambient – temperature[J]. ScrMetall, 1982,16: 969.

［81］ GROSSBECK M L, MAZIASZ P J. Tensile properties of 20% old – workedtitanium – modified type 316 stainless steel irradiated in Hfir［J］. J Nucl Mater, 1981, 103, 104：827.

［82］ Anon. Workshop on ferritic steels for fusion reactor applications［C］. Washington D C：8th ADIP Task Group Meeting, 1979：30 – 31.

［83］ GOLD R E, HARROD L. Refractory metal alloys for fusion reactor applications［J］. J Nucl Mater, 1979, 85, 86：805.

［84］ ANDERKO K. Suitability of heat – resistant tempered steel with 9 – 12 – percent chromium for components in the core of fast breeder – reactors – review［J］. J Nucl Mater, 1980, 95：31.

［85］ KRAMER D, GARR K R, PARD A G, et al. Irradiation embrittlement and creep in fuel cladding and core components ［C］. London：BNES, 1973：109.

［86］ ATTERIDGE D G, JOHNSON A B, CHARLOT L A, et al. Radiation effects and tritium technology for fusion reactors［C］. Proc IntConf Gatlinburg, 1975.

［87］ TANAKA M P, BLOOM E E, HORAK J A. Tensile properties and microstructure of helium injected and reactor irradiated V – 20 Ti［J］. J Nucl Mater, 1982, 103：895.

［88］ FAULKNER R G, ANDERKO K. High – temperature ductility of irradiated ferritic and austenitic steels［J］. J Nucl Mater, 1983, 113：168.

［89］ LOVELL A J. Postirradiation creep of annealed type – 316 stainless – steel［J］. NuclTechnol, 1972, 16：323.

［90］ BLOOM E E, STIEGLER J O. Am soc test mater［J］. Spec Tech Publ, 1973, 529：360.

［91］ REMARK J F, JOHNSON A B, FARRAR H, et al. Helium charging of metals by tritium decay［J］. Trans Am Nucl Soc, 1975, 22：175.

［92］ WASSILEW C, ANDERKO K, SCHAFER L. Proc intconf on irradiation behaviour of metallic materials for fast breeder reactor core components ［C］Ajaccio：［s. n.］, 1979：420.

［93］ SCHROEDER H, BATFALSKY P. In – beam simulation of high – temperature helium mbrittlement of din-1. 4970 austenitic stainless – steel［J］. J Nucl Mater, 1981, 103, 104：839.

［94］ SCHROEDER H, BATFALSKY P. The dependence of the high – temperature mechanical – properties of austenitic stainless – steels on implanted helium［J］. J Nucl Mater, 1983, 117：287.

［95］ SKLAD P S, SCHROEDER H. The effect of implanted helium on the microstructure and creep – properties of ordered（Fe：0. 49, Ni：0. 51, 3V Alloys）［J］. J Nucl Mater, 1984, 122：709.

［96］ VENARD J T, WEIR J R. Reactor stress – rupture properties of a 20Cr – 25Ni, columbium – stabilized steel［J］. AmSoc Test Mater, Spec Tech Publ, 1965, 380：269.

［97］ BRASKI D N, SCHROEDER H, ULLMAIER H. Effect of tensile – stress on the growth of helium bubbles in an austenitic stainless – steel ［J］. J Nucl Mater, 1979, 83：265.

[98] KESTERNICH W, ROTHAUT J. Reduction of helium embrittlement in stainless – steel by finely dispersed tic precipitates[J]. J Nucl Mater, 1982,103: 845.

[99] GROSSBECK M L, LIU K C. Fatigue behavior of type – 316 stainless – steel irradiated in a mixed spectrum fission reactor forming helium [J]. NuclTechnol, 1982,58: 538.

[100] GROSSBECK M L, LIU K C. High – temperature fatigue life of type – 316 stainless – steel containing irradiation induced helium [J]. J Nucl Mater, 1981,103:1 – 3.

[101] SONNENBERG K, ULLMAIER H. Fatigue properties of type – 316 stainless – steel under helium and hydrogen bombardment[J]. J Nucl Mater, 1982, 103,104: 859.

[102] MICHEL D J, KORTH G E. Radiation effects in breeder reactor structural materials [C]. New York: American Nuclear Society and American Institute of Mining Metallurgical and Petroleum Engineers, 1977: 117.

[103] SHAHINIAN P, WATSON H E, SMITH H H. Effect of neutron irradiation on fatigue crack propagation in types 304 and 316 stainless steels at high temperatures[J]. Am Soc Test Mater, Spec Tech Publ, 1973,529: 493.

[104] VRIES D M I, VAN D S B, STAAFL H U, et al. Effects of neutron irradiation and fatigue on ductility of stainless steel DIN 1. 4948 [J]. Am Soc Test Mater, Spec Tech Publ, 1979,683: 477.

[105] SMITH H H, MICHEL D J. Effect of irradiation on fatigue and flow behavior of tzm alloy[J]. J Nucl Mater, 1977, 66: 125.

[106] DARVAS J, VERBEEK R J. The european fusion materials programme[J]. Am Soc Test Mater, Spec Tech Publ, 1982,782: 1140.

[107] BULLOUGH R, EYRE B L, KULCINSKI G L. Systematic – approach to radiation – damage problem[J]. J Nucl Mater, 1977,68: 168.

[108] BRAGER H R, GARNER F A. Microstructural and microchemical comparisons of aisi – 316 irradiated in hfir and Ebr – Ii[J]. J Nucl Mater, 1983,117:159.

[109] MAZIASZ P J. Some effects of increased helium content on void formation and solute segregation in neutron – irradiated type – 316 stainless – steel [J]. J Nucl Mater, 1982, 108,109: 359.

[110] PACKAN N H, FARRELL K. Radiation – induced swelling in an austenitic alloy – observations and interpretation of the effects of helium[J]. NuclTechnol, 1983,3: 392.

[111] GARNER F A, WOLFER W G. Proc conf dimensional stability and mechanical behaviour of irradiated metals and alloys [C]. London: BNES,1984:21.

[112] GARNER F A. Fusion reactor materials[J]. J Nucl Mater, 1984,122: 459.

[113] MANSUR L K, COGHLAN W A. Mechanisms of helium interaction with radiation effects in metals and alloys – a review[J]. J Nucl Mater, 1983, 119: 1.

[114] PACKAN N H, FARRELL K. Simulation of first wall damage: effects of the method of gas implantation[J]. J Nucl Mater, 1979,85,86: 677.

[115] BRAGER H R, GARNER F A. Influence of neutron – spectra on the radiation – induced evolution of aisi – 316[J]. J Nuel Mater, 1982,108,109: 347.

[116] GARNER F A. Impact of the injected interstitial on the correlation of charged – particle and neutron – induced radiation – damage[J]. J Nucl Mater, 1983,117: 177.

[117] WASSILEW C, EHRLICH K, ANDERKO K. Proc conf dimensional stability and mechanical behaviour of irradiated metals and alloys [C]. London: BNES, 1984:161.

[118] STIEGLER J O. Workshop on solute segregation and phase stability during irraduuion [J]. J Nucl Mater, 1979, 83: 1 – 264.

[119] HOLLAND J R, MANSUR L K, POTTER D I. Phase stability during irradiation: proceedings of a symposium sponsored by the nuclear metallurgy committee at the fall meeting of the metallurgical society of AIME [C]. New York: American Institute of Mining, Metallurgical and Petroleum Engineers, 1981.

[120] AYRAULT G, HOFF H A, NOLFI F V, et al. Influence of helium injection rate on the microstructure of dual – ion irradiated type 316 stainless – steel[J]. J Nucl Mater, 1982,103,104: 1035.

[121] REHN L E, AGARWAL S C, NOLFI F V. Radiation – induced solute segregation in a V – 15 Wt – percent Cr – alloy[J]. J Nucl Mater, 1979,85,86:763.

[122] LEE E H, PACKAN N H, MANSUR L K. Effects Of pulsed dual – ion irradiation on phase – transformations and microstructure in Ti – modified austenitic alloy[J]. J Nucl Mater, 1983,117: 123.

[123] BARBU A, ARDELL A J. Irradiation – induced precipitation in Ni – Si alloys [J]. ScrMetall, 1975, 9: 1233.

[124] PRONKO P P, OKAMOTO P R, WIEDERSICH H. Low – energy P – Be nuclear – reactions for depth – profiling Be in alloys[J]. Nucl Instrum Methods, 1978,149: 77.

[125] KOCH R, WAHI R P, WOLLENBERGER H. Tem – investigation of the microstructural evolution in simulation – irradiated Cu – Be alloys [J]. J Nucl Mater, 1982, 103, 104: 1211.

[126] OKAMOTO P R, WIEDERSICH H. Segregation of alloying elements to free surfaces during irradiation[J]. J Nucl Mater, 1974,53: 336.

[127] Anon. Grain – boundary structure and kineties [G]. Ohio: American Soc of Metals Park, 1980.

[128] ODETTE G R. Modeling of microstructural evolution under irradiation [J]. J Nucl Mater, 1979,85,86: 533.

[129] ULLMAIER H. The influece of helium on the bulk properties of fusion rector structural material[J]. Nucl Fusion, 1984,24: 1039.

[130] GHONIEM N M, SHARAFAT S, WILLIAMS J M, et al. Theory of helium transport and clustering in materials under irradiation[J]. J Nucl Mater, 1983,117: 96.

[131] VAGARALI S S, ODETTE G R. A creep fracture model for irradiated and helium injected austenitic stainless – steels[J]. J Nucl Mater, 1982,103:1239.

[132] HULL D, RIMMER D E. The deformation of lithium, sodium and potassium at low temperatures – tensile and resistivity experiments[J]. Phil Mag, 1959,4: 673.

[133]　HANCOCK J W. Creep cavitation without a vacancy flux[J]. MetSci, 1976, 10: 319.

[134]　DYSON B F. Constrained cavity growth, its use in quantifying recent creep fracture studies [J]. Can Metall Q, 1979, 18:31.

[135]　BULLOUGH R, HARRIES D R, HAYNS M R. Effect of stress on the growth of gas - bubbles during irradiation[J]. J Nucl Mater, 1980, 88: 312.

[136]　KESTERNICH W. Helium cavitation and its relation to TiC precipitation in an alpha - irradiated stainless - steel[J]. Trans Am Nucl Soc, 1979, 33: 291.

[137]　KESTERNICH W, ROTHAUT J. Reduction of helium embrittlement in stainless - steel by finely dispersed TiC precipitates[J]. J Nucl Mater, 1982, 103,104: 845.

[138]　BHM H, HESS G. Fast reactor fuel and fuel elements [C]. KARLSRUHE BLOOM E E, LEITNAKER J M, et al. Effect of neutron - irradiation on microstructure and properties of titanium - stabilized type 316 stainless - steels. Nucl Techn, 1976,31: 232.

[139]　KESTERNICH W. A possible solution of the problem of helium embrittlement[J]. J Nucl Mater, 1985, 127: 153.

[140]　TRINKAUS H. Conditions for the growth of grain - boundary cavities under high - temperature fatigue - a critical frequency[J]. ScrMetall, 1981,15: 825.

# 第 4 编　氚和金属氚化物中的 $^3$He

氚是氢的放射性同位素,是重要的聚变核燃料,也是非动力核技术领域广泛应用的放射性同位素。氢有三种天然同位素即普通氢、重氢、超重氢。普通氢又称氕(或 H),原子核中含有一个质子,是宇宙中含量最多的元素;重氢又称氘(或 D),原子核中含有一个质子和一个中子,占氢含量的 0.015%;氚(或 T)具有放射性,原子核中含有一个质子和两个中子。氢同位素家族还包括更多的成员。如果将携带一个单位正电荷的基本粒子定义为氢同位素,则氢同位素的家族成员包括:①正电子素:Ps(正电子:$e^+$);②$\mu$ 子素:Mu(正 $\mu$ 子:$\mu^+$);③氕:$^1$H(质子:p);④氘:$^2$H = D(氘子:d);⑤氚:$^3$H = T(氚子:t)。$^1$H,$^2$H 和 $^3$H 是氢的三种重要天然氢同位素。各核素括号中的名称与符号表示相应的带正电核的核子。这些同位素在物理学中均扮演着重要角色。

氕、氘和氚各拥有一个质子,因此氚的主要化学性质与氕和氘相似。但它们的质量相差很大,同位素效应明显。氚扩大了通常使用的稳定氢同位素成员和进一步进行理论研究的可能性。氚在不同体系中的独特行为和它在科技中应用的特殊性,首先是因为氚核性质有别于氕核和氘核。

20 世纪 80 年代以来,金属氢化物技术在氢同位素的储存、纯化、分离、回收、泵送和压缩以及在聚变核技术等方面获得广泛应用,与无流体机械泵(代替氚技术中的水银泵)的应用一起,成为氚技术获得长足进展的两个最重要方面,这些技术进步有可能可靠而高效地满足人们对氚的需求。

为了保证在氚生产和使用过程中实现氚的高效、安全、不受污染的输运和储存,研制和提供高性能金属储氚材料是十分必要的。这里说的储氚材料是指用作氚的储存和输运的介质,某些情况下直接作为氚源介质的材料。选用金属氚化物为氚储运介质的原因在于这种材料能够在室温和方便的氚压力下可逆地吸放高浓度氚,具有高效、方便、安全和经济等优点,而且可在一定期限内保证释放氚的纯度。

在核聚变技术的实验研究中,储氚材料作为特种功能材料应用日益受到关注,需求十分紧迫。例如,为了改进氚靶膜材和微球充氚材料的性能,简化充氚工艺和提高氚质量,有关的学者从 20 世纪 50 年代起就一直在积极寻求有良好的储氚、放氚特性和高固 He 能力的新型储氚材料。在密封中子发生器中,通过 D – T 反应可以获得 14 MeV 的单色高能中子,氚靶膜的储氚特性和时效行为决定了中子发生器的出中子能力和储存寿命,随着高技术的发展,氚化物的性能已成为这类有限寿命器件延寿的限制性因素。

用途不同,对材料的吸放氚特性、室温平衡压、综合力学性能、热稳定性及材料的使用形态等有不同的要求,但对氚化物时效过程中自身性能的变化的关注是一致的,关注的要点是时效期间氚衰变产生的 $^3$He 对材料性能的影响以及材料抑制 $^3$He 析出的能力(这里所说的时效是指随着储氚时间延长,衰变产物 $^3$He 在材料内部积累引起的效应)。

氚是 $\beta^-$ 放射性核素,氚核自然衰变产生一个平均能量为 18.582 keV 的 $\beta^-$ 电子和一个平均能量为 1.03 eV 的 $^3$He 原子,半衰期为 12.35 年。这一过程会对基体产生两种形式的损伤:一是 $\beta$ 粒子及 $^3$He 原子与晶体的相互作用。一般认为 $\beta$ 粒子的能量不够高,$^3$He 生成时的反冲能也很低,通常不会引发晶体的离位损伤,但会产生多种辐照效应。二是 $^3$He 原子积累对晶体的损伤。12 年对于自然界过程而言是很短暂的,但对于含氚量很高的储氚材料而言,12 年的半衰期对其使用性能的影响将是举足轻重的。直接的影响是导致氚化物本身氚特性和力学性能恶化,间接的影响是使氚化物的使用性能下降,例如,使氚纯度下降、毒化工艺过程和工艺环境、缩短器件有效寿命等。

　　本编的 5 个章节涉及了氚和金属氚化物性质的主要内容。鉴于氚和氚工艺性质数据的不确定性,本书集中选用权威实验室的研究结果,并注意了内容的普遍性。

# 第14章 氢和氢同位素

氚是 β⁻ 放射性核素,衰变产物 β⁻ 粒子与物质发生相互作用,产生辐射效应。D－T 核聚变反应具有高的反应截面并可以释放出巨大的能量,核聚变反应是发展氚工程技术的原动力之一。

许多金属可以在高温下直接同氢气作用生成金属氢化物。这些金属包括碱金属、碱土金属(除去 Be 和 Mg)、某些稀土金属、第ⅣA 族金属(除去 Si),以及 Pd,Nb,U 和 Pu 等。此外,Fe,Ni,Cr 和 Pt 系金属都能按照确定的化学计量比而吸收氢气。

储氚材料在氚生产、储存及回收中有重要的应用。其按照组成成分不同可分为金属、金属间化合物、非金属和复合型储氚材料。金属材料储氚主要以化学吸附为主,非金属材料多以物理吸附或胶囊储氚为主。

储氢金属及合金已在氢气的分离和精制系统、氢同位素分离系统、热－机械能转换系统、氢及其同位素的储存和输运系统、热的储存和输送系统、氢蓄电池、催化剂利用系统以及金属微细粉末制备等方面获得了应用。本章主要引用和讨论 Läesser 等人的研究结果(见参考文献[21])。

## 14.1 氢 同 位 素

氢原子是最简单的原子,它仅由一个质子和一个电子组成。质子作为原子核,电子围绕质子运动。这种简单的构成有助于解释为什么它是迄今宇宙中含量最丰富的元素。大量的氢存在于星际空间,它也是构成星球的主要元素。与其他元素相比,氢地位显著,在构成宇宙的所有原子中,它的含量令人吃惊地达到了约93%。由于氢原子是一个最简单的原子,氢分子 $H_2$ 是一种最简单的共价分子,所以对它们最容易进行理论处理,因此它们成为创建现代量子理论的原子结构理论和共价分子结构理论的物质基础。

氢是一种非常古老的元素。人们认为宇宙是由大爆炸形成的,氢在大爆炸后不久就产生了。所有其他元素或者产生于燃烧的星球地心的核反应,或者产生于星球毁灭时的大爆炸。

氢在宇宙中扮演着重要的角色,但是氢在地球大气层中的含量却很低:在 $1 \times 10^8$ L 空气里仅含有 5 L 氢气。氢气很轻,地球对它的吸引力太小,以至于大部分曾经存在于空气中的氢气逃逸到了外层空间。一些较大的星球,如土星和木星,引力较大,其大气层中氢气的含量相对较高。地球上现存的氢大多以水分子的形式存在于海洋里,在地壳中氢约占3%。

正常情况下,氢气是双原子分子,即一个氢分子由两个氢原子组成。氢气的化学符号为 $H_2$,代表含有一对氢原子,它无色无臭无味,能完全燃烧。当氢在空气中燃烧时,与空气中的氧发生强烈反应,放出大量热,氢与氧化合生成水。

氢的最普通且常见的化合物是水。两个氢原子和一个氧原子反应即生成了我们熟悉的水分子。氢还存在于数不胜数的有机物(或含碳化合物)及生命组织的化合物内。在有机分子里它往往直接与碳键合,而有机物的烃类中若碳碳相连接,呈长链状,则形成链烃。在天然气或石油里,链烃一旦裂解便可释放出能量。另一类化合物是碳水化合物,其分子中含有碳、氢和氧,存在于糖和含淀粉食物中。氢化合物还广泛存在于香料、染料、杀虫剂、DNA、蛋白质等物质里。

天然氢主要是轻同位素氕($^1$H),天然氢有两个很有价值的重同位素,即氘($^2$H,D)和氚($^3$H,T)。氚具有放射性。与其他元素的同位素相比,它们是唯一有自己名字的同位素。氢的所有同位素原子核的电荷都等于一个质子的电荷($+1$),而它们的原子各拥有一个电子,因此氢同位素分子的化学性质具有可比性。

自然界轻同位素氕的丰度为 99.985%,重同位素 $^2$H 仅占 0.015%。因此,通常讨论的氢性质主要是指由轻同位素氕组成的氢的性质。

氘是氢的稳定的同位素,因原子核中多一个中子,所以比氕重,人们通常称其为重氢。与氢相似,氘也可与氧化合成水,但这时生成的水是重水($D_2O$)。氘的自然含量约为1/5 000,这意味着在地球上江河湖海的水里大约每 5 000 个水分子中有 1 个是重水分子。氘通常可用电解法从水中分离出来,在这个过程中,水在通电情况下分解成氢气和氧气,氢中有少量的氘,然后利用氢和氘相对原子质量的差别把二者分开。虽然氘在地球上的海洋里含量很低,但由于地球上水资源丰富,氘还是取之不尽用之不竭的。

氘的不平常在于其化学性质与氢有些不同,例如,含重水超过 40% 的水即有毒。氢的同位素的相对原子质量差异导致了其化学性质的差异,而这种差异在其他元素的同位素中是不存在的。

重水主要用作核反应中的减速剂,用来降低反应堆中核裂变产生中子的速度。令人惊讶的是,U 原子核裂变在慢速中子打击下更易于进行,这样,在 U 产生能量的反应堆中,重水能使核反应效率大大提高。

比氘还多一个中子的氚是氢的更重的同位素。由于所含中子过多,氚很不稳定,具有放射性,半衰期相对较短,仅有 12.323 年。半衰期是放射性物质半数原子衰变成较轻原子的时间。虽然氚的半衰期短,但地球上仍然有氚存在。这是由于不断有来自外层空间的被称为宇宙射线的高能粒子轰击地球大气层的上层,轰击引起的核反应不断产生氚。

与普通的氢类似,氚与大气层中的氧反应生成 $T_2O$,一种放射性水分子。这种放射性的水以微放射性雨水形式不断进入地球上的江河湖海。值得庆幸的是,$T_2O$ 半衰期很短,放射物不会聚积到有危险的数量。

人们想方设法制造出一种利用核聚变产生能量的装置,这种装置主要以氘和氚为燃料。聚变反应是这样一个过程:两个原子的原子核像两个水滴一样充分靠近,形成一个新的更大的原子核,并释放出大量的能量。太阳通过氢的核聚变产生光和热,从而滋养了地球上的生命。氢弹也是利用氢的同位素的核聚变反应能释放出巨大的能量这一特点研制的。

然而,爆炸是一个失控的反应。如今,科学家们在努力研究受控核聚变反应,其所产生的能量足以维持反应的继续进行。研究的目标是研制出一种聚变反应器,它能产生足够的能量使聚变反应得以顺利进行。如果可以控制的话,这台机器将产生巨大的能量,因此目前世界上大部分研究工作都集中于解决可能会面临的科技和工程方面的难题。主要的问题是使聚合的氢原子核必须被加热到数亿摄氏度的高温才能发生聚合反应。这数亿摄氏度的高温用来供给氢原子核足够的能量使其克服彼此间的静电排斥力(因为氢原子核都带正电)而发生聚合。选择氘和氚作为核聚变燃料是因为氘和氚原子核间的排斥力相对于其他适用燃料要小,克服其排斥力而发生聚合所需的能量较低。

地球上的氢主要以其化合物,如水和碳氢化合物(石油、天然气)等的形式存在。氢能是最环保的能源。利用低温燃料电池,由电化学反应将氢转化为电能和水,不产生任何污染。氢气具有可储存性和可再生性。氢是和平能源,因为每个国家都有丰富的氢矿。由于氢具有这些特点,可以同时满足资源、环境和持续发展的需要,因此是其他能源不能比拟的。从另一个角度讲,氢同位素氘和氚是可控聚变反应的重要燃料。氘核和氚核的核特性、氘和氚原子的物理和化学性质以及氚工艺特征受到人们的关注。

1932 年发现氢的重稳定同位素氘后,人们对超重同位素产生了兴趣。1933 年提出存在超重氢同位素的可能性;1934 年在核反应实验中制备出了氚;1939 年发现放射性氚的存在;1947 年从重水中分离出氚,证实了自然界中存在氚。

放射性超重氢同位素于 1939 年被 Alvarez 和 Cornoy 发现[1]。7 年后 Libby 发现了产生于自然界的氚[2]。此外,1932 年人造荷电粒子加速器的建立以及这前后发展的重水生产方法为人工生产氚创造了条件。

1934 年 3 月,Rutherford 在 Cavendish 实验室第一次生产了氚[3]。他领导的研究组利用剑桥大学的加速器加速来自重氢的氘核轰击重水靶,观察到两组反应产物——氚和 ³He,轰击产物产生于 D + D ⟶ T + H + 3.98 MeV 和 D + D ⟶ ³He + n + 3.5 MeV 反应。那时不知道哪个核素是放射性的。Rutherford 做了错误的推测,认为氚是稳定同位素。他说服了当时世界上唯一的一家重水厂(Norwegian 重水厂)与他合作,电解了十几吨重水,然后将浓缩物送到阿斯顿实验室,用灵敏的质谱计进行氢同位素分析,希望找到氚的踪迹,但未发现质量数为 3 的产物。他们也尝试过电解多达 1 300 t 天然水,希望从中分离出氚,因采用的质谱仪不够灵敏,这一尝试也没有成功。Rutherford 由此改变了想法,想到氚可能是不稳定的。

Alvarez 希望重复 Rutherford 等人的工作,在用质谱仪分析自然 He 时发现了 ³He,并认定 ³He 是 He 的稳定同位素,或者半衰期很长。Alvarez 和 Cornoy 随后用中子轰击 Li,在离子室中分析气化氢,确信氚具有放射性,这标志着人们发现了氚。

第二次世界大战以后,Libby[2] 决定重新寻找天然氚。他遵循 Rutherfod 等人的实验方法,获得了 13 年前后者利用过的样品。盖革计算粒器测得的数据表明样品有很高的活性,以致必须将其稀释 1 000 倍。随后 Labby 要求挪威的重水工厂生产高浓度的电解重水。分析结果表明,浓缩的重水中存在具有放射性的氚。这表明自然界中确实存在氚。

应该说 Alvarez 及其合作者发现氚的放射性是在前人的实验和理论工作基础上完成的。然而,Rutherford 等人的工作也是有意义的,人们每当论述氚的发现时总会说是 Rutherford 首先制备出了氚。这些历史细节似乎是不可思议的[4-5],Rutherford 制备出了氚,他的实验室也具备检测氚活性的化学仪器,却没能发现氚。这种情况在科技发展史上并不少见。这表明人类在探索宇宙规律时需要相互合作、相互支撑。

Libby 以热核武器的首次实验为标志把氚的历史划分为两个时期,但苏联学者认为把氚的研究分为三个时期比较合理。第一时期为氚的发现及阐明氚的物理化学性质时期(1934—1950 年);第二时期为研究自然界中氚的含量和探讨各种体系中氚的定量测定方法时期(1950—1965 年);第三时期为氚的获得方法和含氚化合物合成方法的建立,氚及其化合物在国民经济和科研中应用途径的探索时期。

# 14.2　氢同位素家族

如果将携带一个单位正电荷的基本粒子定义为氢的同位素,则氢同位素的家族成员包括:①正电子素——Ps(正电子:$e^+$);②$\mu$ 子素——Mu(正 $\mu$ 子:$\mu^+$);③氕——$^1H$(质子:p);④氘——$^2H = D$(氘子:d);⑤氚——$^3H = T$(氚子:t)。$^1H$,$^2H$ 和 $^3H$ 是氢的三种重要天然氢同位素。各核素括号中的名称与符号表示相应的带正电核的核子。这些同位素在物理学中均扮演重要角色。

资料报道过 $^4H$,$^5H$,$^6H$ 的存在。这些核素只是作为复合核的一些中间态[6],瞬间即衰变为氚和中子,例如 $^4H$ 的半衰期只有 $4 \times 10^{-11}$ s。应用大型加速器轰击 C 原子,制造出由 2 个质子和 4 个中子构成的 $^6He$,去掉 1 个质子获得 $^5He$,$^5He$ 极不稳定,极短时间内就衰变为氚和 2 个中子。

正电子是电子的反粒子。正电子除带正的电子电荷外,其质量、自旋均与电子一样,常用符号 $e^+$ 表示。1932 年,Andeson 在宇宙射线中发现了正电子。当高能光子的能量超过 1.02 MeV时,就可导致电子 – 正电子对产生($\gamma \longrightarrow e^+ + e^-$)。正电子对原子尺度缺陷和电子的性质敏感,正电子湮没技术已获广泛应用[7]。

$\mu$ 子是轻子的一种,自旋为 1/2,带有 $1.6 \times 10^{-19}$ C 的负电荷,质量 $m_\mu = 207\ m_e$,用符号 $\mu$(或 $\mu^-$)表示。$\mu$ 子的穿透力强,不稳定(寿命约 $2.2 \times 10^{-6}$ s)。$\mu$ 子的反粒子为 $\mu^+$。当 $\gamma$ 子的能量大于 $2m_\mu c^2$ 时,通过电磁相互作用产生正负 $\mu$ 子对($\gamma \longrightarrow \mu^+ + \mu^-$)。高能电子对湮没也能产生 $\mu$ 子对。正负两种 $\mu$ 子的衰变方式分别为 $\mu^+ \longrightarrow e^+ + \nu_e + \bar{\nu}_\mu$,$\mu^- \longrightarrow e^- + \bar{\nu}_e + \nu_\mu$,式中 $\nu_e$ 是与正电子 – 电子对关联的中微子;$\bar{\nu}_\mu$ 是与 $\mu$ 子偶关联的反中微子。$\mu$ 子素是正 $\mu^+$ 子俘获邻近原子或金属电子气中的电子而形成的一种以 $\mu^+$ 作核的类氢原子($M\mu = \mu^+ + e^-$)。$\mu^+$ 寿命为 $2.197 \times 10^{-6}$ s。

从质量观点看 $\mu$ 子素是很有趣的类氢同位素。其质量是 $^1H$ 原子质量的 1/9,在金属中的振动能为 $^1H$ 振动能的 3 倍。由于其寿命短,主要用于 $\mu$ 子素动能测定和确定在金属中的占位[8-10]。由于寿命短,$\mu^+$ 子在完全未捕陷位置的迁移和位形研究目前仅成功地应用于 Cu 晶体。

这样,在氢同位素家族中有两种放射性同位素。一种是氚,一种是 $\mu$ 子素。氚核半衰期是 $\mu$ 子素核 $\mu^+$ 半衰期的 $2.5 \times 10^{14}$ 倍。

氕、氘和氚各拥有一个质子,因此氚的主要化学性质与氕和氘相似。但它们的质量相差很大,同位素效应明显。氚扩大了通常使用的稳定氢同位素成员和进一步进行理论研究的可能性。氚在不同体系中的独特行为和它在科技中应用的特殊性,首先是因为氚核性质有别于氕核和氘核。

氚的一种特殊性质是氚核具有最大的旋磁比,氚核对核磁共振(NMR)敏感,其相对敏感性是氕核的 1.21 倍。氚的核磁共振谱是表征氚 – 示踪化合物的最好方法。

因此,应该首先探讨氚的基本核特性,并与氕核和氘核的特性进行比较。

表 14.1 列出了三种天然氢同位素核的性质。14.3 节将围绕这些性能参数(电荷、质量、半径、自旋、磁矩、核电四极矩),讨论天然氢同位素核的特性。

**表 14.1　天然氢同位素核的性质[11-12]**

| 同位素原子 | 氕<br>$^1H = p + e^-$ | 氘<br>$D = ^2H = d + e^-$ | 氚<br>$T = ^3H = t + e^-$ |
|---|---|---|---|
| 同位素原子核 | p | d | t |
| 核静止质量 $m$/kg | $1.672\ 6 \times 10^{-27}$ | $3.343\ 6 \times 10^{-27}$ | $5.006\ 1 \times 10^{-27}$ |
| 自旋 | 1/2 | 1 | 1/2 |
| 核磁矩/$(J \cdot T^{-1})$ | $1.410\ 62 \times 10^{-26}$ | $4.330\ 66 \times 10^{-27}$ | $1.504\ 57 \times 10^{-26}$ |
| 旋磁比/$(rad \cdot s^{-1} \cdot T^{-1})$ | $2.675\ 2 \times 10^8$ | $0.401\ 6 \times 10^8$ | $2.853 \times 10^8$ |
| 核电四极矩 $cm^{-2}$ | 0 | $2.77 \times 10^{-31}$ | 0 |
| 半衰期 $T_{1/2}$/年 | 稳定 | 稳定 | 12.323 |
| 非相干中子横截面 $\sigma_{inc}$/b[①] | $80.20 \pm 0.06$ | $2.04 \pm 0.3$ | |
| 束缚原子散射截面 $\sigma_{inc + coh}$/b | $81.96 \pm 0.06$ | $7.64 \pm 0.03$ | $2.3 \pm 0.7$ |
| NMR 共振频率(在 1.114 T)/MHz | 90.0 | 13.8 | 96.0 |
| 相对 NMR 共振敏感性/恒定磁场 | 1.0 | $9.65 \cdot 10^{-3}$ | 1.21 |
| 自然丰度/% | 99.984 | 0.015 6 | $10^{-16}$ |

注:①b(barn,恩靶),1 b = $10^{-24}$ cm$^2$。

## 14.3　原子和原子核

自 1911 年卢瑟福提出原子的核式模型以来,原子就被分成两部分来处理:一是处于原子中心的原子核,一是绕核运动的电子。核外电子的运动构成了原子物理学的主要内容,而原子核则成了另一门学科——原子核物理学的主要研究对象。原子和原子核是物质结构的两个层次,或许是分得最开的两个层次。如果把 1932 年发现中子作为原子核物理的开始,六十多年已过去了。可是,我们今天对原子核的了解还远没有达到六十年前对原子的了解程度。

发展中的核物理知识对于理解(特别是对于非物理专业的研究人员)与氢同位素核性质相关的内容十分重要。为此,我们重点参阅和多处引用了杨福家老师的专著(《原子物理学(第三版)》,高等教育出版社,2000 年出版)中的相关内容。该书从实验事实出发,以阐述原子结构为中心,联系原子学物理发展史,联系应用和科研前沿活动,深入浅出地论述了原子核物理学的基本内容。

物质的性质可以主要归因于原子,或主要归因于原子核,但几乎不同时归因于两者。元素的化学性质、物理性质、光谱特性基本上只与核外电子有关,而放射现象则归因于原子核。

在发现中子之前,人们知道的基本粒子只有两种,即电子和质子。把多变的各类物质归纳为两个基本实体真可算作物理学家梦寐以求的伟大成果。可是,把原子核当作质子和电子的组成体的想法,一开始就遇到了不可克服的困难。

在查德威克发现中子之后,海森伯很快就提出原子核由质子和中子组成的假说。诸多困难就不再存在,而且有一系列的实验事实支持这一假说。

中子和质子的质量相差甚微,如果用原子质量单位,那么它们分别为

$$m_n = 1.008\ 665\ u$$

$$m_p = 1.007\ 277\ u$$

中子和质子除有微小质量差以及电荷的差异外,其余性质十分相似。海森伯统称它们为核子,并把中子与质子看作核子的两个不同状态。

在提出原子核由中子和质子组成之后,任何一个原子核都可用符号 $_Z^A X_N$ 来表示。其中,$N$ 为核内中子数;$Z$ 为核内质子数,$A = N + Z$,为核内的核子数,又称质量数;X 代表与 $Z$ 相联系的元素符号。例如,$_2^4 He_2, _7^{14} N_7, _8^{16} O_8$,等等。实际上,只要简写为 $^A X$,它已足以代表一个特定的核素。只要 X 相同,元素在周期表中的位置就相同,元素的化学性质就基本相同。例如,$^{235} U$ 和 $^{238} U$,都是 U 元素,两者只相差 3 个中子,它们的化学性质及一般物理性质几乎完全相同。但是,它们是两个完全不同的核素,它们的核性质完全不同——前者是核武器的关键原料,后者往往是核工厂的废料。

### 14.3.1 原子核的基态特性之一——核质量

1. $1 + 1 \neq 2$

既然原子核是由中子和质子所组成的,那么原子核的质量似乎应该等于核内中子和质子的质量之和。然而实际情况却并非如此。我们举一个最简单的例子——氘核。氘($^2 H$)由一个中子和一个质子组成。

| | |
|---|---|
| 中子质量 | $m_n = 1.008\ 665\ u$ |
| 质子质量 | $m_p = 1.007\ 277\ u$ |
| 两者之和 | $m_n + m_p = 2.015\ 942\ u$ |
| 而氘的质量 | $m_d = 2.013\ 552\ u$ |

可见它们并不相等。它们的差值为

$$m_p + m_n - m_d = 0.002\ 390\ u = 2.225\ (MeV)/c^2$$

中子和质子组成氘核时,会释放一部分能量 $[0.002\ 390\ (u)c^2 = 2.225\ MeV]$,这就是氘的结合能。它已为精确的实验测量所证明。实验还证实了它的逆过程:当用能量为 2.225 MeV 的光子照射氘核时,氘核将一分为两,飞出质子和中子。

其实,一个体系的质量比其组分的个别质量之和来得小,这算不得什么新鲜事。分子的质量并不等于原子质量之和,原子的质量也不等于原子核的质量与电子质量之和。任何两个物体结合在一起,都会释放一部分能量。只不过在一般情况下,释放的能量微乎其微,不加考虑罢了。不过,我们将会看到,结合能的概念在原子核物理中要比在原子、分子物理中重要得多,而在高能物理中更有其特别的意义。

例如,两个氢原子组成氢分子时,放出 4 eV 的能量,而一个氢原子的静止质量相应的静止能量约为 938.3 MeV + 0.511 MeV ≈ 1 000 MeV,两者比值约为 4 eV/1 000 MeV = 4 × $10^{-9}$,真是微不足道。

当一个电子与质子组成氢原子时,放出 13.6 eV 的能量,它与电子的静止能量之比也只

不过为 13 .6 eV/511 keV ≈ 4 × 10$^{-5}$。

但当一个中子和一个质子组成氘核时,相对比值将大到 0.2。

也许我们将来会看到,在高能物理中,这个比值接近于 1,甚至超过 1,那时物质结构的观念将发生深刻的变化。

2. 结合能

核结合能是指把原子核拆散成核子的能量,它等于由自由核子组成原子核时放出的能量。氘核中的核子结合能比重核中的核子结合能要小很多,因此氘核作为复合核对研究核力和核反应有着重要的意义。

假如一个原子核的质量为 $m$,那么该原子核的结合能 $B$ 就由下式决定:

$$m = Zm_p + Nm_n - B/c^2$$

由于一般数据表中给出的都是原子的质量 $M$,而不是原子核的质量 $m$,我们改写成:

$$M = ZM_H + Nm_n - B/c^2$$

或者

$$B/c^2 = ZM_H + Nm_n - M \tag{14.1}$$

其中,$M_H$ 是氢原子质量。

这就是原子核结合能的一般表达式,这里忽略了电子的结合能。

原子核中每个核子对结合能的贡献,一般用平均结合能 $B/A$ 来表示,它又称为比结合能。例如,氘的比结合能为 2.226/21.1 MeV,He 的比结合能为 28.296/47 MeV。通过实验测量原子的质量,按式(14.1)就可得到各种核素的结合能。图 14.1 是核素的比结合能对质量数作图,简称核的结合能图。

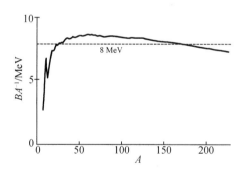

**图 14.1　原子核平均结合能曲线**

从图中可见,比结合能曲线两头低,中间高,换句话说,中等质量的核素的 $B/A$ 比轻核、重核都大。比结合能曲线在开始时有些起伏,逐渐光滑地达到极大值(8 MeV ),然后又缓慢变小。

当结合能小的核变成结合能大的核,即当结合得比较松的核变到结合得紧的核,就会释放出能量。从图 14.1 可以看出,有两个途径可以获得能量:一是重核分裂,即一个重核分裂成两个中等质量的核;一是轻核聚变。人们依靠重核裂变的原理制成了原子反应堆与原子弹,依靠轻核聚变的原理制成了氢弹。

由此可见,所谓原子能,实际上主要是指原子核结合能发生变化时释放的能量。

### 14.3.2　核的基态特性之二——核矩

**1. 核自旋**

早在 1924 年,乌仑贝克与古兹米特提出电子自旋之前,泡利为了解释原子光谱的超精细结构,就提出了原子核作为一个整体必须有自旋的假设。但是,只有在 1932 年发现中子之后,人们才理解核自旋的起源。实验发现,中子和质子都是费米子,具有的固有角动量(自旋)与电子一样,都是 $h/2$。既然原子核是由中子和质子所组成的,那么它的自旋就应该是中子和质子的轨道角动量和自旋之和。

实验发现,所有的偶偶核的自旋都是零;所有的奇偶核(中子和质子数中有一个是奇数的原子核)的自旋都是 $h$ 的半整数倍;所有的奇奇核的自旋都是 $h$ 的整数倍。这里的"原子核的自旋"都是指原子核基态的自旋。对于激发态,情况当然不一样,例如,偶偶核的激发态的自旋就不一定为零。

氕是最轻的氢同位素,也是所有原子种类中最简单的原子,它由一个自旋为 1/2 的核(质子)和一个自旋为 1/2 的电子构成,核自旋为 1/2。由于氕原子的简单性,量子力学在这里得到了成功的应用。

氘核由一个质子和一个中子组成,为奇奇核,核自旋为 1。氘核所带电荷少,彼此间库仑斥力较小,不大的能量就能克服斥力的作用。超高温度时,氘核或与氢原子核互相碰撞,可以发生聚变反应,放出能量。

氚是最重的氢同位素。氚核含一个 1s 质子和两个 1s 中子。由于泡利不相容原理,处于 1s 态的两个中子的自旋平行反向,所以氚核基态的自旋由质子的自旋决定,即 1/2。

**2. 核子磁矩**

我们先来回忆电子磁矩表达式:

$$\mu_e = -\frac{eh}{2m_e}(g_{e,l}l + g_{e,s}s) \tag{14.2}$$

对于电子,我们有 $g_{e,l}=1$,并在假定 $g_{e,s}=2$ 之后得到了与实验相符合的一系列结果。这里用下标 e 表示是电子的 g 因子。对于电子,由于它的自旋是 $h/2$,在电子为点电荷的假定下,可以从狄拉克方程导得 $g_{e,s}=2$。虽然现代的电子论对 $g_{e,s}$ 有微小的修正,但可以认为下面的电子磁矩表达式是相当精确的:

$$\mu_e = -\frac{eh}{2m_e}(l + 2s) = -(l + 2s)\mu_B \tag{14.3}$$

其中,$\mu_B$ 称为玻尔磁子。

在 20 世纪 60 年代,人们只认识到质子与电子一样是自旋为 $h/2$ 的费米子,都是点电荷,不同的只是电荷的符号及质量的大小。因此,当史特恩快要结束对质子磁矩的测量时,向一些理论学家询问:"你们预告质子磁矩的数值是多少?"当时的理论学家,包括著名的玻恩在内,对描写质子磁矩大小的 g 因子都一致地回答:$g_{p,s}=2$,因为这是狄拉克理论所要求的,即

$$\mu_p = \frac{eh}{2m_p}(l + g_{p,s}s) \tag{14.4}$$

$g_{p,s}=2$,而

$$\mu_N = \frac{eh}{2m_p} = 3.152 \times 10^{-8} \text{ eV/T} \tag{14.5}$$

其中,$\mu_N$ 为核的玻尔磁子。或简称核磁子;由于质子质量 $m_p$ 约是电子的 1 836 倍,核磁子就是电子玻尔磁子的 1/1 836,即小三个数量级。除此之外,式(14.4)与式(14.2)只差一个负号。

可是,在史特恩提出问题后的两个月,他给出的实验结果竟是

$$g_{p,s} = 5.6 \tag{14.6}$$

现代较精确的实验数值是 $g_{p,s} = 5.586$,与电子的理论值和实验值相差很大。

那么中子呢? 显然,因为中子不带电,原有的理论不仅给出 $g_{n,l} = 0$,而且给出 $g_{n,s} = 0$。但是,实验结果却是

$$\begin{cases} \mu_n = \frac{eh}{2m_n} g_{n,s} s \\ g_{n,s} = -3.82 \end{cases} \tag{14.7}$$

中子不带电,与轨道角动量相联系的磁矩为零,这十分自然。但是与自旋角动量相联系的磁矩却不为零,这表明,虽然中子整体不带电,但它内部存在电荷分布。中子自旋磁矩的符号与电子一致,因此,它与电子一样,自旋指向与磁矩相反。

不论是质子的磁矩,还是中子的磁矩,都清楚表明,它们不是点粒子;相反,它们是有内部结构的粒子。任何关于质子和中子结构的正确理论,都应能回答它们的磁矩实验测量结果。

这里要请读者注意,在原子核物理的核数据表中所给出的质子、中子以及原子核的磁矩大小,都是以磁矩在 $z$ 方向的投影的最大值来表征它们的磁矩大小的。因为质子和中子的磁矩在 $z$ 方向的投影为 $\pm 1/2$,所以由式(14.6)和式(14.7)可得质子和中子的磁矩的精确值为

$$\mu_p = 2.792\ 7\mu_N$$
$$\mu_n = -1.913\ 1\mu_N$$

3.核磁矩(磁偶极矩)

在知道了中子和质子的磁矩数值之后,我们就要研究原子核的磁矩大小。先看最简单的例子——氘核。

假定氘核的基态是 s 态,即轨道角动量为零,于是氘核的磁矩就为质子和中子的磁矩之和,即 $0.879\ 81\mu_N$。但是,氘核磁矩的实验值为 $0.857\ 483\mu_N$,两者并不相等。这说明,除了核子的自旋磁矩外,我们还要考虑轨道磁矩。实验表明,氘核的基态并不完全是 s 态,还包含大约 4% 的 d 态。所以,要正确计算原子核的磁矩数值,就必须对核内核子运动状态有合理的描述。这是核模型应该回答的问题。

4.电四极矩

在距一个点电荷 $(e)r$ 处,电势为

$$\varphi = \frac{1}{4\pi\varepsilon_0} \frac{e}{r} \tag{14.8}$$

对于一个电荷密度为 $\rho$ 的带电体,它在体外比核线度大得多的 $r$ 处可以产生一项类似的贡献,即

$$\varphi = \frac{1}{4\pi\varepsilon_0} \frac{1}{r} \int \rho z \mathrm{d}V \qquad (14.9)$$

其中，$\int \rho z \mathrm{d}V$ 为对体积积分，代表体系的总电荷。

对于一对相隔为 $d$ 的正负电荷，由于它的总电荷为零，在远处它不会产生式(14.9)那样的贡献，但它有电偶极矩 $ed$；或者，对一组点电荷 $\varepsilon_i$ 组成的体系，电偶极矩在 $z$ 方向的投影为 $\sum \varepsilon_i z_i$。对于任意一个带电体，它的电偶极矩在 $r$ 处贡献的电势为

$$\varphi = \frac{1}{4\pi\varepsilon_0} \frac{1}{r^2} \int \rho z \mathrm{d}V \qquad (14.10)$$

但是，对于图 14.2 那样的体系，由于总电荷、电偶极矩均为零，它既无式(14.9)那样的贡献，也无式(14.10)的贡献。不过，它有电四极矩，来自 $\sum \varepsilon_i z_i^2$，$z$ 轴如图 14.2 所示，一般情况下，电四极矩在 $r$ 处产生的势为

$$\varphi = \frac{1}{4\pi\varepsilon_0} \frac{1}{r^3} \int \frac{1}{2}\rho(3z^2 - r^2)\mathrm{d}V \qquad (14.11)$$

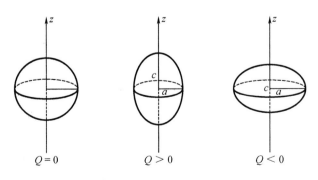

图 14.2　电四极矩的例子

对于任意的带电体系，它在 $r$ 处产生的电势一般表达式为

$$\varphi = \frac{1}{4\pi\varepsilon_0}\Big[ \frac{1}{r}\int \rho\mathrm{d}V + \frac{1}{r^2}\int \rho z\mathrm{d}V + \frac{1}{r^3}\int \frac{1}{2}\rho(3z^2 - r^2)\mathrm{d}V + \cdots \Big] \qquad (14.12)$$

理论与实验都证明，原子核的电偶极矩恒等于零，它的电四极矩的定义为

$$Q = \frac{1}{e}\int \rho(3z^2 - r^2)\mathrm{d}V \qquad (14.13)$$

其中，$Q$ 的单位是靶(b)，$1\ \mathrm{b} = 10^{-24}\ \mathrm{cm}^2$。

电四极矩则成为表征核电荷分布偏离球对称程度的重要参数。假如原子核是一个均匀带电的旋转椭球，对称轴的半轴为 $c$，另外两个半轴相等，为 $a$，那么可以证明

$$Q = \frac{2}{5}z(c^2 - a^2) \qquad (14.14)$$

显然，球形核的电四极矩为零；长椭球的核，$Q > 0$；扁椭球的核，$Q < 0$，如图 14.3 所示。原子核的电四极矩是核偏离球形的量度。一些核素的核矩数值见表 14.2。

图 14.3　原子核的形状与电四极矩的关系

**表 14.2　一些核素的核矩实验值**

| 核素 | 自旋($h$) | 磁矩($\mu_N$) | 电四极矩/b |
|---|---|---|---|
| n | 1/2 | −1.913 1 | 0 |
| ¹H | 1/2 | 2.792 7 | 0 |
| ²H | 1 | 0.857 4 | 0.002 82 |
| ³H | 1/2 | 2.978 9 | 0 |
| ³He | 1/2 | −2.127 5 | 0 |
| ⁴He | 0 | 0 | 0 |
| ⁷Li | 3/2 | 3.256 3 | −0.045 |
| ¹²C | 0 | 0 | 0 |
| ¹³C | 1/2 | 0.702 4 | 0 |
| ¹⁷⁶Lu | 7 | 3.180 0 | 8.000 |
| ²³⁵U | 7/2 | −0.35 | 4.1 |
| ²³⁸U | 0 | 0 | 0 |
| ²⁴¹Pu | 5/2 | −0.730 | 5.600 |

从表 14.2 中可见,氚核的电四极矩不为零,即

$$Q_D = 0.002\ 82\ b = 0.282\ fm^2$$

这又一次证明了前面的结论:氚核的基态不完全是 s 态;s 态一定球对称,$Q$ 必为零。

从表 14.2 中还看出,$I = 0, 1/2$ 时,$Q$ 必定为零。这可由量子力学严格证明。

氚核与气核或氚核的最大不同点在于它的放射性。氚核以 12.33 年的半衰期发生 β⁻ 衰变,生成 ³₂He,这相当于核内的一个中子转变为一个质子。自由中子完成这一转变有 12 min 的半衰期,氚核中其他两核子的存在把中子的稳定性提高了 500 000 倍。

氚核是一个非常独特的核,不仅电荷力小,而且存在各种类型核子的相互作用。

在氚的物理学中,多个问题交织在一起,如三体核力问题、β 衰变理论问题和中微子质量问题等。氚已引起了从事三体核问题的物理学家的注意。这些问题的研究和解决对核物理和核技术的发展有重要的意义,因而引起了理论物理学家的极大关注。

### 14.3.3　放射性衰变基本规律

在人们发现的两千多种核素中,绝大多数都是不稳定的,它们会自发地蜕变为另一种核素,同时放出各种射线。这样的现象称为放射性衰变。

迄今为止,人们已发现的放射性衰变模式有:

(1)α 衰变,放出带两个正电荷的 He 核。

(2)β⁻ 衰变,放出电子,同时放出反中微子;β⁺ 衰变,放出正电子,同时放出中微子;电子俘获(EC),即原子核俘获一个核外电子。β⁻ 衰变、β⁺ 衰变和电子俘获统称 β 衰变。

(3)γ 衰变(γ 跃迁),放出波长很短的(往往小于 0.01 nm)电磁辐射;内转换(IC),即原子核把激发能直接交给核外电子,使电子离开原子。γ 衰变与内转换属同一类型。

(4)自发裂变(SF),原子核自发分裂为两个或几个质量相近的原子核。

(5)其他几种罕见的衰变模式。

**1. 指数衰变律**

原子核是一个量子体系,核衰变是原子核自发产生的变化,是一个量子跃迁的过程。核衰变服从量子力学的统计规律。对于任何一个放射性核素,它发生衰变的精确时刻是不能预知的,但足够多的放射性核素的集合,作为一个整体,它的衰变规律则是十分确定的。

在 d$t$ 时间内发生的核衰变数目为 $-dN$,它必定正比于当时存在的原子核数目 $N$,也显然正比于时间 d$t$,于是有

$$-\mathrm{d}N = \lambda N\mathrm{d}t \tag{14.15}$$

其中,$\lambda$ 是比例常数;$-dN$ 代表 $N$ 的减少量,是负值。设 $t=0$ 时原子核的数目为 $N_0$,则把式(14.15)积分后可得

$$N = N_0\mathrm{e}^{-\lambda t} \tag{14.16}$$

这就是放射性衰变服从的指数规律。

把式(14.15)改写一下,即

$$\lambda = \frac{-\mathrm{d}N/\mathrm{d}t}{N}$$

其中,分子代表单位时间内发生衰变的原子核数;分母代表当时的原子核总数。因此,$\lambda$ 就代表一个原子核在单位时间内发生衰变的几率,被称为衰变常数。任何一个放射性核素在什么时候衰变,是不可预知的,但是它却有一个完全确定的衰变常数,它在任一时刻的衰变几率是完全可以预知的。

**2. 半衰期**

放射性核素衰变其原有核素一半所需时间,称为半衰期,用 $T_{1/2}$ 表示。即当 $t = T_{1/2}$ 时,$N = N_0/2$,于是从式(14.16)可得

$$\frac{N_0}{2} = N_0\mathrm{e}^{-\lambda T_{1/2}}$$

$$T_{1/2} = \frac{\ln 2}{\lambda} = \frac{0.693}{\lambda} \tag{14.17}$$

$T_{1/2}$ 与衰变常数 $\lambda$ 一样,是放射性核素的特征常数,$\lambda$ 越大,$T_{1/2}$ 越小。例如,$^{13}$N 的半衰期为 9.96 min,这就表示经过 10 min,$^{13}$N 原子核就减少一半;但再过 10 min,$^{13}$N 原子核并未全部衰变完,而是又减少了一半,即剩下原来的四分之一。衰变过程如图 14.4 所示。

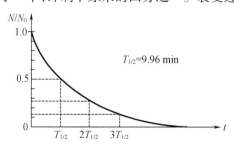

图 14.4　$^{13}$N 衰变曲线

### 3. 平均寿命

人的寿命有长有短,因此任何地区和国家均有平均寿命的概念。同样,对某种确定的放射性核素,其中有些早变,有些晚变,寿命也不一样,我们也可计算它们的平均寿命。

若在 $t = t_0$ 时放射性核素的数目为 $N_0$,当 $t = t$ 时就减为 $N = N_0 e^{-\lambda t}$。因此,在 $t \to t + dt$ 这段很短时间内,发生衰变的原子核数为 $-dN = \lambda N dt$,这些核的寿命为 $t$,它们的总寿命为 $\lambda N t dt$。

由于有的原子核在 $t \approx 0$ 时就衰变掉,有的到 $t \to \infty$ 时才衰变掉,因此,所有核的总寿命为 $\int_0^\infty \lambda N t dt$。于是,任一核素的平均寿命为

$$\tau = \frac{\int_0^\infty \lambda N t dt}{N_0} = \frac{1}{\lambda} = \frac{T_{1/2}}{\ln 2} = 1.44 T_{1/2} \qquad (14.18)$$

因此,平均寿命为衰变常数的倒数,它比半衰期长一点,是 $T_{1/2}$ 的 1.44 倍。

把式(14.18)代入指数衰变律,即得

$$N = N_0 e^{-1} \approx 37\% N_0 \qquad (14.19)$$

可见放射性核素的平均寿命表示经过这段时间($\tau$)以后,剩下的核素数目约为原来的 37%。

### 4. $\lambda$ 是放射性核素的特征量

衰变常数 $\lambda$、半衰期 $T_{1/2}$ 和平均寿命 $\tau$ 由式(14.18)联系在一起,它们都可以作为放射性核素的特征。每一个放射性核素都有它特有的 $\lambda$ 值,没有两个核的 $\lambda$ 值是一样的,因此,$\lambda$(或 $T_{1/2}$,或 $\tau$)是放射性核素的"手印",我们可以根据测量的 $\lambda$ 判断它属于哪种核素。

大量实验表明[35],衰变常数 $\lambda$ 几乎与外界条件没有任何关系。当外界环境温度从 24 K 到 1 500 K,压强从 0 到 $2 \times 10^8$ Pa,磁场从 0 到 8.3 T 变化时,$\lambda$ 无显著变化。只是在某些特殊情况下才能觉察到 $\lambda$ 的变化,例如,放射性核素 $^7$Be,以电子俘获的模式衰变,它的衰变常数就与核外电子的状态略有关系:处于金属态的 $^7$Be,其 $\lambda$ 比处于化合态的 $^7$BeO 的 $\lambda$ 大 0.13%;把 $^7$BeO 加压到 $2.7 \times 10^{10}$ Pa,使其体积减小 10%,测得的 $\lambda$ 就增大 0.6%。在太阳内的 $^7$Be 的半衰期可比地球上的增加 30% 以上,在太阳中 $^7$Be 半衰期约 70 d,而在地球上测得的是约 53 d。

### 5. 放射性活度

定义放射性物质在单位时间内发生衰变的原子核数 $-dN/dt$ 为该物质的放射性活度,用 $A$ 标记,显然有

$$A \equiv -\frac{dN}{dt} = \lambda N_0 e^{-\lambda t} = A_0 e^{-\lambda t} \qquad (14.20)$$

$A$ 也服从指数规律。决定放射性强弱的量,正是 $A$,而不是 $\lambda$,也不是 $N$。$A = \lambda N$,是 $\lambda$ 和 $N$ 的乘积。例如,在天然 K 中有 0.012% 的 $^{40}$K,它是放射性核素,几乎普遍存在于我们周围的玻璃窗、玻璃杯,甚至我们戴的眼镜中,也就是说,$^{40}$K 的原子核数 $N$ 不算少。但是,$^{40}$K 的半衰期为 $1.3 \times 10^9$ 年,相应的 $\lambda$ 十分微小,即它的衰变几率非常小,放射性活度也很小。$^{40}$K 的存在对我们的健康并无不利影响。

历史上放射性活度的单位是居里(Ci),因居里夫人而得名。

$$1 \text{ Ci} = 3.7 \times 10^{10} \text{ s}^{-1}$$

较小的单位有

$$1 \text{ mCi} = 3.7 \times 10^{7} \text{ s}^{-1}$$

$$1 \text{ } \mu\text{Ci} = 3.7 \times 10^{4} \text{ s}^{-1}$$

容易算出,1 g 的 $^{226}$Ra 的放射性活度就近似为 1 Ci。实际上,1 Ci 的早期定义就是 1 g $^{226}$Ra在 1 s 内的放射性衰变数。

按我国的法定计量单位规定,放射性活度的单位应是贝可(Bq)。

$$1 \text{ Bq} = 1 \text{ s}^{-1}$$

所以

$$1 \text{ Ci} = 3.7 \times 10^{10} \text{ Bq}$$

考虑到某种核素的放射源不可能全部是该种核素,还有其他物质混在一起,为了反映放射性物质的纯度,人们引入比活度,它定义为样品放射性活度除以该样品的总质量。

$$A' = A/m \tag{14.21}$$

$A'$ 越大,此放射性物质纯度越高,例如,1 g 纯的 $^{60}$Co 的放射性活度约 1 200 Ci,目前所生产的 $^{60}$Co 源的比活度可达 7 000 Ci。

顺便指出,放射性活度与放射性对物质产生的效应既有联系,又有区别。居里、贝可是放射性活度的单位,是由放射性物质本身决定的;而我们在报刊上见到的伦琴、拉德则是放射性物质产生的射线对其他物质的效应大小的单位,它不仅取决于放射性物质本身的强弱,还取决于放出射线的特性,以及接受射线的材料的性质。

1 伦琴(R)等于使 1 kg 空气中产生 $2.58 \times 10^{-4}$ C 的电量的辐射量。

1 拉德(rad)等于 1 g 受照射物质吸收 100 erg[①] 的辐射能量。

1 戈瑞(Gr)等于 1 g 受照射物质吸收 1 J 的辐射能量。

### 14.3.4 β 衰变

β 衰变是核电荷改变而核子数不变的核衰变。它主要包括 β$^-$ 衰变、β$^+$ 衰变和电子俘获(EC)。

1. β 衰变面临的难题

在贝克勒发现放射性的第四年,他证明了放出的射线的一种——β$^-$ 射线,就是电子。经过几十年的测量,人们确认,β$^-$ 射线的能谱是连续的,即发出的电子的能量可以是从 0 到某一最大值($E_{\beta m}$)之间的任意数值。图 14.5 是 Bi 的 β$^-$ 能谱,它与粒子的分立能谱形成了明显的对照。

这样,β$^-$ 射线与 α 射线同时被发现(卢瑟福于 1899 年发现),但 β$^-$ 射线却显示了两个与 α 射线截然不同的特点,这也是当时科学界面临的两个难题。

(1)原子核是个量子体系,它具有的能量必然是分立的。而核衰变则是不同原子核不同能态之间的跃迁,由此释放的能量也必然是分立的,证实了这一点,那么 β$^-$ 射线的能谱

---

① 1 erg $= 0.624 \times 10^{12}$ eV。

为什么是连续的呢?

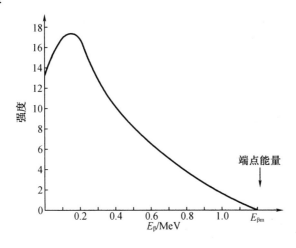

**图 14.5　Bi 的 β⁻ 能谱**

(2)不确定关系不允许核内有电子,那么 β⁻ 衰变放出的电子是从哪里来的呢?

**2. 中微子假说**

第一个难题由泡利解决,他在 1930 年指出:"只有假定在 β 衰变过程中,伴随每一个电子有一个轻的中性粒子(称之为中微子)一起发射出来,使中微子和电子的能量之和为常数,才能解释连续 β 谱。"换言之,衰变能 $E_0$ 应在电子 e、中微子 $\nu$ 和子核 r 三者之间进行分配,即

$$E_0 = E_e + E_\nu + E_r \tag{14.22}$$

这样,任意的分配均不违反动量守恒定律。由于电子的质量远远小于核的质量,子核的反冲能 $E_r \approx 0$,因而衰变能 $E_\nu \approx 0$ 主要在中子和中微子之间分配。当中微子 $E_\nu \approx 0$ 时,$E_e \approx E_{\beta m} \approx E_0$,即电子能量取极大值;当 $E_\nu \approx E_0$ 时,$E_e \approx 0$,因此电子可取从 0 到 $E_{\beta m}$ 之间的任何能量值。

按现在的理解,β⁻ 衰变过程中放出的是电子和反中微子,例如

$$n \longrightarrow p + e^- + \bar{\nu}_e$$

$$^3H = ^3He + e^- + \bar{\nu}_e \tag{14.23}$$

在 β⁺ 衰变过程中释放的是正电子和中微子,例如

$$N \longrightarrow ^{12}C + e^+ + \nu_e \tag{14.24}$$

在电子俘获过程中释放的是中微子,例如

$$Be + e_K^- \longrightarrow ^7Li + \nu_e \tag{14.25}$$

中微子和反中微子的右下角注以 e,表示它们是伴随电子而产生的。

其中,K 表示 K 轨道:为了使 β 衰变前后电荷守恒、角动量守恒,中微子的电荷必须为零,自旋一定是 $h/2$(假如不存在中微子,上面这些 β 衰变过程的角动量均不能守恒)。再根据实验测量结果,$E_{\beta m} \approx E$。人们一直认为中微子的质量 $m_\nu$ 也为零[①]。

———————————————

①　近年来已有实验表明 $m_\nu \neq 0$,但尚待进一步证明。即使 $m_\nu \neq 0$,它的数值也是很微小的(精确实验表明,它不超过 10 eV)。不过,中微子的质量即使只有几个电子伏,也会对核物理和粒子物理产生重要影响。

泡利在1930年提出中微子假说,不能不算是一个大胆的行为。当时基本粒子只有两个,即电子和质子,中微子成为可能的第三个成员。不过,中微子既不带电,又近乎无质量,在实验中极难测量。直到26年之后,即1956年,才首次在实验中找到中微子存在的间接证据。

一个可靠的间接证明中微子的实验,是根据我国物理学家王淦昌教授提出的想法,由戴维斯(R. Davis)在1952年实现的。

在泡利提出中微子假说后,不少人持怀疑态度,但是意大利物理学家费米不仅接受了这一假说,而且还用它解决了 β 衰变的第二个难题。

费米认为,正像光子是在原子或原子核从一个激发态跃迁到另一个激发态时发生的那样,电子和中微子是在衰变中产生的。费米指出,β⁻衰变的本质是核内一个中子变为质子,β⁺衰变和 EC 的本质是一个质子变为中子,而中子和质子可视为核子的两个不同状态。因此,中子与质子之间的转变相当于一个量子态到另一个量子态的跃迁,在跃迁过程中放出电子和中微子,它们事先并不存在于核内。正好像光子是原子不同状态之间跃迁的产物,事先并不存在于原子内。导致产生光子的是电磁相互作用,而导致产生电子和中微子的是一种新的相互作用,即弱相互作用。1934年费米提出了弱相互作用的 β 衰变理论,它经受了几十年的考验,可算是物理学中最出色的理论之一。

### 14.3.5　氚的 β⁻衰变

氚是氢的放射性同位素,属于 β⁻衰变核素(图14.6)。氚原子衰变成$^3He$(1.03 eV)并释放出一个 β⁻电子和一个反中微子,伴随 19 keV 的衰变能$[^3H \longrightarrow {^3He} + e^- + \bar{\nu}_e + Q$(0.019 MeV)]。

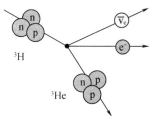

**图 14.6　氚的 β⁻衰变**

1. 衰变能

β⁻衰变可以一般表示为

$$_Z^A X \longrightarrow _{Z+1}^A Y + e^- + \bar{\nu}_e$$

仿照 α 衰变,可以把 β⁻衰变能 $E_0$ 写成

$$E_0 = [m_X - (m_Y + m_e)]c^2 = (M_X - M_Y)c^2$$

即为母核原子与子核原子的静止能量之差,于是,产生 β⁻衰变的条件为

$$M_X(Z,A) > M_Y(Z+1,A) \tag{14.26}$$

即在电核数分别为 $Z$ 和 $Z+1$ 的两个同量异位素中,只有前者的相对原子质量大于后者的相对原子质量时,才能发生 β⁻衰变,对于氚的 β⁻衰变

$$^3H \longrightarrow {^3He} + e^- + \bar{\nu}_e \tag{14.27}$$

由于氚和$^3He$的相对原子质量分别为3.016 049 7 u 和3.016 029 7 u,因此条件式(14.26)满足,式(14.27)的衰变是可能的,事实也确是如此。$^3H$的衰变纲图如图14.7所示。

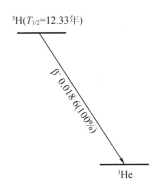

**图 14.7　³H 的衰变纲图（能量单位 MeV）**

在图 14.7 中，我们按照惯例把 $Z$ 小的核素画在左边，$Z$ 大的画在右边。β⁻ 衰变即以从左上方往右下方画的箭头表示，0.018 6 表示 β 粒子（e⁻）的最大动能等于 0.018 6 MeV，它就是衰变能。³H 经 β⁻ 衰变全部衰变到 ³He 的基态，故在图上注上 100%；12.33 年表示 ³H 的半衰期为 12.33 年。

氚是热核武器的重要原料，在中子弹中它更是关键燃料，因此它是重要的战略物资。但由于它的半衰期不长，每隔约 12 年就少了一半，且衰变产物是气体，常给实际工作带来麻烦。

**2. 氚的半衰期**

利用上述原理测量氚半衰期和衰变常数有三种可行的方法：①β 粒子计数法。跟踪测量 β 粒子产生的电离脉冲数，为消除低能 β 粒子的吸收问题，气态氚被充入 Geige – Muler 计数管或正比计数管内。②He 累积率法。将纯净氚（已除尽 ³He）封装到密封容器内，储存确定时间 $t$ 后，实现氚 – He 分离，用 PVT 法计算出 ³He 的累积速率。③量热法。利用氚衰变的热效应，将性质稳定的固体氚化物（例如氚化钛或氚化锆）放入量热计的量热杯中，氚 β 粒子的全部能量均以热能形式消耗于量热杯内，引起杯内温度升高，根据测得能量随时间的变化可得到氚的半衰期（表 14.3）。

**表 14.3　氚半衰期的实验测量结果**

| 测量方法 | $T_{1/2}$ 实验值/年 |
| --- | --- |
| β 射线计数法 | 12.4 ± 0.2；12.35 ± 0.05 |
| ³He 累计率法 | 12.262 ± 0.004；12.4 ± 0.2 |
| 量热法 | 12.346 ± 0.002；12.323 2 ± 0.004 3 |

综合现有文献报道的测量方法和已发表的测量数据，建议的数值如下：氚的半衰期 $T_{1/2} = (12.323 \pm 0.004)$ 年，衰变常数 $\lambda = 1.782 \times 10^{-9}$，时间常数 $\tau = 1/\lambda = 17.78$ 年。美国能源部氚衡算时采用的半衰期为 $(12.33 \pm 0.06)$ 年。

**3. 氚的辐射特性**

放射性衰变显示出原子核的不稳定性，不稳定性不会影响到核衰变前原子的化学行为。但放射性衰变会引起各种辐射效应，影响氚的性质，包括其化学反应性质。

（1）初级内辐照效应，指分子分解或转化。氚核衰变的结果产生快电子和反冲碎片，包括替代原子氢的 $^3He^+$。这类缺陷不可能是稳定的。初级辐解产品量的增加等于初始化合物放射性的减少，并可按下式计算：

$$\Delta N = N_0 - N = N_0 [1 - \exp(-\lambda t)]$$

反中微子具有同 $\beta^-$ 粒子可相比较的能量，但其静止质量趋近于零，在讨论氚辐照效应时不涉及中微子的作用。

（2）初级外辐照效应，指含氚化合物分子与 $\beta^-$ 粒子的相互作用（分子的辐解）。由于 $\beta^-$ 辐射的直接作用，分解的份额大大高于内辐照效应所引起的分子分解份额。实际上，氚的 $\beta^-$ 粒子使空气产生一离子对的功等于 34 eV。那么在一个氚 $\beta^-$ 粒子作用下所产生的离子对平均数等于 165。氚的 $\beta^-$ 辐射非常弱，穿透本领又不大，能量几乎完全自吸收。在知道氚的平均能量后，很容易计算出该化合物在单位时间内所释放出的能量。

（3）次级辐照效应，指化合物分子与由初级内、外辐照效应所生成的自由基或其他被激发离子和分子互相作用的结果。

（4）放射化学效应，从热力学观点看，所有化合物都是不稳定的。非放射性试剂的化学分解只不过是降低其化学活性。同时放射性试剂在自发分解过程中会产生标记杂质。这种情况在标记原子方法中，特别是在应用氚时应引起注意。

（5）生物效应和生理效应。上述的辐照效应会导致各种各样的生物效应和生理效应。在现代核反应堆中每发生 $10^4$ 次裂变作用，估计会产生一个氚原子。周围介质中的氚会进入生态循环。这样，周围介质中氚将通过不同渠道进入人的机体。几率最大的是通过呼吸、吞入以及表皮和骨骼的吸附，产生生物效应和生理效应。更详细的内容见第 15 章。

（6）He 不溶于金属，很容易被空位捕捉，He 原子稳定空位。有趣的是，He 不溶于金属，但金属有包容 He 的能力。这种能力来源于 He 与基体空位的交互作用和 He 泡与金属的交互作用（注意与初级内辐照效应的区别）。正是这种性质促生了 He 损伤和 He 效应。

# 14.4　氢同位素的性质

原子核的线度只有原子的万分之一，质量却占原子的 99% 以上。因此，在原子内部，电子是运动的主要承担者。原子核的存在，对原子性质起主要贡献的除原子核的质量外，还有它的电荷。原子核的其他性质对原子性质的影响是相当微小的。物质的性质可以主要归因于原子或主要归因于原子核，但几乎不同时归于两者。元素的化学性质、物理性质和光谱特性基本上只与核外电子有关，而放射现象则归因于原子核。这在氢同位素的物理和化学性质上体现得很清楚。

氢的所有同位素原子核的电荷都等于一个质子的电荷，而它们的原子各拥有一个核外电子，因此氢的主要化学性质应与氘和氚的性质相似。但是氢的两种重同位素的质量与氢相比相差甚大。氘的质量是氢的二倍，氚的质量是氢的三倍。因此氢的同位素和被同位素取代的化合物的物理化学性质由于它们的原子和分子质量差别而稍有不同（同位素效应）。

## 14.4.1　氚的物理性质

本章前几节讨论了氢同位素核的性质，分析了氚 $\beta^-$ 衰变的特征，第 16 章阐述金属中氢同位素物理性质的同位素效应,第 15 章涉及与氚生产和氚提取相关的工艺性质。这里不再阐述氚原子的一般物理性质,仅给出与氚物理性质相关的参数。表 14.4 列出了氚的特性,读者可与表 14.1、表 14.2 对照。

表 14.4　氚的特征数据(部分数据取自参考文献[33])

| | |
|---|---|
| 原子质量 | 3.016 05 g |
| 衰变类型 | β$^-$ 衰变(100%) |
| 半衰期 $T_{1/2}$ | 12.323 a(1 a = 365.25 d) |
| 衰变常数 | $1.782 \times 10^{-9}$ s$^{-1}$ |
| 衰变产物 | $^3$He(原子质量:3.016 03 g) |
| 最大 β 衰变能 | 18.582 keV |
| 平均 β 衰变能 | 5.685 keV |
| 氚的生成热 | 0.324 W/g = 1.954 W/mol T$_2$ |
| 氚的电离能:T $\longrightarrow$ T$^+$ + e$^-$ | 13.595 eV |
| 氚的离解能:T$_2$ $\longrightarrow$ 2T | 4.591 eV |
| 氚的活度/g$^{-1}$ | 355.7 TBq (9 615 Ci) |
| 1 g 分子氚的活度 | 2 146 Bq (58.00 kCi) |
| 氚的活度/(cm/bar · 293 K) | 88.1 GBq (2.38 Ci) |
| 1 g T$_2$O 的活度 | 97.42 TBq (2 633 Ci) |
| 1 g DTO 的活度 | 51.0 TBq (1 379 Ci) |
| 1 g HTO 的活度 | 53.6 TBq (1 449 Ci) |

## 14.4.2　氚的化学性质

从理论上讲,氚的化学性质与氢的化学性质没有大的差别,因为它们具有相同电子结构,但事实并非完全如此。例如,氚的溶解反应、交换反应和辐射分解反应与氢的相关反应有所不同。因为氚衰变产生所谓的初级内辐照效应、初级外辐照效应、次级辐照效应和放射化学效应,兼有辐射分解和电离催化的双重作用。因此可以激励那些在纯氢场合不能或难以发生的化学反应得以进行。

本书不讨论氚的一般化学性质,有兴趣的读者可参阅相关的专著。这里引述美国能源部颁布的(氚系统)设计考虑手册中有关氚化学性质的提法,介绍三种有区别的化学反应类型和一个基本原理(更多细节见《氚和氚的工程技术》一书,蒋国强、罗德礼、陆光达等,国防工业出版社 2007 年出版)。

1. Chatelier 原理和氚的化学反应

(1)氚的溶解反应

在氚处理设施、有关氚污染和除氚的研究中,氚的溶解反应十分重要。元素氢,不论是 H$_2$,D$_2$,T$_2$ 或是其中二者的组合,在自然界所有的物质中都有一定程度的溶解度。从化学观点看溶解反应就是溶质分子同溶剂分子的均匀混合。在通常的溶解反应中可以期待进入的溶质和出来的溶质是相同的,但从氚操作看,实验表明,不论进入溶解反应的氚化物分子是什么,出来的都是 HTO,这是因为氚化物分子在向材料表面或晶粒界面迁移中,通过附着在材料表面的水蒸气分子层时,发生催化交换反应,形成了 HTO。

（2）氚的交换反应

由于氚 $\beta^-$ 粒子向系统提供辐射能量（氚 $\beta^-$ 粒子使空气产生一离子对的功等于 34 eV,那么在一个氚 $\beta^-$ 粒子作用下所产生的离子对平均数等于 165）,有氚参与的氢同位素交换反应的速率要比无氚参与的交换反应快得多。例如,$H_2 + D_2 \Longrightarrow 2HD$ 交换反应,在室温下达到平衡需要数十年时间;而有氚参与的反应,例如,$H_2 + T_2 \Longrightarrow 2HT$ 和 $D_2 + T_2 \Longrightarrow 2DT$ 在室温下达到平衡只需要数小时;反应 $CH_4 + 2T_2 \longrightarrow CT_4 + 2H_2$ 和 $2H_2O + T_2 \longrightarrow 2HTO + H_2$ 交换的平衡时间仅为几秒到几小时。上述最后两个反应中,前一个反应说明宇宙射线在地球大气上层产生的氚主要以氚甲烷形式存在,后一个反应说明氚在地球下层主要以 HTO 形式存在。

（3）氚的辐射分解反应

氚衰变的能量几乎全部沉积在发生衰变的那个原子的极近邻区域内。当围绕衰变原子的介质是氚气、氚水或氚化水蒸气,且它们与其相应的同位素处于平衡时,主要的分解反应为

$$2H_2 + 2D_2 + 2T_2 \longrightarrow H_2 + HD + D_2 + HT + DT + T_2$$
$$2H_2O + 2D_2O + 2T_2O \longrightarrow H_2O + HDO + D_2O + HTO + DTO + T_2O$$

当围绕衰变原子的介质不是通常所预料的含氚介质时,将期望有各种各样的辐射分解反应产生。例如

$$C_2H_6 + T_2 \longrightarrow 2CH_3T$$

在经常操作氚的设施中,构件表面可能被氚污染,被污染表面上方的空气便会同污染表面与气相之间的界面发生辐射分解反应,紧挨表面的 O 和 N 转化为最基本的 NO,$N_2O$ 和 $NO_2$。随着能量沉积的延续,可进一步转化为亚硝酸盐和硝酸盐。多数情况下,这类反应不会对经常操作氚的设施造成影响,因为这种辐射分解反应总产率低,且大多数设施的材料对该类辐照物的化学腐蚀不敏感。但是应重视预防另一类辐照产物为氯化物或氟化物的反应,因为它们会导致系统不锈钢的应力腐蚀开裂。

（4）Le Chatelier 原理

Le Chatelier 原理是牛顿第三运动定律在化学上的重新表述。该原理的基本观点是当一个处于平衡的系统受到扰动时,这个系统将会建立新的平衡来消除扰动。

现在把 Le Chatelier 原理应用到上面已述的宇宙射线在地球高层大气中产氚的反应中来。氚在大气上层和大气下层的交换反应分别为 $CH_4 + 2T_2 \longrightarrow CT_4 + 2H_2$ 和 $2H_2O + T_2 \longrightarrow 2HTO + H_2$。

在正常情况下,天然存在的氢、氚原子比是 $10^{18}:1$,即 $10^{18}$ 个氢原子中有 1 个氚原子。当自然界中氚的本底水平增加时（例如由于大气层核实验引起氚本底的增加）,原先建立起来的化学平衡被打破。按照 Le Chatelier 原理,系统将会通过重新调整天然存在的氢、氚原子比值以建立新的平衡,因而上面两个反应只能由左向右进行。反之,当自然界氚的本底水平减少时,上述反应就会由右向左进行,以便调节天然氢同位素比而建立新的平衡。可见,Le Chatelier 原理对于类似氢同位素交换和溶解这种类型（包括氚的氧化反应）的反应是一种有力的工具,它揭示的反应规律有弹簧一样的特性,它能通过连续变形,不断改变能量

要求,在变化中建立新的平衡。

2. 氚的氧化反应

在常温和不存在催化剂的情况下,氚由于 β 衰变而发生氧化:

$$2T_2 + O_2 \longrightarrow 2T_2O$$
$$2HT + O_2 \longrightarrow 2HTO$$

通过研究 $T = (25 \pm 2)$ ℃下与氢混合的氚的氧化动力学发现,氚浓度为 $3.7 \times 10^{12} \sim 1.11 \times 10^{13}$ Bq/L 时,氢与氚原子之比为 0.07 ~ 5.00,而氧与氢同位素原子之比为 0.27 ~ 0.38,初始反应速率与浓度 $C_T$ 成正比,计算公式为

$$d(HTO)/dt = k_3 C_T (1 + bm_H)$$

其中,$k_3$ 为反应速率常数,取 $1.19 \times 10^{-4}$ min$^{-1}$;$b$ 为同位素效应校正值,取 0.3;$m_H$ 为氢在氢混合物中的摩尔分数。

当氚浓度低于 $3.7 \times 10^{10}$ Bq/L 时,氚的氧化速率与浓度的平方成正比(在与氧混合中),即

$$d(HTO)/dt = k'_3 C_T^2$$

其中,$k'_3$ 是反应速率常数,取 $3.24 \times 10^{-14}$ L/(Bq·h)。

当 $O_2$ 中含有水蒸气时,HTO 的产率增大两倍[$6.49 \times 10^{-14}$ L/(Bq·h)]。在干燥空气中,氚的氧化速率与浓度的平方成正比,但反应速率常数是干燥氧中的 1/2[$0.18 \times 10^{-13}$ L/(Bq·h)];在湿空气中,反应速率常数为 $0.45 \times 10^{-13}$ L/(Bq·h)。

不同材料对氚转化为氧化物也有影响,表 14.5 列出了存在催化剂时氚转变为氧化物的速率常数。

表 14.5　存在催化剂时氚转变为氧化物的速率常数

| 金属名称 | 氧化速率常数/[mL/(mBq·h)] | |
| --- | --- | --- |
| | 干燥空气 | 湿空气 |
| 青铜 | $1.62 \times 10^{-14}$ | $2.32 \times 10^{-12}$ |
| 钢 | $1.14 \times 10^{-13}$ | $1.65 \times 10^{-12}$ |
| Al | $1.05 \times 10^{-13}$ | $2.59 \times 10^{-13}$ |
| Pt | $6.49 \times 10^{-13}$ | $2.27 \times 10^{-11}$ |

3. 氚的热力学性质

磁约束聚变或激光约束聚变都有可能在不远的将来实现可控氘、氚聚变。两种聚变方式都需要使用 DT 液体或固体作为燃料,该类燃料将氘、氚原子比为 1:1 的混合气体在临界点或三相点以下温度进行液化或冻结。因此研究氚的低温性质,特别是三相点至临界点温度区间的相图、饱和蒸汽压、密度以及热力学等性质,无论对氚氚工艺技术还是氚氚的工程应用都是很有意义的。

氚的典型热力学性质见表 14.6。

表 14.6　氚的典型热力学性质

| 序号 | 物理量 | | 参数 |
|---|---|---|---|
| 1 | 相对分子质量 | | 6.034 |
| 2 | 密度(标态) | | $0.269 \text{ kg/m}^3$ |
| 3 | 相对密度(空气 = 1) | | 0.208 |
| 4 | 摩尔体积(标态) | | 22.43 L/mol |
| 5 | 气体常数 $R$ | | 1 377.909 J/(kg · K) |
| 6 | 临界点 | 临界温度 | 40.44 K |
| 7 | | 临界压力 | 1.850 2 MPa |
| 8 | | 临界密度 | $106 \text{ kg/m}^3$ |
| 9 | 熔点 | 熔点温度 | 20.61 K |
| 10 | | 融化热(升华) | 272.686 kJ/kg |
| 11 | 沸点 | 沸点温度(在 101.325 kPa 下) | 25.04 K |
| 12 | | 汽化热(在 101.325 kPa 下) | 231.11 kJ/kg |
| 13 | | 液体密度(在 101.325 kPa 下) | $257.1 \text{ kg/m}^3$ |
| 14 | 三相点 | 三相点温度 | 20.62 K |
| 15 | | 三相点压力 | 0.021 582 MPa |
| 16 | | 液体密度 | $273.64 \text{ kg/m}^3$ |
| 17 | 1 L 液体汽化成标准状态下气体体积 | | 955 L |

### 14.4.3 天然氢同位素分子

　　氢在元素周期表中占有一个独特的位置,它既不能完全归于第 I A 族,也不能完全归属于第 Ⅶ A 族。周期系第 I A 族以活泼金属元素为主体,它们的原子主要以容易失去价电子成为具有气体稳定结构的 +1 价离子为特征,但氢原子在形成 +1 价化合物时却主要形成共价键。虽然氢也能像卤素那样获得 1 个电子形成负氢离子 $H^-$ 而同强电正性元素生成化合物,但这类化合物有很强的反应活性,对水或水蒸气十分敏感,会立即水解产生氢气,不会产生水合的 -1 价氢离子。这一点使氢完全有别于第 Ⅶ A 族的卤族元素。一般来说,氢的 +1 价氧化态 $H^+$ 比较重要。应随时注意到 $H^+$ 这个符号在一般化学中并不代表一个单个的质子,它总是同一种"氢离子载体"相结合在一起,例如在水溶液中它总是以水合离子 $H_2O(H_2 + H_2O)$ 的形式存在,在液氨中形成以氨合离子 $NH_4^+(H_2 + NH_3)$ 存在,等等。这表明,由于质子有很小的半径($10^{-13}$ cm)和很强的正电场,它对别的原子或分子有很强的初级相互作用力,从而联结到一起,成为能起化学作用的一个独立个体,从这一个体将质子转移给另一个体的作用就是 Brφnsted 和 Lowry 酸碱反应理论的基础。

　　氢位于周期表中诸元素的第一位,原子序数为 1,相对原子质量为 1.008,相对原子质量为 2.016。在通常情况下,氢气是无色无味的气体。氢极难溶于水,也很难液化。在 1 标准大气压下,氢气在 -252.77 ℃时变成无色无味的液体;在 -259.2 ℃时,能变成雪花状的白色固体。在标准状况下,1 L 氢气的质量为 0.089 9 g,与同体积的空气相比,质量约是空气的 1/14。自然界中氢主要以化合状态存在于水和碳氢化物中。

1929 年,研究者们发现氧有同位素 $^{16}$O,$^{17}$O 和 $^{18}$O。普通氧的相对原子质量为 15.999 4,是三种同位素相对原子质量的平均值。根据氧相对原子质量求得的氢的化学相对原子质量大于质谱法测得的氢相对原子质量。因而人们猜测在普通氢中可能含有 1/5 000 的质量数为 2 的同位素,即 $^2$H。1932 年尤雷(Vrey)发现了 $^2$H,被命名为氘或重氢,符号为 D。另一同位素 $^1$H 被命名为氕,符号为 H。在天然水中 H 对 D 的比例约为 6 000∶1。1933 年对富氚的氢气样品进行了质谱研究,预测自然界还存在一种氢同位素氚 $^3$H,符号为 T。1934 年在实验室第一次生产了氚,1939 年发现放射性氚的存在,1947 年从重水中分离出了氚。在普通水中氚的含量估计每 $10^{17}$ 份中有 7 份,在普通水中每 $10^{17}$ 个原子中还不到一个原子的氚。

氢同位素分子属双原子分子,两个氢同位素原子以共价键结合成分子。1927 年 Heitler 和 London 用量子力学研究了氢分子的结构,他们采用线性变分法导出了氢分子的势能函数,这为量子化学奠定了基础。图 14.8 给出了 $H_2$ 分子单态和三态体系的能量随核间距离变化的函数关系。曲线 I 对应于三态,两个氢原子的 1s 电子自旋方向相同,此时在任何原子间距中只有排斥存在,属于不稳定的排斥态。曲线 II 对应于单态,由吸引支和排斥支两部分组成,两个氢原子的 1s 电子自旋方向相反。该势能曲线在两个原子间距 $R_{AB} = 1.58\ a_0$($a_0$ 为氢原子半径)处有一个极小值,对应于分子的稳定平衡结构。原来不是电子满壳层的两个氢原子彼此占用了对方自旋相反的 1s 电子后,便都具有类 He 的稳定封闭结构。这就是氢原子以共价键方式结合成分子的物理本质。

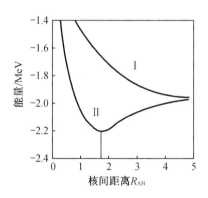

图 14.8　氢分子势能函数曲线

DT 气体、液体或固体是一种混合物,其中含有 $D_2$,DT,$T_2$ 三种物质,由于氚的 $\beta^-$ 辐射导致 DT 混合物 $D_2 - DT - T_2$ 体系不断变化,相互配对可组成六种类型氢分子,即 $H_2$,HD,HT,$D_2$,DT 和 $T_2$。由同一类型原子组成的氢分子($H_2$,$D_2$,$T_2$)称为同核氢,由互异原子组成的氢分子(HD,HT,DT)称为异核氢。在三种同核氢中,由于核自旋状态不同,出现了正氢分子和仲氢分子。这种差别来自量子力学的基本要求,即对于两个完全相同的费米子(如 $H_2$ 或 $T_2$),核空间坐标反演,分子波函数必须是反对称的;对于两个完全相同的玻色子($D_2$),核空间坐标反演,分子波函数必须是对称的。

六种氢同位素分子的性质如表 14.7 所示。这些氢同位素分子的低温性质是根据 $D_2$,$T_2$ 的相关数据估计得到的。有兴趣的读者可参阅相关文献。

表14.7 六种氢分子的特征数据[33-34]

| | H$_2$ | HD | HT | D$_2$ | DT | T$_2$ |
|---|---|---|---|---|---|---|
| 相对分子质量 | 2.015 650 | 3.021 927 | 4.023 875 | 4.028 204 | 5.030 152 | 6.032 100 |
| 三相点温度/K | 13.804 | 16.60 | 17.70 | 18.69 | 19.79 | 20.62 |
| 三相点压力/bar | 0.070 3 | 0.123 7 | 0.145 8 | 0.171 3 | 0.200 8 | 0.216 |
| 临界点温度/K | 32.976 | 35.91 | 37.13 | 38.262 | 39.42 | 40.44 |
| 临界点压力/bar | 12.93 | 14.84 | 15.71 | 16.5 | 17.73 | 18.50 |
| 电离能/eV | 15.43 | 15.44 | 15.45 | 15.47 | 15.47 | 15.49 |
| 离解能/eV | 4.478 | 4.514 | 4.527 | 4.556 | 4.573 | 4.591 |
| 第一激发振动水平/K(Einstein Temp) | 5 986 | 5 225 | 4 940 | 4 307 | 3 948 | 35.48 |

　　表中列出的数据较分散,同位素效应明显。无氚的氢同位素分子(H$_2$,HD 与 D$_2$)的性质是实验测得的。至今含氚的氢分子(HT,DT 与 T$_2$)几乎没有实测数据可用,因为 HT 和 DT 是不稳定的,存在形成 H$_2$T$_2$,D$_2$,T$_2$ 的可逆反应。目前还无法用纯净的 HT 和 DT 进行实验研究。氚的放射性较强,也限制了相关的实验研究。

　　含氚氢分子的性质是依据氢和氚的实验数据外推得到的。进行外推时应考虑三种效应,即同位素效应、量子效应和放射性效应。

　　氢同位素及其化合物的物理和化学性质的固有差别称为同位素效应。同位素效应主要是由质量不同和自旋不同引起的,氢同位素具有最大的相对质量差,同位素效应也最为明显。质量差异首先导致氢同位素光谱的位移。用氚取代氕或氘会引起光谱频率的改变。

　　量子效应包括力学量的不连续性和波-粒二象性。根据量子力学原理,质量为 $m$、速度为 $v$ 的微观粒子是与一特定的 deBlanch 波长($\lambda = h/mv$)相对应的(这里 $h$ 是 Planck 常数)。当此波长与微观粒子的线度可比较时,则在宏观上有量子效应表现出来:$\lambda$ 大于粒子直径,效应明显;$\lambda$ 若远小于粒子直径,则没有量子效应。氢同位素分子恰好处于需要考虑量子效应的范围,且不同类型的氢分子,该效应的强弱不同。这种差别会在一些力学量上,如临界参量上反映出来。一般说来,物质的状态可用压力 $P$、摩尔体积 $V$ 和温度 $T$ 所构成的流体状态方程来描述。在临界点各状态量用带下标的字符表示,对于大多数物质,比临界参量 $P/P_{cp}$,$V/V_{cp}$ 和 $T/T_{cp}$ 是相同的,但对氢同位素,比临界参量互不相同。氢同位素分子这种反常性质便是由量子效应引起的,因为氢分子在热力学零度时具有不等于零的振动能,即零点能量。为此描述氢同位素分子的状态需要引入第四个参量——量子参数 $\Lambda^*$。$\Lambda^*$ 是一个无量纲参量,用来表征量子效应的大小。$\Lambda^*$ 的数值大,意味着量子效应大;此值为零,表明无量子效应。

　　放射性效应指 β$^-$ 衰变产生的效应。由于氚的 β$^-$ 衰变,含氚的氢分子有别于不含氚的氢分子。在氚未发生 β$^-$ 衰变之前,氚的存在并不影响体系中氢同位素的行为,但当其衰变时所发射的低能 β$^-$ 射线和 $^3$He 产物便可能对同位素体系产生多种影响。例如,受 β$^-$ 射线照射后氢同位素分子电离、激发,致使氢同位素分子参加的化学反应加速,甚至能诱发一些在不含氚的氢同位素分子中无催化剂存在的情况下很难发生的反应。也就是说,氚的 $\beta^-$ 衰变不仅产生分子的离解(一个分子离解为两个原子),还伴有原子和离子参加的反应,形成分子、离子和电子。为此把氢同位素的性质分为两类是合适的,即受氚放射性影响类和不受氚放射性影响类。

受氚放射性影响的性质包括各种相态下的电磁性质、氢同位素交换和化学反应动力学性质、固体中的缺陷及 He 的杂质效应等。不受氚放射性影响的性质主要包括描述状态方程的物理量和气体的输运参量等。

# 14.5　金属中的氢和 He

## 14.5.1　金属氢化物

氢原子具有未充满的电子壳层和中等水平的电负性,差不多能与周期表中的所有元素反应。这可以解释为何存在大量的金属氢化物。1866 年第一次在 Pd 中观察到吸氢现象以来,已对金属中氢和金属氢化物的性质进行了广泛研究。氢同位素与金属(M)反应生成金属氕化物(MH,)、金属氘化物(MD,)和金属氚化物(MT,),它们可以是离子键、共价键或金属键。金属氢化物的有趣性质包括:

(1)氢原子有很高的迁移性;

(2)在很宽的温度范围和浓度范围内发生有序和无序相转变;

(3)与 H,D 和 T 合金化,提高或降低基体的超导转变温度;

(4)很高的储氢能力;

(5)诱发氢脆,等。

金属氚化物的这些性质已在相关书籍中论述[14],在相关的金属 – 氢会议上讨论[15]。与聚变反应相关的氚技术可见相关会议文献[16]。

许多金属可以在高温下直接同氢气作用生成金属氢化物。这些金属包括碱金属、碱土金属(除去 Be 和 Mg)、某些稀土金属、第 IVA 族金属(除去 Si),以及 Pd,Nb,U 和 Pu 等金属。

在室温下氢气可以同某些微细分散的高纯金属直接反应生成氢化物,例如,氢化钒(VH)热分解得到的粉末状金属钒(V)会在室温和常温下直接同氢气反应,并放出热量,生成氢化钒。发生这类反应的必要条件大概是在金属的表面上没有氧化物膜或其他化合物,氢气被吸附到金属的表面上,为 H—H 键的离解提供了活化条件。

氢气通过加热、光照或放电等措施活化而含有一些原子氢时,将很容易同许多金属生成氢化物。除 Cr,Cd,Fe,Hg,Al,W 和 Zn 之外,大多数能形成氢化物的金属都曾经与原子氢反应合成它们的氢化物。

氢化物可以方便地按照相结合元素在周期系中的位置以及氢化物在物理性质和化学性质上的差异分成五类:①离子型氢化物,它们是类盐型的化合物,在结构上类似于相应的卤化物;②共价键氢化物,包括所有的非金属(稀有金属除外)和一些半金属的氢化物,在结构上价键属共用电子对型,在化学配比上为整比的化合物;③过渡金属氢化物,这些氢化物在性质上也有很大范围的变化,这些金属有的不生成氢化物,有的生成部分氢化物,有的生成确定的整比氢化物;④边界氢化物;⑤配位氢化物。过渡金属合金的氢化物研究是金属氢化物化学的特点。

过渡族金属的钪族、钛族、钒族,以及 Cr,Ni,Pd 和所有的镧系、锕系元素都生成确定的二元氢化物。这些化合物多为深色或有金属外貌,大多数是脆性的固体,也有一些如 $UH_3$ 是深色的粉末。除了镧系氢化物和 $UH_3$ 外,所有这些化合物都具有金属电导性和其他金属性能,如磁性,具有重要的应用领域。大部分这类氢化物是用单质直接化合的方法来制备的,重要的一点是要想得到含氢量最高的产物必须用极纯的金属样品作原料。一些高氢含量的相,以及靠后的过渡金属的氢化物,则需要高到数个大气压的氢气才能制得。CuH 和锌族氢化物则是通过间接的化学反应制得的。

过去曾经认为氢化物是氢在金属中的固溶体或间隙化合物,随后的研究表明这些氢化物都有明确的物相,它们的结构完全不同于母体金属的结构。另外,过去的研究工作已在文献中造成了一种印象,即这些氢化物都是非整比化合物。近些年使用纯金属材料进行的研究表明非整比并不是这些氢化物的基本性质,只有氢化钯仍然是非整比的。

过渡金属氢化物的成键理论有详细的论述。已有三种不同的理论模型:①氢以原子状态存在于金属晶格中;②氢以正离子 $H^+$ 存在于氢化物中,并将它的价电子供入氢化物的导带中;③氢以 $H^-$ 形式存在,每个氢原子从导带取得一个电子。模型①意味着金属晶格没有发生变化,金属对氢原子的作用很小,不能说明生成了独立的氢化物相,但它对于说明金属氢化物 $MH_2$ 压力 – 组成图的 $\alpha$ 相区是有意义的。

金属氢/氚化物的制备、结构、性能和应用见第 15 章、16 章、19 章和 20 章。

### 14.5.2 金属氚化物中的 $^3$He

与氢同位素相反,具有紧密电子壳层的 He 是很稳定的原子,其有限的化合物具有 Van der Waals 键合特性。He 在金属中的溶解度极低。研究用样品大多运用 $\alpha$ 粒子注入方法制备,另一种被称为氚魔术的方法是利用氚衰变获得含 $^3$He 样品。

氚为放射性核素,氚原子的半衰期为 12.323 a(1 a≈365.25 d[32]),依照反应

$$T \longrightarrow {}^3He^+ + \beta^- + \bar{\nu}_e + 18.582 \text{ keV}$$

氚衰变成一个带正电的 He 离子,一个 $\beta^-$ 电子和一个反中微子 $\bar{\nu}_e$。通常将金属氚化物看作是随时间变化的三元合金($MT_{r_0-c}He_c$)。金属氚化物的 $^3$He 浓度随时效时间增长而增大。

$$c(t) = r_0[1 - \exp(-t\ln2/T_{1/2})] \tag{14.28}$$

三元合金的氚浓度降低用($r_0 - c$)表示,$r_0$ 表示初始氚浓度。$r_0(c)$ 为 T(He)原子与金属原子之比。$^3$He 引起的物理性质研究可以针对三元合金($MT_{r_0-c}He_c$)进行,也可去氚后进行。真空下高温去氚可以去除三元合金中的氚,亦可在三元合金上点焊与氚有高亲和力的金属去除氚。

金属与氢反应生成金属氢化物。对这类材料的实用性能要求不仅在于其高的储氢(氚)密度,也要求储氢(氚)合金在实际的使用温度/压力范围内具有稳定可逆的储/放氢

（氚）能力。储氢（氚）金属及合金已在氢同位素的分离和纯化系统、氢同位素的储存和输运系统获得广泛应用。

20 世纪 60 年代,金属氚化物作为功能材料的研究和应用也受到关注,需求十分迫切,例如,中子管中的氚靶膜材。这类直接的氚源介质材料对于金属氚化物储/放氚特性和高固 $^3$He 能力有更高的要求。在中子管中,通过 D－T 反应获得 14 MeV 的高能中子,氚靶的储氚特性和固 He 能力决定了中子发生器的出中子能力和使用寿命,是这类有限寿命器件延寿的限制性因素。

金属和金属氚化物中 He 的性质基本相同。本书前四篇从多方面论述了金属中 He 的性质,第 5 编将深入论述金属氚化物中 $^3$He 的性质,重点是金属氚化物的固 He 能力、时效效应和释放机制。

## 14.6　轻核聚变——原子能利用

所谓原子能,主要是指原子核结合能发生变化时释放的能量。从结合能图可知,当重核分裂成两块中重核时,平均结合能将增加 1 MeV 左右,即每个核子平均贡献 1 MeV 能量。精确的数值将依赖于裂变碎片的具体情况,但平均来讲,每个 $^{235}$U 原子核裂变时将释放能量约 200 MeV(每个核子的贡献是 0.85 MeV)。释放的能量表现为碎片动能、放出的中子的能量,以及伴随发生的衰变产物的动能。

例如,在 $^{235}$U 裂变中释放的能量大致分配如下:碎片动能 170 MeV;裂变中子的动能 5 MeV;$\beta^-$ 粒子和 $\gamma$ 粒子为 15 MeV;与 $\beta^-$ 相伴的 $\nu_e$ 为 10 MeV。

除中微子及某些 $\gamma$ 粒子逃走之外,余下的约 185 MeV 能量都是可以设法利用的。$^{235}$U 可以由热中子(室温中子)引起裂变,继而又发生链式自持反应,为人类提供裂变能源。重核裂变是获得原子能的一种途径。

从结合能图我们容易发现,在轻核区结合能时高时低,变化很大。依靠轻核聚合而引起结合能变化,以致获得能量的方法称为轻核的聚变,这是取得原子能的另一条途径。

例如

$$\begin{cases} d + d \longrightarrow {}^3He + n + 3.25 \ MeV \\ d + d \longrightarrow {}^3H + p + 4.0 \ MeV \\ d + {}^3H \longrightarrow {}^4He + n + 17.6 \ MeV \\ d + {}^3He \longrightarrow {}^4He + p + 18.3 \ MeV \end{cases} \tag{14.29}$$

以上四个反应的总效果是

$$6d \longrightarrow 2 {}^4He + 2p + 2n + 43.15 \ MeV$$

在释放的能量中,每个核子的贡献是 3.6 MeV,大约是 $^{235}$U 由中子诱发裂变时每个核子贡献的 4 倍。不仅每个核子的贡献大,而且由于聚变反应中所需的燃料是氘,氘又可从海水中提取[①],可说是取之不尽,用之不竭。不像裂变燃料,迟早要面临铀矿枯竭的危机。此外,

---

①　和氧原子结合成的重水约为海水总量的 1/6 700。

核聚变反应产物中基本没有放射性,即使氚有放射性,但它仅是中间产物。可见可控聚变核反应是一个比裂变反应更理想的核能来源,不少国家在为之奋斗。

氘核是带电的,由于库仑斥力,室温下的氘核决不会聚合在一起。如何来实现控热核聚变呢?

氘核为了聚合在一起(靠短程的核力),首先必须克服长程的库仑斥力。我们已经知道,在核子之间的距离小于 10 fm 时才会有核力的作用,那时的库仑势垒的高度为 144 keV。两个氘核要聚合,首先必须克服这一势垒,每个氘核至少要有 72 keV 的动能。假如我们把它看成平均动能($3/2kT$),那么相应的温度 $T = 5.6 \times 10^8$ K。如果把这个温度用能量来表示,那么就相当于 $kT = 48$ keV。考虑到下面两个因素:粒子有一定的势垒贯穿几率;粒子的动能有个分布,有不少粒子的动能比平均动能($3/2kT$)大,理论估计聚变的温度可降为 10 ekV(即约 $10^8$ K)。这样高的温度下,所有原子都完全电离,形成了物质的第四态,即等离子体。

不过,要实现自持的聚变反应并从中获得能量,除了把等离子体加热到所需温度外,还必须满足两个条件:等离子体的密度必须足够大;所要求的温度和密度必须维持足够长的时间。1957 年,劳逊(J. D. Lawson)把这三个条件定量地写成(对 dt 反应)如下形式:

$$\left. \begin{array}{l} n\tau = 10^{14} \text{ s/cm}^3 = 10^{20} \text{ s/m}^3 \\ T = 10 \text{ keV} \end{array} \right\} \qquad (14.30)$$

这就是著名的劳逊判据(劳逊判据的写法多种多样,视不同条件而定),是实现自持聚变反应获得能量增益的必要条件。

要使一定密度的等离子体在高温条件下维持一段时间,不是一件容易的事情。我们需要有个"容器",它不仅能耐受 $10^8$ K 的高温,而且不能导热,不能因等离子体与容器碰撞而降温。目前世界上还没有这样的容器。

### 14.6.1    太阳能——引力约束聚变

宇宙中能量的主要来源就是原子核的聚变,太阳和其他许多恒星能不断发光,就是轻核聚变的结果。在太阳内部,主要有两个反应。

1. 碳循环

碳循环又称贝蒂循环,它是由贝蒂(H. A. Bethe)在 1938 年提出来的,可以用下列反应式表示:

$$\left. \begin{array}{l} p + {}^{12}\text{C} \longrightarrow {}^{13}\text{N} \\ {}^{13}\text{N} \longrightarrow {}^{13}\text{C} + e + \nu \\ p + {}^{13}\text{C} \longrightarrow {}^{14}\text{N} + \gamma \\ p + {}^{14}\text{N} \longrightarrow {}^{15}\text{O} + \gamma \\ {}^{15}\text{O} \longrightarrow {}^{15}\text{N} + e^+ + \nu \\ p + {}^{15}\text{N} \longrightarrow {}^{12}\text{C} + \alpha + \gamma \end{array} \right\} \qquad (14.31)$$

或如图 14.9 所示。在循环过程中,碳核起催化剂作用,不增也不减。总的结果是

$$4p \longrightarrow 2e^+ + 2\nu + 26.7 \text{ MeV}$$

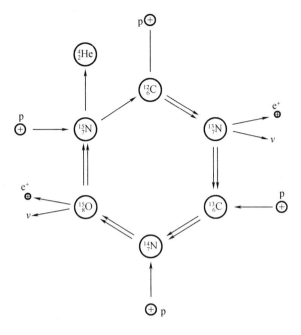

图 14.9　碳循环

## 2. 质子 – 质子循环

质子 – 质子循环又称克里齐菲尔德(C. L. Critchfield )循环, 可以用下列反应式表示, 即

$$\begin{cases} p + p \longrightarrow d + e^+ + \nu \\ p + d \longrightarrow {}^3He + \gamma \\ {}^3He + {}^3He \longrightarrow \alpha + 2p \end{cases} \tag{14.32}$$

或如图 14.10 所示。总的效果是进去 6 个质子, 放出一个 α 粒子、两个质子、两个 $e^+$ 和两个 $\nu$, 因此同样有

$$4p \longrightarrow \alpha + 2e^+ + 2\nu + 26.7 \text{ MeV}$$

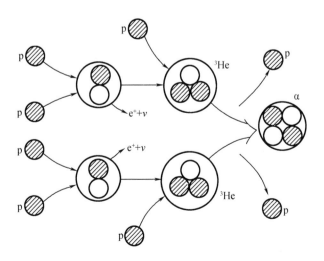

图 14.10　质子 – 质子循环

这两个循环哪一个为主呢？这主要取决于反应温度。当温度低于 $1.8 \times 10^7$ K 时，以质子 – 质子循环为主。太阳的中心温度只有 $1.5 \times 10^7$ K，在产生能量的机制中，质子 – 质子循环占 96%。在许多较年轻的热星体中，情况相反，碳循环更重要。由于太阳的温度远低于克服库仑位垒所需要的温度，因此聚变反应在这里主要靠势垒贯穿而实现。

不论哪种循环，最终结果都是四个质子聚变，释放出 26.7 MeV 能量，每个质子贡献约 6.7 MeV 能量。这相当于质子静止质量的 $6.7/938 \approx 1/140$ 转化为能量，这个数值比 $^{235}$U 裂变时每个核子的贡献（200/236 MeV）大 8 倍，比化学能约大 1 亿倍。

太阳每天燃烧 $5 \times 10^{16}$ kg 氢（转化为 $\alpha$ 粒子），相当于 $3.5 \times 10^{14}$ kg 的质量转化为能量。释放的能量相当于每秒钟爆炸 900 亿只百万吨级氢弹[①] 50 万亿吨氢，似乎很可怕，其实，它相对于太阳的总质量（$2 \times 10^{27}$ t，为地球质量的 33.34 万倍）还是个小数目。正是太阳的巨大质量而产生的引力，把外层温度为 6 000 K、中心温度为 $1.5 \times 10^7$ K 的等离子体约束在一个半径为 $7 \times 10^5$ km 的"大容器"内，发生缓慢的热核聚变反应。换句话说，太阳是大自然为我们设计的聚变反应堆。

但由于反应速率太低，我们无法在地球上建造这样的聚变反应堆。除了恒星能产生的巨大的引力条件外，在地球上还不可能把这么高温的等离子体约束那么长的时间。

为了获取聚变能，人类想出了另外的办法。

### 14.6.2 氢弹——惯性约束聚变

我们需要寻找在温度不太高时具有较大截面的反应。要温度不太高，就要库仑位垒低，很自然地应首先在氢同位素中寻找。

从式（14.39）可见，反应截面最大、释放能量最多的反应是

$$d + T \longrightarrow \alpha + n + 17.58 \text{ MeV} \tag{14.33}$$

在氘的能量固定时，d + T 反应的截面比 d + d 的大两个数量级。

氘在天然氢中占 0.015%，大约每 7 000 个氢原子中有 1 个氘原子。因此，从海水中可以大量地获得氘。但是，氚在自然界是很少的。不过，我们可由下列反应产生氚：

$$N + {}^6Li \longrightarrow T + 4.9 \text{ MeV} \tag{14.34}$$

因此，氘化锂（$^6Li^2H$）可以作为热核武器——氢弹的原料。氢弹的设计方案可以是先在普通高效炸药引爆下使分散的裂变原料（$^{235}$U 或 $^{239}$Pu）合并达到临界，发生链式反应，释放大量能量且产生高温高压，同时放出大量中子，中子与 $^6Li$ 反应产生氚［式（14.34）］，d 与 T 在高温下发生聚变反应。由于 d + T 反应产生 14 MeV 的中子[②]能使廉价的 $^{235}$U 裂变，因此，我们可把 $^{235}$U 与氘化锂混在一起，导致裂变—聚变—裂变，整个过程在瞬间完成。全靠裂变的原子弹的当量一般为几万吨 TNT 当量，而氢弹（裂变加聚变）则可达百万吨，甚至千万吨级。

氢弹是一种人工实现的、不可控制的热核反应，也是迄今为止在地球上用人工方法大规模获取聚变能的唯一方法。它必须用裂变方式来点火，因此，它实质上是裂变加聚变的

---

① 所谓百万吨级，是指百万吨 TNT 炸药当量。

② 式（14.33）中释放的能量为 17.58 MeV，其中约 4/5 为中子所得。

混合体,总能量中裂变能和聚变能大体相等。

典型的裂变弹的能量分配大致为:爆震与冲击波 50% ;热辐射 35% ;剩余辐射 10% ;早期核辐射 5% 。

纯聚变反应不产生剩余辐射,但早期核辐射部分则大为增加,特别是其中的中子。为了使核武器中产生的中子数量大大地增加,而同时使爆震与冲击波、热辐射等部分相对地减少,就要设法增加武器中的聚变与裂变比值,即使聚变的贡献大大超过裂变的贡献。这就是近十年来发展的中子弹的基本原理,它又被称为“增强辐射武器”。假如,一颗纯裂变弹要产生与中子弹等量的中子,那么爆震、冲击波与热辐射部分就要增加 5 ~ 10 倍。中子弹作为一种战术武器,是十分有用的。例如,对付敌人的坦克,中子弹可以有效地杀伤坦克中的驾驶员但却可使坦克不受大的损坏而保留下来。

纯聚变弹,又称“干净的核弹”,至今未能实现。虽然经过多年努力,聚变反应的点火温度仍至少 1 keV,为此,非用裂变引爆不可。把温度降到 200 eV 是世界难题之一。

氢弹从本质上讲,是利用惯性力将高温等离子体进行动力性约束,简称惯性约束。为了实现人工可控的惯性约束,多年来人们作了各种探索。早在 1964 年,我国科学家王淦昌就独立地与国际上同时提出了用激光打靶实现核聚变的设想,他是世界上激光惯性约束核聚变理论和研究的创始人之一。

激光打靶基本方案是在一个直径约为 400 μm 的小球内充以 30 ~ 100 atm[①] 的氘、氚混合气体,让强功率激光(目前达到 $10^{12}$ W,争取 $10^{14}$ W)均匀地从四面八方照射小球,使球内氘、氚混合体的密度达到液体密度的 1 000 到 10 000 倍,温度达到 $10^8$ K,最终达到或超过劳逊判据条件,而引起聚变反应。

除激光惯性约束方案外,还有电子束、重离子束的惯性约束方案。激光“聚爆”,或其他粒子束引起“聚爆”,虽然和氢弹爆发一样难以控制,但由于每次反应的热核物质很少,因而在能量的利用上没有什么危险。不过,惯性约束方案至今为止还没有一例取得成功。可控热核聚变的最有希望的途径是磁约束。

### 14.6.3　可控聚变反应堆——磁约束

磁约束的研究已有 30 余年历史,是研究可控聚变的最早的一种途径,也是目前看来最有希望的途径。

在磁约束实验中,带电粒子(等离子体)在磁场中受洛伦兹力的作用而绕着磁力线运动,因而在与磁力线相垂直的方向上就被约束住了。同时,等离子体也被电磁场加热。

由于目前的技术水平还不可能使磁场强度超过 10 T,因而磁约束的高温等离子体必须非常稀薄。如果说惯性约束是企图靠增大离子密度来达到点火条件,那么磁约束则是靠增大时间来达到实验要求的。

磁约束装置的种类很多,其中最有希望的可能是环流器(环形电流器),又称托卡马克装置,如图 14.11 所示。

――――――――――――――

① 　1 atm = 101 325 Pa(准确值)。

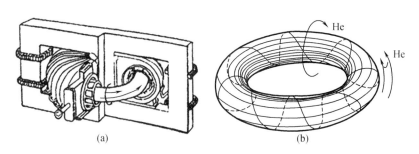

图 14.11　托卡马克（环流器）装置

（a）示意图；（b）磁场的螺旋形结构

　　环流器的主机的环向场线圈会产生几万高斯的沿环形管、轴线的环向磁场,由铁芯（或空芯）变压器在环形真空室中感生等离子体电流。环形等离子体电流就是变压器的次级,只有一匝,由于感生的等离子体电流通过焦耳效应有欧姆加热作用,这个场又称为加热场。

　　美国普林斯顿的托卡马克聚变实验堆（TETR）于 1982 年 12 月 24 日开始运行,是世界上四大新一代托卡马克装置之一,装置中的真空室大半径为 2.65 m,小半径为 1.1 m;等离子体电流为 2.65 MA,装置的造价为 3.14 亿美元。图 14.12 所示为到 1988 年为止,世界上不同的聚变装置已达到的水平（即 $n,\tau,T$ 值）。其中 $Q=1$ 表示得失平衡条件;$Q=0.2$ 表示输出为输入的 1/5。虽然 $n,\tau,T$ 都可分别达到,但离劳逊判据还差一点,人们期望早日点火成功,在科学上实现自持的可控热核聚变反应,以解决能源危机,但目前热核聚变研究还处于基础性研究阶段,到商业性应用还有一定距离。

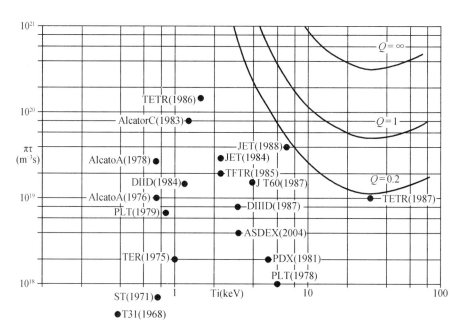

图 14.12　不同聚变装置在不同年代（括号）达到的水平

## 参考文献

[1]　ALVAREZ L W,CORNOG R. Helium and hydrogen of mass3[J]. Phys Rev,1939, 56：613.

[2]　LIBBY W F. Atmospheric helium three and radiocarbon from cosmic radiation[J]. Phys Rev, 1946, 69：671.

[3]　OLIPHANT M L, HARTECK P. Lord rutherford[J]. Nature, 1934, 133：413.

[4]　LIBBY W F. Tritium [M]. Las Vegas：NV Bibliographic Information Available from INIS, Conf. 710809, 1973.

[5]　LIBBY W F. Tritium in the physical and biological sciences I[M]. Vienna：International Atomic Energy Agency, 1962.

[6]　EVANS E A. Tritium and its compounds[C]. London：Butterworth, 1974.

[7]　HAUTOJRVI P. Positrons in solids, topics curr phys, vol. 12 [M]. Berlin：Springer - Verlag, 1979.

[8]　KARLSSON E. The use of positive muons in metal physics [J]. Phys Rep, 1982, 82：271.

[9]　RICHTER D. Neutron scattering and muon spin rotation[J]. Springer, Tracts Mod. Phys, 1983,101：85.

[10]　SCHENCK A. Muon spin rotation spectroscopy[M]. Bristol ：Hilger, 1985.

[11]　SEEGER A. Hydrogen in spectroscopy[M]. Berlin：Springer, 1978.

[12]　EVANS E A, WARRELL D C, ELVIDGE J A, et al. Handbook of tritium NMR spectroscopy and applications [M]. New York：Wiley, 1985.

[13]　LEWIS F A. The palladium system [M]. London：Academic, 1967.

[14]　MÜLLER W M,BLACKLEDGE J P,LIBOWITZ G G. Metal hydrides[M]. London：Academic, 1968.

[15]　MUETTERTIES E L. Transition metal hydrides[M]. NewYork：Marcel Dekker,1971.

[16]　ALEFELD G, VLKL J. Hydrogen in metals I and II[J]. Topic Appl Phys. Vols. 28, 29,1978.

[17]　FROMM E, GEBHARDT E. Gase und kohlenstojj in metallen [M]. Berlin：Heidelbery,1976.

[18]　BUCHNER H. Energiespeicherung in metallhydriden[J]. Springer,1982.

[19]　WARD J W. Handbook on the physics and chemistry of the actinides[J]. Elsevier,Amsterdam,1985.

[20]　SCHLAPBACH L. Hydrogen in intermetallic compounds[M]. Berlin：Springer,1988.

[21]　JENA P, SATTERTHWAITE C B. Electronic structure and properties of hydrogen in metals [M]. New York：Plenum, 1983.

[22]　WALLACE W E, SCHOBER T, SUDA S. Metal hydrides 1982[J]. Int'l Symp on the Properties and Applications of Metal Hydrides,1982.

[23]　LEWIS F A, WICKE F . Hydrogen in metals[J]. Int'l Conference, Wroclaw,Poland (1983)：see also J. Less - Common Metals 101 ,1984.

[24]　RON M, JOSEPHY Y, JACOB I, et al. Metal hydrides, 1984[J]. Int'l Symp on the

Properties and Applications of Metal Hydrides IV, Eilat Israel, 1984.

[25]  LEWIS F A, WICKE E . Hydrogen in metals[J]. Int'l Conf, Belfast, NorthernIreland,1985.

[26]  BAMBAKIDIS G, BOWMAN RC. Disordered and amorphous solids[J]. NATO ASI Series,1985.

[27]  PERCHERON G A, GUPTA M. Metal hydrides 1986[J]. Proc. Int'l Symp. on the Properties and Applications of Metal Hydrides V, 1986.

[28]  FROMM E, KIRCHHEIM R. Int'l symp on metal hydrogen systems[J]. Fundamentals and Applications,1988.

[29]  WATSON J F, WIFFEN F W. Proc int conf radiation effects and tritium technology for fusion reactors[J]. National Technical,1976:1 -4.

[30]  WITTENBERG L J. Proc tritium technology in fission,fusionand isotopic applications[J]. American Nuclear Society National Topical Meeting Dayton,1980: 427.

[31]  RAEDER J, BORRASS K, BIINDE R, et al. Korttrollierte kernfusion [J]. Teubner, Stuttgart ,1981.

[32]  RIDU C R, JORDAN K C. Mound laboratory report MLM - 2458 [R]. Miamisburg, Ohio 54342, 1977.

[33]  SOUERS P C. Hydrogen properties for fusion energy [M]. Berkeley: Univ California Press, 1986.

[34]  LSSER R, POWEL G L. Solubility of H, D, and T in Pd at low concentrations[J]. Phys Rev B, 1986,34: 578.

[35]  EMERG C T. Perturbation of nuclear decay rates [J]. Ann Rev Nucl Sci, 1972, 22: 165.

[36]  LESSER R. Tritium and helium -3 in metals[M]. Berlin: Springer - Verlag, 1989.

# 第 15 章 氚和氚工艺

本章概述了氚的工艺性质和基础氚工艺,包括氚的生产和环境氚源、氚毒性和氚损伤、金属氚化物的制备及应用,简述了 JET 和 TFTR 的氚工艺和现状。简单讨论了未来热核聚变反应堆的燃料循环。

## 15.1 氚和氚工艺概述

氚的半衰期与地质年代相比是极其短暂的,但是在地球大气层和天然水中还是存在氚。苏联学者用内充式盖革 – 弥勒计数管测量了 95% 氚水的放射性活度,确定了在每 $10^{18}$ 个氢原子中的氚含量为 1 个原子。这一浓度后来被称为氚单位(TU)。

宇宙射线(快中子、质子、氚核)、铀和同位素的三裂变反应、中子激活是氚的主要来源。

### 15.1.1 氚的生成

1. 天然氚

宇宙射线(快中子、质子、氚子)与形成大气的化学元素的原子核作用发生的核反应是大气中不断合成氚的来源。在一次宇宙射线作用下,重核衰变生成的星上产生大气中的快中子,快中子与 N 和 O 发生核反应产生氚,即

$$^{14}N + n \longrightarrow ^{12}C + T \tag{15.1a}$$

$$^{16}O + n \longrightarrow ^{14}N + T \tag{15.1b}$$

宇宙射线中的高能质子与大气元素作用也生成氚。大部分自然氚是初始宇宙射线与大气反应的产物。氚的自然生成速率与高度、纬度以及 11 年的太阳周期相关。按照生产速率,世界自然氚储量和相应的产生速率分别大约为 $1.3 \times 10^6$ TBq(35 MCi) 和 $7.4 \times 10^4$ TBq/a (2 MCi/a)[1]。T 是 Tera 的缩写,为 $10^{12}$,Becquerel(Bq) 是 1986 年才采用的新活度单位。3.7 TBq = 100 Ci(1 Ci = $3.7 \times 10^{10}$ Bq),相当于 10 399 mg 氚。TU 被称为氚单位,1 TU 相当于每 $10^{18}$ 个 $^1H$ 原子或 0.12 Bq/L $H_2O$ 或 1.08 Bq/kg $H_2$。

地球上自由氚的储量大约为 3.7 kg,它们大部分以氧化物形式存在。海水和雨水中自然氚的浓度分别为 0.11 Bq(3 pCi) 和 0.15 Bq(4 pCi)[2]。

人们认为,1954 年 3 月前收集的雨水试样中的氚主要是由于宇宙线作用于组成大气的元素的原子核的结果,大气成分中 He 的轻同位素 $^3He$ 是氚衰变所生成的。

自然界的岩石圈和水圈中也会产生氚。在岩石圈,中子与 Li 的轻同位素核相互作用产生氚,其反应为

$$^6_3Li + ^1_0n \longrightarrow ^4_2He + ^3_1H + Q \tag{15.2}$$

上述情况可用这样的事实来证实:即在许多矿石,特别是在 $LiAl(SiO_3)_2$ 中发现有氚的衰变子体 $^3He$,且含量异常高。显然,在发现 $^3He$ 含量特别高的很多金属中可产生氚。反应(15.2)仅合成自然界大量氚中的很小部分。在水圈中按反应(15.2)所生成的氚量极少,因

为在海水中氢的轻同位素核要俘获中子。

苏联学者研究显示,1954 年之前,地球上大约有 2 kg 天然氚(约 $18 \times 10^6$ Ci),其中有 10 g 留在大气中,地下水中有 13 g,其余的氚量都转移到了海水中。

2. 核反应堆产氚

核动力反应堆运行中,由于核燃料裂变、核的三裂变反应以及裂变中子在控制棒、冷却剂和结构材料中的中子活化反应会生成一定数量的氚。这些氚大部分进入环境,成为环境氚源的一部分。不同类型反应堆生成氚的途径和数量都不同。

正确评价核动力反应堆对环境氚的影响应该建立在定量估计全球各种类型裂变反应堆年造氚总量和这些氚有多少会释放到环境中的基础上。三裂变产氚的重要核素及产额见表 15.1。中子活化产氚的重要核素和反应截面见表 15.2。

表 15.1　几种重要核素的三裂变氚产额

| 核素 | 每次聚变产生的 T 原子范围 |
|---|---|
| $^{235}$U | $(0.8 \sim 1.32) \times 10^{-4}$ |
| $^{238}$U | $(0.68 \sim 0.91) \times 10^{-4}$ |
| $^{239}$P | $(1.34 \sim 1.8) \times 10^{-4}$ |

表 15.2　生成氚的中子激活反应[3]

| 反应 | 截面/($\times 10^{-2}$ cm$^2$) |
|---|---|
| $^2D + n \longrightarrow T + \gamma$ | $3.16 \times 10^{-4}$ |
| $^6Li + n \longrightarrow T + {}^4\alpha$ | 693 |
| $^7Li + n \longrightarrow T + {}^4\alpha + n$ | $5.16 \times 10^{-2}$ |
| $^{10}B + n \longrightarrow {}^7Li + {}^4\alpha$ | 3 060 |
| $^{10}B + n \longrightarrow T + 2{}^4\alpha$ | 1.27 |

三裂变产生的部分氚能够脱离核燃料。氚容易渗透出不锈钢壳层,产生的氚中大约 0.1% 经锆包壳扩散渗透到冷却剂中。1984 年在所有的反应堆中,通过三裂变反应产生的氚总量估计为 $10.5 \times 10^4$ TBq(2.84 MCi)[3]。

表 15.2 中列出的反应在控制棒、冷却剂和添加剂中非常重要。重水堆中产生的氚主要由第一回路中的氘原子中子活化产生,而在压水堆中,主要由冷却剂中溶剂的 B 和 LiOH 产生的。在气冷堆中,石墨慢化剂中以杂质形式存在的 Li 是重要的氚源。1984 年全球通过中子活化产生的氚估计有 $5.5 \times 10^3$ TBq(0.15 MCi)。很难获得相关氚生产厂的数据,包括美国 Saveannah 河的氚工厂也是如此。

3. 未来聚变反应堆产氚

自然界里氚存量很有限,目前大约有 3.7 kg,而未来的聚变堆以氚为燃料,最有前景的聚变反应是

$$D + T \longrightarrow {}^4He(3.52 \text{ MeV}) + n(14.1 \text{ MeV}) \tag{15.3}$$

所以在聚变堆中氚将通过如表 15.2 中所列的基于 Li 的中子活化方式产生。由于部分

14.1 MeV 的中子将被聚变堆中第一壁吸收,因此必须添加能发生(n,2n)反应的中子倍增剂,如 Pb 或 Be。不过,上述中子倍增的不足之处在于倍增的两个中子没有足够的能量去活化 $^7$Li,因为要求中子能量大于 2.87 MeV。另一方面,任何能量的中子都能活化 $^6$Li,但是 $^6$Li 的丰度很低,仅仅是自然 Li 的 7.5%,中子捕获截面也较低。

聚变反应堆起始需要的氚需要由核反应堆和氚生产厂供给。关于聚变反应堆中氚的更多信息见 15.4 节内容。

4. 核爆炸产氚

氚可由裂变和聚变爆炸产生。在裂变爆炸中,如果裂变产额为 $1 \times 10^{-4}$/Mt TNT 当量(表 15.1)和 $1.4 \times 10^{26}$/Mt TNT 当量,那么大约产生 25 TBq(675 Ci)氚/Mt TNT 当量[4]。估计通过中子活化反应产生的氚量仅为 $7 \times 10^3$ TBq(0.2 MCi)/Mt TNT 当量[6]。在聚变弹中,通过 $^6$Li 中子活化产生的部分氚不会与氘发生基于式(15.2)的反应,而是逃逸到大气环境中,这部分氚估计为 $2.6 \times 10^5 \sim 1.8 \times 10^6$ TBq/Mt TNT 当量[5]。

在 1963 年,大气环境中由核爆炸产生的氚的最大量为 $1 \times 10^8$ TBq/Mt TNT 当量[7]。地下核实验中逸出的氚对总量没有明显的贡献。由核爆炸产生的氚总量大约是自然界天然产生氚总量的 25 倍以上。空爆实验中释放到大气的氚绝大部分以氚化水的形式存在,所以海洋成了氚的巨大储藏库。

切尔诺贝利 3 号反应堆产生的氚量估计为 $5.8 \sim 6.6$ g[8],由于事故中的高温环境,几乎所有的氚都释放出来,这些氚大约为每年自然产生氚的 3%。

裂变爆炸有两种造氚机制,即裂变核三裂变造氚、裂变中子对周围介质的活化造氚。聚变爆炸也有两种造氚机制,即产氚和烧氚的剩余氚释放、聚变中子的活化造氚。

### 15.1.2　与氚相关的损伤

1. 渗入氚

因为 β⁻ 衰变能低于 18.6 keV,故氚对人体外露部分的影响可以忽略。β⁻ 电子在空气中的穿透深度大约为 6 mm,在水和皮肤中的穿透深度大约为 6 μm,不可能达到身体的敏感组织。但如果吸入和咽下了氚或者某些部分被氚覆盖,则需要认真对待。另外,我们必须注意到 HT 和 HTO 毒性的差异。HTO 的毒性大约是 HT 的 $10^4$ 倍。吸入的 THO 蒸气的大部分(98% ~ 99%)能被体液吸收,仅 0.1% ~ 0.5% 的 TH 或 $T_2$ 被吸入肺,少部分吸入的 TH 在体内氧化为 THO。进入人体的氚基本均匀分布,但在骨骼中除外。检验体内氚水平的最简单方法是运用液体闪烁计测定尿,另一种方法是分析呼出水蒸气中的氚浓度。这些方法测定的主要是体内的 THO 组元。人体内 THO 的生物半衰期大约为 $8 \sim 12$ d,多饮水能降低至 $5 \sim 7$ d,啤酒被认为是最好的氚去出剂。另外有少量的氚被有机键合为 OBT,OBT 的生物半衰期为 $40 \sim 600$ d。在长时间暴露氚的情况下,OBT 的含量将会增加。

从上面的论述可以看出,氚辐射的影响主要与氚化合的形式以及它们进入人体的能力相关。

同样受关注的还有体内的胸苷,它主要用于生物学研究。人体吸入氚可能生成氚化胸苷,氚化胸苷对人体肌肉和遗传基因有伤害,因为胸苷优先进入细胞核。

进一步的影响可能来自人体组织中的氚衰变产物 $^3$He 和反冲能,β⁻ 衰变前组织中的 H 被 T 替代,β⁻ 衰变后组织中存在 $^3$He。与 β⁻ 电子相比这些影响可以忽略,产生的反中微子的辐照也可以忽略,因为中微子和反中微子与物质的相互作用很弱。

还需考虑皮肤与氚直接接触引起的伤害,例如,吃进了与氚接触的食物或水以及吸入了金属氚化物粉末和氚示踪组元等。后两种情况产生的损伤还不很清楚,因为氚在这些材料中存留和交换的时间不同。

下面给出一些氚在尿液、空气中的浓度和有效等价剂量,数据取自国际辐射保护委员会(ICRP30)[9]和德国辐射防护标准(StrlSchV)[10]。对于 HTO 而言,尿中 37 Bq/mL 的平均氚浓度的有效等价剂量为 0.7 mSv/a(ICRP30)或 5 mSv/a(StrlSchV)。0.01 Sv 剂量相当于一次吸入 $9.6 \times 10^{12}$ Bq 的 HT 或 $5.9 \times 10^{8}$ Bq 的 HTO(ICRP30),以及一次吸入 $8.9 \times 10^{7}$ Bq 的 HTO(StrlSchV)。1980 年后,Sievert(Sv)成为新的 SI 单位,1 Sv = 100 rem。

假如工作时间为 2 000 h/a,吸入了 0.05 Sv 有效等价剂量的空气,空气氚浓度为 $2 \times 10^{10}$ Bq/m³ 的 HT(ICRP30)或 $1.2 \times 10^{6}$ Bq/m³ 的 HTO(ICRP30)或 $1.78 \times 10^{5}$ Bq/m³ 的 THO(StrlSchV)。考虑到皮肤的穿透深度,上面的有效等价剂量值需乘以 2/3,因为肺吸收了 2/3 浸没氚,皮肤吸收了 1/3 浸没氚。

依照德国辐照保护标准(StrlSchV),氚在空气和饮用水中的最大允许浓度都不高。对于普通民众和辐照暴露工作者,分别为 0.3 mSv 和 50 mSv。德国辐照保护条例不区分吸入的是 THO 还是 TH。对于临氚工作者,总剂量限制在最大允许浓度范围内。

对于普通民众和辐照工作者,依据最大允许浓度要求的每年吸入和饮入的氚量值见表 15.3。依据这些数据,很容易计算每年空气或饮用水中的平均最大允许氚浓度(假设每年吸入了 7 300 m³ 体积的空气,饮入了 0.876 m³ 的水)。这些数据见表 15.4。

表 15.3　StrlSch 标准规定的民众和辐照暴露工作者年吸入(空气)、
饮入(水和食物)的最大氚允许值[10]

| 人群 | 年最大允许渗入的氚浓度 | |
| --- | --- | --- |
| | 吸入 | 饮入 |
| 民众 | $2.66 \times 10^{6}$ Bq<br>($72 \times 10^{-6}$ Ci) | $5.92 \times 10^{6}$ Bq<br>($160 \times 10^{-6}$ Ci) |
| 辐照暴露工作者 | $4.44 \times 10^{8}$ Bq<br>($12 \times 10^{-3}$ Ci) | $9.87 \times 10^{8}$ Bq<br>($26.7 \times 10^{-3}$ Ci) |

表 15.4　StrlSch 标准规定的从辐照控制区域空气和水中释放的、
从辐照控制区域空气释放的最大氚浓度允许值[10]

| 每年最大允许的平均氚浓度值 | 空气 | 水 |
| --- | --- | --- |
| 辐照区域空气和水的释放量 | 365 Bq/m³<br>($9.86 \times 10^{-9}$ Ci/m³) | $7.4 \times 10^{6}$ Bq/m³<br>($2 \times 10^{-9}$ Ci/m³) |
| 辐照区域的空气 | $1.78 \times 10^{-5}$ Bq/m³<br>($4.8 \times 10^{-9}$ Ci/m³) | — |

在辐照控制的实验室,空气中氚的最大允许浓度较高(50 mSv),工作人员的停留时间应该较短,最大吸入体积为 2 500 $m^3$/a。作为比较,ICRP30 推荐辐照暴露年度氚吸入和饮入氚量限度为 $2.8 \times 10^9$ Bq($75 \times 10^{-3}$ Ci),比 StrlSchV 建议的量值高 4 倍。在德国,氚的自由操作限度为 3.7 MBq(0.1 mCi)。

2.间接氚损伤

前面考虑了直接氚剂量的损伤。特殊情况下,氚能够产生间接的辐照剂量。如果氚被吸附在物质 X 射线的逃逸长度,氚衰变产生的带能 $\beta^-$ 电子能够导致 X 射线发射(见 15.4.3 节)。X 射线的穿透深度远大于 $\beta^-$ 粒子,必须考虑。

氚气的化学性质与氘气和氢气很相似,因为化学性质主要由外层电子数和它们的排列决定。当存在氚原子时,由于 $\beta^-$ 粒子的能量,化合物很快达到热力学平衡。这意味着混合氚气时发生爆炸的可能性高于氘气混合或氢气混合。

通过氧化($T_2 + 0.5O_2 \longrightarrow H_2O$)和同位素交换($HT + H_2O \longrightarrow H_2 + HTO$),氚气转化成氚水。从放射性穿透深度观点看,应该避免发生这种情况,因为氚化的水比氚气更危险。室温下这些反应速度较慢,存在催化剂时,例如金属表面、离子辐照和泥土中的细菌(泥土中显微有机物的酶首先将 TH 转化为氚水)等。298 K 时上面反应的平衡常数为 6.25,398 K 时为 3.4,这表明较重的氢同位素优先成为水分子。这就能够解释地球上的氚为什么以水的形式存在。

通常认为氚属于低毒性放射性核素,主要因为人体内氚的生物半衰期短、衰变能量低,并具有低的线性能量转变(LET)。

这里给出一个氚事故的例子。一次意外事故导致员工吸入大约 $3.7 \times 10^{10}$ Bq(1 Ci)氚,随后处理和估计了吸入剂量[11]。德国 Jülich 研究中心 37 TBq(1 000 Ci)氚实验室工作人员体液中的平均氚浓度为 0.5~1 Bq/mL($1.3 \times 10^{-11}$~$2.7 \times 10^{-11}$ Ci/mL)。尿液中的最高浓度(旋转泵操作者)大约为 25 Bq/mL($6.8 \times 10^{-10}$ Ci/mL),说明油旋转泵沾染了氚。

## 15.1.3　向环境放氚

除了宇宙射线产生的自然氚外,还有四种重要的人造氚源向环境中释放氚:①裂变反应堆和核燃料处理厂;②氚生产厂;③含氚产品的用户;④核武器实验。表 15.5 为 1984 年氚的释放量和环境氚总储量的比较。几乎没有氚生产厂的氚数据。

表 15.5　人造氚释放量和环境氚总储量的比较[3]

| 氚源 | 1984 年释放量/TBq | 1984 年末总环境氚储量/(TBq) |
| --- | --- | --- |
| 核燃料循环 | $\approx 1 \times 10^4$ | $\approx 4 \times 10^4$ |
| 含氚产品 | $\approx 10^4$ | $\approx 10^5$ |
| 核爆炸 | — | $3.7 \times 10^7$ |

1984 前,核燃料循环向环境中释放总氚量约占自然氚储量的 3%,核武器实验向环境中释放的氚约占自然氚储量的 0.1%。下面是加拿大 Chalk River Laboratories 运行重水反应堆的几个相关数据[12]。总氚储存量为 $44 \times 10^3$ TBq(1.2 MCi);排入大气中的平均 HTO 量为 504 TBq/a(13 600 Ci/a);排入渥太华河的平均 HTO 量为 147 TBq/a(4 kCi/a);工厂边界周围的氚浓度为 74 Bq/L($2 \times 10^{-9}$ Ci/L);人口密集区河水中的浓度为 10 Bq/L($2.7 \times 10^{-10}$ Ci/L)。1984 年,核电站生产的氚为 $1.1 \times 10^5$ TBq(3 MCi),其中约 9% 排入环境,约占自然年产额的 14%。

还有通过临氚器件氚释放向环境放的氚,例如,含有 $10^{-5} \sim 10^{-3}$ TBq($2.7 \times 10^{-4} \sim 2.7 \times 10^{-2}$ Ci)剂量的发光体部件;含有 $4 \times 10^{-4} \sim 1$ TBq(0.01 ~ 27 Ci)剂量的充满氚的玻璃管;含有 $4 \times 10^{-8} \sim 10^{-2}$ TBq($10^{-6} \sim 0.27$ Ci)的电子管、冷阴极管、辉光灯以及气体色谱和氚化靶。这些物品的放氚量大约为宇宙射线生成氚量的 8%,且在不断增大。对于上面提到的临氚和含氚产品,氚衰变能被用来为接触的特殊材料(例如 P)的电离和发光提供能量。高浓度氚自身也发光,在 $\beta^-$ 电子激发下,氚衰变产物 $^3$He 也发射光谱。

### 15.1.4　未来聚变反应堆的氚工艺

未来聚变反应堆的主要氚工艺包括:①等离子体交换;②包层和包层氚恢复;③同位素分离和燃料储存。

为确保聚变装置稳态和经济运行,需要实现以下目标:环形室等离子气体排出和核燃料 $D_2/DT/T_2$ 注入;排出气体处理及净化、同位素分离等分离过程;回收排出气体中未燃烧的 $DT/T_2$。根据 ITER 运行需要,提供合适组分和流量的 $D_2/DT/T_2$($T_2 > 90\%$)气体,增殖包层氚的在线提取,实现反应堆运行氚的自供给和各种含氚流出物处理,以实现环境排放量的有效控制。

未来聚变反应堆概念设计很复杂,这里仅涉及重要的氘和氚工艺。我们主要引用 R. Lässer 等的研究工作和设备,讨论涉及与 DT 循环相关的问题。15.4 节将简要论述未来聚变反应堆中的燃料循环。

未来的功率反应堆大约需要处理 10 kg 氚,是地球自然氚总量的 3 倍。加拿大坎杜氚铀核反应堆(CANDU)每年产生的氚气为 kg 量级,氚气生产国家每年的产量不超过 5 ~ 10 kg[13]。一台 850 MW 聚变反应堆每秒大约需要 $3 \times 10^{20}$ 次聚变反应[2],相当于每小时燃烧大约 3.6 g 氚和 5.4 g 氚。很少量的氚储量不能满足等离子体燃烧的需要。

#### 1. 氚的复合储箱

氚储箱是氚 - 氚反应核燃料循环系统的重要组件,繁多的氚工艺都离不开储氚容器。为了避免氚泄漏和向环境释放氚,必须精心设计和制备这些容器。易损伤部件需要两个包套层,第一包套层体积要小但必须保留进入通道,便于维修;第二包套层放置氚工艺设备、除氚系统或者 UHV 室。这些部位是高危险性的氚释放部位(例如,低温泵和冷却环[14]),可以在氚源和接触空气的高危险部位建立独立的通风区域(第三包套层[15])。因此,保存氚的最好方法是采用低穿透系数的材料建立复合储箱[16]。运用这样的复合储箱和除氚系统,从聚变反应堆向环境的氚释放量可以在 1.9 至 3.7 TBq/d 之间。

Castini[17]估计,通常的 1 000 MW 聚变功率反应堆向环境的氚释放量大约为 777 TBq (21 000 Ci)HTO/a,释放氚的组分为 444 TBq(12 000 Ci)HTO/a 和 333 TBq(9 000 Ci)HT/a。

将这些数据与表 15.5 相比较,13 台 1 000 MW 聚变功率反应堆排出的氚与 1984 年所有裂变反应堆燃料循环的总排出量相当,1984 年共产生了 134 GW 的氚。这意味着,MW 级的聚变反应堆的氚释放量是裂变反应堆的 10 倍。

2. 泵送和再循环

聚变反应堆设计有氚增殖包套。氚增殖包套有两个基本功能,一是完成氚的生产和输运,实现氚自给自足;二是完成热的产出和输出,实现热能与电能有效转换。这些功能涉及等离子体泵送排出,等离子体杂质排出,同位素分离和氚增殖材料应用等。本节结合相关工艺讨论这些问题。

(1)氚泵送和杂质排出

为了保证等离子燃烧,必须连续供给燃料组元氘和氚。需要建立大的泵送装置,因为必须排出聚变反应产生的 $^4$He 和其他杂质,例如 $CO$,$N_2$,$O_2$,$H_2$,$N(D,T)_3$ 和 $C(D,T)_4$ 等。等离子体排出装置(分流器或泵调节器)中的压力大约为 $10^{-6}$ mbar。与灰尘 He 一起,未燃烧的氘和氚也被排出。氘和氚需要再循环,按合适的比例重新组合氘和氚,在包层中增殖。低温吸附泵和管式分子泵具有高的泵速。低温泵的缺点是存留氚多,需要定期排出捕陷的气体。使用管式分子泵时,氚气与润滑油接触,可能发生与油中 H 的同位素交换反应,使辐照剂量、油黏度和泵寿命发生变化。Lässer 的实验室作了氚与分子泵油的相容性测定[18]。实验时间内没有观察到油的黏度发生变化,他们预测在 250 年的运行周期内油的黏度不会变化。

所有的气体(除了 He),在 4 K 低温冷凝,而 He 在 4 K 被冷吸收。在 77 K,氢气混合物和杂质也被分子筛和活性碳冷吸收。由于泵送性质优异,分子泵通常被用来分离易挥发气体,例如,被阀门分离的低温冷凝和低温吸收的混合气体。在低温冷凝泵中,所有的气体被冷凝(除了 He),而 He 仅被低温吸收泵吸收。关闭阀门后,低温吸收泵被加热,解吸出纯 He 气。在 20 K 蒸馏,氢气能够从来自冷凝泵的杂质中分离。氚与泵的兼容性已被讨论[19-20]。氚系统的真空实验装置见参考文献[21]。

含杂质的氚被氧化为水(HDO,HTO,$H_2O$,DTO,$D_2O$,$T_2O$)、$CO_2$ 和 $N_2$。水被冷槽收集,运用电解法获得纯氢气,再进入循环。其他的方法包括利用活化的铀与水反应形成氧化铀和铀的氢化物。铀与氧、氮和碳发生不可逆反应,在中等温度下,氢能再次解吸。后一过程的缺点是产生活性固体废物。

(2)氢同位素分离

等离子体中的杂质被去除后,需要分离气体系统中的 H,D 和 T。一种选择是进行氢同位素低温蒸馏分离,蒸馏分离技术的原理是利用气体 $H_2$,HD,HT,$D_2$,DT 和 $T_2$ 沸点之间的差异。最不易挥发的气体是沸点为 25.04(20.39)K 的 $T_2(H_2)$。因此,易挥发的同位素在分离柱的顶端获得,不易挥发的同位素在分离柱的低端获得。另一种是气体色谱分离技术[22]（例如,质量谱仪或激光罗曼谱仪）也能用来分析氚气混合物。这种方法的缺点是携带 He,Ne 或 Ar 气体,因此仅能分离少量的混合物。进一步的潜在同位素分离方法是热扩散法[23]和共振辐照技术[24]。

3. 氚增殖材料

包层覆盖于聚变反应堆第一壁,14.1 MeV 的中子沉积在包层并转移到功率部件。需要在包层中进行氚增殖（表 15.2）。液态 Li 的熔点低（186 ℃）,可以作为冷却剂和中子热化剂,增殖的氚被液态 Li 蒸气转移,在外部分离。Li – Pb 合金,例如,$Li_{17}Pb_{83}$,其熔点为 235 ℃,由于添加增殖元素 Pb,具有较高的增殖速率（见 15.1.3 内容）。$Li_{17}Pb_{83}$ 的缺点是氚的溶解量低,对热不锈钢墙有高的穿透速率。如果使用陶瓷复合增殖剂,例如,锂氧化物（$Li_2O$,$LiO_2$）、锂铝化物（$LiAlO_3$,$LiAlO_2$）、锂硅化合物（$Li_2SiO_3$,$Li_4SiO_4$）和锂锌化合物（$Li_4ZrO_4$,$Li_2ZrO_3$）,可增殖足够的氚。陶瓷化合物脱除的氚被转移到 He 蒸气中,在外部回收。

对上述的氚增殖材料已有系统研究[25-37],因为氚生产是未来聚变反应堆的先决条件。

4. JET 中的氚

欧洲联合核聚变实验环（JET）是为较早期验证全尺寸可控核聚变技术可行性而设计的托卡马克实验堆。JET 已按计划进行了第一次氚应用实验。使用的氚的活性为每脉冲 90 TBq（约 2 450 Ci）[38]。再循环系统每天大约再处理 48 脉冲,循环系统的总氚量大约为 10 g（约 $10^5$ Ci）,后来提高到 90 g（约 $9 \times 10^5$ Ci）。当单相氚运行时,2/3 的氚为气态[39]。国际托卡马克实验堆的氚含量估计为 3.5 ~ 5.7 kg[17],下一代 JET 估计为 2.2 ~ 3.6 kg[15]。

一旦石墨被用于第一壁材料,进入托卡马克的部分氚将被石墨吸收。估计来看,JET 环 1 000 次实验后,环中积累的氚活度大约为 890 TBq（24 kCi）[40]。

事故性释放 10 g 氚（大约 3 700 TBq 或 $10^5$ Ci）,将在 JET 附近形成氚水,由于氚直接暴露在空气中,个别区域的活性大约为 30 mSv（3 rem）[41]。

D – T 反应产生 14 MeV 中子,聚变反应堆的结构部件将具有放射性。幸运的是,这一剂量不会导致正常运行时发生类似聚变核爆炸那样的爆炸。因为等离子体的总反应燃料仅能维持全功能运行几秒钟,任何骚动将导致等离子体失去约束,反应堆停堆。聚变反应堆的主要优点是燃料氘和氚及最终反应产物 $^4$He 都是非放射性物质;中介燃料氚大体上能够被密闭环控制。

小聚变装置的燃料清洁系统已在参考文献[42]~参考文献[44]中描述。

5. 氚废料处理

氚废料处理工艺可参阅参考文献[7]、参考文献[45]~参考文献[53],这里仅涉及氚分离和氚富集的一些细节。因为化合物 HT 或 HTO 中的氚容易分散,丢弃的含氚产品产生氚废物[54-56],通常的反应堆和未来的聚变反应堆必须仔细操作,避免环境污染。以坎杜反应堆为例,减速剂中每千克重水含 1 TBq（约 30 Ci）氚,对应的比率（DTO: $D_2O$）为每百万分之三十。目前,核处理厂将生成氚,如 HTO 的一半排入大海（例如在法国的 La Hague、在英国的 Sellafild）,或将 HT 和/或 HTO 排入大气（例如在美国和印度）[48-50]。剩余的进入锆合金氚化物,用作氚的覆盖物。

氚用户和核反应堆积累了相当数量的人造氚,需要对氚清理和再循环技术进行更多研究。依据化学键不同,氚废料可分为水成废料、有机废料和元素(气态的)废料。

以下介绍几种可能的清洁方法。三类废料被储存在双层不锈钢容器内;ICRP 推荐的最大废料氚浓度每千克不超过 3.7 TBq(100 Ci)。水成废料可以捆绑在混凝土棍棒上,放入鼓或滚筒内(为了储存或最后深海处理),或者混凝土原位固定,倾泻于盐窟或岩层中。氚气通常储存在金属氚化物中,Zn,Ti 和稀土元素是适用的储氚材料。储存氚废料的主要危险是泄漏,故包装物必须具有承受冲击和抗腐蚀的能力。在至少一个世纪周期内,氚衰变成 $^3$He 导致包层内压力升高,选用的包层需具有高的抗压能力。处理方法的选择需考虑地质学、水文学和气象学特征,以及局部泄漏的可能性。废物的固定方法必须是可靠的和可接受的。

高氚浓度,例如对于重水反应堆慢化剂中的氚,可以利用特殊技术降低其氚浓度,例如,蒸馏、电解、液相或者气相 – 催化交换,或者运用激光预浓缩与低温蒸馏相结合的方法。在水中蒸馏时,随着分子氚(HTO 和 DTO)浓缩成液态,避免了操作中气体混合物( $H_2$ ,HT,$D_2$ )暴露的危险。缺点是液态浓缩氚有更高的放射性,这一过程的分离因子较小,能量消耗较高。对于电解工艺,电解水被氚富集,氢气中的氚形成于阴极。通过电解氢气可以回收氢气中的氚,氢分子的分离通过随后的低温蒸馏系统和层析系统进行。

后续的低温蒸馏用如下反应表示:

①化学交换　　$XTO + X_2 \longrightarrow X_2O + XT$ ;

②低温蒸馏　　$2XT \longrightarrow X_2 + T_2$ 。

分别采用气相和液相催化交换与低温蒸馏结合的净化厂已在加拿大建成[57],用来净化 CANDU 反应堆的重水。

对于元素氚废料,最受关注的是从气体混合物中分离氚气,降低废料的体积,循环利用氚,通常采用低温蒸馏法,以及较小规模的层析法和热扩散。最安全的氚气储存方法是利用吸气材料,这类材料能形成稳定的金属氚化物,具有很低的室温平衡压。

上述氚分离和富集方法的细节可参阅参考文献[58]。

### 15.1.5　未来热核聚变反应堆的燃料循环

前面详细讨论了与氚的工艺性质和与 D – T 循环相关的氚工艺,本节简要讨论未来热核聚变反应的燃料循环。更详细的内容见已出版的专著[123 – 124]。

聚变反应堆以 D – T 作为核燃料,因为 D – T 热核反应的温度比 D – D 热核反应的温度低一个数量级,就目前聚变技术发展的水平,首先建立 D – T 聚变装置是适宜的。一座 1 GW 电功率(等效于 3 GW 热功率,热电转换效率为 0.33)的聚变反应堆全年满功率运行需要消耗约 150 kg 氚,从生产氚的经济角度、安全角度和环境影响角度考虑,最好的办法是实现聚变堆的氚自足,即聚变反应消耗的氚能从聚变反应产生的氚得到补偿,即实现氚的在线生产和回收,保证氚的自持。

1. 聚变反应堆生产氚的原理[123]

注入环形真空容器内的 D－T 气体在高温下被等离子体化,这种等离子体被环向磁场约束,通过外部加热不断提高能量,当其动能达到 100 keV 时,大量发生 D－T 聚变反应,即

$$D + T \longrightarrow {}^4He + n + 17.6\ MeV$$

其中核反应产物 ${}^4He$ 核($\alpha$ 粒子)携带 3.5 MeV 能量被环向场约束,用来维持等离子体加热,当其大部分能量失去后,便作为 He 灰排出。发射出来的高能中子($E_n = 14.1\ MeV$)穿透第一壁材料,在增殖包套内通过与轻核的非弹性散射减速至热能被增殖材料中的 ${}^6Li$ 原子吸收,发生造氚反应,即

$$n + {}^6Li \longrightarrow {}^4He + {}^3H + 4.8\ MeV$$

由于要实现聚变堆的氚自足,生产的氚至少要等于 D－T 聚变反应消耗的氚加上系统吸附与自然衰变的氚。定义一个基本量,氚增殖比 TBR 为一次 D－T 聚变反应在增殖包套产生氚原子的个数,显然要求 TBR >1。

一次 D－T 聚变反应消耗一个氚原子,产生一个聚变中子,这个聚变中子只有 65% ~ 70% 的概率在氚增殖包套内被 ${}^6Li$ 吸收用来造氚,余下有 10% ~15% 的概率消耗于包套结构材料的俘获吸收,有 10% ~20% 的概率发生漏失,即中子逃逸于增殖体之外(因氚增殖包套的厚度有限,且包套的几何覆盖率为 80% ~90%。这样,一个聚变中子仅产生 0.65 个氚原子,欲实现增值比 TBR >1,必须对聚变中子进行增殖。

中子增殖的原理是利用快中子(n,2n')级联反应。一些非裂变核有大的(n,2n') 反应截面,低的反应阈能,小的俘获吸收。原始聚变中子在这些非裂变核上的(n,2n') 反应产生次级中子的能量还可能高于反应阈能,于是次级中子在新的非裂变核上发生级联的(n,2n') 反应,直至出射中子的能量低于反应阈能。对于 Be,通过合理设计,体系总的中子增殖比可达到 2.3。

基于此,在聚变堆氚增殖包套中,不仅放置有含 ${}^6Li$ 的氚增殖材料,也放置中子倍增材料,合理配置使 TBR >1。

聚变中子在氚增殖包套中产生的氚可在聚变堆环形室外离线提取,也可在线进行氚回收,这取决于氚增殖包套的类型和所选用的氚增殖材料。例如,对于以 Pb－17Li 作氚增殖材料的液 Li 包套,产生的氚溶解在 Pb－17Li 液流中,当循环流动的含氚 Pb－17Li 在环形真空容器之外被新鲜的 Pb－17Li 流体替换时,原含氚的 Pb－17Li 流体可在专门的氚处理系统上用气相－液相氢同位素交换法实现氚的离线提取;对于以氧化物 Li 陶瓷作氚增殖材料的固体包套,可用加氢的 He 气流(He 气中氢的摩尔浓度为 0.1% )吹洗氚增殖元件,借助表面的气－固交换、吸附－脱附方法在线地从 He 吹洗气流中回收氚。

聚变产氚主要优点是固有安全性能好,对环境影响小,没有长寿命锕系废物的处理问题,产氚效率高,成本有望大大降低。从较长远的观点看,聚变堆生产氚不仅是满足聚变反应自身氚的需要,而且对于其他专用目的的氚供应也有很强的竞争能力。例如美国一些学者就建议用聚变堆生产氚来满足核武器补充氚的需要。

尽管用聚变反应堆大规模生产氚目前还没有先例,一些关键问题,如发展抗强中子辐照的、能经受高功率密度热载荷的结构材料氚增殖材料,还需要在类似聚变堆环境条件下

进行模拟研究,从聚变堆氚增殖包套定量提取氚也还需要演示和验证。但是,聚变反应堆生产氚的原理是可行的,发展是必然的。聚变工程在人类开发先进能源的大目标下,有国际间的通力合作,聚变能发电和商业化定会在 21 世纪中叶实现,聚变堆的产氚问题也一定会得到圆满解决。

2. D － T 燃料循环概念设计[124]

聚变堆 D － T 燃料循环设计主要包括等离子体排灰气中氚的快速回收(内循环)、产氚包层中氚的增殖和回收(外循环)及氚的安全包容等三大部分。作为聚变能源堆的 D － T 燃料循环,总体要求主要有两大方面,一是注入等离子体 D － T 燃料的速度与燃料循环中 D － T 回收的速度一致;二是产氚包层增殖氚的产生速度与等离子体中发生聚变反应消耗氚的速度一致,以实现聚变堆 D － T 燃料循环的氚"自持"。到目前为止,世界上的 D － T 燃料循环还处于理论设计和部分关键技术的验证阶段,自持的 D － T 燃料循环仅是一个理论假设,实现自持 D － T 燃料循环的聚变堆设计和建造还有一段路要走。

在目前的 ITER 合作计划中,验证 D － T 燃料自持的 TBM 氚增殖技术不在 ITER 计划的共享技术之列,将由各 ITER 参与国提供各自研制的 TBM 包层模块到 ITER 装置上开展实验,获得各成员方所需的关键实验数据。ITER 氚工厂的关键技术也掌握在欧洲、美国、俄国和日本等少数地区和国家手中,氚工厂的采购包主要由欧洲国家、美国、日本和韩国承担,中国未承担其中的任何任务。D － T 燃料循环设计研究及氚工厂关键技术研发,对我国未来的聚变能源开发利用、未来氚工厂的设计建造具有重要意义。

借鉴 ITER 氚工厂 D － T 燃料循环的设计思路,我国已开展了中国聚变工程实验堆(CFETR)D － T 燃料循环的初步概念设计。CFETR D － T 燃料循环概念设计包括等离子体燃烧循环(内循环)及氚增殖循环(外循环),内循环的实现过程是:通过储存与投递系统(SDS)将储存的氚输送到燃料注入系统,加热后注入等离子体燃烧室进行燃烧,大量未燃烧的氘、氚及杂质气体(简称排灰气)经过低温泵送到等离子体排灰气处理系统(TEP)进行氚回收,回收的气体送到 ISS 系统进行氢同位素分离,得到的氘、氚再回到 SDS 系统。外循环主要是通过增殖包层产氚,并用大量气体(一般为 He + 0.1% $H_2$)将其中的氚载带出来,经过 Pd 合金膜纯化后再进行同位素分离,最后送到 SDS 系统以补充等离子体燃烧的氚。氚安全包容系统主要是对循环系统的手套箱及含微量氚的大气进行除氚处理,以满足环境排放、事故状态及应急回收氚的需要。

3. D － T 燃料循环子系统的功能[121]

D － T 燃料循环主要子系统的功能与作用介绍如下。

(1)储存与投递系统(SDS)

该系统可向等离子体燃烧室提供满足要求的氘、氚气体和中性束注入气体;实现运行过程中氚、氚的安全储存和氚的计量;接受外来氚源和 ISS 的产品气体流。

(2)等离子体排灰气处理系统(TEP)

其核心功能是从各种含氚流出物中回收氘、氚,为 ISS 提供原料气;经过 TEP 处理后产生的极低氚浓度的含氚废气(氚含量≤0.1 mg/d)进入通排风除氚系统(VDS);TEP 系统还需接收其他含氚排出气(如辉光放电清洗燃烧室第一壁产生的含氚气体)。

(3)同位素分离系统(ISS)

该系统可接收中性束注入(NBI)、TEP 系统输送来的原料气;接收水去氚化系统(WDS)电解产生的含氚氢气;为 SDS 系统提供氘、氚燃料气;为实现不同浓度的氢同位素分离需采用多级级联低温精馏柱。

(4)氚提取系统(TES)

该系统主要作用是将增殖包层中产生的氚提取出来。基本设计思路是通过载带气将增殖包层产生的氚(HT + HTO)载带出来;由室温 4A 分子筛床除去氚化水,低温 5A 分子筛床完成气体氚的捕集;热金属床或 CO 水气反应将 HTO 还原为 HT,Pd 合金膜实现氢同位素气体的纯化,ISS 进行氢同位素分离,最后将纯净的氚提供给 SDS 系统。

(5)水去氚化系统(WDS)

该系统可处理各种浓度的含氚废水;接收 ADS 和 VDS 产生的含氚废水;接收 ISS 中第一柱排出的低浓度含氚气体,保证排放气体满足环境要求;可采用联合电解催化交换(CECE)工艺进行含氚水去氚化处理。

4. 两类氚增殖剂材料[102,123]

目前产氚包层设计中氚增殖剂一般采用含 Li 的材料,分液态和固态两种。常见的液态增殖剂有 Li,$Li_{17}Pb_{83}$,$Li_2BeF_4$ 等。液态增殖剂在产氚的同时可以载热,能连续处理,且氚增殖比(TBR)较大,但是存在磁流体动力学效应(MHD)、化学活性大、对结构材料的腐蚀性大和氚提取困难等缺点。固态增殖剂的化学稳定性好,可在更高的温度下使用,氚提取容易,因此,目前聚变堆或聚变 – 裂变混合堆包层设计几乎都使用含 Li 的固体陶瓷材料。

固态氚增殖剂的选择通常遵循以下原则:Li 原子密度要高,以满足氚增殖比设计的要求;热传导性能和机械性能良好;材料中氚与载气的传质能力要强;中子活化性低;熔点高;易制备成球形材料。常见的固态氚增殖剂有二元锂陶瓷 $Li_2O$,三元锂陶瓷 $LiAlO_2$,$Li_2ZrO_3$,$Li_2TiO_3$ 和 $Li_4SiO_4$ 等。

固态氚增殖剂可以采用柱状、环状和球状。由于球形氚增殖剂具有装卸容易、力学性能好、比表面积大、氚扩散和释放性能好等优点,所以固态氚增殖剂通常采用球形设计。

固态氚增殖剂微球的制备方法主要有熔融法和湿法。德国 Fzk 最早采用熔融喷雾法制备高密度[ >95% T. D.(理论密度)]的 $Li_4SiO_4$ 微球。这种方法适宜批量生产球形度优异的 Li 陶瓷微球,但对炉腔的要求较高(Pt – Rh 合金),材料由熔融到冷却成球过程中热应力没有完全释放,因此材料力学性能欠佳,微球易开裂。2010 年核工业西南物理研究院(SWIP)同样采用熔融法得到了高密度的 $Li_4SiO_4$ 微球。法国原子能委员会(CEA)、日本 JAEA 和中国科学院上海硅酸盐研究所采用溶胶 – 凝胶的湿法工艺制备密度约为 90% T. D. 的 $Li_2TiO_3$ 陶瓷微球。法国 CEA 和中国原子能科学研究院采用挤出的湿法工艺制备密度约为 90% T. D. 的 $Li_4SiO_4$ 陶瓷微球。湿法工艺包括粉末制备、胚体成型和烧结等制备过程,得到的 Li 陶瓷微球具有均匀的晶粒尺寸和丰富的孔隙。湿法对设备要求不高,可以控制球径大小,但是制备出的微球密度不高,一般为 70% ~90% T. D.,目前主要通过提高坯体密度和改进烧结工艺来提高小球密度。

　　从 20 世纪 80 年代开始,在国家 863 计划聚变 – 裂变混合堆项目资助下,中国工程物理研究院即开展了产氚陶瓷材料的制备与相关产氚性能的研究工作,先后开发了喷雾干燥 – 热分解法生产 $\gamma$ – $LiAlO_2$ 超细粉工艺、压模成型法制备 $\gamma$ – $LiAlO_2$ 多孔陶瓷芯块、"行星式滚动法"制备 $Li_2ZrO_3$ 陶瓷小球、溶胶 – 凝胶法制备 $Li_2ZrO_3$ 陶瓷微球。从 2004 年开始进行 $Li_4SiO_4$ 的研制工作,采用冷冻成型的烧结工艺制备球形度和力学性能优异的三元 Li 陶瓷微球,密度为 80% ~ 90% T. D. ,实验室生产规模达到日产千克级。冷冻成型仍属于湿法工艺,因此制备出的 Li 陶瓷微球密度小于熔融法制备的微球。

## 15.2　金属氚化物制备

　　自从 T. Qraham's 于 1866 年第一次在 Pd 中观察到吸氢现象以来,研究者们已对金属中氢的性质进行了系统研究。金属氢化物技术在核能和战略技术领域获得了应用,这些技术进步将能够满足人们对氚和氚工艺的需求。

　　氚是重要的聚变核燃料。D – T 反应具有反应截面大、反应速率高、释放能量大以及点火温度低等优点,因此 D – T 燃料循环将被第一代聚变堆采用。未来热能聚变堆千克级氚的使用将应用大量吸氚的金属氚化物。金属氚化物是可逆充放氚、氚泵送、氚压缩、氚纯化、同位素富集、氚输运以及含氚废料处理的适用材料。

　　金属氚化物作为聚变反应堆的功能材料亦深受关注,需求十分紧迫。例如,为了改进密封中子管氚靶膜的性能,多国学者从 20 世纪 50 年代起就在研究具有优良储氚、放氚特性和高固 He 能力的金属储氚材料,金属氚化物的性能是这类有限寿命器件延寿的限制性因素。

　　由于用途不同,对储氚材料的吸放氚特性、室温平衡压、综合力学性能、热稳定性及材料形态等有不同的要求,但对金属氚化物时效效应的关注是一致的,要点是氚衰变产生的 $^3$He 对材料结构和性能的影响以及材料抑制 $^3$He 释放的能力。

　　研制高性能金属储氚材料是十分必要的。这里说的储氚材料是指用于氚的储存和输运介质或直接作为氚源介质的材料。所谓时效效应是指随着储氚时间延长,衰变产物 $^3$He 在材料内部积累和氚浓降低引起的效应。

　　金属氚化物的制备方法与金属氢化物类似。为了确保安全储氚,需要对制备工艺进行适当修正。本节讨论几种制备方法,包括电解充氚、核反应堆辐照充氚、加速器充氚、从气相充氚和利用金属氚化物充氚。

### 15.2.1　金属的电解法充氚

　　阴极极化金属在电解液中电化学掺杂是常用的方法[59]。由于电极 – 金属界面存在原子氢,因此多数金属容易充入高浓度氢。电解法制备 $MH_r$ 和 $MD_r$ 的电解液分别为 HCl,$H_2SO_4$,$HNO_3$,DCl,$D_2SO_4$ 和 $DNO_3$。对于纯氚,必须用氘核和氚核部分置换氢核。就目前所知,还没有使用100%氚化酸(如 TCl,$T_2SO_4$,$TNO_3$)电解液的化学掺杂技术。这类方法的主要缺点包括:①超重水蒸气的毒性是氚气的1 000倍,必须认真对待;②在阴极产生纯氚气;③含1 g 超重水的活性大约为97.4 TBq(2 633 Ci)。对于金属电解掺杂氚工艺,目前仅仅使用了低氚浓度酸[例如,74 GBq(2 Ci)/mL][60]。这种充氚样品中含有 H,D 和 T 原子混合物,通常用于示踪法和射线自显迹法进行的实验研究。

### 15.2.2　材料中氚增殖

裂变反应堆中子俘获反应增殖氚,意味着能够在大样品中均匀地增殖氚。这种方法的主要缺点是:①仅适用于有限量氢同位素样品的情况;②其他同位素样品被激活,生成高活性样品;③样品辐照损伤,不利于进一步研究和解释研究结果;④高工艺价格。

### 15.2.3　核反应和离子注入充氚

离子注入是常用的表面注入方法。运用加速器进行离子注入能够向金属中引入氢和氚。对于稳定的氢同位素,已获得了电解法和气相法达不到的局部充氢浓度。加速器产生的核反应能够生成氚核,例如,(p,t),(α,t)和其他产生氚的核反应。如果金属和合金表面受到轰击,其近表面将注入氚[62]。这种技术的缺点是引入了晶格缺陷,大块样品容易受到不均匀的污染。仅仅少量的加速器被用于向金属中注入氚。很明显,实验后加速器所有内表面将受氚污染。

### 15.2.4　金属气相充氚

常常运用气相充氚方法制备金属氚化物。通过变化样品温度和氚气压力能够改变氚的吸附量。R. Lässer 的实验室配备有 $3.7 \times 10^{13}$ Bq(1 000 Ci)的充氚装置[63-64]。该装置类似于制备 $MH_r$ 和 $MD_r$ 样品的设备[59,65],为了保证氚工艺安全,改进了装置的局部结构。配备了全金属超高真空(UHV)配件,为了捕获通过热墙泄漏的氚,围绕高压氚源添加了第二包套。整个装置被放在无放射性实验室的通风罩内,放射性监控通风罩排出气体的氚水平被连续监测。标准压力(1 atm)和标准温度(273 K)下,1 $cm^3$ $T_2$ 的活度是 $9.6 \times 10^{10}$ Bq(2.59 Ci)。

图 15.1 为 R. Lässer 实验室 $3.7 \times 10^{13}$ Bq(1 000 Ci)全金属充氚设备示意图。铁钛气化物和氚化物储存器为同位素稳定性研究提供氢气和氚气。更换样品后,用管式分子泵和旋转泵泵出样品室中的空气。通过离子泵获得最后高真空度,离子泵能泵出储存器中未被 $UT_r$ 吸附的惰性气体。图 15.1 中的两个系列阀门(黑线)用来保证氚的安全储存,防止进入氢储存室及阀门误操作。

R. Lässer 在讨论设备状况时强调,当加热 $UT_r$ 保存室和/或样品室时没有观察到氚监测仪记数速率增大的现象。仅仅当交换样品时,由于内部样品墙吸氚,通风罩内侧的氚少许增高。打开一个样品室时氚的释放量为 3.7 MBq($10^2$ μCi)~37 MBq(1 mCi)。

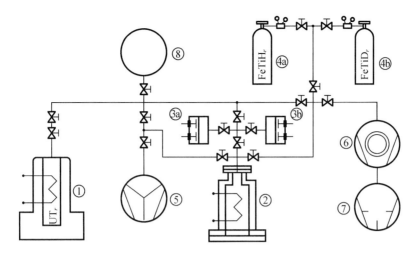

**图 15.1　R. Lässer 实验室 3.7 × 10$^{13}$ Bq(1 000 Ci)全金属充氚装置示意图**[63]

1—铀氚化物储存器;2—样品室;3a—单侧电容压力计(全量程 1.33 mbar);

3b—单侧电容压力计(全量程 3.33 bar);4a—FeTiH$_r$ 样品室;4b—FeTiD$_r$ 样品室;

5—离子泵,6—管式分子泵;7—旋转泵;8—附加体积

1. 铀氚化物存放容器

铀是应用较早的金属储氚材料。铀的主要优点是:①氚化铀具有很低的室温平衡压(约 2 × 10$^{-8}$ bar),可作为低温吸气剂使用;②约 400 ℃ 和 550 ℃ 时,氚化铀的平衡压大约为 1.2 bar 和 14.1 bar[68],因此,当 UT$_r$ 粉末被加热到中等温度时,UT$_r$ 能够在高压下释放氚(T$_2$);③铀与氢反应粉化为很细的粉末,这是铀的缺点,但这种现象大大提高了与氢的表面反应面积,缩短了吸附时间。在使用的温度范围内,铀粉末容易与氧、氮和碳氢化合物反应,形成气体纯化系统。铀的缺点是:有高的放射性活性,暴露在空气中时容易自燃,必须避免粉末分散。

图 15.2 为 R. Lässer 实验室 3.7 × 10$^2$ TBq(10 000 Ci)UT$_r$ 储存器的截面设计图。为了确保氚和 UT$_r$ 的安全,采用复合式设计。保存 UT$_r$ 的第一密封室被两层外密封室密封,防止任何氚泄漏。为了分解 UT$_r$ 粉末,用石英炉加热密封室内的烘箱。加热时内墙也被加热,氚可能通过热墙渗透到充满氩气的密封室。为了确保氚不渗透到生物圈,第二储存室被第一储存室密封。储存箱壳体充满用冷却环封闭的冷却水。为了保证氚安全,每两年检查一次冷却水并更换冷却环。

为了避免温度高于 630 ℃ 时铀与第一储存室合金化,铀被保存在石英或不锈钢圆筒中。大约 80 g 铀存放在两个容器中。容器间添加孔径为 5 μm 的不锈钢滤网,防止 UT$_r$ 粉末从 UT$_r$ 储室转移。

用两个密封热电偶测量烘箱的温度。电流输入口用真空密封环保护。顶部的 UHV 法兰盘用水冷铜板密封。NuproUHV 阀直接焊到 UT$_r$ 储存室顶部的法兰盘上。

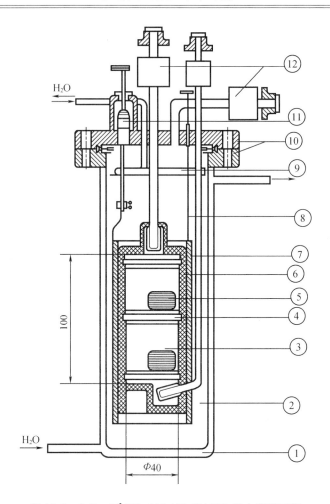

**图 15.2　3.7×10² TBq(10 000 Ci) UT, 储存箱截面图**

1—水冷第三围墙;2—充满 He(0.5 bar) 的第二储存室[69];3—第一储存室;4—不锈钢滤网;
5—氢化前的固态铀;6—石英或不锈钢筒;7—石英炉;8—密封热电偶;
9—水冷铜封板;10—UHV 法兰;11—电流输入口;12—阀

**2. 典型氚样品室**

　　用于外部充氚实验和溶解度测量的样品室横截面设计图如图 15.3 所示 。为了降低氚渗透,石英炉靠近样品室,便于水冷墙被密闭环循环水冷却。渗透的氚被水捕获,冷却水两年更换一次。

　　与 UT 储存容器相比,这种结构能很快改变样品温度,由于第一包套采用冷却墙结构,氚的渗透率很低。

　　使用两个密封的热电偶,一个确定样品温度,一个控制石英炉的功率。通过电流输入口输入电流,输入口用充满 Ar₂ 气的真空密封套环保护,防止发生氚渗漏。充入 Ar₂ 而不是充入 He 是为了进一步利用 He 气密封探测的高敏感性,例如,当泄漏发生在密封圆筒体积内部和样品室之间的情况。石英炉面对法兰盘,法兰盘受热密封保护,可防止热辐照和热对流。

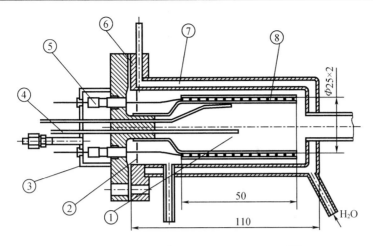

图 15.3　制备 MT, 样品的样品室截面图[69]

1—样品室；2—热密封；3—充满 Ar$_2$ 的真空密圆筒；4—密封的热电偶；5—电流输入口；

6—双刀口边法兰盘；7—水冷内墙；8—石英炉

### 3. 电容压力计应用

本部分描述电容压力计，它适用于非放射性气体测量，但对放射性气体会给出错误的结果。在此对单面和双面电容压力计探头进行了对比。双面探头有两个电极，位于压力传感膜两侧；而单面电容压力计的双电极均位于真空参比侧。图 15.4 中显示，随压力的位移电容发生变化，电容压力计的分辨率为 $1.0 \times 10^{-5}$。如果气体的介电常数为常数，电容探头的输出电压正比于被测气体的压力。图 15.4 为单面和双面电容压力计探头测定纯 He 和纯 T$_2$ 绝对压力的结果。双面电容压力计测得的 T$_2$ 绝对压力值低于 He 的绝对压力值，两种类型压力计的测定结果一致。数据间的差异如图 15.5 所示（此图为双对数坐标图）。

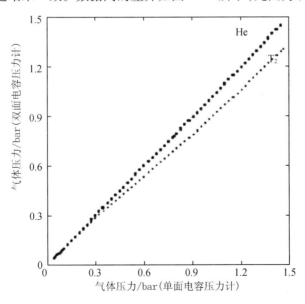

图 15.4　双面电容压力计测定的 T$_2$ 和 He 压力随单面电容压力计测定压力的变化

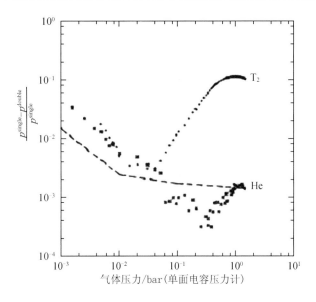

**图 15.5　应用单面和双面电容压力计测定压力差值**

注:相对于用单面压力计测定的 $T_2$（●）和 $^4$He（×）压力函数值。虚线表示厂家给出的系统误差总和。

　　单面和双面压力计所测值的相对压力差通过与单面压力计测定绝对压力值建立函数关系绘制曲线。图 15.5 中虚线为厂家给出的系统误差。对于 He，两类探头的测量结果一致性良好，表明两类电容压力计对非放射性气体具有等同性。在低于 60 mbar 的压力范围内误差较大的原因多半为电容压力计对泵产生的振动敏感。

　　低于 50 mbar 时，两类电容压力计对于 $T_2$ 的结果具有满意的一致性。然而，高于 50 mbar 时，压力差值的相对误差（约 1 bar $T_2$ 时）提高了 12%。此缺陷是双面电容压力计探头内氚 β 衰变引起的相当大的电导率变化导致的。已运用此原理（虽然对于双探头而言令人烦恼）研发了一种简单、廉价并与 UHV 兼容的氚压力计，其测量范围为 $10^{-3} \sim 10$ bar。这种压力计可烘烤（250 ℃），对振动不敏感。这样，在测量放射性气体时，应该避免使用双探头电容压力计[70-73]。

　　4. 氚工艺手套箱

　　为了避免向环境释放氚，氚储存和氚工艺的易损部位必须被双层保护。特殊的内置手套箱是氚储存和维修复合储箱第一保护层（内层）的有用工具，手套箱也经常被作为第二保护层。进入内层的手套箱的箱口安装有高耐磨性和低渗水性的手套。不使用时手套将被封闭，使用一次性手套，手套仅仅与手接触，尽量减少氚进入皮肤的机会。用于氢同位素的渗透性材料的资料见参考文献[74]~参考文献[76]。手套箱应该配置综合的氚清洁系统，以便去除通过第一保护层渗透的氚或发生事故时渗透的氚。优先打开转换端口进行含氚气体交换。用传送机构将材料送出和送进手套箱。通过服务管道进行能源和工艺工具传送。手套箱内惰性气体的压力略高于环境压力，可减少空气进入。参考文献[77]比较了与核技术相关的氚回收技术。

　　大部分氚清洁系统的原理是对氚和氚化合物进行催化氧化，随后通过分子筛吸收氚水。低温（100~200 ℃）时 Pd 基催化剂或较高温度（400~600 ℃）时 Cu 的氧化物能够用来催化氧化。产生的氚水被分子筛吸收或被室温蒸汽压低的其他水吸收。分子筛能够实现很低浓度的氚吸收,对于室温下 0.1% 的氚水,大约能吸收至 1.85 TBq/m$^{3}$(5×10$^{-5}$ Ci/m$^{3}$)。应该使用大体积充满分子筛的保护层,避免频繁更换和激活分子筛。参考文献[78]讨论了含氚分子筛的再生处理方法。

为了避免气体混合物爆炸,氚大量排放时手套箱内的气氛应该是惰性的。然而,必须向手套箱充 O$_2$,用于氧化清洁系统。从辐照保护的观点看,应该避免氚气对氚化水的氧化,因为水化氚的毒性比元素氚大约高 10$^{4}$ 倍。氚清洁系统由惰性气体纯化器组成,包括与氧、氮、水和氢亲和力强的热金属床。惰性气体被循环引入热钛床,去除氧、氮和水蒸气,通过较低温度的第二个金属床去除氢同位素[79]。这种方法的缺点是会产生高温,当重新操作时,可能发生氚渗漏,产生固体放射性废物。

还有一种氚排除系统可利用液态有机化合物进行氢再生,例如利用亚麻精或亚麻酸[80]。氚原子与这些不保和脂肪酸分子紧密健合。直到现在这一方法仅仅被应用于充 Ar$_2$ 气的手套箱。

含有氚装备的 UHT 室也能被用做第二保护层。这些腔室或是抽真空,或是充入高于大气压的 Ar$_2$ 气。通过第一和第二保护层的任何渗漏都将导致 UHT 室压力升高。氚渗漏能被内置离子室信号检测到。如果没有渗漏,一定时间后压力将为常数,此时室内气体原子的解吸速率和吸附速率相等。开启 UHV 室前,必须先将安全存放室内的氚和第二保护层中可能存在的含氚气体转移到外部的氚去除系统。为了修理第一保护层,手套箱必须放入第二保护层中,以确保安全地进入第一保护层。

5. 用于第一保护层的材料

必须精心选择制备临氚设备的材料,需要考核的参数包括:氚溶解性、氚扩散、氚渗透、氚释放、烘烤性、强度、腐蚀、空腔肿胀、疲劳、氢脆和辐照损伤等材料性能。Maroni 等[81]讨论了部分金属和合金的相关性质。

经常使用的结构材料是 316L 和 304 不锈钢,它们分别类似于欧洲的 1.4404 和 1.4301 不锈钢。应避免使用 400 系列不锈钢和 inconel 合金。在 NET 中讨论了以下两种用于第一壁和氚增殖结构材料的选择,分别为固溶退火和冷轧 316L 奥氏体不锈钢以及淬火和回火马氏体不锈钢。Ells[82] 研究了氚容器奥氏体不锈钢的损伤。较老装置中的多功能部件和管件多选用 Cu。氚在 Cu 中的渗透性低于不锈钢。对于多数应用而言 Cu 太软。在过去,大部分不锈钢管需要焊接,返修的热管件需被切割和重新焊接。

目前适用于 UHV 的接头已经商业化,例如 VCR 可拆卸接头。这类可拆卸接头很容易更换。适用的产品还包括 CF 和 KF 型法兰盘、弹簧加强垫片等。使用这类接头与 UHV 连接件的氚渗透率和使用焊接接头时大致相同,且这种氚工艺装置的氚渗透率会进一步降低。随着 $^4$He 检漏仪的商业化,很容易检测到 10$^{-9}$ mbar·L·s$^{-1}$ 量级的泄漏率,这相当于泄漏 84 Bq/s(2.3×10$^{-9}$ Ci/s 或大约 0.2 mCi/d)的氚。利用敏感的氚探头沿着管件探测亦能检测氚泄漏。Anderson[83] 讨论了氚工艺中常用的关键技术。

第一保护层内表面处理是保持氚气纯度的先决条件[84],推荐保持光滑的内表面。氚能与不锈钢中的碳反应,生成氚化的甲烷。同样的原因,甲烷的浓度正比于氚分压和保护层的表面积。使用其他清洁材料,例如玻璃、Al 和 Cu 等代替不锈钢时氚气的纯度降低。

对于内保护层,必须避免使用有机高分子聚合物密封件与阀门密封,因为这些元件的质量会在溶解氚的辐照下降低。进一步看,应避免使用油润滑的泵,如果油中的气原子与氚原子相互交换,油的质量可能发生变化。这意味着弹性元件(如氟橡胶)、卤化物材料(如聚四氟乙烯)和有机润滑剂(如油)不能在氚工艺线上应用。

阀门、压力计和流量计等元器件应该用全金属制品,由不同公司提供。另外,无油泵技术已商业化,例如金属波纹泵、螺丝泵、摇摆泵、吸收泵和吸气离子泵等。

最内部的保护层更应该仔细处理,全部运用金属元件,并考核每种金属与氚的相容性,严格保证元件的质量,包括反复的材料考核、$^4$He 泄漏考核、压力考核和全部焊缝的 X 射线探伤考核等。

### 15.2.5　金属氚化物充氚

大部分金属表面存在氧化层,氧化层阻碍金属表面氢同位素分子溶解和溶解氢原子重新结合成分子,这是因为分布氧原子表面的催化位置降低。为此大部分金属需要在真空或氢气下进行温度循环,高温下氧化层开裂,氧溶解进样品内部,与氢反应生成水,降低金属表面的氧原子数,金属表面开始吸氢和放氢。

活化工艺的缺点是金属氧含量增大,许多情况不能采用,因为金属中的氧原子会捕陷近邻的溶解氢。将金属与含氢样品接触,能避免这种现象,因为含氢样品向金属充氢。点焊能够获得好的接触,掺杂在样品中的氢通过扩散进入金属。焊接时仅很小部分样品被加热,氧原子在很短的点焊时间内扩散,样品的大部分不会被氧污染。充氢时间取决于接头质量、膜材的尺寸和温度。

这种材料技术已被用于钽膜充氚,目的是用扰动角关联技术(PAC)研究很低温度下氚在钽膜中的扩散,因为必须避免氚原子捕陷。对于氚工艺,相关点焊参数(功率、升温时间、衰变时间和脉冲时间)已用氢化或氚化金属进行了优化,避免参数选择不当情况下发生氚泄漏。这种方法也被用来从金属氚化物中吸氚。将高活性金属点焊在金属氚化物上,能够在室温下从金属氚化物中吸氚。

### 15.2.6　金属氚化物应用

储存氚气需要很大的容器,因为氚气的储存压力低于 1 bar。例如,储存 100 L 氚气(0.9 bar)的 LaH$_2$ 容器的体积大约为 80 cm$^3$。储氚容器小是金属氚化物储氚的重要优点(图 15.2)。从金属氚化物储存箱的结构看,加热金属氚化物时不能关闭储存箱的阀门,因为加热时小体积容器内的压力很快升高。金属氚化物应该具有低平衡压,避免与容器壁上的气态氚发生反应,降低氚的纯度。进一步讲,低平衡压减少氚穿透器壁进入环境的可能性。氚的衰变产物不溶于金属,通过温度循环金属氚化物中的 $^3$He 原子很容易分离,因为冷却时仅氚原子被吸收。未吸收的 $^3$He 原子从金属氚化物容器中去除。用这种方法可以收集 $^3$He 原子,$^3$He 原子有很高的应用价值。

天然气井中 $^4$He 的体积分数高达几个百分数,$^3$He 的体积分数远低于 $10^{-6}$,分离成本很大。因此,氚衰变是 $^3$He 的重要来源。在气体氚储存容器中,运用简单的方法不可能进行 $^3$He 原子分离。选择适用的金属氚化物,应用机械泵和压缩泵是分离 $^3$He 原子的适用方法。机械泵和压缩泵是易损部件,需要经常维护。留存在阀门等处的氚仅能用机械方法去除。

为了获得高的吸氚和脱氚速率,大部分金属需要进行活化处理。活化处理包括在氢气下进行温度循环。在较高的温度下,金属表面氧化物中的部分氧扩散进金属,表面金属原子活化,氢分子离解成氢原子进入晶格。用于储存高纯氚的金属通常采用氚活化,从同位素观点看,氚的干扰杂质比氘少。用氚替代氘活化有助于避免工艺过程中氘对高纯材料的轻微污染。

氚吸收材料的缺点是氚衰变产物的覆盖效应,因为氚气中总存在 $^3$He,即使在起始 $^3$He 体积分数不高的情况也能阻碍氚分子到达吸收体表面。当 $T_2$ 吸收促进剩余氚通过 He 气扩散时,气体中 $^3$He 的相对含量增大,这将导致吸附时间增长,加快气体吸附循环能够避免这种现象。不断去除产出的 $^3$He,避免金属和/或气体中留存高浓度 $^3$He 能减轻覆盖效应。

大多数金属氢化物储存材料粉化成很大表面积的粉末。金属粉末很容易自燃,应该避免泄漏和/或暴露在氧或空气中。很细的粉末会被气流传输,应该用滤纸防止粉末传播。粉末的体积远大于同质量块体的体积,设计容器时应该考虑这一特征。

下面简要讨论氚在几种金属中的溶解性,溶解性是金属储氚材料的最重要性质,可以用金属氚化物的压力－浓度－温度曲线(PCT 曲线)来表征。金属中氢同位素的其他性质将在第 16 章讨论。

### 1. 铀氚化物

前面已提及了 U－T 体系的某些性质。图 15.6 为 U－T 体系的压力－浓度－温度曲线。U 有很高的储氚能力,原理上看,每个 U 原子配位 3 个 T 原子。453 ~ 572 ℃ 范围内 van'tHoff 方程描述的 $UT_{2.83}$ 的平衡压 $\lg(p/\mathrm{bar}) = -4\,038.2/T + 6.080$。

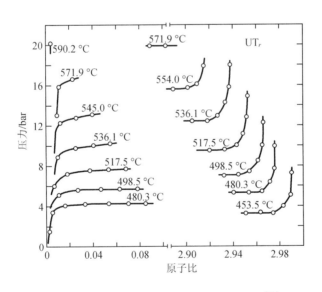

**图 15.6　U－T 系统的压力－浓度等温曲线**[86]

### 2. Pd 氚化物

Pd 在金属氢化物体系中扮演着重要角色。与大多数其他金属相比,Pd 具有自催化性能,能够防止环境气体引起表面钝化,通常应用于其他金属氢化物容易毒化的地方。气体中的少量杂质毒化表面,影响样品与氢的反应能力和吸附能力,需要进一步热处理使其重新活化。包覆于硅藻土的 Pd 膜具有大的表面积和高的泵送速率。Pd 膜特别适用于从混合气体中吸收氚。

图 15.7 为 Pd – T 系统的压力 – 原子分数等温曲线。关于 Pd – X( X = H,D,T)体系溶解度、扩散、相界和光学声子的同位素效应见第 16 章。

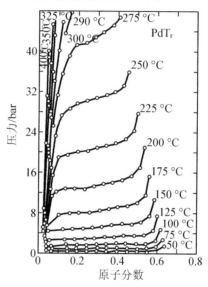

**图 15.7　Pd – T 系统的压力 – 原子分数等温曲线**[87]

### 3. LaNi$_{5-x}$Al$_x$ 氚化物

SRL 的氚储存系统是美国最大的氚生产厂之一,其部分工艺应用金属氚化物储氚,特别是 LaNi$_{5-x}$Al$_x$ 氚化物[88]。这种选择有两方面原因。首先,在选定的温度下,通过变化 Al 浓度可以使合金的吸附压和解吸压适用于不同的应用;其次,经过多次充氚和温度循环,LaNi$_{5-x}$Al$_x$ 材料未发生明显的歧化,与大多数二元和三元合金类似。不易歧化对于储氚材料而言是很重要的,否则氚将被捕陷在一种组分内(例如 La 金属)。从 La – T 系统的等温曲线(图 15.8)可以看出,将合金快速加热到 1 000 K 才能回收捕陷氚。

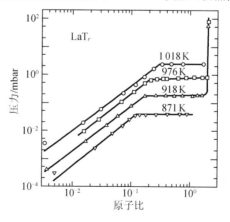

**图 15.8　La – T 系统的压力 – 浓度等温曲线**[90]

### 4. V 氚化物

图 15.9 为 V – T 体系的压力 – 原子分数等温曲线。在相对低的温度下，V – T 样品具有很高的平衡压。VT$_2$ 大多是产生高压氚的适用材料。将 VT$_2$ 容器的低温压力稳定性运用于压缩机是可能的，因为大部分不锈钢的机械性质在温度低于 450 ℃时才是优异的。在大的浓度范围内（$0.9 \leqslant \gamma \leqslant 1.9$），氚化物的平衡压仅略微升高，这是 V 氚化物的另一优点。126 ~ 210 ℃时，VT$_{1.4}$ 的平衡压表示为 $\lg(p/\text{bar}) = -2\,032.4/T + 7.101$。

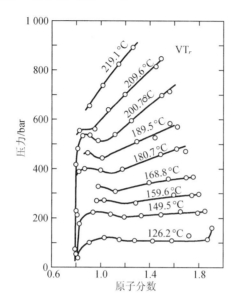

**图 15.9　V – T 系统的压力 – 浓度等温曲线** [87]

VD$_2$ 和 VDT 合金已被用来提升 D$_2$ 和 DT 的压力（可达 900 bar），用于向激光聚变实验微球靶填充 D$_2$ 和 DT。

### 5. Ti, Zr, La 和稀土氚化物

元素周期表 IIIB 族、IVB 族和稀土族元素（RE）能够形成稳定的二元和/或三元氚化物。这些金属氚化物的室温平衡压非常低，甚至很难测量。因此，这些金属氚化物的压力 – 浓度 – 温度曲线必须在高温下观测。La – T 的等温曲线是个典型的例子（图 15.8）。浓度低于 $r = 0.1$ 时，符合希乌尔定律。水平的平衡压属于两相区，即低浓度的 $\alpha$ 相和 LaT$_2$ 相。为了测得相应的压力，样品必须被加热至 600 ℃以上。

金属能够用于混合氚气提纯（残留氚非常低），最后用于氚储存。为了回收吸附在这些金属中的氚，必须将金属氚化物加热至很高的温度。在这样高的温度下，氚在金属中的渗透速率损伤性地增大。这些金属最终将作为废物材料储存，很少作为可逆储存材料使用。

### 6. 二元和三元金属氚化物的稳定性

为了满足氚工艺的要求，需要研究合金氚化物的长期稳定性。与 $^3$He 覆盖问题相比，金属氚化物的 He 损伤更受关注。He 不溶于金属，很容易在金属中成泡。高压 He 泡发射自间隙原子（SIA）。SIA 成团，形成 SIA 环和发育成位错网。位错中的氚被捕陷，金属氚化物合金性质（例如溶解度和扩散性等）随时效时间、He 浓度或位错浓度变化。

这种影响在有序三元氚化物合金（ABT$_r$）中更为明显。A 和 B 原子原本处于特殊的晶

格位置,它们被发射后,不大可能重新占据正确的位置。随着时间的推移,合金的有序参数降低,生成新合金,合金氚化物的性质发生变化。由此可见,二元金属氚化物合金发射 SIA 或冲出位错环仅扮演次要角色,因为由此产生的元素占位并不是很重要。鉴于合金氚化物性质可能变化,使用时要很谨慎,因为还不完全知道它们的长期行为。

7. 氚在金属中的渗透性

前面讨论了金属氚化物在氚工艺中的应用,利用与氚相容的低渗透系数材料制作储氚容器亦深受关注。本节概要讨论金属中氢同位素渗透性的部分数据。金属中氢的渗透性研究已持续多年,但得到的数据并不一致,表面不清洁是数据不一致的部分原因。较早的渗透系数实验设备未配备确定样品上下表面清洁性的装置,表面存在少量氧就能改变渗透速率。好的表面氧化层降低氕、氘和氚的渗透,穿越金属的渗透受内部缺陷的影响。

对于金属,基本的渗透方程为

$$\frac{dQ}{dt} = P\frac{A}{d}(\sqrt{p_u} - \sqrt{p_d})\qquad(15.4)$$

其中,$dQ/dt$ 为每秒穿过面积 $A$ 和厚度 $d$ 样品的氢的摩尔数;$p_u(p_d)$ 为氢在样品上流(下流)的压力;$P$ 为渗透性。

对于玻璃,$dQ/dt$ 值正比于上下流的压差,因为氢分子在这些表面不能分解。

对于金属和玻璃,渗透性可分别表示为

$$P = P_0\exp\left(\frac{-E_p}{kT}\right)\qquad(15.5a)$$

$$P = P_0 T\exp\left(\frac{-E_p}{kT}\right)\qquad(15.5b)$$

其中,$p_0$ 为前指数因子;$E_p$ 为渗透激活能;$k$ 为玻尔兹曼常数。渗透性可以描述为溶解性(由 Sieverts' 常数 $K^\infty$ 给出)和扩散性(由扩散系数 $D$ 给出)的乘积。从原理上讲,如果溶解度和扩散系数已知的话,加么渗透性能够通过计算获得。

多数金属已进行了高温渗透性实验。高温渗透速率容易观测,但外推低温数据时必须相当仔细。不同类型金属容易引入错误和不一致的实验值,甚至对于相同的氢同位素也是如此。由于同位素效应(依据经典理论,氚的渗透性与氢的渗透性依照 3 的反平方根降低)被忽略,修正值比预期大得多。这是第 16 章没有讨论氕、氘和氚在金属中渗透性的原因。Steward[91] 详细论述了许多渗透性实验,本节引用了他选择的最好数据。另外,Souers[92] 的著作中列出了"不渗透"材料的渗透性数据。表 15.6 引用了这两位研究者的部分数据。氢在这些金属中的渗透性依 Si,Qe,Au,Al,Mo,Cu,Ni 和 Fe 的顺序增大。许多不锈钢的渗透性处于 Ni,Cu,Pd,Ta 和 V 以及与氢发生放热反应的其他金属(稀土金属)之间,这些金属具有大的渗透速率,因为溶解性高,渗透激活能低。

表 15.6　金属中氕、氘和氚的渗透性$[P = P_0\exp(-E_p/kT)]$[91]

| 渗透材料 | 氢同位素 | $P_0$ /[mol/(m·s·Pa$^{1/2}$)] | $E_p$ /eV | 测量温度 /K | 参考值 |
|---|---|---|---|---|---|
| Al | $T_2$ | $5.8\times10^{-5}$ | 1.28 | 420~520 | 3.35 |
| Ag | $H_2$ | $3.4\times10^{-8}$ | 0.633 | 730~980 | 3.36 |

表 15.6（续）

| 渗透材料 | 氢同位素 | $P_0$<br>/[mol/(m·s·Pa$^{1/2}$)] | $E_p$<br>/eV | 测量温度<br>/K | 参考值 |
|---|---|---|---|---|---|
| Au | $D_2$ | $3.1 \times 10^{-6}$ | 1.28 | 500~900 | 3.37 |
| Co($\alpha$) | $D_2$ | $3.8 \times 10^{-8}$ | 0.67 | 670~820 | 3.38 |
| Co($\varepsilon$) | $D_2$ | $6.3 \times 10^{-9}$ | 0.59 | 460~670 | 3.38 |
| Cu | $H_2$ | $8.4 \times 10^{-7}$ | 0.80 | 470~710 | 3.39 |
| Fe | $H_2$ | $4.1 \times 10^{-8}$ | 0.36 | 375~850 | 3.40 |
| Ge | $H_2$ | $1.2 \times 10^{-5}$ | 2.07 | 1 040~1 200 | 41 |
| Mo | $H_2$ | $2.3 \times 10^{-7}$ | 0.837 | 500~1 700 | 42 |
| Ni | $H_2$ | $4.0 \times 10^{-7}$ | 0.57 | 480~690 | 43 |
| Pd | $H_2$ | $2.2 \times 10^{-7}$ | 0.162 | 300~709 | 44 |
| Pt | $H_2$ | $1.2 \times 10^{-7}$ | 0.73 | 540~900 | 45 |
| Si | $H_2$ | $1.4 \times 10^{-5}$ | 2.33 | 1 240~1 485 | 41 |
| 不锈钢 | $T_2$ | $1.38 \times 10^{-7}$ | 0.684 | 370~700 | 46 |
| Ta | $H_2$ | $5.8 \times 10^{-9}$ | -0.209 | 合适的 | 47,48 |
| V | $H_2$ | $4.0 \times 10^{-9}$ | -0.258 | 合适的 | 47,48 |
| W | $H_2$ | $7.8 \times 10^{-7}$ | 1.47 | 1 100~2 400 | 49 |
| 碱石灰 | $D_2$, DT | $4.10^{-17}$ | 0.48 | 300~700 | 50 |

# 15.3　金属中氚分析

为了分析金属中的氚,几乎运用了稳定氢同位素的所有分析方法,包括二次离子质谱(SIMS)[93]、螺旋光谱仪[94]、核磁共振(NMR)[95]、充氚前后样品长度和晶格参数测量[96]、质量测量[97]、核反应$^3$He(d,n)$^4$He 的深度分布测量[98]、沟道定位、中子光谱[99]、中子放射线照相术[100]和电子显微镜等。本节主要讨论氚分析的核物理方法。

很少量氚分析可运用比例计数器、离化室、液体闪计数器、感光乳剂成相等方法[101-102]。金属床中大量氚的简单分析方法是测量金属床的温度变化,温度升高是溶解氚放热引起的。

## 15.3.1　气体释放和/或氧化

金属氚化物的氚浓度是重要的参数。液体闪耀计数器是最准确和灵敏度最高的氚检测仪器,这种方法测定的是 $MT_x$ 样品的放射性活性,应该首先使氚原子与水键合。一种方法是在威克波尔德燃烧器中使 $MT_x$ 样品中的氚氧化,转变成 HTO;另一种方法是在密封的酸容器中溶解 $MT_x$ 样品,氚原子与酸中氢原子交换,随后用 $H_2O_2$ 和贵金属催化剂使 HT 氧化成 HTO。

为了避免氚氧化,应该测量金属中的氚含量。将样品加热到高温,然后用普通的压力计测定体积的压力增加或者用电离室测定放气的活性,获得金属中的氚含量。氚气的纯度可以用质量分光计[103]、色层谱仪[104]和激光罗曼光谱[105]来测定。

### 15.3.2　$MT_r$ 样品的放气行为

$He_r$ 样品可能需要在外部充氚装置进行进一步实验。出于安全考虑,应该知道样品的放气行为。Lässer 实验室已处理了活度为 37 TBq(1 000 Ci)的 $MT_r$ 样品。鉴于他们的经验,对于较低活性的 $MT_r$ 样品是允许的。

图 15.10 是氚气释放行为实验的一个例子。图中给出了 $VT_{0.159}$ 样品以每分钟计数表示的氚渗透速率和温度倒数的关系。计数值通过一个特殊无天窗监视器得到。$VT_{0.159}$ 单晶样品(8.4 mg)的活性为 27.8 GBq(约 0.75 Ci),样品在空气中进行了两次从室温至 200 ℃ 的热循环。通过监视器泵出围绕样品的空气,随后用分子筛吸收空气中的水蒸气。

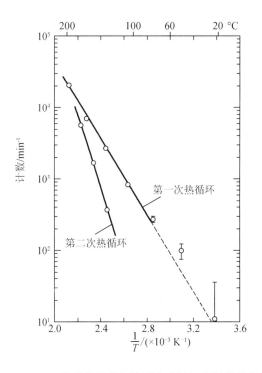

**图 15.10　$VT_{0.159}$ 单晶样品中氚渗透速度随温度倒数的变化**[106]

注:样品在空气中进行了两次从室温至 200 ℃ 的热循环,每分钟 10 的计数速率对应活度的损失为 1.42 Bq/min($3.83 \times 10^{-11}$ Ci/min)。

图 15.10 所示的放气行为可用 Arrhenius 方程描述。直线的斜率为气体释放激活能。第一次和第二次热循环的激活能分别为每氚原子 0.54 eV 和 1.04 eV。第二次热循环激活能明显增大,表明加热时样品表面发生了变化,产生了进一步氧化和/或形成了其他更稳定的氧化层。其他杂质,例如 N,S 和 C 可能存在于样品表面,影响气体的释放行为。事实表

明,螺旋光谱仪和 X 射线光电发射谱不适用于 MT$_r$ 样品分析,因为不能给出明确的表面分析结果。通常认为,表面氧化层阻碍吸附的氚$_{(ads)}$ 与氚气$_{(g)}$ 重新结合的反应,T$_{ads}$ ⟶ 1/2T$_{2(g)}$ 和/或交换反应 H$_2$O + T$_{ads}$ ⟶ HTO + H$_{ads}$。在大部分氚释放实验中,由监视器显示的氚活度总数与分子筛吸附(与水交换)随后被液体闪耀技术测定的总氚量基本相符。这一结果表明,第二次热循环的表面效应比氚气释放或吸收氚分子与水蒸气分子交换机制可能性更大。图 15.10 中,每分钟 10 的氚计数速率对应的活度损失为 1.42 Bq/min(约 $3.83 \times 10^{-11}$ Ci/min)。假设气体的释放行为随时间变化并忽略氚的时效,室温下大约 $1.9 \times 10^4$ 年 VT$_{0.159}$ 样品将丢掉一半的氚。假设释放受扩散控制,那么 20 s 内将丢掉一半的氚。

氚从 Nb 中释放受表面效应影响[107]。这些研究表明,室温下多数金属氚化物(PdT$_r$ 除外)能够在通风良好的实验室中应用。随着金属氚化物表面积增大、温度升高、氚浓度增大和时效时间增长,工艺危险性增大。另一方面,不应该认为样品表面的氧化层是氚渗透的唯一障碍,这一结果多半可以扩展至 MH$_r$ 和 MD$_r$ 样品。

### 15.3.3　氚导致的 X 射线

氚衰变是纯 β$^-$ 氚衰变,衰变能等于母核原子与子核原子的静止能量之差。氚衰变的最大能量为 18.582 keV。如果氚溶解于金属,β$^-$ 电子能够在结合能低于 18.582 keV 金属晶格原子的深壳层中发射电子,产生二次电子,开创的空位被结合能较低的外壳层电子填充。因此,将会发射与结合能差等价的特征 X 射线,最终产生俄歇电子。另外,β$^-$ 电子可能被加速到靠近晶格原子核,可能产生连续的韧致辐射。图 15.11、图 15.12 分别是 VT$_{0.42}$ 和 TaT$_{0.012}$ 样品的高位 X 射线谱,X 射线被处于液氮温度的内禀 Ge 监测器分析,该监测器由前置放大器、主放大器、模拟 – 数字转换器(ADC)和多通道分析仪(MCA)组成。每个通道的频数随通道数的变化用对数坐标表示。图中给出了几个 X 射线峰的能量。X 射线峰与特征 X 射线相关,宽而平的谱线与韧致辐照相关。在低于 18.6 keV 能量范围内,观察到 X 射线强度明显降低,可能与高能量 β$^-$ 电子生成数量降低相关。在监测的能量范围内(图 15.11、图 15.12),所用 Ge 监测器的效率是一致的。运用能量分辨率为 $2.5 \times 10^{-4}$ 的高精度 X 射线衍射仪,精确确定接近 18.6 keV 时的强度降低,提供了一种确定反中微子质量上限的可能性,这仍然是粒子物理学家们正在研究的问题[110]。高于 18.6 keV 时的很少的频数与宇宙射线背景相关。在图 15.11 中,能量 4.95 keV 的双峰属于特征峰 $K_{\alpha 1, \alpha 2}$ 和特征峰 $K_{\beta 1, \beta 3}$,而 TaT$_{0.012}$ 的 X 射线衍射峰与图 15.12 的 LX 射线相关。TaT$_{0.012}$ 样品未出现 KX 射线,因为 Ta 的 1s 电子的结合能远高于氚衰变能量。

MT$_r$ 样品的衍射谱都很相似。参考文献[111]给出了钼基片氚化铒模的 X 射线谱,如果 X 射线被吸收在固体的逃逸长度内,它的存在很容易被标准的 X 射线监测器检测。空气中的氚很难检测。氚衰变的 β$^-$ 电子甚至不能穿透很薄的膜,因此需要配置无窗监测器。高于 18.6 keV 不出现 X 射线强度表明固体中存在氚。

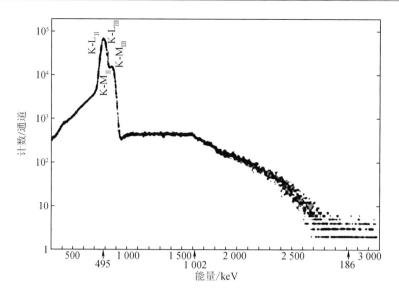

图 15.11　运用内禀 Ge 监测器测量的 14.11VT$_{0.42}$样品的氚 X 射线谱[108]

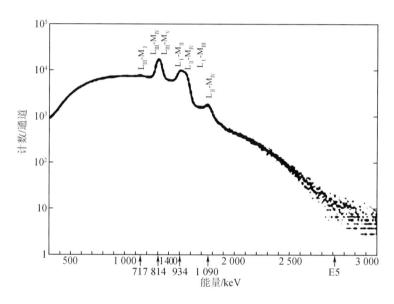

图 15.12　运用内禀 Ge 监测器测量的 TaT$_{0.012}$样品的氚 X 射线谱[109]

## 15.3.4　氚成像

氚成像基于探测固体中氚 $\beta^-$ 衰变产生的二次电子。二次 X 射线分析的内禀 Ge 检测器被真空冷却至液氮温度。大约 200 nm 表面层厚度的 Mr 样品产生的二次电子能够到达表面,真空中能够被静态电子透镜聚焦成微通道增强像。显示表面层二次电子的强度和氚浓度,获得涂荧光物质的光屏。由于 $\beta^-$ 粒子的平均衰变能为 5.7 eV,这种技术的极限横向分辨率大约为 200 nm[115-116],与氚自动射线成像大致相同。

氚成像的主要优点是[112-114]:①灵敏度与二次离子质量光谱(SIMS)相当;②操作简单;

③属于无结构损伤分析,既不像 SIMS 那样需要对样品表面进行溅射处理,也不像核反应分析(NRA)那样需要对样品进行离子注入。NRA 分析可借助 T(p,n)反应探针样品表面 20 μm 的氚分布,可以获得二维图像。主要的缺点是:①从图像中很难确定样品中的氚浓度;②样品表面状态对二次电子发射有大的影响,需要真空观测。最近发展了一种由新扫描技术组成的先进图像系统[117],不需要真空观测。对于氚的检测而言,新图像技术是对 SIMS 和 NRA 技术的补充与完善。

### 15.3.5    氚自动射线成像

可以运用照相感光胶片[118]、背散射和二次电子、俄歇电子和 β⁻ 衰变的 X 射线检测固体表面的氚。相当精密的自动射线成像技术已被用来获得照相感光胶片暴露的表面氚的位置[119-121]、分布和氚量。氚自动射线成像的分辨率高于其他的 β⁻ 发射,这是因为氚 β⁻ 衰变能很低,相关的区域也很小。核感光胶片的灵敏度为 $10^7 \sim 10^8$ cm$^{-2}$。关于近期氚自射线成像的评述文章见参考文献[102]。

图 15.13 给出了自动射线成像的例子。图中给出的是室温 $VT_{0.10}$ 样品的显微相。薄的 X 射线敏感胶片放在玻璃底板上,被暴露在抛光的样品表面。样品为两相结构,室温时有不同的氚浓度。α 相大约为 4%,β 相大约为 50%。图中的针状亮线为 β 相畴,$VT_{0.50}$ 区域的曝光强度大约为 $VT_{0.04}$ 区域的 10 倍,样品为磨光的 1.2 cm 圆片。弹性应变能被产生的 β 相畴最小化。

**图 15.13    抛光 $VT_{0.10}$样品(直径:12 cm)的氚自动射线成像图[108]**

注:针状亮线为氚浓度 50% 的 β 相畴,灰色背景属于氚浓度 4% 的 α 相。

氚自动射线成像被成功应用于氚在金属中的扩散、溶解度、分布和捕陷研究。运用微观氚自动射线成像能够获得放大倍数 $10^4$ 的显微图像。该技术还可用于确定 $MT_t$ 的相图。

# 15.4    轻核聚变能应用计划

所谓原子能,主要是指原子核结合能发生变化时释放的能量。从结合能图(图 14.1)可知,当重核分裂成两块中重核时,平衡结合能将增加 1 MeV,即每个核子平均贡献 1 MeV 能量,精确数值将依赖于裂变碎片的具体情况,但平均来讲,每个$^{235}$U 原子核裂变将释放能量约 200 MeV(每个核子的贡献是 0.85 MeV)。释放的能量表现为碎片动能、放出的中子能量,以及伴随发生的衰变产物的能量。

从结合能图容易发现,在轻核区结合能时高时低,变化很大。依靠轻核聚合而引起结合能变化,以致获得能量的方法称为轻核的聚变,这是取得原子能的另一条途径。例如:

$$d + d \longrightarrow {}^3He + n + 3.25 \text{ MeV}$$
$$d + d \longrightarrow {}^3H + p + 4.0 \text{ MeV}$$
$$d + {}^3H \longrightarrow {}^4He + n + 17.6 \text{ MeV}$$
$$d + {}^3He \longrightarrow {}^4He + p + 18.3 \text{ MeV}$$

以上四个反应的总的效果是

$$6d \longrightarrow 2{}^4He + 2p + 2n + 43.15 \text{ MeV}$$

在释放的能量中,每个核子的贡献是 3.6 MeV,大约是 ${}^{235}U$ 由中子诱发裂变的每个核子贡献(0.85 MeV)的 4 倍。不仅每个核子的贡献大,而且由于在聚变反应中所需的燃料是氘,氘又可从海水中提取,所以聚变反应的燃料可以说是取之不尽,用之不竭的。此外,核聚变反应产物中基本没有放射性,即使氚有放射性,但它仅是中间产物,可见可控聚变核反应是一个比裂变反应更理想的核能来源,引起了世界科学家的重视,不少国家在为之奋斗。

如何实现可控热核聚变呢?为此,我们必须先看到它与裂变的一个重要的区别:${}^{235}U$ 可以由热中子(室温中子)引起裂变,继而又发生链式自持反应;现在,氘核是带电的,由于库仑斥力,室温下的氘核决不会聚合在一起。

氘核为了聚合在一起(靠短程的核力),首先必须克服长程的库仑斥力。我们已经知道,在核子之间的距离小于 10 fm 时才会有核力的作用,那时的库仑势垒的高度为

$$E_c = \frac{1}{4\pi\varepsilon_0} \frac{e^2}{r} = \frac{1.44 \text{ fm} \cdot \text{MeV}}{10 \text{ fm}} = 144 \text{ keV}$$

两个氘核要聚合,首先必须要克服这一势垒,每个氘核至少要有 72 keV 的能量,假如我们把它看成是平均动能($3/2 \, kT$),那么相应的温度为 $T = 5.6 \times 10^8$ K,如果把这个温度用能量来表示,那么就相当于 $kT = 48$ keV。但是,考虑到下面两个因素:粒子有一定的势垒贯穿几率;粒子的动能有一定的分布,有不少粒子的动能比平均动能($3/2 \, kT$)大。那么理论估计,聚变的温度可降为 10 keV(即约 $10^8$ K),这仍然是一个非常高的温度,此时所有原子都完全电离,形成了物质的第四态,即等离子体。

不过,要实现自持的聚变反应并从中获得能量,单单靠高温还不够,除了把等离子体加热到所需温度外,还必须满足两个条件:等离子体的密度必须足够大;所要求的温度和密度必须维持足够长的时间。1957 年,劳逊(J. D. Lawson)把这三个条件定量地写成(对 dt 反应):

$$n\tau = 10^{14} \text{ s/cm}^2 = 10^{20} \text{ s/m}^3$$
$$T = 10 \text{ keV}$$

这就是著名的劳逊判据,是实现自持聚变反应并获得能量增益的必要条件。

要使一定密度的等离子体在高温条件下维持一段时间,这可不是一件容易的事情,我

们需要有个"容器",它不仅能忍耐 108 K 的高温,而且不能导热,不能因等离子体与容器碰撞而降温,目前世界上还没有这样的容器。那么怎样才能把高温等离子体约束起来实现聚变反应呢? 磁约束是可行的途径。

磁约束的研究已有四十余年历史,是研究可控聚变的最早的一种途径,也是目前看来最有希望的途径。

在磁约束实验中,带电粒子(等离子体)在磁场中受洛伦兹力的作用而绕着磁力线运动,因而在与磁力线相垂直的方向上就被约束住了,同时,等离子体也被电磁场加热。

由于目前的技术水平还不可能使磁场强度超过 10 T,因而磁约束的高温等离子体必须非常稀薄,如果说惯性约束是企图靠增大离子密度 $n$ 来达到点火条件,那么磁约束则是靠增大约束时间 $t$ 来达到这一目的。

磁约束装置的种类很多,其中最有希望的可能是环流器(环形电流器),又称托卡马克装置,如第 14 章图 14.11 所示。

环流器的主机的环向场线圈会产生几万高斯的沿环形管轴线的环向磁场,由铁芯(或空芯)变压器在环形真空室中感生等离子体电流,环形等离子体电流就是变压器的次级,只有一匝。由于感生的等离子体电流通过焦耳效应有欧姆加热作用,这个场又称为加热场。

美国普林斯顿的托卡马克聚变实验堆(TFTR)于 1982 年 12 月 24 日开始运行,这是世界上四大新一代托卡马克装置之一。装置中的真空室大半径为 2.65 m,小半径为 1.1 m,等离子体电流为 2.65 MA,装置的造价为 3.14 亿美元。

图 14.12 所示为到 1998 年为止,世界上不同的聚变装置已达到的水平(即 $n$ 及 $T$ 值),图中 $Q = 1$ 表示得失平衡条件;$Q = 0.2$ 表示输出为输入的五分之一。虽然,$n$,$T$ 都可分别达到,但离劳逊判据式还差一点,人们期望早日点火成功,在科学上实现自持的可控热核聚变反应,以解决能源危机,但目前热核聚变研究还处于基础性研究阶段,到商业性应用还将作不懈努力,开展国际合作是十分必要的。

核聚变能是资源无限、清洁安全的理想能源,是最终解决人类能源问题的途径之一,国际上对核聚变的研究已持之不懈地进行了半个多世纪,取得了一系列成就。1985 年美国和苏联联合提出通过国际合作建造"国际热核聚变实验堆(ITER)计划",用以验证核聚变能大规模应用的科学和工程技术可行性。此后,国外大型托卡马克装置相继取得了聚变输出功率大于外部输入功率的标志性成就,聚变能的科学可行性得到证实。在 ITER 框架下,欧美国家、俄罗斯、日本等国的科学家和工程技术人员,集成当今国际上主要的核聚变科学和技术的先进成果,经过十几年的努力,于 2001 年完成了 ITER 计划的工程设计及关键部件的研发,即后来被认定的 ITER 设计 2004 版。

ITER 计划是当今世界最大的多边国际科技合作项目之一。ITER 设计总聚变功率 50 万千瓦,是一个与未来实用聚变准规模相比拟的聚变实验堆。ITER 是人类聚变研究走向实用的关键一步,是为建造聚变能示范电站(示范堆,DEMO)奠定科学和技术基础的必经之路。它也将部分解决通向聚变电站(商用堆)的关键问题。世界主要核大国,欧盟各国、俄罗斯、日本、中国、韩国、美国和印度等国的政府都强调了 ITER 项目建设的重要性,七方于

2006 年 11 月 21 日在法国巴黎签署了国际合作协议,标志着 ITER 工程建设正式启动。我国参加 ITER 国际合作的一个主要目的是掌握建堆的关键技术,为未来发展我国自己的示范堆电站作好技术储备。

第一壁(FW)板是 ITER 中屏蔽包层的重要组成部分,是 ITER 的核心部件,其直接面向高温等离子体,在 ITER 中起到限制聚变等离子体、屏蔽高热负荷,从而保护外围设备和部件免受热辐射损伤的作用。ITER 将在其运行的后 10 年实现 D－T 核聚变反应,并产生 500 MW 的聚变能输出。来自高温等离子体的高热负荷是 ITER 真空室内部件面临的主要挑战。为使它们具有足够长的使用寿命,必须屏蔽热负荷,使部件材料工作在允许的温度范围内。因此,第一壁技术是聚变反应堆的关键技术。

20 世纪 50 年代氢弹爆炸成功之后,人们就开始了聚变核电站的研制研究工作。最初的聚变研究通常作为国家机密,每个国家各自独立进行。但是由于受控聚变的实现难度超乎寻常,且投入的人力物力特别大,超越了任何一个国家的承受能力,于是到了 20 世纪 60 年代,世界各国开始谋求共同研究,合作进行人类聚变能的开发。

在这种合作背景下,1985 年,在美国、苏联首脑的倡议和国际原子能机构(简称 IAEA)的赞同下,一项重大国际科技合作计划"国际热核实验堆(简称 ITER)"得以确立,其目标是要建选一个可持续燃烧的托卡马克聚变实验堆以验证聚变反应堆的工程可行性。

ITER 计划是目前世界上仅次于国家空间站的又一个国际大科学工程计划。该计划将集成当今国际上受控磁约束核聚变的主要科学和技术成果,首次建造可实现大规模聚变反应的聚变实验堆,将研究解决大量技术难题,是人类受控核聚变研究走向实用的关键一步,因此备受各国政府与科技界的高度重视和支持。目前合作承担 ITER 计划的七个成员是欧盟、中国、韩国、俄罗斯、日本、印度和美国,这七方包括了全世界的核国家和主要的亚洲国家,覆盖的人口接近全球一半。ITER 计划将历时 35 年,其中建造阶段 10 年,运行和开发利用阶段 20 年,去活化阶段 5 年。

ITER 计划倡议于 1985 年,独立于 IAEA 之外,最初由欧盟、美国、日本、俄罗斯四方共同承建,并于 1998 年完成了 ITER 的工程设计、预算造价约 100 亿美元。由于国内聚变研究政策的调整,美国曾于 1998 年退出 ITER 计划,但欧盟、日本、俄罗斯三方仍然全力推进,2001 年已完成新的设计及大部件与技术的研发。新的设计保留了 ITER 原设计的主要目标,经费却降至约 46 亿美元。2001 年 11 月开始就 ITER 项目的实施进行谈判,主要内容包括选址、费用、采购责任、管理和运行。

目前参与 ITER 计划谈判的七方中,除欧盟、日本、俄罗斯外,加拿大于 2001 年 6 月加入 ITER 计划,后因 ITER 场址问题退出该计划;2003 年 2 月 18 日,在俄罗斯圣彼得堡召开的 ITER 第八次政府间谈判会上,美国宣布重新加入 ITER 计划,中国也同时宣布作为全权独立成员加入 ITER 计划;此后,韩国和印度分别于 2003 年 6 月和 2005 年 12 月加入 ITER 计划。

2003 年 12 月 20 日,ITER 各参与国在华盛顿举行会议,讨论核聚变反应堆的选址问题,欧盟、中国和俄罗斯主张把反应堆建在法国的卡达拉什,而美国、韩国和日本则主张建在日本的六所村。因为没有选择加拿大作为反应堆候选国,加拿大政府随后宣布,由于缺乏资金退出该计划。至此,ITER 的参与国只剩下欧盟、美国、俄罗斯、日本、韩国和中国六方,并且形成了泾渭分明的两个阵营。

2006 年 5 月 23 日,国际热核反应堆(ITER)第 3 部长级会议在布鲁塞尔召开。5 月 24 日上午,中国、美国、欧盟、俄罗斯、韩国、日本和印度等七方科技部长分别代表各国政府草签了《成立 ITER 国际组织联合实施 ITER 计划的协定》和《给 ITER 国际组织以特权与豁免的协定》,这标志着有关该计划场址选择、各国权利和义务、材料设备采购和分配等方面历时 3 年多的艰苦谈判终于基本结束。根据谈判结果和 24 日草签的协议,反应堆将建在法国的卡达拉什,项目预计持续 30 年,前 10 年用于建设,后 20 年用于操作实验。这一项目总花费预计约为 100 亿美元,欧盟承担 50% 的费用,其余六方分别承担 10%,超出预计总花费 10% 的费用将用于支付建设过程中由于特价等因素造成的预算超支。此外,参与各国完全平等地享有项目的所有科研成果和知识产权。

我国于 2003 年 2 月正式参加 ITER 计划谈判,并为此成立了 ITER 谈判办公室,由科技部牵头,会同外交部、国防科工委、中科院、核工业集团公司等部门和单位,组成中国政府代表团,参加 ITER 计划谈判。目前已参加了在国内外举行的不同层次的各类谈判十多次。

ITER 谈判办公室是科技部委托中国科技交流中心成立的,专门组织参加 ITER 计划谈判的办事机构。ITER 谈判办公室自成立以来,在科技部的直接领导下,承担了 ITER 谈判的所有具体实施工作,多次承办了与 ITER 计划谈判相关的国际和国内协调会议,派遣团参加有关的国际会议和国际谈判,涉及的会议有部长级会议、政府间谈判会议等。协调派遣专业人员参加核聚变领域的国际工作组并参与国外研究机构工作,协调相关单位整理、翻译、编辑和出版 ITER 谈判资料、技术资料以及电子文件等,为谈判工作提供经费管理和后勤保障,确保谈判工作顺利进行。

我国加入 ITER 计划,是一项造福中国和世界的战略决策。该决策主要有三点意义:其一,中国积极参加像 ITER 这样的国际科技项目,对人类科技进步作出了应有的贡献。其二,全面掌握 ITER 设计和相关技术,不仅对我国核聚变研究的进一步发展,而且对其他某些重要领域都具有重要意义。参与 ITER 计划完全有可能使我国在多方面得到巨大收益。其三,作为世界上最大的发展中国家,中国对新型能源有着巨大的需求,中国参与 ITER 计划的最终目的是在中国建造自己的反应堆。

2006 年 5 月 24 日,国家科学技术部代表我国政府与其他六方一起,在比利时首都布鲁塞尔草签了《国际热核聚变实验堆(International Thermonueclear Expcrimental Rcactor)联合实施协定》。这标志着 ITER 计划实质上进入了正式执行阶段,即将开始工程建设,也标志着我国实质上参加了 ITER 计划。

ITER 计划的实施结果将决定人类能否迅速地、大规模地使用聚变能,从而可能影响人类从根本上解决能源问题的进程。在全世界都对人类能源、环境、资源前景等问题予以高度关注的今天,各国坚持协商、合作的精神,搁置诸多的矛盾和利害冲突,最终达成了各方都能接受的协议,并开始合力建设世界上第一座聚变实验堆。

20 世纪 90 年代,在欧洲、日本、美国的几个大型托卡马克装置上,聚变能研究取得突破性进展。在等离子体温度、稳定性及约束方面都已基本达到产生大规模核聚变的条件。初步进行的 D – T 反应实验,得到 16 MW 的聚变功率。可以说,聚变能的科学可行性已基本得到论证,有可能考虑建造"聚变能实验堆",创造研究大规模核聚变的条件。

ITER 装置是一个能产生大规模核聚变反应的超导托卡马克装置,其装置中心是高温氘等离子体环,其中存在 15 MW 的等离子体电流,核聚变反应功率达 50 万千瓦,每秒释放多达 $10^{20}$ 个高能中子。等离子体环在屏蔽包层的环型包套中,屏蔽包层将吸收 50 万千瓦功率及核聚变反应所产生的所有中子。

在包层外是巨大的环形真空室。在下侧有偏滤器与真空相连,可排出核反应后的废气。真空室穿在 16 个大型超导环向场线圈(即纵场线圈)中。

环向超导磁体将产生 5.3 T 的环向强磁场,是装置的关键部件之一,价值超过 12 亿美元。

穿过环的中心是一个巨大的超导线圈筒(中心螺管),在环向场线圈外侧还布有 6 个大型环向超导线圈,即极向场线圈。中心螺管和极向场线圈的作用是产生等离子体电流和控制等离子体位形。

上述系统整个被罩于一个大杜瓦中,坐落于底座上,构成实验堆本体。

在本体外分布 4 个 10 MW 的强流粒子加速器,10 MW 的稳态毫米电磁波系统,20 MW 的射频波系统及数十种先进的等离子体诊断测量系统。

整个体系还包括大型供电系统,大型氚工厂,大型供水(包括去离子水)系统,大型高真空系统,大型液氮,液氦低温系统等。

ITER 本体内所有可能的调整和维修都是通过远程控制的机器人或机械手完成的。

ITER 装置不仅反映了国际聚变能研究的最新成果,而且综合了当今世界各领域的一些顶尖技术,如大型超导磁体技术,中能高流强加速器技术,连续、大功率毫米波技术,复杂的远程控制技术等。

我国核聚变能研究开始于 20 世纪 60 年代初,尽管经历了长时间非常困难的环境,但始终能坚持稳定、逐步的发展,建成了两个在发展中国家最大的、理工结合的大型现代化专业研究所,即中国核工业集团公司所属的西南物理研究院(SWIP)及中国科学院所属的合肥等离子体物理研究所(ASIPP)。为了培养专业人才,还在中国科技大学、大连理工大学、华中理工大学、清华大学等高等院校中建立了核聚变及等离子体物理专业或研究室。

国际聚变界普遍认为,今后实现聚变能的应用将历经三个战略阶段,即建设 ITER 装置并在其上开展科学与工程研究(有 50 万千瓦技术核聚变功率,但不能发电,也不在包层中生产氚);在 ITER 计划的基础上设计、建造与运行聚变能示范电站(近百万千瓦核聚变功率用以发电),包层中产生的氚与输入的氘供核聚变反应持续进行);将在 21 世纪中叶(如果不出现意外)建造商用聚变堆。我国将力争跟上这一进程,尽快建造商用聚变堆,使得核聚变能有可能在 21 世纪末在我国能源中占有一定的地位。

# 参考文献

[ 1 ]　UNSCEA R. Ionizing radiation: sources and biological effects[ R ]. New York: United Nations, 1982.

[ 2 ]　BINDON F J L. Tritium[ J ]. Nucl Eng, 1986, 27: 52.

[ 3 ]　LUYKX F, FRASER G. Tritium releases from nuclear power plants and nuclear fuel reprocessing plants[ J ]. Radiation Protection Dosimetry, 1986, 16: 31.

[ 4 ]　LUYKX F, FRASER G. European seminar on the risks from tritium exposure[ C ]. EUR, 1982: 9065.

[ 5 ]　MISKEL J A. Tritium[ M ]. Las Vegas: NV Bibliographic Information Available from INIS, Conf. 710809, 1973.

[ 6 ]　TERPILAK M S. Dose assessment of ionizing radiation exposure to population[ J ]. Radiological Health Data and Reports, 1971, 12: 180.

[ 7 ]　EISENBUD M. Tritium in the environment[ R ]. NCRP, 1978: 62.

[ 8 ]　PETERSON H T, BAKER D A. Tritium production, releases and population doses at nuclear power reactors[ J ]. Fusion Technol, 1985, 8: 2544.

[ 9 ]　Anon. Limits for intakes of radionuclides by workers, int commission on radiological protection, ICRP – publcation[ M ]. London: Pergamon Press, 1978.

[ 10 ]　ROCCO P, KIRCHMANN R. Source terms of tritium[ J ]. Radiation Protection Dosimetry, 1986, 16: 49.

[ 11 ]　LLOYD D C, EDWARDS A A, PROSSER J S, et al. Accidental intake of tritiated – water – a report of 2 cases[ J ]. Radiation Protection Dosimetry, 1986, 15: 191.

[ 12 ]　BROWN R M. HT and HTO in the environment at chalk river[ J ]. Fusion Technol, 1985, 8: 25.

[ 13 ]　KULCINSKI G L, DUPONY J M, ISHINO E. Key materials issues for near term fusion – reactors[ J ]. J Nucl Mater, 1986, 141 – 143: 3.

[ 14 ]　DJERASSI H, ROUYER J L. Accidental releases from fusion[ J ]. Radiation Protection Dosimetry, 1986, 16: 37.

[ 15 ]　DINNER P J, GULDEN W. Tritium control in net – reliminary design considerations[ J ]. Radiation Protection Dosimetry, 1986, 16: 39 .

[ 16 ]　MARONI V A, VAN D E H. Materials considerations in tritium handling systems[ J ]. J Nucl Mater, 1979, 85, 86: 257.

[ 17 ]　CASINI G, ROCCO P. Ponti: technical note[ R ]. No. I. 04. B I. 85. 156 ISPRA, 1985.

[ 18 ]　LSSER R, KLATT K H, TRIEFENBACH D L. Hemmerich, tritium compatibility meas-

urements of turbomolecular pump oil in a miniaturised viscosimeter[J]. J Nucl Mater, 1987,148: 145.

[19]  WEICHSELGARTNER H. Technologische aspekte der handhabung von tritium bei fusionsexperimenten[J]. Vakuum – Technik, 1986,34: 236.

[20]  HEMMERICH J L. Primary vacuum pumps for the fusion reactor fuel cycle[J]. J Vac Sci Technol A, 1988,6: 144.

[21]  ANDERSON J L, COFFIN D O, WALTHERS C R. Vacuum applications for the tritium systems test assembly[J]. J Vac Sci Technol A, 1983, 18: 49.

[22]  WEICHSELGARTNER H, FRISCHMUTH H, STIMMELMAYR A. Proc 13th symp of fusion technology[C]. SOFT 1984, Varese. Oxford: Pergamon, 1984: 441.

[23]  JONES R C, FURRY W H. The separation of isotopes by thermal diffusion[J]. Rev Mod Phys, 1946, 18: 151.

[24]  STANGEBY P C, ALLEN J E. Potential tritium isotope – separation method using resonance radiation[J]. J Appl Phys , 1983,54: 14.

[25]  TANIFUJI T, NODA K, NASU S, et al. Tritium release from neutron – irradiated $Li_2O$ constant rate heating measurements[J]. J Nucl Mater, 1980,95: 108.

[26]  OHARA A, SAKUMA Y, OKAMOTO M. A fundamental study on tritium release from neutron – irradiated lithium oxide powder[J]. J Nucl Mater, 1981,102: 356.

[27]  KURASAWA K, WATANABE H, HOLLENBERG G W, et al. The time – dependence of insitu tritium release from lithium – oxide and lithium aluminate ( vom – 22 h experiment) [J]. J Nucl Mater, 1986,141,143: 265.

[28]  MILLER J M, BOKWA S R, VERALL R A. Post – irradiation tritium recovery from lithium ceramic breeder materials[J]. J Nucl Mater, 1986,141,143: 294.

[29]  BALDWIN D L, HOLLENBERG G W. Measurements of tritium and helium in fast neutron irradiated lithium ceramics using high temperature vacuum extraction[J]. J Nucl Mater, 1986,141,143: 305.

[30]  WU C H. The solubility of deuterium in lithium lead alloys[J]. J Nucl Mater, 1983, 114: 30.

[31]  HOCH M. The solubility of hydrogen, deuterium and tritium in liquid lead – lithium alloys[J]. J Nucl Mater, 1984, 120: 102.

[32]  SAEKI M, NAKASHIMA M, ARATONO Y, et al. Effects of lithium concentration on chemical behavior of tritium in Li – Al alloys[J]. J Nucl Mater, 1984, 120: 267.

[33]  ROTH E, BOTTER F, BRIEC M, et al. Tritium recovery from a breeder material: gam-

ma lithium aluminate[J]. J Nucl Mater, 1986, 141,143: 275.

[34] KWAST H, CONRAD R, KENNEDY P, et al. In – pile tritium release from LiAlO$_2$, Li$_2$SiO$_3$ and Li$_2$O in exotic experiments 1 and 2[J]. J Nucl Mater, 1986, 141,143: 300.

[35] BRIEC M, BOTTER F, ABASSIN J J, et al. In and out – of – pile tritium extraction from samples of lithium aluminates[J]. J Nucl Mater, 1986, 141,143: 357.

[36] NODA K, ARITA M, ISHII Y, et al. Mechanical properties of lithium oxide at high temperatures[J]. J Nucl Mater, 1986, 141,143: 353.

[37] BILLONE M C, LIU Y Y, POEPPEL R B, et al. Elastic and creep properties of Li$_2$O [J]. J Nucl Mater, 1986,141,143: 282.

[38] KIND P J D, KUPSCHUS P, O'HARA G W. JET joint undertaking[R]. Annual Report, 1984.

[39] Anon. JET Joint undertaking progress report[R]. March, 1988.

[40] COAD J P, BEHRISCH R, BERGSAKER H, et al. The retained deuterium inventory in JET and implications for tritium operation[J]. J Nucl Mater, 1989,162: 533.

[41] HANCOX R. Towards fusion power generation[J]. Nucl Eng, 1989, 30: 42.

[42] DOMBRA A H, CARNEY M. Proc 13th symp of fusion technology[C]. Oxford: Pergamon, 1984: 473.

[43] HOLTSLANDER W J, JOHNSON R E, GRAVELLE F B, et al. An experimental evaluation of a small fusion fuel cleanup system[J]. Fusion Technol, 1986,10: 1340.

[44] PENZHORN R D, GLUGLA M. Process to recover tritium from fusion fuel cycle impurities[J]. Fusion Technol, 1986,10: 1345.

[45] LORSCHEIDER R. Herkunft, handhabung und verbleib von tritium[M]. RSI1 – 510 321/196 – SR. 165,1980.

[46] Anon. Handling of tritium – bearing wastes[R]. Vienna: International Atomic Energy Agency (IAEA), 1981.

[47] Anon. Management of tritium at nuclear facilities[R]. Vienna: International Atomic Energy Agency (IAEA), 1984.

[48] BRUCHER H, MERZ E. Entsorgungsstrategien fur radioaktive sonderabfalle (Management strategies for radioactive wastes)[R]. Jülich: Kernforschungsanlage, Jül – 2099, 1986: 139.

[49] BRUCHER H, HARTMANN K. Release of gaseous tritium during reprocessing[R]. Jülich: Kernforschungsanlage, Jül – 1838, 1983: 132.

[50] BRUCHER P H. Radioactive waste management and the nuclear fuel cycle[G]. New

York: Harwood Academic Publishers, 1986, 7: 195.

[51] HOLTSLANDER W J, YARASKAVITCH J M. Tritium immobilization and packaging using metal hydrides[R]. Chalk River: Atomic Energy of Canada Ltd. , 1981: 22.

[52] HOLTSLANDER W J, YARASKAVITCH J M. Chalk river nuclear laboratories[R]. Chalk River: Atomic Energy of Canada Ltd. , AECL - 7757,1982.

[53] EBELING N. Verfestigung von angereichertem tritium aus der wiederaufarbeitung (Solidification of concentrated tritium from reprocessing)[R]. Jülich: Kernforschungsanlage, JüL - 2010, 1985: 169.

[54] KREJCI K, ZELLER A. Proc symp behavior of tritium in the environment[C]. Vienna: International Atomic Energy Agency (IAEA), 1978: 65.

[55] WEHNER G. Proc symp behavior of tritium in the environment[C]. Vienna: International Atomic Energy Agency (IAEA), 1978: 79.

[56] COMBS F, DODA R J. Proc symp behavior of tritium in the environment[C]. Vienna: International Atomic Energy Agency (IAEA), 1978: 93.

[57] PAUTROT P H, DAMIANI M. Separation of hydrogen isotopes[M]. Washington D C: American Chemical Society Symp, 1978.

[58] YASARU G. Separarea tritiului[M]. Editura Dacia:Cluj - Napoca, 1987.

[59] WENZL H, WELTER J M. Current topics materials science[M]. Amsterdam: North - Horlland Pub. Co. , 1978.

[60] JUNGBLUT B, SICKING G. A tritium scanning method for measuring hydrogen mobility in TiFe[J]. J Less - Common Metals, 1984,101: 373.

[61] CHENE J. Contribution of cathodic charging to hydrogen storage in metal hydrides[J]. J Less - Common Metals, 1987, 131: 337.

[62] OKUDA S, TANIGUCHI R, FUJISHIRO M, et al. Depth profiling of tritium in a thin titanium layer bombarded with deuterium ions[J]. J Nucl Mater, 1984, 128,129: 725.

[63] GREGER G U, MUNZEL H, KUNZ W, et al. Diffusion of tritium in zircaloy - 2[J]. J Nucl Mater,1980,88: 15.

[64] LSSER R, KLATT K H, MECKING P, et al. Julich:kernforschungsanlage[J]. Jül - 1800,1982.

[65] LSSER R. In gas in melallen[M]. [S.l. ]:Deutsche Gesellschaft für MetallkundeeV,1984.

[66] MECKING S P. Kernforschungsanlage Julich[M]. [S.l. ]:[s. n. ],1982.

[67] KLATT K H, PIETZ S, WENZL H. Use of feti - crystals for production and storage of suprapure hydrogen[J]. Z Metallkd, 1978, 69: 170.

[68] WENZL H. Properties and applications of metal hydrides in energy conversion systems [J]. Int Metals Rev, 1982, 27: 140.

[69] CARLSON R S. Proc int conf radiation effects and tritium technology for fusion reactors [C]. Gatlinburg Tenn: Oak Ridge National Lab., 1975: 36.

[70] LSSER R, TRIEFENBACH D, KLATT K. Julich: kernforschunganlage[J]. Jül – Spez – 431, 1988.

[71] DYLLA H F. Pressure measurements in magnetic fusion devices[J]. J Vac Sci Technol, 1982, 20: 119.

[72] LSSER R. A simple pressure gauge for tritium gas with high accuracy in the range $10^{-3} \leqslant p \leqslant 10$ bar[J]. Nucl Instrum Meth, 1983, 215: 467.

[73] CARSTENS D H W. Isotope effects in the lanthanum dihydrides[J]. J Phys Chem, 1981, 85: 778.

[74] STEINMEYER R H, BRAUN J D. Proc int conf radiation effects and tritium technology for fusion reactors, vol. IV[C]. Tenn: Oak Ridge National Lab., 1986: 176.

[75] MATSUYAMA M, MIYAKE H, ASHIDA K, et al. Permeation, diffusion and dissolution of hydrogen isotopes, methane and inert gases through/in a tetrafluoroethylene film[J]. J Nucl Mater, 1982, 110: 296.

[76] WATANABE K, MATSUYAMA M, ASHIDA K, et al. Diffusion of hydrogen, deuterium and tritium in tetrafluoroethylene[J]. J Nucl Mater, 1981, 99: 320.

[77] FINN P A, SZE D K. A process to recover tritium from high pressure helium[J]. Fusion Technol, 1986, 10: 1362.

[78] NASISE J E, CARLSON R V, JALBERT R A. Residual tritiated water in molecular sieves[J]. Fusion Technol, 1986, 10: 1334.

[79] BOKWA S R, MILLER J M, HOLTSLANDER W J, et al. Handling high specific activity tritium[J]. Nucl Instrum Methods Phys Res A, 1987, 257: 52.

[80] WEICHELGARTNER H. Proc 12th symp of fusion technology[C]. SOFT 1982, London. Oxford: Pergamon, 1983, 1: 573.

[81] MARONI V A, VAN D E H. Materials considerations in tritium handling systems[J]. J Nucl Mater, 1979, 85, 86: 257.

[82] ELLS C E. Tritium in austenitic stainless steel vessels: the integrity of the vessel[R]. Report AECL 6972. Chalk River: Atomic Energy of Canada Ltd., 1980: 16.

[83] ANDERSON J L, COFFIN D O, NASISE J E, et al. Some tips on tritium technology [J]. Fusion Technol, 1985, 8: 2413.

[84] MORRIS G A. Methane formation in tritium gas exposed to stainless steel[J]. UCRL -
52262, Lawrence Livermore Laboratory, 1977.

[85] GILL J T, MODDEMANN W E, ELLEFSON R E. Chemically polished stainless - steel
tubing for tritium service[J]. J Vac Sci Technol A, 1983,1: 869.

[86] CARLSON R S. Proc int conf on radiation effects and tritium technology for fusion reac-
tors[C]. Gatlinburg Tenn: Oak Ridge National Lab. , 1975, 5: 36.

[87] BOWMAN R C, CARLSON R S, ATTALLA A, et al. Proc symp on tritium technology
related to fusion reactor systems[C]. Tenn:Oak Ridge National Lab. , 1975:89.

[88] ORTMAN M S, WARREN T J, SMITH D J. Use of metal hydrides for handling tritium
[J]. Fusion Technol, 1985,8: 2330.

[89] CARSTENS D H W, DAVID W R. Proc miami int symp on metal - hydrogen systems
[C]. Clean Energy Research Inst, 1981: 667.

[90] CARSTENS D H W. Isotope effects in the lanthanum dihydrides[J]. J Phys Chem,
1981, 85: 778.

[91] CARSTENS D H W, DAVID W R. Proc miami int symp on metal - hydrogen systems
[C]. Clean Energy Research Inst, 1981: 477.

[92] SOUERS P C. Hydrogen properties for fusion energy[M]. Berkely: University of Califor-
nia Press, 1986.

[93] ZÜCHNER H, HÜSER B. Gase in metallen[M]. HIRSCHFELD D. Deutsche gesell-
schaft für metallkunde. Berlin: Wiley, 1984.

[94] MALINOWSKI M E. Clean and contaminated $TiD_2$ films: Fabrication and Auger spectra
[J].J Vacuum Sci Technol, 1978, 15: 39.

[95] COTTS R M. Hydrogen in metals I, topics appl phys[M]. Berlin: Springer - Verlag, 1978.

[96] PEISL H. Hydrogen in metals, topics appl phys[M]. Berlin: Springer - Verlag, 1978.

[97] FEENSTRA R. Dissertation[D]. Amsterdam: Vrije Universiteit, 1985.

[98] OKUDA S R, TANIGUCHI R M, FUJISHIRO M, et al. Depth profiling of tritium in sol-
ids with the nuclear - reaction induced by deuteron bombardment[J]. J Appl Phys,
1983, 54: 6790.

[99] SPRINGER T. Quasielestic neutron scattering for the investigation of diffuse motions in
solid and liquids[M]. Berlin: Springer, 1972.

[100] RAUCH H, ZEILINGER A. Hydrogen transport studies using neutron radiography[J].
Atomic Energy Rev, 1977,15: 249 .

[101] COLMENARES C A. Bakeable ionization chamber for low - level tritium counting[J].

Nucl Instrum Meth, 1974, 114: 269.

[102]　CASKEY G R. Advanced techniques for characterizing hydrogen in metals[C]. FIORE N F, BERKOWITZ H J. Proceedings of a symposium sponsored by the corrosion and environmental effects committee of the metallurgical society of AIME and the corrosion and oxidation activity of the materials science division of ASM held at the fall meeting of the metallurgical society of AIME. Louisville: Metallurgical Society of AIME, 1982.

[103]　PYPER J W, KELLY E M, MAGISTAD J G, et al. UCRL – 52391[R]. Lawrence Livermore Laboratory, 1978.

[104]　SAEKI M, HIRABAYASHI T, ARATONO Y, et al. Preparation of gas chromatographic column for separation of hydrogen isotopes and its application to analysis of commercially available tritium gas[J]. J Nucl Sci Technol, 1983,20: 762.

[105]　SETCHELL R E, OTTESON D K. Report SAND 74 – 8644[R]. Sandia Laboratories, Livermore, CA 94550,1975.

[106]　LSSER R, BICKMANN K. Determination of the terminal solubility of tritium in vanadium[J]. J Nucl Mater, 1984, 126: 234.

[107]　PENNINGTON C W, ELLEMAN T S, VERGHESE K. Tritium release from niobium [J]. Nucl Technol, 1974,22: 405.

[108]　LSSER R, WENZL H. Proc 12th symp of fusion technology[C]. SOFT 1982, London. Oxford: Pergamon, 1983, 2: 783.

[109]　LSSER R. Tritium in metals[J]. Z Phys Chem, 1985,143: 23.

[110]　LUBIMOV V A, NOVIKOV E G, NOZIK V Z, et al. An estimate of the $\nu e$ mass from the β – spectrum of tritium in the valine molecule[J]. Phys Lett B, 1980,94: 266.

[111]　PEARSON J E. Nondestructive determination of areal density and tritium content of tritided erbium films with beta – excited X – rays [J]. Applied Spectroscopy, 1973, 27: 450.

[112]　MALINOWSKI M E. Real – time tritium imaging[J]. Appl Phys Lett, 1981, 39: 509.

[113]　MALINOWSKI M E. Tritium imaging[J]. J Vac Sci Technol A, 1983, 1: 933.

[114]　MALINOWSKI M E. Some future directions for metal hydride surface studies: electrons as probes of hydrogen[J]. J Less – Common Metals, 1983, 89: 1.

[115]　ROGERS A W. Techniques of autoradiography[M]. 3rd ed. Amsterdam: Elsevier, 1979.

[116]　FISCHER H A, WERNER G. Autoradiography[M]. Berlin: Walter de Gruyter, 1971.

[117]　LIDA T, IKEBE Y . A low – energy beta – particle imaging system for measuring tritium distributions[J]. Nucl Instrum Meth Phys Res A, 1986,253: 119.

[118] HERZ R H. The photographic action of ionizing radiations[M]. New York：Wiley，1969.

[119] AUCOUTURIER M, LAPASSET G, ASAOKA T. Direct observation of hydrogen entrapment[J]. Metallography, 1978, 11：5.

[120] TAGUCHI I. Proc hydrogen in metals[C]. [S. l. ]：[s. n. ], 1979.

[121] CUPP C R, FLUBACHER P. An autoradiographic technique for the study of tritium in metals and its application to diffusion in zirconium at 149 ℃ to 240 ℃[J]. J Nucl Mater, 1962, 6：213.

[122] LESSER R. Tritium and Helium - 3 in metals[M]. Berlin：Springer - Verlag, 1989.

[123] 蒋国强, 罗德礼, 陆光达, 等. 氚和氚的工程技术[M]. 北京：国防工业出版社, 2007.

[124] 彭述明, 王和义. 氚化学与工艺学[M].北京：国防工业出版社, 2015.

# 第 16 章　金属中氢同位素的性质

本章讨论近些年在不同 M－X[ X＝H(气),D(氘),T(氚)]系统中观察到的氢同位素效应[1]。

## 16.1　氢同位素在 Pd－X 系统中的固溶性

PdH(D)是研究得最广泛的氢化物体系之一,参考文献[1]~参考文献[3]中对此体系进行了综述。尽管对 Pd－H 和 Pd－D 体系分别进行了 120 年和 50 年的广泛研究,但对 Pd－T体系的了解仅在近些年才有一些结果,包括固溶性、超导电性、相界和光学声子等。

### 16.1.1　氢同位素在 α－Pd－X 系统中的固溶性

H 和 D 在 Pd 中的溶解性是研究得最广泛的性质之一[4-18],而有关 T 的研究则仅有在很小温度、浓度和压力范围内的很少数据,而且数据间相互矛盾[19-22,25]。

操作氚的危险性造成了储氚数据的缺乏。由于缺乏 $T_2$ 的纯度的准确数据,或假定所得数据为纯 $T_2$ 时的数据,可能造成各结果间的相互矛盾,这使得参考文献[20]、参考文献[26]中得到的 T 在 Pd 中固溶性与参考文献[7]得到的 H 和 T 在 Pd 中固溶性差别不大。后来对相同样品在相同实验条件下得到的结果则表明,H,T 在 Pd 中的溶解性差别较大,T 的溶解性与 D 差别较大,如图 16.1 所示。图 16.1 给出了仅有的一个吸氚态到 α＋β 两相区、压力范围态到 48 bar 的实验结果[23],但未说明是吸氚还是放氚数据。

少量的稳定同位素(H,D)即可影响到真实的氚平衡压,如图 16.1 中 α 相 Pd－X 系统离解等温线所示。图 16.1 中方块所示数据由 93.4% T,1.9% D,4.7% H 的混合气体得到,圆圈表示的 H 和 D 的数据是用纯度分别达 99.999 9% 和 99.7% 的 $H_2$ 和 $D_2$ 测量得到的。纯 $T_2$ 的数据由计算得到,计算依据:认为所测压力为 $H_2$,HD,HT,$D_2$,DT,$T_2$ 等气体分压之和;使用了已知的 $H_2$ 和 $D_2$ 在 Pd 中的离解等温线数据;假定上述六种气体处于热力学平衡状态;计算吸入的每种氢同位素的量时考虑了 Raoult's 定则。与预想的一致,修正后的曲线压力变大。从图 16.1 中可以看到,T 在 Pd 中的固溶度与 H,D 相比减少得更为迅速。三种同位素的固溶度和平衡压存在如下关系。

在相同的温度和压力下,有

$$c_H > c_D > c_T \tag{16.1}$$

―――――――――

① 鉴于本章所讨论的内容,对气(H)、氘(D)、氚(T)的表示方式加以说明:原子态天然同位素分别表示为气(H)、氘(D)、氚(T),不涉及氢同位素时,H 泛指氢原子,$H_2$ 泛指氢分子。分子氢同位素通常表示为 $H_2$,$D_2$,$T_2$,氢同位素核则分别表示为 p,d,t。

在相同的温度和浓度下,有

$$p_{H_2} < p_{D_2} < p_{T_2} \qquad (16.2)$$

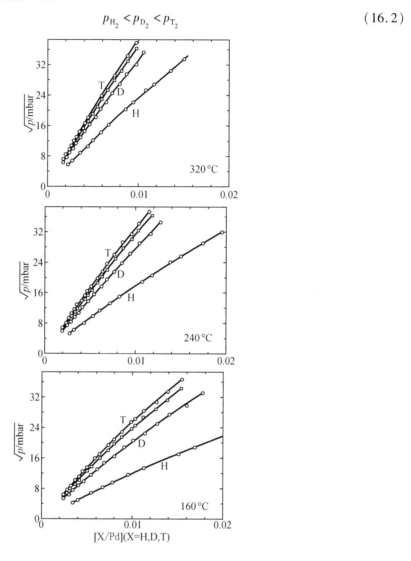

**图 16.1** Pd – X(X = H, D, T) 系统 α 相的纯氢同位素 ( ○ ) 氕(H) 、氘(D) 、氚(T) 和同位素
混合气体( □ ) (93.4%T,1.9%D,4.7%H) 在 320 ℃,240 ℃和 160 ℃时的解吸等温线[23]

从图 16.1 三组曲线中可以看到,随温度升高氚的固溶度减小,说明吸氚是一个放热过程,这与氕和氘性质类似。

对于 PdX$_r$ 离解过程( PdX$_r$ ⟶ Pd + 1/2rX$_2$ ),已吸收的氢浓度 $r_X$ 和外部施加的 X$_2$ (X = H,D,T)压力间的平衡条件可依据氢化物中的氢和气态氢的化学势相等来计算(在误差范围内与 α 相内的吸氢平衡压相等)。

气态中有

$$\frac{1}{2}\mu_{X_2}(p,T) = \frac{1}{2}\left[ H_{X_2}^0 - TS_{X_2}^0 + RT\ln\left(\frac{p}{p_0}\right) \right] \qquad (16.3)$$

固溶体中有

$$\mu X(c,T) = \overline{H}_X^\infty - T\,\overline{S}_X^{\infty,nc} + RT\ln\left(\frac{c}{N-c}\right) + \Delta\mu_X \tag{16.4}$$

其中，$H_{X_2}^0$ 和 $S_{X_2}^0$ 是温度为 $T$，压力 $p_0 = 1.013$ bar 时的标准焓值和熵值；$\overline{H}_X^\infty$ 和 $\overline{S}_X^{\infty,nc}$ 是 1 mol 的 X 原子（X = H，D，T）在无限稀（∞）Pd 固溶体中的偏摩尔焓和偏摩尔非位形熵（$nc$）；$N$ 为平均每个金属原子周围最多可容纳氢原子的间隙位置；$\Delta\mu_X$ 为描述偏离理想的吸氢行为时的额外化学势。式（16.3）与式（16.4）相等，有

$$\ln\left[\frac{p}{p_0}\left(\frac{1-c}{c}\right)^2\right] = 2\ln K^\infty + \frac{2}{RT}\Delta\mu^* c \tag{16.5}$$

$$2\ln K_X^\infty = \frac{\Delta\overline{H}_X^\infty}{RT} - \frac{\Delta\overline{S}_X^\infty}{R} \tag{16.6}$$

$$\Delta\overline{H}_X^\infty = 2\overline{H}_X^\infty - H_{X_2}^0 \tag{16.7}$$

$$\Delta\overline{S}_X^\infty = 2\overline{S}_X^{\infty,nc} - S_{X_2}^0 \tag{16.8}$$

其中，$K^\infty$ 为西韦茨（Sieverts）常数；$R$ 为气体常数；$\Delta\overline{H}_X^\infty$ 和 $\Delta\overline{S}_X^\infty$ 为氢固溶于金属时的偏摩尔焓变和熵变（无限稀固溶体）。

图 16.2 给出了 60 ~ 400 ℃ 之间每隔 20 ℃ 为一区间的 D 在 Pd 中的固溶度。

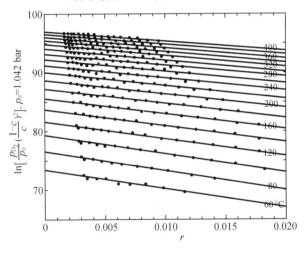

**图 16.2　Pd – D 系统 α 相 $\ln\left[\dfrac{P_{D_2}}{P_0}(\dfrac{1-c}{c})^2\right]$ 值[式(16.5)左侧部分]与**

**D 浓度 $c$ 的函数关系**

式（16.5）左侧值与溶解度 $c$ 有较好的线形关系，其在 $y$ 轴截距即为 $2\ln K^\infty$。这些数据在图 16.3 中以空心方块绘出[23]，同时绘出了 Powell 的数据[28]（空心圆表示）和其他研究组所测的三种氢同位素的数据[7,10]。

Lässer[28] 和 Powell 分别独立测定的 H 和 D 的数据一致性很好。Wicke 和 Nernst[7] 所测 H 的固溶数据与这些结果符合得也很好，但其测定的 D 的固溶数据以及 Clewley 等人测定的 H 和 D 的数据与其偏差较大。另外，Clewley 等人报道的同位素效应与参考文献[28]中的数据吻合得很好。在相同温度下，Sieverts 常数有如下同位素依赖关系：

$$K_H^\infty < K_D^\infty < K_T^\infty \tag{16.9}$$

图 16.3 中的曲线清楚地表明 $\Delta\overline{H}_X^\infty$ 和 $\Delta\overline{S}_X^\infty$［式（16.6）］是温度的函数。

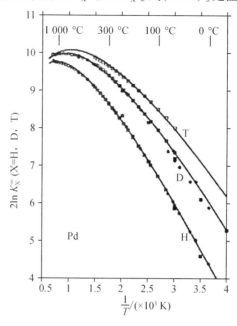

**图 16.3　Pd 中氢同位素 H, D, T 的 Sieverts 常数 $K_X^\infty$ 值**

　　注：由 Lässer（□）和 Powel（○）分别独立测定。此外，还列出了 Wicke 和 Nernst（●）[7] 以及 Clewley 等人（■）的数据[10]。

　　确定了固溶体 Pd 中 H, D 和 T 基态能级以及配分函数的 Gibbs 自由能、焓和熵的解析表达式，能够用来描述 Sieverts 常数[28]。金属中 1 mol 氢原子的偏 Gibbs 自由能可用 Powell[29] 给出的一个很有用的等式描述：

$$\overline{G}_X^\infty/(RT) = -\ln\Xi_X = -\ln(N\zeta\xi) - (E - E_0)/T \tag{16.10}$$

　　其中，$\Xi$ 是固溶于金属中氢的总配分函数；$\xi$ 是基于被严格定义的振动模型中最低能级（基态）的配分函数；$\zeta$ 是 $\xi$ 没有包括的系统其余所有能级的配分函数，$\zeta$ 项由下式近似得到：

$$\zeta = (1 + Ae^{-B/T}) \tag{16.11}$$

　　其中，$A$ 表示在能量 $B$ 时的能级简并度。此表达式可以用来描述非简谐振动、其他一些复合振动以及电子态。式（16.10）中的 $(E - E_0)$ 项为氢的基态能量，$E$ 为原子态氢最小振动势对应的能量，$E_0$ 为振子的零点能。

　　参考文献［29］可能给出了在 200 K 以上温度时 1 mol 氢气的标准 Gibbs 自由能的最佳表达式。

$$G_{X_2}^0/RT = -\ln\Xi_{X_2} = -\ln\left(\frac{LT^{7/2}}{1 - e^{-J/T}}\right) - \frac{M}{T} \tag{16.12}$$

$$M = D_0^0 + B_0/3 \tag{16.13}$$

　　其中，$L, J, D_0^0$ 和 $B_0$ 是描述氢分子的常数，$J$ 是气体分子的 Einstein 温度，$D_0^0$ 为其离解能（例如，相对于原子静止时的气体分子的基态能），$B_0$ 为 $X_2$ 分子的转动常数。大多数平移转动配分函数可表示为 $LT^{7/2}$。$L,J,M,D_0^0$ 和 $B_0$ 等常数值见表 16.1。表中以及下文公式中的一些能量值由 K 氏温度表示,它们可以通过乘以 Boltzmann 因子很方便地转换为能量单位。

表 16.1　根据式(16.12)和式(16.13)计算每摩尔氢气的标准
Gibbs 自由能所需参数 $L,J,M,D_0^0$ 和 $B_0$ 的值

| 分子 | $L/\text{K}^{-7/2}$ | $J/\text{K}$ | $M/\text{K}$ | $D_0^0/\text{K}$ | $B_0/\text{K}$ |
|------|------|------|------|------|------|
| HH | $4.293 \times 10^{-4}$ | 5 986 | 519 94.9 | 51 966.5 | 85.348 |
| HD | $2.093 \times 10^{-3}$ | 5 225 | 524 02.2 | 52 380.8 | 64.269 |
| HT | $3.614 \times 10^{-3}$ | 4 940 | 525 52.1 | 52 532.9 | 57.187 |
| DD | $2.406 \times 10^{-3}$ | 4 307 | 528 88.2 | 52 873.9 | 43.027 |
| DT | $8.041 \times 10^{-3}$ | 3 948 | 530 76.1 | 53 064.1 | 35.927 |
| TT | $6.582 \times 10^{-3}$ | 3 548 | 532 85.6 | 53 276.0 | 28.819 |

对于谐波模型,三维各向同性转动配分函数和零点能由下式给出:

$$\xi = \left[ \sum_{n=0}^{\infty} e^{-nc/T} \right]^3 = (1 - e^{-C/T})^{-3} \tag{16.14}$$

$$E_0 = \frac{3}{2}C \tag{16.15}$$

其中,$C$ 为振子的 Einstein 温度。

联立式(16.6)和式(16.10)~式(16.15),得到如下 Sieverts 常数的解析表达式:

$$2\ln K^{\infty} = \frac{\ln(LT^{7/2})}{1 - e^{-J/T}} + \frac{M}{T} - 2\ln\frac{N(1 + Ae^{-B/T})}{(1 - e^{-C/T})^3} - 2\frac{E - 3C/2}{T} \tag{16.16}$$

根据式(16.16),可使用下面等式计算出 $\Delta \overline{H}^{\infty}$ 和 $\Delta \overline{S}^{\infty}$ 值的解析形式,即

$$\Delta \overline{H}_X^{\infty} = 2R \frac{\partial \ln K_X^{\infty}}{\partial(1/T)}\bigg|_{p,x} \tag{16.17}$$

$$\Delta \overline{S}_X^{\infty} = \Delta \overline{H}_X^{\infty}/T - 2R\ln K_X^{\infty} \tag{16.18}$$

式(16.16)中的未知参数通过非线性最小二乘法确定。为减少参数的个数,做如下近似:$N$ 为单位值,$C$ 值接近于非弹性中子分光仪的测定值。于是,只有 $A,B$ 和 $E$ 值由非线性最小二乘法确定。考虑到 $C_D = C_H/\sqrt{2}$,$C_T = C_H/\sqrt{3}$,根据上述拟和得到的结果列于表 16.2。

表 16.2　根据式(16.16)计算 Pd – X(X = H, D, T)系统
Sieverts 常数所用参数 $A,B,C,E,N$ 的值

| 序号 | X | $N$ | $A$ | $B/\text{K}$ | $C/\text{K}$ | $E/\text{K}$ | $(E - 1.5C)/\text{K}$ |
|------|---|-----|-----|------|------|------|------|
| 1 | H | 1 | 1.981 | 768.0 | 800.0 | 28 145.0 | 26 945.0 |
| 2 | D | 1 | 2.280 | 677.0 | 461.9 | 28 182.4 | 27 326.9 |
| 3 | T | 1 | 2.280 | 677.0 | 461.9 | 28 182.3 | 27 489.5 |
| 4 | T | 1 | 1.912 | 617.9 | 461.9 | 28 188.9 | 27 496.0 |

注:第四行数据是根据同位素质量数的平方根存在反比关系[28],从而由 H 和 D 的数据计算得到的 T 的值。

图 16.3 中经过空心圆和方块所示实验点的实线是根据表 16.2 中序号 1,2,4 所对应的参数计算得到的,下面还会用到这些参数。

Rush 等人[30] 观测到固溶于 α 相 Pd 中的 H 和 D 有更高的振动激发,并通过在谐振势中增加一个非简谐项来解释其结果。他们认为势阱取决于同位素种类,质子的振动能级 $E_{n,m,l}^{H}$ 可由下式表示:

$$E_{n,m,l}^{H} = \omega_H \left( n + m + l + \frac{3}{2} \right) + \beta_H \left( n^2 + m^2 + l^2 + n + m + l + \frac{3}{2} \right) \quad (16.19)$$

其中,n,m,l 表示在 Pd 晶格中主要立方方向的振子激发态;$\omega_H = 580.2$ K;$\beta_H = 110.2$ K。由这些表达式可得到振动配分函数,即

$$\xi = \left\{ \sum_{n=0}^{\infty} \exp[-n(\omega + (n+1)\beta)/T] \right\}^3 \quad (16.20)$$

零点能为

$$E_0 = \frac{3}{2}(\omega + \beta) \quad (16.21)$$

利用 $\omega_T = \omega_H/\sqrt{3}$,$\beta_T = \beta_H/3$,可计算出三种同位素的零点能。以式(16.20)、式(16.21)取代单一谐振模型带入式(16.16),并根据新的表达式拟和实验数据,可得到与谐振模型不同的 $A,B$ 值。而 $E$ 和 $(E-E_0)$ 的值则差别不大,这是由于在低温下拟和式(16.16)时必须通过改变 $(E-E_0)$ 值来实现,因为式中右侧第三项在低温下基本为常数。

对根据不同拟和过程[28] 得到的 $(E-E_0)$ 值做平均,即得到氢同位素在 Pd 稀固溶体中的基态能,对于 H,D,T 分别为 $(2\ 322.6 \pm 1.7)$ meV、$(2\ 355.2 \pm 1.1)$ meV 和 $(2\ 369.2 \pm 2.5)$ meV(每 0.5 mol $H_2$),低于离解能临界值。

根据式(16.17)和式(16.18)以及表 16.2 中的参数,$\Delta \bar{H}_X^{\infty}$ 和 $\Delta \bar{S}_X^{\infty}$ 值可表示为温度的解析函数。在图 16.4 和图 16.5 中,列出了三种氢同位素(H,D,T)的 $\Delta \bar{H}_X^{\infty}$ 和 $\Delta \bar{S}_X^{\infty}$ 值。此外,还列出了 Boureau 等人[12-14] 采用量热法的测量结果,与综合了不同方法所得到的实线符合得很好。

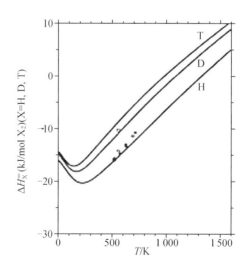

**图 16.4** 无限稀固溶体中 X(X = H,D,T)在 Pd 中溶解时每摩尔 $X_2$ 的偏自由焓变 $\Delta \bar{H}_X^{\infty}$[28]

注:〇代表量热法所测 H 的数据[13];□代表量热法所测 D 的数据[12],数据作了修正,见正文;● 代表量热法所测 H 的数据[14]。

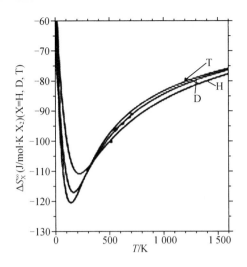

**图 16.5    无限稀固溶体中 X(X = H, D, T) 在 Pd 中溶解时每摩尔 X₂ 的偏自由熵变 $\Delta \bar{S}_X^\infty$** [28]

注:○代表量热法所测 H 的数据[13];□代表量热法所测 D 的数据[12],数据作了修正,见正文;
●代表量热法所测 H 的数据[14]。

考虑了参考文献[13]中的进展,并假设 $\Delta \bar{H}_H^\infty - \Delta \bar{H}_D^\infty$ 的差值不受影响,参考文献[12]给出了 $\Delta \bar{H}_D^\infty$ 的值(空心方块表示)。在图示温度范围内,$\Delta \bar{H}_X^\infty$ 和 $\Delta \bar{S}_X^\infty$(X = H, D, T)的所有曲线都存在一个最小值,这是由于此时 Pd 中 H,D,T 原子的振动态热粒子数变得重要。通过对比分子和间隙原子的振动模型中的零点能,可以定性理解 $\Delta \bar{H}_X^\infty$ 值的同位素效应和固溶曲线,如图 16.6 右侧所示。可以看出,吸收 H₂ 比吸收 T₂ 得到了更多的能量。因为 X₂ 分子(X = H, D, T)的势阱更为陡峭,气相中的振动能级间的能量差比 α - PdH_r 中的 H,D 和 T 原子的相应值大了两倍多,如图 16.6 所示。Pd 中 T 原子与 H 原子相比更偏向于以气相存在,H 原子与 T 相比则更容易被吸收。对比图 16.6 左侧两种势阱,发现当金属中 H, D,T 原子振动能级间的能量差若大于气态 H₂,D₂,T₂ 相应值的一半,则可能产生反同位素效应(即 T 原子与 H,D 相比更容易被吸收)。随温度升高,在气相中最初仅出现旋转能级。这造成放热溶解焓升高,直到温度达到使 Pd 中下一个更高的振动能级开始出现。温度高于 250 K 时 $\Delta \bar{H}_X^\infty$(X = H, D, T)值的变化主要由金属中 H,D,T 原子的振动行为引起,因为在气相中最先激发的振动能级主要存在于很高的温度下(表 16.1)。

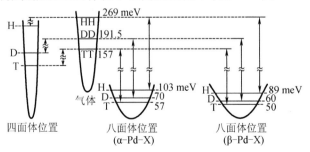

**图 16.6    气态 H₂,D₂,T₂ 分子及原子 H,D,T 在八面体(右侧)、四面体(左侧)位置时的势阱和零点能**

注:每个原子态氢的零点能按三重简并放大,与气态分子相应值比较时乘以 2。

根据式(16.10),金属中氢的总配分函数 $\Xi$ 由两项组成。第一项表示总的热激发能量状态的贡献,第二项为基态的贡献。采用表 16.2 中的参数,三种同位素的 $\ln(\zeta\xi)$ 与温度的关系绘于图 16.7。第一项的贡献按 H,D,T 的顺序依次增加,使得相同温度下 T 的激发能态的数量大于 H 的值。

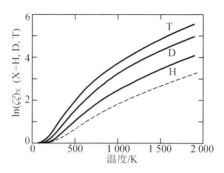

**图 16.7　使用表 16.2 中的参数计算的 H,D,T 在 Pd 中 $\ln(\zeta\xi)$ 值**
**[式(16.10)]对温度的函数关系[28]**
注:虚线为采用 $\zeta = 1$ 和式(16.14)计算的 H 的相应值。

参考文献[31]~参考文献[33]给出了金属中 H 和 D 同位素效应的一种简化描述,假设仅在局域振动方式中存在同位素效应。图 16.8 中的点划线为考虑三维谐振子时该模型的计算结果。使用了如下振动能: $h\omega_H = 69.0$ meV[30], $h\omega_D = h\omega_H/\sqrt{2}$, $h\omega_T = h\omega_H/\sqrt{3}$。Siverts常数比值的对数是温度倒数的函数。实验值(圆圈)及估计误差也列于图中。实验值与计算结果仅定性地一致。采用 Rush 等人根据式(16.19)~式(16.21)得到的振动能数据后,计算结果仅稍微更接近实验数据,如图 16.8 中虚线所示。取 $h\omega_D = h\omega_H/1.53$,并针对局域平移时的情况,Oates 和 Flanagan[11] 得到了较好的结果。最近测定的振动能( $h\omega_H = 69.0$ meV, $h\omega_D = 46.5$ meV[30])与 Oates 和 Flanagan 采用的比值并不相符。图 16.8 中的实线是一种"谐波"模型的计算结果,采用的振动能为 $h\omega_H = 69.0$ meV, $h\omega_D = 46.5$ meV, $h\omega_T = 37$ meV(见 16.8 节),该模型同样没有得到满意的结果。几种可能的原因是:①认为只有振动中才存在同位素效应是不确切的,16.9 节中看到在 $PdX_r$( X = H, D, T)中测得电子的贡献中实际也存在很弱的同位素效应;②第 16.8 节中将提到光频振动模式中的离散性很强,而在上述谐波模型中则忽略了离散;③采用 Rush 等人的数据外推更高的振动能数据可能导致不正确的结果。在 Rush 等人工作的基础之上再采用实验方法测定出更高的激发态将是十分有益的工作。最近 Hempelmann 等人[34] 报道了一种测定非常高振动能级的实验技术。

前面讨论了 H,D,T 在 Pd 中固溶度极低时的情况。下面将讨论 Pd 中 T 浓度 $c \geq 0.02$ 时的情况并与 H 和 D 的相关数据进行对比。

## 16.1.2　氢同位素在 $\alpha,\alpha + \beta$ 和 $\beta - Pd$ 相中的固溶性

图 16.9 为三种氢同位素在 Pd 中的离解等温线[35],图中方块所示离解数据由 95.2% T,1.1% D,3.7% H 的混合气体(质谱分析结果)得到,纯 $T_2$ 的数据则根据此数据由上面提到的方法计算得到。更早期的结果没有进行纯度修正[21-22]。Pd - T 等温线的形状与 Pd - D 和 Pd - H 系统类似,可以被分为三部分。

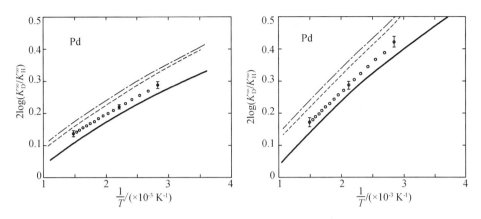

**图 16.8　根据不同模型计算的 Pd 中 Sieverts 常数的比值（$K_D^\infty/K_H^\infty$）和（$K_T^\infty/K_H^\infty$）**

注：○表示实验值。

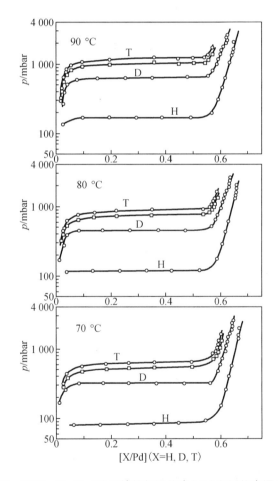

**图 16.9　Pd - X(X = H, D, T)系统纯氢同位素(○)和同位素混合气体(□)**

**(95.2% T, 1.2% D, 3.7% H)在 70 ℃, 80 ℃和 90 ℃时的解吸等温线**[35]

水平线对应于 α + β 两相区,此时两种固相和气相共存(Gibbs 相率)。混溶隙左侧为 α

相区,此处 Sieverts 定律完全适用,如式(16.5)。在纯 β 相区(图 16.9 中右侧,$c \geqslant 0.57$),吸收更多的氢导致气相压力相对非常迅速地增加。因为氚的使用数量限制,其压力最高只能达到 2 bar。图 16.9 中,在 α + β 两相区和纯 β 相区观测到了相同的同位素效应,与根据式(16.2)表示的 α 相区的同位素效应一致。外推至 100% 纯度 $T_2$ 时的 Pd – $T_r$ 等温线如图 16.10 所示。T,D,H 的离解平台压与温度倒数的关系如图 16.11 所示,图中直线是对实验点(○)作最小二乘法拟和得到的,使用的公式如下:

$$\ln(p/1.013 \text{ bar}) = -\frac{\Delta H^{\beta \to \alpha}}{RT} + \frac{\Delta S^{\beta \to \alpha}}{R} \tag{16.22}$$

其中,$\Delta H^{\beta \to \alpha}$ 和 $\Delta S^{\beta \to \alpha}$ 表示 β→α 相变过程中每摩尔 $X_2$ 气体的焓变和熵变。$\Delta H^{\beta \to \alpha}$,$\Delta S^{\beta \to \alpha}$ 以及 $\Delta H^{\alpha - \beta}$,$\Delta S^{\alpha - \beta}$ 值列于表 16.3。对于 $T_2$,在较高浓度时其吸附速率是 $H_2$ 和 $D_2$ 的十分之一左右,因此没有测定其吸附等温线。这种效应可能跟 $T_2$ 中含有少量$^3$He,或由于气相中原子态 T 的反应特性而产生的其他杂质有关。

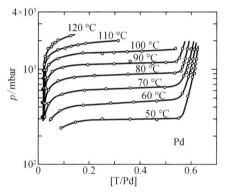

**图 16.10　Pd – T 系统的解吸等温线**[39]

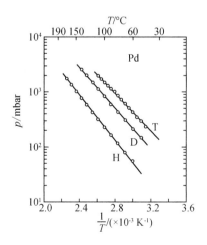

**图 16.11　Pd – X(X = H, D, T) 系统中 H,D,T 在混溶隙处的**
**解吸平台压对温度倒数的函数**[39]

表 16.3　Pd – X 和 Pd$_{0.90}$Ag$_{0.10}$ – X( X = H, D, T) 系统中 β→α( α→β)
相变的焓变 $\Delta H_X^{\beta\to\alpha}$( $\Delta H_X^{\alpha\to\beta}$)和熵变 $\Delta S_X^{\beta\to\alpha}$( $\Delta S_X^{\alpha\to\beta}$)值[22,39]

| 系统( β→α) | $\Delta H_X^{\beta\to\alpha}$/( kJ/mol X$_2$) | $\Delta S_X^{\beta\to\alpha}$/( J/mol · K X$_2$) |
|---|---|---|
| Pd – H | 39.0 ± 0.5 | 92.4 ± 1.3 |
| Pd – D | 35.4 ± 0.5 | 93.3 ± 1.3 |
| Pd – T | 32.3 ± 1.1 | 90.4 ± 3.2 |
| Pd$_{0.90}$Ag$_{0.10}$ – H | 42.4 ± 1.0 | 94.7 ± 2.4 |
| Pd$_{0.90}$Ag$_{0.10}$ – D | 38.9 ± 1.1 | 95.5 ± 2.9 |
| Pd$_{0.90}$Ag$_{0.10}$ – T | 35.8 ± 0.9 | 92.0 ± 2.3 |
| 系统( α→β) | $\Delta H_X^{\alpha\to\beta}$/( kJ/mol X$_2$) | $\Delta S_X^{\alpha\to\beta}$/( J/mol · KX$_2$) |
| Pd – H | − 37.4 ± 0.3 | − 92.5 ± 0.8 |
| Pd – D | − 33.6 ± 0.6 | − 93.3 ± 1.6 |

　　最近发表了对同位素效应作出明确讨论的文献。Flanagan 等人[36]推导了一些方程式,并与有限的实验数据作了对比。Oates 等人[37]计算了 Pd – X( X = H, D, T) 系统的不同物理性质,试图得到与多种由实验测定的性质相一致的结果。他们的方法都是从已知的 Pd – H 系统的热力学函数出发,而且只考虑光频振动模式的同位素效应。由于目前还不能对无限稀固溶体中的同位素效应给出满意的解释,他们使用了式(16.16)给出的 Sieverts 常数的经验公式,以及表 16.2 中的 Pd 中 H,D,T 的参数值。此外,还采用了 Kuji 等人[16]测定的额外化学势 $\mu_H^E$。能确定 Pd 中 3 种氢同位素( $p$, $r$, $T$)任意关系的主要方程式如下:

$$RT\ln\sqrt{p_X} = RT\ln K_X^\infty + RT\ln\left(\frac{r}{1-r}\right) + \mu_X^E \qquad (16.23)$$

同位素 X( X = D, T) 的额外化学势 $\mu_H^E$ 可由如下表达式计算[36-37]:

$$\mu_X^E = \mu_H^E - \mu_H^{E,V} + \mu_X^{E,V} \qquad (16.24)$$

$$\mu_X^{E,V} = \mu_X^V(r) - \mu_X^V(0) \qquad (16.25)$$

$$\mu_X^V(r) = \frac{3}{2}RC_X + 3RT\ln(1 - e^{-C_X/T}) + \frac{3}{2}Rr + \frac{re^{-C_X/T}}{1 - e^{-C_X/T}} \qquad (16.26)$$

$$C_H(r) = C_H^0(0) + Wr \qquad (16.27)$$

$$C_D = C_H/\sqrt{2} \qquad (16.28a)$$

$$C_T = C_H/\sqrt{3} \qquad (16.28b)$$

　　不存在同位素效应的额外化学势的贡献(假设仅光频振动模式有同位素效应)由式(16.24)中的前两项之差确定。在没有同位素效应的额外化学势中加上振动项 $\mu_X^{E,V}$( X = D, T),即得到总的额外化学势 $\mu_X^E$( X = D, T)。3 种同位素的振动额外化学势由式(16.25) ~ 式(16.28)计算得到,其中式(16.26)为总的振动贡献。式(16.27)表示 Einstein 温度 $C_X$( X = H, D, T)与浓度相关,$C_H^0$ 和 $W$ 由非弹性中子散射实验确定:$C_H^0$ = 800 K, $W$ = − 175 K。描述额外化学势中无同位素效应的部分参数列于表 16.4。

**表 16.4   计算非同位素效应部分额外化学势所用参数 $a_0, a_1, b_0, b_1, c_0$ 和 $c_1$ 的值[37]**

| $a_0/(\text{J/mol})$ | $a_1/(\text{J/mol}\cdot\text{K})$ | $b_0/(\text{J/mol})$ | $b_1/(\text{J/mol}\cdot\text{K})$ | $c_0/(\text{J/mol})$ | $c_1/(\text{J/mol}\cdot\text{K})$ |
|---|---|---|---|---|---|
| $-674\,66.8$ | $65.40$ | $646\,34.49$ | $-79.31$ | $243\,55.39$ | $-13.03$ |

注：$\mu_H^E - \mu_H^{E,V} = (a_0 + a_1 T)r + (b_0 + b_1 T)r^2 + (c_0 + c_1 T)r^3$，见式(16.24)和正文。

　　式(16.23)的计算结果(实线)与实验数据的对比如图 16.12～图 16.14 所示。在 α 和 β 相区，绘出了压力和浓度的函数关系，在混溶隙区域，压力是温度倒数的函数。在 α 相区，计算结果与实验数据符合得很好。在其余相区，考虑到由于在 β 相区的压力急剧上升而造成的测量困难，以及在无同位素效应的 $\mu_H^E$ 的计算中仅考虑到 3 次项的简化计算方法(表 16.4)，拟合曲线和实验数据还是符合得比较好的。在两相区，由于滞后效应而使平台压的测定较为困难，但平台压取对数后差别就很小了。

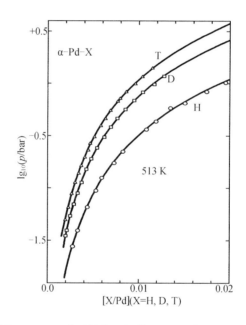

**图 16.12   Pd－X( X＝H, D, T ) 系统中 α 相的 H,D,T 在 513 K 时的等温线( 一 )[37] 及与参考文献[23]中实验值( ○,□,△ )的对比**

　　总之，采用有关 Sieverts 常数和 Pd 中 H 的额外化学势的经验公式，并假设仅光频振动模式存在同位素效应，可以很准确地计算出 Pd－D 和 Pd－T 的固溶数据。

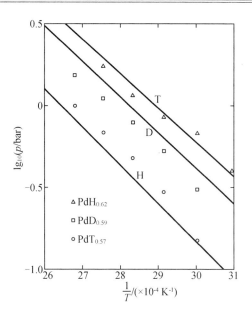

图 16.13　用式(16.23)计算得到的 **Pd – X( X = H, D, T)** 系统中 β 相的 **H,D,T** 的
平衡压(—)[37]与实验值的比较( ○[22], □[22], △[39] )

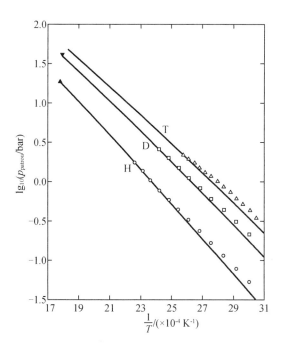

图 16.14　用式(16.23)[37]计算得到的 **Pd – X( X = H, D, T)** 系统混溶隙处的
**H,D,T** 的平台压(—)[37]与实验值的比较[ ○[22], □[22], △[39] ]

## 16.2　氢同位素在 Pd – Ag 合金中的固溶性

本节将讨论氚在 $Pd_{1-z}Ag_z(z=0.1,0.2,0.3)$ 合金中的固溶性,同时给出了采用同一样品在相同实验设备得到的氕和氘数据。这些数据与其他研究组的结果进行了对比。

### 16.2.1　氢同位素在 Pd – Ag 合金中的固溶性($r \leqslant 0.02$)

图 16.15 为 280 ℃时 $Pd_{0.90}Ag_{0.10}$ 合金和 Pd – α 相区的离解等温线。此外还列出了 Bou-reau 等[46]和 Blaurock[50]测定的固溶性数据。考虑到 Boureau 等人的测试温度要略高一些,各组数据还是吻合得很好的。

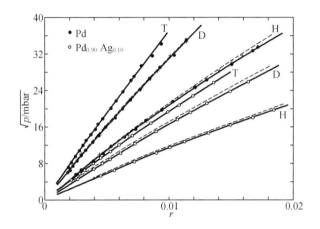

**图 16.15　280 ℃时 Pd( ● )[23]和 Pd$_{0.90}$Ag$_{0.10}$( ○ )[39]中 H,D,T 的解吸等温线**

注:···表示 282 ℃时的测量数据[46];+ 代表 280 ℃时的测量数据[50]。

图 16.15 中的实线是根据式(16.5)由最小二乘法拟合,根据拟合结果得到的 H,D,T 的 Sieverts 常数曲线,如图 16.16 ~ 图 16.18 所示,图中方块和圆圈分别表示 Lässer 和 Powell 的独立测定结果。

Sieverts 常数与同位素种类的关系以及与合金 Ag 含量的关系如下。

对于不同 Ag 含量的 $Pd_{1-z}Ag_z(z=0.1,0.2,0.3)$ 合金,有

$$K_H^\infty < K_D^\infty < K_T^\infty \tag{16.29}$$

在相同的温度下,有

$$K_X^\infty(Pd) > K_X^\infty(Pd_{0.90}Ag_{0.10}) > K_X^\infty(Pd_{0.80}Ag_{0.20}) > K_X^\infty(Pd_{0.70}Ag_{0.30}) \tag{16.30}$$

其中,X = H,D,T。

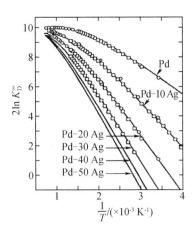

**图 16.16 氕在 Pd 和 $Pd_{1-z}Ag_z$($z=0.10,0.20,0.30,0.40,0.50$)中的**

**Sieverts 常数 $K_H^\infty$ 值**

注:□代表 Lässer 所测数据[52];○代表 Powell 所测数据[52];实线代表利用式(16.16)、式(16.31)和式(16.32)拟合得到的结果。

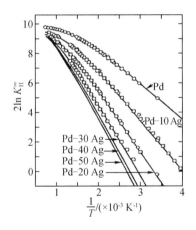

**图 16.17 氘在 Pd 和 $Pd_{1-z}Ag_z$($z=0.10,0.20,0.30,0.40,0.50$)中的**

**Sieverts 常数 $K_D^\infty$ 值**

注:□代表 Lässer 所测数据[52];○代表 Powell 所测数据[52];实线代表利用式(16.16)、式(16.31)和式(16.32)拟合得到的结果。

与纯金属相比,对合金(如 $Pd_{1-z}Ag_z$)中 H,D,T 的 Sieverts 常数的物理描述要更为困难。合金中可能的间隙位置不再完全等效。即使在 Pd 中也无法对无限稀固溶体中的同位素效应作定量描述。基于这样的事实,我们作了如下假设:$Pd_{1-z}Ag_z$ 合金中仅存在一种储存 H 的间隙位,且合金与 H 之间的相互作用随合金组成而单调变化。这种假设使式(16.16)再次适用。如 16.1 节中提到,$N=0.1$,$C_I=800/\sqrt{I}$,对 H,D,T,$I$ 值分别为 1,2,3。令 $A=2.0$,定义参数($E-E_0$)和 $B$ 是 $z$ 的二阶多项式,得到如下表达式:

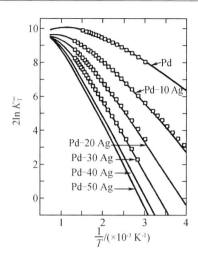

**图 16.18　氚在 Pd 和 $Pd_{1-z}Ag_z$（$z=0.10$，$0.20$，$0.30$，$0.40$，$0.50$）中的**

**Sieverts 常数 $K_T^\infty$ 值**

注:□代表 Lässer 所测数据;○代表 Powell 所测数据;实线代表根据式(16.16)、式(16.31)和式(16.32)拟合得到的结果。

$$E_0 - E = 28\,172.0 - \frac{1\,229.3}{\sqrt{I}} + \left(5\,796.4 - \frac{608.8}{\sqrt{I}}\right)z - \left(4\,387.8 + \frac{608.3}{\sqrt{I}}\right)z^2 \quad (16.31)$$

$$B = 238.6 + \frac{533.7}{\sqrt{I}} + \left(2\,493.9 + \frac{1\,920.4}{\sqrt{I}}\right)z + \left(24\,720.1 - 18\,362.0/\sqrt{I}\right)z^2 \quad (16.32)$$

这些经验公式的应用如图 16.16～图 16.18 中的实线所示,计算采用了式(16.16)、式(16.31)和式(16.32),计算结果与实验数据符合得很好。

对($E - E_0$)表达式的一个简单解释是:与 $I$ 无关的项表示对静止 H 原子测得的振动势最小值,与 $I$ 有关的项为零点能。$z$ 的二次项对预测合金成分达到 $Pd_{0.50}Ag_{0.50}$ 时的最小 $\ln K^\infty$ 值(最大固溶度时)很关键。

设想图 16.6 中右侧的振动势阱能量随 Ag 含量的增加而降低,引起溶解焓的增加,据此可定性解释 $Pd_{1-z}Ag_z$（$z=0.1$，$0.2$，$0.3$）合金与 Pd 相比有更高的固溶度。

采用计算 Sieverts 常数所用的式(16.16)、式(16.31)和式(16.32),能计算出作为温度和 Ag 含量函数的 $\Delta \overline{H}_X^\infty$，$\Delta \overline{S}_X^\infty$ 和 $\Delta \overline{G}_X^\infty$ 值。它们与图 16.4、图 16.5 中的曲线类似。主要的不同是,对于 $z \leqslant 0.5$,焓值曲线偏向更低值,随 Ag 含量增加,放热量增加。$\Delta \overline{S}_X^\infty$ 值没有大的变化,因为其值主要是气态熵的失去。

表示固溶性同位素效应的 $\lg(K_X^\infty / K_H^\infty)$（X = D，T）值与温度倒数的关系如图 16.19 所示。X = D 时的比值(该值比 X = T 时的值更为可靠,因为后者还要外推至 100% 纯度 $T_2$)仅微弱依赖于 Ag 含量。相反,Sieverts 常数的绝对值随 Ag 含量增加而大幅降低(图 16.16～图 16.18)。随 Ag 含量增加,光频振动模式略有增加,可能引起了 $\lg(K_X^\infty / K_H^\infty)$ 值的微弱降低。Chowdhury 和 Ross[53] 采用非弹性中子散射在 β 相 $Pd_{1-z}Ag_z$ - H（$z=0.1$，$0.2$）合金中,以及 Fratzl 等人[54]在 $Pd_{0.90}Ag_{0.10}$ 合金中也发现了这种效应。如 16.1 节所讨论的那样,目前还不存在对 $Pd_{1-z}Ag_z - X(X = H,D,T)$ 合金无限稀固溶体中固溶性的同位素效应的定量物理描述。

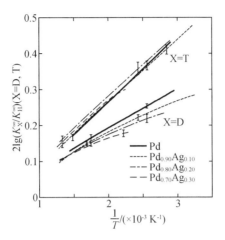

图 16.19　$Pd_{1-z}Ag_z(z = 0.10,0.20,0.30)$ 中 Sieverts 常数比值

$(K_X^\infty / K_H^\infty, X = D, T)$ 与温度倒数的关系[55]

## 16.2.2　氢同位素在 Pd – Ag 合金中的固溶性($r \leqslant 0.05$)

图 16.20 为较高浓度下 100 ℃和 120 ℃时 H,D,T 在 $Pd_{0.90}Ag_{0.10}$ 合金中的离解等温线。在临界温度 $T_c^H = 173$ ℃之下,临界浓度 $r_c = 0.237$ 时的混溶隙平台压如图 16.21 所示。β→α 熔变值(表 16.3)的同位素效应很强烈,与 Pd 中的情况类似。对所有以上几种 $Pd_{1-z}Ag_z$ 合金,在相同的温度和氢浓度下,氢同位素的平衡压的关系如下:

$$p_{H_2} < p_{D_2} < p_{T_2} \tag{16.33}$$

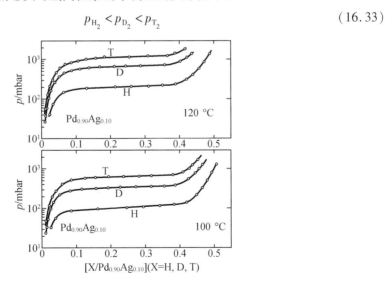

图 16.20　120 ℃和 100 ℃时 H,D,T 在 $Pd_{0.90}Ag_{0.10}$ 合金中的解吸等温线[55]

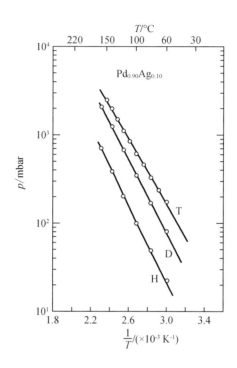

**图 16.21　$Pd_{0.90}Ag_{0.10} - X(X = H, D, T)$ 系统中 H, D, T**

**在混溶隙处的解吸平台压与温度倒数的函数关系[39]**

图 16.22 给出了部分 H 固溶性的数据,圆圈($\bigcirc$)、方块($\square$)和三角($\triangle \triangledown$)分别表示 $Pd$, $Pd_{0.90}Ag_{0.10}$, $Pd_{0.80}Ag_{0.20}$ 和 $Pd_{0.70}Ag_{0.30}$ 合金,并与其他研究组的数据进行了对比,Brodowsky 和 Poesche[41]、Gallagher 和 Oates[44]以及 Buck[42]的数据分别用圆点线、点划线和虚线表示。参考文献[44]中有关 $Pd_{0.90}Ag_{0.10}$ 的数据偏差较大,但考虑到 Ag 的含量并不完全一样,几组数据的一致性还是很好的。作为 $Pd_{1-z}Ag_z$ 合金中氘固溶性的一个例子,图 16.23 给出了 T 在 $Pd_{0.80}Ag_{0.20}$ 的离解等温线。此外,图 16.24 给出了 80 ℃时所有已研究的 $Pd_{1-z}Ag_z$ 合金中的氚离解等温线。显然,此前观测到的氢的性质在氚中也同样存在。添加 Ag 使 $T_2$ 的离解平台压变低,且随 Ag 含量增加,在更高压力时的氚的最大固溶度减小。其原因可能如下:Ag 的添加胀大了晶格,使氚的进入更为容易;Ag 的逐渐增加使 Pd 的 d 轨道逐渐被 Ag 的价电子填满,引起平台的缩短并最终消失。Oates 和 Ramanathan[56]首次提出模型[56],讨论了由于在统计无序的合金中的局部环境不同而引起的组态熵的作用,以及不同位置能量的作用。Boureau 等人[46]也发表了类似的观点。最近,Griessen[57]在平均场近似框架内对无序材料中的氢进行了统计描述。这种模型很好地再现了 $p - c - T$ 关系以及许多 Pd 基合金(如 $Pd_{1-z}Ag_z$)中的性质特点。

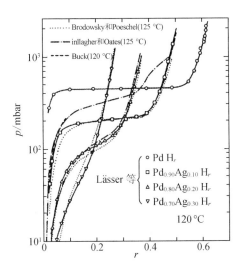

图 16.22 120 ℃时氚在 $Pd_{1-z}Ag_z(z=0.0,0.10,0.20,0.30)$ 系统中的解吸等温线[55]

以及与其他研究组数据的比较( $\cdots$[41] ; $-\cdot-$[44] ; $---$[42] )

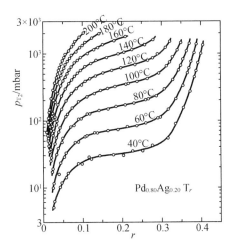

图 16.23 $Pd_{0.80}Ag_{0.20}-T$ 系统的解吸等温线[55]

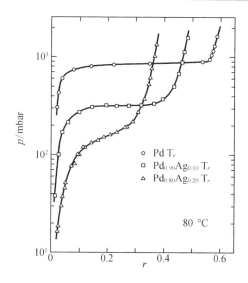

图 16.24　80 ℃时 $Pd_{1-z}Ag_z - T(z = 0.0, 0.10, 0.20)$ 系统中氚的解吸等温线[55]

# 16.3　氢同位素在 Li 和 Y 中的固溶性

讨论 Li 和 Y 是由于得到了这些金属中氢同位素的固溶性数据。这两种金属还有特别的技术用途,Li 可以用作未来聚变堆的添加材料和冷却剂,Y 已被建议用作储氚材料。

Velechis[58]测定了温度在 600 ~ 850 ℃,压力在 4 ~ 610 mbar 之间时 Li - X(X = H, D, T)系统在 α + β 相区的离解平台压。离解压与 1/T 的关系如图 16.25 所示,箭头左侧为 α(l) + β(l)相区,右侧为 α(l) + β(s)相区(l,s 分别代表液相和固相)。对每一种同位素,曲线都由两段直线组成,斜率改变出现在 Li - (Li - X)(X = H, D, T)系统的偏共晶温度处。

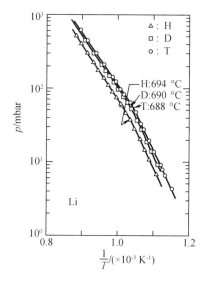

图 16.25　Li - (Li - X)(X = H, D, T)系统中 H,D,T 的解吸平台压与偏共晶温度[58]

直线:

$$\ln p = A - B/T \tag{16.34}$$

其中,参数 $A$, $B$ 和偏共晶温度列于表16.5。

**表16.5　Li-LiX(X=H, D, T)系统的偏共晶温度及对**

**平台压作最小二乘法拟合得到的 $A$, $B$ 参数值[58]**

| 体系 | 偏共晶温度/K | $\ln p = A - B/T$ | | | |
|---|---|---|---|---|---|
| | | $A$ | $B/(\times 10^3 \text{ K})$ | $A$ | $B/(\times 10^3 \text{ K})$ |
| Li-LiH | 967 | 20.88 | 23.38 | 14.72 | 17.42 |
| Li-LiD | 963 | 21.51 | 23.59 | 14.53 | 16.87 |
| Li-LiT | 961 | 21.25 | 23.21 | 14.30 | 16.53 |

平台压和偏共晶温度都表现出强烈的同位素效应:相同温度下的平衡压按 H,D,T 的顺序增加,而偏共晶温度依次降低。

Velechis 还计算了标准生成自由能,得到如下表达式。

$$\text{LiH(s)}:G_f/(\text{kJ/mol}) = 82.73 \times 10^{-3}T - 94.75 \tag{16.35a}$$

$$\text{LiD(s)}:G_f/(\text{kJ/mol}) = 84.99 \times 10^{-3}T - 95.17 \tag{16.35b}$$

$$\text{LiT(s)}:G_f/(\text{kJ/mol}) = 86.42 \times 10^{-3}T - 95.54 \tag{16.35c}$$

Begun 等人[59]测定了 Y-X(X=H, D, T) 系统在 700~1 000 ℃,吸氢原子比最高达 $r \approx 2$ 时的平衡压力,结果表明,当吸氢量小于 0.3 时,Sieverts 定律完全适用,如图16.26 所示。在相同的温度下,氚的 Sieverts 常数大于 D 和 H,这意味着在相同浓度下,$T_2$ 的平衡压要高于 $D_2$ 和 $H_2$。Begun 等人认为把 H 原子看作三维谐振子并采用 Rush 等人测定的振动能,可以解释氢的同位素效应。

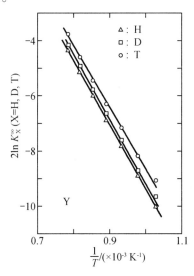

**图16.26　Y 中 H,D,T 的 Sieverts 常数 $K_X^\infty$ (X=H, D, T)值[59]**

# 16.4 氢同位素在 V 中的固溶性

前面几节中观测到的在金属和合金中固溶性的同位素效应好像都可以由式(16.1)式(16.2)描述,为了避免造成在所有与氢反应的材料中都有这种性质的印象,图 16.27 示出了 H 和 D 在 V 中平衡压与 $1/T$ 的关系($r_D = r_H = 0.01$)。温度低于 220 ℃ 时,$D_2$ 的平衡压反而低于 $H_2$,温度高于 220 ℃ 时,观测到了相反的效应[61]。

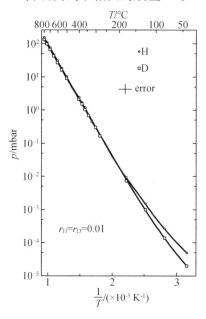

**图 16.27** 相同浓度下 H 和 D 在 V 中的平衡压与温度倒数的关系

$\ln K_X^\infty$(X = H,D)值示于图 16.28,这些值与其他研究组的结果一致性很好[63-64]。在极稀的 V 固溶体中的同位素效应可以用下式表示:

$$K_H^\infty > K_D^\infty \quad (T < 220 \ ℃) \tag{16.36a}$$

$$K_H^\infty < K_D^\infty \quad (T > 220 \ ℃) \tag{16.36b}$$

上述实验值的线性关系很好,在一级近似情况下可得到独立于温度的 $\Delta \overline{H}_X^\infty$ 和 $\Delta \overline{S}_X^\infty$ 值(X = H,D)。

作为温度函数的 Sieverts 常数比值示于图 16.29。实线是根据谐波模型得到的结果。在 V 中,四面体间隙有轻微变形,引起振动能的分裂。因此,与式(16.14)不同,其基态时的配分函数 $\xi$ 由下式给出:

$$\xi = (1 - e^{-C_1/T})^{-1}(1 - e^{-C_2/T})^{-2} \tag{16.37}$$

其中,$C_2$ 为 V 中二重简并的振动基态所对应的 Einstein 温度。图 16.29 中的实线由式(16.16)计算得到,所用参数 $C_1^H = 1\ 392.5$ K,$C_2^H = 2\ 088.8$ K,是根据非弹性中子散射实验得到的[65]。V 中表现的 Sieverts 常数比值的同位素效应可以在谐波模型框架内得到很好的解释。目前还没有比较可靠的低浓度时 T 在 V 中的固溶数据,较高 T 浓度时,参考第 15.2.6 部分内容。

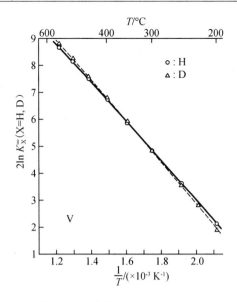

**图 16.28　V 中 H, D, T 的 Sieverts 常数 $K_X^\infty$ (X = H, D, T) 与温度倒数的关系**[62]

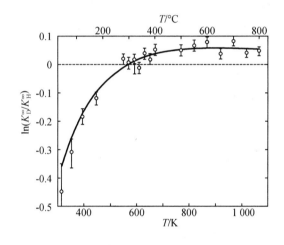

**图 16.29　V 中 Sieverts 常数的比值($K_D^\infty / K_H^\infty$)与温度的关系**[61]

　　V 中的同位素效应可以由图 16.6 给出定性解释。H 原子在 BCC V 中位于四面体间隙,在 FCC Pd 中位于八面体间隙,在 V 中 H 原子占有的空隙更小,因此 H 的势阱比 Pd 中更陡。在低温下,仅基态被完全占据。此时,V 吸 D 引起的能量降低要大于吸 H,从图中由垂直线示出的能量差可以定性看出这种趋势,因此与 H 相比,D 具有更强的固溶能力。随温度的升高,由于光频振动模式的退化使能态数量增加,这种对比就很困难了。图 16.6 中,为了简化而把振动基态表示为三重简并。

# 16.5   Pd – X, V – X 和 Nb – X 系统相界的同位素效应

金属吸氢后能形成多种氢化物相。这些相在所溶解的氢原子的排列上可能存在不同。它们可能在统计意义上有选择地分布在基体晶格的特定位置上。不同的氢化物相可由晶格参数、晶格结构类型和电子性质来加以区分。对二元金属系统,存在两种不同类型的相平衡,即相析出、结构转变。对于相的析出,具有特定结构的两相在混溶隙处分离,晶格参数作为氢浓度的函数,由一相平缓过渡至另一相。对于结构转变,各相之间的晶格结构不同。

有关 M – H 相图的知识很丰富,已有发表的相关的专著[66]和综述文章[67-68]。相图被表示为温度和氢浓度的函数。许多实验手段如晶格常数测定、差热分析、电阻率测定、核磁共振、磁化率和电子显微术等都被用于相图测定。M – H 相图的一个基本特性是:在高温下,H 原子随机分布在间隙位,在低温下,会发生相的析出和有序—无序转变。与金属 – 金属合金相比,研究金属 – 氢相图的一个很有吸引力的好处在于,由于 H 的移动性很强,即使在低于 150 K 的温度下仍能在热平衡状态下研究相变问题,在如此低的温度下,由于只有 H 原子能够在晶格内移动(晶格气体的概念[69])而金属原子则被凝固在晶格位置,M – H 系统实际上可看作是一个伪二元系。

与已经大量测定的 M – H 相图相比,仅有很少量的 M – D 相图被测定,M – T 相图的知识则极为缺乏。

本节将对 T 在 Pd, V 和 Nd 中的相界与 H, D 时的情况作一对比。相关资料见参考文献[22]、参考文献[70] ~ 参考文献[76]。

## 16.5.1   Pd – H, Pd – D 和 Pd – T 系统的相界

温度高于 50 K 时,Pd – H 和 Pd – D 相图含有 α 相(低氢浓度)和 β 相(高氢浓度)。这两种相在混溶隙处分离。在 50 K 以下,发现了有序化的金属 – 氢相[77,79],此处不作讨论。

由于 Pd 表面对于离解和重新结合氢分子的催化活性,在临 T 设备外面操作高浓度的 T 比较危险,因此采用在临 T 装置上[22,80]对压力($p$)、浓度($r$)、温度($T$)进行平衡态测量的方法来确定相的转变。所用 Pd 的量很大,约 8.9 g,使 $PdX_r$($X = H, D, T$)样品的初始浓度位于低于固溶体分解曲线的两相区,在一个很小的容积内(约为 71 $cm^3$)以 3 K 的间隔缓慢加热。在这种准等容吸测量中,$PdX_r$ 样品将穿过 α + β 两相区和 α 相区间的固溶线。由于 Pd 的量很大而容积很小,在加热过程中样品中的氢浓度减小量非常小。这样可准确测定氢浓度。

图 16.30 给出了典型的 H, D 和 T 在 Pd 中的离解实验数据,箭头所示斜率改变处为固溶体分解曲线位置。在箭头附近数据点之间进行插值,得到在解吸过程中 α + β 两相区和 α 相区之间相界处真实的温度、浓度和压力值。

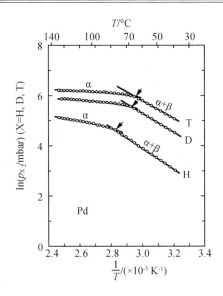

**图 16.30　PdH$_r$,PdD$_r$ 和 PdT$_r$ 样品的解吸平衡压与温度倒数的关系[70]**

注:箭头标注了穿越 α + β 相区与 α 相区边界时的斜率改变。

采用其他的起始浓度在相同实验条件下测定的 H,D 和 T 的固溶体分解曲线的($T,r$)数据示于图 16.31(图中左侧圆圈所示[70]),图中右侧圆圈表示 α + β 和 β 相区的相界。这些数据也已由解吸实验数据得到(见第 16.1 节和参考文献[22]),不过是根据等温线数据由外推得到,精度受到限制。对于图中左侧数据点,误差棒基本与圆圈直径相等。

图 16.31 中连接数据点的曲线是为了方便直观观察。此外,少数其他研究组的结果也列于图中,总体上符合得很好。对于 T,由于 Pd 中 H$_2$,D$_2$ 和 T$_2$ 的平衡压遵从式(16.2)的关系,其相界仅在很小的范围被测定。另外,仅能得到活性低于 $3.7 \times 10^{13}$ Bq(1 000 Ci)时的数据。但仍可确定地得到如下结论:按 H,D,T 的顺序,α 相与双相的相界向高浓度偏移,α + β和 β 相的相界向低浓度偏移。因此,在相同的温度下,α(β)相与混溶隙处相界的$r_\alpha(r_\beta)$有如下关系:

$$r_\alpha^H < r_\alpha^D < r_\alpha^T \tag{16.38a}$$

$$r_\beta^H > r_\beta^D > r_\beta^T \tag{16.38b}$$

或者说,按 H,D,T 的顺序,混溶隙收缩了,单相 α 相或 β 相区则被逐渐扩展了。相应地,与 Pd – H 和 Pd – D 系统相比,Pd – T 系统的临界温度 $T_c^T$ 更低,如下式所示:

$$T_c^H > T_c^D > T_c^T \tag{16.38c}$$

类似地,临界压力有如下关系:

$$p_c^H < p_c^D < p_c^T \tag{16.38d}$$

Oates 等人通过定量计算解释了上述的相界同位素效应,得到了满意的结果,见第 16.1 节。

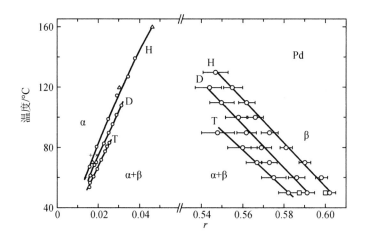

**图 16.31　Pd－H,Pd－D 和 Pd－T 系统的局部相图**

注:○[70];△ 表示 PdH$_r$[1]; + 表示 PdH$_r$[19]; × 表示 PdD$_r$;□ 表示 PdH$_r$,PdD$_r$[7]

### 16.5.2　V－T 系统相图

　　V－H 和 V－D 系统在金属氢化物相图中表现了最大的同位素效应。最近的综述文章对晶格结构、相界以及 H 和 D 在四面体和/或八面体间隙中的随机和有序分布进行了讨论。测定 V－T 相图时采用了下述方法:NMR 技术[73]、Gorsky 效应[74]、晶格参数测量[72]、差热分析[75]和自动射线照相技术[75]。

　　通过 Gorsky 效应测量技术,当析出相出现时,能测出弛豫强度 $\Delta_E$ 的变化,因此运用下面的方程式[83,84]能粗略地计算出固溶体分析曲线处的$(T,r)$值。

$$\Delta_E = A \frac{rP^2}{T - T_s} \tag{16.39}$$

其中,$A$ 为取决于弹性系数的常数[83];$P$ 为磁偶极矩张量的痕量;$T_s$ 为拐点温度。

　　弛豫强度 $\Delta_E$ 和$(T - T_s)$的乘积与温度倒数的关系如图 16.32 所示,图中右侧为根据式(16.39)得到的固溶体分解线处的氢浓度 $r$。此外,其他研究组测定的 H 和 D 的相界用直线表示。在高于 $-50$ ℃的范围内,由于 T 原子在 V 中 α 相内的浓度 $r$ 不变,乘积 $\Delta_E(T - T_s)$为常数。低于 $-50$ ℃时,由于 T 原子向 β 相偏聚导致 α 相的最大 T 浓度降低,$\Delta_E(T - T_s)$乘积值变小。对 H,D,T 固溶体分解线的对比发现,在固定温度下,固溶体分解线处的氢浓度随氢同位素质量数的增加而增加。

　　高于室温时,固溶体分解线处 V 中的 T 浓度可由晶格参数测量进行研究,加热过程中的测量结果对温度的函数关系列于图 16.33。临氢 V 样品的氢浓度在室温时处于两相区。对两组样品,α 和 α + β、α + β 和 β 之间分界处所对应的晶格参数均可被测量。图 16.33 中箭头左侧晶格参数对应于固溶体分解曲线。箭头表示样品离开两相区时的温度。箭头右侧直线表示 VD$_{0.250}$和 VT$_{0.159}$在 α 单相区内晶格参数随温度的变化关系。纯 V 单晶的晶格参数也示于图中。VD$_{0.250}$或 VT$_{0.159}$晶格参数与纯 V 晶格参数的差值,除以每原子氢浓度的相对晶格参数变化,即得到图 16.34 中分别以圆圈和方块表示的氢 – 金属比。由于 H 和 D 在 V 中引起的晶格肿胀的同位素效应不明显[88],在分析 $VD_{0.250}$ 或 $VT_{0.159}$ 样品时均采用 Peisl 给出的 $VH_x$ 中每原子氢浓度的相对晶格参数变化值: $\Delta a/a\Delta x = (0.063\ 3 \pm 0.003)$。此外,图 16.34 中还列出了参考文献[89]中得到的固溶体分解线值,这些值由差热分析 (DTA)得到,该方法与键合方法(Bond Method)得到的结果符合得不好[72],原因如下:DTA 实验中,很难从 DTA 信号的形状中精确测定相转变温度;采用 X 射线测量晶格参数,仅能分析样品表面几个微米的厚度;固溶体分解线处的浓度值可能受到氧化层和/或溶解于近表面处的氧原子的影响。从图 16.34 中得到的主要结论与图 16.32 一致:固溶体分解线按 H,D,T 的顺序向高浓度偏移。由于只有 T 活性低于 $2.775 \times 10^{10}$ Bq(0.75 Ci)的样品才能在 X 衍射仪上进行研究,所以有更高浓度的单晶样品没有用键合方进行研究。

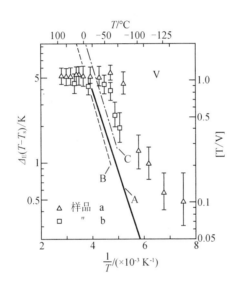

**图 16.32**　两组样品(a,b)的弛豫强度 $\Delta_E$ 和 $(T-T_s)$ 的乘积(左侧)

以及浓度(右侧)与温度倒数的关系[74]

注:H 在 V 中的临界固溶量为线 A 和线 B[85];D 在 V 中的临界固溶量为线 C[87]。

更高浓度时,由于商用 DTA2000 设备(Mettler)被固定安装在可控区域内,因此 V – T 相图的 $(T,r)$ 值由 DTA 方法测定。为避免在加热过程中由于内部压力增加引起 T 从 Al 坩埚中泄漏以及随后对 DTA 设备造成污染,$VT_r$ 样品在空气压力小于 0.5 bar 的条件下被冷焊在常规 DTA 用 Al 坩埚内。DTA 结果示于图 16.35,图中标注了不同的相及所用加热速率。不同相区的转变温度由虚线交点确定。

根据上述讨论的结果,建立了 V – T 系统相图,如图 16.36 所示。图中三角形、圆圈和方块分别是由 Gorsky 效应、键合方法、自动射线照相技术、DTA 和 NMR 技术测定。图中实线表示被较好测定的相界,虚线为未经上述实验方法进行直接测定,而是根据 V – D 系统的已知性质外推得到的相界。由左三角表示的相界是根据 T 自动射线照相技术对金属氚化物系进行直接观察的新型应用技术而得到的。处于 α + β 两相区浓度为 r 的 VT, 样品的自动射线图像的典型特征示于图 16.36,加热时,代表 β 相的针状区数量减少。当达到单相区温度时,对 X 射线敏感的薄膜的两相区之间由于氚浓度不同而产生的对比度消失,已观测到 $VT_{0.103}$ 样品的转变温度在 65 ~ 68 ℃ 之间,这与晶格参数测定结果符合得很好。

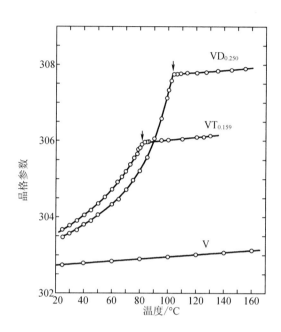

**图 16.33　$VT_{0.159}$,$VD_{0.250}$ 和纯 V 样品的晶格参数随温度的变化**[72]

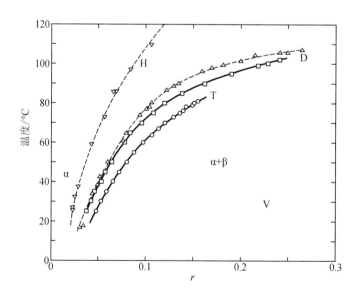

**图 16.34　V – H,V – D 和 V – T 系统的溶解度曲线**

注:○代表 $VT_r$[72];□代表 $VD_r$[72];△代表 $VD_r$[89];▽代表 $VH_r$[89]。

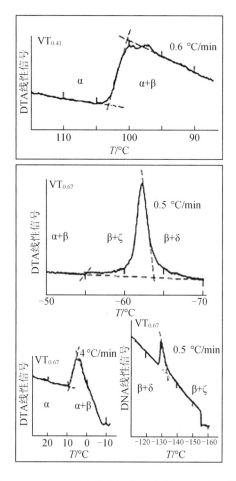

**图 16.35　VTᵣ 样品作为温度函数的 DTA 曲线[75]**

图 16.36 中 V – T 系统的数据与 V – H(点划线)和 V – D(圆点线)系统的比较示于图 16.37。V – T 和 V – D 相图拓扑一致。V – T 和 V – H 之间,以及 V – D 和 V – H 之间存在很大的差异,主要表现在当氢同位素浓度超过 0.33 后,V – D 和 V – T 系统中不存在 ε(β')相。大部分的相界按 H,D,T 的顺序向低温移动。V – D 和 V – T 相图的对比发现,T 的 α + β→α,β→α 以及 β + γ→β + δ 相转变偏向较低温度。T 和 D 在 V 中的 β + ζ 相界则基本一致。

目前尚没有 V – H(D,T)相图或其同位素效应的理论解释,但有人对相图中的部分内容尝试作出解释[90],比如,讨论了固溶体溶解曲线的性质[89,91-92]。T 和 D 原子在 α 相中的四面体间隙或 β 相中的八面体间隙位置具有不同的振动能可能是引起同位素效应的主要原因,非常有必要采用精确的非弹性中子散射实验测定基态和激发态的振动能以及不同相的振动势。

希望对目前的 V – H,V – D 和 V – T 相图中的同位素效应及相界能有进一步的理论模拟工作。

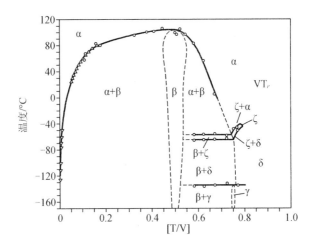

**图 16.36　V－T 系统相图**[72]

注：○代表 DTA 结果[75]；▽代表自动射线照相术结果[75]；□代表 NMR 结果[73]；Δ 代表 Gorsky 效应[74]。

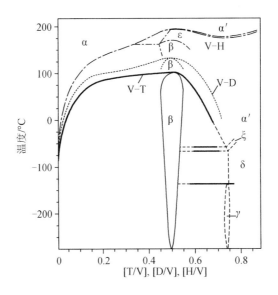

**图 16.37　V－T 系统相图(实线)及与 V－D(点线)和 V－H(点划线)系统的比较**[75]

### 16.5.3　Nb－T 系统相图

近些年经常有关于 Nb－H 系统相图的综述文章发表[68,93－94]，并仍存在有待讨论的问题。相关问题可分为两个部分：在高于室温[95,97]，浓度低于[H/Nb]＝1 时临界温度的同位素效应已基本澄清[98,99]；在低于室温时，由于出现多种相而变得复杂，并存在争议[82]。

本节将对高于室温时的 Nb－T 系统相图与 Nb－D 和 Nb－H 相图进行对比。浓度低于 $r＝1$ 时，在此温度范围内仅存在 3 种已知的相，即 α 和 α' 相(氢原子随机分布在 BCC 结构 Nb 晶格的四面体间隙处，但 α 和 α' 相的晶格参数不同)以及 β 相，β 相处由于氢原子有序化而使原始的立方 Nb 晶格发生了轻微的正交畸变。

　　测定 Nb–T 相界的实验方法为 X 射线衍射和 DTA。得到的相图在图 16.38 中用实线表示。Nb–H 相图由虚线表示。根据已知的 Nb–H 和 Nb–D 相图的同位素效应，部分 Nb–T 相界是把少数实验点作为标定点外推得到的，并假定了 Nb–H，Nb–D 和 Nb–T 相图是拓扑等效的。外推得到的 T 的临界温度的同位素效应示于图 16.38。最近的固溶性质测量确定了 H 和 D 的同位素效应。这些结果与更早期的结果存在分歧。为便于观察，图 16.38 中省略了 Nb–D 相图。Nb–H，Nb–D 和 Nb–T 相图中主要的同位素效应如下：① 随同位素质量数增加，三重线（三相共存点处）移向高温区，H，D，T 在 Nb 中的偏析温度分别为 $(87.5 \pm 1.0)$ ℃，$(99 \pm 1)$ ℃ 和 $(103.9 \pm 1.0)$ ℃；② α' 和 α+β 相区交界，以及 β 与 α'+β 相界温度按 H，D，T 的顺序移向高温区；③ 临界温度降低：$T_c^H = 177$ ℃，$T_c^D = 157$ ℃；④ 氢同位素在 α 相中的固溶度随质量数增加而减小。同位素效应在三相点温度处最为强烈，但在低温下也能观测到，Zag[101] 对此曾有报道。有关 Nb–H 系统固溶线的同位素效应与前文讨论的 Pd 和 V 中的情况相反。Craft 等人[102] 对 Nb–X（X = H，D，T）系统三相点处的同位素效应和滞后效应进行了讨论。

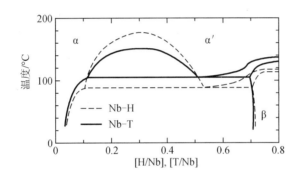

**图 16.38　Nb–H 系统和 Nb–T 系统相图**

注：– – –代表 Nb–H 系统[95,97,99]；——代表 Nb–T 系统[76]。

## 16.6　氢同位素在 Nb 中的光频振动

　　中子光谱已成为研究金属氢化物系统的一个有力工具。它能提供结构、占位、扩散系数、振动能和弹性常数等重要信息。该技术已发展到可以测量金属中 H 和 D 原子较高的局域振动谐频[30,34,103–105]。使用中子裂变源，已观测到量子数高达 14 的振动能。现已测定了多种金属中 H 或 D 光频振动模式的能量。由于与 D 相比 H 的非相干截面很大（表 16.1），大部分的非弹性中子散射实验是针对 H 而做的。相反地，结构信息则大部分是由金属氚化物得到的（表 16.1）。

　　最早对金属中 T 的振动进行测量是在 1981 年[106]，远远晚于对金属氢化物和氚化物的测量。研究的金属是 Nb。H 和 D 在 Nb 中的振动光谱已很清楚。Nb 样品在 300 ℃临 T，浓度达到 $NbT_{0.2}$。根据相图（见 16.5.3 部分内容），室温下 $NbT_{0.2}$ 样品含有 α 和 β 两种相，T

浓度分别约为 3% 和 71% , 约 25% 的样品处于 β 相。NbT$_{0.2}$ 样品表面的氧化层可被视为阻挡 T 渗透的第一层障碍[76,107]。此外, 一个 Mo 圆筒被用作 NbT$_{0.2}$ 样品的第二重保护容器。NbT$_{0.2}$ 样品的活性约 25 TBq( 约 676 Ci )。T 的散射截面远小于 H( 表 16.1 ), 且由于第二重容器的存在使背底必然很高, 因此对 T 的光频振动模式的测量要困难得多。这就要求所用的 T$_2$ 气体中的 H 含量非常低, 以避免 H 的峰掩盖 T 的峰。另外, 样品中因 T 的衰变而有 $^3$He 产生, $^3$He 的吸收截面 $\sigma_a$ 非常大( $\sigma_a \approx 53\ 327$ b ), 将使中子强度随时间增长而降低。因此, 要在临 T 后尽可能快地进行实验。

图 16.39 为 NbT$_{0.2}$ , NbD$_{0.725}$ 和 NbH$_{0.32}$ 样品在 295 K 时的中子谱。NbD$_{0.725}$ 和 NbH$_{0.32}$ 的谱图与已发表的数据一致[103,105], 表明多达 67% 的 α 相对 β 相谱图并没有明显的影响。NbD$_{0.725}$ 和 NbH$_{0.32}$ 谱图中的两个峰表示由 D 和 H 原子在轻微畸变的初始相四面体间隙中的光频振动模式。右侧峰的强度约为低能端峰的两倍, 这是由于存在晶格畸变, 更高能量的振动模式是二重简并的。对于 NbT$_{0.2}$ 的谱图, 存在 4 个得到良好处理的峰。中间两个主峰对应于 Nb – T 系统中 β 相 T 原子的光频振动。由于 T 的质量数较大, 其光频振动模式的能量偏向低能端, 根据已知的 H 和 D 的性质, 这种偏移是与预期一致的, 在 NbH$_{0.32}$ 和 NbD$_{0.725}$ 的谱图中可清楚看出这种趋势。NbT$_{0.2}$ 谱图左侧的小峰为临氚时扩散到样品中的 O 原子的振动所引起的。估计 O 杂质的原子分数约为 1% 。NbT$_{0.2}$ 谱图右侧小峰为临 T 时从纯度稍低的 T$_2$ 中吸入的 H 杂质所引起的。随氢同位素质量数增加, H, D 和 T 所对应峰的能量逐次向低能端偏移。具体数值列于表 16.6 。由于振动能的比值不存在跟质量数之间的反平方根关系, 不同同位素的振动能不能用简单的谐波模型加以描述。相应地, 必须考虑对抛物线势的非谐波贡献项。

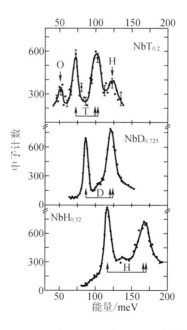

图 16.39    NbT$_{0.2}$ , NbD$_{0.725}$ 和 NbH$_{0.32}$ 在 295 K 时的非弹性中子谱[106]

表 16.6　H,D,T 在 β 相 Nb‑X(X=H, D, T) 中的振动能($h\omega_1,h\omega_2$)

| 同位素 | $h\omega_1/\mathrm{meV}$ | $h\omega_2/\mathrm{meV}$ |
|---|---|---|
| H | $116 \pm 0.7$ | $167 \pm 1.5$ |
| D | $86 \pm 1$ | $120 \pm 1.5$ |
| T | $72 \pm 1$ | $101 \pm 1$ |

## 16.7　Pd‑H,Pd‑D 和 Pd‑T 系统的超导性

Satterthwaite 和 Toepke[108] 在 Th$_4$H$_{15}$中,Skoskiewicz[109] 在 $r \geqslant 0.8$ 的 PdH$_r$ 中发现了相对较高的超导转变温度,以及 Stritzker 和 Buchel[110] 发现的很显著的同位素效应(如 PdD 的 $T_c^D \approx 11$ K,高于 PdH 的 $T_c^H \approx 9$ K),引起了人们对金属氢化物和氚化物的研究兴趣。尽管有关 Pd‑H 和 Pd‑D 系统超导性质的研究在 17 年前已有报道,但 PdT$_r$ 中的初步结果最近才有报道。

Schirber 等人[111] 采用一种电桥技术,由电感测量得到了 PdT$_r$ 样品的超导转变温度。他们将 1/3 的 Pd 粉末与 Sn 混合,后者用作内置测温计。Pd 粉末在室温下临 T,最高压力为 700 bar,然后冷却至 77 K。移走多余 T$_2$ 气体后,将压力容器充满 $^4$He,并浸入液态 $^4$He 槽中,这样容器内的 $^4$He 气体提高了样品和容器壁的热接触。由于 T 衰变引起的 $0.324$ W/g · T 的热量将使容器内的温度上升。转变温度在压力容器外部测量。与 Sn 的转变温度 3.72 K 相比,观测到的与 PdT$_r$ 相连的 Sn 的超导转变温度向低温偏移了 0.2 K。这表明与 Sn 相连的 PdT$_r$ 粉末可能比压力容器外壁温度高了 0.2 K。没有与 Sn 混合的 PdT$_r$ 样品应该更温度高。这样便得到了如图 16.40 所示的 PdT$_r$ 样品温度转变温度(加上了观测到的 0.2 K 的偏移)。考虑到这些问题,图中数据点只表示 Pd‑T 系统转变温度 $T_c^T$ 值的下限。

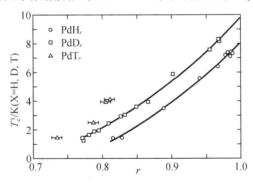

图 16.40　PdT$_r$ 的超导转变温度与氢浓度 $r$ 的函数关系[111] 及
与 PdH$_r$ 和 PdD$_r$ 相应结果[112] 的比较

图 16.40 还给出了 Schirber 和 Northrup[112] 测定的 Pd‑H 和 Pd‑D 系统的转变温度。不考虑上面提及的困难,观测到了转变温度有一个相当大的增加,这与从已知的 Pd 中 H 和 D 的性质得到的预期一致。相同氢浓度时,这种明显的同位素效应由下式表示:

$$T_c^H(r) < T_c^D(r) < T_c^T(r)(r > 0.7) \qquad (16.40)$$

这种关系被看作是反同位素效应,因为 $T_c$ 值对同位素质量数的依赖关系与直接应用 BCS(Bardeen – Cooper – Schrieffer)关系应该得到的结果相反,后者采用的 McMillan 公式的简化形式如下:

$$T_c \approx \theta_D \exp(-1/\lambda_{ep}) \tag{16.41}$$

其中,$\theta_D$ 为 Debye 温度;$\lambda_{ep}$ 为电子 – 声子对参数。假设 $\lambda_{ep}$ 与同位素无关,由于前置因子 $\theta_D$ 与同位素质量数的平方根成反比关系,超导转变温度 $T_c$ 应该按 H,D,T 的顺序逐次降低。对于由一个重金属原子和一个较轻的氢原子组成的二元金属氢化物,由于声子和光频振动量子的谱线能被较好地分离,故电子 – 声子对参数 $\lambda_{ep}$ 可以被写成声子和光学声子两项之和。$\lambda_{ep}$ 的光学部分与 Fermi 能级处的电子态密度以及电子 – 声子相互作用基体原子的平均值成正比,与 $m<\omega^2>$ 乘积成反比(其中,$m$ 为氢原子质量数;$<\omega^2>$ 为光学声子平方的平均值)。$m<\omega^2>$ 的乘积被称为力学常数。在谐波势中,H,D 和 T 的力学常数相等。

有两种模型可以解释在 Pd – X(X = H,D,T)系统中观测到的转变温度的反同位素效应:Ganguly[114] 的模型中,这种反同位素效应仅由非谐波效应引起。Miller 和 Satterthwaite[115] 的模型中,氢同位素近邻位置的电子结构不同是引起反同位素效应的主要原因。电子结构的变化主要由不同的零点振动引起,在 β – PdX 相中,H 的均方根偏移约为 0.023 nm,D 的则约为 0.02 nm。H 原子较大的偏移效应使其波函数与周围 Pd 原子的波函数有更大的重叠。这使 Pd – H 键的电子态比 Pd – D 键的更多。在此模型中,忽略了非谐声子对 $T_c$ 的影响。

对上述不同模型的理论解释都已做了努力。Papaconstantopoulos 及其合作者[116] 的理论计算(自洽键结构计算,采用了经过自旋独立相对论修正的扩充平面波方法)与实验测得的 $T_c$ 曲线符合得非常好,计算使用了 Allen 和 Dynes[117] 的公式,以及下述力学常数比值:

$$\frac{m_H <\omega_{H^2}>}{m_D <\omega_{D^2}>} = 1.2 \tag{16.42}$$

其中,1.2 的比值是根据较早期 Rowe 等人[118] 和 Rahman 等人[119] 对 PdD$_{0.63}$ 和 PdH$_{0.63}$ 样品的中子散射数据得到的,比近期由多种实验方法(体模量、热膨胀、点接触波谱学)[120] 测定结果的平均值 1.12 高出 7%。近期对 PdH$_r$ 和 PdD$_r$[30] 所做中子散射实验也得到了 1.12 的比值。因此,需要增加更多影响因素以定量解释 $T_c$ 曲线。Griessen 和 de Groot[119] 通过在 McMillan 理论的电子 – 声子基体元素中加入 Debye – Waller 因子,得到了较好的结果。Debye – Waller 因子对反同位素效应的贡献主要由 H,D 和 T 的均方偏移引起。

借鉴 Miller 和 Satterthwaite[115] 的想法,Jena 等人[121] 最近发现 PdH 和 PdD 的电子结构受 H 和 D 的零点振动的影响。他们认为这种量子效应对 $T_c$ 值有一个很小的、但不能被忽略的影响,且 $T_c$ 值的反同位素效应主要由不同的力学常数所引起。

总之,$T_c$ 值的反同位素效应不能仅由非谐波效应单独加以解释。其他的来自 H,D 和 T 原子的零点位移的贡献也必须加以考虑。

# 16.8　PdD₀.₆₃和 PdT₀.₇ 声子频散曲线的同位素效应

由于质量数很小,氢原子很容易跟随周围晶格原子的低能振动而振动。对长波声子,氢原子能与基体原子同步运动。除了这些键合模式,也观测到了氢原子在晶格原子提供的势阱中(见 16.6 节内容)的高能振动。这些振动被称为光频振动模式,是因为在化学计量比氢化物中相对基体金属原子氢原子全体产生振动。在极稀固溶体金属 – 氢合金中,光频振动被称为局域模式以区别于整体激发。

PdD₀.₆₃样品[118]的声子作为主要对称方向上的衰减波矢的函数示于图 16.41,该结果是在样品温度低于 150 K 的条件下得到的。图中以虚线画出了纯 Pd 中声子的频散曲线。实线为根据 Born – von Karman 模型[118]的拟合结果。Pd 晶格声子的能量随 D 浓度增加而降低,在声子频散曲线的形状上则仅存在一个边际改变。产生上述影响是由于吸氢导致了晶格肿胀和电子云分布的变化。这也能通过对 Eliashberg 函数 $\alpha^2 F(\omega)$ 的测量而看出,其中 $F(\omega)$ 是声子态密度,$\alpha^2$ 是依赖于能量的基体原子电声子,可由点接触波谱方法测量得到。观测到声子分支在 Brillouin 区边界处走势趋缓,是导致 β – PdX$_r$(X = H, D, T)的体模量和剪切模量 C₄₄相对纯 Pd 有所降低的主要原因。另一方面,由于在小波矢处的 <110> TA 分支十分类似,在纯 Pd 和 β – PdX$_r$ 中主要依赖于 <110> 方向横向传播声子的性质应该只有微小的差别。对所有声频模式都很敏感的一个量是氢在金属中溶解的超额熵。

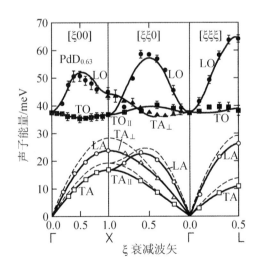

图 16.41　温度低于 150 K 时 PdD₀.₆₃的声子频散关系[118]

在许多其他金属氢化物中观测到了相反的影响,如随着氢浓度增加声模能量也增加[123]。

图 16.41 中最有趣的性质是光频模式中巨大的频散,尤其是在纵向模式中。这种行为表明存在很强的第二近邻 D – D 相互作用。相反地,横向光频声子分支要平坦得多。再次

强调,金属中氢的影响方式是多样化的,在许多其他的金属氢化物中其光频振动模式并不存在频散现象。

图 16.42 为较近期发表的 $PdT_{0.7}$ 在 80 K 时的频散曲线。采用 Pd 单晶临 T,为避免损伤晶体,在临 T 过程中将 $T_2$ 气压力和样品温度分别提高至 48 bar 和 673 K。在这种实验条件下,希望能避免进入 α + β 两相区。这种假设与文献中发表的临界条件不一致,但另一方面,很少有实验室能实现约 50 bar 的 $T_2$ 气压力。所用 $T_2$ 气的纯度也很高。最终在 Pd 样品中的 T 浓度为 $r = 0.71 \pm 0.03$,T 活性约为 30 TBq(约 810 Ci)。

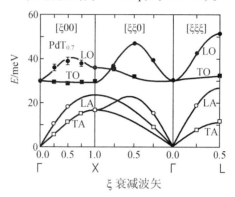

**图 16.42　80 K 时 $PdT_{0.7}$ 的声子频散关系[124]**

注:衰减波矢 ξ 的单位为 $2\pi/a$,其中 $a = 4.03 \times 10^{-10}$ m。

$PdT_{0.7}$(图 16.42)和 $PdD_{0.63}$(图 16.41)声频模式之间的差别非常小。光频振动模式(表现了几乎相同的频散)显著向低能量偏移,在各声模分支的顶端最高能量处仍保持较好分离。表 16.7 为采用 Born – von Karman 模型参数[124]计算得到的晶格原子和氢同位素的波幅加权能矩的比较。这些值结合 Papaconstantopoulos 等人[116]计算得到的声频和光频部分的电子 – 声子增强因子,代入 Allen 和 Dynes[117]给出的超导转变温度公式中,并没有再现 PdH 和 PdD 中出现的反同位素效应。此结果再次证明仅靠非谐波模型不能够定量解释 Pd – X(X = H, D, T)系统中的反同位素效应。

**表 16.7　Pd – X(X = H, D, T)声子频散关系中的波幅加权能矩[124]**

| 体系 | | $E$/meV | $(E^{-1})^{-1}$/meV |
|---|---|---|---|
| $PdH_{0.6}$ | Pd | 16.5 | 14.4 |
| | H | 63.7 | 61.8 |
| $PdD_{0.63}$ | Pd | 16.4 | 14.3 |
| | D | 43.3 | 41.7 |
| $PdT_{0.7}$ | Pd | 16.1 | 14.0 |
| | T | 34.4 | 32.8 |

$PdD_{0.63}$ 和 $PdT_{0.7}$ 的声频分支仅有微小差别,表明 16.1 节只考虑声子贡献中光频振动模式的同位素效应的假设是正确的。另一方面,认为声子可以用仅考虑单一声子能量的谐波模型来描述的假设是站不住脚的。

## 16.9　Pd – X 系统的 Dingle 温度和
## 极值截面的同位素效应

为了验证 Miller 和 Satterthwaite[115] 提出模型的正确性,多个研究人员研究了 PdH$_r$,PdD$_r$ 和 PdT$_r$ 合金中电子性质的同位素效应。

De Haas – van Alphen 效应实验能够精确测定 Fermi 面的极值截面区和电子散射的弛豫时间(由 Dingle 温度 $T_D$ 表示)。

Bakker 等人[125 – 126] 采用这样的方法研究了 PdH$_r$ 和 PdD$_r$ 中电子性质的同位素效应和浓度依赖关系。最近,他们的测量扩展到了临 T 的 Pd 样品。通过淬火,他们在 $r \leqslant 0.006$ 的 PdX$_r$(X = H, D, T)样品中避免了 β 相的析出。Dingle 温度 $T_D$ 和极值截面 $A$ 对浓度的依赖关系列于表 16.8。

表 16.8　PdH$_r$,PdD$_r$ 和 PdT$_r$ 在布里渊区特殊点处的几个轨道极值
截面区 $A$ 及其 Dingle 温度 $T_D$ 的浓度偏导值[125 – 127]

| 费米表面层 | 轨道中心 | $\mathrm{d}\ln A/\mathrm{d}r$ ($A = hA/2\pi e$) | | | $\mathrm{d}T_D/\mathrm{d}r/\mathrm{K}$ | | |
|---|---|---|---|---|---|---|---|
| | | PdH$_r$ | PdD$_r$ | PdT$_r$ | PdH$_r$ | PdD$_r$ | PdT$_r$ |
| 电子层 | (0,0,0) | 0.26(3) | 0.24(3) | 0.31(8) | 750(159) | 775(175) | 690(180) |
| 电子层 | X(0,0,1) | – 2.0(2) | – 3.7(4) | – 2.4(3) | 210(40) | 445(59) | 185(28) |
| X 高对称点的空穴波包 | X(1,0,0) | – 2.0(2) | – 3.7(4) | – 2.6(4) | 225(25) | 485(185) | 194(48) |
| L 高对称点的空穴波包 | L$\left(\frac{1}{2},\frac{1}{2},\frac{1}{2}\right)$ | – 8(1) | – 14.6(2.0) | – 10.8(3.0) | | | |
| 空穴轨道 | W$\left(\frac{1}{2},0,1\right)$ | – 1.3(2) | – 1.7(3) | | 207(20) | 226(25) | |

在极值截面区域对应的浓度下,观测到多个轨道中的同位素的影响及其 Dingle 温度 $T_D$ 具有相似性。在 Brillouin 区的 X,L 和 W 点,属于 4d 空 Fermi 面的截面区对各同位素均随氢浓度增加而减小,而 Γ 点周围较大的 5s – p 电子面的截面则增加。在 X 和 L 点周围的空带中发现了有趣但无法解释的同位素效应:

$$\frac{\mathrm{d}\ln A}{\mathrm{d}r}\bigg|_T \leqslant \frac{\mathrm{d}\ln A}{\mathrm{d}r}\bigg|_H \leqslant \frac{\mathrm{d}\ln A}{\mathrm{d}r}\bigg|_D \tag{16.43}$$

$$\frac{\mathrm{d}T_D}{\mathrm{d}r}\bigg|_T \leqslant \frac{\mathrm{d}T_D}{\mathrm{d}r}\bigg|_H \leqslant \frac{\mathrm{d}T_D}{\mathrm{d}r}\bigg|_D \tag{16.44}$$

在实验精度内,未发现在 Γ 和 W 点处存在同位素效应。

实验结果表明,观测到的同位素效应局限于 L 和 X 处的空椭球面上的电子态中,这仅

代表了处于 Fermi 能 $E_F$ 处的全部态密度的 3%。因同位素不同引起的仅 3% 的变化显得微不足道,难以在某些实验中观测到,比如磁化率的测量,该实验要对 $E_F$ 处的全部态密度加以测量。这与 Blaurock[50] 和 Wiche[40,128] 对磁化率的测量结果相一致,他们在 Pd 中的 H 和 D 中没有探测到同位素效应。

Bakker 等人[125-127]的上述研究结果表明,对 $PdX_r$ ( X = H,D,T) 系统,$E_F$ 处的电子贡献的同位素效应可以忽略,Pd 中每吸入 1 个氢原子,就有约 1 个电子填充到 $E_F$ 附近的态中。

# 16.10 氢同位素在金属中的扩散

H 原子在金属中通过在相邻间隙位置的跳跃进行移动的过程可以通过宏观或微观的方法进行研究。前者可以观测到从非平衡的空间分布趋于平衡态的过程,后者则仅研究平衡态时的情况。H 原子通过宏观距离的迁移以向平衡态弛豫的行为能通过 Gorsky 效应、电阻率、晶格参数、渗透实验或自动射线照相术等方法进行研究,微观研究技术则包括 NMR、穆斯堡尔谱和准弹性中子散射等手段,用以研究单个的原子跳跃行为。

讨论一些扩散实验之前,先就扩散过程本身作一个简短描述。

在经典理论中[129,130],H 原子的扩散通过跨越一定能垒的跳跃过程实现,可用如下方程描述:

$$D = D_0 e^{-E_a/kT} \tag{16.45a}$$

或
$$\nu = \nu_0 e^{-E_a/kT} \tag{16.45b}$$

其中,$D$ 为扩散系数;$\nu$ 为跳跃频率;$\nu_0$ 为尝试频率;$E_a$ 为扩散激活能,其值等于相邻间隙位的能垒。所有氢同位素都必须跨越相同的能垒,因此在经典理论中,$E_a$ 值是与同位素种类无关的。而指数前的因子 $D_0$ 或 $\nu_0$ 则与质量数平方根成反比,因此具有同位素依赖效应。

在一个经过修正的经典速率模型中[131,134],仍能得到与式(16.45)相似的 Arrhenius 关系。由于 H 的质量数很小,H 原子被看作具有分立能级的局域振子。此时激活能等于鞍点处和含有不同振动能级的间隙位的势能极小值的差。若振动零点能远小于 $k_B T$,则指数前因子会体现同位素效应。采用此理论解释了 FCC 金属中的同位素效应[133]。对于 $h\omega \gg k_B T$,发现存在一个独立于同位素种类的前置因子,在 BCC 金属中观察到了这种情况[134]。

H 在金属中的扩散经常用小极化子模型来描述。位于由于局域膨胀而产生的畸变场中的 H 原子被看作一个小的极化子。在下文中,只列出了在讨论实验结果时必须采用小极化子理论的一些方面。

低温下,扩散仅发生在低能级间重合组态的部分。在非常低的温度下,主要的跳跃过程是基态—基态间的贯穿过程(Tunnelling)。式(16.45)中的 $E_a$ 参数与晶格激活能成正比,对建立能级间的重合组态很必要。在这些温度下,X( X = H,D,T) 原子的扩散激活能很大程度上与金属晶格的性质有关,基体中贯穿效应的不同使指数前因子存在同位素效应。

较高温度下,声子辅助的贯穿过程变得重要。重合组态由特定的晶格模式产生。自陷氢原子周围的基体晶格原子移位(即声子振动),振动能级发生偏移,并与相邻的空白间隙位能级发生重合,此时就开辟了一个可以跳跃至相邻位置的通道。通过在绝热状态下的高度重合组态或者通过在较低温度下由声子辅助所形成的重合组态而发生的贯穿过程示于图16.43。图中仅画出了几何对称的重合组态。在绝热状态下,H,D 和 T 原子受周围金属原子涨落的影响。这些扩散过程也可以用 Arrhenius 公式来描述,此时激活能仅微弱依赖于同位素,指数前因子可根据基体晶格的 Debye 频率来测定。

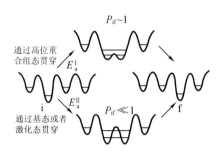

**图 16.43　自捕陷氢原子从初始态(i)到终态(f)扩散过程的能量势垒示意图**

注:此图仅画出了高温绝热区(图顶端)及低温基态或激发态的贯穿过程(图底端)的对称重合组态。

由观测到的符合式(16.45)的扩散行为并不能断定符合上述何种机制。在一般的温度下,经典理论、修正后的经典理论以及小极子理论均大体表现出与式(16.45)相同的扩散系数对温度的依赖关系。而通过对不同氢同位素的测量,分析 $D_0$,$\nu_0$ 和 $E_a$ 的同位素效应,则能区分不同的扩散机制。

### 16.10.1　氢同位素在 V,Nb,Ta 中的扩散

Qi 等人[74]通过 Gorsky 效应测量了很宽温度范围内 T 在 V,Nb,Ta 中的扩散[44],图16.44所示,同时列出了 H 和 D 的数据[139-141]。另外 Matusiewciz 和 Birnbaum[142]测定的在较小温度范围内 T 在 Nb 中的扩散系数以及室温下 T 在 Ta 中的扩散系数的单个数据点[143]也被列出。这些数据与 Sugisaki 等人[144]通过热扩散方法得到的数据符合得很好。测定 V,Nb,Ta 中 T 的扩散系数时所用的 T 浓度在 0.004 和 0.014 之间。图 16.44 中的数据点被外推至无限稀固溶体。

在给定温度下,H,D,T 在 V,Nb,Ta 中的扩散系数($D$)随质量数增加而减小,即

$$D_H(T) > D_D(T) > D_T(T) \tag{16.46}$$

氢同位素的扩散系数在低温下差了两个量级。在绝热区,按 H,D,T 的顺序逐次增加的激活能引起了同位素效应。在实验精度内,前置因子值均相等。表 16.9 列出了根据式(16.45)得到的 $D_0$ 和 $E_a$ 值。在约 250 K 时,Nb－H 和 Ta－H 的 Arrhenrius 曲线斜率有了变化,温度低于 250 K 时的激活能和指数前因子比高于 250 K 时的值有明显减小。对于 D 和 T 在 Nb,Ta 中的情况,可以预计也将出现相似的斜率改变的行为,只不过发生在更低的温度范围内。但在低于 －100 ℃时,H 原子会集聚于析出的 β 相中,且 H 的弛豫时间太长,这样将使测量过程因敏感性和稳定性变差而无法进行。

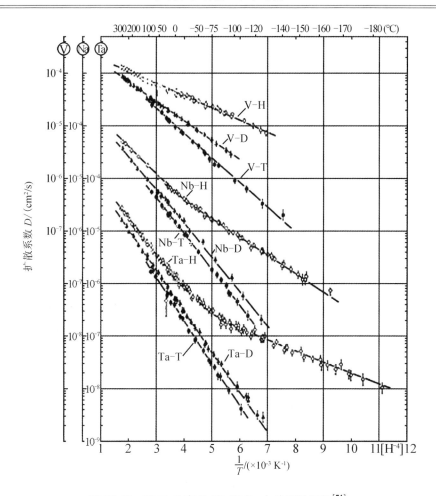

图 16.44　H,D,T 在 V,Nb 和 Ta 中的扩散系数[74]

表 16.9　H,D,T 在 V,Nb 和 Ta 中扩散的 Arrhenius 关系
$D = D_0 \exp(-E_a/kT)$ 中的参数值[74]

| 体系 | $D_0/(\times 10^{-4} \mathrm{cm}^2/\mathrm{s})$ | $E_a/\mathrm{eV}$ |
| --- | --- | --- |
| V – H | 3.1(6) | 0.045(4) |
| V – D | 3.8(8) | 0.073(4) |
| V – T | 5.6(1.4) | 0.094 |
| NbH($T < 250$ K) | 0.9(2) | 0.068(4) |
| NbH($T > 250$ K) | 5.0(1.0) | 0.106(6) |
| Nb – D | 5.2(1.0) | 0.127(6) |
| Nb – T | 4.4(1.4) | 0.133(7) |
| Ta – H($T < 250$ K) | 0.028(1.5) | 0.042(6) |
| Ta – H($T > 250$ K) | 4.2(1.2) | 0.136(9) |
| Ta – D | 3.8(1.0) | 0.153(6) |
| Ta – T | 3.7(1.4) | 0.162(7) |

最近 Messer 等人[145-146]采用 NMR 方法测量了 Nb 中 T 的扩散,并与 Qi 等人所测的图 16.45 中 T 的数据作了比较,两种实验方法得到的结果一致性很好。但在较低温度下 NMR 测得的扩散系数比由 Gorsky 效应得到的值略大,这种现象尚没有很好的解释[146],可能是由于 H 在低温时被捕陷,因此扩散系数比无缺陷样品中的值要低。上面提到的在 BCC 金属中的实验结果目前已能够作出较好的理论解释[146]。但对更高浓度的 $MX_r$ ( X = H, D, T ) 合金中的情况尚难以解释,尽管在合金中也报道了有趣的同位素效应。改进后的理论需要更多氢和金属原子间相互作用以及非谐波条件的精确信息。

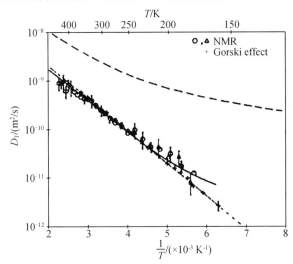

**图 16.45　Nb 中 T 扩散系数的比较[145]**

注: + 代表 Gorsky 效应;○, △ 代表 NMR;虚线表示质子扩散性。

Bownman 等人[148-149]在氢浓度较高的 V 中观测到氢原子的跳跃激活能存在较大的同位素效应。只有当氢浓度 $r = 0.50$,β 相在低于约 378 K 时仍保持晶型不变(见 16.5.2 节)时,才能对 Bownman 等人得到的同位素数据进行对比。在 β 相区,他们测得 T 具有比 H 更高的扩散系数和更低的激活能,这与在很低氢浓度下得到的结果相反(图 16.44 和表 16.9),对此尚没有合适的理论解释[根据参考文献[148]: $VX_{0.5}$ ( X = H, T ) 中,$E_a^T = 0.31$ eV,$E_a^H = 0.41$ eV]。Bownman 认为位于非等价间隙位的 T 原子间的换位过程可以解释 $VT_{0.5}$ 样品中 T 原子较强的扩散能力。

## 16.10.2　氢同位素在稀固溶体 Pd – Fe 合金中的扩散

Sicking 及其合作者[26,150]重新测定了在较高温度范围内 Pd 中 T 的扩散系数,根据新的数据得到的扩散激活能 $E_a$ ( 表 16.10 ) 与根据 H 和 D 的性质所作的预测一致,即 $E_a^H > E_a^D > E_a^T$。在室温下,Pd 中 T 的扩散比 H 和 D 要快,这与第 16.10.1 中讨论的低浓度氢同位素在 V,Nb,Ta 中的扩散规律相反。此外,H,D,T 在 Pd 中的扩散系数也比在 V,Nb,Ta 中的相应值小,这是由于氢同位素在 Pd 中具有更大的扩散激活能。这样,用 Gorsky 效应或渗透实验等技术就很难探测到 FCC 金属中的贯穿过程。另外,β 型氢化物相的析出也给测试带来限制。

**表 16.10　H,D,T 在 Pd 中跳跃频率的 Arrhenius 关系 $\nu = \nu_0 \exp(-E_a/kT)$**
**中的参数值(绝热区,$T > 100$ K)[150,154,155]**

| 体系 | $\nu_0/(\times 10^{12}\,\mathrm{s})$ | $E_a/\mathrm{eV}$ |
|------|------|------|
| Pd – H | 1.9 | 0.23 |
| Pd – D | 1.9 | 0.21 |
| Pd – T | 1.9 | 0.19 |

　　与所有其他 FCC 金属相比,H 在 Pd 中具有最低的扩散激活能,因此 Pd 被看作在 FCC 金属中探测贯穿过程的最合适的金属。使用磁后效应(MAE)技术,可以很容易探测到低于 1 s$^{-1}$ 的跳跃频率。应用 MAE 技术的前提是材料具有铁磁性,且 H 原子位置的对称性低于基体金属晶格。通过在 Pd 中加 Fe 进行合金化能实现这种条件。Pd 晶格中替位 Fe 原子处的 H 的捕陷能低于 10 meV,因此可以认为,根据 Me – X(X = H, D, T)复合体的重新取向测得的同位素效应,能够反映出纯 Pd 中 X(X = H, D, T)的扩散性质。图 16.46 列出了采用不同实验技术测定的 H,D,T 在 $\mathrm{Pd}_{0.95}\mathrm{Fe}_{0.05}$ 和纯 Pd 中的跳跃频率。

　　图 16.46 中可以区分出 3 个具有不同扩散行为的温度范围。高于约 100 K 的温度范围内为绝热区,扩散通过高度重合的组态间的贯穿过程而实现,跳跃频率能够用 Arrhenius 定律描述[式(16.45)]。得到的 3 种同位素的指数前因子 $\nu_0$ 和激活能 $E_a$ 值列于表 16.10。根据前文所述,激活能按 H,D,T 的次序减小,这是由于在鞍点势阱更深,因此在初始和鞍点组态时的局域模式的零点能不同。指数前因子则不存在同位素效应,但其数值低于 Debye 频率 $\nu_\mathrm{D}^\mathrm{Pd} = 6 \times 10^{12}$ s$^{-1}$。

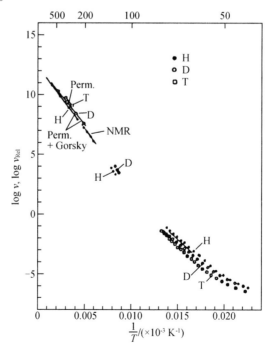

**图 16.46　$\mathrm{Pd}_{0.95}\mathrm{Fe}_{0.05}$ 中 H,D,T 的跳跃频率 $\nu_\mathrm{rel}$ 及 Pd 中 $\nu$ 值[155]**
注:实线的温度范围为 50 K,60 K[157];NMR[156];Perm + Gorsky;Perm[150]。

在 60 ~ 100 K 温度范围内,实验数据也可以用 Arrhenius 定律描述,指数前因子 $D_0$ 和激活能 $E_a$ 的值列于表 16.11。此处,T 具有最高的激活能,这与高于 100 K 时的情况不同。贯穿过程所需的基态之间的晶格激活能近似存在同位素效应。实验观测到的激活能的差异可以用基态和激发态之间的贯穿过程来解释。绝热区和低于 100 K 的温区之间的转变温度按照 H,D,T 的次序向低温偏移。由于 T 的振动能低于 D 和 H,通过激发态的贯穿过程在较低温度下对 T 显得更为重要。

表 16.11　60 ~ 100 K 之间 He,D,T 在 Pd 中跳跃频率的
Arrhenius 关系 $\nu = \nu_0 \exp(-E_a/kT)$ 中的参数值[154-155]

| 体系 | $\nu_0/(\times 10^7\ s)$ | $E_a/eV$ |
|---|---|---|
| Pd – H | 8.3 | 0.13 |
| Pd – D | 0.63 | 0.12 |
| Pd – T | 100 | 0.16 |

在低于 60 K 的温区内,跳跃频率进一步降低。此区域发生的是基态 – 基态间的贯穿过程,尽管此时发生贯穿的基体元素变得更小。要得到更清楚的解释,则需要在更低的温度下进行实验。

### 16.10.3　氢同位素在 Cu 和 Ni 中的扩散

Katz 等人[158]测定了 720 ~ 1 200 K 之间在 Cu 中以及 670 ~ 1 270 K 之间在 Ni 中 H,D,T 的扩散系数。氢饱和的样品被迅速加热至特定温度并在该恒定温度下测定氢解吸,根据 Arrhenius 关系[式(16.45)]得到的 $D_0$ 和 $E_a$ 值列于表 16.12。Katz 等人发现,在所测温度范围内氢同位素的扩散系数符合 $D_T < D_D < D_H$。尽管指数前因子 $D_0$ 符合经典理论($D_0^H/D_0^D = \sqrt{2}$,$D_0^H/D_0^T = \sqrt{3}$),测得的扩散激活能却与经典理论($E_a^H = E_a^D = E_a^T$)不符,700 K 以上在 Cu 和 Ni 中氢同位素的扩散激活能随质量数增加而减小。Katz 等人不得不考虑非谐波贡献以便能够在修正后的速率方程中得到合理的值。

表 16.12　H,D 和 T 在 Cu 和 Ni 中扩散的 Arrhenius 关系 $D = D_0 \exp(-E_a/kT)$ 中的参数值

| 体系 | $D_0/(\times 10^{-3}\ cm^2/s)$ | $E_a/eV$ | 温度范围/K | 参考值 |
|---|---|---|---|---|
| Cu – H | 11.31 ± 0.40 | 0.403 ± 0.003 | 720 ~ 1 200 | 5.158 |
| Cu – D | 7.30 ± 1.5 | 0.382 ± 0.010 | 720 ~ 1 200 | 5.159 |
| Cu – T | 6.12 ± 0.51 | 0.378 ± 0.006 | 720 ~ 1 200 | 5.158 |
| Ni – H | 7.04 ± 0.21<br>0.11 | 0.409 ± 0.002<br>0.350 | 670 ~ 1 270<br>120 ~ 155 | 5.159 |
| Ni – D | 5.27 ± 0.28<br>0.88 | 0.401 ± 0.004<br>0.395 | 670 ~ 1 280<br>125 ~ 160 | 5.158 |
| Ni – T | 4.32 ± 0.21<br>1.7 | 0.395 ± 0.004<br>0.400 | 670 ~ 1 270<br>125 ~ 160 | 5.159 |

Hohler 和 Schreyer[159] 采用磁后效应测定了 H, D, T 在一系列 Ni 基稀固溶体合金中的扩散系数,发现氢同位素原子的跳跃频率与合金原子的种类无关,并认为所测值也适用于纯 Ni 时的情况。在 120 ~ 160 K 之间,跳跃频率符合关系式 $\nu_H \gg \nu_T > \nu_D$,即尽管 T 的活动性远小于 H 原子,却比 D 原子要快。利用式(16.45)的 Arrhenius 等式,以及跳跃频率和扩散系数的关系,计算得到了表 16.12 所示的温度低于 160 K 时的扩散数据。采用修正的经典理论,认为在鞍点的振动频率高于被占据间隙位的值,可以对扩散激活能的反同位素效应作定性解释。尤其是 H 在 Ni 中的扩散行为,必须分为高温和低温两种情况加以讨论,因为在不同温度区间的扩散行为不能用同一个 Arrhenius 等式描述。Ni 中 T 的扩散没有发现这种情况,这是由于 T 的质量数较大,与 H 相比,在很低的温度下发生的贯穿过程变得更为重要。在特定温度范围内观测到的扩散系数关系 $D_H \gg D_T > D_D$ 是由 3 种氢同位素具有不同的扩散行为转变温度所引起的。对上述实验现象的一个定性解释为高温下,跨越能垒的过程占支配地位,而在低温下,具有较小激活能和指数前因子的贯穿效应变得重要。

Hauck[160] 采用不同 H 和 D 的晶体场稳定性,解释了 H 和 D 在 Pd, Cu, Ni 中激活能的反同位素效应,以及在 V, Nb, Ta 中的常规同位素效应。根据其理论,Hauck 认为还可以解释 H 和 D 在很多物理量中的常规和反常同位素效应,比如,M – X(X = H, D)力学常数、M – X(X = H, D)系统超导转变温度、混溶隙以及固溶性质等,并能部分解释相应的浓度依赖关系。

# 16.11　氢同位素在 V, Nb, Ta 中引起的晶格肿胀

在大量金属、合金或金属玻璃中发现,吸入每个氢原子引起的体膨胀($\Delta v$)平均约为 $2.9 \times 10^{-3}$ nm$^3$[161],且与氢浓度无关(至少低浓度时如此),这与氢的偏摩尔体积为 1.7 cm$^3$ · mol$^{-1}$ 一致。通常,每个溶解氢原子引起的体积变化 $\Delta v$ 被基体晶格原子的原子体积 $\Omega$ 所规范化。吸氢前的体积 $V$ 由如下简单关系式得到:$V = N\Omega$,吸氢引起的宏观体积变化 $\Delta V$ 由下式给出:$\Delta V = n\Delta v$(式中 $N$ 和 $n$ 分别表示晶格原子和氢原子数量),则氢浓度 $r = n/N$。据此,吸氢引起的体膨胀可以用下式表示:

$$\frac{\Delta V}{V} = r \frac{\Delta v}{\Omega} \tag{16.47}$$

其中,等号左侧部分可由实验测定体积、长度变化 $\Delta L/L$($3\Delta L/L = \Delta V/V$)或晶格常数变化 $3\Delta a/a$($3\Delta a/a = \Delta V/V$)来确定。长度和晶格参数变化的测量精度可以非常高,因此 $\Delta v/\Omega$ 的实际值在大部分情况下取决于氢浓度 $r$ 的测量精度。

另一种方法是测定吸氢过程引起的密度改变,使用微量天平来测量样品在空气和液体中的质量。$\Delta v/\Omega$ 的值由下式计算得到,即

$$\rho'/\rho = 1 - (\Delta v/\Omega - A'/A)r \tag{16.48}$$

其中,$\rho'$ 和 $\rho$ 分别为金属吸氢前后的密度;$A'$ 和 $A$ 分别为固溶的氢同位素和金属原子的

相对质量数。

　　参考文献[162]报道了采用浮力法对 V, Nb, Ta 的稀固溶体氢化物、氘化物和氚化物所进行的精确密度测量。密度数据的误差在很低的范围内。为提高测量精确度,使用的样品量较大,约为 16～25 g。由于氚较宝贵,吸氚实验中所用样品量较少,约为几克。图 16.47 给出了测量结果,得到的 $\Delta v/\Omega$ 的值列于表 16.13。

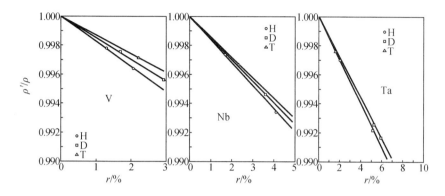

**图 16.47　VX$_r$、NbX$_r$ 和 TaX$_r$(X = H, D, T)样品的密度比值**

**$\rho'/\rho$ 对氢浓度 $r$ 的函数关系[162]**

注:$\rho(\rho')$ 是吸氢同位素前(后)的密度。

**表 16.13　采用精确密度测量得到的 H, D, T 在**

**V, Nb, Ta 中的 $\Delta v/\Omega$ 值[162]**

|  | H | D | T |
| --- | --- | --- | --- |
| V | 0.196(3) | 0.191(3) | 0.188(4) |
| Nb | 0.172(1) | 0.1695(10) | 0.175(3) |
| Ta | 0.154(1) | 0.152(1) | 0.156(3) |

　　样品吸入的 H$_2$ 和 D$_2$ 纯度高于 99.7%,T$_2$ 中 H, D, T 的原子分数分别为 0.02, 0.03, 0.95。图 16.47 表明,随着 H 含量的增加,3 种样品密度呈线性减小,与式(16.48)相符。由表 16.13 可见,$\Delta v/\Omega$ 的值在 Nb 和 Ta 中并未发现有明显的同位素效应,这与 Pfeiffer 和 Peisl[163]的报道有些出入,他们报道的 H 引起的晶格肿胀量比 D 高出约 8%。在 V 中观测到 H, D, T 的偏摩尔体积仅存在微弱的同位素效应,即随 H 同位素质量数的增加,体膨胀有微弱下降。不同小组测得的 $\Delta v/\Omega$ 值的比较示于图 16.48。

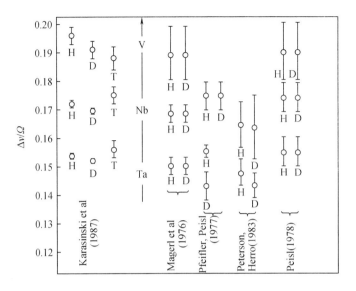

图 16.48　采用精确密度测量得到的相对体积变化
$\Delta v/\Omega$ 值[162] 与以前实验结果的比较

## 参考文献

[1]　WICKE E, BRODOWSKY H, ZÜUCHNER H. Hydrogen in melals II [M]. Berlin: Springer – Verlag, 1978.

[2]　LEWIS F A. The palladium – hydrogen system[J]. Platinum Met Rev, 1982,26: 20.

[3]　FLANAGAN T B, OATES W A. Transition metal hydride[J]. Adv Chem, 1978, 167: 283.

[4]　SIEVERTS A, ZAPF G. The solubility of deuterium and of hydrogen in solid palladium [J]. Z Phys Chem, 1935,174A: 359.

[5]　SIEVERTS A, DANZ W. The solubility of deuterium and hydrogen in solid palladium III [J]. Z Phys Chem, 1937,38: 46.

[6]　GILLESPIE L J, DOWNS W R. The palladium – deuterium equilibrium[J]. J Am Chem Soc, 1939,61: 2496.

[7]　WICKE E, NERNSC G H. Zustandsdiagramm und thermodynamisches verhalten der systeme Pd – H₂ und Pd – D₂ bei normalen temperaturen – H – D – trenneffekte[J]. Ber Bunsenges Phys Chem,1964, 68: 224.

[8]　BRODOWSKY H. Das System palladium/wasserstoff [J]. Z Phys Chem, 1965, 44: 129.

[9]　FRIESKE H, WICKE E. Magnetic susceptibility and equilibrium diagram of PdH$_n$[J]. Ber Bunsenges Phys Chem[J]. 1973,77: 48.

[10]　CLEWLEY J D, CURRAN T, FLANAGAN T B,et al. Thermodynamic properties of hydrogen and deuterium dissolved in palladium at low concentrations over a wide tempera-

ture range[J].J Chem Soc Faraday Trans, 1973, 169: 449.

[11]　OATES W A, FLANAGAN T B. Isotope effect for the solution of hydrogen in metals: application to Pd/H(D) [J].J Chem Soc Faraday Trans, 1977,173: 407.

[12]　BOUREAU G, KLEPPA O J, DANTZER P. High - temperature thermodynamics of palladium – hydrogen. I. Dilute solutions of $H_2$ and $D_2$ in Pd at 555 [J]. J Chem Phys, 1976,64: 5247.

[13]　BOUREAU G, KLEPPA O J. High temperature thermodynamics of palladium – hydrogen. II. Temperature dependence of partial molar properties of dilute solutions of hydrogen in the range 500 ~ 700 K[J]. J Chem Phys, 1976, 65: 3915 .

[14]　PICARD C, KLEPPA O J, BOUREAU G. A thermodynamic study of the palladium – hydrogen system at 245 ~ 352 ℃ and at pressures up to 34 atm[J]. J Chem Phys, 1978, 69: 5549.

[15]　LABES C, MCLELLAN R B. Thermodynamic behavior of dilute palladium – hydrogen solid solutions[J]. Acta Metall, 1978,26: 893.

[16]　KUJI T, OATES W A, BOWERMAN B S, et al. The partial excess thermodynamic properties of hydrogen in palladium[J]. J Phys F, 1983,13: 1785.

[17]　WICKE E, BLAUROCK J. Equilibrium and susceptibility behavior of the $Pd/H_2$ system in the critical and supercritical region[J]. Ber Bunsenges Phys Chem, 1981, 85: 1091.

[18]　FEENSTRA R, GRIESSEN R, GROOT D G. Hydrogen induced lattice expansion and effective H – H interaction in single phase $PdH_c$[J]. J Phys F 1, 1986,6: 1933.

[19]　FAVREAU R L, PATTERSON R E, RANDALL D, et al. Report No. KAPL – 1036 [R]. Knolls Atomic Power Laboratory, U.S. AEC, 1954.

[20]　SCHMIDT S, SICKING G. Solubility isotherms of tritium in palladium at low equilibrium pressures B. M. landsberg [J]. The Microwave Spectrum of Methyl Selenocyanate (CH$_3$SeCN), Z. Naturforsch, 1978,33A: 1328.

[21]　LÄSSER R. Palladium – tritium system[J]. Phys Rev, 1982,B26: 3517.

[22]　LÄSSER R, KLATT K H. Solubility of hydrogen isotopes in palladium[J]. Phys Rev B, 1983,28: 748.

[23]　LÄSSER R. Solubility of protium, deuterium, and tritium in the α phase of palladium [J]. Phys Rev B, 1984,29: 4765.

[24]　LÄSSER R. Solubility of tritium in palladium at low concentration[J]. J Phys F, 1984, 14: 1975

[25]　BOWMAN R C, CARLSON R S, ATTALLA A, et al. Proc symp on tritium technology related to fusion reactor systems [C]. Gatlinburg Tenn: Oak Ridge National Lab. , 1975: 89.

[26]　SICKING G. Isotope effects in metal – hydrogen systems[J]. J Less – Common Metals,

1984,101: 169.

[27]　LSSER R. Nichtmetalle in metallen[J]. Deutschie Gesellschaft für Metalkunde E. V. , 1987: 25.

[28]　LSSER R, POWELL G L. Solubility of H, D, and T in Pd at low concentrations[J]. Phys Rev B, 1986,34: 578.

[29]　POWELL G L. Solubility of hydrogen and deuterium in a uranium – molybdenum alloy [J]. J Phys Chem, 1976,80: 375.

[30]　RUSH J J, ROWE J M, RICHTER D. Direct determination of the anharmonic vibrational potential for H in Pd[J]. Z Phys B, 1984, 55: 283.

[31]　EBISUZAKI Y, O'KEEFFE M. Progress in solid state chemistry,vol. 4 [C]. New York: Pergamon, 1967:187.

[32]　EBISUZAKI Y, KASS W J, O'KEEFFE M. Isotope effects in the diffusion and solubility of hydrogen in nickel [J]. J Chem Phys, 1967,46: 1373.

[33]　EBISUZAKI Y, KASS W J, O'KEEFFE M. Solubility and diffusion of hydrogen and deuterium in platinum[J]. J Chem Phys, 1968, 49: 3329.

[34]　HEMPELMANN R, RICHTER D, PRICE D L. High – energy – neutron vibrational spectroscopy on $\beta$ – $VH_2$[J]. Phys Rev Lett, 1987,58: 1016.

[35]　LSSER R. Properties of tririum and He in metals[J]. J Less – Common Metals, 1987, 131: 263.

[36]　FLANAGAN T B, KUJI T, OATES W A. The effect of isotopic substitution on the $\alpha$ – $\alpha'$ phase transition in metal – hydrogen systems[J]. J Phys F, 1985,15: 2273.

[37]　OATES W A, LESSER R, KUJI T, et al. The effect of isotopic substitution on the thermodynamic properties of palladium – hydrogen alloys[J]. J Phys Chem Solids, 1986, 47: 42.

[38]　GEERKEN B M, GRIESSEN R, HUISMAN L M, et al. Contribution of optical phonons to the elastic – moduli of $Pdh_x$ and $Pdd_x$[J]. Phys Rev B, 1982,26: 1637.

[39]　LESSER R. Tritium in Metals[J]. Z Phys Chem NF, 1985,143: 23.

[40]　WICKE E. Some present and future aspects of metal – hydrogen systems [J]. Z Phys Chem NF, 1985,143: 1 .

[41]　BRODOWSKY H, PSCHEL E. Wasserstoff in palladium/silber – legierungen[J]. Z Phys Chem, 1965,44: 143.

[42]　BUCK H. Jul – report – 722FF [R]. Julich: Kernforschungsanlage, 1970.

[43]　HOLLECK G L. Diffusion and solubility of hydrogen in palladium and palladium – silver alloys[J]. J Phys Chem, 1970, 74: 503.

[44]　GALLAGHER P T, OATES W A. Vibrational entropies of hydrogen in palladium – silver – hydrogen alloys by the isotopic solubility ratio method[J]. J Phys Chem Solids, 1971,

32: 2105.

[45] BUCK H, ALEFELD G. Hydrogen in palladium – silver in the neighbourhood of the criti-
cal point[J]. Phys Status Solidi B, 1972, 49: 317.

[46] BOUREAU G, KLEPPA O J, HONG K C. A thermodynamic study of dilute solutions of
hydrogen and deuterium in Pd0.9Ag0.1at 555 and 700 K[J]. J Chem Phys, 1977, 67:
3437.

[47] BOUREAU G, KLEPPA O J, ANTONIOU P D. Thermodynamic aspects of hydrogen mo-
tions in dilute metallic solutions[J]. J Solid State Chem, 1979, 28: 223.

[48] PICARD C, KLEPPA O J, BOUREAU G. High temperature thermodynamics of the solu-
tions of hydrogen in palladium – silver alloys[J]. J Chem Phys, 1979, 70: 2710.

[49] LOSS W. Dissertation [N]. Universitt Miinchen, 1976.

[50] BLAUROCK J. Dissertation [N]. Universitt Munster, 1985.

[51] YOSHIHARA M, MCLELLAN R B. The thermodynamics of PD – AgH ternary solid solu-
tions[J]. Acta Metal. , 1985, 33: 83.

[52] LÄESSER R, POWELL G L. Solubility of protium, deuterium and tritium in palladium –
silver alloys at low hydrogen concentrations [J]. J Less – Common Metal, 1987,
130: 387.

[53] CHOWDHURY M R, ROSS D K. A neutron scattering study of the vibrational modes of
hydrogen in the β – phases of Pd – H, Pd – 10Ag – H and Pd – 20Ag – H[J]. Solid State
Commun, 1973, 13: 229.

[54] FRATZL P, BLASCHKO O, WALKER E. Lattice dynamics and phonon line shapes of
Pd0.9Ag0.1D0.61 at 100 K[J]. Phys Rev B, 1986, 34: 164.

[55] LÄSSER R, POWELL G L. Solubility of Tritium in Pd – YAg Alloys( Y = 0.00, 0.10,
0.20, 0.30) [J]. Fusion Technology, 1988, 14: 695.

[56] OATES W A, RAMANATHAN R. Proc 2nd int cong on hydrogen in metals [C]. Paris:
Pergamon Press, 1977: 3, 2A, 11:1.

[57] GRIESSEN R. Hydrogen in disordered and amorphous solids [C]. New York: Plenum,
1986, 136: 153.

[58] VELECKIS E. Decomposition pressures in the (α + β) fields of the Li – LiH, Li – LiD,
and Li – LiT systems[J]. J Nucl Mater, 1979, 79: 20.

[59] BEGUN G M, LAND J F, BELL J T. High temperature equilibrium measurements of the
yttrium – hydrogen isotope ($H_2$, $D_2$, $T_2$) systems[J]. J Chem Phys, 1980, 72: 2959.

[60] RUSH J J, FLOTOW H E, CONNOR D W, et al. Vibration spectra of yttrium and urani-
um hydrides by the inelastic scattering of cold neutrons [J]. J Chem Phys, 1966,
45: 3817.

[61] BLEICHERT H P. JuL – report – 2005 [R]. Julich: Kernforschungsanlage, 1985.

［62］　MEUFFELS P. JuL－report －2081［R］. Julich: Kernforschungsanlage, 1986.

［63］　VELECKIS E, EDWARDS R K. Thermodynamic properties in the systems vanadium－ hydrogen, niobium－hydrogen, and tantalum－hydrogen［J］. J Phys Chem, 1969, 73: 683.

［64］　KLEPPA O J, DANTZER P, MELCHINAK M E. High－temperature thermodynamics of the solid solutions of hydrogen in BCC vanadium, niobium, and tantalum［J］. J Chem Phys, 1974,61: 4048.

［65］　WARD J W. Handbook on the physics and chemistry of the actinides［M］. Amsterdam: Elsevier, 1985: 1.

［66］　ALEFELD G, VOLKL J. Hydrogen in metals I & II［M］. Berlin: Springer－Verlag, 1978.

［67］　SOMENKOV V A, SHILSHTEIN S S. Phase transitions of hydrogen in metals［J］. Progress in Mater Sci, 1980,24: 267.

［68］　SCHOBERT, WENZL H. Hydrogen in Metals II［M］. Berlin: Springer－Verlag, 1978.

［69］　ALEFELD G. Hydrogen in metals, example of a lattice gas with phase transformation ［J］. Phys Status Solidi, 1969, 32: 67.

［70］　LSSER R. Isotope dependence of phase boundaries in the PdH, PdD, and PdT systems ［J］. J Phys Chem Solids, 1985, 46: 33.

［71］　LESSER R, Powell G L. Hydrogen in disordered and amorphous solids［C］. New York: Plenum, 1986, 387.

［72］　LSSER R, BICKMANN K. Determination of the terminal solubility of tritium in vanadium ［J］. J Nucl Mater, 1984, 126: 234.

［73］　BOWMAN R C, ATTALLA A, TADLOCK W E,et al. NMR－Study of Phase－Trasinin $VTO_{0.50}$ and$VT_{0.75}$［J］. Scripta Metall, 1982, 16: 933.

［74］　QI Z, VOIKI J, LSSER R, et al. Tritium diffusion in V, Nb and Ta［J］. J Phys F, 1983,13: 2053.

［75］　LÄSSER R, SCHOBER T. The phase diagram of the vanadium－tritium system［J］. J Less－Common Met, 1987, 130: 453.

［76］　LÄSSER R, BICKMANN K. Phase diagram of the Nb－T system［J］. J Nucl Mater, 1985,132: 244.

［77］　BLASCHKO O, KLEMENCIC R, WEINZIERL P, et al. Structural changes in $PdD_x$ in the temperature region of the 50 K anomaly［J］. Acts Crystallogr A, 1980, 36: 605.

［78］　BLASCHKO O, FRATZL P, KLEMENCIC R. Model for the structural changes occurring at low temperatures in $PdD_x$. II. Extension to lower concentrations［J］. Phys Rev, 1981, 24: 6486.

［79］　BLASCHKO O. Structural features occurring in $PdD_x$ within the 50 K anomaly region［J］. J Less－Common Metals, 1984, 100: 307.

[80] LÄSSER R, KLATT K H, MECKING P, et al. JuL – report – 1800 [R]. Julich：Kern-forschungsanlage, 1982.

[81] SMITH J F, PETERSON D T. Bulletin of alloy phase diagrams[J]. The DV system and HV system,1982,3：49 ,55.

[82] SCHOBER T. Electronic structure and properties of hydrogen in metals [M]. New York：Plenum, 1983：1.

[83] ALEFELD G, VOLKL J, SCHAUMANN G. Elastic diffusion relaxation[J]. Phys Status Solidi, 1970, 37：337.

[84] VOLKL J, ALEFELD G. Anelasticity due to long – range diffusion[J]. Z Phys Chem NF, 1979,114：123.

[85] HELLER R, WIPF H. Diffusion coefficient, heat of transport, and solubility limit of H in V[J]. Phys Status Solidi A, 1976, 33：525.

[86] SCHOBER T, CARL A. A differential thermal analysis study of the vanadium – hydrogen system[J]. Phys Status Solidi A, 1977, 43：443.

[87] SCHOBER T. Vanadium – deuterium：calorimetry and phase diagram[J]. Scripta Metall, 1978,12：549.

[88] PEISL H. Hydrogen in metals I [M]. Berlin：Springer – Verlag, 1978.

[89] FLANAGAN T B, SCHOBER T, WENZL H. Solvus behavior of the vanadium – hydrogen and deuterium systems[J]. Acta Metall, 1985,33：685.

[90] HALL C K. Electronic structure and properties of hydrogen in metals [M]. New York：Plenum, 1983.

[91] FLANAGAN T B, OATES W A, KISHIMOTO S. Solvus thermodynamics of metal – hydrogen interstitial solutions[J]. Acta Metall, 1983, 31：199.

[92] ENTIN I R, SOMENKOV V A, SHIL'SHTEIN S S. Isotopic effect in the ordering temperature of hydrogen in metals[J]. Sov Phys Solid St, 1975,16：1569.

[93] SMITH J F. Bull[J]. Alloy Phase Diagrams, 198, 4：39 .

[94] WENZL H, WELTER J M. Current topics in material science I [M]. Amsterdam：Elsevier, 1978,603.

[95] ZABEL H. Dissertation [D]. Universitt München, 1978.

[96] ZABEL H, PEISL J. The incoherent phase transitions of hydrogen and deuterium in niobium[J]. J Phys F, 1979, 9：1461.

[97] WELTER J M, PICK M A, SCHOBER T, et al. Proc 2nd int cong on hydrogen in metals [C]. Paris：Pergamon Press, 1977：3.

[98] FUJITA K, HUANG Y C, TADA M. Studies on the equilibria of Ta – H, Nb – H, and VH systems[J]. J Jpn Inst Met, 1979, 43：601.

[99] KUJI T, FLANAGAN T B. The effect of isotopic substitution on the critical temperature

of the niobium – hydrogen system[J]. J Phys F, 1985, 15: 59.

[100] KBLER U, WELTER J M. Low temperature susceptibility and phase diagrams of the Nb – H and Ta – H systems[J]. J Less – Common Metals, 1982,84: 255.

[101] ZAG W. Dissertation, stuttgart: max – planck – institut für metallforschung[J]. Institute für Physik, 1985.

[102] CRAFT A, KUJI T, FLANAGAN T B. Thermodynamics, isotope effects and hysteresis for the triple – point transition in the niobium – hydrogen system[J]. J Phys F, 1988, 18: 1149.

[103] RICHTER D, SHAPIRO S M. Study of the temperature dependence of the localized vibrations of H and D in niobium[J]. Phys Rev B, 1980, 22: 599.

[104] HEMPELMANN R, RICHTER D, KOLLMAR A. Localized vibrations of H and D in Ta and their relation to the H(D) potential[J]. Z Phys B, 1981, 44: 159.

[105] ECKERT J, GOLDSTONE J A, TONKS D, et al. Inelastic neutron scattering studies of vibrational excitations of hydrogen in Nb and Ta[J]. Phys Rev B, 1983,27: 1980.

[106] RUSH J J, MAGERL A, ROWE J M, et al. Tritium vibrations in niobium by neutron spectroscopy[J]. Phys Rev B, 1981, 24: 4903.

[107] PENNINGTON C W, ELLEMAN T S, VERGHESE K. Tritium release from niobium [J]. Nucl Technol, 1974, 22: 405.

[108] SATTERTHWAITE C B, TOEPKE I L. Superconductivity of hydrides and deuterides of thorium[J]. Phys. Rev Lett, 1970,25: 741.

[109] SKOSKIEWICZ T. Superconductivity in the palladium – hydrogen and palladium – nickel – hydrogen systems[J]. Phys Status Solidi A, 1972,11: K123.

[110] STRITZKER B, BUCKEL W. Superconductivity in the palladium – hydrogen and the palladium – deuterium systems[J]. Z Physik, 1972,257: 1.

[111] SCHIRBER J E, MINTZ J M, WALL W. Superconductivity of palladium tritide[J]. Solid State Commun, 1984,52: 837.

[112] SCHIRBER J E, NORTHRUP C J M. Concentration dependence of the superconducting transition temperature in $PdH_x$ and $PdD_x$[J]. Phys Rev B, 1974, 10: 3828.

[113] MCMILLAN W L. Transition temperature of strong – coupled superconductors[J]. Phys Rev, 1968, 167: 331.

[114] GANGULY B N. High frequency local modes, superconductivity and anomalous isotope effect in PdH(D) systems[J]. Z Phy, 1973,265: 433.

[115] MILLER R J, SATTERTHWAITE C B. Electronic model for the reverse isotope effect in superconducting Pd – H(D) [J]. Phys Rev Lett, 1975,34: 144.

[116] PAPACONSTANTOPOULOS D A, KLEIN B M, ECONOMOU E N, et al. Band structure and superconductivity of $PdD_x$ and $PdH_x$[J]. Phys Rev B, 1978,17: 141.

[117] ALLEN P B, DYNES R C. Transition temperature of strong – coupled superconductors reanalyzed[J]. Phys Rev B, 1975, 12: 905.

[118] ROWE J M, RUSH J J, SMITH H G, et al. Lattice dynamics of a single crystal of $PdD_{0.63}$[J]. Phys Rev Lett, 1974, 33: 1297.

[119] RAHMAN A, SKOLD K, PELIZZARI C, et al. Phonon spectra of nonstoichiometric palladium hydrides[J]. Phys Rev B, 1976, 14: 3630.

[120] GRIESSEN R, GROOT D G. Effect of anharmonicity and debye – waller factor on the superconductivity of $PdH_x$ and $PdD_x$[J]. Helv Phys Acta, 1982, 55: 699.

[121] JENA P, JONES J, NIEMINEN R M. Effect of zero – point motion on the superconducting transition temperature of PdH(D) [J]. Phys Rev B, 1984, 29: 4140.

[122] MAGERL A, STUMP N, WIPF H, et al. Interstitial position of hydrogen in metals from entropy of solution[J]. J Phys Chem Solids, 1977, 38: 683.

[123] SPRINGER T, Hydrogen in Metals I [M]. Berlin: Springer – Verlag, 1978.

[124] ROWE J M, RUSH J J, SCHIRBER J E, et al. Isotope effects in the PdH system: lattice dynamics of $PdT_{0.7}$[J]. Phys Rev Lett, 1986, 57: 2955.

[125] BAKKER H L M, VAN S M, GRIESSEN R. Isotope effect in electron scattering by H or D in palladium[J]. J Phys F, 1985, 15: 63.

[126] BAKKER H L M. Dissertation [D]. Amsterdam: Vrije Universiteit, 1985.

[127] BAKKER H L M, GRIESSEN R, KOEMAN N J, et al. Electronic contribution to the isotope effects in $PdH_x$, $PdD_x$ and $PdT_x$[J]. J Phys F, 1986, 16: 721.

[128] WICKE E. Electronic structure and properties of hydrides of 3d and 4d metals and intermetallics[J]. J Less – Common Metals, 1984, 101: 17.

[129] WERT C, ZENER C. Interstitial atomic diffusion coefficients[J]. Phys Rev, 1949, 76: 1169.

[130] VINEYARD G H. Frequency factors and isotope effects in solid state rate processes[J]. J Phys Chem Solids, 1957, 3: 121.

[131] LE CLAIRE A D. Some comments on the mass effect in diffusion[J]. Philos Mag, 1966, 14: 1271.

[132] EBISUZAKI Y, KASS W J, O'KEEFFE M. Quantum mass effects in diffusion[J]. Philos Mag, 1967, 15: 1071.

[133] KATZ L, GUINAN M, BORG R J. Diffusion of $H_2$, $D_2$, and $T_2$ in single – crystal Ni and Cu[J]. Phys Rev B, 1971, B4: 330.

[134] KEHR K W. Hydrogen in metals I [M]. Berlin: Springer – Verlag, 1978.

[135] FLYNN C P, STONEHAM A M. Quantum theory of diffusion with application to light interstitials in metals[J]. Phys Re B. 1970, Q1: 3966.

[136] STONEHAM A M. Exotic atoms 79 [M]. New York: Plenum, 1980.

[137] KAGAN Y, KLINGER M I. Theory of quantum diffusion of atoms in crystals[J]. J Phys C, 1974,7: 2791.

[138] EMIN D, BASKES M I, WILSON W D. Small – polaronic diffusion of light interstitials in BCC metals[J]. Phys Rev Lett, 1979,42: 791.

[139] KOKKINIDIS M. Dissertation [N]. Munchen: Technische Universitat, 1977.

[140] SCHAUMANN G, VLKL J, ALEFELD G. Relaxation process due to long – range diffusion of hydrogen and deuterium in niobium[J]. Phys Rev Lett, 1968,21: 891.

[141] FREUDENBERG U, VLKL J, BRESSERS J, et al. Influence of impurities on the diffusion coefficient of hydrogen and deuterium in vanadium[J]. Scripta Metall., 1978,12: 165.

[142] MATUSIEWICZ G, BIRNBAUM H K. The isotope effect for the diffusion of hydrogen in niobium[J]. J Phys F, 1977, 7: 2285.

[143] SICKING G, BUCHOLD H. Untersuchungen zur diffusion von tritium in übergangsmetallen[J]. Z Naturforsch A, 1971, 26: 1973.

[144] SUGISAKI M, FURUYA H, MUKAI S. Temperature dependence of $Q$ for protium, deuterium and tritium in niobium[J]. J Less – Common Metals, 1985, 107: 79.

[145] MESSER R, HOPFEL D, SCHMIDT C, et al. Nuclear magnetic resonance studies of hydrogen diffusion and trapping in niobium[J]. Z Phys Chem NF, 1985, 145: 179.

[146] MESSER R, BLESSING A, DAIS S, et al. Nuclear magnetic resonance studies of hydrogen diffusion, trapping, and site occupation in metals[J]. Z Phys Chem NF Suppl. H, 1986,2: 61.

[147] TEICHLER H, KLAMT A. Quantitative theory of hydrogen diffusion in niobium and tantalum[J]. Phys Lett A, 1985, 108: 281.

[148] BOWMAN R C, ATTALLA A, CRAFT B D. Unusual isotope effects for diffusion in $VH_{0.50}$ and $VT_{0.50}$[J]. Scripta Metall, 1983, 17: 937.

[149] BOWMAN R C, ATTALLA A, CRAFT B D. Isotope effects and helium retention behavior in vanadium tritide[J]. Fusion Technol, 1985, 8: 2366.

[150] SICKING G, GLUGLA M, HUBER B. Diffusion of tritium in cold – worked palladium [J]. Ber Bunsenges Phys Chem, 1983, 87: 418.

[151] KRONMULLER H. Hydrogen in Metals I [M]. ALEFELD G, VOLKL J. Topics appl phys. Berlin: Springer – Verlag, 1978.

[152] KRONMULLER H. Nachwirkung in ferromagnetika [M]. Berlin: Springer – Verlag, 1968.

[153] HOHLER B, KRONMULLER H. Low – temperature isotope effect of hydrogen diffusion in FCC metals and alloys[J]. Philos Mag, 1981,43: 1189.

[154] KRONMULLER H, HIGELIN G, VARGES P, et al. Low temperature diffusion of hydrogen isotopes and the formation of diatomic complexes in diluted, Ni –, Fe –, and Pd –

Alloys[J]. Z Phys Chem NF, 1985,143: 143.

[155] HIGELIN G, KRONMULLER H, LÄSSER R. Low – temperature magnetic aftereffects of hydrogen isotopes in diluted PdFe alloys[J]. Phys Rev Lett, 1984,53: 2117.

[156] ARONS R R, BOHN H G, LUTGEMEIER H. Investigation of the diffusion of hydrogen in palladium by means of spin – lattice relaxation in the rotating frame[J]. Solid State Commun, 1974, 14: 1203 – 1205.

[157] ALEFELD G, VOLKL J. Hydrogen in Metals I [M]. ALEFELD G, VOLKL J. Topics appl phys,28. Berlin: Springer – Verlag, 1978.

[158] HOHLER B, SCHREYER H. Diffusion of hydrogen, deuterium and tritium in face – centred cubic metals at low temperatures[J]. J Phys F, 1982,12: 857.

[159] HAUCK J. Isotope effects for hydrogen diffusion in transition metals[J]. Z Physik Chemie NF, 1979,114: 165.

[160] FRIES S M,WAGNER H G, CAMPBELL S J, et al. Hydrogen in amorphous Zr76Fe24 [J]. J Phys F, 1985,15: 1179.

[161] KARASINSKI T, PATZELT K, DIEKER C, et al. JuL – Report – 2136 [R]. Julich: Kernforschungsanlage, 1987.

[162] PFEIFFER H, PEISL H. Lattice expansion of niobium and tantalum due to dissolved hydrogen and deuterium[J]. Phys Lett A, 1977,60: 363.

[163] MAGERL A, BERRE B, ALEFELD G. Changes of the elastic constants of V, Nb, and Ta by hydrogen and deuterium[J]. Phys Status Solidi, 1976,A36: 161.

[164] PETERSON D T, HERRO H M. Partial molar volumes of hydrogen and deuterium in niobium, vanadium, and tantalum[J]. Met Trans A, 1983, 14: 17.

# 第 17 章 氚和金属氚化物中的 $^3$He

在临氚材料、金属氚化物、加速器、裂变和聚变反应堆核系统结构及功能材料中都有 He 同位素生成。He 聚集将使材料性能恶化,影响部件的使用寿命,金属材料中的 He 效应深受人们关注。

本书第 2 编已详细论述了金属中 He 的位形和能量,这里仅简要提及相关内容以便与金属氚化物中的 He 行为相对照。

氚衰变不产生晶格损伤,因为 $^3$He 原子的反冲能仅为 0.434 eV,远低于生成 Frenkel 缺陷需要的能量,而且大样品也能均匀充氚。仅用简单含氚金属就能研究随 $^3$He 浓度增加产生的有趣的物理参数变化。为了计算 $^3$He 浓度,需要了解氚在材料中的分布。因为材料吸收的氚浓度是依据测量系统压力降或样品的质量变化计算的,是平均浓度。在样品为两相组成、存在氚捕陷以及生成位错的情况下,样品中的氚浓度不均匀。运用氚衰变样品的缺点是:仅适用易氢化的材料;需要很长的时间才能获得较高的 He 浓度,1 年内(旧)仅有大约5.5%(0.46%)的初始氚浓度转变成 $^3$He;氚和 $^3$He 原子存在交互作用;高辐射性样品必须经过处理。

为了研究 He 的影响,可以采用核反应堆、离子注入或氚魔术(Trifinm Frick)[1]等方法向金属中引入 He。离子注入将导致金属晶格损伤,除非应用亚阈注入。亚阈注入的缺点是仅在样品表面薄层(大约 10 nm)被 He 掺杂。金属晶格损伤的阈值能量为 10~40 eV[2]。因此,对于轻金属和重金属,注入 He 离子的亚阈能量为 50~400 eV。使用亚阈注入工艺向重金属注 He 时应避免金属表面受低原子序数元素污染,例如 O,C,S 等。反应堆中的大样品通过 $(n,\alpha)$ 反应掺杂 He,很少使用高压 He 气充 He。在 He 气压高至 3 000 bar 的环境下已成功向 Au 中引入了 He[3],并获得了 He 浓度与压力间的线性关系,但在 Ni 中没有获得成功[4-5]。

## 17.1 金属中 He 的基本性质

### 17.1.1 金属中 He 的能量

金属中单个 He 原子或小原子团的能量是诱发 He 效应的基础。为了了解 He 导致的宏观性质变化,需要知道 He 原子在完整和非完整晶格中的能量。这些能量决定金属中 He 原子的溶解度、迁移路径、被缺陷捕陷、捕陷转换、He 的自捕陷和 He 泡形成早期的行为。理论上讲,已经成功通过不同层次的计算模拟得到了这些能量的参考数值。虽然这些数值仍有很大的不确定性,但金属晶格中 He 原子性质的一些基本结论还是比较可靠的。

间隙溶解 He 的形成能通常高于替位溶解 He 的形成能。这主要是因为 He 原子与晶格空位的结合能较高。热平衡条件下间隙位 He 的浓度 $c(\mathrm{HeI})$ 比空位 He 的浓度 $c(\mathrm{HeV})$ 低得多。甚至对于比较有利的替换位溶解，其平衡浓度也非常低。$c(\mathrm{HeV})$ 由理想气体行为得出。例如，对于 Ni 晶格中具有 1 010 Pa 压力的 1 个 He 泡，1 500 K 时平衡态 He 原子浓度大约为 $10^{-10}$。十分低的溶解度意味着极强的成团、成泡倾向，正是这种性质对金属的力学性质有害。

## 17.1.2　金属中 He 的热力学溶解度

前文中图 13.13 所示为金属中 He 原子的位形和能量。从图中可以看到，间隙 He 原子的形成能 $E_\mathrm{I}^\mathrm{f}$ 很高，远大于空位的形成能 $E_\mathrm{V}^\mathrm{f}$，He 原子移入预存空位的能量较低，与空位的结合能（$E_\mathrm{V}^\mathrm{b}$）较大；间隙 He 原子的迁移能（$E_\mathrm{I}^\mathrm{m}$）很低，一旦 He 原子进入间隙，它很容易迁移和被空位捕陷；替位 He 原子的形成能（$E_\mathrm{S}^\mathrm{f}$）远低于间隙 He 原子的形成能（$E_\mathrm{S}^\mathrm{f} \ll E_\mathrm{I}^\mathrm{f}$），意味着金属中替位 He 浓度远高于间隙 He 浓度；两个 He 原子处于一个间隙的结合能（$E_{21}^\mathrm{b}$）也较大，因此间隙 He 原子还会结合另一个或几个 He 原子形成原子团而略微降低能量。

基于这些能量关系并作一些简化，可以用类似氢在金属中溶解度的处理方法讨论气相 He 和金属中溶解 He 之间的热力学平衡（16.1 节）。与氢相比，金属中 He 的情况简单些，因为仅需考虑位移能。

在理想气体范围内用式（17.1）描述 1 个 He 原子在气相中的化学势，即

$$\mu_\mathrm{He}^\mathrm{gas} = kT \cdot \ln\left[ \frac{p}{kT} \frac{h^3}{(2\pi m\, kT)^{3/2}} \right] \tag{17.1}$$

在替代位（S）有

$$\mu_\mathrm{HeV}^\mathrm{metal} = H_\mathrm{S}^\mathrm{f} - TS_\mathrm{S}^\mathrm{f} + kT \cdot \ln\left( \frac{c_\mathrm{S}}{1 - c_\mathrm{S}} \right) \tag{17.2}$$

或在间隙位（I）有

$$\mu_\mathrm{HeI}^\mathrm{metal} = H_\mathrm{I}^\mathrm{f} - TS_\mathrm{I}^\mathrm{f} + kT \cdot \ln\left( \frac{c_\mathrm{I}}{N - c_\mathrm{I}} \right) \tag{17.3}$$

其中，$c_\mathrm{S}$ 和 $c_\mathrm{I}$ 分别为替代位和间隙位 He 原子与金属原子的比值；$k$ 为玻耳兹曼常数；$N$ 为每个金属原子的间隙位数；$h$ 为普朗克常数；$m$ 为一个 He 原子的质量；$H_\mathrm{S}^\mathrm{f}$ 和 $H_\mathrm{I}^\mathrm{f}$ 分别为 He 原子在替代位和间隙位的形成焓；$S_\mathrm{S}^\mathrm{f}$ 和 $S_\mathrm{I}^\mathrm{f}$ 分别为 He 原子在替代位和间隙位的熵变；$p$ 为压力；$T$ 为绝对温度。

忽略单个 He 原子位移时做的功，则有 $E_\mathrm{I}^\mathrm{f} \to H_\mathrm{I}^\mathrm{f}$，$E_\mathrm{S}^\mathrm{f} \to H_\mathrm{S}^\mathrm{f}$。依据热力学平衡条件，有

$$c_\mathrm{S} = \frac{h^3}{(2\pi mkT)^{3/2}} \frac{p}{kT} \exp\left( -\frac{E_\mathrm{S}^\mathrm{f} - TS_\mathrm{S}^\mathrm{f}}{kT} \right) \tag{17.4}$$

$$\frac{c_\mathrm{I}}{N - c_\mathrm{I}} = \frac{h^3}{(2\pi mkT)^{3/2}} \frac{p}{kT} \exp\left( -\frac{E_\mathrm{S}^\mathrm{f} - TS_\mathrm{I}^\mathrm{f}}{kT} \right) \tag{17.5}$$

以 Ni 为例，在式（17.6）中 $E_\mathrm{S}^\mathrm{f} = 3.1$ eV，$E_\mathrm{I}^\mathrm{f} = 4.5$ eV，$S_\mathrm{S}^\mathrm{f} = S_\mathrm{I}^\mathrm{f} \approx 8$ K，$T = 1\,500$ K。可求得 $c_\mathrm{S} \approx 6 \times 10^{-9}$ 和 $c_\mathrm{I}/N \approx 1 \times 10^{-13}$。由于替位 He 形成能（$E_\mathrm{S}^\mathrm{f}$）较低，替位 He 浓度（$c_\mathrm{S}$）较高，而且空位的结合能高于空位的形成能（$E_\mathrm{V}^\mathrm{b} > E_\mathrm{V}^\mathrm{f}$），所以 $c_\mathrm{S}$ 总是远大于 $c_\mathrm{I}$。

$$\frac{c_S}{c_I} = N\exp\left(-\frac{E_S^f - E_I^f}{kT}\right) = N\exp\left(+\frac{E_V^b - E_V^f}{kT}\right) \gg 1 \qquad (17.6)$$

在很高的压力下,He 已不像理想气体,$c_S$ 和 $c_I$ 可能提高 3 ~ 4 个数量级[7],但仍然很低。

### 17.1.3 金属中 He 的沉积动力学

形成 He 泡需要 He 原子扩散,He 原子在金属晶格中扩散的实验研究进展比较乐观,已通过注 He 样品的热解吸谱得到了较可靠的扩散系数 $D_{He}$。依据这些实验结果和理论计算得到了金属中 He 扩散的信息(见 9.1 节)。不考虑辐照损伤的情况下,金属中的 He 主要有 3 种扩散机制[图 13.14(a) ~ (c)],即间隙机制(间隙位→间隙位)、空位机制(空位→空位)、受阻的间隙机制(间隙位→空位→间隙位)。其中受阻的间隙机制也称为离解机制。

He 原子在间隙位之间跳跃是最有利的迁移机制,其激活能很低,尽管实验方法确定 $E_I^m$ 的努力还未实现。然而,仅仅在无空位和其他捕陷结构的晶格中 He 才能够自由迁移。亚阈值能量离子低温注入或纯金属中的氚时效多半符合这种条件,但不符合聚变情况。无辐照损伤金属中 He 能够以空位机制迁移,$E^m = E_V^f + E_V^m + E_V^t$,多数替位合金符合这种条件。因为将 He 原子转移进邻近的空位需要的能量 $E_V^t$ 很小,空位机制的迁移激活能 $E^m$ 应该接近金属原子的自扩散激活能,Al,Ag 和 Cu 中确实如此。辐照下 He 的扩散行为多半被原子离位导致的空位和间隙原子修正。对于 $T_m < T < 0.5T_m$ 的温度范围,聚变环境下辐照导致的空位浓度高于热空位浓度。这将有利于 He 以空位机制迁移。与纯热激活情况相比,扩散系数与温度的关系较弱,激活能($E_V^m$)被 $E_V^f + E_V^M$ 替代。替位 He 原子能够从它们的空位离解,以间隙机制迁移,直至它们再次被捕陷。在缺乏辐照的情况下,He 原子从空位离解受热激活控制,这种受阻的间隙迁移的有效激活能可表示为 $E_V^M$,这对应于 He – V 结合能不太强,空位形成能较高的情况。这种条件对于 Ni 是满足的,观察到的 $E^M = 0.81$ eV,与上式相对应,而空位机制计算值为 2.9 eV($E^M = E_V^f + E_V^M + E_V^T$)。在辐照条件下,离解过程能够通过辐照导致的间隙原子与 He 原子占据的空位重组引发。Frenkel 缺陷消失,He 原子被发射进间隙位。因为 Frenkel 缺陷的形成能通常高于 He – V 的离解能,这一过程发生在所有辐照材料中。在 $0.3T_m < T < 0.5T_m$ 范围,有效扩散系数由 $D_{He} \approx D_V = D_{V_0} e^{-E_V^M/kT}$ 给出。$D_{He}$ 不取决于离速率,近似等于空位的扩散系数。这一结果不仅仅适用于 He,还适用于任何小的杂质替代原子,当 Frenkel 对重新复合时,这些小的原子被传输到间隙位。上式成立的唯一条件是离位速率必须足够大,此时稳态空位浓度大于热力学空位浓度。需要指出的是,以上情况仅在材料没有扩展缺陷时才是确切的。在实际合金中,有效扩散系数要么被容易扩散的路径加强(例如,沿位错或晶界),要么受杂质原子、析出物和空腔捕陷而降低。有连续 He 生成的辐照条件下,新生 He 原子的最重要捕陷结构是先期形成的含 He 团簇和 He 泡。由于低的溶解度,He 很快就会达到高度饱和,形成团簇或 He 泡也就不可避免。因此,在经历简短的孕育期之后,He 的迁移就会受这些深捕陷缺陷结构的影响。He 流入晶界将诱发聚变堆结构材料高温氦脆,影响程度由晶界处 He 泡的密度和尺寸确定。这些参量控制 He 泡形核、长大和迁移的过程。

与金属中的 He 相比,临氚样品低温(低于 $T_m/3$,$T_m$ 为熔点)时效初期便生成 He 泡,此时样品中的空位浓度很低。这类材料中的³He 原子大部分产生在间隙位。³He 原子在成团或被杂质和缺陷捕陷前迁移能很低[8-9]。理论计算表明,团簇中的 He 原子数超过 5 ~ 7 个后具有发射自间隙原子 – 空位对的能量,空位被 He 原子占据(自捕陷机制[9])。不断有衰变³He 生成的条件下,空位 – He 原子团复合体进一步吸收 He 原子,连续地发射自间隙原子(SIA)。含 He(空位)复合体为 He 泡核。

发射 SIA 的泡内阈值压力为

$$p_S \approx \frac{2\gamma}{l} + \frac{E_S^f}{\Omega} \tag{17.7}$$

其中,$\gamma$ 为金属的表面张力;$l$ 为 He 泡的半径;$\Omega$ 为基体原子的原子体积;$E_{SIA}^f$ 为自间隙原子的形成能。$p_S$ 可能高达 $10^6$ bar。

He 泡长大到一定尺寸后,冲击位错环是有利的能量状态。冲击位错环的阈值压力用式(17.8)估算

$$p = (2\gamma + \bar{\mu}b)/l \tag{17.8}$$

其中,$\bar{\mu}$ 为同位素的平均剪切模量;$b$ 为位错环的 Burges 矢量长度。

没有持续气体供给时,He 泡或是通过泡迁移和聚集(MC),或是通过泡聚集熟化(OR)机制长大。迁移和聚集意味着泡的重心发生变化,重心移动受基体原子从泡的一个位置向另一个位置扩散驱动。He 泡沿移动路径吸收 He 原子和 He 泡。聚集熟化过程是大泡吸收小泡的长大过程,因为不同尺寸 He 泡之间存在浓度梯度。小泡周围 He 的压力大,溶解态 He 原子的浓度比大泡周围高。扩散降低泡间 He 的浓度梯度,有利于较大尺寸 He 泡长大。

深入讨论上述现象涉及相关动力学、温度、He 和/或空位浓度、微观结构影响和/或与其他缺陷和缺陷流的相互作用[10-12]。

## 17.2　金属氚化物中的³He

### 17.2.1　³He 的存在形态

Weaver 通过对 $TlT_x$ 的研究[13],提出了一个有关 He 在金属氚化物中存在和释放机制的简单模型,认为衰变的³He 被固定在八面体间隙位,它们在达到某临界浓度之前不会发生扩散,在临界浓度处,形成了 He 快速扩散所需的内部连通通道,开始进入加速释放期。

Bownman 等人[14]运用核磁共振技术(NMR),通过测定氚化物中³He 原子的弛豫时间,对³He 在氚化物中的行为进行了系列研究,认为氚化物中的 He 是以 He 泡形式存在的。他们对 $UT_x$ 的 NMR 研究发现,在时效 90 d 的样品中,³He 弛豫时间满足不等式

$$T_2^* < T_{2m} < T_1 \tag{17.9}$$

其中,$T_1$ 为自旋 – 晶格弛豫时间;$T_{2m}$ 为自旋 – 自旋弛豫时间;$T_2^*$ 为线宽衰退时间。存在上述关系表明 He 原子以 He 泡形式存在。同时发现 $T_{2m}/T_1$ 值在前 500 d 内均匀增大,时效 1 200 d 后,$T_{2m}/T_1$ 值趋于常数。如果应用 Weaver 的间隙浓度模型,则 $T_{2m}/T_1$ 应该是很

小的常数,在临界浓度处会突然增大,因此该模型不适用。另外,如果 He 的扩散能力随时效时间增加而增加,则 $^3$He 的释放速率也应该是逐渐增加的,而不是达到某一临界值时再突然增大。能直接逃离晶格的 He 原子距离晶格表面的临界距离为 5 nm,此部分 He 原子极少。因此认为,金属氚化物中的 $^3$He 在时效早期就开始形核成泡,新产生 $^3$He 大部分被 He 泡捕陷,只有极少数能够直接逃离晶格表面。据此提出了"成泡 – 长大 – 破裂"的 He 加速释放模型,即 He 泡长大至某一临界尺寸时破裂,开始释放出部分 He,最终 $^3$He 的释放速率将等于由于氚衰变的 $^3$He 生成速率。

如果 $^3$He 的释放主要从颗粒表面开始,而且 He 泡破裂模型反映了主要的加速释放机制,那么 $^3$He 的释放将对几个因素敏感,如颗粒和晶粒尺寸、位错分布、化学计量比以及杂质的浓度和分布。He 泡破裂也和氚化物晶格的机械强度、弹性有关。

随后,Bowman 等[15] 在 Nature 上发表了 $^3$He 在 LiT,UT$_3$ 和 TiT$_{1.9}$ 中分布的 NMR 研究。尽管 3 类共 12 个样品的 $^3$He 弛豫时间相差很大,但都满足关系式(17.9),据此认为他们提出的时效机制对碱系金属氚化物 LiT 和过渡金属氚化物 TiT$_{1.9}$ 也是适用的。论文提到了与 Weaver 等人观点的不同之处,认为自己结论的实验依据是充分的。

Thomas[16] 用 TEM 观测到了 He 泡的存在,验证了上述实验结果。在时效 66 d 的 PdT$_{0.6}$ 中,泡直径约 1.5 ~ 2.0 nm,He 泡浓度为 $10 \times 10^{23}\,\mathrm{m}^{-3}$。如果所有衰变产生的 $^3$He 都被捕获于 He 泡内,则泡内 He 的密度将很大,但很难定量估计,因为也可能同时存在着单个的 He 原子以及 He 原子团簇,这些在 TEM 中观测不到。在时效 20 d 的样品中,没有观测到 He 泡,但却发现了由于应力引起的均匀分布的小缺陷,将样品在 600 K 退火后,He 泡开始出现,据此作者认为室温时 He 泡已经存在,只是尺寸很小,不能观测到。

### 17.2.2 金属氚化物中 He 泡的形成

Thomas[17] 用热解吸方法观测了 Ni 中 $^3$He 的释放行为(氚含量约 $1.0 \times 10^{-4}$),发现几乎没有缺陷的单晶 Ni 中,He 也被强烈捕陷,键能约为 2 eV(800 K 时仍不放 He 所需的能量),在 1 000 K 的高温下仍仅有极少量 He 释放。He 在 100 K 的低温下仍有很强的迁移能力,He 的释放行为与初始的 He 浓度关系很大,说明 He – He 之间有较强相互作用。作者依据实验现象分析了晶界、夹杂以及位错对 He 原子的作用,较早提出了放 He 的管道扩散机制。

上述实验结果表明,没有预存缺陷的完整金属晶体仍能捕获 He。Wilson[9] 通过理论计算提出了 He 泡形核机制的 He 原子自捕陷模型,理论计算针对不含缺陷的完整 Ni 晶体中的 He 进行,模拟了含有少量 He 的完整晶体中成泡之前的 He 行为。计算结果表明,He 与空位的结合能(2 ~ 4 eV)小于 He 在间隙位的形成能(4 ~ 5 eV),最初单个的 He 原子被认为可以在晶格内自由移动(迁移能仅为 0.1 ~ 0.7 eV)。当 Ni 处于面心位置,周围聚集有 5 个 He 原子时,Ni 就能被挤出晶格位置,形成自间隙原子,并留下一个空位,即形成一个 Frenkel 对,从别处过来的 He 原子将被捕获,进入留下的空位中。8 个 He 原子的团簇可形成两个 Frenkel 对类型的缺陷,16 个 He 原子的团簇可形成多于 5 个这样的缺陷。值得注意的是,Ni 被挤出后优先偏聚于某一侧,而不是随机取向。

依据此模型,He 的自捕陷可以不受限制地进行下去,他们最终只计算了 20 个 He 原子聚集在一起的情况,没有涉及 He 泡的概念。当继续增多团簇中 He 原子数目时,估计作用势已经偏离了最初选取的值。

Thomas 的 TEM 观察显示 Pd 氚化物中 He 泡分布很均匀,说明在初始形核期间的 He 原子团的分布已经很均匀,晶界及其他缺陷的存在对形核过程影响不大,这为自捕陷模型提供了一定的实验支持。

对时效 6 个月的 ZrT$_{0.03}$ 的 TEM 观察表明,He 泡在 α 相和 δ 相内的分布均匀,没有明显差别,这也说明初始泡形核与晶格缺陷无关,He – He 键的形成可在晶格中的任何地方发生,进而诱发形核,泡的长大通过发射自间隙原子方式进行,进一步支持了 He 泡形成的自捕陷机制。

最近建立了用以模拟 He 原子在金属中扩散、聚集行为的准无限大动力学模型,初步建立了时间序相关的二次量子化方法用以描写 He 原子与金属原子的相互作用,采用二次量子化修正的 Tight – Binding 势描述 He 原子与金属原子间的相互作用势,分别模拟了 He 原子在 Cu 和 Ni 晶体中的行为[18],得到如下结论。

单个 He 原子在 Ni 晶体中的行为与在 Cu 晶体中的行为一样,以间隙方式扩散。衰变初期,晶格发生很大的形变,局域温度升高。

当 Cu 晶体中已存在一个 He 原子时,再衰变产生的 He 原子将与先一个 He 原子聚集、成键,并挤出一个 Cu 原子,He 占据其晶格位;当第三个 He 原子产生时,该 He 原子也将与其他两个 He 原子聚集,占据一个晶格位。

当 Ni 晶体中已存在一个 He 原子时,再衰变产生的 He 原子将与先一个 He 原子聚集、成键。但与在 Cu 晶体中不同的是,两个 He 原子的聚集并不会把 Ni 原子挤出晶格位。当第三个 He 原子产生时,虽然 He 原子发生聚集,但仍然没有挤出 Ni 原子。直到晶体中存在 6~7 个 He 原子,才发现一个 Ni 原子被挤出。

当晶体中存在空位时,单个 He 原子将占据空位,几乎不引起晶格形变。

### 17.2.3　金属氚化物 He 的释放行为

金属氚化物中 He 的释放行为已被广泛研究,对于 Sc,Ti,Zr,Er,Pd 和 U 等具有很大储氚量和很高 He 产额的材料,最初几年时间里 He 的释放速率很小,不超过 2% ,但是当 $^3$He 原子浓度达到某一临界浓度时(0.1 ~ 0.3,取决于金属),常温下释放速率会突然增大,达到甚至超过 $^3$He 的生成速率。

1. $^3$He 从金属氚化物中释放

不同金属的临界浓度不同,TiT$_{2-c}$He$_c$① 的临界浓度大约为 0.3[19],ErT$_{2-c}$He$_c$ 的临界浓度大约为 0.25[19],UT$_{3-c}$He$_c$ 的临界浓度大约为 0.11[18-20]。加速释放时,$^3$He 的释放速率大致等于其生成速率。Sc 和 U 氚化物分别在时效 900 d[19] 和 1 000 d[18] 后加速释放。释放速率也与氚化物的粒度相关。对于时效 650 d 的 UT$_3$ 粉末样品[19],当样品的初始表面积为

---

①　对于金属氚化物的表征已有一定之规,这里的下标“$c$”表示临界浓度,下文的 MT$_t$ 是金属氚化物的一般表示法,MT$_x$ 表示不同氚含量金属氚化物样品。

0.6 m²/g 时,释放了生成 $^3$He 的 4% ,当初始表面积为 3.0 m²/g 时,释放了生成量的 21%。ScT$_2$ 薄膜样品的释放速率是单晶样品的 5 倍[19]。Mitchell 和 Patrick[22] 研究了 Er 氚化薄膜 He 释放与温度的关系。ErT$_2$ 膜 He 的临界释放浓度与温度密切相关。温度升高后释放速率明显升高,随后释放速率又缓慢降低至一稳定值,该值稍高于较低温度下的速率。ErT$_2$ 和 ZrT$_2$ 的释放特征与众不同。ErT$_2$ 进入加速释放期时爆发式地达到最高水平。释放速率也随振动和弯曲薄膜样品发生变化。对于瞬间爆发式释放大约 $10^9$ 个 $^3$He 原子现象可以作这样的解释:该释放过程是级联过程,部分 He 泡丢失它们包容的 He。年轻的 ErT$_2$ 样品也能通过振动激励收集 He 释放,虽然释放速率低于 1%[22]。Spulak[23] 利用观察到的 He 行为计算了上面给出的临界加速释放浓度。

Thomas 等[24] 研究了不锈钢、Al 和 Ni 中 $^3$He 的释放,发现①温度高于 100 K 时 He 可以迁移;②样品在 80 K 时效时没有发生释放;③He 被深捕陷,甚至在单晶 Ni 中也是如此;④He 的释放分数取决于初始 He 浓度,表明 He - He 间有相互作用;⑤甚至温度升至 1 000 K 时,Ni 和不锈钢释放的总 He 含量的分数也很小。Cost[25] 等选用几种金属进行了类似的等时和等温实验研究。Bowman[26] 等对不同时效周期的 UT$_{3-c}$He$_c$ 样品进行了等时退火和 He 的热解吸实验,观察到两个释放峰,即 200 ℃是 T$_2$ 的释放峰和 $^3$He 的释放峰,随着时效时间增长,峰位强烈地向低温方向移动。

Bowman 等[27] 研究了 VT$_{0.5-c}$He$_c$ 和 V$_{0.75-c}$He$_c$ 样品的固 He 行为。在 2 200 d 的观察周期内,生成的大部分 $^3$He 原子被捕陷在微小的 He 泡内。VT$_r$ 的室温平衡压较高,是适于在较高温下使用的储氚材料。

金属 Pd 具有优异的吸放氢(同位素)特性和极强的固 He 能力,研究显示[26],Pd$_{0.6-c}$He$_c$ 样品实际上包容了 3.6 年时效生成的所有 $^3$He。

Ti 和 Ti 合金在氚工艺和核技术领域已广泛应用并有进一步开发应用前景。在氚化钛体系中,前期生成的 $^3$He 几乎全部被基体包容,$^3$He 加速释放浓度约为 0.23 ~ 0.3。龙兴贵等[28] 对初始原子比为 1.68,储存期为 1 年的氚化钛在不同时期释放的 $^3$He 气体进行了研究,样品中 He 浓度小于 0.04 时,释放系数保持在 $10^{-5}$ 量级。氚化钛体系加速释放浓度大约为 0.23 ~ 0.3。不同研究者报道的结果在 0.27 至 0.43 之间。近期有研究显示,用 Mo 和 Zr 等元素合金化的 Ti 基合金具有更好的氚特性和更强的固 He 能力。

LaNi$_{x-c}$Al$_c$ 系合金的优异固 He 能力受到关注。LaNi$_{4.25}$Al$_{0.75}$ 合金氚化物时效 47 个月后,在释放的氚中几乎没有检测到 $^3$He,甚至 8 年后仍有 95% ~ 99% 的 $^3$He 以 He 泡的形式保持在合金中。LaNi$_{4.3}$Al$_{0.7}$ 氚化物保持低 $^3$He 释放速率至少可达 5.4 年。

$^3$He 释放行为是金属储氚材料能否应用于工程的重要问题。外推上面的释放行为可以得出这样的结论:得到氚的半衰期时大约 70% ~ 90% 衰变生成的 $^3$He 原子已处于气相。有实验显示,由于 $^3$He 的影响,氚化物中氚的释放受到抑制,但 LiT 可能例外。脉冲核磁共振观测表明,LiT 中辐射分解生成的氚分子存在于 He 泡中,He 泡破裂后氚将被放出。考虑到 He 释放将使 MT$_r$ 储存器压力升高,使用低平衡压金属氚化物是可行的。进一步结论是,$^3$He 比氚更容易在氧化层中渗透。

2.$^3$He 的加速释放机制

Bownman 等人[14]根据 NMR 结果提出了氚化物中 He 加速释放的成泡—长大—破裂模型，认为 He 泡破裂后引起加速释放期的到来，这一模型尚未经其他实验手段直接地观察到。Schober 等[29]对时效 80 d 的 V 的氚化物的 TEM 观测发现了沿位错分布的充满 He 的管道，据此提出另一种加速放 He 机制。这种充满$^3$He 的管道一旦与外表面连通，就会有一部分$^3$He 释放出去，相当于扩展了能够使 He 直接逸出表面的表面面积。同时观测到外形尖锐呈星形的位错环分布，说明 He 泡内压力很大，通过使位错环发生菱形刺穿（Prismatic Punching）而释放压力。形成充满 He 的管道是由于在靠近位错芯的地方提供了可捕陷 He 的自由体积。作者认为，形成这种管道可能有两种原因：第一，位错芯附近的氚浓度很高，衰变产生的 He 也相应沉积在此处；第二，He 原子发生了长距离的扩散，最后沉积在位错处，具体是哪种原因尚不清楚。

Schober 等[30]随后在时效 ZrT$_x$（$x=0.03$）的 TEM 研究中发现，三周以后，即有 1 nm 左右的 He 泡出现，He 泡密度在很短的时间内迅速上升，50 d 左右最大值约为 $5\times10^{23}$ m$^{-3}$，然后保持为常数，He 泡尺寸则逐渐增大，3 年后约为 5 nm。时效 836 d 的样品中出现了沿位错分布的第二批尺寸较小的 He 泡，约为 2 nm。可以清楚地观察到，在位错环、位错网以及内部界面处分布有大量 He 泡，它们共同构成了内部连通的三维通道，为上述 He 加速释放的位错管道扩散机制提供了进一步证据，这一观点随后被 Bownman 等人引用。

3.$^3$He 释放与浓度及温度的关系

Schober 等[31]通过对 TiT$_x$ 的 TEM 观测研究了时效温度对成泡的影响。将高纯 Ti 片在 550 ℃临氚，吸氚量约为 0.1，一部分样品在 300 ℃时效 6 周，另一部分经 595 ℃高温脱氚，然后在 550 ℃时效 36 d。发现 300 ℃时效的样品中，He 泡为扁平状，周围有很大的应力场，550 ℃时效的样品中 He 泡为球形。两种时效温度的泡内 He 原子体积分别为 $8\times10^{-30}$ m$^3$ 和 $12\times10^{-30}$ m$^3$，对应的泡内部压力分别为 10 GPa 和 5 GPa。使位错环发生击穿的临界压力值为 8.5 GPa；高温时效的泡压力低于此值，通常认为这是由于 He 泡通过捕获高温下产生的热空位而释放了多余的压力。

He 的释放与浓度和温度密切相关，室温下，Pd 可固定浓度高达 0.5 的 He。热解吸实验表明，随 He 浓度增加释放温度大大降低，[He/Pd]＝0.02 时，加热样品至 1 273 K 仅释放约 1% 的 He，[He/Pd]＝0.3（时效 2 800 d）；加热至 1 373 K 时释放出所有的 He。这是因为低浓度时，He 释放需要 He 泡具有很高的迁移能力，因此，甚至需要加热至母合金熔点的温度。He 浓度较高时，形成了由充满 He 的通道连接成的网络，开始加速放 He，同时扩展了 He 释放的外表面。

对 ErT$_2$ 膜的研究发现，He 的加速释放是不可逆的，时效 700 d 的 ErT$_2$ 膜在 190 ℃放置 1 d 后开始加速放 He，[$^3$He/M]由 0.28 减为 0.23，然后置于室温，又降为 0.04，放 He 速率没有减慢。

## 17.2.4　He 泡生长和破裂的材料学机制

20 世纪 60 年代，金属氚化物作为氚源介质的研究受到关注，需求十分迫切。这类氚源介质对于金属氚化物储/放氚特性和固 $^3$He 能力有很高的要求。例如,中子管的氚靶膜,氚靶膜的储氚特性和固 He 能力决定中子发生器的出中子能力和使用寿命,其固 He 能力是这类有限寿命器件延寿的限制性因素。

较近的研究结果显示,金属氚化物时效过程中晶格常数 $da/a_0$ 变化可以反映 $^3$He 泡的生长机制。在 $^3$He 泡密度不变的前提下,Griffith 型纳米 $^3$He 微裂纹生长、片状 $^3$He 泡位错偶极子生长和球形 $^3$He 泡冲出位错环机制生长所引起的晶格常数 $da/a_0$ 变化均随着 $^3$He 泡长大而增加,但不同 $^3$He 泡生长机制引起的 $da/a_0$ 增大率有所不同,从大到小的顺序为:Griffith 型纳米 $^3$He 微裂纹生长 > 片状 $^3$He 泡位错偶极子生长 > 球形 He 泡冲出位错环机制生长。He 泡密度对不同生长机制引起的 $da/a_0$ 变化规律不同。Griffith 型纳米 $^3$He 微裂纹生长引起的晶格常数 $da/a_0$ 变化对 $^3$He 泡密度的变化不敏感,片状 $^3$He 泡位错偶极子生长和球形 $^3$He 泡冲出位错环生长引起的晶格常数 $da/a_0$ 变化则均随 $^3$He 泡密度增加而增大,当金属氚化物中的 $^3$He 泡发生融合时,则其晶格常数 $da/a_0$ 变化将随 $[^3He/M]$ 的增大而减小。

因此,对具有相同 $^3$He 泡生长机制的金属氚化物体系而言,其晶格常数 $da/a_0$ 变化发生转折时的 He 浓度可反映其中 $^3$He 泡生长状态发生转化情况。

$^3$He 在 FCC δ 相氚化钛和 FCT ε 相氚化锆中的典型演化阶段均可分为 6 个阶段,即 $^3$He 迁移聚集成团簇、Griffith 型 $^3$He 纳米微裂纹的生长、片状 $^3$He 泡的生长、球形 $^3$He 泡的生长、相邻球形 $^3$He 泡破裂融合和贯通 $^3$He 泡网络形成。但由于 FCT 结构的各向异性,FCT ε 相氚化锆时效早期沿(111)面的 Griffith 型纳米 $^3$He 微裂纹和片状 $^3$He 泡的生长,主要导致 [111] 方向晶面间距 $da/a_0$ 发生变化,从而使 $^3$He 泡演化的具体过程又有所不同。

FCC δ 相氚化钛和 FCT ε 相氚化锆的固 He 阈值符合球形 $^3$He 泡应力诱导 – 阻碍冲出位错环机制结合相邻泡的带状应力破裂机制的数值模拟结果;而 FCC β 相氚化铒的固 He 阈值则符合片状 $^3$He 泡位错偶极子膨胀机制结合相邻片状 $^3$He 泡带状应力破裂机制的数值模拟结果。基于三种典型金属氚化物固 He 阈值的数值模拟模型,获得了影响其固 He 性能的主要特征量,包括 $^3$He 泡密度和力学性能(杨氏模量、剪切模量、破裂强度),其中 $^3$He 泡密度的影响最为显著。在保持金属氚化物性能参数不变的条件下,降低 FCC δ 相氚化钛和 FCT ε 相氚化锆现有的球形 $^3$He 泡密度,将会提高 FCC δ 相氚化钛和 FCT ε 相氚化锆的固 He 能力,而 FCC β 相氚化铒则相反,需增加现有的片状 $^3$He 泡密度,提高金属氚化物的力学性能(杨氏模量、剪切模量)也会增加其固 He 能力。下面是相关的 $^3$He 泡的生长和破裂机制。

1. 球形 $^3$He 泡长大冲出位错环机制

1983 年,Trinkaus 等提出 He 原子可以通过冲出位错环(Loops Punching)来提供维持 He 泡生长和长大所需的空间,并给出了孤立 He 泡发射位错环所需的压力计算式,以该机制长大的 He 泡基本为各向同性,类似于球形结构。

随后 Wolfer 和 Cowgill 等人先后对该机制进行了完善和发展。首先考虑了在 He 泡对的长大过程中,由于两个 He 泡间的应力场相互作用对局域剪切应力场的增强效应。该效应导致 He 泡长大冲出位错环所需的压力降低,依法给出了修正的发射位错环所需的压力计算式。

Cowgill 进一步考虑了周围 He 泡排列对冲出位错环的阻碍作用,修正了 He 泡冲出位错环机制并给出新的发射位错环所需的压力计算式。

2. 片状³He 泡位错偶极子生长机制

(1)Griffith 型³He 纳米微裂纹生长机制

Cowgill 等人通过对 Pd 和 Er 氚化物的研究发现,随着³He 原子在(111)晶面间隙位的聚集,将逐渐弹性延展分开相邻的(111)晶面,从而形成 Griffith 型 He 纳米微裂纹,给出的其内部的 He 压力计算式与晶体的力学性能密切相关。

(2)片状 He 泡位错偶极子膨胀生长机制

随着 Griffith 型 He 纳米微裂纹的生长,当其厚度 $s$ 膨胀达到 2 倍晶面间距时,更多 He 原子被 He 纳米微裂纹捕获,将导致在其尖端形成位错,从而形成位错偶极子。给出的片状 He 泡位错偶极子膨胀机制长大所需的压力计算式包括晶体的力学性能、晶面间距、片状 He 泡的厚度和片状 He 泡半径。

(3)片状 He 泡与球型 He 泡间的转换机制

随着片状 He 泡的生长,其厚度 $s$ 逐渐增大,当 $s$ 增大到 3 倍晶面间距时,位错偶极子将从片状 He 泡表面逃逸,发射出位错环。此时,片状 He 泡开始向球形 He 泡转换。

Cowgill 归纳整理了 FCC,BCC,HCP 结构金属、金属氚化物中的 He 泡形状与表面能和应变能比例系数发现,He 泡的形状可以用 $2\gamma/\mu b$ 的比值进行评估。也就是说,在具有低 $2\gamma/\mu b$ 材料中倾向形成片状 He 泡。但是在 He 泡尺寸较小的情况下,即 $s/2\gamma > 2\gamma/\mu b$ 时三种结构的金属中均可能形成片状 He 泡。

3. 金属氚化物 He 泡破裂机制

需要指出的是,³He 泡密度基本在³He 迁移聚集成团簇阶段就达到饱和值,之后在时效过程中基本保持不变,而在该阶段³He 泡密度是由³He 在金属氚化物的扩散系数 $D$ 和³He 原子对结合能等参数综合决定的,即增大³He 扩散系数 $D$ 和降低³He 原子对的结合能均将导致金属氚化物中的³He 泡形核密度降低。Ti,Zr,Er 三种氚化物的³He 泡密度分别为$(2 \sim 4) \times 10^{24} m^{-3}$,$5 \times 10^{23} m^{-3}$ 和 $5 \times 10^{23} m^{-3}$。

Evans 从材料物理学角度提出了相邻 He 泡带状应力破裂机制。该机制认为,当 He 泡压力达到材料所能承受的应力时 He 泡开始破裂。这时,相邻 He 泡开始连通,He 泡网络逐渐形成,He 开始加速释放。

综上所述,可采用两组特征量来评价金属氚化物材料固 He 性能:①可通过晶胞体积变化发生转折时的[³He/M]进行评估;②³He 泡密度和力学性能结合³He 泡破裂机制进行数值模拟评估。但目前所建立的金属氚化物中的³He 时效模型并未考虑实际材料中³He 泡密度和大小的分布对其演化过程和固 He 阈值的影响。因此,需要在后续工作中引入统计方法,分析³He 泡密度和大小分布对其固 He 阈值的影响,获得固 He 阈值的分布范围。

目前对金属氚化物中的³He 演化行为各向异性变化的显微机制仍不清楚,需要在后续工作中结合理论计算模拟,从不同晶面的表面能、不同晶体学方向的剪切模量以及³He 泡生长过程中显微缺陷的演化规律等角度对金属氚化物中各向异性的³He 演化行为进行深入研究。同时,需在后续研究中系统研究点缺陷类型、浓度等显微结构特性和介观特征参数(组织结构)对金属氚化物时效行为影响的机制。这就需要进一步发展金属氚化物时效过程特征参数的原位测量方法。

另一方面,Bownman 等人根据 NMR 结果提出了氚化物中 He 加速释放的成泡—长大—破裂模型,认为 He 泡破裂后引起加速释放期的到来。Schober 等对时效 80 d 钒氚化物的 TEM 观测发现了沿位错分布的充满 He 的管道,据此提出另一种加速放 He 机制。这种充满 $^3$He 的管道一旦与外表面连通,就会有一部分 $^3$He 释放出去,相当于扩展了能够使 He 直接逸出表面的表面面积。同时观测到外形尖锐呈星形的位错环分布,说明 He 泡内压力很大,通过使位错环发生菱形刺穿(Prismatic Punching)而释放压力,估计 He 泡内压力约为几百千巴。形成充满 He 的管道是由于在靠近位错芯的地方提供了可捕陷 He 的自由体积。作者认为,形成这种管道可能有两种原因:第一,位错芯附近的氚浓度很高,衰变产生的 He 也相应沉积在此处;第二,He 原子发生了长距离的扩散,最后沉积在位错处。

Krivoglaz 在 X 射线和热中子散射理论的文章中给出了有限尺寸(Finite)和无限尺寸(Infinite)缺陷的判据,可用于解释金属氚化物与缺陷演化相关的时效效应。因为自间隙原子和位错环等有限尺寸缺陷诱发晶格缺陷形变,导致基体晶格参数变化,产生漫散射,但不影响 Bragg 峰形状和 D-S 线宽度。与此相反,位错网等无限尺寸缺陷明显宽化峰和线。

很显然,这些研究和理论间的相关性还不清楚,特别是与缺陷结构演化、He 泡密度和生长相关的材料学机制需要进行深入研究。

# 17.3　金属氚化物的时效效应

氚化物在时效中会发生结构和性能变化,如晶格肿胀、体肿胀、缺陷密度增加、吸放氢平衡压增加或降低,以及储氢平台特性变化。本节简述氚化物缺陷结构变化的一般现象,第 18 章将详细讨论金属氚化物的结构和缺陷结构变化。

## 17.3.1　金属氚化物中的 He 泡

1. NMR 观察

Bowman 和 Attalla[14]应用脉冲 NMR 技术研究了在 LiT,TiT$_2$ 和 UT$_3$ 中的 $^3$He 行为。他们分析了 NMR 线的形状和核弛豫时间的变化,认为 $^3$He 原子被包容在 He 泡中,泡尺寸小于 0.01 μm。稍后的 NMR 测量(1985)表明,三元合金,例如,ZrNiT$_x$ 和 Mg$_2$NiT$_x$ 中也存在显微 He 泡。在离子型过渡族金属和锕系氚化物中也发现这种行为[15]。人们相信这种行为存在于大部分临氚金属中,这能够用自捕陷模型解释。

2. TEM 观察

(1)Mo 等金属氚化物 TEM 观察

He 泡伴随冲出位错环长大得到 TEM 观察结果的支持,在亚阈注入的 Mo[35]和 Au[36]样品中观察到了位错环和 He 泡。在低晶格缺陷和经过热处理的 PdT$_{0.6}$[37],VT$_r$[38-39],NbT$_{0.01}$[17]和 ZrT$_{1.6}$[40-41]样品中均观察到了位错环和 He 泡。

（2）PdT${}_{r_0-c}$He${}_c$ 样品 TEM 观察

PdT${}_{0.6}$样品室温时效，样品中的 He 浓度为 $6.0 \times 10^{-3}$。随后减薄做 TEM 观察。时效仅 66 d 后就呈现了 TEM 可观察到的 He 泡和位错环[37]。

（3）VT${}_{r_0-c}$He${}_c$ 样品 TEM 观察

Jager 等研究了 14 个月时效周期内 VT${}_r$ 样品缺陷结构的特征和 α，β 相中 He 的分布。β 相中 He 的生成速率大约是 α 相的 10 倍。时效大约 7~14 d 后，β 相区分布着高密度小位错环。时效时间延长位错环粗化，位错环直径较大，最后并入位错网。时效约 13 周后观察到了小 He 泡，泡密度大约为 $3.5 \times 10^{23}$ m${}^{-3}$，平均泡直径约为 1.2 mm，在 α 相区观察到沿位错和低角晶界分布的 He 泡和管状孔洞，孤立 He 泡通过冲出位错环释放泡内高压（图 17.1）。β 相的 He 泡分布均匀，α 相 He 泡分布不均匀，因为 α 相中 He 的生成速率较低，预存缺陷的作用更为重要。这些缺陷可能是 He 成团成核和泡长大的主要位置。

**图 17.1　TEM 像**

注：明场像，箭头指向时效 80 d 的 VT${}_r$，α 相区生成的${}^3$He 泡。这些${}^3$He 泡通过位错环冲出释放了泡内高压。

（4）NbT${}_{r_0-c}$He${}_c$ 样品 TEM 观察

Thomas[17]选用初始 He 浓度约 0.01 的 NbT${}_{c0}$ 样品研究${}^3$He 对微结构的影响。样品在室温下时效，${}^3$He 的平均含量为 $3.0 \times 10^{-3}$ 时在样品的大部分区域没有看到 He 泡，仅仅观察到缀饰着${}^3$He 泡的位错和密度相当高的位错（虽然充氚前样品已被退火到平均晶粒尺寸为 1 mm）。可以想象到，被一串 He 泡缀饰着的位错或者甚至被充满${}^3$He 的管道缀饰着的位错的大量出现将严重影响氚化物的机械性能，甚至低应力也将导致晶间断裂。目前已提出两个模型来解释${}^3$He 择优缀饰位错线的现象：由低浓度氚化物中低速生成的${}^3$He 被捕陷在位错上；起始氚浓度不均匀，位错中${}^3$He 的生成速率较高，沿位错呈密集的云状分布。这些结果再次表明位错捕陷 He。

（5）ZrT${}_{r_0-c}$He${}_c$ 样品 TEM 观察

Schober[41]对 ZrT${}_r$ 样品进行了长周期 TEM 观察（结合参考文献[40]的结果），给出了 He 泡成核、长大、迁移和释放的重要信息。主要结果如下：①时效 3 周后观察到 $\Phi$1 nm 的 He 泡。②位错环、位错和相界缀饰着 He 泡。③时效 50 d 后孤立 He 泡的表观密度不取决于时效时间，大约为 $5 \times 10^{23}$ m${}^{-3}$，表明 He 泡形核发生于时效早期阶段。④随时效时间延长,He 泡的尺寸分布向着较大直径方向移动,平均直径随时效时间近似以 $\sqrt{3}$ 的关系增大,提示泡内的 He 密度基本不变,没有 He 释放(图 17.2)。⑤基体中大部分 He 泡周围呈现应变衬度,表明泡内压力高于 20 kbar。⑥室温时效 838 d 后,明显观察到扁圆形的 He 泡,这是自扩散的特征,推导出的表面扩散系数的量级大约为 $10^{-26} m^2/s$。⑦时效时网状位错的密度大致为 $10^{15} m^{-2} < \rho < 10^{16} m^{-2}$。位错密度变化不大可以用位错生成和湮灭处于平衡态来解释。位错的生成和湮灭与 He 泡形成时发射的自间隙原子被吸收相关,自间隙原子是 He 泡形成过程中产生的。⑧位错上分布的细小次生 He 泡的直径为 2～3 nm。时效 836 d 后捕陷在 $\delta - ZrT_{1.6}$ 上的一些小泡中的 He 浓度大约为 1%。相应而言初生 He 泡中 He 的浓度为 9%。利用式(14.36)计算的 He 浓度大约为 19%。数值不一致可归结于对 He 泡密度分布、泡体积、每个 He 泡内的 He 原子数以及 He 释放分数估计的不确定性。⑨时效 2 年后观察到相互连通的充 He 管道和位错网。

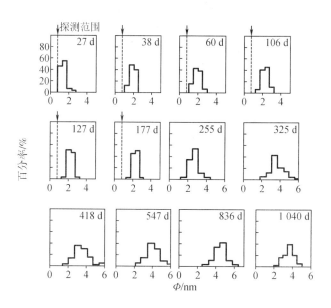

**图 17.2　观察到的 He 泡直径分布随时效时间的变化**[40-41]

图 17.3 为时效约 4 年的 $ZrT_{1.6}$ 样品的 TEM 形貌像。图中清楚地显示出充满 $^3He$ 的 $^3He$ 泡和 $^3He$ 泡缀饰着的相互连接的充 He 管道系统。

图 17.4 为 $\delta - ZrT_{1.6}$ 样品时效约 3 年的显微组元分布示意图。图中清楚地显示出了 $^3He$ 泡和 $^3He$ 泡缀饰着的管道状位错网。由此可以解释某些金属氚化物 He 加速释放时能够突然喷发出至少 $10^9$ 个 He 原子的现象。当 1 个含 $^3He$ 管道突然与外表面连通后可能向外释放一定量的 $^3He$,网络管道中的压力降低。可以设想,压力降低可能引起管道收缩。只有当管道被 He 原子充填后才能重新开放。Zr 中 $\gamma$ 相和 $\delta$ 相的时效行为没有明显差别,虽然两相的浓度比为 1.6。

图 17.3　时效约 4 年的 $ZrT_{1.6}$ 样品的 TEM 形貌像[41]

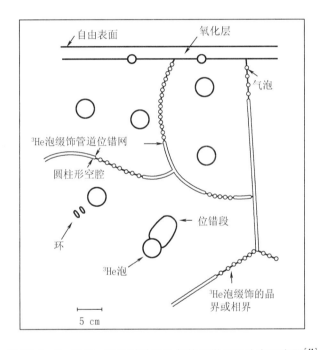

图 17.4　$\delta - ZrT_{1.6}$ 样品时效约 3 年的显微组元分布示意图[41]

　　因此,可以区分三种不同的时效阶段:①初始 50 d 内形成 He 泡;②随后 He 泡长大,形成位错网和被 He 泡缀饰的位错;③形成相互连通的管道,$^3$He 加速释放。

　　3. $PdT_{r_0 - c}He_c$ 泡中 $^3$He 的固 – 液转变

　　Abell 等人[42]观测了时效 1 年 $PdT_{0.586}He_{0.034}$ 样品接近 250 K 时 He 泡的固 – 液转变。NMR 弛豫时间测量表明,NMR Spin 短晶格弛豫时间在接近 220 K 时突然发生变化,这是 220 K 和 280 K 之间两相共存区发生了相转变的证据。这多半是由泡中 $^3$He 的密度分布引起的。当 $^3$He 与基体原子空位的比值为 $2.0 \pm 0.2$ 时与膨胀测量结果相当一致。这一实验结果可以作为存在固态 He 泡的依据。60 ~ 110 kbar 压力下 $^3$He 原子在固相中的扩散激活能大约为 0.032 eV。

4. 金属氚化物的声发射

稀金属氢合金的沉淀相可以导致声信号的发射。Schober 等人(1986)使用普通的铅/锆酸盐/钛酸盐传感器,观察到了金属氚化物的声波发射现象。在一个短的孕育期后,样品发出不连续的声波。一个典型的平均声发射速率随时效时间变化曲线如图 17.5 所示。5 h 的声发射率被收集后,给出了作为声发射持续时间(指一个声发射事件的持续时间)的函数。这些声发射波被认为是由聚集的位错环发射过程引起的,因为发射单一的位错环不能被 AE 方法检测到。仅仅限于一个特定的显微结构演化的中间状态,能够观察到聚集的位错环冲出现象。这一过程处在发射 Frenkel 对并形成很小 He 泡以后和形成位错网之前。对应的 He 原子浓度范围为 $10^{-4} \sim 10^{-2}$。

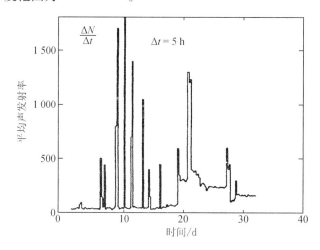

图 17.5　$TaT_{0.12}$ 样品平均声发射率随时效时间变化曲线[43]

## 17.3.2　金属氚化物的体肿胀

Jones 等人[44]利用微分显微计观测冲压的小片状 Y 双氚化物样品的肿胀形为,在 200 d 时效周期内观察到样品的稳态肿胀现象,而且最初的 10 d 内肿胀较大。样品的相对长度变化可表示为 $d(\Delta L/L)/dc \approx 0.1$,式中 $c$ 为样品的 He 浓度。随后 Beavis 和 Miglionico[45]研究了 Ti,Er,Sc,Ho,Y 氚化物膜材的肿胀,他们通过薄膜厚度变化测定肿胀。在 Cr 衬底上电镀厚度为 $2 \sim 3$ μm 的薄膜,450 ℃临氚,五种薄膜吸氚原子比约为 1.8。薄膜临氚后厚度立刻增加,约为吸氢时厚度变化的 80%,例如,$TiT_x$ 厚度增加 12%,相应的 $TiH_x$ 则增加 15%,差异被认为是由于受应力影响不同所致,而不是同位素本身特性引起的变化。随时效时间增加,五种氚化物膜材的肿胀逐渐增大,直到有明显脱膜现象出现。几种膜材的肿胀率约为 $5 \times 10^{-30} \sim 10 \times 10^{-30}$ $d^{-1}$,Sc 的体肿胀最大。Ho 和 Y 在完全脱膜前,肿胀变得很大,表面也迅速变得更为粗糙,这可能是膜材与基体分离所造成,而在 Ti 膜和 Er 膜中没有出现这种现象。几种金属模材开始明显脱膜现象的时间 Ti > Ho > Y > Er > Sc。膜内发现大的空洞的时间为 Ti(56 个月),Er(47 个月),Y(46 个月),Sc(35 个月),Ho(23 个月)。

10 年后,Trinkaus 发现肿胀和泡内压力与泡内平均 He 原子体积密切相关。这期间,

Schober 等[46]运用结合剂将应变固定在金属氚化物的平表面上,利用膨胀仪测定了几种金属氚化物的肿胀速率。这种技术可以观测低至 $1 \times 10^{-6}$ 的应变。TaT$_{0.42}$ 和 TaT$_{0.103}$ 样品的室温时效肿胀随时间几乎呈线性增加,体肿胀率随氚浓度增大而增大(图 17.6),计算得到两种样品中的 $V_{He}$ 约为 0.52。相应的 $^3$He 密度与此前通过 $^4$He 离子注入形成的 He 泡的密度一致,两种样品内尺寸为 1~2 nm 的 He 泡内压力均约为 5 GPa(用高密度方程式将实验确定的 He 密度转换为压力)。由于两种样品中 $^3$He 的生成速度不同,肿胀速度不同,但每原子 He 浓度导致的相对长度变化($\Delta L/L$)是相等的,即 $\mathrm{d}(\Delta L/L)/\mathrm{d}c = 0.123$。

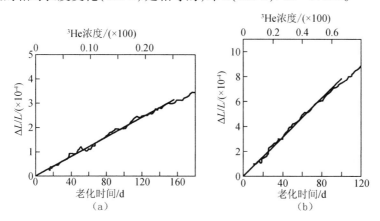

**图 17.6　TaT$_{0.42}$样品和 TaT$_{0.103}$样品随时间或 $^3$He 浓度的肿胀曲线[46]**

(a)TaT$_{0.42}$样品;(b)TaT$_{0.103}$样品

Schober 等[46]给出了相对长度 $\Delta L/L$ 和相对体积变化 $\Delta V/V$ 的表达式,即

$$3 \frac{\Delta L}{L} = \frac{\Delta V}{V} = c\left(\frac{\Delta V^{\mathrm{T} \to \mathrm{He}}}{\Omega}\right) \approx c\left(\frac{v_{\mathrm{He}}}{\Omega} \frac{\overline{\Delta v_{\mathrm{I}}}}{\Omega} - \frac{\overline{\Delta v_{\mathrm{T}}}}{\Omega}\right) \tag{17.1}$$

其中,$\Delta V^{\mathrm{T} \to \mathrm{He}}$ 为氚原子衰变引起的体积变化;$L$ 为氚化后样品的长度;$V_{\mathrm{He}}$ 为高压 He 泡中每个 $^3$He 原子占据的体积;$\Delta V_{\mathrm{T}}$ 为每个氚原子的体积变化,通常认为与氢一致;$\overline{\Delta v_{\mathrm{I}}}$ 为自间隙原子从 He 泡转移到晶格、位错环、CSIA、位错和内表面引起的体积变化;$c$ 为氚化物的 He 浓度;$\Omega$ 为基体原子体积,跟氚浓度有关,表示为 $\Omega = \Omega_0[1 + c_{\mathrm{T},0}(\Delta V_{\mathrm{T}}/\Omega)]$,$c_{\mathrm{T},0}$ 为初始氚浓度。

式(17.1)中第 1 项和第 2 项分别表征生成的 He – Frenkel 对和氚衰变引起的体积变化。该式成立的前提是假设所有的 $^3$He 原子都包容在 He 泡中。如果发射的 SIA 已结合进位错环,$\overline{\Delta v_{\mathrm{I}}}/\Omega = 1.0$,当 SIA 孤立存在时 $\overline{\Delta v_{\mathrm{I}}} = 1.1$。式(17.1)成立的条件是假设所有衰变 $^3$He 原子都存在于 He 泡中。已有人测定了 $\Delta V_{\mathrm{H}}/\Omega = 0.158\ 9$,测出体胀后将各值代入式(17.1),即可求出 $V_{\mathrm{He}}$。

肿胀实验确定的量是 $\left(\dfrac{\Delta V}{\Omega}\right)^{\mathrm{T} \to \mathrm{He}}$,由此可以计算 $V_{\mathrm{He}}$。应用 $^3$He 的高密度状态方程计算的泡内压力达 150 kbar。有理由认为,在远高于 4.2 K 时泡内 $^3$He 为液态或固态。这样高的压力与冲出位错环所需的压力一致,也与 Al 中 $^4$He 的电子能量损失谱数据一致。应用此公式时考虑了 SIA 的分布,也考虑了 He 泡的弹性弛豫,但对计算结果影响不大。依据自捕陷模型,氚衰变的 $^3$He 通过发射 SIA 捕陷于 He 泡或 $^3$He 原子团中,将引起一定的体积变化,减去基体失去一个氚原子的体积变化,就是一次衰变中的体积变化,乘以 $^3$He 原子浓度就是总的体积变化。测出样品肿胀后,可由式(17.1)求出 $V_{He}$。Schober 等给出的几种金属氚化物的室温肿胀实验数据和压力计算值见表 17.1。

表 17.1　几种金属氚化物的室温肿胀实验数据

| 样品 | $\left(\dfrac{\Delta V}{\Omega}\right)^{T\to{}^3He}$ | $V_{He}/\Omega$ | $V_{He}/(\times 10^{-30}\,m^3)$ | $p/kbar$ |
|---|---|---|---|---|
| TaT$_{0.103}$ | 0.37 | 0.53 | 9.64 | 53 |
| TaT$_{0.42}$ | 0.37 | 0.52 | 9.98 | 47 |
| NbT$_{0.59}$ | 0.23 | 0.39 | 7.7 | 106 |
| VT$_{0.02}$ | 0.335 | 0.52 | 7.3 | 12.4 |
| LuT$_{0.13}$ | | | | |
| Slope1 | 0.46 | 0.56 | 16.7 | — |
| Slope2 | 0.123 | 0.23 | 6.8 | 150 |

金属中 $^3$He 的演化与温度相关,对肿胀产生直接影响。Schober 等测定了 200 μm 厚 VT$_{0.02}$,NbT$_{0.59}$ 和 LuT$_{0.13}$ 样品的室温肿胀率,为了对比他还测定了低温(4.2 K)LuT$_{0.11}$ 样品的肿胀率。假设薄膜样品仅有厚度变化,则 $\Delta L/L = \Delta V/3V = \Delta R/kR$,$k$ 为应力敏感度因子($\approx 2.0$),$\Delta R/R$ 为膜材相对电阻率变化。应用式(17.1)计算泡内每个 $^3$He 原子占据的体积 $V_{He}$,3 种样品的 $V_{He}$ 值均接近 $7 \times 10^{-30}\,m^3$,此前对 TaT$_x$ 的研究表明常温下 $V_{He} \approx 9.8 \times 10^{-30}\,m^3$,彼此相近,表明常温下 $V_{He}$ 与基体金属原子的体积关系不大。

室温 300 d 时效,VT$_{0.02}$ 和 NbT$_{0.59}$ 的 $\Delta L/L$ 变化与时间有好的线性关系,而 LuT$_{0.13}$ 则表现了"双斜率"特性,如图 17.7 所示。双斜率可能反映自捕陷的两个阶段:间隙 $^3$He 原子成团阶段及生成 He - Frenkel 对的 He 泡形成阶段。初始 50 d 内斜率较大(斜率1),被认为是由孤立 $^3$He 原子或 $^3$He 原子团引起的;之后斜率稍小(斜率2),被认为是由进入 He 泡内的 $^3$He 原子引起的。

为了比较,在 4.2 K 观测了 LuT$_{0.11}$ 35 天时效周期的肿胀,发现 $\Delta L/L$ 有 3 次小的起伏,但总体呈现逐渐增大趋势,说明即使在极低的温度下,晶格内 $^3$He 原子仍然有迁移能力。仍可用室温模型来解释低温时的原子行为,肿胀是由于最终形成了 He 泡所引起的。

成泡之前,形成的间隙 He 原子和 SIA 引起肿胀,这时 He 与金属原子的相对体积变化及引发位错环冲出的压力都应与成泡后有所不同,为了深入了解 $^3$He 原子成泡前对肿胀的贡献,将 TaT$_{0.37}$ 保持在 10 K 的低温,时效初期 $^3$He 还没有成泡,此时测得 $V_{He}/\Omega \approx 0.26$。观测者认为这是首次实验方法获得的间隙 $^3$He 原子的体积参数,这一数值明显小于常温 He 泡 He 原子的体积(成泡过程中 $V_{He}/\Omega \approx 0.38$)。利用室温时效计算泡内压力方法计算的泡内压为 14.1 GPa,与引起位错冲出需要的理论值基本相符。

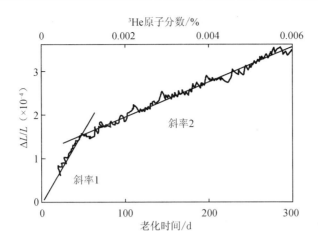

**图 17.7 LuT$_{0.13}$样品肿胀曲线与室温时效时间的关系**

综上所述,金属氚化物肿胀伴随 He 泡形成而产生并随时间增大,同种氚化物的肿胀随氚浓度增大而增大。肿胀的定量计算表明氚化物中孤立 He 原子的体积大致为常数,与基体金属原子体积及氚浓度无关。氚衰变形成的 He 泡与离子注入形成的 He 泡中的 He 原子密度相同。

### 17.3.3 金属氚化物的晶格参数

金属氚化物晶格参数变化受到更多关注。Jones 等[3]的报道显示,经 60 d 和 150 d 时效后,YT$_2$ 的晶格参数从 0.518 7(2) nm 增大到 0.56(2) nm,但 Er 和 Sc 氚化物晶格参数变化不明显,或者说基本未变化。

20 世纪 90 年代,Lässer 和 Blaashko 等人分别运用 XRD 和 ND 观测了 TaT$_{r_0-c}$He$_c$ 晶格参数随时效时间(6 d,75 d,492 d)和 $^3$He 浓度的变化。XRD 显示:由于吸收了氚原子,Bragg 角和摇摆曲线(RC)低端向较小角度位移。时效 6 d 的 Bragg 峰形与单晶 Ta 相似。时效 75 d 的 RC 曲线宽化,底部变化明显。三种样品的 Bragg 角有变化但不大,意味着样品平均晶格参数变化不大,但分散度增大,RC 线不对称。ND 显示:随着时效时间增加,晶格参数增大,DS 线宽化,发现多晶 TaT$_{0.06-c}$He$_c$ 样品 DS 线宽化的各向异性。作者给出了氚化物晶格参数变化表达式。给出的表达式与肿胀实验确定的值一致,表明很小部分的 SIA 进入位错。第 18 章和第 19 章将针对金属氚化物时效过程中晶格参数 da/da$_0$ 变化讨论金属氚化物的缺陷结构、He 泡生长和破裂的材料学机制。

1. TaT$_{r_0-c}$He$_c$ 样品的 XRD 观测

Lässer 等用 X 射线实验研究了单晶 TaT$_{r_0-c}$He$_c$ 样品($r_0 = 0.164$)晶格参数随时效时间和 He 浓度的变化(图 17.8)。

从图 17.8 中看到,由于吸收了氚原子,时效 6 d,75 d 和 492 d 后,Bragg 角和摇摆曲线(RC)下端向较小角位移。时效 6 d 后 Bragg 峰形状与单晶 Ta 相似。时效 75 d 后 RC 曲线宽化,底部变化明显。可以看出,3 个样品的 Bragg 角基本相同,表明时效中平均晶格参数变化不大。随时效时间延长,RC 曲线变得不对称,晶格参数分散度增大。

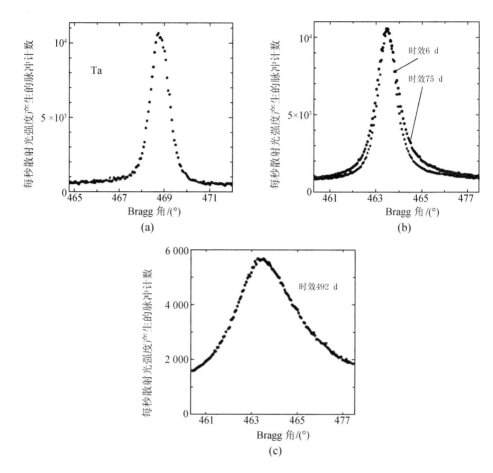

**图 17.8　充氚前不同时效各样品的散射强度随 Bragg 角的变化**

(a)单晶 Ta 样品;(b)TaT$_{r_0-c}$He$_c$ 时效 6 d 样品和 75 d 样品;

(c)TaT$_{r_0-c}$He$_c$ 时效 492 d 样品

图 17.9 为晶格参数随时效时间(下部 $x$ 轴)和 $^3$He 浓度(上部 $x$ 轴)的变化,相应的晶格参数变化表示为 $\Delta G/G_0 = -\Delta a/a_0$。

图 17.10(左侧 $y$ 轴)为投影于 Ewald 球矢径($\Delta G_{1/2}/G$)摇摆线半高宽(HFWM)随时效时间和 He 浓度的变化。图 17.10 右侧 $y$ 轴依据关系式 $\delta G_{1/2}/G = \delta\theta_{1/2}\cos\theta$ 计算,$\theta$ 为 Bragg 角。$(\delta G_{1/2}/G)_{He}$ 由样品的转移方式确定。

下面两个方程描述了晶格参数相对变化 $\Delta a/a_0$ 和最大半高宽(FWHM)$(\delta G_{1/2}/G)_{He}$ 相对线宽随原子 He 浓度 $c(c \leqslant 0.001)$ 的变化。

$$\frac{\mathrm{d}\Delta a/a_0}{\mathrm{d}c} = (0.6 \pm 1.7) \times 10^{-2} \tag{17.2}$$

$$\frac{\mathrm{d}(\delta G_{1/2}/G)_{He}}{\mathrm{d}c} = 0.21 \pm 0.06 \tag{17.3}$$

其中，$\Delta a$ 为 $TaT_{0.164-c}He_c$ 晶格参数与未充氚 Ta 晶格参数之差。

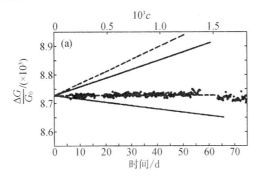

图 17.9　$TaT_{r_0-c}He_c$ 的（222）倒格点相对于纯 Ta 的（222）倒格点的

相对位移随时效时间的变化[48]

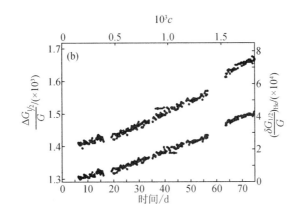

图 17.10　摇摆曲线的半高宽（左侧 $y$ 轴）和卷积后（右侧 $y$ 轴）

除以倒格子参数随时效时间的变化[48]

　　下面讨论长度（或体积）和晶格参数同时变化的情况。如前所述，$^3$He 在金属中沉积时，He 原子团和 He 泡发射孤立 SIA 和小 SIA 团。SIA 和小 SIA 团处于间隙体积。这些自缺陷的直径小于它们距近邻团簇的距离时，可能的情况是：①相对长度变化和晶格参数变化相等；②在 Bragg 峰近邻区域发生漫散射；③Bragg 峰的宽度无明显变化。与此相反，当发射的 SIA 结合进发展中的位错网时：①相对晶格参数变化远小于相对长度变化；②Bragg 峰宽明显增大。

　　图 17.9 中两条直线描述的晶格参数变化是假设由孤立 SIA 引起的，是用已讨论的相对长度计算方法得到的。关于孤立 SIA 的作用，对于相对长度和晶格参数变化是相等的。图 17.9 中实线和虚线分别表示样品中氚浓度不变和因氚衰变降低的情况。通过充入较高的平衡氚浓度或用气相氚补充方法保持样品氚浓度不变。在这种情况下，$\beta^-$ 衰变丢掉的氚可由真空固相或气相补充。其他两条直线分别代表忽略 $^3$He 的任何影响和仅考虑氚引起的膨胀。实验的 $\Delta G/G_0$ 值处在两个极端模型值之间。因为 $TaT_{0.164}$ 样品为单相，实线应该能与实验数据比较。

依照著名的 Simmons – Ballnffi 方程式有[50]

$$c_V - c_I = 3\left(\frac{\Delta L}{L_0} - \frac{\Delta a}{a_0}\right) \tag{17.4}$$

$c_V - c_I$ 可用式(17.1)和式(17.2)计算。$c_V$ 为 He 泡中空位的浓度，$c_I$ 为单 SIA 和孤立 SIA 团的浓度。利用膨胀实验结果，$V_{He}/\Omega = 0.52$ 或 $c_V = 0.52 c_{He}$，可得到下面的表达式，即

$$c_V - c_I = 0.36 c_{He} \approx 0.70 c_V \tag{17.5}$$

这意味着大约 70% 的 SIA 结合进发展中的位错网，其余的以孤立 SIA 或很小的 SIA 团形式存在。这 30% SIA 是引起晶格参数增大的主要原因。这种作用在某种程度上可以补偿氚丢失造成的收缩。如果没有 He 引发的晶格肿胀，晶格参数将减小，如图 17.10 直线所示。RC 线的 FWHM 宽化，使 $c_V - c_I \approx 0.75 c_V$，与晶格参数分析结果相一致。

结合不同的实验数据，对于峰宽化和相对晶格参数及相对体积变化的解释是一致的。令人吃惊的是样品充氚 6 d 后就形成了位错网。

图 17.11 为 500 d 时效周期内(222)Brags 峰测量的相对 FWHM 变化。当测得的 He 浓度达到 1.2% 时，宽化还未饱和，表示位错密度仍在增大。

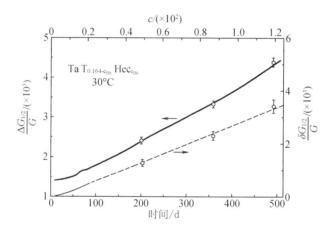

**图 17.11** $TaT_{r_0-c}He_c$ 的 DS 曲线半高宽除以倒格子参数随时效时间的变化

2. $TaT_{r_0-c}He_c$ 样品的 ND 观测

Blaashko 等[49]进行了临氚 Ta 样品中子散射(ND)实验。两块多晶 Ta 片 50 m × 50 m × 1 m 临氚，氚浓度分别为 $r_0 = 0.04$ 和 $r_0 = 0.115$。随着时效时间增加，晶格参数和德拜 – 谢乐线(DS 线)FWHM 增大。基于实验数据给出的晶格参数关系式为

$$\frac{d(\Delta a/a_0)}{dc} = 0.102 \pm 0.040 \tag{17.6}$$

在实验的精度范围内，关系式与 Schober[46]肿胀实验确定的量值一致[$d(\Delta L/L_0)/dc_{He} = 0.127$]，提示仅很小部分 SIA 进入位错。按这种假设很难解释观察到的 DS 线宽化现象。参考文献[48]和参考文献[49]的不同定量结果可以这样解释：X 射线仅能观察几微米的近表面，而中子容易穿透较厚样品；XRD 实验单晶样品的 $r_0 = 16.4\%$，中子衍射实验用的是较

低起始氚浓度的多晶样品。另外,多半由于晶界氦脆,多晶样品在低 He 浓度( $c_{He}\approx0.5\%$ 或 $c_{He}\approx0.9\%$ )区域破裂。单晶样品仍然完好,尽管 He 浓度超过 1.4% 。

Blaschko 等发现多晶 $TaT_{0.06-c}He_c$ 样品 DS 线宽化的各向异性现象,并研究了 $TaT_{0.05-c}He_c$ 样品的长波声子。与 Ta 相比, $TaT_{0.05-c}He_c$ 声子强度降低。

更多地了解晶格参数变化规律是有意义的,同时测量晶格参数和样品相对长度变化更有意义。在很低温度下观测,能更好地确定由溶解在晶格中 He 导致的晶格肿胀,因为很低温度时 He 原子是不迁移的。与 $MH_r$ 和 $MD_r$ 相比,解释 $MT_r$ 体积和晶格参数变化要复杂得多。仅仅年轻 $MT_r$ 样品与 $MH_r$ 和 $MD_r$ 有类似的行为。

# 17.4　³He 对金属氚化物性能的影响

## 17.4.1　金属氚化物的机械性能

存在氢和 He 原子将改变基体的机械性能。氢在晶格沉积导致氢脆和晶间断裂,这对结构材料的稳定性有重要影响。

Caskey 等[51]研究了 $MT_{r_0-c}He_c$ 合金的机械行为,T 和³He 以及 T 和³He 间相互作用对合金的机械性能有很大影响。

Schober 等[52]测量了 $NbT_{r_0-c}He_c$ 和 $TaT_{r_0-c}He_c$ 样品的 V 氏硬度(200 g 载荷)。 $TaT_{0.097-c}He_c$ 样品 V 氏硬度随时效时间显著增大(图 17.12),这是由形成的³He 泡和位错网引起的。

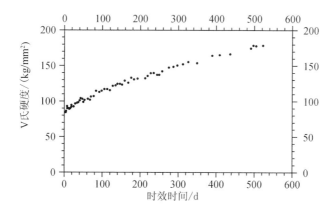

图 17.12　$TaT_{0.097-c}He_c$ 样品 V 氏硬度随时效时间变化[47]

## 17.4.2　稀 Ta 氚化物中的氚扩散

Scheber 等[52]运用 Gorsky 效应和应变规律研究了室温时氚在金属中的扩散(图 17.13)。年轻 $TaT_{0.049}$ 样品的扩散常数与 Gi[53]等人的数据相当一致。尽管数据较为分散,还是容易看出,随时效时间增长扩散性略微降低。不考虑 He 影响的简单模型应该有相反的结果,扩散性将增大,这是因为最近邻原子间的阻塞较小。扩散性略微降低不能归结于

He 导致的基体晶格损伤,因为晶格缺陷将捕陷氚。

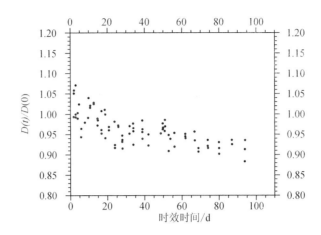

图 17.13   $TaT_{0.049-c}He_c$ 样品归一的长范围氚扩散性 $[D(t)/D(0)]$ 随时效时间的变化[52]

### 17.4.3   金属氚化物的相转变

16.5 节给出了几个金属氚化物相图并与金属氢化物和金属氘化物进行了比较。现有的 M – T 相图是利用相对年轻样品的数据绘制的。

图 17.14 为 $TaT_{0.691-c}He_c$ 样品 50 ~ 75 ℃ 的差热分析信号(DTA)随时效时间的变化。与氢和氘相比相界向较高温度移动。迄今还没有 Ta – T 相图的报道。假设 Ta – T 和 Ta – D 相图在浓度 0.65 ~ 0.70 之间的拓扑形貌相当的话,相转变的反应焓随时效时间明显降低不能仅用较低的氚浓度来解释。可能的解释是,随着 He 含量增大,金属氚化物的有序结构部分无序化,导致焓贡献较低。峰值温度移动与预想结果一致,外推 Ta – D 系统表明样品没有丢掉氚。

### 17.4.4   金属氚化物的电阻

Jung 等[55] 观测了 $LuT_{r_0-c}He_c$ 的电阻,获得了 ³He 在 Lu 中扩散和对电阻影响的数据。选择 Lu 是因为其相有高达 20% 的溶解极限(甚至在很低温度下也是如此),这是因为溶解线与温度无关。这将使 $LuT_r$ 样品($r \leqslant 0.20$)冷却到液 He 温度时不出现高浓度沉淀相。在 4.2 K 温度下,³He 原子似乎冻结,不能成团和成泡。研究者进行了如下的观察:①与 $LuH_r$ 和 $LuD_r$ 中的现象相似,在 $LuT_r$ 中也观察到相似电阻异常现象,应该比较 H,D,T 在 Lu 中发生异常现象的温度变化趋势。冷却时 H 原子成对和成团导致电阻发生异常变化。②4.2 K 时 $LuT_{r_0-c}$ 的电阻率随时效时间增加而增大的结果表明,每个 ³He 原子导致的电阻率增量是 T 的两倍,为 He 原子溶解在金属晶格间隙位的假设提供了证据。③样品 4.2 K 时效后进行退火处理,温度约高于 26 K 时 ³He 原子可迁移。电阻率的恢复与冷速密切相关。

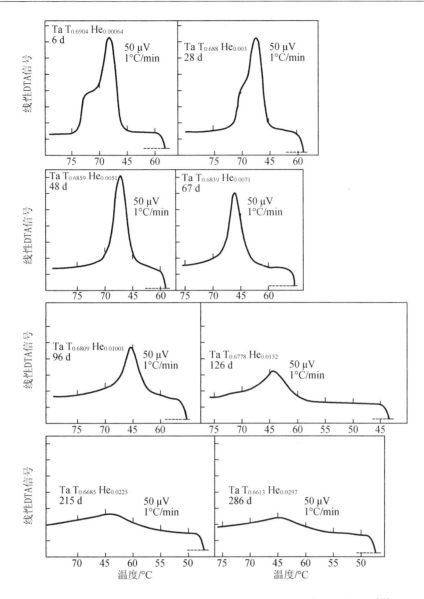

**图 17.14　TaT$_{0.691-c}$He$_c$ 样品的线性 DTA 信号随时效时间的变化[54]**

## 17.4.5　正电子湮灭方法研究金属氚化物

正电子优先在凝聚态物质的缺陷位置湮灭(例如空位和空腔),这些位置容易捕陷正电子。正电子湮灭是研究微观缺陷和缺陷团簇的重要方法,是许多其他技术不能替代的。

正电子寿命谱和多普勒展宽谱已被用于临氚金属研究。图 17.15 为 NbT$_{0.028-c}$He$_c$ 样品的分析结果。在所有 He 浓度下,强度分别为 $I_1$ 和 $I_2$ 的正电子具有明显不同的寿命 $\tau_1$ 和 $\tau_2$。寿命较长($\tau_2$)表明正电了湮灭在缺陷。在 He 分离的早期阶段,$\tau_2$ 快速降低。约 70 d 后 $\tau_2$ 值趋近常数(195 ps),这一值太低不能用 He 泡捕陷来解释。可能的解释是某些正电子被捕陷在 He 泡诱发生成的位错或位错环中。正电子湮灭在位错上的特征寿命大约为

$\tau_2 = 170$ ps。另一方面,没有发现正电子寿命与 TEM 在其他材料中观察到的 He 泡相关。

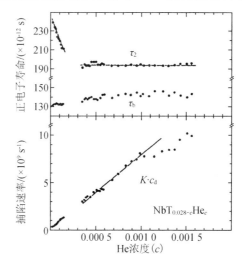

图 17.15　$N_b T_{0.028-c} He_c$ 样品的正电子寿命和捕陷速率随 He 浓度的变化[56]

除 $\tau_2$ 外,图中还给出了正电子在块状基体中的湮灭寿命 $\tau_b$ 和缺陷的总捕陷速率 $K$。这两个参数由二阶模型导出[57]。

$$K = I_2 \frac{\tau_2 - \tau_1}{\tau_1 \tau_2} \qquad (17.7)$$

$$r_b = \frac{\tau_1}{1 - K\tau_1} \qquad (17.8)$$

He 浓度($c$)$\leqslant 0.001$ 时,捕陷速率 $K$ 与 He 浓度 $c$ 成正比。随着浓度增大 $\tau_b$ 增大,表明晶格肿胀。为了解释这些现象还需要进一步研究,对于 He 注入和变形材料的研究正取得进展。

### 17.4.6　金属氚化物的室温蠕变

前节讨论了块状金属氚化物的线性肿胀。最近研究显示,在单轴应力作用下金属氚化物的肿胀速率几乎等于金属屈服应力下的肿胀速率[58]。对于稀 Ta 氚化物,观察到了新的应变速率,与未加应力的金属氚化物相比,其应变速率高 2～3 倍。这种现象被看作是金属氚化物的室温蠕变。这种室温蠕变与低温下发生的辐照蠕变类似。应说明的是,正规的蠕变通常出现在约高于 $T_m/3$ 温度。

这种低温蠕变现象可以粗略地从两方面解释。第一种假设,所有的 SIA 环沿着有利的 <hk1> 方向冲击,大致平行于应力轴。第二种假设,大部分单 SIA 原子团沿着轴向应力促进样品伸长。在这些条件下

$$\dot{\varepsilon}_{creep} \approx 3 \ \dot{\varepsilon}_{swelling}$$

其中,$\dot{\varepsilon}_{swelling}$ 为无应力状态下的肿胀速率。

# 17.5    金属氚化物的时效行为

随着时效时间的延续,$^3$He 在金属氚化物中的积累逐渐增加,氚化物的性能逐渐发生变化[59-60],主要表现为热力学性能改变和结构变化,使用性能显著降低。不同金属氚化物时效效应不尽相同,但总趋势是相似的。

例如,以 Pd 为代表的金属氚化物表现为等温分解平衡压力降低和等温分解曲线平台部分斜率增大。LaNi$_{5-x}$Al$_x$ 氚化物表现为等温分解平衡压力降低、等温分解曲线上相区平台斜率增大及可逆的吸放氚能力降低。后者是由于在氚化物中形成了紧束缚的氚,称为滞留氚。在正常的操作条件下(423~473 K 和充分抽真空)不能使滞留氚从氚化物中分解释放出来。下面以 LaNi$_{4.25}$Al$_{0.75}$ 为例讨论时效引起的性能变化和固 He 效果[61]。

## 17.5.1    解吸平衡压力降低

氚时效引起氚化物解吸平台压力降低,尤其是在 $^3$He 低释放期的前段时间。图 17.16 为 LaNi$_{4.25}$Al$_{0.75}$ 在 353 K 的一组解吸曲线,样品的初始充氚量为[T/M] = 0.6。初始 LaNi$_{4.25}$Al$_{0.75}$ - T$_2$ 系统在 353 K 时的解吸平台压力为 65.7 kPa,储氚 160d 后约为 40 kPa,降低了约 40%。

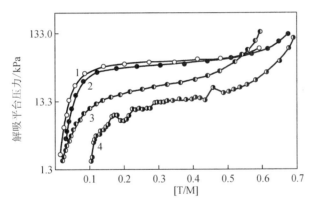

**图 17.16    LaNi$_{4.25}$Al$_{0.75}$ 氚化物时效 417 d 的等温(80 ℃)解吸曲线[61]**

图 17.16 中曲线 1 是储氚 101 d 后测量到的,样品中的[$^3$He/M] = 0.009,平台压力约 46 kPa,比未时效时低了 30%。曲线 2 是在测定曲线 1 后将样品在 413 K 至室温间循环吸放氚 20 次后在 353 K 测定的解吸曲线。当 $^3$He 含量约为 0.9% 时,吸放氚循环对解吸曲线没有什么影响。曲线 3 是累计储氚 417 d 后的等温解吸线,平台压力已经降低到只有 12.0 kPa,约为未时效样品的 17%,降低了 83%,而且曲线不再是光滑的。这时 $^3$He 含量为 3.9%([$^3$He/M] = 0.039)。在这一不光滑的等温解吸线上可以看到在 1.3 kPa 的低压下仍有大量的氚滞留在固体中。曲线 4 是在曲线 3 测定后,经与曲线 2 同样的条件循环 17 次后,在 353 K 测定的解吸热力学曲线。平台压力已经恢复到接近 26.6 kPa。随着氚时效的继续,平台压力会进一步降低,但幅度明显减小,直至 5.4 年基本上稳定在 8~10 kPa 的

水平。

解吸等温曲线的平台区的斜率随着氚时效的进行逐渐增加,从 20 d 的 45 kPa/[T/M],增加到 4.0 年的 73 kPa/[T/M] 和 5.4 年的 110 kPa/[T/M],即使经过多次吸放氚循环仍保持这一变化趋势。斜率增大表明,为了恒定的氚输出,需要更多的热量供应,也表明结构的不均匀性的增加。

氚时效时 $^3$He 的出现在能量上是一个不利的位置,系统会通过 $^3$He 原子周围晶格肿胀或畸变来降低能量以适应较多的 $^3$He。时效过程中"年轻"样品中解吸平衡压随时效时间明显降低,这可用时效过程中 $^3$He 生成引起晶格肿胀来解释,这种认识可能受到 LaNi$_{5-x}$Al$_x$ 的晶胞体积随 Al 含量的增加而增大,而其平衡氢压相应降低的启发。Al 的增加引起晶格肿胀和平衡蒸气压的降低,氢化物更为稳定。当 $x > 0.25$ 时,可逆吸氢量和平台长度都随 $x$ 而减小,这与氚时效的后果十分相似。XRD 测量表明,LaNi$_5$ 和 LaNi$_{4.25}$Al$_{0.75}$ 晶胞的肿胀与 $^3$He 的量相关。LaNi$_5$ 在肿胀停止时(氚时效约 400 d)约有 20% 的体积增大,同样的体积增加在 LaNi$_{4.25}$Al$_{0.75}$ 需要时效 466 d,而后还会继续增大。未氢化的 LaNi$_{4.25}$Al$_{0.75}$ 金属间化合物的晶胞体积和其氢化物的平台压力间的对应关系已经由 XRD 数据导出[55]。

$$\ln p_{eq} = (40\,056 - 505\,V/T) + 13.3 \tag{17.9}$$

其中,$p_{eq}$ 是温度 $T$(热力学温度)时的氢平衡压(大气压);$V$ 是晶胞体积($\times 10^{-3}$ nm$^3$)

按照式(17.9),2% 的体积增加会导致 92% 的平台压力降低,在氚时效 160 d 的样品中观察到平台压力降低 40%,417 d 后降低 83%(吸放氚操作使平台压力降低量减小,为 61%,如图 17.16 所示)。计算表明,平台压力降低是由晶格肿胀引起的,在图 17.16 中曲线 4 的体积肿胀量小于 2%。可以看出,对于 La – Ni – Al 合金氚与氚的同位素效应并不明显。

在年轻的金属氚化物中(直到 $^3$He 含量达到 0.06%),$^3$He 是混乱和孤立分布的。晶格应力主要集中在 $^3$He 原子上,并且距 $^3$He 越远应力越小,应力所在的区域即为一个晶格肿胀点,当时效时间延长时,有更多的 $^3$He 在基体中生成,来自相邻的 $^3$He 原子的应力有可能交互作用并且形成肿胀的区域,如 Camp 所描述的晶格的亚稳共格组态。如同所观察到的,晶胞的体积肿胀引起了平衡压力的降低,这些应力如果足够大,就能够驱使已经肿胀的金属晶格到一个较低的能量组态。这一非共格的状态可以描写为一些互不相连的孤立区域,它们由部分受应力的晶格不均匀地包含在无应力的晶体中构成。当氚时效进行时,这些孤立区域的尺寸会增加,更多的没有应力的晶格会发生肿胀,直到应力再次驱使晶体变为非共格状态。低的能量状态意味着氚的存在位置更稳定,平衡压力更低。

## 17.5.2 可逆吸氚能力降低及滞留氚的出现

从解吸等温线平台区的长度可以看出,氚时效使可逆吸放氚能力明显降低,仅仅 20 d 的储存就会引起储氚能力的降低,长期储氚时这一作用更为明显。在 5.4 年后,只有初始值的 57%。对于金属间化合物的氚化物,随着氚时效的进行发生部分氚被紧束缚在氚化物中的现象,即使提高解吸温度到 423 K 并充分抽真空仍不能使其解吸,如图 17.10 中曲线 3 所示。氚时效 0.05 年(20 d)时,滞留氚[T/M] 为 0.004 7,0.44 年(160 d)时达到 0.017 5,3.54 年达到 0.150 5,5.4 年时达到 0.175 2。通过较高温度的多次吸放氚循环有可能减少滞留氚的量,或通过用氕置换的方法去除滞留氚,滞留氚的出现是可逆储氚量减少的主要原因。图 17.16 中曲线 4 表明,在 17 次循环后滞留氚恢复到 20 d 氚时效的水平,但平台长度仍比氚时效初期短,由于 $^3$He 生成时的反冲能量很小(1.03 eV), $^3$He 生成的初期保持在氚原来所在的间隙位置,用 $^3$He 占据了原来氚存在的位置来解释可逆吸放氚能力的降低似乎是合理的。这也说明时效时间不长氚化物中的 $^3$He 的确处于捕陷状态。

719 K 或 915 K 的高温使样品解吸,用质谱仪检测释放气体的组成,可以得到 5.4 年氚时效后固体样品中 $^3$He 的含量[ $^3$He/M ] =0.17,在实验误差的范围内与计算值 0.18 是一致的。这表明由放射性衰变产生的 $^3$He 在 5.4 年后,即使不是全部,也是绝大部分保持在氚化物中。Pd,Ti,ZrCo 等金属和合金都有良好的固 He 效果,这种固 $^3$He 效果使得氚处理工艺大为简化。时效过程中等温解吸曲线平台区斜率增大,说明继续解吸需要额外的能量,亦即氚在各种不同位置时能量是不同的,存在一个氚存在位置的能量分布,这表明了晶格的不均匀性。氚时效过程晶格结构的变化,Lässer 等所描述的自间隙原子、位错环、He 泡等的形成、位错密度的增加等都能够造成这种不均匀性。这种不均匀性与 X 射线衍射线的宽化是一致的。衍射线的宽化随时效的继续而增大,说明不均匀性在增大,因而解吸热力学等温线平台的斜率随着时效的进行而增加。吸放氢循环能够部分恢复氚时效引起的平衡氢压的降低,说明合金从 δ 相向 α 相的转变能够引起 $^3$He 原子迁移到较稳定的晶格位置,使晶格弛豫到比较正常的状态,但平衡压部分恢复后平台斜率并不随之改善。这是因为晶格原子的大量迁移将改变材料的结构,会建立许多不同类型的吸氢位置(特别是金属间化合物)。于是吸氢位置的能量分布范围更宽,因而解吸曲线的平台斜率不会通过吸放氚循环而恢复。解吸曲线不光滑,如图 17.16 中曲线 4 所示,表明在曲线测量期间,局域微观结构因 $^3$He 存在正在发生变化。循环可使这种结构变化得到部分恢复,于是曲线重新恢复光滑。

孤立分布的 $^3$He 和附近的应力区与弛豫基体的界面作为氚的俘获位置来说,可能有明显的不连续性。在这种情况下,俘获氚的数量将随界面的数目和尺寸而增加,这正是在实验中观察到的现象。当由于晶格肿胀、 $^3$He 成团和初期成泡,氚从这些区域解吸时,新泡的界面肯定会再俘获氚,于是在氚时效过程中,总会出现氚滞留,滞留量随时效时间增加。

### 17.5.3　吸放氚循环和加热引起的性能回复

实验表明,一次吸放氚循环就能够部分恢复氚时效引起的解吸平衡压的降低,多次循环有助于减少滞留氚,并使粗糙的等温解吸热力学曲线重新变得光滑,但可逆储氚量仍然减少,平台斜率稍有增加。这些说明循环操作能够部分修复氚时效的后果。已报道的关于氚时效的资料,许多是所谓"静态"时效的实验结果,即样品充氚后绝大部分时间处于静止状态,在正常使用时,经常的吸放氚操作有利于恢复氚时效的影响,金属氚化物的预期使用寿命会远高于静态测量的结果。

在吸放氢循环中,拌有显著的晶格肿胀和收缩,LaNi$_5$ 的晶胞体积变化约为 23%,LaNi$_{4.5}$Al$_{0.5}$ 约为 19.3%,LaNi$_{4.25}$Al$_{0.75}$ 约为 14.4%,这将产生巨大的应力和能量。肿胀和收缩促使已经错位和移位的晶格原子重新回到晶格的正常位置,类似地,加热能够促使原子在晶格中热迁移,从晶格的正常位置错位的原子可能回到正常的晶格位置。这种方式的晶格修复应当能够使时效的影响部分回复。再者,自间隙原子在晶格的存在会引起一个应变场,使晶格肿胀。吸放氢循环导致的肿胀和收缩以及样品加热,能够提供足够的能量使晶格自间隙原子移动到更稳定的位置(例如位错),这将使晶格弛豫到一个更接近正常的状态,因而被降低的解吸平台压力得以回复。必须说明的是,金属(合金)-T-He 系统是非常复杂的,对材料的依赖性甚大。金属间化合物氚化物中的缺陷显示出对$^3$He 移动的明显阻滞作用,因而减少了$^3$He 自捕陷或成团以形成 He 泡的速率。这一点恰与纯金属氚化物相反。在纯金属中,不管$^3$He 有多少,都有足够的可动性实现成团和成泡。

# 17.6  中子发生器氘(氚)靶的性质、原理和应用

氚 Ti 靶主要应用于 D-T 反应:

$$D + T \longrightarrow n + {}^3He + Q$$

中子和$^3$He 的能量分别为 $E_n = 14.1$ MeV,$E_{He-3} = 3.5$ MeV,$Q = 17.6$ MeV。

氘 Ti 靶的应用则主要利用 D-D 反应:

$$D + D \longrightarrow n + {}^3He + Q$$

其中,$E_n = 2.45$ MeV,$E_{He-3} = 0.82$ MeV,$Q = 3.26$ MeV。

在中子发生器内先产生氘或氚的离子,再把它们加速到 120 keV 来轰击金属氘化物或氚化物靶。中子发生器使用最多的是产生 14 MeV 中子的 D-T 反应,这是因为在较低的氘离子能量下该反应的有效截面比较大。靶材的制备,即金属氢化物薄膜的制备工艺在中子发生器技术应用中显得至关重要。表 17.1 列出了几种常用靶材料及其金属氢化物中的氢密度。

**表 17.1  几种常用靶材料金属氢化物中的氢密度**

| 氢的形式 | 氢密度/cm$^{-3}$ |
|---|---|
| 液态氢(20 K) | $4.2 \times 10^{22}$ |
| 固态氢 | $5.3 \times 10^{22}$ |
| $H_2O$ 液态(15 ℃) | $6.7 \times 10^{22}$ |
| $TiH_2$ | $9.1 \times 10^{22}$ |
| $ErH_3$ | $8.1 \times 10^{22}$ |
| $ErH_2$ | $5.9 \times 10^{22}$ |
| $ScH_2$ | $7.3 \times 10^{22}$ |
| $ZrH_2$ | $7.3 \times 10^{22}$ |
| $LaH_3$ | $6.9 \times 10^{22}$ |
| $LaH_2$ | $4.4 \times 10^{22}$ |

对靶材的性能要求主要有以下几点[62]:

①良好的热稳定性,尤其对于长脉冲或连续的工作状态时;

②膜材在支撑物上有良好的机械性质;

③高密度的氢,低的离解平衡压,以适应管内 $10^{-4}$ Pa 量级的残留真空;

④对氚衰变产生的 $^3$He 有良好的保持能力;

⑤良好的表面状态,良好的导电性以及机械和化学均匀性;

⑥在离子轰击下发射二次电子少。

选择氚化物膜衬底时,要求它与靶材黏附能力好,具有合理的表面状态,与氢不发生反应。常用衬底材料有钼(Mo)、钢、铜(Cu)等。制靶时先制备金属薄膜,再在氢同位素中饱和,也可以直接沉积氢化物,或用离子注入法制靶。

靶材料的选择要兼顾高的氢密度及较好的热稳定性。Sc 或 Ti 的氢化物靶能保证高的中子产额,Er 或 Zr 的氢化物靶能获得大量的中子,Ti 或 Zr 的氢化物靶则具有稳定的中子发射和储存稳定性。目前最常用的为纯 Ti 氚化物靶,在 120 keV 的氚离子轰击下,有高的中子产额,可以产生稳定的中子流,储存寿命为 2～3 年。

制备氚靶时,金属薄膜的厚度由发射到靶上的离子的射程决定,与采用的离子的种类和它们具有的能量有关。对于 100～150 keV 的氚离子,厚为 0.20 mg/cm$^2$ 的 Ti,0.44 或 0.33 mg/cm$^2$ 的 Zr 就足够了。制得的靶材在氢同位素中加热并饱和的过程中,会有氢同位素浓度分布不均匀的现象,通常是浓度随深度的增加而逐渐减小。

氚靶中由于氚衰变产生的 $^3$He 会在开始阶段缓慢释放,到某一临界浓度时靶子大量放气,管内压力增加,大量 $^3$He 阻碍氚核的运动,使中子产额急剧降低,靶子失效。另外靶材还容易掉粉使管子发生击穿并失效,原因很多,比如靶材储氚后发生体胀(Ti 储氚 1.5 时,$V/V_0 = 15\%$)。变脆、衰变产生的 $^3$He 引起的晶格畸变和体积膨胀也会加剧靶膜掉粉。

氚靶中的氚浓度以尽量减少 $^3$He 释放和保持靶的稳定性为原则。在保证氚总量能满足要求的前提下,希望氚浓度尽量低,但当浓度很低而使氚化物处在两相区时,则会有氚在某一相中的富集,这是很不利的现象,因此应保证靶膜为单一相氢化物,通常这一浓度大约为 1.5([T/M]),如对于纯 Ti 靶就是如此。也可以通过减少充氚原子比,并补充以氚或氢来维持靶膜处在 δ 相。

## 17.7　金属氚化物的研发概况

美国苏联是最早研究和应用储氚材料的国家。20 世纪 60 年代末,美国阿贡国家实验室(ANL)的 Gruber 对惰性气体泡在金属中的迁移进行了计算[63]。这以后美国俄亥俄州蒙德实验室(Mound Lab)的 Bowman 对金属氚化物时效后 $^3$He 释放行为及机理进行了系统的研究,他和他的同事在 20 世纪 70 年代发表了多篇文章,报道了金属 Pd,V,U,Ti,Li 的储氚固 He 性能的研究结果[64-67]。同时期,美国桑迪亚国家实验室(SNL)的 Beavis 等[68]在其综述文章中介绍了 20 世纪 60 年代关于二元氢化物的相结构、密度、吸氢容量及熵和焓等热力学参量的研究工作。涉及的金属有 Sc,V,Ti,Y,Zr,Nb,La,Er,Hf 和 Ta 等,文章也涉及相应的同位素效应。1972 年 Beavis[69]发表了 5 种金属(Sc,Ti,Er,Y,Ho)氚化物膜材结构特性的文章,对 5 种氚化物经 5 年时效后开始呈现明显脱膜现象的时间顺序进行排序,并给出了膜内由于 $^3$He 积聚形成小空洞时间由长到短的顺序,应该说这是金属氚化物在核技术中应用的早期研究工作。

美国劳楞茨·里弗莫尔国家实验室(LLNL)研究了 U 的储氚特性,发现$^3$He 在 300 d 内释放量较低,UT$_3$ 经 3 年储存后衰变的$^3$He 基本上存在于直径约 50 nm 的 He 泡内,很少存在于晶格中。500 ~ 600 d 后释放量增大,发现当材料的粒度较小,样品初始表面积较大时He 的释放量较大,而且高温时释放量也较大。法国原子能委员会(CEA)也研究了 U 的储氚固 He 效果,其固 He 特征与美国人的研究结果存在差别。他们认为不同的 He 效果是粒度和处理状态不同所致。20 世界 80 年代末德国固体研究所的 Schober 和 Trinkaus 对 Ti 和 Ta 等金属氚化物中的行为机制进行了探索[70],提出了在较低温度下和在高温下氚化物中He 扩散和成泡的两种机制。这期间,多位苏联学者 Rodiv, Surrenyants 及 Vertchnyi 等对 Zr,Ti, V 等氚化物的时效特性进行了研究[71-72],样品是蒸镀方法制备的钛膜和将锆箔焊在基片上制备的锆膜。

20 世纪 80 年代以前的研究目标主要是针对单质金属进行的。人们发现金属氚化物时效的共同特点是:在储存初期(300 ~ 900 d,不同金属间差别较大)放 He 率很低,衰变产生的$^3$He 几乎全部被金属保留,而后$^3$He 的释放率突然加大,一段时期之后$^3$He 的释放率与$^3$He 产生率相近,这种现象称为加速释放。而在此之前的低释放率阶段称之为缓慢释放。缓慢释放期的长短直接决定了储氚材料的存放期。

这以后的十多年,美、德、法及苏联的实验室相续对近 50 余种单质金属氚化物进行了室温和高温时效效应研究,提出了氚化物中$^3$He 的缓慢释放期以及$^3$He 加速释放临界浓度的概念和机制,开始了以延缓$^3$He 聚集、析出为目的的研究工作。比较而言,U,Ti,Pd,Zr,Er 和 Sc 等金属能生成很稳定的氚化物,有重要的应用价值。

U 是最早应用的储氚材料。20 世纪 50 年代美国曾短期使用铀床在实验室中储存、输运氚和氚。20 世纪 70 年代被用作氚储存和氚纯化介质,在 300 d 时效期内 UT$_3$ 的$^3$He 释放量较低,500 ~ 600 d 之后释放量加大。UT$_3$ 经$^3$He 储存后,除已释放的外$^3$He 基本上存储于约 50 nm 的$^3$He 泡内。等温热解吸研究表明,不同时效时间的 UT$_{3-x}$ – He$_x$ 样品存在两个释放峰,一个是大约 473 K 时氚的解吸峰,另一个是$^3$He 解吸峰,后者随时效时间的增加明显地向低温移动。UT$_{3-x}$He$_x$ 的$^3$He 加速释放临界浓度[He/U]约为 0.11。经多次吸氚循环后UT$_3$ 会过度粉化,吸氚操作温度也偏高。UT$_3$ 粉化后,$^3$He 相对释放率(释放率与产生率之比)提高。

有人研究了 VT$_{0.5-x}$He$_x$ 和 VT$_{0.75-x}$He$_x$ 样品中$^3$He 的时效行为。在观察的 2 200 d 以内,绝大多数$^3$He 被捕陷在微小的 He 泡中;对于 VT$_{0.6-x}$He$_x$,在储存的 3 ~ 6 年中几乎没有$^3$He 放出。VT$_x$ 的室温平衡压较高,是适于在常压下使用的储氚材料。

Pd 是研究得较多的储氚金属。Pd 在室温就有很好的吸放氚活性。热解吸实验表明,PdT$_x$ 中的$^3$He 在浓度约为 0.6 时达到饱和,高于这一浓度时$^3$He 开始加速释放。换句话说,PdT$_x$ 的$^3$He 缓慢释放期长达 8 年以上。使$^3$He 从[He/Pd]约为 0.3 的 PdT$_x$ 中释放需要超过 600 K 的温度,当$^3$He 浓度[He/Pd]接近 0.02 时$^3$He 释放至少需要 1 300 K 的高温。PdT$_x$有两个解吸平台,在[T/Pd] < 0.3 时出现较低的平台,而后出现较高的台。$^3$He 积累使前一

平台下降,对后一平台未产生影响。PdT$_x$ 的室温离解平衡压较高,从 1984 年起已在氚处理设备中应用。

对 ErT$_2$ 膜的研究发现 $^3$He 加速释放是不可逆的,时效 700 d 的 ErT$_2$ 膜 463 K 放置 1 d 后,开始加速释放,[He/M] 由 0.28 减为 0.23,然后置于室温下,又降为 0.04,放 $^3$He 速率没有减慢。

Zr 也能生成很稳定的氚化物。电镜观察显示 ZrT$_{0.03}$ 和 ZrT$_{1.6}$ 样品时效三周后即呈现 1 nm 左右的 He 泡,50 d 后泡直径平均约为 5 nm。时效 863 d 的样品中观察到位错和沿位错分布的第二批尺寸较小(约 2 nm)的 He 泡。通常认为 ZrT$_{2-x}$He$_x$ 的加速释放临界浓度小于 0.3。据文献报道,ZrT$_2$ 膜加速释放时的释放速率是不连续的,而是以每次约 $10^9$ 个 $^3$He 原子的脉冲形式放出。因每个 He 泡内不可能含有如此多的 $^3$He 原子,所以这有可能是级联式的泡破裂和连通引起的。

Li 氚化物的平衡压很低,有文献中提到 Li 也是很好的氚靶材料。在 LiT 中,β 衰变会使基体中出现金属 Li 并形成氢和氚的气泡,由此体胀约 40%。因此,尽管 LiT 的平衡压很低,其实际应用仍受到限制。

Ti 是应用较早并且仍具有开发前景的储氚材。Ti 的吸氚容量很高,室温离解平衡压很低,是某些应用领域(例如中子发生器中的氚靶膜)优先考虑的选择。时效早期 TiT$_x$ 膜 $^3$He 的释放量非常少,当 [He/Ti] 趋近 0.1 时释放系数仍为 $10^{-5}$ 量级。储存 2~3 年的 TiT$_{1.7}$ 中的 $^3$He 主要以小于 100 nm 的 He 泡形式分布。TiT$_{2-x}$–He$_x$ 的 $^3$He 加速释放临界浓度为 0.3 左右,但不同研究者的结论有所不同,范围均在 0.27~0.43 之间。

一项 PdT$_{0.6}$,TiT$_{1.7}$,UT$_3$,LiT 和 ErT$_2$ 的对比研究表明,这些金属氚化物都有很高的吸氚容量,但固 He 能力差别很大。对比而言,PdT$_{0.6}$ 具有最好的固 He 效果,TiT$_{1.7}$ 次之。LiT 实际应用有困难。ErT$_2$ 和 YT$_2$ 过于稳定,不适用于氚的储存。几种纯金属氚化物 $^3$He 缓慢释放期的长短顺序可表示为

$$t_{PdT_{0.6}} > t_{TiT_{1.7}} > t_{UT_3} > t_{LiT}$$

应说明的是,这几种金属氚化物的初始氚含量是不同的。

有文献对几种氚膜的使用性能作了分析,认为 Ti 和 Zr,特别 Ti 最适用于用作氚靶材料,但氚 Ti 膜的热稳定性要低于氚 Zr 膜。如果有特殊性能要求,例如追求很高出中子产额时应选用氚 Sc 靶和氚 Ti 靶;若希望获得大量中子时,则采用氚 Er 靶和氚 Zr 靶;如果想获得稳定性好的中子发射或者在近年内使用时,通常的选择是氚 Ti 靶和氚 Zr 靶。

Bowman 等人对几种单质金属的储氚特点进行了评价,认为 Ti 最为适合长期储氚。Ti 的使役期为 2~3 年。当氚靶中 $^3$He 的浓度达到 [He/M] = 0.1 时,释放系数仍在 $10^{-5}$ 量级,但在储存 2~3 年的 Ti 中,观察到大量 He 泡(尺寸 ≤ 100 nm[69])。Pd 的室温缓慢释放期很长,可达 500 d,而且释放的氚几乎不含 $^3$He 或其他杂质。将 [T/Pd] = 6 的氚化物放置 66 d 后,观察到直径为 1.5~2.0 nm 密度为 $5 \times 10^{23}\,m^{-3}$ ~ $10 \times 10^{23}\,m^{-3}$ 的 He 泡,在室温下几乎没有 $^3$He 逸出,放 He 速率低于 5%[69],但 Pd 的放氚平衡压较高。Zr 的缓慢释放期也较长,但 Zr 沸点较高,不利于蒸发制膜。估计苏联时期使用的是单质金属类的 Ti 靶或 Zr 靶。用真

空蒸镀高钝 Ti 膜制备 Ti 靶,其储氚后有效存放期大约为 2 ~ 3 年。

从上述内容可以看出,大多数单质金属氚化物的固 He 能力还不够强,缓慢释放期多在 3 年以内。$PdT_x$ 的固 He 能力虽然很强,但价格昂贵。可见开发单质金属氚化物使用性能的潜力有限,合金化是好的选择。

按照晶格结构和氢化物特点来分类,储氢合金可以分为 5 类。第一类是以 $Mg_2Ni$ 为代表的碱土金属 A 与过渡族金属 B 组成的 $A_2B$ 型合金;第二类是以 TiFe 为代表的 AB 型合金;第三类是 $AB_2$ 型合金,A 组元为 Ti 或 Zr,B 组元为过渡元素,其晶体结构多为 $C_{14}$ 或 $C_{15}$ 型的 Laves 相;第四类是 $AB_5$ 型合金,以 $LaNi_5$ 和 $CaNi_5$ 为代表;第五类是具有或相结构的固溶体型合金。

不同类型储氢合金具有不同的储氢特性及不同的应用领域。金属间化合物型合金的储氢性能与其单质组元的性能差异很大,而固溶体型合金与其单质基体金属储氢性能的差异是随合金成分连续变化的。通常认为,以储氚固 He 性能较好的 Ti 或 Zr 为基,通过固溶的形式添加合金元素改变其氢化物电子结构,能够进一步提高其固 He 能力。

合金储氢材料研究也始于 20 世纪 60 年代初,先后发现 $SmCo_5$ 与 $LaNi_5$ 合金具有优异的储氢性能。这以后数年,随着对 $LaNi_5$ 的深入研究和不断改进,开发出数十种具备高可逆吸放氢性能的合金材料,并形成了系列。这期间人们深入研究了材料的结构和氢(氚)化物的热力学性质。通常认为只是当荷兰菲利浦公司研究发展部于 1969 年发现 $LaNi_5$ 的优异可逆性吸放氢能力后合金氚化物研究才取得了突破。

20 世纪 80 年代,Bowman 等对 TiCo[73],TCu[74],$Zr_2Pa$[75] 及 $Zr_3Rh$[76] 等合金系的储氢性能进行了研究,这些合金均具有较好的储氢性能。他们还用快淬法制备出了这些合金的具有微晶和非晶结构的条带,发现非晶结构对于材料的储氢能力、抗脆性及合金化都有很好的作用[77]。

20 世纪 90 年代,加拿大安大略水电公司的 Maynard 以及日本原子能研究所的 Hayashi T 和 Suzuki T 等人对 ZrCo 合金进行了储氚性能研究[78-79],所用材料为高纯 ZrCo 合金粉末。储氚 ZrCo 的氚分解压与 U 相仿,在 500 ~ 600 ℃ 仍能固定大部分 $^3$He,但随着 $^3$He 在 ZrCo 内浓度的增加显著地提高了氚的平衡分压。ZrCo 安全的储氚期约为 2 年,是铀储氚床的有力替代品。

从 20 世纪 80 年代开始,人们对 La - Ni 系合金的临氢特性研究一直没有停止。Bow man 等人发现 $LaNi_{5-x}Al_x$ 储氚 2 000 d 之后 He 的释放率仍很低,甚至 8 年后由氚衰变产生的 $^3$He 仍有 90% 以上保留在合金中,但室温平衡氚压较高。法国原子能学会(CEA)研究了 La - Ni - Mn 合金的储氚性能,其固 He 特性与 La - Ni - Al 相似。Bowman 等在 20 世纪 90 年代研究了 $LaNi_{5-x}Sn_x$[80] 以及 $LaNi_{5-x}Ge_x$[81] 的储氢性能。研究重点是多次充放氢的滞后现象,估计研究目标侧重于 Ni 氢电池电极材料的研制。

荷兰的 Notten 和法国的 Latoche[82] 用中子散方法研究了非化学计量比 $LaNi_5CuD_y$ 合金的氚释放等温曲线。发现与 La - Ni - Cu 相比,其放氢平台消失,PC 等温曲线为一斜线,他们认为非化学计量比的 $LaNi_5Cu$ 合金在放氚过程中只有一相参与,未发生相变,体积是逐渐减少的。而符合化学计量比的 $LaNi_4Cu$ 合金在释放氚的过程中,发生两相转变,相转变过程中体积减小 16 %,这是影响其机械稳定性和电化学寿命的主要原因。

英国、以色列、波兰的研究机构都对材料的储氢机理进行了研究,发现若使氢化物在解吸时不发生相变,增加 P - C 曲线的斜率,则能够提高储氢材料的抗粉化能力[83-86]。LaNiAl 是目前研究得最多并获得应用的储氢和储氚合金。

美国 Savannah River 的实验室研究了 La - Ni - Al 合金的储氚性能,发现在储氚 6 年后 ³He 的释放率仍很低。其室温平衡氚压大于 0.04 MPa,虽不适用于低平衡压氚化物材料,却是很好的氚储存和输运材料。La - Ni - Al 合金具有优良的固 He 性能,是很值得思考的事实。深入地研究 He 在 La - Ni - Al 合金中的存在形式、扩散过程以及材料储氚前后的晶体结构及相组成等是十分必要的。在对 La - Ni - Al 和 La - Ni - Mn 的研究中,观察到随着氚化物内部 ³He 量的增加,氚的平衡压力有持续下降的趋势。

SRS 经过 8 年的应用研究已将 LaNi$_{4.25}$Al$_{0.75}$ 用于 1991 年开始使用的大型氚处理设备中。SRS 的研究表明,氚的储存容量达到原子比[T/M] = 0.6 时未出现氚的滞留,但随储氚时间增加,放氚平台压力降低,平台斜率增加,出现不可逆的氚滞留。

2002 年 9 月 SRS 报道了他们历时 11 年的研究结果,时效效应依然类似上述的变化趋势。LaNi$_{5-x}$Al$_x$ - H$_2$ 系的平台压力随 x 的增加而降低。在 LaNi$_{5-x}$Al$_x$ 系合金中除 LaNi$_{4.25}$Al$_{0.75}$ 用于储氚外,LaNi$_{4.75}$Al$_{0.25}$ 被用于氢同位素压缩,LaNi$_3$Al$_2$ 被用于氢同位素分离等。SRS 计划实现一种氚化物床能同时具有多种作用,例如储存/泵送、泵送/纯化、储存/压缩等。

ZrCo 是另一种可供选择的储氚合金,它的平衡压力与 U 相似但吸氚量比 U 高,粉化后在空气中不剧烈燃烧,可以在与 U 床相似的条件下使用。因没有放射性,故使用起来也方便、安全。ZrCo 与 U 的氚化物在 ³He 释放行为上有较大差别。当 U 床在 298 K 释放出所生成的 ³He 的 10% 时,ZrCo 只释放了 1%。即使在 873 K 时,初始的 ZrCo 氚化物实际上几乎保持了全部的 ³He。ZrCo 氚化物的 ³He 释放速率并不与其浓度呈简单线性关系,而与温度有较强的依赖关系。例如储氚 3 年的 ZrCo 合金,[He/ZrCo]约为 0.35。在 673 K 和 723 K 下基本没有 ³He 释放,而在 773 K 下释放速率突然加大,这表明 ³He 的释放存在一个需要较多能量的热激活过程。

Lässer 等指出,为了满足氚工艺的要求,需要研究合金氚化物的长期稳定性。与 ³He 覆盖问题相比,金属氚化物的 He 损伤更受关注。He 不溶于金属,很容易在金属中成泡。高压 He 泡发射 SIA。SIA 成团,形成 SIA 环和发育成位错网。位错中的氚被捕陷,金属合金氚化物性质(例如溶解度和扩散性等)随时效时间、He 浓度或位错浓度变化。这种影响在有序三元氚化物合金( ABT$_x$ )中更为明显。A 和 B 原子原本处于特殊的晶格位置,A 和 B 原子被发射后,不大可能重新占据正确的位置。随着时间的增加,合金的有序参数降低,生成新合金,合金氚化物的性质发生变化。由此可见,二元金属氚化物合金发射 SIA 或冲出位错环仅扮演次要角色,因为由此产生的元素占位并非很重要。鉴于合金氚化物性质可能变化,使用时要很谨慎,因为还不完全知道它们的长期行为。

我国学者采用离子注入方法,模拟了 He 在纳米晶和粗晶纯 Ti 膜中的聚集形态。通过透射电镜观察,发现粗晶 Ti 膜在 He 离子的注入范围内存在大量 He 泡,而在面心立方结构纳米晶纯 Ti 膜中未见到 He 泡。但离子镀膜工艺形成面心结构 Ti 的机制以及存在着大量孔洞的纳米 Ti 膜晶界有效防止 He 聚集的机制还不十分清楚。显然,进一步进行这方面的研究是很必要的。

吕曼琪等[87]研究了 TiFe₅ 合金的组织结构与吸放氢特性。利用少量的 Fe 把 Ti 的高温相区延伸到室温获得非平衡的室温相结构,以改善 Ti 的吸氢特点。

陈廉等人[88-89]研究了 AB 型储氢合金薄膜的制备及结构。杨锐与孙东升等人[90]运用 He 离子注入方法,模拟材料在核反应堆中的使役环境,利用 TRIM 程序对材料辐照损伤缺陷的分布进行了计算机模拟并对 He 泡的形成和分布进行了透射电镜观察,在宏观和介观尺度上对材料中的 He 行为有较多的认识。

复旦大学周筑颖、魏澎、施立群和赵国庆等运用离子束分析等核分析技术对钛靶的吸放氢行为及注 $He^+$ 钛靶的固 He 能力及机制进行了系统研究[91-93]。王玲、宁西京用分子动力学方法模拟了 Cu 晶体中的 He 行为[18]。

王佩漩等对 He 在不锈钢中捕陷、He 泡热形核、长大及释放等进行了深入研究[94-98],并在系统研究的基础上提出了 He 原子团与空位复合物的合作型扩散机制。

对 He 含量较高的样品,可以确定 He 泡扩散的表观激活能。惰性气体低温释放的激活能并不唯一,而是具有一定的范围。对于注入剂量超过 $10^{17} cm^{-2}$ He 的 Ti 样品,等温解吸实验表明 He 释放集中在 500 ℃ 以下,$\Delta F/\Delta T$($F$ 为释放的 He 分数)与 $\lg \varphi$ 成正比,据此得到的激活能范围约为 $(0.4 \sim 0.7) eV$。王佩漩等人据此提出了 He 原子团与空位复合物的合作型扩散机制[32,33]。

彭述明、赵鹏骥和姚书久等[98]研究了 $LaNi_{5-x}Al_x$ 合金的吸放氢行为。发现随着 $x$ 由 0.25 至 1 变化,合金氢化物的平衡氢压降低,25 ℃ 时 $LaNi_{4.75}Al_{0.25}H_3$ 的氢平衡压为 $1 \times 10^5$ Pa,$LaNi_4AlH_3$ 的氢平衡压为 $8 \times 10^3$ Pa。龙兴贵等[25]对初始原子比为 1.68,储存期为 1 年的氚化钛在不同时期释放的 $^3He$ 气体进行了研究,样品中 He 浓度小于 0.04 时,释放系数保持在 $10^{-5}$ 量级。氚化钛体系加速释放浓度大约为 $0.23 \sim 0.3$。

近年来,彭述明和龙兴贵等开展了过渡金属氢化物的从头计算研究,给出了 6 种单氢化物分子和双氢化物分子的稳定性顺序。基于局域密度泛函理论,开发应用 CASTEP 程序开展了 $V-H$,$Ti-V-H$ 和 $ZrV_2-H$ 体系的第一原理计算,取得了有价值的研究结果。他们还以计算模拟与实验相结合的方法开展 $ZrV_2$ 金属间化合物的研究,提出了用氢化法来纯化金属间化合物的同分异构体并成功制备出 C15 型 Laves 单相 $ZrV_2$ 合金靶。初步考核结果表明,合金靶对氚的活性好,吸氚容量高,吸氚平衡压和离解平衡压均较低,有进一步研究、开发和应用前景。

彭述明、罗顺忠和龙兴贵的团队 20 世纪 90 年代起开展了金属氚化物固 He 机理研究,逐渐形成了金属氚化物延寿的两条研究思路:一条是在材料本征固 He 阈值浓度($R_c$)的前提下,通过控制相变机制并降低氚浓度,延长达到阈值浓度的时间($T_c$),提高其储存寿命;另一条是通过元素掺杂控制金属氚化物 He 的演化行为,提高材料的本征固 He 能力,延长其储存寿命。研究团队在金属氚化物相变机制等方面进行了开创性的研究,系统地研究了氚浓度对氚化钛物相及晶格常数的影响,对比分析了物相状态对其固 He 能力的影响,原位连续测量了储存 1 600 d 不同物相氚化钛中氚衰变生成的 $^3$He 对其相结构和稳定性的影响，揭示了双相组成及相变对延长达到阈值 He 浓度时间的效应，确定了保持氚化钛体系相稳定的初始氢同位素浓度范围。在国内首创了氕氚混合化技术，通过引入氚的同位素氕控制了金属氚化物在时效过程的相变，又有效降低其初始氚量，从而减少单位时间内的 $^3$He 生成量，延长了达到临界 He 释放浓度的时间。

他们选择氚化钛为参比体系，重点研究氚化锆体系具有高固 He 能力的氚化学和材料学机制并以氚化铒体系为验证对象，与美国 Sandia 实验室的报道进行关联对比。对 3 种金属氚化物中 $^3$He 的释放行为、$^3$He 的存在状态、晶体结构、缺陷结构及缺陷结构变化等方面开展了系统的研究。

他们对比了 Ti，Zr，Er 氚化物体系中 He 泡形核、He 泡生长、He 泡融合、He 泡网络形成以及 He 加速释放等 He 演化阶段的行为特征和机制，建立了 Ti，Zr，Er 三种典型氚化物体系中 $^3$He 全时效过程演化模型，揭示了不同阶段的主要影响因素，描述了评价金属氚化物固 He 能力的 3 个特征量，即晶胞体积转变时的 He 浓度、He 泡状态和力学性能（杨氏模量、剪切模量、破裂强度），建立了 $^3$He 泡密度和力学性能与其固 He 性能间的定量关系并进行了预测和初步验证，为建立金属氚化物寿命预测和评估方法创造了条件。

研究成果为解决战略武器型号关键——中子管氚靶的长寿命瓶颈问题以及聚变能源领域和高技术领域的高固 He 储氚材料研制提供了基本思路。研制的氕氚混合靶和氚离子源片已成功应用于武器型号中，为战略核武器延寿和小型化作出了贡献。研究思路已用于（几个金属和合金体系）低平衡压新型储氚合金研究，取得了多项重要的研究成果。

彭述明、王隆保、周筑颖、罗顺忠、龙兴贵和刘实等人主持的项目组在国家重点基金项目"金属氚化物的时效应和延缓 He 析出的材料学机制"和几项面上基金项目的支持下，从 2002 年开始开展了低平衡压高性能储氚合金的研究。首先运用第一原理方法计算了 Ti(M)H$_2$(M 为 3d 和 4d 过渡族金属)体系的电子结构、化学键及体模量；计算了 He 原子在合金化 Ti(M)H$_2$ 体系中的位形、能量、稳定性和扩散行为；研究了元素掺杂对钛基金属氚化物性能的影响以及掺杂物与 He 的相互作用，揭示了掺杂元素捕陷 He 的作用机制。在基础性研究的基础上，研制出了几种新型 Ti 基储氢（氚）合金，并成功进行了静态储氚实验，在国际上首次获得固 He 能力提高近 70% 的钛基储氚合金，处于国际先进水平，具有应用价值见第 20 章。

# 17.8　结论和展望

He 原子有很强的成团趋势及开创空位缺陷的能力。处于晶格间隙的小的 $^3$He 原子团会导致很大的晶格畸变。晶格原子可脱离格点挤入邻近的晶格间隙中形成所谓的自间隙原子 – 空位对，$^3$He 原子可能被激发到留出的空位上成为自陷原子，构成 He – V 复合体。这些晶体中均匀分布的三维复合体便是 He 泡的核，随着 $^3$He 浓度增加泡核很快成泡并长大。

常温下，由于氚化物中的热空位比 $^3$He 浓度小很多，$^3$He 原子团或 He 泡核长大主要靠

"自陷"的$^3$He 原子和原子团引发形成晶间自间隙原子团和晶间位错环、小 He 泡以及穿透位错环这类有限尺寸缺陷来获得 He 核生成和长大的位置以及$^3$He 原子供给。冲出位错环仅仅当泡内压力很高时才能发生,因此常温下氚化物中的$^3$He 泡为包容了高密度$^3$He 原子的高压气泡。

在较高温度($T < 0.4\ T_m$)和$^3$He 产生速率 $v_{He}$ 较高时,泡浓度 $c_B$ 随温度升高而降低,随$^3$He 生成速率 $v_{He}$ 提高而提高。当温度一定时,$c_B$ 由$^3$He 生成速率 $v_{He}$ 与$^3$He 扩散系数 $D_{He}$ 的比率决定,而不取决于材料中已有的$^3$He 浓度 $c_{He}$。当热空位不足造成成团速率低时,也通过诸如产生自间隙原子或位错环以及冲出位错环等非热过程促成泡形核和长大。由于引起泡内气体弛豫所需的空位相对不足,故泡内气压较高。

在很高温度($T > 0.4 T_m$)和$^3$He 产生速率较低时,需要不断提供$^3$He 原子弥补由于泡长大所需的$^3$He 原子,因此只有一定尺寸的$^3$He 原子团能稳定存在。成核过程必须克服一定的势垒垫垒。垫垒的大小很大程度上取决于$^3$He 的过饱和度和成核位置的类型。最终 He 泡密度与温度的关系受控于$^3$He 原子从泡核重溶和$^3$He 原子迁移激活能的大小。随着时效时间增加,被吸收的$^3$He 原子增加,但只增加泡的大小,不改变泡体的密度,泡内压力接近它的平衡值。

临氚和储氚材料在使用和放置的早期就发生了明显的结构变化。时效 3 年后氚化物的典型微观结构由位错环、位错段、He 泡缀饰的位错网以及 He 泡缀饰的晶界和相界组成。氚化物的微观结构和组织变化是由$^3$He 原子及由$^3$He 原子聚集形成的自间隙原子团、位错环和小 He 泡等有限尺寸缺陷引起的。不同材料的微观结构有很大差异,这是指导研制高固 He 储氚合金的材料学基础。

随着储存时间延续,氚化物的热力学性质发生变化,表现在解吸平衡压力降低、平台斜率增加、可逆性吸放氚能力降低及出现滞留氚现象。通过吸放氚循环和适当加热可引起氚化物性能部分恢复,因此金属氚化物的预期使用寿命会高于静态测量的结果。可以依据氚化物的热力学和动力学性能,将其用于氚的储存/泵送、泵送/纯化、储存/压缩及某些高技术领域。

在微观和介观层次上了解氚化物中$^3$He 的存在、扩散、聚集、He 泡长大和失稳扩展行为以及延缓 He 泡形成和长大机制涉及物理学和材料学的基础问题,需要对材料中 He 原子与晶体缺陷的基本相互作用及其扩散行为、材料综合力学性能等进行深入的基础性研究,并需要运用多种现代检测手段和技术进行综合分析,很明显这是单一学科很难承担和完成的研究工作。

进一步研究金属中氚和衰变产物$^3$He 的性质,不仅有重要的理论意义,而且有重要的技术应用意义。

## 参考文献

[1] REMARK J F, JOHNSON A B, FARRAR H, et al. Helium charging of metals by tritium decay [J]. NuclTechnol, 1976,29: 369.

[2] JUNG P. On a relation between threshold energy for atomic displacement in metals, bulk

modulus, and interatomic potential[J]. RadiatEff Defects Solids, 1978,35: 155.

[3]　LAAKMANN J. Jul – report – 2007 [R]. Julich: Kernforschungsanlage, 1985 .

[4]　VND DEN DRIESCH H J. Jül – report 1366 [R]. Jiilich: Kernforschungsanlage, 1980.

[5]　VON D D H J, JUNG P. Investigation on the solubility of helium in nickel[J]. High Temperatures – High Pressures, 1980,12: 635.

[6]　SCHRDER H, KESTERNICH W, ULLMAIER H. Helium effects on the creep and fatigue resistance of austenitic stainless steels at high temperatures [J]. Nucl Eng Design/Fusion, 1985, 2: 65.

[7]　TRINKAUS H. Energetics and formation kinetics of helium bubbles in metals[J]. RadiatEff Defects Solids, 1983, 78: 189.

[8]　WILSON W D, BISSON C L, BASKES M I. Sandia national laboratories report SAND 81 – 8727 [R]. [S. l.]: [s. n.], 1981.

[9]　WILSON W D, BISSON C L, BASKES M I. Self – trapping of helium in metals[J]. Phys Rev B, 1981,24: 5616.

[10]　GRUBER E E. Calculated size distributions for gas bubble migration and coalescence in solids[J]. J Appl Phys, 1967, 38: 243.

[11]　GOODHEW P J, TYLER S K. Helium bubble behavior in BCC metals below 0. 65 $T_m$ [J]. Proc Roy Soc London A Mat, 1981, 377: 151.

[12]　GREENWOOD G W, BOLTAX A. The role of fission gas re – solution during post – irradiation heat treatment[J]. J Nucl Mater, 1962,5: 234.

[13]　WEAVER H T, CAMP W J. Detrapping of interstitial helium in metal tritides—NMR studies[J]. Phys , Rev, 1975, B12: 3054.

[14]　BOWMAN R C. NMR studies of the helium distribution in uranium tritide [J]. Phys Rev B, 1977,16: 1828.

[15]　BOWMAN R C. Distribution of helium in metal tritides[J]. Nature, 1978, 271: 531.

[16]　THOMAS G J, MINTER J M. Helium bubbles in palladium tritide[J]. J Nucl Mater, 1983,116: 336.

[17]　THOMAS G J, SWANSIGER W A. Low - temperature helium release in nickel[J]. J Appl Phys, 1979,50: 6942.

[18]　WANG L, NING X. Molecular dynamics simulations of helium behaviour in copper , crystals, chin[J]. Phys Lett, 2003,20: 141.

[19]　PERKINS W G, KASS W J, BEAVIS L C. Radiation effects and tritium technology for fusion reactors [C]. USERDA Conf. – 750989. Oak Rage: Oak Ridge National Laboratory, 1976: 861.

[20]　BOWMAN R C, ATTALLA A. NMR studies of the helium distribution in uranium tritide [J]. Phys Rev B, 1977, 16: 1828.

[21]　MITCHELL D J, PATRICK R C. Temperature dependence of helium release from erbium

tritide films[J]. J VacSciTechnol, 19, 19: 236.

[22] MITCHELL D J, PROVO J L. Irregularities in helium release rates from metal ditritides [J]. J Appl Phys, 1985, 57: 1855.

[23] SPULAK R G. On helium release from metal tritides[J]. J Less – Common Met, 1987, 132: L17.

[24] THOMAS G J, SWANSIGER W A, BASKES M I. Low-temperature helium release in nickel[J]. J Appl Phys, 1979, 50: 6942.

[25] COST J R, HICKMANN R G. Helium release from various metals[J]. J VacSciTechnol, 1975, 12: 516.

[26] BOWMAN R C, CARLSON R S, DE SANDO R J. Proc 24th conf. on remote systems technology, lagrange park [J]. American Nuclear Society, 1976: 62.

[27] Bowman R C, Attalla A, Craft B D. Isotope effects and helium retention behavior in vanadium tritide[J]. Fusion Technol, 1985, 8: 2366.

[28] 龙兴贵, 翟国良, 蒋昌勇, 等. 氚钛膜中$^3$He 释放的研究[J]. 核技术, 1996, 19: 542.

[29] SCHOBER T, LSSER R, JüGER W, et al. An electron microscopy study of tritium decay in vanadium[J]. J Nucl Mater, 1984, 122, 123: 571.

[30] SCHOBER T, TRINKAUS H, LSSER R. A TEM study of the aging of Zr tritides[J]. J Nucl Mater, 1986, 141 – 143: 453.

[31] SCHOBER T, TRINKAUS H. $^3$He bubble formation in titanium tritides at elevated temperatures a TEM study[J]. Philos Mag A, 1992, 65: 1235.

[32] ROBERT G, SPULAK J. On helium release from metal tritides[J]. J Less – common Met, 1987, 132: L17.

[33] 周晓松. Ti, Zr, Er 氚化物的时效效应研究[D]. 绵阳: 中国工程物理研究院, 2012.

[34] COWGILL D F. Helium nano – bubble evolution in aging metal tritides[J]. Fusion Science and Technology, 2005, 48: 539 – 544.

[35] EVANS J H, VAN VEEN A, CASPERS L M. Direct evidence for helium bubble growth in molybdenum by the mechanism of loop punching[J]. Scripts Metall, 1981, 15: 323.

[36] THOMAS G J, BASTASZ R. Direct evidence for spontaneous precipitation of helium in metals[J]. J Appl Phys, 1981, 52: 6426.

[37] THOMAS G J, MINTER J M. Helium bubbles in palladium tritide[J]. J Nucl Mater, 1983, 116: 336.

[38] JGER W, LESSER R, SCHOBER T, et al. Formation of helium bubbles and dislocation loops in tritium – charged vanadium[J]. RadiatEff Defects Solids, 1983, 78: 165.

[39] BLASCHKO O, ERNST G, FRATZL P, et al. Distortion induced by helium formation in tantalum – tritium systems[J]. J Nucl Mater, 1986, 141 – 143: 540.

[40] SCHOBER T, LSSER R. The aging of zirconium tritides: a transmission electron micros-

copy study[J]. J Nucl Mater, 1984,120: 137.

[41] SCHOBER T, TRINKAUS H, LSSER R. A TEM study of the aging of zrtritides[J]. J Nucl Mater, 1986, 141: 453.

[42] ABELL G C, ATTALLA A. NMR evidence for solid – fluid transition near 250 K of $^3$He bubbles in palladium tritide[J]. Phys Rev Lett, 1987,59: 995.

[43] LSSER R, BICKMANN K, TRINKAUS H, et al. Evolution of the lattice spacing and damage in tantalum tritide[J]. Phys Rev B, 1986,34: 436.

[44] JONES P M S, EDMONDSON W, MCKENNA N J. The stability of metal tritides – yttrium tritide[J]. J Nucl Mater, 1967,23: 309.

[45] BEAVIS L C, MIGLIONICO C J. Structural behavior of metal tritidefilms[J]. J Less – Common Met, 1972,27: 201.

[46] SCHOBER T, LSSER R, GOLCZEWSKI J, et al. Dilatometric measurements of helium densities in bubbles arising from tritium decay in tantalum [J]. Phys Rev B, 1985, B31: 7109.

[47] SCHOBER T, LSSER R, DIEKER C, et al. Swelling of selected metal tritides[J]. J Less – Common Metals, 1987, 131: 293.

[48] LÄSSER R. Properties of tritium and $^3$He in metals[J]. J Less – Common Metals, 1987, 131: 263.

[49] BLASCHKO O, ERNST G, FRATZL P, et al. Lattice deformation in $TaT_x$ systems due to $^3$He production[J]. Phys Rev B, 1986, 34: 4985.

[50] SIMMONS R O, BALLUFFI R W. Measurements of the high – temperature electrical resistance of aluminum: resistivity of lattice vacancies[J]. Hys Rev, 1960,117: 62.

[51] CASKET G R. Tritium – helium effects in metals[J]. Fusion Technol,1985,8: 2293.

[52] SCHOBER T. The application of resistance strain gauges to the study of metal – hydrogen systems[J]. J Phys E, 1984, E17: 196.

[53] QI Z, VLKL J, LSSER R, et al. Tritium diffusion in V, Nb and Ta [J]. J Phys F, 1983,13: 2053.

[54] LÄSSER R. Differential thermal analysis of $TaT_{r_0 - c}He_c$ alloys[J]. J Nucl Mater, 1988, 160: 63.

[55] JUNG P, LÄSSER R. Resistivity study on the production and migration of helium in $LuT_r$ ($r \leqslant 0.20$) [J]. Phys Rev B, 1988, 37: 2844.

[56] BOWMAN R C, ATTALLA A. Radiation effects and tritium technology for fusion reactors [C]. Oak Rage: Oak Ridge National Laboratory, 1976: 68.

[57] HAUTOJLIRVI P. Positrons ill solids[J]. Topics Curr. Phys. , Vol. 12, 1979.

[58] SCHOBER T, DIEKER C, TRINKAUS H. The aging of niobium and tantalum tritides: evolution of hardness in comparison with other properties [J]. J Appl Phys, 1989, 65: 117.

[59] SCHOBER T, LÄSSER R. The aging of zirconium tritides: a transmission electron microscopy study[J]. J Nucl Mater, 1984,120: 137.

[60] 王隆保,吕曼祺,李依依. 金属氚化物的时效和时效效应[J]. 金属学报,2003,39(5): 449 –469.

[61] WALTERS R T. Helium dynamics in metal tritides I. The effect of helium from tritium decay on the desorption plateau pressure for La – Ni – Al tritides[J]. J Less – Common Met, 1990, 157: 97.

[62] FAURE C, BACH P, BERNARDET H. Tubes scellesgeneraterurs de neutrons: le vide [M]. [S. l. ]:Les Couches Minces, 1982.

[63] GRUBER E E. Calculated size distributions for gas bubble migration and coalescence in solids[J]. J Appl Phys, 1967,38: 243.

[64] BOWMAN R C. Distribution of helium in metal tritides[J]. Nature, 1978,271: 531.

[65] BOWMAN R C, ATTELA A. NMR studies of the helium distribution in uranium tritide [J]. Physical Review B, 1977,16: 5.

[66] BOWMAN R C. Proc 24th conf. on remote systems technology[R]. La Grange Park: American Nuclear Society, 1976.

[67] ABELL G C, BOWMAN R C, MOTSON L K, et al. Heliumrelease from aged palladium tritide[J]. Phys Rev B, 1990, 41: 1220.

[68] BEAVIS L C, MIGLIONIC O. Structural behavior of metal tritidefilms[J]. J Less common metals, 1972, 27: 201.

[69] BEAVIS L C, KASS W J. Room - temperature desorption of $^3$He from metal tritides: a tritium concentration effect on the rapid release of helium from the tritide[J]. J VacSciTechonol, 1977, 14: 509.

[70] SCHOBER AND T, TRINKAUS H. $^3$He bubble formation in titanium tritides at elevated temperatures A TEM study[J]. Philos Mag, 1992,65: 1235.

[71] RODLIN A M, SURENYANTS V V. Solid solutions of helium in titanium containing up to 30 at. pensent of helium[J]. Russ J Phys Chem, 1971,45: 612.

[72] VERTCBNYI V P, VLASIV M F, KIRILYUK A L, et al . The behavior of $^3$He in ZrT$_2$ and Zirconium[J],At Energ (USSR), 1967, 22: 235.

[73] BOWMAN R C, CRAFT B D, TADLOCK W E, et al. Proton NMR and susceptibility measurements in TiCoH$_x$[J]. J Appl phys, 1985,57: 3036.

[74] BOWMAN R C, FURLAN R J, CANTRELL J S, et al. Thermal stabilities of amorphous and crystalline TiCuH$_x$[J]. J ApplPhys, 1984,56: 3362.

[75] WAGNER J E, BOWMAN R C. Differential scanning calorimetry studies of amorphous Zr$_2$PdH$_x$ and Zr$_3$RhH$_x$[J]. J ApplPhys, 1985,58: 4573.

[76] BOWMAN R C, CANTRELL J S, SAMWER K, et al. Properties of amorphous Zr$_3$RhH$_x$ prepared from glassy and crystalline alloys[J]. J Phys Rev B, 1988, B 37: 85.

[77]　BOWMAN R C. Hydrogen in disordered and amorphous solids [C]. New York：Plenum，1986：237.

[78]　MAYNARD K J，SHMAYDA W T，HEICS A G. Tritium aging effects in zirconium－cobalt[J]. FusionTechnol, 1995,28：1391.

[79]　HAYASHI T，SUZUKI T. Long－term measurement of helium－3 release behavior from zirconium－cobalt tritide effects in zirconium－cobalt [J]. J Nucl Mater，1994，212：1431.

[80]　LATROCHE M，NOTTEN P H L，PERCHERON G A. In situ neutron diffraction study of solid gas desorption of non－stoichiometric AB 5 type hydrides[J]. J Alloys Compd，1997,253－254：295.

[81]　LUO S，CLEWLEY J D，FLANAGAN T B，et al. Split plateaux in the LaNi₅－H system and the effect of Sn substitution on splitting[J]. J Alloys Compd, 1997, 253－254：226.

[82]　LATROCHE M. Percheron－guegan,in situ neutron diffraction study of solid gas de sorption of non－stoichio metric AB 5 type hyrides [J]. J Alloys and Compod,1997,253，254：295－207.

[83]　POYSER P A，KEMALI M，ROSS D K. Deuterium absorption in Pd 0.9Y0.1 alloy deuterium absorption in Pd 0.9 Y 0.1 alloy[J]. J Alloys Compd, 1997, 253,254：175.

[84]　JOSEPH B，MINTZ M H. Kinetics and mechanisms of metal hydrides formation－a review[J]. J Alloys Compd, 1997,253－254：529.

[85]　NOWICKA E，DUS R. H₂ dissociative adsorption on palladium hydride and titanium hydride surfaces：evidence for weakly bound state of hydrogen adatoms [J]. J Alloys Compd, 1997,253－254.

[86]　NOTTEN P H L，EINERHAND R E F，DAAMS J L C. How to achieve long－term electrochemical cycling stability with hydride－forming electrode materials [J]. J Alloy Compd, 1995,231：604.

[87]　吕曼琪. 1994年秋季中国材料研讨会报告 [C].北京：[s. n. ],1994.

[88]　陈廉,陈东,佟敏,等.新型高性能锆基储氢材料的研究进展[J].功能构件,2001,32：977.

[89]　佟敏,陈东,陈德敏,等.新型纳米锆基 AB＜2＞型储氢合金材料[J].功能材料,2001,32：1027.

[90]　杨锐. 低放射性铁素体/马氏体不锈钢及其组织、性能研究[D].济南：山东工业大学, 1998.

[91]　魏澎,赵国庆,赖祖武,等.氦在钛靶及 Al₂O₃ 中的行为研究[J].核技术, 1996,19：460.

[92]　魏澎,赵国庆,周筑颖,等. TiHₓ 中 H 的热释放行为研究[J].核技术, 1996,19：460.

[93]　魏澎,赵国庆,周筑颖,等.¹⁶O 弹性前冲测量氦的深度分布[J].原子能科学技术,1998, 5：385.

［94］　王佩璇,李玉璞,刘家瑞,等.金属中氦的特性及不锈钢氦脆问题[J].核科学与工程,1989,9:119.

［95］　李玉璞,王佩璇,张国光,等.He 在 HR - 1 型不锈钢中的捕获与释放研究[J].物理学报,1989,38:1122.

［96］　张镭,王佩璇,马如璋,等.注入氦不锈钢中氦泡热形核及长大研究[J]金属学报,1992,28:A521.

［97］　李玉璞,王佩璇,张国光,等.用质子弹性散射法研究不锈钢中注入的氦[J].核技术,1989,12:653.

［98］　彭述明,赵鹏骥,姚书久,等.La - Ni - Al 系储氢材料的吸、放氢行为研究[J].原子能科学技术,1997,31:351.

# 第18章 金属氚化物的缺陷结构

氚 $\beta^-$ 衰变显示出原子核的不稳定性,放射性衰变会引起多种辐照效应。金属氚化物的时效效应是典型的例子。下面是可区别的几种辐照效应。

初级内辐照效应,指分子分解或转化。氚核衰变的结果产生快电子和反冲碎片,包括替代原子氚的 $^3He^+$。这类缺陷不可能是稳定的。初级辐解产品量的增加等于初始化合物放射性的减少。

初级外辐照效应,指含氚化合物分子与 $\beta^-$ 粒子的相互作用(分子的辐解)。由于 $\beta^-$ 辐射的直接作用,分解的份额大大高于内辐照效应所引起的分子分解份额。实际上,氚的 $\beta^-$ 粒子使空气产生一个离子对的功等于 34 eV。那么在一个氚 $\beta^-$ 粒子作用下所产生的离子对平均数等于 165。

次级辐照效应,指化合物分子与由初级内、外辐照效应所生成的自由基或其他被激发离子和分子间的互相作用。

放射化学效应。从热力学观点看,所有化合物都是不稳定的。非放射性试剂的化学分解只不过是降低其化学活性。同时放射性试剂在自发分解过程中会产生标记杂质。

He 损伤和 He 效应。替代原子氚的 He 离子不溶于金属,很容易被空位捕陷,但金属有包容 He 的能力,固 He 能力来源于 He 与基体空位的交互作用和 He 泡与金属晶格的交互作用。正是这种性质产生了 He 损伤和 He 效应(注意与初级内辐照效应的区别)。

随着时效延长,$^3He$ 原子在金属氚化物中不断积累并以很低的释放速率释放,产生明显的 He 损伤和 He 效应,这将导致临氚金属微观结构变化和性能恶化。当金属氚化物中的 $^3He$ 浓度累积达到某一临界点时,释放速率急剧增大,会降低有限寿命器件的储存寿命。

Krivoglaz[1] 在 X 射线和热中子散射理论的论文中提出了有限尺寸(Finite Size)和无限尺寸(Infinite Size)缺陷的判据,用以解释氚化物的时效效应。

本章前部分简述金属氚化物早期结构变化的研究概况(某些细节见第 17 章)。在此基础上选择代表性的金属(Pd,Ti,Ta,Sc,Y)叙述金属氚化物的 He 损伤和 He 效应。鉴于前辈学者严谨的实验方案设计,我们详细介绍了实验方法。

## 18.1 金属氚化物缺陷结构概述

### 18.1.1 金属氚化物的晶格损伤和缺陷结构

氚衰变生成 $^3He$ 原子,形成 He 原子团,生成 He 泡。He 泡与其生成的 SIA 和 CSIA 紧密相连,直到它们的数量增大至冲出位错环。连续生成位错环将导致形成相互连接的位错网。

SIA,CSIA 和位错环是增大晶格歧变的有限尺寸缺陷,它们将导致基体晶格参数变化,产生漫散射,但不影响基体晶格 Bragg 峰和 Debye – Schere 线(DS)宽度。与此相反,位错网等无限尺寸缺陷导致峰和线宽化。

可以通过 XRD 方法观测时效氚化物的晶格参数,并结合 ND 方法来判断基体中的缺陷类型。Thiébaut 等[2] 用 XRD 和 ND 方法研究了 Pd、Pd 基合金 $Pd_{90}Rh_{10}$ 与 $Pd_{90}Pt_{10}$ 储氚时由 $^3He$ 引起的微观结构变化。在时效前 3 个月内,晶格参数明显增大,这一现象可以用晶体中形成了 $^3He$ 泡、SIA 和位错环等有限体积缺陷解释。长时间时效样线宽化,晶胞参数肿胀速率降低,应该是形成了位错和位错网所致。Rh 替换部分 Pd 对结构的影响很小,但 Pt 替换部分 Pd 后促进有限体积缺陷形成,延缓位错生成。

基于有限和无限尺寸缺陷导致散射实验行为差异的判据应以小密度缺陷为前提条件,这意味着假设晶格变化是可恢复的。对于时效时间较长的样品(大于 90 d),这样的假设是不成立的。然而,目前没有其他的理论可以解释如此复杂的状态,例如,我们研究的 Pd – T – He 系统。可以认为 Krivoglaz 判据是描述氚化物时效效应的起始点,是论述金属氚化物时效过程中 $^3He$ 泡生长和破裂材料学机制的基础(见第 19 章)。

多年来金属氚化物的晶格损伤一直受到关注。Jones 等[3] 的报道显示,经 60 d 和 150 d 时效后,$YT_2$ 的晶格参数从 0.518 7(2) nm 增大到 0.526(2) nm,但 Er 和 Sc 氚化物晶格参数仅有很小的变化,或者说基本不变[4]。

20 世纪 90 年代,Blaschko 等[5] 用 ND 方法研究了 1～5 年(Ta,Sc,Y)–T – He 系统的时效行为。在此基础上,Prem 等[7] 运用中子散射研究了 10% 初始氚浓度(原子比)多晶(Ta,Sc,Y)– T – $^3He$ 系统长时效周期(长至 15 年)的体肿胀、Debye – Schere 线(DS 线)位置、强度和线形变化。总体看低 He 浓度时各系统都表现一致的时效行为有 DS 线宽化和晶格参数增大。随着储存时间增长,形成 He 原子团和 SIA 及 He 泡,基体晶格中形成位错环。部分 SIA 进入发育中的位错网,DS 线宽化。保留在基体中的 SIA 导致晶格肿胀。在观测的六方结构稀土金属 –T – He 系统中,晶格参数变化呈现各向异性,六角方向比基面方向变化明显。除此之外,随 He 浓度增大各系统出现不同的行为。

这时期,Lässer 等[6] 和 Blaashko 等分别运用 XRD 和 ND 观测了 $TaTr_{0-c}He_c$ 晶格参数随时效时间(6 d,75 d,492 d)和 $^3He$ 浓度的变化。XRD 显示,由于吸收了氚原子,Bragg 角和摇摆线下端向较小角度位移。时效 6 d 的 Bragg 峰形与单晶 Ta 相似。时效 75 d 的 DS 线宽化,底部变化明显。3 种样品的 Bragg 角有变化但不大,意味着样品平均晶格参数变化不大,但分散度增大,RC 线不对称。ND 显示,随着时效时间增加,晶格参数增大,DS 线宽化,发现多晶 $TaT_{0.06-c}He_c$ 样品 DS 线宽化的各向异性。他们给出了氚化物晶格参数变化表达式与肿胀实验确定的值一致,表明很小部分的 SIA 进入位错。

Thiébaut 对 3 种 Pd 和 Pd 合金进行了 EXAFS 和 TEM 观测[2],目的是了解时效过程是否损害了氚化物的长程有序结构。实验显示,3 种样品的 EXAFS 特征峰具有不同的变化规律。Pd 氚化物 304 d 的 Debye – Waller 因子($\sigma$)变化可忽略不计,只是在储氚 1 826 d 后才明显变化(+5%)。$Pd_{90}Rh_{10}$ 氚化物至少 304 d 内 $\sigma$ 值未发生变化,而 $Pd_{90}Pt_{10}$ 合金氚化物仅 30 d 便明显变化,这体现了 $^3He$ 原子的作用。$^3He$ 对氚化物局部有序的影响从两方面考虑,一是间隙 $^3He$ 导致晶格肿胀增大了原子间距;二是源于 $^3He$ 生成的晶间缺陷在晶胞中分布距离增大,这将使 Debye – Waller 因子($\sigma$)增大。这一现象多半是由晶格的大密度 SIA 引起的(没有发现基体原子间距发生变化),特别是在 SIA 未结合进位错以前。从 $\sigma_{Pt} \gg \sigma_{Pd}$ 看出,无序化优先发生在 Pt 原子周围。Pd 和 Pt 原子半径差别的影响可忽略,变化是由晶格滞留的大量点缺陷 SIA 造成的。由于 Pt 本身不吸氢,$Pd_{90}Pt_{10}T_x$ 的氚浓度低于 $PdT_x$ 的氚浓度,衰变产生的³He 浓度较低,而且相距较远,SIA 的扩散又很慢,可长时间以孤立点缺陷形式存在;由于氚浓度较低,存在更多容纳 SIA 的间隙位,这也促使晶格滞留大量孤立的 SIA 而不产生位错。

至于有序度的降低更多围绕在 Pt 原子周围,是由于 Pt 本身不吸氢,Pt 原子对氢(氚)原子的排斥作用使得 Pt 原子周围有更多的空间,缺陷更容易被吸引并捕陷于此处。

这种作用也可用 $Pd_{90}Pt_{10}$ 合金有高的弹性来解释。较早的研究表明,随着 Pt 含量增加,Pd – Pt 合金吸、放氚循环产生的能量损失降低,直至为零。这说明尽管样品在这一过程体积增加近 5%,但没有位错产生。这可能意味着不易形成位错的 Pd – Pt 合金有更高的固³He 能力。

氚衰变引起两种形式的损伤。第一为衰变产生的辐照效应,Li 氚化物是个典型例子。在 LiT 中氚衰变会在基体中出现金属 Li 并形成氚泡,由此引起的肿胀约为 40%。因此,尽管 LiT 的平衡压很低,也有文献提到其是很好的靶材料,但实际应用受到局限。其他金属氚化物中没有出现类似的现象。通常认为,氚衰变的辐照效应对储氚材料的损伤可忽略不计。第二为衰变产物³He 的影响。³He 的产生诱发晶格损伤,产生氦脆,³He 加速释放严重影响氚靶等有限寿命器件的储存寿命。

氚化物时效产生的晶格损伤伴随着³He 的出现同时发生[8],时效 20 d 的 $PdT_x$ 中已出现了大量均匀分布的含 He 缺陷。³He 滞留在晶格内使晶格应力增加,足以损害短程有序和改变晶格常数。这将使氚化物的微结构发生变化,并使储氢性能发生改变,改变材料吸放氢的平台压和平台斜率,如 $PdT_x$ 中的平台压下降和平台斜率增加现象。

$PdT_x$ 有两个放气平台[9],时效仅影响氚含量较低处的平台,氚含量高的平台未变化,因为³He 引起的晶格肿胀源于最初溶入的氚原子,后溶入的氚原子则主要受已经溶入的邻近氚原子的影响,而不受³He 引起的晶格畸变的影响。

在 $LaNiA1T_x$ 中,由³He 引起的晶格损伤可用下式表示[10]:

$$LaNi_{4.25}Al_{0.75} \longrightarrow La_{1-x}Ni_{4.25-y}Al_{0.75-z} + xLa_{SIA} + yNi_{SIA} + zAl_{SIA}$$

其中,SIA 表示自间隙原子,即衰变产生的³He 引起自间隙原子和空位的增多,晶格中产生了 La,Ni 和 Al 的 SIA,由于 La 的氢化物极其稳定,使平台压显著下降。各种 SIA 的存在使晶格中形成了具有不同能量分布的位置,引起平台斜率增加。

研究者们还发现 $LaNiAl_x$ 在储氚过程中有部分氚被深捕陷[11],称为"氚尾",即使加热到很高的温度也难释放,使材料储氚性能下降,这也是由于少量氚在能量较低处被深度捕陷。

ZrCo 合金的吸放氚平衡压与 U 几乎相同,U 床最初释放约 10% 的³He,而 ZrCo 则小于 1%,在 600 ℃时仍能固定几乎全部的³He。但 ZrCo 在时效过程中平衡压会上升[12],时效 3 年后在 100 ~ 300 ℃ 之间的平衡压上升约 3 倍,估计室温时上升达 20 倍,与 $PdT_x$ 和 $LaNiAlT_x$ 中的情形正好相反。这是由于³He 引起的应力使晶胞发生重排,歧化生成 ZrCo 其他化合物,减小了晶格间隙,从而使氚化物不稳定。ZrCo 合金储氚时效后储氚容量不变,表明氚衰变³He 原子没有占据氚原子的位置。

Ti 和 Ti – Mo(Ti 质量分数 3%)合金氚化物时效早期([He/T] 约为 0.09)晶格参数基本保持不变,分别为 0.443 5 nm 和 0.444 0 nm[13]。因为³He 进入八面体间隙或替代位(HeV)引起的晶格肿胀抵消了因氚减少引起的晶格参数减小,根据硬球模型计算[14],这部分³He 在 Ti 和 TiMo 合金中分别约为 0.02 和 0.025,表明衰变 He 的量为 0.09 时,约 80%

的³He 进入团簇或 He 泡,未引发晶格肿胀。

### 18.1.2 Pd 基合金氚化物缺陷动力学

前节关于 Pd 和 Pd 合金氚化物,Ti 和 Ti 合金氚化物以及(Ta,Y,Sc)－T－³He 系统的研究具有代表性(见 18.3 节)。本节进一步分析 Pd 和 Pd 合金($Pd_{90}Rh_{10}$ 和 $Pd_{10}Pt_{10}$)晶格损伤及缺陷结构特征和动力学。

Pd 是固 He 能力最强的单质金属储氚材料。将 $PdT_{0.6}$ 放置 66 d 就观察到平均尺寸 1.5～2.0 nm,密度为$(5～10)×10^{23} m^{-3}$的 He 泡,但当³He 浓度接近 0.6 饱和值时,常温下仍不见有³He 析出。对比而言,多数金属储存 2～3 年后就出现 He 加速释放现象。差别如此之大显然与材料的微观缺陷结构相关。

XRD 和 ND 观测显示,对于 Pd 氚化物,储存的前 91 d 晶格参数快速增大,约为 1 000 d 总增大量的 75% ;储存 91～183 d,晶格参数增大到总增大量的 85% ;储存 183 d 后缓慢增大,剩余 584 d 增大量为总增大量的 15% 。$Pd_{90}Rh_{10}$ 氚化物具有类似的规律,只是时间间隔的分段稍有不同。相比来看,$Pd_{90}Pt_{10}$ 氚化物晶格参数增加得更快。ND 观测显示,时效 15 d 后 Pd 和 $Pd_{90}Rh_{10}$ 氚化物的 DS 线明显宽化,且随时效时间连续宽化。两者宽化程度没有大的差别。相比来看,Pt 置换部分 Pd 的作用有所不同。$Pd_{10}Pt_{10}$ 氚化物时效 15 d,DS 线仅轻微宽化,随时效时间亦连续宽化,但增幅小于 Pd 和 $Pd_{10}Ph_{10}$ 氚化物,表明产生的位错密度较低。与 Pd 和 $Pd_{90}Rh_{10}$ 氚化物相比,$Pd_{90}Pt_{10}$ 氚化物的晶格肿胀速率和幅度均较大,表明 Pt 促进有限体积缺陷的形成和/或抑制位错形成。

上面讨论的衍射数据验证了 Krivoglaz 判据的可信性。充氚 91 d 内,晶格肿胀很快,表明由³He 聚集生成的缺陷是有限尺寸缺陷,例如孤立的 SIA 或位错环。储存 183 d 后晶格参数几乎保持不变,表明新生成的 SIA 并入了位错网。依据上述的判据模型,这一阶段主要的衍射峰应该宽化。由于起始线宽较大,X 射线衍射实验没有观察到这种现象,中子散射实验给出了实验依据。

依据时效理论并经 TEM 观察证实,中子散射观察到的背底噪声增强源于小尺寸缺陷(例如小 He 泡、位错环)产生的漫散射。EXAFS 观测表明,对于所研究的金属氚化物,时效期均能较好地保持近程有序。Pd 和 $Pd_{90}Rh_{10}$ 合金氚化物的行为相似,至少时效 30 d 内局域有序没有改变。说明添加 Rh 对局域有序的影响很弱。但 $Pd_{90}Pt$ 不同,时效前 30 d 的 $PtL_3$ 边缘已显现无序。这一结果可用晶体产生了高密度 SIA 来解释。SIA 对短程有序有很大的影响,但位错几乎不影响晶体局域有序。无序化优先出现在 Pt 原子周围,说明 Pt 原子对时效行为的特殊作用。

总体上看,对于 Pd 和 Pd 合金体系,³He 对基体近程有序的影响较弱(包括 Pd－Pt 合金)。因为相对于 $LaNi_5$ 体系中观察到的变化,其 R 和 σ 的变化很有限。

另一个基于 TEM 的观察显示 Pd 和 Pd 合金均形成了小 He 泡。Pd 和 $Pd_{90}Rh_{10}$ 氚化物的主要缺陷为位错,$Pd_{90}Pt_{10}$ 氚化物中的主要缺陷为位错环,没有观察到位错。

下面再对 Pt 原子的作用做些解释。实际上,由于 Pd 和 Pt 原子半径相近,³He 和其他缺陷对与它们近邻的一个或另一个原子来说是无关紧要的。应该注意到 β 相 $Pd_{90}Pt_{10}$ 合金的初始氚含量约为 Pd 氚化物的一半。有文献分析[15],由于 Pt 不吸氢,至少包括一个 Pt 原子组成的八面体间隙没有被氢(H,D,T)占据。这种情况下,$Pd_{90}Pt_{10}$ 氚化物中³He 原子间的距离较远。由于 SIA 扩散较慢,³He 原子作为孤立缺陷可以保持相当长的时间。另外,$Pd_{90}Pt_{10}$ 合金的 SIA 可占据的空位比纯 Pd 和 $Pd_{90}Rh_{10}$ 合金多,因为它们的氘含量比较低。这有利于 SIA 保留并推迟位错形成。

对于无序化优先出现在 Pt 原子周围的现象,应先考虑 Pd,Rh 和 Pt 原子性质的区别。前者自发地大量吸氢,后者通常条件下(室温和几巴压力)不吸氢。由于 Pt 原子对周围的氢有排斥作用,在 Pt 原子周围有更多的空空位,缺陷容易被 Pt 原子吸引和捕陷。

基于 Pd - Pt 合金的弹性亦能解释 Pt 原子的特殊作用。已有关于 $Pd_{90}Pt_{10}$ 合金的热力学性能的报道[16]。如果增加 Pt 的含量,吸放氘循环的能量损失可以降低到零,表明基体中没有产生位错,尽管合金吸气过程有 5% 的肿胀。依据同样的思路,TEM 观察显示,时效 91 d 的 $Pd_{90}Pt_{10}$ 合金没有生成位错。Pd - Pt 合金似乎能承受较大的形变,直到 5% 也不生成位错,这要归结于这类合金具有的特殊弹性。

下面简要讨论 Pd 和 Pd 基合金氘化物点缺陷和点缺陷团的位形及长大机制,并与低能离子注入和辐照金属的缺陷结构进行比较。

TEM 像显示[17],所有临氘样品都生成了 He 泡、位错、位错环和聚集的自间隙原子团(CSIA),它们的尺寸都很小( < 3 nm)。CSIA 很难用弱束技术表征,但其衬度与间隙 Frenkel 环一致,其间隙特征已经高分辨实验验证,由于分布不均匀,很难准确估计它们的密度。

所有未充氘退火样品都存在完整的小位错环,这类小位错环对充氘样品缺陷的作用还不清楚。Pd 中小位错环的平均尺寸大约为 6 nm。

$Pd_{90}Ph_{10}$ 中存在低密度位错,包括与 Pd 中类似的完整小位错环。

$Pd_{90}Pt_{10}${100} 面存在高密度(约 $10^{19}$ $m^{-3}$)矩形位错环(平均尺寸 200 nm)。在离子减薄样品中也观察到类似的缺陷。

研究者们对充氘合金进行了比较。$Pd_{90}Rh_{10}$ 和 Pd 氘化物性质类似,缺陷密度随时效时间变化。1 个月后晶格明显变形,形成位错,CSIA 清晰可见,部分已进入位错。随时间的增长位错和 CSIA 密度很快增大,形成位错网。3 个月后位错网被 CSIA 掩盖。

$Pd_{90}Pt_{10}$ 氘化物显现特殊的性质,它在各种处理条件下几乎不变形。时效时晶格几乎不变形,位错很少见,甚至时效 3 个月后也如此。时效 1 个月观察到很小(直径小于 20 nm)的不完整矩形位错环,而较大的位错环(密度范围 $2 \sim 4$ $m^{-3}$)仍然存在。这些处于 {100} 面的位错环与退火样品中看到的类似,当 $g = <200>$ 时衬度消失。利用条件 $g \cdot b = 0$ 分析和用 PCTWO 程序模拟[18],它们的 Burgers 矢量垂直于环面,量纲很小,$a/5 - a/7\langle100\rangle$。高分辨观察确认了这一结果。需要通过实验对这些环的起源做进一步研究。尽管如此,同样能够排除电化学过程的影响,因为在离子减薄样品中也观察到类似的缺陷。

1 个月时效后形成了很小的高密度层状矩形位错环,较大的位错环仍然存在;时效 2 个月后这些小环似乎不见了,位错环的密度降低,样品仍然不含位错,但生成了少量 CSIA;时效 3 个月后 1 个月生成的小环又出现了,位错密度与时效 2 个月样品几乎相同。CSIA 的密度增大。

由此看来,层状位错环是这些 $Pd_{90}Pt_{10}$ 样品的特征缺陷,进一步时效导致高密度小环消散。这些特征与 $Pd_{90}Pt_{10}$ 合金氘化物的时效动力学相关。

TEM 像显示,Pd 和 $Pd_{90}Rh_{10}$ 氘化物中 He 泡的平均尺寸为 $d = (1 \pm 0.2)$ nm,$Pd_{90}Pt_{10}$ 氘化物中的平均尺寸为 $d = (0.8 \pm 0.2)$ nm。在 1 到 3 个月时效周期内,He 泡尺寸未显示变

化。泡的平均尺寸由通焦明场像确定并通过高分辨进行了鉴别。利用空洞模型(空的或者充满 He)进行了模拟计算。由于 He 泡的平均尺寸是通过观测明场像中那些点的尺寸决定的,观察值与计算值相当一致。然而高分辨模拟的衬度小于模型的尺寸,这可能与模型的形状和估算的样品厚度相关。

对于 3 个月的时效样品,泡密度为 $(0.3 \sim 1) \times 10^{25} \mathrm{m}^{-3}$。泡密度随时间略微增加,但仍处在样品厚度估计的误差带内。这里给出的泡密度略高于 Thomas 和 Mintz 观测时效 2 个月 Pd 样品中的泡密度 $[(5 \sim 10) \times 10^{23} \mathrm{m}^{-3}$,平均直径为 $1.5 \sim 2$ nm],但泡尺寸略小。

如果知道 He 泡中每个 $^3$He 原子需要的体积(He 原子在泡内较稳定存在的体积),依据平均泡尺寸和泡密度可以计算基体中的总 $^3$He 原子数。已有文献报道[20,22],Lu、Nb、Pd、Ta 等氚化物 He 泡中每个 $^3$He 原子需占据的体积大约为 $8 \times 10^{-3}$ nm³,该值已被用作此类研究的参考值。研究者们利用该值计算了 3 种合金 3 个月时效的 [He/M] 比值并与实验观测值作了比较。计算时假定每个单胞中有 4 个金属原子。上述的泡密度值已被用来拟合(或补偿)实验观测和高分辨像模拟的 He 泡尺寸间的差别。结果表明,对于这 3 种合金,3 个月时效周期几乎所有的 $^3$He 都保留在泡内。以 Pd 合金为例,[He/Pd] = 0.99(实验值);$V = 1.47 \times 10^{-2}$ nm³(Pd 原子的体积);泡密度 $= 10^{25} \mathrm{m}^{-3}$;[He/Pd] = 0.96(计算值)。Thomas 和 Mintz 也通过计算获得泡密度,估算 [He/M] 值。尽管他们给出的泡尺寸和泡密度与上述结果存在差别,但全部 $^3$He 处于 He 泡的结论是一致的。可以预料这期间 He 在材料中可能重新分配。

虽然 $8 \times 10^{-3}$ nm³ 这一数值意味着泡内压力非常高(Pd 氚化物在 $6 \sim 11$ GPa 之间),Thibaut 等[17]的实验没有看到泡周围显现可检测的弹性场。这在高分辨像中得到验证。Cochrane 和 Goodhew[23]的数字模拟表明,观察到明显的应变衬度的过压 He 泡的压力必须在 $0.5 \sim 0.75$ GPa 之间。知道泡内压力的范围,泡内 $^3$He 原子的体积可用 Toullec 等[24]建立的公式计算。压力为 $0.5 \sim 1$ GPa 时,$^3$He 原子体积为 $(2.3 \sim 1.7) \times 10^{-2}$ nm³。该值是经常引用值 $8 \times 10^{-3}$ nm³ 的 $2 \sim 3$ 倍,表明 3 个月时效后已有部分 $^3$He 原子不在泡内。

再来讨论 He 泡的长大机制。室温下 He 泡的非热长大机制包括间隙 He 原子成团、形成 SIA 和/或冲出位错环。SIA 聚集长大、塌陷和冲出位错环是能量聚积和释放过程,也是 He 泡成核长大过程。冲出位错环需很高的泡压力。对于 Pd 和 Pd 基合金,依据位错环冲出经验判据式计算的位错环冲出压力高达 24 GPa,Thibaut 等电镜下没有观察到位错环冲出现象,可见穿透位错环不是 He 泡长大的必要条件。Schober 等[25]在研究 $\mathrm{ZrT}_{0.03}$ 时效行为时得出了同样的结论。

室温 He 泡长大机制包括间隙 He 原子成团、形成 SIA 和/或冲出位错环。后一机制需要泡内有很高的压力。Greenwood 等[26]用 $\mu b/r$ 值表征这一压力。应用这一公式,Pd 中 He 泡的压力大约为 24 GPa($\mu = 43.6$ GPa,$b = 0.27$ nm,$r = 0.5$ nm)。人们注意到,Rh 和 Pt 的 $\mu$ 值分别为 150.4 GPa 和 61.2 GPa。因为研究的是固溶体,相应合金的 $\mu$ 值可以用线性近似推算。这表明 24 GPa 是冲出位错环泡内压力值的低限。对于非常小的位错环,应用 Greenwood 公式时要非常仔细。位错环冲出泡长大机制在上面研究的合金中没有发生(直到 3 个时效周期)。从实验观点看,还不能确定这种机制是否能够发生,主要基于以下两点:

(1)退火样品和时效样品中都观察到平均尺寸 6 nm 的完整的位错环;

(2)由于 He 泡很小,如果冲出位错环,其尺寸应该接近泡的尺寸和接近 CSIA 的尺寸,准确区分是非常困难的。

确认是否存在位错环冲出现象需要进一步评估 He 泡内的压力,但是已经能确定 He 泡长大机制包括形成 CSIA。实验发现,随时效时间增长 CSIA 的密度增大。

## 18.2　金属的辐照损伤和 He 损伤

在聚变反应堆运行环境下,由于中子 $(n,\alpha)$ 俘获或者通过直接 He 注入,金属中迅速生成不溶性的 He,同时产生非热的离位缺陷,这将导致金属显微结构和机械性能明显变化,例如著名的高温氦脆。

金属中 He 的溶解度极低。对于 Ni 晶格中具有 $10^{10}$ Pa 压力的泡核,1 500 K 时泡内平衡 He 原子分数为 $10^{-10}$。极低的溶解度意味着 He 将向空位团和空腔沉积,具有极强的成团成泡倾向,正是这个性质对金属的力学性质有害。本节简要叙述低能 He 离子和中子辐照对金属微观缺陷结构的影响。

### 18.2.1　He 离子辐照金属的缺陷结构

原位 TEM 观察是研究 He 离子辐照金属缺陷结构的适用方法。Mo 和 W 经高能气离子(等离子体边界能量)辐照的显微结构已被仔细研究。He 离子的辐照效应强于气离子,但辐照机制还需进一步研究。H. Iwakiri 等[27]用配置 He 离子加速器的原位 TEM 方法研究了低能 He 离子辐照 W 的显微结构。高能(8 keV)辐照形成了位错环和 He 泡形核位的空位(甚至在较高温度下)。随着温度提高,位错环和 He 泡长大速率增大。低能(0.25 keV)辐照未形成空位,但形成了 He 片、间隙环和 He 泡。替换杂质是 He 原子的捕陷中心,He 原子与晶格原子换位生成 He 泡。

高能 He 离子辐照(293 K)W 晶体首先形成间隙位错环。随着注入剂量增大,间隙位错环密度增大。剂量增至约 $1.3 \times 10^{19} \text{m}^{-2}$ 的 $He^+$ 时密度饱和,环尺寸连续增大。注入剂量为 $4.3 \times 10^{19} \text{m}^{-2}$ 的 $He^+$ 时,环的平均尺寸增大到约 5 nm。其饱和密度大约是同能量气离子辐照时的 6 倍。随着辐照温度升高,位错环密度降低,尺寸增大。870 K 和 1 073 K 时快速增大,位错环相互缠结。

高辐照剂量时在所有温度下都观察到 He 泡。873 K 辐照形成的气泡沿基体{110}面排列。温度较低时( $T_{0.2m}$ )BCC 金属也有这种现象,1 073 K 辐照时大泡(直径约 20 nm)和小泡(直径约 5 nm)共存。

低能 He 离子不产生离位损伤,注入剂量 $1.4 \times 10^{19} \text{m}^{-2}$ 的 $He^+$ 时生成了密集的缺陷。这类缺陷分布在入射表面范围内(20 nm),低剂量时衬度很弱(与位错环相比),仅在 Bragg 条件下能清楚地观察到,表明它们不是高剂量生成的位错环。低剂量时缺陷的应变场较弱,随剂量明显增强,它们多半是注入 He 沿晶面聚集形成的薄片(He 片)。

辐照剂量为 $3.0 \times 10^{19} \text{m}^{-2}$ 的 $He^+$ 时,He 片旁突然出现衬度很强的缺陷团。延长辐照时间,每个 He 片旁形成一个或多个缺陷团,随后 He 片衬度变弱。缺陷团簇尺寸与 He 片相当,这种现象应该用 He 片沉淀冲出间隙位错环来解释,辐照时冲出的位错环长大。因而位错环由离位产生的间隙原子团构成。0.25 keV He 离子辐照时 He 片和位错环的生成温度高于 1 073 K。

这些现象表明,D - T 燃烧器面对等离子体材料可能经受来自等离子的 He 的严重轰击损伤,甚至在高温下和粒子能量低于离位阈能的情况下也是如此。

### 18.2.2　辐照和重形变金属的缺陷结构

与金属氚化物相比,关于辐照金属点缺陷的知识已臻完善。某些结果对金属氚化物缺陷结构研究有借鉴意义。

辐照金属中的点缺陷团是各类点缺陷反应的结果,这类反应产生于生成的过饱和点缺陷,结束于点缺陷消散。研究不同实验条件、不同晶体结构(FCC,BCC,HCP)金属缺陷的相似性和差异性是很有意义的。

M. Kiritani[28] 综述了高温淬火、高压电子显微镜高能电子辐照、高能粒子辐照和严重塑性形变样品的相关研究结果,这些结果与金属氚化物的时效效应似有可比性。

1. 高温淬火

20 世纪 60 年代报道了高温淬火 Al 中过饱和空位团聚集成完整的位错环(Loops of Perfect Dislocation)的研究结果。因为 FCC Al 的堆垛层错能很高,形成完整位错环的解释是可以理解的。随后发现,这些位错环含有堆垛层错(Stacking Fault),于{111}面形成无柄 Frenkel 环。较早的证据强调了成团早期点缺陷的相互作用,没有强调最后形成的点缺陷团的能量。突然改变位错环形成时的时效温度能够改变位错环的数密度,但任何成团阶段都未形核。计算机模拟显示形核和长大是连续自发的过程。

研究显示,高温淬火 Cu 和 Au 中过饱和空位形成的缺陷团以堆垛层错四面体(Stacking Fault Tetrahedral)形式存在,这类缺陷团通常很小,取决于淬火和时效条件及样品的纯度,称为黑斑缺陷(Black Spot Defects),高分辨观察显示它们是 SFT 结构。从能量角度考虑,较小的团簇以 SFT 形式存在,较大的团簇以层状环(Fauled Loop)形式存在。这种解释并不完全确切。通过改变实验参数改变 SFT 数密度的系统实验表明,SFT 结构存在形核阶段,而不像位错环那样形核与长大很难区分。

M. Kiritani 等在淬火 FCC Al 中观察到小孔洞,这类新发现的点缺陷团称为空腔(Voids),溶入气是 Al 中形成这类空位团的必要条件。

对淬火 BCC 金属(特别是 α - Fe)进行了深入研究,没有可靠的实验结果。有关于淬火 W 中生成空腔的报道,但空腔的数量很少,其研究者不认为具有普遍意义。

2. 高压电子显微镜高能电子辐照

在高压电子显微镜中对金属进行高能(约 1 MeV)电子辐照,通常产生位错环形式的间隙团,无论是何种金属结构。例如,FCC 金属中的层状位错环(Faulted Dislocation Loops);Fe(100)和 Mo(111)面分布的完整位错环(Loops of Perfect)和 HCP 金属 Zn 基面分布的层状环(Faulted Loops)等。对不同类型金属间隙型位错环的形核与长大动力学已研究得很深入。

电子辐照时 FCC 和 BCC 金属的间隙原子瞬间增加。点缺陷生成速率很高时(约 $10^{-4}$ $s^{-1}$)间隙点缺陷团形核。形核与温度的关系(即团簇的密度)取决于间隙原子的迁移能力。在合适的温度和辐照剂量下可形成高密度小晶间位错环,FCC 金属间隙团数密度在接近液氦温度时仍持续上升,BCC 金属接近液氦温度时数密度不再增加,表明这类金属的间隙原子失去了热激活产生的移动能力。低于这一温度时,α - Fe 中的间隙团的密度不变,因为电子辐照导致的间隙扩散与温度无关。在中等温度范围内,加入少量固溶元素使间隙团的辐照形核温度依赖效应增强,因为与自由迁移的间隙原子相比,固溶原子的脱陷激活能较高。

选择合适的辐照条件(温度和剂量),可形成高密度的小间隙环,它们通常沿直线运动,在 FCC 金属中沿 <110> 方向移动,在 BCC 金属中沿 <111> 方向移动,且通常在相邻两个环之间来回移动。这种观察产生了小间隙团簇容易一维扩散的观点。

高温时(高于回复阶段 III)稳态电子辐照的点缺陷反应受空位移动控制(较慢的组元)。环的长大速率依赖于温度即空位的迁移自由能。固溶原子影响环长大。FCC 和 BCC 金属的温度效应与金属的纯度相关,低纯 Fe 空位迁移激活能为 1.2 eV,而高纯 Fe 空位迁移激活能力为 0.6 eV,空位迁移的开始温度大约分别为 200 ℃ 和 200 K。

SFT 形式的空位团通常出现在空位富集区域,靠近电子入射表面形成。此处由于替位碰撞级联使间隙原子移向更深层形成了空位富集区。有实验显示空位团沿间隙位错环生长方向形成。

除了形成 SFT 型空位团,电子辐照 FCC 金属可能形成空腔型缺陷(Voids)。通常认为是受到溶质原子的影响。少量溶质原子的加入改变了空位团形成早期小空位团 – 固溶原子复合体的稳定性。

必须指出,在 BCC 金属中未发现电子辐照产生的空位团。

3. 裂变和聚变中子辐照

M Kiritani 在 L L 国家实验室 RTNS – 2 聚变中子源上对聚变中子辐照下点缺陷的形成进行了研究,在 Japen 材料实验反应堆(JMTR)的温控辐照环上进行了裂变中子辐照研究。

中子辐照靶材产生的高能量引起碰撞级联,产生高浓度空位。大的碰撞级联被分为较小的高度密集碰撞,称为亚碰撞联级。FCC 金属中,每一个亚级联形成一个小空位团簇,主要以 SFT 形式存在,并混以层错环(Faulted Loops)。在较轻的 FCC 金属中(如 Ag)发现空位团形成短间隔分布的团簇群,这是亚碰撞级联的直接证据。在较重的 FCC Ni 中没有发现类似的群,这是由于亚碰撞级联间的距离即空位团间的距离太大,不能判断它们是否属于同一个级联群。

Al 同样具有 FCC 结构,但从未在碰撞级联中观察到空位团,因为级联的碰撞密度低。高温淬火 Al 中的空位型位错环存在一个不稳定的形核阶段,但其他 FCC 金属中的堆垛层错四面体具有明确的稳定形核阶段,这种差异多半能解释为何 Al 的级联碰撞中未形成空位团。但是对于薄膜材料塑性变形生成的 SFT,这种差异并不具有决定意义。

裂变和聚变中子辐照的 BCC 金属未生成空位团,如果金属的相对原子质量相近,FCC 和 BCC 金属的级联碰撞过程应该类似,缺陷类型的差异可以通过点缺陷间反应的差异来讨论。

相当数量的间隙原子消耗后形成空腔,发育成位错结构,影响空腔形成的因素很复杂,这里不进一步讨论。

中子辐照 FCC 和 BCC 金属都形成了位错环形式的间隙团,它们在碰撞级联产生小间隙团后开始形核,核长大依赖级联释放的可迁移间隙原子。间隙团通常聚集在刃型位错的一侧,因为间隙原子沿位错膨胀应变场梯度分布方向流动。

4. 塑性形变

塑性形变中的点缺陷可以通过几种不同的滑移位错反应产生,但在严重塑性变形中产生点缺陷团是较新的实验现象。将 FCC 金属薄片(厚度趋近 50 μm)拉伸至断裂后形成了异常高密度的空位团,均以 SFT 形式存在。样品断裂顶端处厚度小于 50 nm,可以不减薄直接进行 TEM 观察,正是此处观察到这种结果。奇怪的是 Al 中的空位团也是 SFT 形式,这在高温淬火、不同的高能粒子辐照以及正常的弹性形变处中都不曾观察到。综合考虑形变速率、形变温度,以及形变后退火处理引起点缺陷团的变化表明,空位团是由弥散分布的空位和难以直接观察到的空位复合而成,而不是直接塑性形变产生的。在这些高密度空位团区域没有观察到位错和位错运动的迹象,因此提出了一种不产生位错而形成高密度点缺陷的塑性形变机制。

在相同实验条件下,裂开的 BCC 金属薄片 Fe 和 V 与 FCC 金属没有差别,却没有观察到点缺陷团。从电子衍射斑点检测到了很大的晶格畸变,表明仍存在显微镜下难以分辨的高浓度点缺陷和微小的点缺陷团。

我们简单回顾了不同处理条件,不同结构金属中与点缺陷团形成相关的点缺陷反应。对于空位团的形成,BCC 金属与 FCC 金属完全不同,特别是需要进一步的实验研究,揭示这类金属中过饱和空位的存在状态,并解释这些空位为什么不形成 TEM 可以分辨空位团。

还应注意到,即使结构相同的金属也不尽相同。就空位团而言,Al 与其他 FCC 金属不同(对此人们已困惑多年)。然而,近来发现,其他 FCC 金属空位团的差异提示我们,这一差异可能仅仅是定量的而不是定性的。

这些研究结果对研究金属氚化物微观结构和研制高固 He 能力材料很有参考价值。

## 18.3　几种金属氚化物缺陷结构研究

前面概述了金属氚化物晶格损伤的研究情况,这些工作堪称金属氚化物缺陷结构研究的典范。前辈们准确成熟的思路和严谨的实验方法值得我们学习。本节介绍几种金属氚化物研究和实验方法的细节。

### 18.3.1　Ti 和 Ti 合金氚化物的缺陷结构

Ti 具有优异的吸、放氢(氚)性能、极低的室温离解平衡压和较高的固 $^3$He 能力,已在核领域广泛应用并有进一步研究和应用前景。

Gavrilev 等[13]运用 X 射线结构分析研究了 FCC Ti 和 Ti 合金(Ti + 3%)氚化物的晶格周期性和衍射线最大半高宽变化。讨论了基体电子密度(泡)不均匀性信息及 Ti 氚化物 He 释放动力学的观测结果。样品氚衰变 $^3$He 的浓度范围 a. r. [①][$He_{gen}/M$] = 0.001 ~ 0.7。

假定 $^3$He 原子位于 FCC 晶格八面体间隙,估算 He 浓度 a. r. [$He_{gen}/M$] < 0.3。初始阶段衍射线半高宽与形成的 He – V 复合体相关。a. r. [$He_{gen}/Ti$] ≈ 0.3 时 Ti 氚化物相干散射单元降低。

在填充碘化物的 Siverts 型装置中对 Ti 和 Ti 合金(Ti + 3% Mo)样品充氚。制备粒径小于 300 μm 的 $TiT_{1.9}$ 和 (Ti + 3% Mo)$T_{1.9}$ 氚化物粉末样品,用于 X 射线结构分析和 He 释放动力学研究。用于小角 X 射线散射(SAXRS)样品的平均粒径为 35 μm。整个周期性观察的

---

①　这里,a. r. 代表原子比;$He_{gen}$代表生成的 He;后文中的 $He_{s. ph}$代表固相中的 He;M 代表金属。

样品都处于室温。

1. 固相 Ti 氚化物中的 He 浓度

固相氚化物中 He 的浓度用 a. r. [He$_{s. ph}$/Ti] 表示,与 Ti 氚化物衰变 He 浓度(a. r. [He$_{gen}$/Ti])的关系如图 18.1 所示。

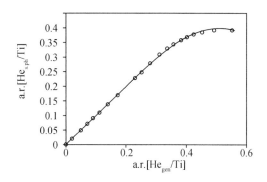

图 18.1　固相 Ti 氚化物 He 浓度与 He 生成量的关系

当 a. r. [He$_{gen}$/Ti] < 0. 28 时,所有生成的 He 实际上都包容在固相氚化物中。a. r. [He$_{gen}$/Ti] > 0. 3 后,大量 He 释放到气相中。与此同时固相中 He 的浓度增大。a. r. [He$_{gen}$/Ti] = 0. 4 时, a. r. [He$_{s. ph}$/Ti] = 0. 37 ~ 0. 38,直到 a. r. [He$_{gen}$/Ti] = 0. 55,这一比值保持不变。

2. Ti 和 Ti 合金氚化物的晶格参数

FCC Ti 及 Ti 合金氚化物晶格参数与 He 浓度的关系如图 18.2 和图 18.3 所示。图 18. 2 中的线 1 和线 2 分别对应于(111)和(220)最大衍射线。

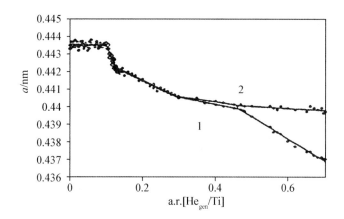

图 18.2　Ti 氚化物晶格参数随 He 生成量的变化

1—最大衍射线(111);2—最大衍射线(220)

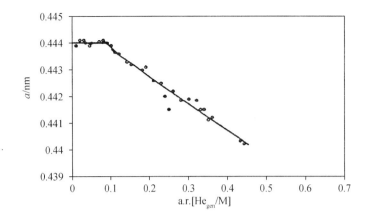

**图 18.3　Ti + 3%Mo 氚化物晶格参数随 He 生成量的变化**

　　直到 a. r. [He$_{s,ph}$/Ti] ≈ 0.09，Ti 及 Ti 合金氚化物晶格参数未变化，分别为 0.443 5 nm 和 0.444 0 nm。先前的研究显示，对于 Ti 氢化物(TiH$_{1.5}$ – TiH$_{2.0}$)[29]和 TiV 合金氢化物[30]的均匀区域，随着样品氢含量降低晶格参数线性减小。由此联想到，氚衰变造成氚化物氚含量下降会导致 FCC 晶格参数减小。时效初期(a. r. [He$_{gen}$/M] < 0.09)晶格参数不变化与晶格八面体间隙或 He – V 复合体中的 He 相关[31]。硬球模型计算显示[14]，当 a. r. [He$_{gen}$/M] = 0.09 时，位于氚化物晶格八面体间隙的 He 浓度分别为 a. r. [He$_{gen}$/M] = 0.02 和 0.025。这表明固相氚化物中约 80% 的 He 对 FCC 晶格参数没有产生影响。

　　a. r. [He$_{gen}$/Ti] = 0.09 ~ 0.12 时，FCC Ti 氚化物晶格参数从 0.443 5 nm 急剧减小到 0.442 3 nm，这与晶格间隙 He 浓度降低有关。有趣的是合金氚化物晶格参数没有类似的变化，多半因为合金氚化物的间隙 He 原子浓度未明显变化。

　　a. r. [He$_{gen}$/Ti] = 0.12 ~ 0.3 和 a. r. [He$_{gen}$/M] = 0.1 ~ 0.4 时，Ti 及 Ti 合金氚化物的晶格参数线性减小。在相同时间段，晶格参数变化直线段斜率与样品中氚含量降低线斜率相一致。衰变生成的 $^3$He 被包容在固相氚化物中，实际上没有引起晶格常数变化，表明位于基体间隙或 HeV 复合体的 He 浓度未明显变化。

　　He 浓度进一步增大(直到 a. r. [He$_{gen}$/Ti] = 0.7)没有生成 α – Ti。但是最大衍射线(111)和(220)计算的晶格参数出现分散现象。伴随氚浓度降低生成的填充缺陷是出现这一现象的原因。

　　3. Ti 和 Ti 合金氚化物衍射线半高宽

　　Ti 和 Ti 合金氚化物(111)及(220)衍射线半高宽随生成 He 浓度变化如图 18.4、图 18.5 所示。

　　a. r. [He$_{gen}$/Ti] ≤ 0.003 时 Ti 氚化物衍射线半高宽通常不变，a. r. [He$_{gen}$/Ti] = 0.003 ~ 0.09 时明显宽化，a. r. [He$_{gen}$/Ti] = 0.15 时达最大值。衍射线明显宽化是已有的和新释放的 He 相引起的。在 He 相这一概念下可以理解晶格变化，生成 He 相为 He 泡形核和长大提供了条件。在一些释放新生相核的例子中发生了可观察到的基体晶格畸变[1]。

　　合金氚化物衍射线半高宽随固相 He 浓度增大线性增大，直至 a. r. [He$_{s,ph}$/M] = 0.25，以后基本不变，直至 a. r. [He$_{gen}$/M] = 0.4。

　　分析表明，Ti 氚化物 a. r. [He$_{gen}$/Ti] = 0.3 以前和 Ti 合金氚化物 a. r. [He$_{gen}$/M] = 0.4 以

前,线宽化是基体显微应力引起的。对于 Ti 氚化物,a. r.［He_{gen}/Ti］>0.3 后宽化受相干散射单元尺寸的影响,就是说 Ti 氚化物晶体尺寸降低引起线宽化。

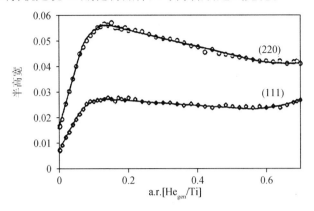

**图 18.4　Ti 氚化物样品(111)和(220)衍射线半高宽随 a. r.［He_{gen}/Ti］的变化**

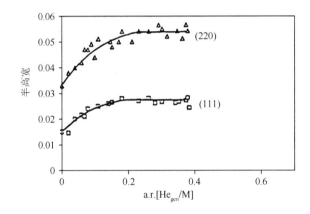

**图 18.5　合金(Ti + 3%Mo)氚化物样品(111)和(220)衍射线半高宽随 a. r.［He_{gen}/M］的变化**

4. Ti 和 Ti 合金氚化物的电子密度

在两个角度范围,相应于 a. r.［He_{s. ph}/M］≈0.1 氚化物的小角 X 射线谱散射强度随固相 He 浓度增大而增强。这是样品中平均 1.5 nm 和 4 nm 的不均电子密度的特征。Ti 和 Ti 合金氚化物不均匀电子密度尺寸与样品 a. r.［He_{gen}/Ti］的关系如图 18.6、图 18.7 所示。

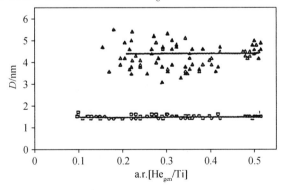

**图 18.6　Ti 氚化物不均匀电子密度尺寸随样品 a. r.［He_{gen}/Ti］的变化**

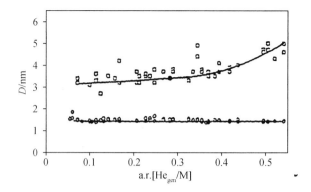

图 18.7　Ti + 3% Mo 氚化物不均匀电子密度尺寸随 a. r. [He$_{gen}$/M] 的变化

电子密度不均匀性对应于固相氚化物中的 $^3$He 原子团。a. r. [He$_{gen}$/Ti] ≈ 0.1 出现的大尺寸非均匀平均电子密度可能对应着较大的 He 泡(4 nm),有希望用透射电镜观察到。

a. r. [He$_{gen}$/M] 从 0.1 提高到 0.4 时,与小尺寸不均匀性电子密度(1.5 nm)相关的小角散射强度线性增强(图 18.7)。a. r. [He$_{gen}$/M] > 0.4 后未出现这种现象,此时小尺寸电子密度的浓度不再增大。

图 18.8 为 Ti 及 Ti 合金(Ti + 3% Mo)氚化物平均 4 nm 不均匀电子密度引起的小角散射强度变化。

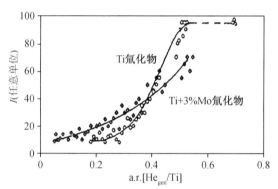

图 18.8　Ti 氚化物和 Ti + 3% Mo 氚化物小角散射强度
随 a. r. [He$_{gen}$/Ti] 生成 He 量的变化

a. r. [He$_{gen}$/Ti] 由约为 0.2 增大至 0.5 时,Ti 和 Ti 合金样品的小角散射强度增大,这是电子密度不均匀浓度增大的证据。

a. r. [He$_{gen}$/Ti] = 0.3, $\cdots$, 0.5 时,Ti 氚化物的小角散射强度显著增强,可能与双 Wolf – Bragg 反射现象相关,因为这阶段相干散射单元尺寸减小。

a. r. [He$_{gen}$/Ti] ≈ 0.7 时,Ti 氚化物的约 4 nm 不均匀电子密度引起的小角散射强度大约等于 a. r. [He$_{gen}$/Ti] ≈ 0.5 时的散射强度。由此可以断定,a. r. [He$_{gen}$/Ti] ≥ 0.5 后 Ti 氚化物的 He 泡浓度未发生变化。

有实验数据显示,储存初期(a. r. [He$_{gen}$/Ti] < 0.09)固相 Ti 和 Ti 合金氚化物中 He 的 He 流动性不高,大约 20% 生成 He 位于晶格间隙,部分 He 通过自捕陷机制成团,形成泡核

（泡），晶格杂质也捕陷 He。a. r. $[He_{gen}/Ti] = 0.1 \sim 0.5$，生成 $3 \sim 4$ nm 的 He 泡，泡浓度逐渐增大。Ti 合金氚化物中观察到大至 5 nm 的 He 泡。a. r. $[He_{s.ph}/Ti] \approx 0.3$ 为固相 Ti 氚化物 He 的阈值浓度，此时相干散射单元增大减缓，位错密度增大，释放到气相的 He 量增加。

与 Thièbaut 的判据相比，Gavrilov 没有使用有限尺寸和无限尺寸缺陷的说法，而是直接使用了氚化物中已有的和新生成的 He 相一词，后者强调了间隙 He 相对晶体损伤的影响。峰宽化是大尺寸 He 相引发的。在多数释放新相核的例子中观测到基体晶格畸变现象。

Ti 和 Ti 合金氚化物的比较研究强调了 $^3$He 和氚对时效的协同作用，很有启发性，体现苏联学者研究工作的创新性和实用性。下面详细讨论 Pd 和 Pd 合金的相关研究，以便读者对照阅读。

### 18.3.2　储氚 Pd(Rh, Pt) 固溶体的结构变化

自从 1866 年，T. Grahams 第一次观察到 Pd 的吸氢现象以来，已对这种有趣的现象进行了广泛研究。

金属和金属间化合物在 1 标准大气压力下与氢发生可逆反应，为氚的储存和应用提供了条件。金属氚化物有高安全性、高储存密度，并可实现高纯氚（不含 $^3$He）的输运。在这些金属中，Pd 有很好的抗氧化能力、高抗中毒能力、高吸放氚活性和很高的固 $^3$He 能力（$[He/Pd] = 0.5$）[32]。

为了提高 Pd 的储氢性能，已广泛研究了合金化对 Pd 氢化物压力 - 成分 - 温度（PCT）曲线的影响。例如，Rh 部分置换 Pd 提高平衡压和储氢能力；Pt 部分置换 Pd 平衡压提高，但储氢能力下降，吸放（氢）循环的能耗增大。

氚衰变的 $^3$He 被金属晶格捕陷，导致金属氚化物结构和显微结构变化，随时效时间的延长热力学性质也发生变化。对于 Pd 氚化物，已报道了 $PdT_{0.6}$ 热解吸实验、P - C 等温实验和 TEM[42] 的研究结果，但很少见结构和显微结构变化的报道。

然而，近些年来报道了其他金属氚化物的研究结果。例如，分别用 X 射线衍射，中子散射和扩展 X 射线吸收精细结构（EXAFS）研究了 Ta，Y，Sc 和 $LaNi_5$ 等氚化物结构随时效时间的变化。研究目的是希望提出金属氚化物含 $^3$He 缺陷的演化模型。

1. 储氚固溶体 XRD/ND/EXAFS 研究

近些年来，Thièbant 等[2,16-17] 应用 XRD，ND，EXAFS 和 TEM 观测以及力学性能与 TEM 研究相结合的方法[33] 研究了 Pd 和 Pd 基合金氚化物的晶格周期性、短程和长程有序变化，分析了金属氚化物时效效应与这些微观缺陷的关系。在此基础上，讨论和验证了 Krivoglaz 的判据。

（1）实验方法

①X 射线衍射

从块材锉取粉末样品，用滤网过滤使粉末颗粒小于 125 μm。将粉末样品放入特制不锈钢样品室中，样品室装有 Be 玻璃窗。样品室放置一个氚罐，使样品的氚浓度保持不变。室温下样品即可吸氚，罐内剩余的氚压力能使样品保持在金属氚化物的 β 相区。样品的氚浓度由 25 ℃时罐内压力和 P - C 曲线估算。样品罐在室温下存放。假定衰变的 $^3$He 全部包容在样品中，样品的 He 浓度 [He/M] 依据样品的起始氚含量和存储时间计算。下面是常用的计算式。

$$[He/M] = (1 - [T/M])e^{-t/6.497} \tag{18.1}$$

其中,$[T/M]$对应样品的起始氚浓度;$t$为时效时间,单位为 d。$[He/M]$计算值的最大误差约为 5%。

用 Simens D500 衍射仪进行 XRD 观测,Cu $K\alpha$ 辐射,扫描范围 $10° \sim 120°(2\theta)$,$2\theta$ 步长为 0.02°

前 3 个月内,每两周观测一次,随后时效期内每月观测一次。几种样品均为面心立方结构,用最小二乘法计算晶格参数,标准偏差为 $1.0 \times 10^{-4}$ nm。除了 Be 玻璃谱线外,没有看到额外的谱线,断定合金没有分解。

②ND 散射

从棒材切取 1 mm 厚圆片制备样品。样品 α/β 混溶间隙吸氚生成高密度位错,这是因为 α 和 β 相间晶格大约肿胀 10%。为了避免生成位错,仅研究时效产生的结构变化,样品在高于混溶间隙温度(300 ℃)和压力(60 bar)下充氚。吸氚完成后逐渐降低温度并在室温下保存样品。用量热法确定每种样品的氚浓度,该方法的原理基于测定氚发射 $\beta^-$ 时产生的热量。样品置于非等温热流量测试仪中,将产生的热流量与参比值比较,确定样品的氚浓度。假定生成的 $^3$He 全部保留在样品中,可由起始氚含量和储存时间推算样品的 $^3$He 含量[式(18.1)]。

时效 15 d,91 d 和 365 d 后,用同位素氚置换脱氚,使样品一直保持为 β 相,避免 β↔α 相变生成位错。将起始存放在不锈钢样品室中的样品转移到 Si 样品室中进行中子散射实验。

足够快地(15 min~2 h)转移已氚化的 Pd 和 Pd$_{90}$Pt$_{10}$ 样品并立即向 Si 样品室内注氚,以避免样品放气,随后对金属氚化物进行测试。对于 Pd$_{90}$Rh$_{10}$ 样品,通过抽出样品室内的氚使样品完全脱氚,测试是针对合金进行的。这意味着在室温下 Pd$_{90}$Rh$_{10}$ 发生了 β→α 相变并生成了位错。为了区分相变与 $^3$He 产生的影响,在相同条件下制备 Pd 样品,在 300 ℃ 和60 bar 下充氚并室温储存几天,随后在室温下抽空使样品脱氚。

利用位于 Saclay 的 Orphée 反应器一个冷中子操作位置,通过三轴分光计 G4.3(VALSE)进行中子散射实验。实验中子能量设置在 14 meV 左右并在注入束中使用热解石墨过滤器。为了研究德拜 – 谢乐线(DS)对衍射信号强度的依赖性,对时效前后样品进行 10 min 或 30 min 的平行扫描,扫描时间取决于衍射信号的强度。因为存在织构,如果可能,将扫描方向对准强度最大的[111]反射方向。但一些样品在存储 91 d 或 365 d 后碎裂,无法准确定位。在这种情况下,实验时使样品旋转,通过改变扫描角度比较各角度 DS 线相对位置和宽度的变化。为了比较不同实验谱线的相对位置和宽度,用这种方法进行了纯 Pd 参比样品测试。假设谱线强度呈高斯分布,利用分辨函数去卷积计算每个样品的固有线宽(参比样品和时效样品),计算结果与测量的 DS 线的形状相符得很好。

同时观测了 Si 样品室背底噪声,记录了 Si 样品室中 Pd 参比样品的衍射信号,与不存在 Si 影响的相同样品进行了比较。结果显示,放入 Si 样品的背底噪声较高,与时效相比 Si 的影响很小。

③EXAFS

从各组分块材锉取粒径小于 25 μm 的粉末,放入不锈钢样品室内,在室温下气相充氚。样品的氚浓度通过热测量估算。样品室保存在室温下。假定生成的 $^3$He 全部保留在样品中,由样品的氚含量计算 $^3$He 的浓度[式(18.1)]。

经不同时间(30 d,304 d 和 1 826 d)时效后,先抽出样品周围的气体,再经氚同位素置换脱氚(包括深捕陷在样品中的氚),然后在 Ar 气氛手套箱中打开样品室。取出样品室中的粉末沉积到聚酰亚胺(Kapton)带上,将双层复合沉积膜放置在装有聚酯薄膜窗的密闭样品室中。

EXAFS 实验在 LURE(Orsay)的加速器,利用 DCI 环(其显示控制接口)产生的同步射线进行。用传输模式收集室温下 EXAFSⅡ分光计 Pd $K$ 边缘和 Pt $L$ 边缘的 X 光吸收谱。对于 Pd,分光计用 Si 的 511 单色计,对于 Pt,用 Si 的 311 单色计。然而,在 Rh $K$ 边缘,Pd 吸收很强,得到的信号/噪声比很小,不可能对数据进行足够精确的分析。用 Bonnin 等的 EXFAS 程序分析 EXFAS 谱。

对于这种传输实验,吸收系数由下式计算:

$$\mu\chi = \ln I_0/I \tag{18.2}$$

其中,$\chi$ 为样品的厚度;$I_0$ 和 $I$ 分别为入射和发射束的强度。

EXAFS 信号 $\chi(k)$ 由下面的关系式计算:

$$\chi(k) = \frac{\mu(k) - \mu_0(k)}{\mu_0(k)} \tag{18.3}$$

其中,$k$ 为光电子波矢量;$\mu(k)$ 为测量的吸收系数;$\mu_0(k)$ 为孤立原子的吸收系数。利用前边缘区域的 Victoreen's 曲线和后边缘的立方条样函数确定孤立原子 $\mu_0(k)$ 的贡献。根据 EXFAS 理论,对于光电子信号的散射过程,EXAFS 信号与电子和结构参数的关系可表示为

$$\chi(k) = \sum_j A_j(k)\sin[2kr_j + \phi_{ij}(k)] \tag{18.4}$$

其中,$A_j(k)$ 为近邻 $j$ 原子的背散射振幅;$r_j$ 为中心原子与 $j$ 原子的原子间距;$\phi_{ij}(k)$ 为光电子实验获得的总相移。

$A_j(k)$ 用下式表示:

$$A_j(k) = \frac{N_j}{kr_j^2}F_j(k)\,\mathrm{e}^{-2\sigma_j^2 k^2}\,\mathrm{e}^{-2r_j/\lambda(k)} \tag{18.5}$$

其中,$N_j$ 为 $j$ 壳层的原子数;$F_j(k)$ 是 $j$ 原子的散射振幅;$\sigma_j$ 为 $j$ 原子的德拜修正因子;$\lambda$ 为光电子的自由程。为了从 EXAFS 实验数据得到结构参数($N_j$,$r_j$ 和 $\sigma_j$),需要对 $R$ 空间的 EXAFS信号进行傅里叶转变(FT),以便得知 $j$ 壳层对 EXAFS 的贡献。将该信号乘以 $k^3$ 以弥补 $k$ 值较大时 EXAFS 振幅的衰减,乘以 $tau = 3$ 以限制 Kaiser 窗载断信号。

Pd $K$ 边缘的 EXAFS 谱在 2.8 和 141 nm$^{-1}$ 间进行傅里叶转换,Pt $L_3$ 边缘的 EXAFS 谱在 2.0 到 144 nm$^{-1}$ 间进行傅里叶转换。傅里叶转换给出了围绕中心原子的分径向分布函数,但峰位偏离了实际位置,因为没有针对相位的贡献进行修正。傅里叶过滤被用来选择 FT 转换的第一峰和 $k$ 空间的背景数据。过滤的 EXAFS 谱利用 EXAFS 模型[式(18.10)和式(18.11)]进行拟合。振幅 $A_j(k)$ 和相位移 $\phi_{ij}(k)$ 可从参考文献[44]计算的数据得到,阈值能量 $E$ 允许变化。

(2)实验结果

①X 射线衍射

对于研究的 Pd,Pd$_{90}$Rh$_{10}$和 Pd$_{90}$Pt$_{10}$合金,用充氘代替充氚,规范地测量了相应氘化物的晶格参数。没有观测到同位素效应,氚和氘在金属中有相同的体积分数(表18.1)。观测表明,随储存时间的延长氘化物的晶格参数是稳定的。因此,观测到的氚化物晶格参数变化是$^3$He 的影响,不是由诸如合金组分的偏析等引起的。

表18.1 氚化物和氘化物的初始结构及热力学参数

| 氚化物 | | | | | | |
| --- | --- | --- | --- | --- | --- | --- |
| 结构 | $a$(合金) /($\times 0.1$ nm) | $a$(氚化物) /($\times 0.1$ nm) | $\Delta V/V$ | $P(T_2)$/bar | [T/M](预估的) | $V_T$(原子分数) /($\times 10^{-3}$ nm$^3$) |
| Pd | 3.891 | 4.033 | 11.4% | 1.0 | 0.65 | 2.57% |
| Pd$_{90}$Rh$_{10}$ | 3.882 | 4.041 | 12.7% | 6.1 | 0.74 | 2.53% |
| Pd$_{90}$Pt$_{10}$ | 3.892 | 3.966 | 5.8% | 6.6 | 0.35 | 2.43% |
| 氘化物 | | | | | | |
| 结构 | $a$(合金) /($\times 0.1$ nm) | $a$(氘化物) /($\times 0.1$ nm) | $\Delta V/V$ | $P(D_2)$/bar | [D/M](预估的) | $V_T$(原子分数) /($\times 10^{-3}$ nm$^3$) |
| Pd | 3.890 | 4.036 | 11.6% | 1.0 | 0.66 | 2.61% |
| Pd$_{90}$Rh$_{10}$ | 3.881 | 4.049 | 13.5% | 6.2 | 0.76 | 2.61% |
| Pd$_{90}$Pt$_{10}$ | 3.893 | 3.982 | 7.1% | 6.5 | 0.38 | 2.72% |

注:$a$ 为对应的晶胞参数(标准误差 $10^{-4}$ nm);$\Delta V/V$ 为相对晶胞体积增加;$P(T_2)$ 为氚化物平衡压力;[T/M] 为氚含量;$V_T$ 为氚原子的偏原子体积;$P(D_2)$ 为氘化物平衡压力;[D/M] 为氘含量;$V_D$ 为氘原子的偏原子体积。压力和[T/M]([D/M])均在 25 ℃测定。

已有研究显示,随着储存时间增长,氚衰变导致氚损耗,金属氚化物晶格参数逐渐减小。为此,在实验样品室内安放了氚罐,样品的氚浓度保持不变。与前述的现象相反,随储存时间增长,金属氚化物晶格参数逐渐增大。

对于纯 Pd 样品,晶格参数随时间变化如图 18.9 所示。前 91 d 内晶格参数快速增大(大约为总增大值的75%);91 d 和 183 d 之间,晶格肿胀逐渐变慢(大约达到总增大值的85%);183 d 后,晶格参数缓慢增大(在 548 d 内肿胀余下的15%)。合金氚化物晶胞参数呈现基本相同的变化规律,仅仅是重要时间间隔的分段稍有不同。

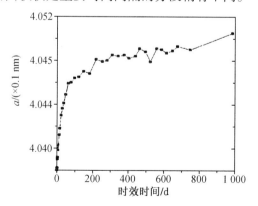

图 18.9 Pd 氚化物晶胞参数随时效时间变化

为了比较,研究者们模拟了不同成分合金相对晶格参数增加随 He 含量的变化,由此可以消除起始晶格常数的差异和给定时效时间³He 浓度的差别。

图 18.10 为 Pd,Pd₉₀Rh₁₀,Pd₉₀Pt 氚化物相对晶格参数增大随 He 含量的变化。显而易见,Rh 部分替代 Pd 后对晶格肿胀几乎没有影响,而添加 Pt 后显著提高了晶格肿胀速率和晶格参数的饱和值。

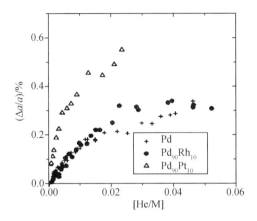

**图 18.10　Pd 和 Pd 合金相对晶胞参数($\Delta a/a$)随 He 含量([He/M])的变化**

由于锉取粉末样品的起始线宽发生变化,很难精确确定储氚过程对线宽的影响,因而用中子散射方法进行了研究。

②中子散射

中子散射实验结果见表 18.2。表中给出了参比样品和时效 15 d,91 d,365 d 的 Pd,Pd₉₀Rh₁₀ 和 Pd₉₀Pt₁₀ 的[111]衍射峰宽度的变化。

**表 18.2　Pd 和 Pd 合金位移和[111]反射峰宽化随时效时间及 He 含量的变化**

| 样品 | 时效时间/d | [He/M]/% | ($\Delta a/a$)/% | 宽化/% |
|---|---|---|---|---|
| Pd | 0 | 0 | 0 | 0 |
| Pd | 15 | 0.15 | 3.86 | 49 |
| Pd | 91 | 1.1 | 3.92 | 185 |
| Pd[a] | 365 | 4.1 | 无衍射峰 | |
| Pd₉₀Rh₁₀ | 0 | 0 | − 0.25 | − 13 |
| Pd₉₀Rh₁₀ | 15 | 0.2 | 0.24 | 68 |
| Pd₉₀Rh₁₀[①] | 91 | 1.5 | 无衍射峰 | |
| Pd₉₀Rh₁₀[①] | 365 | 5.7 | 无衍射峰 | |
| Pd₉₀Pt₁₀ | 0 | 0 | − 0.31 | 4 |
| Pd₉₀Pt₁₀ | 15 | 0.1 | 1.63 | 36 |
| Pd₉₀Pt₁₀ | 91 | 0.7 | 1.91 | 76 |
| Pd₉₀Pt₁₀[①] | 365 | 3.3 | 1.89 | 223 |

注:用纯 Pd 数据参比计算 $\Delta a/a$ 和线宽,包括合金样品。

①破碎的样品。

先来比较未经处理 Pd 样品[111]线宽和在 300 ℃充 $D_2$ 存储几天后室温抽真空处理 Pd 样品的线宽。结果显示,与氚的影响相比,先前描述的 β→α 相变的影响可以忽略,即使对于仅储存 15 d 的样品也是如此。因此,在以下的实验中所有样品均与同样的未经处理的 Pd 参比样品比较。对于所有的样品,时效中均观察到 3 种现象:①晶格参数增大;②峰宽化;③背底噪声增大。

对于 Pd 样品,时效 15 d 和 91 d 后都很容易观测到[111]衍射峰,但时效 365 d 后未观测到。这可能是由于样品碎裂,存在织构,不可能准确定位所致。储存 15 d 后峰已经明显宽化。时效 91 d 后,宽化到实验条件无法辨认的程度。

对于 $Pd_{90}Rh_{10}$ 合金,时效 15 d 后观测到[111]反射峰宽化,宽化程度略大于纯 Pd。91 d 时效后样品碎裂,此时 $^3$He 浓度仅为 1.5%。类似时效 1 年的纯 Pd 样品,未观测到[111]反射。

对于 $Pd_{90}Pt_{10}$ 合金,所有的样品都观测到[111]反射,包括老化 365 d 已经碎裂的样品。相比而言,宽化程度比纯 Pd 轻,尤其是时效 91 d 的样品。经过 365 d 储存后,峰的强度很弱,已不能准确确定峰位和峰宽。

相同 $^3$He 含量纯 Pd 和 Pd 合金峰宽化程度的比较表明,添加 Rh 可轻微增加峰宽化的速率。与此相反,添加 Pt 明显降低峰的宽化程度。

因为 Si 质样品室的影响可以忽略,所有样品背底噪声增加应该是含氚样品的固有特性,需要考虑。值得指出的是,样品背底噪声增加的量级是相同的,与合金成分和时效时间关系不大。

(3) EXAFS

氚衰变产生的缺陷从两方面影响晶体的近程有序:一方面,由 $^3$He 引起的晶格肿胀导致原子间距增大;另一方面,生成的间隙缺陷增大原子间距和分布范围,这将导致德拜-谢乐因子($\sigma$)增大。

不同时效时间 Pd,$Pd_{90}Rh_{10}$ 和 $Pd_{90}Pt_{10}$ 样品 Pd $K$ 边缘 EXAFS 谱傅里叶转换量值如图 18.11～图 18.13 所示。前面描述的不同时效时间 $Pd_{90}Pt_{10}$ 样品 Pt $L_3$ 边缘 EXAFS 谱的傅里叶转换值如图 18.14 所示。

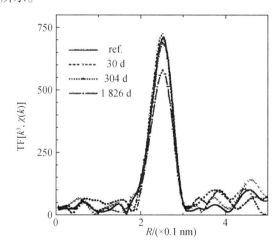

**图 18.11　Pd 参比样品和不同时效时间 Pd 样品 EXAFS 谱**

**$TF[k^3 \cdot \chi(k)]$ 傅里叶转换曲线**

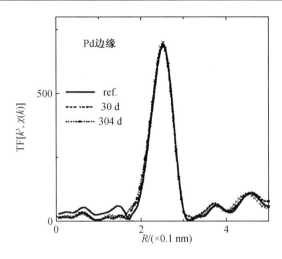

**图 18.12　Pd$_{90}$Rh$_{10}$参比和不同时效时间样品 EXAFS 谱**

**TF[$k^{3} \cdot \chi(k)$] 傅里叶转换曲线**

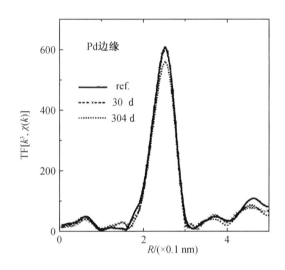

**图 18.13　Pd$_{90}$Pt$_{10}$参比和不同时效时间 Pd$_{90}$Pt$_{10}$样品 EXAFS 谱**

**TF[$k^{3} \cdot \chi(k)$]（Pd $K$ 边缘）傅里叶转换曲线**

可以明显看出,时效时局域有序发生微弱变化,特别是在 Pd $K$ 边缘。对于纯 Pd,时效初始阶段,时效 30 d 和 304 d 的 FT 转换值相同,仅仅观察到峰强度略微减弱,时效 1 826 d 后没有观察到峰移动。对于 Pd$_{90}$Rh$_{10}$合金,初始阶段,时效 30 d 和 304 d 后 FT 转换值相同。对于 Pd$_{90}$Pt$_{10}$合金,时效 304 d 后在 Pd $K$ 边缘发现峰强度轻微减弱,峰位未移动。时效 30 d 在 Pd $L_{3}$ 边缘观察到峰强度减弱,直到时效 304 d 峰位仍未移动。

对每个 FT 的主要峰进行了傅里叶过滤。运用理论的 McKale 相位移及 Pd 和 Pt 的振幅拟合 $k$ 空间的信号。Rh 的相位移和振幅与 Pd 的类似,因为它们的 $Z$ 很接近,仅仅 Pd 的一个壳层被认为修正了 Pd$_{90}$Rh$_{10}$ 的 EXAFS 谱。时效时方位数 $N$ 保持不变,Pd – Pd 和 Pd – Pt 的间距相同,因为 Pd 和 Pt 原子半径的差别很小。这种情况下 Pd 和 Pd$_{90}$Rh$_{10}$合金的 $N$ 设定为 12,这意味着 Pd 或 Rh 没有成团,像 XRD 观察结果那样。对于 Pd$_{90}$Pt$_{10}$合金,依据其固溶体成分,每个原子(Pd 和 Pt)必须有 10.8 个近邻的 Pd 原子和 1.2 个近邻 Pt 原子支撑。这再次说明,时效时 Pd 和 Pt 原子不成团的假设是需要的,这一假设也被 XRD 结果确认。

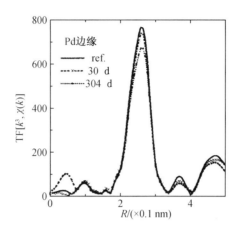

**图 18.14**    $Pd_{90}Pt_{10}$ 参比和不同时效时间 $Pd_{90}Pt_{10}$ 样品 EXAFS 谱

$TF[k^3 \cdot \chi(k)]$($PdL_3$ 边缘)傅里叶转换曲线

     EXAFS 分析显示(表 18.3),所有情况下随着 $^3$He 浓度增大,原子间相互作用距离($R$)未变(在标准偏差 $1.0 \times 10^{-3}$ nm 范围内)。德拜 – 谢乐因子($\sigma$)的变化取决于合金成分。$\sigma$ 的标准偏差大约为 $1.0 \times 10^{-3}$ nm,但考虑了其他的计算参数来比较样品随时间的变化。对于 Pd,在时效的头 304 d 内 $\sigma$ 的增大可以忽略,但时效 1 826 d 后可以观测到 $\sigma$ 增量( $+5\%$ )。对 $Pd_{90}Rh_{10}$ 合金,至少在 304 d 内 $\sigma$ 值不变。与此相反,对于 $Pd_{90}Pt_{10}$ 合金,时效 304 d Pd $K$ 边缘观测到 $\sigma$ 值增量( $+5\%$ ),时效 30 d Pd $L_3$ 边缘 $\sigma$ 增量已显著增大( $+19\%$ )。$\sigma_{Pt} > \sigma_{Pd}$ 表明无序出现在 Pt 原子周围。

**表 18.3**    EXAFS 分析结果

| | | | Pd $K$ 边缘 | | | |
| :---: | :---: | :---: | :---: | :---: | :---: | :---: |
| 样品 | 时效时间/d | [He/M]/% | $R/(\times 0.1\ nm)$ | $\sigma_{Pd}/(\times 0.1\ nm)$ | $\Delta E_0/eV$ | $\chi^2$ |
| Pd | 0 | 0 | 2.74(2.75) | $0.08_1$ | 3.0 | 0.003 3 |
| Pd | 30 | 0.31 | 2.73(2.75) | $0.07_8$ | 3.5 | 0.011 3 |
| Pd | 304 | 3.14 | 2.74(2.76) | $0.08_2$ | 3.6 | 0.004 6 |
| Pd | 1 826 | 16.2 | 2.73 | $0.08_5$ | 3.1 | 0.013 8 |
| $Pd_{90}Rh_{10}$ | 0 | 0 | 2.74(2.75) | $0.08_0$ | 3.1 | 0.008 3 |
| $Pd_{90}Rh_{10}$ | 30 | 0.35 | 2.73(2.75) | $0.08_1$ | 4.0 | 0.003 6 |
| $Pd_{90}Rh_{10}$ | 304 | 3.53 | 2.73(2.75) | $0.08_1$ | 4.8 | 0.001 4 |

| | | | Pd $K$ 边缘 | | | |
| :---: | :---: | :---: | :---: | :---: | :---: | :---: |
| 样品 | 时效时间/d | [He/M]/% | $R/(\times 0.1\ nm)$ | $\sigma_{Pd}/(\times 0.1\ nm)$ | $\sigma_{Pt}/(\times 0.1\ nm)$ | $\Delta E_0/eV$ | $\chi^2$ |
| $Pd_{90}Pt_{10}$ | 0 | 0 | 2.74(2.75) | $0.08_2$ | $0.08_2$ | 3.7 | 0.001 6 |
| $Pd_{90}Pt_{10}$ | 30 | 0.17 | 2.74(2.76) | $0.08_4$ | $0.13_9$ | 3.5 | 0.001 6 |
| $Pd_{90}Pt_{10}$ | 304 | 1.74 | 2.74(2.77) | $0.08_6$ | $0.13_4$ | 4.0 | 0.001 5 |

表 18.3（续）

Pd L₃ 边缘

| 样品 | 时效时间/d | [He/M]/% | R/(×0.1 nm) | σ_Pd/(×0.1 nm) | σ_Pt/(×0.1 nm) | ΔE₀/eV | χ² |
|---|---|---|---|---|---|---|---|
| $Pd_{90}Pt_{10}$ | 0 | 0 | 2.74(2.75) | 0.08₁ | 0.13₀ | −8.5 | 0.002 2 |
| $Pd_{90}Pt_{10}$ | 30 | 0.17 | 2.74(2.76) | 0.08₂ | 0.15₅ | −8.5 | 0.008 8 |
| $Pd_{90}Pt_{10}$ | 304 | 1.74 | 2.74(2.77) | 0.08₅ | 0.33₆ | −8.5 | 0.002 5 |

注：原子间距 $R$，括号内为 XRD 计算值（标准误差：$1.0×10^{-4}$ nm）。德拜 – 谢乐因子 $\sigma$ 数字后面的下标表示达到这一精度（标准误差：$1.0×10^{-3}$ nm）的趋势，而不是准确限度。$\Delta E$ 为相应的阈值能量；$\chi^2$ 为拟合质量。

EXAFS 结果显示，时效时长程有序明显降低，而³He 对短程有序仅有轻微的影响。对于氚储存而言，这无疑是一种有价值的性能。

（4）讨论和结论

金属能大量溶解氚，而金属中³He 的溶解量为 $10^{-6}$ 量级，因而金属氚化物的³He 很容易沉积成泡。室温下形成 He 泡意味着形成了 SIA 和 CSIA。泡当长大时，小 He 泡发射孤立的 SIA，对于高压小 He 泡，从热力学看发射位错环更有利。

上面讨论的 Pd 基合金氚化物的 X 射线衍射数据验证了 Krivoglaz 论据的可信性。充氚后 91 d 内，晶格肿胀很快，表明由³He 聚集生成的缺陷是有限尺寸缺陷，例如孤立的 SIA 或位错环。储存 183 d 后晶格参数几乎保持不变，表明新生成的 SIA 并入了位错网，衍射峰宽化。由于起始线宽较大，X 射线衍射实验可能看不到这种现象，但中子散射实验容易给出实验依据。

用 Rh 替换部分 Pd 后，在给定的³He 浓度下晶格肿胀略微增大，但 Rh 的影响很小。由此断定 Pd 和 $Pd_{90}Rh_{10}$ 中³He 产生的缺陷是相同的。添加 Pt 起的作用较明显。与 Pd 氚化物相比，$Pd_{90}Pt_{10}$ 氚化物的晶格肿胀速度和幅度都更大。表明 Pt 促进有限尺寸缺陷的形成和抑制位错形成。

中子散射实验显示，Pd 和 $Pd_{90}Rh_{10}$ 氚化物时效 15 d 的 DS 线已宽化，意味着产生的部分 SIA 已并入形成中的位错网。随时效时间增长，[111] 反射峰 DS 线连续宽化，更多的 SIA 进入了位错网。两种氚化物宽化量级相同，也说明添加 Rh 对时效效应仅有小的影响。

与此相反，Pt 对 DS 线宽影响较小。时效 15 d 后 [111] 反射线仅略微宽化，表明这阶段产生的位错密度很低。随时效时间增长，[111] 反射 DS 线连续宽化，但明显小于 Pd 和 $Pd_{90}Rh$，表明 SIA 在 $Pd_{90}Pt_{10}$ 氚化物晶体内留存时间较长，晶格肿胀明显。换句话说，晶格中的 Pt 原子促进形成有限尺寸缺陷，不利于位错网形成。

中子散射实验观察到的背底噪声增强起源于小尺寸缺陷（例如，小 He 泡、位错环）产生的漫散射。

EXAFS 观测显示，对于所研究的金属氚化物，时效期均能较好地保持近程有序。Pd 和 $Pd_{90}Rh_{10}$ 合金储氚期间的行为几乎相同，至少时效 30 d 内局域有序没有变化。说明添加 Rh 对局域有序的影响很弱。$Pd_{90}Pt$ 不同，在时效的前 30 d 内 Pt L₃ 边缘出现中等无序。这一结果可由晶体中产生了高密度 SIA 来解释。SIA 对短程有序有很大的影响，但位错几乎不影响晶体的短程有序。可以很清楚地看出，无序化优先出现在 Pt 原子周围，证明 Pt 原子对时效现象有特殊作用。但研究的体系中，$^3$He 对近程有序仅有很弱的影响。因为相对于 La-Ni$_5$ 体系中观察到的变化，其 $R$ 和 $\sigma$ 的变化很限。

另一项未发表的基于 TEM 的观察表明，所有组分合金中均形成了小 He 泡。观察还显示，Pd 和 Pd$_{90}$Rh$_{10}$ 氚化物中生成的主要缺陷为位错，Pd$_{90}$Pt$_{10}$ 氚化物中的主要缺陷为位错环，没有观察到位错。

由于 Pd 和 Pt 有近似的原子半径，$^3$He 和其他缺陷对与它们近邻的一个或另一个原子来说是无关紧要的。提示应该注意到 β 相 Pd$_{90}$Pt$_{10}$ 合金的初始氚含量约为 Pd 氚化物的一半。有文献分析，由于 Pt 不吸氢，至少包括一个 Pt 原子组成的八面体间隙没有被氢（H，D，T）占据。这种情况下，Pd$_{90}$Pt$_{10}$ 氚化物中 $^3$He 原子间的距离较远。由于 SIA 扩散较慢，$^3$He 原子作为孤立缺陷可以保持相当长的时间。另外，Pd$_{90}$Pt$_{10}$ 合金中 SIA 可占据的空位比纯 Pd 和 Pd$_{90}$Rh$_{10}$ 合金多，因为它们的氚含量比较低。这有利于 SIA 保留并推迟位错形成。

还应该考虑 Pd，Rh 和 Pt 原子的区别。前者可以自发大量吸氢，后者在通常条件下（室温和几巴压力）不吸氢。由于 Pt 原子对周围的氢有排斥作用，Pt 原子周围有更多空腔，缺陷容易被 Pt 原子吸引和捕陷。

基于 Pd - Pt 合金的弹性亦能解释 Pt 原子的特殊作用。这些合金的热力学性能研究表明，如果增加 Pt 的含量，吸放氚循环的能量损失可以减少至零（对于 Pd$_{90}$Pt$_{10}$ 合金），表明尽管合金吸氚过程有 5% 的肿胀，但基体中没有产生位错。依据同样的思路，TEM 观察至少时效 91 d 的 Pd$_{90}$Pt$_{10}$ 合金中未生成位错。Pd - Pt 合金能承受较大的形变，直到 5% 也不生成位错，这要归结于这类合金的特殊弹性。

2. Pd 基储氚合金的 TEM 研究

Thiébant 等[17] 运用透射电镜技术研究了 Pd 和 Pd 合金氚化物的缺陷结构（SIA、CSIA、位错环、$^3$He 泡、位错和位错网）。研究了添加 Rh 和 Pt 的 Pd 合金氚化物的显微缺陷特征并与先前的 X 射线衍射和中子散射的实验结果进行了比较。

（1）实验方法

①样品制备

从 Pd$_{90}$Pt$_{10}$ 和 Pd$_{90}$Rh$_{10}$ 合金棒材（$\Phi = 1$ cm，$L = 10$ cm）切取 1 mm 厚的片材，轧制成 0.13 mm 厚薄片，用薄片冲出 $\Phi = 3$ mm 的圆片。

所有的样品经 1 000 ℃，24 h 退火，消除冷加工产生的位错。将样品放入不锈钢样品室充氚。充氚前样品动态下两次真空加热到 150 ℃，保温 48 h 进行样品活化。

所有样品（Pd，Pd$_{90}$Rh$_{10}$ 和 Pd$_{90}$Pt$_{10}$）均在室温和 10 Pa 压力下吸氚，依据精确测量样品室的残余气体压力计算样品的含氚量。含氚样品在室温下时效。样品 $^3$He 含量由起始氚含量和时效时间推算（假定生成的 $^3$He 全都保留在金属中）。室温下用氚置换样品中的氚，使样品保持 β 相结构。避免因 α↔β 相变生成高密度位错。将气体（D$_2$ + T$_2$）从样品室抽走，在动态二次真空和室温下保持 48 h，样品最终经历一次完整的 α↔β 相变循环。

为了研究 α↔β 相变对材料微观结构的影响，减薄了一个未吸氚 Pd 样品，进行时效前和时效后观察。参比样品在高于 Pd - T$_2$ 系统两相区的温度和压力（300 ℃，80 bar）下充氚，避免第一次 α→β 相转变。样品在室温下时效，用上述的方法除氚。为了避免 $^3$He 再次聚集（聚集通常是高温处理造成的），最终放气在室温进行，但样品经历了 β→α 相变。为了区别 β→α 相变和时效产生的影响，同样条件下制备了 Pd 样品并用充氚代替充氚。

冲出的薄圆片电解抛光减薄[室温,30 V,浓度为 70% 的乙酸和 30% 的高氯酸混合液]。为了考查电解抛光可能引入的假象,同时用离子减薄制备了样品。

开始实验时,含氚薄片 Pd 样品产生较大变形。在随后实验时块状样品先充氚时效,电镜观察之前减薄。

②TEM 技术

用 JEOL2000EX 透射电镜进行常观明场[34]和弱束暗场观察[35];用 JEOL4000EX 透射电镜,运用厚度和偏焦条件原子列明亮的原理进行高分辨观察。为了观察到 He 泡,采用了特殊的成像条件[36]。样品调节到远离任何 Bragg 条件和在较大的通焦系列( -300 ~ +300 nm)下观察。在欠聚焦(物镜欠聚焦)条件下,He 泡呈现被黑边缘包围的白点。在正焦(物镜过聚焦)条件下,He 泡呈黑点,其边缘明亮。

利用商用复合片 EMS 软件进行像模拟[37]。利用如下参数模拟了空洞像:球形失真系数 = 1.05 mm;电子束偏离度 = 0.8 mrad;偏焦幅度 = 9 nm;德拜 - 谢乐因子 = 0.034(Pd), 0.05(He);吸收系数 = 0.06(Pd),0.01(He)。对于高分辨像,物镜光栅孔径为 12 nm⁻¹,对于 He 泡成像该值为 2 nm⁻¹。

有文献报道可以通过一个自动程序计算泡密度[38]。先用一环形屏框滤掉实验像中低和高的空间频率。然后推算出局部的最大(或最小)强度值,得到 He 泡的数密度。在 He 泡呈现白和黑两种衬度下进行上述计算。经核实,依据两种衬度的观察结果是一致的。也用人工方法计算了泡密度,并与上述方法的结果进行了比较。泡密度测量需要知道样品的厚度,用双束明场像给出了样品边缘厚度的信息。

(2)实验结果

①透射电镜观察

a. Pd

退火样品:退火 Pd 样品中存在少量完整的小位错环(平均直径 6 nm)和样品原有的位错。

氚化样品:观察了时效 1 个月、2 个月和 3 个月的样品,即使时效 1 个月的 Pd 样品也形成了高密度的缺陷。这些高密度缺陷与薄膜样品的形变有关。电镜明场像显现高密度小缺陷,它们或是孤立的黑点(图 18.15 中的 BD),或是具有黑白相间的衬度,为典型的自间隙原子和空位聚集缺陷。

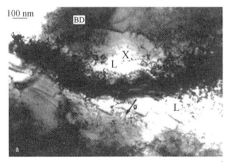

**图 18.15　时效 Pd 样品的 TEM 像**

注:BD 代表黑点;L 代表完整的位错环;X 代表位错上的黑点。

样品已经过退火处理,空位浓度很低。依据经验这些缺陷为位错环(图 18.15 右图),可能对应晶格中的 CSIA,部分 CSIA 已合并在位错上。时效 1 个月样品已出现这类可见的缺陷(图 18.15 左图,标记 X)。还看到少量完整的小位错环(平均直径 6 nm)和相当数量的位错。随时效时间增长,位错和 CSIA 密度增加,而完整位错环密度仍然相当低。由于分布不均匀,精确测定缺陷的密度非常困难。时效 3 个月后,大部分位错结构被 CSIA 掩盖。

中子或电子辐照产生的黑点(1～2 nm)已被广泛研究,认定是小位错环,其反射矢量和黑白衬度线的夹角与不完整位错环(Frenkel 环)一致。

通过焦距调节揭示了 He 泡的存在。图 18.16(a)(b)分别为时效 3 个月样品的欠焦和过焦像。直接测量的 He 泡尺寸接近 1 nm。通过一系列欠焦、过焦像分析表明,He 泡像的宽度对精确的偏焦量不敏感,尽管衬度本身依赖于偏焦量。在 150～300 nm 的偏焦范围内(过焦或欠焦)可得到最高的衬度。衬度对样品表面的污染十分敏感。

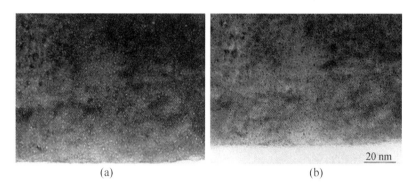

(a) (b)

**图 18.16　时效 3 个月后 Pd 样品中 He 泡的偏焦明场像**
(a)欠焦;(b)过焦

时效 3 个月高分辨像也显现了 He 泡[图(18.17(a)],它们表现为小的较亮区。应该提到,未看到与泡相连的形变原子面,这与常规的过焦和欠焦像一致,He 泡周围也未出现弹性应变场。He 泡密度为 $(0.3～1) \times 10^{25}\ m^{-3}$。对比 3 种样品的结果,泡密度似乎随时效时间增加,但测量的增加值在样品厚度误差带范围内。这主要归因于很难估算样品的精确厚度。

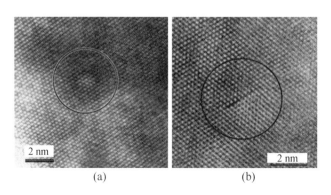

(a) (b)

**图 18.17　时效 3 个月 Pd 样品的高分辨像**
(a)1 个 He 泡;(b)1 个间隙缺陷

高分辨像显示,这些小缺陷位于｛111｝面,如图 18.17(b)所示。这些缺陷导致晶格变形,类似于 Frenkel 间隙环的间隙特征。依据它们的尺寸(约 1.3 nm)和间隙特征,可以认为它们是由 CSIA 组成的。

氘化样品制样顺序与氚化样品相同。氘化样品的形变量与氚化样品基本相同。由于晶格扭曲,衍射条件差,无法对缺陷进行精确分析。样品没有吸氚,形变是由吸放氘造成的。在这些氘化物样品中没有看到类似于氚化物中存在的缺陷(SIA 和 He 泡)。这表明 SIA 和 He 泡是氚化 Pd 样品的特征缺陷结构。

b. Pd 合金

(ⅰ)Pd$_{90}$Rh$_{10}$的缺陷特征

退火样品:观察到低密度位错和与纯 Pd 中类似的完整小位错环。

氚化样品:合金氚化物的形变小于纯 Pd 氚化物。时效 1 个月后,观察到高密度位错,少量完整的小位错环(平均直径约 6 nm)和低密度 CSIA。时效 2 个月后位错和 CSIA 密度增大。时效 3 个月后位错被 CSIA 掩盖。这些特征与 Pd 氚化物样品类似。

(ⅱ)Pd$_{90}$Pt$_{10}$的缺陷特征

退火样品:样品｛100｝面显现高密度矩形位错环(密度约 $10^{19}$ m$^{-3}$,平均直径约20 nm)。类似的位错环在离子减薄样品中也有报道。

氚化样品:Pd$_{90}$Pt$_{10}$样品在各种处理条件下几乎不变形。时效 1 个月后[图 18.18(a)]生成了密度很高很小的(直径 20 nm)层状矩形位错环,较大的位错环仍存在[密度(2～4)× $10^{20}$ m$^{-3}$]。这些位错环类似于退火样品中的矩形位错环。层状矩形位错环位于｛110｝面,$g$ = <200> 时衬度消失。利用 $g \cdot b = 0$ 分析和用 PCTWO 程序模拟,表明它们的柏氏矢量垂直于环面,环尺寸很小,在 $a/5$ 和 $a/7 <100>$ 之间。高分辨观察也证实了这一结果,如图 18.18(b)所示。时效 2 个月后这些小环消失,位错环的密度似乎降低。仍然没有看到位错,但发现少量 CSIA。时效 3 个月后,时效 1 个月后显现的小环重新出现,位错环密度量级似乎与 2 个月时效样品相同。可见 CSIA 的密度变得更重要。

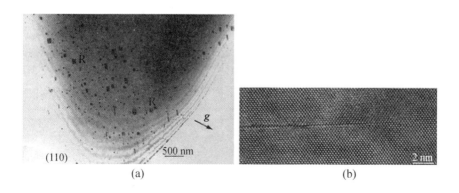

**图 18.18　Pd$_{90}$Pt$_{10}$样品时效 1 个月后**

(a)明场显微像,$g$ = <111>,R 为层状矩形环;(b)高分辨显微像

如此看来,层状位错环是 Pd$_{90}$Pt$_{10}$氚化物的特征缺陷,时效时首先生成高密度的小环,进一步时效小环消失。

（ⅲ）Pd 合金中的 He 泡

两种合金氚化物都观察到 He 泡。He 泡尺寸和密度见表 18.4，表中还给出了纯 Pd 中的泡尺寸和泡密度。

表 18.4　Pd 和 Pd 合金中 He 泡密度、尺寸

| 合金 | 密度/m$^{-3}$ | 平均直径/nm |
|---|---|---|
| Pd | $(0.3 \sim 1) \times 10^{25}$ | 1 |
| Pd$_{90}$Rh$_{10}$ | $(0.3 \sim 1) \times 10^{25}$ | 1 |
| Pd$_{90}$Pt$_{10}$ | $(0.3 \sim 1) \times 10^{25}$ | 0.8 |

②泡衬度模拟

为了研究 He 泡的可视条件，对两种观察模式进行像模拟，即高分辨衬度和常规白或暗衬度。高分辨模式下，物镜光圈直径为 12 nm$^{-1}$，常规模式为 2 nm$^{-1}$。详细研究了几种参数的影响，例如，是否有 He 原子、样品的厚度及样品 He 泡存在深度等。实验显示，He 泡未引起晶格弹性变形。为此建立了两个模型：第一种，样品中心存在一个空孔洞，形状近似球形，半径为 0.5 nm，孔洞周围未形变；第二种，孔洞被 He 原子添充，每个 He 原子体积为 $15 \times 10^{-3}$ nm$^3$。泡中的所有 Pd 原子被处在同一位置的 He 原子替代。孔洞上、下面存在纯 Pd 层。通过改变 Pd 层的总数量和在孔洞上下占据的比例，研究了总厚度和薄膜内孔洞位置的影响。模拟了 6.5 nm 和 12 nm 两种情况，相当于孔洞两侧 Pd 层数量分别为 10 和 20。仅仅研究了 6.5 nm 厚度对孔洞相对深度的影响：3 种深度分别对应于孔洞上面 5 层和下面 15 层，孔洞每侧 10 层以及孔洞上面 15 层和下面 5 层。运用于 400OEX 显微镜成像的所有实验参数已进行了计算。

a. 高分辨像

不仅进行了系列地聚焦计算，而且对与多数白色 Pd 原子实验像一致的聚焦条件进行了衬度测量，结果如下：

（ⅰ）He 泡提高了可观察的衬度，某些原子位置相对周围基体较明亮，范围小于 He 泡的实际尺寸（图 18.19），与模型的形状和估算的薄膜厚度有关；

（ⅱ）存在未引起可分辨衬度变化的 He 原子，可用 He 原子的散射因子比 Pd 原子低来解释；

（ⅲ）衬度随厚度增加而降低，当厚度达到 12 nm 时几乎无法看到 He 泡；

（ⅳ）衬度受 He 泡在样品厚度方向位置的影响，接近样品表面时衬度增大。

b. 常规像

仅仅计算了 6.5 nm 厚样品中心的 He 泡。在这种情况下，运用了大欠焦值[图 18.20（a）（b）]。泡在欠焦下呈现白点，在过焦条件下相反。计算结果与实验像一致。总衬度（点加边缘）比孔洞尺寸大。由于边缘位于缺陷的外围，这种情况是可能的。应该提到的是，斑点尺寸与空洞尺寸相近。

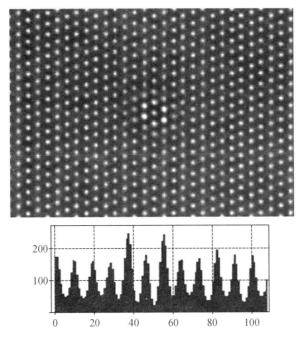

图 18.19　空孔洞高分辨模拟像的强度分布

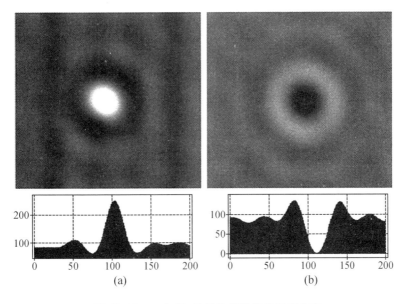

图 18.20　一个 He 泡偏焦模拟像的强度分布

(a)欠焦 $\delta z = -150$ nm;(b)过焦 $\delta z = +150$ nm

(3)现象解释和展望

透射电子显微镜像显示所有时效样品都生成了 He 泡、位错、位错环和聚集的自间隙缺陷 CSIA。由于它们的尺寸小( < 3 nm),很难用弱束技术仔细地表征。它们的衬度与间隙 Frenkel 环一致,其间隙特征已经高分辨技术确认。由于不均匀的重新分布,很难估计它们的密度。

对比观察显示，几种未充氚退火样品都存在完整的位错环。这些位错环对充氚样品的影响还不清楚，位错环数量很难估算。

电镜观察显示，Pd 和 $Pd_{90}Rh_{10}$ 氚化物中 He 泡的平均尺寸为 $d = (1 \pm 0.2)$ nm，$Pd_{90}Pt_{10}$ 氚化物中 He 泡的平均尺寸为 $d = (0.8 \pm 0.2)$ nm。在 1 到 3 个月时效周期内，泡尺寸变化不明显。泡的平均尺寸由偏焦明场像确定，并通过高分辨鉴别。利用孔洞模型（空的或者充满 He）进行了模拟计算。由于 He 泡的平均尺寸是通过明场像中那些点的尺寸决定的，观察值与计算值一致。然而高分辨模拟的衬度小于模型的尺寸，这可能与模型形状和估计的样品厚度相关。

对于 3 个月的时效样品，泡密度为 $(0.3 \sim 1) \times 10^{25} \mathrm{m}^{-3}$。泡密度随时效时间略微增加，但仍处在样品厚度估计的误差带内。这里给出的泡密度值略高于 Thomas 和 Mintz 观测的时效 2 个月 Pd 样品中的值[密度为 $(5 \sim 10) \times 10^{23} \mathrm{m}^{-3}$，平均直径 $1.5 \sim 2$ nm]，而泡尺寸较小。如果知道 He 泡中每个 He 原子占据的体积，依据 He 泡的平均尺寸和密度，可以估算总的 He 原子数。已有报道，Lu，Nb，Pd，Ta 等金属氚化物泡内每个 $^3$He 原子占据的体积大约为 $8 \times 10^{-3}$ $\mathrm{nm}^3$，这一值已被用作此类研究的参考。

研究者们计算了 3 种合金氚化物（时效 3 个月）[He/M] 的值并与实验观测值作了比较。计算时假定每个单胞中有 4 个金属原子。上述的泡密度被用来补偿实验观测和高分辨模拟的泡尺寸间的差别。结果表明，对于这 3 种合金，经 3 个月时效几乎所有的 $^3$He 都保留在泡内。以 Pd 为例，[He/Pd] = 0.99（实验值），$V = 14.7 \times 10^{-3}$ $\mathrm{nm}^3$（Pd 原子的体积），泡密度 $= 10^{25}$ $\mathrm{m}^{-3}$；[He/Pd] = 0.96（计算值）。Thomas 和 Mintz 也通过计算确定泡密度，估算 [He/M] 值。尽管他们的泡尺寸和泡密度与上述结果存在差别，但全部 $^3$He 处于 He 泡的结论是一致的。

可以预料，经一段时间时效后 $^3$He 将在材料中重新分布。然而，$8 \times 10^{-3}$ $\mathrm{nm}^3$ 这一数值意味着泡内压力非常高（Pd 氚化物在 $6 \sim 11$ GPa 之间）。在实验中没有看到泡周围呈现可观测的弹性场。这在高分辨像中得到验证。Cochrane 和 Goodhew 的研究结果值得注意。他们的数字模拟表明，高压 He 泡内的压力在 0.5 和 0.75 GPa 之间，因为观察到明显的应变衬度。知道泡内压力的范围后，泡内 $^3$He 原子的体积可用 Le Toullec 等建立的公式计算。压力为 $0.5 \sim 1$ GPa 时 $^3$He 原子体积为 $(17 \sim 23) \times 10^{-3}$ $\mathrm{nm}^3$。该值是常引用值（$8 \times 10^{-3}$ $\mathrm{nm}^3$）的 2 到 3 倍。这表明经 3 个月时效后只有部分 $^3$He 位于泡内。

再来讨论 He 泡的长大机制。室温 He 泡长大机制包括形成 SIA 和（或）位错环冲出。后一机制需要泡内有很高的压力。Greenwood 等人用 $\mu b/r$ 值评估这一压力。应用这一公式，Pd 中 He 泡的压力大约为 24 GPa（$\mu = 43.6$ GPa，$b = 0.27$ nm，$r = 0.5$ nm）。人们注意到，Rh 和 Pt 的 $\mu$ 值分别为 150.4 GPa 和 61.2 GPa。这里研究的是固溶体，相应合金的 $\mu$ 值可以用线性近似推算。通常认为 24 GPa 是泡内压力计算值的低限。对于非常小的位错环，应用 Greenwood 等人的公式时要非常仔细。然而，位错环冲出长大机制在上面研究的合金中（直到时效 3 个月）没有发生。从实验结果来看，还不能确定这种机制是否存在，这主要基于以下两点：

①退火样品和时效样品都观察到完整的位错环（平均直径为 6 nm）；

②由于 He 泡尺寸很小，如果冲出位错环，其尺寸应该接近泡的尺寸，也应该接近 CSIA 的尺寸，准确地区分几乎是不可能的。

然而,确认是否存在位错环冲出还需要进一步评估 He 泡内的压力,但是已经能确定 He 泡长大机制包括形成 CSIA。实验发现,时间增长 CSIA 的密度增大。

Pd 和 Pd - Rh 合金具有相似的性质。缺陷密度(位错和 CSIA)随时效时间增长而增大。1 个月时效后,随着形成位错网晶格明显变形。研究者们还清晰地看到了 CSIA,部分已依附在位错上。时效时位错和 CSIA 密度很快增大;3 个月时效后位错被 CSIA 掩盖。

Pd - Pt 合金具有不同的性质,如缺陷密度很低,几乎不变形。位错少见,甚至时效 3 个月后也是如此,但其中分布着均匀的 CSIA。时效 1 个月出现随时间变化的层状矩形环。对于 FCC 合金,这类环的性质很奇特。它们位于 {100} 面,Burgers 矢量的量值范围为 $a/5 \sim a/7\langle 100 \rangle$。需要对他们的起源做进一步研究。以后的研究考虑了存在吉尼尔 - 普雷斯顿区(Guinier - Preston)的假设。能够排除电化学的影响,因为离子减薄样品中也观察到类似的缺陷。1 个月时效形成了很的小环(直径小于 20 nm),时效 2 个月后这些环好像不存在了,3 个月后又出现了,应该与时效机制相关。

为了解释 Pd 基合金的时效行为,将 TEM 研究结果与这些合金(Pd,Pd$_{90}$Rh$_{10}$ 和 Pd$_{90}$Pt$_{10}$)的 X 射线衍射和中子散射研究结果进行对比很有意义。

DS 的变化对应 $^3$He 产生的缺陷结构和缺陷密度变化:有限尺寸缺陷(孤立的 SIA,CSIA 和位错环)使衍射峰向小角度移动,晶格参数增大;无限尺寸缺陷(例如位错)导致峰宽化。

对于 Pd 氖化物,前 3 个月时效期内晶格参数增大得很快,说明生成了高密度有限尺寸缺陷;在随后的 3 个月周期内,晶格参数增大逐渐变慢。时效 6 个月后晶格参数几乎为常数,可以认为不断生成的 SIA 结合进了位错网。中子散射实验表明,时效 14 d 的 Pd 氖化物中已生成了高密度位错,意味着部分 SIA 生成后即结合进位错网,另一部分仍以孤立的缺陷存在。随时效时间增长,结合进位错结构的 SIA 的比例增大。用 TEM 表征位错环这类有限尺寸缺陷是可能的。TEM 给出了 SIA 结合进位错网的证据。

X 射线衍射实验显示,添加 Rh 对时效样品结构性质的影响很小。$^3$He 浓度相同时 Pd$_{90}$Rh$_{10}$ 氖化物晶格参数的增量仅略大于 Pd 氖化物,两种材料衍射峰宽化相同。TEM 证明 Pd$_{90}$Rh$_{10}$ 和 Pd 的缺陷结构相同,时效 1 个月后两种材料中位错密度相同,有限尺寸缺陷为 CSIA。

与 Rh 的作用相反,X 射线衍射和中子散射实验表明添加 Pt 对时效现象有较大的影响。首先,Pd$_{90}$Pt$_{10}$ 晶格参数增大的幅度和速度大于 Pd。这种现象可归结于这样的事实:首先,有更多生成的 SIA 原子作为有限尺寸缺陷存在于 Pd$_{90}$Pt$_{10}$ 合金中。其次,在第 1 个月时效周期内样品中的位错很少,峰宽化幅度也较小。这些现象也得到 TEM 结果的证明:时效 3 个月后样品中的位错仍很少,但样品中生成了高密度不完整的小位错环,这使晶格参数增大。再次表明 TEM 可以鉴别位错环这类有限尺寸缺陷。

很显然,还没有研究能很好地解释 Pd - Pt 合金的特殊行为。还应该研究原子尺寸效应和电子结构的影响。

研究者们利用综合电镜技术研究了几种 Pd 氖化物(Pd,Pd$_{90}$Rh$_{10}$ 和 Pd$_{90}$Pt$_{10}$)的时效效应。下面的结论很有意义但需进一步研究。

① 常规电镜明场像和高分辨像证实,几种氖化物在不同时效时间段内生成了 He 泡;He 泡密度为 $(0.3 \sim 1) \times 10^{25} \mathrm{m}^{-3}$,直径从 0.8 nm(Pd$_{90}$Pt$_{10}$)到 1 nm(Pd 和 Pd$_{90}$Rh$_{10}$);与 He 泡相连的原子面没有变形,据此估计泡内压力的上限为 $0.5 \sim 0.75$ GPa,由此估算泡内 $^3$He 原

子的体积大约为$(17 \sim 23) \times 10^{-3}$ nm³(明显大于$8 \times 10^{-3}$ nm³),表明基体中仅部分 He 处于泡内。

②TEM 观察表明,由于泡内压力较低,位错环冲出 He 泡长大机制未能发生;对于这些合金,高密度 CSIA 有利于 He 泡长大;层状矩形位错环是 $Pd_{90}Pt_{10}$ 合金的特征缺陷,诱发小环生成,仅一步时效导致小环消失。

③基于 X 射线衍射和中子散射研究提出了金属氚化物时效模型。用 TEM 观测了时效时形成的 CSIA、位错环和 He 泡等缺陷的尺寸变化,为时效模型提供了直接证据。

### 18.3.3　长时效周期金属氚化物 He 损伤

未来聚变反应堆第一壁金属结构材料的 He 损伤很受关注,但 1980 年以来运用散射技术的工作还不多(较早的评述报道见 18.2.1 节)。在 O. Blaschko 等人研究的基础上,Prem[7]等用中子散射技术研究了 10% 初始氚浓度(原子比)多晶(Ta, Sc, Y) – T – ³He 系统长时效周期(长至 15 年)的体肿胀、DS 线位置、强度和线形变化。他们的工作是对较早获得的(时效 1 年和 5 年)相同样品的结果的补充。高 He 浓度时,He 成团和形成 He 泡,导致形成 SIA 和位错环并进入发育中位错网。作者讨论了立方(Ta)和六方(Y, Sc)晶格的实验结果,用金属中这类缺陷的稳态增加数解释实验结果。在时效超过半衰期,He 浓度达几个原子百分比的情况下未观察到样品丢失氚现象。

样品为气相充氚的多晶板材 1 mm × 10 mm × 50 mm。对于 Ta, Sc 和 Y,初始[T/M]分别为 0.04, 0.142 和 0.089,室温下三种样品均为固溶体相。所有样品(除 $YT_{0.068}$ 外)放置在圆柱形 Al 容器中;$YT_{0.068}$ 样品放入低温恒温器保存,在 77 K 研究,直至 He 浓度达到 2.25%。随后将样品放入 Al 容器中,像其他样品那样在室温下研究。对于每个氚化样品,配备相同形状和原材料的未充氚参比样品。检查 Al 样品容器和量热确定 1998 年的氚含量。

利用位于 Saclay 的 Orphée 反应器中的一个冷中子操作位置,通过三轴分光计 G4.3 (VALSE)进行中子散射实验。

1. 实验结果

(1) Ta

对于体心立方的 Ta – $T_{0.04}$ – He 系统,低 He 浓度时,随着 He 浓度增大晶格参数线性肿胀。He 浓度接近 0.8% 时饱和,随后降低。He 浓度增大至 2.4% 时晶格参数降低至接近时效开始时的值(图 18.21)。

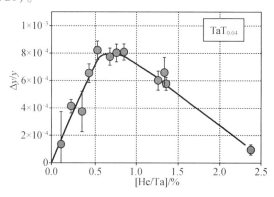

**图 18.21　He 导致的相对晶格参数随 He 浓度([He/Ta])变化**

在观测的 He 浓度范围内，Ta－T$_{0.04}$ 样品 DS 线宽化。在低 He 浓度至 0.8%，DS 线先缓慢宽化，后快速宽化。大于 1.3% He 后（直至 2.4%），实际上不再宽化（图 18.22）。

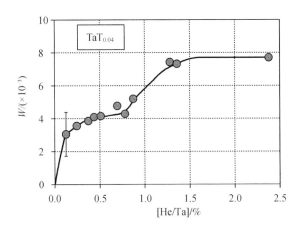

图 18.22  He 导致 DS 线（$W$）的相对宽化

在六方结构稀土金属－氚－He 系统中，六角和基面反射方向的线宽和晶格歧变呈明显的各向异性，六角方向的变化大于基面方向。除此之外，对于不同的体系，随着晶格参数（$a$ 和 $b$）变化，单位晶胞体积变化。

（2）Sc

He 浓度低于 0.8% 以前，ScT$_{0.0142}$ 晶格体积快速肿胀，随后基本无变化，He 浓度大于 3.5% 后，又开始快速肿胀。

ScT$_{0.0142}$ 六角和基面方向的相对晶格参数变化行为不同。对于基面方向，He 浓度增至 3.5% 以前晶格参数连续增大，随后快速增大。六角方向变化分为 3 个阶段，0.8% He 以前快速增大，0.8%～3.5% 间停止增大，He 浓度高于 3.5% 后又开始增大（图 18.23）。

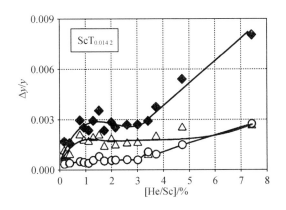

图 18.23  He 导致的体积肿胀（◆）和六角方向（△）及
基面方向（○）的相对晶格参数变化

注：$\Delta y/y$ 标记的纵坐标分别表示 $\Delta a/a$，$\Delta c/c$，$\Delta v/v$。

六角方向的 DS 线宽随 He 浓度增大而增大，浓度较高时趋于饱和，浓度高于 4.5% 后

DS 线宽略微降低。为了解释这种现象，进一步观测是必要的。随着 He 浓度增高，基面方向的 DS 线宽也逐渐增大，但宽化速率连续降低。基面方向的 DS 线宽低于六角方向（图 18.24）。

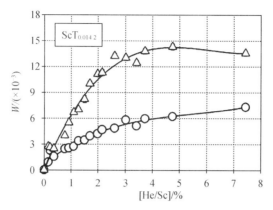

图 18.24 He 导致的基面（○）和六角（00.2）（△）方向 DS 线（$W$）的相对宽化

（3）T

He 浓度较低时，$YT_{0.089}$ 晶格快速增大，浓度增至大约 2.5% 时饱和，浓度更高时晶格参数轻微减小（图 18.25）。

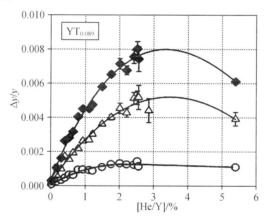

图 18.25 He 导致的体肿胀（◆）和六角（△）及基面方向（○）的相对晶格参数变化

随着 He 浓度增大，$YT_{0.089}$ 的 DS 线连续宽化，He 浓度大约为 0.8% 时，六角方向线宽呈明显的台阶形变化。

将 $YT_{0.068}$ 样品置于液氮温度，进行低温观测。低浓度 He 时晶格肿胀相当快，He 浓度大约为 0.8% 时肿胀变慢（图 18.26）。

He 浓度达到 2.5% 后，将样品送入室温环境放置，观测表明晶格参数略微收缩。仔细温热略微收缩的样品（77 K 至室温），使其肿胀后进行室温观测。

液氮温度下六角方向的 DS 线宽无明显变化，甚至轻微降低，温热到环境温度后，线宽增大行为与 $YT_{0.089}$ 类似。低浓度 He 时，基面线宽亦无明显变化。当 He 浓度增至 0.8% 时线宽开始增大，六角方向的变化相反（图 18.27、图 18.28）。

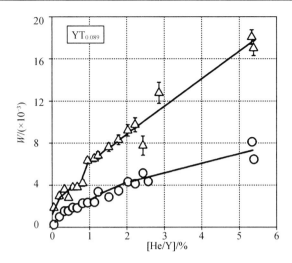

图 18.26  He 导致基面(○)和六角(00.2)(△)方向的 DS 线相对宽化

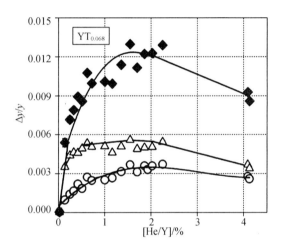

图 18.27  He 导致的体肿胀(◆)和六角(△)及基面方向(○)的相对晶格参数变化

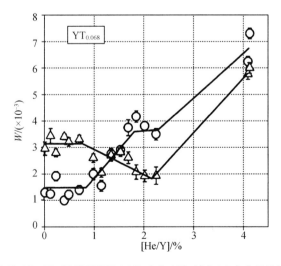

图 18.28  He 导致基面(○)和六角(00.2)(△)方向 DS 线相对宽化

## 2. 讨论和结论

氚衰变生成 $^3He$ 原子,形成 He 原子团,生成 He 泡。He 泡与其生成的 SIA 紧密相连,直到它们的数量增大至冲出位错环。连续生成位错环将导致形成相互连接的位错网。

依照 Krivoglaz 的判据,这些缺陷影响 DS 线。因为 SIA 和位错环是增大晶格歧变的有限尺寸缺陷,它们导致基体晶格参数变化,产生漫散射,但不影响基体晶格 Bragg 峰和 DS 线宽度。与此相反,位错网等无限尺寸缺陷导致峰和线宽化。

总体看,低 He 浓度时各系统都呈现一致的时效行为:DS 线宽化和晶格参数增大。

在观测的六方结构金属 - 氚 - He 系统中,晶格参数变化表现出明显的各向异性,六角方向比基面方向变化更明显。除此以外,随 He 浓度增大各系统还表现不同的行为。

对于 $YT_{0.089}$ 样品,由于 He 原子成团和形成 He 泡,起始阶段两个方向的晶格均肿胀,但六角方向更明显。He 浓度高于 1% 后,晶格肿胀主要发生在六角方向,底面方向晶格参数基本不变。随着 He 浓度增大,DS 线在两个方向宽化,六角方向明显,表明位错网优先形成在底面。He 浓度为 0.8% 时,六角方向 DS 线宽出现明显的台阶形变化,这是值得注意的现象。

对于 $ScT_{0.0142}$ 样品,He 浓度高于 0.8% 后,底面方向晶格继续肿胀,六角方向基本不再变化,与 $YT_{0.089}$ 样品相反。可以这样解释这种现象:六角方向是 Sc 晶体的强弹性方向,从能量上讲,底面方向肿胀对晶格更有利;Y 晶体的六角方向较软,晶格肿胀主要出现在六角方向。

He 浓度大约为 4.5% 时,$ScT_{0.0142}$ 样品六角方向 DS 线不再宽化,但底面方向仍能观察到宽化现象,因为新生成的自间隙原子并未全部进入位错网,留在晶格中的 SIA 将诱发晶格肿胀。

低温 $YT_{0.068}$ 样品晶格肿胀现象比 $YT_{0.089}$ 样品更显著,而且 He 浓度很低时两个方向都无 DS 线宽化现象。在液氮温度下 $^3He$ 原子仍然可迁移、成团和成泡,但产生的 SIA 没有足够的迁移能力,不能产生位错网,因此 DS 线宽无变化。因为生成的 SIA 大部位于基体晶格中,所以体积肿胀大于其他系统。

对于体心立方 Ta - He 系统,He 浓度为 0.8% 以前晶格参数肿胀,He 浓度更高时晶格参数降低。晶格参数降低可能是孤立缺陷进入位错网引起的,这一现象与其 DS 线宽化一致。随着氚含量降低和 He 生成量减少,He 原子成团、成泡、形成 SIA 以及缺陷聚集进入位错网之间的平衡似乎发生了变化,准确地解释相关演化行为变得更困难。

上述的研究结果较好地描述了金属氚化物晶格损伤过程,解释了各类缺陷结构演化与晶格损伤的相关性,但未能解释各种金属 He 损伤存在差别的原因。联想到金属氚化物固 He 能力的差别,以及近年来发现 Pd 氚化物中 He 泡密度偏高,泡压力偏低这一现象,时效早期的 He 行为很值得关注和进一步研究。主要的关注点包括:①晶格间隙包容 $^3He$ 原子的能力是否有差别,晶格中的 $^3He$ 原子能否直接导致晶格肿胀;②时效早期生成的 $^3He$ 原子是否全部进入了 He 泡;③合金化能否提高晶格间隙 He 原子的浓度,延缓 He 泡形成。

前面提到 Thiéhaut 等对于时效早期 $^3He$ 原子是否大部分进入 He 泡存在疑问。他们假想晶格间隙可以包容较高浓度的 $^3$He 原子,而且不同金属晶格间隙包容 $^3$He 原子的能力不同,这种差异可能是时效早期行为不同及固 He 能力不同的原因。这一设想虽然与目前通常的机制不全一致,但将早期时效行为和固 He 能力与材料力学性能联系起来的想法是有意义的。他们对位错冲出机制的不认同也具有同样的意义。

## 参考文献

[1]　KRIVOGLAZ M A. Theory of X – ray and thermal neutron scattering by real cristals [M]. New York: Plenum, 1969.

[2]　THIÉBANT S, LIMACHER B, BLASCHKO O, et al. Structure change in Pd ( Rh, Pt) solid solutions due to $^3$He formatiom during tritium storange [J]. Phys Rev B, 1998, 57: 10379.

[3]　JONES P M S, EDMONDSON W, MCKENNA N J. The stability of metal tritides – yttrium tritide[J]. J Nucl Mater, 1967, 23: 309.

[4]　BEAVIS L C, MIGLIONICO C J. Structural behavior of metal tritide films[J]. J Less – Common Met,1972,27:201.

[5]　BLASCHKO O, ERNST G, FRATZL P, et al. Lattice deformation in $TaT_x$ systems due to $^3$He production[J]. Phys Rev B, 1986, 34: 4985.

[6]　LÄSSER R. Properties of tritium and $^3$He in metals[J]. J Less – Common Metals, 1987, 131: 263.

[7]　PREM M, KREXNE G, PLESCHIUTSCHNIG J. Helium damage in long – aged metal – tritium systems[J]. J Alloy Compd, 2003,356 – 357: 683.

[8]　THOMAS G J, MINTZ J M. Helium bubbles in palladium tritide[J]. J Nucl Mater, 1983, 116: 336.

[9]　WALTERS R T, LEE M. Two plateaux for palladium hydride and the effect of helium from tritium decay on the desorption plateau pressure for palladium tritide[J]. Mater Charact, 1991, 27: 157.

[10]　NOBILE A. Aging effects in palladium and $LaNi_{4.25}Al_{0.75}$ tritides[J]. Fusion Technol, 1992, 21: 769.

[11]　WERMER J R, HOLDER J S, MOSLEY W C. Analysis of $LaNi_{4.25}Al_{0.75}$ tritide after 5 years of tritium exposure [U]. WSRC – TR – 93 – 453, DOE, 1993.

[12]　MAYNARD K J, SHMAYDA W T. Tritium aging effects in zirconium – cobalt[J]. Fusion Technol, 1995, 28: 1391.

[13]　HAMPTON M D, SCHUR D V, ZAGINAICHENKO S Y, et al. Hydrogen materials science and chemistry of metal hydrides [G]. Amsterdam: Springer Netherlands, 2002,71: 447.

[14]　CAMP W J. Helium detrapping and release from metal tritides[J]. J Vac Sci Technol,

1977,14: 514.

[15] CLEWLEY D, LYNCH J F, FLANAGAN T B. Hydrogen – induced phase separation in Pd – Rh alloys [J]. J Chem Soc Faraday Trans, 1997: 494.

[16] THIÉBAUT S, BIGOT A, ACHARD J C, et al. Structural and thermodynamic properties of the deuterium – palladium solid solutions systems: D2 – [Pd (Pt), Pd (Rh), Pd (Pt, Rh)][J]. J Alloys Compd, 1995, 231: 440.

[17] THIÉBANT S, DECAMPS B, PENISSONC J M, et al. A TEM study of the aging of palladium – based alloys during tritium storage[J]. J Nucl Mater, 2000,277: 217 – 215.

[18] HEAD A K, HUMBLE P, CLAREBROUGH L M, et al. Computed electron micrographs and defects identification [C]. Amsterdam: North – Holland, 1973.

[19] THOMAS G J, MINTZ J M. Helium bubbles in palladium tritide[J]. J Nucl Mater, 1983, 116:336.

[20] ABELL G C, ATTALLA A. NMR evidence for solid – fluid transition near 250 K of $^3$He bubbles in palladium tritide[J]. Phys Rev Lett, 1987, 59 : 995.

[21] ABELL G C, ATTALLA A. NMR studies of aging effects in palladium tritide[J]. Fusion Technol, 1988,14: 643.

[22] SCHOBER T, DIEKER C, LASSER R, et al. Precision dilatometry of Nb, Ta, and Lu tritides[J]. Phys Rev B, 1989, 40: 1277.

[23] COCHRANE B, GOODHEW P J. TEM images of faceted bubbles and voids[J]. Phys Status Solidi A, 1983, 77: 269.

[24] LETOULLEC R, LOUBEYRE P, PINCEAUX J P. Refractive – index measurements of dense helium up to 16 GPa at $T$ = 298 K: analysis of its thermodynamic and electronic properties[J]. Phys Rev B, 1989, 40: 2368.

[25] SCHOBER T, LSSER R, JAGER W, et al. An electron microscopy study of tritium decay in vanadium[J]. J Nucl Mater, 1984,122 – 123: 571.

[26] Greenwood G W, Foreman A J E, RIMMER D. The role of vacancies and dislocations in the nucleation and growth of gas bubbles in irradiated fissile material[J]. J Nucl Mater, 1959, 4: 305.

[27] IWAKIRI H, YASUNAGA K, MORISHITA K,et al. Microstructure evolution in tungsten during low – energy helium ion irradiation[J]. J Nucl Mater, 2000,283 – 287: 1134.

[28] KIRITANI M. Similarity and difference between FCC, BCC and HCP metals from the view point of point defect cluster formation[J]. J Nucl Mater, 2000,276: 41.

[29] AZARKH Z M, GAVRILOV P I. Structural changes in tttanium hydride for large arge hydrogen concentrations[J]. Kristallografiya,1970, 15: 275.

[30] NAGEL N, PERKINS R S. Crystallographic investigation of ternary titanium – vanadiu hydrides[J]. Metallkünde, 1975, 66: 362.

[31]　GAVRILOV P I, SURENIANTS V V, SOROKIN V P, et al. Povedeniye radiogennogo ge-liuyav tritidah[M]. [S. l. ]: [s. n. ], 1998.

[32]　EMIG J A, GARZA R G, CHRISTENSEN L D, et al. Helium release from 19-year-old palladium tritide[J]. J Nucl Mater, 1992, 187: 209.

[33]　DECAMPS F B, FINOT E, PENISSON J M, et al. On the correlation between mechanical and TEM studies of the aging of palladium during tritium storage[J]. J Nucl Mater, 2005, 342: 101.

[34]　HIRSCH P B, HOWIE A, NICHOLSON R B, et al. Electron microscopy of thin crystals [M]. New York: Krieger, 1977.

[35]　COCKAYNE D J H, RAY L L F, WHELAN M. Investigations of dislocation strain fields using weak beams[J]. J Philos Mag, 1969, 20: 1265.

[36]　LORETTO M J, SMALLMAN R E. Defect analysis in electron microscopy [M]. New York: Chapman and Hall, 1975.

[37]　STADELMANN P. EMS – a software package for electron diffraction analysis and HREM image simulation in materials science[J]. Ultramicroscopy, 1987, 21: 131.

[38]　LÄESSER R. Tritium and helium – 3 in metals [M]. Berlin: Springer – Verlag, 1989.

# 第 5 编　基础性研究和新合金研制

# 第 19 章　Ti,Zr,Er 氚化物的时效效应

20 世纪 60 年代,金属氚化物作为氚源介质材料的研究受到关注,需求十分紧迫[1-2]。这类氚源介质材料对于金属氚化物储/放氚特性和高固 $^3$He 能力有很高的要求,例如,中子管的氚靶膜。氚靶膜的储氚特性和固 He 能力决定了中子发生器的出中子能力和使用寿命,其固 He 能力是这类有限寿命器件延寿的限制性因素。

近些年来,彭述明、罗顺忠、龙兴贵和周晓松等围绕金属氚化物中 He 行为的关键科学问题,建立了金属氚化物时效行为的静态 $^3$He 释放、准静态 $^3$He 真空热解吸和时效过程原位 X 射线衍射等实验分析技术。以研究较为系统的氚化钛体系为基础,重点研究氚化锆体系具有高固 He 能力的材料学机制;以氚化铒体系为验证对象,与美国 Sandia 实验室的报道进行对比关联,系统获得了 Ti,Zr,Er 三种典型氚化物体系的 $^3$He 释放、$^3$He 热解吸谱和时效过程物相变化规律;对比分析了 Ti,Zr,Er 三种氚化物体系中 He 泡形核、He 泡生长、He 泡融合、He 泡网络形成以及 He 加速释放等不同 He 演化阶段的行为特征和机制;建立了 Ti,Zr,Er 三种典型氚化物体系中 $^3$He 全时效过程演化模型;揭示了不同阶段的主要影响因素;提出了评价金属氚化物固 He 能力的 3 个特征量,即晶胞体积转折时的 He 浓度、He 泡状态和力学性能(杨氏模量、剪切模量、破裂强度);在此基础上通过数值模拟建立了 $^3$He 泡密度和力学性能与其固 He 性能间的定量关系,并进行了预测和初步验证,成功提出了金属氚化物寿命的预测和评估方法。本章引用和讨论他们的研究结果。

在储氚合金研究的基础上,项目组对几种候选合金进行了金属氚化物时效行为的静态 $^3$He 释放监测,得到了与合金研制预期基本一致的可喜结果。

## 19.1　Ti,Zr,Er 氚化物静态储存的 $^3$He 释放行为

金属氚化物静态 $^3$He 释放曲线是评价金属氚化物固 He 能力最直接、最可靠的手段。实验表明,具有相似晶体结构的氚化钛、氚化铒、氚化锆中的 $^3$He 泡形状和固 He 能力并不相同,氚化锆具有最高的固 He 能力。因此,本节重点介绍氚化钛、氚化铒、氚化锆三种典型金属氚化物的静态储存实验获得的室温真空储存条件下 $^3$He 释放的规律和其固 He 阈值,并讨论初始原子比对其固 He 阈值的影响。

### 19.1.1　氚化钛静态储存的 $^3$He 释放行为

1.氚含量对氚化钛晶体结构的影响

氢含量对 Ti 氢化物的性能有明显影响[3-11]:Ti 氢化物和氚化物中氢(氚)原子的有效扩散激活焓[3]和热导率均随氢含量的增加而增大[4-5];Ti – H 固溶体[6]和 δ 相 TiH$_{2-x}$[7]的杨氏模量、剪切模量和显微硬度均随氢含量的增加而增加。

氢含量、温度和环境压力对 Ti 氢化物的相结构有显著影响,例如,δ 相 TiH$_{2-x}$ 的晶格常数随氢含量的增加而增加,在低位下其晶格的温度收缩系数也随氢含量的变化而变化[8]。

周晓松和彭述明等[12]系统地研究了 TiT$_x$ 薄膜的 XRD 衍射谱。多晶 Mo 底衬上 TiT$_{0.84}$，TiT$_{1.73}$ 和 TiT$_{1.81}$ 薄膜的 XRD 衍射谱如图 19.1 所示。TiT$_{0.84}$ 为 α + δ 双相组成，即由氘化物沉淀相和 Ti 氘化物固溶体组成；TiT$_{1.73}$ 为 δ 相结构，而 TiT$_{1.81}$ 则为 FCT 结构（ε 相，$c/a$ = 0.979）[13-15]。在室温和一个大气压条件下，α 相 Ti 氘化物的固溶量约为 $4 \times 10^{-4}$（原子分数），而沉淀析出的氘化物形成 δ 相，其化学计量比为 TiT$_{1.5}$（图 19.2）[16]。因此，室温下原子比在 1.5 ~ 1.8 范围的氘化钛为 FCC δ 相结构，原子比在 1.8 ~ 2.0 范围的则为 FCT 结构。同时，研究发现在 280 ~ 320 K 温度区间，氢化钛会出现 δ-ε 二级相变，即由 FCC 结构连续转变为 FCT 结构[14,15,17-20]。在 δ-ε 二级相变过程中，立方晶胞的两条边拉长，而另一条边收缩，同时保持其晶胞总体积不变[17-18]。样品的制备过程和样品中的杂质浓度对发生 δ-ε 相变的临界氢浓度有明显的影响[17-18]。

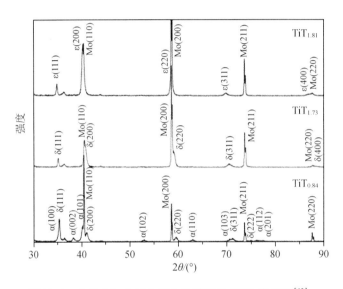

**图 19.1　多晶 Mo 底衬上氘化钛薄膜的 XRD 衍射谱[12]**

氘化钛 XRD 研究结果发现[12]，室温下其晶格常数与其初始氘浓度有密切关系（图 19.3）。在 α + δ 双相区（[T/Ti] < 1.5），δ 相氘化钛（TiT$_{1.5}$）的晶格常数基本保持在约为 0.439 5 nm；在 δ 相单相区（1.5 < [T/Ti] < 1.8），δ 相氘化钛的晶格常数随初始氘含量的增加而线性增加，其增加率满足式（19.1），但其晶格常数比 Yakel 等人报道的氢化钛的小[22]。

$$a \, (\text{nm}) = 0.417\,5 + 0.014\,4 \times [\text{T/Ti}] \, (1.5 < [\text{T/Ti}] < 1.80) \tag{19.1}$$

Ti - 氢体系晶格常数的同位素效应主要来源于氢化钛和氘化钛中的 Ti - 气平均原子间距的不同。这是因为 δ - TiT$_{2-x}$ 中氘的振动频率比 δ - TiH$_{2-x}$ 中氢的振动频率小（$\nu_T = \nu_H/3^{1/2}$），在非谐 Ti - 气相互作用势下，氘的低振动频率将导致 Ti - 气平均原子间距比 Ti - 气更小[26]。在第四主族金属和镧系元素的氢化物和氘化物中也观测到该趋势，如 Yamanaka 等人[23]报道的氢化锆的晶格常数大于氘化锆和 Rodriguez 等人[23]报道的氢化铒的晶格常数大于氘化铒的晶格常数。ε 相氘化钛（[T/Ti] > 1.8）的晶格常数（$a$ 和 $c$）随氘含量的增加而快速增加，且其晶胞体积增加率（$2.37 \times 10^{-2}$ nm³/[T/Ti]）比 δ 相的更大（$9.03 \times 10^{-3}$ nm³/[T/Ti]）。

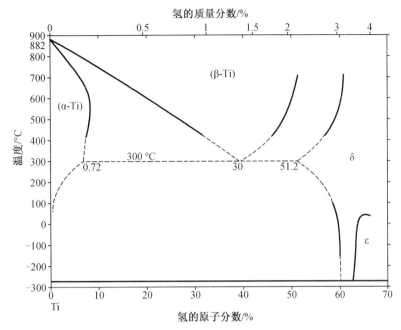

图 19.2　Ti–H 二元相图[21]

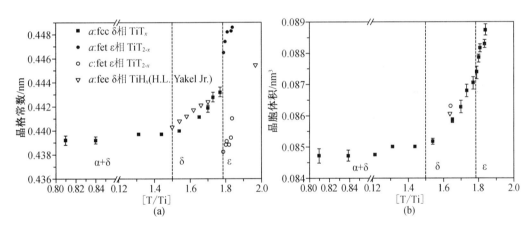

图 19.3　室温条件下氚化钛晶格常数变化与氚浓度间的关系[12]

（a）晶格常数；（b）晶胞体积

2. δ 单相氚化钛静态储存中 $^3$He 释放行为

彭述明和罗顺忠的项目组进行了氚化钛静态储存实验。δ 单相氚化钛薄膜静态储存过程中 $^3$He 释放系数随 $^3$He 和 Ti 原子比的变化如图 19.4 所示。δ 单相氚化钛的 $^3$He 释放在 [$^3$He/Ti] 原子比为 0.20 以下极低，约为其生成速率的 $10^{-6} \sim 10^{-4}$，并维持 $10^{-5} \sim 10^{-4}$ 水平上有一定的涨落。当 $^3$He 和 Ti 大于 0.20 以后 $^3$He 释放开始出现缓慢而稳定的增长，到 [$^3$He/Ti] 原子比为 0.27 时氚化钛的 He 释放系数已升至 $10^{-3}$ 量级。而当 $^3$He 和 Ti 原子比为 0.27 之后，$^3$He 释放系数开始急剧增大，氚化钛中的 $^3$He 开始加速释放，其 $^3$He 释放系数从 $10^{-3}$ 量级迅速增大至接近 1，即此时的 $^3$He 释放速率与 $^3$He 生成速率相同，此后 $^3$He 释放系数一直维持在该数量级。从图 19.4 中还可以发现 $^3$He 和 Ti 原子比为 0.31 之后 $^3$He 释放系数开始有所降低并处于接近 1 左右的波动当中。

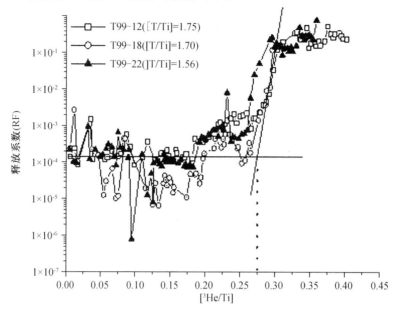

**图 19.4　FCC δ 单相氚化钛样品 $^3$He 释放系数与 $^3$He 浓度的关系**[12]

3. 氚含量对氚化钛固 He 性能的影响

对氚化物应用而言,研究氚含量对氚化物固 He 性能的影响有非常重要的意义。Thiébaut 等人[26]研究了化学计量比对 LaNi$_5$ 和 Pd 氚化物的 $^3$He 保留的影响,结果发现化学计量比对此两种氚化物的效应完全不同,初始化学计量比对 LaNi$_5$ 氚化物的 $^3$He 保留没有明显影响,与此相反,初始化学计量比对 Pd 氚化物的 $^3$He 保留有显著影响。

静态储存过程中典型不同原子比氚化钛薄膜的 $^3$He 释放系数随 $^3$He 与 Ti 原子比的变化如图 19.5 所示。TiT$_{1.06}$,TiT$_{1.75}$ 和 TiT$_{1.81}$ 均显示出相似的 $^3$He 释放规律,均由维持在 $10^{-5}$ ~ $10^{-4}$ 水平的 $^3$He 释放阶段和 $^3$He 释放急剧增大阶段构成。但有意思的是,α + δ 双相 TiT$_{1.06}$ 的临界 $^3$He 释放阈值(CRP = 0.20)比单相 δ - TiT$_{1.75}$(CRP = 0.28)和单相 ε - TiT$_{1.81}$(CRP = 0.26)小。

统计分析氚化钛薄膜的静态储存数据表明(图 19.6)[12],α + δ 双相样品的临界 $^3$He 释放阈值比 δ 和 ε 单相区样品的都小。这就意味着,α 相的存在明显降低了氚化钛薄膜的临界 $^3$He 释放阈值。这可能是由于 α 相和 δ 相的 $^3$He 包容能力不同导致的[26]。当 T 和 Ti 原子比达到 α + δ 相区和 δ 相区的相界时(即[T/Ti]约为 1.5 时),氚化钛薄膜的临界 $^3$He 释放阈值快速增大到 0.254。在 δ 单相区,当 1.5 < [T/Ti] < 1.7 时,氚化钛薄膜的临界 $^3$He 释放阈值随 T 和 Ti 原子比的增加而缓慢增加;当[T/Ti] > 1.7 后,其 CRP 则随氚含量的增加而快速增加到 0.283。但当 T 和 Ti 原子比越过 δ 单相区和 ε 单相区的相界后,其 CRP 则急剧降低到 0.262,随后又随着 T 和 Ti 原子比的增加而增加。这意味着相变会显著影响氚化钛的固 $^3$He 能力。Schur 等人研究发现,氢化钛的 δ - ε 相变将会导致最近邻 8/12 的 Ti 原子的 Ti - Ti 键距离和 8/24 的氚原子的 T - T 键距离均缩短。该相变引起的晶格变化可能会增强³He 原子的自捕陷,并可能导致 δ 相和 ε 相中的³He 扩散、占位和³He 泡形核位置不同。

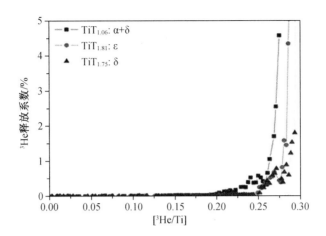

**图 19.5　$TiT_{1.06}$,$TiT_{1.75}$ 和 $TiT_{1.81}$ 的³He 释放系数与³He 浓度的关系**[12]

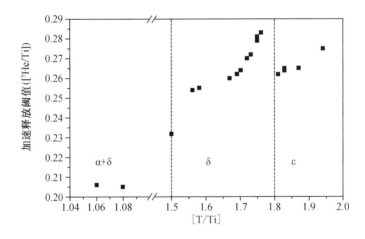

**图 19.6　氚化钛膜加速释放阈值与氚含量关系统计图**[12]

Thiébaut 等人[26]认为化学计量比对 $LaNi_5$ 和 Pd 氚化物的³He 保留的影响不同主要是由于³He 在其中的位形不同。在 $LaNi_5$ 中部分³He 原子被捕陷在 $La_2Ni_2$ 四面体间隙位中并引起晶格畸变,其³He 加速释放主要是由于间隙位的³He 占据饱和或由其引起的晶格畸变饱和,因此,初始化学计量比对 $LaNi_5$ 氚化物的³He 保留没有明显影响。而在 Pd 氚化物中,³He 原子则倾向于快速聚集形成³He 泡,其³He 加速释放可能是由于高压³He 泡应力导致的基体破裂或高压³He 泡不能捕获新生成的³He 原子,因此,初始化学计量比对 Pd 氚化物的³He 保留有显著影响。周晓松和彭述明等[12,27-29]研究表明³He 原子在氚化钛中也主要以³He 泡形式存在,故初始化学计量比和物相对其³He 保留的影响的机理也与 Pd 氚化物中相似。

### 19.1.2　物相对氚化铒静态³He释放行为的影响

时效1 200 d的不同物相氚化铒薄膜的静态³He释放行为如图19.7所示。α + β双相样品(Er – 1#和 Er – 2#)的氚含量分别为 α 相为[T/Er] = 0.2 和 β 相为[T/Er] = 1.8[30 – 31]。双相样品的早期释放系数(IRF)均保持在$10^{-4} \sim 10^{-3}$,当储存到约1 200 d时其IRF开始急剧上升。此时,在 α 和 β 相中所包容的³He含量分别为0.03 和0.30。α + β双相样品的早期释放系数和加速释放阈值与 β 单相样品的文献[32 – 35]报道值基本一致。这可能是由于 β 相中³He浓度比 α 相中的更高,故 α + β双相样品的³He主要是从 β 相中释放的。同时也表明,与氚化钯[26]和氚化钛[12]体系中 α 相对其³He的释放和保留性能有显著影响的结果相反,α + β双相氚化铒中的 α 相对其³He的释放和保留性能没有明显的影响。

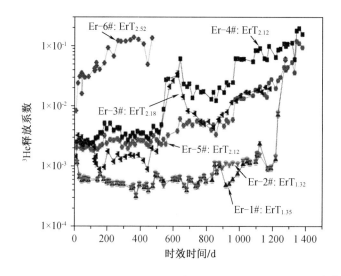

**图 19.7　不同物相氚化铒薄膜的³He释放系数与时间的关系[36]**

超化学计量比的 β 相二氚化铒薄膜在初始储存500 d([³He/Er] = 0.16)的IRF保持在$(1 \sim 5) \times 10^{-3}$低释放水平。当储存500 d后,具有较弱(111)织构的样品(Er – 3#:[T/Er] = 2.18和 Er – 4#:[T/Er] = 2.12)的³He释放开始出现快速增长,当IRF增加到约$2 \times 10^{-2}$后又降低到一相对稳定较高³He释放水平。有意思的是,具有强(111)织构的 Er – 5#样品则没有出现该快速释放阶段。这意味着,样品的显微组织结构(如织构等)对其³He释放行为有明显的影响。当储存时间达到950 d以后,即[T/Er] = 2.12 样品中[³He/Er]为0.29 ,[T/Er] = 2.18 样品中[³He/Er]为0.30,IRF开始出现增长直至储存时间达到1 300 d。此后,样品的He释放系数开始急剧增大,进入加速释放阶段,其IRF迅速增大至$10^{-1}$量级。

加速释放时,[T/Er] = 2.12 样品中[³He/Er]为0.38 ,[T/Er] = 2.18 样品中[³He/Er] = 0.40。该结果明显比20世纪70年代Beavis等人[35]的超化学计量比的 β 相二氚化铒薄膜的加速释放阈值高[[³He/Er] = 0.12([T/Er] = 2.13)]。这可能是由于加速释放阈值点的定义不同引起的,在Beavis等人研究中将IRF达到0.01 的点定义为加速释放阈值。按此定义,则Er – 3#和 Er – 4#样品的加速释放阈值则降低为0.16。另一个原因则可能是由于样品的组织结构不同所引起的。但值得注意的是,在超化学计量比的 β 相二氚化铒薄膜中,超化学计量比的氚原子将占据晶格中八面体间隙位,而这部分八面体占位氚原子对其³He 释放行为表现出明显的影响,尤其是当储存时间达到 500 d 以后($[^3He/Er] > 0.16$)。

β + γ 双相样品(Er－6#)的氚含量分别为 β 相为$[T/Er] = 2.2$,γ 相为$[T/Er] = 2.7^{[31,37-38]}$,其³He 释放表现出 4 个阶段:储存 30 d 内为第一阶段,其³He 释放系数从约$8 \times 10^{-3}$量级快速增大至约$3 \times 10^{-2}$量级;第二阶段为 30 d 到 150 d,其³He 释放系数从约$3 \times 10^{-2}$线性增加至约$5 \times 10^{-2}$;进一步储存则进入第三阶段(150 ~ 260 d),³He 释放系数开始急剧增大,进入加速释放阶段,所对应的 β 相和 γ 相中的 He 浓度分别为 0.05 和 0.06;260 d 后,进入平台释放期。这意味着 γ 相的出现将会显著恶化氚化铒的固 He 能力。

### 19.1.3　氚化锆静态储存中³He 释放行为

FCT 结构氚化锆样品静态储存过程中³He 释放系数随³He 和 Zr 原子比的变化如图19.8 所示。从图 19.8 中可以看出,FCT 结构氚化锆储存早期的³He 释放系数为$10^{-6} \sim 10^{-5}$量级。在³He 和 Zr 原子比达到 0.10 后,其³He 释放出现持续稳定的增长,但增速极为缓慢,到 He 和 Zr 原子比达到 0.40 左右时,其释放系数才达到$10^{-4}$量级。当 He 和 Zr 原子比为 0.48 之后,³He 释放系数开始急剧增大,氚化锆中的³He 开始加速释放。从此结果看,FCT 结构氚化锆容纳³He 的能力比 FCC δ 相和 FCT ε 相的氚化钛要强,FCT 结构氚化锆的固 He 阈值 Rc 集中分布在 0.50 ~ 0.53 区间,明显优于于 FCC δ 相氚化钛的 0.25 ~ 0.29 和 FCT ε 相氚化钛的0.26 ~ 0.28。同时,发现在 FCT 单相区,初始 H 和 Zr 原子比越高,其固 He 阈值越高(表 19.1)。

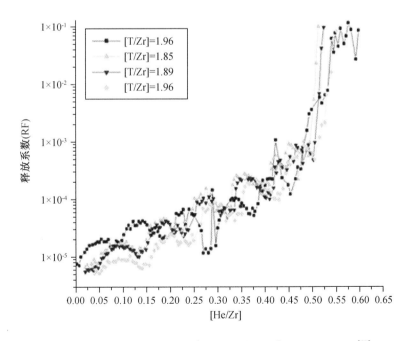

**图 19.8　FCT 氚化锆样品³He 释放系数与³He 浓度的关系[39]**

表 19.1 FCT 氚化锆初始原子比与 $^3$He 加速释放阈值间关系[39]

| 初始原子比<br>（[H/Zr]） | $^3$He 加速释放阈值<br>（RF > 0.01） |
|---|---|
| 1.85 | 0.505 |
| 1.89 | 0.517 |
| 1.96 | 0.533 |

## 19.2 Ti,Zr,Er 氚化物的 $^3$He 热解吸研究

从金属氚化物的 $^3$He 热解吸谱（THDS）可以获得 $^3$He 在晶体中的存在形式。热解吸方法通常有等温和变温两种方式：在实验中利用精密质谱仪观测恒温下 $^3$He 相对释放量与时间的关系，或测定在不同温度下等时停留的 $^3$He 相对释放量与温度的关系，从而获得 He 在材料中的扩散系数和热解吸活化能等动力学参数。同时，THDS 中通常有多个 $^3$He 的热解吸峰，各自对应不同 $^3$He 原子的迁移和脱陷机制，从热解吸峰的多少、大小、与温度的关系等情况可以得到材料中 $^3$He 与各种缺陷的结合态、扩散机制以及释放行为。因此，THDS 可以获得金属氚化物在时效过程中 $^3$He 的演化信息，为 $^3$He 演化模型的建立提供证据。本节重点介绍采用变温热解吸技术对全寿命期内氚化钛中 $^3$He 的热解吸行为的研究结果，并对比氚化铒、氚化锆中 $^3$He 的热解吸行为与氚化钛的异同。

### 19.2.1 Ti,Zr,Er 氚化物线性升温的 $^3$He 热解吸行为

1. FCC 氚化钛线性升温的 $^3$He 热解吸行为

周晓松、程贵钧和彭述明等[27]研究了时效早期 FCC 氚化钛膜的线性 $^3$He 热解吸谱（图 19.9）。在时效初期（[$^3$He/Ti] = 0.002），仅在 1 250 K 以上出现 He 泡核的弱释放峰（释放峰 I）[28,40]，其峰温约为 1 470 K，与 Cowgill 等[40]的研究结果一致。参考文献[40]～参考文献[43]显示，随着时效时间增加，氚化钛中的 He 泡核捕陷衰变生成的 $^3$He 生长，当 Nano – Cracks 生长到临界尺寸时，Nano – Cracks 开始逐渐转变形成片状 He 泡，因此，有理由认为 [$^3$He/Ti] = 0.009 时其 $^3$He 热解吸峰为由 Nano – Cracks 和片状 He 泡释放贡献的一组连续释放峰，片状 He 泡的主释放峰的峰温约为 1 620 K（释放峰 II）。

[$^3$He/Ti] = 0.010 样品的 Nano – Cracks 和片状 He 泡的释放峰则明显分离，片状 He 泡的释放峰（释放峰 II）向低温移动，泡核的释放峰则演化成从 1 610 K 至 1 720 K 的伴随肩峰[图 19.9(c)]。当[$^3$He/Ti]小于 0.010 时，Nano – Cracks 的 $^3$He 解吸量保持在[$^3$He/Ti] = 0.002，而片状 He 泡的 $^3$He 解吸量则增加到[$^3$He/Ti] = 0.008。这意味着在 0.002 < [$^3$He/Ti] < 0.010 区间，氚衰变生成的 $^3$He 大部分都聚集捕陷在片状 He 泡中，并导致 He 释放峰 II 的表观离解能快速降低（表 19.2）。

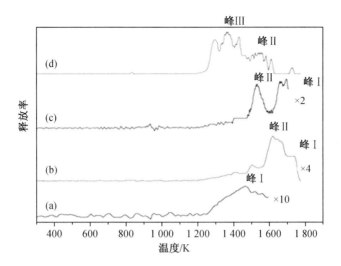

**图 19.9　时效早期 FCC 氚化钛膜的 $^3$He 热解吸谱[27]**

(a)[$^3$He/Ti]=0.002;(b)[$^3$He/Ti]=0.009;

(c)[$^3$He/Ti]=0.010;(d)[$^3$He/Ti]=0.037

**表 19.2　FCC 氚化钛膜的各 $^3$He 解吸峰的解吸活化能和解吸量[27]**

| He 生成量（[$^3$He/Ti]） | 解吸活化能/eV | | | | | $^3$He 解吸量（[$^3$He/Ti]） | | | | |
|---|---|---|---|---|---|---|---|---|---|---|
| | 峰Ⅰ | 峰Ⅱ | 峰Ⅲ | 峰Ⅳ | 峰Ⅴ | 峰Ⅰ | 峰Ⅱ | 峰Ⅲ | 峰Ⅳ | 峰Ⅴ |
| 0.002 | 4.47 | — | — | — | — | 0.002 | — | — | — | — |
| 0.009 | 5.32 | 4.93 | — | — | — | 0.002 | 0.007 | — | — | — |
| 0.010 | 5.20 | 4.68 | — | — | — | 0.002 | 0.008 | — | — | — |
| 0.037 | — | 4.68 | 4.15 | — | — | — | 0.012 | 0.025 | — | — |
| 0.073 | — | — | 3.60 | — | — | — | — | 0.073 | — | — |
| 0.100 | — | — | 3.22 | — | — | — | — | 0.100 | — | — |
| 0.142 | — | — | 3.31 | — | — | — | — | 0.142 | — | — |
| 0.176 | — | — | 3.05 | 2.31 | — | — | — | 0.075 | 0.101 | — |
| 0.221 | — | — | 2.83 | 2.33 | 1.32 | — | — | 0.083 | 0.124 | 0.014 |

当[$^3$He/Ti]达到 0.037 时,氚化钛膜的 $^3$He 热解吸谱中的高温 $^3$He 释放峰向低温方向移动,并与中温 $^3$He 释放峰(释放峰Ⅲ)发生交叠。这是由于此时大量片状 He 泡的直径已达到临界尺寸,开始向球形 He 泡转变,从而出现了球形 He 泡的 $^3$He 释放峰Ⅲ[图 19.9(d)][28-29]。[$^3$He/Ti]=0.037 样品的片状 He 泡的 $^3$He 释放量约为 0.012(表 19.2)。当[$^3$He/Ti]达到 0.05 时,片状 He 泡向球 He 泡的转变基本完成, $^3$He 在氚化钛膜中主要以球形 He 泡形式存在[28-29]。因此,0.073≤[$^3$He/Ti]≤0.142 样品的 $^3$He 热解吸谱中仅出现球形 He 泡的释放峰Ⅲ[图 19.10(a)~图 19.10(c)]。

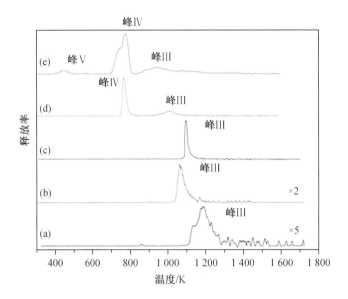

**图 19.10　长时效时间 FCC 氚化钛膜的³He 热解吸谱**[28-29]

(a)[³He/Ti]=0.073；(b)[³He/Ti]=0.100；(c)[³He/Ti]=0.142；

(d)[³He/Ti]=0.176；(e)[³He/Ti]=0.221

如图 19.10(a)~19.10(b)和表 19.2 所示，随着[³He/Ti]含量的进一步增加，以冲出位错环机制长大的球形 He 泡的压力逐渐降低[40,44-45]，从而降低了 He 释放峰Ⅲ的解吸温度和表观离解能。当[³He/Ti]含量达到 0.176 时［图 19.10(d)］，在 770 K 出现了与晶界相互作用 He 泡的释放峰Ⅳ，其表观离解活化能约为 2.3 eV（表 19.2）[27]。在时效氚化铒和⁴He 离子注入的 Fe 样品中均观察到泡与晶界相互作用的类似现象[46-47]。

随着时效时间的进一步增加，球形 He 泡进一步长大并与位错等缺陷相互作用，逐渐形成 He 泡网络。在线性升温过程中，He 泡网络中的 He 压力随温度的升高而连续增大，从而可能导致在低温区间就出现与表面相连的 He 泡网络的级联破裂[29,40,48]。因此，在[³He/Ti]=0.221 样品中出现峰温为 448 K 的低温释放峰Ⅴ［图 19.10(e)］，参考文献[49]报道了类似的结果。

由图 19.11 可知，随着[³He/Ti]的增加，由于³He Nano-Crack 的形核其 He 释放峰Ⅰ的峰温先逐渐升高。当[³He/Ti]达到 0.009 时，由于³He Nano-Crack 开始向片状 He 泡转变，其 He 释放峰Ⅰ的峰温开始降低，并出现片状 He 泡的释放峰Ⅱ。当[³He/Ti]进一步增加到 0.01 时，随着片状 He 泡以位错偶极子长大，其 He 释放峰Ⅱ的峰温显著降低，之后直至[³He/Ti]=0.40 其峰温基本保持不变。同时，随着片状 He 泡开始向球形 He 泡转变，He 释放峰Ⅲ开始出现，且其释放峰温随着[³He/Ti]的增加而降低，直至[³He/Ti]=0.10。而当[³He/Ti]在 0.10 至 0.14 区间时，He 释放峰Ⅲ的峰温则基本保持恒定。随着 He 泡的形成和生长，氚化钛的晶格中的内应力显著增加，导致其晶格常数发生明显的变化。当[³He/Ti]达到 0.14 时，其氚化钛晶体将不能包容增加的内应力，导致其晶格参数出现转变而降低内应力[28,50]，并部分弹性恢复畸变的晶格，故 He 释放峰Ⅲ的峰温略有升高。随着[³He/Ti]进一步增大，He 泡会逐渐改变相邻 Ti-Ti 原子间距[50]。因此，当[³He/Ti]>0.15 后，He 释放峰Ⅲ又开始连续缓慢降低。而与晶界相互作用的 He 泡释放峰Ⅳ的峰温基本不随[$^3$He/Ti]增加而改变。

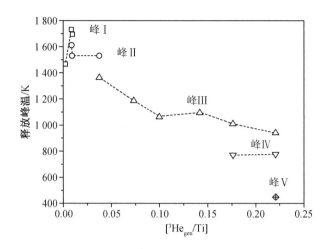

**图 19.11　FCC 氚化钛膜的 $^3$He 释放峰温与 He 含量间的关系[28]**

如表 19.2 所示,当 $0.073 \leqslant [^3He/Ti] \leqslant 0.142$ 时,FCC 氚化钛膜中绝大多数的 $^3$He 都聚集形成了球形 He 泡。随着[$^3$He/Ti]从 0.14 增加到 0.18 时,球形 He 泡的释放量从 0.14 降低到 0.08,而主要的 He 释放来自于与晶界相互作用的 He 泡。之后随[$^3$He/Ti]的增加,球形 He 泡的 He 释放量则基本保持不变,与晶界相互作用 He 泡释放则逐渐增加。

时效 FCC 氚化钛膜的 $^3$He 热解吸规律与 Vedeneev 等人[49,51]报道的 FCC 氚化钛粉末的结果基本一致,但与 Shanahan 等人[52-53]报道的仅有两个 $^3$He 释放峰的结果明显不同。对比分析 Shanahan 的实验方法,有理由认为引起不同的原因有以下两点:首先,是由于 Shanahan 等人热解吸的温度不够高(仅 900 K),因此未能观测到 $^3$He 高温释放;其次,是由于 Shanahan 等人的测量方法与本章不同,他们采用 MKS 10000 Torr Baratron 压力传感器测量热解吸过程中的压力变化,但却未采用吸气剂床消除氚化钛解吸出的氚气,故其所测压力为 $^3$He 和氚气的总和。为了研究 $^3$He 释放行为,Shanahan 等人仅在热解吸释放过程中采用取样器采集 3 个释放温度下的气体样品用质谱进行分析,这样的实验方法并不能完整获得 $^3$He 释放的动力学过程。而与 Rodin 和 Surenyants[54]报道的氚化钛 $^3$He 热解吸结果不一致的原因则主要是由于其样品并不是室温时效后直接测量的,而是在 400 ℃的真空环境中进行了除氚处理。因此,Rodin 等人获得的 $^3$He 释放行为主要反映热处理后的 $^3$He 状态。

2. FCC 氚化铒线性升温的 $^3$He 热解吸行为

FCC 氚化铒样品([$^3$He/Er] = 0.034)的线性升温热解吸实验表明(图 19.12),仅在 800 ~ 1 200 K 温区出现了一个明显的 $^3$He 释放峰,其解吸温区较宽;而在[$^3$He/Ti] = 0.037 的氚化钛样品则在 800 ~ 850 K 和 1 150 ~ 1 550 K 出现了两个 $^3$He 释放峰,且其解吸温区更窄。这意味着这种 He 浓度条件下在 FCC 氚化钛和 FCC 氚化铒中 $^3$He 泡的状态并不相同,氚化铒中主要为一种 $^3$He 泡状态,而氚化钛中则出现了两种 $^3$He 泡状态。

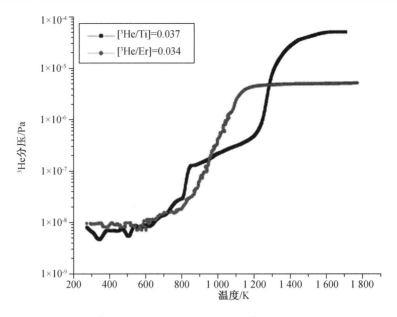

图 19.12 氚化铒([³He/Er] = 0.034)与氚化钛([³He/Ti] = 0.037)的 THDS 谱[39]

3. FCC 氚化锆线性升温的³He 热解吸行为

FCT 氚化锆样品([³He/Zr] = 0.261)的线性升温热解吸实验研究表明(图 19.13),与相似浓度下氚化钛样品的³He 解吸行为不同,其并未出现邻近室温的释放峰,而是仅在 650~990 K 和 1 000~1 330 K 出现了两个连续释放的³He 解吸峰,分别对应于晶体³He 泡、晶界和位错等大尺寸缺陷处³He 泡的释放。Schober 等人[55-56]的 TEM 研究表明,当[³He/Zr] = 0.2 时氚化锆中就已经形成相互连接的³He 泡通道网。这意味着虽然此时 FCT 氚化锆中大量的³He 开始与位错相互作用,但却抑制了样品近表层相连的³He 泡的大量生成,这与 FCT 氚化锆的加速释放浓度更高的结果一致。

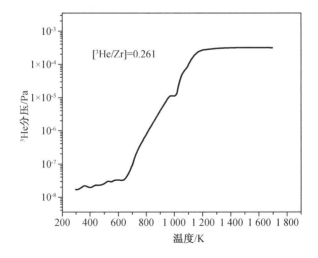

图 19.13 FCT 氚化锆([³He/Zr] = 0.261)样品的 THDS 谱

### 19.2.2　Ti,Zr,Er 氚化物恒温$^3$He 热解吸行为

1. FCC 氚化钛恒温$^3$He 热解吸行为

早期金属氚化物的$^3$He 释放速率极低,通常在 $10^{-6} \sim 10^{-4}$ 量级水平。Sandia 实验室 Cowgill 等人[40,57-59]研究表明,早期靶膜内的$^3$He 释放主要是由表面$^3$He 泡贫乏区中的间隙$^3$He 原子扩散渗透释放。温度的升高可以增加$^3$He 原子的运动动能,加剧其迁移、扩散等运动趋势,对其释放具有明显的影响。

FCC 氚化钛膜样品等温$^3$He 解吸实验研究表明(表 19.3),[$^3$He/Ti] = 0.035 样品的扩散激活能为$(0.67 \pm 0.02)$eV,指前因子 $D_0$ 为 $(0.5 \sim 2.3) \times 10^{-9}$ $m^{-2}/s$,与第一性原理模拟获得 FCC 结构 TiH$_{1.5}$ 中间隙$^3$He 原子的扩散势垒$(0.5 \sim 0.7$ eV)和 Sandia 采用低能 He 注入/再发射技术获得的下 He 在几种材料中的室温扩散系数范围$[(0.2 \sim 2) \times 10^{-20}$ $m^{-2}/s]$ 的结果一致[40,57]。因此,有理由认为室温下,未进入加速释放阶段的氚化钛膜中$^3$He 主要通过四面体间隙直接迁移到近邻的空四面体间隙$(T_1 - T_2, 0.5$ eV)和四面体间隙直接迁移到近邻八面体位后再迁移到近邻的空四面体间隙$(T - O - T, 0.7$ eV)两种扩散途径扩散释放。但还需开展进一步研究,分析样品表面存在的氧化物层对其$^3$He 扩散激活能的影响,验证所推测扩散途径。随$^3$He 含量增加,其$^3$He 表观激活能则从 0.66 eV 逐渐增加到 1.08 eV。

表 19.3　不同$^3$He 含量 FCC 氚化钛膜样品的$^3$He 表观激活能[39]

| $^3$He 含量([$^3$He/Ti]) | $^3$He 表观激活能 $Q$/eV |
|---|---|
| 0.035 | 0.66 |
| 0.044 | 0.73 |
| 0.055 | 0.74 |
| 0.098 | 0.83 |
| 0.231 | 1.08 |
| 0.270 | 1.71 (0.57) |
| | 2.05 (0.44) |
| 0.370 | 1.35 (0.37) |
| | 1.25 (0.52) |

临界加速释放时,其$^3$He 释放行为处于一种亚稳定临界状态,对温度的变化更为敏感,表现出两类释放过程:在 12 ℃到 50 ℃范围内的表观激活能 $Q$ 和指前因子 $D_0$ 分别为$(2.29 \pm 0.03)$ eV 和 $3.18 \times 10^{21} m^{-2}/s$;在 50 ℃到 85 ℃范围内的表观激活能 $Q$ 和指前因子 $D_0$ 分别为$(0.58 \pm 0.07)$ eV 和 $9.26 \times 10^{-7}$ $m^{-2}/s$。其在 12 ℃到 50 ℃范围内的表观激活能均明显高于第一性原理模拟获得的$^3$He 原子的扩散迁移能,与热解吸实验获得的与晶界或位错相互作用$^3$He 泡中$^3$He 的结合能比较一致,且其指前因子 $D_0$ 比[$^3$He/Ti] = 0.035 时增大了约 30 个数量级。这意味着在 12 ℃到 50 ℃范围内,氚化钛加速释放的$^3$He 主要是晶界$^3$He 泡

网络级联破裂所致。当温度高于 50 ℃ 后,其表观激活能均与间隙 $^3$He 原子扩散势垒比较一致。

加速释放后也表现出两个阶段释放:在 24 ℃ 到 70 ℃ 范围内的表观激活能 $Q$ 和指前因子 $D_0$ 分别为 $(1.38 \pm 0.12)$ eV 和 $3.80 \times 10^5$ m$^{-2}$/s,与线性热解吸实验中第 V 解吸峰的解吸活化能比较一致;在 70 ℃ 到 85 ℃ 范围内的表观激活能 $Q$ 和指前因子 $D_0$ 分别为 $(0.37 \pm 0.05)$ eV 和 $1.36 \times 10^{-9}$ m$^{-2}$/s。有理由相信,进入加速释放阶段后的氚化钛样品中 $^3$He 的释放与储存早期和临加速释放时均不同,可能是由于形成了与表面相连贯通的 $^3$He 泡网络构成了 $^3$He 的扩散通道。

2. 氚化铒恒温 $^3$He 热解吸行为

氚化铒样品的等温 $^3$He 解吸实验研究表明(表 19.4),HCP α 相和 FCC β 相双相结构的氚化铒样品的 $^3$He 解吸表观激活能随 $^3$He 含量增加而略有增大;在储存早期,FCC β 相单相结构氚化铒的表观激活能为 $(0.91 \pm 0.05)$ eV,指前因子 $D_0$ 为 $(0.2 \sim 6.0) \times 10^{-3}$ m$^{-2}$/s,而 FCC β 相和 HCP γ 相双相结构氚化铒的表观激活能则为 $(0.86 \pm 0.02)$ eV,$D_0$ 为 $(0.2 \sim 1.2) \times 10^{-2}$ m$^{-2}$/s。

表 19.4　氚化铒样品的 $^3$He 表观激活能[39]

| 样品初始原子比($[T/Er]$) | $^3$He 含量($[^3He/Er]$) | $^3$He 表观激活能 $Q$/eV |
| --- | --- | --- |
| 2.18 | 0.046 | 0.91 |
| 2.52 | 0.053 | 0.86 |
| 1.35 | 0.174 | 0.80 |
|  | 0.212 | 0.92 |
| 1.32 | 0.207 | 0.90 |

Sandia 的中子衍射[60-61]结果表明,氚原子首先占据的 FCC 结构氚化铒的晶格中四面体间隙,当其 T 和 Er 原子比超过 2.0 后,氚原子完全占据其四面体间隙,同时部分占据八面体间隙。理论计算结果表明[62-63],在 FCC 结构 ErH$_2$ 中,He 沿八面体间隙经一个空的四面体间隙的迁移(O – T – O)的扩散激活能为 0.5 eV,而沿八面体间隙经一个被氢占据的四面体间隙的迁移(O – T$^*$ – O)的扩散激活能为 0.9 eV。因此,有理由认为 FCC β 相单相结构氚化铒样品中,间隙 $^3$He 的扩散激活能范围为 0.5 ~ 0.9 eV。

Sandia 研究结果表明,氚化铒表层存在 10 nm 左右的致密氧化物层,因为室温下 He 在 Ni 中的扩散激活能为 0.35 eV[40,57],低于理论模拟获得的氚化铒中最低迁移活化能 0.5 eV,有理由认为 $^3$He 在 Ni 中的扩散不会影响其释放激活能的测定。为了进一步研究 FCC β 相单相结构氚化铒的 $^3$He 释放行为,对表面镀约 20 nm 厚 Ni 层的 β 相氚化铒薄膜进行了等温 $^3$He 解吸实验,实验结果表明(表 19.5),$[T/Er] = 1.86$ 样品在 $[^3He/Er] = 0.028$ 时,其表观激活能为 $(0.62 \pm 0.04)$ eV,$D_0$ 为 $(0.3 \sim 5.4) \times 10^{-9}$ m$^{-2}$/s;$[T/Er] = 1.90$ 样品在 $[^3He/Er] = 0.029$ 时,其表观激活能为 $(0.61 \pm 0.04)$ eV,$D_0$ 为 $(0.2 \sim 3.4) \times 10^{-9}$ m$^{-2}$/s;相同 He 含量下表面镀 Ni 的 FCC 氚化铒在 $[T/Er] > 2.0$ 的表观激活能为 0.7 eV 左右,略高于 $[T/Er] < 2.0$ FCC 氚化铒的表观激活能(0.6 eV);随 $[^3He/Er]$ 的增加,样品的表观激活能也增加。

表 19.5　表面镀 Ni 的 FCC 氚化铒样品的 $^3$He 表观激活能[39]

| 样品初始原子比([T/Er]) | $^3$He 含量([$^3$He/Er]) | $^3$He 表观激活能 $Q$/eV |
|---|---|---|
| 2.16 | 0.030 | 0.67 |
| 2.16 | 0.030 | 0.69 |
| 1.86 | 0.028 | 0.62 |
| | 0.105 | 1.14 |
| 1.90 | 0.029 | 0.61 |
| | 0.108 | 0.97 |

因此,$^3$He 在时效初期的 FCC 氚化铒中的扩散途径为 O - T - O 和 O - T* - O,其室温扩散系数为$(0.88 \sim 31.39) \times 10^{-19} \mathrm{m}^{-2}/\mathrm{s}$,这比 $^3$He 在 FCC 氚化钛中的室温扩散系数高 1 ~ 2 个量级,这与静态储存实验获得的氚化铒 $^3$He 释放系数比氚化钛和氚化锆高 1 ~ 2 个量级的结果一致。值得注意的是,虽然表面镀 Ni 后 $^3$He 在氚化铒样品中的表观激活能从 0.9 eV 降低到 0.6 eV 左右,但由于其 $D_0$ 从 $10^{-3}$ m$^{-2}$/s 量级降低到 $10^{-9}$ m$^{-2}$/s 量级,故 $^3$He 在时效早期表面镀 Ni 的 FCC 氚化铒中的室温扩散系数比未镀 Ni 的样品约低 1 个量级$[(0.11 \sim 2.11) \times 10^{-19}$ m$^{-2}$/s]。这与丁伟等人获得的表面镀 Ni 氚化铒样品时效早期的 $^3$He 释放系数($2 \times 10^{-4}$ 水平)比未镀 Ni 样品的 $^3$He 释放系数($2 \times 10^{-3}$ 水平)低一个量级的结果一致。这主要是因为 He 在 Ni 中的指前因子 $D_0$ 较低($10^{-13}$ m$^{-2}$/s)[40,59],因此表面镀 Ni 后会降低样品的 $D_0$,从而降低其室温扩散系数行为。这意味着若要控制金属氚化物的室温扩散能力的大小,不仅仅考虑扩散激活能的势垒大小,还必须综合考虑指前因子 $D_0$ 的作用。

3. FCT 氚化锆恒温 $^3$He 热解吸行为

FCT 氚化锆样品的等温 $^3$He 解吸实验研究表明(表 19.6),[T/Zr] = 1.83 样品在[$^3$He/Zr] = 0.050时,其表观激活能 $Q$ 和指前因子 $D_0$ 分别为$(0.49 \pm 0.02)$ eV 和 $(0.4 \sim 1.2) \times 10^{-13}$ m$^{-2}$/s;[T/Zr] = 1.90 样品在[$^3$He/Zr] = 0.144 时,其表观激活能为$(0.87 \pm 0.01)$ eV,$D_0$ 为$(3.7 \sim 9.0) \times 10^{-7}$ m$^{-2}$/s。但对同一个样品而言,其 $^3$He 扩散表观激活能均表现出随着 He 含量的增加而增加的趋势。

表 19.6　FCT 氚化锆在不同温度条件下的 $^3$He 释放值[39]

| 样品初始原子比([H/Zr]) | $^3$He 含量([$^3$He/Zr]) | $^3$He 表观激活能 $Q$/eV |
|---|---|---|
| 1.78 | 0.049 | 0.72 |
| 1.83 | 0.050 | 0.49 |
| 1.90 | 0.144 | 0.87 |
| 1.76 | 0.011 | 0.60 |
| | 0.099 | 1.07 |
| 1.76 | 0.011 | 1.16 |
| | 0.095 | 1.37 |

$^3$He 在时效初期 FCT 氚化锆中的室温扩散系数为 $(0.04 \sim 2.39) \times 10^{-20}$ m$^{-2}$/s,比 FCC 氚化钛的低一个量级,这与静态储存获得的部分氚化锆早期 $^3$He 释放系数比氚化钛低一个量级的结果一致。由于氚化锆比氚化钛更易氧化,在制备和保存的过程中其表面更易生成氧化物层,随着氧化膜的生成会影响恒温 $^3$He 释放测量结果,增大扩散系数测量的分散性。从而导致所获得的氚化锆样品低 He 含量时表观激活能数据比较离散,从 0.49 eV 至 1.16 eV。因此,还需进一步设计实验细节研究 $^3$He 在时效初期 FCT 氚化锆中的室温扩散系数。

# 19.3　Ti,Zr,Er 氚化物时效过程的 XRD 研究

采用 X 射线衍射技术研究金属氚化物中 $^3$He 的演化行为可以获得更多晶体内部晶格畸变、晶格损伤和缺陷结构演化的整体信息。根据 Krivoglaz[64] 的 X 射线和热中子理论,保留在晶格中的间隙 $^3$He、$^3$He 泡、自间隙原子(SIA)、晶间位错环等有限尺寸缺陷在有限尺寸范围内引起晶格局域畸变,引起基体晶格常数发生改变(峰位移动)并引起漫散射,但不会对基体晶格衍射峰的 DS 线展宽造成影响。另一方面,晶格中的无限尺寸缺陷(如位错、位错网)的出现将会降低基体的长程效应,在衍射谱中就表现为半峰宽的展宽。晶粒内部位错的增多,在位错附近原来规则的原子排列受到强烈的畸变,这种畸变会引起 X 射线的散射,衍射谱中表现为衍射峰强度降低。

因此,本节引用周晓松和彭述明等[12,28] 的工作,讨论运用 X 射线衍射(XRD)技术对氚化钛、氚化铒、氚化锆 3 种典型金属氚化物时效过程的晶体结构变化的研究结果。同时,介绍相组成对氚化钛和氚化铒时效过程晶格常数变化规律的影响。

## 19.3.1　氚化钛时效过程的 XRD 研究

1. FCC δ 单相氚化钛时效过程的 XRD 观测

FCC δ 相氚化钛典型的时效衍射全谱如图 19.14 所示,在所测量的 $^3$He 生成量的范围内([He/Ti] $<0.48$),FCC δ 相氚化钛的 XRD 衍射谱谱形均相似,底衬 Mo 的特征峰的位置保持不变且未见宽化效应,将获得的全谱与标准 XRD 卡片对比,氚化钛保持 δ 相结构(FCC)不变,未出现 α 相 Ti 的特征峰。这表明 FCC δ 相氚化钛特征峰的变化是由衰变生成的 $^3$He 在氚化钛晶体中累积所引起的,在储存过程中衰变导致的氚量减小并不会引起 γ→α 的相变,这与 Gavrilov 等人[65] 的研究结果一致。

FCC δ 相氚化钛时效 8 d([$^3$He/Ti] $=0.002$),85 d([$^3$He/Ti] $=0.021$),198 d([$^3$He/Ti] $=0.048$),278 d([$^3$He/Ti] $=0.067$),350 d([$^3$He/Ti] $=0.084$),456 d([$^3$He/Ti] $=0.109$)和 562 d([$^3$He/Ti] $=0.133$)的(111)面和(311)面特征峰的 XRD 衍射谱如图 19.15、图 19.16 所示。

由图 19.15 和图 19.16 可见,FCC δ 相氚化钛特征峰随时效时间的变化表现出 4 个效应,即峰位移动、峰展宽、峰强改变和线型不对称。当储存时间小于 278 d 时,随着时效时间的延长,其特征峰均明显向低角度移动,衍射峰发生宽化,峰强明显降低;当储存时间大于 278 d 后,随着时效时间的延长,FCC δ 相氚化钛的特征峰均向高角度缓慢移动,衍射峰继续

宽化,峰强略微增大。

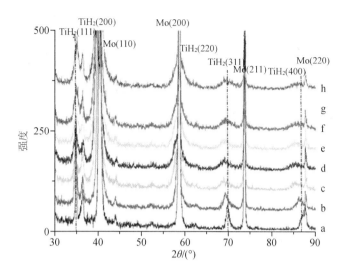

图 19.14　FCC 氚化钛样品时效 XRD 衍射谱[28]

a—[He/Ti] = 0.000 5;b—[He/Ti] = 0.208;

c—[He/Ti] = 0.048 1;d—[He/Ti] = 0.067 1;

e—[He/Ti] = 0.084 0;f—[He/Ti] = 0.108 5;

g—[He/Ti] = 0.132;h—[He/Ti] = 0.155 8

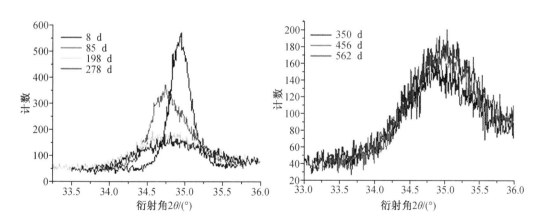

图 19.15　不同储存时间 FCC δ 相氚化钛(111)面衍射峰的图谱[28]

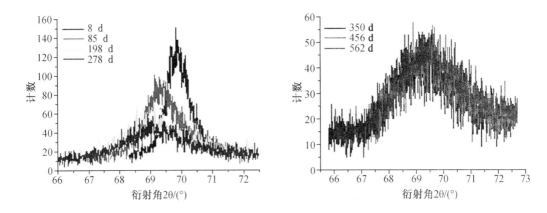

**图 19.16　不同储存时间 FCC δ 相氚化钛(311)面衍射峰的图谱[28]**

由图 19.17 可知,[³He/Ti]≤0.002 时,FCC δ 相氚化钛的晶格常数在测量误差范围内保持不变。在 0.002<[³He/Ti]<0.007 区间,δ 相(111)晶面和(311)晶面的晶格常数均以 $(\Delta a/a)/([{}^3He/Ti])=30\%\pm3\%$ 的膨胀率线性快速增大,该阶段其(111)晶面和(311)晶面的晶格常数膨胀分别约占其总膨胀的 33% 和 20%。当[³He/Ti]>0.007 后,(111)晶面和(311)晶面的晶格常数增大表现出了各向异性,即在(111)晶面的增大率小于(311)晶面。在 0.007<[³He/Ti]<0.030 区间,(311)晶面的晶格常数仍以 $(\Delta a/a)/([{}^3He/Ti])=30\%\pm3\%$ 的膨胀率线性增大,而(111)晶面的却以抛物线形式增大,其晶格长大率逐渐减小,该阶段(111)晶面和(311)晶面的晶格常数膨胀分别约占其总膨胀的 54% 和 50%。

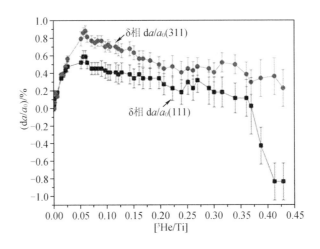

**图 19.17　FCC δ 相氚化钛时效过程晶格常数归一化曲线[28]**

当[³He/Ti]>0.030 后,(111)晶面和(311)晶面的晶格常数膨胀率逐渐减小,(111)晶面的晶格肿胀率减小更快。(111)晶面和(311)晶面的晶格常数均在约[³He/Ti]=0.06 时达到最大值,该阶段晶格常数膨胀分别约占(111)晶面和(311)晶面的晶格总膨胀的 13% 和 30%。这与法国 Flament 等人的研究结果是一致的。

当 0.06<[³He/Ti]<0.07,(111)晶面和(311)晶面的晶格常数均快速降低,其收缩率

分别为 -11.2% ±2.6% 和 -9.1% ± 3.3 %。随[³He/Ti]继续增大,(111)晶面和(311)
晶面的晶格常数均以 -0.010 2 nm/([³He/Ti])的收缩率线性减小,与由于氚衰变导致 T
和 Ti 原子比减小导致的 δ 相晶格收缩率一致[图 19.3（a）]。这意味着该阶段³He 泡生长
导致的 SIA 和位错环等有限尺寸缺陷完全合并进入位错网中了,这与（111）和（311）衍射
峰的半峰宽在此阶段均出现明显台阶式的增加的结果一致(图 19.18)。

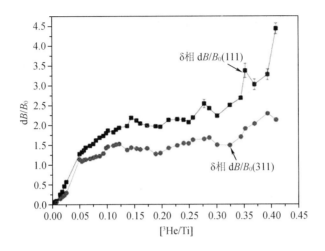

**图 19.18　FCC δ 相氚化钛时效过程特征峰半峰宽归一化曲线[28]**

当[³He/Ti] = 0.30 时,(311)晶面的晶格常数变化出现了震荡,这可能是由于相邻大尺
寸 He 泡开始相互融合,从而释放了晶格中的应力。这与该阶段 FCC δ 相氚化钛出现³He 加
速释放的结果一致(图 19.5)。当[³He/Ti]达到 0.36 时,(111)晶面的晶格常数陡降,意味
着位于(111)晶面的有限尺寸缺陷大部分都合并进入位错环网。这与(111)衍射峰的半峰
宽在[³He/Ti] = 0.36 出现第二次急剧台阶式增加的结果一致(图 19.18)。

由图 19.18 可知,当[³He/Ti] < 0.007 时,δ 相氚化钛的衍射峰半峰宽在测量误差范围
内均保持不变。在 0.007 < [³He/Ti] < 0.06 区间,其(111)面和(311)面衍射峰的半峰宽均
开始快速增大,并表现出各向异性,即(111)面的增大率大于(311)面半峰宽的增大率。在
0.06 < [³He/Ti] < 0.15 区间,(111)面和(311)面的衍射峰半峰宽的增大率均开始逐渐减
小,其中(111)面和(311)面特征峰半峰宽在 0.15 < [³He/Ti] < 0.25 区间基本保持不变。
当[³He/Ti] > 0.26 后,(111)面特征峰半峰宽则出现震荡,当[³He/Ti]达到 0.36 后,(111)
衍射峰的半峰宽则出现急剧增加。

2. α + δ 双相氚化钛时效过程的 XRD 研究

α + δ 双相氚化钛([T/Ti] = 0.84)时效中 δ 相的晶格常数变化主要表现出 3 个变化区
域(图 19.19)[12]:①[³He/Ti] < 0.063 区间,δ 相的晶格常数以 0.147/([³He/Ti])增长率
线性增大,其膨胀约占晶格总膨胀的 86%,但其膨胀率比 δ 相单相样品在[³He/Ti] < 0.03
区间的小。这意味着,时效早期在 α + δ 双相样品 δ 相中³He 演化主要形成 SIA、SIA 团簇或
位错环等有限尺寸缺陷,且其有限尺寸缺陷的生成量比 δ 相单相样品中的少。②随着进一
步时效,其晶格常数膨胀率逐渐降低,该阶段的膨胀约占晶格总膨胀的 14%。这意味着该

阶段新生成的 SIA 合并进入了位错网中,并导致其衍射峰的半峰宽明显增大(图 19.20)。在此阶段,$\alpha+\delta$ 双相氚化钛中 $\delta$ 相的晶格常数变化也表现出各向异性,即(311)面的晶格常数膨胀比(111)面的大。这可能是由于沿 $\{100\}$ 面分布的 $^3$He 泡核或片状 He 泡的各向异性生长所导致的,参考文献[67]和参考文献[68]有类似的报道。③晶格常数在缓慢膨胀阶段后,又开始显著降低,但不同晶面开始降低时的时间并不相同,即(111)面的晶格常数在 $[^3$He/Ti$]$ 达到 0.20 时就开始降低,而(311)面的则直至 $[^3$He/Ti$]$ 达到 0.27 时才开始降低。Schober 和 Farrell 对 $\alpha+\delta$ 双相氚化钛中 $^3$He 泡的 TEM 研究表明,其 $^3$He 泡为非均匀分布,在晶粒中大量的 $^3$He 泡聚集成非规则的 $^3$He 泡团簇,而在片状 $\delta$ 相之间以及 $\alpha$ 相和 $\delta$ 相的相界面上有强的聚集。这表明,当 $[^3$He/Ti$]\geqslant 0.20$ 后,晶界或相界对于相邻 He 泡破裂和 $^3$He 释放将起重要作用,与图 19.5 中 TiT$_{1.06}$ 样品在此 He 含量观测到加速释放的结果一致。

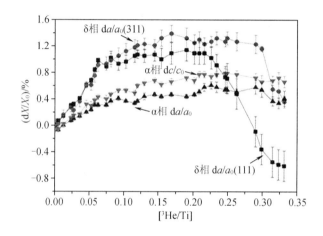

**图 19.19  $\alpha+\delta$ 双相氚化钛($[T/Ti]=0.84$)时效过程中 $\alpha$ 相和 $\delta$ 相的晶格常数随 $\delta$ 相中 He 含量的变化曲线[25]**

$\alpha+\delta$ 双相氚化钛($[T/Ti]=0.84$)时效过程中 $\delta$ 相的衍射峰半峰宽的变化研究表明(图 19.20),其衍射峰半峰宽在时效初期没有明显变化,而当 $[^3$He/Ti$]$ 接近 0.06 时,其(111)和(311)衍射峰的半峰宽则出现快速台阶式增加,此后(111)衍射峰的半峰宽增加率比(311)的大。当 $[^3$He/Ti$]$ 增大至 0.18 时,(111)衍射峰的半峰宽则出现第二次快速台阶式增加。值得指出的是,$\alpha+\delta$ 双相氚化钛中 $\delta$ 相衍射峰半峰宽出现快速台阶式增大时的 He 浓度与其晶格常数变化出现转折时的 He 浓度一致。这意味着当 $[^3$He/Ti$]>0.06$ 后,在 $\alpha+\delta$ 双相氚化钛的 $\delta$ 相中 He 演化形成的部分缺陷开始形成位错;而当 $[^3$He/Ti$]$ 达到 0.18 后,大多数的有限尺寸缺陷都倾向于合并进入了(111)面的位错网中。

虽然在室温时氚在 $\alpha$ 相氚化钛的固溶量仅为 $10^{-4}$ 量级,但 $\alpha+\delta$ 双相氚化钛中 $\alpha$ 相的晶格常数也随 $\delta$ 相中的 He 浓度增加而明显增大。在时效初期,氚衰变的 He 将一直使 $\alpha$ 相的晶格常数膨胀直至 $\delta$ 相中 $[^3$He/Ti$]$ 达到 0.063,此后其晶格常数膨胀率开始降低,然后在 $\delta$ 相中 $[^3$He/Ti$]=0.25$ 时其晶格常数膨胀达到饱和。随着 $\delta$ 相中 $[^3$He/Ti$]$ 进一步增加,其

α相的晶格常数开始降低。总的来说,α相的晶格常数膨胀明显比δ相的小,但六方结构α相的各向异性膨胀更为显著,尤其是沿c轴方向更易膨胀。理论模拟表明,氚衰变生产的间隙³He更易沿α相氚化钛的<001>方向迁移[70],并在六方结构的基面聚集形成片状He泡从而降低氚化物基体中的应力[42-43,71],从而导致α相中的各向异性晶格肿胀。与δ相中的变化不一样,α相衍射峰半峰宽在时效过程中没有出现明显的变化,这表明α相中³He泡生成的SIA和位错环绝大部分都保留在基体中,没有明显形成位错网。

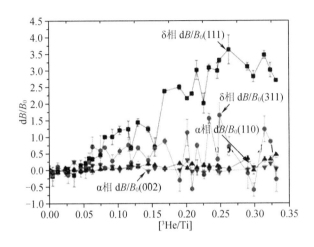

**图19.20  α+δ双相氚化钛([T/Ti]=0.84)时效过程中α相和δ相的衍射峰半峰宽随δ相中He含量的变化曲线[12]**

3. FCT ε单相氚化钛时效过程的XRD研究

ε单相氚化钛([T/Ti]=1.81)时效过程中的晶格常数变化表现出明显的各向异性(图19.21),即其更倾向于沿FCT结构a轴方向碰撞。在时效初期,其晶格常数c随He含量增加而膨胀,并在He含量达到[³He/Ti]=0.015时达到饱和。之后开始显著降低直至[³He/Ti]达到0.10,这表明ε单相氚化钛中基面上的有限尺寸缺陷在时效初期就更易合并入位错网,从而导致在此期间其衍射峰半峰宽就出现连续的快速宽化(图19.22)。随着时效时间进一步增加,其晶格常数c缓慢降低。当[³He/Ti]>0.15后,由于He泡和位错网的相互作用ε相的晶格常数c出现震荡。ε相的晶格常数a随He含量的增加而增大,直至[³He/Ti]达到0.066时,其晶格常数a的膨胀才达到饱和。之后,随He含量的增加其晶格常数a略有降低,而其衍射峰的半峰宽展宽则在[³He/Ti]=0.075时达到饱和。这意味着³He演化产生的有限尺寸缺陷在时效早期更倾向于保留在ε相的(100)晶面上,而当[³He/Ti]大于0.066时,新生成的有限尺寸缺陷则完全合并入位错网中。当ε相中的[³He/Ti]大于0.26后,其晶格常数a则出现快速降低,这与静态储存实验ε相氚化钛样品此时出现³He加速释放的结果一致(图19.5)。ε相氚化钛的晶胞体积随[³He/Ti]的变化规律与其晶格常数c的变化规律相似,但其晶胞体积膨胀达到饱和时的[³He/Ti]更高(0.05)。

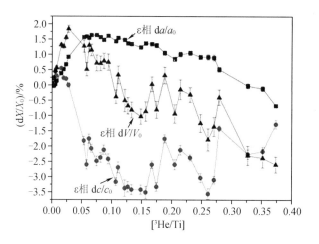

**图 19.21** ε 单相氚化钛([T/Ti]=1.81)时效过程中
晶格常数随 He 含量的变化曲线[12]

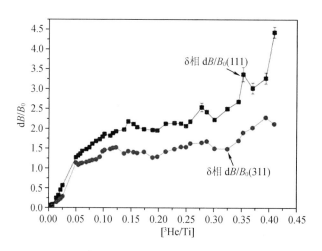

**图 19.22** FCT ε 单相氚化钛([T/Ti]=1.81)时效过程中
衍射峰半峰宽随 He 含量的变化曲线[12]

总体来说,在 He 形成的初期,α+δ 双相氚化钛、δ 单相氚化钛和 ε 单相氚化钛的晶格常数均快速膨胀。之后,不同相区和晶体结构的氚化钛的晶格常数变化规律则表现出显著的不同。在 FCT ε 单相氚化钛中其晶格常数变化表现出更强的各向异性,且其晶格常数 a 的膨胀更加显著。有意思的是,δ 单相氚化钛和 α+δ 双相氚化钛中 δ 相的晶格肿胀转折点所对应的 He 浓度基本一致,但在 ε 单相氚化钛中其晶格肿胀转折点出现时的 He 浓度则较低。除 α+δ 双相氚化钛中 α 相外,δ 单相氚化钛、ε 单相氚化钛和 α+δ 双相氚化钛中 δ 相的衍射峰均随时效时间的增加而宽化。α+δ 双相氚化钛中 δ 相的衍射峰宽化表现出明显的各向异性,即其(111)面的衍射峰出现快速的增加。

### 19.3.2　氚化铒时效过程的 XRD 研究

**1. FCC β 单相氚化铒时效过程的 XRD 研究**

时效 1 600 d 的 FCC β 单相氚化铒膜的 XRD 衍射谱谱形均相似,底衬 Mo 的特征峰的位置保持不变且未见宽化效应,氚化铒膜保持 FCC β 相结构不变,未出现 HCP α 相 Er 的特征峰。这表明,β 相氚化铒特征峰的变化是由衰变生成的 $^3$He 在氚化铒晶体中累积所引起的,在储存过程中衰变导致的氚量减小并不会引起 β→α 的相变,这与美国 Rodriguez 等人的研究结果一致。

β 相氚化铒时效 2 d([$^3$He/Er] = 0.000 7),53 d([$^3$He/Er] = 0.017 4),142 d([$^3$He/Er] = 0.046 3),311 d([$^3$He/Er] = 0.100 1),394 d([$^3$He/Er] = 0.126 0),470 d([$^3$He/Er] = 0.149 4),567 d([$^3$He/Er] = 0.179 0)和 687 d([$^3$He/Er] = 0.214 9)的(111)面和(200)面特征峰的 XRD 衍射谱如图 19.23、图 19.24 所示。由图显示,β 相氚化铒特征峰随时效时间的变化也表现出 4 个效应,即峰位移动、峰展宽、峰强改变和线型不对称。

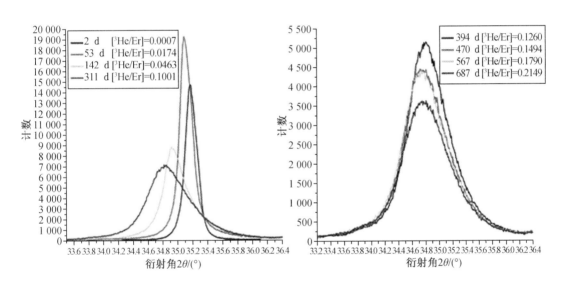

**图 19.23　不同时效时间 FCC β 相氚化铒(111)面衍射峰图谱**[39]

FCC β 相氚化铒时效 1 600 d 周期中的晶格常数变化如图 19.25 所示,其时效过程表现出 5 个变化阶段。

①在时效早期的 400 d 内([$^3$He/Er]≤0.11),其晶格常数快速增加,其膨胀量约占总膨胀量的 90%。在该阶段 β 相氚化铒也表现出各向异性,即(200)面的晶格常数膨胀比(111)面的更快。Snow 等人[44,71-72]研究发现,在 β 相氚化铒中氚衰变的 $^3$He 将会形成沿(111)面均匀分布的片状 He 泡。依据 Cowgill 等人[58]提出的模型,随着高压 He 泡的生成将在晶格中形成与其泡内压力平衡的静态拉伸应力,而该应力将导致其晶格常数出现正膨胀。

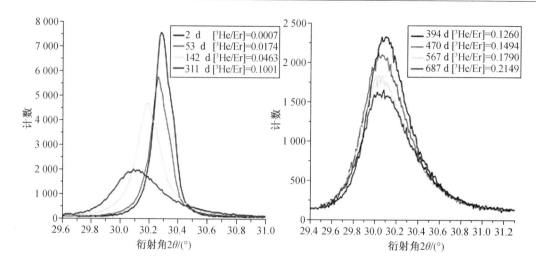

图 19.24　不同时效时间 FCC β 相(200)面衍射峰图谱[39]

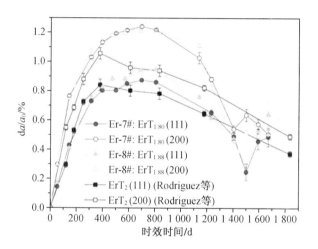

图 19.25　FCC β 相氚化铒时效过程晶格常数归一化曲线[36]

注:其中 $ErT_2$ 的数据为 Rodrguez 的研究结果[68,71]。

②随着进一步时效,其晶格肿胀率将逐步降低并在 700 ~ 800 d 时达到饱和,其膨胀量约占总膨胀量的 90%。晶格肿胀率在 400 d 时出现拐点,这意味着基体中 He 泡的压力开始减小,从而为 Griffite Crack 向位错偶极子 Crack 的转变提供了证据。在时效初期,³He 在 β 相氚化铒中{111}晶面聚集形核生成 Griffite Crack。随着 Griffite Crack 的生长至厚度达到 $2d_{111}$ 时,Griffite Crack 将向位错偶极子 Crack 转变,并在片状 He 泡核附近形成位错环。Cowgill 数值模拟表明发生该转变时,其 He 泡压力将降低约 30%,将会导致晶格肿胀减小,从而在此阶段晶格常数[72]、力学模量[41]和 He 泡尺寸[72]变化规律出现拐点。研究结果还发现,在该阶段初始氚含量更高样品([T/Er] = 1.88)的(111)面晶格肿胀比初始氚含量较低样品([T/Er] = 1.80)的更快,这意味着在[T/Er] = 1.88 样品中的片状 He 泡压力比[T/Er] = 1.88 样品中的更高。这与 Browning 采用中子散射实验获得的具有更高初始

[H(DT)/Er]样品具有更高的 He 泡压力的结果一致[72-73]。

③时效 800~1 130 d 时,其晶格常数缓慢下降,可能是由于相邻 He 泡在此阶段开始快速合并融合,并导致静态$^3$He 释放快速增加(图 19.7)。Knapp 等人[41]研究认为 ErT$_2$ 中的片状 He 泡在时效 300 d 左右([$^3$He/Er] = 0.09)就会开始出现相邻 He 泡合并融合,TEM 实验在 547 d([$^3$He/Er] = 0.148)的样品中明显观察到此现象。

④时效 1 300 d 后(即[T/Er] = 1.80 样品中[$^3$He/Er] = 0.29,[T/Er] = 1.88 样品中[$^3$He/Er] = 0.30),其晶格常数尤其是(200)晶面的快速降低,这意味着片状 He 泡生长达到了临界尺寸,相互贯通形成$^3$He 渗透到表面的通道[46,57,74],与此时 β 相 ErT$_{2\pm x}$ 达到静态加速释放的结果一致。

⑤当时效达到 1 400 d 后(即[T/Er] = 1.80 样品中[$^3$He/Er] = 0.35,[T/Er] = 1.88 样品中[$^3$He/Er] = 0.36),其晶格常数出现震荡。Bond 等人研究发现,在[$^3$He/Er] = 0.37(1 302 d)ErT$_2$ 样品中形成了相互贯通的 He 泡网络和裂纹。因此,该阶段晶格常数出现震荡可能是由于相互贯通 He 泡网络和裂纹的形成释放了晶格中的应力。

FCC β 相氚化铒时效 1 600 d 过程中的衍射峰半峰变化规律如图 19.26 所示。在时效初期的 53 d 内([$^3$He/Er] < 0.01),其衍射峰未出现明显的宽化。在时效 100 d 至 400 d(111)和(200)衍射峰的半峰宽均出现急剧的台阶式增加,且(200)衍射峰半峰宽的宽化更快。衍射峰半峰宽的宽化率也在 400 左右出现转折,其转折的时间与其晶格肿胀率出现转折的时间相一致。这表明,当基体中出现 Griffite Crack 向位错偶极子 Crack 转变时,将会明显降低 β 相氚化铒衍射峰半峰宽的宽化率。此后,其衍射峰半峰宽缓慢增加直至 1 400 d。当时效 1 400 d 后,(111)衍射峰的半峰宽又出现第二次台阶式增加,这与此时晶格常数出现震荡的结果一致。

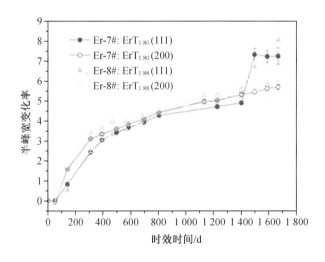

**图 19.26　FCC β 相氚化铒时效过程衍射峰半峰宽归一化曲线[36]**

2. HCP α + FCC β 双相氚化铒时效过程的 XRD 研究

HCP α + FCC β 双相氚化铒样品([T/Er] = 1.64)时效过程的晶格常数和半峰宽随 He

生成量的变化规律如图 19.27、图 19.28 所示。

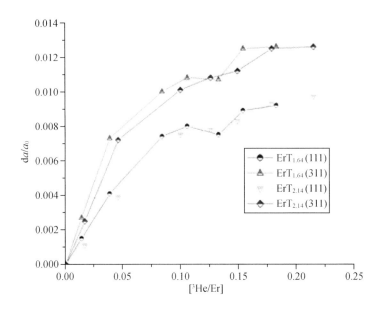

**图 19.27　HCP α + FCC β 双相氚化铒膜时效过程晶格常数归一化曲线**[39]

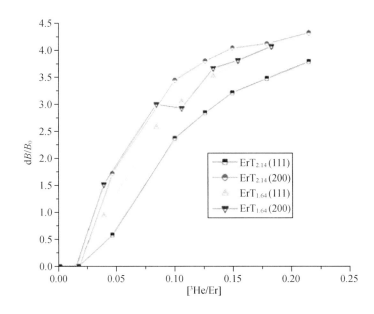

**图 19.28　HCP α + FCC β 双相氚化铒膜时效过程半峰宽归一化曲线**[39]

　　由图 19.27 可知,HCP α + FCC β 双相氚化铒膜中 β 相的晶格常数变化总体趋势与 FCC β 相单相氚化铒膜中的基本一致,但在时效早期 HCP α + FCC β 双相氚化铒膜中 β 相的晶格常数增大略高于 FCC β 单相氚化铒的结果。这表明样品中 α 相的出现对 β 相中[3]He 泡演化机制影响不明显,这与静态加速释放的结果一致(图 19.27)。

　　由图 19.28 可知,HCP α + FCC β 相氚化铒膜中 β 相衍射峰的半峰宽变化总体趋势也与 FCC β 相单相氚化铒膜中的基本一致,但其各项异性的变化不如 FCC β 相单相氚化铒膜中的显著,即 HCP α + FCC β 双相氚化铒中 β 相(111)衍射峰半峰宽的展宽大于 FCC β 相单相氚化铒膜中的,且在 0.85 < [$^3$He/Er] < 0.11 区间,双相中 β 相(200)衍射峰的半峰宽略有下降,之后又随 $^3$He/Er 增加而持续增大。

3. FCC β + HCP γ 双相氚化铒时效过程的 XRD 研究

FCC β + HCP γ 双相氚化铒样品([T/Er] = 2.48)时效过程的晶格常数、半峰宽随 He 生成量的变化规律如图 19.29、图 19.30 所示。FCC β + HCP γ 双相氚化铒样品中 β 相的晶格常数变化规律明显与 FCC β 单相氚化铒样品中的不同,其晶格常数各向异性变化更加显著。在时效初期 150 d 内([$^3$He/Er] < 0.05),FCC β + HCP γ 双相氚化铒样品中 β 相的(111)面晶格常数随时效时间增加而增大,而(220)面的晶格常数则没有明显的变化。但 FCC β 单相氚化铒样品在相同时效时间段内,其(220)面的晶格常数也随时效时间增加而增大。值得注意的是,FCC β + HCP γ 双相氚化铒样品中 β 相的晶格常数变化在 150 d 就出现了转折,该晶格常数变化转折点的出现时间比 FCC β 单相氚化铒样品中的更早。这意味着 γ 相的存在显著影响了 FCC β + HCP γ 双相氚化铒的 β 相中的 He 泡演化过程,使其在更早的时效时间(约 150 d)就出现了相邻片状 He 泡的合并融合。因此,时效 150 d 后其(111)面的晶格常数开始快速降低,而(220)面的晶格常数则略有增大,这与其静态 $^3$He 释放系数在此阶段出现急剧的台阶式增加的结果一致(图 19.7)。

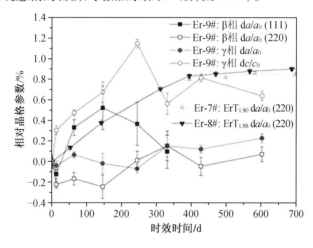

图 19.29　FCC β + HCP γ 相氚化铒膜时效过程晶格常数归一化曲线[36]

γ 相的晶格常数变化也表现出明显的各项异性,其晶格肿胀更倾向于沿 HCP 结构 c 轴方向。在时效 15 d 时([$^3$He/Er] = 0.006),γ 相的晶格常数就开始出现膨胀,然后晶格常数 c 的膨胀率随时效时间增加开始逐渐减小,并在 250 d 左右([$^3$He/Er] = 0.10)达到饱和。随后开始快速降低,之后随进一步时效,则出现震荡,这与此阶段出现加速释放的结果一致(图 19.7)。但晶格常数 a 在时效 250 d 内没有出现明显的变化,随进一步时效才开始随时效时间的增加而缓慢增大。这意味着氚衰败生成的 $^3$He 更倾向于在 γ 相六方晶格的基面聚集形成 He 泡。

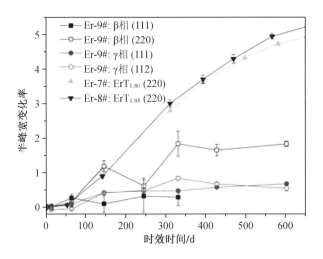

**图 19.30 FCC β + HCP γ 相氚化铒膜时效过程半峰宽归一化曲线[36]**

　　FCC β + HCP γ 双相氚化铒样品中 β 相的衍射峰宽化也表现出强烈的各向异性，其 (111)衍射峰的半峰宽变化不明显，但其(220)衍射峰的半峰宽在 64 d([³He/Er] = 0.02) 至 150 d([³He/Er] = 0.05)时效期间内出现显著的展宽，随后快速降低。当时效 250 d 至 300 d([³He/Er] = 0.10)时，(220)衍射峰的半峰宽则又出现明显的增大。值得指出的是， (220)衍射峰的半峰宽两次出现快速展宽的时间与其静态³He 释放系数出现台阶式急剧上 升阶段的时间一致。时效 300 d 后([³He/Er] > 0.10)，其(220)衍射峰的半峰宽基本保持 恒定。这表明，γ 相的出现将会导致 β 相中 He 演化引起的显微应变宽化更倾向于在(220) 晶面出现。由于 FCC β + HCP γ 双相氚化铒样品中 β 相是超化学计量比的二氚化物，超化 学计量比的氚原子将占据 FCC 晶格的八面体间隙，而八面体间隙氚原子则可能会显著影响 晶格中³He 的扩散、形核和生长。

　　在时效初期 64 d 内([³He/Er] < 0.03)，γ 相的衍射峰未出现明显的宽化。当时效 64 d 至 150 d([³He/Er] = 0.06)时，其(111)和(112)面衍射峰的半峰宽均出现台阶式增大，这 表明在该时效阶段，有限尺寸缺陷大量融合入位错中。之后，(111)和(112)面衍射峰的半 峰宽则都逐渐减小。

### 19.3.3　氚化锆时效过程的 XRD 研究

　　FCT ε 相氚化锆膜([T/Zr] = 1.86)时效过程的 XRD 研究表明，在时效过程中，底衬 Mo 的特征峰位置保持不变且未见宽化效应，氚化锆保持 FCT ε 相结构不变，未出现 α 相 Zr 的特征峰。

　　ε 相氚化锆样品([³He/Zr] = 0)，84 d([³He/Zr] = 0.024)，167 d([³He/Zr] = 0.047)， 300 d([³He/Zr] = 0.084)，526 d([³He/Zr] = 0.145)，786 d([³He/Zr] = 0.212)，1 092 d ([³He/Zr] = 0.288)，1 351 d([³He/Zr] = 0.349)，1 663 d([³He/Zr] = 0.420)和 2 037 d ([³He/Zr] = 0.501)的(111)面和(311)面特征峰的 XRD 衍射谱如图 19.31 所示。图中可

见，ε 相氚化锆特征峰随时效时间的变化同样也出现 4 个效应，即峰位移动、峰展宽、峰强改变和线型不对称。

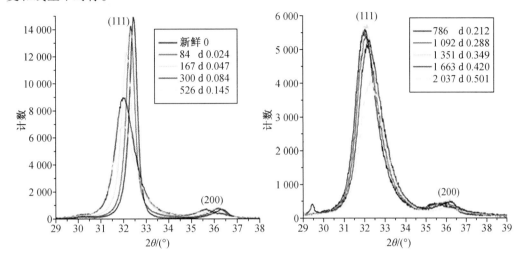

图 19.31　不同 He 含量（$[^3He/Er]$）的 FCT 氚化锆（111）面和（200）面衍射峰的图谱

ε 相氚化锆在时效过程中其晶格常数、特征衍射峰半峰宽随 He 生成量的变化规律的结果如图 19.32、图 19.33 所示。

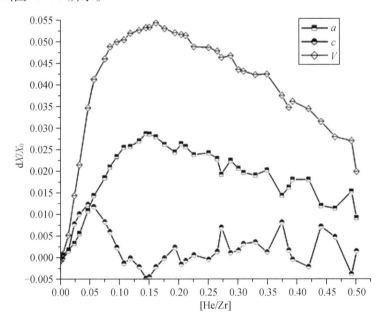

图 19.32　FCT ε 相氚化锆时效过程晶格常数归一化曲线[39]

由图 19.32 可知，ε 相氚化锆晶格常数时效过程中的晶格常数的各向异性变化更明显，即在 a 轴方向的变化率大于 c 轴方向的，且两个轴向的变化规律也不同。

ε 相氚化锆的晶格常数 c 在初始储存两周内（$[^3He/Zr] \leqslant 0.004$），在测量误差范围内保持不变；在 $0.004 < [^3He/Zr] < 0.15$ 区间，晶格常数 c 随 $[^3He/Zr]$ 增加的变化规律近似呈

正态曲线变化,即当[³He/Ti]>0.004 后,开始随[³He/Zr]增大而快速增大,在[³He/Zr] = 0.05 左右时达到最大值,之后开始快速降低,直至[³He/Zr] = 0.15;在 0.15 < [³He/Zr] < 0.35 区间,晶格常数 $c$ 以 $(\Delta c/c)/([^3He/Zr]) = 2.4\% \pm 0.5\%$ 的膨胀率逐渐增大;当 [³He/Zr]>0.35 后,晶格常数 $c$ 开始震荡降低。

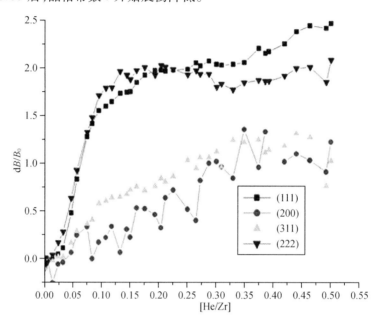

图 19.33　FCT ε 相氚化锆时效过程特征峰半峰宽归一化曲线[39]

ε 相氚化锆的晶格常数 $a$ 在初始储存 3 个月内([³He/Zr]≤0.024),随[³He/Zr]的增加以 $(\Delta a/a)/([^3He/Zr]) = 13.9\% \pm 0.4\%$ 的膨胀率增加;在 0.024 < [³He/Zr] < 0.057 区间,以 $(\Delta a/a)/([^3He/Zr]) = 34.1\% \pm 1.5\%$ 的膨胀率随[³He/Zr]增大而快速增大,之后其膨胀率降低为 $(\Delta a/a)/([^3He/Zr]) = 22.3\% \pm 1.0\%$,当[³He/Zr]>0.057 后其膨胀率进一步降低为 $(\Delta a/a)/([^3He/Zr]) = 11.3\% \pm 1.6\%$,在[³He/Zr] = 0.15 左右时达到最大值;然后开始缓慢降低,其降低率为 $(\Delta a/a)/([^3He/Zr]) = -4.7\% \pm 0.3\%$。值得指出的是,当[³He/Zr]>0.35 后,晶格常数 $a$ 也开始出现震荡,其震荡方向与 $c$ 相反,即 $a$ 增大时 $c$ 减小。这与 FCT 氚化锆的室温静态³He 释放曲线在[³He/Zr]>0.35 后随温度的震荡幅度增大更显著的结果一致。

ε 相氚化锆的晶胞体积 $V$ 在初始储存两个月内([³He/Zr] < 0.014),随[³He/Zr]的增加以 $(\Delta V/V)/([^3He/Zr]) = 44.3\% \pm 1.0\%$ 的膨胀率增加;在 0.014 < [³He/Zr] < 0.057 区间,其膨胀率增加为 $(\Delta a/a)/([^3He/Zr]) = 84.0\% \pm 2.1\%$;当[³He/Zr]>0.057 后,其膨胀率逐渐降低至 $(\Delta a/a)/([^3He/Zr]) = 6.9\% \pm 0.4\%$,在[³He/Zr] = 0.16 左右时达到最大值;在 0.16 < [³He/Zr] < 0.35 区间,晶胞体积 $V$ 以 $(\Delta a/a)/([^3He/Zr]) = -6.8\% \pm 0.4\%$ 的降低率缓慢降低;当[³He/Zr]>0.35,其降低率增加至 $(\Delta a/a)/([^3He/Zr]) = -9.0\% \pm 1.0\%$;在[³He/Zr]达到 0.50 左右时,晶胞体积 $V$ 则出现陡降,这与静态储存曲线此时出现加速释放的现象一致(雪崩效应)。

总体来看,FCT 氚化锆(111)和(222)特征峰半峰宽的变化规律相似,而(200)和(311)特征峰半峰宽的变化规律相似,但也表现出明显的各向异性,即(111)和(222)半峰宽的宽化大于(200)和(311)的。在初始储存 3 个月内($[^3He/Zr] \leqslant 0.024$),各晶面特征峰的半峰宽均基本保持不变。当$[^3He/Zr] > 0.024$后,各晶面特征峰的半峰宽则出现各向异性的快速增大。

在$0.024 < [^3He/Zr] < 0.084$区间,(111)特征峰的半峰宽的宽化率为$(\Delta B/B)/([^3He/Zr]) = 27.83 \pm 1.36$,其展宽量约占总展宽量的60%;在$0.084 < [^3He/Zr] < 0.20$区间,(111)半峰宽的宽化率降为$(\Delta B/B)/([^3He/Zr]) = 4.47 \pm 0.29$,该区间的展宽量约占总展宽量的20%;在$0.20 < [^3He/Zr] < 0.35$区间,(111)半峰宽的宽化率又进一步降为$(\Delta B/B)/([^3He/Zr]) = 0.62 \pm 0.06$,其展宽量仅占总展宽量的4%左右;当$[^3He/Zr] > 0.35$后,(111)半峰宽又开始较快宽化,其宽化率增大为$(\Delta B/B)/([^3He/Zr]) = 2.64 \pm 0.29$,展宽量约占总展宽量的16%。

在$0.024 < [^3He/Zr] < 0.10$区间,(222)特征峰的半峰宽的宽化率与(111)的相似,为$(\Delta B/B)/([^3He/Zr]) = 22.42 \pm 0.66$,但其展宽量占总展宽量的比值更高,约为85%;在$0.10 < [^3He/Zr] < 0.20$区间,(222)半峰宽的宽化率降为$(\Delta B/B)/([^3He/Zr]) = 3.14 \pm 0.83$,在$[^3He/Zr] = 0.20$左右达到最大展宽,在该区间的展宽量约占总展宽量的15%;在$0.20 < [^3He/Zr] < 0.35$区间,(222)半峰宽的展宽开始以$(\Delta B/B)/([^3He/Zr]) = -1.90 \pm 0.29$的收缩率收缩;当$[^3He/Zr] > 0.35$后,(222)半峰宽又开始缓慢宽化,其宽化率为$(\Delta B/B)/([^3He/Zr]) = 1.61\% \pm 0.25\%$。

在$0.033 < [^3He/Zr] < 0.10$区间,(311)特征峰的半峰宽的宽化率为$(\Delta B/B)/([^3He/Zr]) = 8.13\% \pm 0.76\%$,其展宽量约占总展宽量的45%;在$0.10 < [^3He/Zr] < 0.35$区间,(311)半峰宽的宽化率降为$(\Delta B/B)/([^3He/Zr]) = 2.56 \pm 0.19$,在$[^3He/Zr] = 0.35$左右达到最大展宽,在该区间的展宽量约占总展宽量的55%;在$0.35 < [^3He]/[Zr] < 0.50$区间,(311)半峰宽的展宽基本保持不变,当$[^3He/Zr]$达到0.50左右又开始出现明显波动。(200)特征峰的半峰宽的变化规律基本与(311)的一致,但表现出明显的波动。

# 19.4　显微组织对金属氚化物$^3$He演化行为影响研究

## 19.4.1　显微组织结构对氚化钛膜$^3$He演化行为的影响[39]

彭述明等人研究小组对比研究了两种典型 Ti 膜组织结构样品(强织构、小直径柱状晶粒和弱织构、大直径柱状晶粒)吸氚后的氚化钛薄膜的$^3$He演化行为。

强织构、小直径柱状晶粒 Ti 膜制备的 FCC δ 相氚化钛膜样品静态储存过程中$^3$He释放系数随$[^3He/Ti]$原子比的变化如图 19.34 所示。与弱织构、大直径柱状晶粒 Ti 膜制备的 FCC δ相氚化钛膜样品的静态储存过程中$^3$He释放曲线对比研究发现,强织构、小直径柱状晶粒的$^3$He释放从$[^3He/Ti] > 0.06$时就开始出现缓慢而稳定的增长,而弱织构、大直径柱状晶粒的[3]He 释放则是从[[3]He/Ti] > 0.20 后才开始出现缓慢而稳定的增长,在[He/Ti] < 0.20 区间其[3]He 释放较稳定,且具有强烈取向纤维晶粒将导致其[3]He 加速释放阈值分布较宽。这主要是由于与晶界和位错相互作用的[3]He 泡的演化过程的差别导致的。

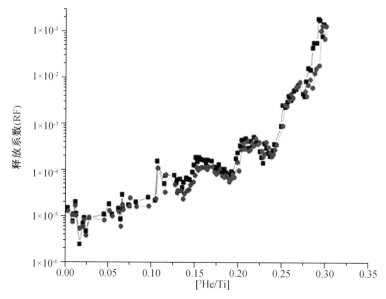

**图 19.34** 强织构、小直径柱状晶粒 Ti 膜制备的 FCC δ 相氚化钛膜样品的
[3]He 释放系数与[3]He 浓度的关系

强织构、小直径柱状晶粒 Ti 膜制备的 FCC δ 相氚化钛膜样品时效过程中晶格常数随 He 含量的变化曲线如图 19.35 所示。与弱织构、大直径柱状晶粒的晶格常数变化规律(图 19.16)不同,其晶格常数的膨胀在[[3]He/Ti] = 0.04 左右就达到饱和,且其晶格常数增大率更大,随后其(311)面和(111)面的晶格常数无明显变化,当[[3]He/Ti] > 0.20 后,(111)面的晶格常数开始快速降低,这与其[3]He 释放此时快速增加的结果一致。

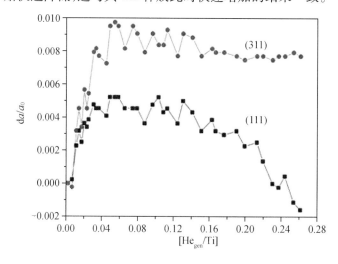

**图 19.35** 强织构、小直径柱状晶粒 Ti 膜制备的 FCC δ 相氚化钛膜样品
时效过程中晶格常数随 He 含量的变化曲线

## 19.4.2　显微组织结构对氚化锆膜³He 演化行为的影响

运用电子枪和电阻镀膜两种方式分别制备了具有两种不同显微组织结构的 Zr 膜样品。电子枪制备的 Zr 膜表现出强烈的(002)择优取向,其织构系数达到 0.822 2;电阻制备的 Zr 膜出现(101)和(002)择优取向,其织构系数分别为 0.447 8 和 0.267 4。两种 Zr 膜的表面形貌 SEM 研究结果表明(图 19.36、图 19.37),电子枪制备的 Zr 膜表面呈现六棱柱薄片规则排列取向,尺寸较小,六边形的直径平均约为 300 nm;电阻制备的 Zr 膜表面也呈现不规则的块状,其尺寸较大,平均长约为 754 nm,宽约为 377 nm。静态储存实验结果表明,电子枪制备的 FCT ε 相氚化锆膜的早期³He 释放系数为 $10^{-4}$,比电阻蒸镀制备的高 1~2 个量级(图 19.38)。

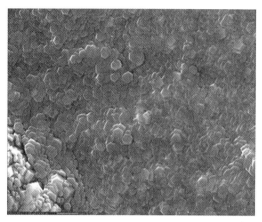

图 19.36　电子枪制备 Zr 膜表面的 SEM 图像

图 19.37　电阻制备 Zr 膜表面的 SEM 图像

金属氚化物的显微组织结构对其固 He 性能均有明显的影响,具有强烈取向、晶粒尺寸较小、较多缺陷的纤维晶粒将会导致氚化钛的³He 加速释放阈值分布较宽,其固 He 性能的稳定性和一致性不如织构较小、晶粒尺寸较大、结构致密的块状晶粒;具有强烈取向、晶粒尺寸较小、较多缺陷的纤维晶粒将会导致氚化锆的早期³He 释放系数高一个量级。

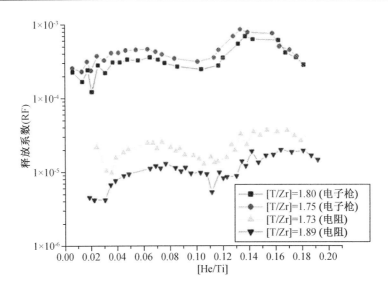

**图 19.38　电子枪和电阻制备 FCT ε 相氚化锆膜的静态释放曲线**

# 19.5　三种金属氚化物的时效机理研究

　　彭述明、周晓松等综合分析了上述三种典型氚化物的$^3$He 演化行为并参考相关的文献,建立了典型金属氚化物的时效效应的定性模型。在此基础上,采用数值模拟方法,获得了评价材料固 He 性能的典型特征参量。

## 19.5.1　模拟方法和结果

1. FCC δ 单相氚化钛中$^3$He 的演化模型研究

（1）FCC δ 单相氚化钛中$^3$He 泡生长研究

Cowgill 等人[58,75]研究了 Pd,Er 等金属氚化物的固 He 机制,发现 FCC 晶体结构中(111)面能为$^3$He 团簇提供更大的生长"空间",$^3$He 原子倾向于在(111)晶面间隙位聚集。随着$^3$He 团簇的生长,$^3$He 团簇将逐渐弹性延展分开相邻的(111)晶面,从而形成 Griffith 型 He 纳米微裂纹。

　　随着 Griffith 型纳米$^3$He 微裂纹的生长,当其厚度膨胀达到 2 倍晶面间距时,更多 He 原子被 He 纳米微裂纹捕获,将导致在其尖端形成位错,从而形成位错偶极子,Griffith 型纳米 He 微裂纹的压力急剧降低。此后,所形成的片状 He 泡以位错偶极子膨胀机制长大[58-59,75]。随着片状 He 泡的生长,其厚度逐渐增大。当片状$^3$He 泡的压力达到发射位错环向球形$^3$He 泡转化的临界压力时,位错偶极子将从片状 He 泡表面逃逸,发射出位错环,$^3$He 泡压力急剧降低。此时,片状 He 泡开始向球形 He 泡转换[75]。

　　由于$^3$He 泡的生长会对晶体产生拉伸应力从而引起晶格的正畸变,因此可通过建立$^3$He 泡压力与晶格间拉伸应力间的关系式对 $da/a_0$ 的变化进行数值模拟。对于具有冲出位错环压力的球形$^3$He 泡,相应的关系式为 $p_{LP}'(\Delta V/V) = B^*(3\,da/a_0)_{LP}$, $p_{LP}' = p_{LP} - 2\gamma/r$,其中,$B^*$ 为材料的体模量,$\Delta V/V = (4/3)\pi r^3 n_B$;对于具有位错偶极子膨胀压力沿(111)面分布的片状$^3$He

泡相应的关系式为 $p_{DE}{}'(\Delta A/A)4/3^{1/2}=E^*(da/a_0)_{DE}$，$p_{DE}{}'=p_{DE}-2\gamma/s\big[(2r+b+s)/(2r+b)\big]$，其中，$E^*$ 为时效材料的杨氏模量，$\Delta A/A=\pi r^2(n_B/4)^{2/3}$；对于 Griffite 型纳米 $^3$He 微裂纹相应的关系式类似于片状 $^3$He 泡的 $p_{GC}{}'(\Delta A/A)4/3^{1/2}=E^*(da/a_0)_{GC}$，$p_{GC}{}'=p_{GC}-2\gamma/s\big[(2r+b+s)/(2r+b)\big]$，其中，$E^*$ 为时效材料的杨氏模量，$\Delta A/A=\pi r^2(n_B/4)^{2/3}$。

　　采用数值模拟研究了不同 $^3$He 泡密度对 3 种 $^3$He 泡生长机制引起 $da/a_0$ 变化的影响，结果表明，Griffite 型纳米 $^3$He 微裂纹生长引起的晶格常数变化（$da/a_0$）最大，片状 $^3$He 泡位错偶极子生长引起的 $da/a_0$ 变化次之，球形 $^3$He 泡冲出位错环生长引起的 $da/a_0$ 最小；且 Griffite 型纳米 $^3$He 微裂纹生长引起的 $da/a_0$ 对 $^3$He 泡密度的变化不敏感，而片状 $^3$He 泡位错偶极子生长和球形 $^3$He 泡冲出位错环生长引起的 $da/a_0$ 均对 $^3$He 泡密度的变化敏感，随 $^3$He 泡密度增加，其引起的 $da/a_0$ 均增大。

　　由于随着 FCC $\delta$ 相氚化钛中的氚衰变会降低氚量，将会导致 FCC 氚化钛晶格的收缩。因此，考虑氚衰变的影响，结合晶格常数随氚量的变化规律（图 19.3），对时效过程中 $^3$He 引起晶格的 $da/a_0$ 变化进行修正。对进行氚衰变修正后的 $da/a_0$ 与数值模拟的三种 $^3$He 泡生长机制引起 $da/a_0$ 变化结果进行了对比分析（图 19.39）。

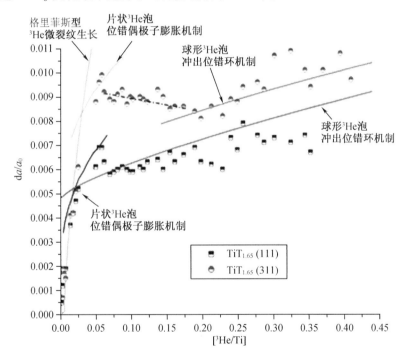

**图 19.39　FCC $\delta$ 相氚化钛晶格常数变化数据的数值拟合结果**[39]

　　由图 19.39 可知，在时效初期（$[^3\mathrm{He}/\mathrm{Ti}]<0.02$），以 Griffith 型纳米 $^3$He 微裂纹生长引起的 $da/a_0$ 变化规律的数值模拟结果与 FCC $\delta$ 相氚化钛样品 XRD 测量数据经氚衰变修正后的 $da/a_0$ 变化规律一致，证实了在时效早期在 FCC $\delta$ 相氚化钛样品首先以沿（111）面分布的 Griffith 型纳米 $^3$He 微裂纹形式生长。（111）和（311）的 $da/a_0$ 变化分别在 $[^3\mathrm{He}/\mathrm{Ti}]=0.02$ 和 $[^3\mathrm{He}/\mathrm{Ti}]=0.025$ 时开始偏离 Griffith 型纳米 $^3$He 微裂纹生长的预测值，这与理论预测的 Griffite 型纳米 $^3$He 微裂纹生长向片状 $^3$He 泡转变时的 $[^3\mathrm{He}/\mathrm{Ti}]$ 值一致。

（111）和（311）的 $da/a_0$ 变化规律分别在 $0.02 < [He/Ti] < 0.06$ 区间和 $0.025 < [He/Ti] < 0.06$ 区间，与 He 泡密度为 $4 \times 10^{24} m^{-3}$ 片状 $^3$He 泡以位错偶极子膨胀机制生长引起的 $da/a_0$ 变化规律的数值模拟结果一致，这表明在此阶段所生成的沿（111）面分布的片状 $^3$He 泡以位错偶极子膨胀机制生长，其 He 泡密度为 $4 \times 10^{24} m^{-3}$。在 $[^3He/Ti] = 0.06$ 时，片状 $^3$He 泡向球形 $^3$He 泡转化，其体积增大 8 倍，压力明显减小，从而导致（111）和（311）的 $da/a_0$ 值在 $0.06 < [He/Ti] < 0.07$ 区间急剧降低，这与理论预测在 $[^3He/Ti] = 0.06$ 时片状 $^3$He 泡开始向球形 $^3$He 泡转化的结果一致。之后，在 $0.07 < [He/Ti] < 0.26$ 区间（111）的 $da/a_0$ 变化规律与 $^3$He 泡密度为 $4 \times 10^{24} m^{-3}$ 的球形 $^3$He 泡冲出位错环机制生长引起的 $da/a_0$ 变化规律的数值模拟结果一致，证实了该阶段球形 $^3$He 泡以冲出位错环机制生长。

（2）FCC δ 单相氘化钛中 $^3$He 泡破裂机制研究

随着 $^3$He 泡的长大，$^3$He 泡间的金属"韧带"变短，金属带中的应力增加，随着应力增加到一定值时，相邻 $^3$He 泡破裂。相邻泡带状应力破裂机制的表达式为 $P_{IBF} = 2\gamma/r + \sigma_F [(\pi r 2 n_b^{2/3})^{-1} - 1]$，其中，$p_{IBF}$ 为相邻 $^3$He 泡破裂压力，$\sigma_F$ 为理论破裂强度。

采用 $^3$He 泡应力诱导－阻碍冲出位错环机制结合相邻泡的带状应力破裂机制，对 FCC β 相氘化钛的加速释放 $[^3He/Ti]$ 值开展了数值模拟研究（图 19.40）。数值模拟获得的 FCC δ 单相氘化钛的加速释放 $[^3He/Ti]$ 值为 0.29，与静态储存实验获得的 δ 单相氘化钛 $^3$He 加速释放阈值范围一致，也与 XRD 测试获得的 $[^3He/Ti] > 0.30$ 后（311）面晶格常数出现震荡的结果一致。

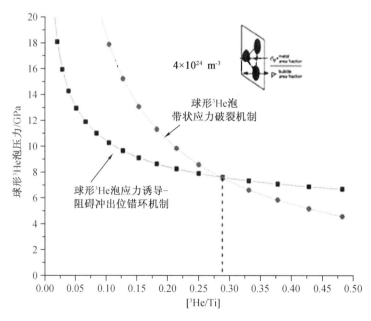

图 19.40　FCC δ 单相氘化钛的加速释放浓度数值模拟结果[39]

（3）影响 FCC δ 单相氘化钛 $^3$He 泡破裂阈值的主要因素

采用 $^3$He 泡应力诱导－阻碍冲出位错环机制结合相邻泡的带状应力破裂机制，系统研究了 $^3$He 泡密度、弹性模量与 FCC 氘化钛相邻 $^3$He 泡破裂的阈值间的关系（图 19.41）。结果表明，在保持氘化钛其他材料性能参数不变的条件下，$^3$He 泡密度的变化会显著改变相邻$^3$He 泡破裂的阈值。例如,弹性模量 $E = 76$ GPa 的曲线,当$^3$He 泡密度从 $1 \times 10^{21}$ m$^{-3}$ 增加到 $5 \times 10^{22}$ m$^{-3}$ 时,其相邻$^3$He 泡破裂的阈值从 0.40 增加到 0.54,进一步增加$^3$He 泡密度,则其相邻$^3$He 泡破裂的阈值开始下降,当$^3$He 泡密度增加到 $5 \times 10^{24}$ m$^{-3}$ 时,相邻$^3$He 泡破裂的阈值降低到 0.27。这表明,FCC 氚化钛的固 He 能力对其中的$^3$He 泡密度非常敏感。因此,若能控制氚化钛中的$^3$He 泡密度,降低现有的$^3$He 泡密度,则会提高 FCC 氚化钛的固 He 能力。如前所述,$^3$He 泡的形核密度与$^3$He 的扩散系数、$^3$He 的结合能和生成速率相关,增大$^3$He 的扩散系数,降低生成速率和$^3$He 的结合能都将降低$^3$He 泡的形核密度。而$^3$He 的扩散系数又与温度密切相关,提高样品的储存温度,将增大$^3$He 的扩散系数。Schober 等人[76]的 TEM 研究结果表明,在 300 ℃ 条件下时效的 FCC 氚化钛样品中$^3$He 泡直径约为 9 nm,$^3$He 泡密度约为 $1 \times 10^{22}$ m$^{-3}$。因此,可通过改变温度条件来调控$^3$He 的扩散系数,从而影响氚化物中的$^3$He 泡形核过程。

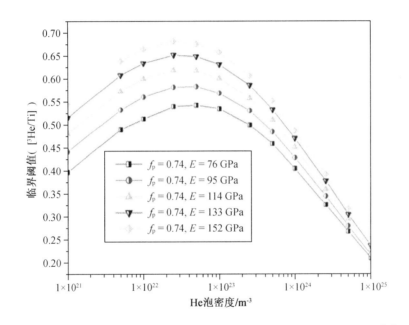

**图 19.41　$^3$He 泡密度和弹性模量对 FCC δ 相氚化钛$^3$He 临界阈值的影响[39]**

从图 19.41 同样可以看出,若在保持 FCC 氚化钛$^3$He 泡密度和其他材料性能参数不变的条件下,若增加其杨氏模量,相邻$^3$He 泡破裂的阈值也随之增加,如在 $5 \times 10^{24}$ m$^{-3}$ 密度条件下,当杨氏模量从 76 GPa 增加到 152 GPa,其相邻$^3$He 泡破裂的阈值从 0.27 逐渐增加到 0.32。因此,可通过提高 FCC 氚化钛的杨氏模量来提高其固 He 能力。

2. FCC β 单相氚化铒时效模型研究

(1)FCC β 单相氚化铒中$^3$He 泡生长过程研究

Sandia 实验室 Bond 等人[46]运用 TEM 对时效过程片状$^3$He 泡在 FCC β 单相氚化铒中的演化过程进行了研究,发现在 $[^3$He/Er$] = 0.098$ 时就已经观察到了相互连通的片状$^3$He 泡和非均匀厚度的片状$^3$He 泡。因此,有理由相信 $5 \times 10^{23}$ m$^{-3}$ 的 FCC 氚化铒中的片状$^3$He 泡在 $r > 8.3$ nm 后倾向于相互融合。值得注意的是,只有在 $r = 8.2$ nm 时 FCC β 单相氚化铒中 Griffite 型纳米$^3$He 微裂纹才完全转化形成片状$^3$He 泡。也就是说,FCC β 单相氚化铒

中在 $r < 8.2$ nm 时,实际是由 Griffite 型纳米$^3$He 微裂纹和片状$^3$He 泡共同组成的,且该阶段 Griffite 型纳米$^3$He 微裂纹持续向片状$^3$He 泡的转化。

美国 Sandia 实验室研究表明,氚化铒在其 β 单相区([H/Er] = 1.8~2.2)其晶格常数基本保持恒定[60-61]。因此,在 β 单相氚化铒时效过程中氚衰变降低氚量不会导致其晶格收缩。与 XRD 实验获得 β 单相氚化铒的 $da/a_0$ 变化与 Griffite 型纳米$^3$He 微裂纹和位错偶极子片状$^3$He 泡两种$^3$He 泡生长机制引起的 $da/a_0$ 变化数值模拟结果进行了对比分析,由图 19.42 可知,β 单相氚化铒在时效早期([$^3$He/Er] < 0.02)以 Griffite 型纳米$^3$He 微裂纹生长引起的 $da/a$ 变化数值模拟结果与实验获得的(111)和(311)的 $da/a_0$ 变化规律一致,表明 β 单相氚化铒样品在时效早期也是以沿(111)面分布的 Griffite 型纳米$^3$He 微裂纹形式生长。但(111)和(311)的 $da/a_0$ 变化分别在[$^3$He/Er] = 0.02 和[$^3$He/Er] = 0.04 时开始偏离 Griffite 型纳米$^3$He 微裂纹生长的预测值。有理由相信,(111)和(311)分别在 0.02 < [$^3$He/Er] < 0.10 区间和 0.04 < [$^3$He/Er] < 0.10 区间,Griffite 型纳米$^3$He 微裂纹逐渐向片状$^3$He 泡转变。在 0.10 < [$^3$He/Er] < 0.23 区间,(111)和(311)的 $da/a_0$ 变化规律与$^3$He 泡密度为 $5 \times 10^{23}$ m$^{-3}$ 的位错偶极子膨胀机制片状$^3$He 泡生长引起的 $da/a_0$ 变化的数值模拟结果一致。这表明,当[$^3$He/Ti]达到 0.10 左右时,β 单相氚化铒中的 Griffite 型纳米$^3$He 微裂纹完全转变成片状$^3$He 泡,此后沿(111)面分布的片状$^3$He 泡以位错偶极子膨胀机制生长,其密度为 $5 \times 10^{23}$ m$^{-3}$。

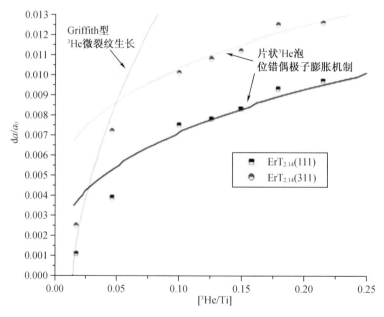

**图 19.42 FCC β 单相氚化铒晶格常数变化数据的数值拟合结果[39]**

在 XRD 数据数值拟合分析的基础上,将 Griffite 型纳米$^3$He 微裂纹生长和位错偶极子片状$^3$He 泡生长过程的$^3$He 泡直径数值模拟结果与 Bond 等人[46]的 TEM 结果进行了对比分析(图 19.43)。结果表明,在[$^3$He/Er] < 0.10 区间 Griffite 型纳米$^3$He 微裂纹生长过程的$^3$He 泡直径变化规律与 Bond 等人实验获得的变化规律一致。但从[$^3$He/Er] = 0.02 开始 Griffite 型纳米$^3$He 微裂纹的直径就比实验结果大,这与 XRD 获得的(111) $da/a_0$ 在[$^3$He/Er] =

0.02时开始偏离 Griffite 型纳米³He 微裂纹生长预测值的结果一致。这进一步证实了在此阶段 Griffite 型纳米³He 微裂纹就已经开始逐渐向片状³He 泡转变。

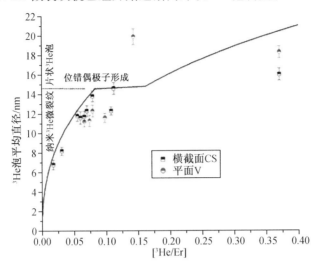

**图 19.43　FCC β 单相氚化铒中³He 泡直径演化数值模拟曲线与实验结果的对比**[39]

(2)FCC β 单相氚化铒中³He 泡破裂机制研究

随着片状³He 泡的长大,³He 泡间的金属"韧带"变短,金属带中的应力增加。当应力增加到一定值时,相邻片状³He 泡破裂。相邻片状³He 泡带状应力破裂机制的表达式为 $p_F = 2\gamma/s + \sigma_F\{[\pi r^2 n_P^{2/3} <\cos\theta>]^{-1} - 1\}$,其中,$p_F$ 为相邻片状³He 泡破裂压力,$\sigma_F$ 为理论破裂强度,$<\cos\theta> = 0.476$ 。

采用片状³He 泡位错偶极子膨胀机制结合相邻片状³He 泡的带状应力破裂机制,对 FCC β 单相氚化铒的加速释放[³He/Ti]值开展了数值模拟研究。由图 19.44 可知,³He 泡密度为 $5 \times 10^{23}$ m$^{-3}$ 的 FCC 氚化铒的数值模拟加速释放[³He/Ti]为 0.26,与静态储存实验获得的结果一致。

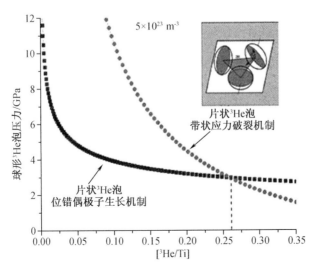

**图 19.44　FCC β 单相氚化铒的加速释放[³He/Ti]浓度数值模拟结果**[39]

依据相邻片状$^3$He泡的带状应力破裂机制,在片状$^3$He泡破裂时,其片状$^3$He泡投影间的金属区域面积$S$应该满足$S>0$的条件,其表达式为$S = 3^{1/3}R^2 - (\pi r^2/2)\cos\theta$,其中,$R$为相邻片状$^3$He泡的平均间距,$r$为片状$^3$He泡半径,$\theta$为片状$^3$He泡与投影面间的夹角。研究发现,片状$^3$He泡密度在$3 \times 10^{23}$ m$^{-3} \leqslant n_p \leqslant 1 \times 10^{28}$ m$^{-3}$范围,均满足$S>0$的条件(图19.45)。

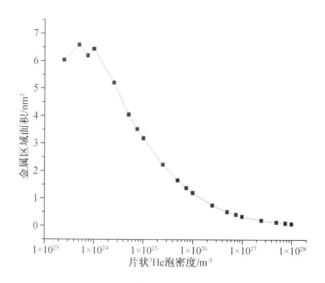

**图19.45　FCC β单相氚化铒片状$^3$He泡破裂时$^3$He泡投影间金属区域面积与片状$^3$He泡密度间的关系[39]**

在$3 \times 10^{23}$ m$^{-3} \leqslant n_p \leqslant 1 \times 10^{28}$ m$^{-3}$区间$^3$He泡密度与FCC氚化铒相邻$^3$He泡破裂阈值间的关系如图19.46所示。结果表明,在保持氚化铒其他材料性能参数不变的条件下,片状$^3$He泡密度的变化也会显著改变相邻$^3$He泡破裂的阈值。当$^3$He泡密度从$3 \times 10^{23}$ m$^{-3}$增加到$5 \times 10^{25}$ m$^{-3}$时,其相邻片状$^3$He泡破裂的阈值从0.24增加到0.40,进一步增加$^3$He泡密度,则其相邻$^3$He泡破裂的阈值开始下降,当$^3$He泡密度增加到$2.5 \times 10^{27}$ m$^{-3}$时,相邻$^3$He泡破裂的阈值降低到0.34。这表明,FCC氚化铒的固He能力也对其中的$^3$He泡密度非常敏感。因此,若能控制氚化铒中的$^3$He泡密度,增加现有的$^3$He泡密度,则会提高FCC氚化铒的固He能力。如可采用掺杂的方法降低$^3$He的扩散系数,增加晶体中的捕陷位,则可增大FCC氚化铒的固He能力。

3. FCT ε单相氚化锆时效模型研究

(1)FCT ε单相氚化锆中$^3$He泡生长过程研究

由于FCT结构的各向异性,时效早期FCT ε单相氚化锆中沿(111)面的Griffite型纳米$^3$He微裂纹和片状$^3$He泡的生长在不同晶向会沿不同滑移系运动,而FCT结构有6个不同滑移系,且不同滑移系的剪切模量不同,其中{110} <111>滑移系的剪切模量最低($\mu = 22.5$ GPa)。随着沿(111)面的Griffite型纳米$^3$He微裂纹和片状$^3$He泡的生长,将导致[111]方向晶面间距$da/a_0$发生变化,从而使晶格常数发生变化。

由于随着FCT ε单相氚化锆中的氚衰变会降低氚量,将会导致FCT ε单相氚化锆晶格的各向异性变化,即晶格常数$a$收缩、晶格常数$c$增大、晶胞体积减小,因此,考虑氚衰变的影响,结合文献报道的晶格常数随氢含量的变化规律[79],对时效过程中³He 引起的晶格参数变化进行了修正。对经氚衰变修正后的 ε 单相氚化锆(111)面晶格参数 $dX/X_0$ 变化与数值模拟的三种³He 泡生长机制引起 $dX/X_0$ 变化结果进行了对比分析(图 19.47)。

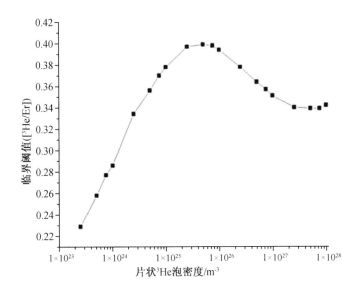

**图 19.46　FCC β 单相氚化铒的加速释放浓度数值模拟结果($\mu = 30.5$ GPa)[39]**

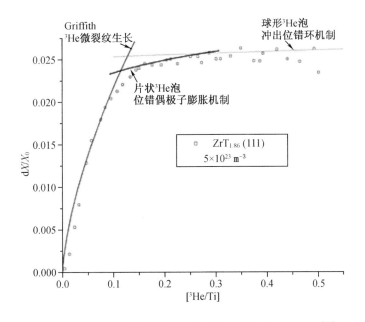

**图 19.47　FCT 氚化锆晶格常数变化数据的数值拟合结果[39]**

由图 19.47 可知,在[³He/Zr]<0.10 时,以 Griffite 型纳米³He 微裂纹生长引起的 $dX/X_0$ 变化数值模拟结果与 FCT ε 单相氚化锆(111)面 $dX/X_0$ 变化规律一致,表明 FCT 氚化锆样品在时效早期主要表现出沿(111)面分布的 Griffite 型纳米³He 微裂纹形式生长。当

$[^3\text{He/Zr}] > 0.10$ 后,$\mathrm{d}X/X_0$ 变化开始偏离 Griffite 型纳米 $^3$He 微裂纹生长的预测值,在 $0.10 < [^3\text{He/Zr}] < 0.15$ 区间 Griffite 型纳米 $^3$He 微裂纹逐渐完全转变成片状 $^3$He 泡。在 $0.15 < [^3\text{He/Zr}] < 0.23$ 区间,(111) 的 $\mathrm{d}X/X_0$ 变化规律与 $^3$He 泡密度为 $5 \times 10^{23}$ m$^{-3}$ 的位错偶极子膨胀机制片状 $^3$He 泡生长引起的 $\mathrm{d}a/a_0$ 变化的数值模拟结果一致。这表明,在该阶段 $^3$He 泡主要以片状 $^3$He 泡位错偶极子膨胀机制生长,其密度为 $5 \times 10^{23}$ m$^{-3}$。当 $[^3\text{He/Zr}] > 0.23$ 后,晶格参数的变化总体符合球形 $^3$He 泡冲出位错环机制。

值得注意的是,$[^3\text{He/Zr}] > 0.16$ 后其晶格参数变化发生波动。结合 Schober 等人[55-56]在时效 836 d 的 ZrT$_{1.6}$ 样品中发现了缀饰着 $^3$He 泡的位错且大量 $^3$He 泡形状为多面体型的研究结果,有理由相信,在 $[^3\text{He/Zr}] > 0.16$ 后晶体中的片状 $^3$He 泡就开始逐渐向球形 $^3$He 泡转化,形成多面体 $^3$He 泡,同时生成的多面体 $^3$He 泡或球 $^3$He 泡也开始与位错发生相互作用,缀饰在位错上,部分 $^3$He 泡通过位错发生融合。

(2)FCT $\varepsilon$ 单相氚化锆中 $^3$He 泡破裂机制研究

采用 $^3$He 泡应力诱导 - 阻碍冲出位错环机制,结合相邻泡的带状应力破裂机制,对 FCT $\varepsilon$ 单相氚化锆的加速释放 $[^3\text{He/Ti}]$ 开展了数值模拟研究。由图 19.48 可知,$^3$He 泡密度为 $5 \times 10^{23}$ m$^{-3}$ 的 FCT $\varepsilon$ 单相氚化锆的数值模拟加速释放 $[^3\text{He/Zr}]$ 为 0.50,与静态储存实验获得的结果一致。

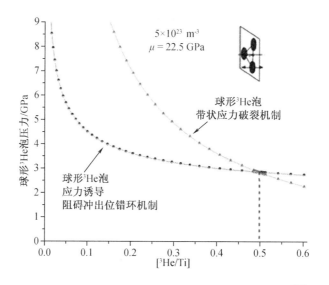

图 19.48　FCT $\varepsilon$ 单相氚化锆的加速释放数值模拟结果[39]

系统研究 $^3$He 泡密度、弹性模量与 FCT $\varepsilon$ 单相氚化锆相邻 $^3$He 泡破裂的阈值间的关系表明(图 19.48),在保持氚化钛其他材料性能参数不变的条件下,$\varepsilon$ 单相氚化锆的固 He 能力也对其中的 $^3$He 泡密度非常敏感。从图 19.49 可知,若在保持 $\varepsilon$ 单相氚化锆 $^3$He 泡密度和其他材料性能参数不变的条件下,增加其力学性能,则相邻 $^3$He 泡破裂的阈值也随之增加。因此,可通过提高 FCT 氚化锆的力学性能来进一步提高其固 He 能力。

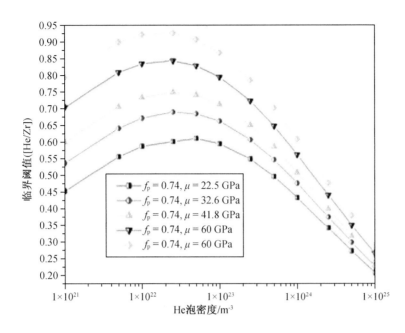

**图 19.49　FCT ε 单相氘化锆的加速释放数值模拟结果[39]**

# 19.6　结论与展望

总体来看,金属氘化物时效过程中晶格常数的 $da/a_0$ 变化可以反映[3]He 泡的生长机制。在[3]He 泡密度不变的前提下,Griffite 型纳米[3]He 微裂纹生长、片状[3]He 泡位错偶极子生长和球形[3]He 泡冲出位错环机制生长所引起的晶格常数 $da/a_0$ 变化均随着[3]He 泡长大而增加,但不同[3]He 泡生长机制引起的 $da/a_0$ 的增大率有所不同,从大到小的顺序为 Griffite 型纳米[3]He 微裂纹生长、片状[3]He 泡位错偶极子生长、球形[3]He 泡冲出位错环机制生长。He 泡密度对不同生长机制引起的 $da/a_0$ 变化影响规律不同,Griffite 型纳米[3]He 微裂纹生长引起的晶格常数 $da/a_0$ 变化对[3]He 泡密度的变化不敏感;片状[3]He 泡位错偶极子生长和球形[3]He 泡冲出位错环生长引起的晶格常数 $da/a_0$ 变化则均随[3]He 泡密度增加而增大。当金属氘化物中的[3]He 泡发生融合,则其晶格常数 $da/a_0$ 变化将随[[3]He/M]的增大而减小。

因此,对具有相同[3]He 泡生长机制的金属氘化物体系而言,其晶格常数 $da/a_0$ 变化发生转折时的 He 浓度可反映出其中[3]He 泡生长状态发生转化情况。

[3]He 在 FCC δ 相氘化钛和 FCT ε 相氘化锆中的典型演化均可分为 6 个阶段:[3]He 迁移聚集成团簇、Griffite 型[3]He 纳米微裂纹的生长、片状[3]He 泡的生长、球形[3]He 泡的生长、相邻球形[3]He 泡破裂融合和贯通[3]He 泡网络形成。但由于 FCT 结构的各向异性,FCT ε 相氘化锆时效早期沿(111)面的 Griffite 型纳米[3]He 微裂纹和片状[3]He 泡的生长在不同晶向会沿不同滑移系运动,随着沿(111)面分布的 Griffite 型纳米[3]He 微裂纹和片状[3]He 泡的生长,主要

导致[111]方向晶面间距 $da/a_0$ 发生变化,从而使 $^3$He 泡演化的具体过程又有所不同。

FCC δ 相氚化钛和 FCT ε 相氚化锆的固 He 阈值符合球形 $^3$He 泡应力诱导 – 阻碍冲出位错环机制结合相邻泡的带状应力破裂机制的数值模拟结果;而 FCC β 相氚化铒的固 He 阈值则符合片状 $^3$He 泡位错偶极子膨胀机制结合相邻片状 $^3$He 泡带状应力破裂机制的数值模拟结果。基于 3 种典型金属氚化物固 He 阈值的数值模拟模型,获得了影响其固 He 性能的主要特征参量——$^3$He 泡密度和力学性能(杨氏模量、剪切模量、破裂强度),其中 $^3$He 泡密度的影响最为显著。在保持金属氚化物其他性能参数不变的条件下,降低 FCC δ 相氚化钛和 FCT ε 相氚化锆现有的球形 $^3$He 泡密度都将会提高 FCC δ 相氚化钛和 FCT ε 相氚化锆的固 He 能力;而 FCC β 相氚化铒则相反,需增加现有的片状 $^3$He 泡密度。提高金属氚化物的力学性能(杨氏模量、剪切模量)也会增加其固 He 能力。

需要指出的是,$^3$He 泡密度基本在 $^3$He 迁移聚集成团簇阶段就达到饱和值,之后在时效过程中基本保持不变。而在该阶段 $^3$He 泡密度是由金属氚化物的扩散系数 $D$ 和 $^3$He 原子对结合能等参数综合决定的,即增大扩散系数 $D$ 和降低 $^3$He 原子对的结合能均将导致金属氚化物中的 $^3$He 泡形核密度降低。Ti,Zr,Er 三种氚化物的 $^3$He 泡密度分别为 $(2\sim4)\times10^{24}$ m$^{-3}$,$5\times10^{23}$ m$^{-3}$ 和 $5\times10^{23}$ m$^{-3}$。

综上所述,可采用两组特征量来评价金属氚化物材料固 He 性能:①可通过晶胞体积变化发生转折时的[$^3$He/M]进行评估;②$^3$He 泡密度和力学性能结合 $^3$He 泡破裂机制进行数值模拟评估。但目前所建立的金属氚化物中的 $^3$He 时效模型并未考虑实际材料中 $^3$He 泡密度和大小的分布对其演化过程和固 He 阈值的影响。因此,需要在后续工作中引入统计方法,分析 $^3$He 泡密度和大小分布对其固 He 阈值的影响,获得固 He 阈值的分布范围。

目前对金属氚化物中的 $^3$He 演化行为各向异性变化的显微机制仍不清楚,需要在后续工作中结合理论计算模拟,从不同晶面的表面能、不同晶体学方向的剪切模量以及 $^3$He 泡生长过程中显微缺陷的演化规律等角度对金属氚化物中各向异性的 $^3$He 演化行为进行深入研究。同时,需在后续研究中系统研究点缺陷类型、浓度等显微结构特性和介观特征参数(组织结构)对金属氚化物时效行为影响的机理研究。这就需要进一步发展金属氚化物时效过程特征参数的原位测量方法。

目前对金属氚化物中 $^3$He 演化对其性能变化的影响的理论认识仍不够深入,在后续研究中应加强 $^3$He 演化模型与金属氚化物时效性能间的关联性研究,认识时效过程影响金属氚化物储氚性能、力学性质等变化的机制,为评估、预测和优化金属氚化物的使用性能提供基础。

## 参考文献

[1] 王隆保,吕曼祺,李依依. 金属氚化物的时效和时效效应[J]. 金属学报,2003,39:449 – 469.

[2] 王佩旋,宋家树. 材料中的氦及氦渗透[M]. 北京:国防工业出版社,2002.

[3] KAESS U, MAJER G, STOLL M, et al. Hydrogen and deuterium diffusion in titanium dihydrides/dideuterides[J]. Journal of Alloys and Compounds, 1997, 259:74 – 82.

[4] TSUCHIYA B. NAGATA S, SHIKAMA T, et al. Heat conductions due to electrons and phonons for titanium hydride and deuteride[J]. Journal of Alloys and Compounds, 2003, 356 – 357:223 – 226.

[5] SETOYAMA D, MATSUNAGA J, ITO M, et al. Thermal properties of titanium hydrides [J]. Journal of Nuclear Materials, 2005, 344: 298 – 300.

[6] SETOYAMA D, MATSUNAGA J, MUTA H. Characteristics of titanium – hydrogen solid solution[J]. Journal of Alloys and Compounds, 2004, 385:156 – 159.

[7] SETOYAMA D, MATSUNAGA J, MUTA H, et al. Mechanical properties of titanium hydride[J]. Journal of Alloys and Compounds, 2004, 381:215 – 220.

[8] TREFILOV V I, TIMOFEEVA I I, KLOCHKOV L I, et al. Effects of temperature change and hydrogen content on titanium hydride crystal lattice volume[J]. International Journal of Hydrogen Energy, 1996, 21:1101 – 1103.

[9] SENKOVA O N, CHAKOUMAKOS J J, JONAS B C, et al. Effect of temperature and hydrogen concentration on the lattice parameter of beta titanium[J]. Materials Research Bulletin, 2001, 36:1431 – 1440.

[10] LIANG C P, GONG H R. Structural stability, mechanical property and phase transition of Li – H system[J]. International Journal of Hydrogen Energy, 2010, 35:11378 – 11386.

[11] WANG X Q, WANG J T. Structural stability and hydrogen diffusion in $TiH_x$ alloys[J]. Solid State Communications, 2010, 150: 1715 – 1718.

[12] ZHOU X S, LIU Q, ZHANG L, et al. Effects of tritium content on lattice parameter, $^3$He retention, and structural evolution during aging of titanium tritide[J]. International Journal of Hydrogen Energy, 2014, 39:20062 – 20071.

[13] KOBZENKO A P, KOBZENK O, CHUBENKO M V, et al. Crystal structure change of titanium hydride desorption products in helium[J]. International Journal of Hydrogen Energy, 1995, 20:383 – 386.

[14] PADURETS L N, ZH V, DOBROKHOTOVA Z V, et al. Transformations in titanium dihydride phase[J]. International Journal of Hydrogen Energy, 1999, 24:153 – 156.

[15] KUDABAEV Z I, TORGESON D R, SHEVAKIN A F. Nuclear magnetic resonance study of the phase transitions in $TiH_2$ and $TiD_2$[J]. Journal of Alloys and Compounds, 1995, 231:233 – 237

[16] GUTELMACHER E, GEMMA R, PUNDT A, et al. Hydrogen behavior in nanocrystalline titanium thin films[J]. Acta Materialia, 2010, 58:3042 – 3049.

[17] SCHUR D V, ZAGINAICHENKO S Y U, ADEJEV V M, et al. Phase transformations in

titanium hydrides[J]. International Journal of Hydrogen Energy, 1996,21:1121 – 1124.

[18] FERMANDEZ J F, CUEVAS F, ALGUERO M, et al. Influence of the preparation conditions of titanium hydride and deuteride $TiH_x(D_x)(x \approx 2.00)$ on the specific heat around the $\delta - \varepsilon$ transition[J]. Journal of Alloys and Compounds, 1995,231 :78 – 84.

[19] KULKOVA S E, MURYZHNIKOVA O N, BEKETOV K A. Electron and positron characteristics of group IV metal dihysrides[J]. International Journal of Hydrogen Energy, 1996,21 :1041 – 1047.

[20] KOBZENKO G F, KOBZENKO A P, CHUBENKO M V, et al. Crystal structure change of titanium hydride desorption products in helium[J]. International Journal of Hydrogen Energy, 1995,20:383 – 386.

[21] Anon. Binary alloy phase diagrams: Ti – H[R]. ASM International, 1996.

[22] YAKEL H L. Thermocrystallography of higher hydrides of titanium and zirconium[J]. Acta Crystallographica, 1985,11 : 46 – 51.

[23] YAMANAKA S, YAMADA K, KUROSAKI K, et al. Characteristics of zirconium hydride and deuteride[J]. J Alloys Compd, 2002,330 – 332: 99 – 104.

[24] RODRIGUEZ M A, FERRIZZ R M, SNOW C S, et al. X – ray powder diffraction data for $ErH_{2x}D_x$[J]. Powder Diffraction, 2008,23 :259 – 264.

[25] 丁伟, 龙兴贵, 梁建华. Ti,Zr,Er 及 Nd 等金属氚化物的 $^3$He 释放[J]. 原子能科学技术, 2008,42: 944 – 947.

[26] THIEBAUT S, DOUILLY M, CONTRERAS S, et al. A percheron – guegan, $^3$He retention in $LaNi_5$ and Pd tritides: dependence on stoichiometry, $^3$He distribution and aging effects [J]. Journal of Alloys and Compounds, 2007,446 – 447:660 – 669.

[27] ZHOU X S, CHEN G J, PENG S M, et al. Thermal desorption of tritium and helium in aged titanium tritide films[J]. International Journal of Hydrogen Energy ,2014,39: 11006 – 11015.

[28] ZHOU X S, LONG X G, ZHANG L, et al. X – ray diffraction analysis of titanium tritide film during 1 600 days[J]. Journal of Nuclear Materials, 2010,396: 223 – 227.

[29] Zhou X S, Peng S M, Long X G, et al. Progress of helium evolution in aging titanium tritide film[J]. Fusion Science and Technology, 2011,60 : 905 – 909.

[30] VAJDA P. Hydrogen in rare earth metals including $RH_{2+x}$ phases [J]. North – Holland, Amsterdam, 1995: 207.

[31] LUNDIN C E. Thermodynamics of the erbium – deuterium system[J]. Trans Metall Soc. AIME ,1968,242:1161.

[32] BEAVIS L C, KASS W J. Room – temperature desorption of $^3$He from metal tritides: a tritium oncentration effect on the rapid release of helium from the tritide[J]. J Vac Sci

Technol,1977, 14 : 509.

[33] MITCHELL D J, PATRICK R C. Temperature dependence of helium release from erbium tritide films[J]. J Vac. Sci. Technol,1981,19 :236.

[34] THOMAS G J,RADIAT E. Experimental studies of helium in metals[J]. Defects Solids, 1983,78 :37.

[35] BEAVIS L C. Sandia national laboratories report[J]. SAND79 – 0645, 1979.

[36] ZHOU X S, ZHANG L, WANG W D, et al.[3]He retention and structural evolution in erbium tritides:phase and aging effects[J].Journal of Nuclear Materials, 2015,416:157 – 163.

[37] MULLER W M, BLACKLEDGE J, LIBOWITZ G G. Metal hydrides[M]. New York : Academic Press, 1968.

[38] PALASYUK T, TKACZ M. Pressure induced hexagonal to cubic phase transformation in erbium trihydride[J]. Solid State Commun,2004,130:219.

[39] 周晓松. Ti,Zr,Er 氚化物的时效效应研究[D]. 绵阳:中国工程物理研究院,2012.

[40] COWGILL D F. Helium nano – bubble evolution in aging metal tritides[J]. Fusion Science and Technology,2005, 48 :539 – 544.

[41] KNAPP J A, BROWNING J F, BOND G M. Evolution of mechanical properties in $ErT_2$ thin films[J]. Journal of Applied Physics, 2009,105 : 053 – 501.

[42] CHEN J, JUNG P, TRINKAUS H. Microstructural evolution of helium – implanted $\alpha$ – SiC[J]. Physical Review B, 2000,61 : 12923 – 12932.

[43] HARTMANN M, TRINKAUS H. Evolution of gas – filled nanocracks in crystalline solids [J]. Physical Review Letters, 2002,88 : 055 – 505.

[44] TRINKAUS H, WOLFER W G. Conditions for dislocation loop punching by helium bubbles[J]. Journal of Nuclear Materials, 1984,122: 552 – 557.

[45] WOLFER W G. The pressure for dislocation loop punching by a single bubble[J]. Philosophical Magazine A, 1988,58:285 – 297.

[46] BOND G M, BROWNING J F, SNOW C S. Development of bubble microstructure in $ErT_2$ films during aging[J]. Journal of Applied Physics, 2010,107:083 – 514.

[47] LEFAIX J H, MOLL S, JOURDAN T, et al. Effect of grain microstructure on thermal helium desorption from pure iron[J]. Journal of Nuclear Materials,2013,434:152 – 157.

[48] EVANS J H. Breakaway bubble growth during the annealing of helium bubbles in metals [J]. Journal of Nuclear Materials, 2004,334: 40 – 46.

[49] VEDENEEV A I, LOBANOV V N, STAROVOITOVA S V. Radiogenic helium thermodesorption from titanium tritide[J]. Journal of Nuclear Materials, 1996,2: 1189 – 1192.

[50] WAN C B, ZHOU X S, WANG Y T. et al. Structural investigations in helium charged titanium films using grazing incidence XRD and EXAFS spectroscopy[J]. Journal of Nucle-

ar Materials, 2014,444:142 – 146.

[51] VEDENEEV, GOLUBKOV A N, ARTEMOV L V, et al. Variation in the properties of titanium tritide – deuteride due to the β decay of tritium[J]. Russian Metallurgy (Metally),1999, 4 :127 – 136.

[52] SHANAHAN K L, HLDER J S. Helium release behavior of aged titanium tritides[J]. J Alloys Compd, 2005,404 – 406 : 365 – 367.

[53] SHANAHAN K L, HLDER J S. Deuterium, tritium, and helium desorption from aged titanium tritides[J]. J Alloys Compd, 2007,446 – 447: 670 – 675.

[54] RODIN A M, SURENYANTS V V. Solid solution of helium in titanium with a helium content of up to 30 at. %[J]. ZhFKh, 1971,45 : 1094 – 1098.

[55] SCHOBER T, LSSER R. The aging of zirconium tritides: a TEM study[J]. J Nucl Mater, 1984,120: 137.

[56] SCHOBER T, TRINKAUS H, LSSER R. A TEM study of the aging of Zr tritides[J]. J Nucl Mater, 1986,141 – 143 : 453 – 457.

[57] COWGILL D F. Sandia national laboratories report[J]. SAND 2004 – 1739, 2004.

[58] COWGILL D F. Effects of hydrogen on materials[J]. ASM International, Materials Park, OH, 2008, 7:686 – 693.

[59] COWGILL D F. A review of helium precipitate evolution in metal tritides[R]. USA: Sandia ational Laboratories, 2008.

[60] RODRIGUEZ M A, SNOW C, WIXOM R. In – situ monitoring of deuterium site occupancy in erbium deuteride via time – of – flight neutron diffraction analysis[R]. USA: Sandia National Laboratories, 2008.

[61] SNOW C, BROWNING C, RODRIGUEZ M A. Hydrogen site – occupancy studies in the erbium(H,D)$_2$ system[R]. USA: Sandia National Laboratories, 2005.

[62] WIXOM R R, BROWNING J F, SNOW C S, et al. First principles site occupation and migration of hydrogen, helium, and oxygen in β – phase erbium hydride[J]. J Appl Phys, 2008,103: 123 – 708.

[63] CHENG C R, LI Y, YUN Y D, et al. Ab initio study of H and He migrations in β – phase Sc,Y and Er hydrides[J]. Chinese physics B, 2012,21: 464 – 472.

[64] KRIVOGLAZ M A. Theory of X – ray and thermal neutron scattering by real crystals [M]. New York: Plenum, 1969.

[65] GAVRILOV P I, SOROKIN V P, STENGANCH A V, et al. The variation of asolid phase state of pure and alloyed titanium tritides versus generated helium amount[C]. Hydrogen Materials Science and Chemistry of Metal Hydrides. Netherland: Kluwer Academic Publishers, 2002.

[66] FLAMENT J L, LOZES G. Localisation de L'helium frome dans les trities[J]. Troisieme Congres International Hydrogene et Materiaux, 1982,7 – 11:173 – 178.

[67] LIANG J H, DAI Y Y, YANG L, et al. Ab initio study of helium behavior in titanium tritides[J]. Computational Materials Science, 2013,69:107 – 112.

[68] RODRIGUEZ M A, BROWNINGJ F, FRAZER C S, et al. Unit cell expansion in $ErT_2$ films [J]. Powder Diffraction, 2007,22 :118.

[69] SCHOBER T, FARRELL K. Helium bubbles in $\alpha$ – Ti and Ti tritide arising from tritium decay: a TEM study[J]. Journal of Nuclear Materials, 1989,168:171 – 177.

[70] BLASCHKO O, PLESCHIUTSCHNIG J, GLAS R, et al. Helium damage in metal – tritium systems[J]. Physical Review B, 1991,44 :9164 – 9169.

[71] SNOW C S, BREWER L N, GELLES D S, et al. Helium release and microstructural changes in Er $(D, T)_{2-x}{}^3He_x$ films[J]. J Nucl. Mater,2008,374:147.

[72] SNOW C S, BROWNING J F, BOND G M, et al. $^3$He bubble evolution in $ErT_2$: a survey of experimental results[J]. J Nucl Mater ,2014,453 : 296.

[73] BROWNING J F, SMITH G, SNOW C S, et al. Sandia national laboratories report[J]. SAND 2007 – 2789C, 2007.

[74] SPULAK RG. On helium release from metal tritides[J]. J Less – Common Met,1987, 132:17.

[75] COWGILL D F. Physics of He platelets in materials [R]. USA: Sandia National Laboratories, 2006.

[76] SCHOBER T, TRINKAUS H. 3He bubbles formation in titanium tritides at elevated temperature: a TEM study[J]. Phil Mag A, 1992,65 :1235.

[77] SNOW C S, MATTSSON T. Elastic constants of rare earth and transition metal di – hydrides[R]. USA: Sandia National Laboratories, 2008.

[78] SNOW C S, SCHULTZ P, MATTSSON T, et al. A hearty Hodge of $ErT_2$ research: a bit of this and a bit of that[R]. USA: Sandia National Laboratories, 2010.

[79] SYASIN V A, SOKOLOV A B, PONORET I K, et al. Influence of hydrogen content on some properties and presence of defects in zirconium hydride[R]. USA: Sandia National Lab – oratories, 2008.

# 第 20 章　Ti 基储氚合金的研制及应用

　　美国和苏联是最早研究、应用储氚材料的国家。20 世纪 60 年代末,美国阿贡国家实验室和俄亥俄州蒙德实验室对金属氚化物时效后 $^3$He 释放行为及机理进行了系统研究,他们在 20 世纪 70 年代发表了多篇文章,报道了金属 Pd、V、U、Ti、Li 的储氚固 He 性能的研究结果。美国桑迪亚国家实验室报道了 20 世纪 60 年代关于二元氢化物的相结构、密度、吸氢容量及熵和焓等热力学参量的研究工作,涉及的金属有 Sc、V、Ti、Y、Zr、Nb、La、Er、Hf 和 Ta等,文章涉及相应的同位素效应。1972 年有学者报道了关于 5 种金属(Sc、Ti、Er、Y、Ho)氚化物膜材结构特性的研究结果,对 5 种氚化物经 5 年时效后开始呈现明显脱膜现象的时间进行排序,并给出了膜内由于 $^3$He 积聚形成小空洞时间由长到短的顺序,应该说这些是金属氚化物在核技术中应用的早期研究工作。

　　20 世纪 80 年代以前的研究主要是针对单质金属进行的。人们发现金属氚化物时效的共同特点是:在储存初期(300 ~ 900 d)放 He 率很低,衰变产生的 $^3$He 几乎全部被金属保留,而后 $^3$He 的释放速率突然加大,一段时期之后 $^3$He 的释放率与 $^3$He 产生率相近,这种现象称为加速释放,在此之前的低释放率阶段称之为缓慢释放,缓慢释放期的长短直接决定了储氚材料的存放期。

　　这以后的十多年,美、德、法及苏联的实验室相继对近 50 余种单质金属氚化物进行了室温和高温时效效应研究,提出了氚化物中 $^3$He 的缓慢释放期以及 $^3$He 加速释放临界浓度的概念和机制,开始了以延缓 $^3$He 聚集、析出为目的的研究工作。比较而言,U、Ti、Pd、Zr、Er和 Sc 等金属能生成很稳定的氚化物,有重要的应用价值。

　　一项 $PdT_{0.6}$、$TiT_{1.7}$、$UT_3$、LiT 和 $ErT_2$ 的对比研究表明,这些金属氚化物都有很高的吸氚容量,但固 He 能力差别很大。对比而言,$PdT_{0.6}$ 具有最好的固 He 效果,$TiT_{1.7}$ 次之。LiT 实际应用有困难。$ErT_2$ 和 $YT_2$ 过于稳定,不适合用于氚的储存。

　　Ti 是应用较早并且仍具有开发前景的储氚材料。Ti 的吸氚容量很高,室温离解平衡压很低,是某些应用领域(例如中子发生器的氚靶膜)优先考虑的选择。时效早期 $TiT_x$ 膜 $^3$He的释放量非常少,[He/Ti] ≈0.1 时释放系数仍为 $10^{-5}$ 量级。储存 2 ~ 3 年的 $TiT_{1.7}$ 中的 $^3$He主要以小于 100 nm 的 He 泡形式分布。$TiT_{2-x}He_x$ 的 $^3$He 加速释放临界浓度为 0.3 左右,但不同研究者的结论有所不同,范围均在 0.27 ~ 0.43 之间。

　　研究表明,大多数单质金属氚化物的缓慢释放期在 3 年以内,很难满足有限寿命器件延寿的需求。合金化是较好的选择。

　　彭述明、王隆保、罗顺忠、周筑颖、龙兴贵和刘实等人主持的项目组在原有研究工作基础和国家重点基金项目(金属氚化物的时效效应和延缓 He 析出的材料学机制)以及几项面上基金项目的支持下,以核技术领域急需的高固 He 储氚合金的研制及应用为背景,开展了低平衡压高性能储氚合金的研究。本章主要引用他们对于几种 Ti 基合金的研究工作。

# 20.1　Ti 基储氢合金

Ti 的吸氢密度高达 $9.2 \times 10^{22}\ \mathrm{cm}^{-3}$，是迄今发现吸氢密度最高的单质金属材料。Ti 的氢化物具有极低的室温离解平衡压，在核技术中常被用作高真空环境用的氚源材料。氚是氢的放射性同位素，其半衰期为 12.3 年，衰变产物包括一个 $^3\mathrm{He}$ 原子、一个电子和一个反中微子。

$$T \longrightarrow {}^3\mathrm{He}^+ + \beta^- + \overline{\nu}_e + 18.582\ \mathrm{keV} \tag{20.1}$$

在储存氚的过程中，金属氚化物实际上是随时间演化的三元化合物，因此在储氚材料的应用中须同时考虑其性质变化和时效效应。$^3\mathrm{He}$ 的累积和释放会破坏系统的真空度，此外金属氚化物也会因易碎裂掉粉而导致器件失效。

在纯 Ti 基础上合金化是增强氚化物性能和固 He 能力的研发方向。在合金化研究中，合金储氚材料的吸氚热力学性质、力学性能、抗氢脆化能力和抵御 $^3\mathrm{He}$ 损伤能力，是评价储氚材料使用性能的主要参数。由于氚不易获得和具有放射性，通常采用测定材料的临氢或临氚特性来评价临氚材料的性能，氢和氘是氚的同位素，其在材料中的行为与氚基本相同。

应用于高真空环境的氚源材料，要求具有极低的室温氢离解平衡压（室温下 $< 10^{-4}$ Pa）。由于此类储氢材料的室温吸放氢平衡压极低，尚无法由实验直接测得，通常由外推方法间接获得。根据 Van't Hoff 方程

$$\ln P = \frac{2\Delta\overline{H}}{RT} - \frac{2\Delta\overline{S}}{R} \tag{20.2}$$

当吸放氢反应的焓变 $\Delta\overline{H}$ 和熵变 $\Delta\overline{S}$ 随温度变化近似为常数时，储氢材料平衡压的对数与温度的倒数呈线性关系，据此可由高温下测得的平衡压外推出该材料的室温吸放氢平衡压。

Ti 是高真空环境的适用储氢材料，但 Ti 吸氢时的体膨胀率很大（约 22%），氢化物膜材容易脆化掉粉；Ti 用作氚源材料时，He 加速释放的临界浓度约为 0.3（[He/Ti]），之后发生 He 的加速释放。仅靠改善制备工艺很难进一步提高氚化钛的使用性能。$\mathrm{LaNi}_5$ 合金是通过添加一定量的 Al 而提高材料储氚性能和固 He 能力的成功例子。$\mathrm{LaNi}_5$ 合金的吸放氚平衡压较高，多次循环操作后容易粉化；加入 Al 以后，随 Al 含量的增加，合金及合金氢化物体系的电子浓度降低，从而体系的稳定性增加，而且合金晶格常数随 Al 的加入而增大，容纳氢的间隙空间变大，因吸氢而引起的晶格畸变量以及体膨胀也随之减小，这些性质的改变有利于增大其氚化物的固 He 能力。例如，$\mathrm{LaNi}_{4.25}\mathrm{Al}_{0.75}$ 储氚时 He 的缓慢释放期超过 5 年。目前关于通过合金化改善储氢（氚）合金力学性能和储氚固 He 性能的研究还不多。

Ti 是密排六方 α 相结构，大量吸氢相变后极易破碎。这些都给 Ti 的实际应用带来困难。根据添加合金元素后对 Ti 合金结构的影响，可以把合金化元素分为 α 相稳定元素、β 相稳定元素和中性元素三大类。适量引入 β 稳定元素如 Mo，V，Ta 和 Cd 等可以在室温得到一定比例的 β 相，同时还能使合金具有与纯 Ti 相近的吸放氢平衡压。研究表明，Mo 的加入可以增加 Ti(Mo)$\mathrm{H}_2$ 单胞的体模量，提高体系的强度，当 Mo 含量达到 20%（质量分数，下

同)时室温下可获得单一的 β 相结构,超过 30% 后,能有效提高合金表面抗氧化性能,但 Mo 含量超过 15% 后,合金吸氢平衡压增加较快。与单 α 相结构的纯 Ti 相比,α + β 双相合金在大量吸氢后具有更好的抗碎裂能力。

项目组对原子团簇模型进行第一原理计算[1],研究了添加 3d 和 4d 过渡族元素对 Ti(M)H$_2$ 体系的结构和临氢性能的影响,如 Ti(M)H$_2$ 系列氢化物化学键的变化,氢化物的平衡晶格常数、体模量和 He 扩散能垒等的影响,并将研究结果用于指导材料研制和性能评价;通过对过渡金属氢化物的第一原理计算和相关实验,研究了 6 种单氢化物分子和双氢化物分子的稳定性、储氢性能和固 He 性能。项目组还以计算模拟与实验相结合的方法开展了 ZrV$_2$ 金属间化合物的研究,提出了用氢化法来纯化金属间化合物的同分异构体,并成功地制备出 C15 型 Laves 单相 ZrV$_2$ 合金氚靶,有重要的应用前景。

α – Ti 为密排六方结构,高于 320 ℃吸氢过程发生两次相变,生成的氢化物很稳定,室温下平衡压在 10$^{-15}$ Pa 量级。加入合金元素 Mo 后,室温下可以得到体心立方结构的第二相 β 相,相应的 $(Ti_{1-x}Mo_x)H_2$ 体系通常与 TiH$_2$ 一样具有面心立方结构[2]。β 相的存在能改善储氢合金的力学性能[3],提高氢化物的抗粉化性能[4]。

参考理论计算结果,项目组研制了 Ti – Hf(Hf 原子分数为 12.5%),Ti – Zr(Zr 原子分数为 12.5%),Ti – V(V 原子分数为 5%)和 Ti – Nb(Nb 原子分数为 5%)二元合金;不同组分和成分的 TiHf,TiV 和 TiMo 二元合金。研究和比较了这些 Ti 系二元合金的结构、储氢性能和固 He 能力。二元合金中,Zr,Hf 和 Mo 能与 Ti 无限互溶,而 V 和 Nb 在 Ti 中的固溶度有限,因此 V,Nb 的添加量较小,希望获得单相结构。

在这些基础上,项目组研发出了几种新型 TiMo 基和 TiZr 基多元储氢(氚)合金,并成功进行了静态储氚实验,在国际上首次获得固 He 能力提高近 70% 的 TiMo 基多元储氚合金,具有进一步研究和开发的价值。

多元合金分别以 Mo 和 Zr 为相稳定化元素,另外分别添加 A,B,C,D,E 等元素,主要有 TiZrM – 1,TiZrM – 2,TiMoM – 1,TiMoM – 2,TiMoM – 3 等几种。两种 TiZrM 合金为单一的 α 相结构;TiMoM – 1 合金为 α + β 双相结构;TiMoM – 2 和 TiMoM – 3 合金为近 β 结构,仅存少量残余 α 相。

为使研制的储氢合金适合工程应用的工艺要求,进行了 Ti 及 Ti 合金成膜工艺和膜材性能研究。运用磁控与离子束溅射复合镀膜设备,制备了晶粒度为 8 ~ 50 nm 的系列纳米晶薄膜[2]。制备的纯 Ti 膜及 TiMoY 薄膜具有结合力强、饱和吸氢比高的优点。

为了模拟无晶格损伤的 He 引入效应,采用 He/Ar 复合气氛下磁控溅射方法,进行了 He 引入研究[6]。在单质和合金薄膜中引入了浓度高达 0.19(He 与金属原子比)的 He。引入 He 在膜层内沿深度均匀分布,并主要存在于直径为 2 ~ 5 nm 的高压 He 泡内,随着引入的 He 量增加,薄膜晶格参数变大,晶格内位错密度增加,与金属氚化物时效过程的性能变化基本一致。热解吸实验表明,在相同 He 含量下,Ti – He 膜中 He 的解吸峰温度与氚化钛中衰变产生的 $^3$He 的解吸峰温度基本一致。与纯 Ti 相比合金膜中 He 的热解吸谱宽化明显,表明 He 在合金膜内的捕陷形式更为复杂。用正电子湮灭测量技术对引入 He 在材料中的存在状态进行了研究。对正电子湮没寿命谱的分析表明,球磨注 He 后,LaNi$_{4.75}$Al$_{0.25}$ 合金相应于第一短寿命的强度增加,而 ZrCo 合金则是相应于第二短寿命的强度增加。这说明在充 He 球磨条件下,He 分别优先填充 $LaNi_{4.75}Al_{0.25}$ 和 ZrCo 合金的单空位和三叉晶界的多空位位置。

## 20.2　Ti 基二元合金的储氢性能

### 20.2.1　单相二元 Ti 合金性能比较

研制的 TiHf,TiZr,TV 和 TiNb 二元合金具有与纯 Ti 一致的单一 α 相结构(HCP)。图 20.1 为 $Ti_{87.5}Hf_{12.5}$ 合金吸氢前和吸氢 0.41 时的 XRD 谱[图 20.1(a)]以及饱和吸氢后纯 Ti 的 XRD 谱[图 20.1(b)]。合金吸氢前为单一 α 相六方结构,$a = 0.299\ 1$ nm,$c = 0.473\ 3$ nm,$a$ 轴和 $c$ 轴分别比 α – Ti 增加了 1.36% 和 1.08%。合金吸氢 0.41 时室温下为 $\alpha + \delta$ 两相共存,δ 氢化物相相对 α – 基体相的体膨胀率为 19.72% ($\Delta V/V$)。$Ti_{87.5}Hf_{12.5}$ 合金和纯 Ti 在饱和吸氢后([H/M] = 2.0)均为面心立方的单一 δ 氢化物相结构。与 $TiH_2$ 相比,$TiHfH_2$ 衍射峰明显向小角度偏移,晶格常数为 0.448 8 nm。纯 Ti 氢化物 $\delta – TiH_x(1.5 < x < 2.0)$ 的晶格参数随氢浓度增加而增大,且受氢化样品的制备方法及杂质含量影响较大,约在 0.442 ~ 0.444 nm 之间[6-7],本文测定的纯 Ti 氢化物的晶格参数为 0.442 4 nm[5]。根据测得的数据计算可知 $Ti(Hf)H_2$ 的晶胞体积比 $TiH_2$ 增加了约 4.4% ($\Delta V/V_{TiH_2}$)。

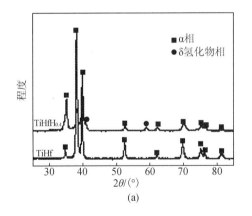
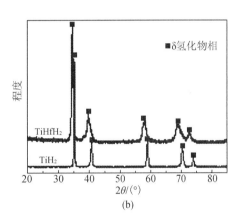

(a)　　　　　(b)

**图 20.1　TiHf 合金吸氢前和吸氢 0.4 时(a)及 TiHf 合金和纯 Ti 在吸氢量 2.0 时(b)的 XRD 谱**[5]

图 20.2 为吸氢量为 0.4 左右时 TiHfH 和 TiH 的升温、降温 DSC 曲线。TiH 体系中,当吸氢量小于 0.64 时,升温过程中发生相变,即 $\alpha + \delta \rightarrow \alpha + \beta$。由图 20.2 可知,在升温与降温过程中的共析转变温度存在一定的滞后,升温时较高,而降温时较低。所测 TiH 体系共析温度在升温时为 320.2 ℃,降温时为 266.5 ℃,存在约 55 ℃ 的滞后,这与文献报道一致[8]。TiHfH 的共析温度比 TiH 体系有明显升高,在升温和降温过程中分别为 352.1 ℃ 和 282.8 ℃。

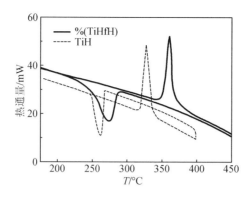

**图 20.2    吸氢量约 0.4 时 TiHf 合金和 Ti 的 DSC 曲线**[5]

 

图 20.3 为吸氢量约为 0.4 的 TiZr[图(a)]，TiV[图(b)]和 TiNb[图(c)]合金的 DSC
曲线。TiZr 升温过程的共析转变温度比 TiH 体系略高；TiVH 和 TiNbH 的共析温度均比 TiH
体系显著下降，升温过程中的共析转变温度分别比 TiH 体系低了约 80 ℃和 120 ℃，且出现
了两个升温相变峰，可能是体系内有 V 或 Nb 的氢化物形成所致。

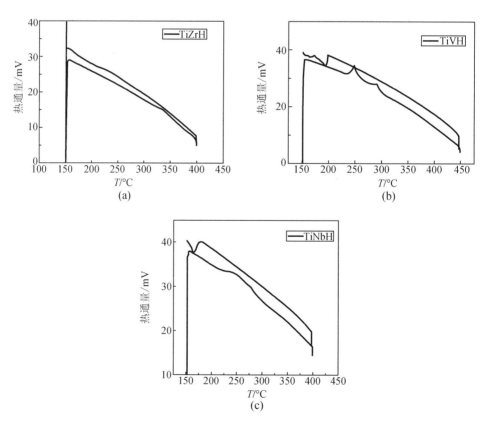

**图 20.3    吸氢量约 0.4 时的 DSC 曲线**[5]

(a)TiZrH；(b)TiVH；(c)TiNbH

表 20.1 列出了 TiHf 合金与纯 Ti 及 TiZr,TiV,TiNb 等合金的吸氢体膨胀率和共析转变温度。由表中可看出,几种合金的吸氢体膨胀率与 Ti 相比均有明显减小;TiV 和 TiNb 合金氢化物的晶格参数小于纯 Ti 氢化物;TiZr 合金氢化物晶格参数与 δ – TiH 相近,这是由于合金吸氢后有大量 Zr 的氢化物析出,δ – TiZrH 相中 Zr 的含量减少,成分接近 δ – TiH 相。对比可看出,与 Ti 及其他几种合金相比,TiHf 合金具有最小的吸氢体膨胀率、最大的氢化物晶格参数以及更高的共析转变温度。

**表 20.1　Ti 系二元合金的吸氢体膨胀率及热稳定性[17]**

| 合金种类 | 吸氢量（[H/M]） | α – 基体相晶格参数/( ×0.1 nm) | | 氢化物晶格参数/( ×0.1 nm) | 体膨胀率/% | 共析温度/℃ | |
|---|---|---|---|---|---|---|---|
| | | | | | | 升温 | 降温 |
| Ti | 0.45 | $a = 2.946$ | $c = 4.678$ | $a = 4.419$ | 22.71 | 320.2 | 266.5 |
| TiHf | 0.41 | $a = 2.981$ | $c = 4.715$ | $a = 4.429$ | 19.72 | 352.1 | 282.8 |
| TiZr | 0.40 | $a = 2.961$ | $c = 4.737$ | $a = 4.417$ | 19.80 | 329.4 | — |
| TiV | 0.45 | $a = 2.936$ | $c = 4.659$ | $a = 4.379$ | 20.72 | 240.5 | 197.2 |
| TiNb | 0.45 | $a = 2.943$ | $c = 4.684$ | $a = 4.390$ | 20.40 | 198.1 | 176.5 |

薄膜储氚材料的热行为十分重要,储氚后的膜材在使用过程中表面温度可升至 400 ℃[6]。TiVH 和 TiNbH 体系的氢化物晶型转变温度过低,在使用中是一个不利因素。与 TiHf 合金相比,TiZr 合金吸氢时更容易析出 Zr 的氢化物。TiHf 合金的吸氢相变特征则与 Ti 相似,饱和吸氢后未发现有第二相存在。且 Hf 的添加提高了 TiH 体系的共析转变温度,说明 TiHf 氢化物与基体相的匹配程度较高,热稳定性好对于用作薄膜储氚材料是有利的。

G. Robert 曾经提出评价氚化物固 He 能力的经验公式[9],即

$$\eta_c = f\Omega_M/\Omega_{He} \tag{20.3}$$

其中,$\eta_c$ 为加速释放时 He 的临界浓度;$f$ 为 He 在氚化物中所占体积分数;$\Omega_M$ 和 $\Omega_{He}$ 分别为氚化物中基体金属原子和 He 泡中的 He 原子体积,不同金属中的 $\Omega_{He}$ 基本为常数。对于早期放 He 系数较高和较低的材料,$f$ 值分别约为 0.15 和 0.255,近似为常数。从式(20.3)看出,当 $f$ 值固定时,较大的氢化物晶格常数有利于固 He 能力的提高。$TiHfH_2$ 的晶胞体积比 $TiH_2$ 大了约 4%,若 TiHf 合金储氚后的早期放 He 系数与 Ti 相当,提示合金的固 He 能力将比 Ti 有所提高。

图 20.4 为 TiHf 合金的吸氢 PCT 曲线以及当吸氢量为 0.4 和 1.2 时的 Van't Hoff 曲线及与纯 Ti 吸氢特性[10]的比较。由图 20.4(a)可见,合金吸氢平台开始于约 0.8 ~ 0.9,结束于约 1.5,平台压力比 Ti 略高,平台长度与纯 Ti 基本一致。与 Ti 的吸氢双平台特性相比,TiHf 合金吸氢量较小时的平台不太明显。

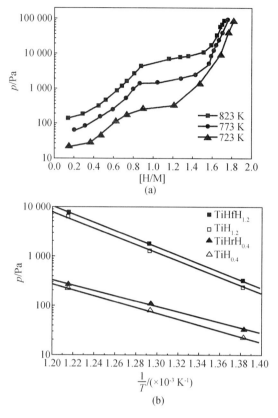

图 20.4　TiHf 合金吸氢 $p-c-T$ 曲线(a)及 Van't Hoff 曲线(b)

图 20.4(b)的 Van't Hoff 曲线也显示 TiHf 合金与 Ti 的吸氢热力学特性十分接近,根据拟合曲线计算得到的吸氢热力学参数及外推室温平衡压见表 20.2。由表中看出,TiHf 合金的吸氢反应焓变值略高于 Ti,外推室温吸氢平衡压也比 Ti 略高。

表 20.2　TiHf 合金、Ti 的吸氢热力学参数及外推室温吸氢平衡压

| 合金类型 | $\Delta H/(kJ/mol\ H)$ | $\Delta S/(J/mol\ H)$ | 在 300 K 的平衡压力/Pa |
|---|---|---|---|
| $TiHfH_{0.4}$ | -51.2 | -820.6 | $1.3 \times 10^{-9}$ |
| $TiH_{0.4}$ | -520.9 | -90.5 | $9.9 \times 10^{-11}$ |
| $TiHfH_{1.2}$ | -77.7 | -131.5 | $20.2 \times 10^{-14}$ |
| $TiH_{1.2}$ | -82.8 | -136.9 | $3.1 \times 10^{-15}$ |

另外还发现,Ti 和 TiHf 合金在吸氢量为 0.4 时的外推室温平衡压反而高于吸氢量为 1.2 时的值,这是由于 TiH 体系在 300 ℃ 附近发生了共析转变。共析相变属于一级相变,自由能函数的一阶导数在相变点不连续($dG = -SdT + Vdp \neq 0$),因此熵和体积的变化应该是跳跃的,意味着存在相变潜热和体积变化,即 Van't Hoff 公式中的 $\Delta H$ 和 $\Delta S$ 不再是常数,经过相变点温度后发生了变化,提示根据高温数据外推共析温度以下的平衡压力必然引起较大误差。TiH 体系在吸氢量为 0.4 和 1.2 时分别位于 $\alpha \rightarrow \beta$ 和 $\beta \rightarrow \delta$ 两个吸氢反应平台;而在共析温度以下则只有一种吸氢反应,即 $\alpha \rightarrow \delta$,对应一个吸氢平台。因此高温下两个平台

区的数据外推至共析温度处时变为只对应于一个吸氢反应,外推数据在共析温度处应该交于一点。从共析温度继续往室温外推平衡压时,外推直线斜率应该在交点处发生改变。根据图 20.4(b)计算的 TiH 的两组外推数据交点处对应的温度为 286 ℃,与 TiH 平衡相图中的共析线温度基本一致。TiHfH 两组外推数据的交点处温度为 303 ℃,比 Ti 略高,这与 DSC 热分析结果一致。

通过上述实验结果,发现与 Ti 及其他 3 种 α 相合金相比,TiHf 合金的吸氢体膨胀率最小,氢化物共析晶型转变温度最高。TiHf 合金吸氢活性较好,脱氢与 Ti 相比较为困难。合金吸氢反应焓变略大于 Ti,外推室温吸氢平衡压仅略高于 Ti,饱和吸氢后晶格体积比 TiH$_2$大约 4.4%。这些性质表明 TiHf 合金有望用作高真空环境下的氕(氚)储存材料。

## 20.2.2　TiV 系合金

彭述明、赵鹏骥、罗顺忠、徐志磊等[11-13]在 Ti 中掺杂 V(质量分数为 2.5% ~ 25%)共熔制备了 7 种合金样品,几种 TiV 合金晶胞参数如表 20.3 所示,TiV 合金及其氘化物的晶体结构如表 20.4 所示。由表 20.3、表 20.4 可知,在 Ti 中掺入 V 后,在掺 V 量小于等于 10%(质量分数)时,随 V 含量的增加,合金的相结构保持密集型六方结构;当掺 V 量高于 15%(质量分数)时,出现 BCC 相,转变为双相结构。掺 V 量在 10%(质量分数)以内的 Ti – V 合金,晶胞参数 a 和 c 随含 V 量增加开始减小,而后 a 逐渐减小,c 逐渐增大,其晶胞体积均逐渐降低;但所生成的氘化物均保持 FCC 相结构,其晶胞参数也随着 V 含量的增加而逐渐降低。

表 20.3　几种 TiV 合金晶胞参数

| 晶胞参数 | 样品 | | | | | |
| --- | --- | --- | --- | --- | --- | --- |
| | Ti | Ti 2.5V | Ti 5V | Ti 7.5V | Ti 10V | Ti 15V |
| $a$/nm | 0.295 6 | 0.295 2 | 0.294 3 | 0.292 8 | 0.290 7 | 0.289 4 |
| $c$/nm | 0.468 2 | 0.467 5 | 0.464 9 | 0.464 1 | 0.470 1 | 0.472 2 |
| $V$/nm$^3$ | 0.040 9 | 0.040 7 | 0.040 2 | 0.039 8 | 0.039 7 | 0.039 5 |

表 20.4　TiV 合金及其氘化物 XRD 检测的相结构

| 合金 | 体材结构 | 吸氘原子比 | 氘化物结构 | 氘化物晶胞参数/nm |
| --- | --- | --- | --- | --- |
| Ti | α | 1.74 | FCC | 0.444 0 |
| Ti 2.5V | α | 1.48 | FCC | 0.443 1 |
| Ti 5V | α | 1.82 | FCC | 0.443 0 |
| Ti 7.5V | α | 1.67 | FCC | 0.442 1 |
| Ti 10V | α | 1.78 | FCC | 0.441 0 |
| Ti 15V | 主相:α<br>次相:BCC | 1.86 | FCC | 0.440 0 |
| Ti 20V | 主相:BCC<br>次相:α | 1.90 | α | $a = 0.293\ 3$<br>$c = 0.468\ 3$ |
| Ti 25V | 两种 BCC | 1.92 | BCC + 新相 | 0.314 7 |

对 TiV 合金及其氘化物样品进行 XPS 分析,主要分析了 Ti $2p_{3/2}$ 轨道电子结合能及价带底,结果如表 20.5 所示。由表中看到,纯 Ti $2p_{3/2}$ 轨道的电子结合能为 453.8 eV,合金 Ti $2p_{3/2}$ 轨道电子结合能有随掺 V 量的增加而升高的趋势;纯 Ti 氘化钛的 Ti $2p_{3/2}$ 轨道电子结合能为 454.6 eV,合金钛氘化物的 Ti $2p_{3/2}$ 轨道电子结合能均升高;从价带底分析结果看出,合金 Ti 氘化物比纯 Ti 氘化钛的价带底结合能也高得多。这些数据显示钛合金氘化物中金属与氘的结合能比纯 Ti 氘化钛的结合能大,说明 Ti 合金氘化物更稳定,这与理论计算的结果一致。结合能升高是由于 V 的电负性($V^{+4}$)大于 Ti 的电负性($Ti^{+2}$),从而增加了晶格中静电场的电位;V 的掺入减小了晶胞容积,增强了晶格势场,这两种因素均使晶格中 Ti 核外电子结合能升高。TiV 合金晶胞体积比纯 Ti 的小,因此,TiV 合金的原子密度更大一些,价电子云重叠增强,价带谱展宽,价带底向高结合能扩展。

**表 20.5  TiV 合金 XPS 分析结果**

| 编号 | 合金 | 吸氘比 ([D/M]) | 未吸氘结合能(去氧化层) Ti $2p_{3/2}$/eV | 吸氘结合能 | | | | | |
|---|---|---|---|---|---|---|---|---|---|
| | | | | 未去氧化层 | | | 去氧化层 | | |
| | | | | Ti $2p_{3/2}$/eV | | 价带底 /eV | Ti $2p_{3/2}$/eV | | 价带底 /eV |
| | | | | $TiO_x$ | $TiD_x$ | | $TiO_x$ | $TiD_x$ | |
| A1 | 2.23 | 1.48 | | | | | | | |
| A2 | 4.71 | 1.82 | 453.9 | 458.2 | 454.85 | 9.6 | 455.5 | 454.7 | 14.6 |
| A3 | 7.5 | 1.67 | 454.0 | 458.3 | 454.9 | 9.2 | 457.75 | 454.7 | 12.95 |
| A10 | 10 | 1.78 | 454.1 | 457.9 | 454.9 | 9.15 | —— | —— | —— |
| A7 | 15 | 1.86 | 454.4 | 458.35 | 454.8 | 9.25 | 458.25 | 454.85 | 13.17 |
| A11 | 20 | 1.90 | 454.6 | 458.0 | 456.3 | 9.05 | 457.6 | 454.7 | 13.45 |
| A12 | 25 | 1.92 | —— | 457.15 | —— | 9.05 | 457.6 | 454.7 | 16.4 |
| B2 | 4.71 (Fe:2) | 1.84 | 453.9 | 457.9 | 454.3 | 9.6 | 456.8 | 454.6 | 14.8 |
| 纯 Ti | —— | 1.74 | 453.8 | 458.5 | | 8.9 | 458.0 | 454.6 | 11.0 |

将 TiV 合金氘化物样品以 15 ℃/min 加热速率进行热解吸实验,所获得的动态热解吸谱如图 20.5 ~ 图 20.7 所示。结果显示 TiV 合金氘化物均出现 180 ℃ 和 310 ℃ 左右的双释放峰,意味着 TiV 合金氢化物存在两种 H 的占位形式。其中,310 ℃ 左右的释放峰对应于 4TiH 四面体间隙,180 ℃ 的释放峰对应于 TiVH 四面体结构。

Ti,Ti5V,Ti7.5V,Ti10V 和 Ti15V 经过活化后,测试了 250 ℃ ± 2 ℃ 恒温条件下的 $p - c - T$ 曲线,如图 20.8 所示。结果表明,掺 V 以后,250 ℃ 时合金氘化物的平衡压升高一个量级,且其平台斜率明显增加,饱和吸氘量有一定的下降。

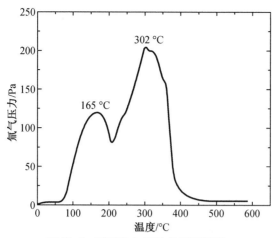

图 20.5　Ti5VD 1.76的热解吸图谱

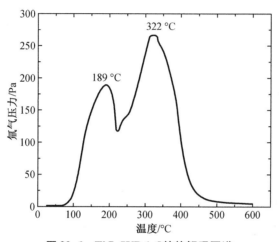

图 20.6　Ti 7.5VD 1.8的热解吸图谱

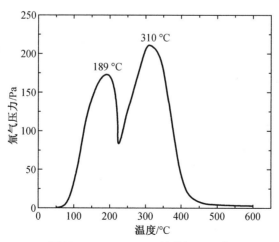

图 20.7　Ti 10VD 1.7的热解吸图谱

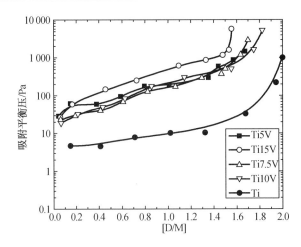

图 20.8　250 ℃时 Ti 和 Ti – V 合金的 $p – c – T$ 曲线

采用 XPS 分析了 TiV 体系合金薄膜样品的元素分布,发现薄膜样品的表面与内部元素分布与块材样品有所不同。膜材内部含有较多的 C 和 O 元素;刻蚀样品表面的 Ti 2p 峰主要由 TiC,Ti,TiO,$Ti_2O_3$ 等的 Ti 2p 峰组成;未刻蚀样品表面含有较多的 $Ti^{4+}$,同时在表面还存在低价的 Ti 元素。

有研究表明(图 20.3),TiVH 体系的共析温度比 TiH 体系显著下降,升温过程中的共析转变温度比 TiH 体系低约 80 ℃,且出现了两个升温相变峰,可能是体系内有 V 的氢化物形成所致。图 20.3(b)为吸氢量约为 0.4 的 TiV 合金的 DSC 曲线。

### 20.2.3　TiHf 系合金

邝文增和龙兴贵等[14]研究了 TiHf 合金的结构和储氢性能。他们采用磁悬浮熔炼法制备了 $TiHf_x$( $x$ = 0.13,0.26,0.52,1.03,铪与钛原子比)合金。采用 ICP – AES 法,在合金锭的若干代表性部位取样,分析[Hf/Ti],确定合金组成与理论配比的差异以及成分的均一性,结果见表 20.6。

表 20.6　合金[Hf/Ti]比和均匀性

| 合金 | [Hf/Ti]（理论值） | 取样部位 | | | | | [Hf/Ti]（平均值） | Ti 质量损失/% |
|---|---|---|---|---|---|---|---|---|
| | | 1 | 2 | 3 | 4 | 5 | | |
| TiHf – 1 | 0.125 | 0.128 | 0.129 | 0.130 | 0.130 | 0.131 | 0.13 | 2.6 |
| TiHf – 2 | 0.25 | 0.260 | 0.261 | 0.260 | 0.260 | 0.260 | 0.26 | 2.0 |
| TiHf – 3 | 0.5 | 0.520 | 0.520 | 0.521 | 0.518 | 0.520 | 0.52 | 1.3 |
| TiHf – 4 | 1.0 | 1.02 | 1.01 | 1.05 | 1.03 | 1.05 | 1.03 | 0.6 |

表 20.6 数据显示,4 种配比合金的实测组分为 $TiHf_{0.13}$,$TiHf_{0.26}$,$TiHf_{0.52}$ 和 $TiHf_{1.03}$,[Hf/Ti]均略高于理论值,Ti 有 0.6% ~ 2.6% 的少量损失。原因在于,Hf 的熔点较 Ti 高约 600 K,那么在熔融状态下,Ti 的饱和蒸气压远高于 Hf,因此熔炼过程中,因溅射和蒸发冷凝沉积在熔炼炉内壁上而损失的 Ti 将多于 Hf[15]。另外,合金锭切割后用混合酸清洗过程

中,Ti 和 Hf 在酸中溶解速率的差异将导致二者比例发生微小变化。4 种合金成分的均一性都比较好,无需退火处理。

图 20.9 是 TiHf 合金的扫描电子显微镜二次电子像。$TiHf_x$($x = 0.13, 0.26, 0.52$)呈层状结晶,表观形貌差别不大。而 $TiHf_{1.03}$ 的形貌与前三者差别较大,可见明显的大角度晶界。

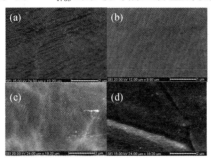

**图 20.9　$TiHf_{0.13}$,$TiHf_{0.26}$,$TiHf_{0.52}$ 和 $TiHf_{1.03}$ 合金组织形貌**

(a)$TiHf_{0.13}$;(b)$TiHf_{0.26}$;(c)$TiHf_{0.52}$;(d)$TiHf_{1.03}$

Hf 掺杂显著增大 Ti 的晶格体积,但 TiHf 合金保持了 Ti(基体)的 α 相,无杂相生成。合金晶胞参数与组分的关系正偏离于线性,随 Hf 含量增加偏移量呈增大趋势。

XRD 分析表明(图 20.10),$TiHf_x$ 合金($x = 0.13, 0.26, 0.52, 1.03$)结构与 Ti 相同,为 HCP 结构的 α 相,无杂相,但部分晶面有择优取向。合金的晶格参数及相对于纯 Ti 的膨胀率列于表 20.7 中。Ti 与 Hf 为完全互溶,纯 Ti 和纯 Hf 在室温下均为单一 HCP 结构,它们的合金保持了这一结构。从图 20.10 中可见,随着 Hf 含量的增加,衍射峰向小角度偏移,因为 Hf 原子半径显著大于 Ti 原子,固溶体的晶格常数随 Hf 含量增多而增大,晶体体积肿胀[16]。以上分析说明,TiHf 合金符合设计预期,即 Hf 的掺杂仅改变晶格体积而不生成新相。

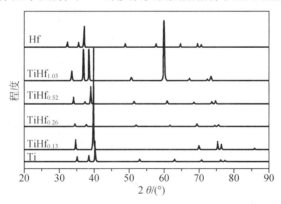

**图 20.10　TiHf 合金、Ti 和 Hf 的 XRD 谱**

**表 20.7　TiHf 合金晶格参数和体肿胀率**

| 金属或合金 | 结构 | 理论晶胞参数/nm | | 实测晶胞参数/nm | | 晶胞体积/nm³ | 体胀率/% |
| --- | --- | --- | --- | --- | --- | --- | --- |
| | | $a_t$ | $c_t$ | $a_e$ | $c_e$ | | |
| Ti | HCP | 0.295 1 | 0.468 2 | 0.295 0(1) | 0.468 1(1) | 0.352 8 | — |

表 **20.7**（续）

| 金属或合金 | 结构 | 理论晶胞参数/nm | | 实测晶胞参数/nm | | 晶胞体积/nm³ | 体胀率/% |
|---|---|---|---|---|---|---|---|
| | | $a_t$ | $c_t$ | $a_e$ | $c_e$ | | |
| TiHf$_{0.13}$ | HCP | 0.297 9 | 0.472 3 | 0.298 1(1) | 0.472 4(2) | 0.363 5 | 3.03 |
| TiHf$_{0.26}$ | HCP | 0.300 1 | 0.475 7 | 0.300 9(1) | 0.476 0(1) | 0.373 3 | 5.81 |
| TiHf$_{0.52}$ | HCP | 0.303 5 | 0.480 7 | 0.304 2(1) | 0.481 0(1) | 0.385 5 | 9.27 |
| TiHf$_{1.03}$ | HCP | 0.307 8 | 0.486 8 | 0.308 5(1) | 0.487 8(2) | 0.402 2 | 14.00 |
| Hf | HCP | 0.319 7 | 0.505 0 | 0.319 8(5) | 0.504 9(3) | 0.447 2 | — |

注:括号中数字为标准偏差。

根据 Vegard 定律,固溶体晶格参数与成分存在线性关系,即

$$a = a_1 + (a_2 - a_1)x \tag{20.4}$$

其中,$a$ 为固溶体晶格参数;$a_1$ 为溶剂晶格参数;$a_2$ 为溶质晶格参数;$x$ 为溶质原子分数。

根据式 20.4 计算的晶格参数见表 20.7。从表中可以看出,实测的晶格参数 $a$ 和 $c$ 均大于理论值,即出现正偏差,而且随 Hf 含量增加,偏差有增大的趋势(图 20.11)。事实上,由于固溶体溶剂与溶质组元的交互作用,晶格参数随成分的变化往往偏离韦加定律。

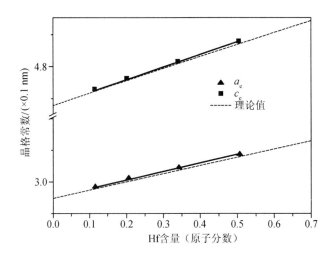

图 **20.11**　**TiHf 合金晶格常数随 Hf 含量的变化**

如前所述,氢化物晶格常数增大有利于固 He 能力的提高。TiHfH₂ 的晶胞体积比 TiH₂ 大了约 4%,若 TiHf 合金储氚后的早期放 He 系数与 Ti 相当,预计合金的固 He 能力将比 Ti 有所提高。

TiHf 合金的吸氢相变特征则与 Ti 相似,饱和吸氢后未发现有第二相存在,且 Hf 的添加

提高了 TiH 体系的共析转变温度,说明 TiHf 氢化物与基体相的匹配程度较高,热稳定性好,这对用作储氚材料是有利的。

　　郗文增、龙兴贵和罗顺忠等研究了 TiHf 合金体系储氢性能[18-19]。4 种 TiHf 合金、纯 Ti 和纯 Hf 的吸氚 $p-c-T$ 曲线如图 20.12 所示。纯 Ti 吸氚 $p-c-T$ 曲线具有双平台,0.1 < [D/Ti] < 0.3 的平台较短,对应于 α + β 两相区;1.0 < [D/Ti] < 1.4 的平台较长,为 β + δ 相变区。TiH 相图显示,在 573 K 以上,α + β 两相区随温度升高快速收缩。而在相同测试温度范围内,HHf 体系的 $p-c-T$ 曲线仅出现单平台,平台始于 [D/Hf] = 0.1,即 α - Hf 固溶 D 的饱和点,由此开始生成 δ 氚化物相。平台范围很宽,大约包括了 0.1 < [D/Hf] < 1.2 范围,为 α + δ 两相区。

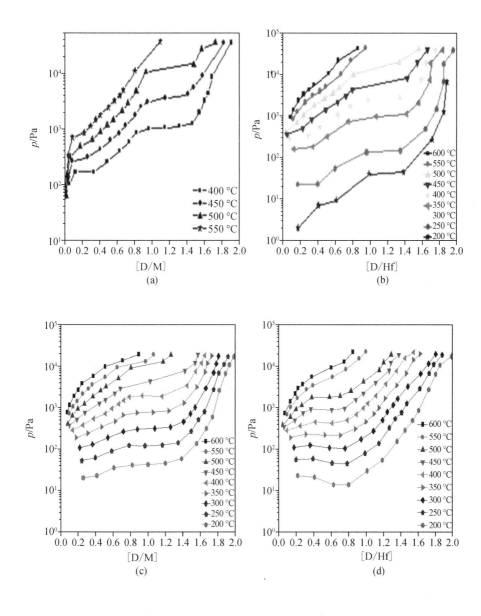

(a)　　　　　　　　　　(b)

(c)　　　　　　　　　　(d)

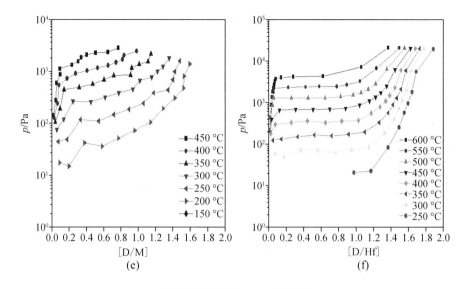

**图 20.12 吸氘 $p-c-T$ 曲线**

（a）Ti；（b）TiHf$_{0.13}$；（c）TiHf$_{0.26}$；（d）TiHf$_{0.52}$；（e）TiHf；（f）Hf

  TiHf 合金的 $p-c-T$ 曲线显示了从 HTi 体系双平台到 HHf 体系单平台的过渡过程，整体特征更接近于 HHf 体系，合金氘化物的平衡压总体上高于组成它们的单质体系，Hf 掺杂对 HTi 体系的吸放氢性能影响很大，Hf 对 TiHf 合金的 $p-c-T$ 性能起决定性作用。Ti 中掺杂 13% 的 Hf（原子分数，下同）[图 20.12(b)]后，低氢含量平台趋于消失，高氢含量平台出现倾斜。Hf 含量达到 20%［图 20.12(c)］时，低氢含量平台完全消失，$p-c-T$ 曲线呈现平缓变化的单平台，平台起至段均无明确拐点。Hf 含量达到 34%［图 20.12(d)］时，$p-c-T$ 曲线呈现 HHf 体系特征，平台范围变宽，末端倾斜，呈梯度上升。Ti 和 Hf 原子比 = 1∶1 时合金 $p-c-T$ 曲线［图 20.12(e)］走向与 HHf 体系基本一致，平台宽阔，起点陡直，后端倾斜，平缓抬升。

  为了更清晰地比较，我们将 Ti,Hf 和 TiHf 合金 400 ℃吸氘 $p-c-T$ 曲线画在同一幅图中，如图 20.13 所示。从图中可以清楚地看到，随 Hf 含量升高，$p-c-T$ 曲线由 HTi 体系的双平台向 HHf 体系单平台过渡，合金氘化物的平衡压总体高于组成它们的单质体系。

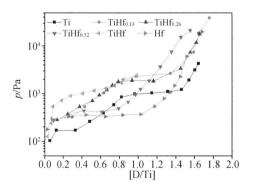

**图 20.13 Ti,Hf 和 TiHf 合金 400 ℃吸氘 $p-c-T$ 曲线**

整体看来,Hf 掺杂对 HTi 体系的吸放氢性能影响显著,Hf 对 TiHf 合金的 $p-c-T$ 性能起决定性作用。

为了比较 Hf 含量对 TiHf 合金吸氘热力学参数和氘化物离解平衡压的影响,根据 $p-c-T$ 曲线平台区中点的压强值,得到 Van't Hoff 曲线(图 20.14)。根据图 20.14 中拟合直线的斜率和截距,计算了氘化物的标准生成焓 $\Delta H$ 和生成熵 $\Delta S$,结果列于表 20.8。

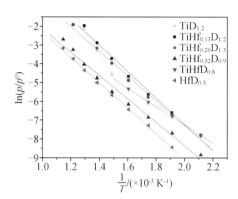

图 20.14　Ti,Hf 和 TiHf 合金氘化物的 Van't Hoff 曲线

表 20.8　Ti,Hf 和 TiHf 合金氘化反应的 $\Delta H$ 和 $\Delta S$

| 样品 | [D/M] | $\Delta H/(kJ \cdot mol^{-1}D_2)$ | $\Delta S/(J \cdot K^{-1} \cdot mol^{-1}D_2)$ |
|---|---|---|---|
| Ti | 1.2 | $-104.4$ | $-117.1$ |
| TiHf$_{0.13}$ | 1.2 | $-58.2$ | $-56.5$ |
| TiHf$_{0.26}$ | 1.2 | $-54.5$ | $-48.6$ |
| TiHf$_{0.52}$ | 0.9 | $-51.6$ | $-33.8$ |
| TiHf | 0.8 | $-40.5$ | $-20.8$ |
| Hf | 0.5 | $-56.2$ | $-37.0$ |

由表 20.8 可见,纯 Ti 吸氘反应的焓变 $\Delta H$ 为 $-104.4$ kJ $\cdot$ mol$^{-1}$D$_2$,熵变 $\Delta S$ 为 $-117.1$ J $\cdot$ K$^{-1}$ $\cdot$ mol$^{-1}$D$_2$;而 TiHf$_{0.13}$ 吸氘反应的焓变 $\Delta H$ 仅为 $-58.0$ kJ $\cdot$ mol$^{-1}$D$_2$,熵变 $\Delta S$ 为 $-56.5$ J $\cdot$ K$^{-1}$ $\cdot$ mol$^{-1}$D$_2$,绝对值较纯 Ti 分别降低了 44% 和 52%。其后随 Hf 含量升高,$\Delta H$ 和 $\Delta S$ 缓慢减小,变化幅度不大。纯 Hf 吸氘反应的焓变 $\Delta H$ 为 $-56.2$ kJ $\cdot$ mol$^{-1}$D$_2$,熵变 $\Delta S$ 为 $-37.0$ J $\cdot$ K$^{-1}$ $\cdot$ mol$^{-1}$D$_2$。总体看,TiHf 合金吸氘反应焓变 $\Delta H$ 和熵变 $\Delta S$ 与纯 Hf 相近,而仅为纯 Ti 的 50% 左右。表明 Hf 对 TiHf 合金吸氘反应焓变 $\Delta H$ 和熵变 $\Delta S$ 起主导作用,Hf 掺杂对体系的热力学性质影响很大。$\Delta H$ 反映氘与金属成键的强弱,显然,TiHf 合金与氘成键的结合力较 DTi 体系明显减弱,这可以从合金 $p-c-T$ 曲线平台压高于纯 Ti 可以反映出来。

外推求得 TiHf 合金氘化物室温平衡压见表 20.9。纯 Ti 氘化物室温平衡压在 $10^{-8}$ 量级,纯 Hf 氘化物室温平衡压在 $10^{-4}$ 量级,而 TiHf 合金氘化物室温平衡压基本在 $10^{-3}$ 量级。TiHf 合金氘化物室温平衡压高于 DTi 和 DHf 体系,但与 DHf 体系相近。

表 20.9　Ti,Hf 和 TiHf 合金氘化物的外推室温平衡压

| 样品 | Ti | TiHf$_{0.13}$ | TiHf$_{0.26}$ | TiHf$_{0.52}$ | TiHf | Hf |
|---|---|---|---|---|---|---|
| [D/M] | 1.2 | 1.2 | 1.2 | 0.9 | 0.8 | 0.5 |
| 外推室温<br>平衡压/Pa | $3.18 \times 10^{-8}$ | $3.75 \times 10^{-3}$ | $6.64 \times 10^{-3}$ | $3.72 \times 10^{-3}$ | $7.33 \times 10^{-2}$ | $8.3 \times 10^{-4}$ |

　　4 种成分的 TiHf 合金以及纯 Ti 和纯 Hf 饱和吸氚后的 X 射线衍射谱示于图 20.15。TiHf合金氚饱和后,吸氚原子比[D/M]都接近化学计量比 2.0,形成比较单一的面心四方(FCT)型 ε 氢化物相,表明 Hf 对合金氚化物的四方结构具有较强稳定化作用。

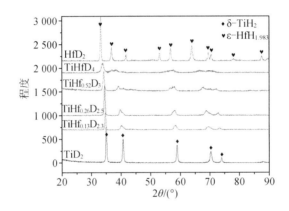

图 20.15　Ti,Hf 和 TiHf 合金饱和氚化物的 X 射线衍射图

　　TiHf 合金和 Ti,Hf 饱和吸氚的晶格肿胀分析结果表明:TiD$_2$ 为 FCC 结构,较 HCP 结构纯 Ti 的晶格体积膨胀约 24%。掺杂 11% Hf 以后,饱和吸氚产物的体胀率降低至 22.7%。随 Hf 含量升高,体胀率递减,Hf 含量达 50% 时,体胀率只有 19.5%。可见,Hf 掺杂显著降低了 Ti 吸氚的体膨胀,从而有望缓解由于体胀导致的氢脆现象[20]。

　　郑华等研究了 TiHf$_{0.125}$ 合金的吸放氢活性。图 20.16 为 TiHf 合金首次活化时在 580 ℃ 的吸氢曲线[图 20.16(a)]和升温过程中的脱氢曲线[图 20.16(b)],首次活化时合金吸氢量为 1.0。TiHf 合金经高温除气后在室温不吸氢,高温下吸氢速率较快,580 ℃ 时在 75 kPa 的初始氢压下经约 25 min 后接近吸氢平衡,吸氢活性基本与纯 Ti 相当。由图 20.16(b)可知,合金在 550 ℃ 以上才开始明显放氢,显著高于 TiH 的放氢峰(500 ℃ 左右)。为避免温度过高引起样品氧化,控制脱氢温度不超过 650 ℃。

　　总体来看,磁悬浮熔炼的 TiHf 合金为完全互溶的固溶体,成分均一。TiHf 合金为 HCP 结构,晶格常数随成分线性变化。随着 Hf 含量增加,合金氚化物平衡压升高,焓变和熵变递减,外推室温平衡压升高。TiHf 合金热力学性质趋近于 HHf 体系,Hf 对 TiHf 合金氚化物热力学性质起主导作用。TiHf 合金饱和氚化物为 FCT 结构,Hf 掺杂对四方结构的氚化钛具有强稳定化作用。Hf 掺杂显著降低了 Ti 吸氚的体肿胀,从而有望缓解由于肿胀导致的氢脆现象。

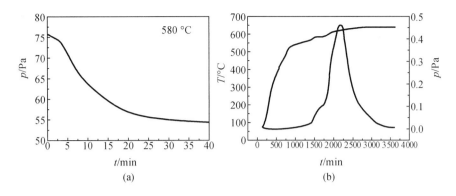

**图 20.16　TiHf 合金首次活化吸氢曲线和脱氢曲线**

（a）吸氢；（b）脱氢

### 20.2.4　TiMo 系合金

1. TiMo 合金的临氢性能

α－Ti 为密排六方结构。Mo 是 β 稳定性元素，扩大 β 相区。Mo 较高时，室温 TiMo 合金为单一的 β 相，较低时室温组织为近 β 相和 α＋β 双相，相应的（TiMo）$H_2$ 体系通常为与 $TiH_2$ 一样的面心立方结构。氢浓度很低时为面心四方 γ 结构。

王伟伟、龙兴贵等[21－26]采用磁悬浮熔炼技术制备了固溶体合金 $TiMo_x$（$x=0.03,0.13$，$0.25,0.50,1.00$，钼与钛原子比），用定容变压法测试了不同温度范围内的吸放氢动力学性能，采用 X 射线衍射对吸氢产物的物相结构进行了测试，作为比较，对吸氢前的合金作了 XRD 结构分析。

合金和氢化物的 X 射线衍射图谱分别示于图 20.17 和图 20.18。对 XRD 数据进行解析，求得合金及其氢化物各相的晶格参数，结果示于表 20.10。$x=0.03$ 时，合金在室温下为 HCP（－Ti）相，晶格参数（$a=0.293\,4$ nm，$c=0.467\,5$ nm）较 Ti（25 ℃，$a=0.295\,0$ nm，$c=0.468\,3$ nm）略小。$x>0.13$ 时，高温 β－Ti 相在室温下稳定存在。β－Ti（900 ℃）的晶格参数为 $0.330\,6$ nm，Mo 的晶格参数为 $0.314\,7$ nm，β－Ti 合金的晶格参数介于两者之间，随着 Mo 含量的增加而减少，原子半径略小的 Mo 原子在 Ti 晶格中替位固溶引起了晶格参数变小。

通过 PVT 法计算得到吸氢量[H/M]，得到合金氢化物的组成分别为 $TiMo_{0.03}H_{1.6}$，$TiMo_{0.13}H_{1.2}$，$TiMo_{0.25}H_{1.0}$，$TiMo_{0.50}H_{0.8}$，$TiMo_{1.00}H_{0.6}$。[H/M]随 Mo 含量的增加而减少，说明 Mo 的添加不利于氢原子存在于合金间隙中。

从 XRD 图谱（图 20.18）中看到，$x=0.03$ 时，氢化物为单一的 γ－Ti 相结构；$0.13\leqslant x\leqslant 0.50$ 时，合金氢化物 β－Ti 和 γ－Ti 两相共存，间隙中氢的分布略有不同，由于吸氢量与 Mo 含量有关，氢原子的分布也反映出合金中 Mo 的分布略有差别。$x$ 增加到 1.00 时，β－Ti 未有明显的相变迹象，仅晶格发生了膨胀。由于 XRD 特征峰强度与合金中该相的含量相关，Mo 含量增加，γ－Ti 相对应的特征峰强度逐渐减弱，说明 γ－Ti 相氢化物的含量在逐渐减少，因此 γ－Ti 相对应于 Mo 含量较低的合金固溶体。Mo 含量增加，γ－Ti 相晶格参数逐渐减少，与合金晶格参数的变化规律保持一致。在 γ－Ti 相氢化物存在时，不同 Mo 含量 β－

Ti 氢固溶体的晶格参数均为 0.330 nm 左右。晶格参数达到 0.330 nm 后,Mo 含量较低的合金间隙会继续吸氢并发生相变产生 γ – Ti 相氢化物,相变时的晶格参数大小与合金中的 Mo 含量无关。

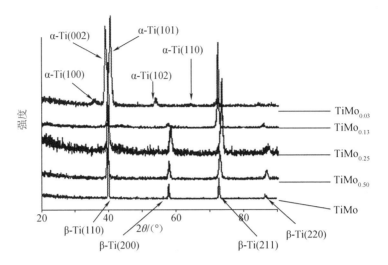

**图 20.17　不同成分 TiMo 合金样品 XRD 谱**

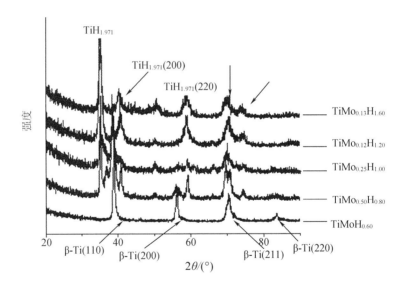

**图 20.18　不同成分 TiMo 合金吸氢后的 XRD 谱**

　　研究结果表明,室温下活化的 $TiMo_x$ 合金在 0.02 MPa 下迅速吸氢并达到平衡。图 20.19 为合金 $TiMo_{0.03}$ 吸氢的 $p – t$ 曲线(其他成分合金吸氢情况与之类同)。对于同一样品,温度升高,合金的吸氢平衡压升高。

表 20.10　合金及其吸氢产物各相的晶格参数

| 样品名称 | 合金晶格参数/nm | β-相氢化物晶格参数/nm | γ-相氢化物晶格参数/nm |
|---|---|---|---|
| $TiMo_{0.03}$ | $(\alpha-Ti)\,a=0.293\,4$<br>$c=0.467\,5$ | — | 0.444 2 |
| $TiMo_{0.13}$ | $(\beta-Ti)\ 0.325\,1$ | 0.329 3 | 0.443 5 |
| $TiMo_{0.25}$ | $(\beta-Ti)\ 0.323\,5$ | 0.329 4 | 0.442 4 |
| $TiMo_{0.50}$ | $(\beta-Ti)\ 0.321\,2$ | 0.330 2 | 0.442 7 |
| $TiMo_{1.00}$ | $(\beta-Ti)\ 0.319\,6$ | 0.327 8 | |

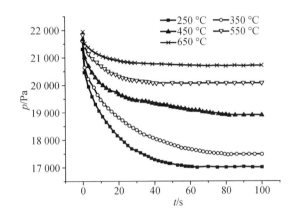

图 20.19　$TiMo_{0.03}$ 吸氢 $p-t$ 关系曲线

　　表 20.11 为合金吸氢容量的测试结果。从表中看出,相同温度下,Mo 含量增加,合金吸氢容量减少,在 523 K 下, Mo 的原子分数从 3% 升至 50% , 而合金的吸氢容量(质量分数)从 3.54% 降至 0.60% 。利用 PVT 法算得吸氢量,得到各种合金氢化物组成为 $TiMo_{0.03}H_{1.6}$ , $TiMo_{0.12}H_{1.5}$ , $TiMo_{0.25}H_{1.3}$ , $TiMo_{0.5}H_{0.9}$ 和 $TiMoH_{0.6}$ 。

表 20.11　不同温度下合金的吸氢容量(质量分数)

| 合金组成 | 250 ℃ | 350 ℃ | 450 ℃ | 550 ℃ | 650 ℃ |
|---|---|---|---|---|---|
| $TiMo_{0.03}$ | 3.54% | 2.95% | 2.01% | 1.43% | 0.92% |
| $TiMo_{0.12}$ | 3.22% | 2.00% | 1.46% | 1.05% | 0.65% |
| $TiMo_{0.25}$ | 1.71% | 1.42% | 1.03% | 0.61% | 0.30% |
| $TiMo_{0.5}$ | 1.03% | 0.82% | 0.41% | 0.25% | 0.09% |
| TiMo | 0.60% | 0.28% | 0.09% | 0.05% | 0.03% |

　　合金的吸放氢动力学可以按一级反应来描述,$TiMo_{0.03}$ 合金吸氢反应的动力学分析曲线如图 20.20 所示,对其他成分合金的吸氢过程作类似处理。图 20.20 中数据点的线性良好,说明吸氢过程遵循一级反应速率方程,每条曲线的斜率为各温度下的表观反应速率常数 $k_a$。

根据阿仑尼乌斯定律作 $\ln k_a - 1\,000/T$ 关系图,通过线性拟合可算得斜率 $k = E_a/R$,从而求得吸氢活化能 $E_a$($\text{kJ} \cdot \text{mol}^{-1}$)。合金吸氢活化能 $E_a$ 随 Mo 含量的变化关系示于表 20.12。为了便于比较,表中同时列出了纯 Ti 吸氢的表观活化能。可以看出,添加少量 Mo 后,Ti 吸氢的表观活化能迅速下降,Mo 的原子分数介于 20% ~ 33% 时,活化能成为负值,此时合金吸氢为一个自发进行的过程。温度升高,表观速率常数变小,氢的解吸反应即逆反应速率较氢原子吸附速率增加更快。Mo 的原子分数大于 33% 时,活化能开始升高,反应活性变差。这与金属 Mo 吸氢的化学驱动力较差有关。

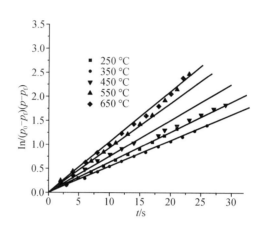

图 20.20    $TiMo_{0.03}$ 吸氢动力学分析

表 20.12    合金吸氢表观活化能 $E_a$

单位:$\text{kJ} \cdot \text{mol}^{-1}$

| 合金组成 | Ti | $TiMo_{0.03}$ | $TiMo_{0.12}$ | $TiMo_{0.25}$ | $TiMo_{0.50}$ | TiMo |
|---|---|---|---|---|---|---|
| $E_a$ | 55.6 | 11.9 | 7.95 | −6.07 | −1.41 | 3.28 |

对磁悬浮熔炼技术制备的 $TiMo_x$($x = 0.03, 0.13, 0.25, 0.50, 1.00$,钼与钛原子比)固溶体合金,用非零初压热解法测试了氢化物组成为 $Ti_{0.97}Mo_{0.03}H_{1.6}$,$Ti_{0.89}Mo_{0.11}H_{1.5}$,$Ti_{0.8}Mo_{0.2}H_{1.3}$,$Ti_{0.67}Mo_{0.33}H_{0.9}$,$Ti_{0.5}Mo_{0.5}H_{0.6}$ 样品在不同温度范围内的放氢动力学性能。图 20.21 为 $Ti_{0.97}Mo_{0.03}H_{1.6}$ 的解吸 $c-t$ 曲线。结果表明,随着温度的升高,氢的解吸量明显增加,而且 $c-t$ 曲线初始段的斜率增加,达到反应平衡的时间变短。其他几种氢化物的热解吸情况与之相同。

依据实验测定的 $c-t$ 曲线作 $\ln(c_0/c) - t$ 图(图 20.22)。对每个温度下的数据点线性拟合。可以看到,数据点的线性良好,说明氢化物解吸过程为一级反应,可以按一级反应的相关规律来描述。拟合得到的直线斜率即为热解吸的速率常数 $k_d$,各温度点的 $k_d$ 列于表 20.13。温度越高,氢化物的解吸速率常数越大,表明反应随温度的升高而变快,这符合阿仑尼乌斯定律。Mo 含量增加,$k_d$ 变大,这说明 Mo 的添加可加快解吸反应的进行,同时意味着 Mo 原子降低氢化物的稳定性。

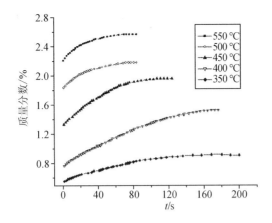

**图 20.21　Ti$_{0.97}$Mo$_{0.03}$H$_{1.6}$ 的 $c-t$ 关系曲线**

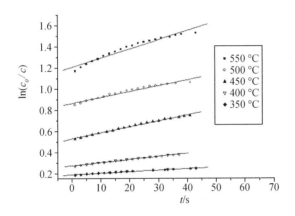

**图 20.22　Ti$_{0.97}$Mo$_{0.03}$H$_{1.6}$ 的 ln($c_0/c$) $-t$ 关系曲线**

**表 20.13　不同温度下合金氢化物的热解吸速率常数 $k_d$**

单位:$10^{-3}$s$^{-1}$

| 合金氢化物 Mo 含量(原子分数)/% | 550 ℃[①] 350 ℃[②] | 500 ℃ 300 ℃ | 450 ℃ 250 ℃ | 400 ℃ 200 ℃ | 350 ℃ 150 ℃ |
|---|---|---|---|---|---|
| 3[①] | 8.62 | 5.55 | 5.64 | 2.99 | 1.42 |
| 11[①] | 15.02 | 10.13 | 6.79 | 4.88 | 4.00 |
| 20[①] | 20.76 | 9.91 | 12.33 | 6.55 | 6.30 |
| 33[②] | 5.46 | 3.72 | 2.93 | 1.67 | 1.73 |
| 50[②] | 8.67 | 7.07 | 6.78 | 2.59 | 2.43 |

注:①②表示不同合金氢化物对应的一组解吸温度点。

　　对表 20.13 中的数据作 ln$k_d-1/T$ 图(图 20.23),通过线性拟合,得到直线斜率 $k$。按公式 $E_d=-kR$ 计算,得到不同合金氢化物的表观解吸活化能 $E_d$(表 20.14)。Mo 原子分数为3% ~20%,$E_d$ 为 30 ~ 38 kJ/mol,当 Mo 含量继续升高,即大于33%时,$E_d$ 显著降低(12 ~ 14 kJ/mol)。结合吸氢过程的情况来看,Mo 原子分数大于33%时,合金的吸氢活化能开始上升,吸氢活性降低。Mo 原子分数较高(大于33%)时,Mo 的吸氢惰性对合金的吸氢性能产生了较大的影响。Mo 的吸氢惰性同样对氢化物的热解吸产生影响。

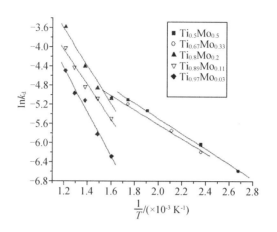

图 20.23　合金氢化物 $\ln k_d - 1/T$ 关系

表 20.14　合金氢化物的热解吸表观活化能 $E_d$

| | $TiMo_{0.03}H_{1.6}$ | $TiMo_{0.11}H_{1.5}$ | $TiMo_{0.20}H_{1.3}$ | $TiMo_{0.33}H_{0.9}$ | $TiMo_{0.5}H_{0.6}$ |
|---|---|---|---|---|---|
| $E_d/(kJ/mol)$ | 37.9 | 30.4 | 32.6 | 12.5 | 13.2 |

Mo 含量增加,表观活化能总体为降低的趋势,解吸反应越容易进行,氢化物的稳定性越低。王伟伟等[25]测得氢化钛热解吸反应的表观活化能 $E_d$ 为 $(27.1 \pm 0.4)$ kJ/mol,提示决速步骤为氢原子在金属相间隙的扩散。黄利军等[27]测得氢化钛热解吸反应的表观活化能 $E_d$ 为 105.6 kJ/mol,提示决速步骤为氢原子穿过氧化膜的过程。合金氢化物热解吸反应的过程就是氢原子从合金中的解离和在表面的复合过程,因此过程的决速步骤可能有两种,即扩散控制或表面控制。由于实验过程中表面自然氧化层基本被还原,所以氢穿过表面氧化层不会是吸氢的速率控制步骤。因此,氢原子在合金相间的扩散被认为是解吸过程的决速步骤。

2. TiMo 合金的吸氢动力学

Ti 是化学活性元素,表面性质对其活化和吸氢动力学性能有很大影响[28]。Ti 是密排六方 α 相结构,大量吸氢发生相变后极易破碎。这些都给 Ti 的实际应用带来困难。合金化是改善纯 Ti 储氢性能的一个途径。根据添加合金元素后对 Ti 合金结构的影响,可以把合金化元素分为 α 相稳定元素、β 相稳定元素和中性元素三大类,适量引入 β 稳定元素如 Mo,V,Ta 和 Cd 等可以在室温得到一定比例的 β 第二相,同时还能使合金具有与纯 Ti 相近的吸放氢平衡压。理论计算和实验研究表明,Mo 的加入可以增加 $TiMoH_2$ 单胞的体模量,提高体系的强度[7],当 Mo 含量(质量分数,下同)超过 30% 以后,能有效提高合金表面抗氧化性能[29]。当 Mo 含量达到 20% 时室温下可获得单一的 β 相结构,但 Mo 含量超过 15% 后,合金吸氢平衡压增加得较快。与单一 α 相结构的纯 Ti 相比,α + β 双相合金在大量吸氢后具有更好的抗碎裂能力[30]。作为前面内容的补充,本部分讨论双相 Ti – 10Mo 合金的活化处理工艺对合金吸氢动力学特性以及吸氢时抗粉碎能力的影响。

动力学测试在自行研制的多功能 PCT 测试装置上进行,采用不锈钢样品室,铠装热电偶内测温,系统极限真空可达 $5 \times 10^{-5}$ Pa。真空测量使用一组不同量程的薄膜式电容压力计和一个电离规,可测压力范围为 $10^{-5} \sim 10^5$ Pa,计算机实时采集时间、温度和压力数据。

储氢合金的活化是合金表面形成吸氢活性位置的过程,储氢合金能吸氢达饱和或者有室温吸氢现象,就可认为合金已经活化。Ti – 10Mo 合金的活化采用两种方法:①高温吸氢活化。室温抽真空至 $10^{-4}$ Pa,充入氢气,升温待样品吸氢,升温速率约 20.7 K/min。当样品在高温下(400 ℃以上)的吸氢过程基本结束后,随炉冷却,在此过程中样品充分吸氢至饱和。②室温吸氢活化。在高真空状态下升温至 590 ℃除气,然后空冷至 90 ℃以下,充入氢气,保持 3 h,使样品充分吸氢。吸氢后的样品经 590 ℃高温真空脱氢后,活化过程完成。两种活化工艺的根本差别在于第一次吸氢时的吸氢温度不同。

高温及室温下样品首次吸氢活化的动力学曲线如图 20.24 所示。

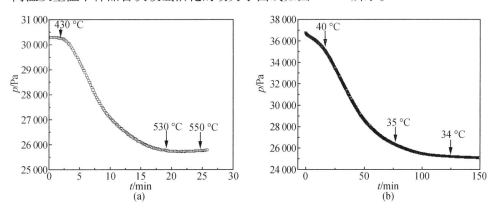

**图 20.24　高温和室温活化时的吸氢速率**[29]
(a)高温;(b)室温

从图 20.24 中看出,采用高温活化方法,合金 430 ℃开始吸氢,530 ℃时压力降到最低值,此阶段经历时间为 20 min。由此可认为在 430 ℃时样品表面已经露出新鲜的吸氢活性表面,表面氧化层对吸氢过程的阻碍作用减弱,样品能在短时间内大量吸氢。继续升高温度,压力开始上升,表明吸氢过程已基本完成,此时合金吸氢原子比([H/M])为 1.2,随炉冷却至 274 ℃时[H/M]达到 1.9,估计室温时已达饱和([H/M] = 2.0)。

另一方面,室温活化的样品约需 3 h 才达吸氢饱和,吸氢原子比达 2.0。室温吸氢时吸氢速率较慢除了与低温下氢原子扩散较慢有关外,也可能与室温下 α 相的相对含量较多有关。室温能大量吸氢说明样品也已达到活化状态。

活化后的样品分别做一步吸氢实验和分步吸氢实验。一步吸氢实验只经一次充氢过程,等合金吸氢完毕后,进行下一次吸放氢测试。分步吸氢实验则是在某一恒定温度下多次加氢,直到样品在该温度下吸氢达饱和,观察每次吸氢过程的动力学特性。

吸氢动力学分析采用 Y. Hirooka 提出的恒容状态测定氢在金属中扩散行为的方法[31]。

假定某时刻趋近平衡态的反应速率与该时刻对平衡态的偏离程度成比例关系,则任一时刻 $t$ 的反应速率 $dp/dt$ 和此时的压力 $p$ 与热力学平衡时的压力 $p_e$ 的差成比例关系,有如下关系式:

$$吸氢过程 \quad -dp/dt = k_a(p - p_e)$$

$$放氢过程 \quad dp/dt = k_d(p_e - p)$$

其中,$k_a$ 和 $k_d$ 被定义为吸氢和放氢时的速率常数。假定速率常数与压力 $p$ 无关,则积分得

$$\ln[(p - p_e)/(p_i - p_e)] = -k_a t$$

$$\ln[(p_e - p)/(p_e - p_i)] = -k_d t$$

其中,$p_i$ 为初始氢压。等式左边的值与时间有线性关系,其斜率即为速率常数。

图 20.25 分别为经历了高温活化处理和室温活化处理后的样品在 500 ℃时吸氢压力随时间的变化曲线以及相应的吸氢速率常数 $k_a$ 值。明显看出室温活化后样品的吸氢速率快于高温活化的样品,而且相应的吸氢速率常数均表现了双斜率特征。但两种活化工艺下,$k_a$ 值变化趋势相反,高温活化样品 $k_a$ 值由小变大,室温活化样品 $k_a$ 值则在吸氢达 1.0 左右时变小。

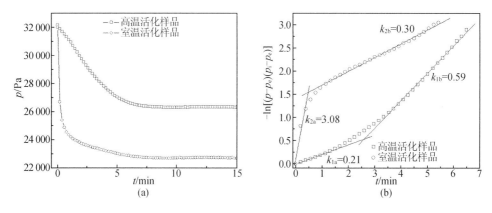

**图 20.25 高温活化样品和室温活化样品在 500 ℃时的吸氢速率**
(a)$p - t$ 曲线;(b)吸氢速率常数

在室温活化情况下,吸氢动力学曲线反映的是体扩散的特征,因此可以认为斜率的改变对应于吸氢时生成氢化物相的相变过程,由于相变速率不会大于氢的扩散速率,吸氢速率受相变速率控制,因此 $k_a$ 变小。而在高温活化情况下,表面过程成为吸氢的控制性环节,$k_a$ 值开始阶段较小可能是对应于吸氢过程最初的孕育期。

图 20.26 给出了经高温活化(未经室温吸氢过程)的样品在 400 ℃和 500 ℃时的分步吸氢曲线,曲线上所标数字依次表示各吸氢步骤。

从图 20.26(a)看到在 400 ℃时从第 3 次吸氢过程开始,吸氢速率明显变慢,吸氢动力学性能出现恶化现象。300 ℃时的吸氢现象与 400 ℃类似,但动力学性能恶化的现象更加明显。与此现象不同的是,高温活化样品在 500 ℃以上则始终保持着较好的吸氢动力学性能,如图 20.26(b)所示。500 ℃分步加氢时,每次吸氢过程均在 10 min 左右已基本完成,计算每次的吸氢速率常数均得到了良好的线性关系,第 1,2,3,4,5 次吸氢速率常数值分别为 0.51,0.18,0.32,0.38,0.47。

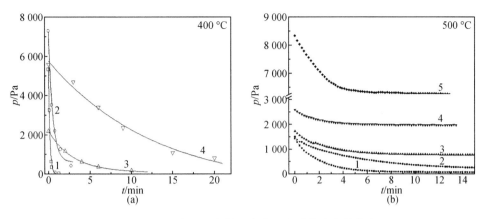

**图 20.26　高温活化样品分步吸氢时的动力学曲线**

(a)400 ℃时;(b)500 ℃时

注:曲线上所标数字依次表示各吸氢步骤。

结合一步吸氢时的相关数据可看出,500 ℃时 Ti – 10Mo 合金(块状样品)在不同的初始氢压及初始氢浓度下,吸氢速率常数值约在 0.2 ~ 0.6 之间,明显高于已有报道的纯 Ti 样品在此温度下的吸氢速率[6-7]。

室温活化的样品在 350 ℃时的分步吸氢动力学曲线如图 20.27 所示。整个测试过程共耗时 90 min 左右,样品动力学性能没有恶化现象,四次吸氢过程均在不到 1 min 的时间内就已基本完成,吸氢动力学特性与高温活化样品有显著不同。尽管每次加氢时,样品中的初始氢浓度各不相同,但没有对样品的吸氢速率带来较大影响。

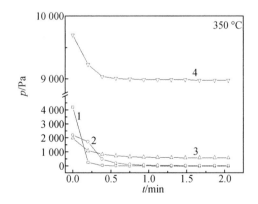

**图 20.27　室温活化样品在 350 ℃分步吸氢曲线**

注:曲线上所标数字依次表示各吸氢步骤。

高温活化和室温活化样品的吸氢动力学差异可用两种样品的形貌和表面状态的差别来解释。经高温活化的样品在 400 ℃以下分步加氢时,合金吸氢动力学性能逐渐恶化,说明高温过程形成的吸氢活性表面又逐渐减少,表面过程是吸氢时的控制步骤。表面状态的改变可能与测试系统维持真空的能力有关,在这种气氛下,400 ℃以下的温度不足以维持表面的活性状态。而且合金没有发生碎裂,总的吸氢表面积较小,轻微污染就可能造成较大的影响。而在500 ℃时能始终维持较好的吸氢动力学性能,说明在500 ℃温度下,样品表面的氧化过程和活性位置的形成过程达到了平衡,因此保持了良好的吸氢能力。样品经室温活化后发生粉化,吸氢活性表面增加了几十倍,吸氢时的速率控制步骤不再是表面过程,而是体扩散过程,因此即使有轻微污染,使活性表面有所减少,也不会影响合金的吸氢速率。

　　观察吸氢后的样品形貌发现,高温活化样品经历3次饱和吸氢过程后仍保持原貌,没有碎裂。但室温活化样品经历3次吸放氢循环后已经完全粉化,可以判断样品在第一次室温吸氢饱和过程中已经发生碎裂。此前的研究也发现,未经历室温吸氢过程的 Ti – 10Mo 样品在经过21次吸放氢循环后,仍未有粉化现象,只是断裂成许多小块,表面也没有粗糙化,仍保持了金属光泽[30]。

　　在 Ti – 10Mo 合金饱和吸氢后均生成氢化物相的情况下,吸氢时的抗碎裂性能有如此显著的差异,说明不同反应温度下样品经历的吸氢过程有较大不同。合金样品为 α + β 双相结构,对照相图可知,低温下 β 相含量相对较少,随温度升高,β 相所占比例增加。由于 β 相为 BCC 结构,与 HCP 结构的 α 相相比可以固溶更多的氢,且 β 相晶格常数较大,吸氢时畸变量小,吸氢过程发生的晶格畸变较小,而且高温下原子振动频率快,与室温相比晶格畸变带来的应力可以更快地得到弛豫,不足以使基体发生碎裂。此前有研究认为 β 相合金吸氢饱和形成氢化物后可以在基体中仍保持一定比例的 β 相固溶体,由于 β 相与氢化物脆性相相比具有更好的力学性能,使得合金吸氢后也具有良好的力学性能。

　　TiMo 合金的结构特征和储氢性质为 TiMo 基多元储氢合金研制提供了基础,提示了方向。

# 20.3　Ti 系多元合金的储氢性能

## 20.3.1　多元合金临氢前后的结构

　　项目组系统地研究了 Ti 系二元和多元合金的结构、性能,以及合金吸氢前后的结构、吸氢平衡压、吸氢活性和放氢温度等性质。依据这些研究工作,项目组研制了两类 Ti 基多元储氢合金。多元合金以 Mo,Zr 为 β 化和 α 化稳定元素,分别添加 Mo,Zr,Ni,Y,Nb,Al,Co,Sn 等元素。主要有 TiMo,TiMoM – 1,TiMoM – 2,TiMoM – 3,TiZrM – 1,TiZrM – 2,TiZrM – 3 等。为简明起见,相关图表中分别用 TiMoMAB 和 TiZrMAB 表示 TiMoM 和 TiZrM 基多元合金(A,B 代表两种主要的合金化元素)。

　　图 20.28 为几种多元合金的 XRD 谱。TiZrM – 1 和 TiZrM – 2 合金为单一的 α 相结构;Ti – 10Mo 和 TiMoM – 1 合金为 α + β 双相结构;TiMoM – 2 和 TiMoM – 3 合金为近 β 结构,仅存少量残余 α 相。

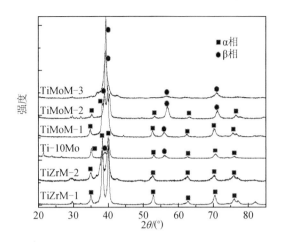

图 20.28　原始合金的 X 射线衍射谱[5]

几种合金样品在首次饱和吸氢后都形成了面心立方结构的 δ 氢化物相,如图 20.29 所示。

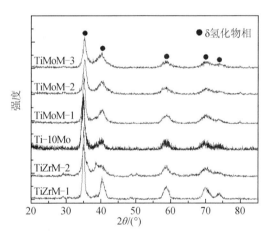

图 20.29　合金饱和吸氢后的 X 射线衍射谱

合金吸氢前后的晶格常数值列于表 20.15。为便于比较,计算了 Ti 及合金样品的单原子体积。从表中看出,所有合金氢化物的晶格参数与 δ - TiH$_x$ 相比较均有明显增大。我们注意到,近 β 合金晶胞内单个原子的平均体积比 α - Ti 单个原子体积减小了近 4%,其氢化物却具有最大的体膨胀率。纯 Ti 吸氢量超过 1.5 以后,其氢化物有两种:氢浓度在 1.5~1.9 之间时为具有 FCC 结构的 δ 氢化物,其晶格参数随氢浓度不同在 0.440 7~0.443 4 nm 之间;更高氢含量时,在低温下( <40 ℃ )下生成 ε 氢化物( $c/a < 1$ ),通常被认为是 δ 氢化物在低温时的一种变形结构。图 20.30 为纯 Ti 吸氢过程中的相组成及晶格参数变化规律示意图。本文测定的 TiH$_{1.905}$ 具有 FCC 结构,晶格参数为 0.442 41 nm,与文献值一致。

表 20.15    合金及其氢化物的晶格常数

| 合金类型 | 晶格常数<br>/nm | 单原子体积<br>/(×10$^{-3}$ nm$^3$) | 氢化物晶格<br>常数/nm | 体膨胀率<br>/% |
|---|---|---|---|---|
| Ti | $a = 0.295\,05$<br>$c = 0.468\,26$ | 17.651 | 0.442 4(1) | 22.6 |
| TiZrM – 1 | $a = 0.295\,45$<br>$c = 0.469\,11$ | 17.731 | 0.444 6 | 23.9 |
| TiZrM – 2 | $a = 0.295\,38$<br>$c = 0.469\,46$ | 17.736 | 0.444 8 | 24.0 |
| TiMo | $a = 0.328\,0$（β 相） | 17.644 | 0.445 2 | — |
| TiMoM – 1 | $a = 0.327\,8$（β 相） | 17.612 | 0.443 9 | — |
| TiMoM – 2 | $a = 0.323\,3$ | 16.896 | 0.445 7 | 31.0 |
| TiMoM – 3 | $a = 0.324\,0$ | 17.006 | 0.444 4 | 29.0 |

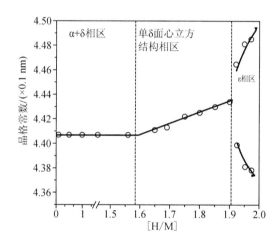

图 20.30    纯 Ti 吸氢过程中的相组成及晶格常数变化

## 20.3.2    多元合金的吸氢 $p-c$ 等温线

研究表明,不同相组成的合金在吸氢后均形成了面心立方结构的 δ 氢化物相,晶格参数大于纯 Ti 氢化物。α 相 TiZrM 系合金及 α + β 双相 Ti – 10Mo 和 TiMoM – 1 合金的室温吸氢体膨胀率与纯 Ti 接近,近 β 相 TiMoM – 2 和 TiMoM – 3 合金吸氢体涨率显著高于纯 Ti 及其他两种合金。

图 20.31 可以观察到纯 Ti 样品的两个吸氢反应平台,分别对应于 α→β 相变和 β→δ 相变,两个平台中间的浓度范围为 β 相区固溶氢的范围,其氢浓度在 0.4 ~ 0.8 之间,第二个反应平台结束时的浓度在 1.7 左右,与 TiH 相图对应得很好。

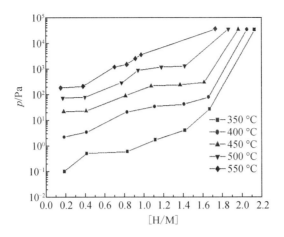

**图 20.31　纯 Ti 吸氢 $p-c-T$ 曲线**

图 20.32(a)为 α 结构 TiZrM-1 合金的吸氢 $p-c-T$ 特性,与纯 Ti 很接近,两个平台间固溶区的氢浓度约在 0.4~0.8 之间,第二个平台结束时的浓度在 1.6 左右。

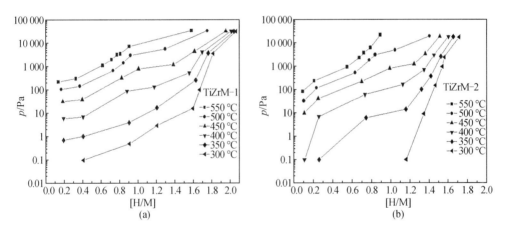

**图 20.32　α 相 TiZrM 合金吸氢 $p-c-T$ 曲线**

(a)TiZrM-1;(b)TiZrM-2

图 20.32(b)为 TiZrM-2 合金的 $p-c-T$ 曲线,其合金化元素 Zr 等的含量较多,使它的吸氢平台斜度增加,长度则明显缩短,第二个平台结束时的氢浓度在 1.3 左右。两种合金的吸氢平衡压力仅略高于纯 Ti。

图 20.33 为 TiMo 和 TiMoM-1 两种双相合金的吸氢 $p-c-T$ 曲线。以 Zr 替代部分 Mo后,合金的吸氢 PCT 特性变化不大。从两种合金 $p-c-T$ 曲线上只能观察到一个明显的吸氢平台,平台区的氢浓度范围在 0.7~1.4 之间。两种合金吸氢平衡压力几乎相同,都比纯Ti 略高。

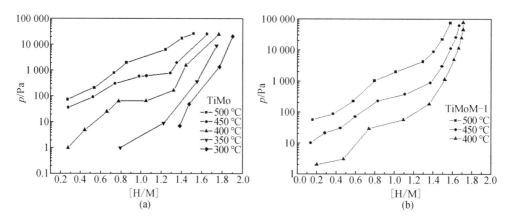

**图 20.33　TiMo 和 TiMoM – 1 合金的吸氢 $p-c-T$ 曲线**

（a）TiMo;（b）TiMoM – 1

　　图 20.34 为近 β 合金 TiMoM – 2 和 TiMoM – 3 的吸氢 $p-c-T$ 曲线。合金吸氢平衡压比纯 Ti 及另两类合金都高,仅存在一个不明显的吸氢平台,平台区氢浓度范围在 0.8 ~ 1.2 之间。两种合金成分的差别在于以不同量元素 Ni 替代了部分 Mo,替代后发现两种合金的 $p-c-T$ 曲线形状相似,对合金吸氢特性影响不大。

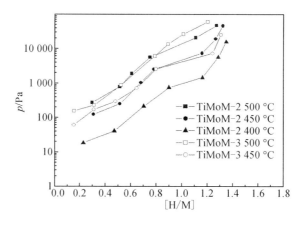

**图 20.34　TiMoM – 2 和 TiMoM – 3 合金吸氢 $p-c-T$ 曲线**

　　当纯 Ti 和各种合金吸氢量大于 0.8 时,$p-c$ 等温线进入 β→δ 氢化物转变区内,为此读取吸氢容量为 1.0 时各温度下的平衡压力值,根据 Van't Hoff 关系拟合直线,得到了良好的线性关系,如图 20.35 所示。根据 Van't Hoff 直线计算吸氢反应的熵值和熵值,外推出各合金在 300 K 时的吸氢平衡压值,列于表 20.16。Ti – H 体系有多种相结构,320 ℃附近存在一共析温度点,在此温度上下吸氢反应的热力学参数可能有较大变化,这使外推室温平衡压的数值与实际值可能出现较大偏差,不同研究者报道的室温平衡压值也不相同[32]。

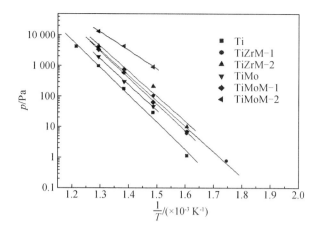

图 20.35　吸氢量为 1.0 时各种合金的 Van't Hoff 直线

表 20.16　纯 Ti 及几种 Ti 合金吸氢反应的热力学参数及室温吸氢平衡压

| 合金类型 | $\Delta H$ /(kJ/mol H) | $\Delta H$ 误差 /(kJ/mol H) | $\Delta S$ /(kJ/mol H) | $\Delta S$ 误差 /(kJ/mol H) | 300 K 时平衡压/Pa |
|---|---|---|---|---|---|
| Ti | -820.7 | 4.7 | -91.9 | 6.5 | $20.3 \times 10^{-16}$ |
| TiZrM-1 | -76.2 | 3.3 | -83.7 | 4.8 | $20.8 \times 10^{-14}$ |
| TiZrM-2 | -74.7 | 1.6 | -80 | 2.4 | $9.1 \times 10^{-14}$ |
| TiMo | -82.7 | 1.7 | -93 | 2.4 | $9.8 \times 10^{-14}$ |
| TiMoM-1 | -80.6 | 3.7 | -87.6 | 20.1 | $1.3 \times 10^{-14}$ |
| TiMoM-2 | -57.8 | 4.3 | -66.4 | 3.1 | $6.0 \times 10^{-9}$ |

## 20.3.3　结果和展望

在过渡族金属氢化物中,金属原子的外层 d 轨道与氢的 1s 轨道有很强的共价作用,随着 d 轨道填充电子数目的增加这种作用逐渐减弱[34]。Ti,Zr 等金属的外层电子结构为 $(n-1)d^2ns^2$,d 层存有大量空轨道,与 H 化合后可以容纳大量电子,有利于降低体系电子浓度,提高氢化物的稳定性。合金元素 Mo 元素 d 轨道的电子数明显高于 Ti,它们的添加使体系中可以容纳电子的 d 层空轨道减少,会引起体系电子浓度的升高,导致 $\delta - TiH_x$ 体系的稳定性降低,引起体系平衡压的升高和平台缩短。

两种 $\alpha$ 相结构的 TiZrM 合金中,TiZrM-2 中 A,B 的含量高于 TiZrM-1,B 元素增加使原子周围间隙位置能量显著升高,有利于 H 从替代原子周围的晶格间隙中脱附,引起储氢平台的缩短。替代原子对成键能力的削弱作用局限于替代原子最近邻的间隙位,因而对吸氢平衡压影响不大。

在 TiMo 和 TiMoM-1 两种双相合金中,Mo 元素的替代均为 5%(原子分数)左右。Ti(M)$H_2$ 体系的第一原理计算结果表明,当 Mo 的替代量较低(2.33%)时,金属-氢键之间的离子性相互作用与 $TiH_2$ 体系相比没有显著变化,共价性相互作用则明显增强,基体金属与 H 原子之间的成键作用未被显著削弱,Mo 与 H 的成键作用要强于 Ti 与 H 的成键作用,这使得在 Ti 中添加适量的 Mo 并不引起吸氢平衡压的显著升高。随替代量的增加,Mo 会逐渐削弱 H 原子与金属基体的结合力,使 $(Ti_{1-x}Mo_x)H_2$ 体系的平衡压不断上升;先前的研究结果表明,随 Mo 含量增加,$(Ti_{1-x}Mo_x)H_2$ 的晶格常数增加,$x \approx 0.05$ 时,出现一极大值。容纳 H 的晶格间隙增大有利于体系的稳定,所以晶格常数增加的现象,会在一定程度上抵消因为 Mo 的替代所引起的 $(TiMo_x)H_2$ 体系能量升高以及相应离解平衡压的上升,从而延缓了体系平衡压的上升趋势。对 TiMo 系合金吸氢平衡压的测试结果表明,当 Mo 原子分数为 5% 时,外推室温平衡压为 $10^{-14}$ Pa 量级,与纯 Ti 相比增加值不大,但当 Mo 原子分数为 11% 时,则已经达到了 $10^{-9}$ Pa 量级,有了大幅度升高。

TiMoM-2 和 TiMoM-3 两种近 β 结构合金的晶格常数显著减小是由于替代元素 Mo, B, C 的原子半径较小所产生的体积效应引起的,这使得氢的溶解变得困难;从电子浓度因素考虑,根据 Wagner 的理论,如果金属基体中添加的合金元素使电子浓度朝相同的方向变化,则它们对体系电子浓度改变的程度会相互加强,即电子的活度比在添加相同量单一合金元素时变得更大或更小,本工作中由于同时添加了 Mo 等三种能引起氢化物体系电子浓度增大的合金元素,它们之间的相互作用使体系的电子浓度升高更明显,因此 β 合金氢化物稳定性降低,其平衡压升高和平台缩短的现象更显著。

与 δ-$TiH_x$ 相比,几种合金氢化物晶胞均有明显肿胀,这是由于合金化后氢化物体系的电子浓度增加,相当于增加了基体金属的价电子。另外,由于合金元素如 Mo,Ni 等的电负性大于 Ti,它们加入后使电子云向合金元素转移[35],这会减小合金元素原子半径与 Ti 原子半径的差距,甚至其"实际的"原子半径可能会大于 Ti,这些因素引起氢化物晶胞的肿胀。当添加的小原子半径的合金元素超过一定量后,能引起晶胞参数减小的尺寸效应才会体现出来。

上述研究发现,纯 Ti 室温吸氢平衡压约为 $10^{-15}$ Pa 左右,α 相多元合金及 α+β 双相合金吸氢平衡压约为 $10^{-14}$ Pa 量级,与纯钛接近;近 β 相多元合金的室温吸氢平衡压则有显著升高,约为 $10^{-9}$ Pa 量级。增加替代元素含量会使 α 相 TiZrM 合金的吸氢平台长度显著缩短,但平衡压数值差别不大。

几种多元合金的临氚综合性能与研制预期是一致的。其合金氚化物的真空静态储存和 He 释放监测表明,与氚化钛相比,Ti 基多元合金氚化物的固 He 能力最高提升至69.1%,显示合金化对改善材料固 He 性能具有明显正面效应。例如,在 TiMo 合金中加入 Y 和 Al 后会显著提高其固 He 阈值(从 0.35 提高到 0.46)。

# 20.4 Ti 基合金储氚材料的时效行为

在储氚合金研究的基础上,项目组对几种候选合金进行了金属氚化物时效行为的静态 $^3$He 释放观测,得到了与合金研制预期基本一致的可喜结果。

## 20.4.1 Ti-V 合金氚化物时效行为

Ti5V 合金氚化物的 $^3$He 释放监测数据如图 20.36 所示。Ti5V 合金氚化物早期的 $^3$He 释放速率低,约为其生成速率的 $10^{-5} \sim 10^{-4}$,并维持在此水平上有一定的涨落,当其[$^3$He/M]达到 0.30 时,$^3$He 释放速率急剧增加,当[$^3$He/M]达到 0.36 时,其 $^3$He 的 RF 达到 $10^{-1}$ 量级并趋于稳定。

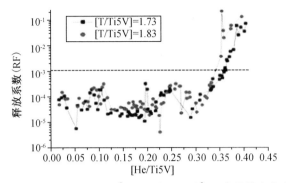

**图 20.36　Ti5V 合金氚化物³He 释放系数随³He 含量的变化曲线**

图 20.37 为 Ti7.5V 合金氚化物的³He 释放监测数据。由图可见,Ti7.5V 合金氚化物早期的³He 释放速率低,约为其生成速率的 $10^{-6} \sim 10^{-5}$,并维持在此水平上有一定的涨落,当其[³He/M]达到 0.23 时,³He 释放开始出现缓慢而稳定的增长;当[³He/M]达到 0.31 时,其³He 释放速率从 $10^{-5}$ 量级持续增长到 $10^{-4}$ 量级,然后³He 释放速率开始急剧增加;当[³He/M]达到 0.35 时,其³He 的 RF 达到 $10^{-1}$ 量级并趋于稳定。

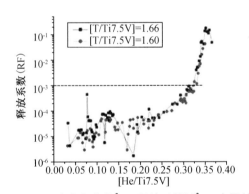

**图 20.37　Ti7.5V 合金氚化物³He 释放系数随³He 含量的变化曲线**

图 20.38 为 Ti10V 合金氚化物的³He 释放监测数据。由图可见,Ti10V 合金氚化物早期的³He 释放速率低,约为其生成速率的 $10^{-5}$,并维持在此水平上有一定的涨落,当其[³He/M]达到 0.25 时,³He 释放开始出现缓慢而稳定的增长;当[³He/M]达到 0.35 时,其³He 的 RF 从 $10^{-5}$ 量级持续增长到 $10^{-4}$ 量级,然后³He 释放速率开始急剧增加;当[³He/M]达到 0.36 时,其³He 的 RF 达到 $10^{-1}$ 量级并趋于稳定。

总体来看,在 Ti 中掺入 V 后其合金容纳³He 的能力比氚化钛增强,随 V 含量的增加(质量分数为 5% ,7.5% ,10% ),其达到³He 加速释放的 He 浓度也有所增加(分别为 0.34, 0.32,0.35),均高于氚化钛的 0.27。因此,Ti 中掺杂 V 元素能够提高其固³He 性能。

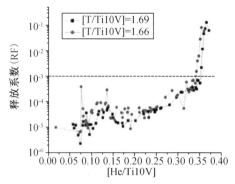

图 20.38　Ti10V 合金氚化物[3]He 释放系数随[3]He 含量的变化曲线

## 20.4.2　Ti – V – Y 合金氚化物时效行为

为进一步优化 TiV 合金的综合性能(储氢性能、力学性能、抗粉化性能),在 TiV 二元合金的基础上制备了 TiVFe 和 TiVY 三元合金,开展了静态储存实验,TiVFe 和 TiVY 合金氚化物的[3]He 释放监测数据分别如图 20.39、图 20.40 所示。

由图 20.39 可见,TiVFe 合金氚化物早期的[3]He 释放速率约为其生成速率的 $10^{-5}$ ~ $10^{-4}$,并维持在此水平上有一定的涨落,到其[[3]He/M]达到 0.20 时,[3]He 释放开始出现缓慢而稳定的增长;当[[3]He/M]达到 0.27 时,其[3]He 释放速率从 $10^{-5}$ 量级持续增长到 $10^{-4}$ 量级,然后[3]He 释放速率开始急剧增加;当[[3]He/M]达到 0.30 时,其[3]He 的 RF 达到 $10^{-1}$ 量级并趋于稳定。

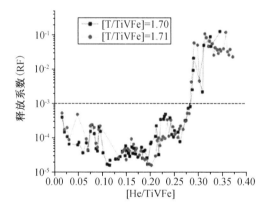

图 20.39　TiVFe 合金氚化物[3]He 释放系数随[3]He 含量的变化曲线

由图 20.40 可见,TiVY 合金氚化物早期的[3]He 释放速率约为其生成速率的 $10^{-6}$,并维持在此水平上有一定的涨落,到其[[3]He/M]达到 0.20 时,[3]He 释放开始出现缓慢而稳定的增长;当[[3]He/M]达到 0.31 时,其[3]He 释放速率从 $10^{-6}$ 量级持续增长到 $10^{-5}$ 量级,然后[3]He 释放速率开始急剧增加,当[[3]He/M]达到 0.33 时,其[3]He 的 RF 达到 $10^{-1}$ 量级并趋于稳定。

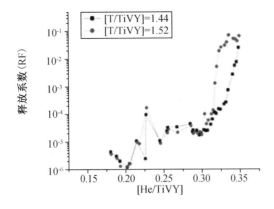

图 20.40　TiVY 合金氚化物³He 释放系数随³He 含量的变化曲线

总体来看,在 Ti5V 合金中进掺入 Fe 后明显降低了 Ti5V 合金容纳³He 的能力,使其加速释放阈值从 0.34 降低到 0.28;在 Ti5V 合金中掺入 Y 后,其合金容纳³He 的能力略有降低(加速释放阈值从 0.34 降低到 0.32),但掺 Y 后其早期的³He 释放速率降低至 $10^{-6}$ 量级。因此,在 Ti5V 合金中掺杂 Y 元素能降低其早期的³He 释放速率。

### 20.4.3　Ti 基多元合金氚化物时效行为

对 1#,2#,3#,4#,5#,6# 和 11# 多元合金氚化物进行真空静态储存,并持续监测合金氚化物的 He 释放行为,结果依次如图 20.41 ~ 图 20.47 所示。

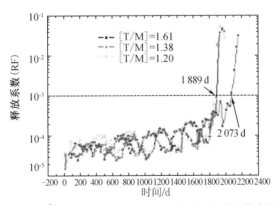

图 20.41　1# Ti 基多元合金氚化物释放系数随时间的变化曲线

从图 20.41 可知,1# 合金氚化物当[T/M]为 1.61 时,³He 释放阈值最高达到 0.451,储存寿命为 2 073 d;[T/M]值下降会引起³He 释放阈值下降,两者基本呈正比例关系;在³He 平缓释放期的释放系数基本保持在 $10^{-5}$ 量级,其呈现波浪形波动是由储存环境温度周期性波动所致,这一现象表明温度对³He 释放速率具有显著影响,降低储存温度将有助于减少特定时间内³He 释放总量。

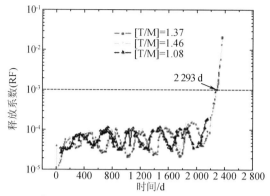

**图 20.42    2#Ti 基多元合金氚化物释放系数随时间的变化曲线**

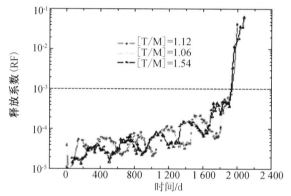

**图 20.43    3#Ti 基多元合金氚化物释放系数随时间的变化曲线**

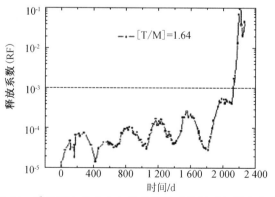

**图 20.44    4#Ti 基多元合金氚化物释放系数随时间的变化曲线**

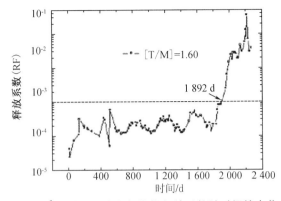

图 20.45 5#Ti 基多元合金氚化物释放系数随时间的变化曲线

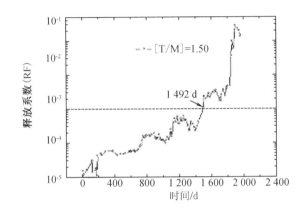

图 20.46 6#Ti 基多元合金氚化物释放系数随时间的变化曲线

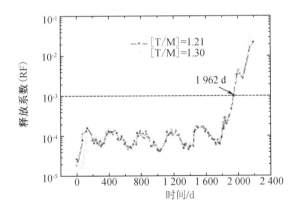

图 20.47 11#Ti 基多元合金氚化物释放系数随时间的变化曲线

其余六种合金氚化物的 $^3$He 释放规律与 1# 表现一致,其中 2# 合金氚化物当[T/M]为 1.46 时,$^3$He 释放阈值最高达到 0.434,储存寿命为 2 293 d,在 $^3$He 平缓释放期的释放系数基本保持在 $10^{-5}$ 量级;3# 合金氚化物当[T/M]为 1.54 时,$^3$He 释放阈值最高达到 0.391,储存寿命为 1 905 d,在 $^3$He 平缓释放期的释放系数随储存时间的延长呈现较明显的增长态势;$4^{\#}$合金氚化物当[T/M]为 1.64 时,$^3$He 释放阈值最高达到 0.46,储存寿命为 2 137 d,在 $^3$He 平缓释放期的释放系数基本保持在 $10^{-5}$ 量级;$5^{\#}$合金氚化物当[T/M]为 1.60 时,$^3$He 释放阈值最高达到 0.402,储存寿命为 1 892 d,在 $^3$He 平缓释放期的释放系数基本保持在 $10^{-4}$ 量级;$6^{\#}$合金氚化物当[T/M]为 1.50 时,$^3$He 释放阈值最高达到 0.303,储存寿命为 1 492 d,在 $^3$He 平缓释放期的释放系数在储存时间超过 600 d 后基本保持在 $10^{-4}$ 量级;$11^{\#}$合金氚化物当[T/M]为 1.30 时,$^3$He 释放阈值最高达到 0.339,储存寿命为 1 962 d,在 $^3$He 平缓释放期的释放系数基本保持在 $10^{-5}$ 量级。

　　分析 $1^{\#}$,$2^{\#}$,$3^{\#}$ 和 $11^{\#}$Ti 基多元合金氚化物的储存寿命随初始[T/M]的变化规律显示,初始[T/M]对其 $^3$He 静态释放曲线和达到加速释放的时间基本无影响(即使初始[T/M]为 1.0 左右)。这与氚化钛的静态储存结果不同,当初始[T/Ti]低于 1.5 时,由于氚化钛由 δ 单相转变为 α + δ 双相,从而使其储存寿命从 1 100 d 左右降低到 900 d 左右。因此,通过合金化有利于扩大 Ti 基多元合金氚化物均相区的范围,从而提高其储存寿命的稳定性和可靠性。

　　综合对比七种 Ti 基多元合金氚化物的 He 释放行为数据,得出掺杂元素对 Ti 合金膜固 He 能力的影响见表 20.17。与氚化钛相比,Ti 基多元合金氚化物的固 He 能力最高提升至 69.1%,显示合金化对改善材料固 He 性能具有强烈正面效应;Ti 基多元合金氚化物的 $^3$He 释放阈值最小为 0.339,最大达到 0.46,显示添加合金元素种类与数量不同,对改变材料固 He 性能具有显著影响。例如,在 TiMo 合金中加入 Y 和 Al 后会显著提高其固 He 阈值(从 0.35 提高到 0.46),但进一步加入 Ni 变为五元合金后,则其固 He 阈值提高量则会降低;而将 TiMoYAl 中的 Mo 换为 Zr 后,其固 He 阈值也有所降低(为 0.40),在此基础上进一步加入 Co 和 B 后其固 He 阈值提高量则会进一步降低。因此,在 Ti 中加入 V,Mo,Y,Al 等元素有利于提高其固 He 能力,而加入 Ni,Co,B 等元素则会降低合金部分的固 He 能力。

表 20.17　掺杂元素对 Ti 合金膜固 He 能力的影响

| Ti 合金种类 | 掺杂元素 | [T/M] | 储存时间/d | $^3$He 临界释放阈值 | $^3$He 临界释放阈值提高量 |
|---|---|---|---|---|---|
| Ti | — | 1.73 | 1 112 | 0.272 | — |
| $1^{\#}$ | Mo,Zr,Y,Nb | 1.61 | 2 073 | 0.451 | 65.8% |
| $2^{\#}$ | Zr,Y,Al,Sn | 1.46 | 2 293 | 0.434 | 59.6% |
| $3^{\#}$ | Mo,Ni,Y,Al | 1.54 | 1 905 | 0.391 | 43.8% |
| $4^{\#}$ | Mo,Y,Al | 1.64 | 2 137 | 0.460 | 69.1% |
| $5^{\#}$ | Zr,Y,Al | 1.60 | 1 892 | 0.402 | 47.8% |
| $6^{\#}$ | Mo | 1.50 | 1 492 | 0.354 | 30.1% |
| $11^{\#}$ | Zr,Y,Al,Co,B | 1.30 | 1 962 | 0.339 | 24.6% |

### 20.4.4　Ti – V 和 Ti – V – Y 氘化物时效 XRD 研究

周晓松等对合金氘化物进行了 XRD 原位连续检测,解释了多元合金[3]He 临界释放阈值与晶格变化的相关性。

对 Ti10V 合金氘化物继续进行了 XRD 原位连续检测。在这个过程中 Ti10V 合金氘化物一直保持 FCC 结构不变,其时效对特征峰的影响与氘化钛的结果相似。对 Ti10V 合金氘化物的衍射峰进行指标化和归一化处理,获得了储存过程中 Ti10V 合金氘化物的晶格常数和特征衍射峰半峰宽随 He 生成量的变化规律,结果如图 20.48 ~ 20.51 所示。

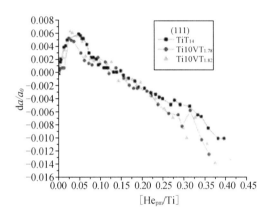

**图 20.48　Ti10V 合金氘化物时效过程中(111)晶面的晶格常数归一化曲**

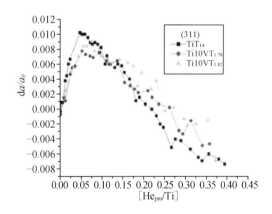

**图 20.49　Ti10V 合金氘化物时效过程中(311)晶面的晶格常数归一化曲线**

由图 20.48 和图 20.49 可知,Ti10V 合金氘化物的晶格常数变化与氘化钛相比主要有四处不同:①(111)晶面的晶格常数达到最大值的 He 含量比氘化钛提前约 0.03(He 与 Ti 原子比);②(311)晶面的晶格常数达到最大值的 He 含量又比氘化钛延后约为 0.06(He 与 Ti 原子比);③在[He/Ti] >0.20 后,(111)晶面的晶格常数减小比氘化钛快;④达到最大值后,(311)晶面的晶格常数减小比氘化钛慢。

由图 20.50 和图 20.51 可知,Ti10V 合金氘化物的特征峰半峰宽的变化与氘化钛有三处不同:①Ti10V 合金氚化物的变化率明显比氚化钛小;②在 He 生成量小于 0.02 时没有明显变化;③没有最大值出现,当[He/Ti]>0.06 后,其半峰宽呈缓慢上升趋势。

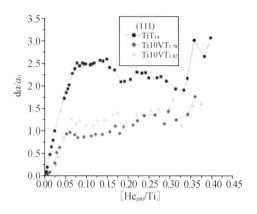

**图 20.50　Ti10V 合金氚化物时效过程中(111)晶面的特征峰半峰宽归一化曲线**

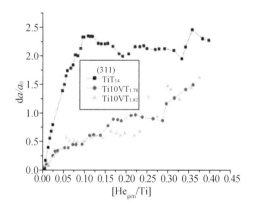

**图 20.51　Ti10V 合金氚化物时效过程中(311)晶面的特征峰半峰宽归一化曲线**

对 Ti5V2.5Y 合金氚化物继续进行 XRD 原位连续检测,在这个过程中 Ti5V2.5Y 合金氚化物一直保持 FCC 结构不变,其时效对特征峰的影响与氚化钛的结果相似。对 Ti5V2.5Y 合金氚化物的衍射峰进行指标化和归一化处理,获得了储存过程中 Ti5V2.5Y 合金氚化物的晶格常数和特征衍射峰半峰宽随 He 生成量的变化规律,结果如图 20.52 ~ 图 20.55 所示。

由图 20.52 和图 20.53 可知,Ti5V2.5Y 合金氚化物的晶格常数变化与氚化钛相比主要有四处不同:①(111)晶面的晶格常数达到最大值的 He 含量比氚化钛提前约 0.03（[3]He 与 Ti 原子比);②(311)晶面的晶格常数达到最大值的 He 含量比氚化钛延后约为 0.02（[3]He 与 Ti 原子比);③在达到最大值后,(111)晶面的晶格常数表现出连续线性降低,而氚化钛则出现两个不同斜率阶段的线性降低;④在达到最大值后,(311)晶面的晶格常数减小比氚化钛慢。

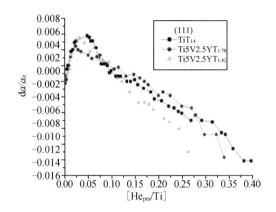

**图 20.52　Ti5V2.5Y 合金氚化物时效过程中(111)晶面的特征峰半峰宽归一化曲线**

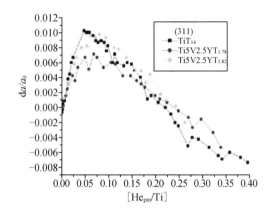

**图 20.53　Ti5V2.5Y 合金氚化物时效过程中(311)晶面的特征峰半峰宽归一化曲线**

由图 20.54 和图 20.55 可知,Ti5V2.5Y 合金氚化物的特征峰半峰宽的变化与氚化钛有四处不同:①Ti5V2.5Y 合金氚化物的变化率均明显比氚化钛小;②在 He 生成量小于 0.02 时没有明显变化;③没有最大值出现,当[He/Ti] > 0.06 后,(111)晶面的半峰宽变化率出现平台,(311)晶面的半峰宽呈缓慢上升趋势;④(111)晶面的半峰宽出现急剧增长的[He/Ti]比氚化钛提前。

总体来看,不同掺杂元素对氚化钛时效过程中晶体结构的变化规律影响不一样,但掺杂合金元素后均改变了其时效过程中晶体结构的变化规律,增强了各项异性变化,降低了时效过程中晶格的应力。尤其是在时效早期,由于合金元素的捕陷作用,有效阻滞了有限尺寸缺陷与无限尺寸缺陷间的相互作用;在择优方向上使晶格保留有限尺寸缺陷的能力明显有所提高。结合静态储存数据(表 20.20),可以以(311)晶面的晶格常数达到最大值时延后的[He/Ti]来判断其固 He 能力的提高。

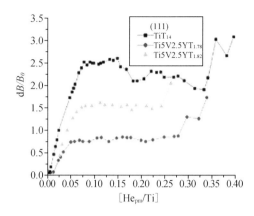

图 20.54　Ti5V2.5Y 合金氚化物时效过程中(111)晶面的特征峰半峰宽归一化曲线

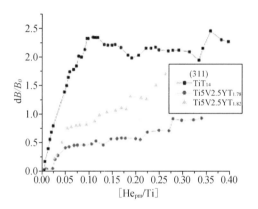

图 20.55　Ti5V2.5Y 合金氚化物时效过程中(311)晶面的特征峰半峰宽归一化曲线

表 20.20　Ti‑V 基合金氚化物 XRD 特征参数和静态结果比较

| Ti 合金种类 | $a_{(311)}$ 最大值时 He 含量([He/Ti]) | $a_{(311)}$ 最大值延后量($\Delta$[He/Ti]) | $^3$He 临界释放阈值 | $^3$He 临界释放阈值提高量($\Delta$[He/Ti]) |
|---|---|---|---|---|
| Ti | 0.05 | — | 0.27 | — |
| Ti10V | 0.11 | 0.06 | 0.35 | 0.08 |
| Ti5V2.5Y | 0.07 | 0.02 | 0.31 | 0.04 |

**参考文献**

[1]　YANG R, WANG Y M, ZHAO Y, et al. Transition metal alloying effects on chemical bonding in TiH$_2$[J]. Acta Materialia, 2002, 50: 109.

[2]　赵越. Ti 基特种储氢(氚)合金研究[D]. 沈阳:中国科学院金属研究所,2002.

[3]　MAELAND A J, LIBOWITZ G G. Hydrides formed from intermetallic compounds of two transition metals: a special class of ternary alloys[J]. J Less‑Common Met. , 1984, 101: 131.

[4]　赵越,郑华,刘实,等. Ti－Mo 合金的结构及吸放氢性能研究[J]. 金属学报,2003,39:89.

[5]　郑华. Ti 基低平衡压储氢合金及薄膜的制备、结构和性能[D]. 沈阳:中国科学院金属研究所,2005.

[6]　IRVING P E, C J BEEVERS C J. Some metallographic and lattice parameter observations on titanium hydride[J]. Metall Trans, 1971, 2:613－619.

[7]　MILLENBACH P, GIVON M. The electrochemical formation of titanium hydride[J]. J Less－Common Met, 1982, 87:179－184.

[8]　FAURE C, BACH P, BERNARDET H. Tubes scelles generaterurs de neutrons[J]. Le Vide, Les Couches Minces, 1982:4－13.

[9]　ROBERT G. On helium release from metal tritides[J]. J Less－Common Met, 1987,132:L17－L20.

[10]　郑华,刘实,马爱华,等. Ti 系合金的室温吸氢平衡压力[J]. 材料研究学报,2003,17:590－598.

[11]　彭述明,赵鹏骥,龙兴贵. ZrV$_2$ 体系的第一原理研究[J]. 金属学报,2002,38:119.

[12]　彭述明,赵鹏骥,徐志磊. ZrV$_2$ 合金的吸、放氘性能研究[J]. 原子能科学技术,2002,36:431.

[13]　彭述明,赵鹏骥,罗顺忠. ZrV$_2$ 金属间化合物的制备与物相分析[J]. 原子能科学技术,2002, 36:436.

[14]　邝文增. 钛铪合金吸放氘行为和相变[J]. 绵阳:中国工程物理研究院,2010.

[15]　邝文增,龙兴贵,罗顺忠. Ti－Hf 储氢合金的制备和结构[J]. 工程材料,2010,9:21.

[16]　邝文增,龙兴贵,朱祖良. 钛中掺杂铪改性研究[J]. 材料导报,2010,24:12.

[17]　郑华,刘实,于洪波,等. Ti87.5 Hf12.5 合金的储氢性能[J]. 原子能科学技术,2005,39:9.

[18]　邝文增,龙兴贵,朱祖良,等. 铪吸氘反应动力学研究[J]. 太阳能学报,2009,30:38.

[19]　邝文增,龙兴贵,朱祖良,等. Ti－Hf 合金的结构和吸氘热力学性质[J]. 无机化学学报,2010,26:1008.

[20]　邝文增,龙兴贵,罗顺忠. TiHf 合金吸氘动力学行为研究[J]. 同位素,2014,27:41.

[21]　王伟伟. Ti－Mo 合金吸放氢同位素效应研究[D]. 绵阳:中国工程物理研究院,2007.

[22]　王伟伟,龙兴贵. Ti－Mo 合金的氢化物热解析动力学研究[J]. 材料科学与工程学报, 2007, 25:402.

[23]　王伟伟,龙兴贵. Ti－Mo 合金的吸放氢动力学[J]. 核化学与放射化学, 2007, 29:81.

[24]　王伟伟, 龙兴贵. Ti－Mo 合金吸氢动力学的同位素效应[J]. 原子能科学技术, 2008,42:902.

[25]　王伟伟, 龙兴贵. Ti－Mo 合金氘化物热解吸过程研究[J]. 同位素, 2008, 21:193.

[26]　王伟伟, 龙兴贵. Mo 含量对 Ti－Mo 氢化物的结构及热稳定性的影响[J]. 材料科学与工程学报, 2008, 26:946.

［27］ 黄利军，虞炳西，高树浚. 钛吸氢和放氢动力学［J］. 金属功能材料，1998，5：124.

［28］ 施立群，周筑颖，赵国庆. Ti－Mo 合金薄膜的储氢特性和抗氢脆能力［J］. 金属学报，2000，36：530.

［29］ 郑华，刘实，赵越，等. Ti－10Mo 双相合金的吸氢性能［J］. 金属学报，2003，39：526.

［30］ GUO C L, WANG P X. A study of thermal desorption of helium from high－pure $\alpha$－Ti and hydrogenated Ti samples［J］. Acta PhysicaSinica (Overseas Edition)，1995，4(5)：380－388.

［31］ HIROOKA Y, MIYAKE M, SANO T. A study of hydrogen absorption and desorption by titanium［J］. J Nuc Mater, 1981，96：227.

［32］ WAGNER C. Thermodynamics of alloys［M］. Cambridge Mass：Addison－Wesley, 1952.

［33］ SAN M A, MANCHESTER F D. Bulletin of alloy phase diagrams［J］. The Al－Au (Aluminum－gold) System，1987：30－42.

［34］ MILLENBACH P, GIVON M. The electrochemical formation of titanium hydride［J］. J Less－Common Met, 1982，87：179－184.

［35］ 杨锐. 晶界偏析与金属氢化物性能的第一原理计算［J］. 沈阳：中国科学院金属研究所，2001.

# 附　录

## 附录 A　金属中 He 的自捕陷机制

### 一、自捕陷机制的提出

以足够高的能量对金属进行 He 离子注入时,He 将进入注入时开创的空位,被捕陷在金属中。当注入能量低于产生晶格损伤的阈值时 He 作为间隙原子是可迁移的(取决于温度),并可避免被预注入过程产生的晶格缺陷捕陷。Kornelse 等在他们早期的论文中报道了一系列的相关研究结果,目的是探讨在预注入了其他惰性气体情况下 He 的捕陷行为。他们关于 W 样品的实验结果与相关的原子计算结果是一致的。

Delft 的研究组(Caspers,Van Veen 等)有力地推动了这方面的研究进展。他们对 Mo 样品先进行了 1 keV 的 He 离子注入(高于损伤阈值),随后进行低能 He 离子注入(亚阈值),最后对样品进行热解吸实验。在亚阈注入条件下,随着低能注入剂量提高,热解吸谱上呈现 3 个新峰。据此提出了所谓的"捕陷转变"模型。依这一模型,已存在的含 He 空位($He_nV$)通过发射 1 个孤立的自间隙原子(例如,$He + He_6V \longrightarrow He_7V_2 + I$)转变成双空位复合体($He_nV_2$)。然而,他们利用 Wilson 和 Johnson 的原子间作用势的计算结果未能证实这一模型。

稍后 Kornelsen 和 Van Gorkum 报道了 He 在 W 中捕陷行为的研究结果。样品在低能注 He 前进行了高能 He,Ne,Ar,Kr 和 Xe 离子注入。发现 He 与稀有气体缺陷间的结合能随注入的稀有气体原子质量的提高而单调降低,每个缺陷可连续捕陷高达 100 个以上的 He 原子。Evans Van Veen 和 Caspers 的实验表明,先经高能(3 keV)He 离子预注入,随后进行低能注 He(150 eV)的样品中生成了 He 片。

人们曾经预测,对于没有引入缺陷的情况,例如,低能注 He 以及通过氚(T)衰变引入了 $^3$He 的临氚样品和新鲜的金属氚化物样品,在一定的温度下 He 将通过简单的间隙扩散方式扩散出样品。的确,依 Kornelsen 的报道[2],在接近液氦的温度下,经低能注 He 的 W 样品中已没有 He 存在了。Wagner 和 Scidman 的[9]研究表明,亚阈注入 W 中的 He 在约 96 K 时是可迁移的。这是一般现象吗?人们从 Thomas,Swansiger 和 Basker[10]关于氚的研究得到启示。他们的研究结果表明,直至加热到 500 ℃,金属氚化物中由氚衰变生成的 $^3$He 还有约 98%(原子分数)被保留在晶格中。在临氚的结构材料 Ni 中(经很好退火处理的纯净多晶冷加工样品和单晶样品)也观察到了如此强的包容 He 的现象,仅在较低的热解吸温度下观察到少量的 He 释放,而且初始 $^3$He 含量较少样品(时效时间短)的释放量要相对大些。这表明金属氚化物具有很强的固 He 能力和特殊的固 He 机制。

这些关于 He 存在状态的基础性研究也与 West 和 Raw[11]发现的低温氦脆相关。研究发现,含氚和含 $^3$He 的不锈钢样品的韧性降低比仅含氢样品要大得多。有实验数据表明,当原子分数相同时,He 降低结构材料性能的作用要比氢大 3～4 倍。

Wilson 等[8]提出了一个金属中 He 原子成团和 He 泡长大的自陷模型。他们的目标是建立与仔细计算和严格的实验结果相一致的理论模型。一个与先前报道过的模型[12-13]近似的速率理论模型被用于将 He 的自陷行为与氰化物时效过程中 He 行为的测量结果进行比较。该自陷模型已在 Dagton 氦会议[14]上发表。

## 二、计算方法和结果

参考文献[12]和参考文献[15]已经详细叙述了这种计算方法。简要地说,在由固定原子包围的 $n$ 个金属原子和 $m$ 个 He 原子组成的体系中,体系的势能(计算的对势和)是可移动原子位置的函数,采用共轭梯度法优化该函数。He 与 He 之间的相互作用采用 Beck 给出的势[16],它非常符合第一原理和实验的结果。Ni－He 势用第一原理团簇计算方法[17],应该是可信的。

多数计算采用的可移动原子数是 2 093,弛豫 8 583 个原子对结果影响很小。使用的 Ni－Ni 势有两种类型:①由样条函数组成的 Baskes 和 Melius 长程势[18],适用于计算升华能、空位形成能和堆垛层错能;②Ni 原子的 Johnson 短程势[19]。长程势(最初是针对 α－Fe 的)要比短程势更与实际相符。正如下文所说,收敛是计算中面临的严重问题,相对而言长程势要容易些。尽管很多计算采用 Johnson 的 Ni－Ni 短程势,但这里给出的是长程势的结果[14]。势函数变了,计算的基本特征没有变。参考文献[14]中的图 7 表明,对于 5 种不同的势函数,Frenkel 对的形成能均随着 He 原子数的增加而显著降低。

由于 $3(n+m)$ 维势能表面非常复杂,计算是十分困难的。然而,由于 He 和金属原子离开它们初始位置的距离较大,许多亚稳位形的能量却可以又快又平滑地收敛。Dayton 会议上提出的 $He_4$(4 个 He 原子团簇)就是一个例子,表明低能位形具有不同的对称性。对于 Johnson 短程势,收敛更加困难。此处的结果是通过不同的初始坐标计算得到的,但并不说明它们是绝对的极小值。

表 A.1 给出了 $n$ 个 He 原子团簇中第 $n$ 个 He 原子的结合能(即 $He_nV_m \longrightarrow He_{n-1}V_m + He$ 反应)以及生成近 Frenkel 对的数量。计算时采用长程势计算,分别计算了无初始空位($He_n$)、1 个初始空位($He_nV$)和 2 个初始空位($He_nV_2$)3 种情况。取表 A.1 第一列数据(无初始空位)作图,如第 2 章图 2.12 所示。图 2.12 是一些临界 He 原子团簇的最低能量位形图。我们给出了一定原子数对应的近 Frenkel 对(在空位附近被束缚的空位－间隙对)的数量描述。当然,一个原子需要离开晶格位置多远才算作间隙原子并没有固定的标准。

**表 A.1　无初始空位、含有 1 个初始空位和 2 个初始空位时 He 与 He 原子团簇的结合能以及团簇的最低能量位形**

| He 原子数($n$) | 无初始空位 $He_n \longrightarrow He_{n-1} + He$ | | 1 个初始空位 $He_n \longrightarrow He_{n-1}V + He$ | | 2 个初始空位 $He_nV_2 \longrightarrow He_{n-1}V_2 + He$ | |
| --- | --- | --- | --- | --- | --- | --- |
| | $E_b$/eV | 近 Frenkel 对数 | $E_b$/eV | 近 Frenkel 对数 | $E_b$/eV | 近 Frenkel 对数 |
| 1 | | 2.63 | 0(0) | 2.83 | 0(0) | 0(0) |
| 2 | 0.22 | 0(0) | 1.44 | 0(0) | 2.85 | 0(0) |

表 A.1（续）

| He 原子数($n$) | 无初始空位 He$_n$ ⟶ He$_{n-1}$ + He | | 1 个初始空位 He$_n$ ⟶ He$_{n-1}$ V + He | | 2 个初始空位 He$_n$ V$_2$ ⟶ He$_{n-1}$ V$_2$ + He | |
|---|---|---|---|---|---|---|
| | $E_b$/eV | 近 Frenkel 对数 | $E_b$/eV | 近 Frenkel 对数 | $E_b$/eV | 近 Frenkel 对数 |
| 3 | 0.64 | 0(0) | 1.35 | 0(0) | 1.98 | 0(0) |
| 4 | 0.78 | 0(0) | 1.51 | 0(0) | 1.84 | 0(0) |
| 5 | 0.99 | 0(1) | 1.35 | 0(0) | 1.84 | 0(0) |
| 6 | 2.02 | 1(1) | 1.76 | 0(0) | 1.40 | 0(0) |
| 7 | 1.55 | 1(1) | 1.16 | 0(0) | 2.05 | 0(0) |
| 8 | 1.60 | 2(1) | 1.02 | 0(0) | 1.63 | 0(0) |
| 9 | 1.95 | 2(1) | 1.38 | 0(0) | 2.09 | 0(0) |
| 10 | 2.27 | 6(9) | 1.41 | 0(0) | 2.04 | 0(0) |
| 11 | 1.96 | 5(7) | 2.11 | 5(7) | 1.35 | 0(0) |
| 12 | 2.50 | 5(7) | 2.49 | 5(7) | 1.44 | 0(0) |
| 13 | 2.25 | 5(7) | 2.53 | 5(7) | 2.29 | 0(0) |
| 14 | 2.42 | 5(7) | 2.53 | 5(7) | 1.63 | 5(7) |
| 15 | 2.45 | 5(9) | 2.47 | 5(9) | 2.57 | 5(7) |
| 16 | 2.33 | 5(10) | 2.48 | 6(10) | 2.51 | 5(7) |
| 17 | 2.02 | 5(11) | 2.65 | 6(10) | 2.81 | 5(7) |
| 18 | 2.66 | 6(11) | 2.58 | 6(10) | 2.51 | 5(8) |
| 19 | 2.18 | 5(10) | 2.16 | 9(11) | 2.33 | 5(9) |
| 20 | 2.78 | 6(12) | 2.62 | 6(13) | 2.70 | 5(10) |

注:最低能量位形由生成一个近 Frenkel 对确定。自间隙原子的确定是从其正常晶格位置至少位移半个晶格常数或位移第一近邻原子距离的一半(括号内)。

表 A.1 数据是由计算出的晶格位置得到的,我们确定了位移、等于或大于晶格常数的一半或第一近邻原子距离的一半的晶格原子数量。由表 A.1 看到,随着 He 原子数的增加,这两种 Frenkel 对的数目相差达 2 倍。

依据参考文献[14]定义,He$_5$ 团簇使晶格原子沿 <100> 方向移动 0.72 个晶格常数的一半,形成 1 个近 Frenkel 对,虽然位移较大,但依上面的第一种定义,还不能将其看作间隙原子。在这个位置会有一个局域能量极小值。从表 A.1 可以看到,只需 0.61 eV(自间隙迁移需要增加 0.15 eV)就可以将该原子移到一个孤立的晶格位置。

当 $n \geqslant 11$ 时,发现几个原子离开它们的晶格位置(无论是否成为自间隙原子)。自间隙原子在晶格中迁移仅需约 0.15 eV 能量,需要克服的能垒很低。由于具有相同的低能势垒自间隙原子可能集体流动,因此很难辨别它们之间位形的差别,或者给最低能量团簇一个明确的定义。例如,He$_{10}$ V$_2^*$ I$_2^*$ 的形成能仅比 He$_{10}$ V$_4^*$ I$_4^*$ 的高 0.1 eV,而 He$_{10}$ V$_6^*$ I$_6^*$ 的仅比

$He_{10}^* V_4^* I_4$ 的高 0.2 eV（ * 表示位于团簇附近的空位和间隙原子）。可见由 10 个 He 原子形成的应力场引起的晶格原子离位移动对能量的影响很小。通常认为对最低能量位形的定义不必过于苛求。

由表 A.1 还可以看到，对于单空位 $He_n V$ 和双空位 $He_n V_2$ 这两种团簇，结合能与 He 原子数之间的关系曲线存在极小值。对于 $HeV$，$HeV_2$ 和 $He_2 V_2$ 复合体，空位实质上是 He 的空穴。间隙 He 形成能为 4.2 eV，而将 He 原子放在预存空位处仅需要 1.39 eV。随着 He 原子数的增加，He – He 之间的排斥力会降低 He 的结合能（空位中的 He 会增加形成能）。参考文献 [12] 所提到的 $He_6 V$ 峰是由这一缺陷的高对称性造成的。含有两个空位的 $He_7 V_2$ 也出现这种峰，这时 He 原子数增至 7。随 He 原子数增加结合能连续降低，直到 $He_8 V$（$He_{11} V_2$）冲出的额外空位使结合能降低到一个极小值。$He_8 V$ 事实上变成了 $He_8 VV^* I^*$，从而进一步束缚了 He 原子。同样，$He_{11} V_2$ 自发地形成了 $He_{11} V_2 V^* I^*$。当 He 原子数很大时，结合能接近一个渐进值（最终 5 个能量值的平均值）。这个值随着空位数目变化略有增加。

### 三、金属中 He 的自捕陷模型

表 A.2 给出了无初始空位（$He_n$）和有 1 个初始空位（$He_n V$）情况下 He 团簇与自间隙的结合能。表中的第一列数据（无初始空位）被绘于正文图 2.12。当有一个初始空位时，结合能与 He 原子数之间存在极小值，这个极小值出现在 10 个 He 原子的时候，比第一个间隙原子时的值还要低些。相关问题还有待进一步解决。

正文图 2.12 给出了 $n = 1 \sim 20$，由 $n$ 个 He 原子组成的原子团键合第 $n$ 个 He 原子时的能量（$E_b$），即 $He_n \longrightarrow He_{n-1} + He$ 反应所需的结合能。He 的脱陷能近似等于结合能与间隙迁移能之和（$E_d = E_b + E_a$）。这些能量值是统计分析的结果（没有考虑个别的鞍点值）。我们看到，很小的 He 原子团就有开创空位和发射自间隙原子的能力。也就是说，He 原子团能将晶格原子推离出它的正常晶格位置，这些脱位原子将依附在原子团的附近，形成近 Frenkel 对缺陷，这一过程从能量上讲是有利的 [14]。

由正文图 2.12 中可以看到，当 $n = 2$ 时（最小的 He 原子团），$E_b$ 是很小的（约 0.2 eV）。更多的 He 原子成团后，$E_b$ 很快增加并接近一常量，约为 2 eV。如果这样的原子团能够在晶格中形成，He 将被深捕陷，直到很高的温度也不放出。

正文图 2.10 给出了完整晶体（无初始空位）中几种临界 He 原子团（$He_5$，$He_8$，$He_{11}$ 和 $He_{16}$）与最近邻 Ni 原子的位形示意图。从计算机绘制的示意图可以看到，弛豫的 Ni 原子与它原来的位置通过键合相连接。我们先前已给出 5 个 He 原子成团（$He_5$）的位形图 [14]。值得注意的是，很少的 He 原子就能导致晶格畸变。8 个 He 原子成团（$He_8$）将形成 2 个近 Frenkel 对。16 个 He 原子成团能生成 5 个以上的这类缺陷。如前所述，缺陷数目取决于认定晶格原子从它的正常位置离位多远才算是间隙原子。

从这类点缺陷团簇的最小能量几何形状特征考虑，自间隙原子应该趋向于在发育中的泡核的同侧成团。这促使我们在这里给出一个很重要的插述。我们计算了自间隙原子在 He 贫乏区成团的能量，发现这类缺陷在这一区域有很强的成团趋势，这与 Inglt，Perrin 和 Schoher 等 [20] 在相关实验中看到的弹性应变能降低的结果是一致的。简单地说，由 He 原子团引发的自间隙原子有成团的趋势并优先在缺陷的一侧成团（图 2.10、图 2.11），而不是均匀地分布在缺陷的表面。正是因为自间隙原子在靠近 He 原子团的位置成团才促进了 He

的自捕陷过程。这种状态从能量上讲是有利的。Delft 的研究组忽略了这一稳定作用,使得他们的计算结果与由实验现象推测出的捕陷转换机制不相一致。现在看来,他们的实验现象以及推测的相关机制是正确的。最重要的是,自间隙原子的稳定化作用促成了不需要自间隙原子脱陷的 He 泡长大机制。

表 A.2　无初始空位和含有 1 个初始空位自间隙原子与 He 原子团的结合能

单位:eV

| He 原子数($n$) | 无初始空位 $He_n \longrightarrow He_n V + I$ | 1 个初始空位 $He_n V \longrightarrow He_n V_2 + I$ |
|---|---|---|
| 0 | 6.27 | 5.83 |
| 1 | 3.64 | 5.64 |
| 2 | 2.42 | 4.22 |
| 3 | 1.71 | 3.60 |
| 4 | 0.97 | 3.27 |
| 5 | 0.61 | 2.78 |
| 6 | 0.86 | 3.14 |
| 7 | 1.25 | 2.25 |
| 8 | 1.83 | 1.65 |
| 9 | 2.40 | 0.94 |
| 10 | 3.26 | 0.32 |
| 11 | 3.11 | 1.07 |
| 12 | 3.12 | 2.12 |
| 13 | 2.84 | 2.35 |
| 14 | 2.73 | 3.25 |
| 15 | 2.71 | 3.16 |
| 16 | 2.56 | 3.12 |
| 17 | 1.93 | 2.96 |
| 18 | 2.01 | 3.03 |
| 19 | 2.03 | 2.83 |
| 20 | 2.19 | 2.78 |

键合的自间隙原子脱陷与 He 原子脱陷处于竞争状态。正文图 2.12 给出了两种结合能与原子团中 He 原子数的关系曲线(无起始晶格空位的情况)。从图中看出,当 He 原子团很小时($n<5$),由于 He 原子与金属原子之间的排斥力,He 促进自间隙原子团的脱陷,即发生所谓的转换,随着 $n$ 增大这种作用增强。然而,对于大的 He 原子团($n>5$),从能量上看自间隙原子保留在 He 原子引发的应力场中要比成为孤立的间隙原子更有利。这使得自间隙原子结合能曲线呈现一个最小值。曲线的分散性是由缺陷团簇的几何因素以及冲出其他自间隙原子引起的。

由这些计算结果可以建立基体没有辐照损伤时 He 原子团的长大机制。对于 He 浓度较低（$\ll 1.0 \times 10^{-6}$，氚化物时效早期）以及短扩散路径的情况，可迁移的间隙原子在扩散出样品前甚至不可能经历另一个 He 原子的应力场，即不可能发生 He 原子成团现象。例如，对于一个有 $10^7$ 个间隙位的样品，当 1 个 He 原子在样品中无规律迁移 100 μm 时，只有当样品中的 He 浓度 $\geqslant 1.0 \times 10^{-7}$ 时才可能与另一个 He 原子相迁。如上所述，2 个 He 原子相迁时将形成 $He_2$，结合能约为 0.2 eV，这个小 He 原子团在间隙中的迁移受到阻碍，当第三个 He 原子迁移进该 He 原子团后将被更深地捕陷（约 0.6 eV）。第四个 He 原子可能进入这个原子团。当第五个 He 原子进入 4 个 He 原子组成的团簇后可引发形成 1 个晶格空位（近 Frenkel 对）。除温度（He 迁移速率）外，导致发生 He 自陷的 He 的浓度也与 He 和其他腔体（例如，表面或杂质）间的距离相关。临界数量的间隙 He 原子成团将生成 1 个近 Frenkel 对（$He_5 \longrightarrow He_5 V^* I^*$），记作 $V^* I^*$。第六个 He 原子将被更深地键合。然而，当温度足够高时，自间隙原子可能脱陷，$He_5 V^*$ 将转变成 $He_5 V$。从表 A.2 看到脱陷能为 0.61 eV + 0.15 eV = 0.76 eV（0.15 eV 为自间隙原子的迁移激活能）。这一能量接近正文图 2.12 给出的 He 原子结合能曲线和自间隙原子结合能曲线的对应值，但需要添加上 He 原子和自间隙原子的间隙迁移激活能。下一个自间隙原子（$He_5 V + He_5 V_2 + I$）受到更深的捕陷（2.78 eV，见表 A.2），直到 He 原子团的原子数增加到 10 个（$He_{10} V + He_{10} V_2 + I$），键能将变得很弱（0.32 eV），自间隙原子很容易进入晶格。

作为这种成团现象的一个有代表性的例子，Wilson 等精心模拟了 Thomas 等人所做的氚时效实验。实验中发生的现象因某些参量而变得很复杂，例如，氚在晶格中的溶解度等。进行氚时效实验时，为了使接近样品表面区的氚扩散出去，对样品进行了长周期的室温处理。样品的 $^3$He 浓度（在氚占据的 $^3$He 位置生成）也是样品深度的函数，因此热解吸过程形成的 He 原子团的特征也会是距样品表面深度的函数。

为了直接处理这种复杂的行为，并证明所描述的 He 的自陷确实存在于实际的体系中，使用表 A.1 和表 A.2 所列的结合能数据，运用求解速率方程的方法进行了相关的计算模拟。简单来讲，对一个可用一阶偏微分方程描述的刚性体系进行了数学处理，包括 He 和自间隙原子在体系中的扩散、捕陷和脱陷以及空位的演化等。采用了 Thomas 等人有关氚衰变（Ni 基体）实验中的一些实验条件，包括计算得到的样品近表面处氚的分布情况。主要的模拟结果包括 $He_n V_m$ 复合体（$n = 1 \sim 20, m = 0 \sim 2$）不同温度、不同扩散激活能对应的相对 He 释放量。

像先前报道的那样[18]，使用的势函数使 He 的迁移激活能增至大约为 0.6 eV。一个更灵活的复合计算方法给出的 He 在 Ni 中的扩散激活能大约为 0.43 eV，但实验分析的激活能仍比这一值低（大约为 0.35 eV）。像我们多次指出的那样，缺陷能量计算的价值在于给出趋势和基本过程，而不是给出绝对一致的量值。本附录中给出的能量值也是变化的，当使用其他势或者包括其他缺陷的作用（例如，d 电子的影响）时能量值将变化约 0.2 eV 或更大些。分析多种势函数的计算结果，可以对量值的精确性做粗略评估。

利用表 A.1 和表 A.2 第一列的结合能数值计算了氚衰变实验（升温速率 10 K/min）样品中 He 含量的变化。两种起始 He 浓度样品的室温 He 释放量与 He 间隙扩散激活能的关系如图 A.1 所示（所有类型团簇的浓度均为距样品表面深度的函数）。可以看到，计算模拟结果与实验结果（$\leqslant 2\%$ 释放）是一致的，如果 He 的间隙迁移激活能低 0.3 eV，则 He 的释放量很少。

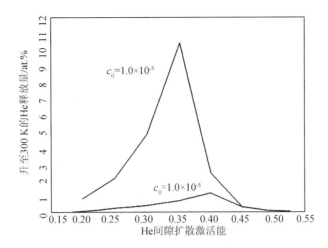

**图 A.1　利用表 A.1 和表 A.2 结合能数据模拟计算氚时效实验时样品初始³He**
**浓度的释放分数随 He 间隙扩散激活能的变化**

注:初始 He 浓度 $c_0$ 较高时³He 释放分数降低,与实验结果一致。

　　如果 He 在晶格间隙中的迁移激活能低迁移速率高,容易形成大的团簇,热解吸过程中观察到的 He 释放量较少。如果 He 在晶格间隙中的迁移激活能较高,团簇的长大将被推到较高的温度(由于较低的迁移率),某些 He 在低于室温下能够脱陷(正文图 2.12)。计算表明,0.25 eV 间隙迁移激活能对应 6.1 个 He 原子的团簇,而 0.30 eV 能量对应的是 1.2 个 He 原子的团簇。从图 A.1 看到,在这一能量范围内,He 释放速率快速增大。从表 A.1 看到,两个 He 原子键合的能量仅为 0.2 eV,而第六个 He 原子被键合时的能量高达 2 eV。迁移激活能较高时,He 在室温和低于室温时不能扩散出晶格,因此图 A.1 出现峰值。从图 A.1 还可以看到,初始 He 浓度较低时 He 的释放量相对较高,这一结果与实验趋势也是一致的。有文献显示,对于 0.3 eV 的迁移激活能,对应着一个低温(约 190 K)He 释放峰。这与实验结果一致。

## 四、结论和讨论

　　原子计算结果表明,小的 He 原子团就能使晶格发生明显的畸变,导致形成近 Frenkel 对(晶格原子被推入近邻的间隙位置)。我们发现,引发这一过程所需的临界原子数并不大($He_5 \longrightarrow He_5 V^* I^*$;$He_8 \longrightarrow He_8 V_2^* I_2^*$)。复合团簇的重要几何形状特征是:脱离晶格位置的自间隙原子倾向于在 He 原子团(He 泡)的一侧成团,以便降低应变能。这一结果与 Ingle[20] 等人最近的研究结果相一致。他们发现,Ni 晶体中形成的自间隙原子倾向于在 He 的贫乏区成团。

　　利用表 A.1 和表 A.2 的结合能数据,运用求解速率方程的方法对氚衰变过程进行了模拟计算。结果与 Thomas,Swansiger 和 Baskes 给出的氚时效的半定量测量结果是一致的。这种模拟计算结果与低能离子注入以及 West 和 Rawl 发现的低温脆也是一致的。He 原子团簇促使形成自间隙原子和晶间位错环。这种强化材料的方式与固溶强化机制相似,并更容易发生于晶界。

很明显,像这里所说的那样,如果均匀形核能够发生,向不锈钢中引入的捕陷缺陷,例如杂质和夹杂物(或为捕获 He 而精心引入的稀有气体)仅仅是作为附加的形核质点,促进 He 自陷。Kornelsen 和 Van Gorkum 用高于阈值的能量对样品进行 He,Ne,Ar,Kr 和 Xe 离子预注入,目的是产生捕陷 He 的缺陷位置,随后用低于阈值的能量对样品进行不同浓度的 He 离子注入。结果表明,随着低能注入的 He 浓度提高,预注入的缺陷对 He 捕陷的促进作用变得很难分辨。这里给出的结果表明,在预注入惰性气体的强捕陷作用下,He 的捕陷与自间隙原子的形成是同时发生的。例如,He 将更深的被捕陷在 Ar 的替代位,而不是被捕陷在间隙位。在我们[8]已计算的 20 个 He 原子范围内,对 He 的捕陷还远没有达到饱和,这与 Kornelsen 和 Van Gorkum 的研究结果是一致的。

He 在 BCC 材料的间隙扩散激活能低于 FCC 材料。因此 BCC 材料中间隙 He 相互间的结合能要大于 FCC 材料[12,22]。很明显,在适当的实验条件下,自间隙也发生在这些材料中。Kornelsen 观察到,在略高于液氮温度下,亚阈注入的 He 很快放出,因为注入 He 的浓度没有高到成团的浓度。FCC 和 BCC 材料的区别仅在于 He 在 BCC 晶格间隙的迁移能力较强,并受到更深的捕陷。我们预测,当注入温度低到可防止 He 迁移时,亚阈能量注入 BCC 材料中的 He 将发生自捕陷。

最后,Basker 等[23]的 Monte Carlo 方法研究结果表明,如果 He 能开创晶格空位,生成的自间隙原子聚集和保持在 He 原子团簇处,那么 He 泡将长大。他们假设,当 He 原子数量超过一临界值时,每个 He 原子将开创一个近 Frenkel 对,看来这一假设不是没有道理的。

## 五、参考文献

[1]　KOMELSEN E V. Entrapment of helium ions at (100) and (110) tungsten surfaces[J]. Can J Phys, 1970,48: 2812.

[2]　KOMELSEN E V. The interaction of injected helium with lattice defects in a tungsten crystal[J]. Radiat Eff Defect Solids, 1972,13: 227.

[3]　WILSON W D, BISSON C L. Rare gas complexes in tungsten[J]. Radiat Eff Defect Solids, 1974,22: 63.

[4]　CASPERS L M, FASTENAU R H J, VAN V A, et al. Mutation of vacancies to divacancies by helium trapping in molybdenum effect on the onset of percolation[J]. Phys Status Solidi A, 1978, 46: 541.

[5]　JOHNSON R A, WILSON W D. Raregasesinmetals [M]. GEHLEN P C, BEELER J R, JAFFEE R I. Proceedings of conference on interatomic potentials and simulation of lattice defect. New York: Plenum, 1971.

[6]　KOMELSEN E V, VAN G A. A study of bubble nucleation in tungsten using thermal desorption spectrometry: Clusters of 2 to 100 helium atoms[J]. Nucl Mater, 1980,22: 79.

[7]　EVAN J H, VAN V A, CASPERS L M. Direct evidence for helium bubble growth in molybdenum by the mechanism of loop punching[J]. Scripta Metall, 1981,15: 323.

[8]　WILSON W D, BASKES M I, BISSON C L. Self – trapping of helium in metals[J]. Phys Rev B, 1981, 24(10):5616.

[9]　WAGNER A, SEODMAN D N. Range Profiles of 300-and 475-eV He +4 ions and the dif-

fusivity of He$_4$ in tungsten[J]. Phys Rev Lett, 1979, 45: 515.

[10] THOMAS G J, SWANSIGER W A, BASKES M I. Low‐temperature helium release in nickel[J]. Appl Phys, 1979, 50: 6942.

[11] WEST A J, RAWL D. Proceedings tritium technology in fission, fusion and isotopic applications[J]. Dayton Doc CONF, 1980: 69.

[12] WILSON W D, BASKES M I, BISSON C L. Atomistics of helium bubble formation in a face‐centered‐cubic metal[J]. Phys Rev B, 1976, 13: 2470.

[13] BASKES M I, WILAON W D. Theory of the production and depth distribution of helium defect complexes by ion implantation[J]. J Nucl Mater, 1976, 63: 126.

[14] WILSON W D, BISSON C L. Proceedings tritium technology in fission, fusion and isotopic applications[J]. Dayton Doc CONF, 1980: 78.

[15] WILSON W D. Proceedings of the international conference on fundamental aspects of radiation damage in metals[J]. Gatlinburg: U. S. Energy Research and Development Administration CONF, 1975: 1025.

[16] BECK D E. A new interatomic potential function for helium[J]. Mol Phys, 1968, 14: 311.

[17] MELIUS C F, BISSON C L, WILSON W D. Quantum‐chemical and lattice‐defect hybrid approach to the calculation of defects in metals[J]. Phys Rev B, 1978, 18: 1647.

[18] BASKES M I, MELIUS C F. Pair potentials for FCC metals[J]. Phys Rev B, 1979, 20: 3197.

[19] JOHNSON R A. Point‐defect calculations for an FCC Lattice[J]. Phys Rev, 1966, 145: 423.

[20] INGLE K W, PERRIN R C, SCHOBER H R. Interstitial cluster in FCC metals[J]. J Phys F, 1981, 11: 1161.

[21] CASPERS L M, VAN V A, VAN D H. Interstitial helium clustering in molybdenum: effect on surface blistering[J]. Phys Rev A, 1974, 50: 351.

[22] BASKES M I, FASTENAU R H J, PENNING P, et al. On the low‐temperature nucleation and growth of bubbles by helium bombardment of metals[J]. J Nucl Mater, 1981, 102(3): 235–245.

# 附录 B　物质科学研究中的计算方法简介

## 一、计算材料学概述

物质科学研究中的计算和模拟,主要是通过计算手段来研究和模拟微观量子世界的物理过程,计算材料的物性,探索微观多体系统的规律,预测材料的结构和性质及其相互关系,为新型材料的开发和应用、新型信息的存储和传输方式、新型能源的利用手段等提供科学的依据。它是一个以物质科学研究为主要对象的多学科交叉、跨领域的研究方向,涉及材料、能源、信息、生物、环境等领域,及物理、数学、化学、生物、计算机科学等学科。该领域的最终目的是有机地运用计算机系统和计算方法来解决一系列多机构、多尺度、多层次和多领域的实际物质模拟科学问题。

物质科学研究中的计算和模拟,不仅可以作为理论的一部分被用来验证和解释实验发现,而且它本身就是一种实验,被用来检验理论模型的正确性,为基本理论的研究和发展提供巨大的支持,为各种实验提供强大的指导作用;同时,在越来越多的情况下,它被直接用来取代实验,前瞻性的模拟各种实验中不易达到的实验条件(如对高温高压等极端条件下的模拟),预测各种新型量子现象,节省大量的实验经费和时间,在当代物质科学领域的研究中起到了不可替代的作用,对新型材料与新技术的诞生产生重大影响,对国防建设做出重要贡献。

## 二、第一原理计算

第一原理计算方法也称作从头算法,指不需要任何经验参数,完全通过求解量子理论的多体薛定谔方程来获得体系性质的信息。根据密度泛函理论,固体的基态性质仅由电子密度决定。所以通过求解体系波函数可以得到电子密度,进而计算体系的能量及其他性质。然而多体薛定谔方程的求解很困难,所以解薛定谔方程时必须采用近似。

1. 近似方法

固体的多体薛定谔方程为

$$H\psi(\{\boldsymbol{R}_I;\boldsymbol{r}_i\}) = E\psi(\{\boldsymbol{R}_i;\boldsymbol{r}_i\}) \tag{B.1}$$

其中,$E$ 是体系总能;$\psi(\{\boldsymbol{R}_I;\boldsymbol{r}_i\})$ 是描述体系状态的多体波函数;$H$ 为哈密顿量,表达式为

$$H = -\sum_I \frac{h^2}{2M}\nabla^2_{R_I} + \frac{1}{2}\sum_{IJ(J\neq I)} \frac{Z_I Z_J e^2}{|\boldsymbol{R}_I - \boldsymbol{R}_J|} - \sum_i \frac{h^2}{2m}\nabla^2_{r_i} + \frac{1}{2}\sum_{ij(j\neq i)} \frac{e^2}{|\boldsymbol{r}_i - \boldsymbol{r}_j|} -$$
$$\sum_{iI} \frac{Z_I e^2}{|\boldsymbol{R}_I - \boldsymbol{r}_i|} \tag{B.2}$$

其中,前两项分别为原子实(即原子核和内层电子)的动能和势能算符,三四项分别为电子的动能、势能算符,最后一项为原子实与电子的相互作用算符;$M$ 和 $m$ 分别是原子实和电子的质量;$h$ 是普朗克常数;$\boldsymbol{R}_I$ 和 $\boldsymbol{r}_i$ 分别为原子实和电子的位置矢量;$Z_I$ 是原子实的价电数。

由于原子实的质量远大于电子(氢原子除外),原子实相对于电子的运动很慢,而且任何原子实的移动,电子可以迅速做出反应,所以一般认为原子实运动的量子效应可以忽略,体系的状态仅仅是由电子的运动所决定的。这就是著名的玻恩－奥本海默近似,也称作绝热近似。所以式(B.2)中的第一项可以忽略,而仅考虑体系电子的运动时,第二项是个常数,也可以忽略。经过绝热近似后体系的能量简化为

$$H = -\sum_i \frac{h^2}{2m}\nabla^2_{r_i} + \frac{1}{2}\sum_{ij(j\neq i)} \frac{e^2}{|\boldsymbol{r}_i - \boldsymbol{r}_j|} - \sum_{iI} \frac{Z_I e^2}{|\boldsymbol{R}_I - \boldsymbol{r}_i|} \tag{B.3}$$

由于泡利不相容原理,两个自旋相同的电子交换位置时,体系波函数变换符号,这是电子的"交换"效应。而且任一电子的运动都会影响其他电子的状态,这就是电子间的"关联"作用。由于电子间的交换和关联作用,精确求解这个简化后的方程也很困难,为此发展了单电子近似,即用经典的离子实和量子机制的单个粒子的总和来描述电子的行为。

假设电子是无相互作用的粒子,考虑到电子的交换效应,Hartree－Fock 假设体系多体

波函数的形式为

$$\psi^{HF}(\{r_i\}) = \frac{1}{\sqrt{N!}} \begin{vmatrix} \phi_1(r_1) & \phi_1(r_2) & \cdots & \phi_1(r_N) \\ \phi_2(r_1) & \phi_2(r_2) & \cdots & \phi_2(r_N) \\ \vdots & \vdots & & \vdots \\ \phi_N(r_1) & \phi_N(r_2) & \cdots & \phi_N(r_N) \end{vmatrix} \tag{B.4}$$

其中,$N$ 为总电子数目;$\phi_i(r_i)$ 是单个电子的波函数。将此波函数代入方程(4.3)中,并求能量 $E$ 对波函数 $\phi_i(r_i)$ 的变分,得到单电子 Hartree – Fork 方程:

$$\left[ \frac{-h^2 \nabla_r^2}{2m} - \sum_I \frac{Z_I e^2}{R_I - r} + e^2 \sum_{j \neq i} \left( \phi_j \left| \frac{1}{|r - r'|} \right| \phi_j \right) \right] \phi_i(r) - e^2 \sum_{j \neq i} \left( \phi_j \left| \frac{1}{|r - r'|} \right| \phi_i \right) \phi_j(r)$$

$$= \varepsilon_i \phi_i(r) \tag{B.5}$$

其中,中括号内第一项为电子动能;第二项为电子与离子实库仑作用的势能总和 $V_{ion}(r)$;第三项为电子受其他电子库仑作用的势能总和,也称作 Hartree 势[$V_i^H(r)$];中括号外的最后一项是电子交换作用,很难写成 $V_i^X(r)\phi_i(r_i)$。

2. 密度泛函理论

Hohenberg,Kohn 和 Sham[1-2] 发展了另一种看待问题的方式,即所谓的密度泛函理论(简称 DFT)。该理论的中心思想是固体的所有基态性质都由电荷密度决定,基本的思路是将求解涉及多电子波函数多体薛定谔方程(B.1)简化为求解与总电子密度相关的方程。这样就不需要一开始就对体系的行为进行近似并假设具体的多体波函数(如 Hartree – Fock 近似),就可以得到精确的单粒子方程,然后根据需要引入近似。这个理论对实现固体性质的计算起到了巨大的推动作用,其应用范围在不断扩大。Kohn 曾因此与 J. A. Pople 共同获得了 1998 年诺贝尔化学奖。

根据密度泛函理论,体系的总能表示为

$$E[\rho(r)] = T[\rho(r)] + U[\rho(r)] + E_{XC}[\rho(r)] \tag{B.6}$$

其中,第一项为动能;第二项为库仑作用;第三项为电子间的交换关联作用。

为了简化为单粒子方程,仍采用 Slater 行列式(B.4)作为多体波函数。与式(B.2)的第一部分不同,此时的单粒子状态波函数不表示实际电子波函数,而是假想的无相互作用的费米子,这些假想的费米子的浓度与实际电子浓度相同。

总电子密度定义为

$$\rho(r) = \sum_i |\phi_i(r)|^2 \tag{B.7}$$

且假设单粒子波函数是正交的,即

$$(\phi_i | \phi_j) = \delta_{ij} \tag{B.8}$$

将多体波函数代入方程(B.1)可得到体系能量各项的表达式为

$$T[\rho(r)] = \sum_i \left( \phi_i \left| -\frac{h^2}{2m} \nabla_r^2 \right| \phi_i \right) \tag{B.9}$$

$$U = \sum_{iI}^n \left[ \phi_i(r) \left| \frac{-Ze^2}{|R_I - r|} \right| \phi_i(r) \right] + \frac{e^2}{2} \sum_{ij(j \neq i)} \left[ \phi_i(r)\phi_j(r') \left| \frac{1}{|r - r'|} \right| \phi_i(r)\phi_j(r') \right] +$$

$$\frac{e^2}{2} \sum_{IJ(J \neq I)} \frac{Z_I Z_J}{|R_I - R_J|}$$

$$= \int \sum_{iI}^{n} \frac{-Ze^2}{|\boldsymbol{R}_I - \boldsymbol{r}|} \rho(\boldsymbol{r}) \mathrm{d}\boldsymbol{r} + \frac{e^2}{2} \iint \frac{\rho(\boldsymbol{r}) \rho(\boldsymbol{r'})}{|\boldsymbol{r} - \boldsymbol{r'}|} \mathrm{d}\boldsymbol{r} \mathrm{d}\boldsymbol{r'} + \frac{e^2}{2} \sum_{IJ(J \neq I)} \frac{Z_I Z_J}{|\boldsymbol{R}_I - \boldsymbol{R}_J|} \qquad (\mathrm{B.10})$$

其中,势能第一项为离子实与电子的库仑作用;第二项为电子之间的库仑作用;第三项为离子实之间的库仑作用,为常数。

将式(B.9)、式(B.10)代入式(B.6)并对电子密度 $\rho(\boldsymbol{r})$ 求变分,得到单粒子方程

$$\left[ -\frac{h^2}{2m} \nabla_r^2 + V^{\mathrm{eff}}(\boldsymbol{r}, \rho(\boldsymbol{r})) \right] \phi_i(\boldsymbol{r}) = \varepsilon_i \phi_i(\boldsymbol{r}) \qquad (\mathrm{B.11})$$

此方程也称作 Kohn – Sham 方程,得到的单粒子波函数称作 Kohn – Sham 轨道波函数。其中有效势 $V^{\mathrm{eff}}(\boldsymbol{r}, \rho(\boldsymbol{r}))$ 的表达式为

$$V^{\mathrm{eff}}(\boldsymbol{r}, \rho(\boldsymbol{r})) = V_{\mathrm{ion}}(\boldsymbol{r}) + e^2 \int \frac{\rho(\boldsymbol{r'})}{|\boldsymbol{r} - \boldsymbol{r'}|} \mathrm{d}\boldsymbol{r'} + \frac{\delta E_{\mathrm{XC}}[\rho(\boldsymbol{r})]}{\delta \rho(\boldsymbol{r})} \qquad (\mathrm{B.12})$$

由于有效势函数是电子密度的函数,而电子密度由波函数决定,所以有效势函数取决于所有的单粒子状态,可通过迭代直到达到自洽的方法来求解方程。在求解方程前必须对方程中的交换关联项进行近似。

3. 交换关联作用的近似方法

(1)局域密度近似

为了计算方便,必须对交互关联作用项进行近似。一个简单且有效的近似方法是局域密度近似法(LDA)。这种方法以均匀电子气的交换关联能为基础,假设在原子尺寸范围内电荷密度缓慢变化,比如将一个分子的每个区域看作均匀电子气。总的交换关联能可通过对均匀电子气的结果进行积分来计算。

$$E_{\mathrm{XC}}[\rho] \approx \int \rho(\boldsymbol{r}) \varepsilon_{\mathrm{XC}}[\rho] \mathrm{d}\boldsymbol{r} \qquad (\mathrm{B.13})$$

其中, $\varepsilon_{\mathrm{XC}}[\rho(\boldsymbol{r})]$ 是密度为 $\rho(\boldsymbol{r})$ 的均匀电子气中每个粒子的交换关联能。通过此方法发展的交互关联势有多种形式,如 VMN[3],BH[4],PW[5],CA[6] 等。

(2)广义梯度近似

考虑到实际的分子中电子分布不是局部均匀的,为此在局域密度近似的基础上增加了密度梯度修正项,发展了更为精确的广义梯度近似法(GGA)。广义梯度近似法的交换关联能主要依赖于 $\rho$ 和 $\mathrm{d}\rho$。这种方法增加了能量计算和结构预测的准确性,却也增加了计算量,需要更大内存和更多的时间。很多计算工作表明[7-8],交互关联能的密度梯度修正对研究分子过程的热化学性质是必要的。常用的广义梯度近似的交换关联势函数有 PW91[9],PBE[10],RPBE[11] 等,其中 PW91 的使用最为普遍。PBE 能够给出与 PW91 相同的结果,但计算电荷密度迅速变化的体系效率更高。RPBE 是为了提高分子在金属表面的吸附能的准确性。

(3)完全非局域势

局域密度近似法和广义梯度近似法近似法描述交换关联作用能够准确计算(或预测)晶体(或分子)的总能及其相关性质,如平衡结构、振动光谱、弹性常数等。但它们的共同缺陷是:不能准确预测带隙。半导体和绝缘体性质的研究通常需要精确的描述电子结构的细节,而密度泛函理论在计算带隙能的误差高达 50%。为了解决密度泛函理论中的带隙问题,发展了广义的 Kohn – Sham 方案[12]。该方案中将电子间的交换关联作用能分为屏蔽的非局域部分和局域密度近似部分,主要几种势函数有:HF(精确的交换作用,无关联)、HF – LDA

（精确的交换作用，局域密度近似关联作用）、sX（屏蔽的交换作用，无关联作用）和 sX –
LDA（屏蔽的交换作用，局域密度近似关联作用）。与局域密度近似和广义梯度近似函数相
比，完全非局域势的应用范围小很多，例如，不能优化晶格结构或计算 NPT/NPH 动力学等。

4. 平面波基组

布洛赫定理认为电子波函数在每个 k 点可以展开为一个离散的平面波基矢。理论上，
展开一个电子波函数需要无穷多的平面波函数。然而，实际上动能较小的平面波比动能较
大的平面波函数重要得多。因此平面波基矢可以只考虑动能小于某个截断能的波函数。
由截断能决定有限的平面波基函数将导致计算的体系总能及其相关性质有误差，可通过增
加截断能减少误差。理论上，如果要比较不同结构的总能的绝对值，截断能需要增加计算
的总能收敛到要求的精度范围内。对于相同的结构，能量差收敛需要的截断能比总能所需
要的小得多。这就使得可以用适当的基矢得到可靠的几何优化或分子动力学结果。

除平面波外，还可以将电子波函数展开为多种波函数，如原子轨道的线性组合（包括紧
束缚近似）、缀加的平面波等。与其他函数基组相比，平面波的优点很多。平面波基组是正
交的，而且随着平面波数量的增加，计算的收敛性提高。平面波能够利用晶体的对称性，方
便计算晶体的能量，也可以利用超晶胞的方法计算原子、分子、团簇等有限体系的性质。平
面波的另一个优点是能够直接估计原子的受力，便于进行几何优化和分子动力学计算。另
外，平面波基组的自由度更大，适合描述金属中的电子。上述的优点保证了计算过程中的
收敛性，也使得平面波基矢在第一原理计算中得到了广泛的应用，且赝势、平面波、Kohn –
Sham 方程三者的结合构成了固态理论的标准模型。

5. 电子 – 离子实作用的赝势

由于与内部电子波函数的正交作用，原子序数较大的原子的价电子波函数在原子实区
域有剧烈的振荡。描述这些振荡需要大量的平面波基组，将增加总能计算的难度。然而，
由于内部电子几乎不参与原子的化学键合作用，可认为原子实是"冻结"的，只需单纯描述
价电子来描述原子、分子甚至固体的性质。价电子所受的有效势包含原子核的吸引和内部
电子排斥作用，这就是赝势近似。赝势近似将原子实电子和其强烈的库仑势转化为作用在
一系列赝波函数上的较弱的赝势。如图 $B – 1$ 所示，赝势和赝平面波变化比较平缓。赝势
可通过少数的傅里叶系数表示，赝波函数只需要很小的基组。因此，平面波技术和赝势观
念的结合对描述化学键非常重要[13]。

赝势需要满足的主要条件是重现与键合作用相关的价电子密度分布。模守恒赝势的
条件是，在距离大于原子实半径 $R_C$ 后，赝波函数和赝势分别与全电子波函数和原子实的库
仑势是重合的，而且赝波函数与全电子波函数的平方对空间的积分也必须是相同的。这个
条件能够保证赝势重现的分布是正确的。典型的赝势产生过程是对给定电子构型（不一定
是基态）的孤立原子进行全电子计算可得到价电子的特征值和价电子波函数，如图 B.1 中
的 $\Psi$。然后选择离子实赝势的参数形式，通过调节参数，并采用相同的交换关联势对假想
的原子进行计算得到赝波函数 $\Psi_{ps}$。传递性是赝势方法的主要优点，赝势的构造是以孤立
原子或离子固定的电子构型为基础的，因此赝势可以再现构型中原子实的分布性质。赝势
应用中另一个重要的概念是赝势的硬度，当精确表达赝势所需的基函数较少时，认为赝势
是软的，否则是硬的。早期发展的过渡金属和 O，C，N 等的精确的模守恒赝势是非常
硬的[14 – 15]。

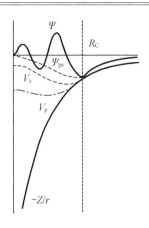

**图 B.1　电子－离子实作用的赝势**

为了能够在尽可能低的平面波截断能条件下进行计算,Vanderbilt 发展了一种超软赝势(USP)[16]。基本原理是,大多数情况下,存在紧束缚的轨道时,即价电子轨道波函数有较大的部分在原子实区域内,才需要较高的截断能。这样减少基组的唯一方法是违背模守恒条件,将这些轨道的电荷移出原子实区域。赝波函数就可以在原子实区域内尽可能软化,导致截断能的大幅度降低。这个过程是通过引入一个广义的正交归一条件来实现的。通过波函数的模的平方得到的原子实区域内的电荷密度是放大的。因此电荷密度可分为分布在整个晶胞内的较软的部分和固定在原子实区域内的较硬的部分。除了比模守恒赝势软以外,超软赝势还有一个优点,就是产生方法保证在一定的能量范围内具有很好的分布性质,这将导致赝势具有更好的传递性性和正确度。USP 也可以将较浅的原子实状态看作价电子,以此考虑在每个角动量轨道中的多重占据态。这样尽管降低了计算效率,却可以增加势的转移性和准确度。

非线性核修正(NLCC)最先由 Louie 等[17]为了更准确地描述磁性体系的赝势而提出的。非线性修正对具有半核电子的非自旋极化体系也很重要。在赝势近似下,电荷密度分为价电子和原子实两部分。如果两部分在原子实区域内有交叠,就不能获得完全屏蔽原子实的赝势,将导致体系能量的误差或降低势函数的传递性。势能项中唯一的非线性项是交换关联项。Louie 等在由屏蔽原子势计算赝势的公式中的交换关联项内增加原子实电荷密度部分。考虑到只有原子实与价电子重叠区域内的电子引起非线性问题,因此只需引入部分原子实电荷密度。

另外在倒空间应用非局域赝势的计算量与原子数目的立方成正比。因此,对于大的体系,这将是主要的计算量。然而,赝势的非局域性仅在原子实占据的区域延伸。当原子实区域相对较小,尤其是体系中真空部分较大的时候(比如厚板计算),用实空间的赝势计算更有效。这种方法的计算量与原子数目的平方成正比,所以此方法适用于大体系。

6. 周期性边界条件及布里渊区 k 点取样

周期性边界条件对平面波基组的计算很重要,因为布洛赫定理是以周期性晶体为基础的。布洛赫定理认为周期性体系中每个电子波函数可以分成晶胞周期性部分和平面波函数部分。理论上,无限大的周期性晶体的无穷多电子是在无穷多的 k 点上计算得到的。布洛赫定理将此问题简化为在无穷多 k 点上计算有限数量的波函数。

由于每个 k 点的占据态对电子势都有贡献,理论上还是需要无穷多的计算量。然而,相互近邻 k 点的电子波函数几乎是一样的。这意味着密度泛函理论中对布里渊区求积分的表达式可通过计算布里渊区内较少量的特殊的 k 点的加权求和作预估。用这种方法可以通过很少量 k 点计算得到较精确的电子势和绝缘体的总能。金属体系需要更密的 k 点来决定准确的费米能级。考虑对称性时只需要计算布里渊区内不可约部分的 k 点。有限 k 点引起的总能误差可通过增加 k 点密度来减小,同样增加 k 点密度可以使总能更容易收敛。Monkhorst – Pack 法[18-19]是常用的一种产生 k 点的方法,这种方法沿着倒空间的 3 个轴向产生均匀的 k 点。k 点格子产生过程是通过定义 3 个整数 $q_i(i=1,2,3)$ 表示将某个轴分为相等的 $2q_i$ 份,从而得到 $8q_1q_2q_3$ 个 k 点。考虑这些 k 点的对称性,将对每个 k 点分配权重。

## 三、分子动力学

分子动力学是一种通过求解一系列的原子运动方程来模拟体系状态随时间演化的理论计算方法。这种方法主要通过势函数描述原子间的相互作用,且原子的运动遵循经典牛顿力学方程。体系的总能量由体系中所有原子间相互作用总和决定,进而得到体系的其他性质。计算结果准确性取决于原子间作用势的准确性。由于它基本上是一种半经验理论,计算又不太复杂,因此能在很多方面,包括电子理论目前用起来比较困难的领域中应用,效果也比较好。

1. 分子动力学的基本原理

一个有 $N$ 个原子的体系的状态由这 $N$ 个原子的位置 $\{r_i\}$ 和动量 $\{p_i\}$ 或速度 $\{v_i\}$ 来表示。体系的能量为 $H(\{r_i, p_i\})$,体系的运动方程为

$$\begin{cases} \dfrac{\partial}{\partial t}p_i = -\dfrac{\partial}{\partial r_i}H \\ \dfrac{\partial}{\partial t}r_i = -\dfrac{\partial}{\partial p_i}H \end{cases} \qquad (B.14)$$

实际应用中,我们把上面的哈密顿量方程转化为经典牛顿方程,并用速度 $\{v_i\}$ 和位置 $\{r_i\}$ 来描述体系的状态。

$$H = \frac{1}{2}\sum_{i=1}^{N} m_i v_i^2 + V(\{r_i\}) \qquad (B.15)$$

$$m_i \frac{d^2}{dt^2}r_i = -\frac{\partial}{\partial r_i}V(\{r_i\}) \qquad (B.16)$$

其中,$V(\{r_i\})$ 是原子间相互作用势。

分子动力学的核心问题是求解[20]以上的方程来获得体系状态相空间随时间的演化轨迹,进而计算我们感兴趣的物理量的平均值 $Q(\{r_i, p_i\})$。

2. 积分牛顿方程的方法

分子动力学模拟的一个重要的任务是求解牛顿运动方程。对于给定势函数的运动方程,可以利用有限差分的方法进行求解[20]。有限差分方法的基本思想是将积分分成很多时间相等的小步,具体有多种算法,包括 Verlet 法则[21]、Verlet 速度法则、Gear 预测 – 校正法则[22]、Leap Frog 法则、Beeman 法则[23]。所有的算法都是假定位置与速度、加速度可以用 Taylor 展开来近似。

这里简单介绍 Gear 提出的预测 – 校正积分方法。这种方法分为 3 个步骤。首先根据 Taylor 展开式预测下一时刻$(t + \Delta t)$的位置、速度和加速度。

$$\begin{cases} \boldsymbol{r}_\mathrm{p}(t + \Delta t) = \boldsymbol{r}(t) + \boldsymbol{v}(t)\Delta t + 1/2\boldsymbol{a}(t)\Delta t^2 + 1/6\boldsymbol{b}(t)\Delta t^3 + 1/24\boldsymbol{c}(t)\Delta t^4 + \cdots \\ \boldsymbol{v}_\mathrm{p}(t + \Delta t) = \boldsymbol{v}(t) + \boldsymbol{a}(t)\Delta t + 1/2\boldsymbol{b}(t)\Delta t^2 + 1/6\boldsymbol{c}(t)\Delta t^3 + \cdots \\ \boldsymbol{a}_\mathrm{p}(t + \Delta t) = \boldsymbol{a}(t) + \boldsymbol{b}(t)\Delta t + 1/2\boldsymbol{c}(t)\Delta t^2 + \cdots \\ \boldsymbol{b}_\mathrm{p}(t + \Delta t) = \boldsymbol{b}(t) + \boldsymbol{c}(t)\Delta t + \cdots \end{cases} \tag{B.17}$$

然后根据所预测的下一时刻的位置计算得到力$\boldsymbol{F}_i(t + \Delta t)$，并计算加速度。

$$\boldsymbol{a}(t + \Delta t) = \frac{\boldsymbol{F}_i(t + \Delta t)}{m_i} \tag{B.18}$$

比较两个加速度，两者的差用来修正位置和速度项。

$$\Delta \boldsymbol{a} = \boldsymbol{a}(t + \Delta t) - \boldsymbol{a}_\mathrm{p}(t + \Delta t) \tag{B.19}$$

$$\begin{cases} \boldsymbol{r}(t + \Delta t) = \boldsymbol{r}_\mathrm{p}(t + \Delta t) + c_0\Delta \boldsymbol{a} \\ \boldsymbol{v}(t + \Delta t) = \boldsymbol{v}_\mathrm{p}(t + \Delta t) + c_1\Delta \boldsymbol{a} \\ \boldsymbol{a}(t + \Delta t) = \boldsymbol{a}_\mathrm{p}(t + \Delta t) + c_2\Delta \boldsymbol{a} \\ \boldsymbol{b}(t + \Delta t) = \boldsymbol{b}_\mathrm{p}(t + \Delta t) + c_3\Delta \boldsymbol{a} \\ \boldsymbol{c}(t + \Delta t) = \boldsymbol{c}_\mathrm{p}(t + \Delta t) + c_4\Delta \boldsymbol{a} \end{cases} \tag{B.20}$$

$c_i$ 是校正常数，数值依赖于所涉及的 Taylor 展开项的数量，最少需要 3 项，然而展开项越多，精度越高，本计算工作采用了 5 项。不同展开项数目对应的校正常数如表 B.1 所示。

表 B.1　不同展开项数目对应的校正常数

| 展开项数目 | $c_i$ | | | | | |
| --- | --- | --- | --- | --- | --- | --- |
| | $\boldsymbol{r}(i=0)$ | $\boldsymbol{v}(i=1)$ | $\boldsymbol{a}(i=2)$ | $\boldsymbol{b}(i=3)$ | $\boldsymbol{c}(i=4)$ | $\boldsymbol{d}(i=5)$ |
| 3 | 0 | 1 | 1 | | | |
| 4 | 1/6 | 5/6 | 1 | 1/3 | | |
| 5 | 19/120 | 3/4 | 1 | 1/2 | 1/12 | |
| 6 | 3/20 | 251/360 | 1 | 11/18 | 1/6 | 1/60 |

### 3. 原子间作用势简介

由于动力学计算是以原子间作用势为基础的，所以势函数的准确度决定了计算结果的精度。势函数的发展经历了对势 – 多体势的发展。对势认为原子间的相互作用是两两之间的，与其他原子的位置无关。常见的对势有：①描述稀有气体或简单金属原子作用的 Lennard – Jones 势[24]；②描述金属作用的 Morse 势[25]；③描述碱金属或碱土金属卤化物晶体的 Born – Mayer 势[26]。以上三种势函数形式分别为

$$u(r) = 4\varepsilon\left[\left(\frac{\sigma}{r}\right)^{12} - \left(\frac{\sigma}{r}\right)^{6}\right] \tag{B.21}$$

$$V(r) = V_0\left\{\exp\left[-2\alpha\left(\frac{r}{r_0} - 1\right)\right] - 2\exp\left[-\alpha\left(\frac{r}{r_0} - 1\right)\right]\right\} \tag{B.22}$$

$$\phi_{ij} = \frac{Z_iZ_je^2}{r} + A_{ij}b\exp\left(\frac{\sigma_i + \sigma_j - r}{\rho}\right) - \frac{C_{ij}}{r^6} - \frac{D_{ij}}{r^8} \tag{B.23}$$

实际上多原子体系中,某个原子位置发生变化会引起一定空间范围内电子云分布的变化,从而影响其他原子间的相互作用。最早出现的多体势为 EAM 势,基本思想是将晶体能量分为两部分:一部分是位于晶格位置的原子核之间的对势作用;另一部分是原子核镶嵌在电子云背景中的嵌入能,代表多体作用。

$$U = \sum_i F_i(\rho_i) + \frac{1}{2} \sum_{j \neq i} \phi_{ij}(r_{ij}) \tag{B.24}$$

其中,第一项是嵌入能,$\rho_i$ 表示除第 $i$ 个原子以外所有原子的核外电子在第 $i$ 个原子处产生的电子云密度;第二项为对势作用。Ackland[27] 通过拟合金属的多种性质给出了势函数的形式,即

$$\begin{cases} \rho_i(r_{ij}) = \sum_{k=1}^{2} A_k (R_k - r_{ij})^3 H(R_k - r_{ij}) \\ \phi_{ij}(r_{ij}) = \sum_{k=1}^{6} a_k (r_k - r_{ij})^3 H(r_k - r_{ij}) \end{cases} \tag{B.25}$$

其中,$x > 0$ 时 $H(x) = 0$,$x < 0$ 时 $H(x) = 1$;$A_k, a_k, R_k, r_k$ 是常数,且有 $R_1 > R_2$,$r_1 > r_2 > r_3 > r_4 > r_5 > r_6$。

为了将 EAM 势推广到共价晶体中,需要考虑电子云的非球形对称,Bakes 等人提出了修正的嵌入原子核理论(MEAM)[28]。

4. 系综简介

分子动力学模拟的主要目的是为了将原子尺度的模拟结果与实验测量结果相对应。为此必须将模拟条件与实验条件一致。动力学模拟的系统一般包括:①微正则系综(NVE),指模拟过程中粒子数、体积、能量不变,用于描述与外界隔绝的孤立系统;②正则系综(也称 NVT),指模拟过程中粒子数、体积、温度保持恒定,描述近似处于恒温条件的系统的演化及性质;③等温等压系综(NPT),指模拟过程中粒子数、压强、温度保持恒定,接近实际环境,使用最普遍;④等温等焓系综(NHT),指模拟过程中粒子数、焓、温度保持恒定。不同的系统需要不同的控温控压方法,例如,Nose - Hover 热浴,在能量表达式中引入一个新的自由度,重新标定粒子的速度,相当于引入了一个恒温热库,系统与其耦合趋于和热库热平衡。系统的温度与恒温热库相同而保持恒温。Parrinello - Rahman 调压法,有 6 个附加的自由度,不但能改变元胞的大小又可以改变元胞的形状。

## 四、参考文献

[1] HOHENBERG P, KOHN W. Inhomogeneous electron gas [J]. Phys Rev B, 1964, 136: 864.

[2] KOHN W, SHANM L J. Self - consistent equations including exchange and correlation effects [J]. Phys Rev A, 1965, 140: 1133.

[3] VOSKO S J, WILK L, NUSAIR M. Accurate spin - dependent electron liquid correlation energies for local spin - density calculations - a critical analysis [J]. Can J Phys, 1980, 58: 1200.

[4] VON B U, HEDIN L. Local exchange - correlation potential for spin polarized case [J]. J Phys C, 1972, 5: 1629.

[ 5 ] PERDEW J P, WANG Y. Accurate and simple analytic representation of the electron – gas correlation – energy[ J ]. Phys Rev B, 1992, 45: 13244.

[ 6 ] CEPERLEY D M, ALDER B J. Ground – state of the electron – gas by a stochastic method [ J ]. Phys Rev Lett, 1980, 45: 566.

[ 7 ] POLITZER P, SEMINARIO J M. Density functional theory, a tool for chemistry [ M ]. Amsterdam: Elsevier, 1995.

[ 8 ] LABANOWSKI J K, ANDZELM J W. Density functional methods in chemistry [ M ]. New York: Springer – Verlag, 1991.

[ 9 ] PERDEW J P, CHEVARY J A, VOSKO S H, et al. Atoms, molecules, solids, and surfaces – applications of the generalized gradient approximation for exchange and correlation [ J ]. Phys Rev B, 1992, 46: 6671.

[ 10 ] PERDEW J P, BURKE K. Generalized gradient approximation made simple [ J ]. Phys Rev Lett, 1996, 77: 3865.

[ 11 ] HAMMER B, HANSEN L B, NORSKOV J K. Improved adsorption energetics within density – functional theory using revised perdew – burke – ernzerhoffunctionals[ J ]. Phys Rev B, 1999, 59: 7413.

[ 12 ] SEIDL A, GORLING A, VOGL P, et al. Generalized Kohn – Sham schemes and the band – gap problem [ J ]. Phys Rev B, 1996, 53: 3764.

[ 13 ] SRIVASTAVA G P, WEAIRE D. The theory of the cohesive energies of solids [ J ]. Advances in Physics, 1987, 26: 463.

[ 14 ] KERKER G. Non – singular atomic pseudopotentials for solid – state applications [ J ]. J Phys C, 1980, 13: 189.

[ 15 ] BACHELET G B, HAMANN D R, SCHLUTER M. Pseudopotentials that work – from H to PU[ J ]. Phys Rev B, 1982, 26: 4199.

[ 16 ] VANDERBILT D. Soft self – consistent pseudopotentials in a generalized eigenvalue formalism[ J ]. Phys Rev B, 1990, 41: 7892.

[ 17 ] LOUIE S G, FROVEN S, COHEN M L. Non – linear ionic pseudopotentials in spin – density – functional calculations [ J ]. Phys Rev B, 1982, 26: 1738.

[ 18 ] MONKHORST H J, PACK J D. Special points for brillouin – zone integrations [ J ]. Phys Rev B, 1976, 13: 5188.

[ 19 ] MONKHORST H J, PACK J D. Special points for brillouin – zone integrations – reply [ J ]. Phys Rev B, 1977, 16: 1748.

[ 20 ] BOTHA J F, PINDER G F. Fundamental concepts in the numerical solution of differential equations [ C ]. New York: John Wiley, 1983.

[ 21 ] VERLET L. Computer experiments onclassicalfluids. I. thermodynamicalpropertiesoflennard – jonesmolecules[ J ]. Phys Rev, 1967, 159: 98.

[ 22 ] GEAR C W. Numerical initial value problems in ordinary differential equations [ M ]. New Jersey: Prentice – Hall, 1971.

[ 23 ] BEEMAN D. Some multistep methods for use in molecular – dynamics calculations [ J ].

J Comput Phys, 1976,20：130.

[24]　ALLEN M P, TILDESLEY D J. Computer simulation of liquids [M]. Oxford：Oxford U-
niversity Press, 1988.

[25]　DE W F W, COTTERILL R M, DOYAMA M. Lattice dynamics of copper with a morse
potential [J]. Phys Rev Lett, 1966, 31：309.

[26]　TSUNEYUKI S, TSUKADA M, AOKI H. 1st – principles interatomic potential of silica
applied to molecular – dynamics [J]. Phys Rev Lett, 1988,61：869.

[27]　ACKLAND G J, VITEK V. Many – body potentials and atomic – scale relaxations in no-
ble – metal alloys [J]. Phys Rev B, 1990, 41：10324.

[28]　BASKES M I. Modified embedded – atom potentials for cubic materials and impurities
[J]. Phys Rev B, 1992,46：2727.

# 附录 C　第一原理方法建立 Ti – He
## 原子间作用势

分子动力学方法(MD)已被广泛应用于研究金属中 He 的性质。Wilson 等人通过近似量子机制的方法(修正 Wedepohl 方法)建立的原子间的作用势,计算了 He 原子在多种 BCC和 FCC 金属晶格中不同间隙位置和替位位置的形成能,结果表明,金属中间隙 He 在八面体位置比在四面体位置稳定。Wilson 还模拟了完整 Ni 晶体中 He 的"自捕陷"现象,发现 FCC Ni中,间隙 He 原子之间相互吸引,容易形成团簇,两个 He 原子的结合能为 0.2 eV, 随着 He 原子数的增加,团簇结合一个间隙 He 原子的结合能增加,最终稳定在 2 eV 左右。且包含 5 个He 原子的团簇就可以推开其近邻的一个 Ni 原子使之形成自间隙原子和一个空位,即准Frankel 对,而 He 团簇则与这个空位结合,并进一步捕获更多的间隙 He 原子使团簇长大。

汪俊[1]通过拟合第一原理计算的数据得到 Ti – He 原子间作用势对势,运用动力学计算了 He 原子及 He 原子团簇的最低能量构型,却没有涉及具体的能量值。

尽管分子动力学方法不如第一原理方法准确,但是 MD 可以方便地处理原子体系,尤其是包含几千几万个原子的大体系。另外,只要原子间作用势足够准确,MD 方法能够得到与第一原理方法一致的结果[2]。本附录介绍王永利等[3]通过拟合第一原理方法计算的晶体的 Ti – He 作用能而得到的 Ti – He 原子间作用势。他们使用这个势函数用 MD 方法计算了一些 Ti – He 体系的性质,通过比较计算结果与已有的实验结果或第一原理方法的结果,验证所建立的势函数的合理性。

## 一、计算方法

为了得到 Ti – He 间的相互作用能,用基于密度泛函的第一原理方法计算了如图 C.1所示的三种构型的总能。计算采用了周期性边界条件,并用平面波超软赝势方法(PW –USPP)描述离子实和电子间的相互作用。电子间的交互关联作用是通过广义梯度近似(GGA)的 PW91 形式描述的。采用的平面波的截断能是 500 eV, 布里渊区的 k 点取样的间距小于 0.4 nm$^{-1}$,自洽循环总能收敛标准是每原子 $5.0 \times 10^{-7}$ eV。

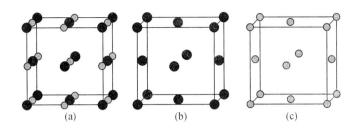

**图 C.1　计算 Ti – He 相互作用能的模型**

(a) NaCl 型的 TiHe；(b) FCC Ti；(c) FCC He

对于同一晶格常数，Ti – He 对的相互作用能的计算公式如下：

$$E_{\text{Ti-He}} = (E_{\text{TiHe}} - E_{\text{Ti}} - E_{\text{He}})/4 \tag{C.1}$$

其中，$E_{\text{TiHe}}$，$E_{\text{Ti}}$ 和 $E_{\text{He}}$ 分别是 Ti – He［图 C.1(a)］、Ti［图 C.1(b)］和 He［图 C.1(c)］构型的计算总能。通过改变图 C.1 中三个构型的晶格常数 $R$（保持相等），我们可以得到一系列的 Ti – He 作用能值。本工作采用的晶格常数 $R$ 取了 0.3 ~ 1.87 nm 范围内的多个数值，计算得到的相互作用能随晶格常数的变化如图 C.2 所示。通过反演晶格作用能可以得到 Ti – He 作用势，详细的过程将在下面描述。

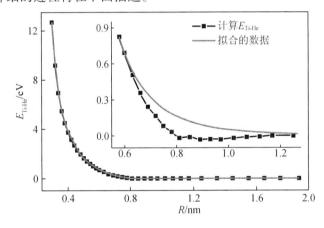

**图 C.2　Ti – He 相互作用能随晶格常数的变化关系**

根据得到的 Ti – He 作用对势，进行了一些 Ti – He 体系性质的动力学计算。计算采用了 Ackland[4] 建立的势函数描述 Ti – Ti 间的相互作用，用 L – J 势[5] 描述 He – He 间的相互作用。关于 Ti 中间隙 He 的形成能的计算是在不同尺寸和形状的超晶胞中进行的，而其他计算都是在包含 2 304 个 Ti 原子的 $12a \times 12a \times 8c$ HCP Ti 超晶胞中进行的。所有的计算都采用了周期性边界条件，而且都是在 NVT 系统下进行的。恒温控制是通过 Nose – Hoover 热浴方法。缺陷形成能的计算公式为

$$E_{\text{f}} = E_{m\text{Ti},n\text{He}} - E_{m\text{Ti}} - nE_{\text{He}} \tag{C.2}$$

其中，$E_{m\text{Ti},n\text{He}}$ 是包含 $m$ 个 Ti 原子和 $n$ 个 He 原子的超晶胞的总结合能；$E_{m\text{Ti}}$ 是相同超晶胞中包含 $m$ 个 Ti 原子的体系的结合能；$E_{\text{He}}$ 是相同超晶胞中包含 1 个 He 原子的体系的结合能。为了降低统计误差，结合能的取值是 15 ps 以上的时间内的结合能的平均值。

## 二、结果和讨论

### 1. Ti – He 作用对势的建立

由于计算 Ti – He 相互作用能时采用了周期性边界条件,所以由公式(C.1)计算得到的相互作用能 $E_{\text{Ti-He}}$ 实际上是 1 个 Ti 原子(或 He 原子)与无限大完整晶体中所有 He 原子(或 Ti 原子)的相互作用的总和。对于如图 C.1(a)所示的具有 NaCl 结构类型的 TiHe 晶体,Ti 原子的内部坐标为(0, 0, 0)(0.5, 0.5, 0)(0.5, 0, 0.5)和 (0, 0.5, 0.5);He 原子的内部坐标为(0.5, 0, 0)(0, 0.5, 0)(0, 0, 0.5)和 (0.5, 0.5, 0.5)。假设 Ti – He 势函数的形式为 $\varphi(r)$,坐标为(0, 0, 0)的 Ti 原子与晶体中所有 He 原子的作用总和为

$$E_{\text{Ti-He}}(R) = \sum_{\substack{i,j,k = \pm\infty \\ n=1,2,3,4}}^{+\infty} \varphi(r_{ijkn}) \tag{C.3}$$

$$r_{ijk1} = \sqrt{(i+0.5)^2 + j^2 + k^2}\, R$$

$$r_{ijk2} = \sqrt{i^2 + (j+0.5)^2 + k^2}\, R$$

$$r_{ijk3} = \sqrt{i^2 + j^2 + (k+0.5)^2}\, R$$

$$r_{ijk4} = \sqrt{(i+0.5)^2 + (j+0.5)^2 + (k+0.5)^2}\, R$$

其中,$i, j, k = 0,\ \pm 1,\ \pm 2,\ \pm 3,\ \pm 4,\ \cdots,\ \pm\infty$,分别表示晶胞在 $x, y, z$ 方向的无限重复性;$n = 1, 2, 3, 4$,表示每个晶胞中的 4 个 He 原子。

一方面,假如 Ti – He 作用势函数的形式是已知的,只是函数的参数是未知的,相互作用能的函数表达式可通过公式(C.3)计算得到。另一方面 Ti – He 相互作用能的数值可通过第一原理方法计算及公式(C.1)计算得到。通过 Ti – He 相互作用能的函数表达式拟合不同原子间距的作用能数值,可得到 Ti – He 作用势函数的参数。

当 Ti – He 原子间距大于某个数值时,原子间作用就会很弱,所以只需要有限数量($N$)的 $i, j, k$ 数值,公式(C.3)变为

$$E_{\text{Ti-He}}(R) \approx \sum_{\substack{i,j,k = \pm N \\ n=1,2,3,4}}^{+N} \varphi(r_{ijkn}) \tag{C.4}$$

其中,$N$ 值越大,计算精度越高,计算量也越大。

由于 He 是惰性气体,用 L – J 势可以描述 He 原子间的作用势,而汪俊也采用了类似 L – J 势的函数形式来描述 Ti – He 原子间的作用势。所以本工作假设的势函数形式为原子间距倒数的多项式,$\varphi(r) = a/r^m + b/r^n + c/r^p + d/r^q$,并在公式(C.4)计算相互作用能的函数形式时采用 $N=12$。最小二乘法拟合相互作用能的曲线如图 C.3 所示,得到的 Ti – He 作用对势的参数为 $a = 3.061\,73 \times 10^{-4}$ eV·nm$^6$,$b = 4.916\,80 \times 10^{-7}$ eV·nm$^9$,$c = -6.377\,27 \times 10^{-5}$ eV·nm$^7$,$d = 0$,$m = 6$,$n = 9$,$p = 7$,$q = 0$。图 7.12 表示经过数据拟合得到的 Ti – He 作用势的曲线,图中还给出了文献报道的 Ti – He 势函数曲线作为比较。

图 C.3 可以看出,新的 Ti – He 势函数与 J. Wang[1] 得到的势函数完全不同,在整个距离范围内都是排斥作用,在 $r < 0.25$ nm 范围内排斥作用明显弱于 J. Wang 等人得到的势函数,且当 $r > 0.25$ nm 范围内,He – Ti 作用迅速降低接近 0。而 Wang 的势函数在 Ti – He 距离为 0.465 nm 时有高达 $-0.058$ eV 的吸引作用,甚至在原子间距大于 1 nm 时仍有 $-0.02$ eV 的吸引作用。

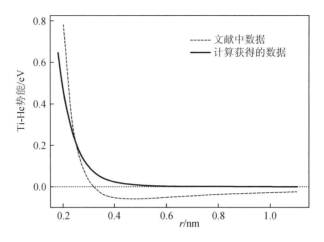

图 C.3　计算获得的 Ti – He 作用势函数与文献报道势函数[1] 的比较

建立新的 Ti – He 势函数的过程中最有可能引入误差的环节是 Ti – He 相互作用能的拟合环节。如图 C.1 所示,在晶格常数 $R$ 为 0.6 ~ 1.2 nm 的范围内,拟合后的曲线过多估计了 Ti – He 间的排斥作用能,最大的误差在于晶格常数为 $R$ = 0.81 nm 时误差为 0.17 eV。考虑到 NaCl 型结构的 Ti – He 虚拟晶体中每个 He 原子周围有 6 个最近邻的 Ti 原子,拟合引起的 Ti – He 相互作用能误差需要除以 6 来估计所引起的 Ti – He 作用势的误差,所以在 Ti – He 原子间距为 0.3 ~ 0.6 nm 的范围内,最大作用势的误差在原子间距 $r$ = 0.405 nm 时为 0.028 eV。假如将拟合引起的误差减去,在原子间距为 $r$ = 0.405 nm 时,Ti – He 作用势为 – 0.006 eV,远弱于 Wang 的势函数中相同原子间距的吸引势( – 0.053 eV)。这些结果说明这两个势函数的区别不是由建立势函数的方法和过程所引起的。

2. 势函数的检验

为了检验 Ti – He 势函数的合理性,采用 EAM 势[4] 作为 Ti – Ti 势函数,L – J 势[5] 作为 He – He 势函数,和以上得到的 Ti – He 势函数,计算了不同的温度( $T$ )下,单个 He 原子在不同大小( $N$ )、形状的 Ti 体系中处于八面体间隙位置和空位位置的形成能,并与第一原理计算结果比较,如表 C.1 表所示。

表 C.1　不同计算条件下单个 He 原子在八面体中心和空位位置的形成能

| | $N$ | $T/K$ | $R/nm$ | $E_O^f/eV$ | $E_V^f/eV$ |
|---|---|---|---|---|---|
| A | 972 | 298 | $a$ = 0.295 1; $c$ = 0.467 9 | 3.11 | 1.88 |
| B | 2 304 | 298 | $a$ = 0.295 1; $c$ = 0.467 9 | 3.17 | 1.84 |
| C | 1 080 | 298 | $a$ = 0.295 1; $c$ = 0.467 9 | 3.14 | 1.72 |
| D | 2 688 | 298 | $a$ = 0.295 1; $c$ = 0.467 9 | 3.17 | 1.75 |
| E | 972 | 298 | $a$ = 0.293 3; $c$ = 0.462 7 | 3.33 | 1.88 |
| F | 972 | 25 | $a$ = 0.293 3; $c$ = 0.462 7 | 3.18 | 1.80 |
| A* | 972 | 0 | $a$ = 0.295 1; $c$ = 0.467 9 | 3.12 | 1.71 |
| B* | 2 304 | 0 | $a$ = 0.295 1; $c$ = 0.467 9 | 3.11 | 1.68 |

表 C.1(续)

|  | $N$ | $T/K$ | $R/nm$ | $E_O^f/eV$ | $E_V^f/eV$ |
|---|---|---|---|---|---|
| FT | 48 | 0 | $a = 0.2933$；$c = 0.4627$ | 3.01 | 1.71 |

注:计算条件包括不同的温度($T$)、体系尺寸(Ti 原子数目 $N$)以及晶格常数($R$);$N = 972$(或 2 304)是 $9a \times 9a \times 6c$(或 $12a \times 12a \times 8c$)的 Ti 超晶胞,沿[100][010][001]方向加周期边界条件;$N = 1080$(或 2 688)是 $9a \times 5\sqrt{3a} \times 6c$(或 $12a \times 7\sqrt{3a} \times 8c$)的 Ti 超晶胞,沿[100][120][001]方向加周期边界条件。

可以看出,单个 He 原子处于八面体间隙位置和空位位置的形成能对动力学计算条件不是很敏感。比较 A 和 B 或 C 和 D 构型的计算结果,尺寸比较大的体系中八面体间隙的 He 原子的形成能略大于小尺寸体系的情况,可能是因为大体系中 He 原子引起的 Ti 晶格畸变更充分。而 C 和 D 构型中空位处 He 原子的形成能 $E_V^f$ 低于 A 和 B 构型的情况,可能是因为 Ti 晶格本身是六角密排结构,而 C 和 D 构型的在[100][120][011]方向上加的周期性边界条件限制了晶格变形的方向。比较 A 和 E,可以理解为在 Ti 原子排列更紧凑的情况下,八面体间隙的 He 原子与 Ti 原子间的排斥作用更强。比较 E 和 F,说明温度较高时,原子振动强烈,导致 Ti – He 间排斥作用加强。而构型 A* 和 B* 是体系在 298 K 达到平衡后缓慢降低到 0 K,从而得到能量值是最接近第一原理计算结果的。这些结果说明本工作所建 Ti – He 势函数在不同的动力学计算条件下得到合理的结果,即所建的 Ti – He 势函数是比较合理的。而运用 J. Wang 的 Ti – He 势函数在其他条件不变的情况下对 972 个 Ti 原子的体系进行计算,得到的结合能为正值。关于各个构型的空位形成能不同,除了以上几个原因外,还可能是 Ti – Ti 作用势函数不够完美。

另外,多种构型(A – F,A* 和 B*)的动力学计算结果显示,HCP Ti 中间隙 He 的最稳定位置是八面体中心,而运用第一原理方法得到的最稳定间隙位置是 FC 位置(八面体共有面的面心位置)。第一原理方法的计算中认为间隙 He 的最稳定位置为 FC 位置是因为该位置的电荷密度最低,而本工作中原子间作用势不能够精确表达原子电荷间的作用,可能导致错误估计 FC 位置间隙 He 的形成能。然而,He 原子在八面体间隙和空位位置处的形成能与第一原理的计算结果相当一致,构型 B* 与第一原理结果的最大误差为 3.2%。这些结果说明本工作建立的 Ti – He 对势尽管不能完全重现第一原理方法计算结果,却可在一定程度上能够合理描述 Ti – He 原子间作用。

3. He 的"自捕陷"现象

为了研究室温下 HCP Ti 中间隙 He 的团聚行为,我们将 30 个 He 原子分别放在相互近邻八面体间隙位置,并在 298 K 下弛豫 200 ps。图 C.4 表示了 He30 团簇局部区域随时间的演化,可以看出,随着时间增加,30 个 He 原子逐渐团聚呈球状,形成小 He 泡。同时生成一些间隙 Ti 原子,并且随着时间的增加,这些自间隙原子趋向于排列在(002)晶面上,而非均匀分布在 He 团簇的表面或基体的八面体间隙位置。图 C.5 表示了 He30 局部区域弛豫 200 ps 后在(100)(010)(110)面上的投影,可以看出,(100)和(010)面的投影,He 泡的下方 Ti 原子排列整齐,并且没有 Ti 间隙原子,He 泡上方 Ti 原子排列较混乱;而(110)面的投影,Ti 原子总体排列整齐,说明间隙 Ti 原子挤在(002)面上[110]方向的原子列里,如图 C.5(d)所示。这些结果与 Wilson[7] 的结果一致,金属中 He 原子可以相互结合形成团簇,同时产生晶格空位(近 Frenkel 对)。这个过程是 He 泡形核和长大的一种机制,这种机制已经被很多实验证实。

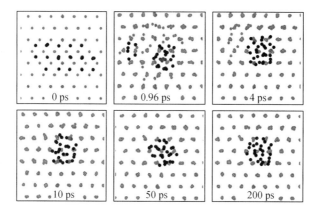

图 C.4　298 K 温度下 $Ti_{2\,304}He_{30}$ 构型随时间的演化

注:黑色和灰色的球分别表示 He,Ti 原子。

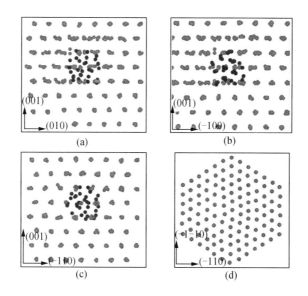

图 C.5　200 ps 时 $Ti_{2\,304}He_{30}$ 构型在不同平面的投影

(a)(100);(b)(010);(c)(110);(d)He 泡上方第一层 Ti 原子

注:黑色和灰色的球分别表示 He,Ti 原子。

另外,为了确定 He 团簇推开一个晶格 Ti 原子即形成一个近 Frenkel 对需要的原子数目,我们研究了原子数目少于 15 的 He 团簇随时间的演化。我们定义位移大于晶格常数一半的 Ti 原子为自间隙 Ti 原子,计算结果表明含有 8 个 He 原子的团簇可以推开一个晶格 Ti 原子,形成一个自间隙 Ti 原子和一个空位,即产生一个准 Frenkel 对。10 个 He 原子的团簇可以产生两个这样的缺陷。产生的间隙 Ti 原子倾向于占据(002)面上的挤列子位置。相比 FCC Ni 中含有 5 个 He 原子的团簇就可以形成一个准 Frenkel 对,HCP Ti 需要更大的 He 原子团簇来形成同样的缺陷。这可能是由于 Ti 与间隙 He 的排斥作用比 Ni 与间隙 He 的排斥作用弱,因为本工作计算得到的 HCP Ti 中间隙 He 的形成能(3.11 eV )比文献的 FCC Ni 中间隙 He 的形成能(4.52 eV )低很多。这些结果说明本工作建立的 Ti – He 势函数能够很好地重现金属中 He 的"自捕陷"现象,再一次证明了势函数的可靠性。

4. 间隙 He 的扩散

为了研究 HCP Ti 中间隙 He 的扩散性质,我们计算了不同温度下 HCP Ti 中单个间隙 He 原子的位移在 $x,y,z$ 方向上的投影随时间的变化,如图 C.6 所示。300 K 的温度下长达 1 000 ps 的时间内,He 原子在[001]方向上有跃迁,而在(001)面上没有跃迁;当温度升高到 400 K 时,960 ps 时间段内观察到了少数的几次(001)面上没有跃迁,而[001]方向上跃迁频繁;温度为 510 K 时,He 原子在(001)面和[001]方向上的跃迁频率都增加很多;温度为 600 K 时 He 原子的跳跃频率更高。这些结果说明了 He 原子在 HCP Ti 中的扩散是各向异性的,[001]方向的扩散激活能比较低,300 K 就可以激活。

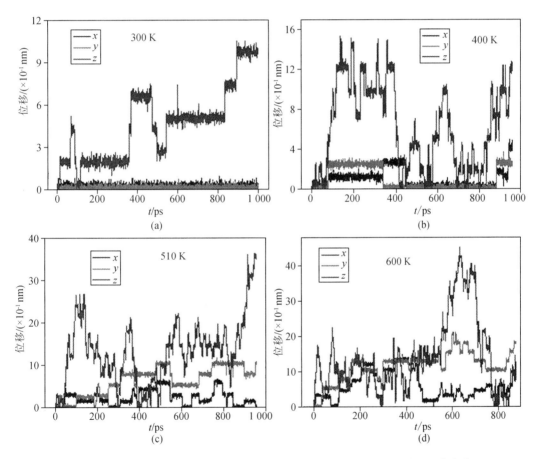

图 C.6　不同温度下间隙 He 原子在[100][010][001]方向的位移随时间的变化
(a)300 K; (b)400 K; (c)510 K; (d)600 K

根据爱因斯坦关系式

$$D( T) = \frac{\overline{R^2( T)}}{2nt} \tag{C.5}$$

可计算得到不同温度下间隙 He 的扩散系数。其中，$\overline{R^2(T)}$ 是均方位移；$n$ 是维度；$t$ 是模拟时间。

为了准确计算间隙 He 原子扩散系数，把扩散路径分为多个等时间长（$\tau = t/m$，$m$ 为整数）独立的小段，并计算每段的均方位移及扩散系数，最后对所有分段的扩散系数求平均：

$$D(T) = \frac{1}{m}\sum_{i=1}^{m}\frac{R_i^2(T)}{2n\tau} \tag{C.6}$$

由于 HCP Ti 晶体是各向异性的，所以有必要计算间隙 He 在不同方向的扩散系数。将 He 原子移动路径在不同的方向上投影，可以计算得到不同方向的扩散系数，图 C.7 所示为 HCP Ti 中间隙 He 在不同温度下不同方向的扩散系数。显然，间隙 He 的扩散是各项异性的，[001]方向的扩散系数比其他两个方向的系数要大很多，也就是说间隙 He 容易穿越密排原子层而不是在密排原子层间移动，这与第 3 章的结论一致。

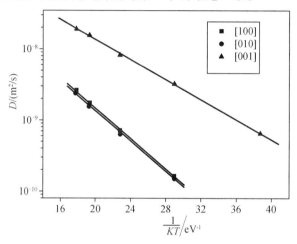

**图 C.7　HCP Ti 中间隙 He 沿不同方向的扩散系数与温度的变化关系**

Arrhenius 关系式为

$$D = D_0\exp(-E_m/k_BT) \tag{C.7}$$

其中，$k_B$ 为玻尔兹曼常数；$E_m$ 和 $D_0$ 分别为扩散激活能和扩散前因子。通过用 Arrhenius 关系式拟合图 C.7 中的各点可求得间隙 He 在不同方向的扩散激活能和扩散前因子，即

$$E_{mx} = 0.246 \text{ eV}, \quad D_{0x} = 3.00\times10^{-8} \text{ m}^2/\text{s}$$

$$E_{my} = 0.246 \text{ eV}, \quad D_{0y} = 2.921\times10^{-8} \text{ m}^2/\text{s}$$

$$E_{mz} = 0.163 \text{ eV}, \quad D_{0z} = 3.561\times10^{-8} \text{ m}^2/\text{s}$$

可以看出间隙 He 在[100]和[010]方向的扩散激活能（$E_{mx}$ 和 $E_{my}$）相同，因为 HCP 结构中这两个方向是等同的，而得到的扩散前因子（$D_{0x}$ 和 $D_{0y}$）略有差别可能是计算扩散系数时有误差引起的。[001]方向上的扩散激活能 $E_{mz}$ 更低，使得间隙 He 在这个方向的扩散更容易。而 $D_{0z}$ 略大于 $D_{0x}$ 和 $D_{0y}$ 说明间隙 He 原子在[001]方向的跳跃更活跃。

Vassen 等人[9]用等温热解吸谱的方法测量得到的 HCP Ti 中 He 的有效扩散激活能和扩散前因子为 $E_m = (1.0 \pm 0.31) \text{ eV}$，$D_0 = 2.512\times10^{-8} \text{ m}^2/\text{s}$。计算得到的扩散激活能比实验值小很多可能是因为计算采用的晶体是没有缺陷的完整晶体，没有考虑缺陷对 He 原子的作用。实际晶体中有很多缺陷,如空位、位错、晶界等,这些缺陷对 He 原子有很强的捕陷作用,增加了 He 原子扩散的有效激活能。然而,计算得到的扩散前因子与实验值很接近,进一步说明了本工作所建立的 Ti – He 作用对势的有效性。

## 三、结论和讨论

本附录主要介绍了一种通过第一原理方法计算原子间相互作用能并通过拟合相互作用能曲线而建立的 Ti – He 作用对势的方法。运用所建势函数并结合已有的 Ackland 和 L – J 势来描述 Ti – Ti 和 He – He 原子间作用,对 HCP Ti 中 He 的一些性质进行了分子动力学计算。计算得到的间隙 He 的形成能值随不同的计算条件有轻微的变化,但计算得到 He 原子在八面体和空位位置的形成能与第一原理计算方法得到的结果一致,说明本工作所建立的 Ti – He 势函数能够较合理地描述 Ti – He 原子间的作用。动力学计算还得到了 HCP Ti 中 He 原子的"自捕陷"现象,8 个 He 原子的团簇能够推开 1 个晶格 Ti 原子,形成 1 个准 Frenkel 对,10 个 He 原子的团簇形成 2 个准 Frenkel 对。相互近邻的 30 个间隙 He 原子能够迅速团聚形成球状小泡,同时推开一些晶格 Ti 原子,最终这些自间隙 Ti 原子以挤列子的形式排列在(002)面上。HCP 中间隙 He 的扩散是各向异性的,由于[001]方向的扩散激活能较低且扩散前因子较大,此方向的扩散系数较高,扩散较容易。且计算得到的扩散前因子与实验值很接近。这些结果说明本工作建立的 Ti – He 作用势函数能够很好地描述 Ti – He 原子间的相互作用,可用来进行进一步的动力学计算研究。

## 四、参考文献

[ 1 ]　WANG J, HOU Q, SUN T Y, et al . Simulation of helium aviour in titanium crystals using molecular dynamics[ J]. Chin Phys Lett, 2006, 23: 1666.

[ 2 ]　JUSLIN N, NORDLUND K. Pair potential for Fe – He [ J]. J Nucl Mater, 2008, 382: 143.

[ 3 ]　王永利. 金属中 He 行为及复杂氢化物性质的理论计算[ D]. 沈阳: 中国科学院金属研究所, 2011.

[ 4 ]　ACKLAND G J. Structure of dislocation cores in metallic materials and its impact on their plastic behaviour[ J]. Phil Mag A, 1992, 66: 957.

[ 5 ]　JOHNSON R A. Empirical potentials and their use in the calculation of energies of point defects in metals[ J]. J Phys F: Met Phys, 1973, 3: 295.

[ 6 ]　WANG Y L, LIU S, RONG L J, et al. Atomistic properties of helium in HCP titanium: a first – principles study[ J]. J Nucl Mater, 2010, 402: 55.

[ 7 ]　WILSON W D, JOHNSON R A. Rare gases in metals[ M]. GEHLEN P C, BEELER J R, JAFFEE R I. Interatomic potentials and simulation of lattice defects. New York: Plenum Press, 1972.

[ 8 ]　GUINAN M W, STUART R N, BORG R J. Dynamics of self – interstitial migration in Fe – Cu alloys [ J]. Phys Rev B, 1977, 15: 699.

[ 9 ]　VASSEN R, TRINKAUS H, JUNG P. Diffusion of helium in magnesium and titanium before and after clustering[ J]. J Nucl Mater, 1991, 183: 1.

# 附录 D 棱形位错环和球形孔洞间的 弹性相互作用

惰性气体被注入固体之后形成高压气泡。气体压力能够冲出位错环，并引起气泡的长大。气泡和棱形位错环间的力学相互作用在这一过程中起决定性作用，这种力学相互作用至少可由两部分组成：一部分取决于孔洞的压力以及由此引发的应力场；另一部分与压力无关，而是由于孔洞表面的出现使位错环应力场发生了变化，也称作映像相互作用。Wolfer 等[1]在《棱形位错环和球形孔洞间的弹性相互作用》一文中推导了映像相互作用的表达式。在随后的两篇论文中分别论述了单个气泡和气泡阵列中的位错环穿透所需的压力[2-3]。

棱形位错环和球形孔洞间的弹性相互作用可能适用于三个相关的领域——沉淀硬化合金中，由于位错环穿透引发的失效；测量微区硬度时由压头引起的塑性变形；固体中的辐照损伤问题。

在辐照问题中，由于原子缺陷的聚集导致空腔、孔洞和位错环的形成，位错环可能与孔洞结合引起收缩现象。在处理此问题时，Willis 和 Bullough 推导了棱形位错环和球形孔洞之间的映像相互作用力。他们的推导假设了在轴向位移部分以及由棱形位错环引起的膨胀可以用简单函数表达，因此没有得到映像力的精确表达式。

Wolfer 等用了另一种方法，即采用 Hankel 函数变换来处理棱形位错环的应力场；采用与球形谐波的零阶 Bessel 函数相关的两组关系式，来处理球形孔洞问题。为计算方便，棱形位错环的应力场在柱坐标$(r, z, \alpha)$下表示，映像场由球坐标$(R, \theta, \alpha)$表示，两种坐标根据相关方程式可以相互转换。

不存在孔洞时，棱形位错环的应力场可由弹性场$\sigma_{ij}^l$表示；当存在一个孔洞时，位错环应力场的额外变化为$\sigma_{ij}^c$，即映像场。利用边界条件：$\sigma_{RR}^l + \sigma_{RR}^c = 0$，$\sigma_{R\theta}^l + \sigma_{R\theta}^c = 0$，可求出映像场$\sigma_{ij}^c$的精确表达式。

得到映像场的精确表达式后，即可求出映像相互作用能。已推导了三种情况下的映像相互作用能：①长程映像相互作用能$E_1$，即环-孔洞的距离$R \gg a$时（$a$为孔洞半径），映像相互作用强烈依赖于$a/R$值；②短程映像相互作用$E_s$；③当环半径远小于孔洞半径时，即$l/a \to 0$时的短程映像相互作用$E_h$，此时的孔洞表面可近似为一个平面。

当环-孔洞距离在很宽的范围内变化时，映像相互作用能$E$取决于$E_1$和$E_s$中较小的一个值，因此可得到下面的$E$值近似表达式：

$$\frac{1}{E} \approx \frac{1}{E_s} + \frac{1}{E_1} \tag{D.1}$$

鉴于我们关注的是受辐照材料中的 He 效应，本文不涉及映像力精确表达式的推导，有兴趣的读者可参阅相关文献。后面将详细分析单个气泡和气泡阵列中位错环穿透所需的压力，希望有助于大家理解受辐照材料中 He 泡的形核和长大机制。

## 一、单个气泡引起位错环穿透所需的压力

Wolfer 等[2]对由于位错环棱形穿透引起的固体中气泡长大的力能学进行了仔细分析，

其中包括对气泡与位错环之间相互作用的分析,也分析了近邻位错环对实际气泡体积的影响。结果表明,气泡和位错环之间存在吸引力,当位错环从气泡退离时,泡体积逐渐增大。相应地,存在一个位错环穿透的能垒,越过能垒所需的气泡压力显著高于此前的理论估计。而且,随着泡半径增大,位错环穿透所需的临界压力逐渐接近一个常数。计算基于室温下Ni 中的情况,并预测了泡中的 He 原子是以固态存在。

## 1. 引言

目前已报道了有关固体中气泡形成的多个例子,由于孔洞内的压力不断上升,气泡能够穿透棱形位错环而长大。通过 TEM 实际观测到了位错环的存在,Thomas[4] 以及 Evans,Van Veen 和 Caspers[5] 对涉及 He 泡的相关结果进行了综述。Wampler,Schober 和 Lengeler[6] 则在更早时候报道了 Cu 中由氢气泡引起位错环穿透的观测结果。但对于泡密度很高的大多数情况下,由于晶格畸变非常严重,很难想象在气泡之间能够存在单个的位错环。然而仍然必须假设:在温度远低于自扩散能够发生的范围时,通过位错环穿透机制,能够形成上述情形。作为此假设的部分证据,通过测量孔洞体积和固体中的气体含量计算出了泡中的气体密度,并与位错环穿透时的理论状态所预测的压力进行了对比。这种理论状态最初由 Greenwood,Foreman 和 Rimmer( GFR)[7] 提出,后来又经 Evans[8-9] 针对金属中 He 泡的情况推得得到,推导时假定远离气泡的位错环的能量必须等于气泡长大时泡内气体消耗的功。考虑到对泡的体积分数以及高密度 He 原子压力的测量误差,上述对比的结果通常一致性很好。然而,Johnson,Mazey[10] 以及 Van Swijgenhoven,Knuyt,Vanoppen 和 Stals[11] 两个研究组仍都注意到了对比结果中的定量差异,并认为注入并滞留于固体中的 He 并非全部都位于气泡中。这种对比结果差异的另一种解释是,根据位错环穿透的 GFR 判据推导得到的压力值或气体密度值太低了。Wolfer 等的分析将支持这种观点,并将对(GFR 判据中的)一个更严重的缺陷加以修正。依 GFR 判据,穿透位错环所需的压力随气泡半径增加而降低。当连续向固体中注入惰性气体时,通常认为气泡将加速长大,直到泡间材料断裂,泡中的气体放出。对于惰性气体的沉积截面位于固体表面足够深处时引起的鼓泡现象,这是一个比较合理的解释。然而,如果沉积截面与表面相交,注入 He 的浓度分布直达表面,即使没有断裂也会达到临界的气体固留量。这种情况下,似乎固体中的气体固留量一旦达到临界值,气泡即停止长大,且气体释放速率与注入速率相等。这就需要一种位错环穿透的压力判据,该压力随泡半径、泡密度或泡体积分数的增加而增加。

Wolfer 先后发表的论文中对位错环穿透的能量分析提供了一种判据。该判据基于这样一种认识:发生位错环穿透过程中,Helmholtz 自由能随位错环与气泡分离距离的改变而变化。这就可能会存在一个位错环穿透的能垒,越过该能垒所需压力要大于 GFR 判据给出的压力值,事实上也的确发现存在这种能垒。这与早期 Trinkaus 和 Wolfer[12] 的分析原则上保持一致,尽管当时的分析是粗略和不完备的。预测的位错环穿透所需压力更高也意味着有更多比例的 He 位于气泡中。实际上,我们假设固留于晶格中的 He 可以忽略不计。

Wolfer[1] 综合分析了当一个含有高密度惰性气体( 比如 He)的球形孔洞穿透位错环并发射出一个棱形位错环时的力能学,分析时考虑到了所有对力能学的影响因素。在随后文章中,他又考虑了已存在的气泡列及其他位错环的影响。

对分析作了如下假设:首先,假设固体是各向同性的连续弹性材料;其次,He 即使以固相存在,其剪切模量也可被忽略,但具有有限的可压缩性;第三,忽略因表面能引起的表面应力的影响;最后,对位错环从泡表面脱离时的初始状态不作讨论,因为这超出了连续分析的范围。此阶段与本附录所作分析之间关系的重要性将在后面讨论。

2. 位错环穿透的能量平衡

位错环穿透本质上是一个力学过程,在这一过程中,储存于气泡中的压缩气体中的能量主要转化为位错环的应变能。泡膨胀释放的能量以及形成位错环消耗的能量将随着泡与位错环分离的距离而变化。这一距离将用两种方法表示,即泡中心到位错环外围的最短距离 $R$,或位错环中心到泡的最短距离 $z$,如图 D.1 所示。位错环穿透过程中总的 Helmholtz 自由能变化 $\Delta F$ 是 $R$ 的函数,过程结束的判据可表示为 $\Delta F(R) \leqslant 0$(对所有 $R > a$ 时的情况,$a$ 为泡半径)。

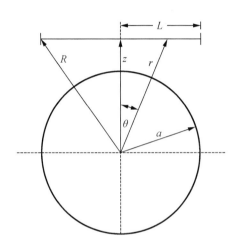

图 D.1  尺度和距离示意图

$a$—泡半径;$L$—环半径;$R$,$z$—分离距离;$\theta$—径向位移角

有几个因素对 $\Delta F(R)$ 值有贡献。首先是温度为 $T$、距离为 $R$ 时,气体的 Helmholtz 自由能变化,即泡体积从初始的 $V_i$ 长大至 $V(R)$ 时,气体自由能从初始的 $F_g(V_i, T)$ 变为 $F_g[V(R), T]$ 时的变化值。其次是与位错环有关的能量,由三部分组成:位错环能量 $E_L$、由于泡表面的存在而产生的映像相互作用能 $E_{Im}(R)$,以及位错环与气泡应力场的相互作用能 $E_{pL}(R)$。最后是位错环脱离气泡时泡的表面能变化值 $\Delta E_s$。这样,总的 Hemholtz 自由能变化为

$$\Delta F(R) = F_g[V(R), T] - F_g(V_i, T) + E_p[p(R)] - E_p(p_i)_s + E_L + E_{Im}(R) + E_{pL}(R) + \Delta E_s$$
$$(D.2)$$

下文中将对此等式中的各部分进行计算。

(1)气泡体积和压力

为了精确评估气泡的压力,必须知道气泡的真实体积。由于高压下围绕气泡的固体产生弹性膨胀,真实的或弛豫后的体积 $V$ 与未弛豫时的体积是不同的。未弛豫气泡的体积可用固体原子的体积与泡中空位数的乘积来表示。位错环被穿透之前,未弛豫体积为 $V_0$,且存在关系 $4\pi a^3/3 = V_0 + V_L$,式中 $V_L = \pi b L^2$,是 Burgers 矢量长度为 $b$,半径为 $L$ 的菱形位错环的体积。

晶格的弹性膨胀引起的附加体积变化 $\Delta V = V - (V_0 + V_L)$,可根据式(D.3)计算得到:

$$\Delta V = 2\pi^2 \int \sin\theta \big[ u_r^p(a,\theta) + u_r^l(a,\theta) + u_r^c(a,\theta) \big] \mathrm{d}\theta \tag{D.3}$$

其中,$u_r(a,\theta)$ 为沿孔洞表面的径向位移,它包括了三方面的贡献,即分别由泡压力、位错环和映像场所引起的弹性变形。

泡压力的贡献表示为

$$u_r^p(a,\theta) = a^3 p/4\mu r^2 \tag{D.4}$$

其中,$\mu$ 为剪切模量;$r$ 为到气泡中心的距离。

根据此前发表的论文[1],径向位移场 $u_r^l$ 和 $u_r^c$ 可分别由该论文中的式(10)、式(28)、式(29)、式(38)和式(39)得到。但在式(2)中,角度积分仅选择了 $u_r^l$ 和 $u_r^c$ 的球面谐波展开中的与角度无关的项,这些项表示如下:

$$u_r^l(r,\theta) = -\frac{2}{3}(1-2\nu)G_1(R)r \tag{D.5}$$

$$u_r^c(r,\theta) = -\frac{1}{3}(1+\nu)a^3 G_1(R)r^{-2} \tag{D.6}$$

其中,$\nu$ 为泊松比,且

$$G_1(R) = bL^2/\big[ 4(1-\nu)R^3 \big] \tag{D.7}$$

将上述结果带入式(D.3),得到

$$\Delta V = \pi a^3 (p/\mu - bL^2/R^3) \tag{D.8}$$

根据 $\Delta V = V - (V_0 + V_L)$,式(D.8)还可写成下述形式,即

$$3p/4\mu = V/(V_0 + V_L) - 1 + V_L/(V_0 + V_L)(a^3/R^3) \tag{D.9}$$

式(D.9)必须与气体的状态方程联立,以确定弛豫气泡的体积 $V$,以及体积为 $V_0 + V_L$ 且给定气泡内气体原子数目时的泡压力 $p$。在式(D.9)中,泡的体积和压力是气泡与位错环之间的距离 $R$ 的函数。

令 $R\to\infty$,得到终了状态时的压力 $p_f$ 及泡体积 $V_f$,满足如下关系:

$$3p_f/4\mu = V_f/(V_0 + V_L) - 1 \tag{D.10}$$

式(D.9)中令 $V_L = 0$,得到初始压力 $p_i$ 和体积 $V_i$ 的关系,即

$$3p_i/4\mu = V_i/V_0 - 1 \tag{D.11}$$

$p_i$ 和 $V_i$ 值由 $R = a$ 时得到,即

$$3p_i/4\mu = (V_i - V_0)/(V_0 + V_L) \tag{D.12}$$

$p_i$ 和 $V_i$ 值可解释为当位错环刚刚形成、但仍与气泡表面相连的泡压力和体积。

最后可注意到,分析过程可以包括气泡表面张力的作用,只需把式(D.4)及随后各等式中的 $p$ 用 $p - 2\gamma/a$ 替代即可。但实际上对所有关于表面应力 $\gamma$ 的合理估计值,在本附录的讨论中都有 $2\gamma/a \ll p$。忽略表面张力可以避免由于表面张力对表面应力 $\gamma$ 的依赖关系不确定而给研究带来的困难。下文中,$\gamma$ 表示表面能。

(2)气泡能量

Lidiard 和 Nelson[13]对形成一个气泡时的能量关系进行了细致分析。如果忽略表面张力和固体外部边界的影响,还存在两方面的贡献,即表面能以及与气泡应力场有关的应变能。当气泡通过排出一个棱形位错环而长大时,将有新的原子暴露于孔洞表面。于是,根据未弛豫的气泡终了体积 $V_0 + V_L$ 与未弛豫初始体积 $V_0$ 的差,可以计算出表面能的变化。

假设泡为球形,表面能变化为

$$\Delta E_{\mathrm{s}} = (4\pi)^{1/3} 3^{2/3} \gamma \left[ (V_0 + V_{\mathrm{L}})^{2/3} - V_0^{2/3} \right] \tag{D.13}$$

位错环被穿透以后,压力为 $p$ 的气泡的弹性应变能由式(D.14)给出

$$E_{\mathrm{p}}(p) = \pi a^3 p^2/2\mu = 3(V_0 + V_{\mathrm{L}}) p^2/8\mu \tag{D.14}$$

位错环形成前则为

$$E_{\mathrm{p}}(p_{\mathrm{i}}) = 3V_0 p_{\mathrm{i}}^2/8\mu \tag{D.15}$$

根据线性弹性力学,未弛豫和已弛豫的气泡尺寸都可以采用,我们选择前者应用于上述应变能的表达式中。

（3）位错环能量

Kroupa[14]推导了在无限、各向同性固体中棱形位错环的弹性应变能。若位错环半径 $L$ 远大于位错芯半径 $r_{\mathrm{c}}$,此弹性应变能表示为

$$E_{\mathrm{L}} = \left[ \mu b^2 L/2(1-\nu) \right] \left[ \ln(8L/r_{\mathrm{c}}) - 1 \right] \tag{D.16}$$

式(D.16)中包含了根据 Pieirl – Nabarro 位错模型得到的位错芯的能量贡献 $\mu b^2 L/2(1-\nu)$。此模型还给出了位错芯半径的下述表达式

$$r_{\mathrm{c}} = b/\left[ \mathrm{e}^{3/2}(1-\nu) \right] \tag{D.17}$$

其中, e 为自然对数的底数。

在近邻孔洞处,位错环的应力场受到所谓的映像场的影响。此前的文章对映像场及相应的映像相互作用能 $E_{\mathrm{Im}}(R)$ 进行了估算,得到了在两种边界条件下的简单分析表达式。当 $R \gg a$ 时,长程映像相互作用经修正后由参考文献[1]的最后一节中的式(3.2)给出。具体表达式如下:

$$E_{\mathrm{Im}}^{\mathrm{L}}(R) = -\frac{2\mu V_{\mathrm{L}}}{9(1-\nu)V_0} \left[ 1 + \nu + \frac{5(5-\nu)^2}{7-5\nu} \right] \left[ \left( \frac{R}{a} \right)^{3/2} - 1 \right]^{-4} \tag{D.18}$$

当 $R - a \ll a$ 时,短程映像相互作用可表示为[参考文献[1]式(3.3)]

$$E_{\mathrm{Im}}^{\mathrm{S}} = -\frac{\mu b^2 L}{2(1-\nu)} \left[ \frac{a}{2R} \ln \frac{R^2}{R^2 + a^2 + \eta^2} + \frac{a^3}{2R^3} \left( 5 - 4\frac{a^2}{R^2} \right) \right] \tag{D.19}$$

参考文献[1]中式(3.11)定义了简单的映像相互作用能表达式,即

$$E_{\mathrm{Im}}(R) = E_{\mathrm{Im}}^{\mathrm{L}} E_{\mathrm{Im}}^{\mathrm{S}}/(E_{\mathrm{Im}}^{\mathrm{L}} + E_{\mathrm{Im}}^{\mathrm{S}}) \tag{D.20}$$

根据式(D.20)可以对实际结果进行很好的估计。在此表达式中,当 $R \approx a$ 时,有 $E_{\mathrm{Im}} = E_{\mathrm{Im}}^{\mathrm{S}}$;当 $R \gg a$ 时,有 $E_{\mathrm{L}} = E_{\mathrm{Im}}^{\mathrm{L}}$。

式(D.19)中引入了参数 $\eta$ 以避免当 $R$ 趋近于孔洞半径 $a$ 时 $E_{\mathrm{Im}}^{\mathrm{S}}$ 值的发散。由于位错环总的应变能 $E_{\mathrm{L}} + E_{\mathrm{Im}}$ 必须是一个正的有限值,$E_{\mathrm{Im}}^{\mathrm{S}}$ 值不仅要求是有限的,而且其绝对值不能大于 $E_{\mathrm{L}}$。后一限制条件使我们能够根据关系 $E_{\mathrm{L}} + E_{\mathrm{Im}}^{\mathrm{S}}(a) = 0$ 确定 $\eta$ 值,即

$$\eta = (r_{\mathrm{c}}/8) \mathrm{e}^{3/2}(a/L) = ab/8(1-\nu)L \tag{D.21}$$

对于 $a \approx L$ 时的重要情形,发现 $\eta$ 仅为 Burgers 矢量长度 $b$ 的一部分,因此其值小于在晶格中实际可定义的位错环与孔洞表面间的最小分离距离 $R - a$。这种情况下,$\eta$ 仅对 $\Delta F(R)$ 有很小的影响。

（4）泡 – 环相互作用

除了作为位错环应力场的组成部分的映像相互作用,还存在位错环与气泡应力场间的相互作用,这种相互作用可以通过计算在气泡应力场中形成位错环所需的额外功而得到,这一过程已由 Eshelby[15] 很好地建立。Wolfer 在计算这种相互作用时还考虑了两个方面的因素。

首先,当位错环所在的平面与泡相交时,此平面法线方向的应力仅通过对环形孔的积分得到。其次,在 Eshelby 过程中,位错环所在平面的厚度由 0 增加至最终的值 $b$,从而形成环形片层,这使泡压力从 $p_f$ 增加至 $p(R)$,并引起气泡应力场的变化。为此,处理这种情况时引入一个"开关"因子 $\lambda$,其值在 0 到 1 之间,同时将位错环平面法线方向的气泡应力写为

$$\sigma_{zz} = \frac{1}{2}a^3\left[p_f + (p - p_f)\lambda\right](1/r^3 - 3z^2/r^5) \qquad (\text{D.22})$$

其中,$r$ 为泡中心到位错环平面任意一点的距离;$z$ 为 $r$ 在轴向的投影。对 $\lambda$ 以及对不与泡相交的位错环区域进行积分,有

$$\begin{aligned} E_{pL}(R) &= -2\pi b \int_0^1 d\lambda \int_{r_{min}}^R \sigma_{zz}(r,z)r\,dr \\ &= -\pi b a^3 \frac{1}{2}(p_f + p)\left[1/r_{min} - 1/R - z^2(1/r_{min} - 1/R^3)\right] \end{aligned} \qquad (\text{D.23})$$

其中,$r_{min}$ 等于泡与环相交时的气泡半径 $a$,否则 $r_{min} = z$。于是泡-环相互作用也可表示为

$$E_{pL}(R) = \frac{1}{2}\pi b L^2\left[p_f + p(R)\right]\left[a^3/R^3 - H(a - z)(a^2 - z^2)/L^2\right] \qquad (\text{D.24})$$

其中,$H(x)$ 为 Heaviside 阶梯函数,且 $z^2 = R^2 - L^2$。

(5) He 的状态方程

气体的 Helmholtz 自由能变化可由状态方程求出。对于通过位错环穿透机制形成的气泡内部的极高压力,实验数据及相应的经验状态方程在我们感兴趣的压力和温度区间内并不适用。因此,最近发展了有关 He 的理论状态方程[16],本文的研究采用了其中的一个,所采用的公式与其他简单公式相比没有特殊性。为了使用方便,并考虑到维里膨胀(维里指作用于粒子上的合力与粒子矢径的标积),使用了下述形式的方程对理论结果进行拟和:

$$p/\rho\kappa T = A + B\rho + C\rho^2 + D\rho^3 \qquad (\text{D.25})$$

其中,$\rho$ 为 He 密度;$A,B,C,D$ 是温度的函数,表中列出了气态和固态 He 时的对应值。将理论结果与 Mills,Liebenberg 和 Bronson[17] 的实验数据进行对比,发现式(D.25)得出的压缩因子 $p/\rho\kappa T$ 的误差约为 15%。当密度 $\rho$ 值为 $0.017T_{0.41}$ mol·cm$^{-3}$ 时,预测将发生从气态到固态的相转变。熔点温度下两相微小的密度差异可以忽略。需要注意的是,理论结果显示,与气态或液态相比,同样密度的固态 He 具有显著增大的可压缩性,或者说是更小的体模量。尽管在极低温度下的 $^3$He 中确实观测到了这种反常现象[18],但在更高温度以及更高密度下的情况还有待进一步证实。除此之外,理论结果预测的可压缩性的差异在数量上显得过大。本附录的应用中,并不关心这种可压缩性的反常现象或者其数量值大小,它只是作为气泡中的 He 发生相变的一种指示器。上述形式的状态方程使得 Helmholtz 自由能以及由 $A,B,C,D$ 参数表示的化学势的标准公式可以得到应用。

3. 结果

根据式(D.2)可以计算 Helmholtz 自由能总的变化值 $\Delta F(R)$。下面是对于 300 K 时 Ni 中情况的计算结果。

气泡表面与位错环间的最小可能距离被假定等于一个 Burgers 矢量,即 $z_{min} = \left[(a+b)^2 - L^2\right]$。位错环穿透所需的初始压力 $p_i$ 根据下面的步骤得到:对给定未弛豫气泡的体积 $V_0$,用 [He/V] 表示 He 的密度;根据式(D.10)和状态方程(D.25),可以确定相应的初始压力 $p_i$ 和弛豫气泡的体积 $V_i$。然后,对于不同的泡-环分离距离 $R = (z^2 + L^2)^{1/2}$,求解式(D.8)和

式(D.25),可以得到压力 $p$ 和弛豫气泡的体积 $V$。这样,对于特定的[He/V]比值,所有对 $\Delta F$ 有贡献的作为 $R$ 的函数的能量值都可以计算出,以确定是否有 $\Delta F(R) \leqslant 0$。图 D.2 为当气泡半径 $a = 5$ nm 时,在不同的[He/V]比值下得到的分析结果。此处,$\Delta F$ 为 $z/a$ 的函数,单位为 $\mu b^3$。当没有气体存在时,仅有位错环能量 $E_L$、映像相互作用能 $E_{Im}$ 和表面能变化 $\Delta E_s$ 对 $\Delta F$ 有贡献。这种情况下,由于没有得到额外的能量,$\Delta F$ 必然为正值。从图 D.2 可以看出,为使对于所有 $R \geqslant R_{min}$,都有 $\Delta F(R) < 0$,临界 He 密度必须达到 2。此临界状态下,$\Delta F$ 的各种贡献项示于图 D.3,图中示出了本附录对位错环穿透机制的一些重要发现。

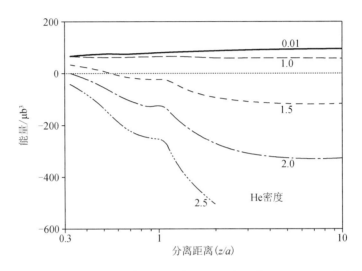

**图 D.2　不同 He 密度(每个空位中的 He 原子数)时总 Helmholtz 自由能随泡 – 环分离距离的变化**

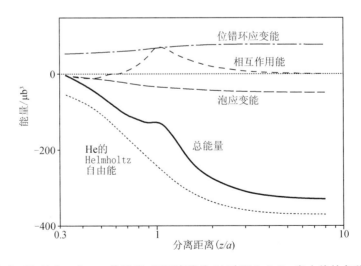

**图 D.3　He 泡($a = 5$ nm,临界 He 原子密度为 2)对 Helmholtz 自由能的各种贡献**

　　首先,位错环穿透过程中得到的大部分能量来自于气体 Helmholtz 自由能的降低。然而,在棱形位错环从泡中退出时,此能量的主要部分逐步释放了,这可以解释为什么位错环穿透存在一个能垒。

相互作用能 $E_{pL}$ 的行为比较复杂。当位错环围绕气泡时,由气泡产生且在法线方向的那部分应力为拉应力。而位错环与泡分离后,这部分应力变为压应力,且相互作用能从一个小的负值变成随位错环形成过程而增加的大的正值。分离距离 $z/a$ 超过一定值后,由于气泡应力场随 $r^{-3}$ 衰减,此能量再次变为负值。气泡应变能 $E_p$ 的变化总为负值,且随着泡–环分离距离增加,气泡压力从 $p_i$ 降至最终的 $p_f$,$E_p$ 逐步发生变化。这种气泡压力的逐步变化是气泡体积逐步增加的结果,如图 D.4 所示。

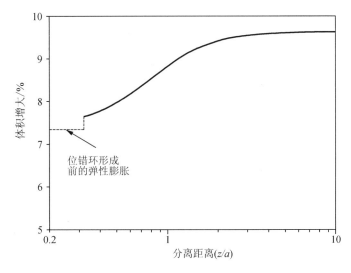

图 D.4　He 泡体积随分离距离的变化

对于 $[He/V]=2$ 的临界 He 密度,初始泡体积相对未弛豫的体积 $V_0$ 增加了7.3%。形成一个位错环时,从泡表面分离出一个 Burgers 矢量,弛豫气泡的体积变化很小,因此几乎没有从气体压力的减小中得到能量。而此位错环应变能的主要部分必定消耗在位错环的形成过程中。当位错从气泡分离时,其体积显著增加。但由于在位错穿透过程中气泡压力下降,部分弹性膨胀消失,其总的体积增加量 $V_f - V_i$ 小于环的体积 $V_L$。

穿透一个半径等于气泡半径的位错环所需的压力示于图 D.5(a),单位以剪切模量表示。实线表示本附录的分析结果,虚线对应于 GFR 判据。图 D.5(b) 为所需 He 密度的计算结果,给出了本附录分析中的一个重要结论:通过位错环穿透过程长大的气泡中的 He 密度为每个空位含有 2 个 He 原子,且除非气泡非常小,该数值几乎与泡尺寸无关。

相反地,根据 GFR 判据得到的密度值随泡尺寸增加而减小,并显著低于本附录的计算值。图 D.5 中虚线在中间段存在平台,是由于发生了 He 从小气泡中的固态向较大气泡中的液态的相转变。由于本附录的分析得到了更高的密度值,我们发现:在室温下对所有气泡,He 都将以固态存在,而与气泡尺寸无关。因此,也许可以称之为 He 沉淀相。

穿透位错环所需的压力或者密度,也可以用化学势来表示。对一个半径为 $3b$ 的气泡来说,相应的单个 He 原子的化学势为 1.2 eV,此值与压力值都随半径增加而降低,最终降至约 0.5 eV。处于 Ni 中间隙位的 He 原子的化学势经估算约为 4 eV[19],远高于气泡中 He 的化学势,这表明 He 不会存在于晶格中,如本附录前文所述。

需要强调的是,图 D.5 中给出的结果是针对单个孤立的气泡或者间距非常大的气泡。

随后的文章将表明,间距很小的气泡之间,以及它们与泡间位错环之间的相互作用将使本附录的结果有很大改变。

对给定的泡半径 $a$,位错环半径越大,穿透位错环所需压力或密度越小。例如,当泡半径 $a$ 等于 $7b$ 时,穿透半径 $L/a = 1$, $0.9$, $0.8$ 和 $0.7$ 的位错环所需的 He 密度分别为 $1.97$, $2.17$, $2.50$ 和 $4$。计算表明,对所有尺寸的气泡,若 $L$ 能增加至超过泡半径 $a$,穿透位错环所需的 He 密度将进一步减小。若仍与气泡连接并环绕着气泡的位错环通过吸收自间隙原子或发射热空位而发生攀移,将发生上述情况。在产生显著离位损伤的 He 注入研究中,吸收自间隙原子的过程也许比较重要,而在较高温度时,通过发射热空位而发生的位错攀移则是可能的机制。因此在这些情况下,有可能是棱形位错环先部分形成,并在被气泡排出之前,通过攀移而长大。因此,气泡长大所需的排出位错环的压力或临界 He 与空位比值将小于图 D.5 中的结果。

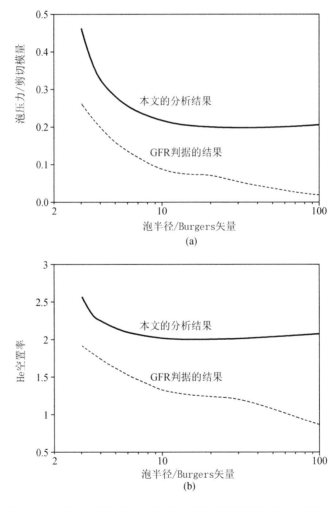

**图 D.5**　穿透一个半径等于气泡半径的位错环所需的压力(a)和
穿透位错环所需 He 密度的计算结果(b)

## 4. 讨论

将预测的 He 密度与实验数据进行比较是对本附录中模型的最终验证。然而,实测的

He 密度的不确定性很大（[He/V]从小于 1 到约为 5），对此 Donnelly[20] 已作了讨论和综述。而且，大部分实验是采用 He 注入的样品，其中与离位损伤有关的影响还不清楚。

在参考文献[3]中，还将显示位错环穿透所需的临界 He 密度取决于泡间距和泡间的残余位错环。因此，对于实测的 He 密度将不作更多讨论。作为替代，我们更愿意就本附录的位错环穿透模型指出一些重要的特性。本附录模型中，以 Ni 为例，位错环穿透所需的 He 密度接近于 2，或者压力约为剪切模量的 0.2 倍。作为对比，发射自间隙原子所需的压力经估算约为 0.5 倍的剪切模量[21]，但如果近邻一个高压气泡的单个自间隙原子的形成能小于 3.5 eV，上述所需的压力值会变小。这样的话，位错环穿透所需的压力就基本相当于发射自间隙原子所需的压力。此外，考虑到在气泡表面形成一个棱形位错环的初始阶段，发射自间隙原子与位错环形核实际上没有区别。形核过程可被看作如下的连续过程：首先，位于气泡表面边缘的一个原子被推到气泡表面隔断的两个晶面之间；随气泡压力增加，更多原子被排出并成团，并形成了最初的自间隙原子环，该环继续围绕气泡长大直到最终形成。本附录的分析没有包括此形成过程，因此还不清楚形成自间隙原子环所需的压力是否不大于使环从气泡离开的压力。

为回答这个问题，我们可回顾一下位错环穿透过程中的各种能量贡献。位错环的应变能消耗了主要的能量。当贴近气泡时，此能量与平行于一个自由表面的直边位错的能量几乎相等。因此，当环长大直至形成时，应变能随位错环的弧长而线性增加。可以预计，表面能的贡献 $\Delta E_s$ 也将线性增加，且泡体积的增加与位错环的弧长成比例。因此，我们有理由确定，总的 Helmholtz 自由能与位错环弧长成比例，且其值随位错环的最终形成而达到最大。本附录分析也表明，形成后的位错环离开气泡后，总的 Helmholtz 自由能也随之减小。只有对非常小的气泡，当位错环平面离开气泡表面时，会出现另一个能量极大值。因此我们可以认为，气泡通过位错环穿透而长大时存在一个能垒，此能垒出现于环绕气泡的位错环最终形成时，或者位错环所在平面从泡表面分离时。当能垒出现于环绕气泡且距离泡表面为一个原子间距的位错环最终形成时，位错环在此时的截止半径 $r_c$ 对能垒高度或者位错环穿透的临界压力有影响。不过，若 $r_c$ 产生 1.5 倍 Burgers 矢量的变化，临界压力仅变化 10%。

最后需指出，本附录分析结果有一个异常简单的解释，即位错环穿透所需的临界压力约为 $\mu/5$。与泡表面以极角 $\theta$ 相交的任意滑移圆柱面上的剪切应力为 $\tau = \frac{3}{4}p\sin2\theta$。当 $\theta = \pi/2$ 时，剪切应力有极小值 $\tau_{min} = \frac{3}{4}p$，此值等于当泡压力 $p$ 为 $2\mu/3\pi = 0.21\mu$ 时的理论剪切强度 $\mu/2\pi$。本附录经详细分析得出的临界压力值 $\mu/5$ 与上述的 $p = 0.21\mu$ 一致，这使本附录的理论分析结果也如同实验结果那样意义重大。我们作此解释是想表明，为使气泡能够形成一个棱形位错环，所需的压力必须能够在一个合适的滑移圆柱面上产生一个局部剪切应力，且此应力要等于固体的理论剪切模量。再次说明，本附录基于位错环穿透力能学的分析结果，与仅考虑了剪切强度的分析结果一致。

## 二、气泡阵列中的位错环穿透

考虑到气泡间的应力场以及滞留位错环的影响，Wolfer[3] 对位错环穿透行为进行了理论计算。

当泡间的距离减小时,位错环进一步长大所需的压力因滞留位错环的存在而显著增加。气泡半径小于或等于 $5b$($b$ 为 Burges 矢量长度)时,位错环穿透所需的 He 原子密度与气泡密度无关。但当气泡通过位错环穿透机制长大时,泡间的带状基体区域逐渐变窄,区域内不断聚集的滞留位错环对后续位错环的生成施加了一个阻碍力,使气泡发射位错环所需的压力显著上升。

在某临界 He 浓度下,泡的进一步长大因下述两种机制之中的一种而中止:位于泡内和间隙位的气体原子化学势相等,或者由于泡间带状区域的应力超过了材料的理论抗张强度而导致泡间基体发生断裂。在注入情况下,当气泡饱和后,间隙 He 原子浓度开始增加。若注入深度较浅,则间隙原子能够很容易扩散至表面并释放,而不引发鼓泡现象;但对于较深的注入层,间隙 He 原子浓度增加至一定程度,将使材料的理论抗张强度下降并导致泡间断裂,引起鼓泡,此时的 He 释放是由于泡内和间隙中的 He 原子化学势相等,因此不能将 He 释放作为引发鼓泡的首要原因。

气泡超晶格的形成过程如下:气泡发射一个棱形位错环后,气泡将朝发射方向移动半个 Burges 矢量长度,而发射方向是受到滞留位错环阻碍力最小的方向,在此方向上,泡间的分离距离也是最大的。因此,位错环穿透和气泡中心的移动将发生在相邻气泡距离最大的方向上,最终结果就是距离最近的气泡逐渐远离,而距离较远的气泡逐渐接近,从而使气泡间的距离最大化,即形成超晶格。

计算是针对 Ni 中的情况,但计算结果跟其他金属中的实验数据也符合得较好,这是因为气泡通过位错环穿透而长大所需的 He 密度为约 2,当达到释放临界浓度时,气泡长大所需的 He 密度上升至约 3。上述值不因金属种类不同而变化。而且,考虑到 He 泡导致的晶格参数变化与气泡涨大和 $p/K$($p$ 为气泡压力,$K$ 为体模量)成比例,而位错环穿透所需的压力约为 $G/5$($G$ 为剪切模量),即 $p = G/5$,因此晶格参数变化与 $G/K$ 成比例,而此值也不随金属种类不同而有大的变化。

### 三、参考文献

[1] WOLFER W G, DRUGAN W J. Elastic interaction energy between a prismatic dislocation loop and a spherical cavity [J]. Philos Mag A, 1988,57: 923.

[2] WOLFER W G. The pressure for dislocation loop punching by a single bubble [J]. Philos Mag A, 1988,58: 285.

[3] WOLFER W G. Dislocation loop punching in bubble arrays [J]. Philos Mag A, 1989,59: 87.

[4] THOMAS G J. Experimental studies of helium in metals [J]. Radiat Eff Defect Solids, 1983,78: 37.

[5] EVANS J H, VAN V, CASPERS L M. The application of TEM to the study of helium cluster nucleation and growth in molybdenum at 300 K [J]. Radiat Eff Defect Solids, 1983,78: 105.

[6] WAMPLER W R, SCHOBER T, LFNGER B. Precipitation and trapping of hydrogen in copper [J]. Philos Mag, 1976,34: 129.

[7] GREEWOOD G W, FOREMAN A J E, RIMMER D E. The role of vacancies and disloca-

tions in the nucleation and growth of gas bubbles in irradiated fissile material [J]. J Nucl Mater, 1959, 1: 305.

[8]  EVANS J H. An interbubble fracture mechanism of blister formation on helium – irradiated metals [J]. J Nucl Mater, 1977, 68: 129.

[9]  EVANS J H. The role of implanted gas and lateral stress in blister formation mechanisms [J]. J Nucl Mater, 1978, 76, 77: 228.

[9]  JONSON P B, MAZEY D J. Helium gas – bubble superlattice in copper and nickel [J]. Nature, 1979, 281: 359.

[10]  SWIGENHOVEN H V, KNUYT G, VANOPPEN J, et al. Helium bubble growth in nickel at temperatures below vacancy migration [J]. J Nucl Mater, 1983, 114: 57.

[11]  TRINKAUS H, WOLFER W G. Conditions for dislocation loop punching by helium bubbles [J]. J Nucl Mater, 1984, 122, 123: 552.

[12]  LIDIAROD A B, NELSON R S. Gas bubbles in solids [J]. Philos Mag, 1968, 17: 425.

[13]  KROUPA F B. Circular edge dislocation loop [J]. Czech J Phys, 1960, 10: 284.

[14]  ESHELBY J D. The Continuum Theory of lattice defects [J]. Solid St Phys, 1956, 3: 79.

[15]  WOLFER W G, GLASGOW B B, WEHNER M F, TRINKAUS H. Helium equation of state for small cavities: recent developments [J]. J Nucl Mater, 1984, 122, 123: 565.

[16]  MILLS R L, LIEBENBERG D H, BRONSON J C. Equation of state and melting properties of $^4$He from measurements to 20 kbar [J]. Phys Rev B, 1980, 21: 5137.

[17]  HELTEMES E C, SWENSON C A. Heat Capacity of Solid $^3$He [J]. Phys Rev, 1962, 128: 1512.

[18]  MELIUS C F, BISSOS C L, WILSON W D. Quantum – chemical and lattice – defect hybrid approach to the calculation of defects in metals [J]. Phys Rev B, 1978, 18: 1647.

[19]  DONNELY S E. The density and pressure of helium in bubbles in implanted metals: a critical review [J]. RadiatEff Defects Solids, 1985, 90: 1.

[20]  GLASGOW B B, WOLFER W G. Comparison of mechanisms for cavity growth by athermal and thermal processes [J]. J Nucl Mater, 1984, 122: 503.

# 附录 E　成团前后 He 原子的扩散和释放机制

## 一、金属中 He 泡迁移和热解吸谱

金属中的 He 损伤和 He 效应是核技术领域极具挑战性的学科和技术问题。从更广的范围看,材料中的惰性气体也受到粉末冶金和喷射冶金等领域的关注。业已证明,注 He 样品的热解吸谱包含着有价值的 He 泡演化信息,是重要的研究手段。本附录以 HCP Mg 和 HCP Ti 为例[1],讨论成团前后金属中 He 的热解吸谱,重点分析 He 泡的迁移机制和相关参数间的关系。

Mg 和 Ti 薄膜样品在室温下进行 α 粒子注入。随后观测样品线性加热(0.83 K/s)和等

温退火时 He 的热解吸行为。开始阶段,He 解吸由 He 原子扩散控制,扩散激活焓分别为 $(0.6 \pm 0.1)\,eV(Mg)$ 和 $(1.0 \pm 0.3)\,eV(Ti)$。两种金属中的 He 扩散与离解机制(受阻的间隙扩散机制)一致;Ti 中 He 的扩散也不排除受通常的空位机制控制。

在中等温度低能 He 离子注入金属后,He 原子将进入间隙位;高能 He 离子注入金属后,部分 He 原子进入替代位,部分 He 原子进入间隙位;可迁移的间隙 He 原子很快就会被注入时生成的空位和预存空位捕陷,这是大多数注 He 金属在 $100 \sim 500\,K$ 温度下的普遍情况。在这一温度范围,注入过程产生替位 He 原子和换位缺陷。自间隙原子将合并为小团簇,存在于位错、晶界或空位处,仍可能保持为原子态缺陷,这是热解吸实验开始时的状态。还应注意到,即使对于不产生离位损伤的亚阈能注入,进入间隙的 He 原子也很快被预存空位捕陷。等温退火过程中,由于 He 原子成团,部分注入的 He 被保留在样品中,保留分数取决于温度,这些信息可从热解吸谱中得到,依此可以推测原子团和小 He 泡的粗化机制。

在 $523 \sim 633\,K$ 和 $623 \sim 773\,K$ 温度范围内,Mg 和 Ti 样品中 He 泡的迁移由晶格原子沿 He 泡表面扩散控制,表面扩散焓分别为 $0.7\,eV$ 和 $0.6\,eV$。在 $973 \sim 1\,073\,K$ 范围内,Ti 样品中 He 泡迁移受离解机制控制。

## 二、成团前后 He 原子的扩散和释放机制

室温注 He 后,大部分 He 原子处于替代位。目前还没有建立热解吸时 He 从均匀含 He 薄膜样品中离解和释放的通用解吸式。下面讨论一个简单的解吸式。对于薄膜样品两个表面不相互作用的瞬间情况,例如在等温退火的早期阶段,从样品中解吸出的 He 的浓度分数与 He 的初始浓度、样品的厚度、退火时间的关系可用下式表示,即

$$\frac{c_0 - c}{c_0} = \left(\frac{16 D_{He}^t}{\pi d^2}\right)^{1/2} \quad \text{和} \quad \frac{c_0 - c}{c_0} \leqslant 0.5 \tag{E.1}$$

其中,$c_0$,$d$,$t$ 分别为样品的起始 He 浓度、厚度和退火时间;$D_{He}$ 为 He 在样品中的扩散系数。与扩散系数相关的扩散激活焓可以用来判断扩散开始时的机制。

如前所述,替代位 He 原子可以通过与邻近的空位交换位置(通常的空位机制),或从其晶格位置离解并间隙扩散,直到被另一个空位捕陷(离解机制)。

如果空位浓度处于热平衡状态,通常的空位机制占主导,$D_{He}$ 的下限近似等于晶格原子的自扩散系数 $D_{sd}$,扩散激活焓 $H^{dif}$ 接近自扩散激活焓。如果离解机制占主导,He 的扩散激活焓 $H^{dif}$ 等于 He 的离解焓 $H^{dis}$ 与空位形成焓 $H_V^f$ 的差值($H^{dif} = H^{dis} - H_V^f$)。

式(E.1)贵在给出了等温热解吸时 He 释放分数与多个参数之间的关系,特别是与 $\sqrt{t}$ 成正比的定量关系。由不同温度等温热解吸数据可求出各温度下的 $D_{He}$,并据此计算出扩散激活焓,确定 He 的扩散机制。式(E.1)给出的是解吸开始较短时间段内的行为。解吸分数与解吸时间的 $\sqrt{t}$ 关系仅仅当基体中的 He 原子还没成团,可以自由扩散时才适用。

He 原子开始成团时,解吸分数偏离 $\sqrt{t}$ 关系。成团前的总释放分数 $\left(\frac{c_0 - c}{c_0}\right)_c$ 与 $d\sqrt{c_0}$ 成反比关系。假设双 He 原子团是稳定的,并且不可迁移,He 原子扩散引起的总的 He 释放分数为

$$\left(\frac{c_0 - c}{c_0}\right)_c = 0.6 \frac{\sqrt{\dfrac{\Omega}{2R}}}{d\sqrt{c_0}} \tag{E.2}$$

其中,$\Omega$ 是基体原子的原子体积;$R$ 是 He 原子的相互作用距离。

基于上述机制得到了 He 在一些典型金属中的扩散行为:FCC 金属中,Au,Ag,Al 中替位 He 以空位机制扩散,扩散激活能分别为 1.70 eV,1.50 eV 和 1.35 eV,与各金属的自扩散激活能接近。在 Au 中含有至少 5 个 He 的团簇 $He_5V_5$ 才可以稳定存在,在 Ag 和 Al 中能稳定存在的 He 团簇则还需要更多的 He 原子。而 Ni,Cu 中替位 He 以离解机制扩散,扩散激活能分别为 1.9 eV 和 2.0 eV。HCP 金属中,Mg 和 Ti 中替位 He 以离解机制扩散,扩散激活能分别为 0.6 eV 和 1.0 eV,含两个 He 的团簇分别在 653 K 和 773 K 之前仍稳定存在。BCC 金属中,Fe 和 V 中替位 He 以离解机制扩散,离解能均约为 1.4 eV,含两个 He 的团簇分别在高于 673 K 和 773 K 时变得不稳定。Mg,Ti,Fe,V 中 He 泡的扩散主要通过金属原子沿 He 泡表面的扩散而实现。

He 聚集和成泡后,He 随泡迁移或从 He 泡离解到达样品表面,随后通过原子扩散释放。两种迁移机制导致的 He 释放均使沿表面 He 贫乏区发生变化。第一种情况,He 泡迁移和合并由基体原子沿着泡表面或在泡中扩散驱动。解吸行为可用下式表示,即

$$\left(\frac{c_0-c}{c_0}\right)^2 - \left(\frac{c_0-c}{c_0}\right)_c^2 = A\{[1+BD_i(t-t_c)]^m - 1\} \qquad (E.3)$$

其中,$D_i$ 为晶格原子在泡内或沿泡表面迁移的扩散系数。相关参量 $A$,$B$ 和 $m$ 在表 E.1 中给出。

**表 E.1　式 E.3 中引起 He 泡迁移的几种扩散机制和描述 He 解吸的相关参数**

| 扩散机制 | 气体定律 | $A$ | $B$ | $m$ |
|---|---|---|---|---|
| 体扩散 | 理想气体 | | $B_{VD}=\dfrac{9kTc_0}{2\pi\gamma_B r_c^4}$ | 1/4 |
| | | $\dfrac{32r_c\gamma_B\Omega}{3\pi kTc_0 d^2}$ | | |
| 表面扩散 | 理想气体 | | $B_{SD}=B_{VD}\times 5\Omega^{\frac{1}{3}}/2r_c$ | 1/5 |
| 体扩散 | 恒定体积 | | $B_{VD}=\dfrac{15v_{He}c_0}{2\pi r_c^5}$ | 2/5 |
| | | $\dfrac{4r_c^2\Omega}{\pi v_{He}c_0 d^2}$ | | |
| 表面扩散 | 恒定体积 | | $B_{SD}=B_{VD}\times 12\Omega^{\frac{1}{3}}/5r_c$ | 1/3 |

下面讨论由 He 泡离解控制的热解吸。随着尺寸减小,气体离解引起的泡收缩加速,表面贫乏区的形成比泡迁移更明显,图 E.1 为解吸时 He 浓度分布示意图。

解吸过程中,He 泡的空间分布近似阶梯形(图 E.1 中实线),而溶解态 He 浓度 $c_d$ 分布近似梯形(图 E.1 中虚线)。在 He 贫乏区溶解态 He 浓度线性增大,而在含泡区保持不变。

对于这种近似情况,依据菲克第一定律,通过每个表面的 He 通量为

$$j_1 = \frac{D_{He}c_d}{\Omega y} \qquad (E.4a)$$

为了保持 He 守恒的需要

$$j_1 = \frac{c_0}{\Omega}\frac{\mathrm{d}y}{\mathrm{d}t} \tag{E.4b}$$

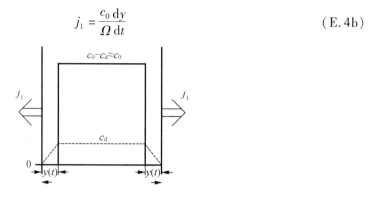

**图 E.1  He 泡处 He 的浓度分布（实线）和溶解态 He 的浓度分布（虚线）示意图**

注：假设 He 已成团，泡迁移受 OR 离解机制控制。

由式（E.4a）和式（E.4b）有贫乏区分布为

$$y\frac{\mathrm{d}y}{\mathrm{d}t} = D_{\mathrm{He}}\frac{c_{\mathrm{d}}}{c_0} \tag{E.5}$$

在含泡区域，$c_{\mathrm{d}}$ 值取决于泡内气体的平均压力 $P$，即

$$c_{\mathrm{d}} = \exp\{[\mu_{\mathrm{He}}(P) - G_{\mathrm{He}}^{\mathrm{s}}]/kT\} \tag{E.6}$$

其中，$\mu_{\mathrm{He}}(P)$ 为 He 泡内 He 的平均化学势；$G_{\mathrm{He}}^{\mathrm{s}}$ 为 He 的溶解自由焓，即形成一个替位 He 原子的自由焓。从能量上看，这一过程比形成间隙 He 更有利。

泡的压力取决于空位浓度和气体的状态方程。下面是两种极限状态。

1. 泡压力与平衡空位浓度平衡

气泡压力（半径 $r_{\mathrm{B}}$）与平衡空位浓度平衡，则有 $P = 2\gamma_{\mathrm{B}}/r_{\mathrm{B}}$（$\gamma_{\mathrm{B}}$ 为 He 泡的比表面自由能），泡中气体符合理想气体规律，$c_{\mathrm{d}} = Kp$（$K$ 为气体的溶解度）。这种状态下，有[2]

$$c_{\mathrm{d}} = 2\frac{\gamma_{\mathrm{B}}K}{r_{\mathrm{B}}} = \frac{2\gamma_{\mathrm{B}}K}{r_{\mathrm{c}}}\Big[1 + \frac{3kTKD_{\mathrm{He}}}{4\Omega\, r_{\mathrm{c}}^2}(t - t_{\mathrm{c}})\Big]^{-\frac{1}{2}} \tag{E.7}$$

其中，$t_{\mathrm{c}}$ 为 He 泡开始粗化时的时间；$r_{\mathrm{c}}$ 为初始 He 泡的半径。

2. 粗化时总泡体积恒定

假设粗化泡总体积不变，这种状态下 $P,\hat{\mu}_{\mathrm{He}}$ 和 $c_{\mathrm{d}}$ 不随时间变化[2]。

积分式（E.5），对于状态 1，有

$$y^2 - y_{\mathrm{c}}^2 = A\big[(1 + BKD_{\mathrm{He}}t)^{\frac{1}{2}} - 1\big] \tag{E.8}$$

其中，$A = (32\gamma_{\mathrm{B}}\Omega\, r_{\mathrm{c}})/(3c_0kT)$；$B = (3kT)/(4\Omega\, r_{\mathrm{c}}^2)$。

对于状态 2，有

$$y^2 - y_{\mathrm{c}}^2 = 2\frac{D_{\mathrm{He}}t}{c_0}\exp\big[(\mu_{\mathrm{He}} - G_{\mathrm{He}}^{\mathrm{s}})/kT\big] \tag{E.9}$$

He 的解吸分数由下式给出：

$$\frac{c_0 - c}{c_0} = \frac{\Omega}{c_0 d}\int 2j_1\mathrm{d}t \tag{E.10}$$

积分式（E.10），取合适的初始条件，对于状态 1 和 2，分别有

$$\left(\frac{c_0-c}{c_0}\right)^2 = \left(\frac{c_0-c}{c_0}\right)^2_c + \frac{8A}{\pi d^2}\left\{\left[1+BKD_{He}(t-t_c)\right]^{\frac{1}{2}}-1\right\} \tag{E.11}$$

$$\left(\frac{c_0-c}{c_0}\right)^2 = \left(\frac{c_0-c}{c_0}\right)^2_c + \frac{16D_{He}(t-t_c)}{\pi d^2 c_0}\exp\left[(\mu_{He}-G^s_{He})/kT\right] \tag{E.12}$$

等式右边第一项代表 He 泡形成前解吸的 He 分数,第二项为来自 He 离解的贡献。Vassen[4-5]等的实验结果显示,来自第一项和第二项的 He 释放具有相同的数量级。可见 He 成泡后直接比较解吸分数随时间变化会有不确切之处。通过扩散激活焓随温度的变化来确定 He 泡开始粗化的机制可能更具代表性。

### 三、He 在 Mg,Ti 中的扩散和热解吸

Mg 的标称纯度为 99.9%,轧制成厚度分别为 5 μm,20 μm 和 80 μm 的膜片。膜片状样品在 573 K 石英管中退火 1 h,获得稳定的晶体结构,石英管的真空度 ≤10⁻⁴ Pa。样品的起始 RRR 值大约为 66,退火后为 76。Ti 的标称纯度为 99.6%,膜厚分别为 5.2 μm,22 μm 和 53 μm。样品在真空室中被感应加热至 1 573 K,真空度为 2.3 × 10⁻⁷ Pa,保温时间为 0.5 ~ 1 h,随后以大于 100 K/s 的速度冷却。样品的起始 RRR 值大约为 4.1,退火后几乎未发生变化(RRR = 4.0)。

在室温下以多种能量对样品进行均匀的 α 粒子注入。片状含 He 样品在热解吸装置中进行等温和线性连续升温(从室温到熔点,0.83 K/s)He 解吸实验。参考文献[3]和参考文献[4]给出了 He 离子注入和热解吸实验的详细过程。

Mg 样品的初始 He 浓度小于 3.0 × 10⁻⁸。等温解吸 He 的释放分数随时间的变化如图 E.2 所示。在解吸的初始阶段 He 的释放分数与时间呈现 $\sqrt{t}$ 关系,与式(E.1)相符。

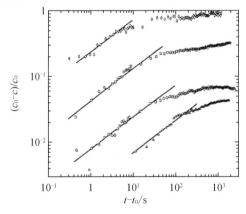

**图 E.2　薄膜 Mg 样品等温退火时注入 He 的释放分数**

注:温度(K)、厚度(μm)和 He 浓度(×10⁻⁶)分别为 513,5.0,0.031(□),518,20.1,0.026(○),527,78.6,0.027(△)和 648,5.1,0.004 4(◇)。考虑到加热时间的影响,时间标度经 $t_0$ 值校正,从 0.4(◇)到 16(△)。

线性加热时(0.83 K/s),He 的释放分数与 He 浓度无关,都反比于样品的厚度 $d$,几乎至 Mg 的熔化温度。扩散系数由线性加热和等温退火实验数据得出,扩散系数与温度的 Arrheenius 线如图 E.3 所示。由原子扩散释放的总 He 分数(即符合 $\sqrt{t}$ 关系)如图 E.4 所示。

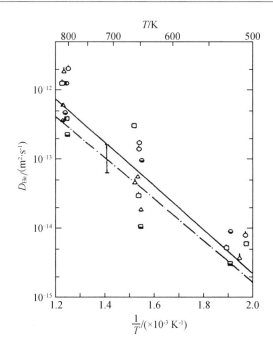

**图 E.3　Mg 薄膜样品 $D_{He}$ 与 $1/T$ 的 Arrheniws 曲线**

注:实线和虚点线分别为等温和线性加热结果的拟合线。

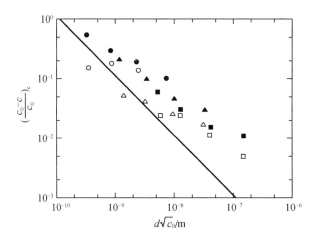

**图 E.4　Mg 样品通过原子扩散释放的 He 分数**

注:假设形成了稳定的双 He 原子团(He 不能迁移),He 释放分数见图中实线。

温度 $T$ 和样品厚度 $d$ 的关系见表 E.2。

**表 E.2　样品的温度和厚度关系表(一)**

| $d/\mu m$ | $T/K$ | |
|---|---|---|
| | 523 | 653 |
| 5.0 | ○ | ● |
| 20.0 | △ | ▲ |
| 80.0 | □ | ■ |

图 E.5 为 Ti 样品的线性加热释放曲线,图中出现重要的信息。线性加热时 He 完全释放的温度靠近样品的 HCP→BCC 转变温度(1 158 K),不取决于样品的厚度和 He 浓度。

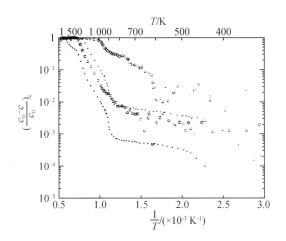

**图 E.5　线性加热时(0.83 K/s) Ti 薄膜样品中注入 He 的释放分数**

注:样品的厚度(μm)和 He 浓度(×10⁻⁶)分别为 4.5 和 0.068(○),5.2 和 2.6(+),54.1 和 0.073(□),52.9 和 2.65(∗)。

从等温解吸曲线看出,温度不高于 773 K 时,释放分数与加热时间具有 $\sqrt{t}$ 关系。由于符合 $\sqrt{t}$ 关系的范围较小,较高温度的数据分散(图 E.6)。

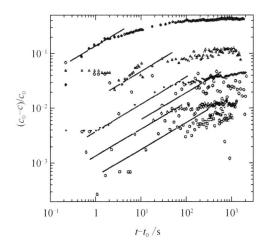

**图 E.6　等温加热时 Ti 薄膜样品中注入 He 的释放分数**

注:样品的初始 He 浓度为$(2.0\sim8.0)\times10^{-8}$,温度(K)和厚度(μm)分别为 630 和 51.2(□),633 和 5.3(○),693 和 5.3(△),694 和 51.2(◇),772 和 4.5(∗),774 和 21.1(+)。依据加热时间,两种样品的时间标度分别被 $t_0$ 值校正 0.5 s(∗)和 1.5 s(+)。

由线性加热和等温退火实验得出的扩散系数如图 E.7 所示。

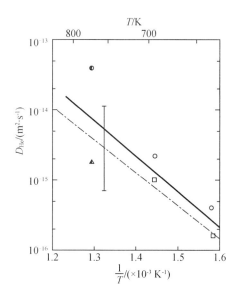

**图 E.7　He 在 Ti 薄膜中扩散系数 $D_{He}$ 与 $1/T$ 的 Arrhenius 曲线**
注：实线和虚点线分别为等温加热和线性加热的结果。

图 E.8 为 Ti 薄膜样品中原子扩散产生的释放分量随 $d\sqrt{c_0}$ 的变化。

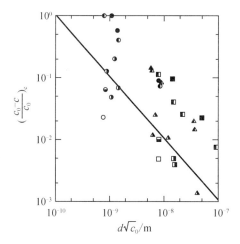

**图 E.8　Ti 薄膜样品中由 He 原子扩散引起的总的 He 释放分数随 $d\sqrt{c_0}$ 的变化**
注：假设形成了稳定的双 He 原子团（He 不能迁移）时的关系如图中实线所示。

样品的温度 $T$ 和厚度 $d$ 的关系见表 E.3。

**表 E.3　样品的温度和厚度关系表（二）**

| $d/\mu m$ | $T/K$ | | | | |
|---|---|---|---|---|---|
| | 633 | 693 | 773 | 973 | 1 073 |
| 5.0 | ○ | ◓ | ◑ | ◑ | ● |
| 20.0 | △ | △ | ▲ | ▲ | ▲ |
| 50.0 | □ | □ | ◨ | ◧ | ■ |

## 四、结果和讨论

我们先分析和讨论 Mg 的实验结果。从等温退火解吸曲线得到的扩散系数(E.3)可用扩散激活焓 $H^{\text{dif}} = (0.62 \pm 0.05)$ eV 和前因子 $D_0 = 10^{-7.8}$ m$^2 \cdot$ s$^{-1}$ 来描述。由线性加热解吸曲线得到的扩散系数(图 E.3 虚点线)可用 $H^{\text{dif}} = (0.57 \pm 0.13)$ eV 和前因子 $D_0 = 10^{-8.8}$ m$^2 \cdot$ s$^{-1}$ 来描述。两组数据接近,但远低于自扩散数值($\approx 1.4$ eV,$10^{-4}$ m$^2 \cdot$ s$^{-1}$)。因此,Mg 薄膜样品中 He 应以离解机制扩散,尽管还没有离解焓的实验数据和计算值用来比较。离解焓等于扩散焓与空位形成焓之和($H^{\text{dif}} + H^{\text{f}}_{\text{V}}$)。参考文献给出的 $H^{\text{f}}_{\text{V}}$ 在 $0.58^{[9]}$ 和 $0.79^{[10]}$ 之间,因此离解焓 $H^{\text{dis}}$ 的平均值 $= (1.3 \pm 0.1)$ eV。这意味着热解吸为一阶离解过程,对应的激活焓等于离解焓 $H^{\text{dis}}$。仅仅当某一温度下样品的空位浓度高到与表面尾闾强度相当时,离解机制才占主导,此时的激活焓为 $H^{\text{dif}}$。在储存时间 $t$ 内,离解和解吸的总分数可用 $t v_0 \exp(-H^{\text{dis}}/kT)$ 估算。如果 $v_0 \approx 10^{13}$ s$^{-1}$,在两个月内,由一阶解吸释放的 He 还不到样品中原有 He 浓度的 1%。

早期有文献报道[11],依据约 20% 的 He 释放,计算的膜材中 He 的扩散焓为 1.56 eV[12]($D_0 = 10^{-22}$ m$^2 \cdot$ s$^{-1}$)。样品的厚度和 He 浓度分别为 250 μm 和 $3.0 \times 10^{-9}$。与前面的实验相比较,这些条件下由原子扩散贡献的 He 解吸分数低于 3%(图 E.8)。因而,解吸约 20% 的 He 后得出的表观扩散系数应该对应团簇的迁移或离解过程,而不是对应 He 原子的扩散。

对于 Ti 薄膜样品,等温解吸实验得到的 $H^{\text{dif}} = (1.0 \pm 0.31)$ eV,$D_0 = 10^{-7.6}$ m$^2 \cdot$ s$^{-1}$。线性加热解吸实验得到的 $H^{\text{dif}} = (0.92 \pm 0.16)$ eV,$D_0 = 10^{-8.4}$ m$^2 \cdot$ s$^{-1}$。$\alpha$ – Ti 的自扩散焓为 1.56 eV[12],表明 Ti 中 He 应以离解机制扩散,离解焓为 $H^{\text{dif}} + H^{\text{f}}_{\text{V}} = (2.3 \pm 0.3)$ eV($H^{\text{f}}_{\text{V}} = 1.27$ eV)。然而,对于空位机制,自扩散焓是 He 扩散焓的上限。因而不排除 He 在 Ti 膜中以空位机制扩散。

围绕 Ti 的同素异形转变温度(1 158 K,图 E.5)的完全放 He 现象在 Fe 和 Co 的相关文献中未被发现,尽管 Fe 和 Co 中也发生这种相变。有趣的是,Ti 膜中的这种放 He 现象在 1 158 K 并未呈现明显的跳跃式变化,但放 He 曲线在一个较大的温度间隔内指向这一温度。

为了确定 He 在 Ti 中的扩散机制,Lewis 等[14]用 200 keV 的 $^3$He 离子,在 300 ~ 958 K 温度范围内对 Ti 进行离子注入。在室温下采用 0.5 eV 的 d – 束,应用 $^3$He(d,p)$^4$He 反应分析样品中 $^3$He 的分布,观察了 700 K 以上温度样品中 $^3$He 的保留量与温度的关系,得到的扩散激活焓为 $(1.3 \pm 0.2)$ eV。Lewis 等选样品的 He 原子分数约为 1%,有较强的成团趋势,得出的扩散激活焓应该对应于 He 泡的迁移或再溶解,而不是原子 He 扩散。

我们再看图 E.4。对于 523 K 处理的 Mg 薄膜样品,直至 $d \sqrt{c_0} \leqslant 10^{-8}$ m 时,总的 He 解吸分数符合式(E.2),表明 He 解吸由原子 He 扩散控制。如果以原子间距 $R_{nn}$ 作为 He 原子相互作用距离 $R$ 的下限,可以绘出图 E.4 中的实线。实际上,退火温度 $\geqslant 653$ K 时由 He 原子扩散解吸的 He 高于式(E.2)的计算值,表明此时双 He 复合体不稳定,或是可迁移。从图 E.4 还可看到一个有趣的现象,当 $d \sqrt{c_0} > 10^{-8}$ m 时,所有温度的解吸数据与式(E.2)的一致性均较弱。这似乎表明,在较高温度下 Mg 中稳定复合体长大速率降低。

对于 Ti 薄膜样品(图 E.8),几乎所有 He 释放数据都附合式(E.2)确定的 $\frac{1}{d}\sqrt{c_0}$ 关系;在 633 ~ 773 K 温区内双 He 复合体是稳定的;在更高温度下双 He 复合体变得不稳定;973 K 和 1 073 K 时的数据很接近,此时可能存在另一种较大的稳定复合体。

He 成团后 Mg 样品的等温放 He 曲线与计算结果相当一致[参看式(E.3),计算时假设总的泡体积不变,泡迁移受表面扩散驱动],说明 Mg 中 He 解吸和释放受 He 泡迁移机制控制。

图 E.9、图 E.10 分别给出了 Mg 和 Ti 原子在 He 泡表面的扩散系数随温度的变化,两种样品的 $\gamma_B$,$v_{He}$ 和 $r_c$ 取 2 N/m,$7.5\times10^{-30}$ m³ 和 0.15 nm。对于 Mg,表面扩散系数对应的扩散激活能为 0.68 eV,大约是自扩散焓 $H_{sd}$ 的一半。对于 Ti,当退火温度高于 773 K 时,实验数据与表面扩散驱动的 He 泡迁移机制一致,表面扩散焓为 0.64 eV,大约为自扩散焓的一半(0.78 eV)。

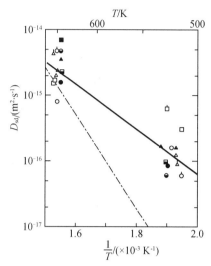

**图 E.9 由 He 解吸实验数据拟合式(E.3)确定的 Mg 原子在 He 泡表面的扩散系数随 $1/T$ 的变化曲线**

注:取 $v_{He}=7.5\times10^{-30}$ m³,$r_c=0.15$ nm(实线),虚线表示自扩散系数样品的参数。

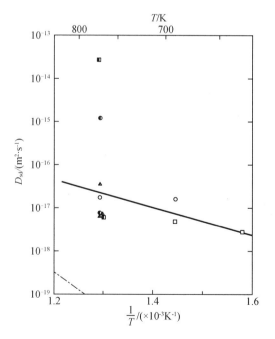

**图 E.10 由 He 解吸实验数据拟合式(E.3)确定的 Ti 原子在 He 泡表面的扩散系数**

注:取 $v_{He}=7.5\times10^{-30}$ m³,$r_c=0.15$ nm(实线),虚点线表示自扩散系数。

图 E.9 中各参数见表 E.4。

表 E.4　图 E.9 中各参数关系表

| $d/\mu m$ | $c_0/(\times 10^{-6})$ | | | | |
| --- | --- | --- | --- | --- | --- |
| | 0.005 | 0.03 | 0.08 | 0.3 | 3.0 |
| 5.0 | ○ | ○ | ◑ | ⊖ | ● |
| 20.0 | △ | △ | ▲ | △ | ▲ |
| 80.0 | □ | □ | ◪ | □ | ◼ |

图 E.10 中样品参数见表 E.5。

表 E.5　图 E.10 中各参数关系表

| $d/\mu m$ | $c_0/(\times 10^{-6})$ | | | | |
| --- | --- | --- | --- | --- | --- |
| | 0.02 | 0.08 | 0.15 | 0.8 | 2.7 |
| 5.0 | ○ | ◑ | ◑ | ◑ | ● |
| 21.0 | △ | △ | ▲ | ▲ | ▲ |
| 53.0□ | □ | □ | ◪ | ◪ | ◼ |

　　当退火温度高于 900 K 时,Ti 的等温解吸曲线变化更快(图 E.10),提示 He 离解和释放受 OR 过程控制。假设泡中气体处于理想气体状态,应用式(E.11)(理想气体行为)计算的 He 的离解激活焓为(2.1 ±0.2) eV。该值应该与 $H^{dif} + G^{s}_{He}$ 相关。假设向预存空位放入 He 原子不需要附加能量,溶解自由焓 $G^{s}_{He}$ 的下限等于 $H^{f}_{V}$,因此 $H^{dif} + H^{f}_{V} = 2.3$ eV,略高于离解激活焓(2.1 eV),说明很小的 He 泡不符合理想气体规律。

　　在泡体积不变[式(E.12)]的情况下据进行拟合,得到的激活焓为(1.7 ±0.1) eV(图 E.11),对应于 $H^{dif} + G^{f}_{He} - H^{B}_{He} \geqslant H^{dif} + E^{f}_{V} - H^{B}_{He}$(式中 $H^{B}_{He}$ 为泡中每个 He 原子的焓)。低限较低说明向空位中放入一个 He 原子不需要额外能量。依照高浓度 He 泡的状态方程,$H^{B}_{He} \approx 0.6$ eV,对应的泡内压力大约为 5 GPa,这一压力值与半径 0.6 mm 的 He 泡相平衡。有理由认为这与我们讨论的状态相符。

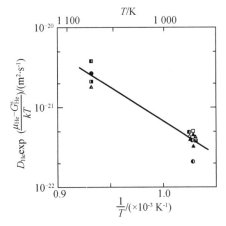

图 E.11　由解吸实验结果应用式(E.12)计算出的参数 $D_{He}\exp(\dfrac{\mu_{He} - G^{s}_{He}}{kT})$

## 五、参考文献

［1］　VASSEN R, TRINKAURS H, JUNG P. Diffusion of helium in magnesium and titanium before and after clustering［J］. J Nucl Mater, 1991,183: 1.

［2］　MARKWORTH A J. On the coarsening of gas – filled pores in solids［J］. Metall Trans, 1973,4: 2651.

［3］　SCIANI V, JUNG P. Diffusion of helium in FCC metals［J］. Radiat Eff Defect Solids, 1983, 78: 87.

［4］　VASSEN R, TRINKAUS H, JUNG P. Helium desorption from Fe and V by atomic diffusion and bubble migration［J］. Phys Rev B, 1991,44: 4206.

［5］　VASSEN R. PhD thesis［D］. RWTH Aachen, 1990.

［6］　JUNG P, SCHROEDER K. Diffusion and agglomeration of helium in FCC metals［J］. J Nucl Mater, 1988,155 – 157: 1137.

［7］　TRINKAURS H. Mechanisms controlling high temperature embrittlement due to helium［J］. Radiat Eff Defect Solids, 1987,101: 91.

［8］　TRINKAURS H. The effect of internal pressure on the coarsening of inert gas bubbles in metals［J］. ScriptaMetall, 1989,23: 1773.

［9］　JANOT C, MALLEJAC D, GEORG B. Vacancy – formation energy and entropy in magnesium single crystals［J］. Phys Rev B, 1970,2: 3088.

［10］　TZANETAKIS P, HILLAIRET J, REVEL G. The formation energy of vacancies in aluminium and magnesium［J］. Phys Status Solidi B, 1976,75: 433.

［11］　GLYDE H R, MAYNE K I. Helium and argon diffusion in magnesium［J］. Philos Mag, 1965,12: 919.

［12］　DYMENT F, LIBANATI C M. Self – diffusion of Ti, Zr, and Hf in their HCP phases, and diffusion of Nb 95 in HCP Zr［J］. J Mater Sci, 1968,3: 349.

［13］　HASHIMOTO E, SMIRNOV E A, HINO T. Temperature dependence of the doppler – broadened lineshape of positron annihilation in α – Ti［J］. J Phys F, 1984, 14: 1215.

［14］　LEWIS M B. Evidence for helium trapping to oxygen sites in titanium［J］. NuclInstrum Methods Phys Res, Sect B, 1987, 22: 499.

［15］　TRINKAURS H. Energetics and formation kinetics of helium bubbles in metals［J］. Radiat Eff Defect Solids, 1983,78: 189.

# 附录 F　低能 He 离子辐照导致的显微微观结构

在未来聚变反应堆的运行条件下,中子(n,α)俘获生成 He,或者通过等离子体直接注 He,第一壁金属结构材料聚集不溶性 He 原子,同时生成非热的离位缺陷,导致金属显微结构变化。

金属中 He 的溶解度极低。对于 Ni 中具有 $10^{10}$ Pa 压力的小泡核,1 500 K 时的平衡 He 原子浓度大约为 $1 \times 10^{-10}$。极低的溶解度意味着 He 将向空位和空腔沉积,具有很强的成团和成泡倾向,正是这个性质对金属的力学性质有害。

配置 He 离子加速器的原位 TEM 观察是研究辐照金属缺陷结构的适用方法。较高能量(约 8 keV)He 离子辐照形成位错环、空位和 He 泡,甚至在较高的温度下。较低能量(约 0.25 keV)He 离子辐照未见形成空位,但形成了间隙环、He 片和 He 泡。替换杂质原子是 He 原子的捕陷中心,He 原子与晶格原子换位形成 He 泡。

已研究了 Mo 和 W 经高能气离子(等离子体边界能量)辐照时的显微结构变化。研究表明,He 离子的辐照效应远高于气离子,但 He 离子辐照时缺陷的演化机制还需进一步研究。本附录讨论 W 的相关研究结果,主要引用 H. Iwakiri 等人[18]的研究工作。

样品质量分数为 40% W,20% Mo,15% Fe,15% C,5% O 和 5% N 组成的高纯(99.95%)粉末冶金板。板材轧制成 0.1 mm 厚,切割成 3 mm 直径的圆片,在 2 273 K 进行 600 s 真空退火(约 $5 \times 10^{-4}$ Pa)。用双喷电解抛光减薄制备 TEM 样品,在 293 K,873 K 和 1 073 K 进行 8 keV 和 0.25 keV He 离子辐照。

## 一、实验结果

### 1. 经 8 keV He 离子辐照的显微结构变化

经 8 keV He 离子辐照(293 K)W 的显微结构演化如图 F.1 所示。首先,形成了间隙位错环。随着注入剂量增大,间隙位错环密度增大。注入剂量增至 $1.3 \times 10^{19}$ m$^{-2}$ 的 He 离子时环密度饱和,环尺寸连续增大。注入剂量为 $4.3 \times 10^{19}$ m$^{-2}$ 的 He 离子时,平均尺寸增大到 5 nm,环相互缠结。其饱和密度大约是同能量气离子辐照时的 6 倍[2]。

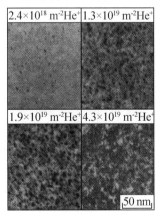

图 F.1　室温 8 keV He 离子辐照时 W 的显微结构演化

图 F.2 显示了温度对位错环形成的影响。随着辐照温度升高,位错环密度降低,环尺寸增大。870 K 和 1 073 K 时快速增大,相互缠结。

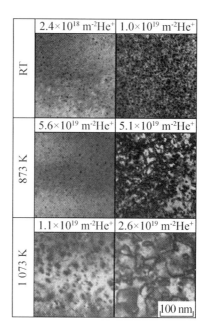

**图 F.2   8 keV He 离子辐照时位错环随温度的变化**

图 F.3 为大 S 衍射条件和高辐照剂量时的显微结构像。除位错环外,所有温度都观察到 He 泡。873 K 辐照的气泡沿基体$\{110\}$面排列。在约为 $0.2\ T_m$ 辐照时 BCC 金属中亦观察到这种现象[6]。在 1 073 K 辐照时直径 20 nm 的大泡与很小的 He 泡(直径 5 nm)共存。

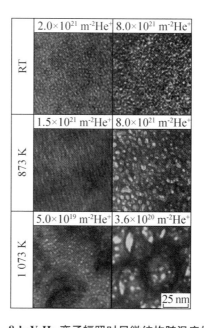

**图 F.3   8 keV He 离子辐照时显微结构随温度的变化**

2. 经 0.25 eV He 离子辐照的显微结构变化

0.25 eV He 离子辐照时(293 K)W 的显微结构演化如图 F.4 所示。虽然低能 He 离子不能产生离位损伤，但注入剂量增至约 $1.4 \times 10^{19}$ m$^{-2}$ 的 He 离子时生成了密集的缺陷。依据立体显微镜观测，这类缺陷分布在入射表面约 20 nm 范围内，低剂量时衬度很弱(与位错环相比)，仅在 Bragg 条件下能够清楚地观察到，表明它们不是高剂量时观察到的位错环。剂量大于约 $3.0 \times 10^{19}$ m$^{-2}$ 的 He 离子时衬度逐渐增强。低剂量时缺陷的应变场较弱，随剂量增强，它们多半是注入 He 聚集形成的薄片(称为 He 片)。

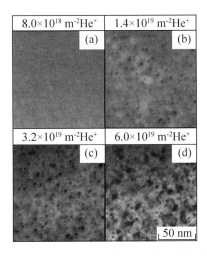

**图 F.4　0.25 eV He 离子辐照时(293 K)W 的显微结构演变**

如图 F.4(d)和图 F.5 所示，辐照剂量约为 $3.0 \times 10^{19}$ m$^{-2}$ 的 He 离子时，He 片旁边突然出现衬度很强的新缺陷团。延长辐照，每个 He 片旁形成一个或多个新团簇。新团簇形成后 He 片衬度变弱。新团簇尺寸与已有 He 片相当，这种现象用沉积 He 片冲出间隙位错环来解释[7]，辐照下位错环长大。因而位错环由离位损伤产生的间隙原子团构成。0.25 keV He 离子辐照时生成 He 片和位错环的温度高于 1 073 K(图 F.6)。

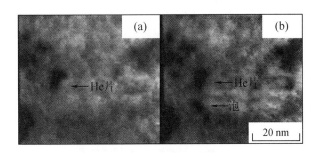

**图 F.5　视频相机下 He 片冲出位错环的连续微观像**

较高剂量时所有温度下都形成 He 泡(图 F.7)。0.2 keV 或 8 keV 辐照形成的 He 泡差别不大(尽管离子能量差别很大)，表明 He 泡形成的主要控制因素不是离位损伤而是 He 离子注入。

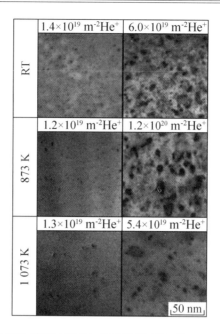

图 F.6　He 片和位错环的形成与温度的关系(0.25 keV He 离子辐照)

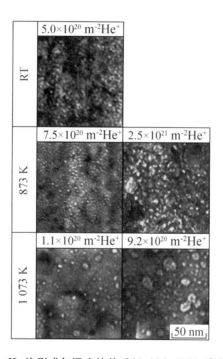

图 F.7　He 泡形成与温度的关系(0.25 keV He 离子辐照)

## 二、讨论

### 1. He 离子辐照生成间隙环

He 离子辐照时围绕 He-空位团的间隙原子被捕陷,促进间隙环的形成[3,8-9]。我们简单回顾这种形核机制。热解吸谱(TDS)分析表明,高能 He 原子被辐照产生的空位团捕陷,由于 He – 空位的结合能很高[10]，形成不同尺寸 He – 空位团($He_iV_1, i \leqslant 6$)。由于吸收其他间隙原子小 $He_iV_1$ 可能消失[11-12]。某些 $He_iV_1$ 团可能达到临界尺寸($i = 5, 6$)，在基体中发射间隙原子，转换成双空位团($He_iV_2$)。进一步吸收 He 原子和发射间隙原子形成大的 $He_iV_j$ 团($i > 6, j \geqslant 2$)。如果 He($i$) 数足够大，复合团不能吸收间隙原子，但能够捕陷它周围的间隙原子[13]。因为大 $He_iV_j$ 复合体很稳定[11,14]，形成间隙位错环，甚至在 1 073 K 也是如此。如此高温度时形成间隙环是 He 离子辐照的奇特现象；例如高于 873 K 时气离子辐照不形成环[2]。

2. 经 8 keV He 离子辐照生成 He 泡

8 keV He 离子辐照产生离位损伤，生成空位和间隙原子，高剂量辐照时形成 He 泡，取决于辐照温度。低温时空位不能热迁移，由于泡内气体压力高，He 泡通过发射间隙原子长大（气体驱动的长大）。

高温时空位可以热迁移，依靠辐照空位形成 He 泡。例如，1 073 K 形成可观察 He 泡的临界剂量是 293 K 时的 1/50。高温时通过吸收空位 He 泡形核和长大。

3. 经 0.25 eV 的 He 离子辐照生成的缺陷

0.25 eV He 离子辐照的在位观察显示，低剂量辐照样品中的缺陷不是位错环，因为它们的衬度和缺陷周围的应变场很弱。提示新生成缺陷可能是位于 W 晶面的 He 片，较早已在低能(0.15 keV)辐照的 W 样品中观察到这种现象[15]。当缺陷尺寸大于 5 nm 时像衬度明显增强，围绕它们的应变场增强，表明 He 片已较厚。沉积的 He 片通过冲出间隙环降低应变场。位错环冲出通常反复 2~3 次，直至辐照剂量增高形成 He 泡。从能量上看，He 泡吸收 He 原子比形成 He 片有利。

因为低能 He 离子不产生离位损伤，不生成空位，He 泡形成机制亦不同。可能的机制是间隙杂质捕陷 He。TDS 实验显示，替位杂质（例如 Ag, Cu）像空位一样捕陷 He 原子[16]。如果捕陷 He 的数量超过临界值，杂质原子或邻近的 W 原子冲出间隙位，形成 $He_iV_1$ 复合体。随着辐照温度升高围绕杂质原子的捕陷 He 降低，高温时的 He 泡密度降低。杂质也是 He 片的形核位置。

一旦形成了 $He_iV_1$，像 He 泡那样，通过连续吸收 He 原子和发射间隙原子，$He_iV_1$ 长大。依据分子动力学计算，室温时高压 $He_iV_1$ 复合体发射的间隙原子与 $He_iV_1$ 复合体结合[17]。高温时间隙原子从复合体热释放促使位错环长大。

## 三、结论

运用在位 TEM 分析研究了 0.25 keV 或 8 keV He 离子辐照 W 样品的显微结构，辐照温度为 294 K, 893 K 和 1 073 K。8 keV 辐照形成了作为 He 泡形核位的空位并促进间隙环形核。所有实验温度都观察到这种现象，虽然缺陷密度和尺寸依赖于温度。

0.25 eV 的 He 离子不产生离位损伤，但形成 He 片、间隙环和 He 泡。杂质原子可以是 He 原子的捕陷中心，通过晶格位发射 W 原子形成 He 泡。形成 He 片导致间隙环形核。位错环通过吸收 He 泡发射的间隙原子长大。

这些现象表明，D – T 燃烧器中面对等离子体材料可能经受来自等离子体中的 He 的严重轰击损伤，甚至在高温下和粒子能量低于离位阈能的情况下也是如此。

## 四、参考文献

[1] SAKAMOTO R, MUROGA T, YOSHIDA N. Microstructural evolution in molybdenum during hydrogen ion implantation with energies comparable to the boundary plasma[J]. J Nucl Mater, 1994,212 – 215:1426.

[2] SAKAMOTO R, MUROGA T, YOSHIDA N. Microstructural evolution induced by low energy hydrogen ion irradiation in tungsten [J]. J Nucl Mater, 1995,220 – 222: 819.

[3] NIWASE K, EZAWA T, TANABE T, et al. Dislocation loops and their depth profiles in $He^+$ and $D^+$ ion irradiated nickel [J]. J Nucl Mater, 1993, 203: 56.

[4] IWAKIRI H, WAKIMOTO H, WATANABE H, et al. Hardening behavior of molybdenum by low energy He and D ion irradiation[J]. J Nucl Mater, 1998,258 – 263: 873.

[5] MUROGA T, SAKAMOTO R, FUKUI M, et al. In situ study of microstructural evolution in molybdenum during irradiation with low energy hydrogen ions[J]. J Nucl Mater, 1992, 196 – 198: 1013.

[6] JOHNSON P B, MAZEY D J. Gas – bubble superlattice formation in BCC metals[J]. J Nucl Mater, 1995,218: 273.

[7] EVANS J H, VAN V A, CASPERS L M. The application of TEM to the study of helium cluster nucleation and growth in molybdenum at 300 K[J]. Radiat Eff Defect Solids, 1983,78: 105.

[8] ODETTE G R, MAZIASZ P J, SPITZNAGEL J A. Fission – fusion correlations for swelling and microstructure in stainless steels: Effect of the helium to displacement per atom ratio [J]. J Nucl Mater, 1981,103 – 104: 1289.

[9] YOSHIDA N, KURAMOTO E, KITAJIMA K. Mechanism of initial processes of blistering in BCC metals[J]. J Nucl Mater, 1981,103,104 : 373.

[10] KORNELSEN E V. Entrapment of helium ions at (100) and (110) tungsten surfaces [J]. Can J Phys, 1970, 48: 2812.

[11] KORNELSEN E V, VAN G A A. A study of bubble nucleation in tungsten using thermal desorption spectrometry: clusters of 2 to 100 helium atoms[J]. J Nucl Mater, 1980,92: 79.

[12] BUTERS W T H M, VAN V A, VAN D B A. Some results on helium trapping in undeformed and cold worked single crystalline copper a comparison with molybdenum and nickel[J]. Phys Stat Sol A, 1987,100: 87.

[13] CASPERS L M, VAN V A, BULLOUGH T J. A simulation study of the initial phase of he precipitation in metals[J]. Radiat Eff Defect Solids,1983,78:67.

[14] VAN D K G J, POST K, VAN V A, et al. Interaction of vacancies with implanted metal atoms in tungsten observed by means of thermal helium desorption spectometry and perturbed angular correlation measurements [J]. Radiat Eff Defect Solids, 1985,84:131.

[15] EVANS J H, VAN V A, CASPERS L M. Formation of helium platelets in molybdenum [J]. Nature, 1981,291: 310.

[16] VAN D K G J, VAN V A, CASPERS L M, et al. Binding of helium to metallic impurities in tungsten; experiments and computer simulations [J]. J Nucl Mater, 1985,127:56.

[17] WILSON W D. Theory of small clusters of helium in metals [J]. Radiat Eff Defect Solids, 1983,78:11.

[18] IWAKIRI H, YASUNAGA K, MORISHITA K, et al. Microstructure evolution in tungsten during low-energy helium ion irradiation[J]. J Nucl Mater, 2000,283 – 287:1134.

# 附录 G　辐照和重形变金属中的点缺陷

与金属氚化物相比,辐照金属点缺陷的知识已臻完善。某些结果对金属氚化物缺陷结构研究有借鉴意义。

辐照金属中的点缺陷团是各类点缺陷反应的结果,这类反应产生于生成的过饱和点缺陷,结束于点缺陷消失。研究不同实验条件、不同晶体结构金属(FCC,BCC,HCP)的缺陷结构的相似性和差异性很有意义。

M. Kiritani[1]综述了高温淬火、高压电子显微镜高能电子辐照、高能粒子辐照和严重塑性形变样品的研究结果,这些结果与金属氚化物时效效应具有可比性。

## 一、高温淬火

20 世纪 60 年代[2-3],报道了高温淬火 Al 中过饱和空位团聚集成完整的位错环(Loops of Perfect Dislocation)的研究结果。因为 FCC Al 的堆垛层错能很高,形成完整位错环的解释是可以理解的。随后发现,这些位错环含有堆垛层错(Stacking Fault),于{111}面形成无柄 Frenkel 环[4],如图 G.1 所示。较早的证据强调了成团早期点缺陷的相互作用,没有强调最后形成的点缺陷团的能量[5]。突然改变位错环形成时的时效温度能够改变位错环的数密度,但任何成团阶段都未形核[6]。计算机模拟解释形核和长大是连续自发的过程[7]。

200 nm

**图 G.1　Al 中高温淬火产生的空位团**
注:含堆垛层错的六角位错环位于{111}面。等厚条纹每侧的小黑白方斑是八面体空腔。

研究显示[8],高温淬火 Cu 和 Au 中过饱和空位形成的缺陷团以堆垛层错四面体(Stacking Fault Tetrahedral)形式存在(图 G.2),这类缺陷团通常很小,取决于淬火和时效条件及样品的纯度,称为黑斑缺陷[10](Black Spot Defects),高分辨观察显示它们是 SFT 结构。从能量角度考虑,较小的团簇以 SFT 形式存在,较大的团簇以层状环(Fauled Loop)形式存在。这种解释并不确切。通过改变实验参数改变 SFT 数密度的系统实验表明,SFT 结构存在形核阶段,而不像位错环那样形核与长大很难区分[9]。

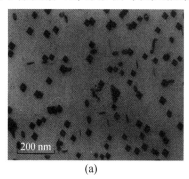 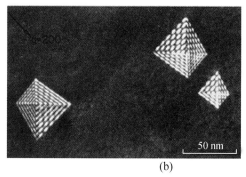

(a) (b)

**图 G.2　高温淬火 Au 中形成的堆垛层错四面体(SFT)**
(a)沿接近[100]方向观察;(b)大堆垛层错四面体弱束暗场像

M. Kiritani 等在淬火 FCC Al 中观察到小孔洞(图 G.1),这是首次发现的点缺陷团[11],称为空腔(Voids),随后发现气的融入是 Al 中形成这类空位团的必要条件[12]。

对淬火 BCC 金属进行了深入研究,但没有得到可靠的实验结果。有关于淬火 W 中生成空腔的报道,但是空腔的数量很少,认为不具有普遍意义。

## 二、高压电子显微镜高能电子辐照

在高压电子显微镜中对金属进行高能(1 MeV)电子辐照,通常产生位错环形式的间隙团[14],无论是何种金属结构。例如,FCC 金属中的层状位错环(Faulted Dislocation Loops)[16];$\alpha$ - Fe{100}和 Mo{111}面分布的完整位错环(Loops of Perfect)[16]和 HCP Zn 基面分布的层状环(Faulted Loops)等,如图 G.3 所示。不同类型金属间隙型位错环的形核与长大动力学已研究得很深入。

电子辐照时 FCC 和 BCC 金属的间隙原子瞬间增加。点缺陷生成速率很高时($10^{-4} s^{-1}$),间隙点缺陷团形核。形核与温度的关系(即团簇的密度)取决于间隙原子的迁移能力[17-18]。在合适的温度和辐照剂量下可形成高密度小晶间位错环,FCC 金属间隙团数密度在接近液氦温度时仍持续上升,BCC 金属接近液氦温度时数密度不再增加,表明这类金属的间隙原子失去了热激活产生的移动能力。低于这一温度时,$\alpha$ - Fe 中间隙团的密度不变[19],因为电子辐照导致的间隙扩散与温度无关。在中等温度范围,加入少量固溶元素使间隙团的辐照形核温度依赖效应增强,因为与自由迁移的间隙原子相比,固溶原子的脱陷激活能较高[20]。

选择合适的辐照条件(温度和剂量),可形成高密度的小间隙环,它们通常沿直线运动[21-22],在 FCC 金属中沿 <110> 方向,在 BCC 金属中沿 <111> 方向移动,且通常在相邻两个环之间来回移动。这种观察产生了小间隙团簇容易一维扩散的观点。

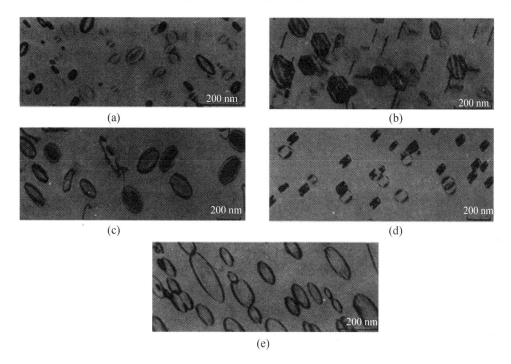

**图 G.3　高于回复阶段 III 温度电子辐照生成的间隙型位错环**

（a）Al；（b）Cu；（c）Mo｛111｝面分布的层状位错环；

（d）Fe｛100｝面分布的完整位错环；（e）Zn 基面分布的完整位错环

高温时（高于回复阶段 III）稳态电子辐照的点缺陷反应受空位移动控制（较慢的组元）。环的长大速率依赖于温度即空位的迁移自由能[15,23]。固溶原子影响环长大。FCC 和 BCC 金属的温度效应与金属的纯度相关，低纯（RRR < 500）αFe 空位的迁移激活能约为 1.2 eV，而高纯（RRR > 2 000）α – Fe 空位的迁移激活能约为 0.6 eV，空位迁移的开始温度大约分别为 200 ℃ 和 200 K。

SFT 形式的空位团出现在空位富集区域，图 G.4 显示 SFT 在靠近电子入射表面形成。此处由于替位碰撞级联使间隙原子移向更深层而形成了空位富集区。另一个例子（图 G.5）显示空位团沿间隙位错环的生长方向形成。

除了形成 SFT 型空位团，电子辐照 FCC 金属还可能形成空腔型缺陷（图 G.6）[25]。通常认为是受到溶质原子的影响。少量溶质原子的加入改变了空位团形成早期小空位团 – 固溶原子复合体的稳定性[26-27]。

必须指出，BCC 金属未发现电子辐照产生的空位团。

## 三、裂变和聚变中子辐照

M Kiritani[28-29] 在 LL 国家实验室 RTNS –2 聚变中子源上对聚变中子辐照下点缺陷的形成进行了研究，在 Japen 材料实验反应堆（JMTR）的温控辐照环上[30] 进行了裂变中子辐照研究。

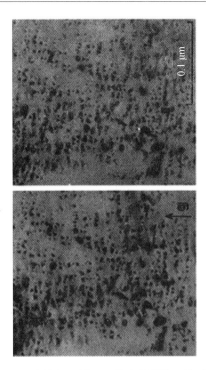

**图 G.4　Cu 中堆垛层错四面体空位团的立体对显微像**

注:SFT 分布在样品入射电子的近表面,由于间隙原子从表面转移到近表面位置,沿样品近表面是空位团的富集区。310 K 电子辐照[24]。

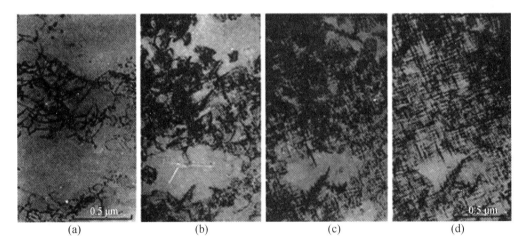

(a)　　　　　　(b)　　　　　　(c)　　　　　　(d)

**图 G.5　Cu 样品沿刃型位错攀移路径形成的空位团簇(小斑点是层错四面体)**

(a)13 s;(b)840 s;(c)2 160 s;(d)4 800 s

注:它们发育为整齐排列(自组织)。电子辐照:2 keV,300 K。

中子辐照靶材产生的高能量引起碰撞级联,产生高浓度空位。大的碰撞级联被分为较小的高度密集碰撞,称为亚碰撞联级。FCC 金属中,每一个亚级联形成一个小空位团簇,主要以 SFT 形式存在,并混以层错环(Faulted Loops)。在较轻的 FCC 金属中,如 Ag[图 G.7 (c)],发现空位团形成短间隔分布的团簇群,这是亚碰撞级联的直接证据。在较重的 FCC Ni

中没有发现类似的群,这是由于亚碰撞级联间的距离(空位团间的距离)太大,不能判断它们是否属于同一个级联群[32]。

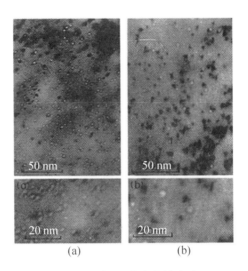

**图 G.6　稀 Au 合金中的空腔**

(a)0.05% 的 Sb;(b)0.05% 的 Sn

注:(a)欠焦观察,黑斑是堆垛层错四面体。纯 Au 中未显现空腔。电子辐照:310 K。

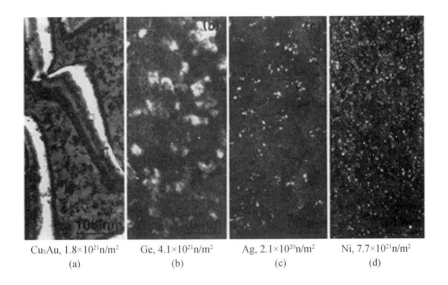

Cu₃Au, 1.8×10²¹n/m²　　Ge, 4.1×10²¹n/m²　　Ag, 2.1×10²⁰n/m²　　Ni, 7.7×10²¹n/m²

(a)　　　　　　　　(b)　　　　　　　　(c)　　　　　　　　(d)

**图 G.7　在 D−T 聚变中子辐照材料碰撞级联中的缺陷**

(a)有序 Cu₃Au 合金中的无序区;(b)Ge 中的非晶区;

(c)Ag 中的空位团;(d)Ni 中的分散空位团

注:所有样品在 300 K 辐照。

Al 同样具有 FCC 结构,但从未在碰撞级联中观察到空位团,因为级联的碰撞密度低。高温淬火 Al 中的空位型位错环存在一个不稳定的形核阶段,但其他 FCC 金属中的堆垛层错四面体具有明确的稳定形核阶段,这种差异多半能解释为何 Al 中的级联碰撞中未形成空位团。但是对于薄膜材料塑性变形生成的 SFT,这种差异并不具有决定意义。

裂变和聚变中子辐照的 BCC 金属未生成空位团,如果金属的相对原子质量相近,FCC 和 BCC 金属的级联碰撞过程应该类似,缺陷类型的差异可以通过点缺陷间反应的差异来讨论。

相当数量的间隙原子消耗后形成空腔,发育成位错结构(图 G.8)[30],影响空腔形成的因素很复杂,这里不进一步讨论。

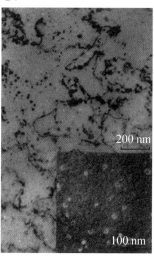

**图 G.8　裂变中子辐照 Ni 的显微缺陷结构**[30]

注:间隙原子形成的间隙团进入位错。右下角插图为背底中的空腔。573 K,辐照 24 d,至 6 × $10^{23}$ n/m$^2$( >1 MeV)。

中子辐照 FCC 和 BCC 金属都形成了位错环形式的间隙团,它们在碰撞级联产生小间隙团后开始形核,核长大依赖级联释放的可迁移间隙原子[33]。间隙团通常聚集在刃型位错的一侧(图 G.9),因为间隙原子沿位错膨胀应变场梯度分布方向流动。

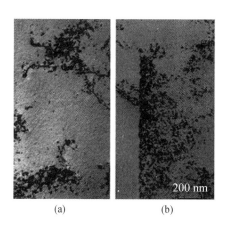

(a)　　　　　　　(b)

**图 G.9　电子辐照材料中聚集于刃型位错一侧的间隙团**

(a)Cu;(b)Cu - 0.3% 的 Ge

注:这种情况通常发生在 FCC 和 BCC 金属中。辐照条件同图 G.5。

有几个验证中子辐照金属间隙原子和小间隙团一维迁移效应实验结果[37]。其中一个例子如图 G.10 所示。薄膜样品经电子显微镜辐照后在一个晶界的两边观察到完全不同的显微结构:一边的一维扩散方向与表面交叉,未发现位错环长大形成的位错;另一边的一维扩散方向与表面平行出现了由间隙位错环长大形成的位错。对于前一种情况,所有小间隙团逃逸至表面并由于空位高度聚集形成空腔型缺陷;对于后者,间隙原子或间隙团仍停留在膜近表面并发展成位错环。另一个例子是通过观察不同取向位错环的数量来验证一维扩散行为,当一维扩散朝向表面时位错环的数量很少。可以通过对中子辐照样品再加电子辐照使其位错环变大后观察。

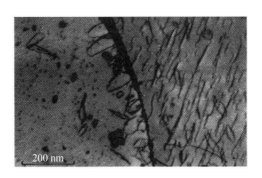

**图 G.10　中子辐照 Ni 中两个相邻晶粒的微观结构[37]**

注:573 K 时在适合 TEM 的薄膜样品中辐照至 $9 \times 10^{23} \, \mathrm{n/m^2}$( > 1 MeV)。左侧表示有空腔(黑斑)但无位错;右侧表示有位错但无空腔。

## 四、弹性形变

已知塑性形变中的点缺陷可以通过几种不同的滑移位错反应产生,但在严重塑性变形中产生点缺陷团是较新的实验现象[38]。将 FCC 金属薄片样品(厚度约 50 μm)拉伸至断裂后形成了异常高密度的空位团,均以 SFT 形式存在(图 G.11 中 Al,Au,Cu,Ni)。样品断裂顶端处厚度小于 50 nm,可以不减薄直接进行 TEM 观察,正是此处观察到这种结果。奇怪的是 Al 中的空位团也是 SFT 形式(图 G.12),这在高温淬火、不同的高能粒子辐照以及正常的弹性形变处里中都不曾观察到。综合考虑形变速率、形变温度以及形变后退火处理引起的点缺陷团的变化表明,空位团是由弥散分布的空位和难以直接观察到的空位复合而成的,而不是直接塑性形变产生的。在这些高密度空位团区域没有观察到位错和位错运动的迹象,因此提出了一种不产生位错而形成高密度点缺陷的塑性形变机制[39]。

在相同实验条件下,裂开的 BCC 金属薄片 Fe 和 V 与 FCC 金属没有差别,却没有观察到点缺陷团。但从电子衍射斑点检测到了很大的晶格畸变,表明仍存在显微镜下难以分辨的高浓度点缺陷和微小的点缺陷团。

这些研究结果对研究金属氚化物微观结构和研制高固 He 能力材料很有参考价值。

## 五、结论

本附录讨论了不同处理条件、不同结构金属中与点缺陷团形成相关的点缺陷反应。对于空位团的形成问题,BCC 金属与 FCC 金属完全不同,特别是 α-Fe,需要进一步的实验研究,揭示这类金属中过饱和空位的存在状态并解释这些空位为什么不形成 TEM 可以分辨的空位团。

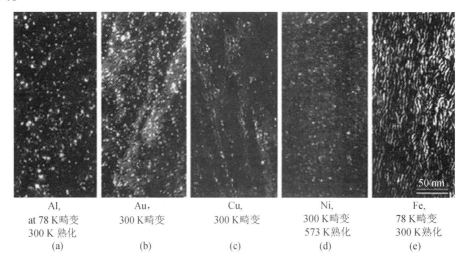

| Al,<br>at 78 K畸变<br>300 K 熟化<br>(a) | Au,<br>300 K畸变<br>(b) | Cu,<br>300 K畸变<br>(c) | Ni,<br>300 K畸变<br>573 K熟化<br>(d) | Fe,<br>78 K畸变<br>300 K 熟化<br>(e) |

**图 G.11  形成于 FCC 金属薄箔裂纹尖端非常薄的部分高密度小空位团**

注:(a) ~ (d)和高形变部分 α – Fe(e)小空位团均为堆垛层错四面体。

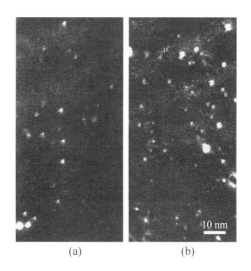

(a)            (b)

**图 G.12  于 Al 样品断裂顶端极薄处( < 50 nm)第一次观察到的堆垛层错四面体**

(a)沿[110];(b)沿[100]

还应注意到,即使结构相同的金属亦不尽相同。就空位团而言,Al 与其他 FCC 金属不同。然而,近来发现,其他 FCC 金属相同类型空位团的特征提示我们,这一差异可能仅仅是定量的而不是定性的。

## 六、参考文献

[1] KIRITANI M. Similarity and difference between FCC, BCC and HCP metals from the view point of point defect cluster formation [J]. J Nucl Mater, 2000,276:4.

[2] HIRSCH P B, SILCOX J, SMALLMAN R E, et al. Dislocation loops in quenched alumi-

num[J]. Philos Mag, 1958, 3: 897.

[3]　KUHLMANN W D, WILSDORF H G F. On The behavior of thermal vacancies in pure aluminum[J]. J Appl Phys, 1960, 31: 516.

[4]　YOSHIDA S, SHIMOMURA Y, KIRITANI M. Dislocation loops containing a stacking fault in quenched super – pure aluminum[J]. J Phys Soc Jap, 1962,17: 1196.

[5]　YOSHIDA S, KIRITANI M, SHIMOMURA Y. Dislocation loops with stacking fault in quenched aluminum[J]. J Phys Soc Jap, 1963, 18: 175.

[6]　KIRITANI M. Nucleation and growth of secondary defects in quenched face – centered cubic metals[J]. J Phys Soc Japan, 1965, 20: 1834.

[7]　KIRITANI M. Analysis of the clustering process of supersaturated lattice vacancies[J]. J Phys Soc Japan, 1973, 35: 95.

[8]　SILCOX J, HIRSCH P B. Direct observations of defects in quenched gold[J]. Philos Mag, 1959,4: 72.

[9]　YOSHINAKA A, SHIMOMURA Y, KIRITANI M,et al. Hiroshima univ [J]. Ser. A – II, 1967, 31: 55.

[10]　YOSHINAKA A, SHIMOMURA Y, KIRITANI M, et al. Nature of black spot defects in quenched gold[J]. Japan J Appl Phys, 1968, 7: 709.

[11]　KIRITANI M. Formation of voids and dislocation loops in quenched aluminum[J]. J Phys Soc Japan, 1964, 19: 618.

[12]　SHIMOMURA Y, YOSHIDA S. Heterogeneous nucleation of voids in quenched aluminum [J]. J Phys Soc Japan, 1967, 22: 319.

[13]　KIRITANI M, YOSHIDA N. Formation and annihilation of point defect clusters in metals irradiated by 3 MV electron miscroscope[J]. Crystal Latt Def, 1973, 4: 83.

[14]　KIRITANI M. History, present status and future of the contribution of high – voltage electron microscopy to the study of radiation damage and defects in solids[J]. Ultramicroscopy, 1991, 39: 135.

[15]　KIRITANI M, YOSHIDA N, TAKATA H, et al. Growth of interstitial type dislocation loops and vacancy mobility in electron irradiated metals [J]. J Phys Soc Japan, 1975, 38: 170.

[16]　KIRITANI M, MAEHARA Y, TAKATA H. Electron radiation damage and properties of point defects in molybdenum[J]. J Phys Soc Japan, 1976, 41: 1575.

[17]　YOSHIDA N, KIRITANI M. Point defect clusters in electron – irradiated gold[J]. J Phys Soc Japan, 1973, 35: 1418.

[18]　KIRITANI M. Proceedings of the international conference on fundamental aspects of radiation damage in metals[J]. Gatlinburg USA: CONF – 751006 – P1, 1975: 695.

[19]　KIRITANI M. Electron radiation induced diffusion of point defects in metals [J]. J Phys Soc Japan, 1976, 40: 1035.

[20]　YOSHIDA N, KIRITANI M, FUJITA F E. Electron radiation damage of iron in high voltage electron microscope [J]. J Phys Soc Japan, 1975, 39: 170.

[21]　KIRITANI M. Proceedings of the sixth international conference on high voltage electron microscopy[J]. Antwerp, 1980: 96.

[22]　KIRITANI M. Defect interaction processes controlling the accumulation of defects pro-

duced by high energy recoils [J]. J Nucl Mater, 1997,251: 237.

[23] KIRITANI M, TAKATA H. Dynamic studies of defect mobility using high voltage electron microscopy [J]. J Nucl Mater, 1978, 69,70: 277.

[24] SUEHIRO M, YOSHIDA N, KIRITANI M. Proceedings of the international conference on point defects and defect interactions in metals, Kyoto, 1981[R]. Tokyo: Tokyo University, 1982: 795.

[25] KIRITANI M. Proceedings of the international conference point defects and defect interactions, in metals, Kyoto, 1981[R]. Tokyo: Tokyo University, 1982: 59.

[26] TAKAMURA J. Proceedings of the international conference point defects and defect interactions in metals, Kyoto, 1981[R]. Tokyo: Tokyo University, 1982: 431.

[27] SHIRAI Y, HAMAMOTO T, TAKESHITA T, et al. Proceedings of the international conference point defects and defect interactions in metals, Kyoto, 1981[R]. Tokyo: Tokyo University, 1982: 441.

[28] KIRITANI M, YOSHIDA N, ISHINO S. The Japanese experimental program on RTNS – II of DT – neutron irradiation of materials[J]. J Nucl Mater, 1984, 122,123: 602.

[29] KIRITANI M. Microstructure evolution during irradiation[J]. J Nucl Mater, 1994, 216: 220.

[30] KIRITANI M, YOSHIIE T, KOJIMA S, et al. Fission – fusion correlation by fission reactor irradiation with improved control [J]. J Nucl Mater, 1990, 174: 327.

[31] KIRITANI M, YOSHIIE T, KOJIMA S, et al. Recoil energy spectrum analysis and impact effect of cascade and subcascade in 14 MeV DT fusion neutron irradiated FCC metals [J]. Radiat Eff Defect Solids, 1990, 113: 75.

[32] SATOH Y, YOSHIIE T, KIRITANI M. Binary collision calculation of subcascadestructure and its correspondence to observed subcascade defects in 14 MeV neutronirradiated copper[J]. J Nucl Mater, 1992, 191 – 194: 1101.

[33] KIRITANIM. Cascade localization induced bias effect for void growth [J]. Mater Sci Forum, 1992, 97 – 99: 105.

[34] SATOH Y, ISHIDA I, YOSHIIE T, et al. Defect structure development in 14 MeV neutron irradiated copper and copper dilute alloys [J]. J Nucl Mater, 1988, 155 – 157: 443.

[35] KOJIMA S, YOSHIIE T, KIRITANIM. Defect structure evolution from cascade damage in 14 MeV neutron irradiated nickel and nickel alloys [J]. J Nucl Mater, 1988. 155 – 157: 1249.

[36] KIZUKA Y, KIRITARII M. Defect structure near edge dislocations in neutron – irradiated Cu – 0. 3 at. % Ge [J]. Radiat Eff Defect Solids, 1998, 143: 333.

[37] KIRITANIM. Defect interaction processes controlling the accumulation of defects produced by high energy recoils [J]. J Nucl Mater, 1997,251: 237.

[38] KIRITANI M. Design of experiments on production and reaction of point defects [J]. Radiat Eff Defect Solids, 1999,148: 233.

[39] KIRITANI M, SATOY Y, KIZUKA Y, et al. Anomalous production of vacancy clusters and the possibility of plastic deformation of crystalline metals without dislocations [J]. Philos Mag Lett, 1999, 79: 797.